国家出版基金项目
NATIONAL PUBLICATION FOUNDATION

下册

三峡库区
水环境污染综合治理

周怀东　刘来胜　王雨春　等 编著

Comprehensive Control of
Water Environment Pollution
in Three Gorges Reservoir Area

化学工业出版社

·北京·

内容简介

三峡水库是对我国水安全保障具有极其重要意义的国家淡水资源战略储备库，其战略地位重要，生态作用关键，保障三峡水库的水环境质量对广大长江下游沿江地区的供水安全和生态健康具有十分重大的现实意义。本书分为上、下两册，共5篇28章，针对三峡水库蓄水初期和达到175m水位两个阶段显著不同的水环境特点，从理论认知、治理技术、智慧管理、工程实践、总结建议五个方面，系统梳理了15年来关于三峡水库的研究工作成果，全方位展示了在基础理论突破、环境问题解析、关键技术创新、技术集成方案提出、智能运行管理平台构建等方面取得的重要成果，可为今后三峡流域水环境保护、污染防治规划制定提供重要科技支撑。

本书具有较强的系统性、全面性、专业性与参考价值，可为从事流域水环境，尤其是三峡流域污染控制与修复工作的工程技术人员、科研人员、管理人员等提供技术指导和案例借鉴，也可供高等学校环境类、生态类及相关专业师生参阅。

图书在版编目（CIP）数据

三峡库区水环境污染综合治理：上、下册 / 周怀东
等编著. —北京：化学工业出版社，2023.12
　　ISBN 978-7-122-44581-0

Ⅰ.①三… Ⅱ.①周… Ⅲ.①三峡水利工程-水污染防治
Ⅳ.①X524

中国国家版本馆CIP数据核字（2023）第242298号

责任编辑：刘　婧　刘兴春　　　　装帧设计：韩　飞
责任校对：杜杏然

出版发行：化学工业出版社
　　　　　（北京市东城区青年湖南街13号　邮政编码100011）
印　　装：北京建宏印刷有限公司
787mm×1092mm　1/16　印张157¼　字数3832千字
2024年6月北京第1版第1次印刷

购书咨询：010-64518888　　　　售后服务：010-64518899
网　　址：http://www.cip.com.cn
凡购买本书，如有缺损质量问题，本社销售中心负责调换。

目录

第二篇　治理技术篇

第三篇　智慧管理篇

第四篇 工程实践篇

第18章 三峡库区污染源控制技术工程示范 —— 1295

第19章 三峡库区典型小流域磷污染综合治理技术
工程示范 —— 1352

第20章 基于三峡水库及下游水环境改善的水库群联合
调度关键技术研究与示范 —— 1381

第五篇　总结建议篇

第 17 章

三峡水库流域水生态安全保障

17.1 超大型水库水环境问题识别与质量评价技术

17.1.1 概念模型

17.1.1.1 水生态安全评价研究的基本范畴

（1）水生态安全

水生态安全是在人类活动影响下维持水生态系统的完整性和生态健康，并为人类提供生态服务功能和免于生态灾变的持续状态。水生态安全包含水量安全、水质安全、水生态环境安全和与水经济安全四个方面。

（2）水生态风险

水生态风险是由一种或多种外界因素导致可能发生或正在发生的不利生态影响的过程。在水生态系统中，水生态风险因子主要是水环境的化学胁迫、物理胁迫和生物胁迫，水生态风险就是这些胁迫因子在流域层面存在的风险源以及受体等的时空分异现象。

（3）水生态风险阈值

当受到环境胁迫，水生态系统安全表现为不稳定且脆弱，但还未达到崩溃程度。系统若要基本满足人类生存发展，其将无法承受较大干扰且面临着环境恶化等一定的生态变迁，即水生态安全处于一种临界状态，这种临界状态就是一定意义上的水生态风险阈值。

（4）水生态安全评价研究

人类生存环境状态的改变主要是受社会经济发展活动中所排放的点源污染、非点源污染影响，水生态安全评价研究就是从人类对自然资源的利用与生存环境状态的角度来分析与评价生态系统，其中，自然资源利用主要是防洪、发电、运输、生产、饮用等。

（5）水生态安全评价的指标体系

指根据科学性、客观性、可比性、实用性、全局性和可操作性原则，综合考虑经济发展水平、人口压力、科技能力和资源生态环境保护以及整治建设能力等方面建立的指标体系。

（6）水生态安全评价的方法

数学模型法、生态模型法、景观模型法、数字地面模型法、压力 - 状态 - 响应模型以及"多目标 - 多层次的分析结构模型"。

17.1.1.2　三峡库区水生态安全评价概念模型–DPSIR模型

（1）DPSIR 模型的发展历史

为了满足生态环境管理和决策要求，1979 年由加拿大统计学家 David J. Rapport 和 Tony Friend 提出，后由经济合作与发展组织（OECD）和联合国环境规划署（UNEP）在 20 世纪 80 ～ 90 年代共同发展起来，用于研究环境问题的框架体系，也就是 P-S-R（pressure-state-response）即压力 - 状态 - 响应模型，该模型在环境质量评价学科的生态系统健康评价子学科得到广泛应用。1999 年在 P-S-R 框架基础上，为反映社会经济指标，研究社会 - 生态复杂系统，欧洲环境署（EEA）添加了：驱动力（driving force）指标和影响（impact）指标两类指标，最后与压力（pressure）、状态（state）和响应（response）等指标一起形成了 DPSIR 模型。

（2）DPSIR 模型的原理、结构

DPSIR 模型从人类社会经济系统入手，以人口规模和经济发展等为驱动力，产生用水需求和废水排放方面的压力，然后这个压力作用于水生生态系统和陆地生态系统，这些自然生态系统以自我的调节和恢复能力抵抗压力，并且通过栖息地环境的特征和水质参数来表征其状态，针对自然生态系统的状态表征，人类会相应地采取社会、经济和技术方面的措施对环境进行改善，最后通过调控人类社会经济系统中的人口和经济发展的规模和结构以及对响应措施的进一步完善和提高，实现对状态的调控，从而达到人类社会经济系统和自然生态系统的可持续发展，使得生态系统处于可承载的安全状态（图 17-1）。

17.1.2　评价指标体系的构建

水生态系统安全是具有特定结构和功能的动态平衡系统的完整性和健康性的整体水平的反映。为反映其完整性及其健康性，从 DPSIR 概念模型出发，建立三峡库区水生态环境、经济和社会方面具有共性和特性的指标体系。指标的选取涉及诸多要素，除遵循科学性、完备性、针对性、可比性和可操作性的一些共性原则外，还需体现三峡库区社会经济发展状况、水生态安全等几个方面的特征，能够体现水生生物群落与水环境安全状况。为了使研究问题更具体，更突出三峡库区水环境问题，从水生态安全概念出发，采用 DPSIR 概念模型，构建能反映三峡库区水生态安全的 5 个层次 34 个评价指标，运用层次分析法来确定指标的权重，以此来评价三峡库区水生态安全。

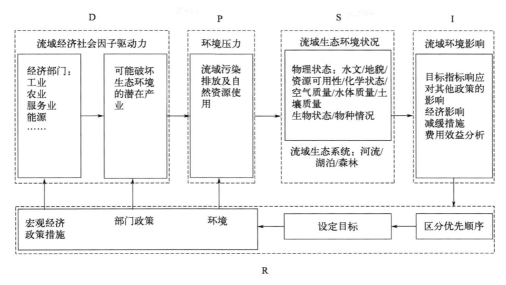

图17-1 DPSIR模型示意

17.1.2.1 指标选取的原则

评价指标的选择是准确反映流域内生态系统健康状况，进行库区生态安全评价的关键，指标的选取应遵循以下原则。

（1）系统性

把三峡库区水生态系统看作是自然—社会—经济复合生态系统的有机组成部分，从整体上选取指标对其健康状况进行综合评价。评价指标要求全面、系统地反映库区水生态健康的各个方面，指标间应相互补充，充分体现三峡库区水生态环境之间的一体性和协调性。

（2）目的性

生态安全评价的目的不是为生态系统诊断疾病，而是定义生态系统的一个期望状态，确定生态系统破坏的阈值，并在文化、道德、政策、法律、法规的约束下，实施有效的生态系统管理，从而促进生态系统健康性的提高。

（3）代表性

评价指标应能代表三峡库区水生态环境本身固有的自然属性、库区水生态系统特征和库区流域周边社会经济状况，并能反映其生态环境的变化趋势及其对干扰和破坏的敏感性。

（4）科学性

评价指标应能反映库区内水生态环境的本质特征及其发生发展规律，指标的物理及生物意义必须明确，测算方法标准，统计方法规范。

（5）可表征性和可度量性

以一种便于理解和应用的方式表示，其优劣程度应具有明显的可度量性，并可用于单元间的比较评价。选取指标时，多采用相对性指标，如强度或百分比等。评价指标可直接赋值量化，也可间接赋值量化。

（6）因地制宜

库区流域内支流数目众多、水质复杂，其周边的生态特点、流域经济产业结构和发展方式迥异，因此调查与评价指标的选择应该因地制宜、区别对待。

17.1.2.2　评价指标

（1）备选指标

1）驱动力

人口密度、人口自然增长率、人均 GDP、人均 GDP 的年增长率、人均工业总产值、人均年收入、物价指数、消费水平、城镇化水平、第三产业比重、清洁生产水平等。

2）压力

工业需水指标（如万元产值综合取水量）、农业需水指标（如实际的农灌用水率或农业万元产值综合取水量）、城镇居民生活需水指标（如城镇居民生活用水量）、生态环境需水指标（如人均生态环境用水量）、社会发展综合需水指标（如人均社会发展综合用水量）、废污水排放量（如单位 GDP 工业废水排放量、人均生活污水排放量）。

3）状态

水质状况、生物多样性、水资源开发利用程度指标（如水资源开发利用率）、水资源可利用量指标（如 75% 来水年份人均水资源可利用量）、水资源重复利用指标（如水资源重复利用率）、航运危废物质泄漏概率。

4）影响

水土流失率、富营养化等级、植被覆盖率、水功能达标率、水质类别、河流污染状况、生态系统结构的完整性、工业用水满足度指标、农业用水满足度指标、生活用水满足度指标、水处理需求度指标。

5）响应

生活污水集中处理率、灌溉用水系数、工业用水重复利用率、工业废水排放达标率、水土流失治理度、重大污染事故应急处理率、生态环境保护投资等。

（2）指标优选与评价体系构建

结合 DPSIR 概念模型应用于库区生态系统的分析，根据层次分析法，进一步优选能反映库区生态安全状况的关键指标，并以此为依据进行三峡库区生态安全综合评价，指标体系由目标层（V）、方案层（A）、准则层（B）、指标层（C）构成，包括 1 个目标、5 个方案、13 个准则和 34 个指标，见表 17-1。

表17-1　三峡库区水生态安全评价指标体系

目标层V	方案层A	准则层B	指标层C	单位
三峡库区水生态系统安全评价V	驱动力A1	经济发展B1	人均GDP C1	元
			流域工农产业总产值密度 C2	万元/km²
			第三产业产值占GDP的比重 C3	%
		社会发展B2	恩格尔系数 C4	%
			流域人均收入 C5	元
			城镇化率 C6	%
		人口指标B3	流域人口密度 C7	人/km²
			流域人口增长率 C8	‰
	压力A2	资源压力B4	单位GDP能耗 C9	t标准煤/万元
			单位工业增加值新鲜水耗 C10	m³/万元
		环境压力B5	万元工业产值COD_{cr}排放量 C11	万吨
			万元工业产值NH_4^+-N排放量 C12	万吨
			化肥施用强度(折纯) C13	kg/hm²
			人均生活污水排放量 C14	L/(人·d)
		生态压力B6	水资源开发利用率 C15	%
	状态A3	水质B7	河体$\rho(COD_{cr})$ C16	mg/L
			叶绿素(Chla) C17	mg/L
			总磷(TP) C18	mg/L
			总氮(TN) C19	mg/L
			透明度(SD) C20	m
		水量B8	流域人均水资源量 C21	m³
			河流径流量 C22	10⁸m³
		水生态B9	浮游植物多样性 C23	无量纲
			浮游动物多样性 C24	无量纲
			底栖生物多样性指数 C25	无量纲
	影响A4	陆地生态B10	森林覆盖率 C26	%
		水环境B11	水土流失面积率 C27	%
			河流污染百分比 C28	%
	响应A5	环境政策B12	环保投入 C29	万元
			环保投资占GDP比重 C30	%
			水土流失治理率 C31	%
		部门政策B13	工业废水处理率 C32	%
			城镇污水集中处理率 C33	%
			农村生活污水处理率 C34	%

（3）参照标准的确定

在指标的标准值确定过程中，主要参考已有的国家标准、国际标准或经过研究已经确定的区域标准，对于那些目前研究较少，但对流域生态环境评价较为重要的指标，在缺乏有关指标统计数据时，暂时根据经验数据作为参照标准（表17-2）。

表17-2　生态系统健康评价指标层参照标准及其依据

指标层	单位	标准值	设定依据	指标属性
人均GDP C1	元	40000	国家"十二五"规划	正
流域工农产业总产值密度 C2	万元/km²	3200	平均值	负
三产业产值占GDP的比重 C3	%	48.97	国家"十二五"规划	正
恩格尔系数 C4	%	36	国家"十二五"规划	正
流域人均收入 C5	元	24600	国家"十二五"规划	正
城镇化率 C6	%	51.1	国家"十二五"规划	负
流域人口密度 C7	人/km²	980	平均值	负
流域人口增长率 C8	‰	72	国家"十二五"规划	负
单位GDP能耗 C9	t标准煤/万元	0.869	国家"十二五"规划	负
单位工业增加值新鲜水耗 C10	m³/万元	9	国家生态工业示范园区标准	负
万元工业产值COD$_{Cr}$排放量 C11	万吨	0.001	国家综合类生态工业园区标准	负
万元工业产值NH$_4^+$-N排放量 C12	万吨	0.0001	国家综合类生态工业园区标准	负
化肥施用强度(折纯) C13	kg/hm²	250	中国生态县和生态乡镇建设要求标准	负
人均生活污水排放量 C14	L/(人·d)	230	均值	负
水资源开发利用率 C15	%	40	国际标准开发合理值	负
河体ρ(COD$_{Cr}$) C16	mg/L	20	地表水环境质量标准Ⅲ类水体	负
叶绿素(Chla) C17	mg/L	0.01	地表水环境质量标准Ⅲ类水体	负
总磷(TP) C18	mg/L	0.2	地表水环境质量标准Ⅲ类水体	负
总氮(TN) C19	mg/L	1	地表水环境质量标准Ⅲ类水体	负
透明度(SD) C20	m	2.5	地表水环境质量标准Ⅲ类水体	正
流域人均水资源量 C21	m³	473	国家"十二五"规划	正
河流径流量 C22	10⁸m³	24.93	均值	负
浮游植物多样性 C23	无量纲	3	香农-威纳指数>3为无污或轻污	正
浮游动物多样性 C24	无量纲	3	香农-威纳指数>3为无污或轻污	正
底栖生物多样性指数 C25	无量纲	3	香农-威纳指数>3为无污或轻污	正
森林覆盖率 C26	%	45	重庆市"十二五"规划	正
水土流失面积率 C27	%	35	均值	负
河流污染百分比 C28	%	12	均值	负
环保投入 C29	万元	18159	均值	正
环保投资占GDP比重 C30	%	1.13	国家"十二五"规划	正

续表

指标层	单位	标准值	设定依据	指标属性
水土流失治理率 C31	%	3.5	平均值	正
工业废水处理率 C32	%	100	国家生态工业示范园区标准	正
城镇污水集中处理率 C33	%	85	国家"十二五"规划	正
农村生活污水处理率 C34	%	60	农村的生活污水处理设施建设	正

17.1.2.3 数据预处理和标准化

由于评价生态系统安全涉及的评价指标类型复杂，各指标值量纲不同，为了定量评价生态系统的安全程度，使各个指标在对整个生态系统安全程度上具有可比性，需要确定一组维持生态系统功能完整性能力、水生态系统零风险能力、自我修复能力和对人类生存支持力的"理想"安全状态的特征常量，这些特征常量被称为指标的标准值。标准值的选取直接决定了评价结果的合理性，标准值的选取可以从以下几个方面进行：a. 国家、行业或地方规定的强制性标准；b. 类比标准；当前相关政策研究确定的目标值；c. 国际或是国内的公认值；d. 专家经验值。

对生态系统安全各个评价指标的变量以生态系统安全评价指标的标准值进行标准化处理，使其各个评价指标在整个生态系统上具有可比性，以此消除量纲的影响，具体步骤如下：

首先确定指标 C_i 的属性，指标属性为正表示指标数值越大越安全，指标属性为负表示指标数值越大越不安全。

其次按照下述公式对各个评价指标变量 C_{ij} 进行标准化处理。

指标 C_i 为正向指标：

$$Y_{ij} = \frac{C_{ij} \times 100}{S_i}$$

指标 C_i 为负向指标：

$$Y_{ij} = \frac{(1 - C_{ij}) \times 100}{S_i}$$

式中　Y_{ij}——指标 C_{ij} 标准化值；

C_{ij}——C_i 所对应的第（j+2009）年的实测值；

S_i——指标 C_i 对应的指标标准值。

本书标准值选取时，对不易获得的指标标准值选用 6 年平均值。

17.1.2.4 权重的确定

运用熵值法确定指标权重，熵值法属客观赋权法，其本质就是利用该指标信息的效用值来计算，效用值越高，其对评价的重要性越大。

运用熵值法确定指标权重时，构建 n 个样本 m 个评价指标的判断矩阵 Z，再将数据进行无量纲化处理，得到判断矩阵，根据熵的定义，确定评价指标的熵，即可得到评价指标的熵权。设由 n 个评价指标与 m 个评价对象的原始数据 x_{ij} 构成数据矩阵 X。

$$X = (x_{ij})_{n \times m} \left(i = 1, 2, \cdots, n; j = 1, 2, \cdots, m\right)$$

① 确定指标比重。将各指标的实测数据 x_{ij} 转化为比重值 P_{ij}，公式为：

$$P_{ij} = \frac{x_{ij}}{\sum\limits_{j=1}^{n} x_{ij}}$$

② 计算各指标的熵值 e_i，公式为：

$$e_i = -k \sum P_{ij} \ln(P_{ij})$$

$$k = \frac{1}{\ln(n)}$$

式中　　e_i——指标的熵值；

　　　　k——大于零的正数，设定 $k = \dfrac{1}{\ln(n)}$，以保证 $0 \leqslant e_i \leqslant 1$。

③ 各指标之间差异系数 g_i。指标的熵值越小，则差异系数越大，指标就越重要。公式为：

$$g_i = 1 - e_i$$

④ 各指标的权重 w_i，公式为：

$$w_i = \frac{g_i}{\sum\limits_{i=1}^{m} g_i}$$

17.1.3　生态安全分级及评价

借鉴相关安全领域的等级划分，结合具体水生态安全评价需要，水生态安全等级采用均分的方法划分为五级。取值范围越接近 100，说明系统生态安全程度越高，生态系统越安全；反之，取值范围越接近 0，则说明系统生态安全程度越低，生态系统就越不安全。将水生态安全等级由劣到优（从Ⅴ到Ⅰ）对应的预警级别分别为重警状态、中警状态、预警状态、较安全状态和安全状态（表 17-3）。

表 17-3　水生态安全等级划分

安全状态	评价等级	水生态安全综合指数取值范围	状态描述
重警状态	Ⅴ	< 20	生态环境遭受严重破坏，不适宜人类生存发展，生态系统已失去功能并且无法恢复
中警状态	Ⅳ	$[20, 40)$	生态环境遭受破坏，勉强满足人类生存发展，生态功能退化且恢复困难
预警状态	Ⅲ	$[40, 60)$	生态系统脆弱，基本满足人类生存发展，有一定的生态问题且无法承受较大干扰
较安全状态	Ⅱ	$[60, 80)$	生态系统较完善，较适宜人类生存发展，生态环境较好且能承受一定的干扰
安全状态	Ⅰ	$\geqslant 80$	生态系统功能结构完整，生态环境优越，适宜人类生存发展，系统再生能力强

作为水生态安全问题，当水生态系统安全受到环境胁迫，表现为不稳定且脆弱，但还未进入崩溃程度。此时，系统若要基本满足人类生存发展，其将无法承受较大干扰且面临着环境恶化等一定的生态变迁，即水生态安全处于一种临界状态，这种临界状态就是一定意义上的水生态风险阈值。由于生态系统具有自然属性和社会属性，水生态风险阈值是一个综合概念，它具有一定的范围。结合水生态安全等级的划分，水生态风险阈值范围为水生态安全综合指数的预警状态取值范围，即水生态风险阈值范围为 40 ～ 60。

水生态安全指数介于 0 ～ 100 之间，为了解各指标之间的相互关系以及各指标、各子系统与整个系统的关系，特建立以下的计算模型。

（1）各指标水生态安全指数计算模型

$$\text{ESI}_{ij} = Y_{ij}\beta_i \tag{17-1}$$

式中　ESI$_{ij}$——指标层 C_{ij} 的生态安全指数；

　　　Y_{ij}——指标 C_{ij} 标准化值；

　　　β_i——指标层 C_i 的综合权重值。

（2）各子系统生态安全指数计算模型

$$\text{ESI}_{kj} = \sum_{i=1} \text{ESI}_{ij} \tag{17-2}$$

式中　ESI$_{kj}$——各子系统的生态安全指数；

　　　ESI$_{ij}$——第 i 项指标的第（j+2009）年的水生态安全指数。

以 ESI$_{kj}$ 表示各子系统 B1 ～ B5 第（j+2009）年的水生态安全指数，由此，可得到各子系统的水生态安全指数集合，用 ESI(m, n) 表示，ESI$_{kj}$ 表示第 k 个子系统的第（j+2005）年的水生态安全指数。

（3）系统生态安全指数计算模型

$$\text{ESI}_j = \sum_{k=1} \text{ESI}_{kj} \tag{17-3}$$

式中　ESI$_j$——第（j+2010）年的生态安全指数；

　　　ESI$_{kj}$——第 k 个子系统的第（j+2005）年的水生态安全指数。

17.2　三峡水库水生态安全评价

17.2.1　研究背景及数据来源

17.2.1.1　研究背景

三峡库区水生态安全状况不仅直接影响整个长江流域的生态安全，也关系到长江流域社会经济的可持续发展。三峡库区包括重庆市的江津市（现江津区）、渝北区、巴南区、长寿市（现长寿区）、涪陵区、武隆区、丰都县、石柱土家族自治县、忠县、万州区、开县（现开州区）、云阳县、奉节县、巫山县、巫溪县15个区县（市）和主城区（包括渝中区、大渡口区、江北区、沙坪坝区、九龙坡区、南岸区、北碚区7个区），湖北省的巴东县、秭归县、兴山县和宜昌市。三峡库区干流被分为库首、库腹和库尾三个水体单元。

三峡大坝自2010年进入175m运行周期后，流域水体自净能力削弱，富营养问题不断加重；沿河而建的城市群、工业园加剧了上游水环境的恶化；库区化肥施用造成的面源污染压力加大；有机磷等高毒农药使用仍很普遍；主要支流蓝藻水华现象日益普遍。造成库区污染的原因错综复杂，只有从全面的指标体系来进行三峡库区水生态安全评价才能更好地反映库区内的水生态安全水平，因此，从全指标来评价水生态安全状态显得尤其具有意义。

17.2.1.2 数据来源

评价数据来源于2010～2015年各区县国民经济和社会发展统计公报、《湖北省水资源公报》《重庆市水资源公报》《长江三峡工程生态与环境监测公报》等。部分数据来源于重庆市环境科学研究院和长江水环境调查中心的调查数据。以C_{ij}表示C_i所对应的第（j+2009）年的数据，集合$C(m, n)$表示水生态安全评价指标2010～2015年的全部数据集合，m表示指标个数，n表示年数。根据各区县2010～2015年数据汇总，得到三峡库区干流、库首、库腹、库尾的评价指标数据，分别见表17-4～表17-7。

表17-4 三峡库区干流水生态安全评价数据

方案层	准则层	指标层	2010年	2011年	2012年	2013年	2014年	2015年
驱动力	经济发展	人均GDP/元	30201.97	36703.61	40170.76	44057.73	48618.32	52189.41
		流域工农产业总产值密度/（万元/km²）	2267.06	2587.37	2749.11	2700.38	2920.82	2966.50
		第三产业产值占GDP的比重/%	41.23	39.97	40.50	40.84	49.97	42.98
	社会发展	恩格尔系数/%	43.59	42.38	41.82	40.63	39.30	38.77
		流域人均收入/元	13009.08	15366.24	17539.20	19435.51	21055.37	22633.57
		城镇化率/%	53.53	54.95	56.40	57.29	58.25	59.36
	人口指标	流域人口密度/（人/km²）	1830.27	1873.31	1912.89	1926.21	1934.48	1939.88
		流域人口增长率/‰	4.19	7.19	6.01	3.74	4.62	4.07
压力	资源压力	单位GDP能耗/（t标准煤/万元）	1.30	1.18	1.11	1.04	1.00	0.93
		单位工业增加值新鲜水耗/（m³/万元）	74.59	67.31	62.24	56.91	54.95	51.95
	环境压力	万元工业产值COD_{Cr}排放量/万吨	8.16	9.65	8.72	7.48	11.33	9.32
		万元工业产值NH_4^+-N排放量/万吨	17.01	9.77	10.25	9.02	88.41	38.88
		化肥施用强度（折纯）/（kg/hm²）	3222.28	3122.10	3238.35	3327.31	3452.21	3502.76
		人均生活污水排放量/[L/（人·d）]	180.36	192.29	192.26	192.92	201.63	206.28
	生态压力	水资源开发利用率/%	22.43	23.14	21.87	21.05	14.30	18.57

续表

方案层	准则层	指标层	2010年	2011年	2012年	2013年	2014年	2015年
状态	水质	河体 $\rho(COD_{Cr})$/(mg/L)	8.54	8.81	8.72	8.59	10.25	8.46
		叶绿素(Chla)/(mg/L)	1.30	1.34	1.33	1.31	1.56	1.29
		总磷(TP)/(mg/L)	7.79	8.04	7.96	7.83	9.35	7.72
		总氮(TN)/(mg/L)	11.39	11.75	11.63	11.44	13.66	11.28
		河体 $\rho(NH_4^+-N)$/(mg/L)	7.12	7.34	7.27	7.15	8.54	7.05
	水量	流域人均水资源量/m³	1609.36	1762.86	1619.32	1597.10	2148.38	1511.97
		河流径流量/×10⁸m³	33.54	34.60	34.25	33.71	40.25	33.22
	水生态	浮游植物多样性	4.52	4.66	4.62	4.54	5.43	4.48
		浮游动物多样性	3.60	3.72	3.68	3.62	4.33	3.57
		底栖生物多样性指数	2.51	2.59	2.56	2.52	3.01	2.48
影响	陆地生态	森林覆盖率/%	41.09	43.35	46.35	46.62	46.48	48.12
		水土流失面积率/%	42.20	41.32	40.48	39.63	38.83	37.99
	水环境	河流污染百分比/%	13.32	16.53	16.10	14.05	12.67	11.46
响应	经济政策	环保投入/万元	13614.00	16028.09	16524.48	18602.35	21472.25	22712.20
	部门政策	工业废水处理率/%	95.39	96.39	96.97	97.63	98.16	98.86
		城镇污水集中处理率/%	82.67	84.27	85.52	86.21	87.62	89.15
		农村生活污水处理率/%	51.48	53.22	54.24	55.73	57.18	58.81
	环境政策	环保投资占GDP比重/%	2.32	2.32	1.98	1.82	2.03	2.26
		水土流失治理率/%	2.74	2.82	2.54	2.62	2.34	2.25

表17-5 三峡库区库首水生态安全评价数据

方案层	准则层	指标层	2010年	2011年	2012年	2013年	2014年	2015年
驱动力	经济发展	人均GDP/元	21376.75	28470.50	34614.75	40834.50	45074.25	49714.25
		流域工农产业总产值密度/(万元/km²)	284.63	383.02	477.44	562.15	639.66	697.86
		第三产业产值占GDP的比重/%	41.23	39.97	40.50	40.84	49.97	42.98
	社会发展	恩格尔系数/%	43.67	43.47	41.85	40.34	36.83	34.30
		流域人均收入/元	8533.25	10005.91	11507.25	13326.81	15642.85	15046.00
		城镇化率/%	28.20	28.55	29.09	29.03	29.99	31.85
	人口指标	流域人口密度/(人/km²)	133.75	133.67	133.73	133.55	133.64	127.96
		流域人口增长率/‰	−0.88	1.01	2.56	1.94	2.39	1.24
压力	资源压力	单位GDP能耗/(t标准煤/万元)	1.97	1.55	1.49	1.43	1.35	1.18
		单位工业增加值新鲜水耗/(m³/万元)	62.81	48.09	42.80	33.72	30.47	28.06
	环境压力	万元工业产值COD_{Cr}排放量/万吨	9.44	31.59	25.56	22.66	21.24	18.61
		万元工业产值NH_4^+-N排放量/万吨	0.35	0.62	0.45	0.38	0.33	0.25
		化肥施用强度(折纯)/(kg/hm²)	336.49	370.06	373.20	365.58	370.87	374.83
		人均生活污水排放量/[L/(人·d)]	19.68	23.52	27.31	30.54	32.14	33.01
	生态压力	水资源开发利用率/%	5.13	7.60	7.53	7.18	6.97	6.73

续表

方案层	准则层	指标层	2010年	2011年	2012年	2013年	2014年	2015年
状态	水质	河体 $\rho(COD_{Cr})$/(mg/L)	3.04	3.13	3.10	3.05	3.64	3.01
		叶绿素(Chla)/(mg/L)	16.67	17.20	17.02	16.75	20.00	16.51
		总磷(TP)/(mg/L)	0.22	0.22	0.22	0.22	0.26	0.21
		总氮(TN)/(mg/L)	1.64	1.69	1.67	1.64	1.96	1.62
		河体 $\rho(NH_4^+-N)$/(mg/L)	1.02	1.05	1.04	1.03	1.23	1.01
	水量	流域人均水资源量/m³	681.56	516.87	689.81	712.81	1110.73	784.82
		河流径流量/×10⁸m³	26.69	27.54	27.25	26.83	38.87	26.44
	水生态	浮游植物多样性	2.17	2.24	2.22	2.22	2.61	2.15
		浮游动物多样性	1.88	1.94	1.92	1.92	2.26	1.87
		底栖生物多样性指数	1.19	1.23	1.22	1.22	1.43	1.18
影响	陆地生态	森林覆盖率/%	58.40	60.78	71.67	69.43	64.03	69.64
		水土流失面积率/%	37.70	37.03	36.13	35.40	34.78	34.10
	水环境	河流污染百分比/%	17.49	18.37	18.44	18.29	17.02	15.49
响应	经济政策	环保投入/万元	14392.50	13329.00	10434.25	10621.00	11106.25	12351.25
	部门政策	工业废水处理率/%	100.00	100.00	100.00	100.00	100.00	100.00
		城镇污水集中处理率/%	90.62	92.90	93.04	88.46	88.40	90.18
		农村生活污水处理率/%	49.15	52.04	51.09	52.01	52.83	54.27
	环境政策	环保投资占GDP比重/%	2.36	1.87	1.19	0.84	0.87	1.01
		水土流失治理率/%	2.91	3.32	2.55	3.16	2.72	2.32

表17-6　三峡库区库腹水生态安全评价数据

方案层	准则层	指标层	2010年	2011年	2012年	2013年	2014年	2015年
驱动力	经济发展	人均GDP/元	30201.97	36703.61	40170.76	44057.73	48618.32	52189.41
		流域工农产业总产值密度/(万元/km²)	2267.06	2587.37	2749.11	2700.38	2920.82	2966.50
		第三产业产值占GDP的比重/%	41.23	39.97	40.50	40.84	49.97	42.98
	社会发展	恩格尔系数/%	43.59	42.38	41.82	40.63	39.30	38.77
		流域人均收入/元	13009.08	15366.24	17539.20	19435.51	21055.37	22633.57
		城镇化率/%	53.53	54.95	56.40	57.29	58.25	59.36
	人口指标	流域人口密度/(人/km²)	1830.27	1873.31	1912.89	1926.21	1934.48	1939.88
		流域人口增长率/‰	4.19	7.19	6.01	3.74	4.62	4.07
压力	资源压力	单位GDP能耗/(t标准煤/万元)	1.30	1.18	1.11	1.04	1.00	0.93
		单位工业增加值新鲜水耗/(m³/万元)	74.59	67.31	62.24	56.91	54.95	51.95
	环境压力	万元工业产值COD_{Cr}排放量/万吨	8.16	9.65	8.72	7.48	11.33	9.32
		万元工业产值NH_4^+-N排放量/万吨	17.01	9.77	10.25	9.02	88.41	38.88
		化肥施用强度(折纯)/(kg/hm²)	3222.28	3122.10	3238.35	3327.31	3452.21	3502.76
		人均生活污水排放量/[L/(人·d)]	180.36	192.29	192.26	192.92	201.63	206.28
	生态压力	水资源开发利用率/%	22.43	23.14	21.87	21.05	14.30	18.57

第三篇　智慧管理篇

续表

方案层	准则层	指标层	2010年	2011年	2012年	2013年	2014年	2015年
状态	水质	河体 $\rho(COD_{Cr})/(mg/L)$	8.54	8.81	8.72	8.59	10.25	8.46
		叶绿素(Chla)/(mg/L)	1.30	1.34	1.33	1.31	1.56	1.29
		总磷(TP)/(mg/L)	7.79	8.04	7.96	7.83	9.35	7.72
		总氮(TN)/(mg/L)	11.39	11.75	11.63	11.44	13.66	11.28
		河体 $\rho(NH_4^+\text{-}N)/(mg/L)$	7.12	7.34	7.27	7.15	8.54	7.05
	水量	流域人均水资源量/m^3	1609.36	1762.86	1619.32	1597.10	2148.38	1511.97
		河流径流量/$\times 10^8 m^3$	33.54	34.60	34.25	33.71	40.25	33.22
	水生态	浮游植物多样性	4.52	4.66	4.62	4.54	5.43	4.48
		浮游动物多样性	3.60	3.72	3.68	3.62	4.33	3.57
		底栖生物多样性指数	2.51	2.59	2.56	2.52	3.01	2.48
影响	陆地生态	森林覆盖率/%	41.09	43.35	46.35	46.62	46.48	48.12
		水土流失面积率/%	42.20	41.32	40.48	39.63	38.83	37.99
	水环境	河流污染百分比/%	13.32	16.53	16.10	14.05	12.67	11.46
响应	经济政策	环保投入/万元	13614.00	16028.09	16524.48	18602.35	21472.25	22712.20
	部门政策	工业废水处理率/%	95.39	96.39	96.97	97.63	98.16	98.86
		城镇污水集中处理率/%	82.67	84.27	85.52	86.21	87.62	89.15
		农村生活污水处理率/%	51.48	53.22	54.24	55.73	57.18	58.81
	环境政策	环保投资占GDP比重/%	2.32	2.32	1.98	1.82	2.03	2.26
		水土流失治理率/%	2.74	2.82	2.54	2.62	2.34	2.25

表17-7 三峡库区库尾水生态安全评价数据

方案层	准则层	指标层	2010年	2011年	2012年	2013年	2014年	2015年
驱动力	经济发展	人均GDP/元	30201.97	36703.61	40170.76	44057.73	48618.32	52189.41
		流域工农产业总产值密度/(万元/km^2)	2267.06	2587.37	2749.11	2700.38	2920.82	2966.50
		第三产业产值占GDP的比重/%	41.23	39.97	40.50	40.84	49.97	42.98
	社会发展	恩格尔系数/%	43.59	42.38	41.82	40.63	39.30	38.77
		流域人均收入/元	13009.08	15366.24	17539.20	19435.51	21055.37	22633.57
		城镇化率/%	53.53	54.95	56.40	57.29	58.25	59.36
	人口指标	流域人口密度/(人/km^2)	1830.27	1873.31	1912.89	1926.21	1934.48	1939.88
		流域人口增长率/‰	4.19	7.19	6.01	3.74	4.62	4.07
压力	资源压力	单位GDP能耗/(t标准煤/万元)	1.30	1.18	1.11	1.04	1.00	0.93
		单位工业增加值新鲜水耗/(m^3/万元)	74.59	67.31	62.24	56.91	54.95	51.95
	环境压力	万元工业产值COD_{Cr}排放量/万吨	8.16	9.65	8.72	7.48	11.33	9.32
		万元工业产值$NH_4^+\text{-}N$排放量/万吨	17.01	9.77	10.25	9.02	88.41	38.88
		化肥施用强度(折纯)/(kg/hm^2)	3222.28	3122.10	3238.35	3327.31	3452.21	3502.76
		人均生活污水排放量/[L/(人·d)]	180.36	192.29	192.26	192.92	201.63	206.28
	生态压力	水资源开发利用率/%	22.43	23.14	21.87	21.05	14.30	18.57

续表

方案层	准则层	指标层	2010年	2011年	2012年	2013年	2014年	2015年
状态	水质	河体 $\rho(COD_{Cr})$/(mg/L)	8.54	8.81	8.72	8.59	10.25	8.46
		叶绿素(Chla)/(mg/L)	1.30	1.34	1.33	1.31	1.56	1.29
		总磷(TP)/(mg/L)	7.79	8.04	7.96	7.83	9.35	7.72
		总氮(TN)/(mg/L)	11.39	11.75	11.63	11.44	13.66	11.28
		河体 $\rho(NH_4^+\text{-}N)$/(mg/L)	7.12	7.34	7.27	7.15	8.54	7.05
	水量	流域人均水资源量/m³	1609.36	1762.86	1619.32	1597.10	2148.38	1511.97
		河流径流量/×10⁸m³	33.54	34.60	34.25	33.71	40.25	33.22
	水生态	浮游植物多样性	4.52	4.66	4.62	4.54	5.43	4.48
		浮游动物多样性	3.60	3.72	3.68	3.62	4.33	3.57
		底栖生物多样性指数	2.51	2.59	2.56	2.52	3.01	2.48
影响	陆地生态	森林覆盖率/%	41.09	43.35	46.35	46.62	46.48	48.12
		水土流失面积率/%	42.20	41.32	40.48	39.63	38.83	37.99
	水环境	河流污染百分比/%	13.32	16.53	16.10	14.05	12.67	11.46
响应	经济政策	环保投入/万元	13614.00	16028.09	16524.48	18602.35	21472.25	22712.20
	部门政策	工业废水处理率/%	95.39	96.39	96.97	97.63	98.16	98.86
		城镇污水集中处理率/%	82.67	84.27	85.52	86.21	87.62	89.15
		农村生活污水处理率/%	51.48	53.22	54.24	55.73	57.18	58.81
	环境政策	环保投资占GDP比重/%	2.32	2.32	1.98	1.82	2.03	2.26
		水土流失治理率/%	2.74	2.82	2.54	2.62	2.34	2.25

17.2.2　三峡库区整体水生态安全评价

17.2.2.1　三峡库区整体水生态安全评价指标体系

指标的选取涉及诸多要素，除遵循科学性、完备性、针对性、可比性和可操作性的一些共性原则外，还需体现全指标下三峡库区的水生态状况。依据 DPSIR 模型，从水环境安全状况出发，构建能反映水环境安全状况的状态子系统、影响子系统和响应子体系，各子系统选取评价指标如下。

（1）驱动力子系统

指标选取涉及经济发展、社会发展、人口指标三方面，共选取 8 个相关指标：人均GDP、流域工农产业总产值密度、第三产业产值占 GDP 的比重、恩格尔系数、流域人均收入、城镇化率、流域人口密度、流域人口增长率。

（2）压力子系统

压力是驱动力指标的表现形式，目前影响水生态安全性的主要压力包括资源压力、环境压力和生态压力，针对这三种压力选取的指标为：单位 GDP 能耗、单位工业增加值新鲜水耗、万元工业产值 COD_{Cr} 排放量、万元工业产值NH_4^+-N 排放量、化肥施用强度（折纯）、人均生活污水排放量、水资源开发利用率。

（3）状态子系统

共选取河体 ρ（COD_{Cr}）、叶绿素（Chla）、总磷（TP）、总氮（TN）、透明度（SD）、流域人均水资源量、河流径流量、浮游植物多样性、浮游动物多样性、底栖生物多样性指数 10 个指标。

（4）影响子系统

对水生态安全的影响主要通过森林覆盖率、水土流失面积率、河流污染百分比三个指标表征。

（5）响应子系统

响应子系统描述了人类应对由污染引起的流域生态安全变化的一系列积极措施，包括环保投入、工业废水处理率、城镇污水集中处理率、农村生活污水处理率、水土流失治理率、环保投资占 GDP 比重等。

三峡库区整体水生态安全评价指标体系见表 17-8。

表17-8　三峡库区整体水生态安全评价指标体系

目标层V	方案层A	准则层B	指标层C	单位
三峡库区水生态系统安全评价V	驱动力A1	经济发展B1	人均GDP C1	元
			流域工农产业总产值密度 C2	万元/km^2
			第三产业产值占GDP的比重 C3	%
		社会发展B2	恩格尔系数 C4	%
			流域人均收入 C5	元
			城镇化率 C6	%
		人口指标B3	流域人口密度 C7	人/km^2
			流域人口增长率 C8	‰
	压力A2	资源压力B4	单位GDP能耗 C9	t标准煤/万元
			单位工业增加值新鲜水耗 C10	m^3/万元
		环境压力B5	万元工业产值COD_{Cr}排放量 C11	万吨
			万元工业产值NH_4^+-N排放量 C12	万吨
			化肥施用强度（折纯）C13	kg/hm^2
			人均生活污水排放量 C14	L/（人·d）
		生态压力B6	水资源开发利用率 C15	%
	状态A3	水质B7	河体ρ(COD_{Cr})C16	mg/L
			叶绿素(Chla)C17	mg/L
			总磷(TP)C18	mg/L
			总氮(TN)C19	mg/L
			透明度(SD)C20	m
		水量B8	流域人均水资源量 C21	m^3
			河流径流量 C22	10^{8}m^3
		水生态B9	浮游植物多样性 C23	无量纲
			浮游动物多样性 C24	无量纲
			底栖生物多样性指数 C25	无量纲

续表

目标层V	方案层A	准则层B	指标层C	单位
三峡库区水生态系统安全评价V	影响A4	陆地生态B10	森林覆盖率C26	%
		水环境B11	水土流失面积率C27	%
			河流污染百分比C28	%
	响应A5	环境政策B12	环保投入C29	万元
			环保投资占GDP比重C30	%
			水土流失治理率C31	%
		部门政策B13	工业废水处理率C32	%
			城镇污水集中处理率C33	%
			农村生活污水处理率C34	%

17.2.2.2　评价指标标准值

标准值选取时，对不易获得的指标标准值选用六年平均值，具体见表17-9。

表17-9　三峡库区整体水生态安全评价标准值

指标	指标属性	标准值	标准值来源	单位
C1	正	40000	国家"十二五"规划	元
C2	负	3200	平均值	万元/km²
C3	正	48.97	国家"十二五"规划	%
C4	正	36	国家"十二五"规划	%
C5	正	24600	国家"十二五"规划	元
C6	负	51.1	国家"十二五"规划	%
C7	负	980	平均值	人/km²
C8	负	72	国家"十二五"规划	‰
C9	负	0.869	国家"十二五"规划	t标准煤/万元
C10	负	9	国家生态工业示范园区标准	m³/万元
C11	负	0.001	国家综合类生态工业园区标准	万吨
C12	负	0.0001	国家综合类生态工业园区标准	万吨
C13	负	250	中国生态县和生态乡镇建设要求标准	kg/hm²
C14	负	230	均值	L/(人·d)
C15	负	40	国际标准开发合理值	%
C16	负	20	地表水环境质量标准Ⅲ类水体	mg/L
C17	负	0.01	地表水环境质量标准Ⅲ类水体	mg/L
C18	负	0.2	地表水环境质量标准Ⅲ类水体	mg/L
C19	负	1	地表水环境质量标准Ⅲ类水体	mg/L
C20	正	2.5	地表水环境质量标准Ⅲ类水体	m
C21	正	473	国家"十二五"规划	m³

续表

指标	指标属性	标准值	标准值来源	单位
C22	负	24.93	均值	10^8m^3
C23	正	3	香农-威纳指数＞3为无污或轻污	无量纲
C24	正	3	香农-威纳指数＞3为无污或轻污	无量纲
C25	正	3	香农-威纳指数＞3为无污或轻污	无量纲
C26	正	45	重庆市"十二五"规划	%
C27	负	35	均值	%
C28	负	12	均值	%
C29	正	18159	均值	万元
C30	正	1.13	国家"十二五"规划	%
C31	正	3.5	平均值	%
C32	正	100	国家生态工业示范园区标准	%
C33	正	85	国家"十二五"规划	%
C34	正	60	农村的生活污水处理设施建设	%

17.2.2.3 评价指标权重

利用基于 AHP 的群体决策模型确定方案层权重，用基于熵值的组合权重法确定指标层权重，具体结果见表 17-10。

表17-10 三峡库区整体水生态安全评价指标的权重

目标层V	方案层A	准则层B	指标层C	熵权	综合权重
三峡库区水生态系统安全评价V	驱动力A1	经济发展B1	人均GDP C1	0.2146	0.03219
			流域工农产业总产值密度 C2	0.0001	0.000015
			第三产业产值占GDP的比重 C3	0.0001	0.000015
		社会发展B2	恩格尔系数 C4	0.0001	0.000015
			流域人均收入 C5	0.7482	0.11223
			城镇化率 C6	0.0271	0.004065
		人口指标B3	流域人口密度 C7	0.0097	0.001455
			流域人口增长率 C8	0.0001	0.000015
	压力A2	资源压力B4	单位GDP能耗 C9	0.0273	0.004095
			单位工业增加值新鲜水耗 C10	0.0342	0.00513
		环境压力B5	万元工业产值COD_{Cr}排放量 C11	0.0387	0.005805
			万元工业产值NH_4^+-N排放量 C12	0.8959	0.134385
			化肥施用强度(折纯) C13	0.0036	0.00054
			人均生活污水排放量 C14	0.0001	0.000015
		生态压力B6	水资源开发利用率 C15	0.0002	0.00003

续表

目标层V	方案层A	准则层B	指标层C	熵权	综合权重
三峡库区水生态系统安全评价V	状态A3	水质B7	河体ρ(COD$_{Cr}$) C16	0.0001	0.00003
			叶绿素(Chla) C17	0.2407	0.07221
			总磷(TP) C18	0.2406	0.07218
			总氮(TN) C19	0.2407	0.07221
			透明度(SD) C20	0.0091	0.00273
		水量B8	流域人均水资源量 C21	0.0001	0.00003
			河流径流量 C22	0.0001	0.00003
		水生态B9	浮游植物多样性 C23	0.0001	0.00003
			浮游动物多样性 C24	0.0001	0.00003
			底栖生物多样性指数 C25	0.2684	0.08052
	影响A4	陆地生态B10	森林覆盖率 C26	0.0762	0.01524
		水环境B11	水土流失面积率 C27	0.0001	0.00002
			河流污染百分比 C28	0.9237	0.18474
	响应A5	环境政策B12	环保投入 C29	0.1064	0.02128
			环保投资占GDP比重 C30	0.0001	0.00002
			水土流失治理率 C31	0.0001	0.00002
		部门政策B13	工业废水处理率 C32	0.0066	0.00132
			城镇污水集中处理率 C33	0.2433	0.04866
			农村生活污水处理率 C34	0.6435	0.1287

17.2.2.4　水生态安全评价

根据各指标的权重 β_j 和指标数值经标准化处理后的数值 Y_{ij}，运用水生态安全评价模型求算各子系统生态安全指数和系统生态安全指数（图 17-2、图 17-3）。

（1）三峡库区整体水生态安全指数时间变化特征

从图 17-3 水生态安全分级结果可以看出：2010～2015 年的水生态安全指数分别为 52.78、50.84、61.04、66.26、71.40、72.21。对照水生态安全等级划分可知，2010、2011 年均处于预警状态Ⅲ级标准范围内，2012～2015 年均处于较安全状态Ⅱ级标准范围内。说明库区整体水生态安全处于较安全状态，且水生态安全状况呈现上升的趋势。

（2）基于 DPSIR 模型的水生态安全时间变化特征

如表 17-11 所列。

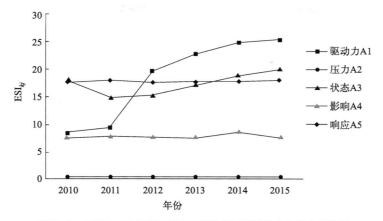

图17-2　2010~2015年三峡库区整体各子系统生态安全分级结果

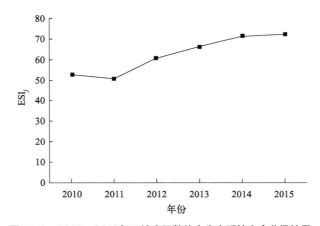

图17-3　2010~2015年三峡库区整体水生态系统安全分级结果

表17-11　三峡库区整体水生态安全随时间变化一览表

项目	2010年	2011年	2012年	2013年	2014年	2015年
驱动力 A1	8.83	9.53	19.77	23.07	25.04	25.75
压力 A2	0.34	0.38	0.40	0.43	0.44	0.48
状态 A3	7.75	7.94	7.88	7.78	8.93	7.70
影响 A4	18.04	14.88	15.30	17.31	19.02	20.00
响应 A5	17.80	18.10	17.69	17.66	17.95	18.28
系统安全指数	52.78	50.84	61.04	66.26	71.40	72.21

（3）综合权重值对三峡库区水生态安全的影响

从表17-10驱动力、压力、状态、影响、响应五方面综合权重值可以得出三峡库区整体水生态安全不同方面影响程度，资源环境状态对三峡库区整体水生态影响最大（综合权重 0.3），其次是资源环境影响和响应（综合权重均为 0.2），影响最小的是社会经济驱动力和资源环境压力（综合权重均为 0.15）。从指标层来看，对三峡库区整体水生态安全影响最大的前 3 个因素依次是河流污染百分比（综合权重 0.18474）、万元工业产值 NH_4^+-N 排放量（综合权重 0.134385）、农村生活污水处理率（综合权重 0.1287）。

17.2.3　农业面源视角下三峡库区水生态安全评价

17.2.3.1　农业面源视角下三峡库区水生态安全评价指标体系

依据 DPSIR 模型，从环境安全状况出发，构建了能反映农业面源污染的驱动力子系统和压力子系统以及能反映水环境安全状况的状态子系统、影响子系统和响应子体系，各子系统选取评价指标如下。

（1）驱动力子系统

指标选取主要从农业外部驱动力入手，涉及经济发展、人口指标、社会发展三方面，共选取了第一产业增长率、第一产业对 GDP 贡献率、第一产业服务业产值增长率、人口自然增长率、城镇化率 5 个相关指标。

（2）压力子系统

压力是由农业活动造成的，是驱动力指标的表现形式，目前影响水生态安全性的主要压力包括资源压力、环境压力和生态压力。针对这三种压力分别选取了粮食产量、单位耕地面积化肥施用量、畜牧存栏量（以猪计）、总供水量、地表径流量、常用耕地面积等指标。

（3）状态子系统

状态是在驱动力和压力共同作用下区域水资源表现出的物理或化学可测特征，选取 6 个反映三峡库区水资源状态指标，分别是常用人均水资源量、河体 ρ（COD_{Cr}）、叶绿素（Chla）、总磷（TP）、总氮（TN）、透明度（SD）。

（4）影响子系统

农业面源污染对水生态安全的影响主要通过森林覆盖率、水土流失面积率、河流污染百分比 3 个指标表示。

（5）响应子系统

响应描述了人类应对农业面源污染而引起的流域生态安全变化的一系列积极措施，用环保投入、农村生活污水处理率、水土流失治理率 3 个指标来表示。

农业面源视角下三峡库区水生态安全评价指标体系见表 17-12。

表17-12 农业面源视角下三峡库区水生态安全评价指标体系

目标层V	方案层A	准则层B	指标层C	单位
农业面源视角下三峡库区水生态系统安全评价V	驱动力A1	经济发展B1	第一产业增长率C1	%
			第一产业对GDP贡献率C2	%
			第一产业服务业产值增长率C3	%
		人口指标B2	人口自然增长率C4	‰
		社会发展B3	城镇化率C5	%
	压力A2	资源压力B4	粮食产量C6	t
			单位耕地面积化肥施用量C7	t/km^2
			畜牧存栏量(以猪计)C8	万头
		环境压力B5	总供水量C9	10^8m^3
		生态压力B6	地表径流量C10	mm
			常用耕地面积C11	khm^2
	状态A3	水量B7	人均水资源量C12	m^3
		水质B8	河体ρ(COD$_{Cr}$)C13	mg/L
			叶绿素(Chla)C14	mg/L
			总磷(TP)C15	mg/L
			总氮(TN)C16	mg/L
			透明度(SD)C17	m
	影响A4	陆地生态B9	森林覆盖率C18	%
			水土流失面积率C19	%
		水环境B10	河流污染百分比C20	%
	响应A5	环境政策B11	环保投入C21	万元
		部门政策B12	农村生活污水处理率C22	%
			水土流失治理率C23	%

17.2.3.2 评价指标标准值

农业面源视角下三峡库区水生态安全评价标准值如表17-13所列。

表17-13 农业面源视角下三峡库区水生态安全评价标准值

指标	指标属性	标准值	标准值来源	单位
C1	负	3.59	均值	%
C2	负	7.5	均值	%
C3	正	7.1	均值	%
C4	正	4.97	均值	‰
C5	负	51.1	国家"十二五"规划	%

续表

指标	指标属性	标准值	标准值来源	单位
C6	负	228567	均值	t
C7	负	0.25	中国生态县和生态乡镇建设要求标准	t/km²
C8	负	46.19	均值	万头
C9	负	3.6	均值	$10^8 m^3$
C10	负	1209.99	均值	mm
C11	负	10951	均值	khm²
C12	正	473	国家"十二五"规划	m³
C13	负	20	地表水环境质量标准Ⅲ类水体	mg/L
C14	负	0.01	地表水环境质量标准Ⅲ类水体	mg/L
C15	负	0.2	地表水环境质量标准Ⅲ类水体	mg/L
C16	负	1	地表水环境质量标准Ⅲ类水体	mg/L
C17	正	2.5	地表水环境质量标准Ⅲ类水体	m
C18	正	45	重庆市"十二五"规划	%
C19	负	35	均值	%
C20	负	12	均值	%
C21	正	18159	均值	万元
C22	正	60	农村的生活污水处理设施建设	%
C23	正	3.5	均值	%

17.2.3.3　评价指标数据

　　根据各区县 2010 ～ 2015 年数据汇总，得到三峡库区干流、库首、库腹、库尾与农业面源污染相关的评价指标数据分别见表 17-14 ～表 17-17。

表17-14　农业面源视角下三峡库区干流水生态安全评价数据

方案层	指标层	2010年	2011年	2012年	2013年	2014年	2015年
驱动力	第一产业增长率/%	4.24	3.62	3.21	3.38	3.98	3.12
	第一产业对GDP贡献率/%	7.90	7.21	7.48	7.34	7.82	7.79
	第一产业服务业产值增长率/%	6.86	8.22	6.29	7.11	6.89	7.23
	人口自然增长率/‰	4.19	7.19	6.01	3.74	4.62	4.07
	城镇化率/%	53.53	54.95	56.40	57.29	58.25	59.36
压力	粮食产量/t	241852	237038	236490	213605	20786	23456
	单位耕地面积化肥施用量/(t/km²)	0.28	0.29	0.29	0.29	0.31	0.27
	畜牧存栏量(以猪计)/万头	46.32	46.97	46.21	45.67	45.23	46.78
	总供水量/×$10^8 m^3$	3.54	3.55	3.56	3.56	3.84	3.54
	地表径流量/mm	930.30	1183.20	1213.00	1210.71	1536.26	1186.47
	常用耕地面积/khm²	10842.8	10630.9	10738.1	11109.97	11349.67	11035.69

续表

方案层	指标层	2010年	2011年	2012年	2013年	2014年	2015年
状态	人均水资源量/m³	1609.36	1762.86	1619.32	1597.10	2148.38	1511.97
	河体$\rho(COD_{Cr})$/(mg/L)	8.54	8.81	8.72	8.59	10.25	8.46
	叶绿素(Chla)/(mg/L)	1.30	1.34	1.33	1.31	1.56	1.29
	总磷(TP)/(mg/L)	7.79	8.04	7.96	7.83	9.35	7.72
	总氮(TN)/(mg/L)	11.39	11.75	11.63	11.44	13.66	11.28
	透明度(SD)/m	1.22	1.24	1.27	1.25	1.25	1.25
影响	森林覆盖率/%	41.09	43.35	46.35	46.62	46.48	48.12
	水土流失面积率/%	42.20	41.32	40.48	39.63	38.83	37.99
	河流污染百分比/%	13.32	16.53	16.10	14.05	12.67	11.46
响应	环保投资/万元	13614	16028.09	16524.48	18602.35	21472.25	22712.20
	农村生活污水处理率/%	51.48	53.22	54.24	55.73	57.18	58.81
	水土流失治理率/%	2.74	2.82	2.54	2.62	2.34	2.25

表17-15 农业面源视角下三峡库区库首水生态安全评价数据

方案层	指标层	2010年	2011年	2012年	2013年	2014年	2015年
驱动力	第一产业增长率/%	5.93	4.53	4.53	4.53	4.98	6.73
	第一产业对GDP贡献率/%	22.44	22.94	22.69	22.81	22.06	22.43
	第一产业服务业产值增长率/%	13.64	18.23	8.70	13.47	15.98	16.72
	人口自然增长率/‰	0.88	1.01	2.56	1.94	2.39	1.24
	城镇化率/%	28.20	28.55	29.09	29.03	29.99	31.85
压力	粮食产量/t	154653	138424	141003	139713	136593	142654
	单位耕地面积化肥施用量/(t/km²)	0.27	0.28	0.28	0.28	0.29	0.29
	畜牧存栏量(以猪计)/万头	57.40	60.55	64.06	62.31	60.58	63.73
	总供水量/×10⁸m³	3.54	3.55	3.56	3.56	3.67	3.51
	地表径流量/mm	930.30	1183.20	1213.00	1198.10	1536.18	1136.41
	常用耕地面积/khm²	24.79	25.91	25.15	25.53	25.08	25.43
状态	人均水资源量/m³	1061.00	1673.00	1695.00	1684.00	2110.73	1516.87
	河体$\rho(COD_{Cr})$/(mg/L)	3.04	3.13	3.10	3.05	3.64	3.01
	叶绿素(Chla)/(mg/L)	16.67	17.20	17.02	16.75	20.00	16.51
	总磷(TP)/(mg/L)	0.22	0.22	0.22	0.22	0.26	0.21
	总氮(TN)/(mg/L)	1.64	1.69	1.67	1.64	1.96	1.62
	透明度(SD)/m	1.02	1.05	1.04	1.03	1.02	1.01
影响	森林覆盖率/%	58.40	60.78	71.67	69.43	64.03	69.64
	水土流失面积率/%	37.70	37.03	36.13	35.40	34.78	34.10
	河流污染百分比/%	17.49	18.37	18.44	18.29	17.02	15.49
响应	环保投资/万元	14392.50	13329.00	10434.25	10621.00	11106.25	12351.25
	农村生活污水处理率/%	49.15	52.04	51.09	52.01	52.83	54.27
	水土流失治理率/%	2.91	3.32	2.55	3.16	2.72	2.32

表17-16　农业面源视角下三峡库区库腹水生态安全评价数据

方案层	指标层	2010年	2011年	2012年	2013年	2014年	2015年
驱动力	第一产业增长率/%	6.35	5.73	5.75	5.67	4.98	8.55
	第一产业对GDP贡献率/%	8.48	7.15	7.63	7.34	16.14	16.06
	第一产业服务业产值增长率/%	8.46	6.60	7.44	6.91	8.63	7.49
	人口自然增长率/‰	5.38	2.98	2.73	0.50	1.39	3.21
	城镇化率/%	36.30	37.93	39.70	40.94	42.33	43.60
压力	粮食产量/t	351619	352483	351006	297034	325369	356421
	单位耕地面积化肥施用量/(t/km²)	0.23	0.25	0.24	0.24	0.25	0.25
	畜牧存栏量(以猪计)/万头	68.75	69.44	66.44	65.77	66.98	68.14
	总供水量/×10⁸m³	3.54	3.55	3.56	3.56	3.67	3.59
	地表径流量/mm	930.30	1183.20	1213.00	1213.00	1657.43	1198.36
	常用耕地面积/khm²	25554.36	25051.72	25303.24	27690.36	26849.37	27106.95
状态	人均水资源量/m³	2414.04	2644.30	2428.98	2395.66	3222.57	2267.95
	河体ρ(COD$_{Cr}$)/(mg/L)	1.59	1.64	1.62	1.59	1.90	1.57
	叶绿素(Chla)/(mg/L)	2.05	2.11	2.09	2.06	2.46	2.03
	总磷(TP)/(mg/L)	1.58	1.63	1.61	1.58	1.89	1.56
	总氮(TN)/(mg/L)	0.09	0.09	0.09	0.09	0.11	0.09
	透明度(SD)/(mg/L)	1.06	1.06	1.06	1.06	1.07	1.05
影响	森林覆盖率/%	41.59	44.98	46.94	48.10	49.54	51.01
	水土流失面积率/%	47.31	46.35	45.47	44.55	43.70	42.73
	河流污染百分比/%	13.94	16.23	17.16	14.50	13.79	12.39
响应	环保投资/万元	12290.11	13071.67	14011.56	14036.22	16131.31	16538.50
	农村生活污水处理率/%	61.45	63.58	65.55	68.03	69.51	71.36
	水土流失治理率/%	3.81	4.00	3.64	3.21	3.68	4.35

表17-17　农业面源视角下三峡库区库尾水生态安全评价数据

方案层	指标层	2010年	2011年	2012年	2013年	2014年	2015年
驱动力	第一产业增长率/%	1.51	1.18	0.18	0.66	−1.03	3.77
	第一产业对GDP贡献率/%	2.02	1.55	1.81	1.72	3.84	3.84
	第一产业服务业产值增长率/%	2.80	6.19	4.26	4.99		
	人口自然增长率/‰	4.84	13.64	10.54	8.65	8.67	12.37
	城镇化率/%	79.97	81.58	83.04	83.91	84.45	85.12
压力	粮食产量/t	163792	157452	156697	157046	155963	157985
	单位耕地面积化肥施用量/(t/km²)	0.33	0.35	0.35	0.35	0.36	0.36
	畜牧存栏量(以猪计)/万头	19.86	19.55	19.48	19.51	19.43	19.98
	总供水量/×10⁸m³	3.54	3.55	3.56	3.56	3.64	3.54
	地表径流量/mm	930.30	1183.20	1213.00	1213.00	1985.36	1315.65
	常用耕地面积/khm²	65.25	66.65	68.54	67.59	67.95	68.76

续表

方案层	指标层	2010年	2011年	2012年	2013年	2014年	2015年
状态	人均水资源量/m³	340.78	258.43	344.91	356.41	555.37	392.41
	河体 $\rho(COD_{Cr})$/(mg/L)	2.68	2.77	2.74	2.70	3.22	2.66
	叶绿素(Chla)/(mg/L)	14.03	14.48	14.33	14.10	16.84	13.90
	总磷(TP)/(mg/L)	0.12	0.12	0.12	0.12	0.14	0.12
	总氮(TN)/(mg/L)	1.76	1.82	1.80	1.77	2.12	1.75
	透明度(SD)/m	1.12	1.11	1.13	1.11	1.12	1.12
影响	森林覆盖率/%	34.30	35.38	36.55	36.85	37.04	37.40
	水土流失面积率/%	34.90	34.11	33.40	32.65	31.90	31.21
	河流污染百分比/%	11.24	16.13	14.28	12.10	10.08	9.15
响应	环保投资/万元	13176.45	17971.36	19292.91	23549.45	27659.55	20375.36
	农村生活污水处理率/%	42.35	43.28	44.08	44.77	46.43	47.91
	水土流失治理率/%	3.16	3.37	3.10	2.93	2.61	2.16

17.2.3.4 水生态安全评价

（1）农业面源视角下三峡库区整体水生态安全评价

根据各指标的权重 β_j 和指标数值经标准化处理后的数值 Y_{ij}，运用水生态安全评价模型求算各子系统生态安全指数和系统生态安全指数（图17-4、图17-5）。

1）三峡库区整体水生态安全指数时间变化特征

从图17-5水生态安全分级结果可以看出：2010～2015年的水生态安全指数分别为62.43、62.97、63.04、64.11、63.81、66.78。对照水生态安全等级划分可知，2010～2015年均处于较安全Ⅱ级标准范围内。农业面源视角的结果表明，尽管库区农业面源污染控制已进行了相关举措，然而评价结果表明，相关举措的实施对库区生态安全状态的提升效果有限。

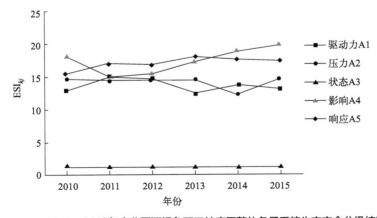

图17-4　2010～2015年农业面源视角下三峡库区整体各子系统生态安全分级结果

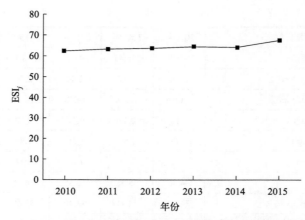

图17-5　2010～2015年农业面源视角下三峡库区整体水生态系统安全分级结果

2）基于 DPSIR 模型的水生态安全时间变化特征

农业面源视角下三峡库区整体水生态安全随时间变化如表17-18 所列。

表17-18　农业面源视角下三峡库区整体水生态安全随时间变化一览表

项目	2010年	2011年	2012年	2013年	2014年	2015年
驱动力 A1	12.98	14.90	14.74	12.70	13.88	13.24
压力 A2	14.68	14.54	14.55	14.57	12.18	14.77
状态 A3	1.39	1.35	1.37	1.39	1.19	1.40
影响 A4	17.92	15.05	15.46	17.33	18.94	19.87
响应 A5	15.46	17.12	16.92	18.12	17.62	17.50
系统安全指数	62.43	62.97	63.04	64.11	63.81	66.78

3）综合权重对三峡库区整体水生态安全的影响

农业面源视角下三峡库区整体水生态安全评价指标的权重如表 17-19 所列。

表17-19　农业面源视角下三峡库区整体水生态安全评价指标的权重

目标层 V	方案层 A	准则层 B	指标层 C	熵权	综合权重
农业面源视角下三峡库区水生态系统安全评价 V	驱动力 A1	经济发展 B1	第一产业增长率 C1	0.2205	0.033075
			第一产业对 GDP 贡献率 C2	0.0267	0.004005
			第一产业服务业产值增长率 C3	0.0954	0.01431
		人口指标 B2	人口自然增长率 C4	0.5919	0.088785
		社会发展 B3	城镇化率 C5	0.0655	0.009825
	压力 A2	资源压力 B4	粮食产量 C6	0.0402	0.00603
			单位耕地面积化肥施用量 C7	0.1914	0.02871
			畜牧存栏量(以猪计) C8	0.0044	0.00066
		环境压力 B5	总供水量 C9	0.0551	0.008265
		生态压力 B6	地表径流量 C10	0.6929	0.103935
			常用耕地面积 C11	0.016	0.0024

续表

目标层V	方案层A	准则层B	指标层C	熵权	综合权重
农业面源视角下三峡库区水生态系统安全评价V	状态A3	水量B7	人均水资源量C12	0.0001	0.00003
		水质B8	河体ρ(CODcr)C13	0.0002	0.00006
			叶绿素(Chla)C14	0.3291	0.09873
			总磷(TP)C15	0.3291	0.09873
			总氮(TN)C16	0.3291	0.09873
			透明度(SD)C17	0.0124	0.00372
	影响A4	陆地生态B9	森林覆盖率C18	0.0701	0.01402
			水土流失面积率C19	0.0803	0.01606
		水环境B10	河流污染百分比C20	0.8496	0.16992
	响应A5	环境政策B11	环保投入C21	0.5478	0.10956
		部门政策B12	农村生活污水处理率C22	0.1077	0.02154
			水土流失治理率C23	0.3445	0.0689

从表17-19驱动力、压力、状态、影响、响应五方面综合权重可以得出三峡库区整体水生态安全不同方面影响程度，资源环境状态对三峡库区整体水生态影响最大（综合权重为0.3），其次是资源环境影响和响应（综合权重均为0.2），影响最小的是社会经济驱动力和资源环境压力（综合权重均为0.15）。从指标层来看，对三峡库区整体水生态安全影响最大的前3个因素依次是河流污染百分比（综合权重0.16992）、环保投入（综合权重0.10956）、地表径流量（综合权重0.103935）。

（2）农业面源视角下三峡库区库首水生态安全评价

根据各指标的权重 β_j 和指标数值经标准化处理后的数值 Y_{ij}，运用水生态安全评价模型求算各子系统生态安全指数和系统生态安全指数（图17-6、图17-7）。

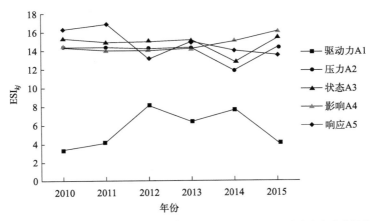

图17-6 2010~2015年农业面源视角下三峡库区库首各子系统生态安全分级结果

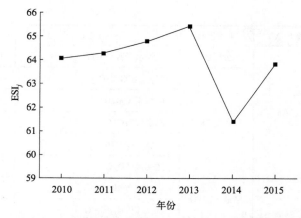

图17-7　2010～2015年农业面源视角下三峡库区库首水生态系统安全分级结果

1）三峡库区库首水生态安全指数时间变化特征

2010～2015年的水生态安全指数分别为64.03、64.28、64.76、65.40、61.40、63.82。对照水生态安全等级划分可知，2010～2015年均处于较安全状态Ⅱ级标准范围内，2013～2014年水生态安全指数有较小下降趋势。从农业面源角度分析说明库首水生态安全虽处于较安全状态，但水生态安全状况呈现波动性。

2）基于DPSIR模型的水生态安全时间变化特征

农业面源视角下三峡库区库首水生态安全随时间变化如表17-20所列。

表17-20　农业面源视角下三峡库区库首水生态安全随时间变化一览表

项目	2010年	2011年	2012年	2013年	2014年	2015年
驱动力A1	3.42	4.10	8.23	6.57	7.65	4.25
压力A2	14.48	14.36	14.23	14.31	11.83	14.25
状态A3	15.36	14.90	15.05	15.28	12.83	15.50
影响A4	14.53	14.04	14.09	14.24	15.09	16.25
响应A5	16.24	16.88	13.17	15.00	14.01	13.58
系统安全指数	64.03	64.28	64.76	65.40	61.40	63.82

3）综合权重对三峡库区库首水生态安全的影响

农业面源视角下三峡库区库首水生态安全评价指标的权重如表17-21所列。

表17-21　农业面源视角下三峡库区库首水生态安全评价指标的权重

目标层V	方案层A	准则层B	指标层C	熵权	综合权重
农业面源视角下三峡库区水生态系统安全评价V	驱动力A1	经济发展B1	第一产业增长率C1	0.1195	0.017925
			第一产业对GDP贡献率C2	0.0009	0.000135
			第一产业服务业产值增长率C3	0.0001	0.000015
		人口指标B2	人口自然增长率C4	0.8794	0.13191
		社会发展B3	城镇化率C5	0.0001	0.000015

续表

目标层V	方案层A	准则层B	指标层C	熵权	综合权重
农业面源视角下三峡库区水生态系统安全评价V	压力A2	资源压力B4	粮食产量C6	0.0002	0.00003
			单位耕地面积化肥施用量C7	0.0485	0.007275
			畜牧存栏量(以猪计)C8	0.1568	0.02352
		环境压力B5	总供水量C9	0.0057	0.000855
		生态压力B6	地表径流量C10	0.7887	0.118305
			常用耕地面积C11	0.0001	0.000015
	状态A3	水量B7	人均水资源量C12	0.0001	0.00003
		水质B8	河体$\rho(COD_{cr})$C13	0.0001	0.00003
			叶绿素(Chla)C14	0.3279	0.09837
			总磷(TP)C15	0.3279	0.09837
			总氮(TN)C16	0.3279	0.09837
			透明度(SD)C17	0.0161	0.00483
	影响A4	陆地生态B9	森林覆盖率C18	0.0001	0.00002
			水土流失面积率C19	0.1676	0.03352
		水环境B10	河流污染百分比C20	0.8323	0.16646
	响应A5	环境政策B11	环保投入C21	0.4791	0.09582
		部门政策B12	农村生活污水处理率C22	0.0303	0.00606
			水土流失治理率C23	0.4906	0.09812

从表17-21驱动力、压力、状态、影响、响应五方面综合权重可以得出三峡库区库首水生态安全不同方面影响程度，资源环境状态对三峡库区库首水生态影响最大（综合权重为0.3），其次是资源环境影响和响应（综合权重均为0.2），影响最小的是社会经济驱动力和资源环境压力（综合权重均为0.15）。从指标层来看，对三峡库区整体水生态安全影响最大的前3个因素依次是河流污染百分比（综合权重0.16646）、人口自然增长率（综合权重0.13191）、地表径流量（综合权重0.118305）。

（3）农业面源视角下三峡库区库腹水生态安全评价

根据各指标的权重β_j和指标数值经标准化处理后的数值Y_{ij}，运用水生态安全评价模型求算各子系统生态安全指数和系统生态安全指数（图17-8、图17-9）。

1）三峡库区库腹水生态安全指数时间变化特征

2010～2015年的水生态安全指数分别为60.32、55.19、54.90、52.63、52.72、61.31。对照水生态安全等级划分可知，2011～2014年均处于预警状态。2010～2014年水生态安全指数有下降趋势，主要原因是影响层次河流污染百分比增加，随着后续政策的实施，2015年开始水生态安全状况有上升的趋势。

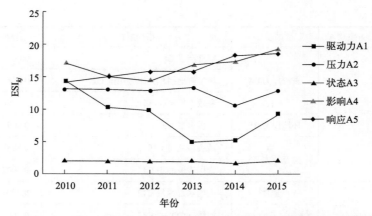

图17-8　2010~2015年农业面源视角下三峡库区库腹各子系统生态安全分级结果

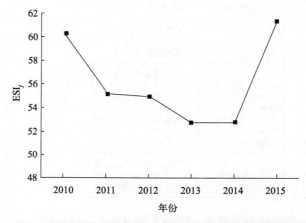

图17-9　2010~2015年农业面源视角下三峡库区库腹水生态系统安全分级结果

2）基于 DPSIR 模型的水生态安全时间变化特征

农业面源视角下三峡库区库腹水生态安全随时间变化如表 17-22 所列。

表17-22　农业面源视角下三峡库区库腹水生态安全随时间变化一览表

项目	2010年	2011年	2012年	2013年	2014年	2015年
驱动力 A1	14.26	10.34	9.75	4.94	5.20	8.91
压力 A2	12.93	12.93	12.92	13.31	10.47	12.87
状态 A3	2.00	1.94	1.96	1.99	1.67	2.02
影响 A4	17.09	15.13	14.48	16.69	17.44	19.15
响应 A5	14.05	14.85	15.80	15.69	17.95	18.36
系统安全指数	60.32	55.19	54.90	52.63	52.72	61.31

3）综合权重对三峡库区库腹水生态安全的影响

农业面源视角下三峡库区库腹水生态安全评价指标的权重如表 17-23 所列。

表17-23 农业面源视角下三峡库区库腹水生态安全评价指标的权重

目标层V	方案层A	准则层B	指标层C	熵权	综合权重
农业面源视角下三峡库区水生态系统安全评价V	驱动力A1	经济发展B1	第一产业增长率C1	0.0555	0.008325
			第一产业对GDP贡献率C2	0.2191	0.032865
			第一产业服务业产值增长率C3	0.0016	0.00024
		人口指标B2	人口自然增长率C4	0.7237	0.108555
		社会发展B3	城镇化率C5	0.0001	0.000015
	压力A2	资源压力B4	粮食产量C6	0.2473	0.037095
			单位耕地面积化肥施用量C7	0.0001	0.000015
			畜牧存栏量(以猪计)C8	0.0202	0.00303
		环境压力B5	总供水量C9	0.0028	0.00042
		生态压力B6	地表径流量C10	0.6506	0.09759
			常用耕地面积C11	0.079	0.01185
	状态A3	水量B7	人均水资源量C12	0.0001	0.00003
		水质B8	河体ρ(COD$_{Cr}$)C13	0.0001	0.00003
			叶绿素(Chla)C14	0.4991	0.14973
			总磷(TP)C15	0.4991	0.14973
			总氮(TN)C16	0.0001	0.00003
			透明度(SD)C17	0.0015	0.00045
	影响A4	陆地生态B9	森林覆盖率C18	0.0614	0.01228
			水土流失面积率C19	0.0878	0.01756
		水环境B10	河流污染百分比C20	0.8508	0.17016
	响应A5	环境政策B11	环保投入C21	0.9199	0.18398
		部门政策B12	农村生活污水处理率C22	0.0001	0.00002
			水土流失治理率C23	0.08	0.016

从表17-23驱动力、压力、状态、影响、响应五方面综合权重可以得出三峡库区库腹部水生态安全不同方面影响程度，资源环境状态对三峡库区库腹水生态影响最大（综合权重为0.3），其次是资源环境影响和响应（综合权重均为0.2），影响最小的是社会经济驱动力和资源环境压力（综合权重均为0.15）。从指标层来看，对三峡库区整体水生态安全影响最大的前4个因素依次是环保投入（综合权重0.18398）、河流污染百分比（综合权重0.17016）、TP和Chla（综合权重均为0.14973）。

（4）农业面源视角下三峡库区库尾水生态安全评价

根据各指标的权重β_j和指标数值经标准化处理后的数值Y_{ij}，运用水生态安全评价模型求算各子系统生态安全指数和系统生态安全指数（图17-10、图17-11）。

1）三峡库区库尾水生态安全指数时间变化特征

2010～2015年的水生态安全指数分别为76.19、76.94、78.28、82.69、81.87、81.81。对照水生态安全等级划分可知，2010～2012年均处于较安全状态Ⅱ级标准范围内，

2013～2015年均处于安全Ⅰ级标准范围内，2013～2014年水生态安全指数有下降趋势的主要原因是压力层地表径流量增加。说明库尾水生态安全处于安全状态，且水生态安全状况有上升的趋势。

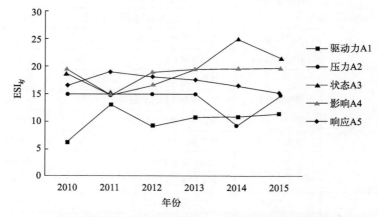

图17-10　2010～2015年农业面源视角下三峡库区库尾各子系统生态安全分级结果

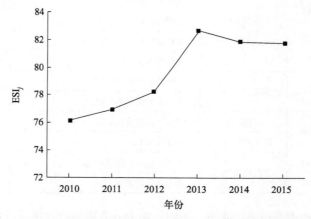

图17-11　2010～2015年农业面源视角下三峡库区库尾水生态系统安全分级结果

2）基于DPSIR模型的水生态安全时间变化特征

农业面源视角下三峡库区库尾水生态安全随时间变化如表17-24所列。

表17-24　农业面源视角下三峡库区库尾水生态安全随时间变化一览表

项目	2010年	2011年	2012年	2013年	2014年	2015年
驱动力A1	6.01	13.06	9.05	10.58	10.81	11.35
压力A2	14.99	14.99	14.95	14.95	9.15	14.93
状态A3	18.96	14.75	19.13	19.74	25.35	21.58
影响A4	19.68	14.94	16.77	19.60	19.76	19.77
响应A5	16.55	19.20	18.39	17.83	16.80	15.32
系统安全指数	76.19	76.94	78.28	82.69	81.87	81.81

3）综合权重对三峡库区库尾水生态安全的影响

农业面源视角下三峡库区库尾水生态安全评价指标的权重如表 17-25 所列。

表17-25 农业面源视角下三峡库区库尾水生态安全评价指标的权重

目标层V	方案层A	准则层B	指标层C	熵权	综合权重
农业面源视角下三峡库区水生态系统安全评价V	驱动力A1	经济发展B1	第一产业增长率 C1	0.0059	0.000885
			第一产业对GDP贡献率 C2	0.0001	0.000015
			第一产业服务业产值增长率 C3	0.9835	0.147525
		人口指标B2	人口自然增长率 C4	0.0019	0.000285
		社会发展B3	城镇化率 C5	0.0086	0.00129
	压力A2	资源压力B4	粮食产量 C6	0.0001	0.000015
			单位耕地面积化肥施用量 C7	0.0034	0.00051
			畜牧存栏量(以猪计) C8	0.0002	0.00003
		环境压力B5	总供水量 C9	0.0001	0.000015
		生态压力B6	地表径流量 C10	0.9961	0.149415
			常用耕地面积 C11	0.0001	0.000015
	状态A3	水量B7	人均水资源量 C12	0.7965	0.23895
		水质B8	河体 $\rho(COD_{Cr})$ C13	0.0001	0.00003
			叶绿素(Chla) C14	0.1012	0.03036
			总磷(TP) C15	0.0001	0.00003
			总氮(TN) C16	0.1012	0.03036
			透明度(SD) C17	0.0009	0.00027
	影响A4	陆地生态B9	森林覆盖率 C18	0.0676	0.01352
			水土流失面积率 C19	0.0001	0.00002
		水环境B10	河流污染百分比 C20	0.9323	0.18646
	响应A5	环境政策B11	环保投入 C21	0.3621	0.07242
		部门政策B12	农村生活污水处理率 C22	0.0518	0.01036
			水土流失治理率 C23	0.5861	0.11722

从表 17-25 驱动力、压力、状态、影响、响应五方面综合权重可以得出三峡库区库尾水生态安全不同方面影响程度，资源环境状态对三峡库区库尾水生态影响最大（综合权重为 0.3），其次是资源环境影响和响应（综合权重均为 0.2），影响最小的是社会经济驱动力和资源环境压力（综合权重均为 0.15）。从指标层来看，对三峡库区整体水生态安全影响最大的前 3 个因素依次是人均水资源量（综合权重 0.23895）、河流污染百分比（综合权重 0.18646）、地表径流量（综合权重 0.149415）。

17.3 三峡水库水生态安全情景模拟及风险阈值

基于库区生态系统的复杂性、生态风险因子的多样性、指标之间关系复杂的特点，依据系统论的思想和方法，建立系统动态预测模型，对 3 种不同情境模式下生态风险变化趋势进行预测分析，找到最佳的要素组合，寻求最佳的发展模式，力求明确库区生态安全风险阈值。

17.3.1　研究区域界定及系统动力学模型构建

17.3.1.1　确定边界

研究区共涉及 20 个区县，包括湖北省的巴东县、秭归县、兴山县和宜昌县（现宜昌市），重庆市的江津市（现江津区）、渝北区、巴南区、长寿县（现长寿区）、涪陵区、武隆县（现武隆区）、丰都县、石柱县、忠县、万州区、开县（现开州区）、云阳县、奉节县、巫山县、巫溪县等 15 个区县（市）和主城区（包括渝中区、大渡口区、江北区、沙坪坝区、九龙坡区、南岸区、北碚区等 7 区）。时间边界则选定为 2010～2020 年。历史数据为 2010～2015 年，时间步长设置为 1 年。系统中的内容边界涉及水土资源、生态环境、社会经济等相关内容。

17.3.1.2　生态安全评价指标的集中选取

在三峡库区生态安全评价工作的基础上，进一步对 DPSIR 模型进行了改进，集中突出了驱动力、压力、状态、影响和响应这五类指标因子中环境压力和社会发展因素，其具体指标体系见表 17-26。

表 17-26　三峡库区生态安全评价指标体系

目标层	方案层	指标层	总权重
A 生态安全综合指数	A1 驱动力指数	C1 人口增长率	0.076
		C2 城市化率	0.063
		C3 粮食产值	0.041
	A2 压力指数	C4 耕地产出率	0.059
		C5 固定资产投资比	0.051
		C6 生产性固定资产投资比	0.049
	A3 状态指数	C7 净 GDP	0.107
		C8 单位林地产值	0.057
		C9 重工业固定资产投资率	0.071
		C10 轻工业固定资产投资率	0.026
	A4 影响指数	C11 水土流失率	0.074
		C12 森林覆盖率	0.089
		C13 环境污染量	0.067
	A5 响应指数	C14 污染处理率	0.091
		C15 单位污染环保投资	0.079

（1）驱动力指数（D）

主要体现在造成三峡库区环境变化的潜在原因，反映其社会经济发展的趋势，因此选取人口增长率、城市化率和粮食产值3个指标来反映导致环境变化的潜在原因。

（2）压力指数（P）

以反映库区耕地质量状况和经济投资等方面的压力为主要内容，选择耕地产出率、生产性固定资产投资比和固定资产投资比作为指标来表现对环境造成的影响。

（3）状态指数（S）

以各产业国内生产总值的特征为主要内容，选取净GDP、单位林地产值、轻工业固定资产投资率和重工业固定资产投资率4个指标来表现该区域的经济发展状况。

（4）影响指数（I）

是指系统所处的状态对社会经济和环境的影响，以经济值和环境污染情况为主要内容，选择环境污染量、森林覆盖率和水土流失率3个指标来反映区域生态安全的影响结果。

（5）响应指数（R）

是指面对社会经济和环境的影响，人类所采取的积极措施，以环境响应为主要内容，选取单位污染环保投资和污染处理率来表现人类对生态环境变化的反映。

17.3.1.3　系统动力学模型的建立

系统动力学模型建立的一般步骤是：明确问题，绘制因果关系图，绘制系统动力学模型流图，建立系统动力学模型，仿真实验，检验或修改模型或参数，战略分析与决策。系统动力学模型建立主要需要因果关系图、模型流图及模型的组成等，运用水平变量、速率变量、辅助变量、外生变量、表函数、常数、流线和源与沟等八个要素的刻画与定义，建立水平变量方程、速率变量方程、辅助变量方程、计算初始值方程、赋值予常数方程和赋值予表函数值六种方程。

运用专业软件 VensimPLE 建模，运行时间为 2010～2030 年，仿真步长为 1 年，主要数据来源于《重庆市统计年鉴》《湖北省统计年鉴》等，建立系统动力学模型的系统流程图（图 17-12），并确定其模型的主要方程式和反馈关系。

17.3.1.4　系统模拟参数值与函数表达式

研究过程涉及时间、模拟步长和指标初始值等重要参数和计算函数，见表 17-27。

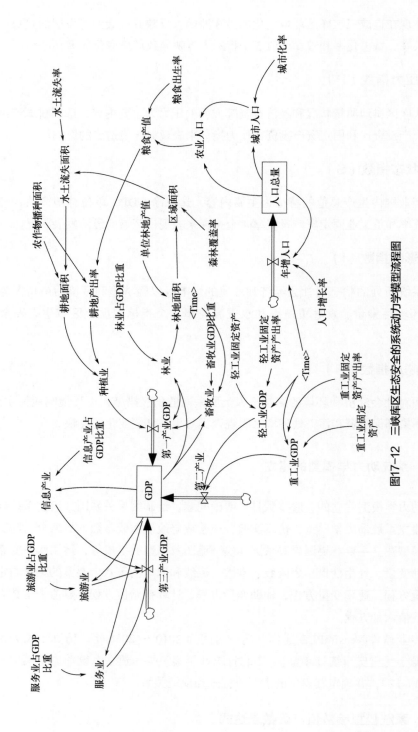

图17-12　三峡库区生态安全的系统动力学模型流程图

表17-27 三峡库区生态安全的系统动力学模型的模拟参数与表述函数

模型参数	参数值/函数表达式
起始时间	2010年
结束时间	2030年
时间步长	1
人口增长率	关于时间的函数
信息产业占GDP比重/%	0.02
农作物播种面积/hm²	414391
单位林地产值/万元	0.0895
城市化率/%	0.40
旅游业占GDP比重/%	0.23658
服务业占GDP比重/%	0.18
林业占GDP比重/%	0.000484
森林覆盖率/%	0.49
水土流失率/%	0.0005
畜牧业占GDP比重/%	0.0049
粮食产出率/(kg/hm²)	4300
轻工业固定资产产出率	关于时间的函数
GDP	INTEG[①](第一产业GDP+第三产业GDP+第二产业GDP)
人口总量	INTEG(年增人口)
信息产业	GDP×信息产业占GDP比重
农业人口	农业人口=人口总量−城市人口
区域面积	林地面积/森林覆盖率
城市人口	城市化率×人口总量
年增人口	人口总量×人口增长率
旅游业	GDP×旅游业GDP占比重
服务业	GDP×服务业占GDP比重
林业	GDP×林业占GDP比重
林地面积	林业/单位林地产值
水土流失面积	区域面积×水土流失率
耕地产出率	粮食产值/农作物播种面积
畜牧业	GDP×畜牧业GDP比重
种植业	耕地产出率×耕地面积
第一产业GDP	林业+畜牧业+种植业
第三产业GDP	信息产业+旅游业+服务业
第二产业GDP	轻工业GDP+重工业GDP
粮食产值	农业人口×粮食产出率
耕地面积	农作物播种面积−水土流失面积
轻工业GDP	轻工业固定资产×轻工业固定资产产出率
重工业GDP	重工业固定资产×重工业固定资产产出率

① INTEG表示进行积分操作。

17.3.1.5　DPSIR模型的系统改进

通过 VensimPLE 软件系统动力学建模，对 DPSIR 模型进行了系统改进，对 2010 年到 2015 年的三峡库区的社会发展参数进行了代表性拟合，结果见表 17-28。

表17-28　三峡库区2010～2015年社会发展中GDP的模拟值

指标	单位	2010年	2011年	2012年	2013年	2014年	2015年
人口总数	万人	1959.00	2013.21	2030.81	2050.24	2063.28	2065.18
林业 GDP	亿元	40.09	50.44	103.77	63.61	70.4045	78.40
畜牧业 GDP	亿元	483.72	645.74	718.69	770.78	793.63	2969.86
GDP	亿元	9836.33	12584.78	14417.49	16163.02	18027.06	19793.83
第一产业 GDP	亿元	970.93	1205.07	1371.76	1473.69	1563.51	1666.28
第二产业 GDP	亿元	4527.02	5897.23	6859.39	7711.48	8616.42	9207.94
第三产业 GDP	亿元	4338.38	5482.48	6186.33	6987.23	7857.12	8819.61
轻工业 GDP	亿元	3232.78	4078.70	4756.70	5997.44	6938.01	7893.07
重工业 GDP	亿元	7644.71	10121.48	11817.46	14414.85	16916.50	19429.61

17.3.1.6　模型有效性检验

系统模型代表的仅是实际系统的近似或抽象，并不能完全体现出现实系统的复杂性。能否使构建的模型真实描述客观现状，决定了模型的科学性和合理性。因此，需要对模型的有效性进行检验。运用相对误差的方法对所建立的系统动力学模型进行检验。利用模型对各项指标的历史数据进行分析，分析误差来源及对模型精度的影响，以减小或消除不利因素带来的影响，从而提高模型的精度。对于运行结果与历史数据偏离较大的模型，需要进行修正，使其系统能够准确地反映客观系统。

系统动力学模型中历史时间段为 2010～2015 年，选取 2010～2015 年 6 年的人口和 GDP 为检验变量进行检验，并将实际结果与历史结果进行比对，一般要求两者偏差低于 10%，历史性检验结果见表 17-29。由表可知，2010～2015 年的 GDP 和人口的仿真值和历史值误差均在 20% 以内，相对误差的结果较为理想。因此，认为变量通过检验。其他变量的历史值也与此相似，通过历史检验。

表17-29　三峡库区GDP总量和人口总量仿真值

年份	GDP真实值/亿元	GDP仿真值/亿元	人口真实值/万人	人口仿真值/万人
2010	9836.334	9983.37	1959.003	1959
2011	12584.78	11875.1	2013.208	1993.3
2012	14417.49	14038.2	2030.81	2031.21
2013	16163.019	16055	2050.24	2031.07

续表

年份	GDP真实值/亿元	GDP仿真值/亿元	人口真实值/万人	人口仿真值/万人
2014	18027.06	18066.4	2063.85	2063.2
2015	19793.83	19735	2065.187	2065.26

17.3.2 生态安全指标阈值的确定

17.3.2.1 环境生态阈值

三峡库区地质疏松，自然植被少，水土流失严重，因此，保护库区生态，增加森林覆盖率和减少水土流失率就显得尤为重要，研究确定：森林覆盖率阈值上限值为65%，阈值下限值为35%；水土流失率阈值上限值为0.03%，阈值下限值为0.10%。

17.3.2.2 社会发展阈值

三峡库区农业人口占库区总人口的64.7%，人多耕地少且耕地质量差，因此，研究确定：库区人口增长率阈值下限值为0.50%，阈值上限值为2.00%；城市化率阈值下限值为30%，阈值上限值为60%。将环境保护和社会发展两个方向得出的4个指标的水生态风险阈值与三峡库区实际情况进行比较（表17-30）。

表17-30 三峡库区水生态安全的典型指标风险阈值与实际状况的比较

典型指标	风险阈值		实际值					
	上限	下限	2010年	2011年	2012年	2013年	2014年	2015年
人口增长率/%	2.00	0.50	4.19	7.19	6.01	3.74	4.62	4.07
城市化率/%	60	30	53.53	54.95	56.40	57.29	58.25	59.36
森林覆盖率/%	65	35	41.09	43.35	46.35	46.62	46.48	48.12
水土流失率/%	0.03	0.10	0.076	0.074	0.073	0.071	0.070	0.068

17.4 三峡水库水生态安全保障对策

（1）库区产业采取清洁生产的发展模式

清洁生产是指将综合预防环境策略持续地应用于生产过程和产品中，对生产过程而言，清洁生产包括节约原材料和能源，淘汰有毒原材料，并在全部排放物和废物离开生产过程以前减少它们的数量和毒性。对产品而言，清洁生产策略旨在减少产品在整个生产周期过程中对人类和环境的影响。清洁生产注重以废弃物为原料，进行重新加工利用，变废为宝，不仅延伸了产业链条，同时也将对环境的污染减少到最低限度。环境污染产生于生产的各个环节，但传统环境保护模式侧重于末端控制，这样往往使工厂的环境保护工程成为企业运转的额外负担，环保与生产之间发生矛盾。清洁生产则注重污染的预防，在生产过程中即把污染物资源化或无害化，既增加了经济收入，又保护了环境，体现了经济效益与环境效益的统一。因此库区产业采取清洁生产的发展模式。

（2）库区发展多种模式的生态高效农业

1）树立立体开放观念，发展立体农业

发展现代农业，必须走出耕地经营的狭小圈子，着眼于山地、耕地、水面、丘陵、草场、坡地的全面合理开发利用。建立农、林、牧、副、渔协调发展的立体农业新格局。三峡库区由水域、洲滩、平原、岗地、丘陵、山地等组成了完善的水陆相生生态系统，有着发展立体农业的优势：平原重点发展大宗农产品基地并建设防护林基地，发展农产品加工业；丘陵采取农林牧综合发展模式，重点发展林果业和农牧业；山地采取林业主导发展模式，实行林、果、茶、竹、药综合开发。

2）加快农业产业化进程，发展农产品加工业

三峡库区的农业资源加工较差，特别是深加工能力差。组织农民在保护生态的基础上，适度发展污染小的加工业，以新技术实现农产品的转换、增值，既可以带动相关产业的发展，又能够用以工补农的方式有效地实现农民增收的良性循环。

3）打破常规农业的局限，发展观光农业和设施农业

三峡库区交通近年来不断改善，发展旅游业与开发性农业相结合的观光农业，集科普、旅游、观光、采摘、垂钓、憩息、疗养于一体，可以提高旅游资源和农业资源的利用率，发挥湖区独有的资源优势，同时也能增加农民的收入。

（3）库区利用资源综合发展畜牧业

三峡库区具有丰富的草地资源和旅游资源，但人多耕地少，土地贫瘠，自然地理条件和农业生产条件差，是我国贫困区县分布最集中的地区之一。三峡库区草地资源主要分布于重庆境内。目前，重庆有草地面积 $215.84 \times 10^4 hm^2$，可利用面积 $1.908 \times 10^6 hm^2$，草地盖度 70%～90%，平均产鲜草量 $7500kg/hm^2$，可合理利用鲜草 $4500kg/hm^2$。草地畜牧业已成为山区经济发展新的增长点，在一些较平坦的中山草地，可规划一部分"前植物生产层"区，发展旅游业。

畜牧业发展要按照市场的需求培育品牌，生产无公害食品。既满足普通消费者的需要，又满足高收入人群对低脂肪、无农药残留需求。实行现代化生产，执行标准化包装，力创特优产品，进入国际市场。

（4）加强库区水生态工程及配套建设

1）工程措施

构建三峡库区小流域防洪和水资源配置控制性工程，通过调节水库高水位期支流流

量，使高水位期库区支流流速大于 0.05m/s，有效提高高水位期库区支流抗富营养化的能力，保障库区水生态安全。

2）非工程措施

① 加强库区流域水资源统一调度和管理，建立库区干支联合调度的长效机制，通过库区水资源统一调度，提高库区生态用水保障程度，在确保库区防洪安全的前提下，保障重要断面敏感期的生态需水，提高流量过程满足程度，改善河道及河口生态环境。

② 建立库区水生态流量预警管理制度，实行支流生态用水危机管理，对库区流量的满足程度进行不同等级的预警，当枯水期支流流量低于最小生态流量时，取水管理进入应急状态，采用限制取水量、应急调度等措施，保障流域生态需水。

③ 加强水功能区管理，有效实施入河污染物总量控制，加大流域点源和非点源污染控制力度，对富营养化严重的支流采取污染源治理和生态修复工程等防治措施。

第四篇

工程实践篇

第 **18** 章
三峡库区污染源控制技术
工程示范

18.1 三峡库区及上游面源污染控制技术工程示范

18.1.1 库周丘陵农业区面源污染综合防治工程示范

18.1.1.1 示范工程建设情况

库周丘陵农业区农村面源污染综合防治示范工程位于重庆市涪陵区南沱镇。综合示范区面积 21.42km²，包括睦和、连丰、焦岩、石佛、南沱和治坪 6 个行政村，其中睦和和连丰 2 个行政村为农业产业结构调整示范区（种植水果和蔬菜），焦岩、石佛、南沱和治坪 4 个行政村为传统农业种植区（旱坡地利用模式为玉米和榨菜轮作，水田利用模式为水稻和榨菜轮作）。综合示范区由三里坪、龙望沟、马桑桥和苏家坝 4 个小流域组成，其中三里坪和龙望沟小流域为长江一级支流，马桑桥和苏家坝小流域为长江二级支流，二者在距马桑桥 700m 处汇流进入长江。

主要进行三峡库区粮菜轮作旱坡地面源污染防控技术、稻菜轮作水田面源污染防控技术、三峡库区优质柑橘园秸秆还园大球盖菇套种栽培利用面源污染防控技术、丘陵山地耕作田块修筑技术、规模化以下移动式生态养殖（养猪）技术、规模化以上生态养殖（养猪）种养循环技术与模式、小流域水田生态系统恢复与重建技术、小流域农村面源污染防控技术体系及其"农-桑"生态保育模式、可净化面源污染的消落带梯级人工湿地构建技术、丘陵山地 4DAgro 四维农田面源营养迁移累计监测模拟技术以及三峡库区农田面源污染控制的 P 指数施肥技术共 11 项关键技术的集成与示范。

（1）对 4 个小流域出口进行监测

① 三里坪小流域，监测设施农业污染排放对水质的影响；

② 马桑桥小流域，监测传统农业和畜禽养殖污染排放对水质的影响；

③ 苏家坝小流域，监测畜禽养殖污染排放对水质的影响；

④ 龙望沟小流域，监测传统农业污染排放对水质的影响。

（2）农田径流自动在线收集监测系统

在治坪村建立了农田径流自动在线收集监测系统，该系统由 22 个标准径流小区、22 个渗漏盘（监测壤中流）和 12 套水质自动采样器组成，探讨不同的耕作和施肥措施对农业面源负荷排放的影响。

18.1.1.2 示范工程实施效果

核心示范区占地 2359hm²，技术示范区占地 18870hm²，技术辐射区占地 45280hm²，三区合计 66509hm²。示范工程 4 年累计减少化学氮肥（纯氮）施用 10373.86t，减少化学磷肥（P₂O₅）施用 4121.54t，节约肥料投入 6003.40 万元，化肥利用率提高了 5.6 个百分点。消纳作物秸秆 33705t，畜禽养殖废弃物资源化利用率达到 84%，示范区氮、磷减排分别为 3073.92t 和 83.70t（以纯氮和 P₂O₅ 计）。

（1）示范工程所在区域地表水环境质量明显改善

示范工程实施前，南沱镇综合示范区河道被生猪养殖粪污堵塞，地表水 90% 以上为黑臭水体，整个区域异味弥漫。示范工程实施后，整个区域消除了黑臭水体，其中睦和和连丰 2 个行政村完成了产业结构调整，形成了以龙眼、枇杷、荔枝、柚子、柑橘等优质水果为主导产业，以赏花品果和休闲观光为主体的特色农业，示范工程所在区域地表水环境质量明显改善。

（2）紫色土坡耕地 – 桑树系统优化配置模式实现了大规模的应用

示范工程所在区域的紫色土坡耕地是水土流失和面源污染的发源地，同时该区域的农村居民有"栽桑养蚕"的传统。结合该区域紫色土旱坡地特点、土地利用方式以及典型种植制度，构建了紫色土坡耕地 - 桑树系统优化配置模式。目前，三峡库区中部（涪陵 - 丰都段）的紫色土坡耕地利用均采用此种模式，紫色土坡耕地 - 桑树系统优化配置模式实现了大规模的应用与推广。

（3）玉米 – 榨菜轮作、水稻 – 榨菜轮作化肥减施增效技术示范效果显著

示范工程所在区域水田种植制度为水稻 - 榨菜轮作，旱地种植制度为玉米 - 榨菜轮作，由于榨菜种植具有较好的经济效应，在当地农民的心目中"肥料施得越多，产量就越高；减少肥料，就等于减少产量"的观念根深蒂固。尤其在榨菜种植季，化肥施用量高达 42kg N/ 亩、20kg P/ 亩、22kg K/ 亩，农田化肥过量施用现象普遍。在治坪村建立面源污染远程自动监测站，进行玉米 - 榨菜轮作、水稻 - 榨菜轮作化肥减施增效技术示范。通过减施增效技术的示范与推广，减少化肥施用量 40% 以上。

18.1.2 上游川中农村污染综合防治工程示范

18.1.2.1 示范工程建设情况

（1）四川省眉山市东坡区思蒙河小流域面源污染控制示范

眉山市东坡区思蒙河示范区包含广济乡、万胜镇、盘鳌乡、三苏乡、修文镇、思蒙镇、崇仁镇、白马镇 8 个乡镇，流域面积约为 548.6km²。在东坡区境内，示范区以东坡区万胜镇为核心，建立了一个面积约为 13.5km² 的核心示范区。示范内容包括农村生活废水处理及农田污染减排技术，区域内生活污染整治，畜禽粪便和沼渣沼液的综合利用，土地污染输出控制技术研究与示范技术体系等。核心示范区内针对万胜镇的生活污水采用集中处理和分散处理相结合方式，万胜社区 12000 个农户生活废水采用 A/O+ 人工湿地工艺集中处理，规模 1000m³/d。对存栏 20 头以上 500 头以下猪的养殖大户，推行干清粪工艺。示范应用了户用农村生活污水处理系统、户用生活垃圾发酵设施、气垫式发酵床、蚯蚓生物处理技术、沼液循环管网施用技术等，并在示范基地内开展了地表径流实验，对不同施肥类型和数量的氮磷流失进行对比。共布设岳沟河下游断面、岳沟河上游断面、丹东监测断面、广济河汇口断面、万胜河汇口断面、通济堰汇口断面、东青监测断面 7 个监测点位。

（2）邛崃市南河流域畜禽养殖农牧结合污染控制示范

示范区位于邛崃市临济镇，包含黄庙村、凉水村，面积约为 14.5km²。示范区境内的郑湾河是本示范工程所在地境内的主要受纳水体，由于临济镇为养殖小镇，畜禽养殖污染非常严重，大量未经处理的粪污经各种渠道汇入郑湾河中，使郑湾河成为当地的黑臭水体，水体污染极为严重，水体环境亟需整治。本示范工程实施黄庙、凉水 2 个村农村散户和规模化养殖场的畜禽养殖污染治理，配套建设沼气池、沼液收集管网、田间储液池、施肥管网及配套工程。

18.1.2.2 示范工程实施效果

万胜镇核心示范区面积达到 13.5km²，推广示范涉及 8 个镇，578km²，邛崃市临济镇示范区面积达 14.5km²。农村生活污水收集处理率达 80%，农村垃圾清运率达 100%，畜禽养殖粪便综合利用率达 90%。农村户用污水处理设施出水可达《城镇污水处理厂污染物排放标准》（GB 18918—2002）一级 B 标。畜禽养殖实现种养结合，以种限养，示范区化肥利用率提高 5%，示范区化肥使用量降低 20%。

（1）示范工程所在区域地表水环境质量明显改善

示范工程实施前，岳沟河经常呈现黑臭水体状态，实施后水体清澈见底为常态。

（2）农村分散生活污水处理得到极大改善

示范工程实施前，农村生活污水为自流状态，实施后得到生活污水有效处理，可供回用。

（3）畜禽养殖污染物排放得到有效控制

示范工程对散户养殖和集约化养殖的污染整治采取了相应的措施；主推干清粪工艺后，尿液进入沼液池发酵，干粪用于果树、茶树施肥，沼液采用农牧结合的方式还田，取得了较好的效果。

18.1.3 库区上游高强度种养流域面源污染综合防治工程示范

18.1.3.1 示范工程建设情况

示范工程位于四川省德阳市中江县仓山镇，核心试验示范基地位于仓山镇响滩村，示范推广区主要在中江县仓山镇、元兴乡和永太镇。

（1）核心试验示范基地概况

中江县仓山镇是三峡库区上游丘陵地带粮油和生猪生产的典型区域和代表性区域，辖区内河流为响滩河，示范区内河段主干道长度为10.5km，响滩河水于四川省大英县汇入长江三级支流郪江，并最终汇入长江二级支流涪江。响滩河小流域旱坡地主要利用模式为小麦 - 春玉米 - 大豆、油菜 - 夏玉米、小麦 - 夏玉米；稻田利用模式主要为油菜 - 水稻。响滩河两岸畜禽养殖业以生猪养殖为主，且规模化养殖发展迅速，农户分散养殖比例微乎其微。响滩河小流域农业发展模式为库区上游种植业和养殖业典型生产方式，小流域农业和农村面源污染问题突出。

（2）关键技术示范应用

主要开展库区上游水田水肥一体化氮磷流失阻控集成技术（由有机无机配施技术、缓控释肥增效减负技术、生物炭和土壤结构调理剂调库扩容等技术构成）、库区上游旱作坡地径流调控及氮磷流失阻控集成技术（由碳调氮有机肥配施技术、地膜覆盖增墒调蓄技术、秸秆覆盖水沙调控等技术构成）、生猪养殖粪污低污染排放及资源化利用技术集成技术（由有机肥制备技术、沉渣池 + 生物基质池 + 绿狐尾藻植物塘组合的湿地净化技术、种养结合优质食用菌和猕猴桃有机肥配施等技术构成）等组成的综合防控技术体系示范应用。

（3）小流域水质观测试验设置

1）小流域地表水监测

根据研究区域内种植业和养殖业空间分布特征，从响滩河源头至河流尾端，设响滩河水监测点断面7个，依次为响滩河源头点（A1）、火花村村委会点（A2）、元兴养猪场下断面点（A3）、元兴场镇结束点（A4）、三新桥点（A5）、响滩村村委会点（A6）、响滩村新农村点（A7）。其中，A1为元兴水库即响滩河源头，是仓山镇及响滩河沿岸居民饮用水源地，A7为响滩河尾端。A3断面和A7断面作为示范工程第三方监测的考核断面。

另设B1、B2、B3、B4研究点。其中，B1点为元兴乡规模化种猪场的养殖污水蓄积池，B1点位于A2和A3之间，B1点污水直排进入响滩河，且距离河道不足100m。B2、

B3、B4位于中江县仓山镇响滩村5社正沟湾封闭小流域；按照地形高低从上到下依次为：正沟湾堰塘点B2（正沟湾片区的农田补充灌溉、农户生产用水水源地，被农户承包后拓展为垂钓池），正沟湾片区排灌沟渠取样点B3（位于正沟湾封闭小流域中部，有1个年出栏200头规模的生猪养殖场位于B2和B3之间），正沟湾排灌沟渠取样点B4（位于正沟湾片区封闭小流域尾部）。B4点的地表水于A6点上游约150m处进入响滩河。B1代表规模化养殖区，B2代表种植业区，B3代表规模以下生猪养殖区，B4代表种养混合区。

2015年4月～2016年9月，响滩河两个考核断面A3断面和A7断面的水质监测由第三方检测机构中国测试技术研究院生物研究所开展监测，监测指标主要包括COD、TN和TP三个指标。

2）生猪养殖废水处理工程水质监测

由第三方检测机构中国测试技术研究院生物研究所开展监测，生猪养殖废水处理工程水质监测时段为2016年1～9月；监测频率为每月1次，共计9次；监测点位为养殖场养殖废水示范工程的进水口和出水口两个监测点，监测指标主要包括COD、TN、TP、硝态氮和氨氮共计5个指标。

18.1.3.2 示范工程实施效果

核心示范区48.8hm²，技术示范区累计137.8hm²，技术辐射区累计865.4hm²，三区累计1052hm²。4年累计减少氮肥（纯氮）246.16t，磷肥（P_2O_5）99.41t；化肥利用率提高了3.9个百分点，节约投入163.21万元。坡地径流氮和磷流失分别减少71.4t和6.56t，径流氮磷流失削减分别为32.53%和31.41%。处理出栏量5000头生猪粪污，年消纳以猪粪为原料的有机肥2328t，生猪养殖粪污处理率达90.7%，示范区氮磷减排分别为89.41t和1.62t（以纯氮和P_2O_5计）。

通过示范工程治理，响滩河下游水体中COD、TP和TN浓度分别较上游河段削减31.52%、18.125%和50.82%。与2013年、2014年相比，2015年、2016年下游河段的COD、TP和TN浓度分别降低76.88%、17.70%和10.56%；2015年、2016年上游河段的COD、TP和TN浓度分别降低68.25%、3.13%和27.34%。

18.2 三峡陆域点源控源减排技术

18.2.1 工业循环水磷污染减排技术

18.2.1.1 国内外现状及发展趋势

（1）循环水处理方法的比较

现在大多数的循环水处理技术以化学法为主，其他技术虽然有一些探索，但并未形成真正工业化技术。

1）化学法

我国循环水处理的主流技术是化学药剂法，水处理配方仍然以磷系为主，近年来也已开发了高 pH 值、低磷的碱性配方。从处理效果来看，化学药剂及其应用技术与管理之间的脱节致使循环水系统运行的浓缩倍数普遍偏低，影响了节水效果和运行成本，也不利于环境保护。

2）物理法

我国循环水处理成熟的物理方法主要以电解法为主，利用负极电子对钙镁离子的吸附，除去水中的硬垢以达到阻垢的目的。但该技术局限性较大，缓蚀效果微弱，且能耗较高，故应用范围较小。其他物理方法诸如利用高频电磁脉冲处理工业循环水，还停留在实验摸索阶段。

3）生物法

虽然有一些酶处理的措施和探索，但完整生物法处理循环水尚未形成，生物法应用工业循环水处理技术尚属空白。生物缓蚀阻垢技术研发利用生物酶和降解性微生物解决循环水问题，使用生物强化技术定期外加微生物，以达到缓蚀阻垢、抑制菌藻的效果。经过现在的工程实际应用证明，生物技术在提高循环水浓缩倍数、节水节能、绿色环保等方面有着较大的优势。

（2）生物法处理循环水的探索

目前水处理技术中，生物处理法已成为世界各国控制水污染的主要手段，尤其是现代生物技术将成为水污染控制领域重点开发和应用的技术手段。随着国家节能环保战略的深入，生物技术在各领域特别是污水处理方面产生了巨大的社会效益和经济效益，与传统的物理、化学处理手段相比，运用生物技术处理废水具备低成本、高效率和环境友好等多重优点。不过，在循环水处理领域，完整的生物处理技术没有成型。

实际上，循环冷却水也是一种微污染的水体，只要解决好微生物的腐蚀率问题，也可以用生物法进行处理，从而使水质达到生产所需的标准。酶是能够催化生物化学反应的催化剂，根据其催化类型，通常可分为水解酶类、氧化还原酶类、异构酶类、转移酶类、裂解酶类和合成酶类。如果对循环水系统进行研究，则可筛选出适用于系统的特定的微生物及生物酶来处理循环水系统运行中产生的问题。向工业循环水系统中投加生物酶水质稳定剂后，其会在系统中逐渐形成特定微生态体系，并根据各自的作用解决循环水系统运行问题，具有除垢、缓蚀、抑制藻类等功能。因此，近年来在固定化酶技术、固定化微生物等处理循环水方面，许多科学家也进行了一些有益的探索。

1）生物酶法处理循环水系统中的生物黏泥

生物黏泥是工业循环水系统冷却塔、管道等壁上附着的一层黏质生物膜，会对设备和水质造成危害。1973 年，Herbert J. Hatcher 首次提出可利用果聚糖水解酶来抑制工业水系统中生物黏泥的生成，并将其运用到造纸厂白水中，其成果已申请专利。1987 年，EcoLab 公司的 Pedersen 等将生物酶制剂与化学杀生剂结合在一起，用于控制循环冷却水中微生物黏泥的生成。苏腾等用 α- 淀粉酶、木瓜蛋白酶、果胶酶、枯草杆菌蛋白酶、胰蛋白酶、溶菌酶、纤维素酶等来处理工业循环冷却水中的生物黏泥，其研究发现，多种水解酶对生物黏泥都有一定程度的处理效果，最终他将 α- 淀粉酶、胰蛋白酶、纤维素酶三种酶复配，复配产物对生物黏泥有很好的处理效果，且酶处理剂也可被生物降解，不会在循环水系统中产生毒害物质，不会对系统产生危害。南京市某炼油厂利用生物酶制剂后，水体水质有所改观，基本水质指标均在标准要求之内，且管道腐蚀率较之前有所减少，硬垢沉积率也有所减少。

2）生物酶法缓解循环冷却水系统腐蚀

溶菌酶是一种碱性酶，可以水解细菌细胞壁上的黏多糖糖苷键，从而使细胞溶解，导致微生物死亡。同时通过生物降解作用，循环水水质得到净化，也无需向系统内投加化学药剂，从而减轻系统的腐蚀，且酶制剂会使铁锈脱落，其分解式如下：

$$铁锈 \longrightarrow Fe_2O_3 \cdot Fe(OH)_2 \cdot xH_2O$$

研究表明，在25℃下、H_2SO_4浓度为0.5mol/L的介质中，溶菌酶对Q235钢有明显的缓蚀作用。石油化工企业的循环冷却水系统中，泄漏的柴油乳化后吸附在管壁上，缓释剂无法与金属表面充分接触，不能形成致密保护膜，导致设备局部腐蚀，缩短系统的使用寿命。卢宪辉等利用溶菌酶、脂肪酶、漆酶三种酶的特性，复配出复合生物酶制剂，并采用旋转挂片法评定其缓蚀效果，结果表明，溶菌酶50.0mg/L、脂肪酶10.0mg/L、漆酶75.0mg/L时，对于有柴油泄漏的循环水系统，生物酶制剂有良好的缓蚀效果。

3）生物酶法抑制循环水系统菌藻产生

由于工业循环水是微污染水体，藻类可以利用水体中的营养物质大量繁殖，使循环水浊度升高，污染加重，并会附着在管壁等位置，加速系统的腐蚀。生物酶制剂可以一定程度上分解水中的有机物或含氮物质，并对循环水体中比藻类更高等的好氧微生物有一定的激活作用，形成不同的生态位，改变养分竞争机制，使藻类的养分供应链中断，从而不能大量繁殖。一部分脱落到系统流动水体中的藻类还能被生物酶分解，将其分解为N_2从水体中逸出，从而使藻类缺乏氮磷等营养物质，难以在循环水系统中大量生长。其简易分解式如下：

$$C_{106}H_{263}O_{110}N_{16}P + H_2O \longrightarrow CO_2 \uparrow + N_2 \uparrow + P_2O_5 + H^+ + e^-$$

其他的一些科学家，也对采用生物技术处理循环水进行了一些有益的探索。特别是在循环水系统中高含量可同化有机碳（AOC）存在时，传统的化学法就很难处理，不仅难以提高浓缩倍数，更有可能出现循环水系统崩溃。K.P.Meesters在实验室采用生物滤池处理循环水可有效去除可同化有机碳，可保证维持循环水体的水质要求，从而达到多次循环的需要；F.Liu等的研究表明，采用低营养限制（low nutrient limitation）策略进行COD减排后，可以不采用杀菌剂等来控制生物污染。此外，生物竞争排除（biocompetitive exclusion，BE）策略等也在石油工业中获得重视和研究，认为通过硝酸盐注射等模式来抑制硫酸盐还原菌（SRB）的生长和生物腐蚀（microbiologically influenced corrosion，MIC）。不过，完整的循环水生物处理技术并未形成，未见进行工业化的推广和应用。

18.2.1.2 溶垢微生物的分离和筛选

碳酸酐酶（carbonic anhydrase）广泛分布于动植物和原核生物中，是已知的催化反应速率最快的生物催化剂。不仅所有哺乳动物的组织和细胞类型中都发现了碳酸酐酶，而且植物和单细胞绿藻中含有丰富的碳酸酐酶。碳酸酐酶具有一系列重要的生理作用，如控制酸碱平衡、呼吸作用、二氧化碳和离子运输、光合作用、钙化作用等。

近年来有研究发现，碳酸酐酶在岩溶环境中广泛分布，与生态系统中元素迁移之间有着紧密的关系。岩溶地区土壤细菌的碳酸酐酶以胞外酶方式存在，在石灰岩的溶解实验中加入碳酸酐酶，可使溶解速率提高 10 倍。本实验通过采集富含微生物的金佛山土壤，从中分离能分泌胞外碳酸酐酶的土壤微生物，开发其在解决工业循环水结垢问题方面的潜能。

（1）取样

前期研究资料表明，夏季土壤碳酸酐酶活性最高，因此于 2014 年 7 月前往金佛山采集土壤样品，并置于冰箱保存。金佛山地处亚热带湿润气候区，海拔高度为 500 ～ 2200m，植物种类及植被群落类型多，亚热带岩溶生态系统是由寒武纪、奥陶纪的石灰岩、白云岩构成岩溶发育的物质基础。

（2）测定土壤碳酸酐酶活性

将每个新鲜土壤样本准确称取 3 份，每份 2.0g，分别加入 10mL、20mmol/L 的巴比妥缓冲液（pH8.3），混匀后在 7000r/min 下离心 10min，取上清液测定碳酸酐酶活性。

碳酸酐酶活性按 Brownell 等的方法略做改进后测定。该测定是在一个 2℃ 的冷冻反应室中，通过测定在含有 0.5mL 煮沸或未煮沸土壤提取液的测定液中注入 4.5mL 冰冷的 CO_2 饱和水后 pH 值下降的速度差异来进行的。酶活单位数由下式求得：

$$U=10(t_0/t_e-1)$$

式中　　t_0——加入煮沸土壤提取液测得的 pH 值变化所需时间；

　　　　t_e——加入未煮沸土壤提取液测得的 pH 值变化所需时间。

碳酸酐酶活性以每克干重土壤含有的酶活单位数（U/g）表示，表 18-1 是土壤碳酸酐酶活性测定结果。

表18-1　土壤碳酸酐酶活性测定结果

土壤编号	细胞内碳酸酐酶活性/(U/mg)	细胞外碳酸酐酶活性/(U/mg)
1	1.65±0.12	0.19±0.01
2	0.27±0.07	—
3	0.76±0.04	—
4	6.21±0.48	0.72±0.02

（3）产碳酸酐酶细菌的筛选及酶活测定

土壤细菌的分离参照《土壤微生物研究法》进行。将适量土壤稀释液涂布于含有 60g/L 碳酸钙、1mol/L $ZnSO_4$ 的牛肉膏蛋白胨琼脂平板上，将平板置于 34 ～ 37℃ 环境中培养 24h，挑出长好的菌落并采用划线法进行纯化，然后测定每个纯细菌培养物的碳酸酐酶活性，从而获得能产碳酸酐酶的细菌。纯细菌培养物在 5000r/min 下冷冻离心 5min，取上清液测定细胞外碳酸酐酶活性。碳酸酐酶活性以每毫克蛋白含有的酶活单位数（U/mg）表示。

菌株在白垩培养基上涂布生长的菌斑如图18-1所示，排除pH值测试酸性菌株后，可基本确定为碳酸酐酶产生菌，供进一步做摇瓶测试和碳酸酐酶活性测定实验（由于培养基中含有较多碳酸钙，所以产生的菌斑周围水解圈也可能是由产酸细菌产酸水解所形成，利用pH测试可初步确定为产酸菌或产酶菌株）。

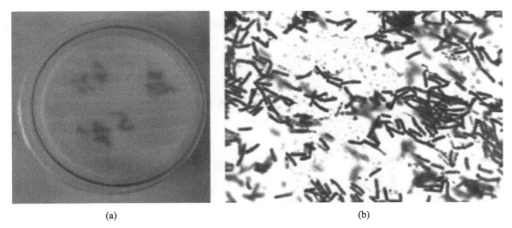

(a)   (b)

图18-1　产碳酸酐酶菌株的菌落及革兰氏染色

从土壤中筛选出4株产碳酸酐酶量较多的微生物，其碳酸酐酶活性测定见表18-2。

表18-2　部分优势菌株碳酸酐酶活性及鉴定

菌株编号	细胞内碳酸酐酶活性/(U/mg)	细胞外碳酸酐酶活性/(U/mg)	16S rRNA测序结果
1-1	1.35±0.09	0.11±0.01	干酪乳杆菌 (*Lactobacillus casei*)
3-1	0.21±0.03	—	假单胞菌属 (*Pseudomonas*)
4-1	3.70±0.17	0.22±0.03	阴沟肠杆菌 (*Enterobacter cloacae*)
4-2	5.41±0.39	0.52±0.05	赖氨酸芽孢杆菌 (*Lysinibacillus*)

对获得的高碳酸酐酶活菌株进行了生长曲线和产酶及酶活曲线等测定，并以此作为后续提取碳酸酐酶并保种的依据。

18.2.1.3　循环水内微生物的QSI控制技术

微生物不断地受到各种各样的环境刺激，为此细菌进化出了多种系统使其能适应这些环境波动。为了在竞争环境中获得最大利益，单细胞细菌采取的一种群落基因调节机制，称为群体感应（quorum sensing，QS）。细菌群体感应信号中，高丝氨酸内酯（*N*-acyl-homoserine lactonase，AHLs）是一类被定性清楚的细胞间交流信号；同时，细菌的竞争者们却进化出某种机制解除微生物的QS系统来获得竞争中的优势地位，例如群体感应信号分子抑制剂（quorum sensing inhibitor，QSI）。

微生物给循环冷却水系统带来的危害主要有两个方面：一是微生物的黏泥危害；二是微生物的腐蚀危害。这两方面问题的形成与微生物在循环水系统里的数量和种类密切相关。而群体淬灭细菌通过干扰细菌群体感应系统可以抑制细菌生物膜的形成，削弱了循环水系统里微生物的成长载体，从而达到减少微生物种类和数量的作用。通过PCR-TGGE方法来探究群体淬灭细菌对循环水系统里水样中和挂片上微生物多样性的影响。

（1）循环水实验系统的建立及实验检测

参考N. Dogruoz等关于循环冷却水系统试验装置以及于海琴等关于生物污染实验研究方法，研制了静态挂片腐蚀测定装置，如图18-2所示。反应器里加入5L从重庆市某化工厂循环冷却水系统取来的循环水，利用恒温磁力搅拌器使整个装置里烧杯中的水温维持在35℃；在装置中央挂入实验用的挂片，整个实验运行45d。每天对循环水水质进行检测，并对实验损失的循环水进行补足，蠕动泵流量为0.02L/min。静态挂片腐蚀实验设置1个对照组和1个实验组，在静态挂片腐蚀实验装置平稳运行24h后，向实验组中一次性加入50mL（1%）的群体淬灭细菌的过滤产物，以后不再加入，观察监测实验进程。每3d对静态挂片腐蚀实验装置里的水样测定一次，并对静态挂片腐蚀实验装置里损失的水进行补充。

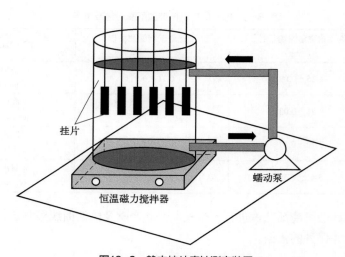

图18-2　静态挂片腐蚀测定装置

将分泌群体淬灭酶的菌株培养至稳定期后，粗提了群体淬灭酶，它通过干扰细菌的群体感应系统从而抑制细菌生物膜的形成，首次证明了可利用细菌群体淬灭酶抑制循环冷却水系统生物污染。主要包括以下几个方面。

①分离产AHLs信号分子的细菌和群体淬灭细菌：从循环冷却水系统的生物黏泥中提取AHLs，并用比色法和菌株JZA1检测信号分子；分离纯化循环水系统生物黏泥的细菌，对其进行革兰氏染色、生长曲线的测定、16S rRNA序列分析，革兰氏阴性菌的信号

分子浓缩抽提并检验，筛选出产 AHLs 信号分子的细菌和群体淬灭细菌。

② 研究群体淬灭细菌对微生物成膜能力的影响：研究群体淬灭细菌对几株产 AHLs 信号分子细菌的细菌增殖与成膜能力的影响，并探究群体淬灭细菌对这几株产 AHLs 分子细菌的成膜能力抑制的最佳浓度。

③ 研究群体淬灭细菌对循环冷却水水质及腐蚀率的影响：借助动态污染模拟装置的运行，监测其水质及挂片腐蚀率的变化，利用灰色关联分析方法，探究群体淬灭细菌对循环冷却水水质及腐蚀率的影响。

④ 研究群体淬灭细菌对循环冷却水系统中微生物多样性的影响：通过 PCR-TGGE 分析群体淬灭细菌对循环冷却水系统水样与附着在挂片上微生物的影响。

⑤ 构建 QSI 工程菌，并测试对循环水系统中微生物的控制和水质的影响。

（2）挂片生物膜中的物种及群落演替分析

图 18-3 为不同时间水样和碳钢挂片生物膜的 TGGE 图谱。

空白水样为系统正常运行时集水池中的水样，其余水样为挂片实验开始后与挂片时间相对应的集水池水样。根据 TGGE 原理，样品中不同的 DNA 序列处在泳道的不同位置，因此每一个条带代表一个物种。条带数量反映样品中种群的丰富度，条带的荧光强度反映样品中某一种群的相对数量。

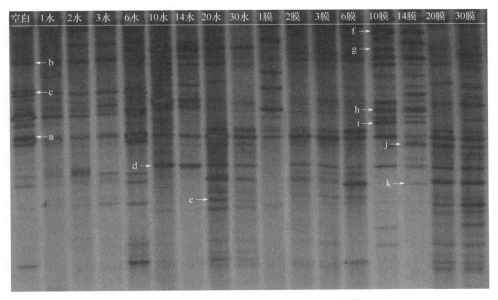

图18-3　循环水水样及挂片生物膜TGGE图谱
空白—空白水样；1水—1d后水样；2水—2d后水样；3水—3d后水样；6水—6d后水样；10水—10d后水样；
14水—14d后水样；20水—20d后水样；30水—30d后水样；1膜—1d后挂片；2膜—2d后挂片；
3膜—3d后挂片；6膜—6d后挂片；10膜—10d后挂片；14膜—14d后挂片；20膜—20d后挂片；
30膜—30d后挂片；a、b……表示条带号

特征条带测序结果见表 18-3。其中 d 条带测出了两种匹配序列，可能是由于样品中微生物种类较多，导致多于一种 DNA 序列经过电泳迁移到了同一个位置。

表18-3　条带序列比对结果

条带号	登记号	最相似序列	同源性/%
a	JX219390.1	*Rhodobacter* sp. SL24 16S ribosomal RNA gene, partial sequence	100
b	JF519652.1	Uncultured *Bifidobacterium* sp. isolate DGGE gel band PG-A1 16S ribosomal RNA gene, partial sequence	99
c	JX047133.1	Uncultured *bacterium* clone KWB109 16S ribosomal RNA gene, partial sequence	93
d	HQ844963.1	Uncultured *Lactobacillus* sp. clone SH034 16S ribosomal RNA gene, partial sequence > gb|JX839300.1|	100
d′	AJ634665.1	*Candida dubliniensis* partial rvs161gene for reduced viability upon starvation protein 161	100
e	EF521194.1	Uncultured *bacterium* isolate DGGE gel band D3 TMA-degrading protein-like gene, partial sequence	88
f	JX105408.1	Uncultured *bacterium* isolate DGGE gel band 8-4 16S ribosomal RNA gene, partial sequence	98
g	HQ132674.1	Agricultural soil *bacterium* CRS5630T18-2 16S ribosomal RNA gene, partial sequence	96
h	AM117169.1	*Lactobacillus casei* partial 16S rRNA gene, clone 1F3	97
i	JQ401807.1	Uncultured *Adhaeribacter* sp. clone CNY_02013 16S ribosomal RNA gene, partial sequence	100
j	JX270635.1	Uncultured *Rhizobium* sp. isolate DGGE gel band 4 16S ribosomal RNA gene, partial sequence	98
k	HE585130.1	*Saccharomyces cerevisiaex* Saccharomyces kudriavzevii ALD6-SK gene for aldehyde dehydrogenase 6, strain Eg8/136	100

由图18-3可见：

① a条带（*Rhodobacter* sp.）在所有样品中都有较高的浓度，说明这一菌种无论是浮游状态还是附着状态都能很好地适应环境，成为共生种群中的优势种，第1天和第2天水样中条带颜色比空白水样浅，可能是由于集水池中加入了挂片，*Rhodobacter* sp. 为了适应这一变化自身做出了调整，同时第1天和第2天的挂片上已出现了数量较多的 *Rhodobacter* sp.，说明这一种群倾向于附着在固体表面，是成膜时的先锋定植者之一。

② b条带（Uncultured *Bifidobacterium* sp.）在空白水样中数量占优，加入挂片后在水中的数量也一直很稳定，20d之后颜色开始变淡，Uncultured *Bifidobacterium* sp. 在挂片中颜色逐渐加深，20d的样品突然变淡，在30d的样品中重新出现，可能是由于 Uncultured *Bifidobacterium* sp. 虽然不能作为先锋定植者，但是具有较强的成膜能力，是生物膜的重要组成部分，20d时随成熟生物膜脱落，30d时重新出现在生物膜中。

③ c条带（Uncultured *bacterium*）1周后在水样中数量逐渐减少，20d后几乎完全消失，挂片生物膜中直到2周后才出现了 Uncultured *bacterium*，随后又消失，说明这种微生物比起附着状态，更适应浮游状态，但是本身竞争优势不足，无法在整个群落中占据较大比例，2周时出现在生物膜上应该是由于生物膜的捕捉作用。

④ d条带（Uncultured *Lactobacillus* sp. 或者 *Candida dubliniensis*）不存在于空白水样中或含量极少，随着挂片实验的进行，*Lactobacillus* sp. 或者 *Candida dubliniensis* 出现在了10d后的水样和2d后的挂片生物膜中，说明这一种群可能存在于空白水样中，只是由于数量太

少无法被检测出来，同时 *Lactobacillus* sp. 或者 *Candida dubliniensis* 具有较强的附着能力并在生物膜中具有竞争优势，随着成熟生物膜的脱落，增加了浮游状态细胞的数量。

⑤ e 条带（Uncultured *bacterium*）在水样中呈周期性变化，应该是 Uncultured *bacterium* 在与其他种群竞争中不断调整应对策略以保持一定的竞争优势，20d 后这一种群出现在了挂片生物膜中且数量较大，可能是由于成熟生物膜脱落后露出的挂片表面残留了胞外分泌物等，利于这一种群附着。

⑥ d 条带（Uncultured *Lactobacillus* sp. 或者 *Candida dubliniensis*）和 e 条带（Uncultured *bacterium*）的变化可能是由于进水成分较为稳定，微生物内部以及种属间为竞争基质而在不断地调整种群结构，最终种群数量重新分布，形成新的稳定状态。

⑦ f 条带（Uncultured *bacterium*）、h 条带（*Lactobacillus casei*）和 i 条带（Uncultured *Adhaeribacter* sp.）仅存在于 10 膜和 14 膜两个泳道，可能这些种群本身成膜能力不强，只是依靠生物膜的黏性物质被固定在表面，生物膜脱落时也随之一起从挂片表面掉落了。g 条带只出现在 10 膜。

⑧ j 条带（Uncultured *Rhizobium* sp.）仅在 2 周后的挂片生物膜中出现，k 条带（*Saccharomyces cerevisiae*）也只存在于 1 周后的生物膜样品中。说明 *Rhizobium* sp. 和 *Saccharomyces cerevisiae* 更适应固定的生存方式，但是无法作为先锋定植者先在挂片表面形成生物膜，只能在成熟生物膜脱落后在重新暴露出的挂片表面固着成膜。综上所述，抑制先锋定植者在固体表面先形成生物膜对阻止后续生物膜的形成过程十分重要，如红杆菌属（*Rhodobacter* sp.）、乳杆菌属（*Lactobacillus* sp.）或杜氏假丝酵母菌（*Candida dubliniensis*）等，同时也要关注容易在固体表面二次成膜的微生物种属，如根瘤菌属（*Rhizobium* sp.）和酵母菌属（*Saccharomyces cerevisiae*）等，这与 Da-wen Gao 的研究结果一致。

（3）循环水系统中产信号分子细菌及群体淬灭细菌的分离与鉴定

1）循环冷却水系统中细菌的分离及生长曲线测定

取适量生物黏泥，在无菌条件下加入无菌水和灭菌玻璃珠，将其置于摇床均匀振荡 30min，10 倍稀释法连续稀释制备 10^{-2}、10^{-3}、10^{-4}、10^{-5}、10^{-6} 的稀释菌液。分别取 0.2mL 于牛肉膏蛋白胨培养平板中，37℃倒置培养 24～48h。挑取不同形态和颜色的单菌落，采取分区划线法，平板划线将其分离培养 1～2d。在分离细菌的平板上挑取单菌落，再次平板划线，使菌种进一步纯化。革兰氏染色后，阴性菌株进行生长曲线测定。

2）群体感应细菌和群体淬灭细菌的筛选

群体感应细菌采用比色法和报道菌株 JZA1 检测其信号分子，另两支试管中分别加入 800μL 甲醇、无菌水作为对照。

报道菌株是一株针对 AHLs 信号分子有高敏感性的检测菌株 JZA1，为自体诱导物合成酶 *traI* 基因缺陷的根癌农杆菌，它自身不能产生自体诱导物，它的 *traI-lacZ* 完全依赖于外源自体诱导物诱导表达。检测菌株含有一种带有 lacZ 为报告基因的质粒，质粒将 *lacZ* 与 *traG* 融合，*traG* 受 *traR* 调节，用含有 X-Gal 的琼脂覆盖培养，就可以在平板上看到蓝色斑点（见图 18-4，书后另见彩图）。将加有 X-Gal 的 AT 平板固体培养基切成若干细条，在细条的一端加入 30μL 待测菌与 20μLAHLs 抽提物的混合物，在细条的另一端依次点接指示菌 JZA1，30℃培养 24h 后观察指示菌的颜色变化并记录实验结果。以牛肉膏蛋白胨空白培养基和 AHLs 抽提物的混合物作为阴性对照。

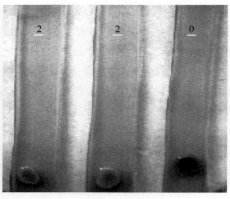

图18-4　群体淬灭细菌筛选

1—1号菌株+AHLs；2—2号菌株+AHLs；0—阴性对照

细菌的 16S rRNA 序列分析：凝胶电泳检验 PCR 产物的大小，再对 PCR 产物进行纯化，将纯化后的产物进行测序分析，并将测序结果提交 GenBank，与 GenBank 数据库中已有细菌的 16S rRNA 序列进行相似性比对。为探索循环水系统水体微生物 QS 系统的存在和 QSI 对循环水系统成膜的影响，多株具有群体感应能力的菌株被分离。其中一株成膜能力较弱且具有 AHLs 降解活性的 QSI 菌株，初步鉴定为苏云金芽孢杆菌（*Bacillus thuringiensis*）。

（4）群体淬灭细菌对循环冷却水系统中微生物的成膜能力影响研究

对细菌成膜能力及浮游细菌数的测定，自然干燥后，加乙醇/丙酮溶液（体积分数比为 4∶1）8mL 洗脱吸附于生物膜上的染料，乙醇/丙酮溶液经适当稀释后，在 570nm 处测定吸光值，评估细菌的成膜能力。浮游细菌数的测定采用 OD600。

目标菌生长曲线及抑菌活性测定如下。

① 生长曲线测定：向 150mL 锥形瓶中加 50mL 培养基，500μL 过夜培养菌液以及 5% 的群体淬灭细菌过滤产物，30℃摇床培养，每隔 4h 测 1 次 OD600。

② 抑菌活性测定（滤纸片法）：过夜培养菌液涂布在牛肉膏蛋白胨固体培养基上，吸取 10μL 群体淬灭细菌培养基的过滤产物到无菌滤纸片，待滤纸片吹干后反扣在培养基上，30℃静置培养 24h，观察有无明显的抑制圈的形成，确定群体淬灭细菌滤液对目标菌株的生长是否有显著的抑制作用。

③ 细菌群游能力的测定：采用半固体平板法，将质量分数为 0.4% 的琼脂牛肉膏蛋白胨半固体培养基平板，于 30℃干燥 2h，接种 1μL 过夜培养的菌悬液于平板，吹干后于 30℃培养 24h，观测细菌群游情况（见图 18-5，书后另见彩图）。

经过 24h 的培养后，1 号菌与 3 号菌的群游能力很强，几乎遍布整个培养皿，而 6 号菌的群游能力比较弱；在培养皿中添加 5% 的群淬产物后，3 种菌的群游能力明显减弱，说明群体淬灭细菌对 3 株产 AHLs 的细菌的群游能力有明显的抑制作用。添加不同浓度淬灭酶后对产 AHLs 细菌在挂片上成熟生物膜影响的扫描电镜结果如图 18-6 所示。

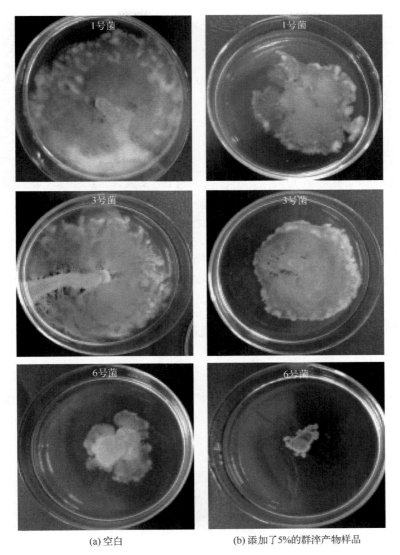

(a) 空白　　　　　　　　　(b) 添加了5%的群淬产物样品

图18-5　细菌群游能力

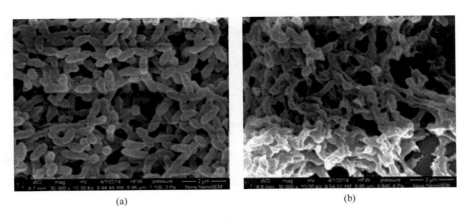

(a)　　　　　　　　　　(b)

图18-6

1309

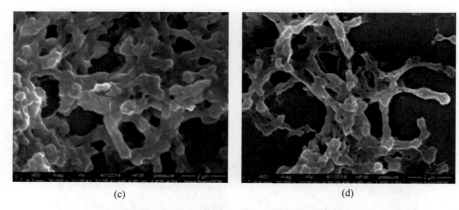

(c)　　　　　　　　　　　　　　　　(d)

图18-6　不同浓度淬灭酶对生物膜的处理效果

随着添加淬灭酶的浓度增加，群体感应细菌成膜能力下降，膜中生物量减少，膜结构疏松，保护膜内种群、黏附营养物质、提供输送通道等功能逐渐丧失，加入淬灭酶后生物膜不再增加，黏附力下降，结构疏松，在水流的作用下逐渐从挂片表面脱落。

（5）群体淬灭（QSI）工程菌的构建及表达

1）载体构建

以分离得到的 *B. thuringiensis* 的基因组 DNA 为模版，利用设计的上下游引物进行 PCR 扩增后产物经 1% 琼脂糖凝胶电泳分析，结果如图 18-7 所示。利用 DL2000 DNA Marker 对比可得 PCR 产物大小约为 750bp，与 Genbank 数据库中所公开的 aiiA 基因的片段大小基本一致，符合 PCR 预期实验结果，aiiA 基因扩增成功。

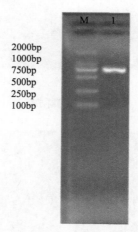

图18-7　aiiA PCR产物的琼脂糖凝胶电泳图

通过构建表达载体（图 18-8），将经纯化后的 PCR 产物连接至 pCzn1 载体的酶切位点 Nde Ⅰ 和 Xba Ⅰ 之间，将获得的重组质粒命名为 pCzn1-aiiA，转入 *E. coli* TOP10 克隆菌株，挑取阳性克隆子测序，测序拼接结果如下，单划线为 aiiA 基因区域。紫色区域为酶切位点；黄色区域为 6×His（组氨酸）标签序列。

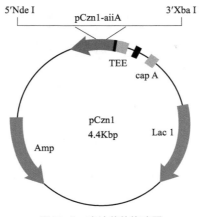

图18-8　表达载体构建图

2）表达

测序结果与预期序列进行比对，表明 100% 匹配，将得到的测序结果提交至序列处理在线工具包（SMS）网址的 DNA 分析中，在线翻译程序翻译后蛋白序列如下：蛋白理论分子量为 29410 左右（含 HIS-tag），利用生物学软件 DNASTAR 对 aiiA 进行分析，aiiA 基因由 753 个碱基组成，251 个氨基酸构成了其所编码的蛋白质；其中碱性氨基酸 20 个、酸性氨基酸 37 个、疏水性氨基酸 84 个、亲水性氨基酸 61 个（见图 18-9）。

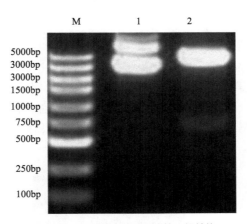

图18-9　预测的内酯酶aiiA的三级结构
M—CL5000 DNA Marker；1—酶切前质粒；2—酶切后质粒

利用在线模拟程序 Swiss-Model 预测 *B. thuringiensis* 内酯酶 aiiA 的三级结构。提交序列后得到同源性高达 96.4% 的蛋白结构数据（同源性大于 50% 的建模结果具有可信度），模版 ID：3dhc.1.A。建模结果如图 18-10 所示。

以重组基因工程菌 *E.coli* AE（DE3）-pCzn1-aiiA 菌液培养的时间为横坐标，以各时间点所测得菌液的平均 OD_{600} 值为纵坐标，绘制出生长曲线，如图 18-11 所示。由图 18-11 可知基因工程菌稳定期为 10～16h。

图18-10 重组表达质粒pCzn1-aiiA的双酶切鉴定

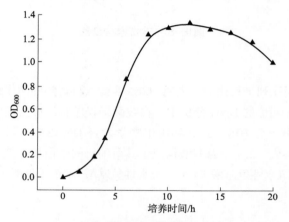

图18-11 重组基因工程菌的生长曲线

　　包涵体经过变复性的方式，重溶目标蛋白，通过 Ni 柱亲和纯化获得目标蛋白，进行 12% SDS-PAGE 分析结果，如图 18-12 所示。条带 3 为纯化后的目标蛋白 aiiA，在 33kD 左右出现明显单一条带，且条带较未纯化前清晰，特异性强，说明透析后的蛋白可特异性 吸附在 Ni 柱上并纯化得到了 aiiA 纯品，说明 aiiA 蛋白纯化成功。

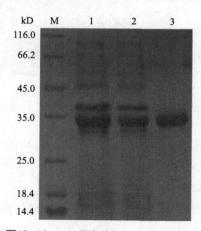

图18-12 aiiA蛋白纯化的SDS-PAGE
M—蛋白marker；1—未纯化aiiA蛋白；2—杂蛋白（洗脱液）；3—纯化aiiA蛋白

（6）群体淬灭细菌对循环冷却水系统水质与挂片腐蚀率影响研究

1）水质指标分析

从图 18-13 和图 18-14 中可以看出，添加群体淬灭细菌提取物的实验组反应器的 pH 值、碱度、Ca^{2+} 和硬度随时间的上升趋势比对照组反应器大；Cl^-、总铁、异养菌总数则相反，实验组反应器的挂片腐蚀率比对照组反应器低 37%。灰色关联度计算分析得出，对照组反应器中挂片腐蚀主要受 pH 值、碱度、硬度、Ca^{2+} 等水质参数的影响，而实验组反应器挂片腐蚀主要受 pH 值、Ca^{2+}、Cl^-、碱度等水质参数的影响。

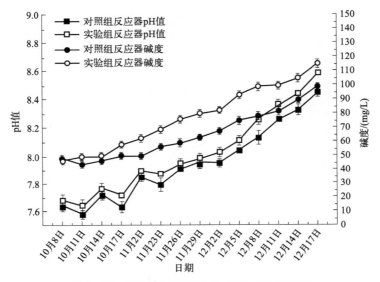

图18-13　群淬细菌影响下水体pH值、碱度的变化

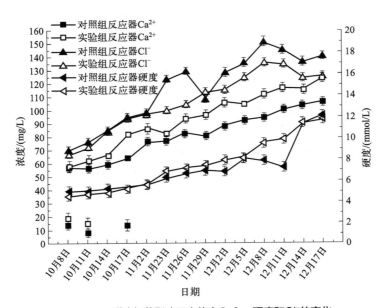

图18-14　群淬细菌影响下水体中Ca^{2+}、硬度和Cl^-的变化

2）基于焦磷酸高通量测序的微生物群落结构分析

图 18-15（书后另见彩图）显示了投加工程菌上清液前后循环冷却水中微生物在门水平下的分布。已知取样时间分别为 0d、8d、16d、24d，投加菌液时间为第 5 天和第 15 天，由 0d 图谱可以看出，原水中主要存在 *Proteobacteria*（变形菌门）和 *Actinobacteria*（放线菌门）；其中 *Proteobacteria* 作为革兰氏阴性菌在系统中达到的比例约为 87%，*Actinobacteria* 作为革兰氏阳性菌所占比例不足 10%。显然，在反应初期革兰氏阴性菌在系统中占有绝对优势地位。

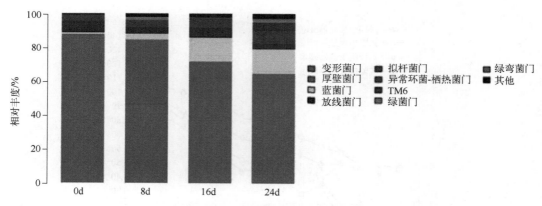

图18-15　不同时期实验组菌属分布

当达到第 8 天（即菌液加入后的第 3 天）时，循环水中主要存在 *Proteobacteria*、*Firmicutes*（厚壁菌门），其中 *Proteobacteria* 在系统中所占比例约为 48%、*Firmicutes* 作为革兰氏阳性菌在系统中所占比例约为 34%；同时，*Cyanobacteria*（蓝菌门）作为革兰氏阳性菌相比反应初期比例增加，也说明了随着系统的运行，蓝菌门开始滋生。到第 8 天时，革兰氏阴性菌比例下降了约 40%，说明随着工程菌菌液的加入，其中的内酯酶 aiiA 降解了较多，革兰氏阴性菌信号分子 AHLs 抑制了其 QS 系统从而抑制了革兰氏阴性菌的生长，其种群优势地位逐渐失去。

取样时间为第 16 天（即第二次加入菌液的第 2 天）时，*Proteobacteria* 比例相比第 8 天略有下降，*Firmicutes* 比例几乎维持不变，*Cyanobacteria* 比例增幅明显。革兰氏阴性菌比例进一步下降，但相比起第 8 天下降幅度不明显，结合数据分析来看，可推断占系统比例为 1‰ 的工程菌菌液中内酯酶在系统中作用的持续时间约为 5d，所以第二次菌液投加之前，革兰氏细菌 QS 系统未受到抑制，加入菌液后 1d 内酯酶发挥作用降解了 AHLs，系统中革兰氏阴性菌生长受到抑制，但持续时间较短，故 *Proteobacteria* 种群密度相比第 8 天下降幅度不明显。同时，*Cyanobacteria* 的继续增殖说明了内酯酶不能干扰革兰氏阳性菌的 QS 系统。

第 24 天时，*Proteobacteria* 在系统细菌种群中再次处于优势地位，达到 67%，*Cyanobacteria* 所占比例相比第 16 天几乎保持不变。这反映了伴随着内酯酶 aiiA 的消耗殆尽，革兰氏阴性菌生长繁殖受抑制状态被解除，故其很快恢复种群优势地位，*Deinococcus-Thermus*（异常球菌 - 栖热菌门）作为革兰氏阳性菌比例略有提升。*Cyanobacteria* 在系统中繁殖因受到 *Proteobacteria* 的竞争效应而受到抑制，相比于第 16 天时没有明显提高。

通过焦磷酸高通量测序结果可以看出，QSI 工程菌菌液中内酯酶 aiiA 能有效抑制循环冷却水系统中革兰氏阴性菌的生长繁殖。

18.2.1.4 生物缓蚀阻垢制剂的性能分析

针对循环冷却水中结垢腐蚀以及运行 pH 值升高等问题，构建了一种以高产碳酸酐酶微生物、COD 降解菌和产酸菌为主的生物缓蚀阻垢制剂，分析了其缓蚀阻垢性能与生物群落结构。高产碳酸酐酶微生物为从喀斯特地貌中分离出的具有分泌碳酸酐酶的纺锤形赖氨酸芽孢杆菌（*Lysinibacillus boronitolerans*），COD 降解菌与产酸菌分别为球衣菌属（*Sphaerotilus* sp.）和乳杆菌属（*Lactobacillus* sp.），保存编号分别为 CQY-DJJ-JC-Q 和 CQY-DJJ-JC-S。

（1）缓蚀性能的测定

采用挂片腐蚀试验法测定生物缓蚀阻垢制剂的缓蚀性能，通过挂片在实验期间的质量变化量分析腐蚀率与缓蚀率，从而得出其缓蚀性能大小。

1）实验试剂与材料

① 试剂：无水乙醇；10% 盐酸 +0.5% 六亚甲基四胺；5% 氢氧化钠。

② 材料：实验挂片材质为 20 号碳钢；挂片表面积 28cm²；密度 7.86g/cm³。

③ 实验用水取自长江，并将其进行絮凝沉淀处理。

2）实验装置

挂片腐蚀试验装置示意如图 18-16 所示。

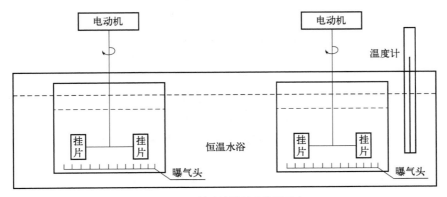

图18-16 挂片腐蚀试验装置示意

装置技术参数如下。

① 工作电压：220V（1±10%），50Hz（1±5%）。

② 水浴温度控制范围：室温约 80℃，精度 ±0.2℃。

③ 旋转轴转速：30 ~ 200r/min。

3）实验步骤

① 调整实验用水水质。

Ⅰ. 将实验用水 pH 值分别调整至 5.0、5.5、6.0、6.5、7.0、7.5、8.0、8.5、9.0、9.5、10、10.5，用于分析 pH 值对制剂缓蚀性能的影响。

Ⅱ. 将实验用水中 Ca^{2+} 浓度分别调整为 100mg/L、200mg/L、300mg/L、400mg/L、500mg/L、600mg/L，用于分析 Ca^{2+} 浓度对制剂缓蚀性能的影响。

Ⅲ. 将实验用水中 Cl^- 浓度分别调整为 50mg/L、100mg/L、150mg/L、200mg/L、250mg/L、300mg/L，用于分析氯离子浓度对制剂缓蚀性能的影响。

Ⅳ. 将实验用水的温度分别调整至 10℃、20℃、30℃、40℃、50℃、60℃，用于分析温度对制剂缓蚀性能的影响。

② 挂片预处理。

Ⅰ. 将未处理的挂片放入无水乙醇中浸泡片刻，然后用脱脂棉仔细擦拭两遍。

Ⅱ. 再将其移入无水乙醇中浸泡少许时间。

Ⅲ. 取出置于干净滤纸上自然风干。

Ⅳ. 待其风干后，用滤纸包好并置于干燥箱内烘干，24h 后取出，待其冷却后用电子天平称量其初始重量（精确至 0.0001g）。

③ 向 3L 的烧杯中加入适量实验用水，然后加入适量的生物缓蚀阻垢制剂，用实验用水定容到 3L 刻度线后置于恒温水浴锅内，并做未加入生物制剂的空白对照实验。

④ 设置好温度，开启恒温加热装置，待温度稳定后，挂入挂片，发动电动机按设计转速转动并记录开启时间。

⑤ 烧杯每隔 2h 进行一次补水，补水为蒸馏水。

⑥ 实验时间为 72h，取出挂片。

⑦ 挂片清洗处理。

Ⅰ. 若挂片受腐蚀较轻，则可用橡皮擦拭挂片表面至其显示金属本色；接着在无水乙醇中用脱脂棉仔细擦拭挂片表面两遍；再将挂片浸泡于清洁的无水乙醇中 3～5min，取出后放于干净滤纸上，待其自然风干便用滤纸包好；然后放入干燥箱内，24h 后取出并测定其重量（精确至 0.0001g），得出其被腐蚀的重量，得到腐蚀率。

Ⅱ. 若挂片受腐蚀严重，则先用 10% 盐酸 +0.5%6 次甲基四铵溶液清洗挂片 10～15min，去除其表面腐蚀沉积物。取出清洗好的挂片后马上将其置于 5% 的氢氧化钠溶液中 1～2min，使其表面钝化，然后将挂片浸泡于清洁的无水乙醇中 3～5min，取出放于干净滤纸上，待其自然风干便用滤纸包好，然后放入干燥箱内，24h 后取出并测定其重量（精确至 0.0001g）。

⑧ 计算腐蚀率与缓蚀率。按以下公式计算腐蚀率 X_1（mm/a）：

$$X_1 = \frac{8760(W - W_0) \times 10}{ADT} \tag{18-1}$$

式中 W——挂片质量损失，g；

W_0——空白实验挂片的质量损失平均值，g；

A——挂片的表面积，cm²；

D——挂片的密度，g/cm³；

T——挂片时间，h；

8760——1 年中 8760 个小时，h/a；

10——1cm 换算为 10mm，mm。

缓蚀率 η（%）依据下面的公式计算：

$$\eta = \frac{X_0 - X_1}{X_0} \times 100\% \tag{18-2}$$

式中　X_0——空白实验挂片腐蚀率，mm/a；

　　　X_1——挂片腐蚀率，mm/a。

（2）阻垢性能的测定

采用碳酸钙沉积法测定生物缓蚀阻垢制剂的阻垢性能，将适量制剂加入含一定量的 Ca^{2+} 和 HCO_3^- 的溶液中，并恒温加热，溶液中的 $Ca(HCO_3)_2$ 迅速反应生成 $CaCO_3$，待反应达到平衡后检测溶液中的 Ca^{2+} 浓度，根据阻垢率来判定其阻垢性能。

1）实验试剂

① 氢氧化钾（KOH）溶液：200g/L。

② 硼砂缓冲溶液：pH≈9，称取 3.80g 的十水四硼酸钠（$Na_2B_4O_7 \cdot 10H_2O$）溶于去离子水中，定容至 1L。

③ EDTA 标准溶液浓度：0.01mol/L。

④ 盐酸标准溶液浓度：0.01mol/L。

⑤ 溴甲酚绿 - 甲基红指示剂。

⑥ 钙 - 羧酸指示剂：分别称取 0.2g 钙 - 羧酸指示剂与 100g 氯化钾，充分混合后研磨均匀，然后保存于磨口瓶中。

⑦ 碳酸氢钠（$NaHCO_3$）标准溶液：称取 25.2g $NaHCO_3$ 溶于烧杯中，并加入 100mL 水，待其溶解完全后移入 1L 容量瓶中并定容。量取 5mL 的 $NaHCO_3$ 标准溶液于装有 50mL 水的 200mL 锥形瓶中，以溴甲基酚绿 - 甲基红为指示剂，用盐酸标准溶液对其滴定，当溶液颜色由浅蓝色转变为紫色并保持稳定不变时为滴定终点，计算 HCO_3^- 的质量浓度（mg/mL）。

⑧ 氯化钙（$CaCl_2$）标准溶液：称取 16.7g 无水氯化钙于烧杯中，加适量水待其完全溶解后移入 1L 容量瓶中并定容。量取 2mL 氯化钙标准溶液于装有 80mL 去离子水的 200mL 锥形瓶中，然后加入 5mL 氢氧化钾溶液以及 0.1g 钙 - 羧酸指示剂，用 EDTA 进行滴定，溶液颜色从紫红色转变为亮蓝色并保持稳定不变时为滴定终点，然后计算 Ca^{2+} 浓度。

2）实验装置

① 恒温水浴锅，温度控制范围：室温约 80℃，精度 ±0.2℃。

② 烧杯：1000mL。

3）实验步骤

① 在 500mL 容量瓶中加入 250mL 去离子水，加入适量氯化钙标准溶液，使溶液中钙离子含量约为 100mg，加入适量缓蚀阻垢制剂，接着加入 20mL 硼砂缓冲溶液和适量碳酸氢钠标准溶液，使 HCO_3^- 含量约为 305mg，用蒸馏水定容至 500mL，摇匀后转移到 1000mL 的烧杯中。同时做不加缓蚀阻垢制剂的空白对照实验。

② 将烧杯放入恒温水浴锅中，温度设置为 70℃ ±1℃，恒温持续时间为 10h。恒温加热结束后，将溶液冷却至室温，然后用中速定量滤纸进行过滤。

③ 量取 25mL 滤液置于 200mL 容量瓶中，并用去离子水稀释至 80mL，加 5mL 氢氧化钾溶液以及 0.1g 左右的钙 - 羧酸指示剂。然后用 EDTA 标准溶液滴定，溶液从紫红色变为亮蓝色为终点，记录 EDTA 滴定体积，并按以下公式计算钙离子质量浓度 ρ（mg/mL）：

$$\rho = \frac{V_2 c M}{V} \tag{18-3}$$

式中 　V_2——滴定中消耗 EDTA 标准溶液的体积，mL；

　　c——EDTA 标准溶液浓度，mol/L；

　　M——Ca^{2+} 摩尔质量，g/mol；

　　V——$CaCl_2$ 标准溶液体积，mL。

④ 缓蚀阻垢制剂阻垢率 Ω（%）按照下式计算：

$$\Omega = \frac{\rho - \rho_1}{\rho_0 - \rho_1} \tag{18-4}$$

式中 　ρ——实验结束后实验组溶液中 Ca^{2+} 浓度，mg/mL；

　　ρ_1——实验结束后对照组溶液中 Ca^{2+} 浓度，mg/mL；

　　ρ_0——实验前配制好的溶液中 Ca^{2+} 浓度，mg/mL。

⑤ 分别调整实验溶液的 pH 值、温度、Ca^{2+} 浓度和 Cl^- 浓度并按照上述实验步骤进行重复实验，分析不同因素对制剂阻垢性能的影响，具体要求如下：

Ⅰ. 分析 pH 值对制剂缓蚀性能的影响时，pH 值分别为 5.0、5.5、6.0、6.5、7.0、7.5、8.0、8.5、9.0、9.5、10、10.5。

Ⅱ. 分析 Ca^{2+} 浓度对制剂缓蚀性能的影响时 Ca^{2+} 浓度分别为 100mg/L、200mg/L、300mg/L、400mg/L、500mg/L、600mg/L。

Ⅲ. 分析 Cl^- 浓度对制剂缓蚀性能的影响时 Cl^- 浓度分别为 50mg/L、100mg/L、150mg/L、200mg/L、250mg/L、300mg/L。

Ⅳ. 分析温度对制剂缓蚀性能的影响时温度分别为 10℃、20℃、30℃、40℃、50℃、60℃。

（3）结果与讨论

1）生物缓蚀阻垢制剂生物群落分析

采用 Miseq 高通量测序方法对生物缓蚀阻垢制剂进行生物群落分析，图 18-17 为其中微生物在属水平下的分布情况。

由图 18-17 可知，生物缓蚀阻垢制剂中的微生物群落结构主要由芽孢杆菌属（*Bacillus* sp.）、球衣菌属（*Sphaerotilus* sp.）和乳杆菌属（*Lactobacillus* sp.）构成，其占比例分别为 49%、24% 和 21%。从西南地区喀斯特地貌中分离出的能高产碳酸酐酶的纺锤形赖氨酸芽孢杆菌（*Lysinibacillus boronitolerans*）属于芽孢杆菌属，其所产生的碳酸酐酶对水垢具有良好的溶蚀作用；球衣菌是一种高效 COD 降解菌，其对污水中有机物和有毒物质有很强的降解作用；乳杆菌属是一类产酸菌，最终代谢产物大部分为乳酸，其在冷却水中生长将会达到降低冷却水 pH 值的目的。

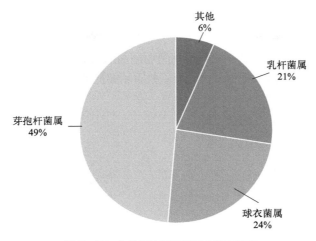

图18-17 生物缓蚀阻垢制剂中菌属分布

2）生物缓蚀阻垢制剂在不同 pH 值下的缓蚀阻垢性能

循环冷却水的 pH 值是系统运行过程中需要控制的一个重要指标，控制 pH 值是控制系统结垢的前提。同时，pH 值对微生物的活性也有较大的影响。因此，探究生物缓蚀阻垢制剂在不同 pH 值条件下的缓蚀阻垢性能是十分必要的。

① 缓蚀性能。实验结束后，分析在不同 pH 值下对照组挂片与实验组挂片因腐蚀而损失的重量，然后根据上面公式计算其各自挂片腐蚀率，最后根据上面公式得到不同 pH 值下生物缓蚀阻垢制剂的缓蚀率，进而可知其缓蚀性能。

图 18-18 为不同 pH 值条件下生物缓蚀阻垢制剂缓蚀率的大小。

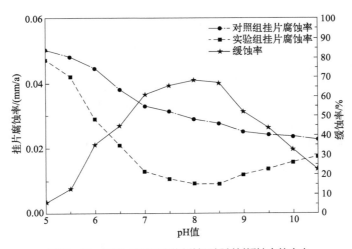

图18-18 不同pH值下生物缓蚀阻垢制剂缓蚀率的大小

由图 18-18 可知，对照组的挂片腐蚀率随 pH 值升高而降低，而实验组的挂片腐蚀率始终比对照组要低，在 pH=8 ～ 8.5 时腐蚀率最低，仅有 0.027mm/a，高于或低于此范围腐蚀率均会升高；同时，由图 18-18 可知缓蚀率受 pH 值的影响明显，缓蚀率在 pH=7.5 ～ 8.5 时高于 60% 并在 pH=8 时最高，达到 68.2%，pH 值高于或低于此范围缓蚀率则下降。这说明了生物缓蚀阻垢制剂能在弱碱性环境中具有良好的缓蚀性能。

② 阻垢性能。实验结束后分析在不同 pH 值下对照组与实验组溶液中 Ca^{2+} 浓度，然后根据上面公式计算不同 pH 值下生物缓蚀阻垢制剂的阻垢率，进而可知其阻垢性能。

图 18-19 为不同 pH 值下生物缓蚀阻垢制剂阻垢率的大小。

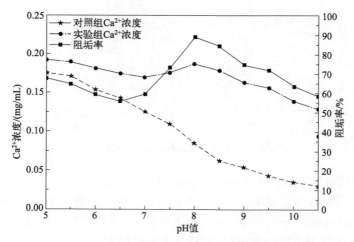

图18-19　不同pH值下生物缓蚀阻垢制剂阻垢率的大小

由图 18-19 可知，总体上实验组与对照组中 Ca^{2+} 浓度均随 pH 值升高而降低，但是后者受 pH 值的影响比前者要明显，当 pH 值大于 7 时两者之间的差异更为明显而前者始终大于 0.13mg/mL，说明了生物缓蚀阻垢制剂能使溶液中大部分 Ca^{2+} 不发生结垢。同时，阻垢率始终大于 60%，且当在 pH=8 时最高，达到 88%。这说明了生物缓蚀阻垢制剂有良好的阻垢性能且在弱碱环境中具有最佳的阻垢性能。

3）生物缓蚀阻垢制剂在不同温度下的缓蚀阻垢性能

循环冷却水系统中温度直接反映了系统的换热情况，不同位置的水温不同，不同季节的水温也有差异，温度对微生物的活性有影响；同时，温度对金属腐蚀具有一定的诱导作用。所以探究不同温度下生物缓蚀阻垢制剂的缓蚀阻垢性能是有必要的。

① 缓蚀性能。实验结束后，分析在不同温度下对照组挂片与实验组挂片因腐蚀而损失的重量，然后根据式（18-1）计算其各自挂片腐蚀率，最后根据式（18-2）得到不同温度下生物缓蚀阻垢制剂的缓蚀率，进而可知其缓蚀性能。

图 18-20 为不同温度下生物缓蚀阻垢制剂缓蚀率的大小。

由图 18-20 可知，对照组挂片腐蚀率随着温度的升高而升高，说明温度升高能加剧碳钢挂片的腐蚀，而实验组挂片腐蚀率比对照组挂片腐蚀率要低，且在温度为 30℃时腐蚀率最低，仅有 0.039mm/a，说明生物缓蚀阻垢制剂能降低碳钢挂片的腐蚀速率。同时，由图 18-20 可知，温度过低或过高都将对生物缓蚀阻垢制剂的缓蚀率有影响，当温度为 30℃时其缓蚀率最高，能达到 72%。这说明了生物缓蚀阻垢制剂的在常温条件下具有良好的缓蚀性能。

② 阻垢性能。实验结束后分析在不同温度下对照组与实验组溶液中 Ca^{2+} 浓度，计算不同温度下生物缓蚀阻垢制剂的阻垢率，进而可知其阻垢性能。

图 18-21 为不同温度下生物缓蚀阻垢制剂阻垢率的大小。

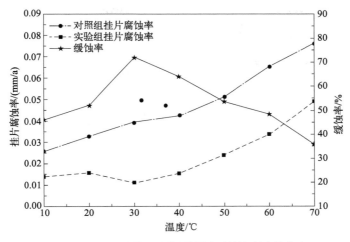

图18-20 不同温度下生物缓蚀阻垢制剂缓蚀率的大小

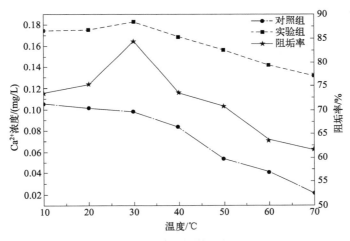

图18-21 不同温度下生物缓蚀阻垢制剂阻垢率的大小

由图 18-21 可知，温度升高会使对照组溶液中的 Ca^{2+} 浓度降低，也就意味着温度越高溶液结垢越严重；实验组溶液中 Ca^{2+} 浓度始终比对照组高，说明生物缓蚀阻垢制剂具有阻垢的效果，且当温度为 30℃时 Ca^{2+} 浓度和阻垢率达到最高，分别为 0.183mg/mL 和 84.4%，说明当温度为 30℃时制剂的阻垢性能最好。由图 18-21 可知，当温度大于或小于 30℃时，阻垢率虽有所下降但始终保持在 60% 以上，说明了温度对制剂的阻垢性能的影响较小。

4）生物缓蚀阻垢制剂在不同 Ca^{2+} 浓度下的缓蚀阻垢性能

① 缓蚀性能。实验结束后，分析在不同 Ca^{2+} 浓度下对照组挂片与实验组挂片因腐蚀而损失的重量，根据公式计算其各自挂片腐蚀率以及不同 Ca^{2+} 浓度下生物缓蚀阻垢制剂的缓蚀率，进而可知其缓蚀性能。

图 18-22 为不同 Ca^{2+} 浓度下生物缓蚀阻垢制剂缓蚀率的大小。

由图 18-22 可知，对照组和实验组的挂片腐蚀率都随 Ca^{2+} 浓度升高而降低，不过后者

1321

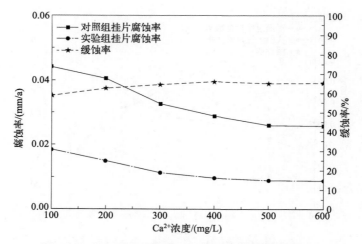

图18-22 不同Ca²⁺浓度下生物缓蚀阻垢制剂缓蚀率的大小

比前者的腐蚀率低，当Ca²⁺浓度在600mg/L时对照组和实验组的挂片腐蚀率分别为0.025mm/a和0.009mm/a，说明了高浓度Ca²⁺能抑制挂片腐蚀且生物缓蚀阻垢制剂，也能降低挂片腐蚀速率。同时，由图18-22可知缓蚀率始终保持在58.8%以上且随着Ca²⁺浓度升高而增加，但是增加得不明显。这说明了Ca²⁺对生物缓蚀阻垢制剂的缓蚀性能的影响不大且具有促进作用。

　　② 阻垢性能。实验结束后分析在不同 Ca²⁺ 浓度下对照组与实验组溶液中 Ca²⁺ 浓度，然后根据公式计算不同 Ca²⁺ 浓度下生物缓蚀阻垢制剂的阻垢率，进而可知其阻垢性能。

　　图 18-23 为不同 Ca²⁺ 浓度下生物缓蚀阻垢制剂阻垢率的大小。

　　由图 18-23 可知，初始 Ca²⁺ 浓度越高实验结束后溶液中 Ca²⁺ 浓度也越高，但是实验组 Ca²⁺ 浓度比对照组高，说明生物缓蚀阻垢制剂具有阻垢效果。同时，制剂的阻垢率始终大于 80%，当初始 Ca²⁺ 浓度为 300mg/L 时阻垢率最大，达到 85.9%，说明了生物缓蚀

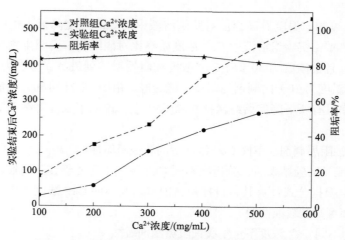

图18-23 不同Ca²⁺浓度下生物缓蚀阻垢制剂阻垢率的大小

阻垢制剂具有良好的阻垢性能，当Ca^{2+}浓度较高时阻垢性能会降低，但受Ca^{2+}浓度的影响较小。

5）生物缓蚀阻垢制剂在不同Cl^-浓度下的缓蚀阻垢性能

Cl^-是冷却水中引起腐蚀的主要腐蚀性阴离子，也是控制循环冷却水的浓缩倍数的常用指标；同时，循环冷却水系统中经常使用含氯的消毒杀菌剂，所以探究不同Cl^-浓度下生物缓蚀阻垢制剂的缓蚀阻垢性能是有必要的。

① 缓蚀性能。实验结束后，分析在不同Cl^-浓度下对照组挂片与实验组挂片因腐蚀而损失的重量，根据计算其各自挂片腐蚀率，得到不同Cl^-浓度下生物缓蚀阻垢制剂的缓蚀率，进而可知其缓蚀性能。

图18-24为不同Cl^-浓度下生物缓蚀阻垢制剂缓蚀率的大小。

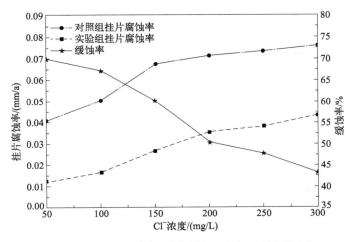

图18-24　不同Cl^-浓度下生物缓蚀阻垢制剂缓蚀率的大小

由图18-24可知，对照组和实验组的挂片腐蚀率均随Cl^-浓度升高而升高，说明Cl^-能加速挂片的腐蚀；实验组的挂片腐蚀率比对照组的挂片腐蚀率低，说明生物缓蚀阻垢制剂有减缓挂片腐蚀的效果。同时，Cl^-浓度过高将会对微生物及其分泌物的活性产生不利影响，当Cl^-浓度为300mg/L时缓蚀率仅有43.1%，说明了Cl^-能抑制生物缓蚀阻垢制剂的缓蚀性能。

② 阻垢性能。实验结束后分析在不同氯离子浓度下对照组与实验组溶液中Ca^{2+}浓度，计算不同Cl^-浓度下生物缓蚀阻垢制剂的阻垢率，进而可知其阻垢性能。

图18-25为不同Cl^-浓度下生物缓蚀阻垢制剂阻垢率的大小。

由图18-25可知，Cl^-浓度升高会使对照组和实验组溶液中的Ca^{2+}浓度都降低，也就意味着Cl^-浓度升高会加剧溶液结垢；实验组溶液中Ca^{2+}浓度始终比对照组高，当Cl^-浓度为300mg/mL时，对照组和实验组溶液中Ca^{2+}浓度最低，分别为0.05mg/mL和0.146mg/mL，说明了生物缓蚀阻垢制剂具有阻垢的效果。同时，由图18-25可知阻垢率也随Cl^-浓度升高而降低，说明了Cl^-能导致生物缓蚀阻垢制剂的缓蚀性能下降。

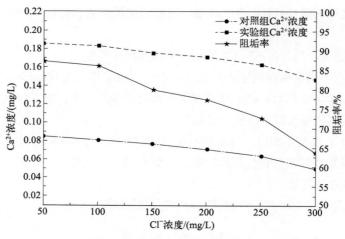

图18-25 不同Cl⁻浓度下的阻垢率

18.2.1.5 生物法缓蚀阻垢剂动态模拟实验

（1）循环水动态模拟实验装置

循环水智能动态模拟实验装置见图18-26，根据循环冷却水系统动态模拟试验装置各组成部分的尺寸计算，该系统保有水量为164L。

图18-26 循环水智能动态模拟实验装置

系统循环水流量必须相对恒定，其大小依据换热器进出口温差值确定。本次实验设定进口温度为32℃，出口温度为42℃。系统保有水量为164L，循环流量为400L/h。被冷却介质为饱和蒸汽，温度设为96℃。通过在储水池出口面中设置纤维球框，将纤维球堆积在框里面构建微生物着床装置，生物制剂投加量为系统保有水量的0.05%。两套系统同时正常运行，共持续30d。

对pH值、浊度、电导率、甲基橙碱度、钙硬度、总硬度、TP、Cl⁻、总Fe、COD等指标进行监测，根据《工业循环冷却水处理设计规范》要求，取样频率为每天一次。挂片腐蚀率和污垢沉积率的监测根据《工业循环冷却水处理设计规范》要求计算。

（2）循环水动态模拟实验水质指标变化分析

1）pH 值的变化情况

图 18-27 表明，加生物制剂系统和加化学药剂系统的 pH 值始终维持在比补水高的水平，且都存在上升趋势，最高上升到了 8.88，但都在标准规定范围内（pH6.8 ～ 9.5）。而对比两个系统可以发现，在实验进行到第 3 天～第 24 天时加生物制剂的系统的 pH 值均比加化学制剂系统的稍高，这可能是因为碳酸酐酶催化了系统中碳酸钙垢的溶解过程：$CaCO_3+CO_2+H_2O \longrightarrow Ca^{2+}+2HCO_3^-$，从而导致加生物制剂系统的 pH 值水平比化学药剂的高。

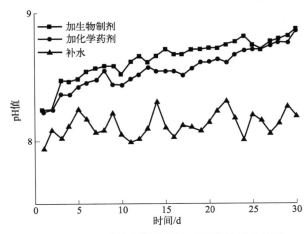

图18-27　循环水动态模拟系统pH值随时间变化情况

2）电导率的变化情况

无论是使用化学药剂还是使用生物制剂，两套系统电导率都保持了一致的上升趋势（图 18-28）。加化学药剂的实验组由于化学阻垢剂的络合增溶作用，药剂溶于水后发生电离，生成带负电性的分子链，它可以与钙镁离子形成可溶于水的络合物，从而使得无机盐

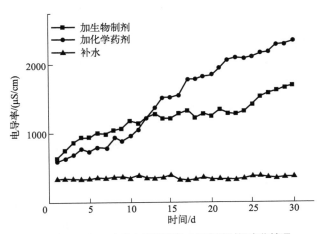

图18-28　循环水动态模拟系统电导率随时间变化情况

溶解度增加，电导率也逐步增加，其上升幅度比投加生物药剂要大得多，其电导率最高上升到2300μS/cm左右。投加生物制剂的系统在开始的10d左右电导率的上升幅度略大于投加化学药剂的实验组，这是由于加入生物制剂的系统加速了系统中碳酸钙垢的溶解过程，在水体中释放了更多的Ca^{2+}、HCO_3^-及其他离子，从而使得在接下来的10d内电导率大幅上升。后来随着大部分碳酸钙垢的溶解，电导率增加的速度逐步趋于平稳，电导率过高时，很容易造成水质恶化，水体经过换热管升温过程，更容易析出晶体，造成结垢。说明加入化学药剂，更容易造成电导率升高，这样更容易造成结垢。

3）浊度的变化情况

加生物制剂组的浊度在系统运行初期比加化学药剂组的要高（图18-29），这可能是由于加了生物药剂后系统中碳酸酐酶的作用，垢被加速溶解，水体中释放出更多的钙镁等离子，同时加入的生物酶菌剂没能完全附着在填料表面，水体中存在一些游离的细菌，使得浊度增大，但是在运行中期，由于功能微生物比较好地附着，开始吸附、絮凝水中的悬浮物，浊度会慢慢减少，随着系统的继续运行，虽然后期浊度有短暂的上升，但浊度稳定在1～4个单位之间，保持在很低的水平，其值均小于国标所规定的最大浊度值，说明生物方法能很好地净化水质。

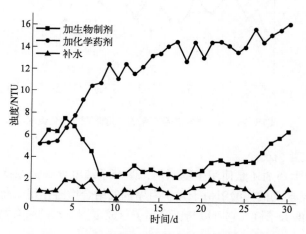

图18-29　循环水动态模拟系统浊度随时间变化情况

4）钙硬度的变化情况

在运行过程中水分被不断蒸发导致两个系统中钙硬度都呈现平稳上升趋势（图18-30）。加化学药剂的系统由于化学阻垢剂的络合增溶和静电斥力作用，使得系统水体中溶解的钙镁离子、总硬度不断升高。加生物制剂系统在开始的6d内钙硬度有个上升的趋势，可能是因为生物制剂的溶垢作用使系统中的Ca^{2+}含量升高，但随着实验的进行生物制剂中的微生物在生长过程中吸附了大量的Ca^{2+}，不断絮凝细小颗粒垢粒，使得Ca^{2+}的浓度逐步稳定在200mg/L左右。

5）甲基橙碱度的变化情况

由于初期化学药剂的见效速度快，而阻垢剂的存在会有效减少碱度的消耗，故碱度会上升比较快（图18-31）。加入生物制剂的系统中，生物的代谢促进了系统中碳酸盐硬垢的

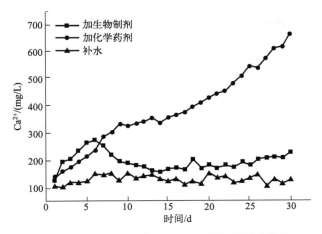

图18-30 循环水动态模拟系统钙硬度随时间变化情况

溶解$CaCO_3+CO_2+H_2O\longrightarrow Ca^{2+}+2HCO_3^-$，使得$HCO_3^-$等碱性离子更多地释放到水体中，造成水体碱性大幅上升。而到了反应中后期，由于生物抑制了碳酸盐垢的生成，这一酶促溶解作用对水体中碱性离子的贡献弱于反应前期，因此中后期的甲基橙碱度不再大幅上升，而是在一个范围内波动。

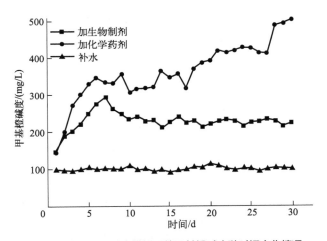

图18-31 循环水动态模拟系统甲基橙碱度随时间变化情况

6）TP变化情况

含磷化学药剂的加入会导致TP的大量增加，加化学药剂的TP最高值达到11mg/L，而最低也是4mg/L，远远高于国家规定排放标准，而加入生物制剂的实验组的TP含量基本在1mg/L以下，真正做到绿色阻垢、净化和缓蚀（图18-32）。

7）锌含量变化情况

化学药剂系统锌的最高含量达到3mg/L（图18-33），出水的重金属含量超标，会导致污染水体，需要对这些出水进行二次处理，造成运营成本增加。而加入生物制剂中锌含量几乎没有，这是由于生物制剂中没有重金属。

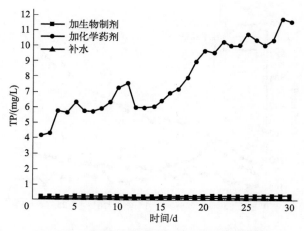

图18-32 循环水动态模拟系统TP随时间变化情况

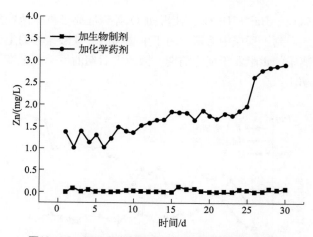

图18-33 循环水动态模拟系统锌含量随时间变化情况

8）COD 变化情况

投加化学药剂的系统，COD 总体呈现一个增长趋势，说明化学药剂无法对 COD 产生作用，只能通过大排大补来降低 COD 的含量（图 18-34）。加生物制剂系统的 COD 在前几天增长，由于补水的富集作用和微生物制剂本身 COD 作用共同决定。在运行阶段前期，微生物消耗作用小于富集作用，表现为 COD 总量的增加，从第 8 天开始微生物消耗作用大于富集作用，从而导致加生物药剂系统的 COD 总量有所降低。在实验中 COD 总量保持一定的平衡，这是由于系统中功能微生物的作用，在 25d 左右 COD 又有上升的趋势，可能是由于系统的功能微生物作用退化，导致水质恶化。

9）总 Fe 变化情况

两套系统的总 Fe 变化情况几乎保持一致且呈持续上升趋势（图 18-35），这说明生物制剂的投加并不会显著加剧系统或者挂片的腐蚀。

10）Cl⁻ 变化情况

两个系统中的 Cl⁻ 变化程度基本保持一致（图 18-36）。Cl⁻ 是一种腐蚀性离子，它能破坏碳钢、不锈钢和铝或者合金上面的钝化膜，引起金属的点蚀、缝隙腐蚀以及应力腐蚀破裂。

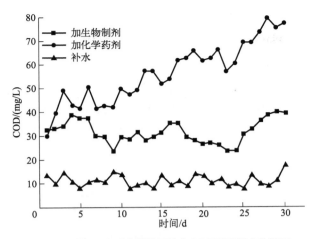

图18-34　循环水动态模拟系统中COD随时间变化情况

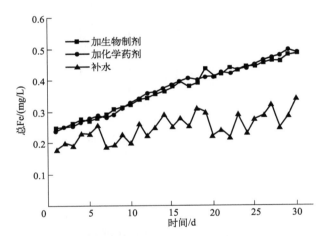

图18-35　循环水动态模拟系统中总Fe随时间变化情况

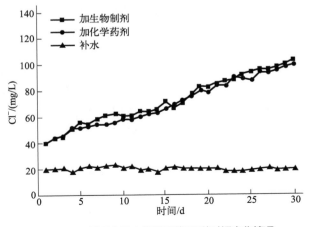

图18-36　循环水动态模拟系统Cl⁻随时间变化情况

（3）循环水动态模拟实验系统稳定性分析

1）循环水动态模拟系统结垢状况分析

当两个系统运行结束后，将系统拆开，观察换热管结垢情况，发现对照系统换热管出口端有明显的白色沉积物，通过加酸有大量气泡产生，可以初步判断是硬垢，而加酶系统则比较光滑，几乎看不到有垢状物的大量沉积。换热管污垢沉积率计算（图18-37），加化学药剂组的换热管污垢沉积率超出国标 15mg/cm²，而生物制剂组污垢沉积率达标，表明生物制剂的阻垢效果比化学阻垢剂的阻垢效果要好。

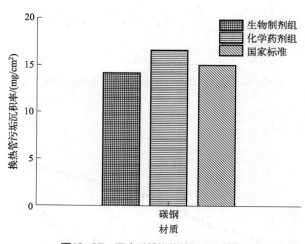

图18-37　两个系统换热管沉积率情况

2）循环水动态模拟系统垢样 XRD 分析

碳酸钙晶体形态主要有 6 种，即方解石、文石、球霰石、一水碳酸钙、六水碳酸钙以及非结晶状态的碳酸钙，其中方解石、文石、球霰石是不含水的晶体。方解石、文石都是稳定的，而球霰石不稳定。其中方解石具有非常稳定的热力学结构，会形成坚硬的水垢，而文石和球霰石的结构相对不稳定，通常形成的水垢是较柔软易溶解且易被水流冲刷脱离的。

与方解石有代表性的晶体表面相对应的衍射峰为 $2\theta=23.1°$、$29.4°$、$35.9°$、$39.5°$、$43.2°$、$47.5°$、$48.5°$、$57.4°$、$64.7°$，与文石有代表性的晶体表面相对应的衍射峰为 $2\theta=26.2°$、$27.2°$、$33.1°$、$36.2°$、$37.3°$、$37.9°$、$38.4°$、$38.6°$、$42.8°$、$45.8°$、$48.3°$、$48.4°$、$50.2°$、$52.5°$，与球霰石有代表性的晶体表面相对应的衍射峰为 $2\theta=21.0°$、$24.9°$、$27.0°$、$32.8°$、$42.7°$、$43.8°$、$49.1°$、$50.1°$、$55.8°$、$71.9°$、$73.6°$。学者们研究一致认为碳酸钙的形成主要分为三个步骤：第一步水合化 Ca^{2+} 和 CO_3^{2-} 相互作用，生成 $CaCO_3$ 水合球形分子；第二步水合 $CaCO_3$ 达到一定的平衡浓度，在搅拌或循环流动状态下，水合 $CaCO_3$ 脱水生成非晶质的无定形 $CaCO_3$（通常所带结晶水约为 1 和 6），普遍认同无定形 $CaCO_3$ 是 $CaCO_3$ 晶体生成的前驱体；第三步无定形 $CaCO_3$ 脱水，转变为球霰石、文石和方解石，晶核生成并吸附附近离子，晶核长大，同时球霰石、文石转化为稳定的方解石。

用 Jade 软件将垢样的 XRD 扫描结果与方解石、文石、球霰石三种晶体标准卡片进行对照，结果如图 18-38 所示。

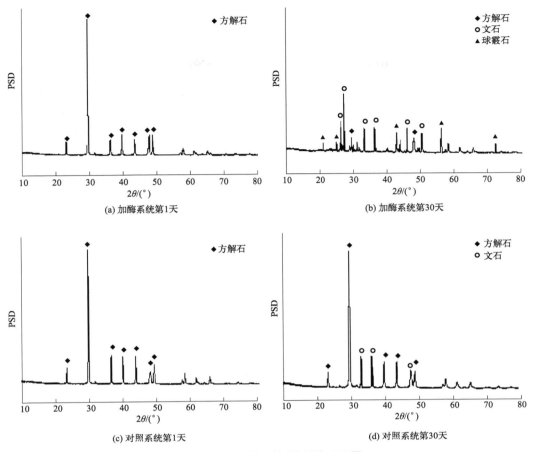

图18-38　加酶处理前后水垢的XRD图

由图 18-38 可知，在系统加酶运行前，两个系统内的水垢均以方解石形态为主，且差别不大。系统运行了 30d 以后，两个系统中的水垢晶型构成则发生了较大变化，其中对照系统的水垢仍以方解石形态为主，同时有文石形态存在，这可能是因为在系统运行过程中，碳酸钙晶体不断生成且不断壮大，从而形成以方解石为主的硬垢；而加酶系统中的水垢则主要由文石及球霰石形态构成，这是因为碳酸酐酶的加入加速了系统内本身碳酸钙垢的溶解，同时阻碍了碳酸钙晶体的再次生成，即使有晶体的形成也是以文石和球霰石形态为主，这类垢不如方解石稳定，其质地较柔软易溶解，且易被水流冲刷脱离，从而使得循环水系统不易结生水垢。

3）循环水动态模拟系统腐蚀状况

各类挂片的腐蚀率随着时间的变化情况如图 18-39 所示。

碳钢组中，化学药剂和生物制剂两者的腐蚀率均随着时间的变化而降低，这是由于金属表面的腐蚀产物可以一定程度地延缓下面金属的腐蚀，两组的缓蚀率差别不显著，说明循环水系统中加入生物制剂不会加剧系统的腐蚀。黄铜挂片在模拟系统运行的前面 15d，两套系统铜挂片均未达标，而运行至 30d，两组基本达标。说明即使采用挂片法检测，循环水系统中加入生物制剂也不会加剧系统的腐蚀。而不锈钢挂片两者都基本达标，这是由

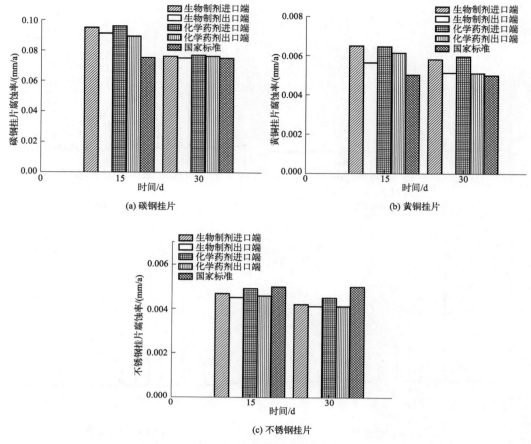

(a) 碳钢挂片　　　　　(b) 黄铜挂片

(c) 不锈钢挂片

图18-39　各类挂片的腐蚀率状况

于不锈钢表面比较光滑，在水流的冲刷下微生物不容易附着在其表面，而一些黏性悬浮物也不容易在其表面停留形成垢粒，这样造成腐蚀大大降低，所以两组系统的不锈钢挂片基本达标，说明生物制剂和化学药剂对不锈钢均有很好的缓蚀效果。

两个系统里挂片和换热管腐蚀率的对比如图18-40所示。

从图18-40可以看出挂片的腐蚀率也比换热管的要高，分析可能也是多重原因造成的，例如温度的升高和微生物活性受到抑制，还有两端的水质条件也有所不同等。所以用挂片的腐蚀率来表征系统的腐蚀率不是特别适合，只能从侧面定性地表明系统的腐蚀，而不能因为挂片的腐蚀超标就说明系统腐蚀超标。

4）基于Miseq测序的微生物群落结构分析

通过高通量Miseq法对投加生物制剂前后循环水中微生物在属水平下的分布测定。结果表明生物缓蚀阻垢剂主要由纺锤形赖氨酸芽孢杆菌、乳球菌属、球衣细胞属等按照2∶1∶1组成，在系统运行15d后投加前循环水中的主要菌属中仍能看到纺锤形赖氨酸芽孢杆菌、乳球菌属、球衣细胞属这三种主要优势菌种。30d后的水样中这三种优势菌种基本不存在了，而被其他的菌种取代。菌种更加复杂多样，有噬氢菌属、亚栖热菌属、不动杆菌属、假单胞菌属、蛭弧菌属、生丝微菌属、新鞘氨醇杆菌属、微小杆菌属、肠球菌、木洞菌属、嗜冷杆菌属、浮霉状菌科、环丝菌属、香味菌属等。结果表明加入生物制剂的

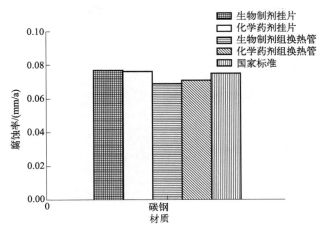

图18-40 两个系统里挂片和换热管腐蚀率的对比

菌属在第15天～第30天之间的时间段开始在水体中不占优势，生物制剂作用期间的生态平衡被打破。从实验的20d左右开始，循环水的各项指标数据都有不同程度的上涨，初步分析：生物药剂在系统中存在维系稳态的时间为20d左右。生物制剂菌属通过自身的代谢维持着循环水系统的动态平衡，当动态平衡被打破时循环水系统的运行就会出现波动，也验证了生物法处理循环水的可行性。

18.2.1.6　生物缓蚀阻垢技术示范工程

（1）生物缓蚀阻垢技术示范工程简介

示范工程选择某化肥有限责任公司，该公司主要生产浓硝酸和四氧化二氮，硝酸车间的循环冷却水系统的处理规模1500m³。

通过深入分析硝酸车间循环水系统存在的一系列问题，采用生物缓蚀阻垢技术处理循环水系统。利用碳酸酐酶降解、生物酶络合作用至最终沉淀去除，降低循环水内高含量的Ca^{2+}、Mg^{2+} 和 Cl^- 等离子，从而降低系统结垢和腐蚀的风险，并通过对水体中 COD 的强降解作用和辅以 QS 微生物控制技术，不断降低系统内 COD 含量，去除微生物赖以生存的有机物，从而降低系统内生物污垢的形成，最终减小因为微生物形成的垢下腐蚀，以生物手段替代传统含磷化学药剂，从而达到循环水系统磷减排的目的。

（2）生物缓蚀阻垢技术示范工程建设

制作并安装生物模架（图 18-41），生物模架是供微生物生长繁殖的主要场所，是生物定植培养技术必需的中间载体，它能为微生物提供着床，利于微生物生长繁殖，更好地发挥药剂效果，保持水质正常、稳定。同时，于补水口及排污口处增设电磁流量计。图18-41 中，生物模架用角钢作为骨架，六面铺设孔径不大于 30mm 的不锈钢网；模架高H=1.6m（以此为准），模架长 L=1000mm，厚度 D=400mm；纤维球从模架最上端加入，外壳为 Φ80mmPE 球内置 3 个纤维小球；放置 10 个生物模架，每个模架放置 900 个纤维球，共需 9000 个纤维球。

(a) 生物模架　　　　　　　　　　　　(b) 纤维球

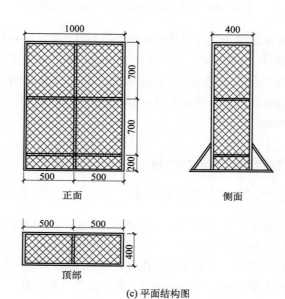

(c) 平面结构图

图18-41　固定生物模架尺寸示意（单位：mm）

在补水口、排污口分别安装电磁流量计用于记录循环冷却水系统的补水量与排水量。

（3）示范工程运行水质指标

1）pH 值

在示范工程运行期间，硝酸车间循环水系统的 pH 值总体呈先下降后趋于稳定的趋势（图 18-42）。当系统运行了 35d 后，冷却水运行 pH 值逐步下降并趋于稳定，基本维持在 7.8 ～ 8.5 之间。这说明生物缓蚀阻垢制剂中功能性菌能在系统中稳定发挥作用，使用生物缓蚀阻垢制剂相对于使用化学药剂能降低循环冷却水系统的运行 pH 值，并满足国标中 pH 值为 6.8 ～ 9.5 的要求，同时低运行 pH 值也能降低系统结垢的可能性。

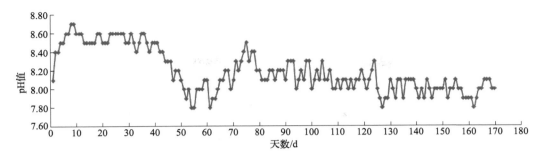

图18-42 示范工程运行期间pH值变化情况

2）碱度

在示范工程运行期间，硝酸车间循环水系统的碱度第1个月不稳定，之后逐渐趋于稳定（图18-43）。国标要求碱度≤400mg/L，运行期间碱度最高值是385mg/L，最低值是300mg/L，平均值是330mg/L，完全满足运行要求。由于生物缓蚀阻垢制剂水垢溶解后将其中大量的碱性物质释放到冷却水中，从而造成碱度偏高；示范中后期，由于制剂中功能性菌在系统中稳定生长，降低了系统 pH 值，从而碱度下降并趋于稳定，维持在 310mg/L 左右，满足国标要求的国标钙硬度＋甲基橙碱度≤1100mg/L，但是在系统内并未有明显的结垢现象。这表明相对于化学药剂，生物缓蚀阻垢制剂能提高冷却水的碱度运行指标，使冷却水中能容纳更多成垢性盐离子而不发生结垢，阻垢效果更明显。

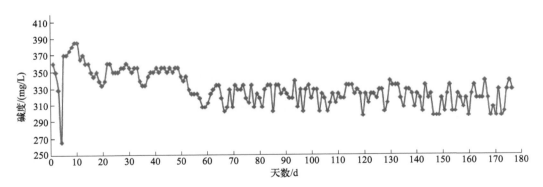

图18-43 示范工程运行期间碱度变化情况

3）硬度

在示范工程运行期间，硝酸车间循环水系统的硬度前期波动较大（图18-44），3周之后逐渐保持稳定，系统冷却水的硬度都是高指标运行，维持在 800 ～ 850mg/L 且波动较小，这是由于生物缓蚀阻垢制剂将系统中结生的水垢溶解了并将其中的成垢性盐离子释放到冷却水中，提高了冷却水中成垢盐的溶解度，从而造成硬度运行指标较高。但是循环冷却水系统的换热效果、水温和生产运行并未出现异常，且并未发现系统内有结垢现象。这表明了相对于化学药剂，生物缓蚀阻垢制剂不仅能提高冷却水的硬度运行指标，而且能保证系统不发生结垢，具有更好的阻垢效果。

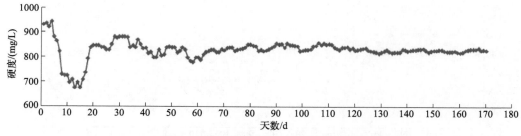

图18-44　示范工程运行期间硬度变化情况

4）浊度

示范工程正式运行后，硝酸车间循环水系统的浊度明显降低，前两周浊度最高达 10.70NTU，随着运行时间的增长，浊度下降幅度大，平均值 1.81NTU，最低仅为 0.75NTU（图 18-45）。国标要求浊度≤ 10NTU。由于生物缓蚀阻垢制剂的溶垢作用使得系统中结生的水垢溶解脱落到冷却水中，从而冷却水浊度有短暂的上升，但是随着系统运行时间的增加，由于制剂中的微生物在系统中稳定生长后并能吸附并絮凝冷却水中的悬浮物，故冷却水中的浊度迅速下降，并维持在 1NTU 左右。这表明了虽然系统冷却水浓缩倍数提高了，但是使用生物缓蚀阻垢制剂时相比于使用化学药剂时水中悬浮物含量却降低了，系统中污垢沉积的可能性降低，从而达到阻垢的效果。

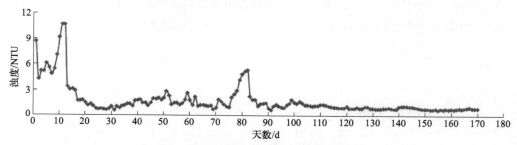

图18-45　示范工程运行期间浊度变化情况

5）Cl⁻ 浓度

示范期间，硝酸车间循环水系统的 Cl^- 浓度远低于国家标准≤ 700mg/L 的要求，呈逐步上升趋势而后趋于稳定，保持在 170 ～ 190mg/L 之间（图 18-46）。由于系统补充水量与排污水量降低，且随着冷却水的不断浓缩与蒸发将导致 Cl^- 浓度逐渐升高，未发现系统中腐蚀有加剧的情况。这表明相对于化学药剂，使用生物缓蚀阻垢制剂能提高系统冷却水的 Cl^- 浓度且不发生严重腐蚀。

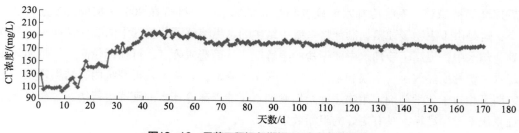

图18-46　示范工程运行期间Cl⁻浓度变化情况

6）总铁离子浓度

国标要求总铁离子≤1.0mg/L，运行期间最高值是0.23mg/L（表18-4），最低值是0.03mg/L，平均值是0.12mg/L。冷却水中Fe^{3+}主要来自系统中碳钢的腐蚀产物，Fe^{3+}含量反映了系统的腐蚀情况。由于使用生物缓蚀阻垢制剂可将系统中微生物生长所需的TP和COD含量降低，从而降低了系统内的微生物腐蚀，而且未往系统中投加含大量盐离子的化学药剂从而降低了系统中电化学腐蚀，故其中总铁离子浓度含量很低，这就说明了相对于化学药剂，生物缓蚀阻垢制剂具有更良好的缓蚀效果。

表18-4　总铁离子浓度变化

日期	2016-5-15	2016-5-22	2016-5-29	2016-6-5	2016-6-12	2016-6-19
Fe^{3+}浓度/(mg/L)	0.21	0.23	0.2	0.102	0.123	0.16
日期	2016-6-26	2016-7-3	2016-7-10	2016-7-17	2016-7-24	2016-7-31
Fe^{3+}浓度/(mg/L)	0.18	0.13	0.1	0.1	0.08	0.11
日期	2016-8-7	2016-8-14	2016-8-21	2016-8-28	2016-9-4	2016-9-11
Fe^{3+}浓度/(mg/L)	0.09	0.06	0.05	0.03	0.08	0.06
日期	2016-9-18	2016-9-25	2016-10-2	2016-10-9	2016-10-16	2016-10-23
Fe^{3+}浓度/(mg/L)	0.13	0.15	0.18	0.08	0.11	0.12

7）浓缩倍数

浓缩倍数变化如表18-5所列。

表18-5　浓缩倍数变化

时间	补水Cl^-浓度（平均值）/(mg/L)	循环水Cl^-浓度（平均值）/(mg/L)	浓缩倍数/倍
5月	25.5	112.7	4.5
6月	31.0	170.0	5.5
7月	31.7	187.3	6.0
8月	31.4	182.0	5.8
9月	30.5	179.0	5.9
10月	30.7	155.0	5.8

国标要求浓缩倍数（N）为$3 < N < 5$。考虑硝酸车间循环水在使用生物缓蚀阻垢制剂时未使用次氯酸钠，为了提高计算浓缩倍数的准确性，通常选取冷却水中稳定存在的离子进行计算，系统中Cl^-仅来自补充水，所以选取Cl^-作为控制冷却水浓缩倍数的指标。由表18-5可知循环水的浓缩倍数在运行期间要比国标要求略高，但是由于国标对浓缩倍数的要求是基于化学药剂，此次示范的循环水缓蚀阻垢技术是生物技术，从之前的指标以及现场设备观察来看，循环水系统并未出现腐蚀结垢等情况，那么生物缓蚀阻垢技术在高浓缩倍数下能保持系统安全正常地运行是可行的；也意味着生物缓蚀阻垢制剂的缓蚀阻垢性能比化学药剂的缓蚀阻垢性能好，同时也能节约补充水与减少排污水量。

（4）工程示范效果

1）示范效果

示范工程建设前循环冷却水水质浑浊，示范工程建设之后冷却水水质清澈见底，水中悬浮物质明显减少。这说明了生物缓蚀阻垢制剂能大大降低冷却水中的浊度，降低系统腐蚀与结垢的风险。

示范工程运行后，集水池壁上的藻类生长明显被抑制，墙壁上实验前沉积的污垢被溶解，且无新的污垢沉积下来。这说明了生物缓蚀阻垢制剂有良好的阻垢性能。

示范工程建设后换热器管壁的污垢明显减少，管壁上原有的污垢被溶解了，管壁变得光滑，露出金属光泽。这是由于使用生物缓蚀阻垢制剂能有效地溶解系统中结生的水垢，说明其具有良好的阻垢性能。

2）节水

循环冷却水的运行浓缩倍数间接反映了系统的用水量，浓缩倍数越高系统越节水，示范期间系统均在高浓缩倍数下运行，这就意味着实验期间补水量与排污水量相对之前要减少，即生物缓蚀阻垢制剂使系统更具有节水性，如表 18-6 所列。

表18-6　补充水量与排污水量

时间	日均补充水量 /m³	日均排污水量 /m³	补充水总量 /m³	排污水总量 /m³
往年同期	488	180	73200	27000
示范期	376	71	56400	10650
水量变化	112	109	16800	16350
削减率/%	22.95	60.56	22.95	60.56

由表 18-6 可知，与往年同期相比，实验期间系统补充水总量减少了 16800m³，日均补充水量减少 112m³，削减率为 22.95%；排污水总量减少 16350m³，日均排污水量减少 109m³，削减率为 60.56%。这就意味着使用生物缓蚀阻垢制剂不仅能减少水资源的消耗，而且排污量减少也能缓解外界水体环境的压力，既节约资源又保护环境。

示范工程运行期间，磷减排量如表 18-7 所列。

表18-7　磷减排量

项目	往年同期	实验期	变化量	减排率/%
TP含量平均值/(mg/L)	2.88	0.17	2.71	94.10
排污总量/m³	27000	10650	16350	60.56
日均TP排放量/kg	0.518	0.012	0.506	97.68
TP排放总量/kg	77.76	1.81	75.95	97.67

由表 18-7 可知，相对于往年同期，实验期间循环冷却水系统磷减排日均量为 0.506kg，磷减排总量为 75.95kg，减排率为 97.67%，故使用生物缓蚀阻垢制剂能降低排污水对外界水体的压力，缓解了水体富营养化。

18.2.2　小城镇污水处理厂提标改造氮污染减排技术

18.2.2.1　好氧反硝化菌的分离、鉴定及脱氮性能的研究

传统意义上的反硝化主要发生在缺氧条件下，而在有氧环境中，分子氧比硝酸盐氮或亚硝酸盐氮更容易成为电子受体，进而抑制了反硝化过程。但是传统反硝化对于溶解氧难控制的工艺脱氮很不利，因此开展具有更好环境适应性的好氧反硝化菌生物学特性研究具有重要的理论价值和实际意义。通过筛选高效好氧反硝化菌及好氧反硝化菌的反硝化特性研究，可以为实际废水处理中利用好氧反硝化菌提高系统脱氮性能提供了实际参考和理论依据。

（1）好氧反硝化菌的分离

选取池塘底泥进行菌种的分离、纯化及复筛，分离出 3 株具有较强反硝化能力的菌株，分别命名为 N_1、N_2 和 N_3。分别以硝酸盐和亚硝酸盐作为 DM 培养基氮素测定反硝化能力，各菌株的反硝化能力见图 18-47。N_1、N_2、N_3 对硝酸盐和亚硝酸均有较高的反硝化能力，N_1 利用亚硝酸盐的反硝化去除率高达 95.4%；N_2 利用硝酸盐的反硝化能力高达 96.7%；N_3 对硝酸盐和亚硝酸盐均具有较高的反硝化能力，去除率分别为 96.5% 和 96.1%。

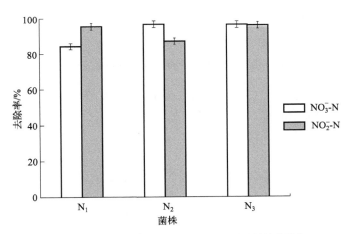

图18-47　好氧反硝化菌对硝酸盐和亚硝酸盐的去除率

（2）C/N 值对菌株反硝化性能的影响

目前研究中涉及的好氧反硝化菌均为异养菌，因此碳源是限制菌株生长和代谢的重要因素，碳源的充足与否主要由 C/N 值的相对量来反映，当 C/N 值偏低即碳源不足时菌株的脱氮性能会受一定的限制，该情况下菌株的脱氮性能会随着碳源浓度的增加而提高。因此有必要研究菌株生长代谢的最适 C/N 值，以此来指导菌株在某种废水下的适应性。改变菌株培养液 C/N 值，保证稳定 30℃，转速 160r/min 条件相同，并对菌株进行恒温培养。图 18-48 ～图 18-50 分别是 N_1、N_2、N_3 菌株在不同 C/N 值下的反硝化性能。

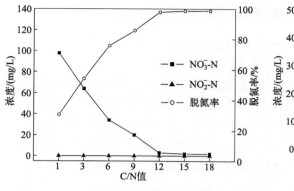

图18-48　C/N值对菌株N_1的反硝化性能的影响

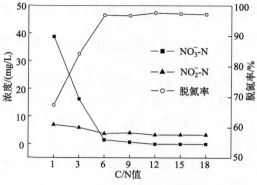

图18-49　C/N值对菌株N_2的反硝化性能的影响

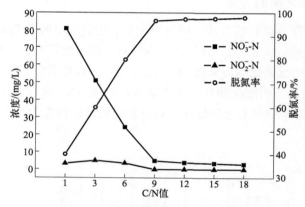

图18-50　C/N值对菌株N_3的反硝化性能的影响

比较已筛选的菌株在不同 C/N 值下的脱氮性能，结果表明 N_1、N_2、N_3 菌株的反硝化性能达到较高并稳定需要的 C/N 值分别为 12、6 和 9，相比而言，N_1 对碳源需求量偏低，在 C/N 值相对较低的情况下脱氮性能最好。

18.2.2.2　玉米芯作为反硝化外加固体碳源的可行性研究

选取玉米芯作为固体碳源，研究玉米芯作为固体碳源的可行性。分析玉米芯释碳性能、释氮性能、释碳品质；用已筛选的好氧反硝化菌以玉米芯为唯一碳源分析玉米芯浸出碳供反硝化利用的能力。

（1）固体碳源的选取

低 C/N 值生活污水外加固体碳源选取的主要原则包括释碳时间长、释碳速率适中、释碳能力强、简单易得、成本低廉、不会造成二次污染等。

玉米芯是典型的纤维素类有机物。我国玉米芯年产量可达 2×10^7t，成本低廉，取材范围广，主要成分为纤维素 34.9%，半纤维素 37%，木质素 7%。纤维素、半纤维素在微生物或者酶的作用下可以分解成小分子化合物，具有作为固体碳源的重要优势。玉米芯含有 Ca、P、Mg、Fe、K 等多种矿物质元素，不含 Cu、Pb、Cr 和 Cd 等重金属元素，有利于微生物生长，不会对活性污泥造成毒害作用。且玉米芯宏观表面结构疏松多孔，使微生物附着成为可能。结合其他研究成果，确定选取玉米芯作为外加固体碳源。

（2）玉米芯浸出液被好氧反硝化菌利用前后释碳品质分析

三维荧光光谱可以反映水体中类腐殖质和类蛋白质等有机物的存在。通过三维荧光测定结果中的特征荧光峰值对应激发波长和发射波长的位置来确定有机物的种类。对玉米芯浸泡2d后的浸出液进行三维荧光测定，结果见图18-51（a）（书后另见彩图）。对经过好氧反硝化菌代谢利用12d后的玉米芯浸出液进行三维荧光测定，结果见图18-51（b）（书后另见彩图）。

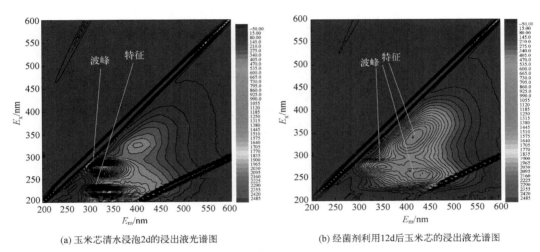

(a) 玉米芯清水浸泡2d的浸出液光谱图　　　　(b) 经菌剂利用12d后玉米芯的浸出液光谱图

图18-51　玉米芯浸出液的三维荧光光谱图

结果表明，玉米芯清水浸出实验的浸出液中出现了类色氨酸的两个特征荧光峰，分别为 $E_x/E_m=225nm/340nm$，$E_x/E_m=275nm/340nm$。经好氧反硝化菌利用后的玉米芯浸出液中出现了3个典型波峰，分别为 $E_x/E_m=340nm/415nm$，$E_x/E_m=335nm/410nm$，$E_x/E_m=350nm/425nm$，均属于类富里酸 $[E_x/E_m=（300\sim370nm）/（400\sim500nm）]$ 的特征波峰内。类色氨酸属于类蛋白物质，生物降解性高，微生物容易利用。富里酸是一种极其复杂的有机物质，分子量较低，具有较好的溶解性及流动性，生物惰性较强。经好氧反硝化菌代谢利用后的玉米芯浸出液成分发生了较大变化，能被微生物利用的类色氨酸大量减少，基本消失，类富里酸成为主要成分。富里酸主要来源于两部分：一是一般植物内有高含量的富里酸，且富里酸溶解性较好，玉米芯在连续12d的浸泡过程中浸出了体内的富里酸；二是实验后期能供好氧反硝化菌利用的碳源不足，导致菌株解体，产生了富里酸。

玉米芯浸出液中含有大量微生物易降解的类色氨酸，有利于反硝化菌利用。经好氧反硝化菌代谢利用后，浸出液中类色氨酸转化成类富里酸，再次证明玉米芯浸出液含有能供微生物利用的碳源。

（3）好氧反硝化菌利用玉米芯为唯一碳源的反硝化性能

玉米芯释碳性能实验结果表明玉米芯浸出液中COD较高，为进一步探究玉米芯浸出碳源能否被反硝化利用，设置了好氧反硝化菌以玉米芯为唯一碳源的反硝化实验。由于

已筛选的 N_1、N_2、N_3 好氧反硝化菌旨在作为生物强化用于后续实验中，因此选取由 N_1、N_2、N_3 按照 1∶1∶1 复配后的混合菌剂进行玉米芯浸出碳源用于反硝化的研究。通过人工配水控制实验配水中 NO_3^--N 的浓度，为保证菌剂不受高浓度 NO_3^--N 的抑制，配水 NO_3^--N 浓度设置为 30mg/L（一般生活污水处理系统中硝态氮浓度为 30mg/L 左右），当 NO_3^--N 全部去除后进行配水补加，控制补水后系统 NO_3^--N 浓度仍为 30mg/L。通过对 NO_3^--N 的去除来反映玉米芯浸出碳源用于反硝化的能力。

实验结果见图 18-52。

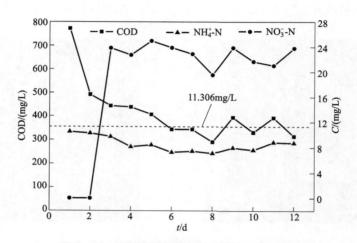

图18-52 好氧反硝化菌利用玉米芯的反硝化过程

N_1、N_2、N_3 好养反硝化菌可以利用玉米芯作为唯一固体碳进行反硝化代谢，反应后剩余的有机物约为 68.22mgCOD/g。单位质量（1g）玉米芯能供反硝化去除的 NO_3^--N 约为 13.6mg/L。

（4）玉米芯结合生物强化菌剂在活性污泥系统反硝化性能

玉米芯的加入是否对水体出水 COD 达标造成较大威胁，以及是否能持续缓慢地提供碳源是玉米芯能否作为固体碳源运用于实践中的一个重要依据。当活性污泥加入玉米芯后，污泥中微生物会利用玉米芯浸出的营养物质进行代谢生长。为进一步研究玉米芯在加有好氧反硝化菌的活性污泥系统中释碳的持续性，对玉米芯结合生物强化菌剂在活性污泥系统中的反硝化性能进行测定。实验周期设置为 20d，结果见图 18-53。

玉米芯在活性污泥系统中，能够持续释碳 20d 以上。玉米芯释碳能力稳定，出水 COD 持续稳定在 50mg/L 以下，脱氮率维持 35% 以上。玉米芯在活性污泥系统中具有良好的释碳持续性和稳定性，既能持续稳定地为水体提供碳源，又不会对原水体出水 COD 达标造成威胁。

（5）玉米芯表面结构及微生物附着情况分析

为从玉米芯表面结构特征来判定玉米芯作为固体碳源及生物载体的可行性，对原始玉米芯结构进行扫描电镜观察［见图 18-54（a）］。为考察玉米芯浸泡后结构变化，对经清水浸泡 15d 后的玉米芯进行扫描观察［见图 18-54（b）］。为考察玉米芯的微生物附着能力，对经好氧反硝化菌利用 12d 后的玉米芯进行扫描观察［见图 18-54（c）］。为进一步考察玉

第四篇 工程实践篇

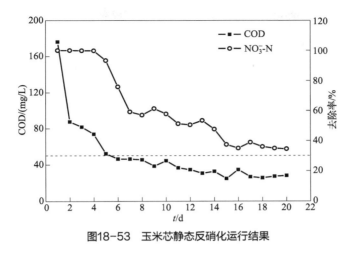

图18-53 玉米芯静态反硝化运行结果

米芯作为固体碳源用于活性污泥系统时结构上的变化，对添加在活性污泥系统中实验20d后的玉米芯进行扫描观察［见图18-54（d）］。通过观察玉米芯结构变化及微生物附着情况来确定玉米芯用于固体碳源及生物载体的可行性及稳定性。

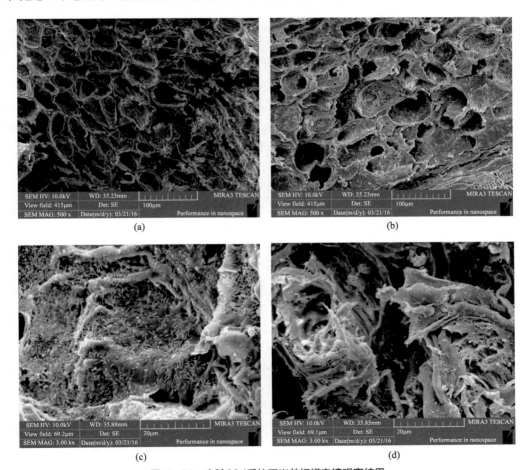

图18-54 实验20d后的玉米芯扫描电镜观察结果

电镜结果表明，原始玉米芯表面结构呈蜂窝状，粗糙且有大量孔洞，易于微生物附着，可作为优质的生物载体。经清水浸泡 15d 后的玉米芯表面结构变疏松，孔洞明显变大，该结构更有利于微生物的附着。经好氧反硝化菌利用 12d 后的玉米芯表面结构更加粗糙，在 3000 倍下明显观察到玉米芯表面附着大量杆状菌，直接表明玉米芯利于微生物附着，可作为生物载体。在活性污泥系统中实验 20d 后的玉米芯表面结构明显变粗糙，孔隙内附着大量的杆菌、球菌及丝状菌等，表明玉米芯在活性污泥系统中既能作为固体碳源稳定供碳，又能作为生物载体稳定存在，为玉米芯可作为固体碳源用于活性污泥系统中提供了又一重要依据。

18.2.2.3　基于CASS工艺的生物强化及固体碳源对低C/N值生活污水脱氮性能的研究

对生活污水而言，一般进水氮素主要为 NH_4^+-N。目前运用最多的活性污泥系统中脱氮过程主要由硝化过程和反硝化过程组成，其中任何一个环节受限都会影响系统最终的脱氮效果，直接影响出水水质。对于传统的活性污泥系统的脱氮原理而言，造成硝化过程受限的主要因素包括曝气不足和硝化菌丰度较低；造成反硝化过程受限的主要因素包括曝气过量导致反硝化菌作用受限和碳源不足限制反硝化过程。

选取处理低 C/N 值乡镇生活污水的连续进水周期循环曝气活性污泥系统（cyclic activated sludge system，CASS）工艺作为实验反应器。采用生物强化和固体碳源来强化反应器的脱氮性能。从硝化和反硝化两个过程同时保证提高脱氮性能，采用硝化菌、缺氧反硝化菌、好氧反硝化菌生物强化菌剂及玉米芯固体碳源来强化处理低 C/N 值乡镇生活污水的 CASS 工艺的脱氮性能。考察了对照组和添加有生物菌剂及玉米芯的实验组在实验期间 COD、NH_4^+-N、TN 的变化。并通过 Illumina Miseq 高通量测序技术和 PCR-DGGE 技术对两个反应器内活性污泥群落结构变化进行分析，确定人工强化的生物菌剂在该系统中的适应性及稳定性。

1）菌种及活性污泥

硝化菌来自实验室保藏的复合硝化菌剂 M；缺氧反硝化菌来自实验室保藏的复合缺氧反硝化菌剂 Q；好氧反硝化菌由 N_1、N_2、N_3 按照 1∶1∶1 进行复配制成；活性污泥取自开州区临江污水处理厂的剩余污泥。

2）玉米芯

实验用玉米芯过 1 目筛网，筛下玉米芯再过 2 目筛网，取筛上玉米芯为实验用材，此时玉米芯直径为 1 ～ 2cm，于 30℃ 的烘箱中干燥 2d 后保藏于干燥器内。整个实验采用同一批实验材料。

3）进水

进水 COD 浓度约为 150mg/L，TN 浓度约为 40mg/L，NH_4^+-N 浓度约为 30mg/L。一般认为 COD 浓度＜ 200mg/L，COD/TN 值＜ 8 的水体为低 C/N 值废水。

（1）CAST 反应器的设计运行

设置两组平行的反应器，分别为对照组和实验组。间歇进水周期循环式活性污泥技术（CAST）反应器示意见图 18-55。CAST（cyclic activated system technology）反应器厌氧选择区、预反应区和主反应区体积分别为10.5L、12L和126L。其中，预反应区为L形，长300mm，上宽100mm，下宽200mm，前高350mm，后高600mm。设置运行周期为4h，进水1h，曝气2h，静置1h，排水1h，其中进水期间开始曝气。MLSS设置3500mg/L，充水比1/3，混合液回流比30%。采用底部微孔曝气，曝气阶段控制DO浓度为4.0～5.0mg/L。实验期间没有进行排泥。反应器在室温下运行，温度基本在20℃左右。

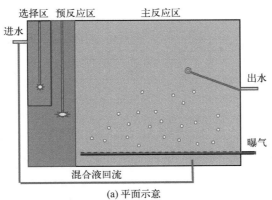

(a) 平面示意

(b) 实物

图18-55　CAST反应器示意和实物

（2）生物强化及固体碳源对CAST工艺脱氮性能的影响分析

　　为考察玉米芯及生物强化菌剂在实际低C/N值生活污水处理中对脱氮性能提高的能力，采用处理低C/N值生活污水的CAST工艺进行小试研究。实验结果见图18-56。

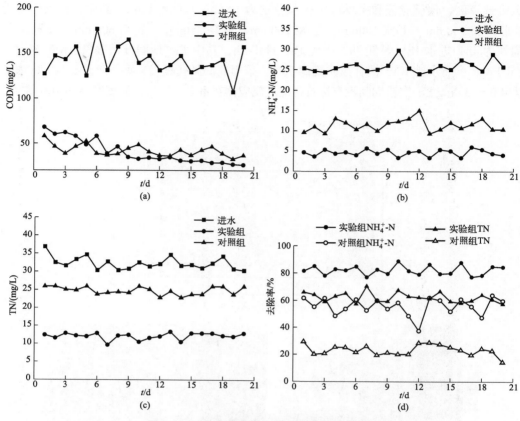

图18-56 强化处理前后反应器的水质指标变化

实验组和对照组对NH$_4^+$-N、TN去除率结果表明，实验组对系统脱氮具有明显的作用。通过生物强化菌剂与玉米芯固体碳源的综合作用，能够提高处理低C/N值生活污水CAST工艺的脱氮性能。

添加有玉米芯固体碳源及硝化菌、缺氧反硝化菌、好氧反硝化菌的反应器出水COD维持在30mg/L左右，NH$_4^+$-N的平均出水浓度由对照组的11.35mg/L降至4.58mg/L；出水TN平均浓度由对照组的25.03mg/L降至12.11mg/L。经生物强化后的反应器NH$_4^+$-N平均去除率由对照组的55.8%增加至82.1%；TN的平均去除率由对照组的23.2%增加至62.3%。生物菌剂的添加提高了系统污泥内脱氮微生物的丰度，增加了脱氮微生物的种类，进而提高了系统的脱氮性能，使出水达到一级A标。玉米芯作为外加固体碳源用于活性污泥系统时，出水COD稳定且偏低，不会对原水体造成二次污染。

（3）CAST反应器污泥电镜分析

对实验组和对照组的初始污泥和运行20d后的污泥进行电镜扫描观察发现，实验初期实验组和对照组污泥结构基本一致，疏松多孔，能明显地看到其中的丝状菌和杆菌。反应器运行20d后，实验组污泥结构基本没有太大变化，可清晰看到大量的杆状菌，污泥性能良好。对照组结构略有疏松，猜测可能由于水体内碳源不足，活性污泥内部分微生物存在饥饿状态，污泥结构开始松散。

18.2.2.4 生物强化及固体碳源脱氮技术示范

本章将讨论利用玉米芯固体碳源与生物强化技术相结合共同处理重庆开州区临江污水处理厂低碳源污水脱氮效果。考虑现场实际情况，在不影响污水处理厂正常生产生活的前提下，采用承重网兜悬挂方案将经过生物菌剂处理后的固体碳源投入反应池中。自 2016 年 5 月 1 日～ 10 月 31 日运行期间，定时对污水处理厂进出水 NH_4^+-N 和 TN、COD 进行监测，通过观察 NH_4^+-N 和 TN 指标了解系统脱氮效果。并通过 Illumina Miseq 高通量测序技术分别对玉米芯固体碳源和纤维球不同时期微生物群落结构变化，研究反应池内微生物菌群在固体碳源内部演替变化规律。

（1）临江污水处理厂简介

重庆开州区临江污水处理厂主要采用 SBR 法中的 CASS 工艺，设计处理量为 2300m³/d，最大日处理量 3100m³/d。通过现场调研，临江污水处理厂进水多为乡镇居民生活污水、学校、医院、商业服务机构及各种公共设施排水，因管网建设不完善导致部分雨水流入，总体表现为水量和水质波动大、有机物含量低等特点，乡镇用水的不均匀性决定了排水的不均匀性。污水处理厂进水高峰时水位会超过上限，污水处理负荷偏大，污染物去除率有所降低。相反，进水量小时污水处理负荷低，反应池不能充分利用。经现场监测表明，CASS 池在后期排水时，水下 2m DO 浓度仍然为 2mg/L 左右，表明反应体系曝气过量，脱氮的主要限制因素为反硝化不足。进水 NH_4^+-N 含量很高，C/N 值低于 2.86kgCOD/kgTN，进水水质具有明显的低碳氮比污水特点。

（2）实验与材料

1）菌剂扩培装置

现场扩菌培养装置见图 18-57。

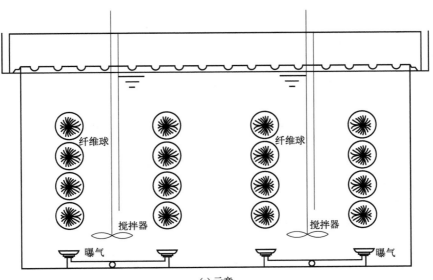

(a) 示意

图18-57

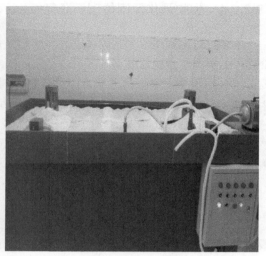

(b) 实物

图18-57　菌剂扩培装置示意和实物

通过向装置内添加纤维球为微生物提供良好的附着载体，利用控制曝气量、曝气时间、搅拌、pH 值等方式分级扩大培养制备菌剂。

① 扩菌设备参数。扩菌设备：高 H=1.0m，模架长 L=2.0m，宽 D=1.0m。搅拌器 2 个，曝气机 1 个，曝气头 18 个，电箱 1 个，每个周期可培养 1.5 ～ 1.8t 菌剂。

② 培养基。

Ⅰ. 硝化菌培养基：$NaNO_2$ 1g/L，$MgSO_4 \cdot 7H_2O$ 0.03g/L，$MnSO_4 \cdot 4H_2O$ 0.01g/L，K_2HPO_4 0.75g/L，Na_2CO_3 1g/L，NaH_2PO_4 0.25g/L，$CaCO_3$ 1g/L，pH 值为自然。

Ⅱ. 反硝化菌培养基：酒石酸钾钠 10g/L，KH_2PO_4 0.6g/L，KNO_3 2g/L，$MgSO_4 \cdot 7H_2O$ 0.2g/L，pH 7.2。

③ 菌剂母种。菌剂母种全部来自实验室筛选保藏的硝化菌、反硝化菌和好氧反硝化菌菌种，其中好氧反硝化菌属是由 *Pseudomonas* sp.、*Pseudomonas stutzeri*、*Pseudomonas aeruginosa*、*Klebsiella variicola*、*Acinetobacter* sp.、*Sphingobacterium* sp. 组成。

2）固体碳源投加方式

玉米芯固体碳源体积和密度都较小，为了保证固体碳源能与反应池污水充分接触，同时防止漂浮在水面上影响曝气设备正常运行，采用承重网兜悬吊式设计方案。

经过现场调研发现施工存在以下几个现实问题：

① 由于反应池中间走道布置了护栏、回流管道，同时墙体宽度较小、厚度较薄，留给施工的有效操作面积较小。

② 主池内长 9.3 ～ 9.6m，总长 10.5 ～ 10.8m，如果采用空旷场地组装好后整体吊装的施工方法，那么二次回收更新材料施工较为困难。

③ 硝化池内有 3 个表面曝气机，水力冲击力大。

④ 填料安放的位置要符合不同微生物类群生长所需要的环境条件。

通过深入分析设计施工存在的难点，本着符合工程规范、简易灵活、经济、尽量不使用大型施工机械等原则，提出在污水处理池上方架设一根钢绳，用膨胀螺丝和开体花篮固定连接，在钢绳套上一组可用细绳牵引的可移动纤维绳，下方用钩子挂起放置装置。计划每一排放 3 个网箱。

将经过生物菌剂处理后的玉米芯固体碳源投入承重网兜中，利用绳索调节玉米芯固体碳源的空间位置，如图 18-58 所示。网兜的空隙保证了水流能够与固体碳源充分混合，并且因为网的阻拦作用固体碳源不会四处飘散，影响表面曝气装置和污泥回流的正常运行。

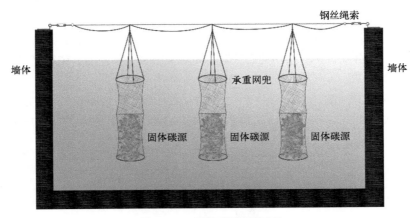

图18-58 固体碳源装置示意

（3）运行阶段进出水水质检测

1）COD 去除效果

COD 去除效果如图 18-59 所示，进出水 COD 平均值和去除率平均值如表 18-8 所列。

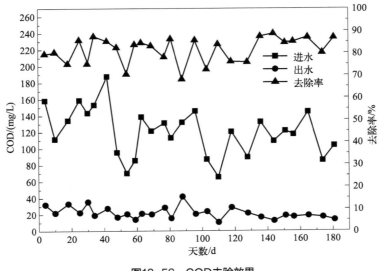

图18-59 COD去除效果

表18-8　进出水COD平均值和去除率平均值

COD	进水/(mg/L)	出水/(mg/L)	去除率/%
试验阶段平均值	120.64	21.85	81.89
去年同期平均值	103.62	14.85	85.67

由图 18-59 和表 18-8 可以看出，整个中试试验阶段，COD 平均去除率达到 81.89%，较去年同期降低 3.78%，猜测玉米芯固体碳源的添加增加了反应池内 COD 总量，致使 COD 降解率下降。COD 进水浓度波动较大，平均为 120.64mg/L，出水 COD 浓度较为稳定，平均为 21.85mg/L，远低于《城镇污水处理厂污染物排放标准》（GB 18918—2002）中规定的 COD 排放一级 A 标准（50mg/L）。临江污水厂进水碳源较低，波动较大，而出水 COD 浓度没有出现明显的波动性，一直稳定在 21.85mg/L 左右，说明了反应池内微生物对碳源有迫切需求。

2）TN 去除效果

TN 去除效果如图 18-60 所示，进出水 TN 平均值和去除率平均值如表 18-9 所列。

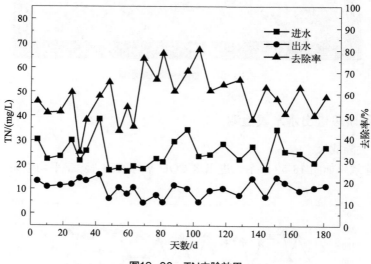

图18-60　TN去除效果

表18-9　进出水TN平均值和去除率平均值

TN	进水/(mg/L)	出水/(mg/L)	去除率/%
试验阶段平均值	24.70	10.14	58.95
去年同期平均值	27.08	13.75	49.22

由图 18-60 和表 18-9 可以看出，整个中试试验阶段，TN 平均去除率达到 58.95%，较去年同期提高 9.73%。进水 TN 浓度最高为 38.63mg/L，最低为 17.24mg/L，平均浓度为 24.70mg/L，出水 TN 平均浓度为 10.14mg/L，低于《城镇污水处理厂污染物排放标准》（GB 18918—2002）中规定的 TN 排放一级 A 标（15mg/L）。

3）NH$_4^+$-N 去除效果

NH$_4^+$-N 去除效果如图 18-61 所示，进出水NH$_4^+$-N 平均值和去除率平均值如表 18-10 所列。

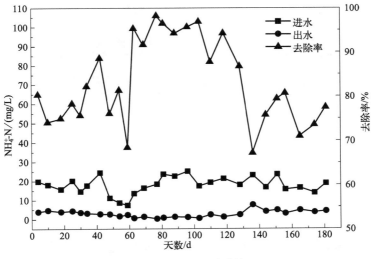

图18-61　NH$_4^+$-N去除效果

表18-10　进出水NH$_4^+$-N平均值和去除率平均值

NH$_4^+$-N	进水/(mg/L)	出水/(mg/L)	去除率/%
试验阶段平均值	24.70	2.85	88.46
去年同期平均值	21.79	4.85	77.74

由图 18-61 和表 18-10 可以看出，整个中试试验阶段，NH$_4^+$-N 平均去除率达到 88.46%，较去年同期提高 10.72%。进水NH$_4^+$-N 浓度最高为 25.10mg/L，最低为 7.33mg/L，平均浓度为 24.70mg/L；出水NH$_4^+$-N 平均浓度为 2.85mg/L，低于《城镇污水处理厂污染物排放标准》（GB 18918—2002）中规定的NH$_4^+$-N 排放一级 A 标（5mg/L）。

临江污水处理厂污水收集系统不完善，进水系统为雨污合流制，污水水量变化系数大、水质波动大，进水 COD、TN 平均浓度分别为 120.64mg/L 和 24.70mg/L，属于明显的低碳氮比污水。通过投加固体碳源与生物强化技术相结合，提高了反应池的脱氮效果，出水 TN、NH$_4^+$-N 均达到《城镇污水处理厂污染物排放标准》（GB 18918—2002）一级 A 标排放标准。

第 19 章
三峡库区典型小流域磷污染综合治理技术工程示范

19.1 香溪河流域磷化工产业全流程污染控制技术工程示范

19.1.1 磷化工废水深度除磷及循环利用技术示范

19.1.1.1 示范工程内容

（1）工艺路线

将化学沉淀技术、超滤反渗透技术、离子交换技术进行优化集成，形成了离子交换强化化学沉淀-超滤反渗透深度除磷技术，在湖北兴发化工集团有限公司刘草坡化工厂进行示范，主要工艺流程为：沉淀→阳离子树脂→超滤→反渗透→阴离子树脂。工艺流程见图19-1。

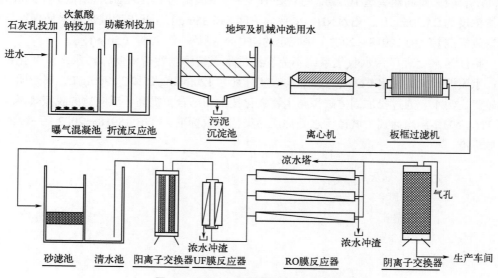

图19-1 磷化工废水深度除磷工艺流程

工艺流程简述如下：废水先进入收集池，通过水泵进入化学反应池，反应池中设曝气装置做搅拌，投加石灰乳絮凝沉淀。沉淀池出水一部分用于设备及地坪冲洗，另一部分通过离心机、板框压滤机进一步去除悬浮物，然后泵入多介质过滤装置，再进入阳离子树脂交换装置去除钙镁离子。经过阳离子交换装置的废水经水泵泵入超滤系统，超滤淡水经压力泵泵入反渗透系统。反渗透淡水进入反渗透清水池，一部分回用到凉水塔，剩下的泵入阴离子树脂交换装置进行深度除磷，最终出水回用于生产车间。反渗透浓水送至黄磷车间，与新增的风冷系统回收的蒸汽一起用于黄磷炉冲渣。

（2）处理规模

总废水量约 460m³/d，按每天 8h 计，改造后的含磷废水处理站总处理规模按 60m³/h 设计。

（3）处理效率

原水 TP 浓度在 200～1000mg/L 范围，设计 TP 浓度取上限值 1000mg/L，其他设计进水水质指标统计见表 19-1。设计各工艺单元对 TP 的去除率见表 19-2。设计冲渣蒸汽冷凝回收效率为 65%～70%。

表19-1　设计进水水质指标统计

进水指标	TP/(mg/L)	COD$_{Cr}$/(mg/L)	浊度/NTU	pH值
设计浓度	1000	200	300	6.4

表19-2　设计各工艺单元对总磷的去除率

序号	处理单元	进水/(mg/L)	出水/(mg/L)	去除率/%
1	化学絮凝沉淀	1000	150	85
2	过滤	150	150	0
3	阳离子交换	150	150	0
4	超滤	150	135	10
5	反渗透	135	0.5	99.6
6	阴离子交换	0.5	0.2	60

（4）技术参数

1）化学沉淀

石灰投加量：石灰加水配制成石灰乳，按照 $n(Ca):n(P)=(1.5～1.6):1$ 的比例投加，石灰乳浓度：7.5%。

反应时间：30min。

沉淀时间：4h。

2）膜处理

运行模式：多段式连续进水（采用两段式）；超滤膜工作压力为 0.25～0.3mPa，冲洗周期 8h，冲洗时打开浓水排放阀及产水排放阀，并充分排气，冲洗时间 30 ～ 60s，冲洗压力 < 0.15MPa；反渗透膜工作压力为 1.7 ～ 2mPa，冲洗周期 8h，冲洗时打开浓水排放阀及产水排放阀，并充分排气，冲洗时间 30 ～ 60s，冲洗压力 < 0.3MPa。

3）水质软化单元

阳离子树脂接触时间：15 ～ 30min。

运行时间：累计运行 24h 后进入小反洗。

再生周期：3 个月。

再生液介质：2% ～ 3% 稀盐酸。

4）深度处理单元

阴离子树脂接触时间：30min。

运行时间：累计运行 24h 后进入小反洗。

再生周期：3 个月。

再生液介质：3% ～ 5%NaOH。

5）冲渣蒸汽冷凝回收系统

冲渣蒸汽冷凝回收效率：65% ～ 70%。

6）处理单元出水循环利用系统

沉淀出水：用作设备及地坪冲洗，多余出水进入下一个处理单元。

反渗透淡水：大部分补充至凉水塔，多余出水进入下一个处理单元。

阴离子交换床出水：回用到生产车间。

反渗透浓水：补充冲渣用水。

19.1.1.2　示范工程效益

（1）环境效益

示范工程深度除磷出水 TP 浓度降到 0.2mg/L 以下，每天处理水量约为 460m³，反渗透出水回用率达到 100%，TP 去除量可达到 120 ～ 150t/a。由于新增冲渣蒸汽风冷回收系统，减少蒸汽排放量 390t，相当于减少 4.1t 通过气体向外环境输送的总磷量，环境效益十分显著。

（2）经济效益

1）减少用水成本

示范工程建设完成后，全厂每天的新鲜取水量减少，全年可节约用水成本约 103.9 万元。

2）减少药剂成本

膜处理单元前置阳离子交换树脂进行软化处理，水中硬度降低，可以减少系统和膜结垢堵塞概率，阻垢剂的投加量大幅减少，全年可节约药剂费约 52.8 万元。

3）减少膜组件使用成本

膜结垢堵塞概率减少，使得膜组件使用寿命延长，从而降低其使用成本，全年可减少约 78.5 万元。

合计每年可节省生产成本约 235.2 万元。

19.1.2 磷矿废弃地矿渣堆垄体生态修复示范工程

19.1.2.1 示范工程基本概况

示范工程以位于香溪河上游的树空坪磷矿废渣堆垄体为对象，采用"底部防渗加固 - 深层磷源固化 - 顶部防渗封盖 - 表层植被恢复"技术，在确保磷矿废渣堆垄体整体稳定性的前提下，对进入堆垄体内部的水分形成有效阻隔，对磷矿废渣中磷元素的释放迁移过程进行控制，并结合磷矿废渣堆置地周边的生态特征，遴选适宜当地气候类型条件的富磷、耐磷植物，采用乔灌草结合配置模式对磷矿废渣堆垄体植被系统进行修复。

19.1.2.2 工程总体设计

基于前期研发的磷矿废弃地堆垄体深部固化稳定化药剂、堆体底部和顶部防渗基材，以及表层生态修复基材和耐磷富磷优势植物，结合磷矿废弃地堆垄体生态修复现场综合试验实测数据，完成了各分项技术的集成优化，形成了一套以底部防渗 - 深层固化 - 顶部防渗缓冲 - 表层生态修复的磷矿废弃地堆垄体综合治理技术（总技术原理如图 19-2 所示），形成了一套磷矿废弃地生态修复施工工法（总工艺路线如图 19-3 所示），并建设了 10 万立方米规模的磷矿废弃堆垄体生态修复示范工程，有效解决了磷矿废弃地磷元素外溢和表层水土流失导致的环境污染，以及堆体整体流滑造成的地质灾害难题，为磷矿废弃地治理提供了技术支持与工程示范。

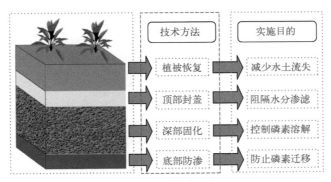

图19-2 总技术原理

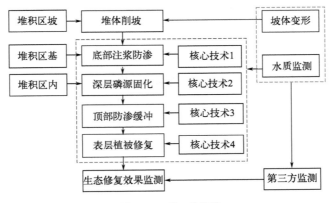

图19-3 总工艺路线

19.1.2.3　工程技术方案

（1）边坡治理工程

1）A 段削坡治理

该段位于废渣堆堍体下游，自现有挡渣墙至上游 13m 范围。坡底长度约 26m，坡顶长度约 29m，坡顶与坡顶高差 3～5m，边坡角 45°～60°。治理方案采用间接降低边坡落差高度和边坡坡率的方法来确保边坡的稳定性。依据碎石边坡稳定性，治理性刷坡的坡率取值为 1∶0.6。刷坡产生的废石，顺坡堆积在 B 段区域内，不外运，部分用于浆砌块石排水沟施工，通过对 A 段治理性刷坡后，使 A 段坡面的坡度放缓，治理后的山体边坡最终边坡角在 30º 左右。

2）B 段人工修坡清理

该段位于废渣堆堍体上游，坡面整体自东北向西南方向倾斜，坡顶及坡底紧邻盘山公路，坡顶长度约 130m，坡底长度约为 150m，边坡高差 5m 左右，边坡坡度较缓，平均坡度小于 20°。

边坡 A、B 段的分区如图 19-4 所示。

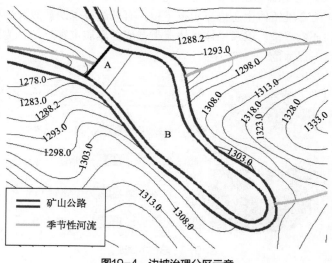

图19-4　边坡治理分区示意

（2）坡体排水工程

1）坡顶截、排水沟

根据现场实际地形、地貌条件，需要沿实际堆体边缘与盘山公路交界线设置专门截水沟及排水沟。截水沟阻截地表水向废石堆体汇集，排水沟疏导水流。排水沟及截水沟采用浆砌块石，M7.5 水泥砂浆，排水沟规格宽 0.50m、深 0.50m，块石厚度 0.15m（如图 19-5 所示）。

2）坡底排水沟

在现有挡渣墙下方沟底设置一条排水沟，排水沟连接至其最近的地表水（如图 19-6所示）。预计修建坡底排水沟约 416m，排水沟采用浆砌块石修筑，M7.5 水泥砂浆，排水沟规格宽 0.50m、深 0.50m，块石厚度 0.15m。

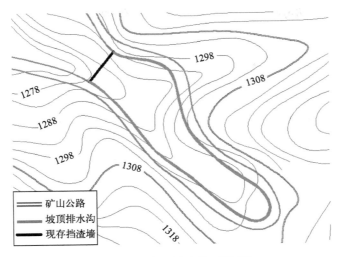

图19-5　坡顶排水沟施工平面图

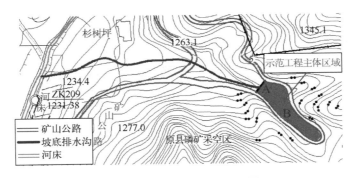

图19-6　坡底排水沟施工平面图

（3）底部注浆防渗工程

基底防渗层的构筑采用钻孔注浆工艺，根据废石堆体基底的工程地质特性及原有地形特点，通过在地表施工一定数量的注浆孔，将自主研发的CERSM-F型防渗浆液以一定压力注入废石堆体底部形成防渗层。

主要施工工艺：磷矿废弃地底部黏土胶凝固结防渗技术。

根据基底防渗加固层注浆钻孔布置平面图（图19-7）的设计要求，对准孔位，施工注浆孔，钻孔深度根据基底距堆体表面深度确定，距离基底垂直距离小于2m（见图19-8）。采用振动或机械成孔的方式植入注浆管。成孔后，在搅拌机内将CERSM-M型防渗浆液进行搅拌，调整并设置注浆泵压力后开始注浆。注浆方式采用注浆管注浆法、单孔双液注浆方式。采用现场注浆试验（三角形布孔）确定浆液的扩散半径、每米孔深压浆量以及注浆压力。控制浆液影响半径不小于5m，初凝时间5～10min。注浆结束后采用黏土或其他材料封堵注浆孔，防止浆液流失；注浆完毕后，冲洗注浆管并采取适当措施处理废水并转入下一孔位施工。

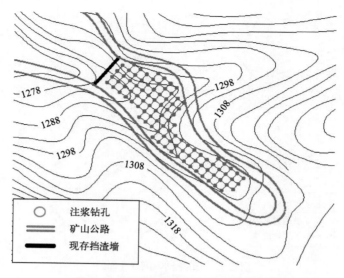

图19-7 防渗加固层注浆钻孔布置平面图

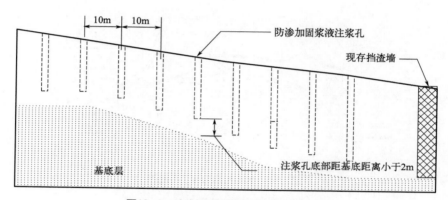

图19-8 防渗加固层注浆钻孔布置剖面图

（4）深部磷源固化工程

基于磷矿废渣磷元素的溶解释放机理，采用自主研发的 CERSM-F 型固化剂对磷矿渣堆垫体深层磷源进行固化处理。

主要施工工艺：磷矿废弃地深层磷废石固化/稳定化控制技术。

根据深部磷源固化层注浆钻孔布置平面图的设计要求（图19-9），对准孔位，施工注浆孔，注浆孔间距 5m，排距 5m，布置区域下游边界为现存挡渣墙，上游边界为废渣堆垫体基底 1297～1298m 等高线，钻孔深度依据基底距堆体表面深度确定，距离基底垂直距离为 5～8m（如图 19-10 所示）。采用振动或机械成孔的方式植入注浆管。成孔后，在搅拌机内将 CERSM-F 型固化剂和水搅拌均匀，并调整设置注浆泵压力开始注浆，注浆方式采用注浆管注浆法、单孔单液上行式注浆方式。采用现场注浆试验（三角形布孔）确定浆液的扩散半径、每米孔深压浆量以及注浆压力，使浆液影响半径达到 3.0m±0.5m 范围，初凝时间 10～15min；注浆结束后采用黏土或其他材料封堵注浆孔，防止浆液流失；注浆完毕后，冲洗注浆管并采取适当措施处理废水并转入下一孔位施工。

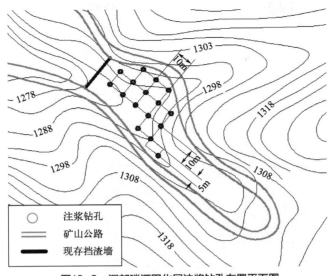

图19-9 深部磷源固化层注浆钻孔布置平面图

图例：
- ○ 注浆钻孔
- ═ 矿山公路
- ▬ 现存挡渣墙

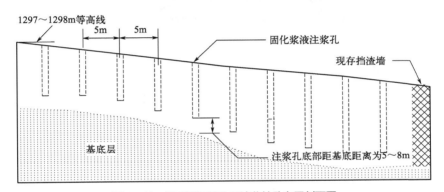

图19-10 深部磷源固化层注浆钻孔布置剖面图

（5）顶部防渗缓冲工程

工程设计根据 GB 18599—2001 中的规定（现行版本为 GB 18599—2020），Ⅱ类工业固体废物堆置场顶部应设阻隔层，以防雨水渗入废渣堆体内部。考虑到示范工程所在地区较高的酸雨发生率及酸雨对磷矿废渣中磷元素的淋滤作用，本示范工程采用"天然黏土混掺石灰"为基材，压实后形成阻隔层。充分发挥压实黏土的防渗性能及石灰对酸雨的中和作用，使其在阻隔大量雨水渗入废渣堆体内部的同时对入渗水分的 pH 值进行调节，使进入废渣堆体内部的水分呈弱碱性（pH=8.5±0.5），以防止废渣堆体内部孔隙水呈酸性而导致磷元素的溶解释放。

主要工艺原理：磷矿废弃地堆垄体顶部防渗缓冲技术。

阻隔层黏土和石灰比例为 95∶5，并采用机械压实（如图 19-11）。黏土取土时选择砂质黏性取土区，用挖土机挖土装车运至筛土场，用孔径不大于 3cm 的筛子对土体进行筛分，最后运至指定地点进行堆放，并人工与生石灰按既定比例混合均匀。压实过程中采用分层压实，人工用胶轮手推车装运黏土，采用倒铺法分层摊铺在堆体表面，用"网桩法"布 10m×10m 黏土桩网，立高度标杆，控制土层厚度及平整度。第一层黏土层的虚铺厚度一般控制在 20～25cm 之内,然后用 6t 光轮压路机碾压 6 遍,直至其密实度达到 95%;底层碾压密实后即进行第二层黏土的摊铺,当黏土虚铺厚度达到 20～25cm 时,人工进行平整并清理黏土中残余的杂物,用 6t 光轮压路机重叠半轮碾压 3 遍。施工过程中根据不同的天气、温度以及压实机具的功能等因素确定不同的含水量,以保证黏土层干燥时收缩势最小。压实后阻隔层总厚度不应小于 300mm,压实度应＞90%。施工完毕后用环刀法按 100m² 取 1 个标准土样,送至实验室检测密实度,或者用密实度测定仪现场检测密实度。

顶部封盖——阻隔层如图 19-11 所示。

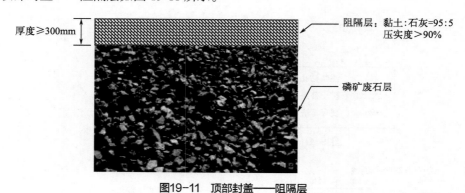

图19-11 顶部封盖——阻隔层

(6)表层植被修复工程

实工过程分以下几个步骤:清坡→覆土→放样定点→挖种植穴→栽种苗木→散播草本种子。

详细修复工程施工过程内容如下。

1)清坡

对废渣堆垭体边坡进行清理平整。

2)覆土

为保证苗木成活率和根系生长的土壤空间,坡面覆土厚度不低于 300mm,土壤以当地原有地表土壤为主,并施氮肥 20g/m² 作基肥。

3)放样定点

按照设计施工,桤木种植密度 2.5m×2.5m。醉鱼草和马棘种植密度 1.5m×1.5m,紫穗槐种植密度 1m×1m,挖穴时用石灰做标记确定各苗木种植穴的中心点。

4)挖种植穴

放样完成后,即可挖种植穴。乔木植穴规格不低于 50cm×50cm,即穴宽 50cm、深 50cm;灌木植穴规格不低于 30cm×30cm。

5)栽种苗木

在栽种苗木前,应在种植穴内施有机底肥,每个种植穴的施肥量为 0.5kg;对于紫穗槐有固氮作用的苗木施肥量减少到 0.25kg;苗木栽种时,应将种植穴内回填的种植土捣实,让苗木根球与土壤紧密结合,有利于苗木成活,苗木栽好后,应及时浇足根水,再直接回填种植土 30～50cm。

6)散播草本种子

在堆底和坡中部种子用量为 2.5g/m²,在堆顶种子用量为 3g/m²。

19.1.2.4　第三方建设监测结果

（1）TP 监测数据

示范工程建设前后委托宜昌市环境监测站对示范工程降雨淋滤液 TP 浓度进行了监测，监测时间为示范工程前后各 6 个月，监测频率为每月 1 次。监测数据如表 19-3 所列。示范工程建设前后，淋滤液年平均浓度从 0.52mg/L 降低至 0.161mg/L，降低幅度为 69%，优于项目要求的降低目标（TP 浓度降低 20% ～ 30%）。

表19-3　示范工程区域降雨淋滤液 TP 浓度第三方监测数据

建设前	2015.7	2015.8	2015.9	2015.10	2015.11	2015.12	平均值
TP 浓度 /(mg/L)	2.24	0.195	0.144	0.178	0.149	0.159	0.52
建设后	2016.12	2017.1	2017.2	2017.3	2017.4	2017.5	平均值
TP 浓度 /(mg/L)	0.172	0.154	0.141	0.185	0.135	0.184	0.16

（2）固化体浸出液总磷浓度

示范工程建设前后委托宜昌市环境监测站对示范工程固化体浸出液 TP 浓度进行了测试，测试时间为示范工程前后各 1 次。结果显示：示范工程建设前，磷矿废石浸出液 TP 浓度为 0.31g/kg，示范工程建设后磷矿废石浸出液 TP 浓度为 0.79g/kg，降低幅度为 61%。

（3）堆体整体稳定安全系数

示范工程建设前后委托中科岩土工程有限责任公司对堆体稳定安全系数进行计算。在示范工程区域取一定量磷矿渣，通过室内大型直剪试验，测定未固化磷矿渣和磷矿渣固化体的抗剪强度，结果如表 19-4 所列。基于直剪试验所获得的磷矿渣和磷矿渣固化体的抗剪强度，采用瑞典圆弧条分法计算矿渣堆堑安全系数，计算结果如表 19-5 所列。结果显示，示范工程建设前，堆体整体稳定安全系数仅为 1.05，稳定性较差；示范工程建设后，堆体整体稳定安全系数增加至 1.78。

强度指标拟合结果见图 19-12。

表19-4　固化前后磷废石大型直剪试验结果（抗剪强度）　　　　　　单位：kPa

编号	垂直压力 /kPa				强度指标	
	50	100	200	400	C/kPa	ϕ/(°)
0202F-2016.4.25	9.2	18.4	35.7	71.2	0.5	31.5
0202F-2017.6.29	40.5	52.9	71.8	109.2	32.5	34.6

注：C—矿渣黏聚力，ϕ—内摩擦角。

表19-5　安全系数计算结果

工况	挡土墙建设前	挡土墙建设后	示范工程建成后
安全系数	1.05	1.32	1.78

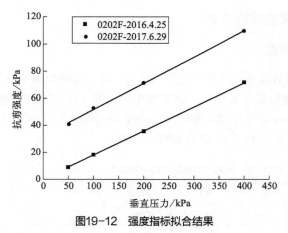

图19-12 强度指标拟合结果

（4）植被覆盖率监测数据

示范工程建设后项目委托武汉中科岩土工程有限责任公司对示范工程表面植被覆盖率进行了监测。监测数据如表19-6所列，示范工程建设后，示范工程表面年平均植被覆盖率为88.1%。

表19-6 示范工程表面植被覆盖率监测数据

编号	1	2	3	4	5	平均值
覆盖率/%	86.6	87.2	88.7	86.5	79.8	
编号	6	7	8	9	10	88.1%
覆盖率/%	89.4	94.7	92.2	90.5	82.4	
编号	11	12	13	14	15	
覆盖率/%	89.4	92.1	87.8	88.9	84.6	

示范工程建设前后对比见图 19-13。

(a) 建设前　　　　　　　　　　　　　　　　　　(b) 建设后

图19-13 示范工程建设前后对比

（5）堆体表面土壤颗粒冲刷量监测结果

示范工期建设前后，委托中科岩土工程有限责任公司进行了示范工程人工降雨冲刷试验，采用挡板在示范工程区域隔离宽 4m、长 25m 的条形区域；条形区域内采用人工降雨设备连续降雨，降雨强度为 20mm/h，降雨总历时为 120min；在条形区域下端设置地表径流泥沙自动监测仪，自动监测废渣堆坻体表面土壤颗粒冲刷量，数据如表 19-7 所列。在相同降雨强度和相同降雨历时条件下，示范工程建设前面的泥沙冲量分别为 4.52075kg 和 1.95509kg，降低幅度为 56%。

表19-7 堆体表面土壤颗粒冲刷量监测结果

降雨历时 /min	0202A-2017.4.25		0202A-2016.6.29	
	泥沙增量 /kg	泥沙累积量 /kg	泥沙增量 /kg	泥沙累积量 /kg
0	0	0	0	0
5	0	0	0	0
10	0	0	0.0268	0.06565
15	0.00895	0.04202	0.05175	0.12474
20	0.01485	0.04202	0.06475	0.14837
25	0.02075	0.05383	0.09085	0.20746
30	0.04215	0.08929	0.1883	0.40966
35	0.04925	0.13655	0.2454	0.64732
40	0.0612	0.19564	0.3582	1.00446
45	0.06945	0.26786	0.401	1.39575
50	0.08495	0.38603	0.34285	1.57432
55	0.0743	0.45693	0.32025	1.8947
60	0.10515	0.5646	0.29175	2.27547
65	0.12305	0.68277	0.2193	2.4895
70	0.1515	0.83771	0.23225	2.82169
75	0.19435	1.0281	0.2643	3.05935
80	0.22165	1.18172	0.29295	3.29701
85	0.1883	1.34848	0.31305	3.57012
90	0.1266	1.50341	0.3297	3.85504
95	0.09205	1.58613	0.2668	4.05725
100	0.04805	1.70562	0.2156	4.27127
105	0.02545	1.77652	0.0718	4.34217
110	0.02075	1.82379	0.05765	4.40257
115	0.0172	1.8947	0.05645	4.47348
120	0.0184	1.95509	0.0469	4.52075

19.2　香溪河农业面源磷流失生态治理技术工程示范

19.2.1　农业面源磷流失治理示范区建设示范工程

19.2.1.1　示范工程简介

以香溪河流域兴山县陈家湾坡耕地为对象，采用"农业面源磷流失多级生态拦截阻控技术集成"，对农业面源水土流失及磷素的迁移过程进行控制。

示范区全景见图 19-14。

图19-14　示范区全景图

19.2.1.2　工程总体设计

（1）设计思路

根据示范区用地特点，将示范区分为林草恢复区、耕作区及居民生活区，针对各区域的特点进行分区设计。分区设计区域见图 19-15（书后另见彩图），工艺路线见图 19-16。

封山育林区植被情况良好，基本不需要增加其他措施。林草恢复区以恢复木本及草本植物为主，不采用人工工程措施，全部采用生态措施。柑橘种植区与玉米 - 油菜轮作区为耕作区，该区域具有坡面大、土壤质地疏松、透气性能好、降雨季节集中、强度大、极易产生地表径流和水土流失等特点，基于固磷优势植物的筛选、固磷生物篱栽培技术、固磷植物的时空配置技术等，结合截洪沟、沉砂池等拦蓄工程和生态净化沟渠、径流坡岸湿地与示范区现场综合试验实测数据，采用拦 - 蓄 - 生物净化多级耦合的"农业面源磷流失的多级生态阻控技术体系"。多级拦截阻控技术系统平面如图 19-17 所示。

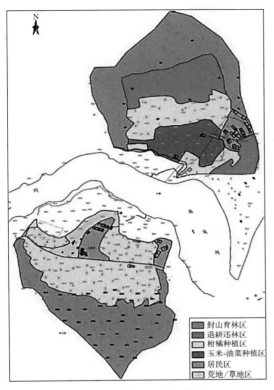

图19-15 分区设计区域

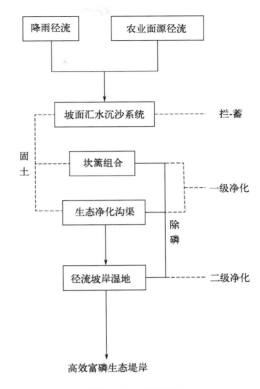

图19-16 工艺路线

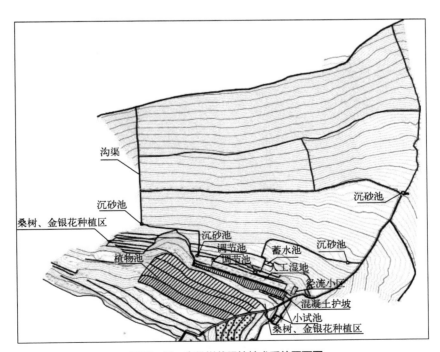

图19-17 多级拦截阻控技术系统平面图

（2）工程技术方案

1）坡面水系工程

根据十年一遇 1h 最大降雨量设计，截洪沟为浆砌石梯形断面，其顶宽 1m，底宽 0.6m，高 800mm，内边坡 1∶0.2，截洪沟比降 3%。根据地形条件截洪沟总长度为 320m。截水沟断面如图 19-18 所示。

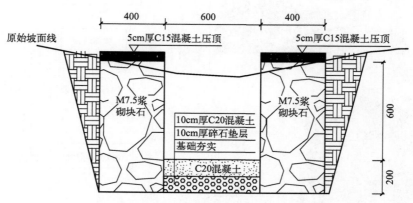

图19-18 截水沟断面图（单位：mm）

排水沟设计为明渠矩形断面，采用 1∶2 防水砂浆砌沟渠壁，沟底为 100cm 厚素混凝土（C25），毛石基础高 200mm，沟渠壁高 500mm，宽 120mm，排水沟渠宽 400mm。排水沟断面如图 19-19 所示。

沉砂池为正方形，有效容积为 4.8m³，长 2.0m，宽 2.0m，高 1.2m。

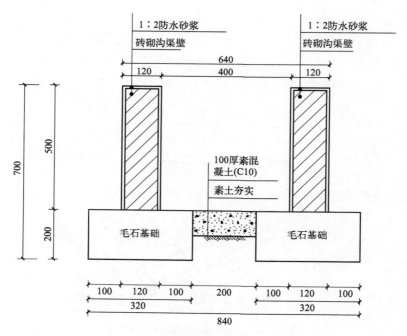

图19-19 排水沟断面图（单位：mm）

2）坎篱组合

示范区内现有部分坡面梯田因年久失修，毁坏严重，因此对梯田进行维修，主要是恢复其保水保土功能，达到田面水平，提高土地生产力。采用 200mm 素混凝土（C10）将田面较陡的田坎改造为石坎进行加高加固，加固高度不高于 2m，顶宽 0.86m。对坍塌的田坎进行恢复，石坎沿等高线布置，并与原梯田线型保持一致，达到田坎顺势，田面水平，大弯就势，小弯取直。

对田面较陡的田坎进行加高加固，加固高度不高于 1.7m，顶宽 0.4m。

对田面较宽且坡度较大的新修石坎。对垮塌的田坎进行恢复，田坎沿等高线布置，并与原梯田线型保持一致，田坎顺势，田面水平，大弯就势，小弯取直，活土层小于 0.4m。田坎高度 1.3 ～ 1.5m，田坎高出梯田面 0.1m。

田坎保持一定的侧坡，田坎侧坡坡度一般在 70° ～ 80°，即坡比为（1∶0.2）～（1∶0.3），项目区田坎外侧坡比采用 1∶0.15（约 76°）。

在坡面较缓的位置种植生物篱，生物篱根据地埂实际情况，每带种植 1 行或 2 行，株距 20cm，行距 20cm。综合考虑当地的常种农作物、对氮磷有较好截留效果及耐旱等特性，选取金银花为生物篱作物。

3）生态沟渠

设计生态沟渠的坡降比为 1∶100，可以保持水在沟渠中有一定的停留时间且能较为顺利地自流入排水沟。沟渠由混凝土筑成，具体尺寸见图 19-20。根据当地的气候条件，选取耐寒性的植物种植狗牙根及黑麦草。

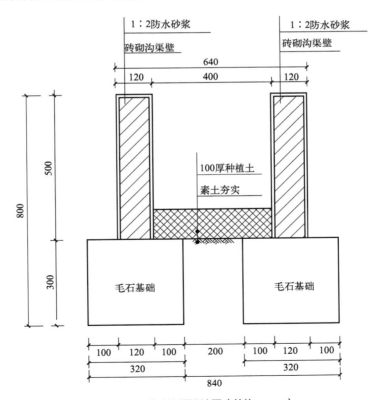

图19-20　生态沟渠设计图（单位：mm）

4）径流坡岸湿地

香溪河北岸径流坡岸湿地采用两级梯级深度处理模式，共2个单元，每个单元分上下两级，每级尺寸为30m×2.6m。针对暴雨径流中污染物浓度变化特点，处理系统表面积约为400m²。在处理系统前端设置调节池。处理系统进水根据调节池内水位由阀门和自流管控制。南岸径流坡岸湿地采用一级梯级处理模式，共1个单元，尺寸为10m×2.5m。根据除磷需求，净化系统内填料选取石灰石碎石，利用特效除磷粉进行改性后，加入系统中，增强填料对磷的吸附，从而减少面源磷流失量。植物选取水生菖蒲和美人蕉，种植行距和株距均为40cm。

5）坡面林草恢复

坡面林草区域少量土地裸露，会有少量泥沙随着降雨径流流入经济作物区域，堆积、释放从而汇集到流域中，对水体造成污染。因此，需要将裸露土地进行林草恢复。根据周边情况调查，选取当地易于成活且更加固土的树种、草种在林草区域进行种植。

19.2.1.3　第三方监测结果

示范工程建设前后委托宜昌市环境监测站对示范工程降雨径流水体总磷浓度进行了监测，监测时间为示范工程前后各6个月，监测频率为每月1次。监测数据如表19-8所列。示范工程建设前后，降雨径流水体TP年平均浓度从0.980mg/L降低至0.437mg/L，降低幅度为55.39%。

表19-8　示范工程区域降雨径流水体TP浓度第三方监测数据

取样时间	水体总磷浓度/(mg/L)						
	监测点位						
	0301A	0302A	0303A	0304A	0305A	0306A	0307A
示范工程建设前							
2015年7月	0.187	0.892	0.851	0.863	1.311	1.292	1.237
2015年8月	0.192	0.850	0.960	0.950	1.600	1.350	1.621
2015年9月	0.220	0.843	0.844	0.852	1.304	1.223	1.258
2015年10月	0.180	0.920	0.926	0.920	1.249	1.376	1.452
2015年11月	0.207	0.915	0.952	0.953	1.249	1.376	1.452
2015年12月	0.186	1.260	1.330	1.340	1.699	1.747	1.782
平均值	0.195	0.947	0.977	0.980	1.402	1.394	1.467
示范工程建设后							
12月	0.130	0.821	0.833	0.399	1.241	1.233	0.989
1月	0.146	0.884	0.817	0.404	1.097	1.131	0.952
2月	0.162	0.808	0.824	0.336	1.201	1.134	1.258
3月	0.124	0.820	0.810	0.484	1.246	1.064	1.153
4月	0.131	0.843	0.792	0.506	1.129	1.051	1.266
5月	0.155	0.840	0.868	0.493	1.317	1.036	1.366
平均值	0.141	0.836	0.824	0.437	1.205	1.108	1.164
削减率/%							
	—	—	—	55.41	—	—	—

19.2.2 高效富磷生态堤岸示范区示范工程

19.2.2.1 示范工程简介

选择面源磷流失的典型地块为对象，采用"陡坡地岸边植物河岸带强化截留生态净化技术"，建设由工程和植物组成的综合护坡系统的护坡技术，建设长度为1.618km的生态堤岸。

19.2.2.2 工程总体设计

（1）生态堤岸核心区

生态堤岸核心区位于径流净化系统下侧，主要分为护土框格和框格植被，用于拦截坡面系统中产生的径流和泥沙，同时使径流湿地系统中的出水得到进一步净化，生态堤岸核心区设计见图19-21。

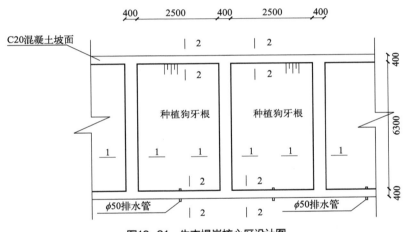

图19-21　生态堤岸核心区设计图

（2）生态堤岸非核心区

作为示范区拦截磷素流失的最后一道屏障，在陈家湾径流净化系统的两侧和黄家湾柑橘园底部175m水位线以上建设生态堤岸，堤岸内部种植桑树和金银花，株距和行距均为30cm，行与行之间呈"品"字形搭配，金银花下方种植狗牙根草皮。黄家湾砖瓦厂由于石头较多，坡面土壤极少，因此在铺设植物纤维绿网的基础上沿绿网顶部种植栀子花。

19.2.2.3 第三方监测结果

示范工程建设前后委托宜昌市环境监测站对示范工程降雨径流水体TP浓度进行了监测，监测时间为示范工程前后各6个月，监测频率为每月一次。监测数据如表19-9所列。示范工程进水和出水对比，示范区水体TP年平均浓度由0.437～0.836mg/L减少到0.355～0.753mg/L，平均降幅14.36%。

表19-9　示范工程区域降雨径流水体总磷浓度第三方监测数据

取样时间	水体总磷浓度/(mg/L)					
	监测点位					
	0401A	0402A	0403A	0404A	0405A	0406A
示范工程进水						
2016年12月	0.130	0.821	0.399	1.241	1.233	0.989
2017年1月	0.146	0.884	0.404	1.097	1.131	0.952
2017年2月	0.162	0.808	0.336	1.201	1.134	1.258
2017年3月	0.124	0.820	0.484	1.246	1.064	1.153
2017年4月	0.131	0.843	0.506	1.129	1.051	1.266
2017年5月	0.155	0.840	0.493	1.317	1.036	1.366
平均值	0.141	0.836	0.437	1.205	1.108	1.164
示范工程出水						
2016年12月	0.151	0.744	0.365	0.903	0.781	0.748
2017年1月	0.150	0.802	0.351	0.885	0.894	0.908
2017年2月	0.132	0.743	0.316	0.782	0.733	0.755
2017年3月	0.143	0.718	0.392	0.742	0.913	0.984
2017年4月	0.159	0.766	0.296	1.052	0.972	0.964
2017年5月	0.160	0.744	0.410	1.125	0.884	1.132
平均值	0.149	0.753	0.355	0.915	0.863	0.915

19.3　香溪河库湾内源磷释放控制与生态调控技术工程示范

19.3.1　人工高效脱磷水生态系统配置示范工程

19.3.1.1　示范工程简介

示范工程位于香溪河库湾兴山县峡口镇陈家湾段（N31°07′～31°08′，E110°49′～110°50′），为香溪河支流高岚河汇入干流前的河口段区域（图19-22）。三峡水库蓄水后，该区域成为库湾回水区，是香溪河库湾重要的藻类水华暴发点之一。

19.3.1.2　工程技术方案

人工高效脱磷水生态系统配置技术由高效富磷水生植物群落筛选与构建技术、高效除磷生态栅体构建技术两项技术组合而成，具体技术工艺见图19-23。

图19-22 示范工程位置图

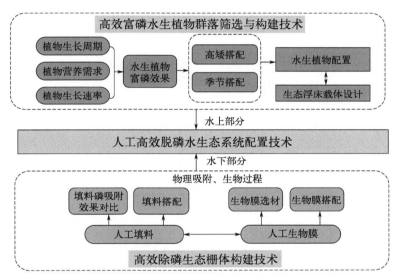

图19-23 人工高效脱磷水生态系统配置技术工艺

示范工程区由挺水植物种植区、湿生植物种植区、沉水植物种植区、除磷生态栅体区4个不同的功能区组成。整体布局见图19-24。

（1）第1功能区：挺水植物种植区

该区以风车草、美人蕉和千屈菜为优势种，搭配种植菖蒲、再力花、鸢尾、茭白挺水植物等。a区、b区和c区每个围格（约7.5m×7.5m）放置泡沫浮板6块，每块泡沫板上打有40个植物种植孔，种植约500棵幼苗。编号为a9～a12的区域各种植美人蕉500株；a13～a16的区域各种植黑麦草1000株；编号为b9～b12的区域各种植美人蕉500株；a13、a16的区域各种植黑麦草1000株；a14、a15的区域各种植风车草500株；编号为c7～c9的区域各种植美人蕉500株；编号为c10～c12的区域各种植生菜500株。d区和e区每个围格（11.25m×9.1m）放置泡沫浮板13块，每块泡沫板上打有40个植物种植孔，种植1000～2400棵幼苗，种植的植物种类和数目见表19-10。

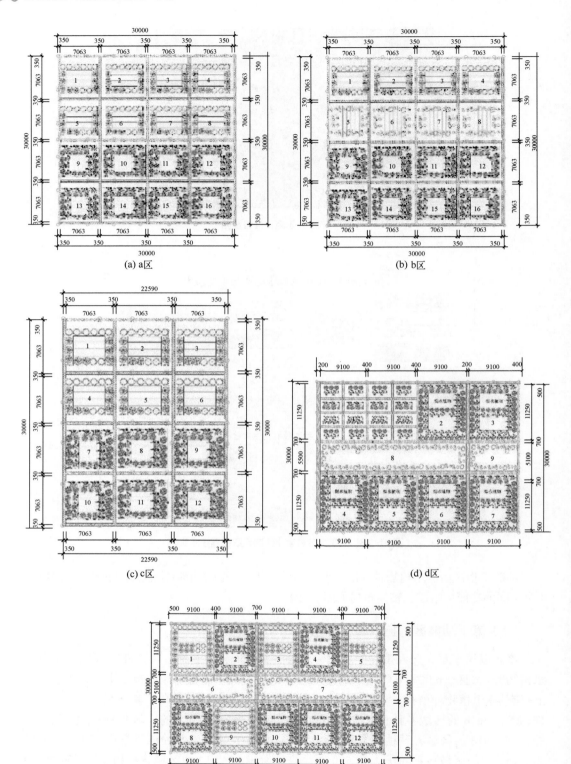

图19-24　示范工程建设布局

第四篇　工程实践篇

表19-10 不同区域挺水植物种类和密度分布情况

区域	种植植物种类和植株数							
	品种	数量/株	品种	数量/株	品种	数量/株	品种	数量/株
d1	再力花	900	美人蕉	600	菖蒲	400	鸢尾	200
d2	美人蕉	300	梭鱼草	200	再力花	200	鸢尾	150
d3	菖蒲	600	美人蕉	600				
d4	风车草	800	千屈菜	500	梭鱼草	100	茭白	100
d5	风车草	1500	再力花	300	美人蕉	50		
d6	风车草	800	千屈菜	500	美人蕉	400		
d7	鸢尾	500	美人蕉	300	再力花	200		
e2	梭鱼草	500	美人蕉	500	菖蒲	200	再力花	100
e4	再力花	500	梭鱼草	500	美人蕉	200	香蒲	20
e8	风车草	800	菖蒲	300	千屈菜	200		
e10	风车草	600	美人蕉	500	菖蒲	300		
e11	美人蕉	500	菖蒲	300	鸢尾	200		
e12	风车草	500	菖蒲	200	千屈菜	200		

（2）第2功能区：湿生植物种植区

该区面积约为 1700m²，该区以黑麦草、空心莲子草为主，搭配种植水芹、铜钱草等。a区、b区和c区每个围格中放置 6 块浮床，占围格内水面积的 50% 左右。a1 ~ a4 区种植圆币草、a5 ~ a8 区种植水芹菜、b1 ~ b4 区种植槐叶萍、c1 ~ c6 区种植水花生，每平方米植物种苗密度不低于 10 株。d区和e区每个围格中放置 14 块浮床，占围格内水面积的 60% 左右，e1、e3、e5 和 e9 混合种植水花生与水芹，d1 右上角区域由 4 块浮床搭建约 30m² 的湿生植物种植区种植水花生，每平方米种苗密度不低于 10 株。

（3）第3功能区：沉水植物种植区域

该区面积约为 450m²，主要种植金鱼藻。种植方法是在框架内悬挂 1.5m 深网箱，将沉水植物投放入网箱中，为了保证沉水植物可以接受充足的阳光，在投放时将部分沉水植物固定在框架上，保证沉水植物浮于表层。沉水植物种植在 b5 ~ b8 区域，种植金鱼藻，每个网箱投放 1000 株种苗。

（4）第4功能区：除磷生态栅体区

该区面积约为 420m²。主要由人工水草、铁砂、钢渣、蛭石组成的人工吸附材料等组成。以 0.5 ~ 1m 为间隔悬挂 3000 ~ 5000 组人工高效除磷生态栅体。

19.3.1.3 第三方监测结果

第三方检测数据表明，在总面积为 5050m² 的示范工程区域，2016 年 12 月 ~ 2017 年

5 月间，水体中 TP 浓度在 0.115 ～ 0.178mg/L 间波动，TP 去除率在 9% ～ 22.3% 间波动，平均去除率为 15.19%。

19.3.2 内源磷释放控制技术示范工程

19.3.2.1 示范工程简介

内源磷削减及控制技术示范工程选址于三峡库区香溪河流域兴山县峡口镇高岚河库湾陈家湾（N31°07′7.08″，E110°48′18.96″），示范工程总规模为 5000m²。

19.3.2.2 工程总体设计

（1）总体布局

工程沿香溪河高岚河库湾陈家湾库岸建设，全长 175m，在海拔 142 ～ 175m 的水域范围内构建香溪河库湾内源磷释放控制技术示范区，其中水位 155 ～ 175m 的区域为高效富磷水生植物控磷区 2500m²，142 ～ 155m 间为底泥固化/稳定化控磷区 2500m²。公用配套工程包括群落配置小试实验池、生物隔离带、截洪沟、库岸边坡生态修复及施工和监测工作便道工程，如图 19-25 所示（书后另见彩图）。

图19-25 示范区总体布局图

（2）高效富磷水生植物控磷区

高效富磷水生植物控磷区海拔在 155 ～ 175m 之间，丰水期水深 23m 左右，控磷区总计面积 2500m²。首先依原有地形修筑 5 道堡坎（H80 ～ 100cm），另设置 5 条纵向沟堑

（宽50cm，深30cm）；将该区域划分为1～16个单元，筛选美人蕉＋荷花（芦苇＋茭白）、莲藕＋菖蒲（香蒲＋慈姑）、狗牙根＋苴草（牛鞭草＋菱角）、空心莲子草＋荸荠（灯芯草＋水稻）4种配置模式进行种植，形成稳定的生物群落。

高效富磷水生植物控磷区配置如图19-26所示。

高效富磷水生植物控磷区建设工程量如表19-11所列。

表19-11　高效富磷水生植物控磷区建设工程量

编号	项目	单位	工程量
1	基础工程	m	
1.1	堡坎	m	800
1.2	沟堑	m	1000
1.3	提水水路铺设	m	480
2	群落构建		
2.1	基底整理	m²	2500
2.2	物种定植(含种苗)	m²	2500

编号	植物配置
1	美人蕉+荷花(芦苇+茭白)
2	莲藕+菖蒲(香蒲+慈姑)
3	狗牙根+苴草(牛鞭草+菱角)
4	空心莲子草+荸荠(灯芯草+水稻)
5	美人蕉+荷花(芦苇+茭白)
6	莲藕+菖蒲(香蒲+慈姑)
7	狗牙根+苴草(牛鞭草+菱角)
8	空心莲子草+荸荠(灯芯草+水稻)
9	美人蕉+荷花(芦苇+茭白)
10	莲藕+菖蒲(香蒲+慈姑)
11	狗牙根+苴草(牛鞭草+菱角)
12	空心莲子草+荸荠(灯芯草+水稻)
13	美人蕉+荷花(芦苇+茭白)
14	莲藕+菖蒲(香蒲+慈姑)
15	狗牙根+苴草(牛鞭草+菱角)
16	空心莲子草+荸荠(灯芯草+水稻)

图19-26　高效富磷水生植物控磷区配置

（3）底泥固化／稳定化控磷区

布置在海拔142～155m的陈家湾库湾，总面积2500m²（表19-12）。应用污染泥土原位固化稳定化处置系统，将自主研发的污泥（淤泥）固化剂注入河底淤泥内部，并原位搅拌均匀；在海拔145～155m的半淹没区，配置草本植物以改善枯水期景观。

表19-12　底泥固化/稳定化控磷区建设工程量表

编号	项目	单位	工程量
2.1	底泥固化	m³	2500
2.2	植被配植	m²	1000

19.3.2.3　第三方监测结果

共进行监测工作 12 次，其中，示范工程建设前 6 次，示范工程建成后 6 次。

除在本示范工程高效富磷水生植物控磷区、底泥固化/稳定化控磷区各设置 1 个固定监测样点外，在工程区以外，设置对照区采样点 1 个，点位布置如图 19-27 所示。

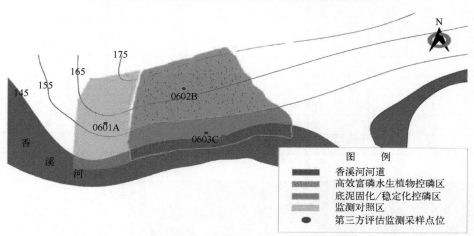

香溪河库湾内源磷释放控制技术工程第三方评估监测点位分布图

图19-27　示范区监测点位设置

示范工程建设前，每个月分别在高效富磷水生植物控磷区、底泥固化/稳定化控磷区、对照区，用柱状采样器采集 $-5 \sim 0cm$ 沉积物样 1 个，进行模拟浸出释放试验，测定浸泡前、浸泡后上覆水总磷含量 C_{A1}、C_{A2}，计算示范前表层底泥总磷释放值 $\Delta C_A = C_{A2} - C_{A1}$。

示范工程建设后，每个月分别在高效富磷水生植物控磷区、底泥固化/稳定化控磷区、对照区，用柱状采样器采集 $-5 \sim 0cm$ 沉积物样 1 个，进行模拟浸出释放试验，采用《水质　总磷的测定　钼酸铵分光光度法》（GB 11893—1989）测定浸泡前、浸泡后水体总磷含量 C_{B1}、C_{B2}，计算示范前表层底泥总磷释放值 $\Delta C_B = C_{B2} - C_{B1}$。

分别计算每个对应月份，高效富磷水生植物控磷区、底泥固化/稳定化控磷区磷释放控制率 $K = 1 - \Delta C_B / \Delta C_A$。经过计算高效富磷水生植物控磷区和底泥固化/稳定化控磷区平均磷释放控制率分别达到 59.45% 和 58.05%。

19.4　香溪河水华控制关键技术工程示范

19.4.1　示范工程简介

示范区位于湖北省宜昌市兴山县峡口镇，示范水域为峡口镇峡口 - 陈家湾长度 5km 水域。该水域水华发生频率高，且暴发程度较其他支流水域严重，极具典型性。示范区属于香溪河中游回水区，蓄水前为香溪河一条支流，蓄水后变成典型库湾，最宽处约250m，最窄处60m，水流速度丰水期0.3m/s，平水期＜0.1m/s。水华期间水体TN为1.53～4.56mg/L，TP为0.12～0.34mg/L，Chla（叶绿素a）含量最高达到98.20μg/L，蓄水以来该水域为三峡水库甲藻水华首次暴发的水域，随后几年内甲藻、硅藻、绿藻和蓝藻水华相继暴发，属于香溪河水华的重灾区。其上游为季节性径流，枯水期河床裸露，丰水期来水量大，大量泥沙和营养盐随径流进入库湾，成为该水域主要的污染源。

19.4.2 工程总体设计

通过对水华生消动态的研究，针对水华暴发的种源和营养源，研发复合生物床，从物质基础上减少水华优势种生长增殖必需的营养来源，降低藻类增殖的细胞基数，控制住水华暴发的源头。示范工程规模为1000m²。

（1）立体复合生物床

浮台采用钢管和浮桶制成双层立体框架（图19-28）。浮桶为平台提供浮力，钢管通过扣件卡箍连接，形成矩形框架，框架大小为5m×8m。框架内部布置浮床单元、沉床单元和生物膜单元。每个单元大小为1m×1.7m。浮筒框架上搭竹跳板，供人行走，以便不同单元的维护和管理。浮床单元材料为硬质聚氨酯泡沫板，板上有均匀分布的用于种植挺水植物的孔。孔间距10cm，开孔直径8cm。沉床单元用钢筋做成框架，固定在浮台框架内部。每隔20cm悬挂一条绳索，绳索下方悬挂塑料吊篮盆，吊篮盆直径12cm，间距10cm。吊篮盆与水面间距离可调节。生物膜单元用钢筋做成框架，固定在浮台框架内部。生物膜单元内均匀悬挂长1m的人工生物膜挂膜材料，该材料为比表面积较大的片状塑料串联结构。人工生物膜挂膜材料间距20cm。根据需要，浮床单元、沉床单元和生物膜单元可按一定比例搭配，形成立体复合生物床。

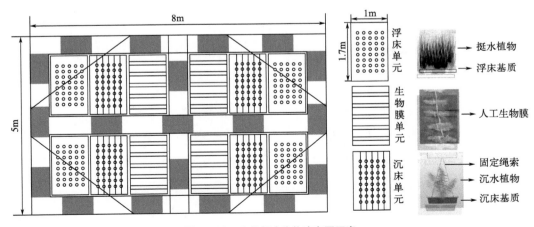

图19-28 立体复合生物床布置示意

（2）激光杀藻机

选取高功率红色激光发射装置，激光波长为 650nm，激光功率为 1W。通过蓄电池组给激光发射装置提供电能。利用蠕动泵将河水导进石英管内（内径 5cm，长度 50cm），石英管外壁由铝箔纸包裹。激光由石英管一端射入，对藻进行杀灭，之后再排入河中。建设浮体平台，将激光杀藻器置于平台上。平台大小为 2m × 2m，其上搭建遮雨棚。激光除藻器及浮体平台设计方案如图 19-29 所示。

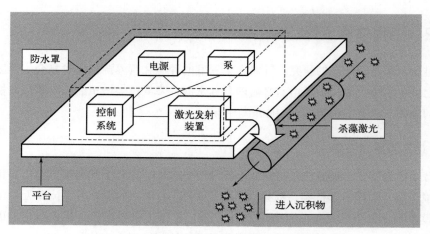

图19-29　激光除藻机及浮体平台设计方案

19.4.3　示范工程建设施工

示范工程设计如图 19-30 所示。立体复合生物床框架由镀锌钢管构成，下由泡沫浮桶支撑。生物床框架上搭建竹跳板，供人行走。生物床第一行和第二行利用打孔泡沫板种

挺水植物	挺水植物	挺水植物	挺水植物
挺水植物	挺水植物	挺水植物	挺水植物
沉水植物	沉水植物	沉水植物	沉水植物
滤食生物	滤食生物	滤食生物	滤食生物
生物膜	生物膜	生物膜	生物膜

图19-30　示范工程设计图

植挺水植物。所选水生植物包括美人蕉、风车草、菖蒲、千屈菜和梭鱼草。生物床第三行利用吊床种植沉水植物有苦草、黑藻和金鱼藻。生物床第四行利用网箱放养滤食性水生动物，每个网箱放养50尾鲢鱼幼苗。生物床第五行悬挂人工载体材料，供生物膜附着生长。人工载体材料选取组合填料。

示范工程建设及效果如图 19-31 所示。

(a) 示范工程建设前

(b) 生物床安装

(c) 挺水植物种植

(d) 山洪破坏

(e) 人工载体材料安装

(f) 立体复合生物床

图19-31

(g) 生物膜单元　　　　　　　　　　　(h) 生物滤藻单元

图19-31　示范工程建设及效果

19.4.4　示范工程运行

示范工程运行较为简单，主要是所种植水生植物的自然生长，滤食性生物的滤食以及生物膜的挂膜。如图 19-32 所示，示范工程运行期间植物生长良好，人工载体表面自然生物膜附着情况也较好。

(a)　　　　　　　　　　　　　　　　　(b)

(c)　　　　　　　　　　　　　　　　　(d)

图19-32　示范工程水生植物及自然生物膜生长情况

第 20 章

基于三峡水库及下游水环境改善的水库群联合调度关键技术研究与示范

20.1 研究思路及技术路线

20.1.1 研究思路

围绕项目研究目标要求，在提高梯级水库群防洪、发电、通航、供水等效益的基础上兼顾生态环境效益，着力突破超大型水库群联合调度关键技术难点，研究三峡库区及其下游水环境改善关键技术并实现技术整装集成，构建水库群多目标联合调度决策支持系统及可视化平台，针对三峡流域面宽、工程巨大、条件复杂等特点，围绕改善支流环境防控水华发生、改善库区水环境保障水源地水质安全和科学调整三峡水库联合调度出流过程改善水库下游生态环境，整体研究思路沿着突破水库调度理论与优化方法这条创新主线，提出符合水库群、多目标、上下游联合调控的水库群多目标"联合水库、动态过程、调和效益、协作调度"的"生态环境调度"思路，并据此思路开展科学研究工作，实现研究总目标。

基本思路就是通过水库群调度改善水环境并服务于水生态，思路及其实施的具体内容如下。

（1）联合水库

长江干流及其上游支流上的梯级溪洛渡、向家坝与三峡水库改成了一个不可分割的水库群体，运用水库（群）调蓄能力，合理调控水库蓄泄水量，可以做到：

① 共享调度空间，协调调度时间，实施联合调蓄和联合调度；

② 共享流域入流水沙条件，利用水文水沙预测预报，合理配置水沙资源；

③ 共享"三库"动能水头，相互补充功能效益，优化"三库"综合效益，提高联合综合效益。

（2）动态过程

利用"溪洛渡、向家坝、三峡"水库所具有的水动力条件，营造三峡水库支流和库区及其下游需要的动态环境，达到水环境改善的目的。

① 充分利用水库群调度方式和调度空间营造水库的水动态过程，包括：a.研究支流口门水位波动过程，改变支流库湾分层流运动形式，影响支流水华生肖过程；b.研究三峡与上游水库的协作调度过程，改变库区水体运动形式，影响库区水环境容量；c.研究三峡水库群联合调度状态下的出流过程，确保三峡水库下游中长期具有足够水量和动能，影响下游水环境。

② 在三峡调度的基础上，协同向家坝、溪洛渡调度，适宜营造流量、水位的幅态和相态，确保支流口门、全库区、下游河段的水位过程具有适宜的变动幅度。

（3）调和效益

实施溪洛渡、向家坝和三峡水库群联合调度改善水环境，既要保障传统效益又要提高水库群综合效益，在整体过程中产生的各库传统效益与环境效益之间的矛盾、产生库与库之间综合效益之间的矛盾，只能通过效益调和方法解决。

① 调和"三库"个体调度存在的传统效益与环境效益矛盾，提高个体综合效益；

② 调和"三库"联合调度存在的综合效益之间的矛盾，提高水库群联合综合效益。

（4）协作调度

基于三峡水库及下游水环境改善的水库群联合调度，在三峡水库库区，既要改善支流水环境控制水华，也要同时改善库区水环境保障水源地水质；而在三峡水库上下游，既要改善上游干流水环境，也要同步改善下游干流生态环境需求；对此，三峡及其上游梯级水库群"溪洛渡-向家坝-三峡水库"必须做出协作调度。

①"三库"的调度方式、调度过程、调控技术、调度规程等要做出协作；

② 支流、库区、下游水环境改善条件和需求等要做好协作，以保障水环境改善程度。

20.1.2　技术路线

"十一五"期间，已组织相关研究力量采用三峡水库单库多目标优化调度的途径对防控三峡水库支流水华问题进行较为深入的研究，包括开发水库流域分布式水量预报系统、开展水库水量调度与库区水流水质状况响应关系研究、结合变化条件下水库流域水量水质模拟技术进行水质水量复杂性定量分析与表征、开发三峡水库多目标优化调度系统进而设计相关的调度需求，最终建立交互式水库水量水质调度决策支持系统等。取得了一系列标志性研究成果，包括发现了三峡水库支流分层异重流现象，基本弄清了三峡水库典型支流水华发生机理及其影响因素，确定了三峡水库水量调度与水质响应机理，建立了复杂条件下三峡库区流域水量预报系统，提出了防控支流水华的三峡水库"潮汐式"调度方案等。

"十二五"期间上游溪洛渡和向家坝梯级电站蓄水发电将影响下游三峡水库入库水温、

径流、泥沙含量及水体营养盐等，从而对三峡水库干、支流水文水动力条件、水质及水华暴发产生影响；同时梯级水库群联合调度可以增大调度空间，提高联合调度改善水环境的潜力。因此，本研究在"十一五"基础上将以控制三峡水库支流水华、保障饮用水源地水质安全以及改善三峡下游生态环境为主要任务，开展三峡及上游梯级水库群联合调度研究，探讨通过水库群联合多目标优化调度防控三峡水库支流水华、保障饮用水源地水质和改善下游生态环境可行性及具体的调度方案及实施办法。"十二五"期间研究总体技术路线如图20-1所示。通过该研究最终形成三峡及上游流域梯级水库群多目标优化调度技术体系，为"湖泊主题-三峡项目"提供大型水库"流域资源与环境综合管理技术"，实现流域生态健康及水电可持续发展。

图20-1 技术路线

20.2　研究区域水环境基础信息

20.2.1　基础数据获取

20.2.1.1　基础数据来源

研究区域水环境基础数据包括水文及水质等数据。除收集研究期限内现有水文、水质监测站常规监测数据外，根据研究的需要在研究区域内布设多处水质监测站点。

20.2.1.2　现有水文、水质监测站

（1）三峡库区重庆 – 坝址段

研究选取了三峡库区三个重要饮用水水源地——重庆市南岸区长江黄桷渡饮用水源地、重庆市九龙坡区长江和尚山饮用水源地、宜昌市秭归县长江段凤凰山饮用水源地作为保障库区水源地安全的水库群联合调度示范区。目前，重庆市南岸区长江黄桷渡饮用水源地、重庆市九龙坡区长江和尚山饮用水源地无水文、水质监测站，宜昌市秭归县长江段凤凰山有水文监测站，无水质监测站。

（2）三峡下游宜昌 – 大通段

三峡下游宜昌 - 大通段水文站包括宜昌水文站、枝城水文站、荆州水文站、监利水文站、城陵矶（七里山）水文站、莲花塘水位站、螺山水文站、汉口水文站、九江水文站、湖口（鄱阳湖）水位站、大通水文站。水质自动监测站包括南津关站、城陵矶站、岳阳楼站、宗关站。

长江干流的南津关水质自动监测站位于长江干流、葛洲坝水电站库区尾部，距三峡大坝36km，设有三峡下游的第一个水文站和第一个水质自动监测站，与三峡大坝间仅有年径流量 $2.18 \times 10^8 \mathrm{m}^3$ 的乐天溪汇入，因此，该断面的水位、流量等水文观测资料和水质监测资料均可以作为三峡下游河段水动力 - 水质研究进口断面资料。

城陵矶水质自动监测站位于长江干流，洞庭湖入汇江段的北岸，其监测成果反映了洞庭湖入汇后的长江干流水质。城陵矶（七里山）水文站位于洞庭湖入江洪道，其水位反映了洞庭湖水域面积与水深情况。洞庭湖入汇后长江干流最近的水位监测站点设在莲花塘站，该站是城陵矶水文站的一部分，其水位可代表城陵矶江段的水位。莲花塘下游的螺山水文站具有水位、流量观测信息，且与城陵矶江段间无支流入汇，其流量可以代表城陵矶江段流量。

岳阳楼水质自动监测站位于洞庭湖入江洪道岳阳楼断面，该断面至洞庭湖的入江口间再无支流入汇，其监测成果反映了洞庭湖入江前的水质。讨论洞庭湖入汇对长江干流水质的影响时，对应的水文资料则应以同位于洞庭湖入江洪道上的城陵矶水文站为准。岳阳楼水质自动监测站的水质资料、城陵矶水文站的水文资料在研究洞庭湖入汇对长江干流影响时具有对应关系。

20.2.1.3　研究期间增设水质监测布点

（1）三峡库区重庆－坝址段

项目委托宜昌市专业公司对重庆市南岸区长江黄桷渡水源地、宜昌市秭归县长江段水源地、九龙坡区长江和尚山水源地 3 个库区饮用水源地进行水质监测，以反映其水质现状及变化趋势、支撑水质保证达标率的计算。

① 监测点位：上述 3 个水源地取水口附近断面，共计 3 个点位。

② 监测指标：水温、pH 值、溶解氧、高锰酸盐指数、五日生化需氧量（BOD_5）、氨氮（NH_4^+-N）、总磷、铜、锌、氟化物、硒、砷、汞、镉、铬（六价）、铅、氰化物、挥发酚、石油类、阴离子表面活性剂、硫化物、粪大肠杆菌、硫酸盐、氯化物、硝酸盐、铁、锰 27 项水质指标（以下简称"27 项水质指标"）。

③ 监测年份：2014 ～ 2017 年，共 4 年。

④ 监测频率：1 次 / 月。

⑤ 评价标准：《地表水环境质量标准》（GB 3838—2002）Ⅲ类标准。

根据梯级水库流域的监测需求，在三个梯级水库进行了定期的水环境监测。三峡库区，从坝首茅坪至重庆干流沿程布置 18 个监测点位，重庆至水富沿程布置 8 个监测点位，向家坝库区布置 5 个点位，溪洛渡库区布置 13 个监测点位。每年流域库区监测 3 次，监测指标包括水文指标（水位、流量、泥沙等）、水质指标（水温、营养盐、叶绿素等）。

（2）支流香溪河段

为系统分析香溪河库湾水动力特性、光热特性、营养盐特性及浮游植物群落结构特征，依托香溪河野外观测站，自香溪河河口至上游回水末端约 32km 长的回水范围内，沿香溪河库湾中泓线每隔 3km 左右布设一个采样断面进行系统生态水文监测，断面自河口向上游依次命名为 XX00 ～ XX10，另在干支流交汇区干流上增设 CJXX 监测断面作为参照，共计 12 个采样断面，其中 XX10 处于变动回水区范围内，当水位低于 156m 时无法开展监测工作，各采样点基本信息如表 20-1 所列。

表20-1　香溪河采样点表

采样点	地名	至河口的距离/km	纬度(N)	经度(E)
CJXX	河口交汇区	0	30°57′46.3″	110°45′19.5″
XX00	香溪河口	1.20	30°57′58.7″	110°45′47.3″
XX01	向家店	2.80	30°59′24.0″	110°45′46.7″
XX02	贾家店	6.60	31°01′07.2″	110°45′16.3″
XX03	盐官	10.00	31°03′40.5″	110°45′17.2″
XX04	游家河	12.70	31°04′56.6″	110°46′03.9″
XX05	峡口镇	16.90	31°06′59.6″	110°46′49.4″

续表

采样点	地名	至河口的距离/km	纬度(N)	经度(E)
XX06	郑家河	19.20	31°08′02.7″	110°46′42.2″
XX07	吴家坡	21.70	31°08′18.3″	110°46′07.2″
XX08	平邑口	24.40	31°10′17.8″	110°45′39.5″
XX09	罗家河	27.60	31°11′57.6″	110°45′10.8″
XX10	昭君镇	30.70	31°13′34.8″	110°45′28.4″

（3）三峡下游宜昌－武汉段

2014 ～ 2017 年，分别委托长江水利委员会水文局荆江水文水资源勘测局对荆州柳林水厂水源地、武汉市水务集团有限公司水质监测中心对武汉白沙洲水厂水源地的水质展开监测，监测布点位于水厂取水口附近，监测频次为每月一次，监测指标根据《地表水环境质量标准》（GB 3838—2002）选取，监测项目同上述 27 项指标。

2017 年 5 月 20 ～ 25 日，三峡水库和向家坝水库第一次联合实施了示范调度试验，通过持续增加向家坝和三峡水库下泄流量的方式，人工创造出水库下游江段持续涨水过程，以促进产漂流性卵鱼类产卵繁殖。为监测本次示范调度对下游水源地水质的影响，在宜昌、荆州柳林水厂和武汉白沙洲水厂水源地附近进行了采样测试。

2018 年 8 月 15 ～ 24 日，委托第三方（武汉市宇驰检测技术有限公司）从在宜昌三峡水文站、荆州柳林水厂和武汉白沙洲水厂水源地等关键断面附近进行了采样测试。对长江干流宜昌三峡水文站站点、引江济汉出水渠长江出口处、荆州柳林水厂水源地、城陵矶站、白沙洲水厂水源地取水样，监测上述地表水常规 27 项指标。

对宜都大桥（清江入长江汇流点）、岳阳楼、宗关等地取水样，监测地表水 5 项重点指标（pH 值、溶解氧、高锰酸盐指数、氨氮、总磷）。

另外，以白沙洲水厂水源地为起点，沿长江干流向上游在多个断面对水样中的高锰酸盐指数、总磷、铁进行加密监测，以此监测本次试验期间河段水质随水库消落的变化过程。加密监测断面的选取规律如下：城陵矶至白沙洲段，大约每 20km 一个监测断面（除去首尾断面），设 8 个断面。

20.2.2　研究区域水体功能及水质标准

20.2.2.1　三峡库区重庆－坝址段

（1）三峡库区重庆－坝址段水体功能及水质标准

选取宜昌市秭归县长江段水源地、重庆市南岸区长江黄桷渡水源地和九龙坡区长江和尚山水源地作为保障库区水源地安全的水库群联合调度示范区。按照水体功能划分，其为生活饮用水水源区；水质标准需满足《地表水环境质量标准》（GB 3838—2002）中的Ⅲ类水标准及集中式生活饮用水地表水源地补充研究标准限值，见表 20-2、表 20-3。

表20-2　地表水环境质量标准（GB 3838—2002）　　　　单位：mg/L

研究	Ⅰ类水质	Ⅱ类水质	Ⅲ类水质	Ⅳ类水质	Ⅴ类水质
水温/℃	人为造成的环境水温变化应限制在：周平均最大温升≤1；平均最大温降≤2				
pH值（无量纲）	6~9				
溶解氧	饱和率90%（或 ≥7.5）	≥6	≥5	≥3	≥2
高锰酸盐指数	≤2	≤4	≤6	≤10	≤15
化学需氧量（COD）	≤15	≤15	≤20	≤30	≤40
五日生化需氧量（BOD_5）	≤3	≤3	≤4	≤6	≤10
氨氮（NH_3-N）	≤0.15	≤0.5	≤1	≤1.5	≤2
总磷（以P计）	≤0.02（湖、库 ≤0.01）	≤0.1（湖、库 ≤0.025）	≤0.2（湖、库 ≤0.05）	≤0.3（湖、库 ≤0.1）	≤0.4（湖、库 ≤0.2）
总氮（以N计）	≤0.2	≤0.5	≤1	≤1.5	≤2
铜	≤0.01	≤1	≤1	≤1	≤1
锌	≤0.05	≤1	≤1	≤2	≤2
氟化物（以F^-计）	≤1	≤1	≤1	≤1.5	≤1.5
硒	≤0.01	≤0.01	≤0.01	≤0.02	≤0.02
砷	≤0.05	≤0.05	≤0.05	≤0.1	≤0.1
汞	≤0.00005	≤0.00005	≤0.0001	≤0.001	≤0.001
镉	≤0.001	≤0.005	≤0.005	≤0.005	≤0.01
铬（六价）	≤0.01	≤0.05	≤0.05	≤0.05	≤0.1
铅	≤0.01	≤0.01	≤0.05	≤0.05	≤0.1
氰化物	≤0.005	≤0.05	≤0.2	≤0.2	≤0.2
挥发酚	≤0.002	≤0.002	≤0.005	≤0.5	≤1
石油类	≤0.05	≤0.05	≤0.05	≤0.5	≤1
阴离子表面活性剂	≤0.2	≤0.2	≤0.2	≤0.3	≤0.3
硫化物	≤0.05	≤0.1	≤0.2	≤0.5	≤1
粪大肠杆菌/（个/L）	≤200	≤2000	≤10000	≤20000	≤40000

表20-3　集中式生活饮用水地表水源地补充应急标准限值　　　　单位：mg/L

序号	研究指标	标准值
1	硫酸盐含量（以SO_4^{2-}计）	250
2	氯化物含量（以Cl^-计）	250
3	硝酸盐含量（以N计）	10
4	铁含量	0.3
5	锰含量	0.1

（2）三峡库区重庆－坝址段水源地概况

1）重庆市南岸区长江黄桷渡饮用水源地

重庆市南岸区辖区西部、北部长江环绕，与九龙坡区、渝中区、江北区、渝北区隔江相望，东部、南部与巴南区接壤。全区面积 265km²，河流占 9.67%。黄桷渡饮用水源地水是河流型水源地，位于重庆市南岸区黄桷渡 100 号，为重庆南岸地区供水，实际取水量 1×10^5 t/d，服务人口 29 万人，岸边浮船方式取水。

2）重庆市九龙坡区长江和尚山饮用水源地

重庆市九龙坡区位于重庆主城区西南部，是长江和嘉陵江环抱的重庆渝中半岛的重要组成部分，面积 432km²，与渝中区、沙坪坝区、璧山区和江津区接壤，与南岸区、巴南区隔江相望。南北最长 36.12km，东西最宽 30.4km。区内基本地形为"两山合一水"：由北向南走向的中梁山脉纵贯全区，缙云山脉掠过西部边境，长江西入东去，陆地占绝大部分，水域面积极小。海拔最高处为中梁山 698.5m，海拔最低处是长江边小河口 170m。丘陵约占全区总面积的 50%，以中、低丘为主，海拔高度在 200～350m 之间。重庆市九龙坡区长江和尚山饮用水源地是河流型水源地；和尚山水厂是九龙坡区长江和尚山饮用水源地的主要取水水厂，位于重庆市九龙坡王家沟。实际取水量为 2×10^5 t/d。服务人口为 98 万人。取水方式是中心底层方式。该水厂承担大坪、杨家坪、石桥铺和中梁山地区的生产、生活用水，并部分向渝中区、沙坪坝区供水。

3）宜昌市秭归县长江段凤凰山饮用水源地

宜昌市秭归县位于中国湖北省西部，地处川鄂咽喉长江西陵峡两岸。面积 2427km²，人口 42.3 万人。秭归县为大巴山、巫山余脉和八面山坳合地带。长江流经巴东县破水峡入境，横贯县境中部，流长 64km，于茅坪河口出境，把秭归分为南北两部，构成独特的长江三峡山地地貌。境内地形起伏，层峦叠嶂，地势为四面高，中间低，呈盆地形。秭归县地理坐标为 E110°18′～111°0′、N30°38′～31°11′。东与宜昌市的三斗坪、太平溪、邓村交界，南同长阳的榔坪、贺家坪接壤，西邻巴东县的信陵、平阳坝、茶店子，北接兴山县的峡口、高桥。东南至太阳坪，与宜昌、长阳接壤；东北至五指山，与宜昌、兴山接壤；西南至香炉山，与巴东、长阳县接壤；西北至羊角尖，与巴东、兴山接壤。东西最大距离 66.1km，南北最大距离 60.6km，凤凰山饮用水源地属于河流型水源地。秭归县自来水公司二水厂是宜昌市秭归县长江段水源地的主要取水厂，位于宜昌市秭归县凤凰山一带，为秭归县供水，供水人口 4 万人。

20.2.2.2　三峡下游宜昌–武汉段

（1）宜昌至武汉段水体功能及水质标准

重点关注长江干流宜昌至武汉市中心城区河段。该区域水体需满足地表Ⅲ类水标准。针对"合同"及其相应实施方案规定的内容，研究区域只涉及监利河段四大家鱼等水生生物。

（2）长江荆州段、武汉段水源地概况

为了研究水库群联合调度对长江中游调用水区域水质安全的影响，保证荆州市和武汉

第四篇　工程实践篇

的重要取水口水质达到要求，选取荆州市和武汉市2个重要的水源地——荆州市柳林水厂水源地和武汉市白沙洲水厂水源地，进行重点研究。

1）荆州市柳林水厂水源地

柳林水厂所在的沙市区为荆州市中心城区，位于荆州城区东部，长江荆江段北岸。东接潜江市，南靠长江，与公安县隔江相望，西依荆州古城，北邻荆门市沙洋县，距省会武汉市237km。全境跨E112°13′～112°31′，N30°12′～30°2′，全区总面积522.75km²，其中建成区面积近40km²。柳林水厂水源地属于河流型水源地，柳林水厂为该水源地的主要取水厂，供水区域主要涵盖沙市区江汉路以东片区，包括60%的城区居民、荆州开发区企业和锣场、观音垱、岑河、江陵资市和滩桥等乡镇，服务人口近50万。目前该水厂日均制水量30万吨，取水方式是岸边浮船式取水。柳林水厂取水口的地理位置：N30°16′55″，E112°16′31″附近。

2）武汉市白沙洲水厂水源地

白沙洲水厂水源地，位于武汉市洪山区青菱街，属于河流型水源地，其地理位置为N30°28′44″，E114°14′39″附近。白沙洲水厂目前占地面积$1.74 \times 10^5 m^2$，制水能力$8.2 \times 10^5 m^3/d$，服务整个武昌地区70%的区域，东至东湖高新技术示范区，西至长江边，南至江夏大桥新区，北至武昌区武珞路。采用浮船式取水，共有钢制泵船四艘，目前该水厂正进行改扩建工程，完成后设计取水规模将超过$10^6 m^3/d$。

重点关注长江干流葛洲坝-武汉市中心城区河段，该区域水体需满足地表Ⅲ类水标准。

20.2.3 研究区域水环境特征

20.2.3.1 三峡库区

2014～2017年的水质监测结果表明：重庆南岸区黄桷渡水源地水质达标率为79.2%；重庆市九龙坡区和尚山水源地达标率为81.3%；宜昌秭归凤凰山水源地达标率为97.9%。

3个水源地的主要污染物及浓度见表20-4。

表20-4　库区重要饮用水源地主要污染物及浓度　　　　单位：mg/L

时间	重庆市九龙坡区和尚山水源地		重庆南岸区黄桷渡水源地		宜昌秭归凤凰山水源地	
	主要污染物	浓度	主要污染物	浓度	主要污染物	浓度
2014年			总磷	0.22		
2014年			总磷	0.21		
2014年	总磷	0.23	总磷	0.23		
2014年	总磷	0.41	铁	0.6		
2014年	铁	0.41	铁	1.79	铁	0.33
2014年	铁	0.96	铁	1.44		

续表

时间	重庆市九龙坡区和尚山水源地		重庆南岸区黄桷渡水源地		宜昌秭归凤凰山水源地	
	主要污染物	浓度	主要污染物	浓度	主要污染物	浓度
2014年	铁	1.36	锰	0.18		
2014年			总磷	0.22		
2014年	总磷	0.22				
2015年	总磷	0.29				
2015年			总磷	0.23		
2015年			汞	0.000		
2016年	锰	0.11				
2016年	氨氮	1.35				

以 TP 为主要评价指标，对重庆和尚山饮用水源地进行评价。和尚山饮用水源地主要超标月份集中在 2014 年，2014 ～ 2016 年 TP 浓度趋势总体呈现下降状态，河段水质趋于良好（见图 20-2）。

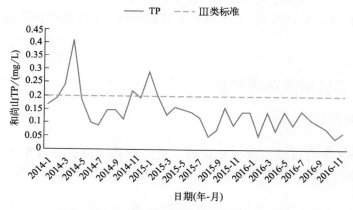

图20-2　2014～2016年和尚山水源地TP变化

20.2.3.2　支流香溪河段

水库蓄水后，支流库湾受干流回水顶托影响，流速趋缓，水体自净能力降低，香溪河流域磷背景值较高，分布众多磷矿企业，从上游源头入流对香溪河库湾形成高补给模式，致使香溪河库湾磷含量普遍高于其他支流水体。受干流支流温差影响，支流库湾出口处常年存在倒灌异重流，干流水体通过异重流形式携带干流高氮磷浓度水体进入支流库湾，形成干流对库湾的营养盐补给。香溪河流域及干流对库湾的双补给模式进一步加剧水体富营养化，库湾自 2003 年起每年均暴发不同程度的水华（见表 20-5），相较于其他支流，香溪河为三峡库区水华暴发高风险区域。香溪河库湾水华演替趋势是由河道型水华转变为湖泊型水华。

表20-5　2005～2014年香溪河水华优势种演替趋势

年份	水位/m	水华优势种
2005	135～139	甲藻
2007	145～156	甲藻、硅藻和绿藻
2010	145～171.4	甲藻、硅藻、绿藻、蓝藻、隐藻
2012	145～175	甲藻、硅藻、绿藻、蓝藻、隐藻
2014	145～175	硅藻、蓝藻

20.2.3.3　三峡下游宜昌-武汉段

（1）长江宜昌-武汉段水质状况及评价

以高锰酸盐指数（COD_{Mn}）、氨氮（NH_4^+-N）为主要评价指标，以溶解氧（DO）和pH值为辅助评价指标，对南津关、城陵矶、岳阳楼等主要站点水质进行总体评价，并对发展趋势进行了简单的分析。

1）南津关

由图20-3可见，2004～2016年13年间南津关COD_{Mn}周平均浓度除2005年、2009年、2010年、2013年、2015年、2016年出现短期Ⅲ类水质（2013年出现1周Ⅳ类）外，其他时间均为Ⅱ类以上水质，浓度在4mg/L以下。2004～2016年南津关COD_{Mn}浓度呈下降趋势。

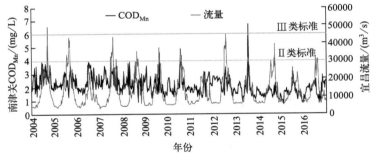

图20-3　2004～2016年南津关COD_{Mn}与宜昌流量周平均关系曲线

由图20-4可见，2004～2016年13年间南津关NH_4^+-N周平均浓度除2005年、2016年出现短期Ⅲ类水质外，其他时间均为Ⅱ类以上水质，浓度在0.5mg/L以下。2004～2016年南津关NH_4^+-N浓度呈下降趋势。2004～2016年间，南津关水质良好且逐渐趋优，如2014年有32周为Ⅰ类水质。

2）城陵矶

由图20-5可见，2004～2016年间COD_{Mn}含量几乎全在5mg/L以下，大部分都符合Ⅱ水质要求，极少出现Ⅲ类以下水质情况。另外，纵观2004～2016年城陵矶COD_{Mn}浓度变化趋势，2006年以前NH_4^+-N浓度基本在4mg/L左右（见图20-6），2006年以后，浓度呈下降趋势，至2016年为2mg/L左右。纵观2004～2016年城陵矶NH_4^+-N浓度变化趋势，2009年以前NH_4^+-N浓度基本在0.4mg/L左右，2009年以后，NH_4^+-N浓度呈下降趋势，至2017年为0.2mg/L左右。

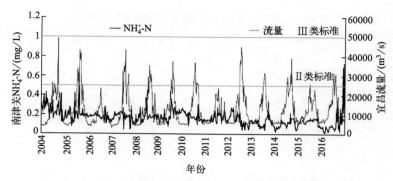

图20-4　2004～2016年南津关NH₄⁺-N与宜昌流量周平均关系曲线

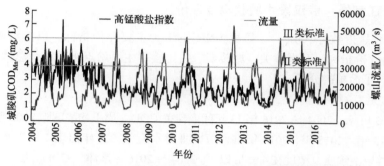

图20-5　2004～2016年城陵矶COD_Mn与螺山流量周平均关系曲线

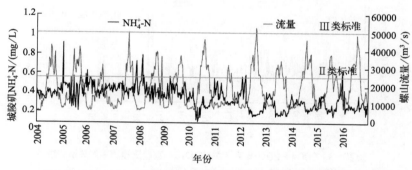

图20-6　2004～2016年城陵矶NH₄⁺-N与螺山流量周平均关系曲线

3）岳阳楼

岳阳楼的水质状况较为复杂，总体情况较城陵矶（长江干流）差，且超标指标趋于多元化，除了 COD_{Mn}、NH_4^+-N 外，另有 DO 和 pH 值，可以说，洞庭湖的污染入汇是城陵矶江段水质污染的主要贡献者。

由图 20-7 可见，2004～2016 年 13 年间岳阳楼 COD_{Mn} 周平均浓度除 2004 年、2005 年、2012 年、2016 年出现Ⅳ类水质外，其他时间大多为Ⅱ类水质，浓度在 6mg/L 以下。2004 年、2005 年水质较差，2006～2012 年岳阳楼 COD_{Mn} 浓度呈下降趋势；2013 年浓度 COD_{Mn} 浓度升高，后呈下降趋势。

2004～2016 年 13 年间岳阳楼 NH_4^+-N 周平均浓度除 2005、2016 年出现短期Ⅳ类水质外，其他时间大多为Ⅱ类以上水质，浓度在 1mg/L 以下（见图 20-8）。2004～2016 年

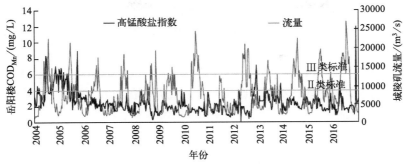

图20-7 2004～2016年岳阳楼COD$_{Mn}$与城陵矶流量周平均关系曲线

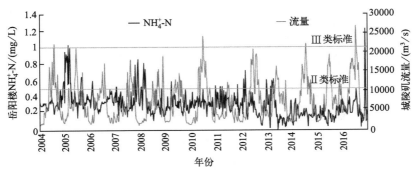

图20-8 2004～2016年岳阳楼NH$_4^+$-N与城陵矶流量周平均关系曲线

NH$_4^+$-N浓度总体上呈下降趋势。

2004～2016年间共出现因DO导致的超过地表水Ⅲ类标准4次，最严重的发生在2004年15周、16周，DO为3.97mg/L，2005年、2010年各出现1周，DO浓度分别为4.4mg/L、4.89mg/L，略低于5mg/L的地表水Ⅲ类水水质标准。

分析南津关、城陵矶、岳阳楼三断面的水质类别占当年周数百分比，可以看出，南津关水质质量良好，城陵矶水质也较好。南津关水质优于城陵矶和岳阳楼，除2004年外，岳阳楼的水质劣于城陵矶水质。

城陵矶以上长江干流及洞庭湖出口水质直接影响到城陵矶以下河段的水质，城陵矶水质出现不达标现象与岳阳楼水质较差相关性密切，如2005年和2012年城陵矶和岳阳楼洞庭湖出口断面同时出现了Ⅳ类水质，且各项指标的波动也较大。并且，洞庭湖各个断面出现污染与南津关没有直接的联系，但在污染指标上有共性，考虑污染的扩散和传播，可以看出南津关水质有滞后性的影响。因此，分析城陵矶断面相对较差水质的时间分布对三峡水库中长期调度预警具有现实意义。例如，2004年1月到2016年12月共657周，城陵矶断面Ⅲ类及劣于Ⅲ类水质66周，其中枯水期43周，占比65%。另外，城陵矶断面Ⅳ类及劣于Ⅳ类水质3周，其中枯水期2周，占比67%。当城陵矶国家水质自动监测站出现Ⅳ类及Ⅳ类以下水质，且污染指标为COD$_{Mn}$或NH$_4^+$-N时，需要对三峡水库提出调度预警，是否需要通过提高下泄量来稀释洞庭湖来水污染浓度。

（2）城陵矶江段的水质水量关系

城陵矶江段位于长江中游，其水质水量受长江来流与洞庭湖入汇的共同作用，影响因素复杂，是研究长江中游水质水量以及江湖关系的典型河段。

图20-9、图20-10则为2015～2016年长江干流城陵矶水质自动监测站监测的COD_{Mn}、NH_4^+-N与螺山日均流量过程的对应关系。由图可知，城陵矶断面的COD_{Mn}、NH_4^+-N浓度均与流量具有一定的负相关关系，流量越大浓度越低。而图中反映出来的COD_{Mn}及NH_4^+-N浓度突增主要发生在枯水期流量偏小与主汛期开始阶段，分析原因主要在于地表面源污染随着雨水径流集中进入洞庭湖后导致长江干流水质下降。

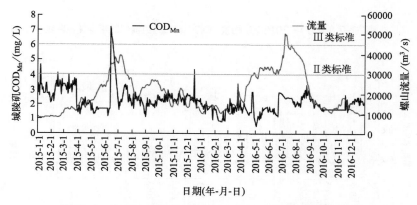

图20-9　2015～2016年城陵矶COD_{Mn}与螺山流量日过程关系

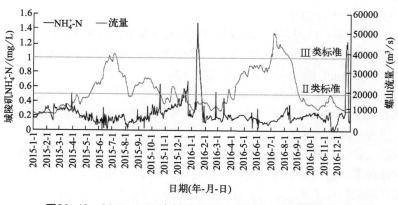

图20-10　2015～2016年城陵矶NH_4^+-N与螺山流量日过程关系

图20-11为2015～2016年长江干流城陵矶水质自动监测站监测的COD_{Mn}、NH_4^+-N浓度日均值与日平均流量的相关关系。总体上，当长江干流螺山流量小于14000m³/s时，流量越大，COD_{Mn}越小；当长江干流螺山流量大于14000m³/s时，COD_{Mn}基本不随流量变化，除个别点外，浓度均小于4mg/L。当螺山流量在35000m³/s左右时，COD_{Mn}浓度有突变现象发生。当长江干流螺山流量小于16000m³/s时，流量越大，NH_4^+-N浓度越小；当长江干流螺山流量大于16000m³/s时，NH_4^+-N浓度基本不随流量变化，除个别点外浓度均小于0.5mg/L。当螺山流量在10000～15000m³/s时，NH_4^+-N浓度有突变现象发生。

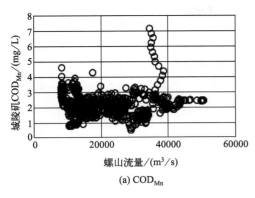
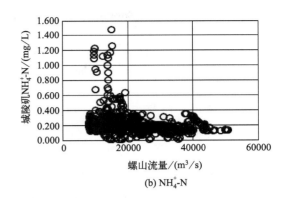

(a) COD$_{Mn}$　　　　　　　　　　　(b) NH$_4^+$-N

图20-11　长江干流城陵矶污染物浓度与流量的日均值对应关系

（3）通江湖泊水质状况及评价

2015 年长江整体水质较好，Ⅰ～Ⅲ类水河长占总评价河长的 78%，劣于Ⅲ类水河长占总评价河长的 21.2%，但是在 60 个湖泊和 254 座水库中，全年水质符合Ⅰ～Ⅲ类标准的湖泊和水库分别占 16.7% 和 74.8%，多达 84.6% 的湖泊和 38.6% 的水库都呈中、轻度富营养状态。以洞庭湖为例，2010 年始，湖南省在洞庭湖设十余个监测断面，监测各断面上的水质参数并进行富营养化评价，监测结果经统计如图 20-12 所示。需要指出的是 TP 这一水质指标是从 2012 年起才加入水质类别和富营养化评价中来的，因此可以看到在 2012 年后，Ⅲ类水质断面（各断面所在功能区标准均为Ⅲ类）占比直线下降，2014～2016 年更是连续三年低于 20%，且超标指数几乎全部为 TP，与此相对应的是洞庭湖自 2010 年始历月的富营养化评价结果基本都是中营养化。除了湖泊富营养化外，湖泊面积的萎缩以及湖泊湿地生态功能的退化问题在长江中游也尤为严重，这主要归因于三峡工程蓄水对中游水文情势的影响。据统计，三峡蓄水后枯水期下泄流量衰减幅度超过 80%，下游湖泊面积大量萎缩，枯水期也大幅延长，以湖北为例，省内湖泊水面面积相比 20 世纪 50 年代减少了 60%，而曾经的中国第一大淡水湖洞庭湖的面积从 20 世纪 50 年代的 4350km² 缩减至现在的刚超过 2600km²，其中西洞庭湖更是几乎全部淤积成陆地。

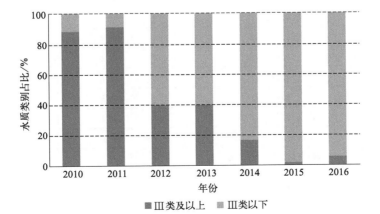

图20-12　洞庭湖水质类别统计

（4）长江中游典型断面底泥环境状况

监测范围为白沙洲水厂取水口及其上游方向的 9 个断面，分别为白沙洲取水口断面、往上游（荆州方向）500m 的断面、往上游 1.5km、往上游 5km、往城陵矶方向均匀分布 4 个断面、城陵矶。每个断面分左、中、右垂线取样检测。监测项目以铁为代表。采样日期：2018 年 8 月 16 日、17 日、19 日、21 日。分析日期为 2018 年 9 月 7～8 日。底泥依据水利部发布的 SL 394.1—2007 标准《铅、镉、钒、磷等 34 种元素的测定》中指定的电感耦合等离子体原子发射光谱法（ICP-AES）测试。监测结果见表 20-6，表明了底泥中铁元素的浓度自上游到下游无趋势性变化。

表20-6　底泥铁浓度检测结果

序号	点位名称	检测结果	
		铁/(g/kg)	断面均值/(g/kg)
1	白沙洲取水口断面左	44.1	
2	白沙洲取水口断面中	36.4	42.4
3	白沙洲取水口断面右	46.7	
4	白沙洲取水口断面上游500m左	37.7	
5	白沙洲取水口断面上游500m中	36.7	36.3
6	白沙洲取水口断面上游500m右	34.4	
7	白沙洲取水口断面上游1.5km左	41.8	
8	白沙洲取水口断面上游1.5km中	38.9	37.9
9	白沙洲取水口断面上游1.5km右	32.9	
10	白沙洲取水口断面上游5km左	31.7	
11	白沙洲取水口断面上游5km中	41.1	38.7
12	白沙洲取水口断面上游5km右	43.4	
13	汉南通津村处长江左	43.6	
14	汉南通津村处长江中	40.9	42.1
15	汉南通津村处长江右	41.9	
16	潘湾港处长江左	26.8	
17	潘湾港处长江中	26.7	27.2
18	潘湾港处长江右	28.0	
19	城陵矶左	39.2	
20	城陵矶中	36.7	40.7
21	城陵矶右	46.3	
22	洪湖皇堤宫处长江左	30.2	
23	洪湖皇堤宫处长江中	30.1	33.2
24	洪湖皇堤宫处长江右	39.2	
25	嘉鱼县刘家墩处长江左	24.0	
26	嘉鱼县刘家墩处长江中	26.2	24.9
27	嘉鱼县刘家墩处长江右	24.6	

20.2.3.4 长江口及北支倒灌影响下盐水上溯规律

根据国家标准，认为氯化物浓度大于250mg/L时，视为氯化物浓度超标，一个潮周期内日均氯化物浓度连续10d超过250mg/L视为严重盐水入侵。盐水入侵是河口处普遍存在的水环境问题，是河口淡水与海洋咸水混合的结果，长江口作为我国的第一大河口，同样存在着盐水入侵的问题，1978年12月～1979年3月特枯水时期，吴淞站最大氯度高达4140mg/L（氯度达到100mg/L时即表明水体已受到盐水入侵），国家级湿地保护区崇明岛受盐水包围，加重了黄浦江的水质恶化，这次盐水入侵给长江口工农业生产和人民生活都带来了巨大的危害，在生态上也使得崇明区损失了超过1000hm²的早稻。

（1）长江口盐水运移总体特征

长江口存在三级分汊、四口入海的复杂河势条件，各口门径流、潮汐动力不同，加之水平环流、漫滩横流等影响，盐度的时空变化规律复杂多变。在前人研究基础上，分北支、南支上段，南支中段，南支下段等不同区域，归纳了各区域内的盐水运动规律（表20-7）。其中，北支终点为崇头，南支上段指吴淞口以上，南支下段指吴淞口以下，南支中段指浏河口至吴淞口之间。

表20-7　长江口不同区域盐水运移特征

地区	北支	南支上段	南支中段	南支下段
盐水来源	上溯	北支倒灌	北支倒灌	上溯
日内变化	峰值出现于涨憩	峰值出现于落憩	峰值出现于落憩	峰值出现于涨憩
月内变化	峰值出现于大潮	峰值出现于中潮	峰值出现于小潮	峰值出现于大潮
盐度变幅特点	日内、月内变幅明显	日内变幅小，月内变幅大	日内变幅小，月内变幅大	日内、月内变幅明显

（2）北支倒灌影响区盐水运移规律

根据以往研究，南支中上段盐水来源主要为北支倒灌的过境盐水团，其路径沿青龙港、崇头、杨林、浏河口、吴淞。盐水团的倒灌主要发生于大潮期，滞后数日到达宝钢、陈行一带。因此，北支中上段的东风西沙、陈行、宝钢等水源地，深受北支盐水倒灌的影响。研究选取了南支上段附近几个测站盐度资料，考察了该位置盐度变化规律，包括盐度日内、月内变化特点，以及不同位置之间盐度相关性和滞后时间。

选取资料南支上段东风西沙附近盐度过程，考察了盐度变化与潮位、潮差之间的关系分别如图20-13、图20-14所示。由图20-13可见，北支上段的盐度日内变化为一日之内两涨两落，但其相位滞后于潮位变化，盐度峰、谷值发生于落憩、涨憩附近。由图20-14可见，盐度月内涨落较日内涨落幅度更大，与月内涨落相比，日内涨落几乎处于可忽略的量级，这说明潮差是比潮位更重要的影响因素。

鉴于此，采用日均潮位，分析了日均潮位与潮差之间的关系如图20-15所示。由图可见东风西沙附近盐度峰值发生于大潮之后2d左右。

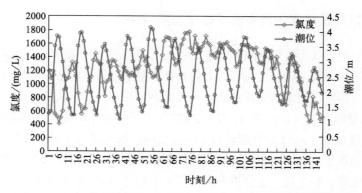

图20-13　2009年2月12日~2月17日徐六泾潮位和东风西沙氯度过程线

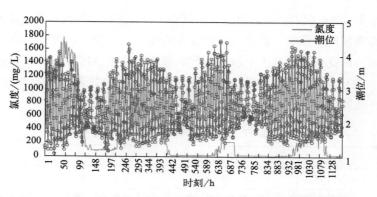

图20-14　2009年2月12日~4月4日徐六泾潮位和东风西沙氯度过程线

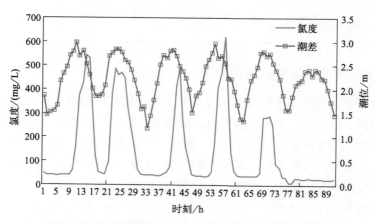

图20-15　2012年1~3月徐六泾潮差和东风西沙氯度过程线

　　根据北支倒灌盐水团运行线路，采用青龙港、东风西沙、浏河口附近 2011 年 2 ～ 3 月少量盐度观测资料，分析了各站之间盐度滞后时间。由图 20-16 和图 20-17 可见，青龙港至东风西沙盐度滞后时间约为 2d，东风西沙至浏河口盐度滞后时间也约为 2d，三站之间盐度沿程逐渐稀释减小。

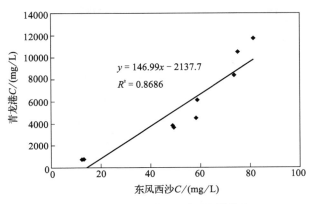

图20-16　青龙港约2d后东风西沙盐度

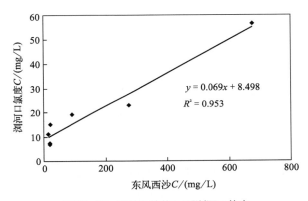

图20-17　东风西沙约2d后浏河口盐度

综合以上可见，浏河口（陈行）一带盐水主要来源于北支倒灌南支的过境盐水团，其日内变幅小，月内变幅大。浏河口、陈行一带盐度与北支末端青龙港盐度具有较强的相关性，其滞后时间约为4d。据此认识，日均盐度应是主要分析对象，资料分析过程中可用其他测站盐度资料弥补陈行附近的资料短缺。

20.2.4　研究区域污染负荷评估与预测

20.2.4.1　三峡库区及上游梯级水库

（1）污染源现状

1）三峡库区农业面源污染情况

库区农业面源主要有畜禽养殖、化肥农药施用、农膜及秸秆等农田废弃物的堆积。相关实验结果表明：库区农田每年所施养分被植物利用的部分很少，氮肥的利用率仅为30%～35%，磷肥为10%～20%，钾肥为35%～50%。剩余的养分通过各种途径，如径流、淋溶、反硝化、吸附和侵蚀等进入环境和流入水体，导致水体丧失应有功能，并产生污染累积效应，降低水体质量，对库区水环境生态系统构成危害，甚至影响饮用水源地水体水质，对人畜健康构成威胁。

2）工业废水污染物排放情况

研究统计了 2011～2017 年 7 年内工业废水污染物排放情况，主要包括工业废水、COD 和氨氮三种，其中 2011 年、2015 年和 2016 年的污染物排放量明显增多，表 20-8 可以反映其具体排放量情况，数据来源于《长江三峡工程生态与环境监测公报》。其中 2015 年，三峡库区工业污染源排放的大量废水中包含多种污染物，COD 排放量和氨氮排放量分别为 3.51×10^4t 和 0.22×10^4t，同比上升 11.6%。整个库区内不同区域的污染物排放情况见表 20-9。

表20-8　三峡库区工业污染物排放量统计（2011～2017年）

年份	工业废水/10^8t	COD/10^4t	氨氮/10^4t
2011	3.19	6.93	0.43
2012	1.91	3.58	0.20
2013	1.73	3.31	0.20
2014	1.90	3.33	0.21
2015	2.12	3.51	0.22
2016	2.12	3.42	0.22
2017	1.36	1.08	0.08

注：2017年优化了统计方法，与往年数据结果可比性不强。

表20-9　三峡库区不同区域工业污染物排放量统计（2015年）

区域		工业废水/10^8t	COD/10^4t	氨氮/10^4t
湖北库区		0.42	0.61	0.03
重庆库区		1.70	2.90	0.19
库区合计		2.12	3.51	0.22
其中	重庆主城区	0.56	0.43	0.03
	长寿区	0.27	0.30	0.02
	涪陵区	0.15	0.53	0.02
	万州区	0.14	0.45	0.07

3）城镇生活污染物排放情况

研究统计了 2011～2017 年内城镇生活污染物的排放情况，主要包括城镇生活废水、COD 和氨氮三种污染物，发现城镇生活废水每年变动不是很大，但是总体呈现增长趋势，具体见表 20-10。2015 年，三峡库区的居民生活废水排放量为 7.94×10^8t，同比上升 0.9%。其中，重庆库区 7.54×10^8t，湖北库区 0.4×10^8t，重庆库区为城镇生活废水的主要排放区域。在排放的城镇生活废水中，COD 排放量为 12.30×10^4t，氨氮排放量为 2.26×10^4t。截至 2017 年，三峡库区城镇污水处理厂数量已达到上百家，由于城镇生活废水排放量较多，相应的污水处理厂数量，重庆库区占了大部分。三峡库区不同区域城镇污染物的排放情况见表 20-11。

表20-10　三峡库区城镇污染物排放量统计（2011～2017年）

年份	城镇生活废水/10^8t	COD/10^4t	氨氮/10^4t
2011	6.15	9.26	1.33
2012	7.06	14.44	2.58
2013	7.31	14.24	2.48
2014	7.87	13.16	2.38
2015	7.94	12.30	2.26
2016	8.15	12.41	2.23
2017	12.12	14.04	2.18

注：2017年优化了统计方法，与往年数据结果可比性不强。

表20-11　三峡库区不同区域城镇污染物排放统计（2014年）

区域		城镇生活废水/10^8t	COD/10^4t	氨氮/10^4t
湖北库区		0.40	0.72	0.13
重庆库区		7.54	11.58	2.14
库区合计		7.94	12.30	2.27
其中	重庆主城区	4.39	3.36	0.99
	长寿区	0.29	0.58	0.09
	涪陵区	0.43	0.91	0.14
	万州区	0.59	1.43	0.20

4）船舶污染物排放状况

研究统计了 2011～2017 年 7 年内船舶污染物排放情况，包括船舶数量、油污水和石油类等，近几年船舶数量不断增多，但是油污水的排放量控制得比较有效，具体情况见表20-12。其中，2015 年，三峡库区注册船舶 7487 艘。在运输船油污水排放方面，油污水达标排放效率较高，产生的污染较少。从船舶类型来看，拖船、客船、非运输船和货船的达标排放率分别为 100%、97.0%、94.7% 和 88.4%，三峡库区不同类型船舶污染物排放情况的详细统计见表20-13。在船舶生活污水排放方面，2017 年通过对部分船只的调查发现，生活污水经过处理排放的船舶占比接近 1/2，排放的污水中主要包括悬浮物、COD、BOD、总氮和大肠菌群等污染物。

表20-12　三峡库区船舶污染物排放量统计（2011～2017年）

年份	船舶数量/艘	油污水/10^4t	石油类/10^4t
2011	7325	48.13	41.18
2012	7620	49.59	46.25
2013	8215	51.02	46.75
2014	7937	50.0	56.2
2015	7487	43.9	46.1
2016	7628	39.4	37.9
2017	5862	30.21	26.42

表20-13　三峡库区不同类型船舶污染物排放情况（2015年）

船舶		油污水						石油类	
类型	数量/艘	产生量/10⁴t	比例/%	处理量/10⁴t	处理率/%	达标排放量/10⁴t	达标率/%	排放量/t	比例/%
客船	2141	16.8	37.4	16.8	100	16.3	97.0	18.3	39.8
货船	3530	24.2	53.9	23.4	96.7	21.4	88.4	24.2	52.6
拖船	143	0.1	0.2	0.1	100.0	0.1	100.0	0.0	0.0
非运输船	1673	3.8	8.5	3.8	100.0	3.6	94.7	3.5	7.7
合计	7487	44.9	100.0	44.1	—	41.4	—	46	100.0

（2）三峡库区典型支流氮磷综合产污系数研究

　　主要选取三峡库区大宁河、小江、香溪河、神农溪4条典型支流，分别基于巫溪、温泉、兴山、石板坪4个水文站的水质水量同步数据，估算各支流氮磷污染入库负荷，利用基流分割法，解析点源和非点源氮磷负荷，进行典型支流氮磷综合产污系数研究。

　　在展开典型支流下垫面条件、水质水量分析、点源和非点源氮磷入库负荷研究的基础上，根据非点源氮磷负荷计算结果，综合各水文断面的控制流域面积，计算各支流单位面积氮磷综合产污系数。4条支流中，TN综合产污系数最大的为神农溪，平均0.956t/（km²·a）；TP综合产污系数最大的为小江，平均0.052t/（km²·a）。TN、TP综合产污系数最小的均为大河，分别为0.515t/（km²·a）、0.019t/（km²·a）。

（3）三峡库区非点源氮磷污染负荷估算

　　在Johnes输出系数模型基础上，引入反映地形影响产流形成的地形指数和年降雨量构建产污系数，引入植被带宽和坡度构建截污系数，以产污、截污系数为权重因子改进已有的输出系数，构建改进的输出系数模型，将单一土地利用输出系数空间栅格化，模拟不同土地利用下氮磷污染负荷，以此估算三峡库区非点源氮磷。

　　不同土地利用类型下的非点源氮磷负荷显著不同，因此土地利用数据的采集和处理对非点源污染负荷的模拟至关重要。利用GIS 9.0软件分析卫星遥感数据，将从中国科学院资源环境科学数据中心申请来的土地利用类型初步重分为7种，分别为林地、草地、水域、人工表面、未利用地、旱地、水田。土地利用方式的变化影响非点源污染负荷强度，非点源污染输出系数的确定涉及时空的差异性、复杂性和广泛性，因此输出系数的取值具有一定的不确定性和波动性。同一流域的同种土地利用类型或者不同流域的同一种土地利用类型，其输出系数取值不会完全相同。具体见表20-14。

表20-14　不同土地类型的氮磷输出系数值

输出系数	耕地	林地	草地	城镇用地	其他
TN/[t/(km²·a)]	1.652	0.236	0.49	1.49	1.204
TP/[t/(km²·a)]	0.175	0.014	0.03	0.051	0.038

随着三峡水库的修建与运行，三峡库区的土地利用变化受到了很大的影响。以三峡库区 2000 年、2005 年、2010 年及 2015 年的 Landsat TM 遥感影像作为数据源，运用 ARCGIS 10.1 对库区土地利用格局进行分析；选择基于布尔运算的 MCE-CA-Markov 模拟和预测三峡库区土地利用动态变化；并以土地利用转移概率矩阵结合训练出的土地利用适宜性图集预测 2020 年和 2025 年的三峡库区土地利用。

研究结果见表 20-15。

表20-15 三峡库区土地利用类型变化特征   单位：km²

土地利用类型	耕地	林地	草地	水域	建设用地	其他
2000年	21849.05	31464.98	1409.04	1321.93	1273.60	17.30
2005年	24776.90	30124.95	317.18	1360.74	1206.23	2.11
2010年	21726.99	31430.52	1406.56	1434.54	1376.56	16.56
2015年	21572.65	31373.74	1398.63	1483.20	1490.64	17.04
2020年	21306.90	31227.83	1388.24	1519.59	1877.79	16.54
2025年	21051.03	29988.59	1392.45	2784.85	2136.51	36.91

利用改进的输出系数模型，根据三峡库区土地利用类型面积及其氮磷输出系数，估算并预测了三峡库区非点源氮磷负荷。估算及预测结果见图 20-18。

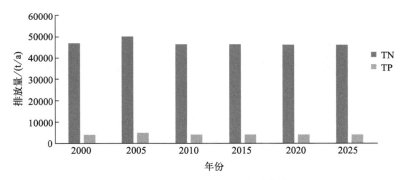

图20-18 三峡库区非点源氮磷负荷

从 2000 年和 2025 年可以看出，TN 和 TP 污染负荷在蓄水初期小幅度增加后逐年降低，主要原因是三峡库区下垫面条件发生了改变，产污强度高的耕地向产污强度低的林地和水域转化。不同土地利用类型产生的 TN 和 TP 负荷见图 20-19。对 TN 和 TP 贡献较大的是耕地和林地。

三峡库区非点源氮磷污染负荷存在明显的高值和低值区。整体上高值区主要分布在库尾重庆主城、长寿、涪陵以及库中的长江沿岸地区，包括丰都、忠县、万州和云阳。而低值区则分布较广，从库尾延伸到库首，几乎覆盖整个库区。

根据改进输出系数得到三峡库区各个支流流域的非点源氮磷入库负荷，计算结果如图 20-20 和图 20-21 所示。

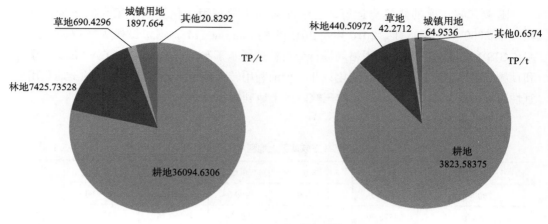

(a) 2000年非点源氮磷负荷

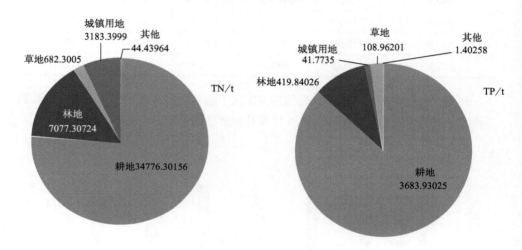

(b) 2025年非点源氮磷负荷

图20-19 三峡库区2000年和2025年（预计）非点源氮磷负荷

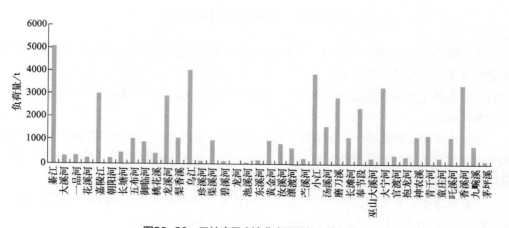

图20-20 三峡库区支流非点源总氮入库负荷

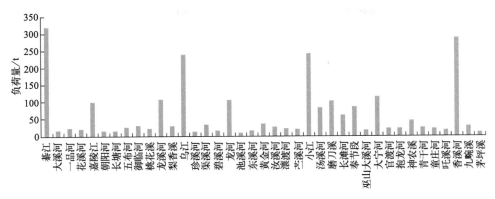

图20-21 三峡库区支流非点源总磷入库负荷

由图 20-20 可以看出，在研究区域内，由于嘉陵江和乌江并不是整个流域都在三峡库区内，其非点源氮入库负荷并不是最多的，非点源氮入库负荷最多的子流域为綦江流域，非点源氮入库负荷量为 5068t，其次为乌江及小江流域，非点源氮负荷量分别为 4058t、3912t。负荷量最小的为池溪河流域，负荷量为 59.32t。非点源氮负荷量超过 2000t 的子流域还有嘉陵江流域、龙溪河流域、龙河流域、磨刀溪流域、奉节段流域、大宁河以及香溪河流域。

由图 20-21 可以看出，在研究区域内，非点源磷入库负荷量最大的为綦江流域，非点源磷入库负荷量为 319.33t，其次为香溪河流域，非点源磷负荷量为 287.37t，非点源磷入库负荷量最小的子流域为池溪河流域，负荷量为 10.32t。非点源磷负荷量超过 50t 的流域还有嘉陵江流域、龙溪河、乌江流域、龙河流域、小江流域、汤溪河流域、磨刀溪流域、长滩河流域、奉节段、大宁河流域以及香溪河流域。

（4）三峡库区点源氮磷污染负荷估算与预测

点源污染主要包括工业点源和城镇生活点源。选择 SD 模型来实现库区社会经济与（点源）污染负荷模拟预测。将库区环境-经济系统划分为 4 个子系统，分别为社会子系统、经济子系统、环境子系统和资源子系统。其中环境子系统和资源子系统共同构成了基础支撑系统，社会子系统、经济子系统构成发展动力系统，基础支撑系统为发展动力提供发展所需资源，并承载发展动力系统产生的污染负荷。反之，发展动力系统为基础支撑系统提供着生态修复、环境污染治理等相关服务。各子系统通过物质、信息的输入输出关系构成模型的反馈结构。

社会经济 - 资源环境系统结构关系如图 20-22 所示。

社会子系统主要关注总人口、城镇人口；经济子系统主要考虑国内生产总值；环境子系统主要研究废水排放总量、TN 排放总量以及 TP 排放总量；资源子系统包括了水资源需求总量、人均土地面积等因素。以各子系统为基本出发点，分别建立人口、经济、环境和资源 4 个子模块。时间边界为 2011 ~ 2025 年，仿真步长为 1 年。2015 年为基准年，2016 ~ 2025 为预测年限。预测年限细分为两个阶段，其中，第一阶段为 2016 ~ 2020 年，第二阶段为 2021 ~ 2025 年。系统要素均涉及三峡库区各单元社会、经济、环境、资源系统四个方面。主要数据来源于重庆市环境统计资料、《重庆统计年鉴》《湖北统计年鉴》、重庆市水资源公报、湖北省水资源公报以及长江三峡工程生态与环境监测公报。

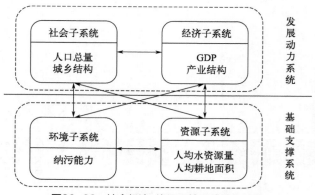

图20-22　社会经济-资源环境系统结构关系

由于模型比较复杂，数据又比较多，故选用2011～2015年的数据进行历史检验。选择城镇污水排放量、TN、TP排放量三个参数进行模拟比较，验证模型的有效性。在Vensim软件平台下运行模型，得到模型模拟值，结果显示，模型仿真行为与系统的历史值拟合程度比较好，绝大部分模拟值误差介于–10%～10%之间，个别指标个别年份的模拟值和实际值的误差较大，是由于新政策出台等不可控因素的存在，误差在可接受范围内，可反映总体趋势性变化。总体来看，模型历史值与仿真值的相对误差在合理范围内，故确定所构建的SD模型是合理且有效的。

1）城镇生活点源

根据SD模型预测结果，三峡库区城镇人口均呈上升趋势，2025年城镇人口1947万人，年均城镇人口增长率3.96%，随着社会经济的发展，城镇化率保持稳步增长的趋势，2020年城镇化率达70%，至此三峡库区完成城镇化加速阶段，进入城镇化后期阶段，城镇化发展略有趋缓态势，到2025年达77%。

采用产污系数法计算库区城镇生活污水的产生量及污染排放量。产污系数取自《第一次全国污染源普查城镇生活源产排污系数手册》中三区3类城市的对应值，结合库区域内人口分析结果，分别计算了TN、TP污染产生量。随着人口增长，城镇生活污染产生的TN和TP污染负荷逐年增加，2015年TN负荷为44841.9t/a，TP负荷为3182.3t/a，当时预测到2020年TN负荷为54452.2t/a，TP负荷为3864.3t/a，到2025年TN负荷为66122.1t/a，TP负荷为4692.5t/a。如图20-23所示。

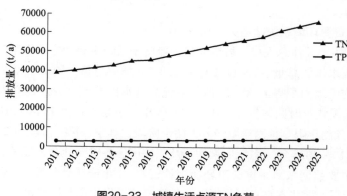

图20-23　城镇生活点源TN负荷

2）工业点源

三峡库区工业总产值呈逐年递增趋势，2025 年工业总产值 7904 亿元，年均工业总产值增长率 6.1%。TN 和 TP 排放趋势不同，TP 排放量 2011～2025 年呈递减趋势，年平均降幅为 2.3%。与污染物处理率、污水回用率提高和污染物减排有密切的关系。如图 20-24 所示。TN 排放量变化趋势与 TP 类似，2011～2025 年呈递减趋势，年平均降幅为 2.6%。如图 20-25 所示。

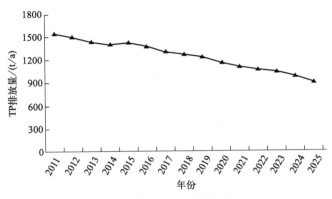

图20-24 工业点源TP负荷

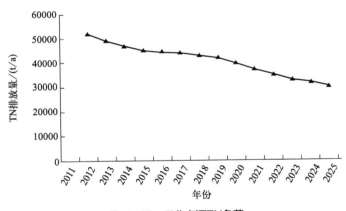

图20-25 工业点源TN负荷

综上来看，三峡库区点源 TN 和 TP 排放负荷城镇生活污水产生的氮磷负荷较大（表 20-16）。

表20-16 三峡库区氮磷入库负荷估算和预测结果

年份	类型	TN/(t/a)	TP/(t/a)
2015	点源	57906.23	2949.35
	非点源	45969.12	4333.08
	合计	103875.35	7282.43

年份	类型	TN/(t/a)	TP/(t/a)
2020	点源	59053.11	3220.54
	非点源	46066.17	4303.77
	合计	105119.28	7524.31
2025	点源	61546.20	3603.30
	非点源	45763.75	4256.91
	合计	107309.95	7860.21

根据点源和非点源估算结果（表20-16），2015年三峡库区点源TN负荷57906.23t/a，TP负荷2949.35t/a，非点源TN负荷45969.12t/a，TP负荷4333.08t/a；2020年三峡库区点源TN负荷59053.11t/a，TP负荷3220.54t/a，非点源TN负荷46066.17t/a，TP负荷4303.77t/a；2025年三峡库区点源TN负荷61546.20t/a，TP负荷3603.30t/a，非点源TN负荷45763.75t/a，TP负荷4256.91t/a。

20.2.4.2　三峡下游宜昌至武汉段

（1）主要支流入汇污染负荷

统计支流汉江（宗关水质监测站、仙桃水文站数据）2004～2017年高锰酸盐指数、氨氮入江总量的统计，见表20-17、图20-26。若污染物入江总量设为G，该污染物浓度为c，入江流量Q，该流量持续时间T。则有：

$$G=cQT \tag{20-1}$$

表20-17　汉江入长江污染负荷估算

年份	$COD_{Mn}/(10^4t/a)$	$NH_4^+-N/(10^4t/a)$
2004	10.47	0.72
2005	17.69	0.76
2006	8.19	0.48
2007	9.96	0.69
2008	8.81	0.54
2009	10.43	0.63
2010	16.34	0.70
2011	13.42	0.80
2012	9.69	0.69
2013	7.61	0.39
2015	7.80	0.55
2016	6.16	0.72
平均值	10.55	0.64

资料来源：生态环境部数据中心。

注：2014年未采样。

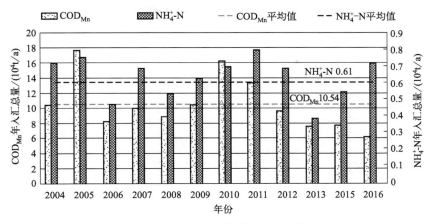

图20-26 汉江入长江污染负荷估算

在2004～2016年之间，汉江排入长江的COD_{Mn}排放量于2005年、2010年和2011年占前三位，均高于这13年的平均值，其余年份相对较低，且都低于均值。从排放量的年变化趋势看，从2006～2010年呈现上升的基本变化趋势，之后呈现明显下降的基本变化趋势。因此，如果以COD_{Mn}的排放量为有机污染物的衡量指标，从2011年到2016年汉江排入长江的污染物呈下降、好转的趋势。

在同期，汉江排入长江的NH_4^+-N总量在2005年、2011年和2016年占前三位，整体变化趋势不明显，以波动为主，在经历了2013年的最小值之后，出现了明显上升的趋势。

（2）主要通江湖泊入汇污染负荷估算

统计2004～2017年洞庭湖（岳阳楼水质站、城陵矶水文站数据）入汇长江的高锰酸盐指数、氨氮入江总量，见表20-18、图20-27。根据前式计算入汇污染负荷总量。在2004～2016年之间，洞庭湖排入长江的COD_{Mn}于2004年、2005年达到一个较高值，且明显高于其余年份。从年排放量的变化趋势看，2005～2009年呈现明显的下降趋势，2011年排放量出现低谷，2012～2016年，洞庭湖排入长江的COD_{Mn}总量迅速增加且逐渐趋于稳定。

表20-18 洞庭湖入江污染负荷

年份	COD_{Mn}/(10^4t/a)	NH_4^+-N/(10^4t/a)
2004	101.07	7.37
2005	101.02	10.84
2006	46.95	6.53
2007	42.31	6.74
2008	42.30	6.36
2009	37.81	6.62
2010	46.04	9.28

续表

年份	$COD_{Mn}/(10^4t/a)$	$NH_4^+-N/(10^4t/a)$
2011	26.20	6.07
2012	54.36	7.49
2013	67.20	6.11
2014	63.74	6.15
2015	56.83	4.76
2016	67.02	9.13
平均值	57.91	7.19

资料来源：生态环境部数据中心。

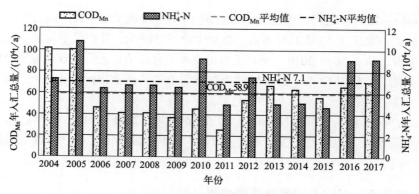

图20-27　洞庭湖入江污染负荷估算

在同期，洞庭湖排入长江的NH_4^+-N总量在2005年、2010年和2016年占前三位，其余年份的排放量明显低于这最高的三年量。在经历了2015年的最小值之后，2016年和2017年又出现了明显上升的趋势。

（3）主要城市入汇污染负荷

1）荆州市

随着荆州经济的快速发展，废水排放量也逐年增多，查阅荆州年鉴，全市经济指标和污染物排放量如表20-19、表20-20所列。由于污染物统计数据中COD记录年份和组成来源最全面，因此以COD（只计点源COD排放量，下同）为代表，进行污染风险分析。

从表20-19、表20-20可以看出，荆州市从2007年到2016年，无论是GDP总量还是人均GDP都出现稳步上升的趋势，而同期的污水排放量和污水处理能力则存在一定的波动。从工业废水的排放量和工业废水、生活污水中以COD为代表的污染物排放量来看，2013～2015年仍然存在一定的波动，而2016年这些指标则出现显著的下降。因为荆州市市域范围属于长江流域，因此全市范围内的污染物排放量的下降，从整体上有利于减轻对长江干流荆州段的水污染风险。

表20-19 2007～2012年荆州人口、GDP、污染物排放情况

年份	2007	2008	2009	2010	2011	2012
人口/万人	642	646	647	657	663	663
GDP/亿元	520	624	70	837	1043	1196
人均GDP/元	8100	9659	10943	12740	15732	18039
工业源COD排放量/10^4t	2.64	2.16	2.04	2.08	2.64	2.48
生活源COD排放量/10^4t	2.8	3.09	3.2	3.07	6.16	6.25
COD排放量/10^4t	6.4	6.25	6.24	6.15	7.8	7.73

表20-20 2013～2016年荆州人口、GDP、污染物排放情况

年份	2013	2014	2015	2016
人口/万人	661.01	658.45	643.19	646.35
GDP/亿元	1334.93	1480.49	1590.5	1726.75
人均GDP/元	23259	25774	27875	30305
污水排放量/10^4t	13507	14323	14255	13368
污水处理量/10^4t	11725	12661	12620	11992
废水排放总量/10^4t	26454	26788	27981	19455
工业废水排总量/10^4t	10387	9923	10897	5167
工业废水实际处理量/10^4t	4794	4864	4609	2778
工业废水COD排放量/t	24878	23423	21249	6298
生活污水COD排放量/t	53837	55590	54109	45282

资料来源：湖北省统计局《荆州市统计年鉴》。

通过对荆州中心城区工业源COD和生活源COD的统计与分析，求出2007～2015年荆州中心城区实际COD点源产生量，如表20-21所列。

表20-21 2007～2015年荆州市中心城区实际COD点源产生量

年份	工业源COD/10^4t	生活源COD/10^4t	总点源COD/10^4t
2007	2.64	2.8	1.98
2008	2.16	3.09	1.71
2009	2.04	3.2	1.65
2010	2.08	3.07	1.66
2011	2.64	6.16	2.25
2012	2.48	6.25	2.16
2013	2.49	6.38	2.18
2014	2.41	6.20	2.11
2015	2.46	6.33	2.16

2）武汉市

2012～2016年武汉市污水排放基本情况见表20-22。城市废水中主要污染物排放情况见表20-23。从各项指标来看，污水排放总量和处理总量都在稳步上升，而未经处理的污水排放量在稳步下降。污水处理能力、排水管长度、污水集中处理率的稳步提高，表明武汉市对城市生活污水的收集处理不断加强，污水对周围水环境的影响正在不断减小，长江干流所受的固定点源污染的威胁随之减轻。

表20-22　2012～2016年武汉市污水排放基本情况

年份	2012	2013	2014	2015	2016
污水年排放量/10^4m^3	66420	71643	79245	83243	89110
污水年处理总量/10^4m^3	58970	66557	73698	79113	86799
未处理的污水排放量/10^4m^3	7450	5086	5547	4130	2311
污水处理能力/(10^4m^3/d)	194.3	216.5	230.8	236.75	278
污水处理厂/座	14	19	19	19	19
排水管道长度/km	8173	9010	9102	9202	9316
建成区排水管道密度km/km²	16.7	16.6	16.47	16.25	16.91
城市生活污水集中处理率/%	88.8	96.4	93	96.1	97.4
污水处理厂集中处理率/%	86.1	92.9	93	95	96.4

资料来源：湖北省统计局《武汉市统计年鉴》。

表20-23　武汉市城市废水中主要污染物排放情况（2014～2016年）

年份	工业废水排放量/10^4t	工业废水COD排放量/t	工业废水氨氮排放量/t	城镇生活污水排放量/10^4t	生活污水COD排放量/t	城镇生活污水氨氮排放量/t
2014	17097	14847	1388	71572	82571	11705
2015	15453	79632	5147	76866	81290	11665
2016	12623	5632	561	78367	78918	11342

资料来源：国家统计局《中国统计年鉴》。

20.3　研究区域水环境对水库调度的响应关系

本节以三峡水库蓄水前后的实测水文、泥沙资料为基础，研究三峡库区及下游水环境对水库群调度的响应关系（内容中，高程值除特殊说明外均为吴淞高程）。

20.3.1　三峡水库群联合调度概况

参见第三篇第 15 章第 15.1.1 小节相关内容。

20.3.2 三峡及上游水环境变化与水库群调度运行的响应关系

20.3.2.1 上游梯级水库水环境特征对三峡水库入流条件的影响

参见第三篇第 15 章第 15.1.2 小节部分相关内容。

20.3.2.2 三峡水库水环境变化对梯级水库运行的响应

（1）三峡水库水温时空分布特征

1）三峡水库水温年内分布

运用所建模型三峡水库 2015 年干流水温分布，对比分析寸滩入流水温和坝前表层水温的年内变化，如图 20-28 所示，三峡水库干流库首、库尾水温年内分布表现为春夏升温、秋冬降温的特点，最高水温为 26.38℃，最低水温为 10.89℃，出现在坝前，年内变化幅度为 15.49℃。对比库首、库尾水温表明，在春夏季升温期库首水温较库尾高，最大温差为 4.34℃，在秋冬季降温期库首水温多低于库尾，最大温差分别为 4.29℃、3.41℃。由于上游向家坝、溪洛渡梯级水库建成蓄水的影响，三峡水库干流入流水温均化，年内水温极值变幅减小，库首、库尾温差幅值缩小 1℃左右。

3 ~ 6 月水库处于升温状态，入库流量较低，上游入流受气温影响更为明显，入流水温逐渐增加，库首温升较慢，导致库首水温显著偏低；7 ~ 10 月前期入库流量增加，加上洪水冲击，流速增加导致库区水体的掺混显著，使得库区水温趋于一致，处于等温状态；10 月~次年 2 月水库处于降温过程，上游来流水温降低，下游降温滞后。

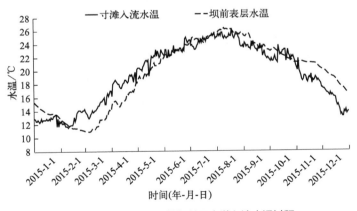

图20-28 2015年三峡坝前及上游入流水温过程

通过模型输出干流水温，2015 年逐月 15 日坝前垂向水温分布如图 20-29 所示，由图可知，坝前垂向水温 4 ~ 5 月水温存在分层现象，3 月、6 月、7 月存在微弱分层，其他时段垂向水体掺混明显，基本不分层，垂向趋于同温；3 ~ 4 月气温逐渐上升，上层水体温升较下层水体快，因此出现分层现象，其中 4 月分层现象最为明显，形成双斜温层结构，表层斜温层厚度约 10m，底部斜温层厚度为 20 ~ 30m，垂向表底温差最大为 4.1℃。

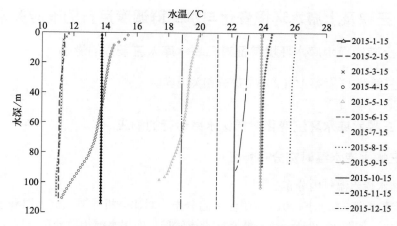

图20-29　2015年三峡坝前垂向水温分布

2）三峡水库水温空间分布

利用所建模型模拟三峡水库干流水温空间分布及变化规律，以2015年为例，输出12个月的水温分布图对水温进行分析。根据三峡水库干流水温的空间分布特点，总体来说，干流水温年内波动范围较大，上下游水温差异明显，3～6月干流处于升温状态，入库流量较低，上游入流受气温影响更为明显，入流水温逐渐增加，库首升温较慢，下游水温低于上游；7～9月前期入库流量增加，流速增加使干流水体的掺混强度显著增强，使得干流水温趋于一致，处于等温状态；10月～次年2月干流处于降温过程，上游来流水温降低，下游降温滞后，下游水温一般高于上游水温。

1月寸滩入流水温较低，干流水温整体呈下降趋势，垂向水温基本同温，无分层；2月寸滩入流水温开始上升，而库首水温仍然处于低温状态，上游水温高于下游水温；3～5月，气温回升，入流水温继续增大，表层水温上升较中底层更为明显，三峡水库干流下游出现水温分层，表底温差最大达5℃，其中4月水温分层最为明显；6月份上游水温继续升高，且入流流量逐渐增大，水体流速增加，库区水体扰动增强，水温分层逐渐减弱，趋于同温，达24～25℃；7～9月，上游来流量较大，水体掺混较强，干流基本处于同温状态，上下游及垂向温差均较小，其中8月水温最高达26℃；10～12月，气温开始下降，入流水温逐渐降低，干流整体进入降温期，由23℃左右下降至15℃左右，沿程水温上游低于下游。

（2）三峡水库滞温效应

为分析三峡水库建坝对水库水温影响，现对三峡水库建库前后库首庙河、库尾寸滩不同时期表层水温进行分析。1997年长江截流，2003年三峡水库首次蓄水，2010年首次蓄水至175m，2012年向家坝首次蓄水，2013年溪洛渡首次蓄水。因此选取1986年、1989年为建库前水温代表年，2002年为三峡水库蓄水前代表年，2006年为三峡水库建库后代表年，2010年为向家坝、溪洛渡蓄水后代表年，2014年为上游梯级水库联合调度代表年。由图20-30可知2003年蓄水前，寸滩、庙河水温变化基本一致，水温过程线吻合度较高，而蓄水后，庙河的水温过程线明显滞后且趋于平缓，最低水温由1、2月推迟至3、4月，上下游最大温差由建库前 4 月份的 2.1℃增加至建库后 4 月份的 6.5℃。三峡水库蓄水对寸滩的水温过程改变较小，而庙河水温过程改变显著。从图 20-31 可以看出，建库前不同代表年寸滩、庙河月平均水温差异并不显著，最大温差仅 2.1℃，温差过程也较为平缓，水温相同的月份集中在 1 月、6～7 月。三峡水库建库后蓄水初期每月平均温差大小显著增大，升温期最大月平均温差由建库前的 2℃增加至 5℃；降温期最大月平均温差由建库前 1.8℃增加至 4.9℃。蓄水后期每月温差大小和蓄水初期将近，但变化过程在时间上整体向后推移一个月，水温相同月份集中在 2 月、7～9 月。三峡水库上游梯级水库联合调度后上下游温差变化趋势与蓄水后期相近，蓄水初期温差主要体现在大小上，蓄水后期主要体现在时间上。

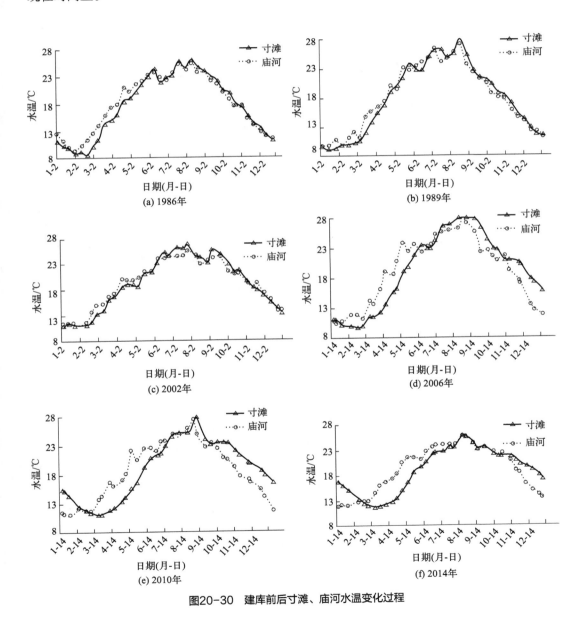

图20-30 建库前后寸滩、庙河水温变化过程

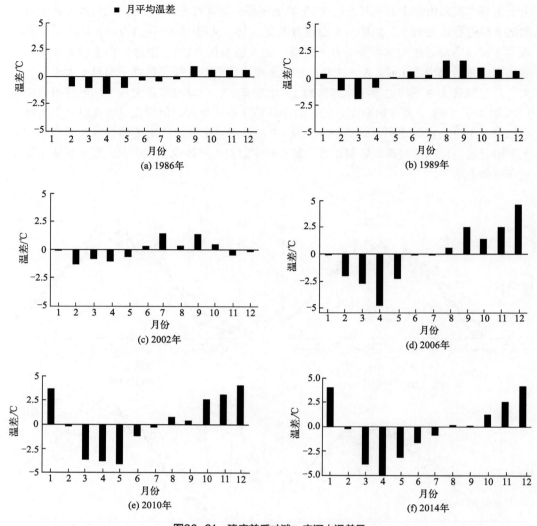

图20-31 建库前后寸滩、庙河水温差异

（3）三峡水库入流水温及流量变化对水库干流的影响

1）入流水温变化对干流水温、流速的影响分析

梯级水库建成运行后，寸滩水温呈最低水温升高、最高水温降低的趋势，年内极值变幅减小，10月之后的降温过程更加平缓。将仅三峡水库蓄水及梯级水库建成后寸滩水温月平均值进行对比，结果如表20-24所列，10月～次年2月降温期寸滩水温整体呈现降低趋势，最大变幅为10月升高1.4℃；3～9月平均水温先升高后略降低，最大变幅为5月水温降低0.9℃。

根据梯级水库蓄水前后三峡水库入流寸滩水温的变化，改变2010～2011年三峡水库干流入流水温条件，根据不同工况的模型计算结果，通过对比深入分析寸滩入流水温变化对三峡水库水温的影响。

表20-24 梯级水库蓄水前后寸滩月平均水温对比

月份	1月	2月	3月	4月	5月	6月
建库前水温平均值/℃	10.9	11.9	14.8	18.9	22.3	23.3
建库后水温平均值/℃	11.7	12.2	14.6	18.3	21.3	23.7
差值/℃	0.8	0.3	−0.3	−0.6	−0.9	0.3
月份	7月	8月	9月	10月	11月	12月
建库前水温平均值/℃	24.6	26.0	23.1	20.1	17.1	13.2
建库后水温平均值/℃	24.5	24.5	22.7	21.5	18.1	14.4
差值/℃	−0.1	−0.6	−0.4	1.4	1.1	1.3

通过上一节对干流水温的分布特征分析发现三峡水库沿程分布及垂向分布均存在差异，入库水温改变对三峡水库水温的沿程及垂向的影响也可能存在差异，因此根据模型计算结果，通过对比分析沿程云阳（YY）、奉节（FJ）、巫山（WS）、巴东（BD）、长江香溪（CJXX）5个断面的增温率，分析金沙江下游向家坝、溪洛渡梯级水库建设对三峡水库沿程水温的影响。三峡水库沿程5个断面2月、5月、7月及11月表层水温平均增温如图20-32所示。

由图20-32可知，入流水温改变后，2月三峡水库沿程表层月平均水温增温为正值，说明入流水温升高后，水库沿程水温均随之升高，且由库尾至库首沿程增温率呈现增大的趋势；5月沿程表层月平均水温增温为负值，水库沿程水温降低，与入流水温变化一致，

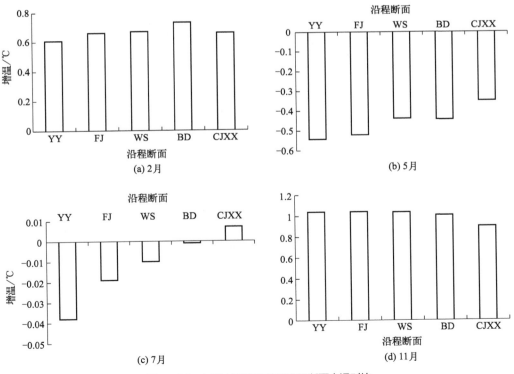

图20-32 入流水温改变前后沿程断面水温对比

且由库尾至库首沿程水温降低呈现减弱的趋势；7月沿程表层月平均水温增温在云阳至巴东为负值，长江香溪为正值，但其增温绝对值均较小；11月沿程表层月平均水温增温为正值，且由库尾至库首沿程增温率呈现降低的趋势。

入流水温改变对三峡水库沿程水温的影响有减弱的趋势，2011年2月气温逐渐上升，而库尾水体流速较大，水体掺混强度较大，气温上升对库尾表层水温的影响较库尾弱，导致2月表层水温增温沿程有增大的趋势，CJXX断面由于干支流交汇，水体掺混较强，在该断面增温略有减小；5月入流水温累计降低较大，沿程变化减弱，因此沿程增温呈现减小趋势；由于入流水温变化影响的滞后性，7月沿程表层水温先上升后下降，但增温值不大，因此月平均水温沿程先后呈现负值与正值；11月沿程水温随着入库水温增大，沿程表层水温均增大，这种影响有减弱的趋势，加之气温下降对靠近库首断面的影响较库尾略大，因此增温率呈现明显的降低趋势。

入流水温改变后三峡水库沿程5个断面2月15日、5月15日、7月15日及11月15日垂向增温率如图20-33所示。由图20-33可知，入流水温改变后，2月三峡水库沿程垂向水温增温率基本一致，仅CJXX断面垂向上略有差异；5月三峡水库水温存在分层现象，入流水温改变后，沿程垂向水温增温也存在差异，垂向上增温率绝对值呈现减小趋势，即垂向温度表中层温降大于中下层及底层水体，表明寸滩入流水温改变对中上层水体影响更为明显，到中下层水体这种影响有逐渐减弱的趋势；7月和11月库区流量较大，水体掺混明显，沿程增温率垂向上无明显差异。

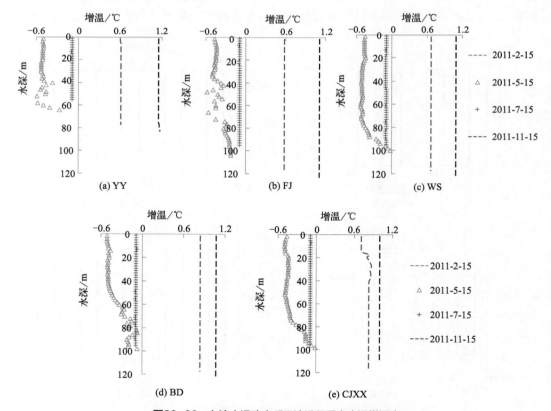

图20-33　入流水温改变后干流沿程垂向水温增温率

2）入流水温变化对水库干流水温的影响规律

根据模型预测，2011年三峡水库库首表层水温在入流水温改变前后对比如图20-34、表20-25所示。由图表可知，入流水温变化后库首表层水温发生明显变化，受入流水温的影响，降温期水温升高，最大变幅为12月升高0.9℃；升温期水温略有降低，5月、8月和9月变幅均较大，月平均水温降低约0.4℃，年内极值变幅减小。对比寸滩水温改变与库首表层水温变化后发现，库首水温变化较入流有一定滞后性，由于受气象条件影响，库首表层水温变化规律与入流水温变化相似，但变幅整体小于入流水温。

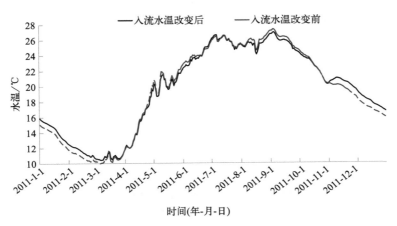

图20-34 2011年入流水温改变前后坝前水温对比

表20-25 2011年入流水温改变前后坝前表层月平均水温对比

月份	1月	2月	3月	4月	5月	6月
改变前平均水温/℃	13.67	10.86	10.58	16.29	20.93	24.03
改变后平均水温/℃	14.41	11.56	10.85	16.07	20.54	23.86
差值/℃	0.74	0.70	0.27	−0.22	−0.39	−0.17
月份	7月	8月	9月	10月	11月	12月
改变前平均水温/℃	26.895	26.9	26.37	22.62	19.64	16.99
改变后平均水温/℃	26.89	26.5	26.76	22.49	20.45	17.89
差值/℃	−0.005	−0.40	−0.39	−0.13	0.81	0.90

根据数学模型预测，自然工况下2011年逐月15日入流水温改变前库首垂向水温分布如图20-35所示，入流水温改变后库首逐月垂向水温分布如图20-36所示。由图20-35可知，入流水温改变前，3～5月分层较为明显，6～7月份垂向水温呈梯度较小的斜温分布，其他时间段内垂向水温基本一致，无分层现象。自然工况下，3月库首表底温差为2.34℃，4月表底温差达6.11℃，表层10m斜温层的梯度约为0.2℃/m，5月表底温差进一步增大，达到7.87℃，10月由于在12～60m存在斜温层，表底温差为3.13℃，其他时间段表底温差较小，分层较弱，全年水温极值变幅为17.69℃。入流水温改变后，3～5月水温垂向分层结构变化较明显，但表底水温均有所减小，3月库首表底温差为2.15℃，

4月表底温差为4.37℃，5月表底温差为4.47℃，10月分层较弱，表底温差为1.63℃，全年库首最高水温为26.57℃，最低水温为9.91℃，极值变幅为16.44℃。总体而言，入流水温改变后库首的水温垂向分层发生变化，水温垂向分层有所减弱，存在分层的时间段减少，表底温差呈减小趋势，全年水温极值变幅减小。

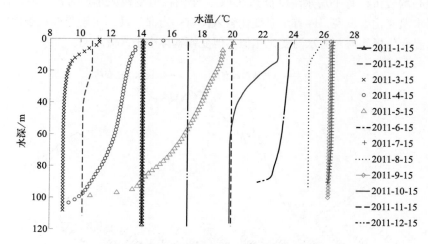

图20-35　入流水温改变前库首垂向水温分布

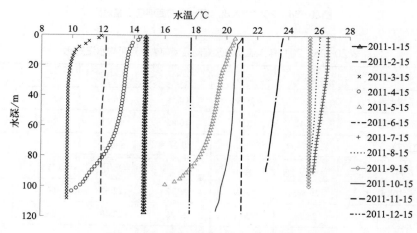

图20-36　入流水温改变后库首垂向水温分布

入流水温改变前后三峡水库库首2011年逐月15日垂向增温率如图20-37所示，由图可知，入流水温改变前，11月～次年1月三峡水库库首垂向水温增温率基本一致，1月垂向增温0.73℃，11月增温0.78℃，12月增温最大达0.91℃；2月、9月、10月表层水体增温绝对值小于中下层水体，2月水温增大，9月、10月水温降低，天然工况下3～8月库首垂向水温存在不同程度的分层现象，入流水温改变后，沿程垂向水温增温也存在差异，3月垂向上增温率绝对值先减小后增大，总体表层水体增温小于中下层及底层水体，4月垂向增温沿深度逐渐增大，中上层水温减小，中下层水温升高，5、6月垂向上增温绝对值呈现先增大后减小的趋势，即垂向水温中层温降大于表层及底层水体，表明寸滩入流水温改变对中上层水体影响更为明显，到中下层水体这种影响有逐渐减弱的趋势，而表层水体受气温影响，因此表层温降较小；7月垂向上增温为正值，底层温降略小于中上层水体，8月垂向上增温也为负值，水温减小，垂向表层20m分层，20m以下温降一致，降低0.55℃。总体而言，入流水温改变后，库首水温垂向增温正负及改变度与入流水温变化较为一致，且有一定滞后，当库首垂向水温存在分层现象时，垂向增温一般也具有分层现象。

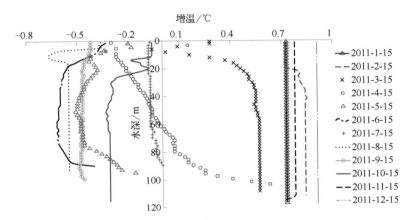

图20-37　入流水温改变前后干流库首垂向水温增温率

3）三峡水库沿程垂线流速对入流水温变化的响应分析

水温增加，将使水体密度减小，水温分层会形成密度分层，使水体流态发生一定变化，有研究发现，水库水温存在分层与水库水温均一的情况下，水库断面垂向流速呈现不同分布，但影响距离有限。经过分析发现干流入流水温变化后，干流的水温分布及垂向分层发生一定变化，可能对干流沿程垂向流速分布产生影响，由此对2011年入流水温变化前后干流的垂线流速分布进行对比分析。

4）入流流量变化对干流水温、流速的影响分析

① 干流水温对入流流量变化的响应分析。通过向家坝、溪洛渡梯级水库建成蓄水对三峡水库入流断面寸滩流量的影响分析，梯级水库建成运行后，寸滩入流流量枯水期平均增加较为明显，年内极值变幅减小。将仅三峡水库蓄水及梯级水库建成后寸滩流量月平均值进行对比，结果如表20-26所列，1～5月及9月、12月流量增大，其中1～4月干流流量处于较低水平，流量增加所占比例较大，达到45%～53%，8月流量平均减少2665m³/s，但在汛期所占比例较小。

表20-26　梯级水库蓄水前后寸滩月平均流量对比

月份	1月	2月	3月	4月	5月	6月
建库前流量平均值/(m³/s)	3621	3202	3472	4598	7403	13216
建库后流量平均值/(m³/s)	4902	4612	5070	7039	8430	12991
差值/(m³/s)	1281	1410	1598	2441	1027	−225

续表

月份	7月	8月	9月	10月	11月	12月
建库前流量平均值/(m³/s)	24317	21265	20830	13495	7318	4330
建库后流量平均值/(m³/s)	23731	18600	22242	9510	5870	4570
差值/(m³/s)	−586	−2665	1412	−3985	−1448	240

　　根据梯级水库蓄水前后三峡水库入流寸滩流量的变化，改变 2014～2015 年三峡水库干流-香溪河水动力模型的入流流量条件，设置流量为改变前的工况与自然工况（入流流量改变后）进行对比，进一步分析寸滩入流流量变化对三峡水库水温的影响。根据模型计算结果，2015 年三峡水库坝前水温在入流流量改变前后对比如表 20-27 以及图 20-38 所示。

表20-27　2015年入流流量改变前后坝前表层月平均水温对比

月份	1月	2月	3月	4月	5月	6月
改变前平均水温/℃	14.23	12.43	12.36	16.61	19.86	22.92
改变后平均水温/℃	13.97	11.66	12.14	16.01	20.16	22.98
差值/℃	−0.26	−0.77	−0.22	−0.60	0.30	0.06
月份	7月	8月	9月	10月	11月	12月
改变前平均水温/℃	24.84	26.78	24.21	22.23	21.11	18.66
改变后平均水温/℃	24.85	26.89	24.17	22.29	21.04	18.52
差值/℃	0.01	0.11	−0.04	0.06	−0.07	−0.14

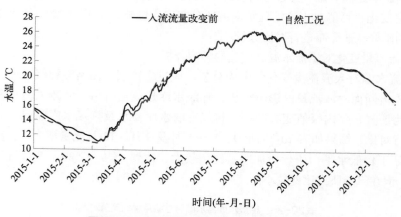

图20-38　2015年入流改变前后坝前水温对比

　　由表 20-27 和图 20-38 可知，入流流量变化后坝前表层水温发生一定变化，1～4 月由于入流流量增加，坝前表层月平均水温有所减小，最大变幅为 2 月降低 0.77℃，其次为 4 月降低 0.6℃，其他月份表层月平均水温变幅较小，6～12 月仅在 0.1℃ 左右。入流流量变化前后干流沿程主要断面云阳、奉节、巫山及巴东的表层水温（如图 20-39 所示）同样在 1～4 月变化较大，其他时间段变幅很小，主要是由于 1～4 月为枯水期，干流入流流量处于较低水平，入流流量增加所占比例较大，对水温的影响略大，而在 5 月以后流量开始增大，入流流量的变化产生的影响减弱。总体而言入流流量发生变化后，干流水温的变化不大。

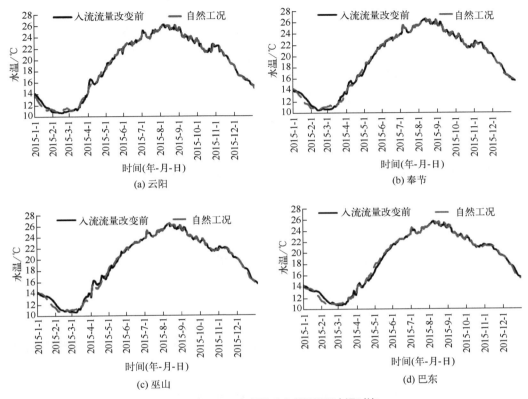

图20-39 2015年入流改变前后沿程水温对比

有研究表明，当流量偏丰时，水温偏低，流量偏枯时，水温偏高。尤其在汛期，来流量大，流量增大将使水体水温降低（见图 20-40）。根据仅三峡水库蓄水及梯级水库建成后寸滩月平均流量的差异分析，梯级水库对下游的流量具有一定的均化作用，在枯水期的作用最为明显。但丰水年、平水年、枯水年年际间流量差异较大，例如 2011 年与 2015 年之间的流量差与建库前后多年月平均流量差存在一定差异，将对干流水温产生不同影响，因此，本节对干流流量变化对主要断面水温影响的量化分析不具有普遍性，且建库后时间尚短，对流量的累积影响及流量变化对水温的影响有待今后更深一步地研究。但总体来说，梯级水库建成运行后对三峡水库的入库流量有影响，当入库流量增大时干流水温相对减小。

② 干流沿程垂线流速对入流流量变化的响应分析。根据数学模型预测，对 2015 年入流流量变化前后干流的垂线流速分布进行对比，分析干流入流变化对干流流速的影响。总体来看，入流流量增大，干流流速随之增大，分布型式变化不大。各断面及不同水深垂线流速大小随流量变化的程度不同，可能与断面本身垂线流速分布型式、断面形状、地形坡降等有关，具体影响规律有待进一步研究。

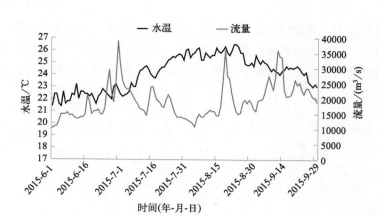

图20-40　2015年汛期入库流量与水温对比

20.3.3　长江中下游生态环境对三峡水库调蓄的响应

参见第三篇第 15 章第 15.1.3 小节相关内容。

20.3.4　长江中游江湖关系对三峡水库调蓄的响应

参见第三篇第 15 章第 15.1.4 小节相关内容。

20.3.5　长江中游江湖交换连通河道入汇口水位对三峡水库调蓄的响应

20.3.5.1　三峡水库蓄水前后洞庭湖区与城陵矶水位关联性变化

城陵矶水文站扼守洞庭湖与长江干流汇合点，其水位是反映江湖水情的重要指标。三峡水库建成后，随着水文过程调节和江湖冲淤调整，城陵矶水位变化将直接影响湖区水面及洲滩出露面积，可能引发水资源、水环境及水生态等问题。在此背景下，城陵矶水位对洞庭湖区水位的影响规律是江湖关系研究的重要内容之一。本节将水力学原理与观测资料相结合，分析两方面的问题：一是不同条件下城陵矶水位与湖区水位关联性强弱转化的机理；二是三峡建库前后不同时期以及不同水文组合情况下，洞庭湖区水位对城陵矶水位响应的量化规律，以及各种情况下湖区水位的合理估算方法。

（1）研究区域与数据资料

地处荆江以南、四水尾闾控制站以北的洞庭湖区承接松滋、太平、藕池三口分泄的长江干流水量，以及湘、资、沅、澧四水来流，该区域总面积虽有 19195km²，但其中湖泊面积仅 2625km²，且被分割成东、南、西三片相连水域。由于地质构造和泥沙淤积作用，洞庭湖区形成两大特点：一是地势自西南向东北倾斜明显，形成明显水力坡降，据三峡水库蓄水前数据统计，东、南、西洞庭湖历年最高水位分别为 33.0～34.0m、34.0～36.0m、36.0～38.0m，而据遥感影像分析，东、南、西洞庭湖的草滩地界线对应水位分别为 23m、27m、29m；二是"高水湖相、低水河相"，枯水期的湖泊水体仅存在于狭窄湖槽中，平水期湖槽和部分洲滩淹没，洪水期洲滩被全部淹没，水位沿着大堤上涨。

洞庭湖入流由长江三口分流和湘、资、沅、澧四水入流控制站所监测。选取鹿角、杨柳潭、南咀分别作为东、南、西洞庭湖水位代表站点，三站距湖区出口分别约 40km、90km 和 150km。湖区出口监测有七里山流量和莲花塘水位，下文统称为城陵矶流量和水位。洞庭湖区间入流比重较大，但缺乏观测，以每年入、出湖总水量之差为准，对来流过程进行倍比放大，以此近似补偿区间流量。为反映三峡水库蓄水前、后各阶段，选取了 1992～2002 年、2003～2007 年及 2008～2014 年三个时期分别代表水库蓄水前、初期运行期和试验性蓄水运行期（杨柳潭站缺 2008 年后数据）。对各时段水文资料统计表明，2003 年前、后入湖总径流中，四水来流比例分别为 56%、54%，三口比例分别为 32%、33%，区间比例为 12%、13%。三口、四水的时段平均入湖流量过程和城陵矶水位过程见图 20-41（书后另见彩图），由图可见三峡水库蓄水前后的水文过程年内总体特征基本未变，仅个别月份有所调整。图 20-41（b）中还以南咀 - 城陵矶水位差为例，给出了其年内变化过程，可见即使对于距城陵矶较远的西洞庭湖，汛期水位也会受到明显顶托作用，两站落差汛期小、枯期大的总体规律在 2003 年前后各阶段未出现明显调整。

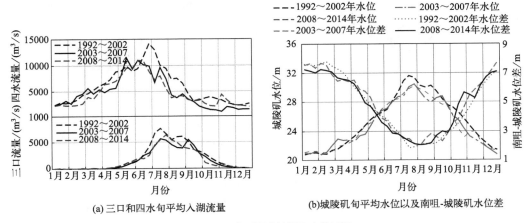

图20-41　各时段内流量和水位过程

（2）洞庭湖区水位与城陵矶水位关联特征

考察同时期相应水位或水位差与城陵矶水位的相关关系是研究水位关联性的主要方式。采用日均资料，点绘了相应日期的湖区三站水位与城陵矶水位的相关关系（以下简称鹿 - 城、杨 - 城、南 - 城等关系），以及各站至城陵矶水位落差与城陵矶水位相关关系，见图 20-42。

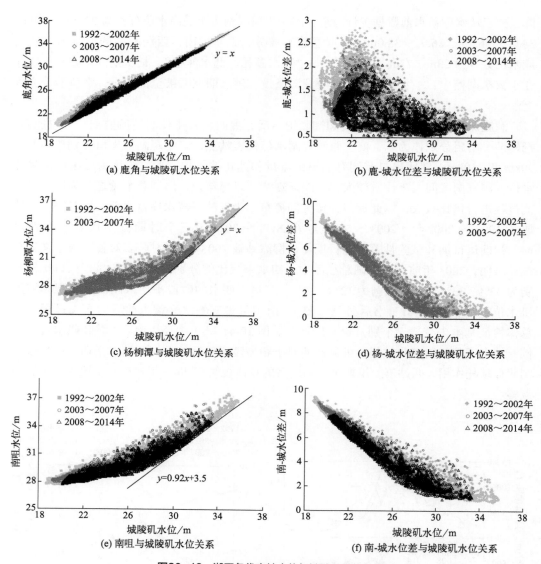

图20-42　湖区各代表站水位与城陵矶水位关系

　　由图 20-42（a）、（c）、（e）可见，湖区三站水位随城陵矶水位而变化，虽然点群呈条带状杂乱分布，但可看出两者之间总体正相关，并且存在非常规则的下包络线。比较鹿 - 城、杨 - 城、南 - 城关系图可见，南 - 城、杨 - 城两图较为类似：城陵矶水位低于 28m 时，下包络线较趋平缓，而城陵矶水位较高时，下包络线斜率逐渐趋近于 1，其中杨 - 城关系尤为明显；鹿 - 城关系图中，下包络线整体接近 $y=x$ 的直线，仅在城陵矶水位低于 20m 时，点群才略有偏离。比较图 20-42（a）、（c）、（e）3 个时期内点群分布可见，2003 年后湖区水位变幅减小，点群条带变窄，但下包络线基本无变化。

　　由图 20-42（b）、（d）、（f）可见，三站都呈现出城陵矶水位越高、落差越小的总体规律。三站之间差别体现在：鹿 - 城水位差变幅较小，最大不足 3m，点群下包络线趋近于 0m；南 - 城、杨 - 城落差与城陵矶水位关系较为类似，枯期落差远大于汛期，但杨 - 城水位差下包络线在汛期仍可趋近于0m。同样可看出，不同年代之间水位落差的下包络线比较稳定。

（3）洞庭湖区水位估算经验模式

洞庭湖与宽浅型河道具有类似性。湖区水位变动主要由城陵矶水位、湖区来流量两方面因素变化引起，依据河道水力学原理，可对其影响机理进行剖析（图20-43）。

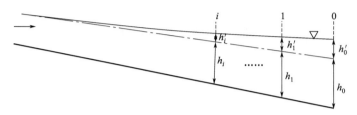

图20-43 河段示意

1）出口水位对湖区水位的影响机理

忽略惯性项后，水流运动方程为：

$$\frac{\partial h}{\partial x} = i_b - \frac{n^2 Q^2}{A^2 h^{4/3}} \tag{20-2}$$

式中 x——距离；

      Q——流量；

      A——断面面积；

      h——平均水深；

      i_b——河床比降；

      n——糙率。

河宽 B 与水深 h 之间存在河相关系 $B^{1/\gamma}/h = \xi$，其中 ξ 近似常数；$\gamma \geq 1$，参照一般河道经验可近似取为 2，则过水断面面积 $A = \xi^2 h^3$。基于摄动分析的思想，假设由于河道出口的水位发生小扰动 h_o'，x 处产生水位增量为 h'，根据式（20-2）应有：

$$\frac{\partial (h + h')}{\partial x} = i_b - \frac{n^2 Q^2}{\xi^4} (h + h')^{-22/3} \tag{20-3}$$

将式（20-3）展开，忽略高阶小量，再与式（20-2）相减可得：

$$\frac{\partial h'}{\partial x} = \frac{22 n^2 Q^2}{3 \xi^4 h^{25/3}} h' \tag{20-4}$$

上式整理后，进行积分，在积分过程中考虑到 $x=0$ 时 $h'=h_o'$，得到：

$$h' = h_o' \exp \left(-\frac{22 n^2 Q^2}{3 \xi^4 \overline{h}^{25/3}} x \right) \tag{20-5}$$

式中 h'——0～x 之间河段平均水深；

负号——向上游方向为 x 正方向。

现实中，洞庭湖湖床形态沿程不均匀，可根据沿程变化情况将其概化为若干区间，区间进、出口断面编号分别为 i 和 $i-1$，区间长度为 Δx_i，区间内河相系数近似为 ξ_i。定床条件下，断面水深变幅和水位变幅具有等价性，由式（20-5）可得出每个区间进、出口水位变幅的关系为：

$$\Delta Z_i = \Delta Z_{i-1} \exp\left(-\frac{22n^2 Q^2}{3\xi_i^4 \overline{h}_i^{25/3}} \Delta x_i\right) \tag{20-6}$$

式中为 i 断面水位变幅。利用式（20-6）从出口断面自下而上进行递推，可得河段内第 i 断面水位变幅与出口水位变幅之间关系为：

$$\Delta Z_i = \Delta Z_0 \exp\left(-\frac{22n^2 Q^2}{3} \sum_{j=1}^{i} \frac{\Delta x_j}{\xi_j^4 \overline{h}_j^{25/3}}\right) \tag{20-7}$$

对于 $0 \sim i$ 断面之间的长距离 x_i，假设存在一个概化水深 $\overline{h}_{0\sim i}$ 和河相系数 $\overline{\xi}$ 使 $\sum_{j=1}^{i} \frac{\Delta x_j}{\xi_j^4 \overline{h}_j^{25/3}} = \frac{x_i}{\overline{\xi}^4 \overline{h}_{0\sim i}^{25/3}}$，则式（20-7）转化为：

$$\Delta Z_i = \Delta Z_0 \exp\left(-\frac{22n^2 Q^2 x_i}{3\overline{\xi}^4 \overline{h}_{0\sim i}^{25/3}}\right) \tag{20-8}$$

由式（20-8）可见，当河道出口发生水位变化 ΔZ_0 时，引起水位变幅沿程呈指数衰减，除了河道形态、阻力等因素之外，影响衰减快慢的主要是流量和河段平均水深：流量越大，衰减越快；水深越大，衰减越慢。由于水深的幂指数远大于流量，因而水位扰动沿程衰减对水深（水位）因素更为敏感。

对于 0、i 两个断面位置的水位相关曲线，曲线上各点切线斜率即为 $\Delta Z_i / \Delta Z_0$，由式（20-8）可见：当两点距离很近或出口水位很高导致沿程形成大水深时，式中指数函数趋近于 1，从而使曲线斜率趋于 1，这从机理上揭示了城陵矶水位对湖区水位的影响关系。由式（20-8）还可看出，在固定流量下，上下游的水位相关曲线是由城陵矶水位决定的单调性指数函数。

2）不同流量级下城陵矶与湖区水位关系特征

对任意河段区间，水流运动方程式（20-2）的差分形式为：

$$\frac{Z_i - Z_{i-1}}{\Delta x_i} = -\frac{n^2 Q^2}{\xi_i^4 \overline{h}_i^{22/3}} \tag{20-9}$$

式中　Z_i——i 断面水位。

对各区间分别列出式（20-9）并累加得到：

$$\Delta Z_{0\sim i} = -n^2 Q^2 \sum_{j=1}^{i} \frac{\Delta x_j}{\xi_j^4 \overline{h}_j^{22/3}} \tag{20-10}$$

式中　$\Delta Z_{0\sim i}$——0 与 i 断面之间水位差。

对于长距离 $x_i = \sum_{j=1}^{i} \Delta x_j$，仿照式（20-8）定义河段平均的概化水深 $\overline{h}'_{0\sim i}$ 和河相系数 $\overline{\xi}'$，再

考虑用进出口流量、水位的加权表示河段内概化平均流量和概化水深，则式（20-10）可表示为：

$$\Delta Z_{0-i} = -\frac{n^2\left[\alpha Q_0 + (1-\alpha)Q_i\right]^2 x_i}{\bar{\xi}'^4\left[\beta h_0 + (1-\beta)h_i\right]^{22/3}} = -\frac{n^2\left[\alpha Q_0 + (1-\alpha)Q_i\right]^2 x_i}{\bar{\xi}'^4\left[\beta(Z_0 - Z_{b0}) + (1-\beta)(Z_i - Z_{bi})\right]^{22/3}} \quad (20-11)$$

式中　α、β——待定权重因子；

　　　Z_i、Z_{bi}——i 断面处水位、河床高程。

　　式（20-11）可转化为：

$$\bar{Z} = \left(\frac{n^2 \bar{Q}^2 x_i}{\bar{\xi}'^4 \Delta Z_{0-i}}\right)^{\frac{3}{22}} + \bar{Z}_b = K\left(\frac{\bar{Q}^2}{Z_i - Z_0}\right)^b + C \quad (20-12)$$

式中　$\bar{Z} = \beta Z_0 + (1-\beta)Z_i$、$\bar{Z}_b = \beta Z_{b0} + (1-\beta)Z_{bi}$——$0 \sim i$ 断面之间概化平均水位、概化平均河床高程；

　　　$\bar{Q} = \alpha Q_0 + (1-\alpha)Q_i$——河段内概化平均流量；

　　　K、C、b——与河道形态、糙率、距离等有关的待定参数。

　　依据式（20-12），便可根据流量、出口水位 Z_0 确定 i 断面处水位 Z_i。

　　式（20-12）中含有较多参数，可依据实测资料率定。式（20-12）给出了一种考虑回水顶托作用的水位估算便捷方法，将其应用于洞庭湖区，利用流量跨度较大的1997～1998年日均入、出湖流量和各站水位实测资料，确定出式（20-12）的参数见表20-28，其中 Z_0 为城陵矶水位，ΔZ 为各站至城陵矶水位落差。由率定出的指数可见，湖区河相系数与一般河道存在差别，说明洞庭湖区河相关系的特殊性在参数中已经得到了反映。由于 α 值接近1，以下分析中近似以城陵矶流量代替湖区流量。

表20-28　湖区流量与城陵矶水位共同影响下的各站水位计算关系式

站点	α	β	计算关系式	拟合决定系数 R^2
鹿角	0.8	0.4	$Z_0 + 0.4\Delta Z = 0.172\left(\dfrac{\bar{Q}^2}{\Delta Z}\right)^{0.22} + 13.69$	0.982
杨柳潭	0.8	0.8	$Z_0 + 0.8\Delta Z = 0.03\left(\dfrac{\bar{Q}^2}{\Delta Z}\right)^{0.28} + 22.77$	0.978
南咀	0.8	0.8	$Z_0 + 0.8\Delta Z = 0.007\left(\dfrac{\bar{Q}^2}{\Delta Z}\right)^{0.36} + 23.82$	0.963

　　对表20-28中各式固定流量级，则转化为城陵矶水位与湖区水位之间的单值非线性隐函数，可通过数值方法求解。以杨柳潭站为例，计算了各级流量下的杨-城水位关系曲线见图20-44（a）中虚线，可见关系曲线在城陵矶低水位时显示了非单调性，出现"同一流量下，城陵矶水位下降而湖区水位上升"的不合物理意义曲线段，这与式（20-8）中理论推导相矛盾，其原因可能在于式（20-12）中率定的经验参数在城陵矶低水位期误差较大。

根据式（20-8），城陵矶水位较低时水位相关曲线斜率将趋于 0，对不合理段进行修正后，见图 20-44（b）中实线。由此得到的各级流量下杨 - 城水位相关曲线与各级流量实测点群相比较，分别见图 20-44（b）、（c），可见 2003 年前后的实测点群分布与修正后曲线符合较好，水位相关曲线在 2003 年前后无明显变化。

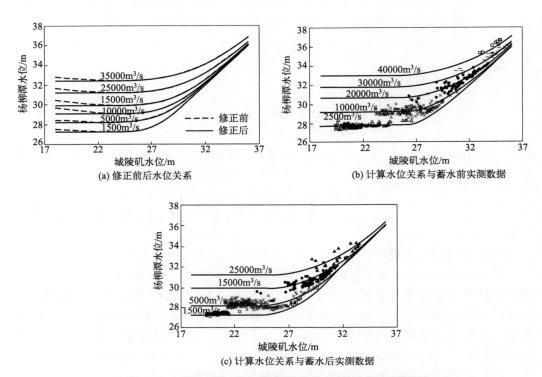

(a) 修正前后水位关系

(b) 计算水位关系与蓄水前实测数据

(c) 计算水位关系与蓄水后实测数据

图20-44　不同城陵矶水位与流量组合下的杨柳潭水位特征曲线族

图 20-44 中曲线族涵盖了所有可能出现的来流与城陵矶水位组合，在实测资料基础上通过对组合范围的延展使得不同条件下的湖区水位变化特征得以充分凸显：城陵矶水位较低时，杨柳潭水位完全由流量决定，与城陵矶水位无关；城陵矶水位较高时，水位相关曲线逐渐向斜率为 1 的直线聚集，城陵矶水位成为决定杨柳潭水位的主要因素。以上两种状态之间为过渡区域。

3）不同水文组合下城陵矶与湖区水位关联状态划分

仿照图 20-44，确定了鹿 - 城、南 - 城水位关系曲线族并与实测点群比较，如图 20-45、图 20-46 所示，容易看出图 20-42（a）以及图 20-45、图 20-46 中的关系曲线均符合式（20-8）所描述的几何特征。三者的区别主要体现在：鹿 - 城水位相关曲线上两种直线状态的转换最快，而南 - 城水位相关曲线上的状态转换最平缓。

考虑到同流量下水位波动等因素，定义水位关系特征曲线斜率达到 0.1 和 0.9 的位置为趋近水平和 $y=x$ 两种直线状态的临界点，这些临界点的连线将湖区水位 - 城陵矶水位相关程度分为了 3 个区（图 20-45、图 20-46），将其命名为无影响区、影响区和决定区，各区之间分别为分区线 I 和 II，其形态如图 20-47 所示。

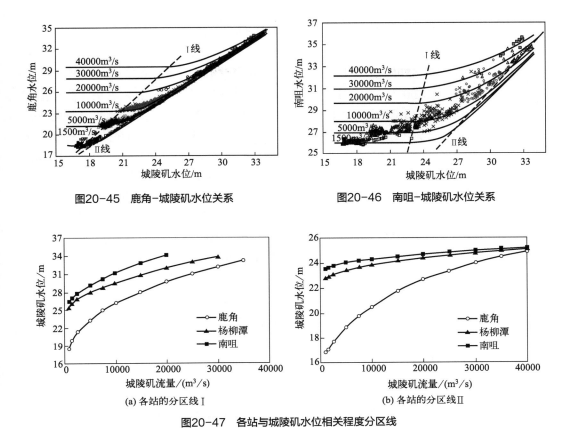

图20-45 鹿角-城陵矶水位关系　　　图20-46 南咀-城陵矶水位关系

(a) 各站的分区线Ⅰ　　　(b) 各站的分区线Ⅱ

图20-47 各站与城陵矶水位相关程度分区线

图 20-47 中的分区线亦可由式（20-8）导出。根据分区线定义，线上各点应满足

$$\frac{22n^2Q^2x}{3\bar{\xi}^4\bar{h}^{25/3}} = R \tag{20-13}$$

式中　$\bar{\xi}$、$\bar{h}$——各站与城陵矶之间平均河相系数、水深；

　　　　R——常数，相当于斜率分别为 0.1 和 0.9，R 分别为 2.3 和 0.1。

由式（20-13）可得：

$$Z_0 = \bar{Z}_b + \bar{h} = \bar{Z}_b + \left(\frac{22n^2x}{3\bar{\xi}^4R}\right)^{\frac{3}{25}} Q^{\frac{6}{25}} \tag{20-14}$$

式中　Z_0——城陵矶水位；

　　　　$\bar{Z}_b$——与区间河床高程有关。

由式（20-14）可见 Z_0-Q 坐标系内的分区线应为指数小于 1 的幂函数，具有以下特点：a. 越靠近尾闾，则 $\bar{Z}_b$ 越大，分区线在坐标平面内位置越高；b. 若区间内形态参数 $\bar{\xi}$ 较大，则曲线陡度减缓。可见，除了三个湖区湖床高程差别之外，东、南洞庭湖之间湘江洪道的特殊形态也是导致图 20-47 中曲线差异的重要原因，该位置变形将明显影响南、西洞庭湖水位。图 20-47 中的分区线Ⅰ、Ⅱ，构成了湖区水位 - 城陵矶水位关联性强弱转化的临界条件，对于来流和城陵矶水位的各种可能组合情况，都可以依据这些临界条件对湖区水位主要影响因素进行判断。

（4）三峡水库蓄水后湖区冲淤和水文条件变化对水位关联性的影响

1）湖区冲淤的影响

洞庭湖自 20 世纪 50 年代以来呈淤积态势，但统计显示，三峡水库蓄水前 1995～2003 年，包括东、南、西洞庭湖在内整个湖区平均淤积总厚度仅为 3.7cm；三峡水库蓄水后的 2003～2011 年，洞庭湖湖区总体由淤转冲，平均冲刷深度为 10.9cm，冲刷幅度最大的东洞庭湖平均冲刷深度为 19cm。由此可见，自 20 世纪 90 年代中期以来洞庭湖湖区地形冲淤平均厚度仅在 0.1m 的数量级，相比于城陵矶水位汛、枯期的水位差，洞庭湖区之间的水位差超过 15m 的变幅，冲淤引起湖区平均水深变化几乎可忽略。统计城陵矶与湖区三站 1995 年以来历年最低水位如图 20-48 所示，尽管水文条件变化和河床冲淤导致长江干流枯水位缓慢抬升，按图中趋势线估算近 20 年城陵矶枯水位抬升大于 0.8m，但除了与城陵矶站水力联系紧密的鹿角站之外，更易受湖床形态影响的南咀、杨柳潭两站水位变幅不明显。这说明，20 世纪 90 年代中期以来洞庭湖冲淤未对城陵矶与湖区水力联系产生明显影响。

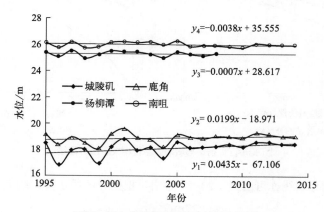

图20-48　各站历年最低水位变化趋势

2）水文条件变化的影响

基于 1992～2002 年实测资料，图 20-49 中给出了城陵矶流量、水位点群分布以及水位相关分区线。由图 20-49 可见：对于鹿角站，点群基本位于分区线Ⅰ以上，城陵矶水位较高时点群进入分区线Ⅱ以上的决定区，反映了城陵矶水位对鹿角水位较强的影响；对于杨柳潭站，城陵矶水位较低且来流偏枯时，点群位于无影响区，但城陵矶水位高于 24m 时，点群位于影响区，甚至少数点群处于分区线Ⅱ附近；对于南咀站，以城陵矶水位 24m 左右为界，点群仅位于无影响区和影响区。以上规律与图 20-43 中鹿 - 城、杨 - 城曲线在城陵矶高水位期存在 y=x 的下包络线，而南 - 城水位差永远不为 0 的现象吻合。

在图 20-49 基础上，仍然基于 1992～2002 年资料，考虑城陵矶流量与水位遭遇组合的出现时机，计算了年内不同时段内点群位于三个区域的概率。由表 20-29 可见，鹿角站水位几乎全年受到城陵矶水位影响，其中 7～11 月受影响最大，该时段约有 50% 天数的水位完全由城陵矶水位决定；杨柳潭和南咀站水位在各月份内受城陵矶水位影响的天数比例较为类似，其中 12 月～次年 3 月水位几乎与城陵矶水位无关，4～6 月以及 9～11 月有 40%～55% 的天数内水位与城陵矶水位无关，杨柳潭水位受城陵矶水位影响程度大于南咀。

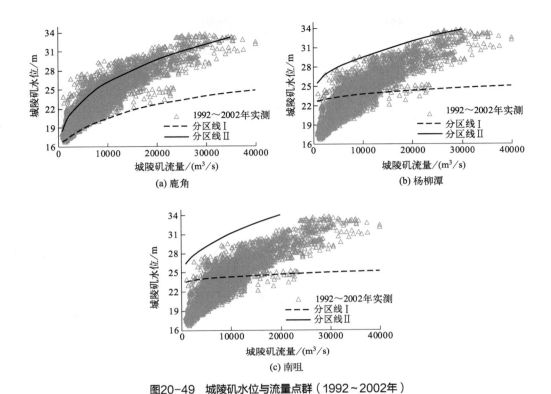

图20-49 城陵矶水位与流量点群（1992~2002年）

表20-29 年内不同时期各站受城陵矶水位影响天数比例（1992~2002年） 单位：%

站点	月份	无影响区	影响区	决定区
鹿角	12～次年3	6.2	94.8	0.0
	4～6	0.8	96.3	3.9
	7～8	0.0	44.4	56.6
	9～11	0.0	57.0	43.0
	全年	1.9	77.0	21.1
杨柳潭	12～次年3	99.3	0.7	0.0
	4～6	46.1	53.9	0.0
	7～8	0.4	97.2	2.3
	9～11	39.5	60.3	0.2
	全年	54.3	46.2	0.4
南咀	12～次年3	99.6	0.4	0.0
	4～6	56.4	44.6	0.0
	7～8	1.6	98.4	0.0
	9～11	49.9	50.1	0.0
	全年	59.6	40.4	0.0

2003 年后，城陵矶流量、水位遭遇组合的变化可能会影响城陵矶与湖区水位的关联性。以 0.5m 和 2500m³/s 分别作为水位、流量的分级间隔，图 20-50 中统计比较了 2003～2007 年、2008～2014 年两段时期相比于 1992～2002 年的各级城陵矶流量～水位遭遇概率变化情况，图中的正负数值是指水位流量遭遇概率相比于 1992～2002 年的增加或减少值。由图 20-50 可见：2003 年后两段时期内，同一城陵矶水位下湖区来流偏小的概率增加。与鹿角、杨柳潭两站分区线对比表明，来流变化使得中枯水期湖区水位与城陵矶水位的关联性略有增强，但并未引起各分区之间分布格局的根本性调整。这正是图 20-42 中南 - 城关系下包络线以及鹿 - 城、杨 - 城关系低水期下包络线在 2003 年前、后能保持基本稳定的原因。

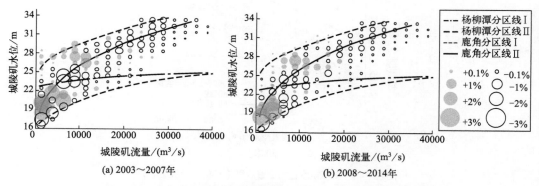

图20-50　2003年后各种城陵矶流量与水位组合的出现概率变化情况

20.3.5.2　三峡水库蓄水前后江湖汇流区水位变化及影响

在江湖汇流区，下荆江出流与城陵矶出流互为顶托，导致监利、城陵矶两站水位流量关系具有明显的多值性。三峡水库蓄水后，由于水库调节作用，长江干流与洞庭湖出流遭遇特性发生改变，而河床冲刷引起的水位下降也使不同流量级下水位发生调整。为评估这种变化，首先提出干支交互区水位流量关系的拟合方法，其次利用典型流量过程计算了三峡水库蓄水前后典型站点在年内各月的水位变幅。

（1）干支交汇区水位流量关系拟合原理

对于平原冲积河流而言，稳定的水位流量关系主要靠长河段的河槽阻力来控制，如河段的河床坡降、断面形状、糙率等因素。根据曼宁公式：

$$U = \frac{1}{n} R^{2/3} J^{1/2} \tag{20-15}$$

对于水面较宽的冲积河流，式（20-15）可近似为：

$$U = \frac{1}{n} h^{2/3} J^{1/2} \tag{20-16}$$

结合水量连续方程：

$$Q = BhU \tag{20-17}$$

得：

$$J = \frac{Q^2 n^2}{B^2 h^{4/3}} \tag{20-18}$$

式（20-5）中的糙率、河宽和水深等是随流量变化的变量，当流量一定时糙率和河宽都可表示为水深的函数。

汇流点与其下游相邻站，流量变化基本一致，水位之间往往存在着相关关系：

$$Z_c = A Z_d + B \tag{20-19}$$

式中　Z_c——汇流点水位；

　　　Z_d——汇流点下游站水位。

汇流点下游站的水位流量关系比较稳定，且该站下游河段的水面比降长期保持稳定，根据式（20-17）得到该站的水位流量关系为：

$$(Q^2)^{\beta_u} = Kh = K(Z - Z_0) \tag{20-20}$$

式中　Q——水文站流量；

　　　Z——水文站水位；

　　　Z_0——水文站附近河床高程；

　　　β_u——指数，当河宽与水深关系确定时反映河道糙率的影响。

汇流点上游河段水位受多个因素影响，水位流量关系比较复杂。根据式（20-18）得到汇流点上游河段水位流量关系为：

$$\left(\frac{Q^2}{z_u - z_c}\right)^{\beta_u} = K_2(Z_u - Z_0) \tag{20-21}$$

式中　Q——干流来流量；

　　　Z_c——汇流点水位；

　　　Z_u——汇流点上游站水位；

　　　Z_0——汇流点上游站附近的河床高程；

　　　β_u——指数，当河宽与水深关系确定时反映河道糙率的影响。

由于河道形态、阻力等方面的影响，式（20-20）、式（20-21）中的系数往往表现出不同的特征，需要根据实测资料通过试算的方法进行率定。方法是：首先假定一个指数 β，通过线性拟合确定出系数 K 和河床高程 Z_0；其次对水位进行反算，计算标准误差；最后对比不同 β 取值下相关系数和标准误差的大小，取相关性最好、误差最小时的 β 值。

（2）汇流区水位流量关系的建立

江湖汇流口以下河道内，水位流量关系相对单一，而汇流口上游河段，其水位受到干支流来水共同影响。依据河道水力学原理，建立了江湖汇流区各水文、水位站之间的流量、水位关系。

① 螺山水位流量关系：

$$\left(Q_L^2\right)^{\alpha_L} = K_1(Z_L - Z_{0L}) \tag{20-22}$$

式中　Q_L——螺山流量，m³/s；

Z_L——螺山水位，m；

Z_{0L}——螺山水文站附近河床高程，m；

α_L——反映河道糙率影响的指数。

② 莲花塘（城陵矶）与螺山水位关系：

$$Z_{LH} = AZ_L + B \tag{20-23}$$

式中 Z_L——螺山水位，m；

Z_{LH}——莲花塘水位，m。

③ 莲花塘与监利水位流量关系：

$$\left(\frac{Q_J^2}{z_J - z_{LH}}\right)^{\alpha_J} = K_2\left(Z_J - Z_{0J}\right) \tag{20-24}$$

式中 Q_J——监利流量，m³/s；

Z_J——监利水位，m；

Z_{LH}——莲花塘水位，m；

Z_{0J}——监利水文站附近河床高程，m；

α_J——反映河道糙率影响的指数。

分别以 2002 年、2013 年为例，检验了以城陵矶出流为参数的监利水位流量关系对水位的计算效果。由图 20-51 可见，所建立的关系式具有较好的精度。

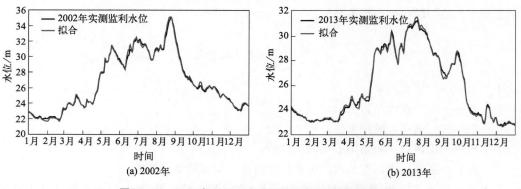

图20-51 2002年和2013年实测监利水位与计算结果对比

由于所建立的监利水位流量关系形式较为复杂，监利水位为监利流量的隐函数，因而采用城陵矶出流为参数，计算了不同干流、湖区出流组合情况下的监利水位。由计算结果图 20-52 可见（书后另见彩图），监利流量较小时受城陵矶出流影响较大，监利流量较大时受城陵矶出流影响较小。

（3）河道冲淤对江湖汇流区水位的影响

为研究河床冲淤对水位的影响，固定莲花塘水位，点绘了监利不同时期水位流量关系如图 20-53 所示（书后另见彩图）。由图 20-53 可知，莲花塘站低水位时，水库蓄水后监利站水位有所下降，莲花塘站中高水位时，不同时期监利站水位基本不变。以上现象说明：莲花塘站水位较低时，河床冲刷对监利水位影响较大；莲花塘站中高水位时，河床冲刷对监利的水位影响较小。

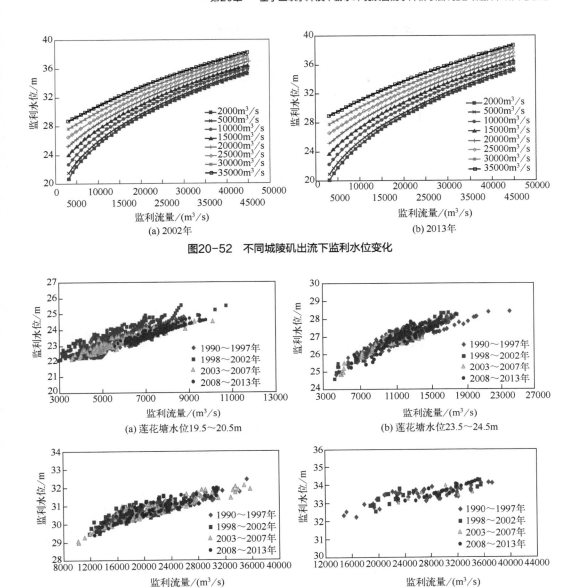

图20-52 不同城陵矶出流下监利水位变化

图20-53 不同莲花塘水位级下监利不同时期水位流量关系

水位流量关系式（20-22）和式（20-24）中的参数 Z_0 对应了流量为 0 时的水位，其物理意义是水文站附近的河底平均高程。因此，通过不同时期实测资料率定 Z_0，可以反推出河床冲淤变化幅度，进而比较得到河床冲淤变化对水位的影响。

根据不同年份的实测资料分别建立螺山不同时期的水位流量关系式，从而可得到螺山站附近的不同时期河床高程，如表 20-30 所列。

表20-30 螺山站附近不同时期河床高程

年份	1991	1997	2002	2007	2013
河床高程/m	6.43	6.76	6.16	6.81	4.68

由表 20-30 可知，三峡水库蓄水前螺山附近河床高程年际波动，但水库蓄水后明显呈下降趋势，2013 年相比 2002 年下降了 1.48m。根据实测资料建立莲花塘与监利不同时期的水位流量关系式，从而得到监利站附近的河床高程，如表 20-31 所列。由表可知，三峡水库蓄水后监利站附近河床高程下降了约 0.57m。需要指出的是，表 20-30 和表 20-31 中的河底高程只是一个概化的当量值，具有河床变形趋势的指示意义，但并不意味着河床冲淤厚度的真实数值。

表 20-31　监利站附近不同时期河床高程

年份	1997	2002	2006	2013
河床高程/m	10.07	10.09	9.86	9.52

代入表 20-30 和表 20-31 中的参数 Z_0 到以城陵矶出流为参数的监利水位流量关系，可以得到不同时期河床冲刷对水位的影响。

（4）来流变化对江湖汇流区年内水位过程的影响

由于三峡水库对年内各月径流调节作用不同，加之河床冲刷对洪枯流量下水位影响也不同，因而坝下游各站的年内各月份水位变幅存在差异。本项研究首先在保证水量接近的情况下，选取水库蓄水前后的代表性水文过程，其次考察了两个代表性水文系列内的水位过程差异。

1）代表性水文过程的选取

以时段内螺山站径流总量相等为原则，在水库蓄水前后各选取 5 年系列，作为水库蓄水前后的代表性水文过程，它们分别是建库前的 1992 年、1994 年、1995 年、1996 年、1997 年（水文过程一）和建库后的 2008 年、2009 年、2010 年、2012 年、2013 年（水文过程二）。此外，为突出干、支流来流变化各自的影响，由蓄水前（水文过程一）的城陵矶站流量过程和蓄水后（水文过程二）的监利站流量过程构成水文过程三，由蓄水前（水文过程一）的监利站流量过程和蓄水后（水文过程二）的城陵矶站流量过程构成水文过程四。

对于所选择的水文过程一和水文过程二，将各年份监利、城陵矶两站流量分别取多年的旬平均，如图 20-54 所示。

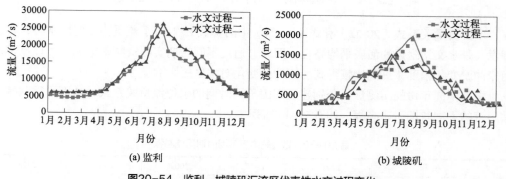

图 20-54　监利、城陵矶汇流区代表性水文过程变化

由图 20-54 可见, 对于监利站而言, 水库蓄水后的水文过程二变化特点主要表现为: 汛期洪峰略有后移, 6～7 月流量减少, 8～9 月流量增加, 汛后 10 月流量明显减少, 枯期流量增加, 其他月份流量变幅较小。对于城陵矶站而言, 水库蓄水后的水文过程二变化特点主要表现为: 5～6 月、9 月和 11 月流量有所增加, 其他月份流量减少, 7～8 月减幅较大, 12 月和 1 月减幅较小。

将以上水文过程分别作为来流条件, 以 2002 年、2013 年地形条件下的各站水位流量关系曲线作为河道泄流条件, 可以分析水文过程变化对水位过程的影响。

2) 来流过程变化对水位过程的影响

采用不同的水文过程, 结合 2002 年的关系曲线, 可计算得到 2002 年地形和代表性水文过程组合情况下的监利水位过程, 根据计算结果可以得到流量过程变化对监利水位过程的影响。

对于水文过程四与水文过程二而言, 城陵矶出流均为建库后过程, 而长江干流来流分别为建库前和建库后过程, 这两种水文过程下的监利水位差别主要由干流来流变化引起。由图 20-55 (a) 中的水位计算结果可见, 由于建库后的监利来流变化, 监利水位在 1～3 月和 8～9 月明显上升, 4 月、6～7 月、10 月则明显下降, 其他月份变幅较小。对于水文过程三与水文过程二而言, 监利流量均为建库后过程, 而城陵矶出流分别为建库前和建库后过程, 这两种水文过程下的监利水位差别主要由城陵矶出流变化引起。由图 20-55(b) 的水位计算结果可见, 由于建库后城陵矶出流的变化, 监利水位在 2 月、4 月、7～8 月和 10 月明显下降, 其他月份变幅较小。

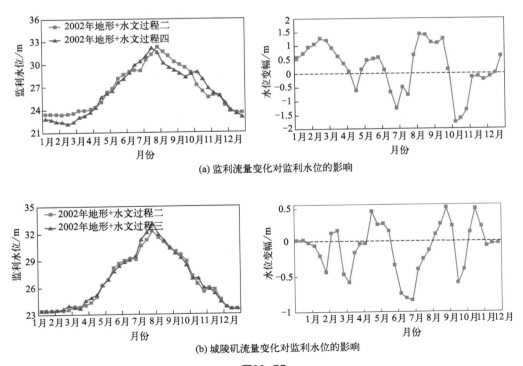

(a) 监利流量变化对监利水位的影响

(b) 城陵矶流量变化对监利水位的影响

图20-55

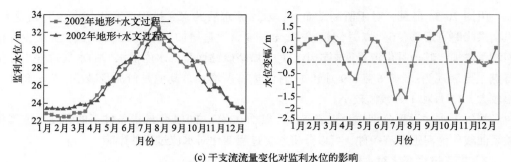

(c) 干支流流量变化对监利水位的影响

图20-55　水文过程变化对监利水位的影响

对于选取的代表性水文过程一与二，螺山总径流量相近，仅是流量过程的年内各月分配以及干流、湖区之间分配不同，这两种水文过程下的监利水位差别由干流和湖区流量变化综合导致。由图 20-55（c）中的水位计算结果可见，建库后的流量变化导致监利水位 1～3 月、5 月和 8～9 月明显上升，4 月、6～7 月、10 月明显下降，11～12 月变幅较小。

综合图 20-55 中的监利水位计算结果可见，1～3 月的水位抬升，受干流来流变化的影响较大；4 月、7 月和 10～11 月的水位下降受到干流和湖区出流的共同影响，其中 4 月份受湖区出流影响较大，10～11 月份受干流来流影响较大。全年来看，10～11 月份水位降幅最大，最大降幅达 2m，发生于 10 月中旬。

3）来流变化与河床冲淤对水位过程的综合影响

采用蓄水前的水文过程一与 2002 年地形条件下的水位流量关系曲线代表建库前状况，以蓄水后水文过程二与 2013 年地形条件下的水位流量关系曲线代表建库后的状况，分别计算了两种状况下的监利水位过程见图 20-56。联系图 20-55 及图 20-56 中监利水位变幅可见：枯期 1～3 月流量变化引起的水位抬升与河床下切引起的水位下降部分抵消，导致水位略呈上升态势；4 月、10～11 月份流量减少引起的水位下降与河床下切的效应相叠加，使水位降幅较单一因素引起的降幅增大，其中 10 月份最大降幅超过 2.5m，发生于 10 月中旬。综合来看，监利水位的变化在 6～9 月主要由流量变化引起，汛后及枯期水位变化则受地形和出流共同影响。

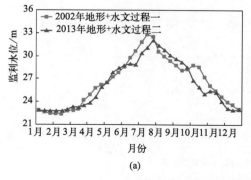

(a)

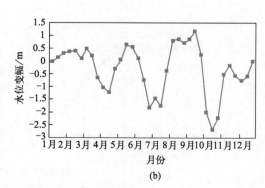

(b)

图20-56　河床冲淤和来流变化对监利水位的综合影响

（5）三峡水库蓄水后汇流区水位变化对湖区水位的影响

江湖交汇区城陵矶水位是洞庭湖区侵蚀基点，因而城陵矶水位变化将对湖区水位产生影响。为评估这种影响，采用1992～2002年代表三峡水库蓄水前自然状况，2008～2013年代表三峡水库试验性运行期水文条件，根据两个时期内各自的多年平均各月流量，计算了汇流区水位变化对湖区年内各月水位的影响。位于西洞庭湖的南咀站，距离城陵矶较远，受到干流水文条件及河床冲淤的影响相对较小，且南咀站和杨柳潭站水位的变化规律相似，故省略南咀站计算。

由表20-32中城陵矶月平均水位计算结果可见，与1992～2002年相比，2008～2013年1、2月月均水位分别升高0.39m、0.19m，3～12月月均水位下降0.16～2.42m，3月份降幅最小，7月、10月份降幅较大。

表20-32 城陵矶月平均水位变化过程　　单位：m

项目	1	2	3	4	5	6	7	8	9	10	11	12
1992～2002年	20.96	21.06	22.42	24.36	26.59	28.53	31.41	30.13	28.51	26.62	23.89	21.71
2008～2013年	21.35	21.25	22.26	23.91	26.34	28.21	29.71	29.35	27.48	24.21	23.61	21.41
差值	0.39	0.19	−0.16	−0.45	−0.25	−0.32	−1.70	−0.78	−1.03	−2.41	−0.28	−0.30

由表20-33中鹿角月平均水位计算结果可见，鹿角站2008～2013年各月平均水位与1992～2002年相比，1月抬高0.08m，2～12月下降0.18～2.27m，11月份降幅最小，7、10月份降幅较大。

表20-33 鹿角月平均水位变化过程　　单位：m

项目	1	2	3	4	5	6	7	8	9	10	11	12
1992～2002年	22.19	22.62	23.87	26.47	27.33	29.07	31.85	30.55	28.86	26.96	24.36	22.55
2008～2013年	22.27	22.20	23.47	26.02	27.06	28.77	29.97	29.61	27.77	24.69	24.18	22.21
差值	0.08	−0.42	−0.40	−0.45	−0.27	−0.30	−1.88	−0.94	−1.09	−2.27	−0.18	−0.34

由表20-34中杨柳潭月平均水位计算结果可见，杨柳潭站2008～2013年各月平均水位与1992～2002年相比，12～10月下降0.06～1.79m，11月份抬高0.04m，7月、10月份降幅较大。

表20-34 杨柳潭月平均水位变化过程　　单位：m

项目	1	2	3	4	5	6	7	8	9	10	11	12
1992～2002年	27.43	27.67	28.24	28.84	29.52	30.38	32.46	31.36	29.98	28.77	27.88	27.46
2008～2013年	27.37	27.35	27.99	28.65	29.35	30.20	30.67	30.38	29.13	27.60	27.92	27.30
差值	−0.06	−0.32	−0.25	−0.19	−0.17	−0.18	−1.79	−0.98	−0.85	−1.17	0.04	−0.16

根据表20-32～表20-34中各时期内的城陵矶、鹿角、杨柳潭月平均水位变化得出图20-57。由图20-57可见：在汛期及汛后蓄水期，城陵矶、鹿角和杨柳潭站月均水位差的变化规律基本一致，但枯期距离城陵矶较远的杨柳潭水位变化甚小。综合比较可以发现，城

陵矶与鹿角站水位变化具有一定类似性，水位变幅在年内体现为：汛后蓄水期＞汛期＞枯期；杨柳潭站距离城陵矶较远，其水位变幅在年内各月份体现为：汛期＞汛后蓄水期＞枯期。这说明，东洞庭湖鹿角水位受城陵矶水位影响最大，杨柳潭枯水期水位受城陵矶影响较小。

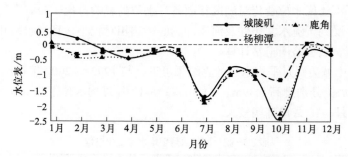

图20-57　2008～2013年各站月平均水位差变化

20.3.6　大通流量过程对三峡水库调蓄的响应

三峡水库运行后，气候降雨等变化导致长江径流整体偏枯，加之三峡水库调节作用，大通站流量过程发生较明显调整。图20-58中给出了1950年以来不同时期的大通站流量频率分布。由图20-58可见，三峡水库运行初期的2003～2007年以及175m试验性运行期的2008～2016年，40000m³/s以上流量明显偏少，而10000m³/s以下流量明显减少，尤其是2008年后枯水流量的增加更为明显。

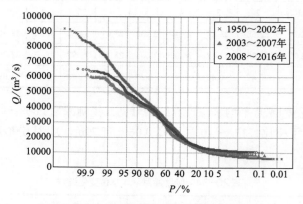

图20-58　不同时期大通站流量频率分布

为排除气候变化的影响，选择以175m试验性运行期的2008～2016年为典型系列，计算了有无三峡水库影响下的大通流量过程。其计算原理是：依据大通和宜昌实测流量将大通流量分解为宜昌以上来流和宜昌-大通区间来流；然后，根据宜昌站实测流量与三峡库区逐日蓄水量变化得到还原的宜昌流量过程，最后，将还原的宜昌流量与宜昌-大通区间流量合成得到还原的大通流量过程。图20-59给出了有无三峡水库调蓄作用的各月流量差异。

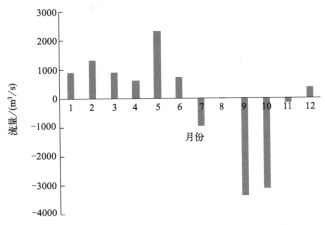

图20-59 三峡调蓄前后月均流量差异（2008~2016年）

由图20-59可见，三峡水库的调蓄作用主要体现在：

① 枯期11~次年4月，大通流量增加，以1~3月大通流量增加最多，约1000m³/s；

② 汛前的5~6月，水库预泄导致流量增加，尤其是以5月最为明显；

③ 汛期流量变化不大，但汛后的9~10月流量被明显削减，降幅达3000m³/s以上。

20.4 三峡水库及下游水环境对水库群调度的响应模型及解算方法

20.4.1 水库群调度响应模型基本原理及解算方法

20.4.1.1 一维非恒定流水动力-水质数学模型

三峡及上游梯级水库库区、下游宜昌-武汉采用一维水动力-水质模型进行模拟，宜昌-大通采用水动力模型模拟计算。该模型由一维水动力子模型及水质子模型组成。其中水动力子模型针对流域内河网典型要素的水流特征和研究需要，对河道内的水流运动采用圣维南方程描述，对三峡水库以上长江干流及其支流水位的变化采用水量平衡方程描述。水质子模型采用对流扩散方程描述污染物在水体中输移扩散过程和源汇变化过程。在此基础上，通过衔接两个子模型输入输出条件，建立三峡及上下游河道水流水质数学模型。

（1）基本控制方程

一维水动力模型的基本方程为圣维南方程组，包括连续方程和动量方程。

水流连续方程：

$$\frac{\partial Q}{\partial x} + B\frac{\partial Z}{\partial t} = q \tag{20-25}$$

运动方程：

$$\frac{\partial Q}{\partial t} + \frac{\partial}{\partial x}\left(\frac{Q^2}{A}\right) + gA\frac{\partial Z}{\partial x} = -g\frac{n^2 Q|Q|}{A(A/B)^{4/3}} \tag{20-26}$$

式中　Z——断面水位，m；

A——过水断面面积，m²；

Q——流量，m³/s；

g——重力加速度；

q——旁侧入流，是由降水、支流汇入、引水等引起的单位长度的源汇流量强度，m²/s；

x、t——空间和时间坐标；

n——糙率；

B——平均河宽，m。

水质模型采用一维非恒定流对流扩散方程，基本方程为：

$$\frac{\partial(AC)}{\partial t} + \frac{\partial(QC)}{\partial x} = \frac{\partial}{\partial x}\left(EA\frac{\partial C}{\partial x}\right) - AKC + C_2 q \tag{20-27}$$

式中　C——污染物质的断面平均浓度，mg/L；

Q——流量，m³/s；

E——纵向离散系数，m²/s；

K——污染物降解系数，1/d；

C_2——源汇项浓度，mg/L；

q——旁侧入流，m²/s。

（2）差分方程

采用四点线性隐格式法，如图 20-60 为一矩形网格，网格中的 M 点处于距离步长 Δx 的正中，取 $0 \leqslant \theta \leqslant 1$，其中 θ 为权重系数，M 点距已知时刻 n 为 $\theta\Delta t$，按线性插值可得偏心点 M 的差商和函数在 M 点的值。

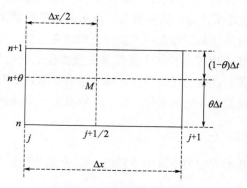

图20-60　四点偏心矩形网格

$$f_M = \frac{f_{j+1}^n + f_j^n}{2} \tag{20-28}$$

$$\left(\frac{\partial f}{\partial x}\right)_M = \frac{\theta\left(f_{j+1}^{n+1} - f_j^{n+1}\right) + (1-\theta)\left(f_{j+1}^n - f_j^n\right)}{\Delta x} \tag{20-29}$$

$$\left(\frac{\partial f}{\partial t}\right)_M = \frac{f_{j+1}^{n+1} + f_j^{n+1} - f_{j+1}^n - f_j^n}{2\Delta t} \tag{20-30}$$

由此可得到连续方程的离散格式为：

$$\frac{B_{j+\frac{1}{2}}^n\left(Z_{j+1}^{n+1} - Z_{j+1}^n + Z_j^{n+1} - Z_j^n\right)}{2\Delta t} + \frac{\theta\left(Q_{j+1}^{n+1} - Q_j^{n+1}\right) + (1-\theta)\left(Q_{j+1}^n - Q_j^n\right)}{\Delta x_j} = q_{j+\frac{1}{2}} \tag{20-31}$$

整理得：

$$Q_{j+1}^{n+1} - Q_j^{n+1} + C_j Z_{j+1}^{n+1} + C_j Z_j^{n+1} = D_j \tag{20-32}$$

其中：

$$\begin{cases} C_j = \dfrac{B_{j+\frac{1}{2}}^n \Delta x_j}{2\Delta t\theta} \\[4mm] D_j = \dfrac{q_{j+\frac{1}{2}}^n \Delta x_j}{\theta} - \dfrac{1-\theta}{\theta}\left(Q_{j+1}^n - Q_j^n\right) + C_j\left(Z_{j+1}^n + Z_j^n\right) \end{cases} \tag{20-33}$$

动量方程的离散格式为：

$$E_j Q_j^{n+1} + G_j Q_{j+1}^{n+1} + F_j Z_{j+1}^{n+1} - F_j Z_j^{n+1} = \Phi_j \tag{20-34}$$

其中：

$$\begin{cases} E_j = \dfrac{\Delta x}{2\theta\Delta t} - (\alpha u)_j^n + \left(\dfrac{g|u|}{2\theta C^2 R}\right)_j^n \Delta x \\[4mm] G_j = \dfrac{\Delta x}{2\theta\Delta t} + (\alpha u)_{j+1}^n + \left(\dfrac{g|u|}{2\theta C^2 R}\right)_{j+1}^n \Delta x \\[4mm] F_j = (gA)_{j+\frac{1}{2}}^n \\[4mm] \Phi_j = \dfrac{\Delta x}{2\theta\Delta t}\left(Q_{j+1}^n + Q_j^n\right) - \dfrac{1-\theta}{\theta}\left[(\alpha u Q)_{j+1}^n - (\alpha u Q)_j^n\right] - \dfrac{1-\theta}{\theta}(gA)_{j+\frac{1}{2}}^n\left(Z_{j+1}^n - Z_j^n\right) \end{cases} \tag{20-35}$$

（3）计算方法

任一河段差分方程可写成：

$$\begin{cases} Q_{j+1} - Q_j + C_j Z_{j+1} + C_j Z_j = D_j \\ E_j Q_j + G_j Q_{j+1} + F_j Z_{j+1} - F_j Z_j = \Phi_j \end{cases} \tag{20-36}$$

上游边界流量已知，假设如下的追赶关系：

$$\begin{cases} Z_j = S_{j+1} - T_{j+1} Z_{j+1} \\ Q_{j+1} = P_{j+1} - V_{j+1} Z_{j+1} \end{cases} \quad (j = L_1, L_1 + 1, \cdots, L_2 - 1) \tag{20-37}$$

因为 $Q_{L_1} = Q_{L_1}(t) = P_{L_1} - V_{L_1} Z_{L_1}$，所以 $Q_{L_1}(t) = P_{L_1}$，$V_{L_1} = 0$，由此可得：

$$\begin{cases} -\left(P_j - V_j Z_j\right) + C_j Z_j + Q_{j+1} + C_j Z_{j+1} = D_j \\ E_j\left(P_j - V_j Z_j\right) - F_j Z_j + G_j Q_{j+1} + F_j Z_{j+1} = \Phi_j \end{cases} \tag{20-38}$$

与下游边界条件 $Z_{L_2} = Z_{L_2}(t)$ 联解，依次回代可求得 Z_j、Q_j。

水质控制方程，即对流扩散方程采用有限体积法进行离散，通过 TDMA 算法进行求解。最后基于 Fortran 语言，实现一维水量水质模型的编写。

20.4.1.2　带闸、堰等内边界条件的一维河网水动力-水质数学模型

（1）河网特性

首先对河网进行概化。在一个河网中，河道汇流点成为节点，两个节点之间的单一河道称为河段，河段内两个计算断面之间的局部河段称为微段。根据未知量的个数将节点分为两种：一是节点处有已知的边界条件，称为外节点；二是节点处的水力要素全部未知，称为内节点。同样，将河段也分为内外河段，只要某个河段的一端连接外节点，称为外河段，若两端均连接内节点，称为内河段。约定在环状河网计算中把内节点简称为节点。

为方便考虑，给河网的节点、河段和断面进行编号。如图 20-61 所示，1、2、3、4 为节点；一、二、三、四为河段，其中 1、4 为外节点，2、3 为内节点，一、四称外河段，二、三称为内河段。河道水流流向需事先假定，并标在概化图中（箭头所指方向为假定水流流向），河网的计算简图成为一幅有向图，各断面顺着初始流量方向依次编号。用关联矩阵来描述汊点与河道之间的关系，当汊点与其连接的第 i 个河道相连，并且在该河道上是流入该汊点时，以 i 记；若汊点与河道相连，且在该河道上是流出该汊点时，以 $-i$ 记。

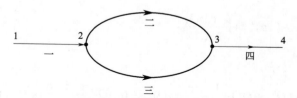

图20-61　河网概化示意图

根据河道交汇处范围大小来决定如何概化节点。若该范围较大，则将其视为可调蓄节点，否则按无调蓄节点处理。

（2）基本方程

上述微段的一维非恒定流的数值计算采用一维圣维南方程组，见前述相关公式。

（3）方程的离散

由于一维非恒定水流运动方程组为二元一阶双曲拟线性方程组，因此常采用有限差分法求其数值解。为了加大计算时间步长，提高计算精度，节省计算时间，建议利用四点偏心 Preissmann 差分格式，详见前述章节。

（4）边界方程

其内容取决于实际的边界控制条件。边界控制条件一般有水位控制、流量控制、水位流量关系控制等几种情况，可以统一概化为：

$$aZ_i + bQ_i = c \tag{20-39}$$

式中　　a，b，c——按不同边界条件确定的系数和右端项。

（5）汊点连接方程

虽然实际汊点形式很多，连接情况也往往不同，但总可以找到如下两方面的条件。

1）流量衔接条件

进出每一汊点的流量必须与该汊点内实际水量的增减率相平衡：

$$\sum Q_i = \frac{\partial \Omega}{\partial t} \tag{20-40}$$

式中　　i——汊点中各汊道断面的编号；

　　　　Q_i——通过 i 断面进入汊点的流量；

　　　　Ω——汊点的蓄水量。

如将该点概化成一个几何点，则 $\Omega=0$，否则 $\dfrac{\partial \Omega}{\partial t}$ 将是该汊点平均水位变率 $\dfrac{\partial \overline{Z}}{\partial t}$ 的可知函数，即：

$$\frac{\partial \Omega}{\partial t} = f\left(\frac{\partial \overline{Z}}{\partial t}\right) \tag{20-41}$$

当采用插分近似时，式（20-39）可以概化成：

$$\sum Q_i + a\overline{Z} = b \tag{20-42}$$

式中　　a，b——由汊点几何形态和已知瞬时平均水位组成的系数和右端项。

$\overline{Z}$ 还可进一步转化为各汊道断面水位 Z_i 的函数，于是可得：

$$\sum Q_i + \sum a_i Z_i = b \tag{20-43}$$

2）动力衔接条件

汊点的各汊道断面上水位和流量与汊点平均水位之间，必须符合实际的动力衔接要求。如果汊点可以概化一个几何点，出入各汊道的水流平缓，不存在水位突变的情况，则各汊道断面的水位应相等，等于该点的平均水位，即：

$$Z_i = Z_j = \cdots = \overline{Z} \tag{20-44}$$

如果各断面的过水面积相差悬殊，流速有较明显的差别，但仍属于缓流情况，则按伯努利方程，当略去汊点的局部损耗时，各断面之间的水头 E_i 应相等，即：

$$E_i = Z_i + \frac{u_i^2}{2g} = E_j = \cdots = E \tag{20-45}$$

并可处理成：

$$aZ_i + bQ_i + cZ_j + dQ_j = 0 \tag{20-46}$$

在更一般的情况下（包括汊点设有闸堰等建筑物），汊点两两断面之间的动力衔接条件总可以按具体条件概化成：

$$aZ_i + bQ_i + cZ_j + dQ_j = e \qquad (20\text{-}47)$$

式（20-47）是动力衔接的一般形式，可以概括式（20-44）和式（20-45）。

（6）带闸、堰的汊点连接方程

含有闸、堰等水工建筑物的特殊汊点如图20-62所示，其概化处理方式不同。

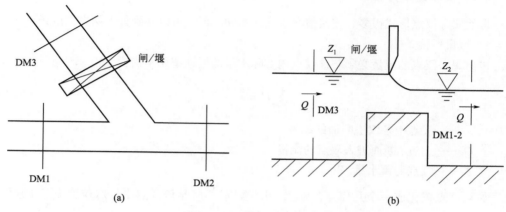

图20-62　带闸、堰的汊点示意

相比普通汊点而言，带闸、堰等水工建筑物的汊点依旧满足质量守恒方程，即式（20-40）依旧成立，同时闸、堰等水工建筑物的过流量可由其自身出流公式确定，两者结合起来就形成了带闸、堰的特殊汊点连接方程。近年来，围绕如何更加准确地模拟闸、堰出流，各家探索不断，对其做了一定程度的研究与改进，但均需在闸后增设断面。本研究直接考虑汊点连接断面的型式，提出改进后的双向迭代内边界控制法，模拟含有闸、堰的特殊汊点。具体步骤如下：

① 由初始时刻的闸上下水位 Z_1、Z_2（其中闸上水位 Z_1 为 DM3 处水位；闸下水位 Z_2 是根据 DM1 和 DM2 处水位加权平均而来），按照闸堰泄流公式计算闸、堰出流量 Q，并且根据连续性条件，闸上下流量皆为 Q；

② 综合质量守恒方程式（20-40）作为该汊点带闸、堰的汊点连接方程，根据三级联合解法求解下一时刻闸上下的水位的试算值 Z_1、Z_2；

③ 重复上述两步，通过水位、流量的双向迭代求解出具有闸、堰的特殊汊点的水位、流量。

（7）求解方法

一维河网的算法研究至今，主要集中在如何降低节点系数矩阵的节数，主要有二级解法、三级解法、四级解法和汊点分组解法等。采用三级联解算法（将河网计算分为微段、河段和汊点三级计算）对离散方程进行分级计算。分级的思想是：先求关于节点的水位（或流量）方程组，再求节点周围各断面的水位和流量，最后求各微段上其他断面的水位和流量。其中节点水位法使用较为普遍，效果也较好。在求得了各微段水位流量关系式

（20-40）之后，还要进行下面两步工作。

1）推求河段首尾断面的水位流量的关系

首先，由微段水位流量关系式，分别消去Z_{j+1}、Q_{j+1}，得：

$$\begin{cases} Z_{j+1} = L_j Z_j + M_j Q_j + W_j \\ Q_{j+1} = P_j Z_j + R_j Q_j + S_j \end{cases} \tag{20-48}$$

其中

$$\begin{cases} L_j = \dfrac{-2a_{1i}a_{2i}}{a_{2i}c_{1i} + a_{1i}d_{2i}} \\[2mm] M_j = \dfrac{a_{2i}c_{1i} - a_{1i}c_{2i}}{a_{2i}c_{1i} + a_{1i}d_{2i}} \\[2mm] W_j = \dfrac{a_{2i}e_{1i} + a_{1i}e_{2i}}{a_{2i}c_{1i} + a_{1i}d_{2i}} \end{cases} \qquad \begin{cases} P_j = \dfrac{a_{2i}c_{1i} - a_{1i}d_{2i}}{a_{1i}d_{2i} + a_{2i}c_{1i}} \\[2mm] R_j = \dfrac{c_{1i}d_{2i} + c_{1i}c_{2i}}{a_{1i}d_{2i} + a_{2i}c_{1i}} \\[2mm] S_j = \dfrac{d_{2i}e_{1i} - c_{1i}e_{2i}}{a_{1i}d_{2i} + a_{2i}c_{1i}} \end{cases}$$

自相消元后，可以很容易地得到一对只含有首尾断面变量的方程组，取 n 为河段末断面，有

$$\begin{cases} Z_n = L'Z_1 + M'Q_1 + W' \\ Q_n = P'Z_1 + R'Q_1 + S' \end{cases} \tag{20-49}$$

2）形成并河网矩阵求解

结合上式、边界条件及节点连接条件，消去流量，得到河网节点方程组：

$$AZ = B \tag{20-50}$$

式中　A——系数矩阵，其各元素与递推关系的系数有关；

Z——节点水位；

B——其各元素与河网各河段的流量，以及其他流量（如边界条件、源、汇等）有关。

通过求解方程组，结合定解条件，计算出各节点的水位，进而推求出所有河段各计算断面的流量和水位。

20.4.1.3　平面二维水动力-水质数学模型

（1）基本原理及方程

水流连续方程：

$$\frac{\partial z}{\partial t} + \frac{\partial (hu)}{\partial x} + \frac{\partial (hv)}{\partial y} = 0 \tag{20-51}$$

水流运动方程：

$$\frac{\partial u}{\partial t} + u\frac{\partial u}{\partial x} + v\frac{\partial u}{\partial y} + g\frac{\partial z}{\partial x} + g\frac{u\sqrt{u^2+v^2}}{C^2 h} - \gamma\left(\frac{\partial^2 u}{\partial x^2} + \frac{\partial^2 v}{\partial y^2}\right) = 0 \tag{20-52}$$

$$\frac{\partial v}{\partial t} + u\frac{\partial v}{\partial x} + v\frac{\partial v}{\partial y} + g\frac{\partial z}{\partial y} + g\frac{u\sqrt{u^2+v^2}}{C^2 h} - \gamma\left(\frac{\partial^2 v}{\partial x^2} + \frac{\partial^2 v}{\partial y^2}\right) = 0 \tag{20-53}$$

式中　　z——水位；

　　　　h——水深；

　u、v——x、y 方向的流速；

　　　　γ——紊动黏性系数；

　　　　C——谢才系数；

　　　　g——重力加速度。

二维对流扩散方程：

$$\frac{\partial hC}{\partial t} + \frac{\partial huC}{\partial x} + \frac{\partial hvC}{\partial y} = \frac{\partial}{\partial x}\left(hD_x\frac{\partial C}{\partial x}\right) + \frac{\partial}{\partial y}\left(hD_y\frac{\partial C}{\partial y}\right) + hkC \tag{20-54}$$

式中　　h——水深；

　　　　C——水体污染物垂向平均浓度；

　u、v——x 方向与 y 方向的平均速度；

D_x、D_y——x、y 方向的污染物扩散系数；

　　　　k——C 的降解系数。

（2）方程的求解

采用非结构网格剖分。非结构网格模型采用的数值方法是单元中心的有限体积法。控制方程离散时，结果变量 u、v 位于单元中心，跨边界通量垂直于单元边。在计算出每个控制体边界沿法向输入（出）的流量和动量通量之后，对每个控制体分别进行水量和动量平衡计算，得到计算时段末各控制体的平均水深和流速。然后由多个控制体的方程联合求解节点的数据。而相比于四边形网格，三角形网格在局部地形巨变、粗细网格过渡及曲折边界处处理得更好。

20.4.1.4　立面二维水流–水质耦合模型

（1）模型功能及特点

CE-QUAL-W2 模型由美国陆军工程兵团和波特兰州立大学负责开发，应用于河流、河口、湖泊和水库的纵向/垂向二维水动力水质模型。模型假定水体横向均匀，在相对较狭窄的、在纵向和垂向上存在温度或浓度梯度的水体都有广泛的应用。

（2）模型基本方程

CE-QUAL-W2 模型的控制方程以流体力学为基础，建立忽略横向 y 轴差异的连续性方程、动量方程。基于以下假定：a. 流体为不可压缩流体；b. 满足布西内斯克假定。

1）连续方程

$$\frac{\partial UB}{\partial x} + \frac{\partial WB}{\partial z} = qB \tag{20-55}$$

式中　U——x 向流速，m/s；

$\quad\quad W$——z 向流速，m/s；

$\quad\quad q$——侧向单位体积入流或出流，1/s；

$\quad\quad B$——水面宽，m。

2）动量方程

x 向：

$$\frac{\partial UB}{\partial t} + \frac{\partial UUB}{\partial x} + \frac{\partial WUB}{\partial z} = gB\sin\alpha + g\cos\alpha B\frac{\partial \eta}{\partial x}$$

$$-\frac{g\cos\alpha B}{\rho}\int_{\eta}^{z}\frac{\partial \rho}{\partial x}dz + \frac{1}{\rho}\times\frac{\partial B\tau_{xx}}{\partial x} + \frac{1}{\rho}\times\frac{\partial B\tau_{xz}}{\partial z} + qBU_x \tag{20-56}$$

z 向：

$$\frac{\partial W}{\partial t} + U\frac{\partial W}{\partial x} + W\frac{\partial W}{\partial z} = g\cos\alpha - \frac{1}{\rho}\times\frac{\partial P}{\partial z} + \frac{1}{\rho}\left(\frac{\partial \tau_{xz}}{\partial x} + \frac{\partial \tau_{zz}}{\partial z}\right) \tag{20-57}$$

式中　U——x 向流速，m/s；

$\quad\quad W$——z 向流速，m/s；

$\quad\quad B$——水面宽，m；

$\quad\quad g$——重力加速度，m/s^2；

$\quad\quad \alpha$——河底与水平线夹角，rad；

$\quad\quad \tau_{xx}$——控制体在 x 面 x 向的湍流剪应力，N/m^2；

$\quad\quad \tau_{xz}$——控制体在 z 面 x 向的湍流剪应力，N/m^2。

由于忽略水体横向差异，z 方向动量方程简化为：

$$0 = g\cos\alpha - \frac{1}{\rho}\times\frac{\partial P}{\partial z} \tag{20-58}$$

3）状态方程

水体密度受水体温度（T_{w}）、水体溶解固体总量（TDS）、水体总悬浮物（TSS）等因素共同影响。状态方程为描述水体密度随水体中温度和溶解质含量变化而变化的方程，其关系式为：

$$\rho = f\left(T_{\mathrm{w}}, \Phi_{\mathrm{TDS}}, \Phi_{\mathrm{ISS}}\right) = \rho_T + \Delta\rho_{\mathrm{S}} \tag{20-59}$$

式中　ρ——水体密度，kg/m^3；

$\quad\quad \rho_T$——水温影响的水体密度，kg/m^3；

$\quad\quad \Delta\rho_{\mathrm{S}}$——水体内溶解性有机物及悬浮物相对水体密度产生的增量，kg/m^3。

当不考虑这些带来的密度差异时，$\Delta\rho_{\mathrm{S}}$ 项忽略。

水温 T 与水体密度 ρ_T 的关系式如下：

$$\rho_T = 999.85 + 6.79\times10^{-2}T - 9.10\times10^{-3}T^2 + 1.00\times10^{-4}T^3$$

$$-1.12\times10^{-6}T^4 + 6.54\times10^{-9}T^5 \tag{20-60}$$

4）对流-扩散方程

$$\frac{\partial B\Phi}{\partial t} + \frac{\partial UB\Phi}{\partial x} + \frac{\partial WB\Phi}{\partial z} - \frac{\partial\left(BD_x\frac{\partial \Phi}{\partial x}\right)}{\partial x} - \frac{\partial\left(BD_z\frac{\partial \Phi}{\partial z}\right)}{\partial z} = q_\Phi B + S_\Phi B \tag{20-61}$$

式中 Φ——横向平均组分浓度，g/m³；

U——x向流速，m/s；

W——z向流速，m/s；

B——水面宽，m；

D_x——温度和组分纵向扩散系数，m²/s；

D_z——温度和组分垂向扩散系数，m²/s；

q_Φ——单位体积内物质横向流入或流出的量，g/（m³·s）；

S_Φ——横向平均源汇项，g/（m³·s）。

5）自由水面方程

$$B_\eta \frac{\partial \eta}{\partial t} = \frac{\partial}{\partial x}\int_\eta^h Bu\mathrm{d}z - \int_\eta^h qB\mathrm{d}z \qquad (20\text{-}62)$$

湍流模型：模型提供了多种垂向涡流黏滞系数的计算方法，对于模拟水库水温时，模型推荐采用 W2 公式。W2 形式为：

$$A_z = \kappa\left(\frac{l_\mathrm{m}}{2}\right)^2 \sqrt{\left(\frac{\partial u}{\partial z}\right)^2 + \left(\frac{\tau_{wy}\mathrm{e}^{-2kz} + \tau_y}{\rho Az}\right)^2}\, \mathrm{e}^{-CR_\mathrm{i}} \qquad (20\text{-}63)$$

$$l_\mathrm{m} = \Delta z_{\max} \qquad (20\text{-}64)$$

式中 A_z——垂向涡流黏滞系数，m²/s；

κ——范卡门常数，无量纲；

l_m——混合长度，m；

u——垂向流速，m/s；

z——垂向坐标，m；

τ_{wy}——因风力而产生的横向剪应力，N/m²；

τ_y——因支流汇入而产生的横向剪应力，N/m²；

R_i——理查森数；

$\Delta z_{\max}$——垂向网格间距的最大值，m；

C——常数，0.15。

（3）模型评价方法

CE-QUAL-W2 采用平均误差（mean error，ME）、绝对平均误差（absolute mean error，AME）、均方差（root mean square error，RMSE）三个统计量来评价模型模拟的好坏，这三个统计量的计算公式如下：

$$\mathrm{ME} = \frac{\sum_{i=1}^n \left(X_{\mathrm{obs},\,i} - X_{\mathrm{model},\,i}\right)}{n} \qquad (20\text{-}65)$$

$$\mathrm{AME} = \frac{\sum_{i=1}^n \left|X_{\mathrm{obs},\,i} - X_{\mathrm{model},\,i}\right|}{n} \qquad (20\text{-}66)$$

$$RMSE = \sqrt{\frac{\sum\limits_{i=1}^{n}\left(X_{\text{obs},\,i} - X_{\text{model},\,i}\right)^2}{n}} \qquad (20\text{-}67)$$

式中 n——实测值的次数；

$X_{\text{obs},\,i}$——变量 X 的第 i 个实测值；

$X_{\text{model},\,i}$——变量 X 对应于第 i 个实测值的模拟值。

（4）模型求解方法

1）自由水面方程数值求解

通过对水平方向动量方程采用向前差分格式离散后可得式（20-68）：

$$\frac{\partial UB}{\partial t} + \frac{\partial UUB}{\partial x} + \frac{\partial WUB}{\partial z} = gB\sin\alpha + g\cos\alpha B\frac{\partial \eta}{\partial x}$$

$$-\frac{g\cos\alpha B}{\rho}\int_{\eta}^{z}\frac{\partial \rho}{\partial x}\,\mathrm{d}z + \frac{1}{\rho}\times\frac{\partial B\tau_{xx}}{\partial x} + \frac{1}{\rho}\times\frac{\partial B\tau_{xz}}{\partial z} + qBU_x$$

$$UB_i^{n+1} = UB_i^{n} + \Delta t\left[-\frac{\partial UUB}{\partial x} - \frac{\partial WUB}{\partial z} + gB\sin\alpha + g\cos\alpha B\frac{\partial \eta}{\partial x}\right.$$

$$\left.-\frac{g\cos\alpha B}{\rho}\int_{\eta}^{z}\frac{\partial \rho}{\partial x}\,\mathrm{d}z + \frac{1}{\rho}\times\frac{\partial B\tau_{xx}}{\partial x} + \frac{1}{\rho}\times\frac{\partial B\tau_{xz}}{\partial z} + qBU_x\right]_i^{n} \qquad (20\text{-}68)$$

定义变量 F 以简化方程：

$$F = -\frac{\partial UUB}{\partial x} - \frac{\partial WUB}{\partial z} + \frac{1}{\rho}\times\frac{\partial B\tau_{xx}}{\partial x} \qquad (20\text{-}69)$$

对上式 τ_{xx} 变换后可得：

$$F = -\frac{\partial UUB}{\partial x} - \frac{\partial WUB}{\partial z} + \frac{\partial\left(BA\dfrac{\partial U}{\partial x}\right)}{\partial x} \qquad (20\text{-}70)$$

将上式代入自由水面方程可得其离散方程为：

$$B_\eta\frac{\partial \eta}{\partial t} = \frac{\partial}{\partial x}\int_\eta^h UB_i^n \mathrm{d}z + \Delta t\frac{\partial}{\partial x}\int_\eta^h F^n \mathrm{d}z + \Delta t\frac{\partial}{\partial x}\int_\eta^h gB\sin\alpha \mathrm{d}z$$

$$+\Delta t\frac{\partial}{\partial x}\int_\eta^h g\cos\alpha B\frac{\partial \eta}{\partial x}\Big|^n \mathrm{d}z - \Delta t\frac{\partial}{\partial x}\int_\eta^h \frac{g\cos\alpha B}{\rho}\int_\eta^z \frac{\partial \rho}{\partial x}\Big|^n \mathrm{d}z\mathrm{d}z \qquad (20\text{-}71)$$

$$+\Delta t\frac{\partial}{\partial x}\int_\eta^h \frac{1}{\rho}\times\frac{\partial B\tau_{xz}}{\partial z}\Big|^n \mathrm{d}z + \Delta t\frac{\partial}{\partial x}\int_\eta^h qBU_x^n \mathrm{d}z - \int_\eta^h q^n B\mathrm{d}z$$

方程经过迭代变形可得：

$$A\eta_{i-1}^n + X\eta_i^n + C\eta_{i+1}^n = D \qquad (20\text{-}72)$$

其中：

$$A = \frac{-g\cos\alpha\Delta t^2}{\Delta x}\sum_{kt}^{kb} BH_r\Bigg|_{i-1} \qquad (20\text{-}73)$$

$$X = B_\eta \Delta x + \frac{g \cos \alpha \Delta t^2}{\Delta x} \left\{ \sum_{kt}^{kb} BH_r \Big|_i + \sum_{kt}^{kb} BH_r \Big|_{i-1} \right\} \tag{20-74}$$

$$C = \frac{-g \cos \alpha \Delta t^2}{\Delta x} \sum_{kt}^{kb} BH_r \Big|_i \tag{20-75}$$

$$D = \Delta t \sum_{kt}^{kb} \left(UBH_r \Big|_i - UBH \Big|_{i-1} \right) + B_\eta \eta_i^{n-1} \Delta x + \Delta t^2 \sum_{kt}^{kb} \left(FH_r \Big|_i - FH_r \Big|_{i-1} \right)$$
$$+ \Delta t^2 g \sin \alpha \sum_{kt}^{kb} \left(BH_r \Big|_i - BH \Big|_{i-1} \right) + \Delta t^2 \frac{g \cos \alpha}{\rho} \sum_{kt}^{kb} \left(BH_r \Big|_i - BH \Big|_{i-1} \right) \sum_{kt}^{kb} \frac{\partial \rho}{\partial x} H_r$$
$$+ \Delta x \Delta t \sum_{kt}^{kb} qBH_r + \Delta x \Delta t^2 \frac{\partial}{\partial x} \sum_{kt}^{kb} qU_x BH_r + \frac{\Delta t^2}{\rho} \left[\left(B\tau_{xz} \Big|_h - B\tau_{xz} \Big|_\eta \right)_i - \left(B\tau_{xz} \Big|_h - B\tau_{xz} \Big|_\eta \right)_{i-1} \right] \tag{20-76}$$

2）动量方程数值求解

动量方程可采用显式差分和隐式差分求解，其中显示差分求解如下。

基于动量差分离散形式，动量的纵向平流采用逆风差分格式，如下式：

$$\frac{\partial UUB}{\partial x} \Big|_{i,k} \approx \frac{1}{\Delta x_i} \left(B_{i,k}^n U_{i,k}^n U_{i,k}^n - B_{i-1,k}^n U_{i-1,k}^n U_{i-1,k}^n \right) \tag{20-77}$$

动量的垂向平流同上，其逆风差分格式如下：

$$\frac{\partial WUB}{\partial z} \Big|_{i,k} \approx \frac{1}{\Delta z_k} \left(W_{i,k}^n U_{i,k}^n B_{i,k}^n - W_{i,k-1}^n U_{i,k-1}^n B_{i,k-1}^n \right) \tag{20-78}$$

重力方程为：

$$gb \sin \alpha = gb \sin \alpha B_i^n \tag{20-79}$$

压力梯度方程为：

$$g \cos \alpha B \frac{\partial \eta}{\partial x} - \frac{g \cos \alpha B}{\rho} \int_\eta^z \frac{\partial \rho}{\partial x} \, \mathrm{d}z = \frac{g \cos \alpha B_i^n}{\Delta x} \left(\eta_{i+1} - \eta_i \right)^n$$
$$- \frac{g \cos \alpha B_i^n}{\rho \Delta x} \sum \left(\rho_{i+1,k} - \rho_{i,k} \right)^n \Delta z_k \tag{20-80}$$

则动量方程的水平对流项：

$$\frac{1}{\rho} \times \frac{\partial B \tau_{xx}}{\partial x} = \frac{\partial B A_k \frac{\partial U}{\partial x}}{\partial x} = \left(\frac{B_{i+1/2}^n A_x}{\Delta x_i \Delta x_{i+1/2}} \right) \left(U_{i+1,k}^n - U_{i,k}^n \right) - \left(\frac{B_{i-1/2}^n A_x}{\Delta x_i \Delta x_{i-1/2}} \right) \left(U_{i,k}^n - U_{i-1,k}^n \right) \tag{20-81}$$

水体横向支流对于纵向动量贡献为：

$$qBU_x = qBU_x \Big|_{1,k}^n \tag{20-82}$$

定义剪切应力方程：

$$\tau_{xz} = \tau_w + \tau_b + A_z \frac{\partial U}{\partial z} \tag{20-83}$$

同理可得，垂向动量方程为：

$$\frac{1}{\rho} \times \frac{\partial B\tau_{xz}}{\partial z} = \frac{\partial}{\partial z} \times \frac{B}{\rho}\left[\tau_{\mathrm{w}} + \tau_{\mathrm{b}} + A_z \frac{\partial U}{\partial z}\right] = \left(\frac{B_{i,k+1/2}^n}{\Delta z_k \Delta z_{k+1/2}\rho}\right)$$

$$\left[\tau_{\mathrm{w}}\Big|_{i,k+1/2}^n + \tau_{\mathrm{b}}\Big|_{i,k+1/2}^n + \frac{A_{zi,k+1/2}}{\Delta z_{k+1/2}}\left(U_{i,k+1}^n - U_{i,k}^n\right)\right] - \left(\frac{B_{i,k-1/2}^n}{\Delta z_k \Delta z_{k-1/2}\rho}\right)$$

$$\left[\tau_{\mathrm{w}}\Big|_{i,k-1/2}^n + \tau_{\mathrm{b}}\Big|_{i,k-1/2}^n + \frac{A_{zi,k-1/2}}{\Delta z_{k-1/2}}\left(U_{i,k}^n - U_{i,k-1}^n\right)\right] \tag{20-84}$$

隐式方程求解如下。

水平动量方程可以分成以下方程组：

$$\frac{\partial UB}{\partial t} + \frac{\partial UUB}{\partial x} + \frac{\partial WUB}{\partial z} = gB\sin\alpha + g\cos\alpha B\frac{\partial\eta}{\partial x} -$$

$$\frac{g\cos\alpha B}{\rho}\int_\eta^z \frac{\partial\eta}{\partial x}\,\mathrm{d}z + \frac{1}{\rho}\times\frac{\partial B\tau_{xx}}{\partial x} + \frac{1}{\rho}\times\frac{\partial B\left(\tau_{\mathrm{b}}+\tau_{\mathrm{w}}\right)}{\partial x} + qBU_x \tag{20-85}$$

$$\frac{\partial UB}{\partial t} = \frac{1}{\rho}\times\frac{\partial}{\partial z}\left(BAz\frac{\partial U}{\partial z}\right) \tag{20-86}$$

对式（20-85）离散可得：

$$U_i^* B^{n+1} = U_i^n B^n + \Delta t\left\{-\frac{\partial UUB}{\partial x} + \frac{\partial WUB}{\partial z} + gB\sin\alpha + g\cos\alpha B\frac{\partial\eta}{\partial t}\right.$$

$$\left.-\frac{g\cos\alpha B}{\rho}\int_\eta^z \frac{\partial\rho}{\partial x}\,\mathrm{d}z + \frac{1}{\rho}\times\frac{\partial B\tau_{xx}}{\partial x} + \frac{1}{\rho}\times\frac{\partial B\left(\tau_{\mathrm{b}}+\tau_{\mathrm{w}}\right)}{\partial x} + qBU_x\right\}_i^n \tag{20-87}$$

完全隐式求解方程可得：

$$\frac{\partial UB}{\partial t} = \frac{\left(U_i^{n+1}B_i^{n+1} - U_i^* B^{n+1}\right)}{\Delta t} = \frac{1}{\rho}\times\frac{\partial}{\partial z}\left(B^{n+1}A_z\frac{\partial U^{n+1}}{\partial z}\right) \tag{20-88}$$

对上式变形可得：

$$U_i^{n+1}B_i^{n+1} = U_i^* B^{n+1} + \left(\frac{\Delta t B_{i,k+1/2}^{n+1}}{\Delta z_k \rho}\right)\left[\frac{A_{zi,k+1/2}}{\Delta z_{k+1/2}}\left(U_{i,k+1}^{n+1} - U_{i,k}^{n+1}\right)\right]$$

$$-\left(\frac{\Delta t B_{i,k-1/2}^{n+1}}{\Delta z_k \rho}\right)\left[\frac{A_{zi,k-1/2}}{\Delta z_{k-1/2}}\left(U_{i,k}^{n+1} - U_{i,k-1}^{n+1}\right)\right] \tag{20-89}$$

在 $n+1$ 时间，方程重组可得：

$$AU_{i,k-1}^{n+1} + VU_{i,k}^{n+1} + CU_{i,k+1}^{n+1} = U_{i,k}^* \tag{20-90}$$

其中：

$$A = \frac{-\Delta t B_{i,k-1/2}^{n+1}}{B_{i,k}^{n+1}\Delta z_k \rho}\times\frac{A_{zi,k-1/2}}{\Delta z_{k-1/2}} \tag{20-91}$$

$$V = 1 + \frac{\Delta t B_{i,k+1/2}^{n+1}}{B_{i,k}^{n+1}\Delta z_k \rho} \times \frac{A_{zi,k+1/2}}{\Delta z_{k+1/2}} + \frac{\Delta t B_{i,k-1/2}^{n+1}}{B_{i,k}^{n+1}\Delta z_k \rho} \times \frac{A_{zi,k-1/2}}{\Delta z_{k-1/2}} \qquad (20\text{-}92)$$

$$C = \frac{-\Delta t B_{i,k+1/2}^{n+1}}{B_{i,k}^{n+1}\Delta z_k \rho} \times \frac{A_{zi,k+1/2}}{\Delta z_{k+1/2}} \qquad (20\text{-}93)$$

该方程通过 Thomas 算法求解。

3）对流扩散方程数值求解

基于雷诺平均算法，将流场和浓度场做如下简化：

$$\begin{cases} u = \overline{u} + u' \\ v = \overline{v} + v' \\ w = \overline{w} + w' \\ c = \overline{c} + c' \end{cases} \qquad (20\text{-}94)$$

三维对流扩散方程为：

$$\begin{aligned}
&\frac{\partial \overline{c}}{\partial t} + \overline{u}\frac{\partial \overline{c}}{\partial x} + \overline{v}\frac{\partial \overline{c}}{\partial y} + \overline{w}\frac{\partial \overline{c}}{\partial z} = \frac{\partial}{\partial x}\left[(E_x + D)\frac{\partial \overline{c}}{\partial x}\right] + \frac{\partial}{\partial y}\left[(E_y + D)\frac{\partial \overline{c}}{\partial y}\right] \\
&+ \frac{\partial}{\partial z}\left[(E_z + D)\frac{\partial \overline{c}}{\partial z}\right] + \overline{S}
\end{aligned} \qquad (20\text{-}95)$$

基于该立面二维模型假定横向平均，上式可得：

$$\frac{\partial B\varPhi}{\partial t} + \frac{\partial UB\varPhi}{\partial x} + \frac{\partial WB\varPhi}{\partial z} - \frac{\partial\left(BD_x\dfrac{\partial \varPhi}{\partial x}\right)}{\partial x} - \frac{\partial\left(BD_z\dfrac{\partial \varPhi}{\partial z}\right)}{\partial z} = q_\varPhi B + S_\varPhi B \qquad (20\text{-}96)$$

20.4.1.5　三峡水库及下游水环境对水库群调度的响应模型的耦合

三峡库区一、二维数学模型模拟范围中，三峡上游一维计算范围为溪洛渡库尾至三峡坝址；重庆南岸区黄桷渡水源地、重庆市九龙坡区和尚山水源地、宜昌秭归凤凰山水源地区域为平面二维计算区域；香溪河至入汇口区域为立面二维计算区域。三峡下游一维计算范围为宜昌至大通；宜昌至枝城河段、荆州太平口至石首河段（柳林水厂水源地河段）采用平面二维数学模型模拟。一维计算给二维计算区域提供边界条件，实现一维、二维数学模型耦合计算。

对于非恒定水流，在保证格式能独立求解的条件下，一维、二维数值计算得到的水力要素具有足够的时间精度。对于任一数值格式，在 Δt 时段内数值波传播的距离 $d = (\sqrt{gh} + u)\Delta t$，共包含 $d / \Delta x = (\sqrt{gh} + u)\Delta t / \Delta x$ 个且不超过 Courant 数 $C = (\sqrt{gh} + u_{max})\Delta t / \Delta x$ 个网格点。基于这点，在一维计算水域的边界处向二维计算水域内延伸 CFL 个网格点，形成虚拟重叠区域。对一维计算水域的虚拟边界采用滞后耦合条件。在下一时步虚拟重叠水域的水力要素值，通过二维计算得到的精确解来代替滞后条件引入的不精确解。

设 $U=[Z, Q]$ 为一维计算区内的物理量（水位、流量）；V 为二维计算区相应的物理量；

C 为 Courant 数。耦合过程分步算法如下：

① 一维计算区虚拟边界的时间滞后条件取为 $\Delta U^{n+1} = 0$；

② 求解一维隐格式（包括虚节点在内），得到各水力要素在二维真实边界点处的时间精确解，若时间步长不等，则在一维计算时间步长内插值得到合适的物理量（如水位、流量等），并作为二维计算的边界条件；

③ 虚拟重叠区域的投影，即将二维计算得到的精确解投影到一维虚拟点上，$U_{-i+1}^{n+1} = V_k^{n+1}$，$i=1, 2, \cdots, C$（其中，$k$ 为二维计算区对应物理量的下标）；

④ 重复上述步骤，直至计算结束。如图 20-63 所示。

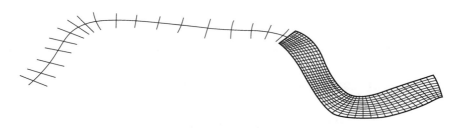

图20-63 一、二维数学模型的耦合示意

20.4.2 水库群调度响应模型参数率定与验证

参见第三篇第 15 章第 15.2.2 部分相关内容。

20.5 库区支流水华控制的水库群联合调度技术

20.5.1 三峡水库典型支流水华生消机理

20.5.1.1 支流浮游植物群落特征及变化规律

图 20-64 为 2014 ～ 2016 年香溪河库湾浮游植物平均总细胞藻密度的时间变化。2014 年香溪河浮游植物平均总细胞藻密度变化范围为 $0.49 \times 10^7 \sim 7.19 \times 10^7$ 个 /L，其中最大值出现在 7 月，最小值出现在 11 月，各月份均存在显著差异。1 ～ 2 月、11 ～ 12 月平均总细胞密度均低于 1×10^6 个 /L，3 月开始明显上升，5 ～ 6 月有一次先下降后上升的过程，随后呈现波动状态上升的趋势，并至 7 月初达到全年最大值，5 ～ 8 月份平均总细胞藻密度整体较大，10 月初开始明显降低。2016 年 1 ～ 2 月、11 ～ 12 月平均总细胞密度变化趋势与 2014 年相似，库湾平均总细胞藻密度处于较低水平，3 月开始增大，5 月初显著增大，并至 5 月中达到全年最大值，5 ～ 7 月份平均总细胞藻密度整体维持在较高水平，之后细胞密度开始明显降低。并至 11 月份达到全年最低水平。

图 20-65 为 2014 ～ 2016 年香溪河库湾浮游植物平均总细胞藻密度的空间变化。空间上，2014 年香溪河库湾平均总藻密度表现为从下游向上游呈现先增大后下降的趋势，最大值出现在库湾中游 XX06，最小值出现在香溪河河口 CJXX 处。2015 年各采样断面平均

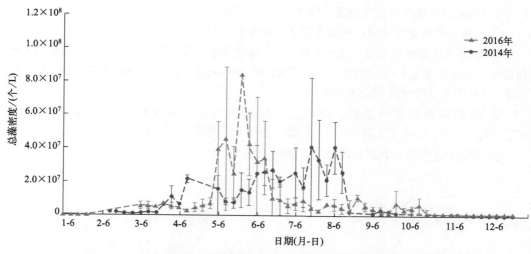

图20-64 2014～2016年香溪河库湾浮游植物平均总细胞藻密度的时间变化

总细胞藻密度最大值出现在XX02，最小值出现在XX04，库湾下游XX00～XX02呈现增大的趋势，XX02～XX04逐渐减小，XX04～XX09呈现缓慢上升的趋势。2016年，香溪河库湾平均总藻密度与2014年基本相似，从CJXX ～XX06整体呈现上升的趋势，而随后XX06～XX09表现先减小后上升的趋势，最大值出现在XX06，最小值出现在CJXX。

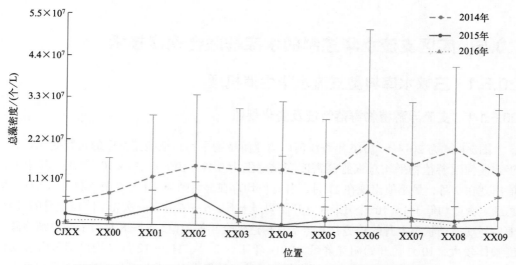

图20-65 2014～2016年香溪河库湾浮游植物平均总细胞藻密度的空间变化

2014、2015年香溪河各藻种细胞密度的空间变化如图20-66（书后另见彩图）所示。

由图20-66（a）可知，2014年，香溪河库湾藻类以硅藻、绿藻及隐藻为主，且存在少量的蓝藻及甲藻。甲藻主要分布于库湾的上游，检测到比例最高的为XX09点，硅藻、绿藻及隐藻均占有较大比例，其中硅藻在库湾下游比例略小于库湾上游，且有由下游向上

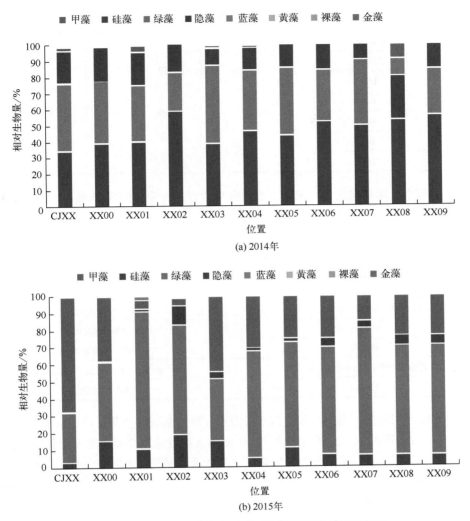

图20-66 2014年、2015年香溪河各藻种细胞密度的空间变化

游增大的趋势，XX02采样点所占比例最高。绿藻在库湾下游比例稍大于上游，且有由下游向上游减小的趋势，其中XX03检测比例最大。隐藻所占比例在各采样点无明显差异。2015年［图20-66（b）］，甲藻在香溪河库湾中所占比例较大，表现为由下游向上游先减小后增大再减小的变化趋势。绿藻所占比例最大，隐藻在XX02所占比例较大，其他各采样点均较小。硅藻在库湾下游所占比例略高于库湾上游，且在XX02点所占比例最大，整体上所占比例较小。

20.5.1.2 基于水体滞留时间的支流水华生消机理研究

（1）抑制藻类生长的水体滞留时间实验研究

本实验共设置6组，设置的水体滞留时间分别为无穷大、12d、6d、4d、2d、1d。初始叶绿素a浓度为30μg/L，光暗比为12h∶12h。实验设置参数见表20-35。

表20-35　实验设置参数表

组号	滞留时间	初始叶绿素a浓度	光照	营养盐
1#	无穷大	30μg/L	光暗比12h：12h	BG-11培养液
2#	12d			
3#	6d			
4#	4d			
5#	2d			
6#	1d			

实验过程中，水质监测指标采用《水和废水监测分析方法》（第四版），水质监测指标及监测方法如表20-36所列。

表20-36　水质监测指标及监测方法

监测指标	方法
温度	温度计
pH值	YSI便携式pH计
电导率	YSI便携式电导率仪
溶解氧	YSI便携式溶解氧测定仪
浮游植物生物量OD(光密度)	紫外分光比色法波长680nm
叶绿素a	丙酮提取比色法

不同水体滞留时间下藻类生长过程中叶绿素a浓度随时间变化如图20-67所示。从图20-67可见，表征藻类生长的重要评价指标叶绿素a浓度值变化最大的为水体滞留时间为无穷大和12d的实验组，且藻类生长后期颜色最深呈墨绿色，水体滞留时间为6d和4d的实验组叶绿素a浓度略有变化，藻类颜色表现为翠绿色，水体滞留时间为2d和1d的实验组其浓度基本没有变化。小球藻液的颜色变化表现为浓度越小，颜色越浅，依次为浅绿微黄—浅绿—翠绿—深绿—墨绿色。藻类生长分为四期，即迟滞期、对数期、稳定期和衰退期。从生长周期上来看，各实验组都在实验第6天开始进入对数生长期，水体滞留时间为无穷大的实验组在第12天时对数期结束，藻类颜色呈现深绿色，然后进入稳定期。水体滞留时间为6d、4d的实验组基本上都在第11天达到生长稳定期，后逐步进入衰亡期。藻类生长的最大值以水体滞留时间为无穷大，最高为589μg/L，远超过其他水平，水体滞留时间为12d、6d的实验组叶绿素a浓度生长最大值居中，且这三组叶绿素a浓度生长中后期均保持在较高水平，并高于水华暴发阈值。但水体滞留时间为4d的实验组在生长过程中，叶绿素a浓度除部分时段，其余浓度值均小于30μg/L。而水体滞留时间为1d和2d的实验组叶绿素a浓度最大值仅约为8μg/L。说明水体滞留时间小于4d时，在一定程度上可以抑制藻类生长，使藻类叶绿素a浓度保持在较低水平。

不同水体滞留时间下藻类生长过程中光密度随时间变化如图20-68所示。光密度是表征水体透光性的重要指标，当藻类植物生物量过高时，因藻类的遮挡作用水体透光度明显下降，可从侧面反映藻类的生物量的多少。光密度变化的规律与叶绿素a基本相同，这里不再赘述。

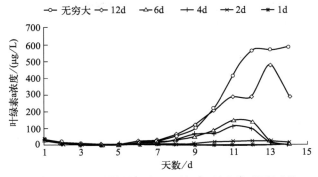

图20-67 不同水体滞留时间下叶绿素a浓度随时间的变化

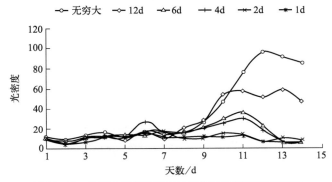

图20-68 不同水体滞留时间下藻类光密度随时间的变化

对6个水体滞留时间水平下叶绿素a浓度与光密度进行单因素方差分析，其结果如表20-37所列。从方差分析的结果来看，F（叶绿素a浓度）=6.501、F（光密度）=6.447，均大于临界值$F_{0.05}$=2.342，说明在不同水体滞留时间下，藻类生长有显著差异。

表20-37 不同水体滞留时间的单因素方差分析

单因素方差分析(叶绿素a浓度)α=0.05				
项目	平方和	df	均方	F
组间	378757.014	5	75751.403	6.501
组内	1074076.960	78	13770.217	
总数	1452833.974	83		
单因素方差分析(光密度)α=0.05				
项目	平方和	df	均方	F
组间	8092.964	5	1618.593	6.477
组内	23051.071	78	296.527	
总数	31144.035	83		

（2）降低水体藻类浓度的水体滞留时间实验研究

本实验共设置6组，设置的水体滞留时间分别为无穷大、12d、6d、4d、2d、1d。初始叶绿素a浓度为3600μg/L，光暗比为12h：12h。实验设置参数见表20-38。

表20-38 实验设置参数表

组号	滞留时间	初始叶绿素a浓度	光照	营养盐
1	无穷大			
2	12d			
3	6d	3600μg/L	光暗比12h∶12h	BG-11培养液
4	4d			
5	2d			
6	1d			

不同水体滞留时间下藻类生长过程中叶绿素a浓度随时间的变化如图20-69所示。

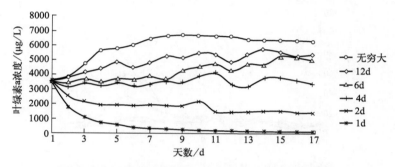

图20-69 不同水体滞留时间下叶绿素a浓度随时间的变化

从图20-69可见，水体滞留时间为无穷大、12d的实验组，叶绿素a浓度呈上升趋势，并在第7天后进入稳定期，说明在此水体滞留时间不能降低水体中叶绿素a的浓度；水体滞留时间为6d的实验组，藻类生长前期，藻类叶绿素a浓度保持不变，后期叶绿素a浓度有所上升；水体滞留时间为4d的实验组叶绿素a浓度略有变化，前期呈小幅波动状态，后期叶绿素a浓度有所降低，滞留时间对其生长影响不大；水体滞留时间为2d和1d的实验组，叶绿素a浓度明显下降，此段水体滞留时间下，水体滞留时间越短，其对降低水体藻浓度作用越明显。不同水体滞留时间下藻类生长过程中光密度随时间的变化如图20-70所示。由图20-69与图20-70中曲线的变化趋势可知，光密度反映的规律与叶绿素a基本相同，其变化这里不再赘述。

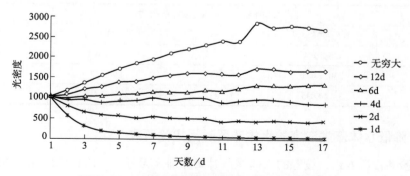

图20-70 不同水体滞留时间下光密度随时间的变化

对 6 个水体滞留时间水平下叶绿素 a 浓度与光密度进行单因素方差分析，其分析结果如表 20-39 所列。从方差分析的结果来看，F（叶绿素 a 浓度）=132.081、F（光密度）=83.743，均大于临界值 $F_{0.05}$=2.342，说明在不同水体滞留时间下，藻类生长存在显著差异。

表20-39 不同水体滞留时间的单因素方差分析

单因素方差分析(叶绿素a浓度)α=0.05				
项目	平方和	df	均方	F
组间	328060960.167	5	65612192.033	132.081
组内	47688578.487	96	496756.026	
总数	375749538.654	101		
单因素方差分析(光密度)α=0.05				
项目	平方和	df	均方	F
组间	39217080.971	5	7843416.194	83.743
组内	8991380.284	96	93660.211	
总数	48208461.255	101		

表 20-40 所列为 6 个水体滞留时间与藻类比增长率关系。

表20-40 水体滞留时间与藻类比增长率关系

水体滞留时间	∞	12d	6d	4d	2d	1d
藻类比增长率	0.0770	0.0478	0.0306	0.0097	−0.0831	−0.3457

从表 20-40 中可以看出藻类的最大比增长率为 0.0770，最小值为 −0.3457。从图 20-71 中可知随着水体滞留时间的减小，藻类的比增长率逐渐减小，在水体滞留时间＞4d 时，比增长率介于 0 ~ 0.01 之间，生长较为迟缓，水体滞留时间≤2d 时藻类比增率＜0，生长受到抑制。

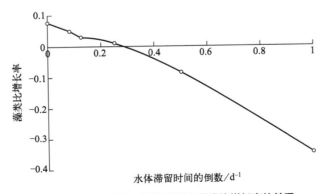

图20-71 水体滞留时间的倒数与藻类比增长率的关系

图 20-72 为水体滞留时间的倒数与藻类生长稳定时叶绿素 a 浓度的关系，由图可知，藻类初始浓度较高（初始浓度为 3600μg/L）时，其规律与藻类初始浓度较低（初始浓度为 30μg/L）时结论较为一致，但藻类生长达到稳定期时的叶绿素 a 浓度明显高于低初始浓度实验组，这可能与起始浓度的大小相关。藻类生长达到稳定状态时，叶绿素 a 浓度最高约为 6700μg/L，最低约为 170μg/L。由其模拟曲线 $y = 7160e^{-3.612x}$，$R^2 = 0.9882$，可知水体滞留时间倒数趋于 0，即水体滞留时间最长时，叶绿素 a 浓度稳定值最大，相反水体滞留时间倒数趋于 1，即水体滞留时间接近 1，叶绿素 a 浓度稳定值越小。

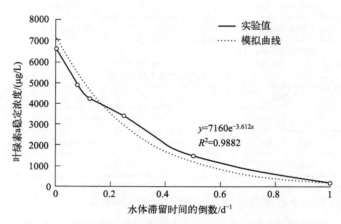

图20-72　叶绿素a浓度稳定值与水体滞留时间的倒数的关系曲线

图 20-73 为藻类生长稳定值（Z_d）与藻类生长最大值（Z_{max}）的比值与水体滞留时间倒数之间的关系图。以叶绿素 a 浓度降低 50%、70%、90% 为研究对象。由图可知，叶绿素 a 浓度降低 50%，水体滞留时间阈值为 4d；叶绿素 a 浓度降低 70%，水体滞留时间阈值为 2.5d；叶绿素 a 浓度降低 90%，水体滞留时间阈值为 1.25d。

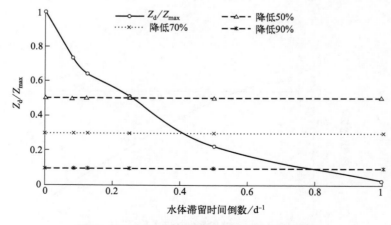

图20-73　Z_d/Z_{max} 与水体滞留时间倒数的关系曲线

由表 20-41 所知，初始浓度为 30μg/L 和 3600μg/L 的实验组，在相同的水体滞留时间下，藻类生长稳定时，叶绿素 a 的浓度值存在较大差异。初始浓度为 30μg/L 时，藻类生长最大稳定值为 566.94μg/L，最小稳定值为 6.14μg/L，其水体滞留时间分别为无穷大和 1d，最大值和最小值与初始浓度为 3600μg/L 对应的水体滞留时间相同，且分别为 6618.25μg/L 和 4852.37μg/L。但其生长到稳定值时，其与初始浓度的比值存在较大差异。水体滞留时间为无穷大时，两组实验叶绿素 a 浓度稳定值与叶绿素 a 浓度的初始值的比值分别为 18.9 和 1.84，初始浓度越大，其倍数越小，说明水体滞留时间对降低初始叶绿素 a 浓度越大的水体影响越显著。

表20-41　两组实验结果叶绿素a稳定浓度对比

项目	∞	12d	6d	4d	2d	1d
初始浓度	稳定浓度/(μg/L)					
30μg/L	566.94	288.38	198.22	114.30	19.7	6.14
稳定值/初始值	18.9	9.6	6.61	3.81	0.66	0.20
比增长率	0.95	0.90	0.85	0.74	0.52	−3.89
初始浓度	稳定浓度/(μg/L)					
3600μg/L	6618.35	4852.37	4234.88	3376.02	1467.17	169.376
稳定值/初始值	1.84	1.35	1.17	0.94	0.41	0.047
比增长率	0.46	0.26	0.15	−0.07	−1.45	−20.25

对比两组实验的藻类比增长率，初始浓度为 30μg/L 的实验组，藻类比增长率较大，最大值为 0.95，最小值为 0.52，而初始浓度较高的实验组（3600μg/L），藻类比增长率最大仅为 0.46，水体滞留时间 < 4d 时，藻类出现负增长现象，藻类生长受水体滞留时间的影响更为显著。

20.5.1.3　基于临界层理论的水华生消机理研究

（1）水华生消过程的围隔实验研究

在三峡水库香溪河库湾 XX06 监测点水域设置围隔开展临界层理论在三峡水库的适用性的验证实验（下称"验证实验"），实验设置示意如图 20-74 所示。实验时间为 2012 年 1、2 月，此时香溪河库湾水体均处于完全混合状态，水体混合层为整个水深。围隔采用透明聚乙烯薄膜制成，底部封闭，采用不同深度围隔代表不同混合层深度；监测指标包括：水温、电导率、pH 值、溶解氧（DO）、叶绿素 a、水下光照、营养盐等，监测频率为每 2 天 1 次。具体设计方案见表 20-42。

实验过程中混合层计算方法按与表层水温相差 0.5℃ 水深计算，为简化临界层计算方法，根据三峡水库香溪河库湾的实际情况，后文中所有临界层深度（Z_{cr}）均用真光层深度（Z_{eu}）代表。

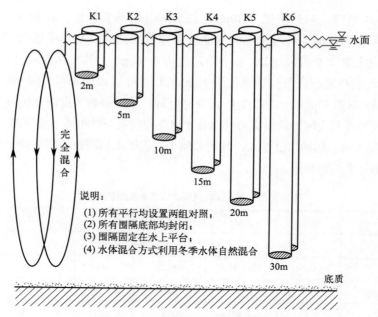

图20-74 "验证实验"围隔设计示意

表20-42 "验证实验"围隔设计一览表

编号	直径/m	材料	深度/m	混合层深度(等效)/m	说明
K1(a)	0.8	透明聚乙烯	2	2	平行1
K1(b)	0.8	透明聚乙烯	2	2	
K2(a)	0.8	透明聚乙烯	5	5	平行2
K2(b)	0.8	透明聚乙烯	5	5	
K3(a)	0.8	透明聚乙烯	10	10	平行3
K3(b)	0.8	透明聚乙烯	10	10	
K4(a)	0.8	透明聚乙烯	15	15	平行4
K4(b)	0.8	透明聚乙烯	15	15	
K5(a)	0.8	透明聚乙烯	20	20	平行5
K5(b)	0.8	透明聚乙烯	20	20	
K6(a)	0.8	透明聚乙烯	30	30	平行6
K6(b)	0.8	透明聚乙烯	30	30	
H	河道		45	35	平行7

实验点水温垂向分布变化及混合层深度变化规律分别见图20-75和图20-76所示。从图20-75可以看出，在实验初期的2月6日［图20-75（a）］，实验点的表层水温在13.10℃左右，自表层向下至30m左右的水深范围内，水温基本没有较大变化，始终维持在13.00℃以上，但在30m以下，水温开始逐渐降低，在底层39m左右降低至11.70℃左右。因此，此时水体混合层（图中灰色水层）深度在35m左右。从2月6日到实验结束的2月28日［图20-75（d）］，实验点表层水温呈逐渐降低的趋势，到2月28日表层水温接近11.50℃，并呈现出微弱的逆温分层。但整个实验过程中，实验点水温垂向分布规律与2月6日基本一致，没有明显的改变。

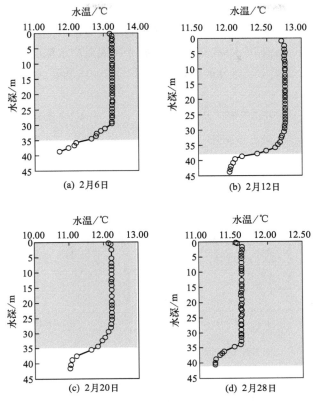

图20-75　实验点水域水温垂向分布变化

从图 20-76 也可以看出，2 月 5 ～ 29 日，三峡水库处于枯水运行期，开始为下游生态补水，虽然实验点水深从 43m 逐渐下降至 41m，但整体均深于最长围隔的 30m 深度，故对所有实验围隔深度不会造成影响。从水体混合层深度来看，2 月 5 日混合层深度为 36m；2月 23 日为 33m，是整个实验过程中的最小值；到实验结束的 2 月 28 日、29 日，水体混合层深度即为整个水深深度，接近 41m；因此，整个实验过程中实验点混合层深度均未低于 30m。而聚乙烯薄膜具有很好的导热性能，在实验过程中围隔内外温度基本一致。所以，整个实验过程中能够保证围隔温度的一致性，以及每个围隔深度范围内水体完全混合。

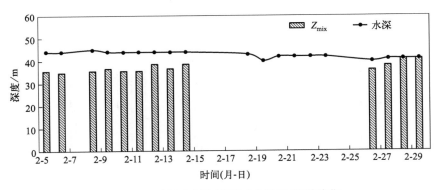

图20-76　实验点水域水深和水体混合层深度变化

因聚乙烯膜具有很好的透光性，除平行 1 外，整个试验过程中其他围隔的浮游植物生物量都相对较低，因此围隔内对应水下光照特性与实验点水下光照特征基本是一致的。所以，本实验以实验点水域不同水深的光照代表每个围隔对应水深的光照特征。实验点水下光照分布规律及真光层变化规律分别如图 20-77 和图 20-78 所示。

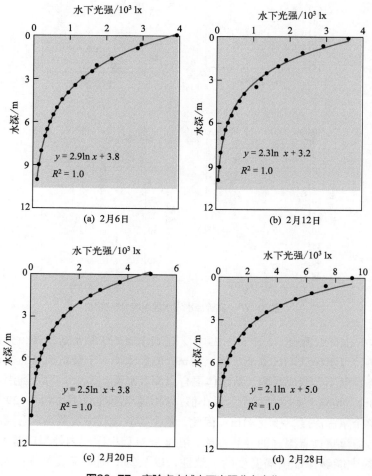

图20-77 实验点水域水下光照分布变化

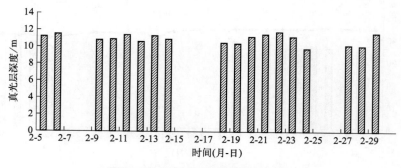

图20-78 实验点水域真光层变化规律

从图 20-77 可以看出，在实验初期的 2 月 6 日，表层光照在 4000 lx 左右，自表层向下逐渐衰减，衰减过程满足指数衰减规律（图中水深与光照呈显著的对数关系，$R^2=1$），光衰减系数为 0.3m^{-1}；从 2 月 6 日至 2 月 28 日，表层光照逐渐升高，但均在 10000 lx 以下，水下光照分布规律基本一致，均呈显著的指数衰减分布；光衰减系数在 0.3 ~ 0.5m^{-1} 之间变化。这说明在整个实验过程中，水下光分布基本处于稳定状态。

从图 20-78 可以看出，真光层深度在实验初期的 2 月 5 日为 11.5m，到实验结束的 2 月 29 日为 11.6m，期间最低值出现在 2 月 28 日，为 10.3m，最大值出现在 2 月 22 日，为 12m，相差不超过 2m。整个实验过程中真光层波动不大，且均未超过最大围隔水深。这说明实验设置包含了混合层小于光补偿深度、小于真光层和大于真光层的三种层化模式，能够代表临界层理论所涉及的所有层化结构。

整个实验过程中优势藻种均为硅藻中的美丽星杆藻，因此可以用叶绿素 a 浓度作为指标来代表浮游植物生物量大小。验证实验不同平行围隔叶绿素 a 浓度变化规律如图 20-79 所示。在平行 1 中［图 20-79（a）］，两组对照变化规律基本一致。从对照 1 来看，叶绿素 a 浓度在 2 月 6 日基本在 1.0μg/L 左右，藻类生物量处于较低的水平，到 2 月 12 日开始，叶绿素 a 浓度开始升高，到 2 月 19 日达到最大，接近 90.0μg/L，之后又迅速降低，到 2 月 22 日降低到 50μg/L 左右，到实验结束的 2 月 25 日，叶绿素 a 浓度降至 3.0μg/L，基本与初始浓度一致，之后一直处于较低水平。对照 2 变化规律与对照 1 变化规律相同，说明此平行实验是有效的。

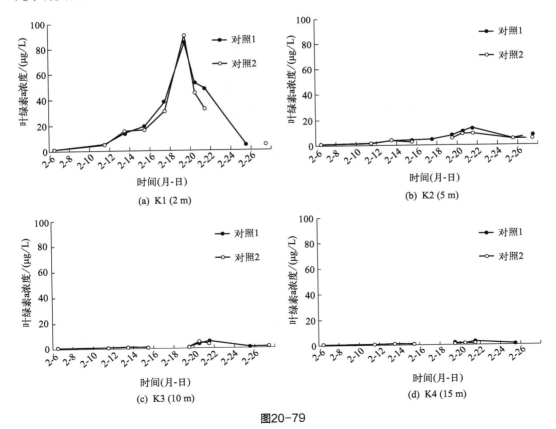

图20-79

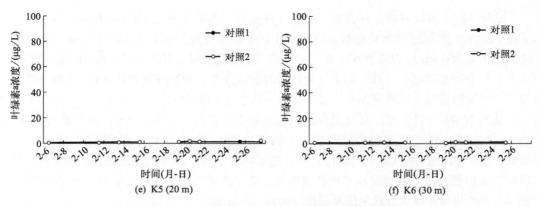

(e) K5 (20 m)　　　　　　　　　　(f) K6 (30 m)

图20-79　验证实验不同围隔叶绿素a浓度变化规律

相对于平行1，平行2的叶绿素 a 浓度具有显著差异，虽然自2月12日叶绿素 a 浓度开始升高，但最大值不超过 20μg/L。对于平行3，整个实验过程中叶绿素 a 浓度只有略微地上升，且最大值出现在2月21日，后期变化不大。整个实验过程中，平行4、平行5和平行6的叶绿素 a 浓度基本没有变化，均维持在实验前 1.0μg/L 水平。所有平行中两组对照变化规律基本一致，数据具有可靠性。

（2）水华生消过程的初级生产力研究

用黑白瓶法测藻类生长初级生产力，见图 20-80。通过测定水中溶解氧的变化，间接计算有机物质的生成量，是用黑白瓶测氧法研究初级生产力的基本原理。当带有浮游植物的黑白瓶悬挂水中曝光时，黑瓶中浮游植物由于得不到光照，只能进行呼吸作用，黑瓶中的溶解氧将会减少；与此同时，白瓶中的浮游植物在光照条件下，光合作用与呼吸作用同时进行，白瓶中的溶解氧量一般会明显增加，假定光照条件与黑暗条件下的呼吸强度相等，就可根据挂瓶曝光期间、黑白瓶中的溶解氧变化计算出光合作用与呼吸作用的强度。

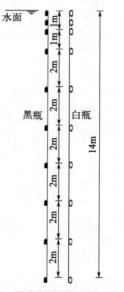

图20-80　黑白瓶法测初级生产力示意

通过每层水中黑瓶和白瓶溶解氧的不同，可以计算出各水层日生产量（O_2，mg/L），计算公式如下：

$$总生产量 = 白瓶溶解氧量 - 黑瓶溶解氧量 \tag{20-97}$$

$$净生产量 = 白瓶溶解氧量 - 初始瓶溶解氧量 \tag{20-98}$$

$$呼吸作用量 = 初始瓶溶解氧量 - 黑瓶溶解氧量 \tag{20-99}$$

按上述公式计算出各水层日净生产量。根据测定的各水层净生产量与对应水深拟合函数关系：

$$p = f(Z) \tag{20-100}$$

式中　　p——水层日净生产量；

　　　　Z——水深。

如图 20-81 所示，当 $p=0$ 时对应的 Z_{co} 为光补偿深度，即光合作用强度等于呼吸作用强度的水层深度，Z_{co} 以上水层积累有机物，以下水层消耗有机物。

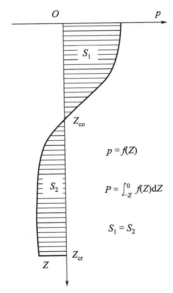

图20-81　水柱日净产量计算

S_1—光合作用产生有机物的量；S_2—呼吸作用消耗有机物的量

将各天的函数式在深度上积分得水柱日净生产量：

$$p = \int_{-Z}^{0} f(Z) dZ \tag{20-101}$$

当 $p=0$ 时对应的 Z_{cr} 为临界层深度，即水柱有机物积累和消耗的分界深度。

20.5.2　复杂水流条件下的支流水华的预测预报方法

20.5.2.1　三峡水库支流分层异重流特征

参见第三篇第 15 章第 15.3.1.1 部分相关内容。

20.5.2.2 支流水华生消主要水动力参数

参见第三篇第 15 章第 15.3.1.2 部分相关内容。

20.5.2.3 支流分层异重流模拟方法

参见第三篇第 15 章第 15.3.1.3 部分相关内容。

20.5.2.4 水华藻类生长动力学模型

参见第三篇第 15 章第 15.3.1.4 部分相关内容。

20.5.2.5 复杂水流条件下的支流水华的预测预报水动力模型

参见第三篇第 15 章第 15.3.1.5 部分相关内容。

20.5.2.6 支流水流–水质–水生态预测预报模型应用

（1）温度对藻类生长影响的室内实验及其模拟

为了进一步验证基于藻类生物量外包线统计模型所得到的藻类生长率对温度的本构关系的合理性，开展室内不同温度下微囊藻生长的控制实验，借助 CE-QUAL-W2 模型，采用微囊藻 8 大温度参数开展藻类生长的数值模拟，对比分析实验和数值模拟结果以检验上述方程的合理性。

供试藻种包括蓝藻中的微囊藻购自中国科学院武汉水生生物研究所。取经扩大培养后的高浓度微囊藻藻液于离心管中，3500r/min 离心 5min 后取底部藻类沉淀，倒入 15mg/L NaHCO₃ 溶液中，再次 3500r/min 离心 5min，去底部藻类沉淀；重复两次，用于去除前期扩大培养后藻类细胞间的高浓度营养盐。结合微囊藻生长过程曲线，实验共设置 5 组不同温度控制实验，温度水平依次 10℃、14℃、24℃、28℃、32℃，记为 10#、14#、24#、28#、32#，水温通过可调式绝缘电热棒控制，每日测定水温时调节电热棒对温度进行校正。盛水装置为 70cm×40cm×17cm 的白色塑料水框，注入自来水静止 2d 后开展实验，水框水深 10cm。实验期间，室温为 9～17℃，空气相对湿度 60%～70%，采用日光灯光源模拟光照辐射，其光照强度为 2000～2300 lx，光照时间为 24h/d。开始实验前，调节水体初始 pH 值至 8.6，初始水体 TN 浓度为 4.3mg/L，TP 浓度为 0.3mg/L；每日 9:00 定时采集实验水体测定水体叶绿素 a 浓度和水温，因蒸发及采样导致的水消耗采样结束后补充自来水至初始状态。

图 20-82 为监测期内不同实验水温变化图，虽受外界环境干扰作用，但监测期内水温总体与目标设定水温差异较小，10#、14#、24#、28#、32# 设定温度最大差异分别为 1.4℃、1.2℃、2.8℃、3.3℃、2.5℃，总体在可控范围内。

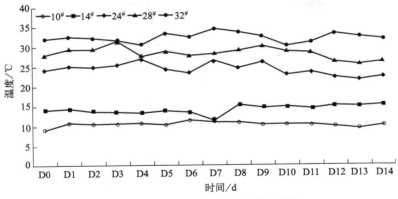

图20-82 监测期内不同实验水温变化图

图 20-83 为室内实测与基于 CE-QUAL-W2 模型模拟叶绿素 a 随时间的变化图。由图可知，模拟结果能较好地反映不同温度下叶绿素 a 的变化过程范围，在 10℃左右，由于温度较低，藻细胞胞内酶活性较低，光合反应速率较缓，藻细胞生长不良，监测期内叶绿素 a 均维持在较低水平；14℃下温度有所升高，模拟结果与实测结果保持一致，监测期前 11d 的叶绿素 a 含量一直低于 10mg/m³，未达到富营养化水平，仅在监测末期略微升高；在 24℃与 28℃下实验结果和模拟结果均显示在第 7 天达到峰值，随后叶绿素 a 逐渐降低，但

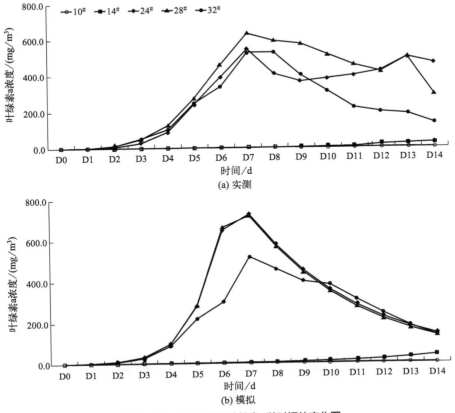

(a) 实测

(b) 模拟

图20-83 实测与模拟叶绿素a随时间的变化图

叶绿素a下降过程模拟结果要快于实测结果，这与后期藻类沉降时所发生的一系列复杂过程被忽略有关，该模型未考虑沉降过程藻类死亡带来的营养盐释放变化。由于水体32℃水温超出微囊藻最适生长范围，故叶绿素a浓度峰值在32℃水温下较28℃有所降低。

（2）支流水华优势种模拟与验证结果分析

基于三峡水库香溪河库湾水华生消过程模拟方法中敏感性分析及率定，以2010年香溪河库湾各典型优势藻种密度及叶绿素实测结果为参照依据进行率定。并通过该时间段结果率定所求的参数，验证2011年实测结果与预测结果差异。由于不同藻种干重与藻密度差异较大，故采用双坐标轴展示以反映二者的趋势性。

图20-84为香溪河库湾不同藻种率定结果及验证结果对比图。

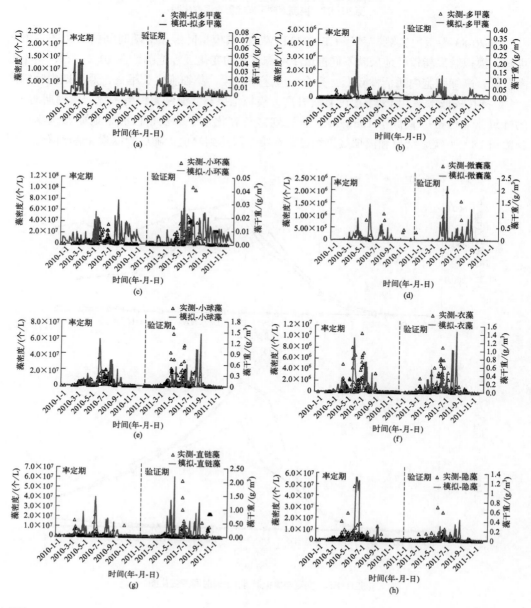

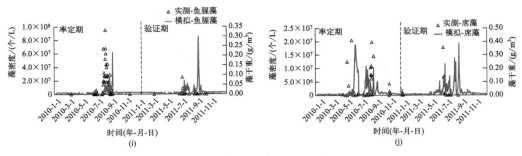

图20-84　香溪河库湾各优势藻种模拟结果

图 20-84（a）为拟多甲藻实测与模拟结果图，由温度与藻类本构关系可知，拟多甲藻适宜在 2～3 月水温较低时期集中暴发，故率定期与验证期中 3 月均为拟多甲藻快速增殖季节，2010 年实测结果表明 2010 年 3 月拟多甲藻相对于全年浓度较高，2011 年拟多甲藻 3 月峰值与模拟结果较为匹配，但峰值前期略存在差异。图 20-84（b）为多甲藻率定期和验证期模拟与实测结果对比图。同为甲藻门，多甲藻比拟多甲藻更偏好高温，主要集中于 5～6 月暴发。2010 年率定结果能较好地反映多甲藻生物量实测峰值，验证期 2011 年模拟表明 5～6 月本为多甲藻增殖高峰期，而实际监测中 2011 年多甲藻出现频次均较少。故基于 CE-QUAL-W2 模型，甲藻门拟多甲藻模拟效果更好，而多甲藻模拟存在一定的局限性。这与多甲藻多具有鞭毛，在弱流速水体下更具有增殖优势有关。模型忽略多甲藻特殊生理结构，致使模拟精度降低。现场监测结果也表明：多甲藻水华主要暴发区域位于香溪河库湾回水末端，在库湾中游（XX06）难以形成大规模水华。图 20-84（c）为香溪河库湾小环藻率定结果及验证结果对比，由图可知，率定期小环藻主要暴发时间为 5 月和 7 月，而实测结果 6 月为小环藻浓度最高季节，验证期（2011 年）模拟结果能较好地反映小环藻高风险季节，在 6～7 月小环藻浓度最高。图 20-84（d）为香溪河库湾微囊藻率定结果及验证结果对比，由图可知，2010 率定结果与率定结果能较好地反映实测微囊藻随时间变化特征，5～9 月生境条件适宜微囊藻快速增殖，虽然微囊藻水华出现频次较低，但模拟过程能较好地反映微囊藻增殖的敏感时节。图 20-84（e）、（f）为香溪河库湾小球藻、衣藻率定结果及验证结果对比，两者同为香溪河库湾高频藻，是绿藻门主要藻属，2010～2011 年模拟结果均能较好地反映小球藻、衣藻生物量随时间变化规律，与实测结果拟合较好。小球藻和衣藻对温度的适应性较强，均表现为从春季生长率逐渐增加，夏季增殖率维持在较高水平，秋末随水温降低，生物量逐渐减少。图 20-84（g）为直链藻率定及验证期模拟与实测结果对比，直链藻为香溪河库湾出现频次仅低于小环藻的硅藻藻属，其生物量约占总硅藻水平的 0.2。2010 年率定结果能较好地反映直链藻随时间增殖 - 消退的关键过程，5 月、7 月峰值模拟结果较好。验证期 2011 年模拟结果能大致反映直链藻在 5～7 月的增殖过程，但未能有效反映 9 月后直链藻的增殖过程。图 20-84（h）为香溪河库湾隐藻率定结果及验证结果对比图。隐藻属为香溪河库湾隐藻门绝对优势藻种，优势度超过 0.9。隐藻属在实测结果中总体表现为出现频次高，但单次生物量低，难以形成单藻属单独占优的情况。2010 年率定结果表明：隐藻能适宜较高水温条件的生存，在 2010 年 6 月达到峰值，并迅速降低。2011 年隐藻实测结果与验证结果较为一致，均远低于 2010

年隐藻生物量。图 20-84（i）为香溪河库湾鱼腥藻率定结果及验证结果对比图。鱼腥藻为蓝藻门常见优势属，且在蓝藻中对高温适应能力强，仅在水温超过 30℃时出现。2010 年实测结果连续性较好，能在 7～8 月完整捕捉其生长消退过程，率定结果也能较好地反映这一水华生消过程。验证期内能较好地反映 6 月底鱼腥藻水华增殖过程，但模拟结果反映的鱼腥藻 9 月生物量较大，增殖过程实测结果未能监测到。图 20-84（j）为香溪河库湾席藻率定结果及验证结果对比图。席藻为蓝藻门优势属，对高温适应性较强，在香溪河出现频次虽然偏低，但生物量的迅速增殖易导致其成为单一优势藻种，从而暴发水华。率定结果显示，2010 年席藻主要出现在夏季，其高生物量维持时间较长，2011 年整体席藻生物量偏低，仅在 7 月中旬出现较多。

通过香溪河库湾模拟结果中各优势藻种干重随时间变化图可知，拟多甲藻 2010 年、2011 年集中于 2～4 月暴发，多甲藻 2010 年模拟结果远高于 2011 年藻干重含量，主要集中于 6～7 月暴发。小环藻在 5～11 月浓度呈现交替性变化，其中 7～8 月模拟浓度较低；微囊藻 2010 年 5～8 月均为微囊藻高发季节；小球藻、隐藻、衣藻适应范围广，主要集中于 5～8 月；8 月高水温易导致鱼腥藻集中暴发；席藻高浓度时间持续较长，6～9 月波幅较大。

综上可知，温度变化下浮游植物群落结构模拟过程能较好地反映实际监测结果，基于模拟结果，温度的季节性演替下，藻种浮游植物群落结构处于动态变化之中，小球藻、小环藻、隐藻、衣藻常见优势藻种由于温度适应范围广，4～9 月均易成为其敏感季节，而由于种间竞争及其他外界条件影响，该时段生物量波动较大；以拟多甲藻为代表的甲藻类出现季节主要集中于水温较低的冬末春初，而偏好高温的微囊藻、鱼腥藻、席藻则成为夏季优势藻种，但适宜温度范围的广度，使蓝藻门各藻种出现时间略有差异。综上而言，浮游植物群落结构季节性演替特征可概括为甲藻、硅藻（2～3 月）—硅藻、绿藻（春季 3～5 月）—硅藻、隐藻（春末 5 月底 6 月初）—甲藻、硅藻（夏初 7 月）—蓝藻（夏季 7～8 月）—绿藻、硅藻、隐藻（秋季 9～11 月）—硅藻、绿藻（冬季 11 月～次年 2 月）。

（3）三峡水库支流水华模拟结果分析

敏感性分析确认了部分重要敏感参数，结合前人在香溪河库湾所建水质模型及其参数率定验证过程，得到 2012 年、2015 年香溪河库湾 XX06 样点的叶绿素 a 实测模拟对比如图 20-85 和图 20-86 所示，春季 3 月份至秋季 10 月份，藻类呈现出生长 - 消落循环生消过程，其余月份叶绿素 a 浓度较低，叶绿素 a 浓度实测值在 7 月 3 日达到最大值为 131.73mg/m³，模拟值在 6 月 12 日达到峰值为 149.37mg/m³，但模拟值与实测值变化趋势类似，大部分时间模拟值与实测值叶绿素 a 浓度可以对应，基本可以反映年度水华生消情况。

综上所述，CE-QUAL-W2 模型对于反映香溪河库湾总生物量指标叶绿素 a 浓度具有较好的模拟效果，对于小球藻、衣藻、直链藻、隐藻、拟多甲藻常见藻属率定及验证效果较好，其模拟结果能较为连续地反映香溪河常见优势藻属的季节演替特征，同时在一定程度上能模拟小环藻、鱼腥藻、席藻、微囊藻的高风险暴发时间。

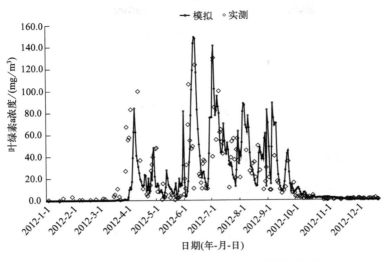

图20-85 香溪河库湾2012年叶绿素a实测模拟对比图

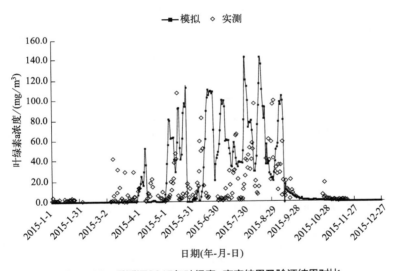

图20-86 香溪河2015年叶绿素a率定结果及验证结果对比

20.5.3 水库群联合调度对支流水华的控制作用

20.5.3.1 支流分层异重流基本运动模式

参见第三篇第 15 章第 15.3.2.1 部分相关内容。

20.5.3.2 水库调度对支流水华的调控作用

参见第三篇第 15 章第 15.3.2.2 部分相关内容。

20.5.4　防控三峡水库支流水华的生态调度需求及准则

参见第三篇第 15 章第 15.3.3 部分相关内容。

20.6　基于库区水源地安全保障的联合调度技术与需求

20.6.1　三峡库区水源地概况

参见第三篇第 15 章第 15.4.1 部分相关内容。

20.6.2　水源地水环境安全对水库群联合调度的响应机制

20.6.2.1　库容变化对饮用水源地水环境承载力的影响

（1）水源地水环境安全对水库群联合调度的响应机理

从机理上来说，水库群联合调度为水源地污染物稀释、自净创造有利的水文、水力条件，从而能实现改善区域水体环境的目的。具体而言，水库群联合调度下，可通过水库的蓄丰泄枯，使水源地状况及其水流流态发生变化，增大水源地的流量，加大水源地的流速，提升水库水位，增大水体的垂直运动，缓解下层水体厌氧状态，加强污染物在水体中的扩散能力，并增强水体纳污能力，提高水体自净能力，破坏水体富营养化的形成条件，改善水质，提升水环境承载力。水库调度对水质的影响机制（图 20-87）过程可归纳为以下模式：水库调度→水动力学条件改变→水资源量增大→水环境承载力增强→水质改善→水生态安全水平提升。

（2）水源地水环境承载力现状计算

就水源地水环境承载力而言，由于水源地重点关注饮用水源地的水质情况，因此可在水环境容量计算的基础上来分析库区饮用水源地的水环境承载力。根据《全国水环境容量核定技术指南》，水环境容量 W 具体计算公式如下：

$$W = (C_s - C_0)Q + \gamma(C_e)V \tag{20-102}$$

式中　C_s——水质目标下污染物浓度；

　　　C_0——当前水质浓度；

　　　Q——流量；

　　　$\gamma(C_e)$——污染物的自净系数；

　　　V——水体体积。

据此，结合水源地 2014 ～ 2016 年的水质数据，对照《地表水环境质量标准》（GB 3838—2002）中 27 项水质指标的Ⅲ类标准要求，对重庆市南岸区长江黄桷渡饮用水源地、重庆市九龙坡区长江和尚山饮用水源地、宜昌市秭归县长江段凤凰山饮用水源地的水环境承载力现状计算结果见表 20-43 ～表 20-45。

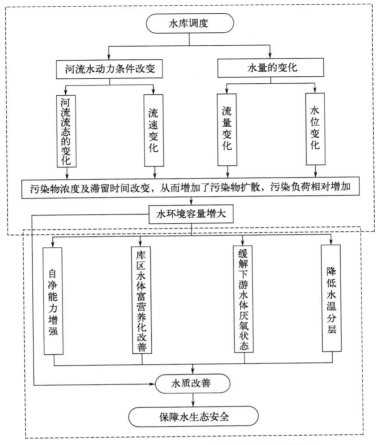

图20-87 水库调度对水生态安全的保障机制机理

表20-43 重庆市南岸区长江黄桷渡饮用水源地水环境承载力

污染物名称	降解系数	当前水质年平均浓度/(g/m³)	水质目标下污染物浓度/(g/m³)	水环境承载力/kg
高锰酸盐指数	0.009	2.12	6	3.04×10^5
BOD5	0.13	1.09	4	1.53×10^6
硫酸盐指数	0.12	38.30	250	6.29×10^7
氨氮	0.15	0.24	1	3.17×10^5
硝酸盐指数	0.12	1.59	10	2.18×10^6
硫化物	0.12	0.00	0.2	8.60×10^3
氰化物	0	0.00	0.2	6.55×10^3
总磷	0.01	0.13	0.2	1.34×10^4
氟化物	0	0.22	1	2.18×10^4
阴离子表面活性剂	0.33	0.03	0.2	8.92×10^4
石油类	0.718	0.01	0.05	9.34×10^4

续表

污染物名称	降解系数	当前水质年平均浓度/(g/m³)	水质目标下污染物浓度/(g/m³)	水环境承载力/kg
铬（六价）	0.22	0.00	0.05	1.24×10^4
汞	0	0.00	0.0001	1.68
镉	0	0.00	0.005	70
锰	0	0.05	0.1	1.53×10^3
砷	0	0.00	0.05	1.36×10^3
挥发酚	0.244	0.00	0.005	3.64×10^3
铜	0	0.00	1	2.79×10^4
铅	0	0.01	0.05	1.25×10^3
锌	0	0.02	1	2.75×10^4
铁	0	0.25	0.3	1.38×10^3
硒	0	0.00	0.01	2.76×10^2
粪大肠杆菌/(个/L)	0	—	10000	—

表20-44　重庆市九龙坡区长江和尚山饮用水源地水环境承载力

污染物名称	降解系数	当前水质年平均浓度/(g/m³)	水质目标下污染物浓度/(g/m³)	水环境承载力/kg
高锰酸盐指数	0.009	2.16	6	7.36×10^4
BOD₅	0.13	1.07	4	1.73×10^5
硫酸盐指数	0.12	42.02	250	4.05×10^6
氨氮	0.15	0.24	1	1.14×10^5
硝酸盐指数	0.12	1.59	10	2.60×10^5
硫化物	0.12	0.00	0.2	1.04×10^5
氰化物	0	0.00	0.2	3.76×10^3
总磷	0.01	0.14	0.2	7.05×10^2
氟化物	0	0.23	1	1.47×10^4
阴离子表面活性剂	0.33	0.03	0.2	7.59×10^5
石油类	0.718	0.01	0.05	3.58×10^6
铬（六价）	0.22	0.00	0.05	3.37×10^5
汞	0	0.00	0.0001	1.33
镉	0	0.00	0.005	58.14
锰	0	0.04	0.1	1.16×10^3
砷	0	0.00	0.05	9.31×10^2
挥发酚	0.244	0.00	0.005	4.13×10^5

续表

污染物名称	降解系数	当前水质年平均浓度 /(g/m³)	水质目标下污染物浓度/ (g/m³)	水环境承载力/kg
铜	0	0.00	1	1.89×10^4
铅	0	0.00	0.05	8.77×10^2
锌	0	0.02	1	1.87×10^4
铁	0	0.22	0.3	1.52×10^3
硒	0	0.00	0.01	1.85×10^2
粪大肠杆菌/(个/L)	0	—	10000	—

表20-45 宜昌市秭归县长江段凤凰山饮用水源地水环境承载力

污染物名称	降解系数	当前水质年平均浓度 /(g/m³)	水质目标下污染物浓度/ (g/m³)	水环境承载力/kg
高锰酸盐指数	0.009	1.69	6	1.18×10^6
BOD₅	0.13	1.42	4	8.40×10^6
硫酸盐指数	0.0044	40.19	250	3.29×10^7
氨氮	0.0044	0.09	1	1.27×10^5
硝酸盐指数	0.0044	1.73	10	1.33×10^6
硫化物	0.04	0.00	0.2	2.81×10^4
氰化物	0	0.00	0.2	2.38×10^4
总磷	0.009	0.10	0.2	6.16×10^4
氟化物	0	0.24	1	9.07×10^4
阴离子表面活性剂	0.26	0.03	0.2	3.06×10^5
石油类	0.129	0.01	0.05	3.37×10^4
铬(六价)	0.185	0.00	0.05	2.20×10^4
汞	0	0.00	0.0001	11.4
镉	0	0.00	0.005	6.4×10^2
锰	0	0.01	0.1	1.14×10^4
砷	0	0.00	0.05	6.96×10^3
挥发酚	0.116	0.00	0.005	1.59×10^3
铜	0	0.00	1	1.20×10^5
铅	0	0.01	0.05	6.4×10^3
锌	0	0.03	1	1.17×10^5
铁	0	0.02	0.3	3.30×10^4
硒	0	0.00	0.01	1.18×10^4
粪大肠杆菌/(个/L)	—	—	10000	—

（3）变动库容水环境承载力计算方法

研究探讨的"水源地水环境安全对水库群联合调度的响应机制"主要是指：在水库群联合调度下，由于多个水库的库容变化而引发的水源地水环境承载力的提升，鉴于此，研究提出了"变动库容水环境承载力计算方法"。

通过式（20-103），可推导出单位河长的水环境承载力 W_L，以及单位体积增加的引起的变动库容水环境承载力 ΔW_L，计算公式如下：

$$\Delta W_L = C_{SL} - \Delta C_{0L} Q_L + r(C_e) \Delta V_L \tag{20-103}$$

式中　C_{SL}——单位河长的目标浓度；

　　　C_{0L}——单位河长的当前水质浓度；

　　　Q_L——单位河长的流量；

　　　V_L——单位河长的水体体积。

由"十一五"研究成果可知，宜昌市秭归县长江段凤凰山饮用水源地受三峡水库调度影响，而重庆市南岸区长江黄桷渡饮用水源地、重庆市九龙坡区长江和尚山饮用水源地、位于三峡水库库尾、几乎不受三峡水库调度影响，而受上游"向家坝-溪洛渡"水库群调度影响。

三峡水库的可变化库容（145～175m之间）称为"调节库容"，145m以下的三峡水库库容称为"基库库容"，向家坝水库可以变化的库容称为"动库容"，三峡水库的调节库容与向家坝水库的动库容之和称为"可调库容"，由于水库库容变动引起的水源地水环境承载力的增加称为"变动库容水环境承载力"。三峡水库的"调节库容"最大为 $221.5 \times 10^8 m^3$，总库容为 $393m^3$；向家坝水库的"动库容"最大为 $9.03 \times 10^8 m^3$，水库参数见表20-46。

表20-46　三峡及上游水库群基本参数

水库参数	溪洛渡	向家坝	三峡
正常蓄水位/m	600	380	175
死水位/m	540	370	155
总库容/$10^8 m^3$	126.7	51.63	393
防洪库容/$10^8 m^3$	46.5	9	221.5
调节库容(动库容)/$10^8 m^3$	64.6	9.03	221.5
回水长度/km	199	156.6	663
最小下泄流量/(m^3/s)	1500	1400	8000
最大下泄流量/(m^3/s)	43700	49800	98800

对于秭归县水源地，基库库容对水源地水环境承载力的影响力可以用式（20-104）来表示

$$P_{基} = \frac{基库库容}{三峡水库总库容} \tag{20-104}$$

可调库容对水源地水环境承载力影响力可以用式（20-105）表示：

$$P_{调} = \frac{最大调节库容}{三峡水库总库容} \tag{20-105}$$

计算得出 $P_{基}$=43.77%，$P_{调}$ 为 56.36%，$P_{调} > P_{基}$，可见，三峡水库可调库容对宜昌市秭归县长江段凤凰山饮用水源地的影响大于基库库容对其的影响，其水环境承载力的动态变化主要与三峡水库的调节库容变化有关。而对于重庆的两个水源地，由于其位于三峡水库库尾，其水环境承载力的动态变化主要与上游向家坝水库的动库容变化量有关。

在三峡水库最大调节库容与向家坝水库最大动库容情况下，利用构建的"一维非恒定流水动力-水质数学模型"、研究提出的"变动库容水环境承载力计算方法"，计算得出重庆市南岸区长江黄桷渡水源地、重庆市九龙坡区长江和尚山饮用水源地、宜昌市秭归县长江段凤凰山饮用水源地的变动库容水环境承载力见表20-47～表20-49。

表20-47　向家坝最大动库容下（$9.03 \times 10^8 m^3$）黄桷渡水源地变动库容水环境承载力

污染物名称	降解系数	当前水质年平均浓度/(g/m³)	水质目标下污染物浓度/(g/m³)	变动库容水环境承载力/kg
高锰酸盐指数	0.009	2.12	6	1.15×10^3
BOD₅	0.13	1.09	4	6.79×10^3
硫酸盐指数	0.12	38.30	250	2.00×10^5
氨氮	0.12	0.24	1	1.20×10^3
硝酸盐指数	0.12	1.59	10	8.26×10^3
硫化物	0.12	0.00	0.2	0.33×10^2
氰化物	0	0.00	0.2	0.21×10^2
总磷	0.1	0.13	0.2	6.06×10^2
氟化物	0	0.22	1	0.83×10^2
阴离子表面活性剂	0.33	0.03	0.2	3.37×10^2
石油类	0.718	0.01	0.05	3.53×10^2
铬(六价)	0.22	0.00	0.05	46.94
汞	0	0.00	0.0001	0.6×10^{-2}
镉	0	0.00	0.005	0.26
锰	0	0.05	0.1	6.78
砷	0	0.00	0.05	6.16
挥发酚	0.244	0.00	0.005	13.77
铜	0	0.00	1	1.06×10^2
铅	0	0.01	0.05	4.72
锌	0	0.02	1	1.04×10^2
铁	0	0.25	0.3	6.20
硒	0	0.00	0.01	1.04
粪大肠杆菌/(个/L)	0	—	10000	—

表20-48　向家坝最大动库容下（9.03×10⁸m³）和尚山水源地变动库容水环境承载力

污染物名称	降解系数	当前水质年平均浓度 /(g/m³)	水质目标下污染物浓度 /(g/m³)	变动库容水环境承载力 /kg
高锰酸盐指数	0.009	2.16	6	7.52×10^2
BOD₅	0.13	1.07	4	3.69×10^3
硫酸盐指数	0.12	42.02	250	1.41×10^5
氨氮	0.12	0.24	1	7.76×10^2
硝酸盐指数	0.12	1.59	10	6.39×10^3
硫化物	0.12	0.00	0.2	21.13
氰化物	0	0.00	0.2	13.64
总磷	0.1	0.14	0.2	3.56×10^2
氟化物	0	0.23	1	53.35
阴离子表面活性剂	0.33	0.03	0.2	2.19×10^2
石油类	0.718	0.01	0.05	2.12×10^2
铬(六价)	0.22	0.00	0.05	22.71
汞	0	0.00	0.0001	0.48×10^{-2}
镉	0	0.00	0.005	0.21
锰	0	0.04	0.1	4.20
砷	0	0.00	0.05	3.37
挥发酚	0.244	0.00	0.005	6.41
铜	0	0.00	1	68.63
铅	0	0.00	0.05	3.18
锌	0	0.02	1	67.67
铁	0	0.22	0.3	6.50
硒	0	0.00	0.01	0.67
粪大肠杆菌/(个/L)	0	—	10000	—

表20-49　三峡最大调节库容下（221.5×10⁸m³）秭归县长江段凤凰山饮用水水源地变动库容水环境承载力

污染物名称	自净系数	当前水质年平均浓度 /(g/m³)	水质目标下污染物浓度 /(g/m³)	变动库容水环境承载力 /kg
高锰酸盐指数	0.009	1.69	6	3.15×10^5
BOD₅	0.13	1.42	4	2.24×10^6
硫酸盐指数	0.0044	40.19	250	8.77×10^6
氨氮	0.0044	0.09	1	3.37×10^4
硝酸盐指数	0.0044	1.73	10	3.53×10^5
硫化物	0.04	0.00	0.2	7.48×10^3

续表

污染物名称	自净系数	当前水质年平均浓度 /(g/m³)	水质目标下污染物浓度 /(g/m³)	变动库容水环境承载力 /kg
氰化物	0	0.00	0.2	6.33×10^3
总磷	0.009	0.10	0.2	1.38×10^4
氟化物	0	0.24	1	2.42×10^4
阴离子表面活性剂	0.26	0.03	0.2	8.15×10^4
石油类	0.129	0.01	0.05	8.97×10^3
铬(六价)	0.185	0.01	0.05	6.85×10^3
汞	0	0.00	0.0001	3.04
镉	0	0.00	0.005	1.44×10^2
锰	0	0.01	0.1	3.04×10^4
砷	0	0.00	0.05	1.59×10^3
挥发酚	0.116	0.00	0.005	4.24×10^2
铜	0	0.00	1	3.20×10^4
铅	0	0.01	0.05	1.44×10^3
锌	0	0.03	1	3.12×10^4
铁	0	0.02	0.3	8.80×10^3
硒	0	0.00	0.01	3.15×10^2
粪大肠杆菌/(个/L)	—	—	10000	—

综上所述，水源地水环境承载力主要与上下游水库的可调节库容有关，可调节库容改变导致水源地水位、流量、水体体积发生变化，从而引起水环境承载力的动态变化。因此，水库群联合调度保障水源地水环境安全的关键在于上游向家坝水库与下游三峡水库的协同调度，协同调度的机理则在于提升变动库容水环境承载力。

20.6.2.2 水库群联合调度运行下三峡库区饮用水源地水环境安全的发展态势

（1）"十二五"期间库区饮用水源地面临的水环境风险

对于重庆的两个水源地，由于长江重庆段位于重庆主城区，经济发展快，人口数量增加，生活污水和工业废水排污量增大，近年的环境统计结果显示，三峡库区工业污染源废水排放量为 6.28×10^8t，其中重庆库区 6.06×10^8t，占96.5%；生活污水方面，三峡库区城镇生活污水排放量为 4.96×10^8t，其中重庆库区 4.80×10^8t，占96.8%。整个库区化肥和农药流失总量为47.98t，其中有机磷26.56t，有机氮6.01t，菊酯类6.17t，除草剂3.38t，其他化肥和农药6.87t，从农药使用情况来看，有机磷农药施用量最大说明库区高毒农药使用仍很普遍。对于宜昌市秭归县长江段凤凰山饮用水源地，其风险主要还是三峡水库蓄水后，层流水动力学条件带来的水环境风险。如流速缓慢、水流呈静水状态，水体输送氮磷的能力较弱，氮磷局部富集的风险增大，水体自净能力相对较弱，研究表明，当水流大于

0.3m/s 时，因水面紊动而发生强烈的交换作用，河流具有很强的复氧能力，只有少量水生植物和藻类能生长。此外，三峡库区的污水处理设施仍有待完善，库区城镇生活废水集中处理率仍有待提升，沿江城镇废污水及含粪便的城镇生活废水直接排入库区水体的现象仍客观存在。这些均表明，"十二五"期间库区饮用水源地依然面临着水环境风险。

（2）水库群联合调度下库区水源地水环境安全的发展态势

在水库群联合调度下，对于溪洛渡水库，在考虑发电、防洪、拦沙等因素设计阶段拟定的调度原则下，溪洛渡水库的最大可调节库容为 $64.6 \times 10^8 m^3$；向家坝水库，综合考虑发电、防洪、排沙及与溪洛渡水库运行方式协调等因素，可调控的最大库容为 $9.03 \times 10^8 m^3$；三峡水库，水库调度运行准则下的最大可调节库容为 $221.5 \times 10^8 m^3$，因此当发生水环境风险时，可通过三库联调的方式，增大水源地的抗风险能力。

水库群联合调度下，溪洛渡的水库的可调节库容为 $64.6 \times 10^8 m^3$，向家坝的可调库容为 $9.03 \times 10^8 m^3$，三峡水库的可调节库容为 $221.5 \times 10^8 m^3$，当发生水环境污染事件时，可通过上游向家坝 - 溪洛渡水库放水和下游三峡水库下泄两种方式来应对水环境风险，降低水源地发生风险的可能性。

水库群的联合调度下，水库群多库容的变化，增大了水源地水环境的动态水环境容量和水体纳污能力，提高了水源地的水环境承载力；水库群联合调度改变了下游水流流量、水位和流速等，使下游水源地囤积的污染物质得到稀释，改善了水源地的水生态现状，水源地的水质达标率增加，降低了污染物超标的可能性，使水源地水环境抗风险能力增强，水源地水环境安全水平提升。

20.6.3 水源地水环境风险源确定

20.6.3.1 风险源识别

（1）风险源定义及识别方法

饮用水源地水环境风险源是指引起水源地水环境污染事故，从而对水环境或水生态系统或其组分产生不利影响的根源，其是水环境污染事件发生的前提，它的定义不仅包括事故对附近脆弱受体产生的后果性，还包括污染物质泄漏的可能性。

饮用水源地水环境污染事故风险源的识别是通过确定饮用水水源地的风险因素和风险类型分析。对可能发生的事故后果进行定性和定量分析。首先应对水源地本身及其区域环境进行调查研究，尽可能多地收集相关水源地历史资料，分析以往突发性水环境事件及其原因、影响和危害程度；对水环境现状进行分析，估计可能出现的自然的或者人为的水环境恶化情况。

风险源识别方法主要有流域自然环境调查、潜在风险源调查、历史突发性污染事故调查等。

1）流域自然环境调查

搜集饮用水水源地所在江河流域水环境状况、水文气象条件、水源保护区范围和取水口设置等图文、数据信息，找出对水环境有潜在危害的污染源和位置以及分析突发性水污染事故发生时可能流入水环境的污染物数量。

2）潜在风险源调查

对库区水源地保护区所在流域的所有潜在风险源进行排查，包括固定源、移动源和流域源等。具体地讲，在固定源（工业污染源、废水处理厂、危险品仓库、装卸码头、废物填埋场等）中，对生产、使用、储藏或排放有毒有害物质的单位进行重点标注，并记录排污设施运行情况、应急预案的编制情况等；对移动源（运输船舶、货运车辆）中船舶的船只类型、吨位、通航密度，以及有毒、有害货物的品种及总量等进行统计；对流域源（水灾和潮汛）的发生频率和灾害程度等进行统计分析。

3）历史突发性污染事故调查

可从陆上和水上两条线进行，调查所有由陆上固定源所引起的突发性水质污染事故，包括企业的事故性排放、仓库爆炸事故以及码头装卸事故等，对事故单位、时间、地点、泄漏物质品种和数量、造成的影响等做详细统计；对历年在流域发生的船舶溢油泄漏事故进行统计，详细记录事故发生的地点、时间、泄漏物质、泄漏量、事发时的水文气象条件以及事故影响后果等。

（2）风险源识别

水环境风险源的分类是开展水环境安全评价和预警预报的基础，对水源地水环境风险源进行有效判别和监管，是减少水源地水环境污染事故和危害的有效途径之一。在风险排查的基础上，综合考虑风险源所处的区域位置、突发性水污染事件的历史发生概率、潜在污染事件的可能污染强度等，将风险源分为固定风险源和移动风险源两类，具体的分类及其污染特征详见表 20-50。

表20-50　风险源分类

类别	风险源	污染特征
固定风险源	危险有害化学品仓库	多为危化品类的化学性污染
	化工厂	
	污水处理厂	
	制药厂	
	固废填埋场	
	装卸码头	
移动风险源	航运船舶	石油类油品污染及危化品类化学性污染
	货运车辆	

固定风险源是指事故发生位置相对固定的污染源，包括工业污染源、废弃物处理场、工业仓储、装卸码头等，该类风险源发生事故时位置基本固定，起始污染范围较小，逐步扩散，以化学性污染为主，危害性较大。移动风险源是指流域水体中航运船舶和沿岸道路行驶车辆等风险源，此类污染源流动性较强，污染物扩散速度较快，而且具有不确定性，包括时间发生的位置、发生的时间、污染物类型、污染物总量等。对于每一个具体的区域，其具有的可能导致水环境污染的风险源的情况是不一样的，因此，对具体的考察区

域，要具体分析其具有风险源的情况和特点。

1）固定风险源

经调查研究分析，三峡库区内的固定风险源主要有化工厂、污水处理厂、垃圾处理场、制药厂、印刷厂、金属加工企业、危化品码头、水上加油站（船）等类型，各类型风险源在库区内均有分布，数量不等、危害不一。根据各种类型风险源的数量大小及产生污染的后果，选定化工厂、污水处理厂、危化品码头和水上加油站（船）作为固定源识别的主要对象。

2）移动风险源

移动风险源主要有水上运输和陆地运输两类移动的、发生事故后危险物质能够进入水体的风险源，主要包括船舶运输移动源和陆地运输移动源，而陆地运输移动源又包括公路运输移动源和铁路运输移动源。研究根据流域地理环境、移动源的实际运输状况来确定研究区的主要移动风险源。例如，选择运输船舶作为考察水上运输移动源发生污染事故的调查对象，同时选择典型的跨江公路（铁路）桥梁以及典型的滨江公路（铁路）桥梁上的运输危险物质的汽车（火车）作为考察陆地运输移动源发生污染事故的调查对象。三峡库区的移动风险源主要是船舶污染源，其信息库包括不同类型船舶数量、发动机功率、年运行天数、船员人数、年客运量（长途、短途）、含油废水、城镇生活废水日排放量、废水污水处理情况，污染物浓度范围、日排放污染物量等。根据近年来三峡库区水污染事件的特点，交通事故引发的水体污染事件从数量和程度上都有上升趋势，因此，跨江大桥上行驶的交通工具也成为一个潜在的流动风险源类型。

经分析，在三峡库区饮用水源地的风险源辨识中，选定水源地上游的工厂企业、污水处理厂、危化品码头和水上加油站（船）作为固定风险源辨识的主要对象。选择在饮用水源地附近通航的运输船舶作为水上移动风险源辨识的主要对象，同时选择相关跨江公路（铁路）桥梁以及典型的滨江公路（铁路）桥梁上的危险物质运输汽车（火车）作为陆地移动风险源辨识的主要对象。

20.6.3.2　风险机制

（1）风险形成机制

风险源存在引发水污染事故的隐患，其风险的形成、发生必须具备风险源存在、控制机制失效等条件，即风险的形成除了受到风险源本身特性（风险品数量多少、风险品毒性大小）的影响外，还应存在风险源所属单位风险控制机制（风险应急对策和管理等）失效的状况。因此，在确定某一风险源的风险大小时，可以从风险源、控制机制两个方面单独考虑，也可以同时考虑风险源、控制机制，当从不同方面来确定风险大小时分析和评估的重点是不一样的，得出的结果也有差异。

三峡库区存在的风险源是导致饮用水源地发生突发性水污染事件的重要因素，而风险源具有的风险品数量的多少、风险品的毒性大小以及风险源的风险控制有效性程度对水环境污染风险大小有很大影响。一般来说，风险源具有的风险品数量越多、风险品毒性越大、风险控制有效性越差，则发生水环境污染的风险越大且危害后果越重；反之，则发生水环境污染风险的可能性和危害后果越小。

（2）风险大小的确定

三峡库区饮用水源地的风险源主要考虑饮用水源地上游的工厂企业、污水处理厂、危化品码头、油码头（油库、油船），在对三峡库区现有水环境污染风险源的风险大小进行确定时，风险源自身的特性和发生风险的可能性大小。具体包括：风险源具有的水环境污染风险品的数量、风险品的毒性、风险源发生水环境污染事故的可能性大小 3 个方面。

1）基于风险源自身特性的风险大小确定

对于任一风险源来说，除了具有的风险品数量之外，风险品的毒性大小也对发生事故后可能产生的水环境污染风险大小有影响，风险源本身的特性即风险品的数量、风险品的毒性。一般来讲，相同数量的各种风险品，毒性越大在发生事故后对水环境污染的风险越大。当综合考虑风险源具有的风险品数量和风险品毒性时，对每个风险源的风险值大小计算如下：

$$R_1 = \sum_{j=1}^{n} \frac{第j种风险品的数量}{第j种风险品的允许限值} \tag{20-106}$$

式中 R_1——只考虑风险源本身特性的风险值，即风险大小。

风险品的数量的单位为吨（t），风险品的允许限值单位为 mg/L。

工厂企业、危化品码头、油码头（油库）所具有的水环境污染风险品的允许限值参考我国的《生活饮用水卫生标准》（GB 5749—2022）。我国的《生活饮用水卫生标准》（GB 5749—2022）中未列出的风险物品的允许限值依次参考《美国饮用水水质标准》《日本饮用水水质基准》《苏联生活饮用水和文化生活用水水质标准》等。风险品的毒性大小与敏感目标的类型有关，同样的风险品对不同的敏感目标其毒性是不一样的。在三峡库区突发性水污染事件中，受污染影响的重要敏感目标为集中饮用水源地。

因此，研究将饮用水源地作为三峡库区突发性水污染事件的敏感目标，在针对工厂企业、危化品码头、油码头（油库）所具有的水环境污染风险品进行风险品允许限值确定时采用饮用水源地标准来确定风险品允许限值。对于污水处理厂，根据污水生物毒性的相关研究结果，其具有的水环境污染风险品（污水）的允许限值定为 20mg/L。

2）风险源的综合风险大小的确定

风险源的综合风险大小是综合考虑了风险源单位的风险品的数量、风险品的毒性以及风险控制和管理有效性之后的风险源的风险大小。一般来说，风险品数量越大、毒性越强、风险控制和管理越差，则突发性水污染事件的风险越大。当综合考虑风险源具有的风险品数量、风险品毒性和风险源事故发生可能性时，对每个风险源的综合风险值大小计算用下式：

$$R_2 = \left[\sum_{j=1}^{n} \left(\frac{第j种风险品的数量}{第j种风险品的允许限值} \right) \right] \times P \tag{20-107}$$

式中 R_2——综合考虑了风险品数量、风险品毒性、风险源发生事故概率的风险源的综合风险值，即综合风险大小；

P——风险源发生事故的概率。

20.6.4 水源地水环境安全评判体系

水环境安全是 20 世纪 70 年代提出的重要概念，随着工业化进程的加快，人类用水活动增加，水污染事件时有发生，水环境面临着前所未有的压力，其安全问题也得到了国际社会的广泛关注，对水环境安全的研究也成为当前学术界的热点问题之一。

水环境安全的内涵主要包括 3 个方面的内容：

① 水环境安全的自然属性，即水环境安全问题是水体的量、质以及时空分布变化产生的问题，例如水资源量、水动力条件、水生态环境等；

② 水环境安全的社会属性；

③ 水环境安全的人文属性，人类过度开发和利用水资源，造成了水环境破坏，引发水环境安全问题，会使人类产生危机感。

20.6.4.1 三峡库区饮用水源地水环境安全评判体系的建立

本研究在"十一五"所取得的"三峡库区水环境系统脆弱性评价"成果的基础上，根据水源地安全保障要求，以三峡库区重要饮用水源地为研究对象，结合水源地的水动力学条件、水质、水生态现状特征，按照国家《地表水环境质量标准》（GB 3838—2002）、《地表水环境质量评价办法（试行）》（环办〔2011〕22 号）、《环境影响评价技术导则　地面水环境》（HJ/T 2.3—1993）等的相关要求，结合本研究的重点任务和考核指标，基于三峡库区饮用水源地 2014 ～ 2017 年的水环境安全现状，选取饮用水源地水环境安全评判指标并确定权重，提出了水源地水环境安全评判方法，从而构建了三峡库区饮用水源地水环境安全评判体系。

（1）三峡库区饮用水源地水环境安全评判指标及权重

水环境安全评判指标一般涉及水动力学条件（例如水量、流速）、水质、水生态等方面。然而根据对 2014 ～ 2017 年三峡库区水源地水动力学条件（流速、流量）、水质、水生态（例如叶绿素 a 指标）等方面的调查和分析发现，对于研究关注的三个水源地（重庆市南岸区长江黄桷渡水源地、宜昌市秭归县长江段水源地、九龙坡区长江和尚山水源地），其流量、流速相对较大或水位变幅大，水动力学条件相对较好，且 2014 ～ 2017 年期间，无水体富营养化或水华事件的发生；但其水质，却存在超标的情况；鉴于此，本研究在建立三峡库区饮用水源地安全评判体系时，侧重于水质指标的选取。

根据《地表水环境质量标准》（GB 3838—2002）的相关要求，"地表水环境质量评价应根据应实现的水域功能类别，选取相应类别标准，进行单因子评价，评价结果应说明水质达标情况"，根据饮用水源地的功能，按照Ⅲ类标准进行评价。

因此，选取的三峡库区饮用水源地水环境安全评判指标共27项，具体为水温、pH值、溶解氧、高锰酸盐指数、五日生化需氧量（BOD_5）、氨氮（NH_4^+-N）、总磷、铜、锌、氟化物、硒、砷、汞、镉、铬（六价）、铅、氰化物、挥发酚、石油类、阴离子表面活性剂、硫化物、粪大肠杆菌、硫酸盐、氯化物、硝酸盐、铁、锰。鉴于《地表水环境质量评价办法（试行）》（环办〔2011〕22 号）中要求"水温和粪大肠杆菌作为参考指标进行单独评价",将三峡库区饮用水源地水环境安全评判指标分为两类:一般评判指标和参考评判指标。其中一般评判指标 25 项,具体包括 pH 值、溶解氧、高锰酸盐指数、五日生化需氧量(BOD_5)、氨氮(NH_4^+-N)、总磷、铜、锌、氟化物、硒、砷、汞、镉、铬(六价)、铅、氰化物、挥发酚、石油类、阴离子表面活性剂、硫化物、硫酸盐、氯化物、硝酸盐、铁、锰;参考评判指标 2 项即水温和粪大肠杆菌。

此外,由于我国的地表水环境质量评价采取"单因子评价法",即一个水样中,只要任何一个指标的指标值不满足相应类别的标准,整个水样就不达标,因此各个一般评判指标的权重相等,取值均为 1;而对于参考评判指标,由于其仅作用于单独评价,因此在三峡库区饮用水源地水环境安全评判体系中权重取值为 0。

(2)三峡库区饮用水源地水环境安全评判方法

1)水质评价方法

根据《地表水环境质量标准》(GB 3838—2002)和《地表水环境质量评价办法(试行)》(环办〔2011〕22 号)的相关要求,同时考虑到本研究涉及的三峡库区水源地均属于河流型水源地,水质评价采用单因子评价法,水质等级根据评价时段内该断面参评指标中类别最高的一项来确定。为了确定参评指标的类别,本研究在参考《环境影响评价技术导则 地面水环境》(HJ/T 2.3—1993)的基础上,对 pH 值、溶解氧、高锰酸盐指数、五日生化需氧量(BOD_5)、氨氮(NH_4^+-N)、总磷、铜、锌、氟化物、硒、砷、汞、镉、铬(六价)、铅、氰化物、挥发酚、石油类、阴离子表面活性剂、硫化物、硫酸盐、氯化物、硝酸盐、铁、锰、水温、粪大肠杆菌分别进行水质评价。水环境水质评价主要采用单因子评价法。

2)水环境安全评判方法

通过前述的水质评价方法可以确定出三峡库区饮用水源地的水质达标情况,并计算出饮用水源地的水质达标率。根据本研究任务合同书的相关要求,饮用水源地应保证水质达标 95% 以上。评价标准执行《地表水环境质量标准》(GB 3838—2002)Ⅲ类标准,选取的水质评价指标为 27 项三峡库区饮用水源地水环境安全评判指标。根据前文所述的单项水质参数评价方法,若所采集水源地水样的水质优于或等于Ⅲ类标准,则视为达标水量;若劣于Ⅲ类标准,则视为不达标水量;每个饮用水源地的监测频次为 1 次 / 月,饮用水源水质达标率 =(达标水量 / 取水总量)× 100%。鉴于此,本研究提出基于饮用水源地水质达标率的三峡库区饮用水源地水环境安全评价方法,结合国内外文献、三峡库区饮用水源地水质现状、研究考核目标要求等,确定三峡库区饮用水源地水环境安全分级标准见表 20-51。

表20-51 水环境安全评判标准

水源地水质达标率	<70%	70%~80%(不含80%)	80%~95%(不含95%)	≥95%
水环境安全等级	不安全	基本安全	安全	非常安全

20.6.4.2 饮用水源地水环境安全评价

根据前文所提出的三峡库区饮用水源地水环境安全评判指标,利用所构建的三峡库区饮用水源地水环境安全评判方法,依据《地表水环境质量标准》(GB 3838—2002)Ⅲ类标准、《地表水环境质量评价办法（试行）》（环办〔2011〕22号）和《环境影响评价技术导则　地面水环境》（HJ/T 2.3—1993），开展三峡库区饮用水源地水环境安全评价。对三峡库区3个重要水源地（重庆市黄桷渡饮用水源地、重庆市九龙坡区长江和尚山饮用水源地和宜昌市秭归县凤凰山饮用水源地）进行了为期4年（即2014～2017年）的实地水样监测，监测频次为1次/月。

结合三个水源地2014～2017年水质监测结果，可计算出各水样各水质指标的标准指数，从而得出各个水样的水质等级，最终对三峡库区饮用水源地进行水环境安全评价。各饮用水源地水环境安全评价具体如下。

（1）重庆市南岸区长江黄桷渡饮用水源地

根据2014～2017年对重庆市南岸区长江黄桷渡饮用水源地的水质监测，将27个饮用水源地水环境安全评判指标的标准指数列入表20-52。表中的"达标指标"是指pH值、溶解氧、五日生化需氧量（BOD_5）、氨氮（NH_4^+-N）、铜、锌、氟化物、硒、砷、镉、铬（六价）、铅、氰化物、挥发酚、石油类、阴离子表面活性剂、硫化物、硫酸盐、氯化物、硝酸盐，共20个指标；此外，部分水质指标在个别采样时间出现了超标现象，该部分水质指标已在"超标指标"中列出。此外，水温、粪大肠杆菌作为参考指标进行单独评价，不计入水源地水质达标率的计算。

表20-52　重庆市南岸区长江黄桷渡饮用水源地水质标准指数

序号	采样时间	达标指标	超标指标					单独评价指标	
			总磷	铁	锰	高锰酸盐	汞	水温	粪大肠杆菌
1	2014年1月	≤1	1.10	0.60	0.20	0.33	0.20	—	≤1
2	2014年2月	≤1	1.05	0.97	0.50	0.37	0.80	—	≤1
3	2014年3月	≤1	1.15	0.53	0.20	0.32	0.20	—	≤1
4	2014年4月	≤1	0.75	2.00	0.80	0.40	0.05	—	≤1
5	2014年5月	≤1	1.30	6.97	3.20	1.38	0.40	—	≤1
6	2014年6月	≤1	0.20	0.17	0.05	0.37	0.50	—	≤1
7	2014年7月	≤1	0.85	4.80	2.50	0.35	0.40	—	≤1
8	2014年8月	≤1	0.45	0.70	1.80	0.53	0.05	—	≤1
9	2014年9月	≤1	1.10	0.43	0.70	0.38	0.50	—	≤1
10	2014年10月	≤1	0.55	0.33	0.20	0.38	0.80	—	≤1
11	2014年11月	≤1	0.35	0.83	0.20	0.43	0.90	—	≤1
12	2014年12月	≤1	0.80	0.30	0.10	0.23	0.40	—	≤1
13	2015年1月	≤1	0.30	0.05	0.05	0.04	0.20	—	≤1
14	2015年2月	≤1	0.10	0.05	0.05	0.08	0.30	—	≤1
15	2015年3月	≤1	0.50	0.05	0.05	0.04	0.05	—	≤1
16	2015年4月	≤1	0.80	0.05	0.05	0.13	0.05	—	≤1

续表

序号	采样时间	达标指标	超标指标					单独评价指标	
			总磷	铁	锰	高锰酸盐	汞	水温	粪大肠杆菌
17	2015年5月	≤1	0.70	0.10	0.05	0.22	0.05	—	≤1
18	2015年6月	≤1	0.65	0.17	0.10	0.20	0.05	—	≤1
19	2015年7月	≤1	1.15	0.05	1.10	0.45	0.50	—	≤1
20	2015年8月	≤1	0.15	0.43	0.05	0.43	4.00	—	1.60
21	2015年9月	≤1	0.25	0.05	0.05	≤1	0.20	—	1.60
22	2015年10月	≤1	0.03	0.05	0.05	0.25	0.20	—	≤1
23	2015年11月	≤1	0.50	0.05	0.05	0.22	0.10	—	≤1
24	2015年12月	≤1	0.80	0.17	0.20	0.37	0.40	—	2.40
25	2016年1月	≤1	0.70	0.10	0.05	0.63	0.60	—	≤1
26	2016年2月	≤1	0.25	0.05	0.05	0.10	0.50	—	≤1
27	2016年3月	≤1	0.70	0.05	0.05	0.08	0.05	—	≤1
28	2016年4月	≤1	0.35	0.05	0.05	0.37	0.30	—	≤1
29	2016年5月	≤1	0.70	0.05	0.05	0.10	0.05	—	≤1
30	2016年6月	≤1	0.45	0.05	0.05	0.18	0.50	—	≤1
31	2016年7月	≤1	0.72	—	0.70	0.28	0.05	—	24.00
32	2016年8月	≤1	0.57	—	0.50	0.28	0.20	—	6.40
33	2016年9月	≤1	0.47	—	0.33	0.32	0.05	—	6.40
34	2016年10月	≤1	0.39	0.54	0.24	0.26	0.10	—	1.30
35	2016年11月	≤1	0.20	0.35	0.05	0.23	0.05	—	≤1
36	2016年12月	≤1	≤1	0.20	0.05	0.21	0.05	—	3.50
37	2017年1月	≤1	≤1	≤1	≤1	≤1	≤1	—	≤1
38	2017年2月	≤1	≤1	≤1	≤1	≤1	≤1	—	≤1
39	2017年3月	≤1	≤1	≤1	≤1	≤1	≤1	—	≤1
40	2017年4月	≤1	≤1	≤1	≤1	≤1	≤1	—	≤1
41	2017年5月	≤1	≤1	≤1	≤1	≤1	≤1	—	≤1
42	2017年6月	≤1	≤1	≤1	≤1	≤1	≤1	—	≤1
43	2017年7月	≤1	≤1	≤1	≤1	≤1	≤1	—	≤1
44	2017年8月	≤1	≤1	≤1	≤1	≤1	≤1	—	≤1
45	2017年9月	≤1	≤1	≤1	≤1	≤1	≤1	—	≤1
46	2017年10月	≤1	≤1	≤1	≤1	≤1	≤1	—	≤1
47	2017年11月	≤1	≤1	≤1	≤1	≤1	≤1	—	≤1
48	2017年12月	≤1	≤1	≤1	≤1	≤1	≤1	—	≤1

基于表 20-52，根据单因子评价法，对照《地表水环境质量标准》（GB 3838—2002）的Ⅲ类标准，依据《地表水环境质量评价办法（试行）》（环办〔2011〕22 号）对黄桷渡饮用水源地 48 个水样的达标情况进行评价，结合任务合同，水质指标满足Ⅰ～Ⅲ类水质标准要求的描述为"符合"，水质指标不满足Ⅲ类水质标准要求的描述为"劣于"，具体评价结果见表 20-53。

表20-53　重庆市南岸区长江黄桷渡饮用水源地水质类别

序号	采样时间	水质类别	是否达标
1	2014 年 1 月	劣于	否
2	2014 年 2 月	劣于	否
3	2014 年 3 月	劣于	否
4	2014 年 4 月	劣于	否
5	2014 年 5 月	劣于	否
6	2014 年 6 月	符合	是
7	2014 年 7 月	劣于	否
8	2014 年 8 月	劣于	否
9	2014 年 9 月	劣于	否
10	2014 年 10 月	符合	是
11	2014 年 11 月	符合	是
12	2014 年 12 月	符合	是
13	2015 年 1 月	符合	是
14	2015 年 2 月	符合	是
15	2015 年 3 月	符合	是
16	2015 年 4 月	符合	是
17	2015 年 5 月	符合	是
18	2015 年 6 月	符合	是
19	2015 年 7 月	劣于	否
20	2015 年 8 月	劣于	否
21	2015 年 9 月	符合	是
22	2015 年 10 月	符合	是
23	2015 年 11 月	符合	是
24	2015 年 12 月	符合	是
25	2016 年 1 月	符合	是
26	2016 年 2 月	符合	是
27	2016 年 3 月	符合	是
28	2016 年 4 月	符合	是
29	2016 年 5 月	符合	是

序号	采样时间	水质类别	是否达标
30	2016年6月	符合	是
31	2016年7月	符合	是
32	2016年8月	符合	是
33	2016年9月	符合	是
34	2016年10月	符合	是
35	2016年11月	符合	是
36	2016年12月	符合	是
37	2017年1月	符合	是
38	2017年2月	符合	是
39	2017年3月	符合	是
40	2017年4月	符合	是
41	2017年5月	符合	是
42	2017年6月	符合	是
43	2017年7月	符合	是
44	2017年8月	符合	是
45	2017年9月	符合	是
46	2017年10月	符合	是
47	2017年11月	符合	是
48	2017年12月	符合	是

基于表 20-53，根据前文提到的饮用水源水质达标率的计算方法，饮用水源水质达标率＝（达标水量／取水总量）×100%，可以计算得出重庆市南岸区长江黄桷渡饮用水源地的水质达标率为 79.2%。对照三峡库区饮用水源地水环境安全评判体系提出的水环境安全评判标准，重庆市南岸区长江黄桷渡饮用水源地水环境安全属于"基本安全"。

（2）重庆市九龙坡区长江和尚山饮用水源地

根据 2014～2017 年对重庆市九龙坡区长江和尚山饮用水源地的水质监测，将 27 个饮用水源地水环境安全评判指标的标准指数列入表 20-54，"达标指标"是指 pH 值、溶解氧、高锰酸盐指数、五日生化需氧量（BOD_5）、氨氮（NH_4^+-N）、铜、锌、氟化物、硒、砷、汞、镉、铬（六价）、铅、氰化物、挥发酚、石油类、阴离子表面活性剂、硫化物、硫酸盐、氯化物、硝酸盐，共 22 个指标；此外，部分水质指标在个别采样时间出现了超标现象，该部分水质指标在"超标指标"中列出。此外，水温、粪大肠杆菌作为指标进行单独评价，不计入水源地水质达标率的计算。

基于表 20-54，根据单因子评价法，对照《地表水环境质量标准》（GB 3838—2002）的Ⅲ类标准，依据《地表水环境质量评价办法（试行）》（环办〔2011〕22 号）对和尚山饮用水源地 48 个水样的达标情况进行评价，结合任务合同，水质指标满足Ⅰ～Ⅲ类水质标准要求的描述为"符合"，水质指标不满足Ⅲ类水质标准要求的描述为"劣于"，具体评价结果见表20-55。

表20-54 重庆市九龙坡区长江和尚山饮用水源地水质标准指数

序号	采样时间	达标指标	超标指标			单独评价指标	
			总磷	铁	锰	水温	粪大肠杆菌
1	2014年1月	≤1	0.85	0.53	0.20	—	≤1
2	2014年2月	≤1	0.95	0.77	0.10	—	≤1
3	2014年3月	≤1	1.20	0.57	0.20	—	≤1
4	2014年4月	≤1	2.05	1.73	0.80	—	≤1
5	2014年5月	≤1	0.95	1.37	0.70	—	≤1
6	2014年6月	≤1	0.50	0.05	0.05	—	≤1
7	2014年7月	≤1	0.45	3.20	1.90	—	≤1
8	2014年8月	≤1	0.75	4.53	1.90	—	≤1
9	2014年9月	≤1	0.75	0.67	0.40	—	≤1
10	2014年10月	≤1	0.55	1.03	0.30	—	≤1
11	2014年11月	≤1	1.10	0.67	0.20	—	≤1
12	2014年12月	≤1	0.95	0.73	0.20	—	≤1
13	2015年1月	≤1	1.45	0.50	0.20	—	≤1
14	2015年2月	≤1	1.00	0.05	0.05	—	≤1
15	2015年3月	≤1	0.65	0.47	0.20	—	≤1
16	2015年4月	≤1	0.80	0.63	0.20	—	≤1
17	2015年5月	≤1	0.75	0.05	0.05	—	≤1
18	2015年6月	≤1	0.70	0.05	0.05	—	1.10
19	2015年7月	≤1	0.60	0.20	0.05	—	3.50
20	2015年8月	≤1	0.25	0.05	0.05	—	0.54
21	2015年9月	≤1	0.35	0.05	0.05	—	3.50
22	2015年10月	≤1	0.80	0.05	0.05	—	0.21
23	2015年11月	≤1	0.45	0.05	0.05	—	1.30
24	2015年12月	≤1	0.70	0.05	0.05	—	0.49
25	2016年1月	≤1	0.45	0.05	0.05	—	1.30
26	2016年2月	≤1	0.55	0.05	0.05	—	≤1
27	2016年3月	≤1	0.60	0.05	0.05	—	≤1
28	2016年4月	≤1	0.50	0.05	0.05	—	≤1
29	2016年5月	≤1	0.60	0.05	0.05	—	≤1

续表

序号	采样时间	达标指标	超标指标			单独评价指标	
			总磷	铁	锰	水温	粪大肠杆菌
30	2016年6月	≤1	0.75	0.05	0.05	—	≤1
31	2016年7月	≤1	0.29	2.46	1.10	—	2.20
32	2016年8月	≤1	0.22	—	0.50	—	1.30
33	2016年9月	≤1	0.53	—	0.31	—	1.30
34	2016年10月	≤1	0.48	1.03	0.40	—	3.50
35	2016年11月	≤1	0.23	0.40	0.10	—	≤1
36	2016年12月	≤1	0.31	0.17	0.05	—	0.49
37	2017年1月	≤1	≤1	≤1	≤1	—	≤1
38	2017年2月	≤1	≤1	≤1	≤1	—	≤1
39	2017年3月	≤1	≤1	≤1	≤1	—	≤1
40	2017年4月	≤1	≤1	≤1	≤1	—	≤1
41	2017年5月	≤1	≤1	≤1	≤1	—	≤1
42	2017年6月	≤1	≤1	≤1	≤1	—	≤1
43	2017年7月	≤1	≤1	≤1	≤1	—	≤1
44	2017年8月	≤1	≤1	≤1	≤1	—	≤1
45	2017年9月	≤1	≤1	≤1	≤1	—	≤1
46	2017年10月	≤1	≤1	≤1	≤1	—	≤1
47	2017年11月	≤1	≤1	≤1	≤1	—	≤1
48	2017年12月	≤1	≤1	≤1	≤1	—	≤1

基于表20-55，根据前文提到的饮用水源水质达标率的计算方法，饮用水源水质达标率＝（达标水量/取水总量）×100%，可以计算得出重庆市九龙坡区长江和尚山饮用水源地达标率为81.3%。对照三峡库区饮用水源地水环境安全评判体系提出的水环境安全评判标准，重庆市九龙坡区长江和尚山饮用水源地水环境安全属于"安全"。

表20-55 重庆市九龙坡长江和尚山饮用水源地水质类别

序号	采样时间	水质类别	是否达标
1	2014年1月	符合	是
2	2014年2月	符合	是
3	2014年3月	劣于	否
4	2014年4月	劣于	否
5	2014年5月	劣于	否
6	2014年6月	符合	是

续表

序号	采样时间	水质类别	是否达标
7	2014年7月	劣于	否
8	2014年8月	劣于	否
9	2014年9月	符合	是
10	2014年10月	劣于	否
11	2014年11月	劣于	否
12	2014年12月	符合	是
13	2015年1月	劣于	否
14	2015年2月	符合	是
15	2015年3月	符合	是
16	2015年4月	符合	是
17	2015年5月	符合	是
18	2015年6月	符合	是
19	2015年7月	符合	是
20	2015年8月	符合	是
21	2015年9月	符合	是
22	2015年10月	符合	是
23	2015年11月	符合	是
24	2015年12月	符合	是
25	2016年1月	符合	是
26	2016年2月	符合	是
27	2016年3月	符合	是
28	2016年4月	符合	是
29	2016年5月	符合	是
30	2016年6月	符合	是
31	2016年7月	劣于	否
32	2016年8月	符合	是
33	2016年9月	符合	是
34	2016年10月	劣于	否
35	2016年11月	符合	是
36	2016年12月	符合	是
37	2017年1月	符合	是
38	2017年2月	符合	是

续表

序号	采样时间	水质类别	是否达标
39	2017年3月	符合	是
40	2017年4月	符合	是
41	2017年5月	符合	是
42	2017年6月	符合	是
43	2017年7月	符合	是
44	2017年8月	符合	是
45	2017年9月	符合	是
46	2017年10月	符合	是
47	2017年11月	符合	是
48	2017年12月	符合	是

（3）宜昌市秭归县凤凰山饮用水源地

根据 2014～2017 年对宜昌市秭归县凤凰山饮用水源地的水质监测，将 27 个饮用水源地水环境安全评判指标的标准指数列入表 20-56，"达标指标"是指 pH 值、溶解氧、高锰酸盐指数、五日生化需氧量（BOD_5）、氨氮（NH_4^+-N）、总磷、铜、锌、氟化物、硒、砷、汞、镉、铬（六价）、铅、氰化物、挥发酚、石油类、阴离子表面活性剂、硫化物、硫酸盐、氯化物、硝酸盐、锰，共 24 个指标；此外，部分水质指标在个别采样时间出现了超标现象，该部分水质指标在"超标指标"中列出。此外，水温、粪大肠杆菌作为参考指标进行单独评价，不计入水源地水质达标率的计算。基于表 20-56，根据单因子评价法，对照《地表水环境质量标准》（GB 3838—2002）的Ⅲ类标准，依据《地表水环境质量评价办法（试行）》（环办〔2011〕22 号）对秭归县凤凰山饮用水源地 48 个水样的达标情况进行评价，结合任务合同，水质指标满足Ⅰ～Ⅲ类水质标准要求的描述为"符合"，水质指标不满足Ⅲ类水质标准要求的描述为"劣于"，具体评价结果见表 20-57。

表 20-56 宜昌市秭归县凤凰山饮用水源地水质标准指数

序号	采样时间	达标指标	超标指标	单独评价指标	
			铁	水温	粪大肠杆菌
1	2014年1月	≤1	0.05	—	≤1
2	2014年2月	≤1	0.05	—	0.14
3	2014年3月	≤1	0.05	—	24.00
4	2014年4月	≤1	0.05	—	6.40
5	2014年5月	≤1	1.10	—	0.33
6	2014年6月	≤1	0.05	—	0.02
7	2014年7月	≤1	0.05	—	0.01

续表

序号	采样时间	达标指标	超标指标	单独评价指标	
			铁	水温	粪大肠杆菌
8	2014年8月	≤1	0.05	—	3.50
9	2014年9月	≤1	0.05	—	24.00
10	2014年10月	≤1	0.05	—	24.00
11	2014年11月	≤1	0.05	—	24.00
12	2014年12月	≤1	0.05	—	24.00
13	2015年1月	≤1	0.05	—	24.00
14	2015年2月	≤1	0.05	—	0.79
15	2015年3月	≤1	0.05	—	0.49
16	2015年4月	≤1	0.17	—	6.40
17	2015年5月	≤1	0.05	—	0.22
18	2015年6月	≤1	0.05	—	3.50
19	2015年7月	≤1	0.05	—	0.94
20	2015年8月	≤1	0.05	—	0.26
21	2015年9月	≤1	0.05	—	0.08
22	2015年10月	≤1	0.05	—	0.17
23	2015年11月	≤1	0.05	—	0.33
24	2015年12月	≤1	0.05	—	3.50
25	2016年1月	≤1	0.05	—	0.11
26	2016年2月	≤1	0.05	—	0.01
27	2016年3月	≤1	0.05	—	6.40
28	2016年4月	≤1	0.05	—	0.23
29	2016年5月	≤1	0.05	—	24.00
30	2016年6月	≤1	0.05	—	0.23
31	2016年7月	≤1	0.05	—	24.00
32	2016年8月	≤1	0.05	—	24.00
33	2016年9月	≤1	0.05	—	0.23
34	2016年10月	≤1	0.05	—	1.70
35	2016年11月	≤1	0.05	—	3.50
36	2016年12月	≤1	0.05	—	0.79
37	2017年1月	≤1	≤1	—	≤1
38	2017年2月	≤1	≤1	—	≤1
39	2017年3月	≤1	≤1	—	≤1
40	2017年4月	≤1	≤1	—	≤1

续表

序号	采样时间	达标指标	超标指标	单独评价指标	
			铁	水温	粪大肠杆菌
41	2017年5月	≤1	≤1	—	≤1
42	2017年6月	≤1	≤1	—	≤1
43	2017年7月	≤1	≤1	—	≤1
44	2017年8月	≤1	≤1	—	≤1
45	2017年9月	≤1	≤1	—	≤1
46	2017年10月	≤1	≤1	—	≤1
47	2017年11月	≤1	≤1	—	≤1
48	2017年12月	≤1	≤1	—	≤1

表20-57 宜昌市秭归县凤凰山饮用水源地水质类别

序号	采样时间	水质类别	是否达标
1	2014年1月	符合	是
2	2014年2月	符合	是
3	2014年3月	符合	是
4	2014年4月	符合	是
5	2014年5月	劣于	否
6	2014年6月	符合	是
7	2014年7月	符合	是
8	2014年8月	符合	是
9	2014年9月	符合	是
10	2014年10月	符合	是
11	2014年11月	符合	是
12	2014年12月	符合	是
13	2015年1月	符合	是
14	2015年2月	符合	是
15	2015年3月	符合	是
16	2015年4月	符合	是
17	2015年5月	符合	是
18	2015年6月	符合	是
19	2015年7月	符合	是
20	2015年8月	符合	是
21	2015年9月	符合	是
22	2015年10月	符合	是

续表

序号	采样时间	水质类别	是否达标
23	2015年11月	符合	是
24	2015年12月	符合	是
25	2016年1月	符合	是
26	2016年2月	符合	是
27	2016年3月	符合	是
28	2016年4月	符合	是
29	2016年5月	符合	是
30	2016年6月	符合	是
31	2016年7月	符合	是
32	2016年8月	符合	是
33	2016年9月	符合	是
34	2016年10月	符合	是
35	2016年11月	符合	是
36	2016年12月	符合	是
37	2017年1月	符合	是
38	2017年2月	符合	是
39	2017年3月	符合	是
40	2017年4月	符合	是
41	2017年5月	符合	是
42	2017年6月	符合	是
43	2017年7月	符合	是
44	2017年8月	符合	是
45	2017年9月	符合	是
46	2017年10月	符合	是
47	2017年11月	符合	是
48	2017年12月	符合	是

　　基于表20-57，根据前文提到的饮用水源水质达标率的计算方法，饮用水源水质达标率＝（达标水量/取水总量）×100%，可以计算得出宜昌市秭归县凤凰山饮用水源地达标率为97.9%。对照三峡库区饮用水源地水环境安全评判体系提出的水环境安全评判标准，宜昌市秭归县凤凰山饮用水源地水环境安全属于"非常安全"。

20.6.5　三峡库区饮用水源地水质安全预警预报模型

　　三峡流域上游的来流、来污情势都可能给三峡库区水源地带来风险。上游向家坝 - 溪洛渡和三峡大坝调控使天然河道因蓄水演变成狭长的河道型水库，其水位大幅抬升，库容大幅增加，流速急剧降低，各项水文要素均发生了很大变化，而这些水文要素的变化相应地会带来水环境要素的改变，从而给库区带来风险。以《地表水环境质量标准》（GB 3838—2002）Ⅲ类标准水质为安全阈值，通过三峡库区饮用水水源地水环境安全评价分析，虽然库区带来的环境风险越来越低，但风险仍然存在。

自20世纪20年代S-P模型诞生以来，流域非点源模型、水体水动力学模型和水质模型等各类水环境模型取得了突飞猛进的发展并得到了日益广泛的应用。随着计算机技术和信息技术的发展，近年来水环境系统复杂性分析技术、耦合不确定性理论、水动力及污染物输移规律受到越来越多的研究者和管理者的重视。

（1）水环境系统复杂性分析技术

长期以来，自然科学一直围绕着可逆性与不可逆性、决定性与随机性、无序性与有序性等基本问题进行着艰苦的探索，人们对自然的认识也随之经历着一个由简单性向复杂性的根本转变。近年来，随着科学技术的发展，复杂系统与复杂性的研究已发展起来。魏一鸣教授在研究自然灾害复杂性的论文中指出，任何事物或现象的复杂性均可从系统论的观点出发，归纳出存在意义上的复杂性和演化意义上的复杂性。事物或现象存在意义上的复杂性，是指其组成系统具有多层次结构、多重时间标度、多种控制参量和多样的作用过程。而演化意义上的复杂性是指当一个开放系统远离平衡状态时，不可逆过程的非线性动力学机制所演化出的多样化"自组织"现象。他还针对自然灾害系统，总结出了复杂系统的高维性、复杂性、不确定性、开放性、动态性和非线性6个突出特点。周守仁在表述现代科学意义下的复杂性概念时论述了非线性动力学、计算机科学、生物学、社会经济和精神世界中的复杂现象，从本体论和认识论、绝对性和相对性、存在和演化、空间和时间等方面对复杂性进行了多角度描述并加以整合概括，指出复杂性意味着在物质运动中某种增殖的新异状态，某种创造性行为或某种嵌套的关联和相互作用以及某种不确定性的适应性变化，是一种内容逐增的普遍属性关系，并提出在实践过程中质的复杂性和量的复杂性的概念。田玉楚在总结前人研究的基础上，指出可以从内部结构、外部行为以及与环境的关系等多方面来认识和理解复杂系统，从而将系统复杂性归结为结构复杂性、动态特性复杂性以及环境不确定性复杂性。

从以上的阐述可以看出，在对复杂性的研究中，其定义应以生物学家定义"生命"的类似方法给出，即不寻求复杂性的确切简明的定义，而是寻求其特性，将复杂性与具有复杂性特征的复杂系统联系起来。同时，科学工作者们特别注重将复杂性同以往科学研究中强调的确定性、简单化等特点区分开来，将系统结构、演化以及系统数学计算等各方面的传统科学理论与方法难以解决的特性归结为复杂性。

（2）不确定性理论

通常认为，不确定性问题带来风险，但实际上人们很难给出"风险"和"不确定性"的准确定义。一般来说，除了一些特殊情况外，风险是可以预测和量化的，可以根据过去经验来推测未来的风险；而不确定性则同时包含了人们由于知识、信息匮乏而导致的认知不完备以及客观世界的随机性。模型不确定性来源可以分为模型数据的不确定性、模型参数的不确定性以及模型结构的不确定。模型数据的不确定性一般是指监测误差或者监测数据稀缺带来的信息不完备，因此只能通过提高监测技术和增加采样频率来降低。而模型参数和结构的不确定性则来源于建模过程、模型参数率定和验证等应用环节。模型不确定性分析的最终目标在于识别模型模拟过程中各环节的不确定性，并控制模型参数和结构的不确定性远小于监测数据的不确定性，从而控制模型应用所带来的决策风险。

人们意识到水环境模型的不确定性问题的重要性是在 20 世纪 70 年代以后。随着研究的开展，很多不确定性分析方法被应用到水环境模型的不确定性分析研究领域中，如 Monte Carlo 模拟方法和基于贝叶斯概率理论的不确定性分析方法。水环境模型不确定性分析的研究内容主要是对各种来源的不确定性进行分析，研究的成果证明了模型不确定性的重要性，让人们逐步认识了环境模型不确定性的来源和影响，从降低风险的角度指导了模型的应用。另一方面，随着模型研究的不断深入，模型结构的复杂程度不断增加，尤其是耦合模型的广泛应用，将模型结构的复杂性成倍地提高。耦合模型虽然能够更加"精细"和"全面"地描述流域水环境系统，但是过于复杂的结构使得对耦合模型的不确定性分析也变得更加困难。以往对于单一模型的不确定性分析研究结果表明，越复杂的模型往往不确定性也越高。同时，耦合模型中还存在着模型间不确定性的传递问题，这使得耦合模型的不确定性特征与单一模型相比，表现出较大的差异。2010 年，Bloxam 等提出，水环境模型的未来发展趋势是基于多模型耦合的水质综合模拟，面对的主要问题是参数的识别和模型的不确定性分析。因此，不确定性问题已成为流域水环境多模型耦合模拟系统在应用中面临的最大挑战。

（3）水动力及污染物输移规律

最早建立的水质模型是一个简单的氧平衡模型。1925 年，美国两名工程师斯特里特和菲尔普斯在研究俄亥俄河水污染时，初步提出了氧平衡模型（简称为 S-P 模型）。这个模型一开始被用来研究城市给排水的设计与简单水体的净水效果。但是，在接下来的 20 年中，水质模型的研究一直处于 S-P 模型的水平上；等到 20 世纪 50 ～ 60 年代，由于人类加深了对污染控制和环境保护的认识，尤其是电脑技术的快速发展，关于水质模型的研究才得到进一步的发展。

随着水环境的污染和水质标准制定的不断加强，作为研究工作的深化氧平衡模型已不能满足社会和经济发展所提出的环保要求。相同的污染物，因为它不同的存在状态和化学形式，其在水环境中将表现出非常不同的行为和环境生态影响，例如对生物群落和人体的毒性特点。所以，当时迫切需要一种数学模型可以真实地反映污染物的不同化学形态和存在状态下的水环境行为，因此 20 世纪 80 年代广泛地兴起了形态模型。Onnolly 和 Bums 在 1985 年分析了污染物对人体和水生生态例如鱼类的毒性，从而建立了分析水质的食物链模型，深入研究了化学物质在不同形态下的长期慢性毒害，探讨了化学物质在水体中的滞留时间和浓度分布范围、处于食物里面的化学物质对生物体和人类的毒性暴露、能被生物控制的污染物在其体内消化代谢的过程。可见，作为一个非常复杂的生态模型，形态模型还是非常不成熟的，需要进一步地发展。随着人类对水环境复杂性的深入认识，20 世纪 80 年代之后，由于各学科的相互交叉、借鉴学习、互为补充，水环境的数学模拟研究发展为多介质的环境综合的生态系统数学模拟模型。多介质指的是以水为核心的，包含大气土壤生物等构成的庞大复杂系统。这是一个反映生态系统内部三维空间变化、包含多种物质相互作用的非线性系统。该系统假定污染物在自然环境的各种介质中通过各种途径传播、分配和演变，污染物的浓度和在相应环境中的停留时间对环境影响起很大作用。1985年该模型由 Cohen 提出后，进展较大，但是理论模型的探讨和研究还是主要方面，例如参数估计方法、模型灵敏度分析和界面的构建等。在中国，水质数学模拟模型的研究开始较晚，但在学习和吸收国际先进水平和经验的基础上发展迅速。最近几年来进展较大的有非确定分析水环境中有机污染、水质和水流变化的耦合求解和关于有机污染物的水质模型参数测定和计算。

综合考虑饮用水源地的风险演变过程和水质安全阈值，基于水环境系统复杂性分析技术，耦合不确定性理论、水动力及污染物输移规律，以及"十一五"所取得的成果"流域水环境安全预警技术"，进一步构建适用于三峡库区的饮用水源地水质安全预警预报模型。

20.6.5.1　水质安全预警预报模型概念及框架

（1）水质安全预警预报概念

三峡库区饮用水源地水质安全是三峡库区水生态系统相对于"生态威胁""生态风险"的一种功能状态，具有相对性、动态性、空间地域性；研究中所说的三峡库区饮用水源地水质安全，是指人类赖以生存的水环境处于健康和可持续发展状态。人类生产生活需要得到较大限度的满足，人类自身和人类群际关系处于不受威胁的状态。

1）预警

预警是对危急或危险状态的一种预前信息警报或警告，是危险出现前，根据相应的警兆警情发出的一种警示信息。在环境领域，预警最初主要应用在非人为的、自然灾害方面，如气象灾害预警、地质灾害预警及海洋灾害预警等。近年来，随着环境污染加剧、生态系统退化趋势严重，针对人为活动的警示逐渐受到重视，1992年，"环境预警"的概念开始受到重视。一般根据警情的发生状态将其分为渐变式预警（累积型）和突发性（突发型）预警：

① 渐变式预警，即环境出现危机或警情是经过较长时间的潜伏、演化和累积才体现出来的；

② 突发性预警，即环境出现的危机或警情是在某一时间突然出现的。

三峡库区饮用水源水质安全预警是通过水质指标监测，获取水质浓度，根据水质指标预警等级划分标准，实时地发出相应的预警信号。

2）预报

预报是危险发生后，根据相应的机理，采用相应的模型对危险变化趋势的一种预测。三峡库区饮用水源地水质安全预报是指在事故发生后，利用相应的水质模型，对超标污染物在水体中的变化趋势和速度进行模拟，以期实现对水体污染变化情况的全面掌握，为水源地下一步的应急处理、处置提供关键数据支撑。

水质安全预警预报是针对水环境安全状况的逆化演替、退化、恶化的及时报警和对未来趋势的模拟；主要是针对水环境安全状况及演变趋势进行预测和评估，提前发现和警示水环境安全恶化问题及其胁迫因素，从而为提出缓解或预防措施提供基础。研究对水环境影响因子的变化趋势进行分析、预测，并考虑未来多种不确定因素影响。三峡库区水质安全预警预报主要针对突发性水污染事故条件下的水质安全预警预报。

（2）水质安全预警预报框架研究

研究通过结合全国重要饮用水水源地安全保障达标建设目标要求，明确三峡库区饮用水源地水环境安全的保障要求；结合三峡库区突发水污染事件的情况，辨识饮用水源地的水环境风险源、风险大小及形成机制；从水动力学条件、水质、水生态等方面辨识水源地水环境安全指标，建立三峡库区饮用水源地水环境安全评判体系；综合考虑饮用水源地的风险演变过程和水质安全阈值，基于水环境系统复杂性分析技术，耦合不确定性理论、水动力及污染物输移规律，以及"水体污染控制与治理科技重大专项"所取得的成果"流域水环境安全预警技术"，建立了库区饮用水源水质安全预警子模型和预报子模型，然后借助 MATLAB 的强大功能，进一步构建适用于三峡库区的饮用水源地水质安全预警预报模型，其基本框架见图 20-88 和图 20-89。水源地突发性水质安全预警预报技术是以突发水体污染物模拟模型为核心，通过准备相关的模型输入调用模型，最终获得模拟预测结果的成套技术体系，主要包括算法选择、模型构建、模型数据处理、结果表达部分。

1）算法选择

选择一维解析解模型的算法，求解污染物浓度峰值变化情况。

2）模型构建

利用建立的 27 种污染物的水质模型参数库，结合突发事件特性、污染源特性，选取合适的模块构建该河段突发水环境风险应急模型。

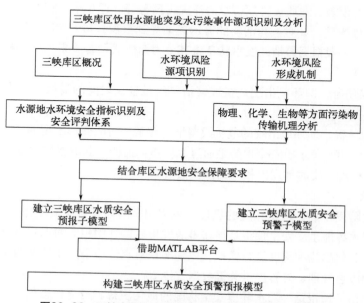

图20-88　三峡库区饮用水源地水质安全预警预报模型框架

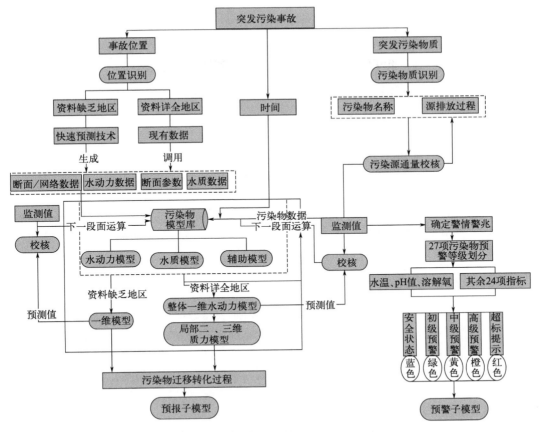

图20-89 三峡库区饮用水源地水质安全预警子模型、预报子模型框架

3）数据处理

输入事故河段河道形态、比降、糙率、模拟河段长度等地形快速生成模块，即可生成地区模型计算所需的地形数据；输入事故河道流速或上游流量下游水位作为模型运算水动力学边界条件；通过输入突发污染事件污染物名称，查询特征污染物参数库并运用区域化方法获取模型运算所需的污染物特征参数，经判断后确定输入；为保证预测的最大精确度，地区的突发事件模拟预测采用分段校核的技术思路，在突发事件发生后，在起始位置下游敏感点布设相应的监测点。将模型模拟的结果过程与监测点实测过程进行对比、校核模型输入，并以监测结果为条件替代污染物排放过程数据输入模型，以监测断面所在位置为新的突发事件起始点，重新评估完善水域地理数据、水文边界数据，进行下一步的运算。

4）结果的表达

依据风险分级标准，对水体中污染物的浓度级别进行颜色渲染，展现河段污染物运移情况。按照突发事件风险等级评价标准，对模拟数据分类统计，得到河段浓度范围实时动态统计数据。选择下游敏感点，做出污染物与通过该点时的污染物浓度变化过程曲线，反映污染事件对敏感点的影响时间和程度过程。

20.6.5.2 预警预报模型建立

面对水污染的日益恶化，加强水质管理和控制，保护水资源、实现水资源永续使用和社会的可持续发展是环境工作者所面临的艰巨任务。因此，对于突发性污染事故，也必须建立起有效的水质模拟软件，水质模型分为预报子模型和预警子模型。

（1）基本方程

采用平面二维水动力 - 水质数学模型。

（2）初边条件

在水、陆边界上，法向流速为 0，且切向流速满足 $\partial \phi / \partial \varepsilon = 0$ 或 $\partial \phi / \partial \eta = 0$；在水、陆边界上，入口给定流量，出口给定水位的变化过程；在计算的初始时刻，Z、u、v 为已知值，Z 通过内插得到，$u=0$，$v=0$。

（3）水质安全预警子模型

根据水质安全指标评价体系，结合水源地水环境安全评价对应等级及分值，对其进行限制界定，为了更好地体现安全程度，对其进行水环境安全等级标准划分。由于国内并没有统一的划分方法，且不同研究区域，评价目的不同，评价方法相应会发生改变，各项指标的计算方法和考核标准也不同。本研究结合近几年三峡库区实际情况，考虑到库区水量充沛和水生态环境较好这一因素，对三峡库区水源地影响可以忽略。所以本研究预警等级主要依据水质安全评价指标进行划分。

以三峡库区饮用水源地为研究区域，依据《地表水环境质量标准》（GB 3838—2002）要求，库区水体需要满足Ⅲ类水体要求。本研究共对 27 个指标进行预警等级确定，将 27 个指标分为两类，其中水温、pH 值和溶解氧作为第一类水质指标，其余 24 个指标作为第二类水质指标。为了方便评估和计算，大多对等级进行划分，一般划分为 3 ~ 5 级。本研究采用 5 级划分，分别是安全状态（青色无警）、初级预警（绿色预警）、中级预警（黄色预警）、高级预警（橙色预警）、超标提示（超标预警），本研究的预警等级记为 Y。安全状态、初级预警、中级预警、高级预警、超标提示，记为 Y_i（$i=1$、2、3、4、5），其内涵及意义见表 20-58。Ⅲ类最低标准浓度记为 B_3，其中第一类水质指标的预警等级确定方法见表 20-59。第二类水质指标预警等级确定方法如下，等级区间记为 Q，确定方法见式（20-108），预警等级范围确定方法见表 20-60。

$$Q = \frac{B_3 - B_3 \times 0.8}{3} \tag{20-108}$$

表20-58　水质安全预警等级划分及内涵释义

预警级别	预警信号颜色	内涵释义
安全状态 Y_1	蓝色	水体警源极弱、压力小；水体警兆微弱；水体警情状态稳定,生态系统健康完整、服务功能好
初级预警 Y_2	绿色	水体警源较弱、压力较小；水体警兆不明显；水体警情状态较稳定,生态系统基本健康、服务功能尚好

续表

预警级别	预警信号颜色	内涵释义
中级预警 Y_3	黄色	水体警源较强、压力较大;水体警兆可见;水体警情状态一般,生态系统健康受到一定影响、服务功能有所削弱
高级预警 Y_4	橙色	水体警源强、压力大;水体警兆明显;水体警情状态异常,生态系统状况较差、服务功能明显受损
超标提示 Y_5	红色	水体警源非常强、压力非常大;水体警兆非常明显;水体警情状态恶劣,生态系统极不健康、服务功能大量丧失

表20-59　第一类水质指标预警等级划定

污染物预警等级	Ⅲ类最低标准	安全状态 Y_1	初级预警 Y_2	中级预警 Y_3	高级预警 Y_4	超标提示 Y_5
水温	周平均最大温升<1;周平均最大温降<2	<0.5 <1	$0.5 \leqslant SW < 0.7$ $1 \leqslant SW < 1.4$	$0.7 \leqslant SW < 0.8$ $1.4 \leqslant SW < 1.8$	$0.8 \leqslant SW < 1$ $1.8 \leqslant SW < 2$	$1 \leqslant SW$ $2 \leqslant SW$
pH值	6~9	7~8	$6.8 \leqslant pH < 7$ $8 \leqslant pH < 8.2$	$6.4 \leqslant pH < 6.8$ $8.2 \leqslant pH < 8.6$	$6 \leqslant pH < 6.4$ $8.6 \leqslant pH < 9$	<6 $\geqslant 9$
溶解氧	5	>8	$7 < DQ \leqslant 8$	$6 < DQ \leqslant 7$	$5 < DQ \leqslant 6$	$\leqslant 5$

表20-60　第二类水质指标预警等级划定

预警等级	范围确定
安全状态 Y_1	$Y_1 \leqslant B_3 \times 0.8$
初级预警 Y_2	$B_3 \times 0.8 \leqslant Y_2 < B_3 \times 0.8 + Q$
中级预警 Y_3	$B_3 \times 0.8 + Q \leqslant Y_3 < B_3 \times 0.8 + 2Q$
高级预警 Y_4	$B_3 \times 0.8 + 2Q \leqslant Y_4 < B_3$
超标提示 Y_5	$B_3 \leqslant Y_5$

　　警情指水源地所呈现的异常状况;警兆是警情发生前所显现出来的征兆。无论是长期预警还是短期事件预警,快速高效地识别警兆是保证预警成功的基础,本研究是建立在27项水质指标基础上的预警,水质指标的变化势必带来水环境的变化,包括水体颜色、气味、水中动植物生成情况等多个方面的变化,本研究可以选择这些方面作为辅助警兆指标。

20.6.5.3　模型软件开发

　　三峡库区水质安全预警预报的实现是指通过预警系统的建立,实现突发事件条件下发出相应级别的预警信号,当突发性水污染事件发生后,利用预报系统实现在一定范围、时期内对水质状况的计算和分析,基于当下水质变化情况,对未来污染物在水体中的变化状况进行预测和模拟,确定未来水体水质的状况和水质变化的趋势等,为接下来的应急处理提供数据支撑。本研究采用基于机理性的二维点源瞬时水质模型,通过构建预报子模型和预警子模型,利用 MATLAB 计算平台实现结合,在事件发生后,实现相应的预警和预报。

选择 MATLAB 软件主要是考虑到 MATLAB 的以下优势，首先可以进行矩阵运算，其次可以实现绘制函数和数据、实现算法，同时还具有创建用户界面、连接其他编程语言的特点，其已经在工程计算、信号处理与通信、图像处理、信号检测等领域实现应用且效果较好；另外，在新的版本中也加入了对 C、FORTRAN、C++、JAVA 的支持。根据建立的预警预报模型，依据 MATLAB 平台，以 Visual Studio 2010 语言 C# 作为开发环境，建立预警预报模型系统实现水质污染后的预警预报，开发过程如下。

（1）前期准备

① 确定开发目的：根据三峡库区水质安全要求，研究突发水污染事件条件水质变化趋势，根据水体中水质变化情况，模拟未来不同时间段内不同位置的水质情况，并计算水体中预警指标不同时间和不同位置所对应的浓度，对比国家饮用水源地标准做出相应的预警和预报。

② 数据准备：根据三峡库区的实际特点，分析不同水质模型优缺点，选取符合库区特点水质模型，确定已选模型的参数。

③ 模型框架设计：遵循框架设计原则，即确保所需数据都可呈现，页面尽量美观，标准软件要求。在保证预警预报功能的同时，尽量简化程序，尽量简化安装程序，尽量提高运行速度。

（2）开发过程

① 在 MATLAB 软件中编写程序，确保其在 MATLAB 软件中独立运行，实现对库区饮用水源地水质安全预警预报，计算不同时间和位置条件下污染物的浓度值和模拟趋势图等。

② 以 Visual Studio 2010 语言 C# 作为开发环境，将在 MATLAB 软件中编写的代码进行回调，实现一键式预警预报。

③ 开发原则：先解决比较难的模块，然后做出软件框架，再慢慢由小到大，整合软件。

④ 后期调试：根据三峡库区的实际情况，假定有可能出现的突发水污染情景，假定不同场景进行多次模拟、调试。

1）系统的模块划分

三峡库区饮用水源地水质安全预警预模型软件是一个自然生态水质安全模拟系统，它利用现有采集数据进行水质安全模拟，不需要服务器端数据交互。根据实际需求，MATLAB 在图像采集描绘上更具有优点，而且与 C# 可以很容易地集成和交互，故采用 C#+MATLAB 进行模拟系统的开发。

三峡库区饮用水源地水质安全预警预报模型界面包括以下模块。

① 登录模块：登录模块提供用户进行界面登录，用户通过输入用户名和密码后，进入系统主窗口进行操作。

② 用户注册：用户经过注册系统，可以通过登录界面登录系统。

③ 环境模拟：用户选择不同研发区，并修改填写相应参数变量后，进行系统模拟。

④ 环境预警：系统通过对用户输入参数变量进行算法分析和环境预警。

⑤ 环境预报：用户点击预报按钮，可以调出 MATLAB 界面进行环境预报。

2）系统的详细设计及实现

① 系统登录与用户注册：登录是每次界面操作中不可缺少的环节，好的登录模块可以保证系统的稳定性和安全性。预警预报模型界面开发了一个较为完善的登录模块，登录成功后，进入主界面。

② 界面设计：新建 Windows 应用程序，命名"三峡库区饮用水源地水质安全预警预报模型软件"，使用 Label、TextBox、Button 控件将窗体样式设计成如图 20-90 所示。

图20-90　窗体界面

③ 代码实现：接下来编写登录模块的代码。【登录】按钮是在输入用户名和用户密码后，实现登录的操作，若正确则进入系统主界面；否则显示输入错误，并处于登录界面，等待用户的重新输入。若未注册，点击【注册】按钮首先进行简单注册，成功后即可登录该界面。

登录与注册时，默认从"D：/users.txt"文件读取更新用户数据，格式为【用户名 & 密码】，例如：admin&123456。系统只保留最新用户数据信息。

3）系统模拟流程实现

① 界面设计：新建一个 Windows 应用程序，使用 ToolStript、GroupBox、Label、Button 等控件将出现的默认窗体设计成如图 20-91 ～图 20-93 所示。

图20-91　系统主界面

② 代码实现：用户选择研发区进行模拟，如图 20-91 所示，通过点击参数和变量输入菜单按钮进行参数和变量设置，如图 20-92 所示，填写好各项采集项后，用户点击开始模拟按钮，进入图 20-93 所示界面，在此界面中用户可以进行预警和预报操作，也可以修改参数重新进行模拟。

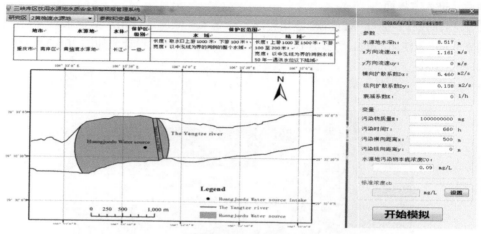

图20-92 模拟界面

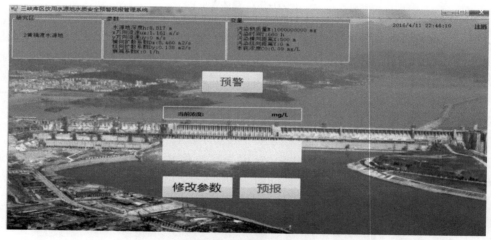

图20-93 预报和预警界面

20.6.5.4 模型算例

（1）计算准备

利用平面二维水量水质模型，根据前文率定的参数，基于三峡库区饮用水源地水质安全预警预报模型软件，下面将进行二维水量水质模型的案例计算，以展示模型的模拟、预警、预报过程。

首先，登录三峡库区饮用水源地水质安全预警预报模型软件，选择要模拟的水源地、输入相关的参数、源项设置进行水质安全预警预报模拟。

（2）源项设置

由于秭归水源地位于三峡库区库首，三峡库区的调度对秭归水源地影响较大，故模型展示算例研究区域选取秭归水源地。秭归水源地位于三峡大坝前，考虑到秭归水源地在汛期和蓄水期水流流速较大，水体自净能力较强，本研究模拟时段选择水流速度较缓的消落期。假定三峡库区秭归水源地上边界上游1100m，河中心处有一点源，瞬时释放1t TP。将该处设为坐标原点（0，0）。

（3）参数取值

表20-61为消落期秭归水源地主要水文参数取值及变量说明。

表20-61 消落期秭归水源地主要水文参数取值及变量说明

序号	参数	含义	取值
1	C	污染物浓度/(mg/L)	变量
2	t	时间/h	变量
3	n	秭归水源地糙率	0.025
4	ε_x	横向涡动黏滞系数/(m²/s)	20
5	ε_y	纵向涡动黏滞系数/(m²/s)	20
6	E_x	横向扩散系数/(m²/s)	0.5
7	E_y	纵向扩散系数/(m²/s)	0.5
8	Z_{MAX}	需要考虑的最大地形高程/m	176
9	Z_{ini}	全局初始水位/m	174
10	H_{ini}	全局初始水深/m	157
11	C_0	污染物的背景浓度/(mg/L)	0.16
12	α	松弛系数	0.7
13	$C_{目标}$	水质控制目标/(mg/L)	0.2

（4）模拟计算

本研究将水源地概化为长方形的网格，预警预报的空间范围是事故发生点（坐标原点）上游2000m和下游4000m，步长为10m；宽度为两侧各1000m，步长为10m；覆盖了整个秭归水源地。预警预报的时间范围是从突发污染事故时起到污染物浓度达到Ⅲ类水质标准为止，将突发事故发生时设置为$t=0$。

（5）计算结果

1）预报结果

① 所有断面，全程的预报。三峡库区饮用水源地水质安全预警预报模型软件可以对模拟区域的所有断面进行污染物浓度全程预报。选取$x=0$、1000m、1250m、1500m、1750m、2000m共计6个断面，对事故发生后的TP浓度进行了预报，预报结果见表20-62。

表20-62　污染物进入水源地浓度空间分布数据　　　　单位：mg/L

x=0		x=1000m		x=1250m		x=1500m		x=1750m		x=2000m	
y值	浓度值C	y值	浓度值C	y值	浓度值C	y值	浓度值C	y值	浓度值C	y值	浓度值C
−1000	0.1013	−1000	0.1042	−1000	0.1046	−1000	0.1048	−1000	0.1049	−1000	0.1047
−900	0.1147	−900	0.1210	−900	0.1219	−900	0.1224	−900	0.1225	−900	0.1222
−800	0.1400	−800	0.1527	−800	0.1545	−800	0.1554	−800	0.1556	−800	0.1550
−700	0.1837	−700	0.2076	−700	0.2108	−700	0.2126	−700	0.2130	−700	0.2119
−600	0.2527	−600	0.2943	−600	0.2999	−600	0.3031	−600	0.3037	−600	0.3018
−500	0.3521	−500	0.4191	−500	0.4281	−500	0.4332	−500	0.4342	−500	0.4312
−400	0.4814	−400	0.5814	−400	0.5949	−400	0.6025	−400	0.6040	−400	0.5994
−300	0.6318	−300	0.7703	−300	0.7888	−300	0.7994	−300	0.8015	−300	0.7952
−250	0.7096	−250	0.8679	−250	0.8892	−250	0.9013	−250	0.9037	−250	0.8964
−200	0.7852	−200	0.9629	−200	0.9868	−200	1.0003	−200	1.0031	−200	0.9949
−150	0.8555	−150	1.0512	−150	1.0774	−150	1.0923	−150	1.0953	−150	1.0864
−100	0.9170	−100	1.1284	−100	1.1568	−100	1.1729	−100	1.1762	−100	1.1665
−80	0.9385	−80	1.1554	−80	1.1845	−80	1.2010	−80	1.2044	−80	1.1944
−60	0.9579	−60	1.1797	−60	1.2095	−60	1.2264	−60	1.2298	−60	1.2197
−40	0.9751	−40	1.2013	−40	1.2316	−40	1.2489	−40	1.2524	−40	1.2420
−20	0.9898	−20	1.2198	−20	1.2507	−20	1.2682	−20	1.2717	−20	1.2612
0	1.0020	0	1.2352	0	1.2665	0	1.2842	0	1.2878	0	1.2771
20	1.0117	20	1.2472	20	1.2789	20	1.2968	20	1.3004	20	1.2896
40	1.0185	40	1.2559	40	1.2877	40	1.3058	40	1.3095	40	1.2986
60	1.0226	60	1.2610	60	1.2930	60	1.3112	60	1.3149	60	1.3039
80	1.0239	80	1.2627	80	1.2947	80	1.3129	80	1.3166	80	1.3056
100	1.0224	100	1.2607	100	1.2927	100	1.3109	100	1.3145	100	1.3036
150	1.0063	150	1.2406	150	1.2720	150	1.2898	150	1.2934	150	1.2827
200	0.9737	200	1.1995	200	1.2298	200	1.2470	200	1.2505	200	1.2402
250	0.9261	250	1.1399	250	1.1686	250	1.1848	250	1.1881	250	1.1783
300	0.8663	300	1.0648	300	1.0914	300	1.1065	300	1.1096	300	1.1005
400	0.7223	400	0.8839	400	0.9056	400	0.9179	400	0.9204	400	0.9130
500	0.5674	500	0.6894	500	0.7058	500	0.7151	500	0.7170	500	0.7114
600	0.4241	600	0.5095	600	0.5210	600	0.5275	600	0.5288	600	0.5249
700	0.3068	700	0.3622	700	0.3697	700	0.3739	700	0.3747	700	0.3722
800	0.2204	800	0.2537	800	0.2582	800	0.2608	800	0.2613	800	0.2597
900	0.1627	900	0.1813	900	0.1838	900	0.1852	900	0.1855	900	0.1846
1000	0.1276	1000	0.1372	1000	0.1385	1000	0.1392	1000	0.1394	1000	0.1389

表 20-62 中浓度数据可以清晰地反映出，TP 进入水源地后的浓度变化趋势，通过水质安全预警预报模型软件，可直接获得不同位置的污染物浓度数据。此外，模拟时间从事故发生到污染物浓度降低到Ⅲ类水标准。

当事件发生 10h 后（t=10h），水源地 TP 浓度分布三维图见图 20-94（书后另见彩图）。可见，水体中 TP 浓度在短时间内瞬时增加，随着时间和距离的增加，TP 的浓度逐渐降低；红色区域为 TP 浓度数值较大区域，蓝色区域为 TP 浓度较小区域。三峡库区饮用水源地的 TP 标准浓度为 0.2mg/L，TP 超标区域的范围如图 20-95 所示（书后另见彩图）。在图中可以看出事故发生后，预报区内形成了一条长 8300m、宽 1800m 的污染带。

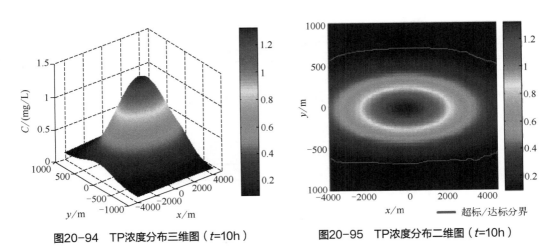

图20-94　TP浓度分布三维图（t=10h）　　　　图20-95　TP浓度分布二维图（t=10h）

② 某个点，全程的预报。此外，三峡库区饮用水源地水质安全预警预报模型软件可对某一位置 TP 浓度随时间的变化过程进行预报，可以预报最大值出现的时间、最大浓度、降到标准值的时间、降到标准值所需时长。事故发生点在水源地上游 1000m 处，此处坐标为（0，0）。图 20-96（书后另见彩图）反映了污染物进入水源地后不同位置污染物超标时间段，由于河流中心污染物浓度大于两侧，所以选取河 y=0，x=1000/1250/1500/1750/2000/2200 六个位置进行模拟。

由于水体的稀释、迁移、转化等作用，超标面积随时间的变化而变化。本研究选取某一位置（下游 1000m）TP 浓度的变化进行预报。预报结果表明：TP 的浓度迅速上升，在 t=1.05h，达到最高值为 6.74mg/L，然后逐渐下降；在 t=39.58h，TP 降到标准浓度值。

③ 超标临界位置预报。通过三峡库区饮用水源地水质安全预警预报模型软件，可以确定超标临界断面。由预报结果可知：随着时间 t 的增加，水体中 TP 浓度最大值不断减小。可以发现：x=8300m 的断面为超标临界断面，即污染事故发生后；对于 $x > 8300$m 的断面，水体中 TP 浓度一直达标；对于 $0 \leq x \leq 8300$m 的断面，水体中 TP 浓度存在超标。x=8300m 断面的 TP 浓度随时间的变化如图 20-97 所示。

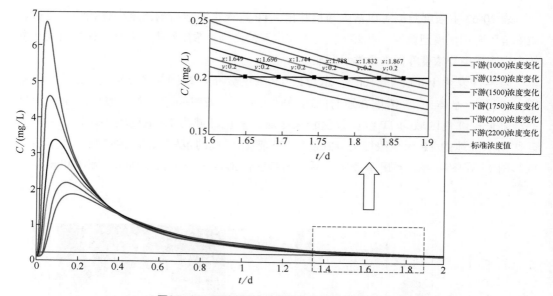

图20-96 污染物进入水源地不同位置超标时间段

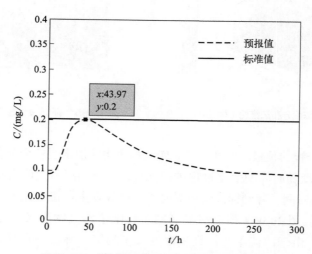

图20-97 超标临界断面TP浓度随时间变化预报

2）预警结果

对应于前文的秭归水源地水质安全预报结果，本次事故的预警过程如下：由于研究区域空间异质性，所以本研究用水源地最大浓度值来进行预警。对本次事故预警如表20-63所列，在 $0 < t \leqslant 0.07h$ 时，水源地的浓度最大值为背景浓度值 0.16mg/L，预警等级为安全状态，蓝色预警；在 $0.07h < t \leqslant 0.23h$ 时，水源地的浓度最大值为 0.17mg/L，预警等级为初级预警，绿色预警；在 $0.23h < t \leqslant 0.59h$ 时，水源地的浓度最大值为 0.19mg/L，预警等级为中级预警，黄色预警；在 $0.59h < t \leqslant 0.82h$ 时，水源地的浓度最大值为 0.2mg/L，预警等级为高级预警，橙色预警；在 $0.82h < t \leqslant 43.97h$ 时，水源地的浓度最大值为 2.26mg/L，预警等级为超标提示，红色预警，开始超标，启动水质安全预警（见图20-98）；在 $t > 43.97h$

第四篇 工程实践篇

时，水源地污染物浓度最大值降到Ⅲ类水质标准（0.2mg/L），红色预警解除，水源地全面达标。

表20-63 事故预警时段、最大浓度值及预警等级

序号	时段/h	最大浓度值/(mg/L)	浓度值/(mg/L)	预警等级
1	$0 < t \leqslant 0.07$	0.16	$0.09 < C_{MAX} \leqslant 0.16$	安全状态, 蓝色预警
2	$0.07 < t \leqslant 0.23$	0.17	$0.16 < C_{MAX} \leqslant 0.17$	初级预警, 绿色预警
3	$0.23 < t \leqslant 0.59$	0.19	$0.17 < C_{MAX} \leqslant 0.19$	中级预警, 黄色预警
4	$0.59 < t \leqslant 0.82$	0.2	$0.19 < C_{MAX} \leqslant 0.2$	高级预警, 橙色预警
5	$0.82 < t \leqslant 43.97$	2.26	$0.2 < C_{MAX} \leqslant 2.26$	超标提示, 红色预警
6	$t > 43.97$	0.2	$C_{MAX} \leqslant 0.2$	红色预警解除

图20-98 水质安全预警

20.6.6 水库群梯级联合调度保障三峡库区生态及饮用水源地安全的可行性分析

20.6.6.1 三峡水库枯水期、消落期、汛期、蓄水期运行库区水质状况

根据 2014 ～ 2017 年的研究组开展的水源地实地监测资料、《重庆市水资源公报》、重庆市环保局发布水质状况数据，下文逐年分析在各年份枯水期、消落期、汛期、蓄水期宜昌市秭归县长江段凤凰山水源地、重庆市南岸区长江黄桷渡水源地、重庆市九龙坡区长江和尚山水源地的水质状况。

（1）宜昌市秭归县长江段凤凰山水源地

1）2014 年

① 枯水期，除参考指标粪大肠杆菌超标外，其余水质指标均满足Ⅲ类水要求，其中

1～2月份27项指标均满足Ⅲ类水要求；

② 消落期，4月份仅有粪大肠杆菌超标，5月仅有铁超标；

③ 汛期，除8～9月粪大肠杆菌超标外，其余时间段水质指标均满足Ⅲ类水要求；

④ 蓄水期，仅有粪大肠杆菌超标，其余水质指标均满足Ⅲ类水要求。

2）2015年

① 枯水期，除参考指标粪大肠杆菌超标外，其余水质指标均满足Ⅲ类水要求，其中2月、3月和11月27项指标均满足Ⅲ类水要求；

② 消落期，5月27项指标均满足Ⅲ类水要求，其余时间段仅有粪大肠杆菌超标；

③ 汛期，7月、8月和9月27项指标均满足Ⅲ类水要求，其余时间段仅有粪大肠杆菌超标；

④ 蓄水期，27项水质指标均满足Ⅲ类水要求。

3）2016年

① 枯水期，除参考指标粪大肠杆菌超标外，其余指标均满足Ⅲ类水要求，其中1月、2月、12月27项指标均满足Ⅲ类水要求；

② 消落期，5月仅有粪大肠杆菌超标，其余时间段27项指标均满足Ⅲ类水要求；

③ 汛期，7～8月仅有粪大肠杆菌超标，其余时间段27项指标均满足Ⅲ类水要求；

④ 蓄水期，除粪大肠杆菌外，其余指标均满足Ⅲ类水要求。

4）2017年

随着"基于库区水源地安全保障的联合调度示范工程"的运行，水源地水质较好，在四个水期监测中，27项监测指标项目中均未出现超标情况，水质达标率100%。

（2）重庆市南岸区长江黄桷渡水源地

1）2014年

① 枯水期，除TP超标外，其余水质指标均满足Ⅲ类水要求，其中1～2月份水质指标均满足Ⅲ类水要求；

② 消落期，水源地超标污染物增多，包括总磷、铁、锰和高锰酸盐指数；

③ 汛期，水质有所改善，超标污染减少为总磷、铁和锰，到汛期末期仅剩总磷超标，且超标浓度不大；

④ 蓄水期整体水质良好，在监测项目中，没有发现超标污染物存在。

2）2015年

① 枯水期，除12月份仅有参考指标粪大肠杆菌超标外，其余时间段的27项水质指标均满足Ⅲ类水要求；

② 消落期，整体水质良好，27项指标均满足Ⅲ类水要求；

③ 汛期，7月仅有TP超标，8月份汞和粪大肠杆菌超标，9月份仅有粪大肠杆菌超标，其余指标均满足Ⅲ类水要求；

④ 蓄水期，水质有所改善，27项水质指标均满足Ⅲ类水要求。

3）2016年

① 枯水期，除12月份仅有参考指标粪大肠杆菌超标外，其余时间段的27项水质指标均满足Ⅲ类水要求；

② 消落期，水质较好，27 项指标均满足Ⅲ类水要求；

③ 汛期，除粪大肠杆菌超标外，其余监测指标均满足Ⅲ类水要求；

④ 蓄水期，除粪大肠杆菌外，其余监测水质指标均满足Ⅲ类水要求。

4）2017 年

随着"基于库区水源地安全保障的联合调度示范工程"的运行，水源地水质较好，在 4 个水期监测中 27 项监测指标项目中均未出现超标情况，水质达标率 100%。

（3）重庆市九龙坡区长江和尚山水源地

1）2014 年

① 枯水期，除 TP 超标外，其余水质指标均满足Ⅲ类水要求，其中 1 月、2 月和 12 月份包括粪大肠杆菌在内的 27 项指标均满足Ⅲ类水要求；

② 消落期，水源地超标污染物增多，包括总磷和铁；

③ 汛期，TP 满足Ⅲ类水要求，超标污染变为铁和锰，到汛期末期 27 项指标均满足Ⅲ类水要求；

④ 蓄水期，在监测项目中，仅有铁超标，但超标浓度较小，其余监测指标均满足Ⅲ类水要求。

2）2015 年

① 枯水期，参考指标粪大肠杆菌和总磷均出现过超标现象，其余时间段 27 项水质指标均满足Ⅲ类水要求；

② 消落期，除参考指标粪大肠杆菌偶有超标外，其余指标均满足Ⅲ类水要求；

③ 汛期，除参考指标粪大肠杆菌偶有超标外，其余指标均满足Ⅲ类水要求，其中 8 月份 27 项指标均达标；

④ 蓄水期，27 项水质指标均满足Ⅲ类水要求。

3）2016 年

① 枯水期，除 1 月份仅有参考指标粪大肠杆菌超标外，其余时间段的 27 项水质指标均满足Ⅲ类水要求；

② 消落期，水质较好，27 项指标均满足Ⅲ类水要求；

③ 汛期，除粪大肠杆菌超标外，其余监测指标均满足Ⅲ类水要求；

④ 蓄水期，除粪大肠杆菌和铁外，其余监测水质指标均满足Ⅲ类水要求。

4）2017 年

随着"基于库区水源地安全保障的联合调度示范工程"的运行，水源地水质较好，在四个水期监测中 27 项监测指标项目中均未出现超标情况，水质达标率 100%。

20.6.6.2 三峡水库单库常规调度对库区水源地水质的作用效果分析

参见第三篇第 15 章第 15.4.3.1 部分相关内容。

20.6.6.3 三峡上游梯级调度对三峡库区水源地水质的作用效果分析

参见第三篇第 15 章第 15.4.3.2 部分相关内容。

20.6.6.4　三峡水库群联合调度对三峡库区水源地水质的作用效果分析

参见第三篇第 15 章第 15.4.3.3 部分相关内容。

20.6.7　三峡库区水源地水环境安全的水库群联合调度需求

20.6.7.1　三峡库区水源地超标污染物及水质达标率现状

参见第三篇第 15 章第 15.4.4.1 部分相关内容。

20.6.7.2　水库群联合调度方案设定及分析

参见第三篇第 15 章第 15.4.4.2 部分相关内容。

20.6.7.3　三峡库区水环境安全的联合调度需求

水库群的基本参数及调度空间见表 20-64。

表 20-64　三个水库的基本参数及调度空间

水库名称/水库参数	溪洛渡	向家坝	三峡
正常蓄水位/m	600	380	175
死水位/m	540	370	155
总库容/$10^8 m^3$	126.7	51.63	393
防汛库容/$10^8 m^3$	46.5	9.03	221.5
调节库容/$10^8 m^3$	64.6	9.03	221
回水长度/km	199	156.6	663
最小下泄流量/(m^3/s)	1500	1400	8000
最大下泄流量/(m^3/s)	43700	49800	98800

（1）三峡水库调度空间

① 水位可调范围：历经水库蓄水的汛限水位 145m 到 175m，再到非汛期和枯水期消落到 145m，有 30m 的可调范围。

② 容积可调范围：三峡水库可利用防汛库容 $2.215 \times 10^{10} m^3$ 进行调蓄。

③ 时间可调范围：汛期可调时间 110d；汛后蓄水期 30d；非汛期可调时间 60d；枯水期可调时间 160d。

相应的三峡调度现有可调幅度为：

Ⅰ. 30d 蓄满防汛库容 221.5m³，每天库容蓄水幅度为 $2.215 \times 10^{10} m^3/30 = 7.4 \times 10^8 m^3$；

Ⅱ. 30d 蓄满防汛库容 221.5m³，水位从 145m 上涨到 175m，每天水位上涨最大幅度为 30m/30=1m；

Ⅲ. 总体上，160d 消落库容 $2.215 \times 10^{10} m^3$，每天消落 $1.4 \times 10^8 m^3$；每天消落水位 0.188m。

这又分成两种情况消落：a. 枯水期 1～3 月份，从 175m 消落到 155m，每天消落 0.22m；b. 汛前 4～6 月份，从 155m 消落到 145m，每天消落 10m/90=0.11m。

可调度时间及其长度：汛限水位 145m 可调度时间 6 月 10 日～9 月 30 日，时长 110d；145～175m 蓄水调度时间 10 月 1 日～10 月 30 日，时长 30d；非汛期 175m 调度时间 11 月 1 日～12 月 30 日，时长 60d；枯水期水位变化由 175m 到 145m，消落 1 月 1 日～6 月 10 日，时长 160d。

（2）向家坝水库调度现有可调范围

① 水位可调范围：历经水库蓄水的汛限水位 370m 到 380m 再到非汛期和枯水期消落到 370m，10m 可调范围；

② 容积可调范围：向家坝水库可利用防汛库容 $9.03 \times 10^8 m^3$ 进行调蓄；

③ 时间可调范围：汛期可调时间 81d；汛后蓄水期 20d；枯水期可调时间 92d；消落期可调时间 161d。

相应的向家坝调度现有可调幅度为：

Ⅰ. 20d 蓄满防汛库容 $9.03 \times 10^8 m^3$，每天库容蓄水幅度为 $9.03 \times 10^8 m^3 / 20 = 0.45 \times 10^8 m^3$；

Ⅱ. 20d 蓄满防汛库容 $9.03 \times 10^8 m^3$，水位从 370m 上涨到 380m，每天水位上涨最大幅度为 10m/20=0.5m；

Ⅲ. 总体上，161d 消落库容 $9.03 \times 10^8 m^3$，每天消落 $0.06 \times 10^8 m^3$，每天消落水位 0.06m。

可调度时间及其长度：汛限水位 370m 可调度时间 6 月 10 日～9 月 10 日，时长 81d；370～380m 蓄水调度时间 9 月 11 日～9 月 30 日，时长 20d；枯水期 380m 调度时间 10 月 1 日～12 月 30 日，时长 92d；消落期水位变化由 380m 到 370m，消落 1 月 1 日～6 月 10 日，时长 161d。

（3）溪洛渡调度现有可调范围

① 水位可调范围：历经水库蓄水的汛限水位 560m 到 600m 再到非汛期和枯水期消落到 560m，40m 可调范围；

② 容积可调范围：溪洛渡水库可利用防汛库容 $46.5 \times 10^8 m^3$ 进行调蓄；

③ 时间可调范围：汛期可调时间 62d；汛后蓄水期 30d；枯水期可调时间 92d；消落期可调时间 181d。

相应的向家坝调度现有可调幅度为：

Ⅰ. 30d 蓄满防汛库容 $46.5 \times 10^8 m^3$，每天库容蓄水幅度为 $46.5 \times 10^8 m^3 / 30 = 1.55 \times 10^8 m^3$；

Ⅱ. 30d 蓄满防汛库容 $46.5 \times 10^8 m^3$，水位从 560m 上涨到 600m，每天水位上涨最大幅度为 40m ÷ 30 = 1.33m；

Ⅲ. 总体上，181d 消落库容 $46.5 \times 10^8 m^3$，每天消落 $0.26 \times 10^8 m^3$，每天消落水位 0.22m。

可调度时间及其长度：汛限水位 560m，可调度时间 7 月 1 日～8 月 31 日，时长 62d；560～600m 蓄水调度时间 9 月 1 日～30 日，时长 30d；枯水期 600m 调度时间 10 月 1 日～12 月 30 日，时长 92d；消落期水位变化由 600m 到 560m，消落 1 月 1 日～6 月 30 日，时长 181d。

20.6.7.4　考虑水库群调度空间的三峡库区水环境安全的联合调度需求

2014～2016年向家坝的逐月出流量实际数据表明，向家坝的月平均下泄流量均小于11000m³/s（见表20-65）。

表20-65　"溪洛渡－向家坝"出库月均流量　　　　　单位：m³/s

年份	月份											
	1	2	3	4	5	6	7	8	9	10	11	12
2014	1780	1701	1673	2151	1827	2390	8629	10771	10184	5796	2504	1819
2015	2177	1656	2392	3260	2585	3228	4960	5404	9747	6062	3085	2280
2016	2224	2110	2345	2643	2656	5212	8433	7135	6938	6133	3730	2217

鉴于此，研究进一步在分析2014～2016年向家坝的逐月平均出流量的基础上，进一步结合各水源地的超标指标及污染物浓度，利用"一维非恒定流水动力-水质数学模型"和"平面二维水动力-水质数学模型"，宜昌市秭归县长江段凤凰山水源地、重庆市南岸区长江黄桷渡水源地、重庆市九龙坡区长江和尚山水源地对三峡上游梯级水库调度需求进行了逐月的计算和分析。仍以2014年5月为例，模型对宜昌市秭归县长江段凤凰山水源地Fe浓度、重庆市南岸区长江黄桷渡水源地TP浓度、重庆市九龙坡区长江和尚山水源地Fe浓度的模拟过程如图20-99～图20-101（书后另见彩图）所示。对三峡上游梯级水库的逐月调度需求见表20-66。

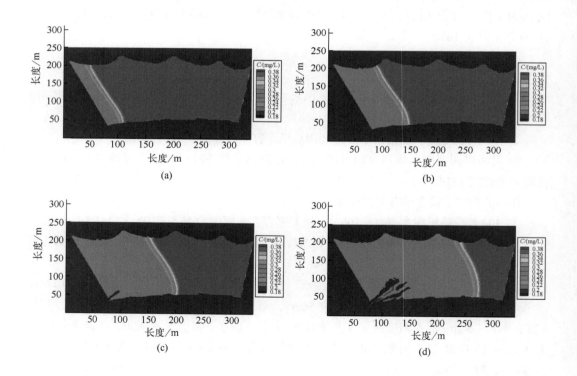

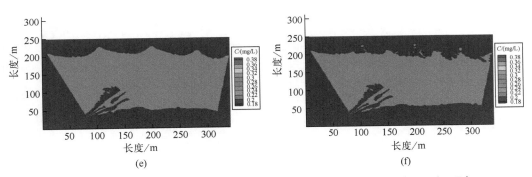

图20-99 宜昌市秭归县长江段凤凰山水源地Fe污染物浓度分布模拟图（2014年5月）

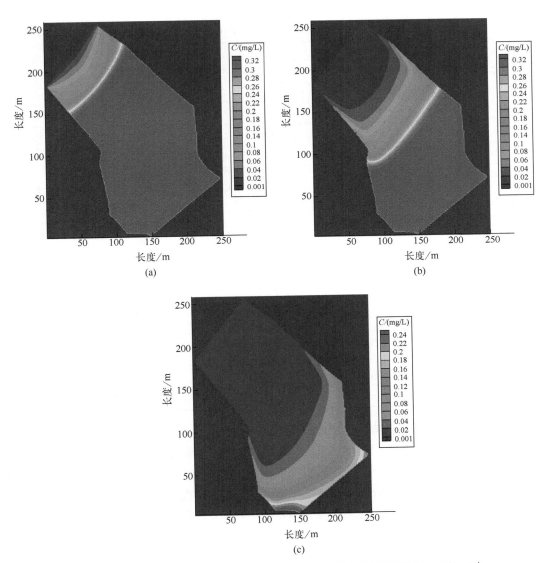

图20-100 重庆市南岸区长江黄桷渡水源地TP污染物浓度分布模拟图（2014年5月）

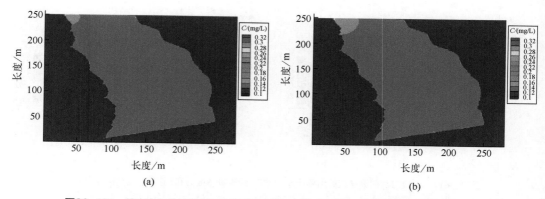

图20-101　重庆市九龙坡区长江和尚山水源地Fe污染物浓度分布模拟图（2014年5月）

表20-66　饮用水源地水质达标对三峡水库群逐月联合调度需求　　　单位：m³/s

时间（年-月）	黄桷渡水质达标对向家坝的出库流量需求	和尚山水质达标对向家坝的出库流量需求	向家坝实际出库流量	考虑向家坝调度空间的向家坝最大出库流量		对溪洛渡的出库流量需求	
				黄桷渡	和尚山	黄桷渡	和尚山
2014-01	2838	—	1779	2116	—	722	—
2014-02	1875	—	1701	1875	—	—	—
2014-03	1845	1845	1673	1845	1845	—	—
2014-04	2340	2340	2151	2340	2340	—	—
2014-05	2726	2726	1827	2164	2164	562	562
2014-07	9740	9740	8629	8966	8966	774	774
2014-08	10956	10956	10771	10956	10956	—	—
2014-09	11678	—	10184	10532	—	1146	—
2014-11	—	3418	2504	—	2852	—	566
2015-01	—	2850	2177	—	2514	—	336
2015-07	5356	—	4960	5297	—	59	—
2015-08	5475	—	5404	5475	—	—	—
2016-07	—	8879	8433	—	8770	—	109
2016-10	—	6586	6133	—	6470	—	116

　　从表20-66可知，对三峡上游梯级水库的逐月调度需求低于保证3个库区重要水源地水质达标保证95%的设定工况"三峡水库水位为145m，向家坝下泄流量为11000m³/s（工况5）和三峡水库水位为175m，向家坝下泄流量为11000m³/s（工况10）"，其更为合理、科学、经济、可行。表20-67中，进一步考虑了向家坝的调度空间，当向家坝的调度空间被充分利用，已经处于最大可能的下泄流量依然不能满足库区饮用水源地水质达标的要求时，给出了对溪洛渡水库的调度需求。需通过"溪洛渡-向家坝"联合调度来实施饮用水源地安全保障，对溪洛渡的调度需求 = 饮用水源地水质达标对向家坝的出流需求 – 向家坝实际出流量 – 向家坝可调节流量。

此外，宜昌市秭归县长江段凤凰山水源地在2014～2017年逐月的水质监测结果表明：在"汛期、蓄水期、枯水期、消落期"四个水期，三峡水库水位在145～175m范围内涨落时，宜昌市秭归县长江段凤凰山水源地均能满足"水质达标95%以上"的要求；该水源地的水环境安全对三峡水库调度有"自适应能力"，而三峡库区水源地水环境安全对三峡水库的调度只需要满足研究"水库群多目标联合调度"的需求即可。

综上，结合"3个库区重要水源地水质保证达标95%以上"的目标，研究提出的"三峡库区水源地水环境安全的水库群联合调度需求"见表20-67。

表20-67 "饮用水源地水质达标95%以上"对三峡水库群逐月联合调度需求　单位：m³/s

月份	溪洛渡出库流量	向家坝出库流量	月份	溪洛渡出库流量	向家坝出库流量
1	336	2514	7	774	8966
2	—	1875	8	—	10956
3	—	1845	9	—	—
4	—	2340	10	116	6470
5	562	2164	11	566	2852
6	—	—	12	—	—

注："—"表示满足研究"水库群多目标联合调度"的调度需求即可。

综上，在综合考虑三峡水库群调度空间、饮用水源地水质现状、三峡水库群水质现状、向家坝-三峡河段来水水质后，提出的保障库区饮用水源地水环境安全的梯级水库群联合调度需求如下：

① 汛期，6月中旬至9月上旬，对三峡上游梯级调度的需求流量为7677m³/s；

② 蓄水期，按现行调度运行准则运行，9月中旬～9月底蓄水，保障向家坝最小下泄流量为3259m³/s；

③ 枯水期，10～12月对三峡上游梯级调度的需求流量为4190m³/s；

④ 供水期，12月下旬～次年6月上旬，对三峡上游梯级调度的需求流量为2249m³/s。

基于保障库区饮用水源地水环境安全的梯级水库群联合调度需求，综合研究"水库群多目标联合调度"的需求，提出的"保障库区饮用水源地水环境安全的梯级水库群联合调度方案与运行准则"如下。

"溪洛渡-向家坝"三峡上游梯级水库的调度方案与运行准则：

① 汛期，6月中旬～9月上旬，向家坝下泄流量为7416m³/s，同时要求溪洛渡水库补水261m³/s；

② 蓄水期，9月中旬～9月底蓄水，保障向家坝最小下泄流量为3259m³/s；

③ 枯水期（按现行调度运行准则运行），10～12月向家坝水库下泄流量为3936m³/s，同时要求溪洛渡水库补水254m³/s；

④ 供水期，12月下旬～次年6月上旬，向家坝水库下泄流量为2103m³/s，同时要求溪洛渡水库补水146m³/s。

三峡水库调度方案与运行准则即为本研究提出的"预限动态水位过程线"：

① 一般情况下按本研究提出的"预限动态水位过程线"实施调度；

② 当汛期三峡库入流在 70000m³/s，或者入库水流水质超过Ⅲ类水平时，汛限水位减低到 145m；

③ 当枯水期入库流量小于 6000m³/s 时，启动梯级水库联合协作调度，调用溪洛渡 - 向家坝水量，保证三峡枯水期增调 1000 ～ 1500m³/s 流量；

④ 当枯水期三峡入库流量小于 6000m³/s，水流水质又超过Ⅲ类水平，同时溪洛渡 - 向家坝两库补给不足时可考虑提前消落水位；

⑤ 汛期 145m 平稳运行时间 40d，实施一次日调节过程，水位先上调 0.5m 后再下调 0.5m；

⑥ 枯水期 175m 平稳运行 70d，实施 2 ～ 3 次日调节过程，水位先下调 0.8m 后再上调 0.8m。

利用在三峡水利枢纽梯级调度通信中心运行的"三峡及其上游梯级水库群联合调度决策支持系统及可视化业务应用平台"，结合研究提出的"保障库区饮用水源地水环境安全的梯级水库群联合调度方案与运行准则"，研究组实施了库区水源地安全保障的联合调度示范，包括一次中长期调度示范和两次短期调度示范，以进一步验证和示范"保障库区饮用水源地水环境安全的梯级水库群联合调度方案与运行准则"的可行性和合理性，具体示范过程及结果如下。

2017 年 7 ～ 12 月，随着"三峡及其上游梯级水库群联合调度决策支持系统及可视化业务应用平台"在三峡水利枢纽梯级调度通信中心的安装和试运行，研究组实施了为期 6 个月的库区水源地安全保障的联合调度中长期示范；2017 年 5 月和 2018 年 8 月，研究组相继实施了两次库区水源地安全保障的联合调度短期示范。监测指标为水温、pH 值、溶解氧、高锰酸盐指数、五日生化需氧量（BOD_5）、氨氮（NH_4^+-N）、总磷、铜、锌、氟化物、硒、砷、汞、镉、铬（六价）、铅、氰化物、挥发酚、石油类、阴离子表面活性剂、硫化物、粪大肠杆菌、硫酸盐、氯化物、硝酸盐、铁、锰，共 27 项。示范结果表明：

① 保障库区饮用水源地水环境安全的梯级水库群联合调度方案与运行准则能够有效地保障库区水源地安全，2014 ～ 2016 年，重庆市南岸区长江黄桷渡水源地、九龙坡区长江和尚山水源地、宜昌市秭归县长江段水源地的水质达标率分别为 72.2%、76.0% 和 97.2%，2017 年 7 ～ 12 月，结合保障库区饮用水源地水环境安全的梯级水库群联合调度方案与运行准则运行的中长期调度示范实施后，3 个库区重要水源地均能满足"水质达标 95% 以上"的要求；

② 2017 年 5 月和 2018 年 8 月两次库区水源地安全保障的联合调度短期示范的跟踪监测表明，3 个库区重要水源地的水质达标率提升至 100%，水质有明显改善，达到了合同考核指标。2018 年 9 月 20 日，库区水源地安全保障的联合调度示范的示范效果经过了专家论证。

20.6.7.5　水源地突发事件多等级应急调度需求

通过水库应急调度，增加下泄流量纾缓水污染事故的不利影响，主要是依靠水流的稀释作用和紊动掺混作用，使高浓度污染团迅速降低至可处理水平。通过水利工程技术对水资源在时间和空间上的调度运用，可快速减轻突发性水污染事故的危害，其方式主要有拦水、排水、截污或引污、引水等。一般情况下，三峡库区水库调度技术采用单库调度方式，其调度运行准则参照"三峡水库调度运行准则"进行。另外，考虑到突发性水污染事故应急处理的时效要求，事故处理时限也应该控制在24h以内较为合理。因此，在应用水库应急调度的基础上建议考虑其他辅助应急措施。

（1）突发性水污染事件等级划分

1）事件分级标准（将根据国家相关法律、法规规定适时进行修订）

① 一般水污染事件，除特别重大集中式饮用水源突发环境事件、重大集中式饮用水源突发环境事件、较大集中式饮用水源突发环境事件以外的集中式饮用水源突发环境事件。

② 较大水污染事件，指因环境污染造成河流、湖泊、水库水域较大面积污染，或乡镇（街道）集中式饮用水源地取水中断的环境事件。

③ 重大水污染事件，指因环境污染造成河流、湖泊、水库水域大面积污染，或市级城市集中式饮用水源地取水中断的环境事件。

④ 特大水污染事件，指因环境污染造成地市级以上城市集中式饮用水源地取水中断的环境事件。

2）应急措施

应急救援以保证沿岸用水安全为主，同时采取一切可能措施降低污染物浓度。

① 多等级响应。一旦遭遇污染，应根据不同污染等级立即启用相应的应急处理措施，制定相应的应急处理措施。

饮用水源突发环境事件发生后，事发地人民政府应立即组织、指挥当地的环境应急工作，集中式饮用水源突发环境事件发生单位及归口管理部门接报后必须迅速调派人员赶赴事故现场，了解掌握事故动态，采取有效措施，组织实施抢救，防止事态扩大；严格保护事故现场，维护现场秩序，收集相关证据；及时将污染情况和应急工作情况上报。上级有关部门接报后应迅速了解污染情况，确定应急响应级别，启动相应级别的应急预案，组织开展应急处置工作。

集中式饮用水源突发环境事件发生单位及相关管理部门在接到报告后，应根据突发事故的状况初步确定事故响应的级别，分别向上一级报告，并启动相应的应急预案，成立应急处置指挥部，召集有关单位赶赴现场，根据现场状况采取有效措施，同时上报事故处置的最新进展情况。

② 多等级响应机制。集中式饮用水源突发环境事件响应坚持属地为主的原则。当集中式饮用水源突发环境事件发生后各级人民政府及其相关部门、单位，按照响应的级别，立即成立相应的应急处置现场指挥部，其分级响应机制如下。

Ⅰ级、Ⅱ级响应集中式饮用水源突发环境事件应急指挥部组成如下。总指挥：分管副市长或市政府办主任；当发生特别重大的突发水环境事件时，市长担任总指挥。副总指挥：市建设局、市环保局、市水利局、市安监局等主要领导。成员：根据突发集中式饮用水源突发环境事件性质，分别由市委宣传部、市监察局、市财政局、市经贸局、市交通运输局、市卫生局、市公安局、市气象局、市消防中队以及所在地乡镇（区、办事处）及相关部门主要领导等组成。

Ⅲ级响应集中式饮用水源突发环境事件应急指挥部的组成如下。总指挥：所在地乡镇（区、办事处）主要领导；副总指挥：建设、环保、水利等行政主管部门的领导；成员：根据突发集中式饮用水源突发环境事件性质及发生地，分别由所在地的乡镇（区、办事处）及其相关部门和有关供水企业领导等组成。

Ⅳ级响应集中式饮用水源突发环境事件应急指挥部的组成如下。由事故发生地的乡镇（区、办事处）、建设、环保、水利主管部门、供水企业等领导成立集中式饮用水源突发环境事件应急处置指挥部，启动应急预案并进行处置，同时将有关情况上报。

3）响应措施

根据集中式饮用水源突发环境事件等级，坚持分类、分级响应原则，各相关部门在本级水环境应急指挥部的统一领导下，按照本级应急预案的要求，针对事件类型采取相应的应对措施。

响应措施主要有以下几种。

① 环保、建设、水利、卫生、供水等部门加强集中式饮用水源地水质和供水水质监测力度，发挥联动监测和信息共享作用，根据需要确定监测点和监测频次，及时掌握事件产生的原因、危及的范围、影响的程度和发展趋势，为水环境应急指挥部的指挥和决策提供科学依据。同时，采取有力措施控制污染源头，改善受污染区域的水质。

② 各相关部门指令应急救援队伍做好应急准备，进入应急状态。

③ 加强疾病预防控制工作，对因饮用水污染可能导致的疾病、疫情进行应急处置。

环保、建设、水利、供水等部门要建立先行应急行动组，在发生集中式饮用水源突发环境事件时赶事故现场及重要生产场地，对受污染的水源进行实时监测，并将实测数据资料等及时向有关部门报告，集中式饮用水源突发环境事件时监测资料实行共享。

4）饮用水源地突发环境事件应急处置措施

学者们研究突发性水污染事件的水库调度的共识基本一致。通过水库应急调度，增加下泄流量纾缓水污染事故的不利影响，主要是依靠水流的稀释作用和紊动掺混作用，使高浓度污染团迅速降低至可处理水平。通过水利工程技术对水资源在时间和空间上的调度运用，可快速减轻突发性水污染事故的危害，其方式主要有拦水、排水、截污或引污、引水等。由于水利工程应用于水污染事件的处置时间较短，运用方式的选择尚不成熟。需要研究在针对事件不同时段、不同目的采取的措施中，如何选择合理的方式以最大程度上发挥水利工程的作用，既有利于水污染事件合理有效处置，又要综合协调各方面的需求发挥水利工程的综合效益。考虑到突发性水污染事故应急处理的时效要求，事故处理时限也应该控制在 24h 以内才较为合理。因此，在应用水库应急调度的基础上应该考虑其他辅助应急措施。

根据近几年的污染情况，制定以下几种水处理应急措施。

① 有毒有机污染物的应急处理方法。目前处理突发性有机污染物的方法主要有吸附法、氧化分解法等物理化学方法。

Ⅰ. 吸附法是利用活性炭等吸附材料去除水中苯系物、酚类、农药等有机污染物。目前活性炭应用广泛，可应对 60 多种有机污染物。活性炭分为粉末活性炭（PAC）及粒状活性炭（GAC）。在 2005 年松花江水污染事故城市供水应急处理中，形成了 PAC 吸附水源水硝基苯及处理水厂砂滤池新增 GAC 滤层双重安全屏障的应急处理工艺，处理后硝基苯浓度满足水质标准。

吸附法虽然可快速清除水体中的有毒有机污染物，但该方法还面临着诸多问题，如吸附材料多为颗粒状或者粉末状，直接投放于污染水域存在不易回收的问题，污染物无法从根本上去除。因此，吸附材料一般要被固定在编织网袋中，但是固定的方法使得吸附材料紧密堆积，使得吸附材料与水体接触的比表面积减小，降低了其去污效能，另外该种方式会阻碍水体的流动。

Ⅱ. 氧化分解法采用高锰酸钾、臭氧等氧化剂将水中有机污染物氧化去除。针对 2007 年无锡自来水臭味事件，科研人员在取水口投加高锰酸钾氧化甲硫醇，同时在水处理厂絮凝池前投加 PAC 吸附其他臭味物质及污染物，从而解决了自来水臭味问题。高锰酸钾和臭氧具有很好的应急除酚效果，3mg/L 的臭氧可使 0.2mg/L 的苯酚原水沉淀后达标（0.002mg/L），0.5mg/L 的高锰酸钾可去除 50% 的苯酚。王胜军通过单独臭氧氧化和催化臭氧氧化对松花江污水进行对比研究，以 TiO_2/ 烧结黏土和 TiO_2/SiO_2 颗粒作催化剂，从有机物的种类和数量上看催化臭氧化去除效果明显优于单独臭氧氧化，对大分子有机物有较好的处理效果，但是有新的污染物质生成。

② 突发性重金属污染的应急处理方法。代表物质有汞及汞盐、铅盐、锡盐类、铬盐等。汞为液体金属，其余均为结晶盐类，铬盐和铅往往有鲜亮的颜色。该类物质多数具有较强毒性，在自然环境中不降解，并能随食物链逐渐富集，形成急性或蓄积类水污染事故。

目前，针对突发性重金属污染事故的应急处理方法主要有化学混凝沉淀法和吸附法。

Ⅰ. 化学混凝沉淀法是通过调整水厂混凝处理的 pH 值，使重金属污染物生成金属氢氧化物或碳酸盐等沉淀形式，再通过铝盐、铁盐等絮凝及沉淀去除。2005 年广东北江突发性镉污染事故应急处理中，科研人员通过首先把原水 pH 值调至 9 左右，使镉形成沉淀物，然后在弱碱性条件下进行混凝、沉淀、过滤处理，以矾花絮体吸附去除水中的镉；最后在滤池出水处加酸，把 pH 值调回至 7.5 ~ 7.8，以满足生活饮用水的 pH 值要求。

化学混凝沉淀法适用于水处理厂水中重金属的应急去除，但用于自然水体调节 pH 不太实际，向水体中添加酸碱会造成水体二次污染，加剧水污染的严重程度。混凝沉淀必须把污染水域隔离开来，混凝沉淀物的回收及混凝沉淀后水体的后续处理等都十分烦琐，对于流动水体，该方法的使用更加局限。

Ⅱ. 吸附法工艺简单、效果稳定，尤其适用于大流量、低污染物含量的去除，成为应对重金属突发水污染事故首选的应急处理技术。吸附法成功处理了国内多起突发性重金属污染事故，但在自然水体中，吸附法除存在固定后去污效能降低、回收困难等问题外，吸附材料与重金属形成的絮凝物会沉在水底并随推移质和悬移质一起继续迁移，通过水中食物链成为二次污染源。

③ 突发性油类污染的应急处理方法。突发性油类污染的应急处理方法主要有化学法及物理回收法两种。

Ⅰ.化学法通常是采用分散剂将油污分散成极微小的油滴（1～70μm），增大其与微生物接触的表面积；同时，降低油污的黏性，减弱其黏附于沉积物、水生生物及海岸线的机会。目前，分散剂对水生态环境的影响还不明确，其使用也受到了严格的控制。也可以采用各种助燃剂，使大量泄油在短时间内燃烧完，但这种方法对海洋生态平衡造成不良影响，并且浪费能源。

Ⅱ.物理回收法中围栏法可以阻止油的扩散以利于油的回收；吸油法使用亲油性的吸油材料回收油类，是解决油污染的根本方法。2009 年 3 月 11 日，四川省绵阳市发生突发性柴油污染事故，绵阳市水务集团采用吸油毡等对柴油进行物理吸附和拦截，水厂采用PAC 深度处理强化水质应急处理确保水质安全。物理法对于汽、煤等轻质油往往难以奏效，主要因为其密度小、黏度小、在水面扩散速度快等。

④ 氰化物污染应急处理方法。代表物质有氰化钾、氰化钠和氰化氢的水溶液。氰化钾、氰化钠为白色结晶粉末，易潮解，易溶于水，用于冶金和电镀行业，常以水溶液罐车运输。氰化氢常温下为液体易挥发，有苦杏仁味。该类物质呈现剧毒，能抑制呼吸酶，对底栖动物、鱼类、两栖动物、哺乳动物等均呈高毒。

在消防或环保人员到达现场前，如果已有有效的堵漏工具或措施，操作人员可在保证自身安全的前提下，进行堵漏控制泄漏量；否则，现场人员应一边等待消防队或应急处理队伍到来，一边负责事故现场区域警戒。大量氰化物（≥200kg）水中泄漏时，紧急隔离半径应不小于95m。根据实际情况可设 500～1000m 警戒区。应组织人员对沿河两岸进行警戒，严禁取水、用水、捕捞等一切活动。根据现场实际，可现场筑建拦河坝，防止受污染的河水下泄；然后向受污染的水体中投放大量的生石灰和次氯酸钙等消毒品（具体加药量后文说），中和氰根离子，如果污染严重的话，可在上游新开一条河道，让上游来的清洁水改走新河道。碱性氯化法用于水中氰化物消毒，此法是根据受有氰根污染的水体，均匀加入三合二消毒剂（漂白粉和生石灰 4∶1 混合），利用生成的次氯酸钙（漂白粉）与氰根发生氧化分解反应，生成无毒或低毒产物。

⑤ 生物污染的应急处理方法。生物性污染物污染可采取化学氧化及消毒技术等处理。水体突发性蓝藻暴发的处理方法主要有物理防治、化学防治、物理化学防治及生物处理。

Ⅰ.物理防治包括过滤、吸附、曝气和机械除藻等，但这要耗费巨大的人力及物力，处理成本过高。

Ⅱ.化学防治主要包括化学药剂法、电化学法、降解法等。投放化学药剂可对水体产生二次污染，因此实际应用中不提倡使用此法。

Ⅲ.物理化学防治可通过添加混凝剂对藻类进行沉淀，或通过流动循环曝气、喷泉曝气充氧及化学加药气浮工艺去除水中的藻类、其他固体杂质和磷酸盐，从而使整个水体保持良好状态，但该方法操作烦琐，工艺复杂，对蓝藻暴发难以奏效。对于水体微生物超标问题，可采用强化消毒技术（Cl_2、ClO_2、次氯酸盐、紫外辐照、臭氧等）进行消毒处理。在水源水出现较高微生物风险时，可采用加大消毒剂投加量及延长消毒时间来强化消毒效果。

Ⅳ. 生物处理法是通过微生物对污染物质的吞噬，经过新陈代谢等作用将其分解和转化，从而达到去除有机物的目的。生物法能有效地去除焦化废水中的酚氰类物质，以及石油等有机污染物，去除率能达到99%，但是对难降解有机物的去除率偏低、菌种易失活，而且其投资大、占地多、周期长，不适合突发性水污染事件的应急处理，可以作为事故应急处理后的修复手段。

（2）水库调度预案

1）宜昌市秭归县凤凰山饮用水源地枯水期应急调度水量需求

① 研究内容。假设宜昌市秭归县凤凰山饮用水源地在枯水期发生突发性水污染事件，三峡水库常规调度流量为8325m³/s，三峡水库1h后进行应急调度，以非持久性污染物NaCN和持久性污染物As为计算指标，综合考虑污染物可能影响时间及水文、水环境特性，利用平面二维水动力学-水质数学模型，预测事故发生对宜昌凤凰山饮用水源地水质影响程度，计算并研究不同调度方案下对于不同事故排放种类的影响与规律。

对于NaCN，根据《道路危险货物运输管理规定》，"运输剧毒化学品的罐式专用车辆的罐体容积不得超过10立方米"；30%氰化钠溶液是主要的涉及公路运输的氰化物，因此设置为，转载有10m³的30%氰化钠溶液的运输车辆在3个库区重要水源地的取水口上游1km路侧翻车，氰化钠溶液的泄漏量设为100%、80%、60%、40%四个源项等级，事故也相应地分为四个等级。常温下，30%氰化钠溶液浓度为$1.15×10^6$mg/L，因此10m³的30%氰化钠溶液含氰化钠最大质量为11.5t。根据2014～2017年氰化物实测浓度值＜0.004mg/L，低于检测限的水质浓度计算按照检测限的一半进行处理，因此三个水源地氰化物的背景浓度值设为0.002mg/L。由于运输车翻车导致的氰化物事故，按污染源岸边排放方式进行模拟，模拟水期选择枯水期。根据《地表水环境质量标准》（GB 3838—2002）中Ⅲ类水质标准要求，氰化物Ⅲ类水浓度值的达标上限为0.2mg/L。

对于As，体积为5000m³的含砷废水在岸边排放，排污口距离取水口上游1km，模拟水期选择枯水期，含砷废水的浓度值设为100%、80%、60%、40%四个源项等级，事故也相应地分为四个等级，其中砷最大浓度设为1362.5mg/L。根据2014～2017年实测砷浓度多为＜0.002mg/L，因此三个水源地砷的背景浓度值设为0.001mg/L。根据《地表水环境质量标准》（GB 3838—2002）中Ⅲ类水质标准要求，砷Ⅲ类水浓度值的达标上限为0.05mg/L。

② 模型计算工况。

Ⅰ. 水库调度方案。突发性水污染事故发生后，分别考虑如下2种应急调度方案：a. 事故发生后紧急调度2h，泄水2h，水流流量从8325m³/s增大至15900m³/s，并持续2h；b. 事故发生后紧急调度1h，泄水1h后水流流量为22750m³/s（三峡电站满负荷发电时的出库流量）。

Ⅱ. 污染物排放类型。根据风险源识别结论可知，宜昌市凤凰山水源地邻近长江三峡大坝，交通事故导致的水污染事故的可能性较大。针对潜在风险源，设置岸边瞬排事故排放类型，根据突发污染事故等级结论，将事故等级分为四个等级，事故地点设置为宜昌凤凰山水源地上游1km。根据上述两种应急调度方案和事故排放类型，设计模拟工况见表20-68。

表20-68 岸边瞬排模拟工况情况表

工况编号	污染物类型	事故等级	排放时间	污染物总负荷量/t	调度流量/(m³/s)	调度时间
1	NaCN	I	30s	11.5	8325	无应急调度
2					15900	事故发生后持续2h
3					22750	事故发生后持续1h
4		II	30s	9.2	8325	无应急调度
5					15900	事故发生后持续2h
6					22750	事故发生后持续1h
7		III	30s	6.9	8325	无应急调度
8					15900	事故发生后持续2h
9					22750	事故发生后持续1h
10		IV	30s	4.6	8325	无应急调度
11					15900	事故发生后持续2h
12					22750	事故发生后持续1h
13	As	I	10min	6.81	8325	无应急调度
14					15900	事故发生后持续2h
15					22750	事故发生后持续1h
16		II	10min	6.45	8325	无应急调度
17					15900	事故发生后持续2h
18					22750	事故发生后持续1h
19		III	10min	4.09	8325	无应急调度
20					15900	事故发生后持续2h
21					22750	事故发生后持续1h
22		IV	10min	2.73	8325	无应急调度
23					15900	事故发生后持续2h
24					22750	事故发生后持续1h

③计算结果。

Ⅰ.对污染团运动规律的影响。由于宜昌市秭归县凤凰山饮用水源地距离三峡大坝较近，水库应急调度效果最为明显，因此针对24种工况，研究分析不同事故等级下不同类型的污染团在不同调度方案下的运动规律，对不同工况下污染团输移影响效果进行对比与分析，得出定性结论，为后续计算中的方案制定提供依据。

根据模型计算结果，得出不同事故等级下不同情况污染团影响时间的结果，其结果见表20-69。

表20-69 不同模拟工况污染物影响时间统计表

工况编号	工况	影响时间	工况编号	工况	影响时间
1	现行调度	61min30s	13	现行调度	2h33min
2	15900m³/s持续2h	46min	14	15900m³/s持续2h	1h54min
3	22750m³/s持续1h	32min30s	15	22750m³/s持续1h	1h11min
4	现行调度	49min30s	16	现行调度	2h2min
5	15900m³/s持续2h	37min	17	15900m³/s持续2h	1h33min
6	22750m³/s持续1h	26min30s	18	22750m³/s持续1h	59min
7	现行调度	37min30s	19	现行调度	1h39min
8	15900m³/s持续2h	28min	20	15900m³/s持续2h	1h13min
9	22750m³/s持续1h	20min	21	22750m³/s持续1h	47min
10	现行调度	25min30s	22	现行调度	61min
11	15900m³/s持续2h	19min	23	15900m³/s持续2h	52min
12	22750m³/s持续1h	13min30s	24	22750m³/s持续1h	35min

由表20-69可知，对于NaCN，Ⅰ级事故等级下，工况1中现行调度时，污染团存在时间为61min30s；工况2中，污染团存在时间为46min；工况3中污染团存在时间为32min30s。Ⅱ级事故等级下，工况4中现行调度时，污染团存在时间为49min30s；工况5中污染团存在时间为37min；工况6中污染团存在时间为26min30s。Ⅲ级事故等级下，工况7中现行调度时，污染团存在时间为37min30s；工况8中污染团存在时间为28min；工况9中污染团存在时间为20min。Ⅳ级事故等级下，工况10中现行调度时，污染团存在时间为25min30s；工况11中污染团存在时间为19min；工况12中污染团存在时间为13min30s。

对于As，Ⅰ级事故等级下，工况13中现行急调度时，污染团存在时间为2h33min；工况14中，污染团存在时间为1h54min；工况15中污染团存在时间为1h11min。Ⅱ级事故等级下，工况16中现行调度时，污染团存在时间为2h2min；工况17中污染团存在时间为1h33min；工况18中污染团存在时间为59min。Ⅲ级事故等级下，工况19中现行调度时，污染团存在时间为1h39min；工况20中污染团存在时间为1h13min；工况21中污染团存在时间为47min。Ⅳ级事故等级下，工况22中现行调度时，污染团存在时间为61min；工况23中污染团存在时间为52min；工况24中污染团存在时间为35min。

以NaCN的工况为例，现行调度情况下，不同事故等级的结果如图20-102（书后另见彩图）所示。

相同流量1即15900m³/s，Ⅰ级事故等级下不同污染物影响时间的结果如图20-103所示。

相同流量2即22750m³/s，Ⅰ级事故等级下不同污染物影响时间的结果如图20-104所示。

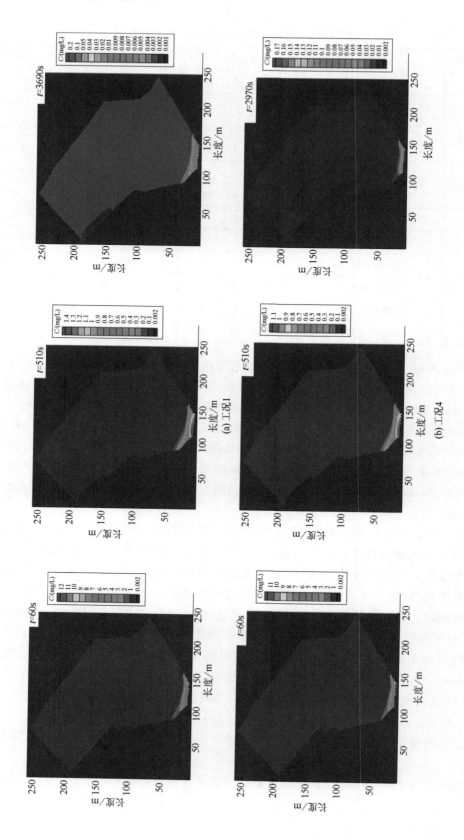

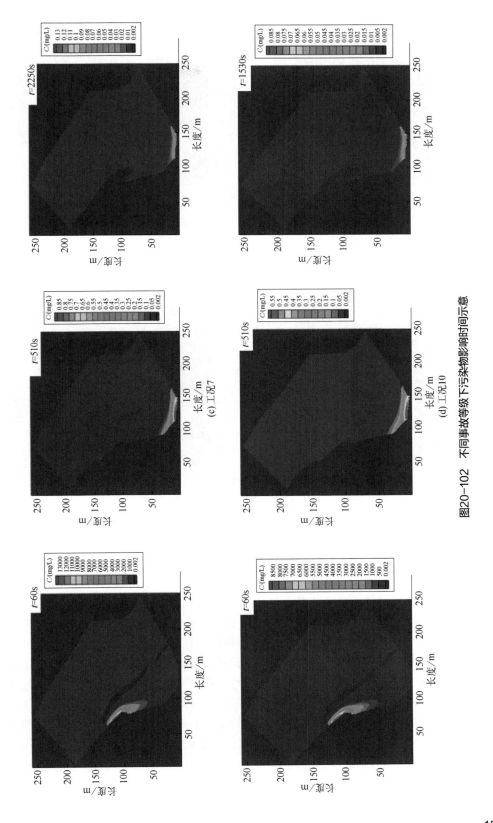

图20-102 不同事故等级下污染物影响时间示意

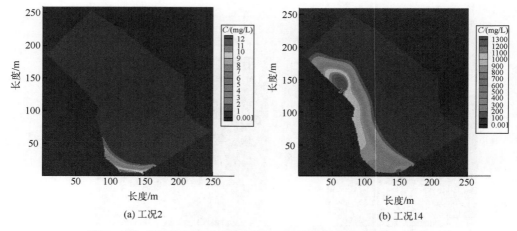

(a) 工况2　　　　　　　　　　　　(b) 工况14

图20-103　相同流量1中Ⅰ级事故等级下不同污染物结果示意（10min）

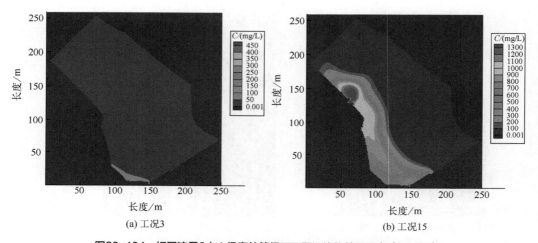

(a) 工况3　　　　　　　　　　　　(b) 工况15

图20-104　相同流量2中Ⅰ级事故等级下不同污染物结果示意（10min）

两种不同污染物四个污染事故等级中，调度方案有15900m³/s、22750m³/s两个流量级，其中15900m³/s流量级中持续时间为2h，22750m³/s流量级持续时间为1h，因此从改变流量大小和不同事故等级两个角度，分别对两种污染物的不同事故等级下污染团的迁移影响效果对比分析，可以得出以下结论。a. 对于同一种污染物，对比工况1、2、3可知，通过增加三峡库区出库流量，可减少污染团滞留时间，且流量越大，水源地达标时间越短。对比工况1、4、7、10，污染物事故等级下降，污染团滞留时间整体上减少。说明对于同一种污染物，增加出库流量，缩短持续时间，效果更好。b. 对于不同污染物岸边瞬排，增加出库流量以及延长调度时间，均可减少污染物影响时间。相同的持续时间，出库流量越大，影响时间越短；相同事故等级下，相同的出库流量下，污染物更容易降解，影响时间更短。说明对于不同污染物，增加出库流量，污染物更容易降解，影响时间更短，效果更好。其中，对比非持久性污染物NaCN和持久性污染物As，持久性污染物扩散程度更大。

Ⅱ. 污染团对重点区域的影响。接下来针对污染团的运动对饮用水源地区域的影响进行研究分析。宜昌市秭归县凤凰山饮用水源地是重要的水源地，此江段水体污染会对两岸居民健康有不良影响，产生严重的社会影响，因此将饮用水源地取水区域约 2km、距离上游事故点约 1.0km 作为重点区域研究（范围见上文水源地概况研究）。按照湖北省水功能区划，此段需满足Ⅲ类水标准（氰化物小于 0.2mg/L，砷小于 0.05mg/L）。

根据在污染团运动规律影响的研究中，非持久性污染物 NaCN 和持久性污染物 As 的岸边瞬排规律相似，故选取污染团运动过程更为明显的持久性污染物 As 的岸边瞬排情况作为研究对象，重点区域中污染团运动示意见图 20-105（书后另见彩图）。

现行调度情况中，不同等级下污染团运动在饮用水源地区域内的示意图如图 20-105 所示（依次为Ⅰ级事故、Ⅱ级事故、Ⅲ级事故、Ⅳ级事故）。根据计算结果可知，污染团离开重点区域发生在Ⅰ级事故发生后约 153min；污染团离开重点区域发生在Ⅱ级事故发生后约 122min；污染团离开重点区域发生在Ⅲ级事故发生后约 92min；污染团离开重点区域发生在Ⅳ级事故发生后约 61min。

同理，在 15900m³/s 持续 2h 的情况中，计算不同等级（Ⅰ级事故、Ⅱ级事故、Ⅲ级事故、Ⅳ级事故）下污染团在重点区域内的运动。根据计算结果可知，污染团离开重点区域发生在Ⅰ级事故发生后约 114min（工况 14）；污染团离开重点区域发生在Ⅱ级事故发生后约 93min（工况 17）；污染团离开重点区域发生在Ⅲ级事故发生后约 73min（工况 20）；污染团离开重点区域发生在Ⅳ级事故发生后约 52min（工况 23）。

在 22750m³/s 持续 1h 的情况中，计算不同等级（Ⅰ级事故、Ⅱ级事故、Ⅲ级事故、Ⅳ级事故）下污染团在重点区域内的运动。根据计算结果可知，污染团离开重点区域发生在Ⅰ级事故发生后约 71min（工况 15）；污染团离开重点区域发生在Ⅱ级事故发生后约 59min（工况 18）；污染团离开重点区域发生在Ⅲ级事故发生后约 47min（工况 21）；污染团离开重点区域发生在Ⅳ级事故发生后约 35min（工况 24）。

由表 20-69 计算可知，对于非持久性污染物（NaCN），Ⅰ级事故下，相比于工况 1，工况 2 时间减少了 25.2%，工况 3 时间减少了 47.2%；Ⅱ级事故下，相比工况 4，工况 5 时间减少了 25.3%，工况 6 时间减少了 46.5%；Ⅲ级事故下，相比工况 7，工况 8 时间减少了 25.3%，工况 9 时间减少了 46.7%；Ⅳ级事故下，相比工况 10，工况 11 时间减少了 25.5%，工况 12 时间减少了 47.1%。对于持久性污染物（As），Ⅰ级事故下，相比于工况 13，工况 14 时间减少了 25.5%，工况 15 时间减少了 53.6%；Ⅱ级事故下，相比工况 16，工况 17 时间减少了 31.0%，工况 18 时间减少了 51.6%；Ⅲ级事故下，相比工况 19，工况 20 时间减少了 26.3%，工况 21 时间减少了 52.5%；Ⅳ级事故下，相比工况 22，工况 23 时间减少了 14.8%，工况 24 时间减少了 42.6%。可以看出，在宜昌秭归凤凰山饮用水源地发生突发性水污染事件后采取应急调度手段，可以缩短饮用水源地区域恢复至Ⅲ类水的时间，其中增大调度出库流量对于缩短时间有明显作用，因此多等级污染事故下，工况 3（工况 6、工况 9、工况 12、工况 15、工况 18、工况 21、工况 24）即 22750m³/s 维持 1h 的调度方案缩短时间效果最佳，对于非持久性污染物饮用水源地达标时间平均减少了 46.9%，对于持久性污染物饮用水源地达标时间平均减少了 54.8%。

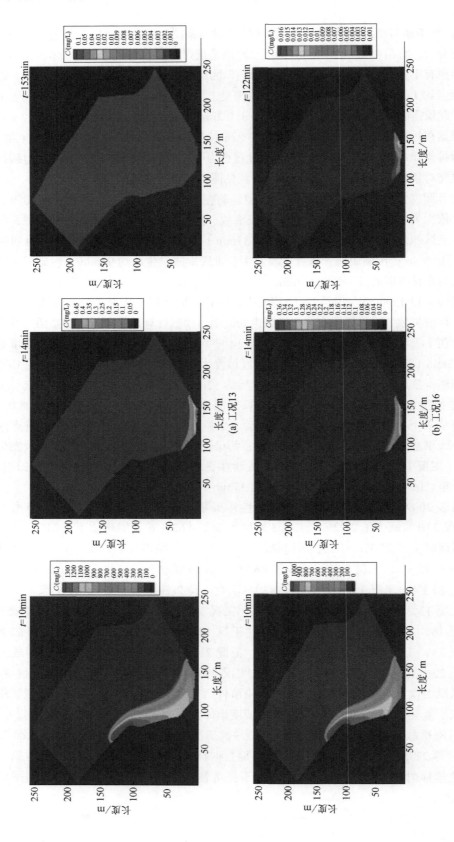

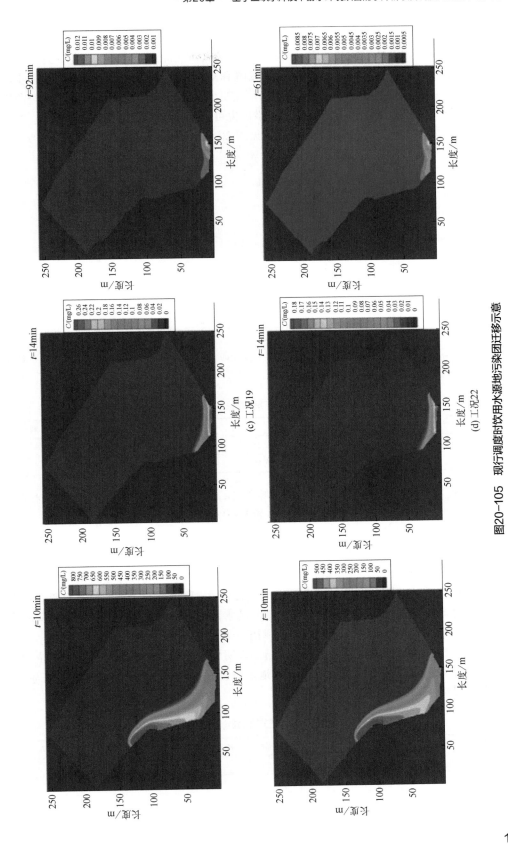

图20-105 现行调度时饮用水源地污染团迁移示意

④ 应急调度对三峡水库蓄水量及水位的影响。将所需额外水量对三峡水库库容和水位的影响作为应急调度可行性评估因子。三峡水库现有调度原则：11月～次年3月三峡水库处于枯水期，水库水位在综合考虑航运、发电和水资源、水生态需求的条件下逐步消落。在4月末水库水位高于155m，即枯水期消落低水位。如遇枯水年份，实施水资源应急调度时，可不受以上水位、流量限制，库水位也可降至155m以下进行补偿调度。若枯水期坝前水位为175m，根据水位库容关系（见图20-106），对应库容约为 $3.93 \times 10^{10} m^3$。

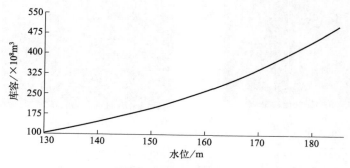

图20-106　水位库容关系图

根据表20-70中数据可得，出库流量为15900m³/s持续2h的工况所用水量最多，损失水量为 $0.55 \times 10^8 m^3$，占库容比例的0.14%。

表20-70　应急调度工况对三峡水库库容影响

工况编号	调度流量/(m³/s)	调度时间	损失水量/10⁸m³	占现有库容比例/%
2	15900	事故发生后持续2h	0.55	0.14
3	22750	事故发生后持续1h	0.52	0.13

其中，若应急调度方案采取22750m³/s持续1h，则弃水为 $5.193 \times 10^7 m^3$，相对库容 $3.93 \times 10^{10} m^3$ 所占比例很小，在短时间对发电效益影响不大。

综上所述，由于应急调度时间较短，出库流量为22750m³/s持续1h方案，方案中弃水所占比例较小，占库容比例0.13%，较短时间内对发电效益影响不大。

由上文分析可以看出，在宜昌秭归凤凰山水源地发生突发性水污染事件后采取应急调度手段，能够有效地减缓突发性水污染，其中增加水库出库流量对于加快恢复至Ⅲ类水有明显作用。考虑到增加水库出库流量会导致额外的水量损失，因此设定一个指标 A 同时考虑到对水污染事件的减缓效果以及相对现行调度下的缩短时间，其中 $A=$ 损失流量/缩短时间，表示单位缩短时间内损失的流量，A 越小表明该方案对三峡水库蓄水量及水位的影响越小，应急调度效果越好。选取饮用水源地进行计算，以Ⅰ级事故下持久性污染物As为例，得出结果见表20-71。

表20-71　各方案对重点断面污染物影响效率计算表

工况编号	工况	水库库容损失/10⁴m³	缩短时间/s	$A/(10^4 m^3/s)$
13	8325m³/s(现行调度)	—	—	—
14	15900m³/s维持2h	5454	2940	1.86
15	22750m³/s维持1h	5193	5520	0.94

根据计算结果可知，参数 A 结果由大到小排列顺序为工况14、工况15。对于 A 指标来说，越小越表明该方案在尽量少地损失水量的情况下得到更好的应急调度效果，所以根据计算来看，工况15即22750m³/s维持1h的方案在考虑水库库容损失下效率最高。

⑤ 结果分析。研究宜昌市秭归县凤凰山饮用水源地应急调度及减污效果可得如下结论。

调度方案有15900m³/s、22750m³/s两个流量级，其中15900m³/s流量级持续时间为2h，22750m³/s流量级持续时间为1h。

通过对两种污染物不同等级下的各个方案的计算结果对比，可定性得出调度方案对污染团运动的影响规律，即对于同一种污染物，通过增加三峡库区出库流量，可减少污染团滞留时间，且流量越大，水源地达标时间越短；污染物事故等级下降，污染团滞留时间整体上减少。对于不同污染物岸边瞬排，增加出库流量以及延长调度时间，均可减少污染物影响时间。相同的持续时间，出库流量越大，影响时间越短；相同事故等级下，相同的出库流量下，污染物更容易降解，影响时间更短。说明对于不同污染物，增加出库流量，污染物更容易降解，影响时间更短，效果更好。这个过程中自我的衰减作用对滞留污染物的降解有一定影响。

通过对选取的饮用水源地区域受污染团影响分析可知，增大调度出库流量对于缩短重点区域恢复至Ⅲ类水的时间有明显作用。因此从尽快恢复水质的效果来说22750m³/s维持1h的调度方案缩短时间效果最佳，相比于无应急调度，其对于非持久性污染物饮用水源地达标时间平均减少了46.9%，对于持久性污染物饮用水源地达标时间平均减少了54.8%。

通过考虑应急调度对三峡水库蓄水量及水位的影响，22750m³/s维持1h的方案在考虑水库库容损失下效率最高，同时其弃水所占比例较小，较短时间内对发电效益影响不大。

2）重庆饮用水源地枯水期应急调度水量需求

① 研究内容。重庆和尚山饮用水源地与黄桷渡饮用水源地距离较近，水文特征基本一致，本研究以重庆黄桷渡饮用水源地为研究案例。黄桷渡水源地枯水期流量为3975m³/s，由于重庆饮用水源地在三峡库区末端，受三峡水库调度影响较小，主要受水源地上游溪洛渡-向家坝调度影响，枯水期向家坝现行调度流量为1800m³/s。假设黄桷渡饮用水源地在枯水期发生突发性水污染事件，溪洛渡-向家坝进行应急调度，以非持久性污染物NaCN和持久性污染物As为计算指标，综合考虑污染物可能影响时间及水文、水环境特性，利用建立的平面二维水动力学-水质数学模型，预测事故发生对重庆黄桷渡饮用水源地水质的影响程度，计算并研究不同调度方案下对于不同事故排放种类的影响与规律。

对于NaCN，根据《道路危险货物运输管理规定》，"运输剧毒化学品的罐式专用车辆的罐体容积不得超过10立方米"；30%氰化钠溶液是主要的涉及公路运输的氰化物，因此设置为，转载有10m³的30%氰化钠溶液的运输车辆在3个库区重要水源地的取水口上游1km路侧翻车，氰化钠溶液的泄漏量设为100%、80%、60%、40%四个源项等级，事故也相应地分为四个等级。常温下，30%氰化钠溶液浓度为1.15×10^6mg/L，因此10m³的30%氰化钠溶液含氰化钠最大质量为11.5t。根据2014～2017年氰化物实测浓度值<0.004mg/L，低于检测限的水质浓度计算按照检测限的一半进行处理，因此三个水源地氰化物的背景浓度值设为0.002mg/L。由于运输车翻车导致的氰化物事故，按污染源岸边排放方式进行模拟，模拟水期选择枯水期。根据《地表水环境质量标准》（GB 3838—2002）中Ⅲ类水质标准要求，氰化物Ⅲ类水浓度值的达标上限为0.2mg/L。

对于As，体积为5000m³含砷废水在岸边排放，排污口距离取水口上游1km，模拟水期选择枯水期，含砷废水的浓度值设为 100%、80%、60%、40% 四个源项等级，事故也相应地分为四个等级，其中砷最大浓度设为 1362.5mg/L。根据 2014～2017 年实测砷浓度多为 < 0.002mg/L，因此三个水源地砷的背景浓度值设为 0.001mg/L。根据《地表水环境质量标准》（GB 3838—2002）中Ⅲ类水质标准要求，砷Ⅲ类水浓度值的达标上限为 0.05mg/L。

②模型计算工况。

Ⅰ.水库调度方案。突发性水污染事故发生后，分别考虑如下两种应急调度方案：一是事故发生后紧急调度 30min，泄水 30min，向家坝泄水流量由 1800m³/s 增大至 2700m³/s，水源地水流流量从 3975m³/s 增大至 4875m³/s，并持续 30min；二是事故发生后紧急调度 20min，泄水 15min 后，向家坝泄水流量由 1800m³/s 增大至 3600m³/s，水源地水流流量从 3975m³/s 增大至 5775m³/s。

Ⅱ.污染物排放类型。根据风险源识别结论可知，考虑到重庆市黄桷渡水源地邻近重庆市区，交通事故导致的水污染事故的可能性较大。针对潜在风险源，设置岸边瞬排事故排放类型，根据突发污染事故等级结论，将事故等级分为四个等级，事故地点设置为重庆市黄桷渡饮用水源地上游 1km。根据上述两种应急调度方案和事故排放类型，设计模拟工况见表 20-72。

表20-72　岸边瞬排模拟工况情况表

工况编号	污染物类型	事故等级	排放时间	污染物总负荷量/t	调度流量/(m³/s)	调度时间
1	NaCN	Ⅰ	60s	11.5	1800	现行调度
2					2700	事故发生后持续30min
3					3600	事故发生后持续20min
4		Ⅱ	60s	9.2	1800	现行调度
5					2700	事故发生后持续30min
6					3600	事故发生后持续20min
7		Ⅲ	60s	6.9	1800	现行调度
8					2700	事故发生后持续30min
9					3600	事故发生后持续20min
10		Ⅳ	60s	4.6	1800	现行调度
11					2700	事故发生后持续30min
12					3600	事故发生后持续20min
13	As	Ⅰ	10min	6.81	1800	现行调度
14					2700	事故发生后持续30min
15					3600	事故发生后持续20min
16		Ⅱ	10min	6.45	1800	现行调度
17					2700	事故发生后持续30min
18					3600	事故发生后持续20min
19		Ⅲ	10min	4.09	1800	现行调度
20					2700	事故发生后持续30min
21					3600	事故发生后持续20min
22		Ⅳ	10min	2.73	1800	现行调度
23					2700	事故发生后持续30min
24					3600	事故发生后持续20min

③ 计算结果。

Ⅰ. 对污染团运动规律影响：针对 24 种工况，研究分析不同事故等级下不同类型的污染团在不同调度方案下的运动规律，对不同工况下对污染团输移影响效果进行对比与分析，得出定性结论为后续计算中的方案制定提供依据。

根据模型计算结果，得出不同事故等级下不同情况污染团影响时间的结果，其结果见表 20-73。

表20-73　不同模拟工况污染物影响时间统计表

工况编号	工况	影响时间	工况编号	工况	影响时间
1	现行调度	23min	13	现行调度	31min
2	2700m³/s持续30min	21min	14	2700m³/s持续30min	24min
3	3600m³/s持续20min	20min	15	3600m³/s持续20min	23min
4	现行调度	23min	16	现行调度	27min
5	2700m³/s持续30min	21min	17	2700m³/s持续30min	21min
6	3600m³/s持续20min	20min	18	3600m³/s持续20min	20min
7	现行调度	22min	19	现行调度	25min
8	2700m³/s持续30min	20min	20	2700m³/s持续30min	19min
9	3600m³/s持续20min	19min	21	3600m³/s持续20min	18min
10	现行调度	22min	22	现行调度	24min
11	2700m³/s持续30min	20min	23	2700m³/s持续30min	19min
12	3600m³/s持续20min	19min	24	3600m³/s持续20min	18min

由表 20-73 可知，对于 NaCN，Ⅰ级事故等级下，工况 1 中现行调度时，污染团存在时间为 23min；工况 2 中，污染团存在时间为 21min；工况 3 中污染团存在时间为 20min。Ⅱ级事故等级下，工况 4 中现行调度时，污染团存在时间为 23min；工况 5 中污染团存在时间为 21min；工况 6 中污染团存在时间为 20min。Ⅲ级事故等级下，工况 7 中现行调度时，污染团存在时间为 22min；工况 8 中污染团存在时间为 20min；工况 9 中污染团存在时间为 19min。Ⅳ级事故等级下，工况 10 中现行调度时，污染团存在时间为 22min；工况 11 中污染团存在时间为 20min；工况 12 中污染团存在时间为 19min。

对于 As，Ⅰ级事故等级下，工况 13 中现行急调度时，污染团存在时间为 31min；工况 14 中，污染团存在时间为 24min；工况 15 中污染团存在时间为 23min。Ⅱ级事故等级下，工况 16 中现行调度时，污染团存在时间为 27min；工况 17 中污染团存在时间为 21min；工况 18 中污染团存在时间为 20min。Ⅲ级事故等级下，工况 19 中现行调度时，污染团存在时间为 25min；工况 20 中污染团存在时间为 19min；工况 21 中污染团存在时间为 18min。Ⅳ级事故等级下，工况 22 中现行调度时，污染团存在时间为 24min；工况 23 中污染团存在时间为 19min；工况 24 中污染团存在时间为 18min。

以 NaCN 的工况为例，现行调度情况下，不同事故等级的结果如图 20-107（书后另见彩图）所示。

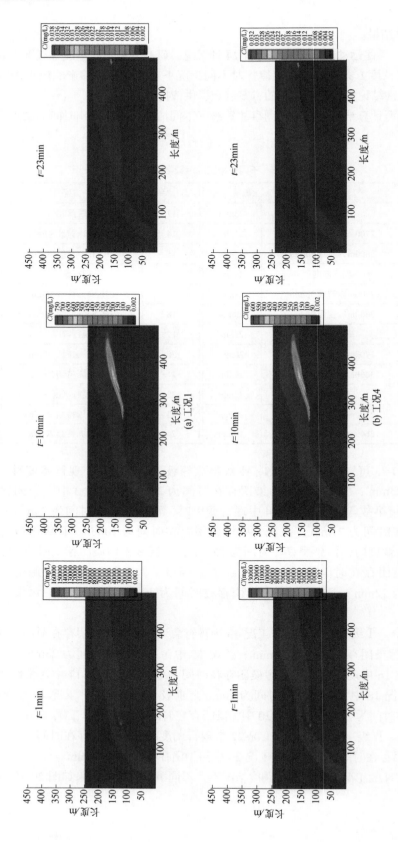

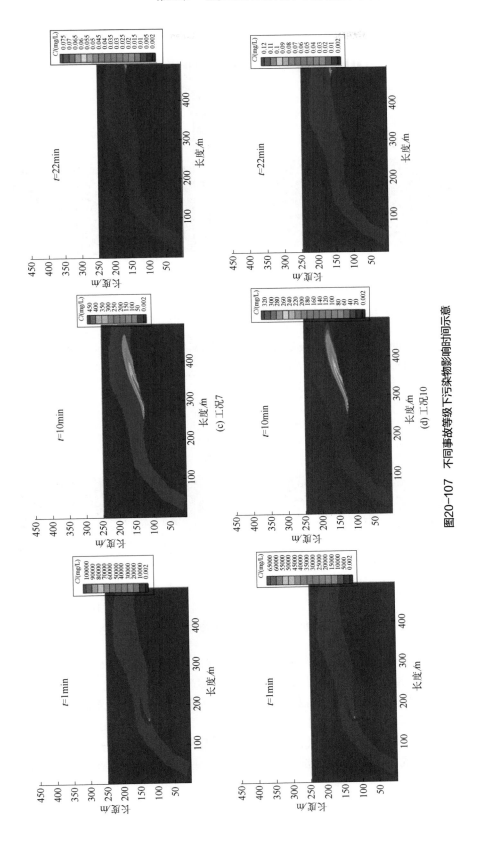

图20-107 不同事故等级下污染物影响时间示意

1545

相同流量 1 即 2700m³/s，Ⅰ级事故等级下不同污染物影响时间的结果如图 20-108（书后另见彩图）所示。

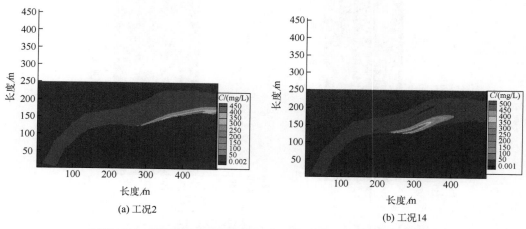

图20-108　相同流量1中Ⅰ级事故等级下不同污染物结果示意（12min）

相同流量 2 即 3600m³/s，Ⅰ级事故等级下不同污染物影响时间的结果如图 20-109 所示（书后另见彩图）。

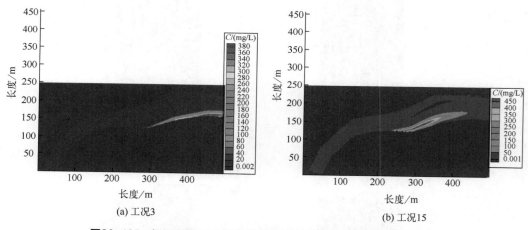

图20-109　相同流量2中Ⅰ级事故等级下不同污染物结果示意（12min）

两种不同污染物 4 个污染事故等级中，调度方案有 2700m³/s、3600m³/s 两个流量级，其中 2700m³/s 流量级中持续时间为 30min，3600m³/s 流量级持续时间为 20min，因此从改变流量大小和不同事故等级两个角度，分别对两种污染物的不同事故等级下污染团的迁移影响效果对比分析，可以得出以下结论。a. 对于同一种污染物，对比工况 1、2、3 可知，同一事故等级下，增加水源地流量，可减少污染团滞留时间，且流量越大，水源地达标时间越短。对比工况 1、工况 4、工况 7、工况 10，污染物事故等级下降，污染团滞留时间整体上减少。说明对于同一种污染物，增加出库流量，缩短持续时间，效果更好。b. 对于不同污染物岸边瞬排，增加出库流量以及延长调度时间，均可减少污染物影响时间。相同的持续时间，出库流量越大，影响时间越短；相同事故等级下，相同的出库流量下，污染物越容易降解，影响时间越短。说明对于不同污染物，增加出库流量，污染物更容易降解，影响时间更短，效果更好。其中，对比非持久性污染物 NaCN 和持久性污染物 As，持久性污染物扩散程度更大。

Ⅱ. 污染团对饮用水源地区域的影响：接下来针对污染团的运动对饮用水源地区域的影响进行研究分析。重庆市黄桷渡饮用水源地是重要的水源地，此江段水体污染会对两岸居民健康有不良影响，产生严重的社会影响，因此将饮用水源地取水区域约 2km、距离上游事故点约 1.0km 作为重点区域研究（范围见上文水源地概况研究）。按照水功能区划，此段需满足Ⅲ类水标准（氰化物 < 0.2mg/L，砷 < 0.05mg/L）。

在污染团运动规律影响的研究中，非持久性污染物 NaCN 和持久性污染物 As 的岸边瞬排规律相似，故选取污染团运动过程更为明显的持久性污染物 As 的岸边瞬排情况作为研究对象，饮用水源地区域中污染团迁移示意见图 20-110（书后另见彩图）。

现行调度情况中，不同等级下污染团运动在饮用水源地区域内的示意图如图 20-110 所示（依次为Ⅰ级事故、Ⅱ级事故、Ⅲ级事故、Ⅳ级事故）。根据计算结果可知，污染团离开饮用水源地区域发生在Ⅰ级事故发生后约 31min；污染团离开饮用水源地区域发生在Ⅱ级事故发生后约 27min；污染团离开饮用水源地区域发生在Ⅲ级事故发生后约 25min；污染团离开饮用水源地区域发生在Ⅳ级事故发生后约 24min。

同理，在 2700m³/s 持续 30min 的情况中，通过计算不同等级（Ⅰ级事故、Ⅱ级事故、Ⅲ级事故、Ⅳ级事故）下污染团在重点区域内的运动。根据计算结果可知，污染团离开重点区域发生在Ⅰ级事故发生后约 24min（工况 14）；污染团离开重点区域发生在Ⅱ级事故发生后约 21min（工况 17）；污染团离开重点区域发生在Ⅲ级事故发生后约 19min（工况 20）；污染团离开重点区域发生在Ⅳ级事故发生后约 19min（工况 23）。

在 3600m³/s 持续 20min 的情况中，计算不同等级（Ⅰ级事故、Ⅱ级事故、Ⅲ级事故、Ⅳ级事故）下污染团在重点区域内的运动。可知，污染团离开重点区域发生在Ⅰ级事故发生后约 23min（工况 15）；污染团离开重点区域发生在Ⅱ级事故发生后约 20min（工况 18）；污染团离开重点区域发生在Ⅲ级事故发生后约 18min（工况 21）；污染团离开重点区域发生在Ⅳ级事故发生后约 18min（工况 24）。

由表 20-73 计算可知，对于非持久性污染物（NaCN），Ⅰ级事故下，相比于工况 1，工况 2 时间减少了 8.7%，工况 3 时间减少了 13.0%；Ⅱ级事故下，相比工况 4，工况 5 时间减少了 8.7%，工况 6 时间减少了 13.0%；Ⅲ级事故下，相比工况 7，工况 8 时间减少了 9.1%，工况 9 时间减少了 13.6%；Ⅳ级事故下，相比工况 10，工况 11 时间减少了 9.1%，工况 12 时间减少了 13.6%。对于持久性污染物（As），Ⅰ级事故下，相比于工况 13，工况 14 时间减少了 22.6%，工况 15 时间减少了 25.8%；Ⅱ级事故下，相比工况 16，工况 17 时间减少了 22.2%，工况 18 时间减少了 25.9%；Ⅲ级事故下，相比工况 19，工况 20 时间减少了 24.0%，工况 21 时间减少了 28.0%；Ⅳ级事故下，相比工况 22，工况 23 时间减少了 20.8%，工况 24 时间减少了 25.0%。可以看出，在重庆黄桷渡饮用水源地发生突发性水污染事件后采取应急调度手段，可以缩短饮用水源地区域恢复至Ⅲ类水的时间，其中增大调度流量对于缩短时间有明显作用。因此多等级污染事故下，工况 3 即 3600m³/s 维持 20min 的调度方案缩短时间效果最佳。

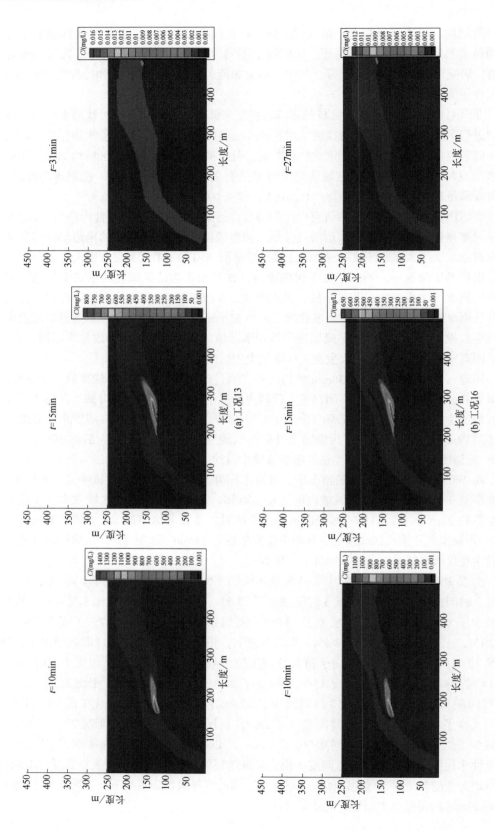

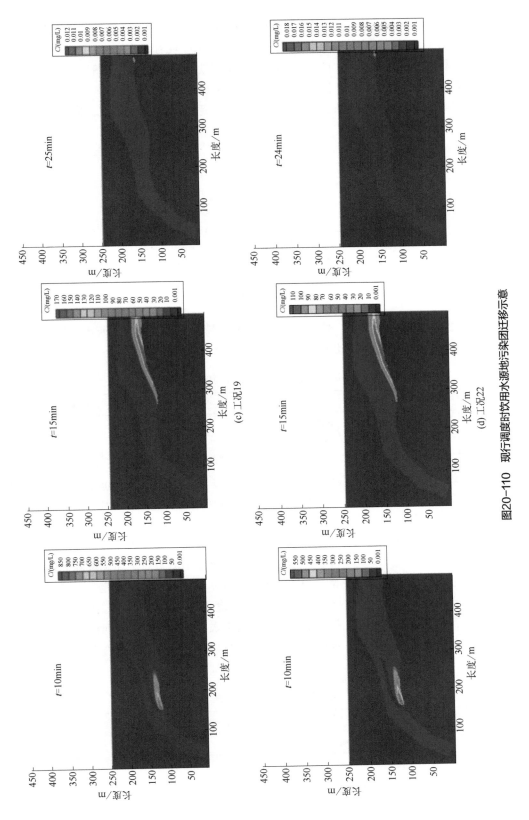

图20-110 现行调度时饮用水源地污染团迁移示意

④ 应急调度对向家坝水库蓄水量及水位的影响。将所需额外水量对向家坝水库库容和水位的影响作为应急调度可行性评估因子。向家坝水库现有调度原则：10～12月一般维持在正常蓄水位或附近运行；12月下旬～次年6月上旬为供水期，一般在4、5月来水较丰时回蓄部分库容，至6月上旬末水库水位降至370m。

若枯水期坝前水位为380m，根据水位库容关系（见图20-111），对应库容约为 $49.77 \times 10^8 m^3$。

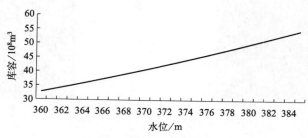

图20-111　水位库容关系

根据表20-74中数据可得，出库流量为3600m³/s持续20min的工况所用水量最多，损失水量为 $2.16 \times 10^6 m^3$，占库容比例0.04%。

表20-74　应急调度工况对三峡水库库容影响

工况编号	调度流量/(m³/s)	调度时间	损失水量/10⁴m³	占现有库容比例/%
2	2700	事故发生后持续30min	162	0.03
3	3600	事故发生后持续20min	216	0.04

综上所述，由于应急调度时间较短，出库流量为3600m³/s持续20min所需水量所占库容比例为0.04%，出库流量为2700m³/s持续30min所需水量所占库容比例为0.03%，两种方案弃水所占比例较小，较短时间内对发电效益影响不大。

由前文计算结果分析可以看出，在重庆饮用水源地发生突发性水污染事件后采取应急调度手段，能够有效地减缓突发性水污染，其中增加水源地流量对于加快恢复至Ⅲ类水有明显作用。考虑到增加水源地流量会导致额外的水库水量损失，因此设定一个指标A，同时考虑到对水污染事件的减缓效果以及相对现行调度下的缩短时间，其中A=损失流量/缩短时间，表示单位缩短时间内损失的流量，A越小表明该方案对向家坝蓄水量及水位的影响越小，应急调度效果越好。选取饮用水源地进行计算，以Ⅰ级事故为例，得出结果见表20-75。

表20-75　各方案对重点断面污染物影响效率计算表

工况编号	污染物	工况	水库库容损失/10⁴m³	缩短时间	A
1		1800m³/s(现行调度)	—	—	—
2	NaCN	2700m³/s维持30min	162	120	1.35
3		3600m³/s维持20min	216	180	1.2

续表

工况编号	污染物	工况	水库库容损失/10^4m^3	缩短时间	A
13		1800m³/s(现行调度)	—	—	—
14	As	2700m³/s维持30min	162	420	0.39
15		3600m³/s维持20min	216	480	0.45

根据计算结果可知，参数 A 由大到小排列顺序为工况2、工况3、工况15、工况14。对于 A 指标来说，数值越小表明该方案在尽量少地损失水量的情况下得到的应急调度效果越好，所以根据计算来看，对于非持久性污染物 NaCN，工况3即3600m³/s维持20min 的方案在考虑水库库容损失下调度效率最高；对于持久性污染物 As，工况14即2700m³/s维持30min 的方案在考虑水库库容损失下调度效率最高。

⑤ 结果分析。研究重庆黄桷渡饮用水源地应急调度及减污效果可得如下结论。

调度方案有 2700m³/s、3600m³/s 两个流量级，其中2700m³/s 流量级持续时间为30min，3600m³/s 流量级持续时间为20min。

通过对两种污染物不同等级下的各个方案的计算结果对比，可定性得出对于调度方案对污染团运动的影响规律，即对于同一种污染物，增加三峡库区出库流量，可减少污染团滞留时间，且流量越大，水源地达标时间越短；污染物事故等级下降，污染团滞留时间整体上减少。对于不同污染物岸边瞬排，增加出库流量以及延长调度时间均可减少污染物影响时间。相同的持续时间，出库流量越大，影响时间越短；相同事故等级下，相同的出库流量下，污染物越容易降解，影响时间越短。说明对于不同污染物，增加出库流量，污染物更容易降解，影响时间更短，效果更好。这个过程中自我的衰减作用对滞留污染物的降解有一定影响。

通过对选取的饮用水源地区域受污染团影响分析可知，增大调度出库流量对于缩短重点区域恢复至Ⅲ类水的时间有明显作用。因此从尽快恢复水质的效果来说，3600m³/s 维持20min 的调度方案缩短时间效果最佳。

通过考虑应急调度对三峡水库蓄水量及水位的影响，对于非持久性污染物 NaCN，3600m³/s 维持20min 的方案在考虑水库库容损失下调度效率最高；对于持久性污染物 As，2700m³/s 维持30min 的方案在考虑水库库容损失下调度效率最高。

（3）水源地突发事件多等级应急调度需求

为应对多等级突发污染事故，将突发污染事件进行了等级划分，并依次制定了应对多等级突发事故等级的应急措施和调度预案。通过二维平面模型计算，并对多种工况下的计算结果进行分析，最终确定了应对突发水污染事件的调度预案：对于研究假定的宜昌市秭归县长江段水源地事故情景，可将三峡水库下泄"22750m³/s，1h"作为突发水污染事件响应的调度预案；对于研究假定的重庆市南岸区长江黄桷渡水源地和九龙坡区长江和尚山水源地事故情景，可将"溪洛渡 - 向家坝"水库群下泄"2700m³/s，30min"作为持久性污染物水污染事件响应的调度预案，而"3600m³/s，20min"作为非持久性污染物水污染事件响应的调度预案。

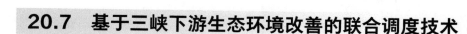
20.7　基于三峡下游生态环境改善的联合调度技术

20.7.1　三峡下游江湖水环境安全综合评判指标

20.7.1.1　长江中下游生态环境指标阈值及其确定方法

20.7.1.1.1　生态流量和环境水位的概念及其计算方法

（1）生态流量和环境水位的概念

1）河流生态流量和生态水位

广义上讲，河流生态流量是指维持包括河流河道（包括河床、漫滩、湿地、阶地）在内的与河流关联供给（湖泊、海洋、森林、草地、工业、农业、城市）生态系统良性发展所需要的流量及其过程。狭义上讲，河流生态流量是指维持河道内生态系统中生物群落良性发展所需要的流量及其过程。具体就是水生态系统发展的水生物群落需水量在特定断面上的"折算"值，河流按这个"折算"值对河槽水量进行"补偿"，其水量的补偿大小可用断面流量（其中一部分）来度量，这就是"河流生态流量"的内涵所在。生态流量对应的水位称为生态水位。图20-112为河流构造示意。顾名思义，河流生态流量就是为河流中生物生存和发展服务的，河流中不存在生物群落，河流生态流量也就不存在了。由于河流生物群落是由水生植物、水生动物和微生物等组成的，其组成的基本单元体（生产者-分解者或者生产者-消费者-分解者）不同，用水、耗水和需水都不相同，河流生物群落单元体沿程不同，生态流量沿程发生变化；而且，河流生物群落各种群随时间发生衍生、发展和衰亡的过程，对水量的需求都不一样，所以河流生态流量是随时间、空间变化的。

图20-112　河流结构示意

2）河流环境流量和环境水位

河流流量通常指河流天然来流流量，指特定时空条件下单位时间内水流通过河道断面的水量。它是由自然降雨、流域产流和河道固有的输移特征决定的，是一个实际发生的过流水量，不管下游环境如何，它都是实际存在的，主要取决于该断面上游的气象、水文、地表环境以及河道自身体态特征。

广义上讲，河流环境流量是维系河流系统完整和功能发挥以及河流关联区域生态环境需求和人类活动及规划所需要的流量及其过程。河流关联区域生态环境指河道内（河床、漫滩、湿地、阶地）外（湖泊、森林、草地、工业、农业、城市）生态与环境需求。广义河流环境流量与狭义的差别在于广义是在狭义内涵的基础上延展性拓宽到河流之外的生态与环境需求的流量及其过程（见图20-113）。

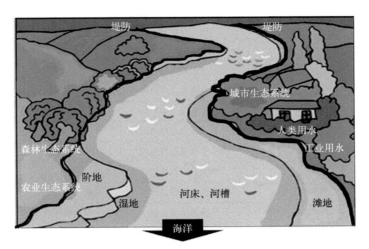

图20-113 河流内外生态系统分布示意

（2）生态流量和环境水位的计算方法

1）典型河段生态流量计算方法

① 水文学法。水文学法是操作最简单同时也是最为成熟的生态流量计算方法，其主要依据历史的月径流或者日径流数据为标准进行计算，主要包含 Tennant 法、流量历时曲线法、7Q10 法、NGPRP 法、RVA 法等。

Ⅰ. Tennant 法。Tennant 法可以说是应用最早的生态流量计算方法，直到现在其还有着广泛应用，该法是 Tennant 和美国渔业野生动物协会于 1976 年共同开发的一种标准设定法，Tennant 依据对美国中西部地区 11 条河流断面近十年的详尽观测数据，重点考虑了鲑鱼的栖息地等生物因素，结合水力学，基于河流平均流量给出了推荐的河流生态流量。Tennant 法在美国一般只在优先度不高的研究河段使用，或者作为其他方法的检验，各国一般在应用 Tennant 法时会根据实际研究需要调整百分比。

Ⅱ. RVA 法。RVA 法（range of variability approach）又称为变异性范围法，起源于国外学者 Richter 等于 1996 年提出的 IHA（indicators of hydrologic alteration）方法，该法依据河流的日水文资料来评估河流生态水文变化的程度及其对生态系统的影响，在 IHA 法中水文变异程度是以偏离度的概念来定量分析的，而其后 Richter 等为了更好地衡量变化的等级，又提出 RVA 法进行单变量及综合水文改变的评定，可以说 RVA 法是在 IHA 法的基础上进一步细化的结果。RVA 法根据历史日流量系列确定了 33 个 IHA 水文指标，并分析它们在人类活动影响下的变化程度，最终以未受人类干扰的情况下的流量作为初始生态流量，并在该生态流量实施后继续监测河流的相关数据来得到表 20-76。

表20-76 IHA水文指标及其生态特征

IHA指数组	水文指标	生态特征
月均流量 （包含12个指数）	1～12月的月均流量	水生生物的栖息地需求；植被土壤湿度需求；陆地生物对水资源的需求；食肉动物筑巢的通道 影响水温、含氧量、光合作用

续表

IHA指数组	水文指标	生态特征
极端水文条件及持续时间 （包含11个指数）	年均1d、3d、7d、30d、90d最大流量	为植被提供更多生存场所丰富的水生生态系统；对水生生物产生压力；河流和漫滩的养分交换；塑造河道地形
	年均1d、3d、7d、30d、90d最小流量	
	零流量天数	
极端水文条件的出现时间 （包含2个指数）	年最大流量出现时间	满足鱼类的洄游产卵；为生物繁殖提供栖息地
	年最小流量出现时间	
高流量及低流量的出现 频率及持续时间 （包含4个指数）	高流量出现次数	植物所需土壤温度的频度与尺度；漫滩栖息地对水生有机物的有效性；河道与漫滩间营养与有机物交换；为水鸟提供栖息地
	高流量出现时间	
	低流量出现次数	
	低流量出现时间	
水流条件变化速率及频率 （包含3个指数）	流量平均增加率	植物的干旱压力；孤岛、漫滩的有机物的截留；对河床边缘生物的干燥压力
	流量平均减少率	
	流量过程转换次数	

Ⅲ. 流量历时曲线法。流量历时曲线是流量频率的关系曲线，其表示的是在某个观察时段内超过某一强度的流量持续的时间或出现的频率，其中观察时段的尺度可以取年、季、月等。在绘出流量历时曲线后，通过取一定保证率下的某历时频率的流量作为生态流量，例如取 90% 保证率（即重现期为 10 年的枯水年份）下频率超过 97% 的流量（即 Q97，10）已经成为日本的一种常用的生态流量取值方法。该法相对于 Tennant 法更为充分地考虑了不同时间尺度下流量的差异。

Ⅳ. 7Q10 法。美国 7Q10 法是采用 90% 保证率最枯 7d 的平均流量作为河流生态流量，而国内在引进该法后对其进行了改进，将近十年最枯月均流量或者 90% 保证率下的月均流量作为河流生态流量的推荐值。

Ⅴ. NGPRP 法。NGPRP 法的做法比较类似于流量历时曲线法，其将年份按 25%、75% 的保证率划分为枯水年、平水年、丰水年三个年组，并取平水年组 90% 保证率下的流量作为河流生态流量。

② 水力学法。水力学方法是根据河道水力参数（如宽度、深度、流速和湿周等）确定河道内所需流量，其在国内外应用并不多，这里只挑选水力学方法中两种代表性的湿周法和 R2-CROSS 法做简要介绍。

Ⅰ. 湿周法。假定生物栖息地面积与临界区域湿周直接相关，如若能够提供足够的湿周，栖息地面积也能得到保证。具体操作是首先绘出湿周 - 流量关系图，如图 20-114 所示，一般来说起始时，湿周随着流量增大而迅速增加，其后增长速率逐渐放缓，直到达到某一个节点，同样幅度的流量变化就只能够引起极小的湿周变化，这个转折点上对应的流量值亦即所求河流生态流量值，湿周法认为只要流量达到该值，最基本的栖息地需求就能被满足。

Ⅱ. R2-CROSS 法。该法假定浅滩是水生生物的临界栖息地，如若能够保护浅滩，其他栖息地也能相应得到保护，相较于湿周法仅仅考虑了湿周这个单一指标。该法还将河流宽度、平均水深及平均流速等水力指标纳入了考虑范围，只有使得这些指标保持在一定水平之上才认为水生生物尤其是鱼类的栖息地能够得到保障。

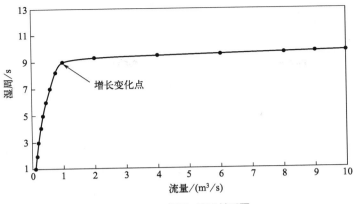

图20-114　湿周-流量关系图

③ 栖息地法及综合法

Ⅰ．栖息地法又称为生境模拟法，其代表性方法为 IFIM 法（instream flow incremental methodology），又称内流量增加法。IFIM 法借由一系列水力学和栖息地模型将水文水质数据及生物信息相结合，其中水文水质数据主要包括河流流速、最小水深、水温、溶解氧、总碱度、浊度、透光度等，生物信息包括生物量及栖息地面积，由此可以得到河流流量变化与生物量或栖息地面积的量化关系，并对河道内流量变化对生物量或栖息地面积的影响做出评价。其他栖息地法诸如 RCHARC 法、有效宽度法等思路基本与 IFIM 法一致，但仅仅考虑了有限的水文指标。

Ⅱ．综合法不再局限于某几种水生生物，而是从整个河流生态出发，重视河流的天然特征，其代表性方法为南非的建块法（BBM 法，如图 20-115 所示）和澳大利亚的整体分析法。

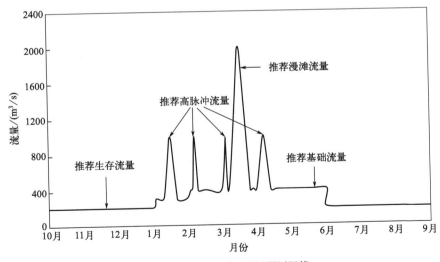

图20-115　BBM法所得流量过程线

这里着重介绍一下 BBM 法，该法要求将不同学科的专家集结在一起，各自做其擅长的工作。例如水文学家专门研究河流的水流条件，生物学家收集研究水生生物的生物数据，模型构建人员根据给出的水流条件计算河流具体流经的范围等，最后汇总这些信息，将这些"块"由讨论组的科学家们构建起来，最终得到可以满足河流管理目标的水流条件。

④ 生态流量计算方法的选择。本研究主要采用比较成熟的水文学法对生态流量进行研究，以改进 RVA 法计算生态流量值为主，数据检验不满足 RVA 法时采用 7Q10 法作为辅助计算方法。

Ⅰ. 改进 RVA 法。传统 RVA 法是以日流量数据为基础，将大坝（或其他水利设施）建设前的流量系列作为未受人类活动影响的自然流量状态，统计 33 个 IHA 指标在大坝建立前后的变化，分析大坝建前建后的改变程度。但是水文改变指标受影响的标准需要借助生态方面受影响的资料，由于这方面资料匮乏，Richter 等建议以各指标的均值加减一个标准差或是各指标发生概率的 75% 及 25% 的值作为各个指标的上下限，称为 RVA 阈值。

但是，考虑到汛期流量较大，从流量的角度来讲，尤其是长江流域，较容易满足河流生态健康的发展，因此将 6～9 月份的上下限阈值调整为当月流量发生概率的 85% 及 15% 作为生态流量计算的上下限，将 11 月份的上下限阈值调整为当月流量发生概率的 80% 及 20% 作为生态流量计算的上下限，其他月份仍采用当月流量发生概率的 75% 及 25% 作为生态流量计算上下限，以此来计算生态流量。

如若建坝后受影响的流量序列仍有较高比例落在 RVA 阈值范围内，则认为建坝对径流影响较小，反之则认为大坝改变了自然径流过程，为了量化这种改变程度，Richter 等建议采用下式进行评估：

$$D = \left| \frac{N_0 - N_e}{N_e} \right| \times 100\% \tag{20-109}$$

$$N_e = rN_T$$

式中　D——各个 IHA 指标的改变度；

　　　N_0——建坝后 IHA 指标落入 RVA 阈值范围内的年数；

　　　N_e——预期建坝后 IHA 指标落入 RVA 阈值范围内的年数；

　　　r——建坝前 IHA 指标落入 RVA 阈值范围内的比率；

　　　N_T——建坝后流量序列的总长度。

认为 D 在 0～33% 之间为无或低度改变，在 33%～67% 之间为中度改变，67%～100% 之间为高度改变。

Ⅱ. RVA 法被广泛应用于评估河流生态系统是否得到维护，近年来更是不断有学者尝试将该评价方法的思路应用于估算生态流量。本研究参考了水文序列突变点的检验方法，提出对日流量序列进行秩和检验，在一定的置信水平下将检验点前后流量序列分布差异最大的时间点作为传统 RVA 法中的建坝时间点，余下步骤遵从原 RVA 法和前人研究成果。如果在该置信水平下未发现变异点则认为人类活动对分析的流量序列没有显著影响，将整个序列作为计算的基础序列。计算思路如图 20-116 所示。

为保证用于计算的日流量时间序列未受人类活动等干扰，对所研究水文站的多年日流量资料进行秩和检验来验证数据系列是否满足该法计算要求，检验方法采用 Mann-Whitney U 检验法。依据监利站日流量资料计算出各年目标月份的月均流量，并按时间顺序将各年份作为分割点，对两个样本的水文序列进行滑动秩和检验，做假设：H_0，表示两个样本的分布无显著差异，即气候变化和人类活动对水文序列影响不显著；H_1，表示两个样本的分布有显著差异，即气候变化和人类活动对水文序列影响显著。

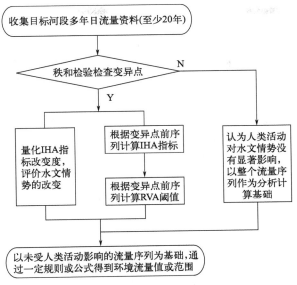

图20-116 RVA法计算生态流量思路

两个样本容量小者为 n_1，容量大者为 n_2，T 为 n_1 中各数值的秩和，用下列公式计算 U_1 和 U_2 的值：

$$U_1 = n_1 n_2 + \frac{n_1 (n_1 + 1)}{2} - T \tag{20-110}$$

$$U_2 = n_1 n_2 - U_1$$

取 U_1 和 U_2 中较小的值作为检验统计值 U，并构造秩统计量 Z：

$$Z = \frac{U - n_1 (n_1 + n_2 + 1)/2}{\sqrt{n_1 n_2 (n_1 + n_2)/12}} \tag{20-111}$$

Z 服从标准正态分布，取置信水平 $a=0.05$，则所有满足 $|Z| > Z_{0.05/2} = 1.96$ 的检验点均表明检验点前后两个序列分布有显著差别。

2）长江中游四大家鱼生态水文因子分析

河流水生态系统的健康一般反映在水生生物的数量和种类等特征上，而鱼类又是作为河流水生态系统的顶级消费者，如若水体受到污染或是水文情势有较大改变，鱼类都是最先受到影响的，故鱼类的数量（尤其是重要鱼类的数量）和种类在相当大程度上能够反映整个河流生态系统的健康程度。四大家鱼（青鱼、草鱼、鲢鱼和鳙鱼）作为我国特有的经济鱼类，其分布于我国长江、珠江和黑龙江等水系，是我国淡水渔业的主要捕捞对象。长江更是全国家鱼苗种主要的供应地，天然苗产量约占全国总产量的 70%，可以说长江四大家鱼能否得到有效的保护直接影响到我国的淡水渔业的发展。鉴于四大家鱼在生态环境以及国家淡水渔业的双重重要地位，因此可以把四大家鱼作为反映长江中游水生态系统健康的指示物种。此外，上文也提到自 20 世纪 90 年代始，长江中游四大家鱼鱼苗径流量开始锐减，因此长江中游生态调度的一个重要目标应为在保证人类适度用水的前提下为长江四大家鱼的产卵繁殖提供适宜的水文水质条件。

（3）环境水位计算方法

1）天然水位资料法

在天然情况下，湖泊水位发生着年际和年内的变化，对生态系统产生着扰动。这种扰动往往是非常剧烈的。然而，在长期的生态演变中，湖泊生态系统已经适应了这样的扰动。天然情况下的低水位对生态系统的干扰在生态系统的弹性范围内。因此，将天然情况下湖泊多年最低水位作为最低生态水位。由于此水位是湖泊生态系统已经适应了的最低水位，其相应的水面积和水深是湖泊生态系统已经适应了的最小空间，因此湖泊水位若低于此水位，湖泊生态系统可能严重退化。此最低生态水位的设立，可以防止在人为活动影响下由于湖泊水位过低造成的天然生态系统严重退化的问题，同时允许湖泊水位有一定程度的降低，以满足社会经济用水。最低生态水位是在短时间内维持的水位，不能将湖泊水位长时间保持在最低生态水位。

此方法需要确定统计的水位资料系列长度和最低水位的种类。最低水位可以是瞬时最低水位、日均最低水位、月均最低水位等。这里武断地给出统计水位资料的时间长度为20年，采用月均最低水位。湖泊最低生态水位表达式如下：

$$Z_{emin}=Min(Z_{min1}, Z_{min2}, \cdots, Z_{mini}, \cdots, Z_{minn}) \tag{20-112}$$

式中　　Z_{emin}——湖泊最低生态水位；

　　　　$Min()$——取最小值的函数；

　　　　Z_{mini}——第 i 年最小月均水位；

　　　　n——统计的水位资料年数。

2）湖泊形态分析法

历史水位资料法存在统计时间长度和最低水位种类不能客观确定的缺陷，在天然水位资料缺乏的湖泊也无法较好地使用。我国大多数湖泊往往存在天然水位资料缺乏的问题。为此，需要提出在天然水位资料缺乏的情况下，湖泊最低生态水位的计算方法。

湖泊生态系统由水文、地形、生物、水质和连同性5部分组成。这5个部分在生态系统中有各自的作用，它们各自的功能和相互间的作用决定了湖泊生态系统的功能。本研究从湖泊水文、地形及其相互作用方面，研究维持湖泊生态系统自身基本功能不严重退化所需要的最低生态水位。此湖泊最低生态水位定义为：维持湖泊水文和地形子系统功能不出现严重退化所需要的最低水位。

用湖泊水位作为湖泊水文和地形子系统特征的指标，用湖泊面积作为湖泊功能指标。随着湖泊水位的降低，湖泊面积减少。湖泊水位和面积之间为非线性的关系。当水位不同时，湖泊面积的减少量是不同的。采用实测湖泊水位和湖泊面积资料，建立湖泊水位和湖泊面积变化率的关系，见图20-117。

湖泊面积变化率为湖泊面积与水位关系函数的一阶导数。在此关系线上，湖泊面积变化率有一个最大值。此最大值的意义是：最大值相应湖泊水位以下，湖泊水位每降低一个单位，湖泊水面面积的减少量将显著增加，也即，在此最大值以下，水位每降低一个单位，湖泊功能的减少量将显著增加。若此最大值相应的水位在湖泊天然最低水位附近，则表明，此最大值以下，湖泊水文和地形子系统功能将出现严重退化。因此，此最大值相应水位为最低生态水位。湖泊最低生态水位用下式表达：

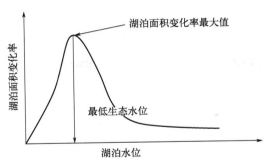

图20-117 湖泊水位和湖泊面积变化率关系示意

$$F = f(H) \tag{20-113}$$

$$\frac{\partial^2 F}{\partial H^2} = 0 \tag{20-114}$$

$$(H_{min} - a) \leqslant H \leqslant (H_{min} + b)$$

式中 F——湖泊面积，m^2；

H——湖泊水位，m；

H_{min}——湖泊自然状况下多年最低水位，m；

a，b——和湖泊水位变幅相比较小的正数，m。

求解上述表达式即可得到湖泊最低生态水位。

3）生物空间最小需求法

用湖泊各类生物对生存空间的需求来确定最低生态水位。湖泊水位和湖泊生物生存空间是一一对应的，因此，用湖泊水位作为湖泊生物生存空间的指标。湖泊植物、鱼类等为维持各自群落不严重衰退，需要一个最低生态水位。取这些最低生态水位的最大值，即为湖泊最低生态水位，表示为：

$$H_{emin} = Max(H_{emin1}, H_{emin2}, \cdots, H_{emini}, \cdots, H_{eminn}), i=1, 2, 3, \cdots, n \tag{20-115}$$

式中 H_{emin}——湖泊最低生态水位，m；

H_{emini}——第 i 种生物所需的湖泊最低生态水位，m；

n——湖泊生物种类。

湖泊生物主要包括藻类、浮游植物、浮游动物、大型水生植物、底栖动物和鱼类等。要将每类生物最低生态水位全部确定，在现阶段无法实现。因此，选用湖泊指示生物，认为指示生物的生存空间得到满足，其他生物的最小生态空间也得到满足。和其他的类群相比，鱼类在水生态系统中的位置独特。一般情况下，鱼类是水生态系统中的顶级群落，是大多数情况下的渔获对象。作为顶级群落，鱼类对其他类群的存在和丰度有着重要作用。鱼类对湖泊生态系统具有特殊作用，加之鱼类对低水位最为敏感，故将鱼类作为指示物。认为鱼类的最低生态水位得到满足，则其他类型生物的最低生态水位也得到满足。公式简化如下：

$$H_{emin} = H_{emin鱼} \tag{20-116}$$

式中 $H_{emin鱼}$——鱼类所需的最低生态水位，m。

对于在湖泊居住的鱼类，水深是最重要和基本的物理栖息地指标，因此必须为鱼类提供最小水深。鱼类需求的最小水深加上湖底高程即为最低生态水位。鱼类所需的最低生态水位表示如下：

$$H_{\text{emin鱼}} = H + h_{鱼} \tag{20-117}$$

式中　H——湖底高程，m；

　　　　$h_{鱼}$——鱼类所需的最小水深，m。

4）保证率设定法

基于杨志峰等提出的用来计算河道基本环境需水量的月（年）保证率设定法的基本原理及水文学中 Q95th 法来计算湖泊最低生态水位。计算公式如下：

$$H_{\min} = \mu \bar{H} \tag{20-118}$$

式中　$H_{\min}$——最低生态水位；

　　　　$\bar{H}$——某保证率下所对应的水文年年平均水位；

　　　　μ——权重。

计算步骤如下：a. 根据系列水文资料，对历年最低水位按照从小到大的顺序进行排列；b. 根据湖泊自然地理、结构和功能选择适宜的保证率（50%、75%、95%），然后计算该保证率下所对应的水文年；c. 计算水文年年平均水位；d. 确定权重 μ。

以水文年年平均水位作为湖泊最低生态水位，没有考虑生物的细节而计算的结果可能与客观情况有一定差别。为了使得结果更加符合实际情况，故用权重 μ 来进行调整。它反映的是水文年年平均水位与最低生态水位的接近程度。计算有两种方法：一是专家判断法；二是根据水文年湖泊生态系统健康等级来估算。对于湖泊生态系统健康等级的研究，目前已有不少研究，根据文献，将湖泊生态系统健康等级分为优、较好、中等、差和极差5个级别。当水文年湖泊生态系统健康等级为较好以上时，说明该年的水位为湖泊的正常水位，这时，计算结果应适当下调；湖泊生态系统健康等级为中等时，说明该年的水位能维持湖泊生态系统的动态平衡；湖泊生态系统健康等级为差或者极差时，说明该年的水位不能满足湖泊生态系统的需水要求，此时，计算结果应适当上调。再由生态水文学原理，可确定权重 μ 与湖泊生态系统健康等级的对应关系，如表 20-77 所列。

表20-77　湖泊生态系统健康等级与权重 μ 的对应关系

湖泊生态系统健康等级	优	较好	中等	差	极差
权重 μ	0.945	0.975	1.000	1.005	1.013

为了体现调度的时效性，着重分析三峡水库蓄水末期在湖泊生态系统健康等级中等的情况下，设定 75% 保证率的湖泊水位为环境水位。

5）消落带面积法

消落带（区）是季节性水位涨落而周边被淹没土地周期性出露于水面的一段特殊区域，当前对水库消落带的研究较多。受水位淹没、地表径流、人为干扰等因素影响，消落带的生态环境脆弱，其生态恢复与重建成为研究热点。

研究湖滨消落带，参照水库消落带定义，以最高水位和最低水位之间区域作为湖滨消落带。湖滨消落带是湖滨湿地的主要分布区域，消落带面积直观反映水位变化对湖滨湿地面积的影响。将每年最高与最低月水位之间的淹没范围作为湖滨湿地消落带，研究 1961～2008 年湖滨湿地消落带面积变化情况，探讨水位变化对洞庭湖湖滨湿地的影响。将洞庭湖区湿地分为湖泊、河流、水库坑塘、滩地、沼泽、水田六类。对 2000 年和 2005 年洞庭湖湖滨湿地变化情况进行研究。首先分别界定两年的消落带范围，研究湖区湿地在消落带内外的分布变化，并进一步对各类型湖滨湿地在高程上的主要分布和变化进行深入研究。主要想反映三峡工程前后水位变化对湖滨湿地的影响。

20.7.1.1.2　长江中游生态流量确定

（1）典型河段生态流量的确定

1）监利河段关键月份的生态流量

监利河段是长江四大家鱼关键产卵场之一。三峡蓄水前四大家鱼产卵时间为 5～6 月，三峡蓄水引起下泄水流水温偏低，生态调查显示四大家鱼产卵时间后延。因此，本研究将 5～7 月作为监利河段生态流量计算的关键月份。基于 1975～2014 年的监利水文站日流量数据来推算该河段生态流量。RVA 法共涉及评价 33 个 IHA 指标（包括流量大小幅度、时间、频率等），通常大部分研究采用指标发生概率的 75% 和 25% 的值作为各指标参数的 RVA 的上下阈值。本研究亦初步将流量发生概率的 75% 和 25% 作为流量的上下阈值。

选用皮尔逊Ⅲ型曲线对月均流量系列进行适线，适当修正统计参数直到配合良好为止，以 5 月份月均流量为例配线过程如图 20-118 所示（书后另见彩图）。

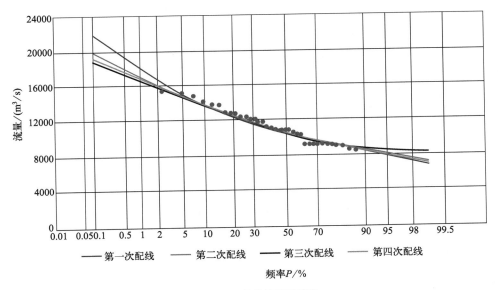

图20-118　月均流量配线图

在得到理论频率曲线后从频率曲线上得到月均流量的 RVA 阈值，估算河流生态流量：

$$Q_e = \bar{Q} - (Q_{上} - Q_{下}) \tag{20-119}$$

式中　Q_e——生态流量；

$\bar{Q}$——流量均值；

$Q_{上}$——RVA 的上限阈值；

$Q_{下}$——RVA 的下限阈值。

另外，考虑到 6 月、7 月为汛期，其流量较容易满足生态健康需求，故将 RVA 法的上限阈值、下限阈值保证率调整为 85% 与 15%，据此得到监利河段 5 月、6 月、7 月 3 个月的生态流量，见表 20-78。

表20-78　监利站RVA法计算结果

月份	均值/(m³/s)	上限阈值/(m³/s)	下限阈值/(m³/s)	生态流量/(m³/s)
5	10846	12273	9076	7649
6	15434	17814	13232	10852
7	23489	28955	18497	13031

作为对比，本研究采用以下几种传统的水文学方法：

① Tennant 法，采用平均流量的 60% 作为推荐的河流生态流量；

② 7Q10 法，采用近 10 年最枯月均流量或 90% 保证率最枯月均流量作为河流生态流量，两种计算方法分别记为 7Q10 法①、7Q10 法②；

③ NGPRP 法，将年份分为枯水年、平水年、丰水年，取平水年组的月均流量的 90% 保证率作为生态流量。

此外，还采用了刘苏峡等基于生态保护对象的生活习性和流量变化提出的习变法，习变法认为关键月份河流需要保证中值流量的标准方差量级的流量才能保护研究生态对象的正常生活习性，具体计算公式如下：

$$\text{EIFR} = Q_{\text{mean}} \times Cv = Q_{\text{mean}} \times \frac{\sigma}{\bar{x}} \tag{20-120}$$

式中　　Q_{mean}——该月的中值流量；

Cv——该月流量的变异系数；

$\bar{x}$——月均流量，$\bar{x} = \frac{1}{n}\sum_{i=1}^{n} x_i$；

σ——标准差，$\sigma^2 = \frac{1}{n}\sum_{i=1}^{n}(x_i - \bar{x})^2$为标准方差。

用以上所述方法计算监利河段的生态流量，计算结果见表 20-79 及图 20-119。从表 20-79 中可以看出，习变法计算结果远小于其他 5 种方法的计算结果，由该法得出的 5 月、6 月、7 月的生态流量依次为 2096m³/s、2099m³/s、4561m³/s，而在 1975～2014 年的实测日流量系列中从未出现过低于这些数值的流量，故认为这里该法计算结果不合理，不适用于监利河段生态流量的估算。剩余 5 种估算方法中，NGPRP 法得到的结果最大，Tennant 法最小。两种 7Q10 法得到占比多年月均流量均在 65%～80% 之间，RVA 法计算得到的 3 个月占比多年月均流量为 70%、70%、55%。值得一提的是，以上两种 7Q10 法均针对国内实际情况做了一定改进，而 RVA 法计算结果基本落在这两种方法计算结果的范围之内，可以认为 RVA 法计算得到的结果是合理的，能够作为生态流量最终取值的参考。

表20-79 各方法计算所得监利河段生态流量　　　　　　　　　　　单位：m³/s

计算方法	5月	6月	7月
Tennant法	6507	9261	14093
7Q10法①	8824	11703	16084
7Q10法②	7087	9960	14010
NGPRP法	9314	14708	20626
RVA法	7648	10853	13031
习变法	2096	2099	4561

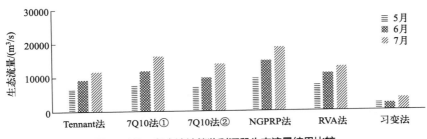

图20-119　各方法计算监利河段生态流量结果比较

2）监利河段其他月份生态流量过程

对监利河段非关键月份即 8 月～次年 4 月的流量序列（1975～2014 年）同样进行 Mann-Whitney U 检验，并做相同的 H_0 和 H_1 假设，将各月检验到的最大统计量 $|U|$ 及其对应的检验点和检验结果列于表 20-80 中，其中检验的置信水平为 0.05，可以看到结果显示 8 月、9 月、11 月的检验结果均为没有变异点，而 10 月、12 月，以及次年 1 月、2 月、3 月和 4 月的流量在检验点前后的分布是有显著差异性的，综合来看，人类活动对于监利河段的水文序列的影响主要集中在非汛期、枯水期。

表20-80 监利河段其他月份流量序列秩和检验结果

月份	检验点	统计量 $|U|$	检验结果
8	2001年	0.907	接受 H_0
9	1991年	1.574	接受 H_0
10	2001年	3.771	接受 H_1
11	1997年	1.433	接受 H_0
12	1993年	2.395	接受 H_1
1	1994年	6.451	接受 H_1
2	1991年	4.368	接受 H_1
3	2002年	3.843	接受 H_1
4	1992年	2.339	接受 H_1

结合三峡水库的水位调度过程线来看，为保证发电水头及在来年枯水月份有足够的水量对下游进行补水，10 月三峡减少下泄流量，并在 11 月 1 日之前从 145m 的水位蓄至 175m，在 1～3 月为对下游进行补水三峡水库加大下泄流量，水库水位也在 4 月之前从 175m 降低至 155m，这必然使得 10 月三峡下游流量较天然流量减小，而 1～3 月的下游流量较天然流量则更大，这与秩和检验的结果是大致相符的，将 2003 年作为这几个月的检验点，同样发现检验点前后序列分布显著不同，用 RVA 法计算这些月份的水文改变度和生态流量值，结果如表 20-81 所列。

表20-81　10月及次年1～3月RVA法计算结果

月份	月均流量/(m³/s)		改变度 D /%	改变度评价	RVA 阈值/(m³/s)		生态流量 /(m³/s)
	变异前	变异后			上限	下限	
10	15798	11540	53	中度	17500	13650	11948
1	4609	5746	55	中度	4890	4264	3983
2	4212	5548	70	高度	4522	3926	3616
3	4658	6006	70	高度	5338	4067	3387

　　可以看到，RVA 法认为人类活动对于 2 月、3 月的流量影响很大，对 10 月和次年 1 月也有着不小的影响，表中给出的 10 月及次年 1～3 月的生态流量与三峡蓄水后的月均流量相去甚远，且其显然并不是十分适用于目前该阶段的河流管理指标。考虑到生态流量的内涵之一是要以满足一定程度的人类用水为前提，为了协调三峡的发电、防洪和航运等效益，又考虑到这些月份并非目标河段的关键月份，故将 RVA 法的计算结果仅作为恢复天然流量的一个参考值，对这几个月份采用传统的水文学法中的 7Q10 法进行计算。对于 12 月，由于只在 1993 年检查出变异点，而变异点前的序列（亦即受人类活动影响前的序列）时间较短，不足 20 年，因此不适用于 RVA 法，故采用 7Q10 法进行计算。对于没有变异点的 8 月、9 月和 11 月，仍然采用 RVA 法及式（20-119）计算这些月份的生态流量，如表 20-82 所列。将全年生态流量值汇于图 20-120（a）中，并与月均流量及历年各月最小流量相对比，可以看到生态流量在 1～3 月这样的枯水月与月均流量十分接近，且超出历年各月最小流量较多。因此在枯水期要特别注意生态流量值不能长时间过低，而在洪水期（同时也是关键月）生态流量与月均流量相去较远，与历年最小月均流量相当，这说明关键月份生态流量的数值较容易得到保证，故更多的调度注意力应当放在生态流量的其他几个要素上，亦即涨水时间、次数、涨幅等。

表20-82　监利河段其他月份生态流量值

月份	生态流量/(m³/s)	计算方法	月份	生态流量/(m³/s)	计算方法
8	12288	RVA 法	1	4786	7Q10 法①
9	10096	RVA 法	2	4445	7Q10 法①
10	8481	7Q10 法①	3	5210	7Q10 法①
11	6420	RVA 法	4	6280	7Q10 法①
12	5350	7Q10 法①			

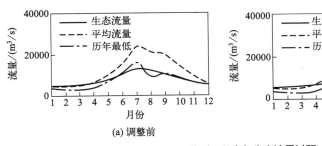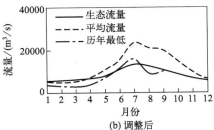

图20-120 监利河段全年生态流量过程

众所周知，水库的运行会对天然流量过程起到一定的均化作用。所以，研究水库下游河段的生态流量除了以多年历史水文资料为依据，还应根据蓄水后的流量特征进行校正。三峡蓄水前后，监利河段的枯水期逐月平均流量具有明显的差异，主要体现在蓄水后枯水期流量的增加。考虑到蓄水后年份较短，故采用平均值兼顾最小值的办法对枯水期生态流量进行调整。具体数值见表20-83，并重新绘制于图20-120（b）。

表20-83 蓄水前后枯水期统计流量与生态流量的调整 　　　　　单位：m³/s

项目	12月	1月	2月	3月
1975～2014年月平均流量 /(m³/s)	6285	5101	4782	5278
蓄水前月平均流量 /(m³/s)	6155	4617	4203	4645
蓄水后月平均流量 /(m³/s)	6512	6069	5940	6545
蓄水后最小流量 /(m³/s)	5350	4770	4445	5210
调整后的生态流量 /(m³/s)	5631	5400	5192	5478

3）典型河段生态流量的确定

通过收集监利水文站1975～2014年逐日实测流量资料，运用RVA方法计算得到监利河段适宜四大家鱼产卵的全年逐月生态流量值。将类似的研究思路应用于螺山和汉口两个水文站，收集螺山站和汉口站1992～2016年逐日实测流量资料，比较RVA、Tennant和7Q10三种方法计算得到的逐月生态流量后采用7Q10法的计算结果如表20-84所列，综合3个监测站的计算结果并取整处理得到表20-85。

表20-84 三峡水库下游主要监测站全年生态流量需求（一）

监测站名称	逐月生态流量需求 /(m³/s)											
	1月	2月	3月	4月	5月	6月	7月	8月	9月	10月	11月	12月
螺山站	7250	7808	8622	10689	12346	23532	26310	16665	14193	10543	8687	7163
汉口站	7760	8342	9235	11505	13032	24251	27535	18039	15437	11361	9874	7587

表20-85 三峡水库下游主要监测站全年生态流量需求（二）

监测站名称	生态流量需求
监利站	1～12月月均生态流量依次为：5400m³/s、5190m³/s、5480m³/s、6280m³/s、7650m³/s、10850m³/s、13030m³/s、12290m³/s、10100m³/s、8480m³/s、6420m³/s、5630m³/s
螺山站	全年下限值为7200m³/s
汉口站	全年下限值为7500m³/s

（2）监利河段四大家鱼的生态流量需求

前文在分析生态流量的内涵时就已指出生态流量具有多指标性，因此仅仅给出生态流量值的大小范围这一指标是不能满足保护河段生态环境需求的，考虑到中游生态恢复的主要目标是为四大家鱼产卵创造适宜的水文条件，如前所述，四大家鱼的产卵与水温和涨水有着密切联系，故仍需对水温和涨水条件提出要求。水温已在前文提到过应尽量使得三峡下泄水温在生态调度期间保持在18℃以上，但也不宜超过24℃。而关于涨水条件，将从涨水次数、涨水发生时间、涨水持续时间、涨水幅度这几个方面逐一分析。

自2011年开始长江防总对三峡水库连续三年实施了生态调度实验，旨在为长江主要渔业资源四大家鱼创造产卵条件，每年的具体实施情况见表20-86。

表20-86　2011～2013年生态调度实施情况

序号	时间	入库流量范围 /(m³/s)	出库流量范围 /(m³/s)	下泄水温 /℃	调度期间效果	核查情况
1	2011年6月16～19日	12236～20071	13951～18598	23.2	宜昌下游河段"四大家鱼"有较大规模产卵，推算总卵苗数1.31亿粒	流量增幅、涨水天数不满足设计方案要求
2	2012年5月25～31日	13346～21129	11906～22444	20.4	调度期间，宜都断面监测到6次产卵，推算总卵苗数6.15亿粒	满足设计方案要求
	2012年6月20～27日	12402～16578	12097～18607	22.3		
	2012年7月1～9日	35432～59623	24439～38607	21.4		
3	2013年5月7～9日	7795～9165	6800～8503	17.0	调度期间，宜都断面未发现"四大家鱼"产卵，荆州断面发现产卵	水温、流量、涨水天数未达到设计方案要求

为印证以上提出的对生态流量各要素的要求是否合理，现与表20-86做比较分析：

① 水温方面要求保持在18～24℃之间，仅2013年的生态调度未满足要求，下泄水温过低，仅为17℃；

② 涨水次数要求在5～7月应当发生三次涨水以满足可能发生的三次苗汛，三年中仅2012年通过调度人为地制造了三次涨水；

③ 涨水发生时间上三年的生态调度时间均控制在5～7月，符合要求；

④ 涨水持续时间要求5～8d为宜，2011年涨水过程持续3d，2013年涨水过程持续2d均不符合要求；

⑤ 每次涨水流量上涨幅度应控制在6000～10000m³/s，2011年出库流量上涨4647m³/s，2013年涨幅仅为1703m³/s，2012年第一次生态调度涨水流量上涨10538m³/s，2012年第三次调度流量涨幅为14168m³/s，均不达标。

以上分析与表中核查情况基本吻合，略有出入之处在于涨水幅度，2012年的三次涨水中有一次涨水幅度大幅超过了10000m³/s，但就调度效果来看应该是成功的，说明在流量涨幅的确定上还有待研究并修正。

20.7.1.1.3　长江中游江湖联通区枯水期环境水位确定

本节水位除特殊说明外，为吴淞高程。

（1）城陵矶水位代表性分析

城陵矶水位与洞庭湖湖泊水域面积及水深密切相关。分析三峡蓄水后 2004 ～ 2016 年的城陵矶洪道、螺山、莲花塘水文站的数据，可以看出：城陵矶洪道水位与莲花塘水位具有明显的线性关系，见图 20-121，其 R^2 达到 0.9837；莲花塘水位与螺山水位的线性关系更为明显，见图 20-122，其 R^2 达到 0.999；而螺山流量与莲花塘水位之间呈现出二次函数的关系，其 R^2 为 0.9872，见图 20-123。因此，可以认为莲花塘水位站的水位、螺山水文站的流量对长江干流城陵矶段有极强的代表性。

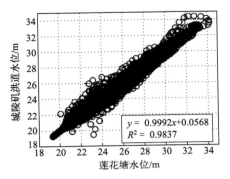

图20-121 城陵矶洪道水位与莲花塘水位关系

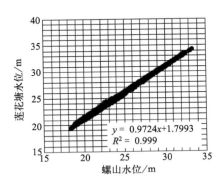

图20-122 螺山站与莲花塘站逐日水位关系曲线

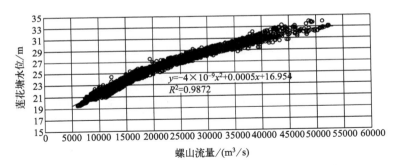

图20-123 螺山站逐日流量与莲花塘站逐日水位关系曲线

（2）洞庭湖环境水位确定

由于三峡水库汛末蓄水调度造成下泄流量大幅减少，由此带来水库蓄水期末洞庭湖区部分洲滩提前露出水面，加速水面以上滩地失水，显著影响部分植物生长，减少白鹤、天鹅等植食性候鸟越冬饵料和栖息地面积。2003 ～ 2010 年，东洞庭湖国家级自然保护区的水鸟数量呈减少趋势，到 2009 年冬水鸟总数不足 3 万只。下面确定东洞庭湖环境水位。

1）天然水位资料法

1960 ～ 1980 年间，洞庭湖湖区人工围垦面积较大，对湖区破坏作用突出。湖泊减小面积、容积相对较大，造成湖区萎缩严重，水位相对较低；1980 ～ 2000 年期间湖泊面积、容积缩小速率减缓，水位较高；2003 年，位于洞庭湖上游的三峡工程建成运行。三峡工程带来了经济效益与生态效益，但同时也对库区及长江中下游的生态环境造成了一定的影响，其中也包括对洞庭湖的影响。因此，认为洞庭湖1960年之前生态接近于天然状况。此时期湖泊水面大，水较深，鱼类区系组成复杂，鸟类资源繁多，生态结构较为合理。

城陵矶水文站位于洞庭湖入江洪道，因此，洞庭湖水位也可以用城陵矶水文站的水位表征。

统计分析1993～2017年城陵矶站的水文资料，最低生态水位为19.07m（黄海高程），发生于1999年3月。19.07m是采用传统的天然水位法统计的环境水位，这里将传统的天然水位法称为天然水位资料法Ⅰ，取数为19.1m。

将1993～2017年的历年最低月平均水位取均值，得到该历史时段内城陵矶最低月平均水位为20.58m，取数为20.6m。该水位可以作为城陵矶枯水期环境水位的参考值，采用历年枯水期最低水位平均的方法，简称为天然水位资料法Ⅱ。

对比1993～2002年与2003～2017年逐月水位，发现2003年后最低月平均水位出现时间提前，见表20-87。12月出现最低水位的频率由1993～2002年的20%增加到了2003～2017年的47%；1月出现最低水位的频率中1993～2002年与2003～2017年相当；2月出现最低水位的频率由1993～2002年的40%减少到了2003～2017年的27%；2003～2017年3月未出现最低水位，而1993～2002年出现1次，即10%的频率。

表20-87　最低水位出现月份统计

年份	12月		1月		2月		3月	
	次数	占比/%	次数	占比/%	次数	占比/%	次数	占比/%
1993～2002	2	20	3	30	4	40	1	10
2003～2017	7	47	4	27	4	27	0	0

2）湖泊形态分析法

湖泊形态分析法用湖泊库容作为湖泊水文子系统和地形子系统的特征指标，用湖泊面积作为湖泊功能指标。随着湖泊面积的减少，湖泊库容也减少。由于湖泊库容和面积之间为非线性关系，当库容不同时，湖泊库容每减少一个单位，湖泊面积减少量是不同的。

湖面库容变化率是湖泊库容和面积关系函数的一阶导数。在此关系线上，库容变化率有一个最大值。此最大值的意义是：最大值相应湖泊面积下，湖泊面积越降低，湖泊库容的下降越明显，即在此最大值相应水位下每降低一个单位，湖泊功能的减少量将显著增加。故此最大值相应水位就是最低生态水位。以洞庭湖中水域面积相对较大的、具有代表性的湖面——东洞庭湖为研究对象，根据1995年东洞庭湖区实测库容、面积资料，建立湖泊库容 - 面积关系曲线，见图20-124。由图20-124可知，当库容在$33×10^8m^3$以下时，随着库容的减小，水面面积的降低率明显增加；当库容在$33×10^8m^3$以上时，随着库容的增加，水面面积的变化相对较小。由图20-125东洞庭湖水位 - 库容关系可知，当洞庭湖水位约25m（吴淞高程）时，其库容为$33×10^8m^3$。即洞庭湖的最低生态水位为25m。

3）生物空间最小需求法

作为长江中游重要的通江湖泊，洞庭湖分布着大量珍稀鱼类和鸟类等生物资源，但

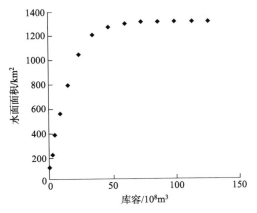

图20-124 东洞庭湖湖泊面积与库容曲线

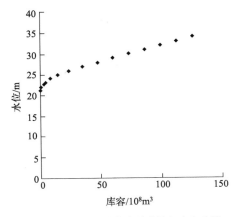

图20-125 东洞庭湖湖泊水位与库容曲线

是生态环境的退化，导致湖泊生物生存受到严重威胁。随着水位变化规律的演变，湖滨湿地类型的规模和分布也发生了相应变化。湖泊、河流、滩地、沼泽等天然湿地类型以及水田、水库坑塘等人工湿地类型在湖滨的分布格局被打破。新的湿地格局将影响不同类型湿地的淹没时间及暴露时间，进而对植被、鱼类和鸟类等生物的生境条件产生影响。

洞庭湖湿地有国家Ⅰ级重点保护鸟类 7 种、Ⅱ级重点保护鸟类 43 种，国际湿地公约名录中的鸟类 37 种，据 2005～2007 年监测有珍稀濒危保护鸟类 218 种，调查中共观察记录珍稀濒危保护水鸟 111 种，占鸟类群落总种数的 50.92%。水位涨落直接影响湖滨湿地的规模与格局，进而对鸟类的越冬迁徙生境产生影响，使珍稀濒危鸟类生存受到威胁。

湖泊生物主要包括藻类、浮游植物、浮游动物、大型水生植物、底栖动物和鱼类等。鱼类对湖泊生态系统具有特殊作用，加之鱼类对低水位最为敏感，故将鱼类作为指示物。认为鱼类的最低生态水位得到满足，则其他类型生物的最低生态水位也得到满足。

长江江豚是一种哺乳动物，仅分布于长江中下游干流及洞庭湖、鄱阳湖，是唯一的江豚淡水亚种，是 3 个江豚亚种中最濒危的一个。2014 年 10 月，国家农业部发文指出把江豚列为国家一级保护动物，江豚也被世界自然保护联盟（IUCN）列入濒危物种红色名录中的极度濒危等级。长江江豚随着水位的变化，其分布范围、数量和活动规律也发生变化。对江豚进行研究和保护是非常有意义的，可以将江豚作为洞庭湖鱼类指示物种。研究表明，长江江豚对不同的水深具有显著的选择偏好，它们主要选择小于 15m 的水深处活动（87.6%）。如图 20-126 所示。

考虑到洞庭湖湖底平均高程为 6.39m，为满足江豚的生存空间，洞庭湖环境水位可定为 21.39m。

4）保证率法

对于通江湖泊，枯水期来临前其出口江段的水位直接影响湖区的水位与蓄水量。9 月、10 月为三峡水库的蓄水时间，蓄水随着时间的延续对下游河道与通江湖泊的影响也逐渐显露，分析 10 月城陵矶站点水位可以发现，1993～2002 年间，城陵矶站的月平均水

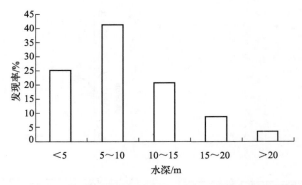

图20-126 动物的目击事件数在5个不同水深范围中所占百分比

位有下降的趋势，而2003～2017年间10月的月平均水位仍然存在下降的趋势，但与1993～2002年间相比有所减缓，见图20-127。同样，蓄水末期，即10月25～31日，城陵矶站的水位也呈下降趋势，见图20-128。

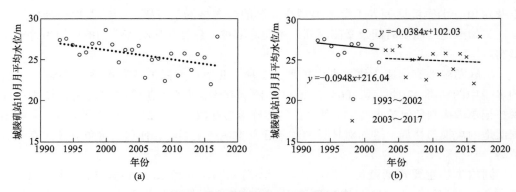

图20-127 城陵矶站10月月平均水位

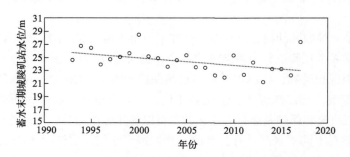

图20-128 三峡水库蓄水末期城陵矶站的水位

10月25～31日是三峡水库蓄水末期，该时段水位的高低直接影响到后期枯水季洞庭湖的水位与蓄水量，对洞庭湖水环境影响巨大。统计1993～2017年间该时段城陵矶的水位资料，见表20-88，分析不同水位的保证率，见图20-129。城陵矶站50%保证率的水位为24.64m，75%保证率的水位为23.35m，95%保证率的水位为22.05m。设定75%作为环境水位保证率，则城陵矶10月25～31日的环境水位为23.35m。

表20-88 1993～2017年10月不同时段城陵矶水位平均值　　　　单位：m

时间段	10月上旬	10月中旬	10月下旬	10月25日～10月31日	时间段	10月上旬	10月中旬	10月下旬	10月25日～10月31日
1993年	27.25	26.38	24.9	24.64	2006年	21.86	22.6	23.56	23.56
1994年	26.81	28.59	27.34	26.9	2007年	26.51	24.87	23.59	23.46
1995年	26.79	26.87	26.61	26.52	2008年	27.1	26.7	22.77	22.31
1996年	26.31	26.24	24.36	23.95	2009年	23.26	21.89	21.91	22.04
1997年	26.14	26.37	26.13	24.78	2010年	26.62	26.12	26.45	26.38
1998年	28.24	26.98	26.62	26.15	2011年	23.96	22.59	22.49	22.44
1999年	28.33	26.73	26.96	26.74	2012年	26.17	26.4	24.68	24.33
2000年	29.24	28.15	28.35	28.58	2013年	26.81	23.13	21.38	21.31
2001年	28.36	26.86	26.4	26.26	2014年	28.26	26.46	23.54	23.35
2002年	24.68	24.35	24.83	24.97	2015年	26.42	26.64	23.75	23.33
2003年	27.83	26.69	24.18	23.66	2016年	22.36	21.38	22.12	22.33
2004年	27.25	26.38	24.9	24.64	2017年	27.36	28.38	27.67	27.45
2005年	27.3	27.31	26.56	26.39					

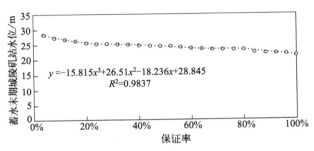

$$y=-15.815x^3+26.51x^2-18.236x+28.845$$
$$R^2=0.9837$$

图20-129　城陵矶站水位与保证率曲线

5）消落带面积法

史璇采用消落带面积法对洞庭湖环境水位进行了研究。由431220个湖底实测高程点，结合1∶25万湖滨高程数据，通过ArcGIS9.3软件Topogrid命令得到湖区高程模型。依据两个时段（2000年和2005年）全国分县土地覆盖矢量数据。该数据是基于多期的TM影像，配合其他影像数据解译获得，空间分辨率为30m，提取出洞庭湖区部分进行分析。整体来看，洞庭湖湖滨消落带面积呈现周期性波动变化，在1336～2920km²之间波动，1961～2008年多年平均消落带面积为2434.5km²。分析水位变化与湿地消落带面积具有相似的变化规律。取1980～2002年水位的多年平均值23.3m为洞庭湖环境水位。

综合以上5种计算方法，整理出城陵矶环境水位计算结果，如表20-89所列。关于环境水位的计算方法，目前尚不成熟，每种方法既有优势也有弊端。湖泊形态分析法计算的城陵矶环境水位偏高，保证率法和消落带面积法计算的城陵矶水位接近。综合来讲，保证率法更加客观，故蓄水末期以该方法为准，确定洞庭湖城陵矶环境水位为23.35m（吴淞高程）。而枯水期则以改进的天然水位资料法获得的20.6m（吴淞高程）作为环境水位。

表20-89　不同计算方法得到的城陵矶环境水位

计算方法	计算结果	计算方法	计算结果
天然水位资料法 I	19.1m	生物空间最小需求法	21.39m
天然水位资料法 II	20.6m	保证率法(蓄水末期75%)	23.35m
湖泊形态分析法(湖区)	25.0m	消落带面积法	23.3m

（3）城陵矶江段环境水位确定

根据图 20-121 确定的城陵矶水文站与莲花塘水文站的水位关系，计算得城陵矶水文站 23.35m 环境水位对应的莲花塘水文站的环境水位为 23.31m，换算成黄海高程则约为 21.4m。因此，三峡水库蓄水末期，即 10 月 25 ～ 31 日，莲花塘水位约为 21.4m（黄海高程）。枯水期城陵矶水文站 20.6m 的环境水位折算到莲花塘时也约为 18.7m（莲花塘）。

（4）监利全年环境水位确定

根据依托本研究申请的专利《一种干支流交汇区的水位流量关系确定方法》确定的监利、城陵矶两站之间的落差和流量关系可知，在城陵矶环境水位一定的条件下，监利环境水位取决于监利的生态流量，监利生态流量越大，其环境水位越大。

$$\left(\frac{Q_J^2}{Z_J - Z_C}\right)^{0.17} = 1.16(Z_J - 9.52) \tag{20-121}$$

式中　Q_J——监利流量，m³/s；

　　　Z_J——监利水位，m；

　　　Z_C——城陵矶水位，m。

因此，可以通过上式计算得到城陵矶枯水期18.7m、其他时段21.4m 的环境水位条件下，监利逐月生态流量对应的环境水位，见表 20-90 与图 20-130。2月的环境水位最小，其黄海高程23.1m。

表20-90　监利生态流量及环境水位（黄海高程）

月份	1	2	3	4	5	6	7	8	9	10	11	12
生态流量/(m³/s)	5400	5190	5480	6280	7650	10850	13030	12290	10100	8480	6420	5630
环境水位/m	23.2	23.1	23.2	24.0	24.5	26.6	26.2	26.0	26.4	24.8	24.1	23.3

20.7.1.2　长江口压咸流量阈值

长江口南支中上段有宝钢、陈行等水源地，为预测不同径流过程影响下的盐水入侵强度，以长江口南支上段为研究对象，采用实测资料和理论分析相结合，建立了以大通流量和农历日期快速估算氯度值的经验模型。

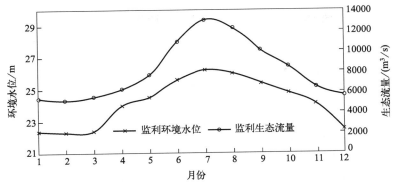

图20-130　监利逐月生态流量与环境水位（黄海高程）

1）方法现状

对于河口盐水入侵强度的预测，国内外常用方法有数学模型方法、解析模型方法和基于实测资料统计的经验模型3种。

以上3种方法中，后两种均具有较强经验性，且只能给出日最大、最小和平均值，但由于其形式简单、参数少，尤其是对地形资料依赖性小，在工程和规划中依然广泛应用。对于径流压咸调度而言，其目的是在较大保证率情况下满足特定水源地盐度低于标准值，不需要整个河口区域内详细的盐度输移信息，解析模型或经验模型具有其应用前提，但要满足该方面的需求。

2）研究区域与数据处理

长江口具有三级分汊、四口入海的特殊河势条件，各口门径流、潮汐动力不同，加之水平环流、漫滩横流等影响，盐度的时空变化规律复杂多变。根据以往研究，南支中上段盐水来源主要为北支倒灌的过境盐水团，其路径为沿青龙港、崇头、杨林、浏河口。盐水团的倒灌主要发生于大潮期，滞后数日到达宝钢、陈行一带。因此，盐度研究的区域仅限于徐六泾至浏河口附近。

多个文献的资料分析表明，在研究区域内，由于南支径流的掺混作用，各站点盐度日内变幅自上游向下游逐渐减小，盐度月内变幅远大于日内变幅。鉴于此，许多研究将日均盐度作为讨论对象。此外，已有资料统计表明，研究区域内站点之间日均氯度相关性较强。本次对2011年2～3月少量氯度观测资料的统计也表明（图20-131），沿程日均盐度的相关性非常明显。尽管研究区域内多个站点的氯度同步观测较为缺乏，但根据以上认识，各站点的氯度变化规律具有相似性。因此，下文以氯度日均值为讨论对象，选取资料相对丰富的东风西沙为代表站点。该站点位于崇明岛南岸，上距崇头约11.6km，氯度资料年限为2009年至2014年枯季。

大通站流量常用于代表长江口入海流量。选取1950～2013年的大通流量资料。结果如图20-132所示，多年的资料显示大通流量在年际间变化在21153～43104m³/s之间，多年平均流量约为28288m³/s。虽然大通流量在年际间存在变化，但总的说来比较稳定（除特枯水年和特丰水年）。

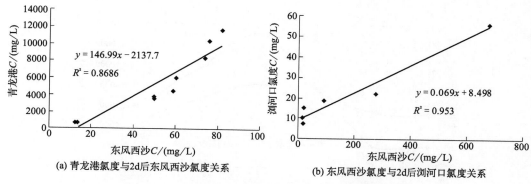

(a) 青龙港氯度与2d后东风西沙氯度关系　　(b) 东风西沙氯度与2d后浏河口氯度关系

图20-131　2011年2～3月不同站点日均氯度观测值的相关性

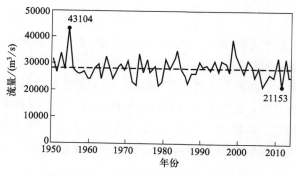

图20-132　1950～2013年大通年平均流量

已有研究认为大通与徐六泾之间流量传播时间约为 6d，鉴于此，下文所指的流量均是 6d 前大通站日均流量。如图 20-133、图 20-134 所示，通过分析 2012 年实测资料，证明了大通流量传递至徐六泾需要 4～6d。在考虑了此滞后时间的基础上，大通流量和徐六泾流量相关性可以达到 0.95。

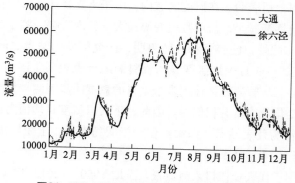

图20-133　2012年徐六泾和大通流量过程线

对于北支盐水倒灌，多以青龙港潮位或潮差作为潮汐强度指标，但青龙港潮位资料较为缺乏。根据收集到的部分资料来看，青龙港与其附近的徐六泾站同日潮位和潮差之间存

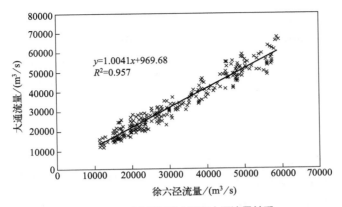

图20-134 2012年徐六泾和大通流量关系

在较强相关性（图20-135），因而以徐六泾站日均潮差近似替代青龙港站日均值进行分析，潮差资料为2009年全年。

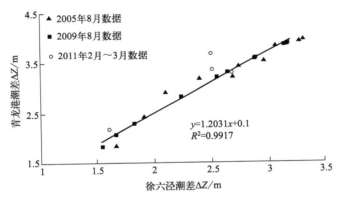

图20-135 徐六泾与青龙港日均潮差相关性

3）模型建立与验证

①潮差预测模型。

Ⅰ. 潮差变化规律。潮泵作用是河口盐水上溯的最主要原因，在盐度入侵经验关系中，多数研究都将潮差作为潮汐强度指标。感潮河段内，潮波上溯过程中，受径流、河道形态、沿程阻力等因素影响，会不断变形和坦化，潮差沿程衰减。但Horrevoets等通过圣维南方程的理论解析表明，靠近河口端的河道呈开敞喇叭形，其宽度远大于径流河段，在该范围内径流量丰枯变化导致的水深变幅为小量，对潮差的影响可以忽略，潮差主要受河口形态、摩阻等的影响，在靠近潮流界的某个临界位置以上，汛枯季水深变幅较大，径流量才明显对潮差产生影响。

徐六泾位于长江口喇叭形分汊顶点，处于潮流界以下，路川藤等的模拟计算表明，徐六泾以下洪枯各级流量下月均潮差相差仅0.2m。这里采用2009年徐六泾实测日均潮差，点绘其与大通日均流量（已考虑6d传播时间，下同）关系，见图20-136（a），可见两者不存在明显的相关性。由此可见，径流丰枯变化对徐六泾以下潮差影响可近似忽略。进一步采用 2009 年全年资料，分析了日均潮差随时间的变化情况。结果表明各月内的日均潮差波动明显，但在年尺度上不存在明显变化趋势。在此基础上，分析了农历日期和日均潮差之间的关系，由图 20-136（b）可见潮差随着农历日期变化呈现出明显的波动规律，月内呈现两涨两落的周期变化。这种变化规律为潮差估算提供了可能性。

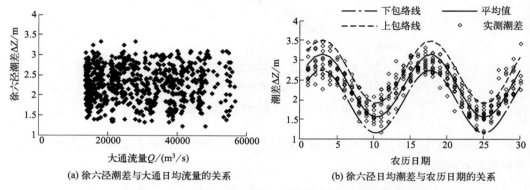

(a) 徐六泾潮差与大通日均流量的关系　　　　(b) 徐六泾日均潮差与农历日期的关系

图20-136　徐六泾日均潮差与大通日均流量、农历日期的关系

Ⅱ. 潮差估算方法。在河口地区，可使用调和分析法预测某处的潮位，其计算式为：

$$Z(t) = Z_0 + \sum_{j=1}^{n} H_j \cos\left(w_j t + \varphi_j\right) \tag{20-122}$$

式中　$Z(t)$——t 时刻潮位；

$\quad\quad Z_0$——受径流影响的平均海平面；

H_j、w_j、φ_j——第 j 个分潮的振幅、角频率和相位。

长江口潮汐属非正规半日潮，主要分潮包括：浅水分潮（M_4、MS_4），角频率约为 $60°/h$；半日分潮（M_2、S_2、N_2、K_2），角频率约为 $30°/h$；全日分潮（K_1、O_1、P_1、Q_1），角频率约为 $15°/h$；半月分潮（M_{sf}），角频率约为 $1°/h$。忽略其他次要分潮，并将角频率相近的分潮合并考虑，式（20-122）简化为：

$$Z(t) = Z_0 + H_1 \cos(30t + \varphi_1) + H_2 \cos(15t + \varphi_2) + H_3 \cos(t + \varphi_3) + H_4 \cos(60t + \varphi_4)$$

$$\tag{20-123}$$

式中　角标 1、2、3、4——半日、全日、半月和浅水分潮，其中 H_1 显著大于 H_2、H_3、H_4。

假定 t_{i0}、t_{i1}、t_{i2}、t_{i3} 分别代表第 i 日的 4 次高、低潮位时刻，其时间间隔 6h，则由相邻高、低潮位时 $\partial Z / \partial t = 0$，近似有 $30t_{i0} + \varphi_1 = 180°k$（$k$=0,1,2,…），前、后两次涨落潮的潮差分别为：

$$\Delta Z_{i1} = Z(t_{i0}) - Z(t_{i1}) = 2H_1 + H_2\left[\cos(15t_{i0} + \varphi_2) + \sin(15t_{i0} + \varphi_2)\right]$$
$$+ H_3\left[\cos(t_{i0} + \varphi_3) - \cos(t_{i0} + \varphi_3 + 6)\right] \tag{20-124}$$

$$\Delta Z_{i2} = Z(t_{i2}) - Z(t_{i3}) = 2H_1 + H_2\left[-\cos(15t_{i0} + \varphi_2) - \sin(15t_{i0} + \varphi_2)\right]$$
$$+ H_3\left[\cos(t_{i0} + \varphi_3 + 12) - \cos(t_{i0} + \varphi_3 + 18)\right] \tag{20-125}$$

式中的浅水分潮影响已被抵消。由式（20-124）、式（20-125）得到第 i 日内平均潮差为：

$$\Delta Z_i = \left(\Delta Z_{i1} + \Delta Z_{i2}\right)/2 = 2H_1 + H_3 \cos\left(t_{i0} + \phi\right) \tag{20-126}$$

式中，ϕ 与 φ_3 有关，是取决于地理位置的常数。由式（20-126）可见，日均潮差近似可表示为半月（15d）周期函数，其平均值为半日分潮幅值2倍，变幅为半月分潮幅值。在有实测资料情况下，H_1、H_3、ϕ 皆可率定。

式（20-126）可用以估算日均潮差，在实践中为便于应用，可采用农历日期建立其与日均潮差的关系（平均周期29.5d），图20-136（b）正是这种关系的体现。由图20-136（b）可见，徐六泾最大潮差约出现于每月朔望之后3d，根据图中点据反算潮差振幅和均值，可得日均潮差估算式为：

$$\Delta Z_t = \Delta Z_0 + 0.7 \cos\left[\frac{2\pi}{14.75}(t-3)\right] \tag{20-127}$$

式中　ΔZ_t——农历月第 t 日的徐六泾日均潮差；

　　　ΔZ_0——潮差均值。

之所以在平均线之外给出上、下包络线，是因为式（20-124）、式（20-125）中忽略了次要分潮和气象等随机因素，潮差估算值会存在误差，但根据实际应用场合选取包络线，有助于合理弥补误差带来的风险。

如图20-137所示，运用潮差估算式（20-127）预测潮差和实测潮差的相关性可达0.8958。

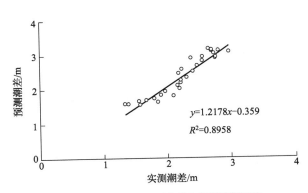

图20-137　徐六泾实测潮差和预测潮差对比

② 氯度预测模型。

Ⅰ.氯度变化特征。如图20-138所示，对东风西沙2009～2014年的氯度数据进行统计分析，发现其氯度值和农历日期有很好的相关性。明显发现氯度值的波动情况类似于潮汐运动规律，东风西沙氯度值在每个农历月内都出现两个峰、谷值，而且峰值出现在每月农历初三和十七左右，谷值出现在农历初八和廿四左右。这点与潮汐运动出现大潮的时间稍有不同。原因是盐度峰值相对于出现大潮的时间有一定的滞后性。

Ⅱ. 氯度和潮差的关系。东风西沙附近盐水主要来源于北支倒灌。由于潮波传播速度显著快于盐水团输移速度，因此潮差与盐度变化存在相位差。以 2012 年农历二月为例，比较日均氯化物浓度和日均潮差过程线（图 20-139）发现，两者周期一致、峰谷相应，但氯度相位滞后于潮差约 2d，以下分析中潮差均指 2d 前徐六泾日均潮差。

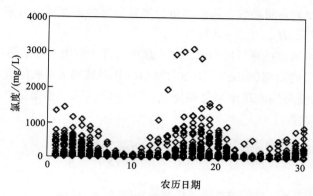

图20-138　东风西沙氯度和农历日期关系

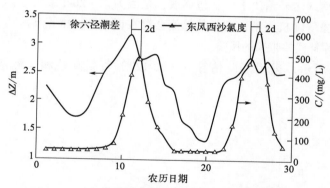

图20-139　东风西沙日均氯度和徐六泾日均潮差过程线

采用 2009 年 1～5 月数据，分别分析了氯度与潮差之间的关系，如图 20-140（a）、（b）所示。对大通流量进行排序后，考察东风西沙日均氯度与徐六泾日均潮差的关系如图 20-140（c）、（d）所示，可见流量分级之后，氯度与潮差之间相关度明显提高，但对比而言，图 20-140（c）、（d）的关系呈现出更好的效果。

Ⅲ. 氯化物浓度和大通流量关系分析。采用 2009～2014 年东风西沙氯度与大通流量数据，统计各级流量下的氯度，如图 20-141（a），可见在潮差影响下氯度存在变幅，变幅总体呈现随流量增加而衰减的趋势。图 20-141（a）中各级流量下氯度最大值（外包络线）主要发生于大潮期，根据图 20-136，潮差与流量相关性不大，根据图 20-137，大潮期日均潮差值相差不大，因此图 20-141（a）中氯度上包络线在平均意义上反映了固定潮差情况下的氯度随流量变化的规律。分别采用了不同函数形式对图 20-141（a）的外包络线进行拟合，其效果见表 20-91，其中指数型拟合效果见图 20-141（b）。

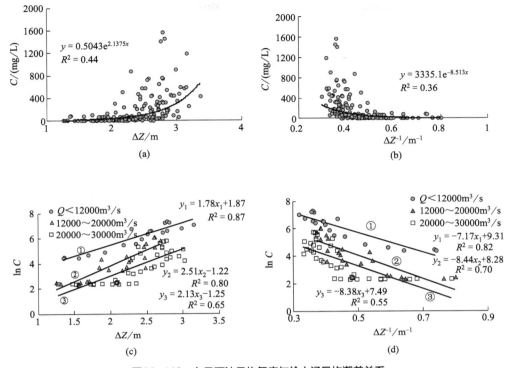

图20-140 东风西沙日均氯度与徐六泾日均潮差关系

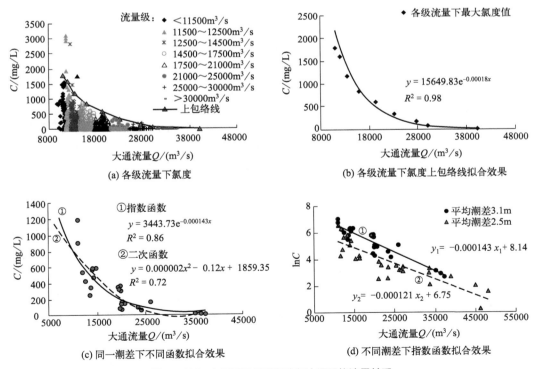

图20-141 东风西沙日均氯度与大通日均流量关系

表20-91 不同函数形式对图20-141（a）上包络线拟合效果

函数形式	$C - \exp(-aQ)$	$C - \exp(aQ^{-1})$	$C - Q^\alpha$	$C - c_1Q^2 + c_2Q + c_3$
决定系数 R^2	0.978	0.782	0.899	0.978

采用实测徐六泾潮差资料，筛选了3m、2.5m两级较大潮差下的东风西沙氯度数据。针对3m潮差附近点据，采用指数函数、二次函数，拟合效果见图20-141（c），由图可见，采用实测潮差后，各种随机因素的影响较图20-141（b）增大，指数函数相比二次函数拟合效果更佳。针对3m、2.5m两级潮差下数据样本，分别点绘关系如图20-141（d），可见氯度的对数值随流量增大而线性减小，不同潮差下的点据呈条带状分布。以上分析说明，采用指数函数能够较好地描述氯度随流量的变化规律。

Ⅳ. 具有预报功能的氯度估算经验模型。基于前文分析，仅考虑单因素时，氯度与流量、潮差之间的关系近似为：

$$\ln C = a_1 \Delta Z + b_1 \tag{20-128a}$$

$$\ln C = -a_2 Q + b_2 \tag{20-128b}$$

式中 a_1、a_2、b_1、b_2——参数。

由图20-140（c）、图20-141（d）可见，a_1、a_2、b_1、b_2皆为变数，但当流量变化时，b_1较a_1更敏感，当潮差变化时，b_2较a_2敏感。因此，流量、潮差同时变化时，可近似用下式描述氯度变化：

$$\ln C = a\Delta Z - bQ + c$$

即

$$C = A \exp(a\Delta Z - bQ) \tag{20-129}$$

式中 a、b、c——待定参数，可用实测资料通过多元线性回归确定。

得到c之后，$A = \mathrm{e}^c$。潮差用式（20-127）估算，则式（20-129）转化为：

$$C = A \exp(-bQ) \exp\left\{ a\Delta Z_0 + 0.7a\cos\left[\frac{2\pi}{14.75}(t-3) \right] \right\} \tag{20-130}$$

式中变量意义同前。采用该式，仅需农历日期以及6d前的大通流量，便可估算目标位置当日的日均氯度。需要指出的是，作为一种经验模式，式（20-128）中的潮差和盐度两方面参数都需要结合目标位置的实测资料加以率定，位置不同则参数不同。

③ 模型验证。采用2009年枯季东风西沙氯度实测资料，确定式（20-129）中各参数值为$A=6.26$，$a=2.45$，$b=0.000155$。率定参数后，用实测流量、农历日期代入式（20-128），计算氯度值与实测值，如图20-142，可见二者总体沿45°线分布，决定系数在0.8以上，低氯度时期误差较大。相比于图20-141，由于式（20-130）中同时考虑了流量和潮差的影响，因而计算值与实测值相关度显著提高。

采用式（20-128），分别计算2009年、2011年枯季的东风西沙氯度值与实测值的比较，见图20-143。采用图20-136中的平均潮差线计算，其结果如图20-143（a）以及图20-143（b）中的计算值1所示，可见计算的氯化物浓度与实测值波动相位、幅度基本一致。由于式（20-129）中参数是采用2009年资料率定，2009年计算效果优于2011年，这说明经验模式的精度与参数紧密相关。

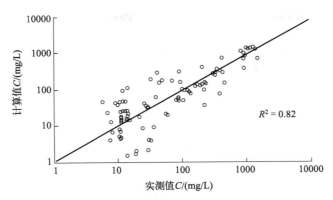

图20-142 参数率定效果（2009年2～5月）

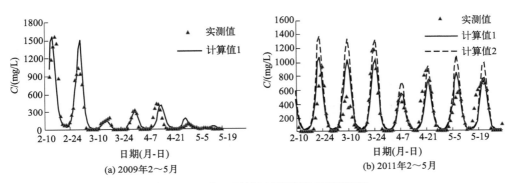

(a) 2009年2～5月　　　　　　　　　(b) 2011年2～5月

图20-143 东风西沙氯度预报值与实测值比较

由于潮差计算存在误差，加之氯度变化还受到气象等随机因素影响，图 20-143 中个别位置存在明显误差。图 20-143（b）中，除了取用图 20-136 中平均潮差线对应值 2.3m之外，适当考虑潮差上包络线，将值取为 2.7m，得到计算值 2。由图 20-143（b）可见，计算值 2 总体大于实测值，从工程和规划角度，计算结果偏于安全。这说明，适当将潮差向图 20-136 上包络线方向调整，可减小潮差计算误差带来的风险。

需要指出的是，除了参数、随机因素引起的误差之外，极端情况下南支上段还可能受到南支盐水直接上溯的影响，这在经验模式中未加考虑，不可避免地会引起误差。尽管如此，作为一种估算模式，式（20-128）的价值在于：仅根据当前大通流量可估算数日后的盐度，也可根据水源地的盐度控制标准和持续时间要求，对大通日均流量过程提出大致要求。

4）满足河口压咸需求的临界大通流量

① 研究区域与资料来源。研究区域为长江口南支上段的徐六泾至浏河口，研究区域有东风西沙、陈行、宝钢等水库，均为长江口重要水源地。该区域盐水主要源自北支倒灌。

除了利用文献中前人资料和成果之外，如表 20-92 所列，另外，收集有 1950～2015年大通日均流量，东风西沙 2009～2014 年各年 11 月～次年 4 月的日均氯度实测值，2009 和 2012 年徐六泾日均潮差，2017 年 4、5 月青龙港日均潮差。

表20-92 数据来源

序号	数据名称	年份	类型	数据来源
1	大通站流量	1950~2015	日均值	长江水文年鉴
2	徐六泾潮差	2009、2012	日均值	长江水文年鉴
3	青龙港潮差	2005、2009、2011、2014、2017	日均值	江苏省水文水资源勘测局
4	东风西沙氯度	2009~2014	日均值	上海水务局

② 入海径流特征统计。已有研究表明，长江入海控制站~大通站径流传播到研究河段的时间约6d，一般以6d前的大通站流量作为徐六泾以下径流代表值。为了便于比较流量过程的变化，以三峡水库蓄水及不同蓄水位阶段划分时间阶段，分别为1950~2002年、2003~2007年和2008~2016年。如表20-93所列，三峡水库蓄水后，$Q < 25000 \mathrm{m^3/s}$的频率有所增加，$Q < 15000 \mathrm{m^3/s}$、$Q < 12000 \mathrm{m^3/s}$和$Q < 10000 \mathrm{m^3/s}$的频度均有所减小。

表20-93 三峡水库蓄水前后日均流量频率特征

时段	小于某级流量的累积频率/%			
	$Q < 25000 \mathrm{m^3/s}$	$Q < 15000 \mathrm{m^3/s}$	$Q < 12000 \mathrm{m^3/s}$	$Q < 10000 \mathrm{m^3/s}$
1950~2002	46.71	26.71	16.9	10.06
2003~2007	56.83	24.85	14.29	2.74
2008~2015	50.33	21.39	7.73	0.1

针对易发生盐水入侵的10月~次年4月进行统计，三个时段内这7个月份的平均流量分别为16725$\mathrm{m^3/s}$、15938$\mathrm{m^3/s}$、17806$\mathrm{m^3/s}$，变幅相对较小。但由图20-144（书后另见彩图）各月的多年月均流量及三个时段内各月出现的最大、最小流量可见，水库蓄水后月均流量在12月~次年3月增大，10、11月减小；各月最枯流量均增加，流量最大值被削减，月内变幅减小。对于最低流量，1950~2002年、2003~2007年和2008~2016年期间分别为6300$\mathrm{m^3/s}$（1963年）、8380$\mathrm{m^3/s}$（2004年）和9927$\mathrm{m^3/s}$（2014年2月），为增加趋势。

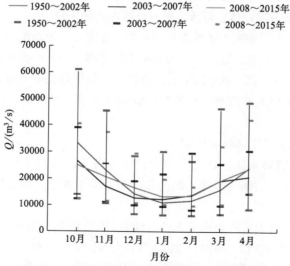

图20-144 三峡水库蓄水前后大通枯期各月流量特征

③ 潮差特征统计。青龙港为北支进口代表潮位站，其潮汐参数反应北支潮动力强弱，由于未收集到青龙港长系列的潮汐数据资料，采用徐六泾站与青龙港站潮汐参数关系，确定青龙港的潮汐参数。本研究收集了 2005 年 8 月，2009 年 8 月，2011 年 2、3 月，2013 年 8 月，2014 年 3 月，2017 年 4、5 月青龙港潮差数据，如图 20-145 所示，青龙港与其附近的徐六泾站同日潮差之间存在较强相关性，相关系数达 0.97（R^2）。

徐六泾位于长江口喇叭形分汊顶点，处于潮流界以下。徐六泾实测日均潮差与大通日均流量相关性不显著，这与 Horrevoets 等论证的河宽较大河口区域内潮差与径流量关系不显著、路川藤等提出的徐六泾以下洪枯各级流量下潮差相差不超过 0.2m 的计算结果相一致。因此，可不考虑径流洪枯变化对徐六泾以下潮差的影响。以 2009 年和 2012 年徐六泾日均潮差数据分析了潮差频率特征，如图 20-146，可见潮差 $\Delta H > 2m$ 的概率为 72%，$\Delta H > 2.5m$ 的概率为 42%，$\Delta H > 3m$ 的概率为 10%。

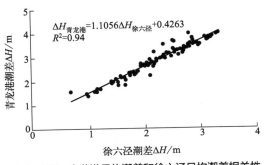

图20-145　青龙港日均潮差和徐六泾日均潮差相关性

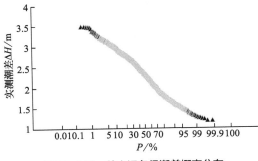

图20-146　徐六泾各级潮差概率分布

徐六泾日均潮差的周期特征如图 20-147（a）（书后另见彩图），潮差随农历日期大体呈半月周期变化，峰值出现在农历初三和十八附近，平均振幅约为 0.7m，由于气象等随机因素影响，图中的振幅存在约为 0.5m 的变幅。为清晰描述潮差变化，图 20-147（a）中以正弦曲线近似给出了点据的上包络线 A、平均线 B 等特征曲线，并根据图 20-145 中青龙港与徐六泾日均潮差相关关系，给出了青龙港潮差特征曲线，如图 20-147（b）所示。图 20-147（b）（书后另见彩图）中同时给出了文献中得到的少量青龙港日均潮差实测值，尽管数据较少，但可看出青龙港日均潮差变化特征与图 20-147（a）类似。

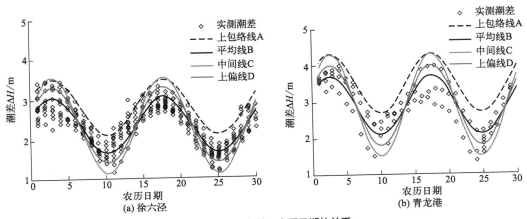

图20-147　潮差和农历日期的关系

④ 盐水入侵特征统计。收集了近年来南支中上段盐水入侵持续时间较长（≥ 9d）的部分相关数据，见表 20-94。

表20-94　长江口南支上段严重咸潮入侵事件统计特征

发生时间	监测点	超标天数/d	超标时段内大通流量均值/(m³/s)
1978年冬～1979年春	吴淞水厂	64	7256
1987年2～3月	陈行水库	13	8467
1999年2～3月		25	9487
2004年2月		9.8	9479
2006年10月		9	14300
2014年2月		19	10900
2009年11月3～12日	东风西沙	10	14030
2013年11月15～24日		10	12240
2013年12月3～11日		9	12500
2013年12月17～25日		9	11356
2014年1月2～10日		9	12144
2014年1月30日～2月22日		24	11138

由表中数据可见，大通流量越大则盐水入侵天数越短，但即使流量条件相近，盐水入侵天数也存在一定变幅，这说明流量不是影响盐水入侵的唯一因素。由这些数据统计盐水入侵发生时机，可看出以下几方面的特征：

Ⅰ.80% 的盐水入侵发生在枯期 11 月～次年 4 月，盐水入侵时段内，82% 的大通日均流量低于 15000m³/s，这说明一旦大通日均流量接近或低于 15000m³/s，盐水入侵概率较大；

Ⅱ.当盐水入侵持续时间接近或者超过一个潮周期 15d 时，该时段大通平均流量普遍低于 10000m³/s，而根据徐建益等的研究，大通流量在 10000m³/s 以下时北支倒灌与南支盐水直接上溯将产生叠加，使高盐度持续时间超过潮周期，这说明 10000m³/s 左右的大通流量是导致较长时期盐水入侵的临界流量；

Ⅲ.盐水入侵时段长度大于 15d，但时段内大通平均流量大于 10000m³/s 的次数较少，如 2014 年 2 月出现强偏北风，南支正面侵袭与北支倒灌相叠加，导致前后两次咸潮相衔接，氯度连续超标近 20d，但这种事件仅出现 1 次，占总次数 5%，说明气象条件是小概率影响因素。

⑤ 基于实测资料统计的临界大通流量确定。

Ⅰ.不同流量下的氯度超标概率。利用东风西沙 2009 ～ 2014 年枯季共 1113d 氯度观测资料，分析不同径流条件下的氯度特征（图 20-148）。

图 20-148（a）表明，当大通站流量高于 30000m³/s 时，氯度基本不超过 250mg/L，随着流量减小，氯度超标的可能性迅速增加。将大通站 30000m³/s 以下流量划分为不同的区间，统计各区间内氯度值超过 250mg/L 天数占该区间总天数的比例［图 20-148（b）］，当流量低于 10000m³/s 时，发生氯度超标的概率接近 100%；当流量处于 11000 ～ 12000m³/s 时，氯度超标的发生概率为 65%。将统计数据内共计 301d 氯度超标天数做累积频率分析如图 20-148（c），可见 97% 的超标天数出现在 20000m³/s 流量以下，69% 的天数出现在 15000m³/s 流量以下。

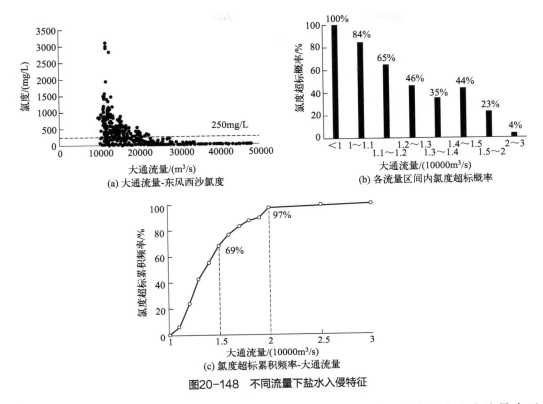

(a) 大通流量-东风西沙氯度

(b) 各流量区间内氯度超标概率

(c) 氯度超标累积频率-大通流量

图20-148 不同流量下盐水入侵特征

综上，大通流量小于 30000m³/s 时即可发生氯度超标现象，但主要发生在流量小于 15000m³/s 时，尤其以流量小于 12000m³/s 时最易发生。三峡水库蓄水后，大通日均流量低于 10000m³/s 的概率接近 0，但 2014 年仍然出现了明显氯度持续超标（≥9d）的情形，因此大通临界流量应在 10000m³/s 以上［图 20-148（c）、表 20-93］。

Ⅱ. 考虑潮差影响的临界流量确定。图 20-148（b）显示，当流量小于 15000m³/s 时氯度仍存在不超标的情况，这与潮汐动力作用的强弱有关。绘制东风西沙氯度与徐六泾日均潮差之间的关系曲线（图 20-149），当徐六泾日均潮差大于 1.8m 时，即可能发生氯度超标现象，当潮差大于 2.3m 时氯度超标的概率明显增加。发生盐度超标的条件是流量小于某一数值与潮差大于某一数值的组合，对于临界潮差的确定，在不考虑气象等随机因素影

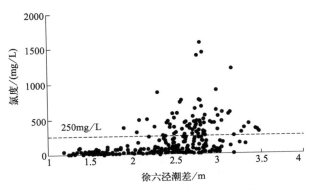

图20-149 徐六泾潮差和东风西沙氯度的关系

1585

响下，进行两个方面的假定：一是对于恒定的来流量Q_c，存在某一恒定强度潮差ΔH_c，两者组合可使南支上段特定位置的日均氯度维持在250mg/L；二是来流量维持Q_c，若潮差强度大于ΔH_c，则该位置的氯度将超过250mg/L。

在已有的研究中，在固定潮差或来流中的任意一个因素时，另一因素与氯度之间为单调的影响关系，即上述假定成立。在此前提下，可利用实测资料筛选出特定流量下氯度与潮差关系，如图20-150为11000m³/s流量附近数据关系图，可见二者近似呈指数关系，决定系数R^2在0.8以上。固定多级流量可确定出各级流量下氯度与潮差关系曲线，利用这些曲线关系，对于给定的Q_c值可得到相应的ΔH_c值（表20-95）。

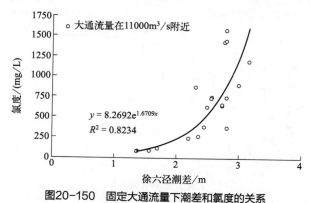

图20-150 固定大通流量下潮差和氯度的关系

由图20-150，固定流量情况下潮差与氯度之间正相关，而潮差变化具有明显的15d周期（图20-147），因此若在固定流量下发生了连续10d的氯度超标，则意味着平均意义上潮差超过临界值ΔH_c的概率为2/3。由图20-146可得到对应的ΔH_c值为2.11m。结合表20-95和上述假定二可得到：要避免连续10d氯度超标的情况，临界大通流量应在11000～12000m³/s之间，这里，取下限值11000m³/s。

表20-95 不同大通流量值Q_c对应的徐六泾潮差值ΔH_c

序号	东风西沙氯度/(mg/L)	大通流量Q_c/(m³/s)	徐六泾潮差ΔH_c/m
1	250	11000	2.05
2	250	12000	2.24
3	250	13000	2.42
4	250	15000	2.61

⑥ 基于盐度预测经验模型的临界大通流量确定。选取了已有研究中较有代表性的4个经验模型，如表20-96所列，它们都可通过径流和潮差预测某点氯（盐）度，其中郑晓琴等和陈立等提出的关系式结构相似但参数不同。计算采用的参数均为文献中给定值，其中茅志昌等未给出经验模型的具体参数值。

表20-96 长江口南支中上段盐度预测的统计模型

文献来源	关系式形式	变量含义
茅志昌等	$S - \exp\left(\Delta H^\alpha / Q^\beta\right)$	S宝钢盐度、ΔH青龙港潮差、Q大通流量
郑晓琴等	$S = f(\Delta H, Q) = ae^{b\Delta H} + ae^{b\Delta H}\left(c_1 Q^3 + c_2 Q^2 + c_3 Q + c_4\right)$	S青龙港盐度、ΔH青龙港潮差、Q大通流量

文献来源	关系式形式	变量含义
陈立等	$S = \left(4.16 \times 10^{-9} Q^2 - 2.745 \times Q + 4.317\right) \times 0.02404 \times e^{0.009085 \Delta H}$	S陈行盐度、ΔH青龙港潮差、Q大通流量
孙昭华等	$C = A \exp(-bQ) \times \exp\left\{ a \Delta H_0 + 0.7a \times \cos\left[\dfrac{2\pi}{14.75} \times (t-3)\right] \right\}$	Q大通流量、ΔH_0徐六泾潮差、t农历日期、C东风西沙氯度

表20-96中各关系式均含有潮差，需提出潮差的估算模式才能实施氯度计算。工程实践中，长江口潮位常只考虑月内周期变化，据图20-147中实测日均潮差的周期变化特征，可近似用下式描述潮差：

$$\Delta H_t = \Delta H_0 + A \cos\left[\frac{2\pi}{14.75}(t - B)\right] \tag{20-131}$$

式中　ΔH_t——农历月第t日的日均潮差；

　　　ΔH_0——潮差周期均值；

　　　A——潮差振幅；

　　　B——相位。

ΔH_0、A和B可据实测数据得到。注意到图20-147中点群分布具有一定随机性，尝试在式（20-129）中用不同模式计算日均潮差的周期均值和振幅（表20-97），分别是：

Ⅰ．上包络线A用同日期潮差最大值确定周期均值和振幅；

Ⅱ．平均线B用同日期潮差平均值确定周期均值和振幅；

Ⅲ．中间线C用一个潮周期内最大峰值与最小谷值确定周期均值和振幅；

Ⅳ．上偏线D为周期内潮差均值，振幅取B和C的平均值。

表20-97　式（20-129）中不同潮差估算模式下的参数值

站点	潮差振幅	平均潮差ΔZ_0/m	潮差振幅A/m
青龙港	上包络线A	3.5	0.8
	平均线B	2.9	0.8
	中间线C	2.9	1.4
	上偏线D	2.9	1.1
徐六泾	上包络线A	2.8	0.7
	平均线B	2.35	0.7
	中间线C	2.35	1.15
	上偏线D	2.35	0.925

以上4种潮差估算模式中，平均线B和中间线C代表了从点群中部穿过的两种模式，而A线和D线则代表了较平均情况整体偏大的两种模式。

5）盐度经验预测模式效果检验

将表20-96中盐度计算经验模型与表20-97中潮差估算模式相结合，可对盐度实施预测，但还需结合实测资料对其效果进行检验，该过程采用了各家文献中所记载的青龙港、陈行等位置的盐度实测资料。其中，茅志昌等提出的模型未给出参数，采用东风西沙实测氯度资料和青龙港潮差对其进行率定。

将表 20-97 中各潮差模式分别结合表 20-96 中各经验关系，再代入大通流量和农历日期，计算结果表明，无论采用哪家模型，潮差模式 B 线和 C 线的效果显著优于 A 线和 D 线。表 20-98 中给出了利用 B 线和 C 线计算青龙港、东风西沙、陈行等位置盐度的效果，可见 C 线整体效果最优，计算值与实测值相关度均在 0.5 以上，其中前三种模型的 R^2 值均在 0.7 以上（图 20-151），这说明了潮差估算模式的有效性。

表20-98 B线和C线潮差模式下盐度计算值和实测值相关系数

序号	模型	潮差估算模式	计算和实测值相关系数 R^2	潮差估算模式	计算和实测值相关系数 R^2
1	茅志昌等	青龙港 B 线	0.45	青龙港 C 线	0.51
2	郑晓琴等	青龙港 B 线	0.85	青龙港 C 线	0.88
3	陈立等	青龙港 B 线	0.7	青龙港 C 线	0.74
4	孙昭华等	徐六泾 B 线	0.8	徐六泾 C 线	0.81

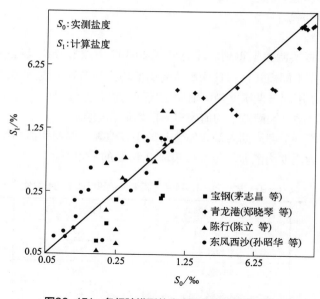

图20-151　各经验模型盐度实测值和计算值对比

由图 20-151 也可看出，前三种模型均可在较大跨度内取得较好效果，能够用以估算中枯水期盐度变化过程。但考虑到青龙港附近并非水源地，因而本研究仅以模型 2、3、4 预测水源地盐度。

采用表 20-98 中模型 2、3、4 对大通压咸临界流量进行确定。具体是：给定某一大通流量值，计算相应氯度变化周期过程，考察氯度超标天数，如图 20-152 所示。通过试算，可以得到超标天数为 10d 的临界大通流量值。采用表 20-97 中设定的几组潮差计算模式，计算结果显示所得压咸临界流量总体规律为：上包络线 A > 中间线 C > 上偏线 D > 平均线 B。可见，若取潮差上包络线 A 得到的流量作为大通压咸临界流量，会存在一定程度上的水资源浪费，潮差中间线 C 能较为完整地反映出实测潮差中的极大值和极小值，而且由表 20-99 可见，该模式计算结果与实测值吻合度最好。为保证压咸安全，综合

潮差上包线 B 和中间线 C，提出了介于二者之间的上偏线 D，代入各经验模型计算结果在 $11000 \sim 12000\text{m}^3/\text{s}$。综合以上各模型计算结果可见，采用经验统计模型确定的大通临界流量下限为 $11000\text{m}^3/\text{s}$。

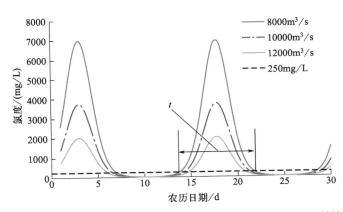

图20-152　不同大通流量下，东风西沙氯度过程线 [t 为氯（盐）度超标持续时间]

表20-99　不同潮差组合下预测模型计算得到的大通临界流量

模型	计算对象	潮差组合	大通临界流量/(m^3/s)
茅志昌等	宝钢水库	青龙港中间线 C	12000
陈立等	陈行水库	青龙港中间线 C	11000
孙昭华等	东风西沙	徐六泾中间线 C	11500

长江口压咸临界流量确定，其难点在于咸潮入侵与潮差、大通流量的概率分布关系极为复杂，很难凭借有限的观测资料加以量化。研究区域定位于南支上段，当大通流量 > $10000\text{m}^3/\text{s}$ 时其盐水来源主要受北支倒灌影响，较之于同时受到北支倒灌与盐水直接上溯影响的南支中下段而言，其影响因素相对更明确，盐度与潮差、径流之间相位关系也更简单。除此之外，潮差变化以农历月为主要周期的特征，在长江口潮位预报等工程问题研究中早已广泛接受，数学模拟研究中也通常将下边界设定为月潮位过程。基于该特征，再考虑随机因素的影响，以图 20-146 中的累积频率分布以及各种估算模式分别来描述平均意义上的潮差变化情况，从而可使"连续 10d 盐度超标"的临界标准转化为某一潮差临界值，减少了潮差不确定性带来的研究难度。计算结果证明，通过实测数据直接统计法与经验模型估算法两种途径确定的大通临界流量非常接近，这正是由于二者虽方法角度不同，但基本原理相同，从而可以相互印证。

所选用的 4 种经验模型，均采用了指数函数描述氯（盐）度和潮差之间的关系，但对氯（盐）度和径流的关系存在细小差别，郑晓琴等和陈立等认为氯（盐）度和径流为二次函数关系，而孙昭华等和茅志昌等认为是指数关系。应该注意到，经验模型是以实测数据统计为基础，同一变化规律可用不同曲线型式拟合，只要参数率定适当，不同型式模型可具有相近模拟效果。因此，本研究提出的潮差估算模式在各家模型中均显示了类似的适用性，并且用不同模型得到了相近的大通临界流量值。

三峡水库蓄水后，$2003 \sim 2015$ 年大通流量低于 $11000\text{m}^3/\text{s}$、$12000\text{m}^3/\text{s}$ 的天数分别为 319d、454d，年均为 24.5d、34.9d，以 $1 \sim 2$ 月最为集中。赵升伟等对 2006 年 9 月～ 2009

年 4 月陈行取水口的各月不宜取水天数进行统计，认为水库补水时段内月最枯流量即使达到 10500m³/s，其不宜取水天数接近 10d 的现象仍会出现。三峡水库进入试验性蓄水期以来，2014 年汛前枯水期仍有超过 20d 大通站流量低于 11500m³/s，并发生了近年来最严重的盐水入侵。

发生北支盐水倒灌入侵时，东风西沙、宝钢、陈行等位置不同，盐水团自上而下输移过程存在稀释、峰值坦化等过程，因而针对南支上段提出的大通临界流量是 11000 ～ 12000m³/s 的一个范围。建议在工程实践中取 11000m³/s 的固定值，但也只是意味着流量大于该值后，发生严重盐水入侵的概率低，并不意味着绝对不会发生。根据张二凤、陈西庆等的研究，由于大通至徐六泾沿江抽引水量的增加，大通流量是否能代表如今的长江入海流量需要进一步研究。

20.7.1.3　三峡下游江湖水环境安全综合评判指标

（1）三峡下游江湖水环境中长期安全综合评判指标

综上所述，三峡下游江湖水环境中长期安全综合评判指标及其阈值排序如下。

1）城陵矶环境水位指标

三峡水库蓄水末期，即 10 月 25 ～ 31 日，莲花塘水位约为 21.4m（黄海高程），此为指标 C_1。

2）监利四大家鱼产卵流量过程指标

有关三峡水库调度对四大家鱼产卵的主要表现为产卵时间推迟约 1 个月、产卵量不足蓄水前的 20%、鱼类组成比例发生改变。通过研究监利河段适宜四大家鱼产卵的水温、流量过程条件提出：四大家鱼产卵的关键期在每年的 5 ～ 7 月，这 3 个月中应在监利河段水温达到 18℃后开始生态调度且至少给出三次涨水历时不短于 5d、涨水幅度不小于 10000m³/s 的人造洪峰过程。考虑到既适宜四大家鱼产卵条件又与长江中游干流来水过程相符合的时间集中在每年的 5、6 月份，因此后续的研究在满足四大家鱼 5 ～ 7 月关键期逐月生态流量的基础上，在 5、6 月分别设计一次满足要求的流量上涨过程。即：5、6 月为满足监利河段四大家鱼产卵需求，三峡水库应每月设计一次持续 5 ～ 8d 的人造洪峰过程，起涨出库流量 8000 ～ 10000m³/s，日均涨幅 2000 ～ 2500m³/s，出库流量总涨幅为 10000 ～ 12500m³/s。此为指标 C_2。

3）长江河口压咸流量下限指标

为满足长江口压咸的下限流量，12 月～次年 2 月大通站流量达到 11000m³/s。此为指标 C_3。

4）宜昌至汉口典型河段全年生态流量下限指标

典型河段选择为监利河段、螺山河段和汉口河段。其中，监利河段 1 ～ 12 月月均生态流量依次为：5400m³/s、5190m³/s、5480m³/s、6280m³/s、7650m³/s、10850m³/s、13030m³/s、12290m³/s、10100m³/s、8480m³/s、6420m³/s、5630m³/s；螺山河段全年生态流量下限值为 7200m³/s；汉口河段全年生态流量下限值为 7500m³/s。此为指标 C_4。

（2）长江中游典型水源地水质风险分析及安全评判指标

通过上述对长江中游典型水源地突发性和非突发性事件及其主要污染物的分析，选取排放量最大的 COD 因子作为沿岸企业生产性事故、污水涵闸排放不当的典型污染因子，也作为可降解污染物代表因子。COD 总排放量为污水处理厂日处理能力（生活污水＋工业污水）180t；选取船舶溢油事故中油粒子为不可降解污染物代表因子，外溢物取施工船舶的燃料油（0# 柴油）为代表物质，外溢量（源强）为 60t，瞬间溢完。

20.7.2 基于三峡下游生态环境改善的三峡出库流量需求计算方法

项目研究通过改变三峡水库出库流量过程达到上述三峡下游江湖水环境安全综合评判指标阈值。运用"长江宜昌 - 大通段一维河网水动力数学模型"计算三峡出库流量与下游生态流量、环境水位及大通流量的响应关系；运用"三峡水库下游典型河段平面二维水动力 - 水质数学模型"及"平面二维溢油模型"计算三峡下游典型河段突发污染事故时，三峡出库流量与污染物削减的响应关系。

20.7.3 以改善下游水环境为目标的三峡水库中长期出库流量需求

20.7.3.1 长江中游干流及主要支流平、枯水遭遇组合

根据长江中下游水系特点，针对长江中下游干支流径流特性进行分析，选取干支流遭遇代表年或支流同枯组合，在此基础上进行三峡出库流量过程需求方案设计。

（1）数据来源

三峡水库下游宜昌 - 大通河段主要关注干流宜昌站、清江入汇高坝洲站、洞庭湖入汇口城陵矶站、汉江入汇仙桃站和鄱阳湖吞吐湖口站的径流特征。根据已有实测资料干流宜昌站 1958～2013 年（未见 1963 年水文年鉴记载）、清江高坝洲站 1957～1987 年（未见 1963 年水文年鉴记载）和 2000～2013 年、城陵矶站 1955～1987 年（未见 1956 年、1968 年、1969 年和 1978 年水文年鉴记载）和 1991～2013 年、汉江仙桃站 1955～2013 年（未见 1956 年、1968 年、1969 年和 1970 年水文年鉴记载）、湖口 1950～2016 年逐月径流资料作为分析依据。上述水文数据包含的水文系列年跨越三峡工程修建前、施工期和建成后运行阶段，三峡水库作为一座不完全年调节水库，自蓄水发电以来对长江干流宜昌站的径流量进行了年内重分配，因此统计分析前理应对宜昌站流量过程进行还原。但是若进行宜昌站流量过程还原必然引起下游河道流量水位变化，由此带来支流分汇流流量过程的响应，整个过程过于复杂。并且本次分析的目的在于为三峡水库平枯水实际调度运行方案的制定提供依据，因此未考虑宜昌站径流量的还原过程，只针对水文站实际流量过程。由于不同水文站径流时间序列长度不同，后续将针对不同水文组合，拟选取其中共有统计年份的径流资料进行组合分析。

（2）分析方法

目前研究径流丰枯遭遇的常用方法有统计法和以 Copula 函数为代表的相关函数法。统计法是基于频率分析方法，利用现有水文资料组成样本系列，一般根据皮尔逊Ⅲ型频率曲线推求相应于各种频率（或重现期）的水文设计值。Copula 函数法是基于变量之间非线

性、非对称的相关关系而建立的，具有很大的灵活性和适应性。结合本次的研究目标和实际资料情况，选取传统的统计法进行宜昌至大通河段的干支流特性和平枯水遭遇特点分析。

（3）干支流径流特性分析

根据长江中下游径流特性可将全年划分为丰水期（5～9月）、平水期（3月、4月、10月、11月）和枯水期（12月至次年2月）。三峡水库下游宜昌至大通河段干流各测站径流量年内分配如表20-100所列，可见长江干流来水在年内分配很不均匀，年内径流量主要集中在丰水期，占年径流量的67.7%，其中主汛期7～9月径流量占年径流量的49.3%；枯水期径流量较少，占年径流量的9.0%。与干流相同，清江、城陵矶、汉江和湖口四条主要支流来水在年内分配同样很不均匀，但通过表20-100可以发现，清江和城陵矶两条支流与长江干流的年内水量分配较一致，即同样5～9月表现为丰水期，12月～次年2月表现为枯水期，3月、4月、10月、11月表现为平水期；而汉江和湖口两支流则表现出些许不同，汉江的丰水期有所滞后，集中于7～10月，鄱阳湖来水的汛期有所提前，5月就已经进入湖汛。

表20-100　干支流径流量年内分配比例表

单位：%

月份	1	2	3	4	5	6	7	8	9	10	11	12
干流	2.8	2.6	2.9	4.2	7.2	11.2	18.2	16.2	14.9	10.2	6	3.6
清江	1.9	2	4.4	9.7	13.5	16.4	18.7	9.3	10	7.7	5	2.4
城陵矶	2.5	2.9	6.1	7.9	12.2	13.1	16.4	13.2	10.4	8.1	6.1	3.1
汉江	5	4.4	6.3	6.9	7.9	7.6	14.3	13.8	13.2	10.7	6.6	6.3
湖口	3.4	4.2	8.2	11.8	14.5	16.8	10.7	8.8	6.7	6.9	6.4	3.7

径流量变化的总体特征常用均值和变差系数 Cv 值来表示，研究区域干支流统计特征值如表20-101所列。比较相同统计时期各支流径流量的均值发现，城陵矶径流量最大，湖口次之，汉江和清江较小，且四者存在较大差异。比较干支流各测站之间 Cv 值大小可以看出，干流年均径流量变化程度均小于各支流，说明长江干流来水量大，年径流量变化相对较小，支流来水量小，年径流量变化相对较大；同一测站中，全年径流量的 Cv 值普遍小于各个时期的，说明以全年为统计时段来水量大，径流量变化相对较小；分时期统计则来水量小，径流量变化相对较大。

表20-101　干支流径流量统计特征值

径流量/10^8 m^3	干流		清江		城陵矶		汉江		湖口	
	均值/m³	Cv	均值/m³	Cv	均值/m³	Cv	均值/m³	Cv	均值/m³	Cv
全年	4 211.69	0.12	111.01	0.37	2877.51	0.23	371.87	0.35	1517.68	0.28
丰水期	2 863.24	0.14	72.06	0.45	1 956.94	0.27	209.23	0.42	856.63	0.33
平水期	968.18	0.17	29.74	0.42	657.46	0.31	96.71	0.49	490.85	0.29
枯水期	363.48	0.10	7.04	0.49	221.93	0.31	58.48	0.35	171.20	0.46

（4）调度代表年选取

研究三峡水库中短期优化调度方案，对于调度代表年的选择分为两个时间尺度：一是以年为时间尺度，选取长江中下游典型特枯水年和平水年；二是以三峡水库消落期和蓄水期为时间尺度，选取长江中下游典型枯水代表年组合。研究区域中重点关注的四项生态环境指标中除长江口枯水期压咸需求外，均包含在宜昌至武汉河段，因此在下文选取典型特枯水和平水代表年时，即实际自然年来水过程，重点关注宜昌至武汉河段干流、清江、城陵矶和汉江3条支流来水情况；选取典型枯水代表年组合时，即非实际自然年来水过程是根据4条支流来水情况得到的组合年份（不考虑干流来水情况），则综合考虑清江、城陵矶、汉江和湖口四支流来水情况。

1）典型特枯水年和平水年选取

运用三峡水库下游清江、城陵矶和汉江3条支流实测逐月流量过程计算得到3条支流各自年径流量并分别对其进行排序。按照五级丰枯划分法的思路对3条支流年径流量进行平枯水划分，此处将特丰水和偏丰水划分为丰水，特枯水和偏枯水划分为枯水。在此基础上分析得到以全年为时间尺度，3条支流同枯遭遇概率为10%，分别发生在1966年、2001年、2006和2013年，其中2006年为3条支流年径流总量最小年份，总径流量为 $2292.23 \times 10^8 \mathrm{m}^3$。将干流实测逐月来水过程以支流的统计方法进行分析，发现2006年同样是干支流年径流总量最小年份。实测资料中3条支流共有统计年份的径流资料为40年，2006年为真实发生过的最枯水年份，且长江干流来水仅为多年平均径流量的64%左右，若方案设计能满足在2006年3条支流来水过程下各项生态环境指标的可靠性，则可认为设计方案具有更高的可靠度。因此，选取2006年干支流来水过程为三峡水库典型特枯水年方案设计的本底。

同样将三峡水库下游清江、城陵矶和汉江3条支流实测逐月流量过程计算得到3条支流各自年径流量并分别对其进行排序。按照五级丰枯划分法的思路分析得到以全年为时间尺度，并未出现3条支流同为平水的组合。在表20-101中可知，3条支流中清江的来水量远远小于另外2条支流，因此在典型平水年选取的时候重点考虑城陵矶和汉江两条支流为平水年的年份。统计结果发现，城陵矶和汉江仅有2012年同为平水年份，且将2012年长江干流宜昌站流量纳入考虑发现，2012年宜昌站年径流量同属平水年份。因此选取2012年干支流来水过程为三峡水库典型平水年方案设计的本底。

因三峡水库调度集中于调节水库消落期和蓄水期天然来水过程，因此计算过程典型特枯水年和平水年按照消落期（1月1日～6月10日）和蓄水期加压咸期（9月10日～12月31日）进行计算。

2）4条支流同为 $P=75\%$ 的枯水代表年组合

同上，根据实测资料对三峡水库下游清江、城陵矶、汉江和鄱阳湖湖口四支流来水过程进行统计分析，但不同的是，本次代表年选取并非实际自然来水年，而是考虑四条支流同为 $P=75\%$ 枯水时的代表年组合，用于设计三峡水库典型枯水年调度方案。此外，因三峡水库调度集中于调节水库消落期和蓄水期天然来水过程，此处数据分析和年份选取不以年为时间尺度分析，重点关注水库消落期和蓄水期的来水过程。根据水库现有调度规程规定水库消落期为每年的1月1日～6月10日，蓄水期为每年的9月10日～10月30日，但每年的 12 月又面临长江口盐水入侵的风险，因此针对蓄水期的三峡出库流量过程本研究由 10 月 31 日延伸至 12 月 31 日。

通过对 1955 年以来有实测资料记载的四支流来流过程进行统计、分析，找到 4 条支流各自在水库消落期和蓄水期枯水概率 75% 的年份，并将 4 条支流当年各时期的实际来流情况作为设计三峡水库出库流量过程的依据。经分析知，三峡水库消落期水库下游 4 条主要支流清江、城陵矶、汉江和鄱阳湖湖口枯水概率 75% 的年份分别为 1986 年、1991 年、2002 年和 2007 年，水量总计约 $1.4702 \times 10^{11} m^3$。三峡水库蓄水期水库下游 4 条主要支流清江、城陵矶、汉江和鄱阳湖湖口枯水概率 75% 的年份分别为 2015 年、2005 年、1995 年和 2009 年，水量总计约 $7.801 \times 10^{10} m^3$。

为验证所选取的 4 条支流典型枯水代表年是否真实发生，又统计分析了逐年三峡水库消落期、蓄水期时段四条支流水量总量发现，水库消落期四支流最枯水年份为 2011 年，水量总计约 $1.0504 \times 10^{11} m^3$；水库蓄水期四支流最枯水年份为 2009 年，水量总计约 $5.901 \times 10^{10} m^3$。综上，三峡水库消落期和蓄水期，水库下游 4 条支流偏枯水概率同为 75% 时的水量总计均大于同时段典型特枯水年份的水量，因此选择 4 条支流同枯水 75% 水平进行方案设计和预测是具有实际意义的。

综上选取上述三峡水库消落期和蓄水期代表年四条支流来水过程为三峡水库典型枯水年方案设计的本底。即：消落期，每年的 1 月 1 日至 6 月 10 日，4 条主要支流清江、城陵矶、汉江和鄱阳湖湖口枯水概率 75% 年份分别为 1986 年、1991 年、2002 年和 2007 年；蓄水期 + 压咸期，每年的 9 月 10 日至 12 月 31 日，4 条主要支流清江、城陵矶、汉江和鄱阳湖湖口枯水概率 75% 年份分别为 2015 年、2005 年、1995 年和 2009 年。

20.7.3.2　枯水年三峡水库群联合调度方案优选与可行性分析

根据实测资料，特枯年 2006 年 10～11 月中仅有几天能够达到满足城陵矶环境水位的螺山站水位和流量的需求；因"四大家鱼"产卵需求，监利 5～6 月需要每月有一次涨水过程，涨水时间不少于 5d，涨幅不小于 10000m³/s，实际仅 5 月有符合要求的涨水过程；因压咸需要，大通流量 12 月～次年 2 月需大于 11000m³/s，实际 1 月 1～18 日、2 月 8～14 日、12 月 26～31 日不达标；监利流量 6～8 月不满足生态流量要求；螺山站全年 1 月 1～8 日、1 月 10～14 日、1 月 16～19 日、2 月 2～18 日和 12 月 26～31 日共 40d 流量不满足生态流量需要；汉口站全年 12 月 26 日、29～31 日共 4d 流量不满足生态流量要求。

（1）支流同枯水组合条件下三峡水库出库流量过程需求

为满足下游生态环境指标，三峡水库出库流量过程需根据水库下游四条支流来水情况结合三峡下游江湖水环境中长期安全综合评判指标阈值需求反推出，是研究中的未知目标值；支流来水过程假定为水库消落期和蓄水期四支流同枯水 $P=75\%$ 水平的非现实偏枯水情况，其中三口分流以前述三口分流量与干流水位的相关关系计算得到；下边界大通水位过程由大通水位流量关系（见图 20-153）试算给定。经过多次试算、优化，得到满足水库下游生态环境指标的出库流量过程下限值。

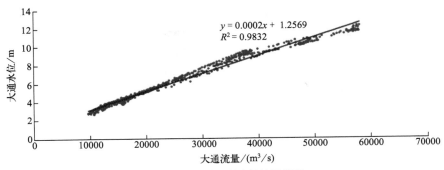

图20-153　大通站水位流量关系

三峡水库汛末蓄水导致下游洞庭湖湖区面积减小、湿地面积萎缩，上述研究提出莲花塘水位10～11月维持在21.4m左右。以特枯水年2006年为例，为保证10月末一周时间莲花塘达水位到21.4m，三峡水库10月下旬的出库流量需提升至273m³/s左右。若在10～11月要长时期保持三峡水库以偏高的出库流量运行会带来水库蓄水量不足等问题，导致水库固有效益受损。因此，枯水年蓄水期设计三套出库流量方案，分别为方案一遵循三峡水库现状调度规程即10月1～20日出库流量为8000m³/s、21～31日出库流量为10000m³/s；方案二提升10月25～31日莲花塘水位达21.4m；方案三提升10～11月两月莲花塘水位达21.4m。

本研究通过改变三峡水库出库流量过程达到三峡下游江湖水环境安全综合评判指标阈值。经反复试算，三峡出库流量方案设计见表20-102。

表20-102　四支流同为75%枯水年三峡水库按旬设计出库流量过程

时间		消落期出库流量 /(m³/s)	时间		蓄水期出库流量/(m³/s)		
					方案一	方案二	方案三
1月	上旬	5654	9月	上旬	11305	11305	11305
	中旬	5553		中旬	10158	10158	10158
	下旬	4772		下旬	8910	8910	8910
2月	上旬	6750	10月	上旬	8000	8099	11900
	中旬	6841		中旬	8000	8099	8300
	下旬	4000		下旬	10000	10144	11045
3月	上旬	5451	11月	上旬	7533	7533	9470
	中旬	6068		中旬	5922	5922	6000
	下旬	4709		下旬	5488	5488	10100
4月	上旬	5757	12月	上旬	5040	5040	5040
	中旬	7070		中旬	6318	6318	6318
	下旬	6336		下旬	6885	6885	6885
5月	上旬	8750					
	中旬	11200					
	下旬	8000					
6月	上旬	13650					

注：此处7月、8月暂时忽略。

三种方案下三峡下游江湖水环境安全综合评判指标阈值达标率统计如表20-103和表20-104所列。将上述三种方案计算结果绘制如图20-154所示，三种方案枯水期12月～次年2月莲花塘水位均满足18.7m的要求，因此仅绘制10～11月两个月的莲花塘水位结果对比图；根据多年实测资料，螺山、汉口两站全年仅有枯水期存在流量不足的可能性，因此仅绘制了枯水期的计算结果。

表20-103　蓄水期三种方案下莲花塘水位达标情况

考核指标	C_1		
	方案一	方案二	方案三
需求达标天数/d	61	61	61
实际达标天数/d	29	34	61
达标率/%	47.54	56.74	100.00
平均水位/m	21.32	21.29	21.76
最低水位/m	19.53	19.50	21.49

表20-104　水库消落期和蓄水期水库下游生态环境指标达标情况（除C_1外）

考核指标	C_2		C_3		C_4	
	消落期	蓄水期	消落期	蓄水期	消落期	蓄水期
需求达标天(次)数/d	2	—	59	31	—	—
实际达标天(次)数/d	2	—	59	31	—	—
达标率/%	100	—	100	100	100	100

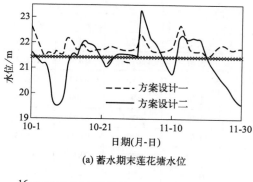

(a) 蓄水期末莲花塘水位

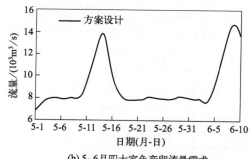

(b) 5、6月四大家鱼产卵流量需求

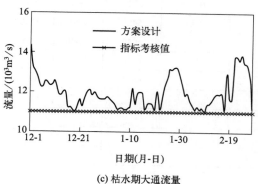

(c) 枯水期大通流量

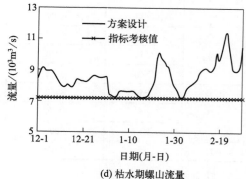

(d) 枯水期螺山流量

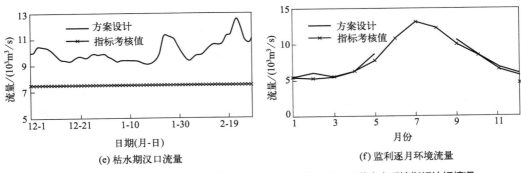

图20-154 4条支流同为75%枯水年各设计方案出库流量过程下游生态环境指标达标情况

综上，若长江中下游清江、城陵矶、汉江和湖口4条主要支流在三峡水库消落期和蓄水期分别为偏枯水75%水平，则可参考上述设计方案提出的逐旬三峡水库出库流量过程。其中，针对莲花塘环境水位提出了三套方案供实际调度参考。

（2）典型特枯水年三峡水库出库流量过程需求

1）现状调度规程下评价指标达标率分析

① 入库、出库流量过程及坝前水位。2006年三峡水库处于试验性蓄水阶段，坝前水位未达到175m，需按现状调度规程模拟175m方案坝前水位及出库流量过程。据实测资料，三峡自2010年末第一次蓄水达到175m后，2012～2017年每年1月1日坝前水位均值为173.4m，即假设2006年1月1日三峡水库坝前水位为173.4m。为尽量与2006年三峡水库出库过程贴近且不与现状调度规程出现较大冲突，实际出库流量过程的模拟原则为：2006年1、2月按三峡实际出库流量过程下泄，水库坝前水位偏高运行；3月1日～6月10日为水库消落期，出库流量以坝前水位过程要求控制，5月25日坝前水位达到155m，6月10日坝前水位达到145m并一直持续到8月31日；9月1日～10月31日为水库蓄水期，9月10日蓄水至150m，9月11～20日按照调度规程下泄10000m³/s，9月21日～12月31日按照2006年实际出库流量。套绘2006年实际、调度规程、2006年现状调度模拟三种坝前水位过程，如图20-155所示。

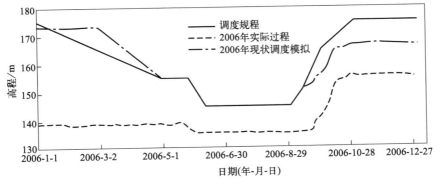

图20-155 典型特枯水年现状调度过程、实际过程和调度模拟过程下坝前水位套绘

将 2006 年三峡水库实际入库流量、出库流量和根据上述调度原则调度后的出库流量（以下简称"2006 年现状调度模拟出库流量"）按旬统计，如表 20-105 所列。

表20-105　2006年三峡水库实际入库、实际出库与模拟出库流量过程表

时间		入库流量/(m³/s)	实际出库流量/(m³/s)	现状调度模拟出库流量/(m³/s)	时间		入库流量/(m³/s)	实际出库流量/(m³/s)	现状调度模拟出库流量/(m³/s)
1月	上旬	5010	4953	4953	7月	上旬	21700	21500	21700
	中旬	5009	5036	5036		中旬	20290	20410	20290
	下旬	4949	5235	5235		下旬	15355	15464	15355
2月	上旬	4401	4389	4389	8月	上旬	10825	10709	10825
	中旬	5224	4904	4904		中旬	8301	8392	8301
	下旬	6306	6300	6300		下旬	9654	9719	9654
3月	上旬	6416	6623	9851	9月	上旬	13850	13710	10910
	中旬	7300	7477	10487		中旬	11490	11360	10000
	下旬	5917	5637	8835		下旬	12230	8752	8752
4月	上旬	5704	5771	8385	10月	上旬	13040	7788	7788
	中旬	7095	7225	9562		中旬	13340	11390	11390
	下旬	6441	6319	8783		下旬	12273	11082	11082
5月	上旬	7384	7604	7384	11月	上旬	8157	8133	8133
	中旬	14410	14274	14410		中旬	6584	6522	6522
	下旬	9432	10839	11955		下旬	6534	6379	6379
6月	上旬	12022	12081	15786	12月	上旬	6155	6162	6162
	中旬	14050	14040	14050		中旬	5163	5424	5424
	下旬	14080	14180	14080		下旬	4475	4702	4702

② 水库下游生态环境目标。运用建立的一维河网数学模型，计算"2006 年现状调度模拟出库流量"情况下三峡下游江湖水环境安全综合评判指标阈值达标情况。分析结果发现，2006 年莲花塘水位 10～11 月间常不足 21.4m，但由于 2006 年为长江流域干支流典型特枯水年，三峡水库无法实现保持长期增加水库出库流量以改善洞庭湖生态环境。因此，在典型特枯水年，关注三峡水库蓄水期末即 10 月 25～31 日莲花塘水位达 21.4m。

2006 年现状调度规程模拟的三峡下游江湖水环境安全综合评判指标阈值如表 20-106 所列。

表20-106　2006年现状调度规程下三峡水库下游生态环境指标达标率情况表

考核指标	C_1		C_2		C_3		C_4	
	消落期	蓄水期	消落期	蓄水期	消落期	蓄水期	消落期	蓄水期
需求达标天数/d	—	7	1	—	59	31	—	—
实际达标天数/d	—	4	1	—	34	25	—	—
达标率/%	—	57.14	100	—	57.63	80.65	92.96	97.05

第四篇　工程实践篇

2）优化调度方案设计与评价

① 优化调度方案设计。基于上述结果分析，特枯水年 2006 年现状调度模拟过程下三峡水库下游生态环境指标达标率多处不足 100%，其中以 C_1 即蓄水末期莲花塘水位指标达标率最低。

优化调度方案设计思路为：通过多次数学模型计算，若期望 10 月下旬三峡蓄水结束时莲花塘水位达到 21.4m，则增加该时段出库流量；5、6 月为"四大家鱼"营造合适的产卵环境，需要每月一次涨水过程，5 月已满足，6 月虽不在计算时间内，但 6 月上旬条件合适，可设计一次涨水过程；增加 8 月份出库流量改善监利河段 8 月份生态流量不足的情况；1 月上旬和 12 月下旬需要适当增加三峡水库出库流量，实现长江口压咸目标；此外螺山和汉口站枯水期不满足生态流量的时段也需要增加出库流量。在满足以上三峡出库流量需求的条件下，其余时段三峡出库流量则根据三峡调度规程中有关坝前水位过程和特定时期水库出库流量要求制定。因此，以"2006 年现状调度模拟出库流量"为试算值，按照下游应满足的生态环境指标，运用建立的宜昌至大通一维河网数学模型反算得到优化调度方案逐旬出库流量过程如表 20-107 所列。

表20-107　典型特枯水年三峡水库出库流量优化调度方案

时间		消落期出库流量 /(m³/s)			时间		蓄水期出库流量 /(m³/s)		
		2006 年现状调度模拟	优化调度方案	增加值			2006 年现状调度模拟	优化调度方案	增加值
1月	上旬	4953	6453	1500	9月	上旬	10910	11412	502
	中旬	5036	5536	500		中旬	10000	11126	1126
	下旬	5235	6000	765		下旬	8752	10591	1839
2月	上旬	4389	5089	700	10月	上旬	7788	9088	1300
	中旬	4904	5604	700		中旬	11390	11790	400
	下旬	6300	6300	0		下旬	11082	11355	273
3月	上旬	9851	7927	−1924	11月	上旬	8133	7533	−600
	中旬	10487	8720	−1767		中旬	6522	5922	−600
	下旬	8835	7239	−1596		下旬	6379	5779	−600
4月	上旬	8385	7357	−1028	12月	上旬	6162	6162	0
	中旬	9562	8670	−892		中旬	5424	5424	0
	下旬	8783	7936	−847		下旬	4702	5702	1000
5月	上旬	7384	8641	1257					
	中旬	14410	15824	1414					
	下旬	11955	12729	774					
6月	上旬	15786	14705	−1081					

② 优化调度方案评价。将 2006 年模拟实际、设计方案三两种调度出库流量过程和相应计算得到的水库下游生态环境各指标达标情况套绘如图 20-156、图 20-157 所示。2006

年三峡水库出库流量优化调度方案下水库下游生态环境指标达标率情况如表 20-108 所列。枯水期 12 ～次年 2 月莲花塘水位均满足 18.7m 的要求，因此仅绘制蓄水末期 10 月 25 ～ 31 日一周莲花塘水位结果图。由图表可知，在优化调度方案下，水库下游生态环境各项指标达标率为 100%。

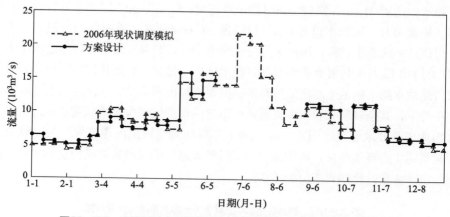

图20-156　典型特枯水年模拟实际与优化调度方案出库流量过程对比

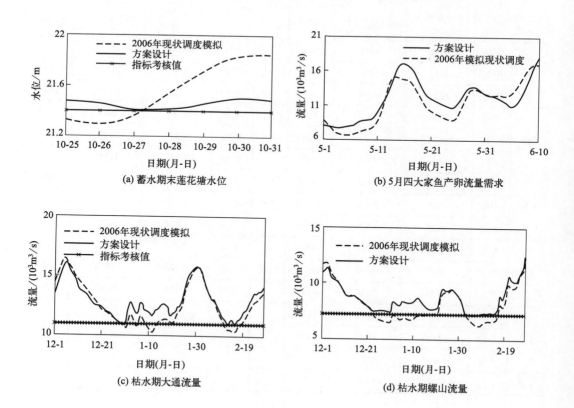

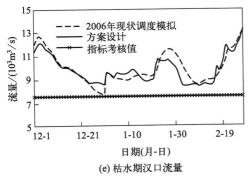

(e) 枯水期汉口流量

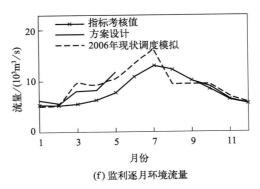

(f) 监利逐月环境流量

图20-157 典型特枯水年模拟实际与设计方案出库流量过程下下游生态环境指标达标情况

表20-108 优化调度方案三峡水库下游生态环境指标达标率情况表

考核指标	C_1		C_2		C_3		C_4	
	消落期	蓄水期	消落期	蓄水期	消落期	蓄水期	消落期	蓄水期
需求达标天数/d	—	7	1	—	59	31	—	—
实际达标天数/d	—	7	1	—	59	31	—	—
达标率/%	—	100	100	—	100	100	100	100

综上，长江流域干支流为特枯水年时，12月～次年2月三峡出库流量应增大至5536～6452m³/s；为满足监利生态流量需要，三峡水库在9月份平均出库流量应在11043m³/s左右；蓄水末期即10月25～31日三峡出库流量应增加至11355m³/s；5、6月为满足监利河段四大家鱼产卵需求，三峡水库应每月设计一次持续5～8天的人造洪峰过程，起涨出库流量8000～10000m³/s，日均涨幅2000～2500m³/s，出库流量总涨幅达10000～12500m³/s，其中5月已满足，6月虽不在计算时间内，但由于6月上旬条件合适，亦设计一次满足条件的人造洪峰，5月1～15日三峡平均出库流量需增加至11598m³/s，6月上旬仅需在月初略减小下泄，上旬末期略增加下泄便可满足涨水要求。满足上述条件时，螺山和汉口站全年生态流量可满足。

（3）枯水年综合三峡水库出库流量过程需求

上述基于实测资料和数模计算成果可知，对于典型特枯水年，10～11月中仅有几天能够达到满足城陵矶环境水位的螺山站水位和流量的需求，若暂不考虑三峡出库流量增加带来的荆江河段三口分流量的增加，则特枯水年对宜昌站流量增加量需求在0～6000m³/s之间不等，且出库流量的增加几乎需要贯穿10～11月两个月。考虑到枯水年水量偏少，4条支流同枯出库流量选用方案二，即蓄水期末10月25～31日莲花塘水位达21.4m。三峡水库枯水年出库流量如表20-109所列，流量过程线如图20-158所示。

表20-109 三峡水库枯水年综合优化调度方案出库流量

时间		消落期出库流量/(m³/s)			时间		蓄水期出库流量/(m³/s)		
		四支流同枯设计方案	典型特枯年设计方案	最大值			四支流同枯设计方案	典型特枯年设计方案	最大值
1月	上旬	5654	6453	6453	9月	上旬	11305	11412	11412
	中旬	6000	5536	6000		中旬	10158	11126	11126
	下旬	4772	6000	6000		下旬	8910	10591	10591
2月	上旬	6750	5089	6750	10月	上旬	8099	6488	8099
	中旬	6841	5604	6841		中旬	8099	10990	10990
	下旬	4000	6300	6300		下旬	10144	11355	11355
3月	上旬	5451	7927	7927	11月	上旬	7533	7533	7533
	中旬	6068	8720	8720		中旬	5922	5922	5922
	下旬	4709	7239	7239		下旬	5488	5779	5779
4月	上旬	5757	7357	7357	12月	上旬	5040	6162	6162
	中旬	7070	8670	8670		中旬	6318	5424	6318
	下旬	6336	7936	7936		下旬	6885	5702	6885
5月	上旬	8750	8641	8750					
	中旬	11200	15824	15824					
	下旬	8000	12729	12729					
6月	上旬	13650	14705	14705					

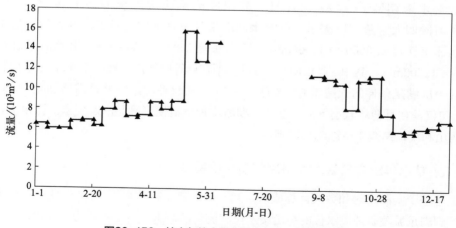

图20-158 枯水年综合优化调度方案出库流量过程

2006 年现状调度模拟、调度规程以及方案设计坝前水位过程如图 20-159 所示。方案设计坝前起始水位 175m，入库流量按 2006 年实际入库流量计算，前 3 个月由于大通压咸需要，水位降低较现状调度模拟快，由于 9 月初开始蓄水，年末坝前水位 160.6m，全年优化调度方案出库水量较入库水量多 1.277×10^{10} m³。考虑到溪洛渡防洪调节库容

$46.5 \times 10^8 m^3$，向家坝防洪调节库容 $9.03 \times 10^8 m^3$，三峡防洪调节库容 $2.213 \times 10^{10} m^3$，因此，遇枯水年特别是特枯水年，可实施溪洛渡、向家坝、三峡水库联合调度，以满足长江中下游生态环境需求。

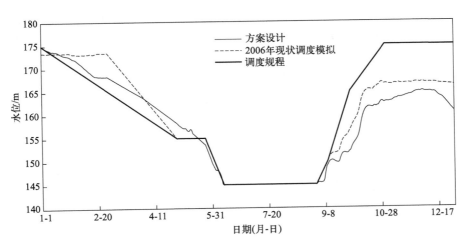

图20-159　枯水年综合优化调度方案坝前水位过程

20.7.3.3　平水年三峡水库群联合调度方案优选与可行性分析

（1）2012年三峡实际出库过程评价指标达标率分析

2012年全年三峡水库下游生态环境指标达标率情况见表20-110。2012年三峡水库年入库与年出库径流量分别为 $4.48035 \times 10^{11} m^3$ 和 $4.49111 \times 10^{11} m^3$，三峡水库入库与出库流量的逐日资料以旬为统计时段整理得到表20-111。

表20-110　2012年三峡水库下游生态环境指标达标率情况表

考核指标	C_1		C_2		C_3		C_4	
	消落期	蓄水期	消落期	蓄水期	消落期	蓄水期	消落期	蓄水期
需求达标天数/d	—	61	1	—	60	31	—	—
实际达标天数/d	—	61	0	—	57	31	—	—
达标率/%	—	100	0	—	95	100	100	100

（2）优化调度方案设计与评价

1）优化调度方案设计

基于上述结果，典型平水年三峡水库出库流量优化设计以2012年实际出库过程为基础，仅需对 C_2 和 C_3 两项生态环境指标调整优化。即：在1月上旬略增加三峡出库流量，在5月中上旬设计一次适宜鱼类产卵的三峡出库涨水过程，10、11月份适量增加三峡水库出库流量，得到三峡优化调度设计出库流量过程如表20-112所列。

表20-111　三峡水库入库与出库流量过程表

时间		入库流量/(m³/s)	出库流量/(m³/s)	时间		入库流量/(m³/s)	出库流量/(m³/s)
1月	上旬	5541	6113	7月	上旬	43180	36670
	中旬	4736	6066		中旬	37990	35490
	下旬	5228	6010		下旬	44945	42827
2月	上旬	4586	5971	8月	上旬	28660	31180
	中旬	4173	6171		中旬	20380	28080
	下旬	4242	6027		下旬	20191	18936
3月	上旬	4715	5999	9月	上旬	30620	23690
	中旬	4712	6001		中旬	27460	21170
	下旬	5190	6005		下旬	19320	16580
4月	上旬	5422	5862	10月	上旬	21740	16790
	中旬	6130	5929		中旬	15710	16300
	下旬	6740	7350		下旬	12000	10556
5月	上旬	9202	11796	11月	上旬	9633	10094
	中旬	13556	16820		中旬	7345	7873
	下旬	15818	17382		下旬	5795	5697
6月	上旬	16310	20760	12月	上旬	5646	5664
	中旬	13560	14150		中旬	5991	5637
	下旬	15700	15270		下旬	5889	6652

表20-112　典型平水年三峡水库优化调度方案出库流量

时间		消落期出库流量/(m³/s)			时间		蓄水期出库流量/(m³/s)		
		实际出库	优化调度方案	增加值			实际出库	优化调度方案	增加值
1月	上旬	6113	6713	600	9月	上旬	23690	26320	2630
	中旬	6066	6066	0		中旬	21170	19170	−2000
	下旬	6010	6010	0		下旬	16580	13580	−3000
2月	上旬	5971	5971	0	10月	上旬	16790	15290	−1500
	中旬	6171	6171	0		中旬	16300	14911	−1389
	下旬	6027	6027	0		下旬	10556	12273	1717
3月	上旬	5999	5999	0	11月	上旬	10094	11383	1289
	中旬	6001	6001	0		中旬	7873	7945	72
	下旬	6005	6005	0		下旬	5697	6345	648
4月	上旬	5862	6062	200	12月	上旬	5664	5309	−355
	中旬	5929	6129	200		中旬	5637	5654	17
	下旬	7350	7350	0		下旬	6652	5552	−1100
5月	上旬	11796	12400	604					
	中旬	16820	16820	0					
	下旬	17382	17382	0					
6月	上旬	20760	20760	0					

2）优化调度方案评价

2012 年三峡水库出库流量优化调度方案下水库下游生态环境指标达标情况如表 20-113 所列。将 2012 年实际过程和优化设计方案两种出库流量过程、水库下游生态环境各指标及达标情况套绘如图 20-160、图 20-161 所示。枯水期 12～次年 2 月莲花塘水位均满足 18.7m 的要求，因此仅绘制 10～11 月莲花塘水位过程图。

表20-113　优化调度方案下三峡水库下游生态环境指标达标率情况表

项目	C₁		C₂		C₃		C₄	
	消落期	蓄水期	消落期	蓄水期	消落期	蓄水期	消落期	蓄水期
需求达标天数/d	—	61	1	—	60	31	—	—
实际达标天数/d	—	61	1	—	60	31	—	—
达标率/%	—	100	100	—	100	100	100	100

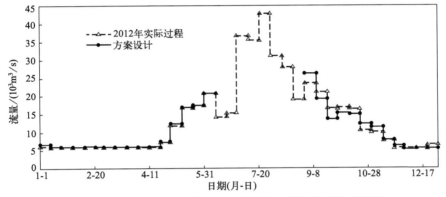

图20-160　2012年实际调度方案与优化调度方案出库流量过程对比

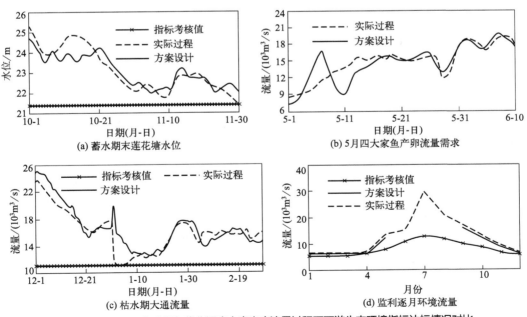

(a) 蓄水期末莲花塘水位

(b) 5月四大家鱼产卵流量需求

(c) 枯水期大通流量

(d) 监利逐月环境流量

图20-161　2012年实际与优化调度方案出库流量过程下下游生态环境指标达标情况对比

综合上述结果可知，在长江流域干支流来水为平水年时，实际调度过程下各项生态指标大多可满足。需优化的方案为：1 月上旬增大出库流量至 6713m³/s；4 月上中旬增大出库流量至 6062～6129m³/s；9 月上旬增加出库流量至 26320m³/s；10 月下旬增大出库流量至 12273m³/s；11 月份增大出库流量至 8558m³/s；5 月上旬设计一次涨水过程，三峡下泄从 5 月 1 日 8000m³/s 起涨，到 5 月 6 日下泄流量增加至 20500m³/s，相应的监利流量 5 月 1 日 7371m³/s，5 月 7 日涨至 16576m³/s，满足涨水要求。

典型平水年三峡水库出库流量过程需求见表 20-112。在此调度方案下坝前水位曲线、调度规程坝前水位以及 2012 年实际坝前水位曲线如图 20-162 所示，消落期优化调度方案坝前水位与实际坝前水位过程相差不大，蓄水期水位增加速率较调度规程快，10 月末涨至 175m，随后枯水期水库下游生态环境需求加大下泄，库水位在年末降至 174m，无需上游水库补水。

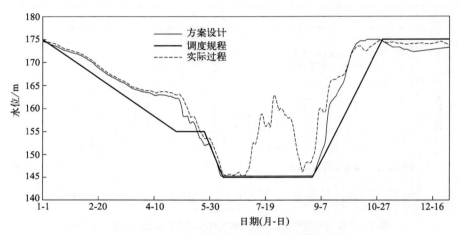

图20-162　平水年优化调度方案坝前水位过程

20.7.3.4　水库群联合中长期预防调度准则

（1）现状调度规程

如上所述，现状调度规程如下。

① 在 9 月份蓄水期间，一般情况下控制水库出库流量不小于 8000～10000m³/s。当水库来水流量大于 8000m³/s 但小于 10000m³/s 时，按来水流量下泄，水库暂停蓄水；当来水流量小于 8000m³/s 时，若水库已蓄水，可根据来水情况适当补水至 8000m³/s 下泄。

② 10 月蓄水期间，一般情况下水库出库流量按不小于 8000m³/s 控制，当水库来水流量小于以上流量时，可按来水流量下泄。11 月份和 12 月份，水库最小出库流量按葛洲坝下游庙嘴水位不低于 39.0m 和三峡电站不小于保证出力对应的流量控制。

③ 一般来水年份（蓄满年份），1、2 月份水库出库流量按 6000m³/s 左右控制，其他月份的最小出库流量应满足葛洲坝下游庙嘴水位不低于 39.0m。如遇枯水年份，实施水资源应急调度时，可不受以上流量限制，库水位也可降至 155m 以下进行补偿调度。

④ 当长江中下游发生较重干旱，或出现供水困难时，国家防总或长江防总可根据当时水库蓄水情况实施补水调度，缓解旱情。

⑤ 在"四大家鱼"集中产卵期内，可有针对性地实施有利于鱼类繁殖的蓄泄调度。即5月上旬到6月底，在防洪形势和水雨情条件许可的情况下，通过调蓄，为"四大家鱼"的繁殖创造适宜的水流条件，实施生态调度。

⑥ 在协调综合利用效益发挥的前提下，结合水库消落过程，当上游来水具备有利于水库走沙条件时，可适时安排库尾减淤调度试验。

⑦ 长江防总发布实时水情、咸情、工情、供水情况、预测预报和预警等信息，密切监视咸潮灾害发展趋势，在控制沿江引调水工程流量的基础上，进一步做好三峡等主要水库的水量应急调度，必要时联合调度长江流域水库群，增加出库流量，保障大通流量不小于10000m³/s。

（2）枯水年（包括特枯水年）调度规程设想

根据上述研究成果，若遇枯水年或特枯水年，为满足三峡下游生态环境指标阈值，现状调度规程可调整如下。出库流量依习惯按上述研究成果月平均并取整到百位，下同。

① 9月蓄水期间，控制水库出库流量不小于11100m³/s；

② 10月蓄水期间，控制水库出库流量不小于10200m³/s；

③ 11月蓄水期间，控制水库出库流量不小于6500m³/s；

④ 12月～次年2月份水库出库流量分别按不小于6500m³/s、6100m³/s、6700m³/s控制，保障大通流量不小于11000m³/s；

⑤ 5、6月为满足监利河段四大家鱼产卵需求，三峡水库应每月设计一次持续5～8天的人造洪峰过程，起涨出库流量8000～10000m³/s，日均涨幅2000～2500m³/s，出库流量总涨幅10000～12500m³/s。

（3）平水年调度规程设想

若遇平水年，为满足三峡下游生态环境指标阈值，现状调度规程可调整如下：

① 11月蓄水期间，控制水库出库流量不小于8600m³/s；

② 12月～次年2月份水库出库流量分别按不小于6000m³/s、6300m³/s、6100m³/s控制，保障大通流量不小于11000m³/s；

③ 5月、6月为满足监利河段四大家鱼产卵需求，三峡水库应每月设计一次持续5～8天的人造洪峰过程，起涨出库流量8000m³/s，日均涨幅2000m³/s，出库流量总涨幅达10000m³/s。

20.7.4　短期应急调度三峡出库流量需求

为了研究水库群联合调度对长江中游调用水区域水质安全的影响，保证荆州市和武汉的重要取水口水质达到要求，选取荆州市和武汉市两个重要的水源地——荆州市柳林水厂水源地和武汉市白沙洲水厂水源地，进行重点研究。

根据上述对长江中游典型水源地突发性和非突发性事件及其主要污染物分析，在应急调度方案研究中，选取排放量最大的COD因子作为沿岸企业生产性事故、污水涵闸排放不当的典型污染因子，也作为可降解污染物代表因子；选取船舶溢油事故中油粒子为不可降解污染物代表因子。

20.7.4.1 可降解污染物应急调度方案研究

以 COD 为代表进行应急调度计算。

（1）应急调度方案在长江中游河段的流量响应关系研究

以特枯水年 2006 年为背景，研究宜昌、荆州（今湖北省荆州市）及汉口等典型河段及重要水源地在三峡水库不同运行期开展应急调度后对应的流量响应，做出定性分析，为应急调度方案的确定提供参考。计算以结合 2006 年实际来流以及三峡水库现有运行调度原则作为本底计算条件，将全年分为枯水供水期（1～3 月）、汛前消落期（4、5 月）、汛期（6～9 月）、汛末蓄水期（10～12 月）。假设四个时期的调度时间为枯水供水期 1 月 15 日 10:00～13:00，汛前消落期 5 月 1 日 0:00～3:00，汛期 6 月 21 日 8:00～11:00，汛末蓄水期 12 月 1 日 8:00～11:00。采用出库流量 26500m³/s 持续三小时工况作为方案案例，对下游宜昌、荆州以及汉口三个重要断面的流量响应时间进行分析。

各时期流量过程如图 20-163～图 20-166 所示，以出现的流量峰值作为特征点，统计从宜昌流量改变后到达该断面时间以及由调度引起的流量增幅，结果见表 20-114。

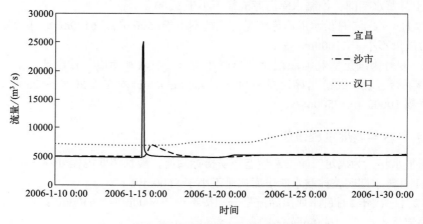

图20-163　枯水供水期应急调度流量过程示意

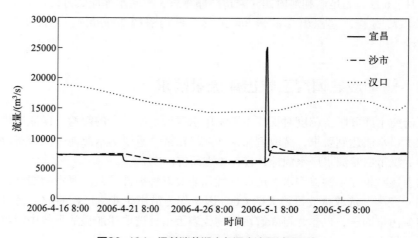

图20-164　汛前消落期应急调度流量过程示意

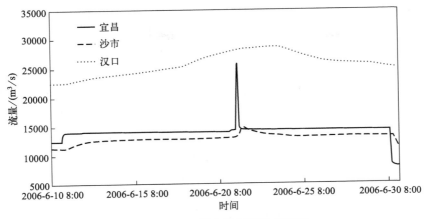

图20-165　汛期应急调度流量过程示意

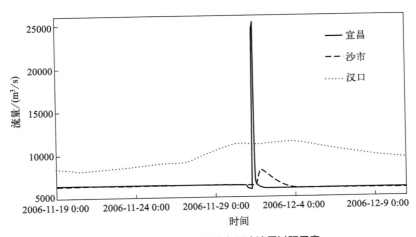

图20-166　汛末蓄水期应急调度流量过程示意

表20-114　各断面流量响应（峰值）时间统计表

断面 时期	宜昌		沙市		汉口	
	时间/h	波峰增幅/%	时间/h	波峰增幅/%	时间/h	波峰增幅/%
枯水供水期	2	406.41	15	41.71	93	8.62
汛前消落期	2	307.94	14	40.98	119	12.37
汛期	2	84.83	9	13.36	48	0.54
汛末蓄水期	2	298.74	14	28.77	64	2.05

　　整体而言，下游距离越远流量波峰增幅越小，四个时期中宜昌断面波峰增幅明显，下游汉口断面流量受距离以及下游各支流入汇以及分流等因素波峰增幅较小。宜昌断面与荆州断面不同时期流量增幅由大至小依次为枯水供水期、汛前消落期、汛末蓄水期以及汛期；汉口断面不同时波峰增幅由大至小依次为汛前消落期、枯水供水期、汛末蓄水期以及汛期。根据不同断面情况可知，波峰增幅最大一般出现在汛前消落期，此时应急调

度对流量的调控效果最为明显，在汛期对流量的调控效果甚微，汛期时宜昌出库流量为10000～20000m³/s，因此汛期若发生突发性水污染事件多数情况可不实施应急调度，靠实际来流即可快速减缓污染，若要在汛期通过加大水库出库流量缓解下游水污染事件需要进一步的研究，以在保证下游安全的前提下达到应急调度最佳效果。

从流量响应时间上来说枯水供水期到达荆州时间约为15h，到达汉口93h（大约4d）；汛前消落期到达荆州时间约为14h，到达汉口约为119h（大约5d）；汛期到达荆州时间约为9h，到达汉口约48h（大约2d）；汛末蓄水期到达荆州时间约为14h，到达汉口约64h（大约3d）。整体可得，汛期期间波峰到达时间最快，汛前消落期波峰到达时间最慢，波峰到达时间主要受到宜昌来流以及支流入汇的影响，宜昌来流以及支流入汇的流量越大，波峰向下游传播的时间越短。

综上所述，对比相同时期不同距离的计算结果可知，增加三峡水库出库流量到达武汉河段的时间更长，在2～5d且流量增幅更小，应急调度对减缓武汉河段附近发生的突发性水污染事件效果甚微。对比不同时期的计算结果可知，汛前消落期即4～5月进行应急调度波峰增幅效果最为明显，而波峰向下游传播时间最长；汛期即6～9月进行应急调度波峰增幅最小，而波峰向下游传播时间最短；枯水供水期结果较汛前消落期结果相近，波峰增幅略小于汛前消落期，传播时间略短于汛前消落期；汛末蓄水期结果较汛期结果相近，波峰增幅略大于汛期，传播时间略长于汛期。

（2）宜昌江段枯水期应急调度水量需求

1）研究内容

假设宜昌至枝江江段于2016年2月11日6:00（宜昌流量5980m³/s）发生突发性水污染事件，三峡水库1h后进行应急调度，综合考虑污染物可能影响范围及水文、水环境特性，利用平面二维水动力学-水质数学模型，预测事故发生对宜昌江段水质的影响范围和程度，计算并研究不同调度方案下对于不同事故排放种类的影响与规律。

2）模型计算工况

①水库调度方案。突发性水污染事故发生后，分别考虑如下5种应急调度方案：

Ⅰ.事故发生后紧急调度1h，泄水1h后宜昌水文站流量15900m³/s（解释：水流流量1h内从5980m³/s增大至15900m³/s，并持续1h）；

Ⅱ.事故发生后紧急调度2h，泄水1h后宜昌水文站流量15900m³/s（解释：水流流量1h内从5980m³/s增大至15900m³/s，并持续2h，以此类推）；

Ⅲ.事故发生后紧急调度3h，泄水1h后宜昌水文站流量15900m³/s；

Ⅳ.事故发生后紧急调度1h，泄水1h后宜昌水文站流量22750m³/s（三峡电站满负荷发电时的出库流量）；

Ⅴ.事故发生后紧急调度1h，泄水1h后宜昌水文站流量26500m³/s。

②污染物排放类型。根据上述风险源识别结论可知，考虑到宜昌市区邻近长江分布各类化工厂和制药厂，企业排污口事故性排放风险最大，同时由于航运发达也存在交通事故导致的水污染事故的可能性。针对潜在风险源，设置江心瞬排、岸边瞬排两种事故排放类型，事故地点设置为宜昌城区。

根据上述5种应急调度方案和3种事故排放类型，设计模拟工况见表20-115。

表20-115 模拟工况情况表

工况编号	排放类型	排放时间/min	COD总负荷量/t	调度流量/(m³/s)	调度时间
1	江心瞬排	30	180	5980	无应急调度
2				15900	事故发生后持续1h
3				15900	事故发生后持续2h
4				15900	事故发生后持续3h
5				22750	事故发生后持续1h
6				26500	事故发生后持续1h
7	岸边瞬排	3	18	5980	无应急调度
8				15900	事故发生后持续1h
9				15900	事故发生后持续2h
10				15900	事故发生后持续3h
11				22750	事故发生后持续1h
12				26500	事故发生后持续1h

③ 计算结果。

Ⅰ. 各方案对流速的影响。根据数学模型计算出不同工况的水流流速场，提取宜昌市区不同工况的流速值随时间的变化，流速过程见图20-167（书后另见彩图），流速对比结果见表20-116。

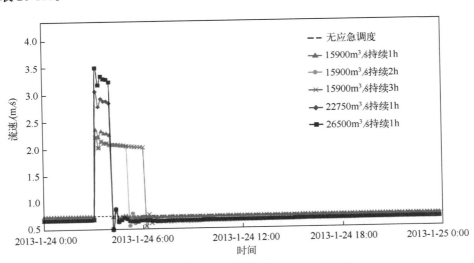

图20-167 宜昌断面不同工况流速时间过程线

表20-116 不同调度方案宜昌段流速增幅统计表

项目	计算点位	方案1	方案2	方案3	方案4	方案5
现状流速/(m/s)	宜昌	1.04	1.04	1.04	1.04	1.04
调度流速/(m/s)		2.69	2.55	2.55	3.42	3.86
增加幅度/倍		2.58	2.44	2.44	3.28	3.71

由结果可见，由于距离较近，三峡水库应急调度对宜昌江段的流速影响较为明显。三峡出库流量越大，宜昌江段流速的增加越大，增加幅度最大有 3.71 倍，由 1.04m/s 变为 3.86m/s；最小增幅为 2.44 倍，由 1.04m/s 增加为 2.55m/s。

Ⅱ.对污染团的影响。由于宜昌城区距离库区近，水库应急调度效果最为明显。根据模型计算结果，得出不同情况污染团影响时间与范围的结果，见表 20-117。

表20-117　不同模拟工况污染物影响时间和范围统计表

工况编号	工况	排放类型	影响时间		污染团推移距离	
			>15mg/L	>20mg/L	>15mg/L	>20mg/L
1	无应急调度	江心瞬排	11h 6min	8h	约31km	约21km
2	15900m³/s 持续 1h		9h 44min	5h 51min	约32km	约23km
3	15900m³/s 持续 2h		10h 16min	5h 27min	约38km	约25km
4	15900m³/s 持续 3h		9h	4h 55min	约36km	约27km
5	22750m³/s 持续 1h		9h 45min	5h 23min	约34km	约24km
6	26500m³/s 持续 1h		9h 2min	4h 52min	约34km	约25km
7	无应急调度	岸边瞬排	15h 6min	10h 26min	约38km	约29km
8	15900m³/s 持续 1h		11h 48min	7h 49min	约35km	约27km
9	15900m³/s 持续 2h		9h 20min	5h 44min	约35km	约28km
10	15900m³/s 持续 3h		9h	5h 23min	约35km	约29km
11	22750m³/s 持续 1h		9h 13min	5h 33min	约34km	约25km
12	26500m³/s 持续 1h		8h 50min	4h 1min	约34km	约23km

表 20-117 所列两种不同排放方式中，调度方案有 15900m³/s、22750m³/s、26500m³/s 三个流量级，其中 15900m³/s 流量级中持续时间有 1h、2h 及 3h，22750m³/s、26500m³/s 流量级持续时间均为 1h，因此从改变流量大小和改变调度持续时间两个角度，分别对 3 种排放方式中污染团的迁移影响效果对比分析，可知：

对于江心瞬排，对比工况 1、2、5、6 可知，增加三峡库区出库流量，可减少污染团滞留时间，且流量越大，推移距离越长。对比工况 2、3、4，增加调度时间，整体上可减少污染团滞留时间，推移距离也相应增加。但延长时间的调度方案中，推移距离增加更加明显。说明对于江心瞬排，增加出库流量，持续时间短，效果更好。

对于岸边瞬排，增加出库流量以及延长调度时间，均可减少污染物影响时间。相同的持续时间，出库流量越大，影响时间越短且推移距离越短；相同的出库流量下，持续的时间越长，影响时间越短，对污染团推移距离的影响较小。说明对于岸边瞬排，增加出库流量，持续时间越短，效果越好。其中，与江心瞬排相比，江心污染物呈团状向下推移，岸边污染物沿河岸形成污染带向下推移，且扩散程度更大；两种方式均呈现时间越长，污染团的范围越大，而岸边排放污染团范围扩大更明显；地形对岸边污染物的扩散与推移影响比重加大，导致某一部分污染物滞留在某一区域，随之污染带变长，滞留污染物的降解主要与流量以及自我的衰减作用有关。

Ⅲ.污染团对重点区域的影响。接下来针对污染团的运动对重点区域的影响进行研究分析。宜昌市区江段无重要水源地，但因城区人口密度大，此江段水体污染同样会对两岸居民健康有不良影响，产生严重的社会影响，因此将城区人口最为密集区域约 2km，距离上游事故点约 1.3km 作为重点区域研究。按照湖北省水功能区划，此段需满足Ⅲ类水标准（＜20mg/L）。根据在污染团运动规律影响的研究中，江心瞬排与岸边瞬排规律相似而岸边常排利用应急调度在岸边瞬排情况中难以发挥作用，故选取更具有代表性的岸边瞬排情况作为研究对象。

根据计算结果得出重点区域水质变化表，见表 20-118。

表20-118　重点区域水质变化表

工况编号	工况	Ⅳ类水持续时间	Ⅴ类水持续时间	劣Ⅴ类水持续时间
7	5300m³/s	2h 16min	1h 58min	1h 45min
8	15900m³/s维持1h	1h 13min	1h 9min	1h 6min
9	15900m³/s维持2h	1h 13min	1h 9min	1h 6min
10	15900m³/s维持3h	1h 13min	1h 9min	1h 6min
11	22750m³/s维持1h	1h 5min	1h 1min	59min
12	26500m³/s维持1h	1h 3min	1h	59min

选取重点区域下边界左岸一点为关心点，监测其浓度变化，对在不同工况下该点的 COD 浓度变化进行分析。工况 7，即无应急调度，关心点 COD 浓度变化过程如图 20-168，由图可知事故发生后 COD 浓度最大峰值 148mg/L，出现在事故发生后 1h15min；浓度恢复至 20mg/L 以下距事故发生约 2h30min。

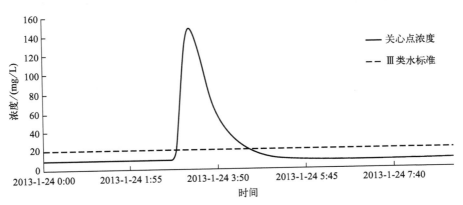

图20-168　工况7（无应急调度）COD浓度变化过程图

按工况 8，即 15900m³/s 持续 1h，关心点的 COD 浓度变化过程如图 20-169 所示。由图可知事故发生后 COD 浓度最大峰值 148mg/L，出现在事故发生后 1h12min；浓度恢复至 20mg/L 以下距事故发生约 1h34min。工况 9、10 结果相同。

按工况 11，即 22750m³/s 持续 1h，关心点的 COD 浓度变化过程如图 20-170 所示。由图可知事故发生后 COD 浓度最大峰值 148mg/L，出现在事故发生后 1h11min；浓度恢复至 20mg/L 以下距事故发生约 1h26min。

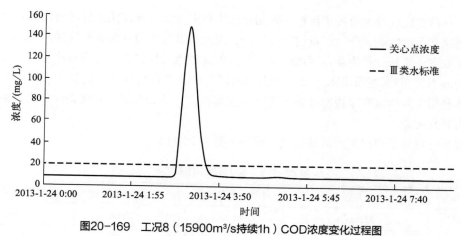

图20-169 工况8（15900m³/s持续1h）COD浓度变化过程图

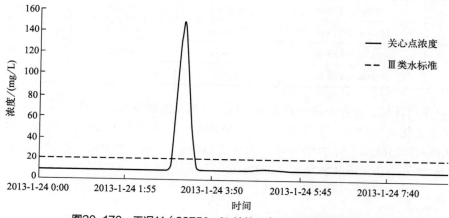

图20-170 工况11（22750m³/s持续1h）COD浓度变化过程图

　　按工况12，即26500m³/s持续1h，关心点的COD浓度变化过程如图20-171，由图可知事故发生后COD浓度最大峰值148mg/L，出现在事故发生后1h11min；浓度恢复至20mg/L以下距事故发生约1h24min。

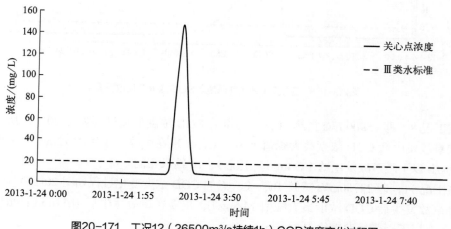

图20-171 工况12（26500m³/s持续1h）COD浓度变化过程图

将工况7、工况8、工况11和工况12四种工况的浓度变化情况进行对比，关心点COD浓度变化过程对比见图20-172。根据上述计算可知，污染事故发生后，4个工况中COD浓度出现的峰值均为148mg/L，采取应急调度对于减小峰值作用不明显，但增大调度流量会较小程度地提前峰值出现时间，相较于工况7，工况8提前3min，工况11、12提前4min。对于缩短恢复至20mg/L的时间作用较明显，相较工况7，工况8提前56min，工况11提前1h4min，工况12提前1h6min。

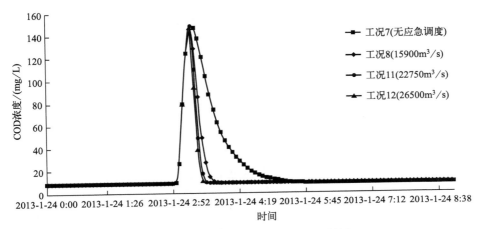

图20-172　关心点COD浓度变化过程对比图

④ 结果分析。分析总结宜昌江段应急调度及减污效果，可知：调度方案有15900m³/s、22750m³/s、26500m³/s三个流量级，其中15900m³/s流量级中持续时间有1h、2h及3h，22750m³/s、26500m³/s流量级持续时间均为1h。

通过对两种排放方式下的各个方案的计算结果对比，可定性得出对于调度方案对污染团运动的影响规律，即对于江心瞬排以及岸边瞬排，增加出库流量，条件合理的情况下尽可能缩短持续时间，效果更好。其中，与江心瞬排相比，岸边污染物更易沿河岸形成污染带向下推移，且扩散程度更大，地形对岸边污染物的扩散与推移影响比重加大，滞留污染物的降解主要与流量以及自我的衰减作用有关。

通过对选取的重点区域受污染团影响分析可知，增大调度出库流量对于缩短重点区域恢复至Ⅲ类水的时间有明显作用，而增加持续时间效果有限。因此从尽快恢复水质的效果来说工况12即26500m³/s维持1h的调度方案缩短时间效果最佳，相比于无应急调度，减少了53.6%，15900m³/s维持1h方案（与维持2h、3h结果相同）时间减少了46.3%，22750m³/s维持1h方案时间减少了52.2%。

针对关心点的浓度变化，采取应急调度措施后对COD浓度峰值影响较小，但会提前峰值出现的时间，22750m³/s与26500m³/s维持1h的方案会提前4min，15900m³/s维持1h的方案会提前3min；对于COD恢复至Ⅲ类水标准时间，相较于无应急调度，26500m³/s维持1h的方案效果最明显，缩短了1h6min，而15900m³/s以及22750m³/s维持1h的方案分别缩短56min与1h4min；对于恢复至背景浓度，相较于无应急调度，各方案缩短时间区别较小，均约为1h10min。

（3）荆州江段枯水期应急调度水量需求

1）研究内容

假设荆州河段发生于2016年2月13日19:00（荆州流量6260m³/s）发生突发性水污染事件，三峡水库0.5h后进行应急调度。以COD为计算指标，根据建立的模型，按不同水库应急调度方式，模拟污染物的迁移扩散特性，研究应急调度的有效性，分析可行有效的应急调度方案，得出在不同方案下，荆州段水源地（柳林水厂）受影响程度。

2）模型计算工况

① 水库调度方案。突发性水污染事故发生后，根据宜昌江段结果分析中不同方案对污染团运动规律影响得出的结论，选取最有效的调度方案，即出库流量大并且选取尽可能减小污染团推移距离的调度时间。考虑到荆州距上游水库距离较远，因此结合实际情况分别考虑两种应急调度方案。

Ⅰ. 事故发生后紧急调度3h，0.5h后宜昌水文站流量增大至15900m³/s（解释：水流流量0.5h内增大至15900m³/s，并持续3h）；

Ⅱ. 事故发生后紧急调度3h，泄水0.5h后宜昌水文站流量增大至26500m³/s（解释：水流流量0.5h内增大至26500m³/s，并持续3h）。

② 污染物排放类型。荆州重点企业外排废水中经常超标的污染物是氨氮、COD和总磷。就超标次数来看，COD次数较多；从累积时间上来看，总磷最多；从超标程度上来看，总磷最为严重。因此，综合超标时间和超标程度选用COD作为污染物指标。结合实际情况考虑，企业排污口事故性排放风险较大，将事故点设于三八滩上游约5km左岸，距离柳林水厂约12km，为岸边瞬排类型，COD总负荷量为180t，排放2h。计算工况见表20-119。

表20-119　计算工况表

工况编号	方案编号	排放类型	COD总负荷量/t	排放时间/h	调度流量/(m³/s)	持续时间/h
1	一	岸边瞬排	180	2	无应急调度	—
2	一	岸边瞬排	180	2	15900	3
3	二	岸边瞬排	180	2	26500	3

3）计算结果

① 各方案对流量的影响。工况2中（方案一15900m³/s）根据一维计算结果，可知宜昌至太平口（即一二维嵌套接口处）的流量变化过程见图20-173。由图20-173可知，宜昌流量增大后，波峰滞后时间约为8h。

工况3中（方案二26500m³/s）根据一维计算结果，可知宜昌至太平口（即一二维嵌套接口处）的流量变化过程见图20-174。由图20-174可知，宜昌流量增大后，波峰滞后时间约为7h。

② 对污染团的影响。发生突发性污染事件后，按工况1无应急调度、工况2（方案一15900m³/s持续3h）以及工况3（方案二26500m³/s持续3h）污染团迁移过程，采取应急调度方式会加快污染团的迁移速度，使污染团尽快离开柳林水厂附近。

（4）长江中游突发事件应急调度效果研究

1）宜昌江段

① 应急调度对三峡水库蓄水量及水位的影响。将所需额外水量对三峡水库库容和水

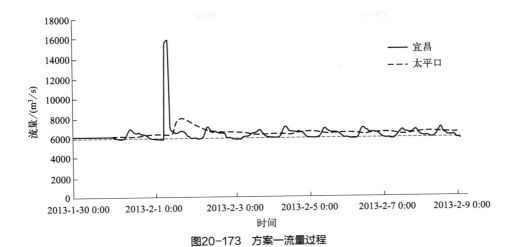

图20-173 方案一流量过程

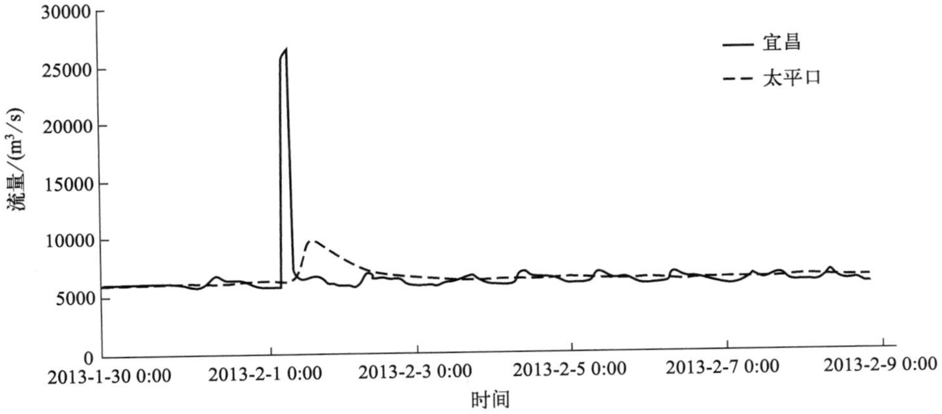

图20-174 方案二流量过程

位的影响作为应急调度可行性评估因子。若枯水期坝前水位为155m，则对应库容约为 $2.28 \times 10^{10} m^3$。各应急调度工况对三峡水库库容影响见表20-120。

表20-120 应急调度工况对三峡水库库容影响

工况编号	调度流量 /(m³/s)	调度时间	损失水量 /10⁸m³	占现有库容比例 /%	坝前水位/m	
					调度前	调度后
8	15900	事故发生后持续1h	0.5724	0.25		154.92
9	15900	事故发生后持续2h	1.1448	0.50		154.82
10	15900	事故发生后持续3h	1.7172	0.75	155	154.71
11	22750	事故发生后持续1h	0.819	0.36		154.89
12	26500	事故发生后持续1h	0.954	0.42		154.87

根据表中数据可得，出库流量为15900m³/s持续3h的工况所用水量最多，损失水量为 $1.7172 \times 10^8 m^3$ 占库容比例0.75%，坝前水位下降幅度最大为0.29m，符合水库1h内水位下降不超过1m规定。

其中超过三峡机组最大负荷运行流量（22750m³/s）的方案为26500m³/s持续1h方案，若在满负荷运行情况下应急调度方案采取26500m³/s持续1h，则弃水为$1.35 \times 10^7 m^3$，相对兴利库容$1.65 \times 10^{10} m^3$所占比例很小，水位下降0.13m。在短时间对发电效益影响不大。

综上所述，由于应急调度时间较短，各项方案所需水量所占库容比例最大为0.75%，最小仅为0.25%，在水位变幅规程要求之内。超过三峡机组最大负荷运行流量的方案中弃水所占比例较小，较短时间内对发电效益影响不大。

② 应急调度对宜昌江段重点区域水质改善效果分析。将各方案对改善宜昌江段市区重点区域水质情况进行对比分析。选取具有代表性的岸边瞬排为研究对象，主要从重点区域（距事故点1.3km，长约2km）水质超标持续时间、关心点（区域下边界左岸）出现的最大浓度及水质超标持续时间等几个方面进行分析，结果见表20-121。

表20-121　宜昌江段市区重点段水质改善效果表

工况编号	工况	重点区域水质超标持续时间	关心点最大浓度/(mg/L)	关心点水质超标持续时间
7	无应急调度	2h 16min	148	1h 35min
8	15900m³/s维持1h	1h 13min	148	38min
9	15900m³/s维持2h	1h 13min	148	38min
10	15900m³/s维持3h	1h 13min	148	38min
11	22750m³/s维持1h	1h 5min	148	30min
12	26500m³/s维持1h	1h 3min	148	28min

根据结果可知，对于重点区域水质超标持续时间，相比于工况7无应急调度，工况8（工况9、10相同）时间减少了46.3%，工况11时间减少了52.2%，工况12时间减少了53.6%；对于重点区域内关心点最大浓度6个工况均相同；对于关心点水质超标时间，相较工况7无应急调度，工况8（工况9、10相同）减少了60%，工况11减少了68.4%，工况12减少了70.5%。

可以看出，在宜昌江段发生突发性水污染事件后采取应急调度手段，能够有效地减缓突发性水污染，其中增加水库出库流量对于加快恢复至Ⅲ类水有一定作用，而在应急调度方案已发挥作用的前提下增加调度持续时间效果不明显。考虑到增加水库出库流量会导致额外的水量损失，因此设定一个指标A同时考虑到对水污染事件的减缓效果以及水量损失，其中$A=$污染物通量/损失水量，表示损失单位体积库容污染物通过断面的质量大小，A越大表明该方案对水质改善的效率越高。选取市区重点区域下边界即关心点所在断面进行计算，得出结果见表20-122。

表20-122　各方案对重点断面污染物影响效率计算表

工况编号	工况	污染物通量/10⁴kg	水库库容损失/10⁴m³	$A/(kg/m^3)$
7	5300m³/s(无应急调度)	173.26	—	
8	15900m³/s维持1h	126.48	5724	0.022
9	15900m³/s维持2h	236.42	11448	0.021
10	15900m³/s维持3h	270.30	17172	0.016
11	22750m³/s维持1h	221.67	8190	0.027
12	26500m³/s维持1h	234.22	9540	0.025

根据计算结果可知，参数 A 结果由大到小排列顺序为工况 11、工况 12、工况 8、工况 9 以及工况 10。对于 A 指标来说越大越表明该方案在尽量少地损失水量的情况下得到更好的污染物改善效果，所以根据计算来看，工况 11 即 22750m^3/s 维持 1h 的方案在考虑水库库容损失下效率最高，而工况 10 中虽然通过该断面的污染物质通量最大，但由于损失水量相较于其他工况更大，因此效率最低。

2）荆州河段

① 应急调度对三峡水库蓄水量及水位的影响。同宜昌江段方法相同，得出荆州河段采用的应急调度方案对水量以及水位影响，结果见表 20-123。

表 20-123 应急调度工况对三峡水库水量影响

调度流量 /(m³/s)	调度时间	损失水量 /10⁸m³	占现有库容比例 /%	坝前水位/m	
				调度前	调度后
15900	事故发生后持续3h	1.7172	0.75	155	154.71
26500	事故发生后持续3h	2.862	1.26		154.58

根据表中数据可得，出库流量为 26500m^3/s 持续 3h 的工况下损失水量最多为 $2.862 \times 10^8 m^3$，占库容比例 1.26%，其次为出库流量 15900m^3/s 持续 3h 的工况，损失水量为 $1.7172 \times 10^8 m^3$，占库容比例 0.75%。其中，在出库流量为 26500m^3/s 持续 3h 以及出库流量 15900m^3/s 持续 3h 的工况中，坝前水位下降幅度为 0.4m 和 0.55m，满足 1h 内水位下降不超过 1m 的规程。其中超过三峡机组最大负荷运行流量（22750m^3/s）的方案为 26500m^3/s 持续 3h，若在满负荷运行情况下应急调度方案采取 26500m^3/s 持续 3h，则弃水为 $4.05 \times 10^7 m^3$ 相对兴利库容 $1.65 \times 10^{10} m^3$ 所占比例很小，水变幅约为 0.42m，在短时间对发电效益影响不大。

综上所述，由于应急调度时间较短，各项方案所需水量占库容比例最大为 1.26%，在水位变幅规程要求之内。超过三峡机组最大负荷运行流量的方案中弃水所占比例较小，较短时间内对发电效益影响不大。

② 应急调度对柳林水厂附近水质改善效果分析。将各方案对改善荆州河段柳林水厂重点区域水质情况进行对比分析，研究各方案的改善效果。主要从重点区域（柳林水厂取水口上游 1000m，下游 100m）水质超标持续时间、关心点（柳林水厂取水口）出现的最大浓度及水质超标时间几个方面进行分析，结果见表 20-124。

表 20-124 荆州河段柳林水厂重点段水质改善效果表

工况编号	工况	重点区域水质超标持续时间/h	关心点最大浓度/(mg/L)	关心点水质超标时间
1	无应急调度	6	53	4h 52min
2	15900m³/s维持3h	3.5	48	3h 36min
3	26500m³/s维持3h	3.5	48	3h 34min

根据结果可知，对于重点区域水质超标持续时间，相比于工况 1 无应急调度，工况 2、工况 3 时间均减少了 41.7%；对于重点区域内关心点最大浓度，无应急调度时为 53mg/L，工况 2、工况 3 均为 48mg/L，减少了 9.4%；对于关心点水质超标时间，相较工况 1 无应

急调度，工况 2 减少了 26.0%，工况 3 减少了 26.3%。

可以看出，在荆州河段发生突发性水污染事件后采取应急调度手段，对减缓突发性水污染有一定效果，但与宜昌江段不同的是，由于距离三峡水库较远，增加水库出库流量对于加快恢复至Ⅲ类水及关心点（柳林水厂取水口）的 COD 峰值削减作用已不明显，两种方案对于水质改善作用相差甚小。同宜昌江段中考虑水库水量损失，对参数 A 进行计算（$A=$ 污染物通量 / 水量损失），计算结果见表 20-125。

表 20-125　各方案对重点断面污染物影响效率计算表

工况编号	工况	污染物通量 /10^4kg	水库库容损失 /10^4m³	A/(kg/m³)
1	无应急调度	467.96	—	—
2	15900m³/s 维持 3h	552.28	17172	0.032
3	26500m³/s 维持 3h	600.17	28620	0.021

根据结果可知，就参数 A 值来看，工况 2 即 15900m³/s 维持 3h 方案效率更高，即在尽量少损失水量情况下得到更好的水质改善效果，而由表 20-125 结果可知，工况 2、工况 3 对于减少水质超标持续时间等作用相差小，但由于工况 3 损失水量较大，效率最低。

3）结果分析

通过对宜昌江段与荆州河段各方案的可行性及效果分析可知：

① 对于宜昌江段以及荆州河段发生突发性水污染事件所采用的应急调度方案，对其所需水量以及水位变化的影响进行计算分析。各方案所需格外的水量占库容比例较小且水位变幅小满足规程，较短时间对发电效益甚小。

② 在对宜昌江段各应急调度方案的水质改善效果的分析中可得出，应急调度能够有效地减缓突发性水污染，其中对加快水质恢复至Ⅲ类水效果明显，最大可加快 53.6%，其中增大调度出库流量作用明显，而增大流量会增加水量损失，因此结合水库水量损失与改善效果的情况，工况 11 即 22750m³/s 维持 1h 为效率最高的方案。

③ 在对荆州河段各应急调度方案的水质改善效果的分析中可得出，应急调度对减缓突发性水污染有一定效果，对加快水质恢复至Ⅲ类水作用较明显，可加快 41.7%，增大调度出库流量较宜昌江段减缓效果减弱。结合水库水量损失与改善效果的情况，工况 2 即 15900m³/s 维持 3h 方案效率更高，直观来看，两种方案的改善效果差别不大，而工况 2 损失的库容更少，因此效率更高。

④ 综合宜昌江段与荆州河段分析结果来看，采用应急调度方案均能够一定程度上改善水质。增加三峡水库出库流量，宜昌江段减缓效果较荆州河段明显，增补的水量到达事故点时间较短并且到达的水量损失较小，因此距离三峡水库越近的江段调度减缓效果越明显。综合各方面情况应酌情选择调度方案。

20.7.4.2　不可降解污染物应急调度

（1）计算条件

不可降解污染物选取油污进行应急调度计算。

设定事故发生地点为荆州河段，由可降解污染物应急调度计算结果可知，最佳调度方案为三峡下泄流量15900m³/s持续3h，因此基于此结果，计算该最佳方案调度条件下溢油的扩散情况，与无调度情况（三峡下泄流量6260m³/s）做比较。外溢物取施工船舶的燃料油（0#柴油）为代表物质，外溢量（源强）为60t，瞬间溢完；分析荆州河段多年气象条件，不利风向：NW；取年平均风速：2.8m/s。根据溢油种类以及计算河段水文气象条件，确定模型输入参数见表20-126，计算气象条件及水动力条件见表20-127。

表20-126　溢油模型参数选取

参数名称	取值	说明
源强	60t	1个溢油点，瞬间溢完
乳化系数	2.1×10^{-6}s	
密度	850kg/m³	
水的运动黏性系数	1.31×10^{-6}m²/s	
油的运动黏度	6.0×10^{-6}m²/s	
风漂移系数C_w	0.035	对流过程
油的最大含水率y_w^{max}	0.85	乳化过程
油的最大含水率K_1	5×10^{-7}	乳化过程
释出系数K_2	1.2×10^{-5}	乳化过程
传质系数K_{Si}	2.36×10^{-6}	溶解过程
蒸发系数k	0.029	蒸发过程
油辐射率l_{oil}	0.82	热量迁移过程
水辐射率l_{water}	0.95	热量迁移过程
大气辐射率l_{air}	0.82	热量迁移过程
漫射系数(Albedo)α	0.1	热量迁移过程
水平(横向和纵向)扩散系数D_L和D_T：D_L=0.7，D_T=0.7。		

注：以上模型参数取值采用相关文献推荐值。

表20-127　计算水文气象条件及水动力条件

河段	范围	气象条件		应急调度		无调度	
		不利风向	风速/(m/s)	流量/(m³/s)	计算河段出口水位/m	流量/(m³/s)	计算河段出口水位/m
1	太平口—冯家台	WN	2.8	15900	34.90	6260	30.06

（2）计算结果

事故发生点选取在三八滩切滩工程长江大桥下，距左岸岸边约0.6km。此处为事故易发水道，施工活动密集，施工区域处于左汊航线上，附近区域有荆州长江大桥及锚地，停留及航行船舶较多，航道较窄，容易与其他船舶碰撞，且附近水域取水口分布较多等。例如：左岸有郢都水厂、南湖水厂和柳林水厂，右岸有江南自来水厂。油膜到达取水口及其影响时间见表20-128。

表20-128　油膜到达取水口时间及其影响时间表

地点	风向	应急调度		无调度	
		油膜到达时间	油膜影响时间	油膜到达时间	油膜影响时间
郢都水厂	不利风向NW	—	—	—	—
南湖水厂	不利风向WN	10min	40min	30min	50min
江南水厂	不利风向NW	1h 40min	30min	2h 40min	1h 20min
柳林水厂	不利风向NW	2h 50min	2h 10min	4h 40min	持续影响

　　针对三峡流域"溪洛渡-向家坝-三峡"超大型水库群多目标优化调度难题，以溪洛渡、向家坝、三峡、葛洲坝四库组成的梯级水库群为研究对象，分析在保障梯级水库传统的防洪、发电、航运、供水等效益的前提下，如何提高水库群的生态环境效益。通过在长江干支流复杂流域上构建的一维非恒定"水流-水质"耦合模型中，综合考虑三峡库区水源地安全、库区支流水华、下游生态环境需水、河口压咸需水等生态环境需求和传统的效益目标的基础上，建立了溪洛渡-向家坝-三峡梯级水库群多目标优化调度模型，提出了水库群多目标优化调度模型的实用求解方法，通过水库群功能效益均衡优化系统，按多目标效益等级权重优化效益因子，以水库群综合效益最佳为"终极"目标，使用变惩罚系数法获取水库群多目标最优策略解，最终实施三峡水库"预限动态过程"调度与向家坝水量过程调控、溪洛渡水量配置的协同调度方案。

20.8　水库群多目标优化调度模型及联合调度方案

20.8.1　水库群多目标优化调度模型

　　为了提高梯级水库的生态环境效益，在保障溪洛渡-向家坝-三峡-葛洲坝水库群传统效益的基础上，通过耦合嵌入长江干支流一维非恒定"水流-水质"耦合模型，构建溪洛渡-向家坝-三峡梯级水库群多目标优化调度模型，即在满足梯级水库群的防洪、发电、航运等传统效益的基础上，通过溪洛渡-向家坝水库对三峡水库生态水量的补给、三峡水库的水位波动以及下泄流量过程的控制，提高防控三峡库区支流的水华、保障库区水源地安全以及改善三峡水库下游四大家鱼产卵、河口压咸等水环境效益。

20.8.1.1　水库群优化调度目标选取

（1）库区水环境改善目标

　　通过探明三峡库区饮用水源地的水流形态、水质状况、水环境承载力和水生态现状，确定了库区饮用水源地的主要污染物及其产输规律；在分析饮用水源地水环境承载力的基础上，确定了水源地主要污染物迁移转化与三峡库区水位、流量之间的响应机制；针对三峡库区饮用水源地水环境安全保障目标，提出了保障三峡库区水源地安全的调度需求。

（2）库区支流水华防控目标

针对库区支流水华问题，确定水库群联合调度对支流水流循环及环境特征的影响，明确特殊水流背景下支流污染物迁移转化规律，探明支流分层异重流特殊水动力背景下水华生消的机理，分析水库群联合调度控制支流水华的途径及作用机制，建立结合上游水库群调度过程的三峡库区干、支流，水流-水质-水生态模型，研究三峡水库支流水华的预测预报方法，提出水库群联合调度防控支流水华的可行调度需求，形成基于支流水华防控的调度准则。

（3）三峡水库下游生态环境改善目标

在开展了水库群调蓄及下游区间污染负荷与江湖生态环境耦合变化研究，水库群调蓄作用下三峡下游江湖生态环境安全综合评判指标及阈值界定，三峡水库下游江湖河网"水流-水质-水环境"生态环境耦合模型及模拟技术研究，长江中游突发污染事件应急调度方案研究，基于库区下游江湖生态环境改善的水库群联合调度方案研究等基础上，提出了下游生态环境改善与三峡水库下泄流量的调度需求。

（4）满足水库群传统效益目标

三峡水库需要满足防洪、发电、航运、供水等，向家坝需要满足水库发电、通航、防洪、灌溉、拦沙等，溪洛渡水库需要满足发电、拦沙、防洪、环境等传统效益。

三峡-葛洲坝梯级水利枢纽的调度目标是通过上游水库群联合运用，对洪水进行调控，使荆江河段防洪标准达百年一遇，百年一遇以上至千年一遇洪水时，控制枝城站流量不大于 80000m³/s，配合蓄滞洪区运用，保证荆江河段行洪安全，避免两岸干堤溃决。根据城陵矶地区防洪要求，考虑长江上游来水情况和水文气象预报，溪洛渡、向家坝水库可配合三峡水库适度调控洪水，减少城陵矶地区分蓄洪量。

溪洛渡-向家坝水利枢纽的调度目标是通过溪洛渡和向家坝水库的联合运用对川江河段进行防洪，提高沿岸宜宾、泸州等城市的防洪标准。在遭遇大洪水时，应尽可能地利用溪洛渡、向家坝水库拦蓄将重庆市防洪标准提高至百年一遇。

发电是溪洛渡、向家坝、三峡、葛洲坝水库群的主要传统效益之一，是水库群兴利效益的重要指标，发电保证率是评价水库群联合发电可靠性的重要指标，是指示水库群在长期发电过程中满足某一特定发电出力（保证出力）的保证程度，因此本研究将传统效益-梯级发电量最大作为梯级水库多目标模型的一个目标，是考虑到水环境目标都满足的情况下，不减少梯级水库的传统效益。

20.8.1.2　水库群多目标优化调度模型的建立

参见第三篇第 15 章第 15.6.1.1 部分相关内容。

20.8.1.3　水库群多目标优化调度模型求解方法

参见第三篇第 15 章第 15.6.1.2 部分相关内容。

20.8.1.4 水库群多目标优化调度模型参数率定

参见第三篇第 15 章第 15.6.1.3 部分相关内容。

20.8.2 基于水环境改善的三峡及上游梯级水库群中长期联合调度方案

20.8.2.1 基于水环境改善的三峡"预限动态调度"方案思路

参见第三篇第 15 章第 15.6.2.1 部分相关内容。

20.8.2.2 基于水环境改善的三峡生态环境调度过程的基本需求

参见第三篇第 15 章第 15.6.2.2 部分相关内容。

20.8.2.3 消落期水位过程控制选择

参见第三篇第 15 章第 15.6.2.3 部分相关内容。

20.8.2.4 蓄水期水位过程控制选择

参见第三篇第 15 章第 15.6.2.4 部分相关内容。

20.8.2.5 三峡-溪洛渡-向家坝水库联合调度论证

参见第三篇第 15 章第 15.6.2.5 部分相关内容。

20.8.2.6 梯级水库传统效益论证

参见第三篇第 15 章第 15.6.2.6 部分相关内容。

20.8.2.7 基于水环境改善的三峡"预限动态调度"方案

参见第三篇第 15 章第 15.6.2.7 部分相关内容。

20.8.3 基于水环境改善的三峡水库中短期优化调度方案

20.8.3.1 防控库区支流水华的潮汐式调度方案

参见第三篇第 15 章第 15.6.3.1 部分相关内容。

20.8.3.2 维系下游水生态环境的联合调度方案

参见第三篇第 15 章第 15.6.3.2 部分相关内容。

20.8.4　短期应急调度模型的应用

20.8.4.1　单目标应急调度模型的构建

三峡库区以及下游可能会发生各种应急事件，例如突发水环境事故、石油泄漏、水源地被污染等。为了应对这些应急事件，建立短期应急调度模型，模型的时间计算尺度为小时。

由优化调度模型可知，三峡库区上游的水华暴发、水质污染等环境问题可以通过调节三峡库区的水位进行缓解，三峡下游的环境问题可以通过控制下泄流量过程进行解决。同时考虑到应急事件的危害性以及紧迫性，在该模型中将三峡的水位以及下泄流量过程作为硬性约束，在满足这两个约束的条件下，三峡总发电量最大作为模型的目标函数，具体目标函数以及约束条件表达式如下。

准则：满足三峡发电保证率要求的发电量最大。

目标函数：

$$f_1 = \sum_{t=1}^{T} E_t \tag{20-132}$$

式中　T——时段总数；

E_t——三峡电站 t 时段的发电量约束条件。

① 时段库水位约束

$$Z_{\min t} \leqslant Z_t \leqslant Z_{\max t}, t=1,2,\cdots,T \tag{20-133}$$

式中　$Z_{\min t}$，$Z_{\max t}$——三峡水库第 t 时段允许的水位上下限；

Z_t——水库 i 的水位，m。

② 应急事件三峡水位约束

$$Z_t^{\mathrm{sx}} = Z_t^* \tag{20-134}$$

式中　Z_t^*——应对应急事件，t 时刻三峡下泄的流量调度需求；

Z_t^{sx}——t 时刻三峡的流量值。

③ 时段出力约束

$$N_{\min t} \leqslant N_t \leqslant N_{\max t}, t=1,2,\cdots,T \tag{20-135}$$

式中　$N_{\min t}$——三峡电站 t 时段允许的最小出力，kW；

$N_{\max t}$——三峡电站 t 时段的最大出力（装机容量或预想出力），kW。

④ 出库流量约束

$$Q_{\min t} \leqslant Q_t \leqslant Q_{\max t}, t=1,2,\cdots,T \tag{20-136}$$

式中　$Q_{\min t}$——电站 i，t 时段允许的最小下泄流量（如最小生态流量、通航流量等），m³/s；

$Q_{\max t}$——电站 i，t 时刻允许的最大下泄流量（如泄流能力，安全泄量等），m³/s。

⑤ 应急事件时段三峡下泄流量约束

$$Q_t^{\mathrm{sx}} = Q_t^* \tag{20-137}$$

式中　Q_t^*——应对应急事件，t 时刻三峡的下泄流量；

Q_t^{sx}——t 时刻三峡的水位。

⑥ 初末水位约束

$$Z_0 = Z_{Bgn}, Z_T = Z_{End} \tag{20-138}$$

式中　Z_0、Z_T——三峡计算期初末水位，m；

　　　Z_{Bgn}、Z_{End}——三峡设定的计算期初末水位值，m。

⑦ 水量平衡约束

$$V_{t+1} = V_t + (I_t - Q_t) \times M_t, t = 1, 2, \cdots, T \tag{20-139}$$

$$Q_t = Q_t^{f} + Q_t^{q}, t = 1, 2, \cdots, T \tag{20-140}$$

式中　V_{t+1}——t 时段末三峡水库的库容，m³；

　　　V_t——t 时段初三峡的库容，m³；

　　　I_t——t 时段三峡的入库流量，m³/s；

　　　Q_t——t 时段三峡的出库流量，m³/s；

　　　M_t——t 时段的时间长度，s；

　　　Q_t^{f}——t 时段水库的发电流量，m³/s；

　　　Q_t^{q}——t 时段水库的弃水流量，m³/s。

⑧ 区间流量

$$Q_{1,t}^{in} = Q_{4,t}^{out} + Q_t^{gc} + Q_t^{fs} + Q_t^{bb} + Q_t^{wl} + Q_t^{qj} \tag{20-141}$$

式中　$Q_{1,t}^{in}$——三峡的入库流量，m³/s；

　　　$Q_{4,t}^{out}$——向家坝的出库流量，m³/s；

　　　Q_t^{qj}——向家坝与三峡之间的区间流量，m³/s；

　　　Q_t^{gc}——高场测站到三峡水库的区间流量，m³/s；

　　　Q_t^{fs}——富顺测站到三峡水库的区间流量，m³/s；

　　　Q_t^{bb}——北碚测站到三峡水库的区间流量，m³/s；

　　　Q_t^{wl}——武隆测站到三峡水库的区间流量，m³/s。

20.8.4.2　单目标应急调度模型的求解

应急调度的模型为单目标模型，其求解方法一般采用常规的动态规划以及离散微分动态规划，在这里就不再展开详细论述。

20.8.4.3　应急调度的实例分析

考虑可能发生的应急事件，制定可能的情景，并针对各种情景，提出对应的三峡调度需求。

（1）情景 1：宜昌江段枯水期应急调度水需求

宜昌至枝江江段于 2016 年 2 月 11 日 6:00（宜昌流量 5980m³/s）发生突发性水污染事件，排放类型为江心瞬排，排放时间 30min，污染物类型及总量为 COD 污染源 180t。

调度需求：控制三峡的下泄流量为 22750m³/s，并持续 1h。

根据情景 1 以及对应的三峡下泄流量的调度需求，通过给定三峡出库流量过程，确定三峡水位过程以及发电量的应急调度模型，该模型的时段长为 1h，计算期为 1d。依据给定该时段的水位过程，并进行常规计算得到初始流量过程，根据调度需求，修改某些时段的下泄流量得到三峡的出库流量过程（注：常规调度的指导线根据预限动态水位过程指导线确定）。通过分析对比发现，应急调度计算期内的发电量为 20895kW·h，常规计算得到的发电量为 19490kW·h，且末时段水位较常规调度下降 0.052m。

（2）情景 2：荆江河段枯水期应急调度需求

荆州江段发生于 2016 年 2 月 13 日 19:00（沙市流量 6260m³/s）发生突发性水污染事件。排放类型为岸边瞬排，排放时间 2h，污染物类型及总量为 COD 污染源 50kg/m³。

调度需求：控制三峡的下泄流量为 15900m³/s，并持续 1h。

建模方法同情景一，经过计算得到的应急调度的总发电量为 22341kW·h，常规调度的总发电量为 20125kW·h，应急调度末时段水位较常规调度下降 0.02m。

20.8.5　水库群传统效益与水环境效益的协调方法

参见第三篇第 15 章第 15.6.5 小节相关内容。

20.8.6　三峡水库群梯级联合调度运行准则

为确保溪洛渡、向家坝、三峡以及葛洲坝梯级水电站工程运行安全，规范水库运用与电站运行调度工作，在保证梯级水库传统效益的基础上，减缓三峡库区支流水华、保障库区水源地安全、改善三峡下游生态环境。依据国家法律法规、规范规程以及溪洛渡、向家坝、三峡、葛洲坝水利枢纽初步设计，《三峡（正常运行期）- 葛洲坝水利枢纽梯级调度规程》，《金沙江溪洛渡水电站水库运用与电站运行调度规程（试行）》，《金沙江向家坝水电站水库运用与电站运行调度规程（试行）》，制定三峡水库群梯级联合调度运行准则。本运行准则主要用于溪洛渡 - 向家坝 - 三峡 - 葛洲坝梯级水利枢纽正常运行期，当本运行准则与其他电站的调度规程有冲突时，及时报告调度单位，在调度指令没有改变之前，仍应执行原调度指令。

溪洛渡 - 向家坝 - 三峡 - 葛洲坝梯级水库的联合调度任务是在工程安全的前提下，采用梯级联合调度，保障防洪、发电、航运等传统效益，尽可能充分发挥水库群生态环境效益，使水库群的综合效益达到最大。溪洛渡水电站与向家坝水电站、三峡水电站与葛洲坝水电站之间水力联系紧密，其运行调度相互影响，应实行联合统一调度；同时为改善三峡库区以及下游的生态环境，当三峡入库流量较小时溪洛渡和向家坝应及时进行补给水量。

溪洛渡 - 向家坝 - 三峡 - 葛洲坝梯级水库的调度运用应依据可靠的水情观测与水文预报，结合短期气象预报。水情观测网应完善、可靠，报汛信息传递畅通、快速。水情观测、报汛及预报应按国家有关技术规程规范进行。要做好水文、泥沙、气象资料的收集整理、分析工作，保证梯级调度规程有效执行。根据调度运行实践总结、各项观测资料的积累以及上游水库建成投产等运行条件的变化，在充分研究论证的基础上，可对本规程进行修订，经批准后实施。本准则不明确或未作说明的部分，以及依据本准则制定的调度方案与调度规程有冲突时，仍按调度规程规定内容执行。

本准则仅适用于三峡水库支流水华防控、库区水源地安全保障和下游生态环境改善问题。本准则中水库群联合调度仅适用于三峡、葛洲坝、向家坝、溪洛渡水库群，主要针对汛期、消落期、蓄水期三个时期阐述了水位与流量的变化范围和调度准则。

从现有三峡库区水环境状态出发，充分利用"溪洛渡 - 向家坝 - 三峡"水库联合调度空间和综合考虑三峡水库上下游水环境改善的基本需求，并结合三峡水库的发展潜力，实施三峡生态环境的"预限动态调度"方案。所谓"预限动态调度"是指依据上游入流来污情势，在保障三峡水库传统效益的基础上，基于支流水华防控、库区水质安全和库下游生态环境改善需求的三峡水库生态环境调度方案。

本准则不能单独实施，需在水量平衡的条件下，结合三峡及上游实际入流条件，根据三峡及上游梯级水库群联合调度方案计算出三峡水库入、出库流量后才能具体实施。

20.9 三峡及其上游梯级水库群联合调度决策支持系统及可视化业务应用平台

20.9.1 系统总体设计

系统的目标是应用面向服务架构，建立一个通用可靠、界面友好、接口统一的 B/S 模式三峡及其上游梯级水库群联合调度决策支持系统。系统将集成防控支流水华、保障库区水源地和改善下游水环境调度模型，研究水库群优化调度方案的生成及多维评估方法，评估调度方案实施风险，实时优选多维调控方案，构建可视化业务应用平台，在"溪洛渡 - 向家坝 - 三峡"等骨干水库开展多目标联合调度示范，实现业务化运行，为三峡水库及下游水环境改善提供技术支撑。

基于标准规范体系和安全体系，系统由基础设施层、数据资源层、应用支撑层和应用系统层组成。

① 基础设施层包含软件环境建设、硬件环境建设和网络环境建设；

② 数据资源层包括基础数据库、水质数据库、水生态数据库、地理信息数据库、水文数据库和模型库；

③ 应用支撑层包括空间数据服务、元数据服务、数据查询服务、空间数据分析和模型计算等；

④ 应用系统层包含多源信息服务、模拟预警预报、联合调度、决策支持和系统管理等。系统结构见图 20-175。

三峡及其上游梯级水库群联合调度决策支持系统的功能包括 6 个模块，即综合信息模块、干流水质模块、水华防控模块、水源保障模块、生态改善模块以及调度决策模块（见图 20-176）。

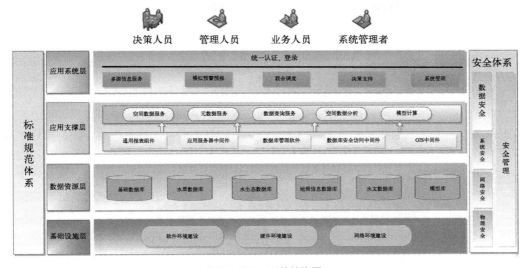

图20-175　系统结构图

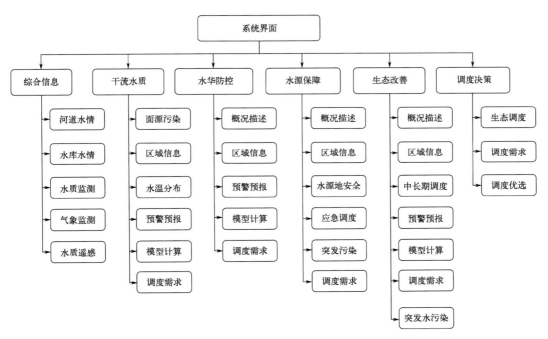

图20-176　系统主要界面设计图

20.9.2　数据库设计与管理

20.9.2.1　数据库建设工作方法和流程

（1）建设依据

《水质数据库表结构与标识符规定》（SL 325—2005）；

《实时雨水情数据库表结构与标识符》(SL 323—2011);

《水资源监控管理数据库表结构及标识符标准》(SL 380—2007);

数据库建设其他相关标准。

（2）工作流程

首先，按照基础空间数据、水文信息数据、水质综合数据、水库调度数据和社会经济数据的类别，遵循数据需求分析、数据库设计、数据整编录入、质量控制、数据集成技术流程，收集基础数据；其次，针对数据性质、来源以及用途不同，不同类型的数据库在库结构、表内容上也存在较大差异，研究、设计、提供访问数据库的统一接口，兼容各类数据库的差异，并实现异构数据的传输和访问；最后，研究开发适合不同数据来源、数据精度、数据格式、数据尺度的数据调用与尺度转换工具，特别是根据水利和环保的不同部门规范，对水文数据和环保数据进行插值、拟合和外延，使水文数据和环保数据在时空上匹配，如图20-177所示。

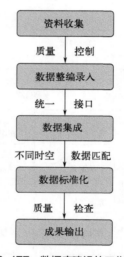

图20-177　数据库建设的工作流程

（3）数据库数据来源

数据库中包含基础数据库和专题数据库。基础数据库中包括与三峡集团相关部门沟通收集到的研究区域内的地形、气象、水文资料，及通过实地调研、现场监测获取的水质、水生态等基础信息。专题数据库中包括针对支流水华防控、库区水源地安全保障和下游生态改善目标，基于上述基础信息进行情景分析所得分析结果也将储存于数据库中。

1）收集、整理数据来源

本研究通过实地调研、与三峡集团相关部门沟通，将已经收集到研究区域内的地形、土壤类型、土地利用类型、气象、流域水文、大坝运行调度资料以及行政区划的社会经济数据等，列入表20-129。

表20-129　数据库建立所需要的基本资料

资料名称	资料内容	来源单位	资料时段
地形	90m	三峡集团	—
土壤类型	1000m	三峡集团	—
土地利用类型	1000m	三峡集团	2010年、2015年
流域水文	日均流量、水位、日雨量	三峡集团	2014～2017年逐日数据
气象	降雨、气温、风速、风向、日照时数、相对湿度	中国气象网	2014～2017年逐日数据
大坝运行调度资料	入库流量、蓄水量、库下水位、出库流量、库水水势	三峡集团	2014～2017年逐日数据
社会经济数据	人口、城乡结构、GDP、产业结构	三峡集团	2014～2017年逐年数据

2）野外监测数据来源

本研究完善了三峡水库及上游梯级水库干流观测点（从茅坪至溪洛渡对坪镇）和三峡水库11条重点支流观测点的布局，更新了香溪河水生态与环境野外科学观测站研究平台及野外监测船，提升了移动监测能力，研发了一套大水深断面水质自动监测系统。2014～2017年间共计完成典型支流固定监测断面常规监测810次，典型支流库湾巡测60次，三峡水库-向家坝-溪洛渡巡测上游梯级水库主要水质指标监测13次。建立了包括预报断面基本信息和生态流量、河道水情、水质、水生态等数据表，如表20-130所列。

表20-130　数据库建立所需要的水文水质监测资料

资料名称	资料内容	来源单位	资料时段
理化指标	气温、大气压、光照时间、光照强度、水温、pH值、电导率、氧化还原电位、色度、臭、肉眼可见物、浊度、透明度、悬浮物、矿化度、酸度、总碱度、重碳酸盐、碳酸盐、游离二氧化碳、侵蚀性二氧化碳、总固体、溶解性总固体、总α放射性、总β放射性		
非金属无机物	溶解氧、高锰酸盐指数、化学需氧量、五日生化需氧量、硫酸盐、离子总量、总氮、氨氮、非离子氨、亚硝酸盐氮、硝酸盐氮、凯氏氮、硫化物、氰化物、总氰化物、元素磷、总磷、黄磷、溶解性磷酸盐、溶解性总磷、氟化物、氯化物、游离余氯、活性氯、总氯、碘化物、硅、硼		
金属无机物	钙、镁、钾、钠、六价铬、总铬、汞、铜、铅、镉、锌、铁、锰、银、镍、钼、钴、铍、锑、钡、钒、钛、铊、铝、总硬度、砷、硒	武汉大学，三峡大学，湖北工业大学，华北电力大学	2014～2017年，固定监测断面1～2d监测1次；典型支流库湾每月监测1～2次；三峡水库-向家坝-溪洛渡共监测13次
酚类有机物	挥发性酚、苯酚、2,4-二氯苯酚、2,4,6-三氯酚、五氯酚、2,4,6-三硝基酚		
有机农药	六六六、滴滴涕、乐果、对硫磷、甲基对硫磷、马拉硫磷、敌敌畏、敌百虫、莠去津、百菌清、甲萘威、溴氰菊酯、内吸磷		
苯类有机物	苯、甲苯、乙苯、二甲苯、氯苯、苯乙烯、1,2-二氯苯、1,4-二氯苯、1,2,3-三氯苯、1,2,4-三氯苯、1,3,5-三氯苯、四氯苯、硝基苯、1,2-二硝基苯、1,3-二硝基苯、1,4-二硝基苯、2,4-二硝基甲苯、2,4,6-三硝基甲苯、2-硝基氯苯、3-硝基氯苯、4-硝基氯苯、2,4-二硝基氯苯、多氯联苯、异丙苯、苯胺、联苯胺、邻苯二甲酸二甲酯、邻苯二甲酸二丁酯、邻苯二甲酸二辛酯		
卤代烷醛胺类	二氯甲烷、三氯甲烷、四氯化碳、三溴甲烷、1,2-二氯乙烷、环氧氯丙烷、环氧七氯、氯乙烯、1,1-二氯乙烯、1,2-二氯乙烯、三氯乙烯、四氯乙烯、氯丁二烯、六氯丁二烯、甲醛、乙醛、三氯乙醛、丙烯醛、丙烯酰胺、丙烯腈		

续表

资料名称	资料内容	来源单位	资料时段
金属有机物及其他有机物	甲基汞、乙基汞、四乙基铅、丁基黄原酸、吡啶、水合肼、松节油、苯并[a]芘、阴离子表面活性剂、总有机碳、石油类、动植物油、微囊藻毒素LR、叶绿素a	武汉大学，三峡大学，湖北工业大学，华北电力大学	2014～2017年，固定监测断面1～2d监测1次；典型支流库湾每月监测1～2次；三峡水库-向家坝-溪洛渡共监测13次
水体卫生	细菌总数、总大肠菌群、粪大肠菌群、粪链球菌		
水生生物群落与毒性	浮游植物种类、浮游植物数量、浮游植物生物量、着生生物种类、着生生物数量、浮游动物种类、浮游动物数量、浮游动物生物量、底栖动物种类、底栖动物数量、底栖动物生物量、水生维管束植物种类、水生维管束植物数量、鱼群种类、鱼群数量、水体初级生产力、急性毒性试验结果、慢性毒性试验结果、污水致突变试验结果		
水生生物污染物残留量	生物体铜、生物体铅、生物体镉、生物体总锌、生物体总铬、生物体总砷、生物体总汞、生物体硒、生物体总氰化物、生物体挥发性酚、生物体石油烃、生物体六六六、生物体滴滴涕、生物体多氯联苯、生物体狄氏剂		
水体沉降物	底泥pH值、底泥水分、底泥挥发性固体、底泥硫化物、底泥总砷、底泥总铬、底泥总汞、底泥铜、底泥铅、底泥硒、底泥镍、底泥油类、底泥六六六、底泥滴滴涕、底泥有机质、底泥多氯联苯、底泥狄氏剂		
富营养化指标	溶解性磷酸盐、氨氮、硝氮、硅、拟多甲藻、多甲藻、硅藻(小环藻+直链藻)、绿藻(小球藻+衣藻)、蓝藻(鱼腥藻+席藻)、溶解氧、总磷、总氮、叶绿素a、总生物量(藻类)		
突发排污信息	污水类型、经度、纬度、排放方式、开始时间、结束时间、排放性质、主要污染物、污染物质排放总质量、废水排放量、排放强度、主要排污单位、排入河道名称		
入河排污口排污量	年份、累计排放时间、废污水排放量、COD排放量、氨氮排放量、总磷排放量、总氮排放量、BOD排放量、挥发酚排放量		

固定监测断面：香溪河中游峡口镇XX05。

典型支流库湾：从河口至回水末端昭君镇沿河道中泓约每间隔3km布设1个，共10个监测点，依次记为XX00、XX01、XX02、XX03、XX04、XX05、XX06、XX07、XX08、XX09，在支流香溪河汇入三峡水库干流水域布设1个监测点作为对照点，记为CJXX。

三峡水库-向家坝-溪洛渡：自三峡水库坝前至库尾江津每个城市水域（约每隔40km）中泓线上设置一点进行原位监测，依次记为：MP（茅坪）、GJB（郭家坝）、BD（巴东）、WS（巫山）、FJ（奉节）、LD（龙洞乡）、YY（云阳）、WZ（万州）、SBZ（石宝寨）、ZX（忠县）、FD（丰都）、FL（涪陵）、CS（长寿）、CQ（重庆）、JJ（江津）等15个点。同时在大宁河布设DN01、DN02、DN03、DN04、DN05、DN06六个样点，在长江与大宁河交汇处布设一个样点，记为CJDN，在小江布设XJ01、XJ02、XJ03、XJ04、XJ05、XJ06、XJ07、XJ08八个样点，同时在长江与小江交汇处布设一个样点，记为CJXJ。

3）公报监测数据收集

收集数据资料来源于5个途径，分别为长江水利委员会水文局（以下简称长江委水文局）、全国地表水水质月报、湖北省地表水水质月报、全国地表水水质自动监测周报和重庆水质自动监测周报，共收集92个监测断面水质数据资料，收集范围从青海省直门达监测断面到上海朝阳农场监测断面。92个监测断面中，长江委水文局收集断面50个，占总监测断面的54.3%，水质监测污染物指标较多，有pH值、SS、DO、COD_{Mn}、NH_4^+-N、BOD_5、TP、TN、OIL等；全国地表水水质月报和湖北省地表水水质月报收集断面共34个，占总监测断面的37.0%，监测指标包括COD_{Mn}和NH_4^+-N；全国地表水水质自动监测周报收集断面7个，占总监测断面的7.6%，监测指标包括pH值、DO、COD_{Mn}和NH_4^+-N；重庆水质自动监测周报收集断面5个，占总监测断面的5.4%，监测指标包括pH值、DO、COD_{Mn}、NH_4^+-N和TP。所有监测断面数据终止年份基本为2016年或2017年（仅师庄、江宁河口和下青龙港监测断面数据终止年份为2015年），起始年份跨度稍大，从2004年到2013年不等，监测断面详细情况见表20-131。对有多个来源途径的监测断面，将数据在时间上合并，重复部分依次以长江委水文局、全国地表水水质自动监测周报、重庆水质自动监测周报、全国地表水水质月报、湖北省地表水水质月报为准。

表20-131　长江干流数据资料收集情况表（一）

监测断面	来源	监测指标	起始年份	终止年份
石鼓、攀枝花、三堆子、师庄、华弹、溪洛渡、新市镇、屏山、向家坝、南门桥、宜宾、泸州、朱沱、铜罐驿、和尚山、王家沱、江北、寸滩、西南制药、鱼嘴、沙溪河口、长寿、黄草峡、黄旗、清溪场、万州区、云阳、奉节、巫山、官渡口、巴东、庙河、黄陵庙、宜昌、宜昌(虎牙滩)、枝城、沙市五七码头、观音寺、九江、老虎岗、大通、芜湖、马鞍山、浦口水厂、南京(D)(长江大桥下游)、镇江(青龙山)、江都三江营、泰州引江河口、南通、启东港	长江水利委员会水文局	pH值、SS、DO、COD_{Mn}、NH_4^+-N、BOD_5、TP、TN、石油类等多项指标	2008~2013年	2015年、2016年、2017年
直门达、贺龙桥、龙洞、俣果、大湾子、蒙姑、三块石、挂弓山、手爬岩、江津大桥、晒网坝、巫峡口、黄腊石、秭归银杏沱、荆江口、杨泗港、燕矶、风波港、姚港、湖口、香口、前江口、五步沟、东西梁山、三兴村、江宁河口、九乡河口、焦山尾、高港码头、魏村、小湾、下青龙港、朝阳农场	全国地表水水质月报和湖北省地表水水质月报	COD_{Mn}、NH_4^+-N	2006~2013年	2015年、2016年、2017年
龙洞、朱沱、南津关、城陵矶、河西水厂、皖河口、林山	全国地表水水质自动监测周报	pH值、DO、COD_{Mn}、NH_4^+-N	2004年	2016年、2017年
丰收坝、朱沱、和尚山、扇沱、李渡取水点	重庆水质自动监测周报	pH值、DO、COD_{Mn}、NH_4^+-N、TP	2008~2011年	2016年、2017年

92个监测断面在长江干流分布较均匀，具有一定代表性。总体趋势为雅砻江汇入口以上河段监测断面分布较稀疏，汇入口以下河段分布较密集；山区监测断面分布较稀疏，人口密集区监测断面较密集。因河流较上游区（或源头区）地势陡峭、人烟稀少、水质较好，人口密集区排污较严重，在上游区和源头区域布设较少监测断面及在人口密集区布设较多监测断面为合理现象。92个监测断面主要集中在四川、重庆、湖北、安徽和江苏5省份，共占总监测断面的86.9%（图20-178），长江干流在上述5省内流经距离较长（表20-132），监测断面占比多为合理现象。根据表20-132中监测断面分布密度，除青海省、四川省、云南省、湖南省和上海市外，其余省份35km左右存在一个监测断面。青海省为源头区，河段长但监测断面少，监测断面分布密度出现较大值，但因该区域地势陡峭、人

烟稀少、水质较好，较少监测断面可以代表较长河段；湖南和上海收集监测断面较少，断面分布密度存在偏大现象，但因长江干流流经两省距离较短，偏差可以忽略；四川省和云南省、西藏自治区存在诸多共省界区域，长江干流在该三省多沿省界流动，故在表20-132中对四川省和云南省合并确定监测断面分布密度，为122.50个/km。综上所述，监测断面在长江干流分布较均匀，具有代表性。

表20-132　长江干流数据资料收集情况表（二）

项目	青海省	四川省	云南省	重庆省	湖北省	湖南省	江西省	安徽省	江苏省	上海市
长江干流河长度/km	1199.14	2449.97		668.82	791.32	151.52	143.61	327.04	442.41	122.37
监测断面数/个	1	15	5	22	16	2	4	10	16	1
监测断面分布密度/(个/km)	1199.14	122.50		30.40	49.46	76.76	36.90	32.70	27.65	122.37

收集监测断面各省分布情况如图20-178所示。

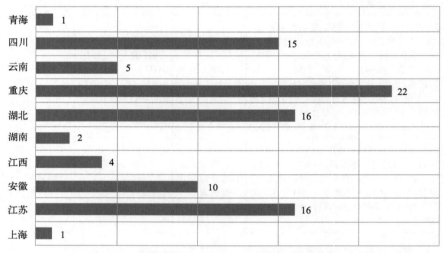

图20-178　收集监测断面各省份分布情况（单位：个）

4）专题数据来源

专题数据包括：干流水质保障调度方案生成、优选、效果评价，支流水华防控调度方案生成、优选、效果评价，库区水源地突发事故情景分析，水源地水质达标调度方案生成、效果评价，下游生态环境综合评判，保障下游生态环境安全调度方案生成，多目标联合调度方案生成、优选、风险分析。

以上专题数据是基于三峡及上游水库群基础信息进行情景分析，针对干流水质保障、支流水华防控、库区水源地安全保障和下游生态改善目标，选择研究区域指定时间内，不同调度方案下水质模拟，计算方法详见专题数据库内容。

如前文所述，数据是研究多模型耦合系统的核心，而研究的数据，如高程、降雨、流量、水位、氨氮、高锰酸盐指数等则是根据其所关联的空间对象的拓扑关系组织的。而当这些数据采用空间拓扑关系组织时，则在处理时采用相关的地理信息算法，主要包括3大类：

① 地理信息数据，如 DEM 中提取地形特征和空间拓扑关系，包括水域提取、边界生成、河道（网）生成等；

② 数据插值，包括空间插值和关键帧插值等；

③ 利用二叉树原理存储和遍历模型计算结果等。这些算法有效地将水环境模型与地理数据联系起来，大大提高了多模型耦合系统的健壮性、鲁棒性和可扩展性。

20.9.2.2 多源异构数据同化

（1）空间插值

在 GIS 的地理空间信息采集过程中，对某地的地理空间信息或特征进行测量都是采用离散的样本测量。利用这些有限的样本，对研究区域的其他地方的特征数据进行地理空间信息的推理和估计，从而建立一个连续的地理特征表面分布，我们把这种推理和估计的方法叫作地理空间插值。它常用于将离散点的测量数据转换为连续的数据曲面，以便与其他空间现象的分布模式进行比较。空间插值包括了内插和外推两种算法：空间内插算法为通过已知点的数据推求同一区域未知点数据；空间外推算法为通过已知区域的数据，推求其他区域数据。

在本研究所述的多模型耦合系统中，常常会在以下情形中进行空间插值：

① 各模型的空间尺度不一致，需要通过空间插值进行同化；

② 在某些特殊情况下，模型仅能覆盖有限区域，需要通过这些有限的区域推导其他未知区域。

第 1 种情况需要使用空间内插，第 2 种情况需要运用空间外推。GIS 中常用的地理空间插值方法主要包括最近邻法、算术平均值法、距离反比法、高次曲面插值法、趋势面分析法、最优插值法、样条插值法、克里金插值等几种。

（2）关键帧插值

关键帧是计算机动画术语，帧就是动画中最小单位的单幅影像画面，相当于电影胶片上的每一格镜头。在动画软件的时间轴上帧表现为一格或一个标记。关键帧相当于二维动画中的原画，指角色或者物体运动或变化中的关键动作所处的那一帧。关键帧与关键帧之间的动画可以通过计算来创建，叫作过渡帧或者中间帧，创建中间帧的过程叫作关键帧插值。

从原理上讲，关键帧插值问题可归结为参数插值问题，传统的插值方法都可应用到关键帧方法中。但关键帧插值又与纯数学的插值不同，它有其特殊性。一个好的关键帧插值方法必须能够产生逼真的运动效果并能给用户提供方便有效的控制手段。一个特定的运动从空间轨迹来看可能是正确的，但从运动学或动画设计来看可能是错误的或者不合适的。因此，其运动学特性必须得到控制，即通过调整插值函数来改变运动的速度和加速度。为了很好地解决插值过程中的时间控制问题，Steketee 等提出了用双插值的方法来控制运动参数。其中之一为位置样条，它是位置对关键帧的函数；另一条为运动样条，它是关键帧对时间的函数。Kochanek 等提出了一类适合于 Keyframe 系统的三次插值样条，他们把关键帧处的切矢量分成入矢量和出矢量两部分，并引入张量 t、连续量 c 和偏移量 b 三个参数对样条进行控制。该方法已在许多动画系统中得到了应用。

在本研究所述的多模型复杂耦合系统中，当遇到时间尺度同化问题时，可以运用关键帧插值技术。关键帧插值的主要难度在于：

① 需要确定关键帧，如在洪水过程中，起涨点、洪峰点、退水点可以当作关键帧，其他的过程均可以作为中间帧插值获得；

② 其运动学参数需要选择合适的值，通常需要进行率定。

20.9.2.3　数据库表设计

数据库表设计主要是在《水文数据库表结构及标识符》（SL/T 324—2019）、《实时雨水情数据库表结构与标识符》（SL 323—2011）、《水资源监控管理数据库表结构及标识符标准》（SL 380—2007）的基础上，增加三峡及其上游梯级水库群联合调度决策支持系统所需的专表，其包括生态流量成果表、模型参数表、模型计算成果表、调度方案保存表、联合优化调度方案信息保存表等。

由于内容繁多，篇幅有限，具体表结构不再赘述，可见科技报告《三峡及上游梯级水库群基础信息数据库》。

20.9.3　水库群多目标联合调度数值模拟技术集成

基于多模型耦合系统尚需解决的问题，本章从数据结构、算法和模型系统评估三个方面进行了详细论述。提出了以数据为核心而非以算法为核心的多模型耦合系统。以空间拓扑关系组织数据。先运用工程模型，再运用科研模型等几个多模型耦合系统设计原则，结合对软硬件平台的分析，运用模型复杂度方法，评估筛选了几个水环境子模型可能存在的耦合方式，给出了推荐的多模型耦合系统结构。

20.9.3.1　模型的数据结构

（1）设计原则

数据结构和算法是一切程序的基础。数据结构是指程序里数据的存储和组织形式，而算法讲的是数据是如何利用以及运算的（在本研究中，算法等同于模型）。在许多类型的程序设计中，数据结构的选择是一个基本的设计考虑因素。许多大型系统的构造经验表明，系统实现的困难程度和系统构造的质量都严重依赖于是否选择了最优的数据结构。许多时候，确定了数据结构后，算法就容易得到了。有些时候事情也会反过来，我们根据特定算法来选择数据结构与之适应。不论哪种情况，选择合适的数据结构都是非常重要的。

选择了数据结构，算法也随之确定，数据（而不是算法）才是系统构造的关键因素。这种洞见导致了许多种软件设计方法和程序设计语言的出现，面向对象的程序设计语言就是其中之一。在水环境数学模型研究领域，模型（或称之为算法）依然作为科学研究、系统构造的核心问题，这种偏离软件科学发展轨迹的思想，导致了在遇到复杂应用问题，需要多领域协同合作时，会因为各领域的模型均自成体系无法调和而望而却步。

在本研究中，涉及的领域和模型众多，如果仍然以模型为核心来组织系统，将严重影响模型系统的适应性、鲁棒性和健壮性。因此，本研究以数据作为模型系统的设计重点，各子模型都需要尽量适应数据，最终做到各子模型之间无需考虑彼此协调，而仅需考虑如何应用和更新数据库中的数据。而这些数据则依据其空间拓扑关系。

（2）空间数据结构

空间中不可再分的最小单元现象称为空间实体，主要包括点、线和面三种类型。空间实体是对存在于自然界中的地理实体进行抽象，主要包括点、线、面和实体等基本类型。地理信息系统将不可再分的最小单元称为空间实体，如一条断裂、一个湖泊、一个高程点等，它们在 GIS 中是用矢量数据点、线、面表述的。实体的空间特征用空间维数、空间特征类型和空间类型组合方式说明。

1）空间维数

有零维、一维、二维、三维之分，对应着点、线、面、体不同的空间特征类型。在地图中实体维数的表示可以改变。如一条河流在小比例尺地图上是一条线（单线河），在大比例尺图上是一个面（双线河）。

2）空间特征类型

① 点状实体：点或节点、点状实体。点：有特定位置，维数为 0 的物体。点具体有实体点、注记点、内点和节点等几种类型。

② 线状实体：具有相同属性的点的轨迹，线或折线，由一系列的有序坐标表示，具有长度、弯曲度、方向性等特性，线状实体包括线段、边界、链、弧段、网络等。

③ 面状实体（多边形）：是对湖泊、岛屿、地块等一类现象的描述，在数据库中由一个封闭曲线加内点来表示。具有面积、范围、周长、独立性或与其他地物相邻、内岛屿或锯齿状外形、重叠性与非重叠性等特性。

④ 体、立体状实体：用于描述三维空间中的现象与物体，它具有长度、宽度及高度等属性，立体状实体一般具有体积、每个二维平面的面积、内岛、断面图与剖面图等空间特征。

3）实体类型组合

现实世界的各种现象比较复杂，往往由上述不同的空间类型组合而成，例如根据某些空间类型或几种空间类型的组合将空间问题表达出来，复杂实体由简单实体组合表达。

水环境系统中的子模型的描述对象通常也不外乎点（闸、坝、水文站点等）、线（渠道、河流）和面（流域、小区单元）等，如图 20-179 所示。

因此，在模型进行耦合连接时，完全可以依据模型之间的空间拓扑关系组织模型系统，同时可以将地理系信息系统中成熟的空间拓扑关系、树状数据组织、空间插值等成熟的成果借用到模型系统中。

此外，以上讨论了多模型耦合系统的数据组织形式及其空间拓扑结构。在实际计算中，图 20-179 中的结构适用于使用经验模型的情况，当使用比较复杂的模型时，如二维以上的水动力水质模型、分布式水文模型。图 20-179 中的结构必须映射到空间栅格网上，如图 20-180 所示。

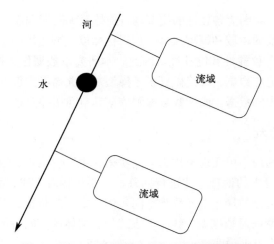

图20-179 水环境系统中的各要素空间关系示意

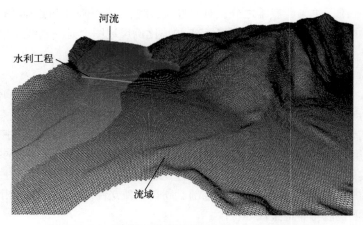

图20-180 水环境系统中的各要素在DEM中的映射示意

20.9.3.2 算法（模型）

（1）模型分类

在水文水资源领域，按照功能分，常见的模型有水文模型、水动力模型、迁移转化模型、水生态模型、优化调度模型等，每种模型都有许多种具体实现方式。例如，常见的水文模型就有径流公式、新安江模型、水箱模型、TOPMODEL模型、SCS模型、SWAT模型等。从这些模型的发展过程来看，一般先是出现一个概念的公式，本研究称之为经验模型（经验公式），然后在该初始模型的基础上逐渐发展，形成丰富多彩的深入反映相关物理机制的复杂模型。一般来讲，经验公式原理简单易懂，适应性强，计算简便，但是精度略差；而复杂模型原理深奥，适应性、鲁棒性和健壮性较差，计算负荷较大，但是精度较高。此外，随着信息技术和人工智能领域的技术发展，也出现了一些智能算法和模型，能以黑箱子模型的数学统计方式全面模拟这些过程，称之为智能模型（算法）。

在应用过程中，由于经验模型经历了长时间的发展，且经过形形色色的考验，且输入数据需求量小，因此一般较为成熟。虽然其准确性可能不及高级模型和智能模型，但在工程上大量使用，同时也被交叉领域的研究者大量应用到其他领域，称之为工程模型（有时也称之为经验公式）。与此同时，高级模型和智能模型由于发展时间较短，虽然精度可能较高，但由于其数据需求量大、计算结果不够稳定，一般多用于科学研究中，较少运用于工程实践中，称之为科研模型（有时也称之为复杂模型）。在模型的发展过程中，有些发展成熟的科研模型也会大量应用在工程领域，从而转化为工程模型，模糊了科研模型和工程模型的界限。

按照前述的模型分类法，本研究将常见模型分类结果列入表20-133。

表20-133 水文水资源领域常见模型分类

领域分类	分类	水文	水动力	水质	调度
工程模型	经验公式	径流公式	马斯京根公式	Streeter-Phelps公式	枚举法、启发式算法
科研模型（复杂模型）	智能模型	人工神经网络		遗传算法、模拟退火法	
	复杂模型	新安江模型、水箱模型、TOPMODEL模型、SCS模型、SWAT模型	一维、二维、三维圣维南方程组	QUAL模型、WASP模型、MIKE模型	线性规划、离散微分动态规划法(DDDP)、动态规划、大系统分解协调及模拟技术

由于本研究的多模型耦合系统的研究对象极其复杂，基础数据又不够完备，完全使用科研模型作为子模型来架构多模型耦合系统的条件并不成熟，而工程模型的数学逻辑关系较为简单，输入数据需求也较少，因此可以大大避免这些问题。在本研究的多模型耦合系统中会以工程模型作为多模型耦合系统的架构基础，同时尽可能采用科研模型，力求整体模型框架简练、准确和可靠。

在该框架中，工程模型和科研模型的关系如下：

① 首先使用工程模型对研究对象进行计算，并作为默认成果采纳；然后使用科研模型对研究对象进行复算，如果复算成果较为可靠，则采纳科研模型的计算成果；

② 科研模型的计算通过与工程模型的结论比较，以判断其成果是否可靠。

（2）并行化与串行化

一个模型系统常常由许多不同的子模型组成，而子模型常常是由很多不同的公式组成的。在子模型中，各公式协作运行完成计算任务存在串行和并行两种方式。如果某一个公式在计算之前，需要等待其他公式完成计算，为该公式提供参数和数据，即所有公式必须严格按照先后顺序——计算，模型才能完成计算任务，各公式是串行运行，这被称为串行模式。反之，在某一时间段，这个模型的不同公式可以独立运行完成相应的计算，无需等待其他公式完成计算，各公式是并行运行，这被称为并行模式。以水文模型为例，蒸发和下渗过程的计算可以同时发生，在计算时不存在先后顺序，为并行模式；而产流计算则必须在蒸发和下渗计算完成之后，因此，此三者之间为串行模式。

由于并行运行模型效率远远高于串行运行模式，因此尽量使用并行运行模式是大模型系统设计的重要准则。

20.9.3.3　模型耦合方法评估

在构建多模型耦合系统的框架时，算法复杂度是评判该系统框架的重要标准。算法复杂度一般分为时间复杂度和空间复杂度，分别评判模型计算所需的时间和内存，算法复杂度常用术语见表20-134。在本研究中，模型计算主要关注的是计算时间，因此，本节主要讨论模型的时间复杂度，各种算法复杂度下所浪费的计算机时间见表20-135。

表20-134　算法复杂度常用术语

复杂度	术语	复杂度	术语
$\theta(I)$	常数复杂度	$\theta(nb)$	多项式复杂度
$\theta(\lg n)$	对数复杂度	$\theta(b^n), b>1$	指数复杂度
$\theta(n)$	线性复杂度	$\theta(n!)$	阶乘复杂度
$\theta(n \lg n)$	$n \lg n$复杂度		

表20-135　算法使用的计算机时间

问题规模	使用的位运算					
n	$\lg n$	n	$n \lg n$	n^2	$2n$	$n!$
10	3×10^{-9}s	10^{-8}s	3×10^{-8}s	10^{-7}s	10^{-5}s	3×10^{-3}s
10^2	7×10^{-9}s	10^{-7}s	7×10^{-7}s	10^{-5}s	*	*
10^3	1.0×10^{-8}s	10^{-6}s	1×10^{-5}s	10^{-3}s	*	*
10^4	1.3×10^{-8}s	10^{-5}s	1×10^{-4}s	10^{-1}s	*	*
10^5	1.7×10^{-8}s	10^{-4}s	2×10^{-3}s	10s	*	*
10^6	2×10^{-8}s	10^{-3}s	2×10^{-2}s	17min	*	*

如果一个算法有复杂度$\theta(nb)$，其中b是满足$b \geqslant 1$的整数，那么这个算法有多项式复杂度。能用具有多项式最坏情形复杂度的算法解决的问题称为易解的，因为只要问题的规模合理，就可期望算法在相对短的时间内给出解答。不过，如果在大θ估计中的多项式次数高（如100次）或如果多项式的系数特别大，算法都可能会花特别长的时间来解题。所以，能用具有多项式最坏情形复杂度的算法来解决的问题，即使对于相对较小的输入值，也不能保证能在合理时间内得到解答。

对不能用具有多项式最坏情形复杂度的算法解决的问题，情况要糟得多。这种问题称为难解的。另一种处理实践中出现的不易处理的问题的方法是，不求精确解，而以近似解代替。也许存在求近似解的快速算法，甚至还能保证这些近似解和精确解相差不太大。

按照本研究所述的多模型耦合系统进行算法复杂度分析。假设有一个复杂度为常数$\theta(\lg n)$的优化调度模型，一个复杂度为$\theta(n)$的水环境模型和一个算法复杂度为$\theta(m)$的水文模型，其可能的组合如表20-136所列。

表20-136　多模型耦合系统模型结构组合表

编号	复杂度	组合说明
方案一	$\theta(\lg n)$	以调度模型为主（水环境、水文模型的计算结果作为常数输入调度模型中）
方案二	$\theta(n)$	水环境模型只计算一次（调度模型和水文模型的计算结果作为常数输入水环境模型中）
方案三	$\theta(\lg n+n)$	将水环境、水文模型的计算结果存储起来，优化模型直接调用该计算结果
方案四	$\theta(n \lg n)$	水环境、水文模型作为优化调度模型的子模型

从表 20-136 中可知，方案一的算法复杂度最低，但是该方案仅仅使用了优化调度模型，不能称之为多模型耦合，方案二亦是如此。而方案四虽然理论上可以得到最优解，但其算法复杂度也高，大规模的应用难度也很高。因此，在本研究中，子模型之间的耦合一般采用方案三，将所有的计算结果以空间数据的形式存储起来，然后根据情况进行运用。以这种方案构建的水环境多模型耦合系统结构见图 20-181。

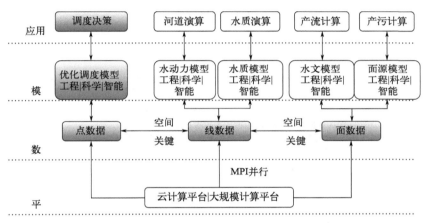

图20-181　水环境多模型耦合系统结构

在本研究中，还有一个特殊情况，即各模型采用经验公式计算。此时，优化调度模型的算法复杂度为常数 $\theta(\lg n)$，水环境模型的复杂度为 $\theta(a)$（a 为常数），水文模型的算法复杂度为 $\theta(b)$（b 也为参数），于是，表 20-136 变成表 20-137。

表20-137　多模型耦合系统模型结构组合表（使用经验公式时）

编号	复杂度	组合说明
方案一	$\theta(\lg n)$	以调度模型为主（水环境、水文模型的计算结果作为常数输入调度模型中）
方案二	$\theta(l)$	水环境模型只计算一次（调度模型和水文模型的计算结果作为常数输入水环境模型中）
方案三	$\theta(\lg n)$	将水环境、水文模型的计算结果存储起来，优化模型直接调用该计算结果
方案四	$\theta(\lg n)$	水环境、水文模型作为优化调度模型的子模型

从表 20-137 中，当各模型采用经验公式时，方案二到方案四的算法复杂度大大减小，同时又能享受相应的精度以及模型耦合的好处，因此在工程计算中得到广泛使用。

20.9.4　三峡及其上游梯级水库群联合调度可视化业务应用平台

三峡及其上游梯级水库群联合调度可视化业务应用平台由三峡及其上游梯级水库群联合调度决策支持系统，以及其运行的软硬件环境共同组成，先分述如下。

20.9.4.1　软硬件环境

（1）硬件环境

数据库服务器是整个系统的核心，为了保障数据安全、可靠、高效地运行服务，系统的数据库采用两台服务器，以双机集群的组合方式提供数据访问和数据库管理服务。两台服务器通过光纤交换机同光纤磁盘阵列柜相连。数据库服务器、GIS 服务器、WEB 服务器指标见表 20-138 ～表 20-140。

表 20-138　数据库服务器性能指标

指标	技术要求
处理器	4 颗 2.13GHz 的 8 核 CPU
内存(最大)	8GB(2×4GB)，最大扩展 256G
二级缓存	8MB
扩展插槽	每机箱 6/6 Active PCI-X(2 个 133MHz，2 个 100MHz 和 2 个 66MHz)，通过 RXE-100 远程扩展选件提供可选的 12 个 PCI-X 插槽
磁盘托架	总/热插拔
存储	8×300GB SAS 的 SAS 硬盘
网络	1000M 以太网
电源(标准/最大)	1440W 2/2 热插拔电源
热插拔组件	冷却风扇、硬盘驱动器、PCI-X 适配器和内存 DIMM
RAID 支持	集成 RAID-1
支持的操作系统	Windows 2003 Server Family[6]，Windows 2000®Server Family Edition，Windows NT 4.0，Enterprise Edition，Linux®(Red Hat Enterprise Linux AS，SuSE Linux Enterprise Server)，Novell Netware 6.0，VMware ™ ESX Server ™ [7]
外形/高度	机柜/4U

表 20-139　GIS 服务器性能指标

指标	技术要求
处理器	4 颗 2.13GHz 的 8 核 CPU
内存(最大)	8GB(2×4GB) 最大扩展 256G
二级缓存	8MB
扩展插槽	每机箱 6/6 Active PCI-X(2 个 133MHz，2 个 100MHz 和 2 个 66MHz)，通过 RXE-100 远程扩展选件提供可选的 12 个 PCI-X 插槽
磁盘托架	总/热插拔

续表

指标	技术要求
存储	8×300GB 的 SSD 硬盘
网络	1000M 以太网, 配 HBA 光纤通道卡, 光纤通道口≥2, 端口速率≥2GB/s, 支持 SAN 架构
电源(标准/最大)	1440W 2/2 热插拔电源
热插拔组件	冷却风扇、硬盘驱动器、PCI-X 适配器和内存 DIMM
RAID 支持	集成 RAID-1
支持的操作系统	Windows 2003 Server Family[6], Windows 2000®Server Family Edition, Windows NT 4.0, Enterprise Edition, Linux®(Red Hat Enterprise Linux AS, SuSE Linux Enterprise Server), Novell Netware 6.0, VMware ™ ESX Server ™ [7]
外形/高度	机柜/4U

表20-140 WEB服务器性能指标

指标	技术要求
处理器	4 颗 2.93GHz 的 8 核 CPU
内存(最大)	8GB(2×4GB), 最高 192GB
二级缓存	6×256KB
扩展插槽	每机箱 6/6 Active PCI-X (2 个 133MHz, 2 个 100MHz 和 2 个 66MHz), 通过 RXE-100 远程扩展选件提供可选的 12 个 PCI-X 插槽
磁盘托架	总/热插拔
存储	2 块 300GB 的 SAS 硬盘
网络	1000M 以太网, 配 HBA 光纤通道卡, 光纤通道口≥2, 端口速率≥2GB/s, 支持 SAN 架构
电源(标准/最大)	675W 1 热插拔电源
热插拔组件	冷却风扇、硬盘驱动器、PCI-X 适配器和内存 DIMM
RAID 支持	支持 RAID 0, 1, 5, 10
支持的操作系统	Windows 2003 Server Family[6], Windows 2000®Server Family Edition, Windows NT 4.0, Enterprise Edition, Linux®(Red Hat Enterprise Linux AS, SuSE Linux Enterprise Server), Novell Netware 6.0, VMware ™ ESX Server ™ [7]
外形/高度	机柜/2U

（2）软件环境

1）服务器端

① 操作系统：服务器建议选用 64 位企业级 Windows2008/2012 操作系统，以确保系统运行稳定性。

② Web 服务器：Tomcat6.0 及以上。

③ WEBGIS 平台：ArcGIS Server。

④ 数据库平台：SQL Server。

2）客户端

①操作系统：可选择安装 WindowsXP/Windows7 简体中文版操作系统。

②浏览器：IE 8.0 以上。

20.9.4.2　关键支撑技术

（1）多智能体系统技术

智能体概念最早由美国的 Minsky 在 *Society of Mind* 一书中正式提出。它用来描述一个具有自适应、自治能力的硬件、软件或其他实体，其目标是认识与模拟人类智能行为。其具有的自主性、分布性、协调性以及自组织能力、学习能力和推理能力，使得采用多智能体系统解决实际应用问题具有诸多优势。

针对三峡及其上游阶梯水库群联合调度决策支持系统的多种复杂异构子系统的集成耦合难题，为各子系统设计具备独立的数据库、模型和算法库，将各子系统独立成为智能体，依靠框架中各智能体间的通信、合作、互解、协调、调度、管理及控制，突破复杂异构系统集成中的数据传递烦琐、逻辑结构混乱、推理机制不明等难题，形成了三峡及其上游阶梯水库群联合调度多智能体技术，使得系统简洁、强大、高效，能够完成复杂程度大的水库群水量 - 水质 - 水生态联合调度决策支持。

多智能体技术框架如图 20-182 所示。

图20-182　多智能体技术框架图

三峡及其上游阶梯水库群联合调度决策支持系统及可视化业务应用平台建立了 6 种智能体，分别对应综合信息、干流水质、水华防控、水源保障、生态改善、调度决策 6 个模块。此外，还有一类特殊的环境智能体，它是其他智能体存在和交互的基础。

（2）WebGIS 场景技术

在建立水库群联合调度可视化业务应用平台软件过程中，既需要充分利用现有的商用WebGIS 软件已经开发的常用的通用 GIS 功能，如地图显示、空间分析、专题制图等功能，又需要根据水利业务需求定制一些特定的功能，如水库群联合调度时空分析、专业模型分析、水环境监测等，并且所开发的系统必须能够很好地和其他子系统紧密地集成。

（3）Web Service 技术

系统开发技术路线将会采用基于 XML 和 Web Service 的异构系统综合服务解决方案，从而解决应用系统的跨平台及兼容性问题。Web Service 是在 Internet 和 Intranet 上进行分布式计算的基本构造块。开放的标准以及对用户和应用程序之间的通信和协作的关注产生了这样一种环境，在这种环境下，Web Service 成为应用程序集成的平台。应用程序是通过使用多个不同来源的 Web Service 构造而成的，这些服务相互协同工作，而不管它们位于何处或者如何实现。

（4）空间数据库技术

空间数据库技术采用关系数据库来存储空间数据，从而实现空间数据与属性数据的一体化存储，也即地图数据与业务数据的一体化存储。空间数据库技术充分利用了成熟的大型商用数据库管理系统作为空间数据存储的容器，从而可以方便地实现空间数据与其他非空间的业务数据存储到统一的数据库中，便于数据的无缝集成。

（5）多源空间数据无缝集成技术

多源空间数据无缝集成技术不仅能够同时支持多种形式的空间数据库和数据格式，完成由空间数据库到各种交换格式的输入输出，而且能够直接读取常用的 CAD 数据，如 DWG 数据和 DGN 数据等。该技术支持转换大多数常用的图形数据格式，如 DWG、Coverage、Tab 等；支持国家标准交换格式，如 VCT 等；支持多种影像文件格式，如 TIF、GeoTIF、BMP、JPG、ECW、MrSID 等。

模型计算程序必须由至少以下 5 部分组成。

1）模型输入参数数据

模型数据计算的参数和外部数据等，只能以文本格式数据通过数据库进入系统，即将所有参数以文本表达式的形式存入计算任务列表，如表 20-141 所列。

表20-141　GW_SCENAR

名称	代码	数据类型	格式	主键	外键	为空
任务编码	TSK_ID	Int	编码字段以38位UUID随机生成	Y		N
任务名称	MODEL_NAME	Varchar(50)				
模型名称	MODEL_ID	Int				
模型参数	MODEL_PARAM	Varchar(4000)	{参数1:xx;参数2:yy;……}			
运行状态	MODEL_STATUS	Int	0表示未处理,1表示正在处理,2表示处理完成			
完成比例	PERCENT	Int	整数记录完成百分比			
子模型编码	SUB_ID	Int	对应本表的TSK_ID		Y	
创建时间	ST_TM	DateTime	记录任务创建时间			
完成时间	END_TM	DateTime	记录任务完成时间			

2）模型计算程序

模型计算处理未开始时，应在任务列表中标记未开始任务，执行时应以完成比例标记数值，表达完成百分比，如完成 50%，任务列表数据库完成比例自动填写整型值 50，任务计算完成后，将结果写入计算结果专题表结构中，同时标记任务列表执行状态为完成。

3）模型输出结果数据

模型输出结果表结构由各家自定，提交表结构设计之后进行整合和统一规范。

4）数据库访问接口

模型程序中的所有数据输入，输出均以数据库为媒介，故程序应包含数据库配置、数据库读写访问等模块。

5）程序监控运行状态

程序应以 Windows 服务的形式运行，同时还需有一个监控程序，监控模型程序的健康状态，记录程序错误以及进行程序运行日志记录等功能。

20.9.4.3　软件应用系统

（1）系统登录

打开浏览器，输入登录网址完成登录，成功登录后显示登录界面如图 20-183 所示。

图20-183　登录界面/系统首页

本系统登录界面主要由两部分构成，一个是调度系统进入按钮，另一个是包括系统介绍、远程视频等在内的相关内容连接按钮。点击三峡水库生态环境调度按钮，进入系统主页面。

系统导航菜单包括综合信息、干流水质、水华防控、水源保障、生态改善和调度决策 6 项。

（2）综合信息

进入系统首页之后，点击综合信息可进入综合信息页面。此模块主要包括实时信息查询和水质遥感查询两个功能。该部分是可以实现长江干支流重点断面的水情、水质、气象等历史及实时信息的快速查询。

1）实时信息

实时信息包括河道水情、水库水情、水质监测、气象监测四类信息的查询。

① 数据信息：a. 河道水情部分包括宜昌站等 23 个站的水位、流量信息；b. 水库水情部分包括三峡、向家坝、溪洛渡 3 个水库的库上水位、库下水位、出库流量、入库流量等信息；c. 水质监测部分包括香溪河等 76 个站的水质类别信息；d. 气象监测部分包括兴山站等 900 个站的日照、降雨、气温信息。

② 查询方法有两种：一种是点击时间框（或者查询按钮左边的时间按钮）选择待查询时间，在下方站点信息列表找到待查信息的站点，双击站名，左侧面板弹出数据信息；另一种是直接在左侧地图中找到待查站点，点击站点图标，弹出信息面板，选择查询时间，弹出数据信息。

2）水质遥感

该模块主要包括 2013 ～ 2016 年长江干流汛期和非汛期的水质类别的遥感影像。查看时只需点击欲查询的影像名，左侧即可弹出查询结果。

（3）干流水质

干流水质页面包括查看面源污染、水温分布、预警预报、模型计算、调度需求分析等功能。进入系统首页之后，点击干流水质即可进入干流水质页面，然后可进行功能选择，可得到不同的页面展示结果。具体功能实现如下。

1）面源污染

该模块包括面源负荷、产污系数查询两大功能。点击相应功能按钮，即可完成查询。以产污系数查询为例，查询结果如图20-184 所示。

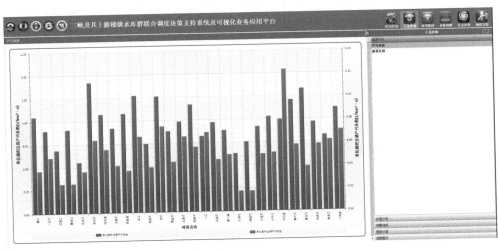

图20-184　产污系数查询结果

2）水温分布

该模块包括溪洛渡、向家坝、三峡水库不同时期的不同断面的水温分布状况查询。点击欲查询水库按钮，左侧界面即可显示查询结果。以溪洛渡为例查询结果如图20-185所示。

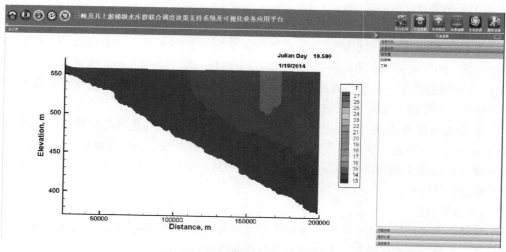

图20-185　溪洛渡水温分布查询结果

3）预警预报

该模块可以实现对实时水质查询及预警功能。点击欲查询站名按钮，左侧界面即可显示查询结果。同时，左侧界面以不同颜色来表示不同水质类别，实现预警功能。

4）模型计算

该模块可以实现研究区域指定时间内，不同调度方案及突发污染事故下的水质模拟功能。该模块采用的是一维水质模型模拟计算（针对三峡上游计算），具体操作如下。

① 方案名称及参数设置：填写方案名称，选择计算时间及计算步长。根据实际情况，填写相关参数，选择调度方法。如果存在突发污染事故，勾选突发污染事故选项框，在左侧界面中选择突发污染事故发生断面。在弹出的数据框中填写相关参数，点击确认完成参数设置。

② 数据检查：点击数据检查按钮，完成数据检查。

③ 模型计算：点击模型计算按钮，等待计算完成。

5）调度需求

该模块可以实现对上面计算结果的查询功能，选择相应方案，在左侧界面双击欲查询站点即可显示计算结果过程线。

（4）水华防控

水华防控页面包括查看水华情势、生消机理、水华调度线、预测预警、模型计算、调度需求等功能。

具体功能实现如下。

1）概况描述

该模块主要是查询水华预测预报的整体说明、流域概况、流域的社会经济情况、预报模型的介绍等具体情况。只需点击欲查询信息的按钮即可实现功能查询。

2）预警预报

该模块可以实现香溪河水质查询及预警功能。点击欲查询站名按钮，左侧界面即可显示查询结果。同时，左侧界面以不同颜色来表示不同水质类别，实现预警功能。

3）模型计算

该模块可以实现研究区域指定时间内，不同调度方案下的水质模拟功能。

4）调度需求

该模块可以实现对上面计算结果的查询功能，选择相应方案即可显示计算结果过程线，如图 20-186 所示。

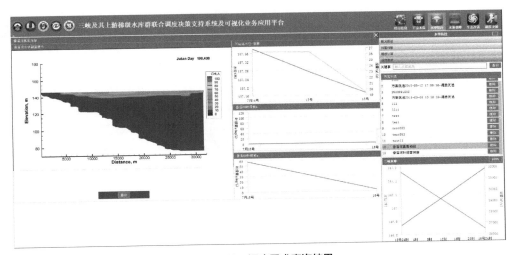

图20-186　调度需求查询结果

（5）水源保障

水源保障页面包括查看概况描述、区域信息、水源地安全评价、应急调度响应流程、突发污染事故设置、调度需求等功能。水源地包括黄桷渡水源地、秭归县水源地、和尚山水源地。通过点击主页面下方的按钮可直接查看这几个水源地所在的位置。

具体功能实现如下所述。

1）概况描述

该模块主要是查询水华预测预报的整体说明、流域概况、模型的介绍等具体情况。只需点击欲查询信息的按钮即可实现功能查询。以流域概况为例，查询结果如图 20-187 所示。

2）区域信息

该模块可以实现水源地的河道水情、水库水情、水质监测的查询功能。点击欲查询数据按钮，左侧界面即可显示查询结果。

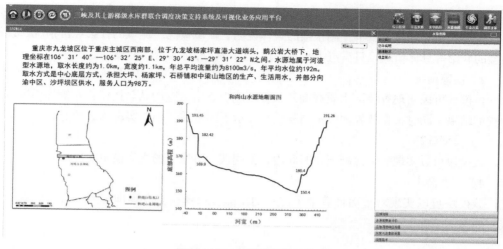

图20-187 流域概况查询结果

3）水源地安全评价

该模块主要有评价方法、评价成果两个功能。

① 点击评价方法按钮，即可实现评价方法标准的查询，查询结果如图 20-188 所示。

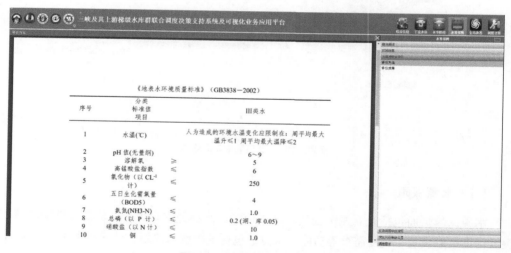

图20-188 评价方法查询结果

② 点击评价成果按钮，以和尚山 2016 年高锰酸盐指数为例，查询结果如图 20-189 所示。

4）应急调度响应流程

该模块主要是实现响应流程的查询，点击相应按钮即可查询。查询结果如图 20-190 所示。

5）突发污染事故设置

该模块可以实现研究区域指定时间内，不同调度方案及突发污染事故下的水质模拟功能。

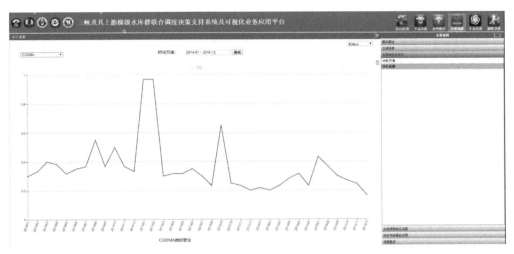

图20-189 评价成果查询结果

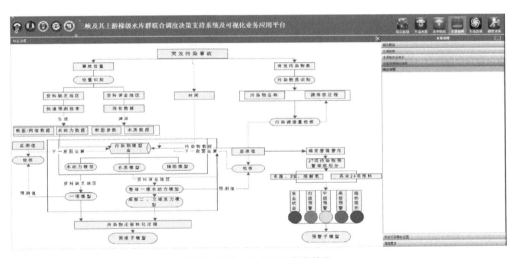

图20-190 响应流程查询结果

① 方案名称及参数设置：填写方案名称，选择计算时间及计算步长。根据实际情况，填写相关参数，选择调度方法。如果存在突发污染事故，勾选突发污染事故选项框，在左侧界面中选择突发污染事故发生断面。在弹出的数据框中填写相关参数，点击确认完成参数设置。

② 数据检查：点击数据检查按钮，完成数据检查。

③ 模型计算：点击保存方案按钮，等待计算完成。

6）调度需求

该模块可以实现对上面计算结果的查询功能，选择相应方案，在左侧界面双击欲查询站点即可出现计算结果过程线。左下角为研究区域（和尚山）的水位流量过程。

（6）生态改善

生态改善页面包括查看概况描述、中长期调度、预警预报、突发水污染事故应急调度及模型计算等功能。

1）概况描述

该模块主要是查询水华预测预报的整体说明、流域概况、社会经济、模型的介绍等具体情况。只需点击欲查询信息的按钮即可实现功能查询。

2）区域信息

该模块可以实现站点的河道水情、水库水情、水质监测的查询功能。点击欲查询数据按钮，左侧界面即可显示查询结果。

3）中长期调度

该模块主要是查询生态流量、调度线、调度成果线等信息，点击相应按钮即可查询。以调度线为例，查询结果如图20-191所示。

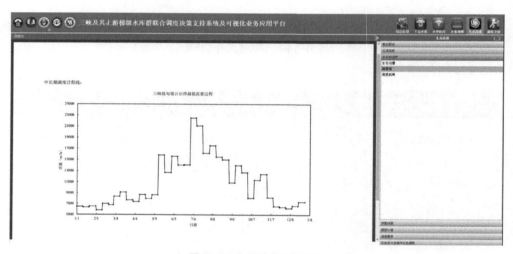

图20-191　调度线查询结果

4）预警预报

该模块可以实现对实时水质查询及预警功能。点击欲查询站名按钮，左侧界面即可显示查询结果。同时，左侧界面以不同颜色来表示不同水质类别，实现预警功能。

5）突发水污染事故应急调度

该模块可以实现突发水污染事件应急调度功能。运行结果如图20-192所示。

6）模型计算

该模块可以实现研究区域内指定时间内，不同调度方案下的水质模拟功能。该模块采用的是一维水质模型模拟计算（针对三峡下游计算），具体操作如下。

①方案名称及参数设置：填写方案名称，选择计算时间及计算步长。根据实际情况，填写相关参数，选择调度方法。

②数据检查：点击数据检查按钮，完成数据检查。

③模型计算：点击模型计算按钮，等待计算完成。

（7）调度决策

调度决策页面包括查看生态调度线、调度需求、调度优选等功能。

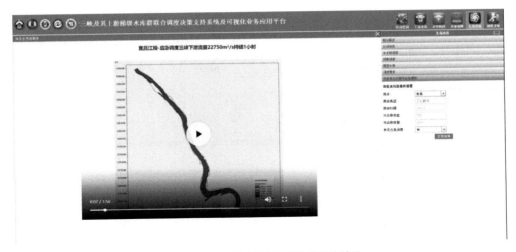

图20-192 突发水污染事件应急调度结果

1）生态调度线

该模块主要是实现生态调度线查询功能，只需点击欲查询信息的按钮即可实现功能查询。查询结果如图 20-193 所示。

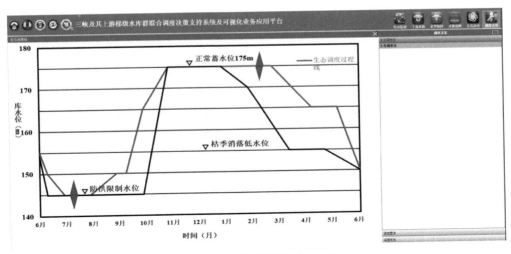

图20-193 生态调度线查询结果

2）调度需求

该模块可以实现对上面计算结果的优选功能，设置查询日期，勾选备选调度方案，检查数据。待数据检查合格后，点击模型计算即可。

3）调度优选

该模块可以实现数据优选结果查询功能。选择待查询方案列表，右下角为优选方案参数，左侧界面显示各水库流量水位的演进过程。如图 20-194 所示。

4）综合信息子系统

（略）

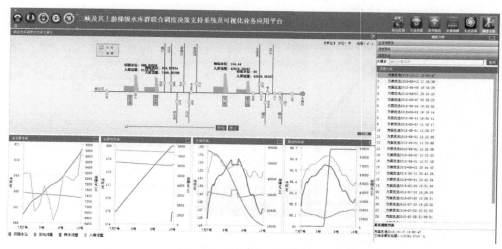

图20-194 优选方案查询结果

5）干流水质子系统

（略）

6）水华防控子系统

（略）

7）水源保障子系统

（略）

8）生态改善子系统

生态改善子系统中长期调度模块如图 20-195 所示。

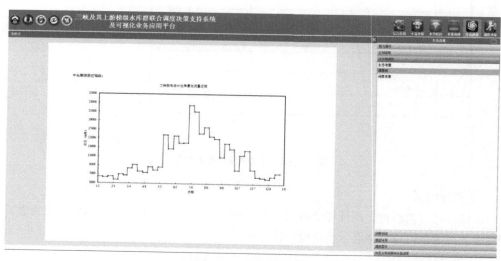

图20-195 中长期调度模块

9）调度决策子系统

调度决策子系统中调度优选模块如图 20-196 所示。

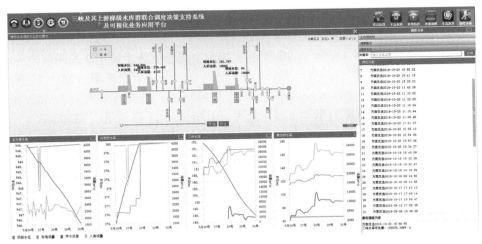

图20-196 调度优选模块

20.10 应用平台示范工程及示范区调度效果示范

20.10.1 应用平台示范工程

研究示范工程的地点和内容见 15.1 部分。

20.10.2 示范工程运行情况

20.10.2.1 2017年调度示范

2017 年消落期，三峡水库共开展了两次生态调度试验，其中三峡水库单库生态调度试验 1 次，三峡水库与向家坝联合生态调度试验 1 次。如图 20-197 所示。

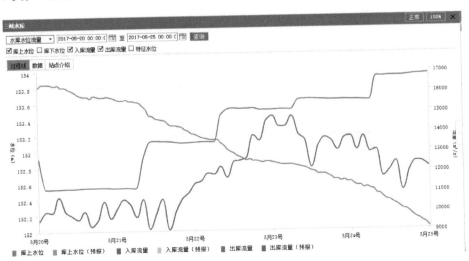

图20-197 三峡水库日均入、出库流量和水位过程线（试验时间：20~25日）

5月20～25日,三峡水库和向家坝水库第一次联合实施了生态调度试验,三峡水库20～25日平均下泄流量分别为11250m³/s、12800m³/s、14600m³/s、15500m³/s、16400m³/s、18000m³/s,流量日均涨幅1350m³/s。6月4～10日,结合水库上游来水及汛前消落计划,三峡水库实施了第二次生态调度试验,6月4～9日,平均下泄流量分别为11500m³/s、13000m³/s、17100m³/s、17600m³/s、18600m³/s、19400m³/s,持续涨水时间为5d,流量日均涨幅为1580m³/s,6月10日平均下泄流量为19100m³/s,11日消退至15500m³/s。

试验期间监测结果表明,三峡水库生态调度试验对水源地保护、水华治理和鱼类产卵繁殖起到了积极促进作用。

生态调度试验启动前一日(5月19日)向家坝水库平均下泄流量为3800m³/s,5月20日减小至2440m³/s,5月21～25日,平均下泄流量分别增加至2700m³/s、3010m³/s、4090m³/s、4190m³/s、4540m³/s,流量日均涨幅420m³/s。

2017年5月20～25日,基于三峡水库和向家坝水库的联合生态调度试验,相关人员集中于三峡水利枢纽梯级调度通信中心,对水库群联合调度系统进行了试运行。

20.10.2.2　2018年调度示范

2018年8月12～24日,本研究开展了为期12d的调度示范。在此期间,三峡水库水位总体上呈现下降趋势,从8月12日0点的154.62m降至25日0点的149.55m。三峡水库出库平均流量28456m³/s,最小流量24300m³/s,最大流量30000m³/s。

20.10.3　防控支流水华的应急调度效果分析

防控支流水华的应急调度效果分析及示范,详见15.3部分相关内容。

20.10.4　基于库区水源地安全保障的水库群联合调度示范

20.10.4.1　基于改善水环境的三峡水库汛期水位浮动试验研究

2018年8月15～25日,向家坝-溪洛渡-三峡水库群进行了"基于改善水环境的三峡水库汛期水位浮动试验研究",其结合了所提出的"保障库区饮用水源地水环境安全的梯级水库群联合调度方案与运行准则",对于三峡水库,本次调度的水位处于149～155m的变化范围内,由于8月份处于汛期时段,因此调度方案实施一到二次日调节过程,水位上下调幅度为0.5m/d,同时,调用溪洛渡-向家坝水量,保障重庆水源地16080～19060m³/s流量。

20.10.4.2　水库群联合调度下水源地水质监测

在实施"基于改善水环境的三峡水库汛期水位浮动试验研究"期间,对重庆市南岸区长江黄桷渡水源地、宜昌市秭归县长江段水源地、九龙坡区长江和尚山水源地3个库区重要水源地开展的"监测时长为连续10d、监测频率为1次/d、监测指标为本考核指标中提到的 27 项水质评价指标"实地采样监测。监测结果表明：通过水库群联合调度，三个水源地水质达标率均达到 100%，满足"3 个库区重要水源地水质保证达标 95% 以上"的考核指标要求。

（1）重庆市九龙坡区长江和尚山水源地断面水质监测结果

对重庆南岸区长江和尚山水源地断面水质监测结果表明，此次"基于改善水环境的三峡水库汛期水位浮动试验研究"取得了良好的调度效果，期间 27 个水质指标均满足Ⅲ类水质要求。具体为：调度期间，重庆市长江和尚山水源地断面水温变化范围 24 ～ 26.8℃，满足地表水Ⅲ类水体水质标准要求；pH 值变化范围为 8.15 ～ 8.25（图 20-198），水质偏碱性，但变化幅度不大，保持在正常范围内；该水源地 TP 浓度变化范围为 0.16 ～ 0.2mg/L（图 20-199）；在试验期间，铁含量最高浓度为 0.25mg/L，锰含量最高浓度为 0.01mg/L，符合Ⅲ类水体水质标准；粪大肠杆菌在调度试验期间无较大变化幅度，稳定在 10000 个 /L，满足Ⅲ类水质要求（图 20-200）。铅和溶解氧等检测项目也符合Ⅲ类水体水质标准。

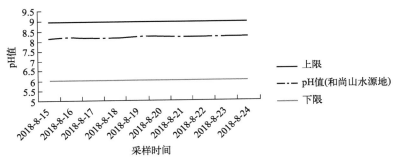

图20-198　调度期间和尚山水源地pH值变化（2018年8月15～24日）

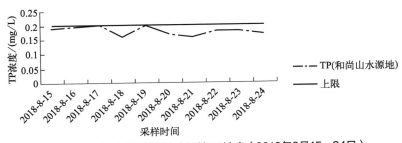

图20-199　调度期间和尚山水源地TP浓度（2018年8月15～24日）

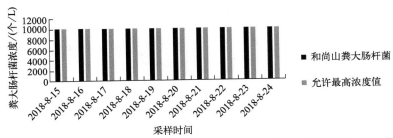

图20-200　调度期间和尚山水源地粪大肠杆菌浓度变化（2018年8月15～24日）

（2）重庆市南岸区长江黄桷渡水源地的断面水质监测结果

对重庆市南岸区长江黄桷渡水源地断面水质监测结果表明：此次"基于改善水环境的三峡水库汛期水位浮动试验研究"取得了良好的调度效果，期间 27 个水质指标均满足Ⅲ类水质要求。调度期间，重庆市长江黄桷渡水源地断面水温变化范围 23.8～24.9℃，满足地表水Ⅲ类水体水质标准要求；pH 值变化范围为 7.63～8.34（图 20-201），水质偏碱性，变化幅度不大，保持在正常范围内；TP 浓度变化范围为 0.15～0.2mg/L（图 20-202）；铁含量在 0.04～0.13mg/L 之间；锰含量调度期间最高浓度为 0.07mg/L，符合Ⅲ类水体水质标准；粪大肠杆菌在调度试验期间无较大变化幅度，稳定在 10000 个/L，满足Ⅲ类水质要求（图 20-203）；铅和溶解氧等检测项目也均符合Ⅲ类水体水质标准。

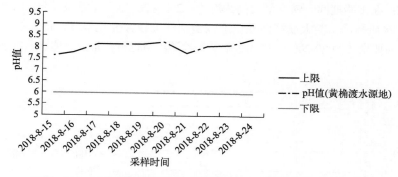

图20-201　调度期间黄桷渡水源地pH值变化（2018年8月15～24日）

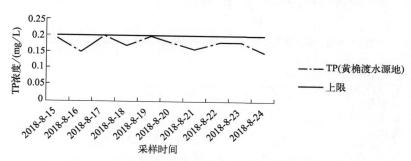

图20-202　调度期间黄桷渡水源地TP变化（2018年8月15～24日）

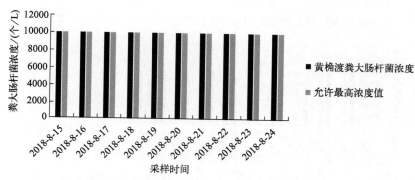

图20-203　调度期间黄桷渡水源地粪大肠杆菌浓度变化（2018年8月15～24日）

（3）秭归凤凰山饮用水源地断面水质监测结果

对秭归凤凰山饮用水源地断面水质监测结果表明：此次"基于改善水环境的三峡水库汛期水位浮动试验研究"取得了良好的调度效果，期间 27 个水质指标均满足Ⅲ类水质要求。具体为：生态调度期间，凤凰山饮用水源地断面水温变化范围 26.8 ～ 33.7℃，满足地表水Ⅲ类水体水质标准要求；pH 值变化范围为 7.56 ～ 7.76（图 20-204），水质偏碱性，变化幅度不大，保持在正常范围内；该水源地 TP 浓度变化范围为 0.08 ～ 0.15mg/L；在调度期间，铁含量浓度范围为 0.24 ～ 0.3mg/L（图 20-205），锰含量最高浓度为 0.08mg/L，符合Ⅲ类水体水质标准；而粪大肠杆菌在调度试验期间最高为 4600 个 /L，满足Ⅲ类水体水质要求（图 20-206）。

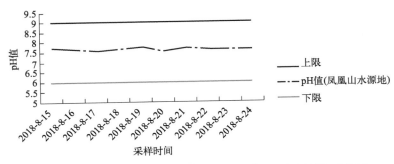

图20-204 调度期间凤凰山水源地pH值变化（2018年8月15～24日）

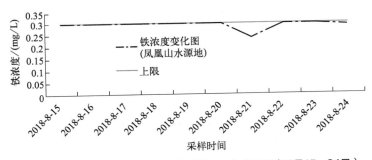

图20-205 调度期间凤凰山水源地铁浓度变化（2018年8月15～24日）

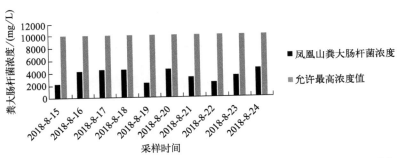

图20-206 调度期间凤凰山水源地粪大肠杆菌浓度变化（2018年8月15～24日）

"水库群联合调度下水源地水质达标率的数值模拟"和"水库群联合调度下水源地实地水质监测"均表明：通过水库群联合调度，重庆市南岸区长江黄桷渡水源地、重庆市九龙坡区长江和尚山、宜昌市秭归县长江段水源地、水源地3个库区重要水源地水质达标率分别从调度前的76.0%、77.1%和97.9%提升到100%，重庆市南岸区长江黄桷渡水源地、九龙坡区长江和尚山水源地水质均有明显改善，说明了水库群联合调度对库区水源地安全保障的积极作用，完成了"通过水库群联合调度，使重庆市南岸区长江黄桷渡水源地、宜昌市秭归县长江段水源地、九龙坡区长江和尚山水源地3个库区重要水源地水质保证达标95%以上"的目标。

20.10.5 长江中游典型水源地水质及联合调度示范

20.10.5.1 长江荆州段、武汉段水源地水质

2014～2017年，研究组分别委托长江水利委员会水文局荆江水文水资源勘测局对荆州柳林水厂水源地、武汉市水务集团有限公司水质监测中心对武汉白沙洲水厂水源地的水质展开监测，监测频次为每月一次，检测指标根据《地表水环境质量标准》（GB 3838—2002）选取，监测项目为"27项水质指标"。

（1）荆州市柳林水厂水源地

荆州柳林水厂水源地，属于长江荆州开发利用区，是重要城市江段，作为集中供水水源地，应该达到Ⅲ类水体的要求。在规定的27项指标中，高锰酸盐指数、BOD_5、氨氮、总磷、铁溶解氧浓度是更为关注的水质指标。根据实测数据，2014～2017年48个月，污染物监测指标见图20-207～图20-212，其余监测指标均合格。

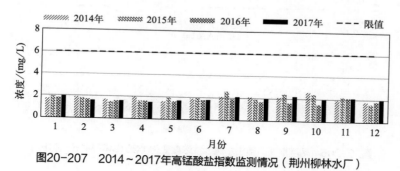

图20-207 2014～2017年高锰酸盐指数监测情况（荆州柳林水厂）

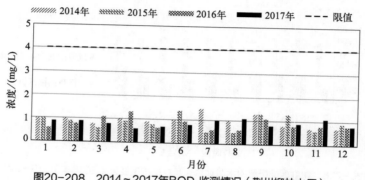

图20-208 2014～2017年BOD_5监测情况（荆州柳林水厂）

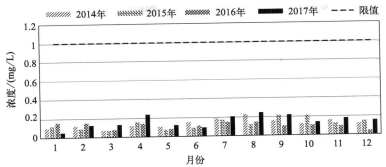

图20-209　2014～2017年氨氮监测情况（荆州柳林水厂）

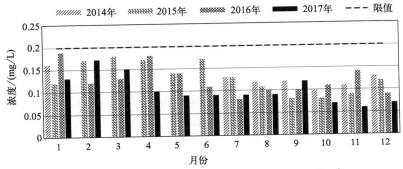

图20-210　2014～2017年总磷监测情况（荆州柳林水厂）

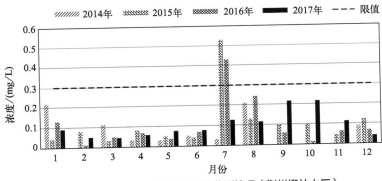

图20-211　2014～2017年铁浓度监测情况（荆州柳林水厂）

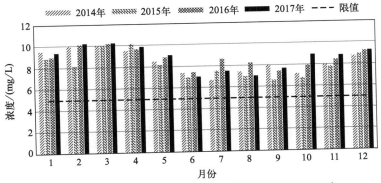

图20-212　2014～2017年溶解氧监测情况（荆州柳林水厂）

由图可见，4年共48个月（次）监测中，只有铁的浓度出现过2次超标，分别是2015年7月、2016年7月，其余指标均达标。

（2）武汉市白沙洲水厂水源地

武汉白沙洲水厂水源地，是重要城市江段，作为集中供水水源地，应该达到Ⅲ类水体的要求。在规定的27项指标中，高锰酸盐指数、BOD_5、氨氮、总磷、溶解氧浓度是更为关注的污染物指标。根据实测资料，2014～2017年48个月，这几项指标实测值见图20-213～图20-217。由图可见，武汉白沙洲水厂2014～2017年共48个月（次）监测资料超标情况为：BOD_5超标1次（2015年5月）、总磷超标1次（2015年2月）、粪大肠杆菌超标23次。根据《地表水环境质量评价办法（试行）》（环办〔2011〕22号），地表水水质评价指标为：《地表水环境质量标准》（GB 3838—2002）中除水温、总氮、粪大肠杆菌以外的21项指标。水温、总氮、粪大肠杆菌作为参考指标单独评价（河流总氮除外）。因此，本次评价中，若不计算粪大肠杆菌的超标次数，2014～2017年48次监测中，只有2次超标（BOD_5和总磷各1次），达标率为96.8%。

2017年5月20～25日，三峡水库和向家坝水库第一次联合实施了示范调度试验，通过持续增加向家坝和三峡水库下泄流量的方式，人工创造出水库下游江段的持续涨水过程，以促进产漂流性卵鱼类产卵繁殖。

为监测本次示范调度对下游水源地水质的影响，在宜昌、荆州柳林水厂和武汉白沙洲水厂水源地附近进行了采样测试。

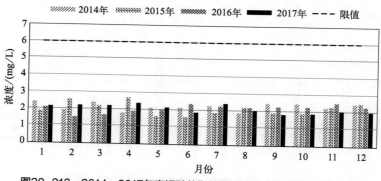

图20-213　2014～2017年高锰酸盐指数监测情况（武汉白沙洲水厂）

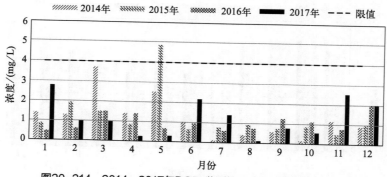

图20-214　2014～2017年BOD_5监测情况（武汉白沙洲水厂）

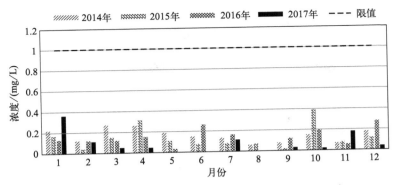

图20-215　2014～2017年氨氮监测情况（武汉白沙洲水厂）

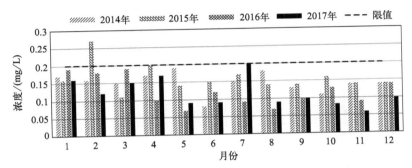

图20-216　2014～2017年总磷监测情况（武汉白沙洲水厂）

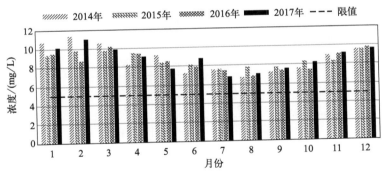

图20-217　2014～2017年溶解氧监测情况（武汉白沙洲水厂）

（3）水源地水质情况

1）取样点位置

示范调度期间对宜昌三峡水文站、荆州柳林水厂水源地和武汉白沙洲水厂水源地进行了取样监测。

2）监测结果

① 宜昌三峡水文站水样测试结果。示范调度期间，对宜昌站水温、pH值、溶解氧、氨氮、总磷和高锰酸盐指数进行了测试，结果如表20-142所列。

示范调度期间，宜昌断面水质较好，监测指标未出现超标现象，达标率100%。

表20-142 示范调度期间宜昌站水样监测结果

采样日期	项目	水温/℃	pH值	溶解氧/(mg/L)	氨氮/(mg/L)	总磷/(mg/L)	高锰酸盐指数/(mg/L)
	标准限值	—	6~9	≥5	≤1.0	≤0.2	≤6
	采样时间						
2017-06-19	15:30	20.5	8.01	7.60	0.129	0.09	1.9
2017-06-20	8:15	19.8	7.98	7.58	0.099	0.10	1.9
	12:00	19.9	7.98	7.52	0.102	0.11	1.9
	15:00	20.0	7.95	7.48	0.112	0.11	2.0
	18:25	20.0	7.96	7.48	0.115	0.11	1.9
2017-06-21	8:30	20.0	8.02	7.56	0.112	0.11	1.9
	12:00	20.0	7.98	7.51	0.125	0.12	1.9
	15:30	19.7	7.93	7.50	0.129	0.11	1.9
	18:20	20.0	8.00	7.60	0.115	0.11	1.9
2017-06-22	8:30	19.9	8.03	7.60	0.119	0.11	2.0
	12:00	19.9	8.06	7.59	0.115	0.11	1.9
	15:30	19.9	8.06	7.32	0.099	0.11	2.0
	18:00	19.8	8.10	7.42	0.102	0.11	2.0
2017-06-23	8:30	19.8	7.91	7.44	0.112	0.11	2.0
	12:00	20.1	7.78	7.50	0.102	0.11	2.0
	15:00	20.1	7.86	7.36	0.096	0.11	1.9
	18:00	20.1	7.78	7.48	0.115	0.11	1.9
2017-06-24	8:30	20.2	8.08	7.48	0.102	0.11	2.0
	12:00	20.3	7.95	7.21	0.112	0.11	1.9
	15:00	20.5	8.01	7.35	0.112	0.11	2.0
	18:00	20.2	7.91	7.36	0.115	0.11	2.0
2017-06-25	15:10	20.8	7.97	7.14	0.105	0.11	2.0

② 荆州柳林水厂水源地水样监测结果。示范调度期间，对荆州柳林水厂水源地pH值、溶解氧、氨氮、总磷、高锰酸盐指数和铁进行了监测，结果如表20-143所列。

示范调度期间，荆州柳林水厂水源地水质较好，监测项目中未出现超标情况，水质达标率100%。

本次示范调度期间，三峡水库出水流量随时间呈逐渐增加趋势，在5月20～26日做的同期一日多次水量观测。结果表明，长江荆州段流量变化趋势与三峡出库流量过程线基本一致。同步进行流量观测和水质监测，并统一编排序号。流量变化过程线见图20-218。如果以氨氮为污染物代表性指标，从图20-219中的拟合趋势线看出，本次调度污染物随时间的推移，有轻微下降趋势。这可以解释为下泄流量增加后，对沿线污染物起到了一定的稀释作用。

表20-143 示范调度期间荆州柳林水厂水源地水质监测结果

采样日期	项目	pH值	溶解氧 /(mg/L)	氨氮 /(mg/L)	总磷 /(mg/L)	高锰酸盐指数 /(mg/L)
	标准限值	6～9	≥5	≤1.0	≤0.2	≤6
	采样时间					
2017-06-20	15:00	7.53	7.9	0.449	0.09	2.3
2017-06-21	8:00	7.7	7.8	0.485	0.08	2.4
	12:00	7.35	8.2	0.492	0.06	2.3
	16:00	7.62	7.8	0.482	0.07	2.5
	20:00	7.69	8.1	0.488	0.06	2.4
2017-06-22	8:00	7.72	7.6	0.47	0.07	2.5
	12:00	7.66	7.4	0.461	0.08	2.6
	16:00	7.7	6.4	0.452	0.06	2.5
	20:00	7.56	8.2	0.458	0.07	2.4
2017-06-23	8:00	7.16	7.6	0.476	0.08	2.6
	12:00	7.32	8	0.479	0.07	2.4
	16:00	7.12	6.8	0.482	0.09	2.6
	19:00	7.15	7.1	0.485	0.07	2.5
2017-06-24	8:00	7.4	7.6	0.464	0.08	2.4
	12:00	7.53	7.1	0.461	0.09	2.5
	16:00	7.58	7.2	0.455	0.07	2.4
	19:00	7.55	8.1	0.458	0.06	2.3
2017-06-25	8:00	7.59	7.2	0.482	0.08	2.6
	12:00	7.78	8	0.492	0.08	2.6
	16:00	7.86	6.5	0.482	0.09	2.5
	19:00	7.93	7	0.488	0.07	2.4
2017-06-26	8:00	7.55	7.8	0.473	0.08	2.4
	12:00	7.8	7.9	0.47	0.07	2.5
	16:00	7.82	7.4	0.461	0.07	2.4
	19:00	7.89	7.5	0.458	0.08	2.4

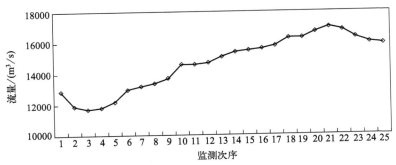

图20-218 2017年示范调度期间荆州长江干流流量过程线

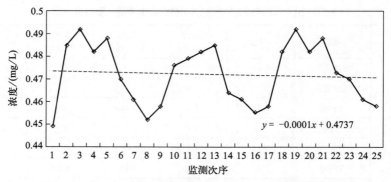

图20-219 2017年示范调度期间荆州长江干流氨氮浓度变化过程线

③ 武汉白沙洲水厂水源地水样监测结果。示范调度期间，对武汉白沙洲水厂水源地原水的高锰酸盐指数、氨氮、总磷、溶解氧、pH 值进行了监测，结果如表 20-144 所列。

表20-144 示范调度期间武汉白沙洲水厂水源地水质监测结果

采样日期	采样时间	高锰酸盐指数/(mg/L)	氨氮/(mg/L)	总磷/(mg/L)	溶解氧/(mg/L)	pH 值
标准限值		≤6	≤1.0	≤0.2	≥5	6~9
2017-06-21	16:20	2.07	0.04	0.08	7.58	7.85
2017-06-22	10:20	1.92	0.12	0.07	7.27	7.5
	12:00	2.24	0.13	0.06	7.15	7.61
	16:00	2.16	0.13	0.07	7.57	7.64
	20:00	2.12	0.18	0.07	7.9	7.66
2017-06-23	9:00	2.1	0.04	0.07	8.32	7.34
	12:00	2.09	0.08	0.08	8.35	7.61
	16:00	1.89	0.08	0.09	8.26	7.7
	20:00	1.97	0.11	0.09	8.75	7.64
2017-06-24	8:30	2.16	0.13	0.08	8.25	7.66
	12:00	2.2	0.17	0.09	8.26	7.72
	16:00	2.12	0.17	0.09	8.17	7.76
	20:00	2.24	0.25	0.09	8.12	7.77
2017-06-25	8:00	2.26	0.11	0.1	8.11	7.66
	12:00	2.1	0.11	0.11	8.45	7.71
	16:00	2.09	0.13	0.1	8.6	7.73
	20:00	2.05	0.1	0.11	8.56	7.79
2017-06-26	8:00	2.14	0.1	0.08	8.43	7.69
	12:00	1.94	0.11	0.08	8.48	7.71
	16:00	2.02	0.11	0.07	8.37	7.72
	20:00	2.15	0.11	0.08	8.33	7.73

续表

采样日期	采样时间	高锰酸盐指数/(mg/L)	氨氮/(mg/L)	总磷/(mg/L)	溶解氧/(mg/L)	pH值
标准限值		≤6	≤1.0	≤0.2	≥5	6～9
2017-06-27	8:00	2.18	0.11	0.14	8.35	7.54
	12:00	1.96	0.11	0.13	8.38	7.8
	16:00	2.05	0.12	0.14	8.39	7.79
	20:00	2.13	0.12	0.14	8.21	7.79

本次示范调度期间，长江武汉段的流量（图20-220）与三峡水库出水流量整体都呈现出增加趋势。如果用高锰酸盐指数代表污染物指标，从图20-221可看出，本次调度污染物随时间的推移，有轻微下降趋势，这也可以解释为下泄流量增加后，对沿线污染物起到了一定的稀释作用。

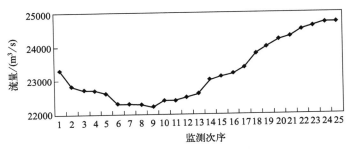

图20-220 2017年示范调度期间武汉长江干流流量过程线

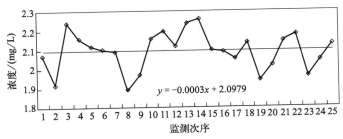

图20-221 2017年示范调度期间武汉长江干流高锰酸盐浓度变化过程线

（4）示范调度期间水质变化分析

示范调度实测资料显示，三峡水库出流到达荆州和武汉的时间分别需要 1～3d。下面分析本次示范调度期间各站水质变化情况。

1）宜昌河段

5d共22次水质取样监测。监测指标包括水温、pH值、溶解氧、氨氮、总磷、高锰酸盐指数6项。监测结果如下：

① 本河段加密监测的水质指标全部合格。

② 22次水样监测中只有总磷浓度第20次为0.11mg/L，稍微超出Ⅱ类水体对总磷的要

求（总磷≤0.1mg/L），但是满足Ⅲ类水体的要求（总磷≤0.2mg/L），其余指标均满足Ⅱ类水体的要求。规划水功能分区为Ⅱ类水体，现状为Ⅲ类水体。

③宜昌江段没有关注的水源地，本次主要是对三峡泄流的水质进行监测，如果下游有超标项目，则据此对照判断是否由三峡下泄所致。

2）荆州柳林水厂水源地

7d共25次水质取样监测。监测的指标包括pH值、溶解氧、氨氮、总磷、高锰酸盐指数5项。监测结果如下：

①本次示范调度期间，按照Ⅲ类水体的水质标准，上述监测的5项指标都没有超标现象，达标率100%。

②在宜昌观测到的总磷浓度大约为0.11mg/L，荆州柳林水厂附近的总磷浓度相应为0.06～0.09mg/L，均值为0.075mg/L。总磷浓度的降低说明在宜昌至荆州河段，总磷有一定的衰减。

3）武汉白沙洲水厂水源地

7d共25次水质取样监测。监测的5项指标分别为高锰酸盐指数、氨氮、总磷、溶解氧、pH值。监测结果如下：

本次示范调度期间，按照Ⅲ类水体的水质标准，上述监测的5项指标都没有超标现象，达标率100%。

20.10.5.2　2018年调度示范期间典型水源地水质

2018年8月15～24日（共计10d），研究组实施了基于改善水环境的三峡水库汛期水位浮动试验研究，期间委托武汉市宇驰检测技术有限公司在宜昌三峡水文站、荆州柳林水厂和武汉白沙洲水厂水源地等关键断面附近进行了采样测试。本次调度期间，三峡水库水位整体上呈逐渐下降的趋势，此消落过程是基于改善水环境试验研究的要求。

（1）基于改善水环境的三峡水库汛期水位浮动试验研究

期间三峡水库水位总体上呈现下降趋势（图20-222），从8月12日0点的154.62m降至25号0点的149.55m。三峡水库从8月12日0:00到25日0:00出库流量和凤凰山整点水位见表20-145。三峡水库出库平均流量28456m³/s，最小流量24300m³/s，最大流量30000m³/s。

图20-222　三峡水库2018年8月12～25日坝前水位变化过程线

表20-145 三峡水库出库流量及坝前凤凰山整点水位

日期	时间	三峡出库流量/(m³/s)	凤凰山整点水位/m
2018-8-12	0:00	28800	154.62
2018-8-12	12:00	28800	154.54
2018-8-13	0:00	28700	154.3
2018-8-13	12:00	28700	154.24
2018-8-14	0:00	29200	153.92
2018-8-14	12:00	29300	153.65
2018-8-15	0:00	29500	153.29
2018-8-15	12:00	29400	152.88
2018-8-16	0:00	29500	152.52
2018-8-16	12:00	28800	152.3
2018-8-17	0:00	28800	152.08
2018-8-17	12:00	28400	151.93
2018-8-18	0:00	28400	151.69
2018-8-18	12:00	28500	151.51
2018-8-19	0:00	28600	151.49
2018-8-19	12:00	28400	151.74
2018-8-20	0:00	28300	152.04
2018-8-20	12:00	28100	152.32
2018-8-21	0:00	27900	152.55
2018-8-21	12:00	29000	152.34
2018-8-22	0:00	29200	152.03
2018-8-22	12:00	29400	151.59
2018-8-23	0:00	29300	151.06
2018-8-23	12:00	29500	150.39
2018-8-24	0:00	29900	149.7
2018-8-24	12:00	30000	149.12
2018-8-25	0:00	24300	149.55

（2）监测点位及相应的水质指标

对长江干流宜昌三峡水文站站点、引江济汉出水渠长江出口处、荆州柳林水厂水源地、城陵矶站、白沙洲水厂水源地取水样，监测地表水常规27项指标。

对宜都大桥（清江入长江汇流点）、岳阳楼、宗关等地取水样，监测地表水5项重点指标（pH值、溶解氧、高锰酸盐指数、氨氮、总磷）。

本次调度期间以白沙洲水厂水源地为起点，沿长江干流向上游在多个断面对水样中的高锰酸盐指数、总磷、铁进行加密监测，以此监测本次试验期间，其随水库消落、河段水质的变化过程。加密监测断面的选取规律如下：城陵矶至白沙洲段，大约每20km一个监测断面（除去首尾断面），设 8 个断面。

（3）水源地水质情况

对主要水源地（荆州柳林水厂、武汉白沙洲水厂、引江济汉干渠渠首）的 5 项重点指标监测结果见表 20-146～表 20-148。详细检测结果见水质报告。监测结果汇总见表 20-149，本次检测的全部断面（地点）的被测指标全部达到Ⅲ类水体的水质要求。

表20-146　柳林水厂水源地5项重点指标监测结果

日期	溶解氧/(mg/L)	pH值	高锰酸盐指数/(mg/L)	氨氮/(mg/L)	总磷/(mg/L)
2018-8-15	6.96	7.34	3.3	0.487	0.19
2018-8-16	6.78	7.54	3.2	0.582	0.16
2018-8-17	6.43	7.81	3.8	0.513	0.18
2018-8-18	6.65	7.13	4.2	0.587	0.15
2018-8-19	7.1	7.21	3.7	0.359	0.19
2018-8-20	6.64	7.73	3.2	0.466	0.16
2018-8-21	6.24	7.25	3.8	0.312	0.19
2018-8-22	6.58	7.19	4.2	0.426	0.17
2018-8-23	7.12	7.33	3.3	0.518	0.18
2018-8-24	6.87	7.43	3.1	0.445	0.14

表20-147　白沙洲水厂水源地5项重点指标监测结果

日期	溶解氧/(mg/L)	pH值	高锰酸盐指数/(mg/L)	氨氮/(mg/L)	总磷/(mg/L)
2018-8-15	6.11	7.56	2.9	0.316	0.15
2018-8-16	6.86	7.78	3.9	0.298	0.19
2018-8-17	6.7	7.98	1.8	0.284	0.18
2018-8-18	6.34	7.69	2.4	0.296	0.16
2018-8-19	6.67	7.93	3.1	0.273	0.14
2018-8-20	6.7	7.75	2.6	0.279	0.16
2018-8-21	6.86	7.91	2.7	0.376	0.17
2018-8-22	6.26	8.21	2.4	0.347	0.16
2018-8-23	6.93	8.11	3.2	0.276	0.18
2018-8-24	6.88	7.81	2.2	0.452	0.18

表20-148　引江济汉干渠渠首5项重点指标监测结果

日期	溶解氧/(mg/L)	pH值	高锰酸盐指数/(mg/L)	氨氮/(mg/L)	总磷/(mg/L)
2018-8-15	6.56	7.67	3.9	0.488	0.17
2018-8-16	6.32	7.79	6.5	0.511	0.17
2018-8-17	7.03	8.03	2.1	0.513	0.18

续表

日期	溶解氧/(mg/L)	pH值	高锰酸盐指数/(mg/L)	氨氮/(mg/L)	总磷/(mg/L)
2018-8-18	6.84	7.46	2.9	0.362	0.18
2018-8-19	7.72	7.66	2.3	0.298	0.14
2018-8-20	7.1	8.05	3.1	0.39	0.13
2018-8-21	6.19	7.58	3.3	0.398	0.15
2018-8-22	7.22	7.28	3.6	0.475	0.16
2018-8-23	7.02	7.85	4.8	0.547	0.11
2018-8-24	6.54	7.33	3.1	0.358	0.13

表20-149 监测断面水质合格情况小结

序号	地点(断面)名称	监测指标	合格情况	备注
1	荆州柳林水厂水源地	27项(略)	全部合格	水源地水质
2	武汉白沙洲水厂水源地	27项(略)	全部合格	水源地水质
3	宜昌三峡水文站站点	27项(略)	全部合格	代表三峡出库水质
4	引江济汉干渠渠首	27项(略)	全部合格	代表引江济汉源头水质
5	城陵矶	27项(略)	全部合格	代表洞庭湖湖口水质
6	宜都大桥	6项(略)	全部合格	清江入汇水质
7	岳阳楼	6项(略)	全部合格	代表洞庭湖水质
8	汉口宗关	6项(略)	全部合格	代表汉江入汇水质
9	金口江心洲处长江	3项(略)	全部合格	加密观测点1
10	汉南通津村处长江	3项(略)	全部合格	加密观测点2
11	团洲村与河埠村长江交汇处	3项(略)	全部合格	加密观测点3
12	潘湾港处长江	3项(略)	全部合格	加密观测点4
13	洪湖大沙镇处长江	3项(略)	全部合格	加密观测点5
14	陆城镇寡妇矶处长江	3项(略)	全部合格	加密观测点6
15	洪湖皇堤宫处长江	3项(略)	全部合格	加密观测点7
16	黄盖镇新洲处长江	3项(略)	全部合格	加密观测点8

注：27项指标是合同中要求的27项监测指标；5项指标是指pH值、溶解氧、高锰酸盐指数、氨氮、总磷；3项指标是指高锰酸盐指数、总磷、铁。

20.10.5.3 长江中游典型水源地水质达标率

（1）荆州柳林水厂

2014～2017年共48个月的水质监测达标率为96.3%。

2017年5月示范调度期间，荆州柳林水厂水源地水质较好，监测项目中未出现超标情况，水质达标率100%。

2018 年 8 月基于改善水环境的三峡水库汛期水位浮动试验研究期间，荆州柳林水厂水源地水质达标率 100%。

（2）武汉白沙洲水厂

2014 ~ 2017 年共 48 个月的水质监测结果表明，若不计粪大肠杆菌，达标率为 96.8%。

2017 年 5 月示范调度期间，白沙洲水厂水源地水质较好，监测项目中未出现超标情况，水质达标率 100%。

2018 年 8 月基于改善水环境的三峡水库汛期水位浮动试验研究期间，地表水 27 项指标均达标，水质达标率为 100%。在 10d 的加密监测期内，长江干流城陵矶至白沙洲段，高锰酸盐指数、总磷、铁浓度都符合Ⅲ类水体的要求，没有出现超标情况。

第 21 章
三峡水库优化调度改善水库水质的关键技术与示范

21.1 研究任务与成果指标

21.1.1 研究任务

随着长江流域社会经济的发展，长江沿岸城市的污水排放量不断增加，其水质已呈现日益恶化的趋势。目前，水污染对饮用水源水质已构成严重威胁，三峡库区以及长江中下游水环境安全正面临着严峻的挑战。本章从分析长江水量水质在空间及时间上的分布规律入手，探明了水质与水量之间的内在联系，构建了科学的水量调控方法体系以达到水质调节的目的，从而充分发挥三峡及上游水利工程带来的环境效益。本章选择了三峡库区和香溪河流域作为典型研究区域，开展了水质水量联合调控管理研究，提出了改善区域水污染状况的综合优化方案，形成了三峡水库水质水量联合优化调度以改善水库水质的关键技术体系。研究的任务主要包括流域分布式水循环模拟与水量水质预报关键技术、水库水量调度与库区水流水质状况响应关系、水库水环境脆弱性定量分析与表征、水库多目标优化调度模型技术与改善水质的调度准则与方案，以及改善水库水质的调度技术集成及决策支持系统。

（1）2009 年研究任务

开发水循环模拟预报的一系列前期支撑技术，开展对复杂性分析方法和多目标优化技术的初步研究，通过现场监测和调查获取基础数据，构建三峡水库水质水量复杂性分析方法体系，开发水质水量联合优化调度技术，开展三峡水库不同调度运行方式下库区水生态环境演变响应关系研究，初步构建水库优化调度数据库系统、决策支持系统及仿真系统。主要包括：

① 运用区域气候模拟和尺度下延技术分析三峡库区及流域气象参数的中长期变化趋

势，基于复杂子流域分类方法分析下垫面复杂条件，为实现库区分布式水循环预报和水文水环境耦合模拟提供技术支撑；

② 结合定位监测、移动监测和遥感监测，建立三峡水库不同水量调度条件下的水流水质与水华观测系统，定期监测库区水量、水质和水华状况，提供三峡水库调度技术综合数据库系统所需基础数据；

③ 分析国内外研究现状，开展对水文水环境脆弱性、复杂性分析方法体系的研究，并调查和收集库区水质水量脆弱性、复杂性基础信息；

④ 建立复杂性条件下三峡水库多目标优化调度决策系统；

⑤ 采用模糊综合评价技术进行水库优化调度综合效益分析；

⑥ 研究三峡水库不同调度运行方式下库区水生态环境演变响应关系；

⑦ 初步开展调度技术综合数据库系统、决策支持及仿真系统的研究。

（2）2010 年研究任务

在 2009 年度工作的基础上开展复杂性条件下分布式降水径流预报技术研究，探索水库调度行为与水量、水质、水华之间的响应关系，对三峡水库水环境脆弱性进行评估，开展后优化决策分析，构建三峡水库水量水质优化调度数据库管理系统和决策支持系统。主要包括：

① 构建复杂性条件下三峡库区流域分布式降水径流模拟系统，研究库区流域水循环过程的时空规律；

② 建立三峡水库调度行为与水量、水质和水华响应关系的统计模拟系统；

③ 建立水生态环境系统脆弱性指标体系，开发系统脆弱性评价分析方法体系，研究水生态环境系统的演变机理和脆弱性的驱动机理；

④ 开发多重后优化决策分析技术，确定现有工程手段允许的最佳调度方案；

⑤ 建立水库优化调度数据库系统和水库水量水质调度决策支持系统，进一步开展基于虚拟现实技术的调度仿真系统的研究。

（3）2011 年研究任务

在前两年工作的基础上，开展复杂性条件下水文水环境耦合模拟、藻类生长模拟，水生态环境脆弱性评价等研究，以水华控制与水生态环境质量改善为基本目标，制定抑制水华以及改善水质的水库调度准则并建立交互式水库水量水质调度决策支持系统和基于虚拟现实技术的调度仿真系统。主要包括：

① 分析三峡库区的水环境与水生物特征，研究水环境、水生物量与水文水动力学条件之间的定量关系，建立复杂条件下的水文水环境耦合模拟系统；

② 建立变化水文水动力学条件下水华优势藻类生长模拟系统；

③ 开发三峡水库水环境传染性分析方法体系，预测水生态环境系统脆弱性水平的分布特征和演变规律；

④ 以水华控制与水生态环境质量改善为基本目标，制定抑制水华以及改善水质的水库调度准则；

⑤ 在前期工作基础上，建立基于虚拟现实技术的调度仿真系统，为实现三峡水库水污染防治与水华控制的综合管理提供参考。

21.1.2　成果指标

针对三峡以上流域污染排放和三峡库区支流水华对水动力学特征高度敏感的特点，在保证三峡水库防洪、发电和航运等主体功能正常的前提下，研究了在变化水文条件和设计水质条件下抑制水华的水文水环境模拟预报技术、系统复杂性分析技术、多目标优化调度技术，开发改善水库水质的调度技术集成及决策支持系统，为三峡水库水质的迅速改善以及水华问题的控制提供关键性技术支持和工程经验。主要成果包括：

① 三峡库区流域分布式水量预报系统；

② 三峡库区流域水量水质耦合模拟系统；

③ 三峡水库调度行为与水量、水质与水华响应关系分析系统；

④ 三峡水库调度方案水生态环境脆弱性评估体系；

⑤ 三峡水库多目标优化调度决策技术；

⑥ 三峡水库水量水质调度决策支持系统。

21.2　技术路线及实施细则

21.2.1　技术路线

基于系统"特征辨识 - 过程模拟 - 系统优化 - 综合决策"的学术思路，以三峡水库水量调度与改善水质的关系为核心，通过实地考察、实验分析、模拟优化、定位监测、文献查询等一系列方法，对三峡水库水文水环境格局与过程、水文水环境耦合机理和规律、自然和人为的驱动机制、水环境污染物迁移转化规律展开系统研究，最终以水环境系统健康和提高三峡水库下游水质为目标，探索通过优化调节水库水量来改善水质的关键技术，建立不确定性条件下水质水量联合优化调度的综合决策支持系统，对三峡水库水文水环境系统内部各元素的运行状态、中长期发展态势进行实时评估和调控。

通过系统集成的方法，着力整合了各项研究所开发的模型、技术和方法。具体包括：

① 开展三峡库区流域水量水质预报关键技术研究，在三峡库区和典型流域两个层面开展气候变化条件下的降水径流预报和水文水环境模拟；

② 针对三峡水库支流区变化水文水动力学条件，开展藻类生长室内模拟试验并且建立了干支流耦合水流水质模型，分析了三峡水库水量调度与库区水流水质状况响应关系；

③ 实施三峡水库调度条件下水生态环境系统脆弱性分析与风险评估；

④ 针对三峡多条典型支流水质，建立了基于统计水质响应的三峡库区多目标优化调度模型，在考虑防洪、发电、航运、水质等多方面因素的基础上开发了多情景三峡水库水量水质调度决策支持系统。

整套模型的技术路线见图 21-1。

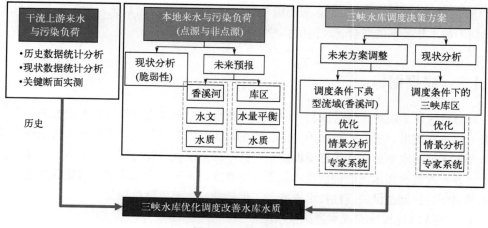

图21-1 技术路线图

21.2.2 实施细则

（1）开展三峡库区流域水量水质预报关键技术研究

针对三峡水库上下游流域地形复杂、降水条件空间差异明显等特点，研究区域降水模拟以及尺度下延技术，并结合地面观测数据分析降水量及相关气象参数的中长期时空分布规律。综合考虑地形和下垫面要素的变化以及流域水文要素之间的关系，通过收集研究流域的相关地理信息系统（GIS）和遥感数据，开发相应的模糊聚类技术对三峡库区所在流域进行科学的子流域划分；同时开发高效的插值技术以建立高精度数字高程模型（DEM），研究地形和下垫面要素的时空变化规律并有效解决现有数字高程模型的精度问题。分析三峡库区分布式降水径流关系所需要的降水、温度、土壤、植被、地形等水文相关参数的时空变化规律，开展降水径流关系实验，构建三峡库区流域分布式降水径流预报系统，揭示三峡水库水循环过程的时空演化规律。基于对三峡库区分布式降水径流时空变化规律的分析，开发水文水环境耦合模拟系统，以揭示降水径流和水动力、水动力和水质、水动力和泥沙的淤积输送、水土流失和水环境等过程之间的耦合规律，动态预测洪水期水量水质和枯水期中长期水量水质，为三峡库区水量水质联合调度提供科学的决策依据。

（2）共同进行三峡水库水量调度与库区水流水质状况响应关系的研究

重点探讨三峡水库水量调度条件下的水流水质与水华响应的统计学关系，开发变化水文以及设计水质条件下藻类生长的动态模拟系统。对三峡水库库区及流域的水文水生态格局与过程、水文水环境耦合机理和规律、自然和人为的驱动机制、水环境污染物迁移转化规律以及水华暴发机理等展开系统性研究。调查库区沿江各污染带、主要污染源、重点污染源和工业废水与生活废水排放量等水环境现状，以及库区河段已有水文水质水生物情况，分析各类指标的相关物理和生化过程及影响因素，为三峡水库多目标优化调度系统开发，以及水库优化调度改善水质和抑制水华的调控准则的制定提供技术支持。

（3）组织实施三峡水库调度条件下水生态环境系统脆弱性分析与风险评估技术研究

① 基于现场观测、实验分析及信息采集进行三峡水库水质水量数据调研与分析，综合国内外研究现状，结合实地考察，收集各种与自然变更和人为活动影响有关的数据，从而探求社会经济发展与自然水循环双驱动力下复杂性对水环境系统脆弱性分析以及对水库调度风险评价的影响。

② 进行三峡水库水质水量复杂性分析技术研究，在三峡水库水质水量复杂性研究数据调查与收集和三峡库区流域系统特征辨识及库区水循环、水环境与水华模拟预测的基础上，研究水库水生态环境系统可能承受的各类自然扰动和人为扰动的时空特征及互动机理，并结合实地监测和实验室检测，开发水生态环境系统多维脆弱性与风险动态分析方法体系。同时开展三峡水库调度条件下库区水生态环境系统脆弱性分析技术研究，研究环境质量对三峡生态系统演变过程的影响，以及系统对环境质量变化的脆弱性、敏感性和自适应性特征。

③ 进行三峡水库不同调度方案对库区中长期水生态环境影响的风险评价、预警、调控策略研究，基于对水库水环境系统复杂性的定量认识，结合社会、经济、生态和环境保护多重效益目标，构建优化调度条件下三峡水库水环境系统的风险预报系统，并进一步制定并完善重点风险区的风险应急预案，提高应急管理能力。

（4）共同开展三峡水库优化调度模型技术与改善水质的调度准则及方案研究

针对香溪河流域，本项目构建三峡水库多目标优化调度决策模型，为三峡水库防洪、发电、调水及生态保护提供中长期最佳调度方案，并在此基础上开展基于模糊综合评价技术的水库优化调度综合效益分析；同时，本项目致力于构建具备可操作性的突发性污染事故短期实时调控系统，对各类污染事故信息进行高效收集、实时统计和分析，为事故现场紧急处理提供控制方案和实况指导；在中、长、短期水库水量水质优化调控模型的基础上，开发多重后优化决策分析技术，用以对比不同优化方案的优劣，确定现有工程手段允许的最佳工程调度方案。同时，以水华控制与水生态环境质量改善为重点研究目标，制定变化水文动力学条件下抑制水华以及改善水质的水库调度准则。本项目成果能够为库区一体化水质水量联合调度提供有效的解决方案，实现多种调度目标存在的情况下整体效益最大化，并为水库调度决策支持系统以及仿真系统的开发提供强有力的技术支撑。

（5）协调改善水库水质的调度技术集成及决策支持系统研究

针对三峡库区的水生态环境问题，以保障三峡库区水质安全以及改善生态环境为目标，结合水库防洪、发电、航运等综合利用调度规程，在对蓄水运用初期水库的水环境演变机理的研究的基础上，建立调度技术综合数据库系统，集成洪水发电、水资源分配、水生态环境保护、不确定性分析、水库风险评价等功能的所有数据和元数据，包括有关技术参数、运行标准、实验数据、调度规范以及数值分析结果等，以便于统计分析和管理决策，并服务于水库调度决策支持及仿真系统。建立交互式水库水量水质调度决策支持系统，验证水库调度实施后对库区水质状况及水华的改善程度、鉴别重点治理区域以及提出进一步需要治理的区域等内容。同时，综合运用计算机技术的最新成果，建立调度仿真系统，动态揭示、监控水库水量水质水华等综合利用目标的演变规律，为实现三峡水库水污染防治与水华控制的综合管理提供科学支持。

21.3 技术研发内容

21.3.1 三峡库区流域水量水质预报关键技术

21.3.1.1 技术研发过程

（1）2009 年技术研发

1）库区重要支流流域下垫面特征辨识与子流域划分

本项目对各子流域下垫面进行全面调查，开展流域下垫面特征辨识工作。通过大量的数据收集、现场调查和文献查阅，采用传统技术与高新技术相结合的方式，综合应用遥感技术（RS）、全球定位系统（GPS）、野外实地勘测和水文气象观察站相结合的手段来采集流域数据，对时空变化较大的一系列流域数据如土地利用、植被覆盖、土壤条件、水文气象等进行了有效的收集，同时利用 GIS 技术对所收集的下垫面数据进行了存储、管理、分析。本研究以小尺度子流域为基本单元认识流域下垫面要素的空间变异格局，完整认识下垫面地物类型和分布格局的复杂性和动态性。

同时，基于 DEM，结合土地利用和土壤类型分布等遥感数据，提取研究区域地理信息。笔者项目组获取了香溪河流域大比例尺地形图与遥感影像，在地理信息系统环境中对获取的 DEM 进行填注预处理，再生成水流流向，提取水流累积矩阵，并设置临界集水面积阈值，提取河网水系，最终将香溪河流域划分成了多个小尺度子流域，完成了香溪河流域基于数字高程模型的河网提取和子流域划分。

2）应用 SWAT 模型进行库区重要支流水文模拟预报

本项目应用 SWAT（soil and water assessment tool）这一由美国农业部（USDA）农业科学研究院（ARS）开发的流域尺度模型，借助 GIS 和 RS 提供的强大空间处理能力模拟流域中多种不同的复杂的水文物理过程，采用兴山气象站 1991～2010 年连续 20 年的日观测数据，对库区重要支流进行水文模拟预报。采用 LH-OAT 灵敏度分析方法对敏感性参数进行筛选，从而保证模型最大程度地反映研究区域的特征，尽可能准确地界定对模型结果产生重大影响即敏感性最大的参数值。在分析参数敏感性的基础上，选取 1991～2007 年序列资料，用模型率定提供的手工率定实现以上 7 个参数的率定，该研究的技术路线如图 21-2 所示。

在研究中可以选用相关系数（R^2）、相对误差（R_e）以及 Nash-Suttcliffe 模型效率系数（NSE）作为评价模拟结果的指标。

3）库区区域气候模拟

本研究对三峡库区及上游流域复杂的地形、气象条件和水循环特征进行细致辨识，开发了基于区域气候模式 PRECIS（providing regional climates for impacts studies）以及 SDSM（statistical down scaling model）尺度下延模型的区域气候模拟尺度下延技术。本

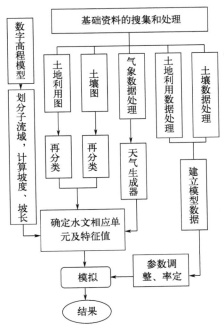

图21-2 SWAT模型研究技术路线

研究选用英国哈德利（Hadley）中心开发的区域气候模型PRECIS，对三峡库区及支流流域1961～1990年30年间的数据进行模拟，并在《排放情景特别报告》（SRES）A2和B2情景下对2071～2100年30年间的气候变化进行预测。模拟的参数包括平均温度、最高温度、最低温度以及降水量等。本研究选用水平分辨率在旋转坐标下经纬度为纬度0.44°×经度0.44°和纬度0.22°×经度0.22°，在中纬度地区水平格点间距约为50km和25km，积分时间步长分别为5min和2.5min的两种网格输出。研究范围为以三峡库区（N30°44′18″，E111°16′29″）为中心点，经纬度方向格点数分别为50和44（50km网格）、100和88（25km网格）的区域。在该区域空间范围内，垂直方向采用σ坐标，分为19层，最上层为0.5hPa；水平方向计算应用Arakawa B网格，应用水平扩散项控制非线性不稳定；侧边界采用松弛边界条件，陆地边界层应用的是MOSES（met office surface exchange scheme）方案。本研究通过区域气候现场观测以及气象站点资料收集，选择有代表性的气象站点，选取1961～2100年段气象数据对PRECIS区域气候模拟进行验证及效果评价。

（2）2010年技术研发

1）库区重要支流流域实地考察

项目组成员历时1个月，山区行程逾2000km，考察组综合运用大比例尺地形图、GIS系统和GPS设备，深入深山沟壑，遍访当地居民家庭，与当地农户与基层科技人员进行广泛交流，对研究区域内多种类型的小尺度子流域的地形、地貌、水文、气象等自然特征进行了系统性观测和资料收集。综合应用遥感技术（RS）、全球定位系统（GPS）、野外实地勘测和水文气象观察站相结合的手段来采集流域数据，对时空变化较大的一系列流域数据如土地利用、植被覆盖、土壤条件、水文气象等进行了有效的收集，同时利用GIS技术对所收集的下垫面数据进行了存储、管理、分析。综合分析地形、地质、土壤、气象、径流、交通等多方面因素，并最终为流域水文气象监测网络确立了 14 个备选站点。

2）库区重要支流子流域分类

项目组基于对流域下垫面的特征的调查和辨识，开展聚类方法研究，依据下垫面要素及其水文效应对子流域进行聚类分析。项目组开发逐步聚类（stepwise cluster）技术，并结合三峡库区流域子流域划分的结果以及实地考察的资料和数据，将之应用至子流域分类中。子流域聚类划分过程中各类下垫面数据和参数均通过 GIS 技术的应用进行处理和管理。子流域划分技术的最佳技术参数均通过文献调查及计算模拟实验而确定。本研究通过开发应用上述聚类技术，结合实地考察的结果，最终将研究区域的所有子流域依下垫面要素聚类成 5 类，实现了流域内降雨径流模式的基本类型划分和空间定位。逐步聚类方法的基本原理是根据给定的标准，把一组样本分割成两类，或者把两组样本合并成一类，一步一步地直到将所有的样本归入相应的类之中。为了将含有 n 个样本的类分割成子类，根据 Wilks 似然率准则，如果分割点最佳，Wilks 值 Λ（$\Lambda = |W|/|T|$）应该最小，其中 T 是总样本矩阵 $\{t\}$，$|T|$ 是矩阵 $\{t\}$ 的行列式，W 是组内矩阵 $\{w\}$，$|W|$ 是矩阵 $\{w\}$ 的行列式。当 Λ 值非常大时，则该类不能再分，必须被合并到上一级的类中。因此，分类和合并的标准由一系列根据 Wilks 准则进行的 F 检验构成。

子流域划分和聚类的技术方法如图 21-3 所示。

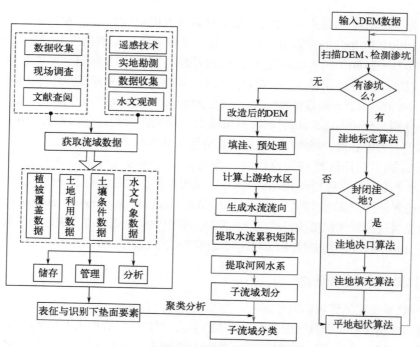

图21-3 子流域划分和聚类的技术方法

3）建立库区重要支流水文气象观测平台

综合考虑微地形植被、土壤、小气候、汇水面积、交通情况等条件，结合子流域划分和分类结果，项目组最终在研究区域确定了 5 个最佳子流域，以开展水文气象站建设、收集流域水文气象数据。水文气象监测站的建设包括围堰建设、水文监测仪器的安装调试和气象监测仪器的安装调试三个主要过程。通过有线连接的水位数据记录装置置于围堰外侧，并做相应的安全防护。气象监测站建立在围堰附近开阔地，以水泥固定的支架作为支撑，其中风速仪高于地面约 2m。土壤湿度和温度探测器成对放置于气象监测站附近典型土壤带中，深度为 1m 左右。围堰建设依据国家设计规范，在所选小流域的河道中建立一段规整的明渠水道，并在水道前方设置溢流堰板，堰板高度依设计流量确定。水文监测仪器安装于明渠水道中，其中水位探头置于距堰板 1.5 ～ 2m 处。综合考虑地理环境状况及流域流量计算，选择建设等宽矩形薄壁围堰进行水文观测。定期派出野外工作人员到现场对仪器调试和维护，并对收集数据进行采集和整理。

4）应用 TOPMODEL 模型进行库区重要支流水文模拟预报

本研究应用经典的半分布式 TOPMODEL 流域水文模型，对库区重要支流进行水文模拟预报。该模型利用流域的地形特征（地形指数的空间格局）来反映土壤的水分亏缺状况和径流的分布规律以及变动产流面积。模型中对流域的汇流过程进行简单的处理，假定所有地形指数相同的点具有相同水文响应以及土壤饱和水力传导率随着深度的增加呈指数递减关系，忽略汇流过程的滞时效应，用地形-面积分布函数来描述水文特性的空间分布不均匀性。该模型在数字高程模型上提取流域信息，进行流向判别，对流域下垫面进行划分。然后在地理信息系统（GIS）环境中对获取的 DEM 进行填洼、预处理，再生成水流流向，提取水流累积矩阵，并设置临界集水面积阈值，提取河网水系。结合实地考察的结果，建立基于子流域的 TOPMODEL，计算流域出口的流量。在子流域内采用子流域的平均降雨和地形指数统计曲线以及采用本子流域的汇流等流时线计算汇流到流域出口的流量。基于子流域的 TOPMODEL 模拟的流域出口的总流量是把每个子流域在流域出口的流量进行叠加得到的。

本研究以 1995 ～ 2006 年实测气象数据、流量数据、地形数据作为输入，对 TOPMODEL 模型进行参数率定；以 2007 ～ 2010 年实测气象数据、流量数据、地形数据对模型进行验证，进而对研究区域的降水径流过程进行模拟。通过模拟分析，对构建的流域分布式水文模型模拟结果进行对比验证。

（3）2011 年技术研发

1）库区重要支流分布式降雨径流模型开发

项目组基于建立的自动化水文气象监测站点和以大尺度下垫面数字化多要素信息为核心的库区典型流域分布式水文气象观测与数据信息管理平台，实现对三峡库区典型流域水循环过程及下垫面信息的高效采集、管理、分析和系统辨识。重点研究三峡库区降水径流定量模拟中的各种复杂性以及它们之间的交互作用，考察了研究区域内水文过程与流域地形地貌相互作用的定量表征关系，开发了流域水循环定量分析技术，从而构建复杂性条件下的三峡库区分布式高精度降水径流模拟平台。

项目组运用各种现代遥感观测手段和计算机动态模拟技术，建立动态数字地形单元模拟模型，并通过一系列地表动态因子表征了地表信息单元之间的动态联系，有效反映坡面产汇流过程的时空分布性和动态特征；通过研究三峡库区流域不同下垫面对径流形成过程的影响，同时考虑了冠层截留、总蒸发、超渗和蓄满产流机制，构建库区分布式水文模拟模型；采用多元统计分析长序列水文气象资料，为降水径流模拟与预测提供高精度的气象序列数据。并在此基础上开发了适用于流域地形复杂、降水条件空间差异明显的大中型流域降水径流模拟与预报系统。开发的分布式降水径流模拟与预报技术是以物理分布式模拟为基础，对流域水文循环过程水分平衡进行核算。依据划分的子流域，对每个单元水文过程的模拟包括总蒸发、截留、入渗、壤中流、地下径流，以四水箱概念进行垂向水量计算，并借助具有中长期预报功能的气候模型为分布式降雨径流模型提供精确气象数据输入。通过长系列水文气象数据分析对模型进行率定和验证，确保降水径流模拟精度，从而实现准确的流域中长期降水径流过程模拟与预报。

开发的分布式水文模型是以日为时间步长，以数字高程模型和下垫面类型（土地利用和土壤类型）为基础的，具有物理机制的分布式降雨径流模型。在应用中，首先借助TOPAZ地形分析软件以DEM为基础进行地形分析，包括填洼、流向确定、河网提取、子流域划分等。根据土地遥感获取的下垫面状况，将每个子流域进一步划分为聚集模拟单元，不同的计算单元具有不同的模型参数。

地形分析并提取流域下垫面数据之后，可以把观测的气象站点数据，包括站点的海拔、坐标、年平均降雨量以及温度、露点、光照辐射等气象数据，利用泰森多边形空间插值法将点的气象数据离散成面气象数据，从而形成全流域的分布式气象输入。

模型模拟过程主要分为陆面和水面循环模拟两部分：前者控制水文响应单元的水量平衡；后者控制流域出口的径流过程。产流和坡面汇流属于陆面循环；水面循环则包括河道汇流及集水区内的塘堰、水库的水量平衡部分。

陆面垂向水平衡：用四层非线性水库来模拟垂向水量平衡，从上至下依次为截留层、融雪层、土壤含水层和基流层。垂向水分运动处理顺序依次为降水、截留、蒸散发、入渗、壤中流、深层渗漏、基流（地下径流）。

水面垂向水平衡：水面垂向水平衡包括子流域内部河网汇流、子流域之间的径流演算和水面循环。水面循环也考虑子流域内部有水库、湖泊、塘堰等水体时水流的重新分配问题。模拟降水过程采用度日法，考虑了以降雪形式存在的水循环过程。融雪在水循环过程中是一个重要的角色，其受到多个气候及物理地形因素的影响。在水文工程计算分析及预测中有大量的融雪计算方法可选择。在给定的时间区间内融雪的能量核算由下式给出：

$$Q_0 = Q^* + Q_v - Q_e - Q_h + Q_d - Q_g + Q_f \tag{21-1}$$

式中　Q_0——积雪中热储量的改变；

Q^*——净辐射交换；

Q_v——降雪过程热输送；

Q_e——蒸发和升华过程消耗的热量；

Q_h——对流过程中热量转移；

Q_d——冷凝产热；

Q_g——地 - 雪热传输；

Q_f——积雪中的水冰冻释放的热。

子流域产流计算必须首先判断子流域降水是液态降水还是固态降水。判断依据为：当地气温 $T \geq T_0$（T_0 为临界温度）时降水为液态降水；否则为固态降水。如果是降雨，则和该时段的融雪一起进入下一步的产流计算。融雪水和降雨如果进入积雪，就会被积雪层滞留，即成为液态水含量；当液态水含量大于积雪层最大持水量时就开始发生融雪出水。降雨和融雪水在地表迅速蓄积，并有一部分向地下土壤层下渗。降雨和融雪中没有下渗的那一部分在地表汇集形成径流，称为地表径流，由于表层土壤多为根系活动层，比较疏松，下渗能力比下层坚实土壤大，降雨时来自地表的下渗水将有一部分被阻滞在上下层分界的相对未透水的上层土壤中，形成临时性的侧向水流，在表层土壤中注入河网，这一部分水流被称为壤中流。壤中流为浅层下渗水，所有下渗水中还有一部分渗透通过土壤相对未透水界面后继续下渗，这一部分为深层下渗水，深层下渗水最终形成地下径流。本模型考虑到研究区域实际降水形式，融雪不作为模拟模块，降水形式默认为是降雨。构建的水文模型计算的地理数据可通过 ASCII 转栅格数据过程在 ArcGIS 中调用，从而极大地提高了模型数据处理和数据可视化的能力。

降雨径流模拟与预报技术流程如图 21-4 所示。

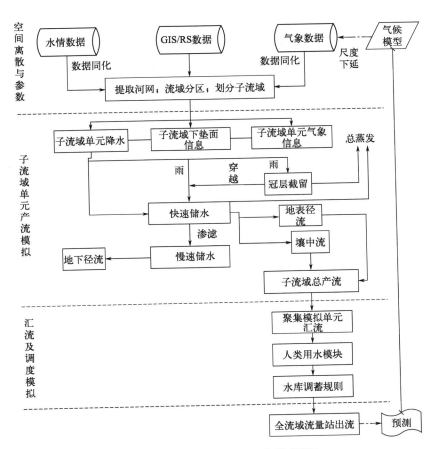

图21-4　降雨径流模拟与预报技术流程

本章开发的分布式降雨径流模型要求模型参数以流域内各种土地覆盖类型为基础建立，需要对特定模型参数（如曼宁系数、土壤渗透、土壤的保留常数等参数）进行优化。一旦某种特定的土地覆盖/土地利用类型的模型参数经过优化，其率定参数值可以作为其他流域同类土地覆盖/土地利用的模型参数值，而无需再重新率定。

当模型的结构和输入的参数初步确定后，通过输入实测资料对模型进行率定和验证。本研究使用的资料系列分为两部分，其中一部分用于率定模型，另一部分则用于模型的验证。在模型中，模型参数的率定过程即参数优化的过程，通过输入连续时间系列的流域出口的每日实测径流资料，利用单纯多边形进化算法（SCE-UA 法），不断调整模型参数，直至模型模拟计算值与实测值达到最佳拟合状态，停止计算，确定新的最佳的模型参数值。

本研究采用扰动分析法对水文模型中的初始土壤蓄水量、最大入渗率、曼宁系数、土壤持水天数、土壤最大蓄水量和地下水保持天数等参数进行敏感性分析，即对数值分别给 ±5%、±10%、±15% 的扰动，观察流域出口地表流量的变化率，根据变化率的大小判断模型参数的敏感性。然后，以划分的子流域与下垫面类型耦合成聚集模拟单元，以聚集模拟单元作为计算单元对降雨径流过程进行模拟，并汇流成流域出口的水文过程。分别采用两类数据运行模型，对开发的分布式降雨径流模型进行率定和验证。

2）库区的区域气候模拟尺度下延

本研究基于 PRECIS 区域气候模拟，引入尺度下延技术统计降尺度模型（SDSM），从而解决全球气候模型及区域气候模型与水文循环过程模拟在时空上不同层次的尺度匹配与转换问题，切实有效地反映多级耦合过程中的尺度效应，满足水循环 - 气候模型耦合的分辨率要求。SDSM 将 GCM 输出中物理意义较好、模拟较准确的气候信息应用于统计模式，从而纠正 GCM 的系统误差，且不用考虑边界条件对预测结果的影响。本项目首先从研究库区流域在多种气候变化情景下的降雨条件入手，掌握与降雨径流过程相关的多种气象参数的中长期时空规律，为水量预报技术的开发提供关键气象参数的高精度时间序列，同时将月降雨量作为水量平衡模型的输入，进一步分析和预测气候变化对三峡库区水量变化的影响。结合三峡库区已有气象站 1991 ~ 2005 年实测数据，以日最高气温、最低气温和日平均降雨量为预报量，选取合适的美国国家环境预测中心（NCEP）大气环流因子为预报因子，建立预报量与预报因子间的回归关系。利用 1991 ~ 2000 年、2001 ~ 2005 年的实测数据和 NCEP 大气变量分别对 SDSM 模型进行率定和验证。选择 A2、B2 两种情景，针对 2011 ~ 2020 年应用 HadCM3 输出的未来气候情景，输入验证过的 SDSM 生成预报量的未来序列，以建立未来十年的气温情景和降雨情景，并对三峡库区未来气温变化情景和降雨量变化情景进行分析。

3）库区水量平衡气候变化影响分析

本研究选用统计降尺度模型 SDSM 对三峡库区 40 条子流域的降雨量和气温进行降尺度处理，分别以降雨和气温预报因子的主分量作为 SDSM 的输入量，分别和库区气象站的日降雨资料建立统计降尺度关系，率定参数后，得到分别建立的大尺度预报因子与库区站点降雨和气温的统计关系，最好用建立的模型模拟 A2、B2 情景下库区 2011 ~ 2020 年降雨量、气温的变化情况，建立库区 2011 ~ 2020 年的气候变化情景。另外，通过库区各水文站的历史实测降水、蒸发资料，率定水量平衡模型的参数，建立气候变化下库区 40 条子流域的水量平衡模型。用 1974 ~ 2003 年的香溪河实测月降雨、月蒸发、月径流资料，率定和检验水量平衡模型的参数；模型采用 2006 ~ 2009 年的綦江、嘉陵江、乌江、大宁河、龙河、渠溪河、磨刀溪、九畹溪等 40 条子流域实测月降雨、月蒸发、月径流资料，率定和检验綦江、嘉陵江、乌江、大宁河、龙河、渠溪河、磨刀溪、九畹溪等 40 条子流域的水量平衡模型的参数。同时考虑气候稳定条件下的水量平衡，即假定未来十年的气候状况与目前十年保持一致的前提下计算未来十年的月径流量，对 10 条代表性子流域进行具体模拟。

21.3.1.2 技术方法

（1）数据

本研究采用研究区域内多种类型的小尺度子流域的地形、地貌、地质、土壤、水文、气象等自然特征方面的数据，以及土地利用、植被覆盖、土壤条件、水文气象等时空变化较大的一系列流域数据及历史序列资料，来支持库区重要支流水文气象观测平台的建立。采用研究区域的数字高程模型以及土地利用和土壤类型分布等遥感数据，同时需要研究区域内微地形植被、土壤、小气候、汇水面积、交通情况等多方面的资料，支持库区支流子流域的划分需要。分别采用了 1991～1998 年和 2001～2010 年两组长时间序列的香溪河流域的水文数据对所开发的分布式降雨径流模型进行率定和验证，其中，以 1994～1998 年和 2001～2005 年香溪河流域气象观测数据及兴山水文站日径流观测数据对模型进行率定。采用数字高程图、土地利用 / 覆被图（LUCC）、土壤图、土壤属性数据、气象数据、径流数据和相关自然地理资料等基础信息，支持 SWAT 模型在库区重要支流水文模拟预报中的应用，其中降雨数据采用建阳坪站、兴山站、张官店站（青山站）、郑家坪站及水月寺站 5 个雨量站 1991～2010 年连续 20 年的日降雨量数据，气象数据采用兴山气象站 1991～2010 年连续 20 年的日观测数据。采用 1995～2006 年实测气象数据、流量数据、地形数据作为输入，对 TOPMODEL 模型进行参数率定，并以 2007～2010 年实测气象数据、流量数据、地形数据对模型进行验证，进而对库区重要支流的降雨径流过程进行模拟。采用三峡库区气象站 1991～2005 年的实测数据，验证统计降尺度 SDSM 模型的模拟能力。采用 1974～2003 年的香溪河实测月降雨、月蒸发、月径流资料，率定和检验库区水量平衡模型的参数。采用 2006～2009 年的綦江、嘉陵江、乌江、大宁河、龙河、渠溪河、磨刀溪、九畹溪等 40 条子流域实测月降雨、月蒸发、月径流资料，率定和检验綦江、嘉陵江、乌江、大宁河、龙河、渠溪河、磨刀溪、九畹溪等 40 条库区子流域的水量平衡模型的参数。

（2）仪器

本研究主要通过围堰建设以及多种水文和气象的监测仪器实现库区重要支流水文气象观测平台的建立。其中水文气象监测站的仪器主要包括水位数据记录装置、风速仪、土壤湿度探测器、土壤温度探测器等。监测站点主要布设的监测仪器为 Davis Vantage Pro2 无线气象台和 Global Water WL16 水位仪。

1）Davis Vantage Pro2 无线气象台

Davis Vantage Pro2 无线气象台包括一个控制台和创造性的一体式传感器组件，其融合雨量采集器、温度和湿度传感器以及风力计于一体，方便安装，提高了性能和可靠性，并可自动生成 NOAA 气象报告和趋势分析，配合软件更可以实现网络远程数据传输和网络实时气象状况监测。并且预安装了紫外线和太阳辐射传感器。辐射防护可保护温度和湿度传感器免受太阳辐射和屋顶或地面反射热量的干扰。并且额外配置了一个特殊的气象台以读取土壤湿度和温度数值。气象台所读取的数据都即时传输到控制台，并自动记录。而控制台可以对气象台参数进行设定和即时读数，亦可以借助数据传输线连接到计算机中，使用软件进行参数设定和下载记录数据。气象台主要的动力来源是太阳能电板，而锂电池作为辅助动力在太阳强度不高时协助供电。

2）Global Water WL16 水位仪

Global Water WL16 水位仪包括压力传感器和数据记录装置，压力传感器可以把监测到的水温、水压、水位数据传输到数据记录装置，记录数据可达到 24400 组，记录间隔可以通过预设的采样频率设定（1次/s～1次/d）。记录装置封装在密封且不透水的套筒里，其配置的 9V 电池可以保证工作 1 年。并且其很容易与计算机兼容，通过数据记录软件可以把数据直接上传并可以方便地被数据表格软件识别。

Global Water WL16 水位仪记录并传输的数据包括水温、水位、水压和电池的电量读数。其中水压可以通过转换换算成水位的数据读数。电池电量用于安全警戒，当电池电量较低时，需要及时更换电池，以避免非正常工作。Davis Vantage Pro2 气象站返回的气象数据种类繁多，主要数据包括降雨量、降雨速率、空气温度（内、外）、空气湿度（内、外）、风速、风向、气压、THW（温湿度及风速）指数、UV（紫外线）指数、太阳辐射强度、露点、空气密度、土壤湿度、土壤温度等。可以对监测周期的数据进行统计，得出周期最大值、最小值和平均值。Davis Vantage Pro2 可根据实时天气情况进行天气变化预测。

（3）模型

本研究主要借助 SWAT 模型和 TOPMODEL 模型对库区重要支流进行水文模拟预报。

1）SWAT 模型

SWAT 模型是由美国农业部农业科学研究院开发的流域尺度模型，用于模拟地表水和地下水的水质和水量，预测不同土地利用管理措施对大面积复杂流域的水文、泥沙和化学物质产量的长期影响。该模型借助于 GIS 和 RS 提供的强大空间处理能力可以模拟流域中多种不同的、复杂的水文物理过程。

2）TOPMODEL 模型

TOPMODEL 模型的基本思想为利用流域的地形特征（地形指数的空间格局）来反映土壤的水分亏缺状况和径流的分布规律以及变动产流面积。该模型结构简单、物理参数少，作为经典的半分布式流域水文模型，既避免了集总式模型缺乏对水文特性空间分布不均匀的考虑，又避免了分布式模型在实际应用中计算量巨大、资料难以满足以及操作不易的缺陷。

在三峡库区区域气候模拟过程中，本研究选用英国哈德利（Hadley）中心开发的区域气候模型 PRECIS，对三峡库区及支流流域 1961～1990 年的数据进行模拟，并在 SRES A2 和 B2 情景下对 2071～2100 年的气候变化进行预测。

（4）方法

项目组开展了聚类方法研究，结合对流域下垫面的特征的调查和辨识，依据下垫面要素及其水文效应对子流域进行聚类分析。合理的聚类可保证同一类的所有子流域都有着共

同或近似的下垫面特征，因而可基于同一种降雨径流关系进行水文模拟。项目组开发了逐步聚类技术，并将之应用至三峡库区流域子流域分类中。逐步聚类方法的基本原理是根据给定的标准，把一组样本分割成两类，或者把两组样本合并成一类，一步一步地进行，直到将所有的样本归入相应的类之中。为了将含有 n 个样本的类分割成子类，根据 Wilks 似然率准则，如果分割点最佳，Wilks 值 Λ（$\Lambda=|W|/|T|$）应该最小，其中 T 是总样本矩阵 $\{t\}$，$|T|$ 是矩阵 $\{t\}$ 的行列式，W 是组内矩阵 $\{w\}$，$|W|$ 是矩阵 $\{w\}$ 的行列式。当 Λ 值非常大时，则该类不能再分，必须被合并到上一级的类中。因此，分类和合并的标准由一系列根据 Wilks 准则进行的 F 检验构成。

（5）技术

1）"3S"技术

库区重要支流水文气象观测平台的建立需要利用 GIS 技术对所收集的下垫面数据进行存储、管理、分析。子流域聚类划分过程中各类下垫面数据和参数均通过 GIS 技术的应用进行处理和管理。库区重要支流分布式降雨径流模型开发需要 GPS 技术用以确定和率定相关位置的空间信息，需要 RS 技术用以得到植被覆盖、地形、总蒸发等基础数据，以及需要 GIS 技术用以实现对各类数据和参数的加工处理或关键参数提取。

2）其他技术

此外，本研究还开发了分布式降雨径流模拟与预报技术以及 SDSM 尺度下延模型的区域气候模拟尺度下延技术。分布式降雨径流模拟与预报技术是以物理分布式模拟为基础，对流域水文循环过程水分平衡进行核算。其中，降雨径流模拟是通过将流域划分成多个子流域及水文计算单元进行模拟的，每个子流域可以有不规则的形状或大小。以四水箱概念对子流域进行垂向水量计算，分别为冠层储水箱、积雪储水箱、快速储水箱、慢速储水箱。对每个单元水文过程的模拟包括总蒸发、截留、入渗、积雪及融雪、壤中流、地下径流，将模拟的分布式水量输出进行坡面及河道汇流计算形成流域的水位流量过程。通过大气数值模拟及具有中长期预报功能的气候模型，借助尺度下延技术为分布式降雨径流模型提供输入，从而实现流域水文预报及中长期的水文过程模拟。

SDSM 尺度下延模型的区域气候模拟尺度下延技术针对我国地形及气象条件特色，适用于三峡库区及支流流域的区域气候模拟尺度下延研究，能够支撑更精确的气候变化模拟，弥补传统定点监测气象站难以给出复杂多变的降雨、辐射等气象参数的空间分布的劣势，解决了区域气候模拟与流域水文水循环模拟耦合在多时空尺度的匹配与转换等问题，正确评估了气候变化对各区域水资源量的影响以及水资源的变化趋势，有助于进一步探索和研究流域水文水资源与气候变化之间的交互响应机制。

21.3.2　三峡库区水文水环境耦合模拟研究

21.3.2.1　技术研发过程

（1）2009 年研究内容

2009 年主要工作任务是为水文水环境耦合模拟提供前期技术支撑。

结合定位监测、移动监测和遥感监测，建立三峡水库不同水量调度条件下的水流水质与水华观测平台，定期监测库区水量、水质和水华状况。同时，通过现场调研、实地走访、调查等手段获取水文水环境耦合模拟的基础数据，包括三峡大坝调度数据、三峡水库库区及流域的水文水生态格局、典型支流水华暴发频率及时间、支流回水断面流量流速及水质浓度、长江断面水质监测数据、长江断面流量数据等相关信息。除此之外，收集及整理了典型支流流域社会经济数据（各类产业产值、人口规模、工业现状、农业现状、水资源开发利用等）及环境数据（排污数据、污染治理能力等）。同时，基于随机分析、逐步聚类分析、统计理论、模糊判断等手段对数据进行前处理工作，增强数据的可信及可利用性。这些工作为三峡水库水量水环境耦合模拟提供了所需的基础数据。并运用区域气候模拟和尺度下延技术分析三峡库区及流域气象参数的中长期变化趋势，基于复杂子流域分类方法分析下垫面复杂条件，针对典型流域及库区全流域，在 GIS 环境中构建高精度库区及典型子流域 DEM，提取数字河网，划分小尺度子流域，采用模糊 C 均值和逐步聚类算法，根据下垫面要素及其水文效应对子流域进行聚类，为实现水文水环境耦合模拟提供技术支撑。

（2）2010 年研究内容

在 2009 年度工作的基础上，本研究在三峡库区香溪河流域开展了系统性的现场考察与调研活动，建立了自动化水文气象监测站点和大尺度下垫面数字化多要素信息为核心的库区典型流域分布式水文气象观测与数字信息管理平台，实现了对三峡库区典型流域水循环过程及下垫面信息的高效采集、管理、分析和系统辨识。同时详细调查了香溪河水环境污染背景及现状，定期监测了香溪河流域水量、水质和水华（设定 XX00、XX01、XX02、XX03、XX04、XX05、XX06、XX07、XX08、XX09 共 10 个监测点位），获取了多种水量调度条件下的香溪河水文水质条件和水华响应状况。同时依托子流域划分的模糊聚类分析技术，分析了产汇流过程与流域地形地貌的互动关系，并在此基础上，汇总香溪河水体质量、水文地质、气象环境、自然地理、环境地质、社会经济、基础地质、水资源与水利工程等方面的基础数据信息，基于参数率定 - 参数验证 - 模拟预测的思路，利用两种成熟的箱式水质模型（WASP 和 QUAL-2k），将不同时期不同水库调度方案下典型支流回水量、回水断面及河流消落等因素纳入水质模拟过程，形成了基于库区水量调度模式下的典型支流水质模拟系统，对不同时期水库调度模式下的不同污染物削减水平进行模拟，预测典型支流水质变化特征，为水库调度与支流水质响应关系分析提供技术支撑（见图 21-5）。

1）WASP 和 QUAL-2k 模型模拟的分时期率定与验证研究

如在 WASP 模拟过程中，把香溪河分为了 9 个箱体进行控制模拟，WASP 模型分别由两个模块控制水质模拟模块的运行，即控制水质指标 DO-BOD-NH$_3$、藻类指标的 EUTRO 模块和控制水质毒素指标的 TOXI 模块。采用设定的 XX00、XX05 及 XX09 点的水质观测数据作为边界条件代入模型计算，所以除此 3 点外其他所有点的水质观测数据均可作为率定数据，为保证最终模拟数值的准确性，在研究中尽可能多地选取率定点。通过软件的数据处理模块将模拟结果导出，分别取得 XX02 等站点在观测日当天模拟的结果。

将模拟结果同实际的观测结果进行比对，如果相对误差大于 0.3 或者相关系数小于 0.7 即调整模型参数重新率定；模拟值误差达到系统要求后，结束参数率定工作。参数的率定工作作为水质模拟中重要的一环，研究中也作为重点进行，保证了按照时间序列模拟后水质模拟值与观测值相对误差小于 0.25，相关系数大于 0.82。

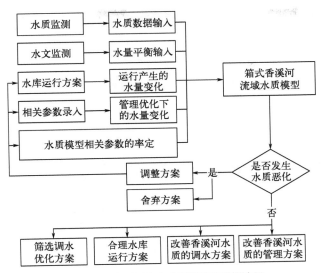

图21-5 香溪河水文水环境耦合模拟流程

2）WASP 模型模拟的分时期模拟验证研究

由于三峡工程给区域水文带来的特殊性，为调洪、航运、发电等多种因素考虑，水库蓄水后水位在不同时期有不同的水位运行标准（表21-1）。在不同的水位运行，水质情况会受到库区水位对应的回水及消落等因素的影响，产生很多不确定的变化。

表21-1 三峡水库运行时期分类

运行期	时间	调度方法	影响方面
非汛期	11~12月；1~4月	维持175m运行，最低枯水位不低于155m	此调度方案过多考虑小概率洪水事件
汛前期	5月1~31日	库水位消落至枯水期低水位(155m)	
主汛期	6月1日~7月31日	水位维持在145m	
汛末期	10月1~31日	10月底蓄水至正常水位(175m)	

之前的水质模拟中关于划分时期的水质模拟未有研究，但是在此研究中考虑到三峡库区的特殊性，三峡水库可在不同水位条件下运行，不同的水位条件也同时造成了三峡库区库首段支流产生部分消落带，因而不同水位条件下各个库首段支流的水量会相应变化。分时期后，分别对水质观测数据、点源负荷数据、流量数据及边界条件进行整合，对不同时期的水质分别进行模拟。

3）基于 WASP 水质模拟模型的香溪河环境容量估算研究

将 2007～2010 年非汛期监测值作为条件背景值，假设以后继续在这种污染条件下排放，鉴于现在污染状况严重，把《地表水环境质量标准》（GB 3838—2002）中Ⅳ级标准 0.3mg/L 作为目标值，将每段排放的点源调节到排放断面在达标前提下能容忍的最大污染物排放值。如图 21-6 所示的 XX01 段模拟点源调节过程就是不断调整模拟该段各个时期输入点源的强度，直到点源强度调节到该观测点入库模拟水质在最大环境污染承受力的情况下达到地表径流水质Ⅳ级标准。

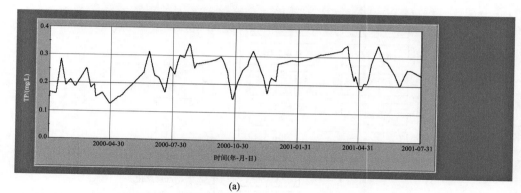

(a)

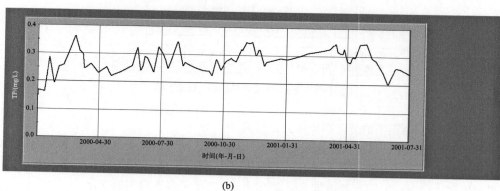

(b)

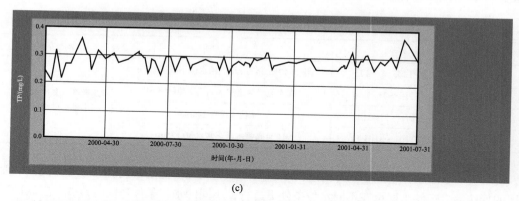

(c)

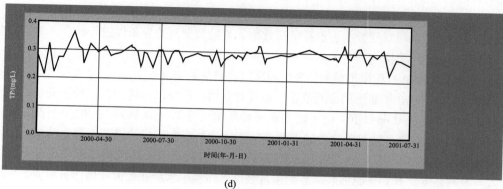

(d)

图21-6 XX01段模拟点源调节

最终得到各处模拟点源强度为：XX01，102kg/d；XX02，1156kg/d；XX03，2060kg/d；XX04，266kg/d；XX05，107kg/d；XX06，94kg/d；XX07，136kg/d；XX08，82kg/d；XX09，93kg/d。

可以发现下游库湾处由于回水造成了较大水量从而很大程度提高了此处环境容量，同时由于此时上游来水量对于此处水量来说相对过小，因此上游来水水质对此处水质的影响也相应减小。

4）不同时期不同污染物削减水平下香溪河流域水质模拟研究

已有的监测数据显示，短期内通过库区调度来改变水体的水动力条件从而抑制水华发生是切实可行的；而从长期来看，从根本上改善水环境就要从源头上控制污染物的输入，即进行污染物的削减控制。而库区调度与水环境间的响应关系非常复杂，涉及生态环境效益以及社会经济效益等一系列相关的影响。基于以上特点，在定性考虑三峡水库不同调度行为以及污染物削减控制方案对香溪河水环境及流域抗洪、航运、农业灌溉等功能的影响前提下，根据现有的污染物水平选择以下两种情景作为香溪河水质模拟预测：源强污染物浓度削减20%和源强污染物浓度增加20%，并与原情景进行对比分析。

（3）2011 年研究内容

在前两年工作的基础上，分析三峡库区的水环境与水生物特征，研究水环境、水生物量与水文水动力学条件之间的定量关系，建立三峡库区水量水质耦合模拟系统。具体如下。

1）开展三峡库区箱体划分研究

综合考虑多尺度条件下的多种因子（气象、水文、水环境、外源物质、人类扰动等）互动效应，运用下垫面复杂性分析的理论与方法，结合现场监测、跨尺度数据融合技术，在 GIS 环境中构建高精度 DEM，提取数字河网，划分三峡库区支流流域。针对库区流域，已基于数字高程模型把整个三峡库区（大系统）划分成若干子流域（子系统），每个子系统可以看成是一个水量和水质稳定变化的单元，称之为"箱体"，其中，三峡水库被考虑为 4 个大箱体，40 个子流域为 40 个小箱体。

2）开展多箱水量水质模型研究

① 依据水量平衡原理建立水量平衡模型。首先找出箱体所有进入、流出水量项；根据已知变量与未知变量之间的关系，用已知变量近似函数表达未知变量，代入模型；采用水文系统识别方法，识别未知参数，再反代入原模型。根据计算的复相关系数大小，判断模型拟合效果好坏。把已识别的参数反代入模型中，计算各项水量大小，验算是否满足水量平衡原理，只有模型拟合效果较好、计算水量满足水量平衡原理，才可能确认该模型是可靠的。

② 水质模型。针对水体中某一组分，依据物质守恒原理，建立与水量模型相似的水质模型，其方法可比拟水量模型。水质模型与水量模型都是依据物质平衡原理建立的，对库区水资源系统在历史到现在的条件下进行模拟。

3）开展输入数据收集及估算研究

共获取 40 条支流及长江干流的水量水质数据，其中包括子流域面源污染、城镇点源、工业污染排放、子流域产流量、总蒸发量、入江流量等数据，同时，依托相关统计资料，获取各箱体内工农业及市政生活用水量数据，以及各个水质监测断面监测数据。对于数据缺失的部分河流估算其污染物排放强度。各库区支流河流污染物浓度的估算，主要考虑了农田地表径流污染负荷、城镇地表径流、城镇人口生活污水、工业废水 4 部分污染源的贡献。依据相关统计资料及污染物核算方法，获得长江干流各县区污染物入库负荷，包括生活及工业污染源。

4）开展水量水质耦合模拟计算及验证研究

采用两种方法验证模型：一是用模拟值作为输入值反代入模型中，检验主要中间变量的拟合效果；二是进行变量变化的影响分析，改变某一个或几个变量，验证系统变化的灵敏性和可靠性。依据三峡库区箱体划分结果，将数据代入箱体模型，逐个箱体开展水量水质模型循环迭代，直至误差小于某一预定值，终止迭代计算。获取模型参数，开展库区尺度的水量水质耦合模拟研究。

三峡库区箱体划分如图 21-7 所示。水量水质耦合系统多箱模型计算步骤如图 21-8 所示。

21.3.2.2 技术方法

在三峡库区典型支流尺度上，依托的是 2007～2012 年香溪河相关水文及水质、地形、污染源等数据，包括调查与评价水域水文资料（流速、流量、水位、容量等）和水域水质资料（多项污染物的浓度），同时收集水域内的排污口资料（废水排放量与污染物浓度）、支流资料（支流水量与污染物浓度）、取水口资料（取水量、取水方式）、污染源资料（排污量、排污去向与排放方式）等。通过空间水质特点分析、水环境功能区划和水域内的水质敏感点位置分析，确定水质控制断面的位置和浓度控制标准。对于包含污染混合区的环境问题，则根据环境管理的要求确定污染混合区的控制边界。本研究采用自 2007 年开始连续监测 5 年的相应控制断面水质指标［包括 DO，NO_3^-，PO_4^{3-}，TN，TP，COD 等］监测数据资料。综合考虑模型的适用性和资料需要程度，且结合香溪河库湾具体情况和水质模型特征，在进行各类数据资料的一致性分析的基础上，确定 WASP 和 QUAL-2k 模型所需的各项参数。根据 2007～2009 年监测数据标定参数，之后以 2010～2011 年数据进行模型验证。应用 WASP 水质模型，将不同时期不同水库调度方案下典型支流回水量、回水断面及河流消落等因素纳入水质模拟过程，对三峡水库香溪河库湾进行水质模拟。并利用功能区段首控制法定量得出了香溪河库湾各功能控制区段的水环境容量，便于当地水功能区规划的制定。应用 QUAL-2k 水质模型，对不同时期水库调度模式下的不同污染物削减水平进行模拟，预测典型支流水质变化特征，为水库调度与支流水质响应关系分析提供技术支撑。

在三峡库区尺度上，可通过现场调研、实地走访、调查及估算等手段获取 40 条支流及长江干流的水量水质数据（子流域面源污染、城镇点源、工业污染排放、子流域产流量、总蒸发量、入江流量、工农业及市政生活用水量数据，以及各个水质监测断面监测数据）。依托下垫面复杂性分析技术形成的数字河网，将三峡库区划分为 44 个箱体，基于质量平衡原理构建单箱水量水质耦合模型。同时，针对库区流域洪水期和枯水期区分明显的特点，通过箱体划分以及调度期对水量水质预报的要求，结合多因子耦合互动条件，将水环境模拟与上面开发的水量预报技术相结合，形成三峡库区多箱水量水质耦合模拟模型，采用水量水质模型循环迭代计算模式开展库区尺度上的水量水质耦合模拟计算，依靠 2006～2007 年数据开展模型率定与验证，对 40 条支流及长江干流开展水量与水质模拟，动态预测洪水期水量水质和枯水期中长期水量水质。该多箱水量水质耦合模型揭示了降雨径流和水动力、水动力和水质、水土流失和水环境等过程之间的耦合规律，在保证模拟准确性的前提下，模拟结果能与水库优化调度决策进行有机的系统集成。

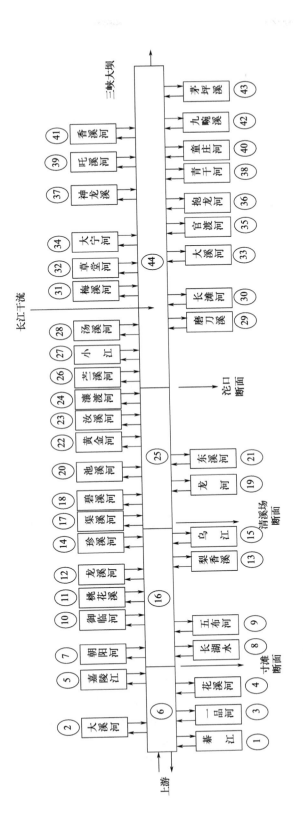

图21-7 三峡库区箱体划分图

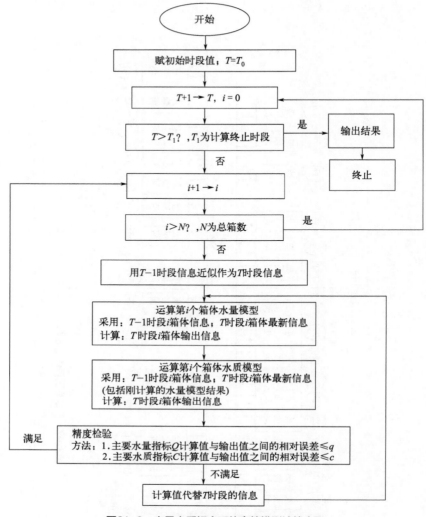

图21-8　水量水质耦合系统多箱模型计算步骤

21.3.3　三峡水库水量调度与库区水流水质状况响应关系

21.3.3.1　技术研发过程

（1）三峡水库支流库湾低流速监测技术

对香溪河库湾水流速度、水温、浊度、水位、流量等因子进行分析，结果表明香溪河库湾水动力特性难以简单概化为一维特征，而在深度上具有分层异向流动特征。为了获得准确有效的流速数据，根据三峡水库支流库湾低流速的特点，开始比较选择合适的测流仪器，综合比较了常见的流速测量技术，最终选用声学多普勒测速技术，并在比较了常用的声学多普勒测速技术的测流仪器中，选用挪威 Nortek AS 公司的 Nortek Vector 6mHz 高分辨率三维点式流速仪——"威龙"，并摸索总结出了合理有效的测流新方法——首尾抛锚定点式"威龙"测流法。

（2）环境条件影响藻类生长的室内模拟技术

选取环境因子（光照、水温）、营养因子（氮、磷），每个因素设置三个水平，进行正交试验。试验采用 L9（34）正交表，研究氮营养、磷营养、水温和光照四个因素对铜绿微囊藻生长的复合影响。在水温、光照、初始 pH 值、营养盐浓度相同的条件下，改变水流流速，探讨在流速较低的情况下铜绿微囊藻生长、繁殖规律。

（3）三峡水库调度行为与水量、水质和水华响应关系

首先建立三峡水库干流一维水流水质模型，为支流立面二维模型提供下游边界条件，同时建立基于 CE-QUAL-W2 的立面二维水流水温模型。对三峡水库香溪河库湾水动力与水温特征进行模拟分析，并拟定库湾上游不同来流量、库湾不同水温、不同水位日变幅的正交数值模拟实验，分析不同因素对干流倒灌异重流的影响规律，从而为通过水库调度改善支流水环境问题提供了良好的技术支撑。

（4）富藻水综合治理技术

设计一套处理水体藻类污染的创新性设备——连续式自清洁微藻收集中试设备，设备的原理是依靠微孔滤膜的固定孔径将水中的悬浮微藻截留，形成动态滤膜，控制动态膜截留精度的同时，在连续进水的模式下将截留的悬浮微藻收集外排。试验装置工艺流程为：原水通过潜污泵提升至进水池中，在进水池中加上一定的压力后流入微藻收集器，收集器中设有多层微孔滤膜和滤池，水通过微孔滤膜过滤，滤后水通过中空管流入副箱（清水池）排出收集器。过滤中悬浮微藻吸附于滤膜内侧，逐渐形成微藻层。随着滤膜上微藻的积累，滤膜过滤阻力增加，滤池水位逐渐升高，当滤池内压力升到设定的值时，通过压力开关向 PLC 发出信号，自动控制系统会控制打开滤池下方的排污阀，同时控制微藻收集刷开始进行滤膜微藻层的清理工作，这时进水不再通过滤膜流出，而是作为冲洗水将清理下的微藻通过下方排污阀冲入微藻收集池中，从而达到在不间断连续进水工作模式下同时进行微藻收集和收集器自动清理的双重目的。

水网藻属多细胞绿藻，通常浮于静水池塘的表面，细胞排列成六角形或五角形，形成长达 20cm 的自由漂浮网状物。项目组选择具有较强抑藻能力和去氮除磷能力的水网藻作为研究对象，以水网藻化感抑制作用为理论基础，研究水网藻化感物质的释放途径，探讨水网藻对藻类的抑制作用的机理，评价水网藻化感物质对开放性水体的生态安全性，对修复富营养化水体效果和最优修复模式进行析因分析。由中国科学院水生生物研究所淡水藻种库购买水网藻藻种和水华暴发时具有典型代表性的藻类如铜绿微囊藻等，于光照培养箱中，采用灭菌的培养基培养，培养温度（25 ± 0.8）℃，光照强度 3000 lx（ 1 lx=1 lm/m²），光暗周期比为 14h：10h，进一步扩大培养。

21.3.3.2 技术方法

（1）三峡水库支流库湾低流速监测

选用挪威 Nortek AS 公司的 Nortek Vector 6mHz 高分辨率三维点式流速仪——"威龙"，它能直接测量三维流速，具有对水流干扰小、测量精度高、采样体积小、无需率定、操作

简便和流速资料后处理功能强等优点。流速测量可选范围为 0.01 ～ 7.0m/s，精度为测量值的 ±0.5% 或 ±0.1mm/s，输出采样频率为 1 ～ 64Hz，内部采样频率为 100 ～ 250Hz，采样体积为柱形体积。每个监测断面分别设左、中、右三条测量垂线，每条垂线上按照距水面 0.5m、2m、5m、10m、15m……测量，可得整条垂线上的流速分布情况。当监测船到达预先设置的监测断面后，沿水流方向在监测船首尾分别抛锚固定，然后用 D 形卸扣将"威龙"套在霍尔锚上的钢丝绳上，测量开始后让"威龙"沿着钢丝绳下滑到所需监测的水层深度进行测量，每层测量时间约为 1min。

（2）环境条件影响藻类生长的室内模拟

首先选取环境因子（光照、水温）、营养因子（氮、磷），每个因素设置三个水平，进行正交试验，研究氮、磷、水温和光照四个因素对铜绿微囊藻生长的复合影响。

在水温、光照、初始 pH 值、营养盐浓度相同的条件下，改变水流流速，探讨在流速较低的情况下铜绿微囊藻生长、繁殖规律。通过对试验数据的分析，研究不同流速对蓝藻水华生消的影响。

（3）三峡水库调度与水量、水质和水华响应关系

首先建立三峡水库干流一维水流水质模型，为支流立面二维模型提供下游边界条件。建立基于 CE-QUAL-W2 的立面二维水流水温模型，对香溪河库湾水动力与水温特征进行模拟分析，并拟定库湾上游不同来流量、库湾不同水温、不同水位日变幅的正交数值模拟实验，分析不同因素对干流倒灌异重流的影响规律，从而为通过水库调度改善支流水环境问题提供技术支撑。

（4）富藻水综合治理技术

1）连续式自清洁微藻收集设备应用于富营养化湖泊实验

湖泊实验于 2010 年 8 月在厦门市埭辽水库进行，埭辽水库 TN 6.5 ～ 7.3mg/L，TP 0.3 ～ 0.5mg/L，含有大量鱼腥藻、微囊藻等藻类，属于重富营养化水体。为了探索设备的稳定性能，优化设备最佳运行条件，在设备连续运行试验中考察了出水中叶绿素 a 含量、膜通量、膜压力等参数的变化情况。

2）水网藻种植水抑藻实验

将处于对数生长期的水网藻置于新鲜的培养基中，培养 30d 后，将培养液经滤纸过滤，再经 0.45μm 的微孔滤膜抽滤后即得到水网藻种植水。种植水抑藻实验在 500mL 锥形瓶中进行，实验组加入 250mL 水网藻种植水，对照组用去离子水代替，再加入 100mL 铜绿微囊藻藻种，用去离子水添加至总体积为 500mL，然后投入相应浓度的营养盐，藻液初始 OD_{680}（680nm 波长处的光密度）为 0.103，每组 4 个平行样，每天振荡 2 次，每 24h 测定铜绿微囊藻的 OD_{680}。

3）水网藻对铜绿微囊藻抑制机理研究

实验在 500mL 锥形瓶中进行，分别往各瓶中加入 25mL、50mL、75mL、100mL 水网藻种植水，对照组不加，再加入 100mL 铜绿微囊藻藻种，加去离子至总体积为 500mL，然后往各锥形瓶中投入相应浓度的营养盐，即配制成水网藻种植水浓度为 5%、10%、15%、20% 的培养液，藻液初始光密度为 0.1，用纱布包扎好瓶口，每组 2 个平行样，每

天振荡 2 次，每 48h 测定 OD_{260}（260nm 波长处的光密度）、叶绿素 a、O_2^-、MDA（丙二醛含量）和 SOD（超氧化物歧化酶）。

4）BFM 超滤卷式膜除藻系统实验

以叶绿素 a 为主要控制指标，考察超滤膜除藻设备对富营养化水体中藻类的去除能力，同时对设备进水与出水中的总氮、COD 等指标也进行对比考察。为了衡量该设备运行的稳定性，试验主要以膜通量、压力及膜清洗后通量恢复等参数为检测指标，对不同时段设备运行状况进行考察。

21.3.4 三峡水库调度条件下水环境脆弱性评估

针对三峡库区生物多样性下降、生态系统功能降低、农业非点源污染加剧、岸边污染带扩大、水质恶化等一系列生态环境问题，项目组在数据收集调查、三峡库区流域系统特征辨识及库区水量水环境模拟预测的基础上，开展了三峡库区生态环境脆弱性评价研究。以识别库区不同县市对库区水质变化的可能贡献程度，为进一步辨识调度模式对库区水质的单一影响提供支持，从而为优化调度改善库区水质奠定基础。

（1）水环境脆弱性评价方法的研究

目前，生态环境脆弱性评价的方法有较多，评价区域涉及干旱地区、江河流域、山区、湖泊、湿地等，由于评价目标的特殊性及复杂性，目前尚未形成一种一致认可的评价方法。一般流程为：选择建立评价指标体系、确定指标体系中各因子权重后，利用数学统计模型来分析计算区域生态环境的脆弱性。一般是将定性分析与定量分析相结合，常用的数学统计模型包括模糊综合评价法、定量分析法、EFI（生态脆弱性指数）法、AHP（层次分析）法等。根据评价目标的不同需求，可选择不同的生态环境脆弱性评价方法。

1）模糊综合评价法

该法是运用模糊变换原理分析和评价模糊系统，以模糊推理为主的定性与定量相结合、精确与非精确相统一的方法。模糊综合评价法在生态评价中得到越来越广泛的运用，表现出独特的优越性。

为评价某生态环境脆弱度，利用模糊评价原理和方法：选择最能反映脆弱生态环境特征的指标体系（可为一级或二级）形成指标集 X；确定指标体系评判集 Y，$Y=\{1$（极度脆弱区），2（强度脆弱区），3（中度脆弱区），4（轻度脆弱区）……$\}$；通过专家咨询、频度统计等方式确定指标权重集 A；选用均匀分布函数进行隶属度计算，得到 $X \sim Y$ 的模糊映射并导出评判矩阵 R；最后得到该研究区生态环境脆弱性的模糊综合评判 B：

$$B=A \times R \tag{21-2}$$

模糊综合评价法所构造的评判模型，适用范围较广，可用于省、区大范围生态环境脆弱性评价，也可用于小范围的生态环境脆弱性评价，计算方法简单易行。

2）定量分析法

该法是对评估系统的历史变迁、脆弱性、稳定性和敏感性等性质以及外部环境胁迫对系统可能造成的影响进行定量描述的一种方法。它通常通过建立一定的数学模型，并用不同的数学模型来表示环境系统的变化规律、性质和预测外部胁迫对该系统可能造成的影响。考虑数据取得的难易程度和可靠性，选择主要的成因指标和表现特征指标建立指标体系，并赋予各指标权重，可根据公式计算得到生态环境脆弱性（G）：

$$-G = 1 - \sum P_i \times W_i \Big/ \left(\max \sum P_i \times W_i + \min \sum P_i \times W_i \right) \quad (i=1,2,\cdots,n) \tag{21-3}$$

式中　P_i——各指标初始化值；

　　　W_i——各指标权重。

该评价方法充分考虑了指标的易获性和精练性，使用起来方便、快捷，适用范围同样很广。但因考虑指标有限，不利于某一脆弱生态环境的精确评价。

3）EFI 评价法

计算生态脆弱性指数 EFI（生态胁迫度 DS）：

$$EFI = \sum (c_i \times I_i) \Big/ \sum c_i \tag{21-4}$$

式中　c_i——各指标因子的权重；

　　　I_i——各指标因子原始数据标准化值。

即可根据 EFI 值划分脆弱度等级，把脆弱性评价与环境质量紧密结合在一起。常用于干旱区内陆河流域脆弱生态环境评价，最适合用于某一评价区域的内部比较，但评价结果是相对的。

4）AHP 评价法

该法基于各主要环境资源因子对脆弱生态环境影响的程度不同，可根据主要环境影响因素以权重评分法进行脆弱度分级。

① 为了评价某地区生态环境脆弱程度，取主要环境影响因素作为评价指标，例如年降雨量、植被覆盖度、地形坡度、土壤可蚀性、土壤层厚度、地面组成物质松散度、环境容量等。并确定其评分值 f_i 和权重 W_i。可根据评价的对象和目的不同选择不同的因子，也可以设二级指标计算，指标权重也可以根据评价区域的不同而重新确定。

② 将该地区各环境影响因素 f_1、f_2、$\cdots$、f_n 的评分值，分别乘其权重值 W_1、W_2、$\cdots$、W_n 之后相加得到总分值，计算公式为：

$$MEQ = \sum (f_i \times W_i) \quad (i=1,2,\cdots,n) \tag{21-5}$$

③ 按总分值的多少确定脆弱生态环境的脆弱度等级，其中脆弱度等级分极度脆弱性、强度脆弱性、中度脆弱性、轻度脆弱性、微脆弱性五级。该方法计算过程简单，可根据脆弱生态环境的特点选择不同的环境影响因素、权重及评分等级，应用广阔。

5）定性分析法

定性分析法是根据经验及各种资料，对评估系统的历史演变、当前状况（包括系统的稳定性、敏感性、系统对外部的承受能力和在其不利影响中的恢复能力等）进行的刻画，对外部环境胁迫对系统可能造成的影响或系统面对外部胁迫时可能的响应进行预测的方法，且这种刻画和预测往往是可描述性的。该方法一般与上述数理模型相结合，共同参与生态环境脆弱性评价工作。

用模糊综合评价法进行生态环境脆弱性的评价，可通过隶属函数来描述评价标准的级别，并能够刻画出界线的模糊性、平滑标准界线两边的跳跃性，也可用隶属度来描述评价区域的适宜状态。因而利用模糊综合评价法来对其进行研究是一条有效的途径，能够更生动、更客观地反映评价区域内生态环境脆弱状况，并且计算方法也简单易行。

（2）水环境脆弱性评价体系的确定

项目组采用模糊综合评价方法，系统考量了库区不同县市人为、自然因素的综合影响，并对三峡库区的复杂性特征进行了分析与表征，开发了一套基于复杂性分析的系统脆弱性评价方法体系。首先，构建了三峡水库库区生态环境脆弱性评价指标体系，然后开发了基于支持向量机的响应曲面法、层次分析／主成分分析法、动态模糊聚类法等系统脆弱性评价方法。此外，在多调度条件下库区人类活动、水文水力学变化与库区水质的响应关系研究的基础上，建立了三峡库区生态环境异常状态识别方法和相应的脆弱性阈值。因此，采用该方法体系可有效反映多种调度模式下的库区生态环境脆弱性的分布特征和演变过程，为三峡水库水污染防治与水华控制的综合管理提供支持，从而为改善库区水质的水库优化调度提供依据。具体来说，本部分研究是在现场观测、实验分析及基础信息采集的基础上，利用模糊数学、聚类分析等一系列方法，辨别不同类型的三峡库区生态环境特征指标，然后通过专家咨询建立起不同等级脆弱性的阈值，最后计算得到三峡库区生态环境脆弱性程度，进而评估多种典型水库调度模式下的生态环境脆弱性变化情况。研究过程中的难点主要在于库区生态环境脆弱性表征指标的选择、不同指标值的确定（包括定性指标和定量指标值）、不同指标值的标准化、不同等级脆弱性的阈值的确定，以及生态环境脆弱性动态分析方法体系的开发。

多调度条件下三峡库区生态环境脆弱性评价技术的主要原理及流程如图 21-9 所示。

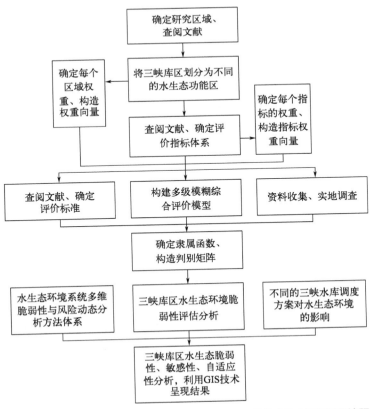

图21-9　多调度条件下三峡库区生态环境脆弱性评价技术的主要原理及流程

在上述方法体系的支持下，项目组取得了如下主要的研究成果：

① 根据行政区域对库区的特征指标进行了聚类分析，从而识别出库区生态环境的分类特征。项目组认为，三峡库区生态区可划分为长江长寿县河段、长江丰都县河段、长江忠县河段、长江万州区河段等 20 个水生态功能区。在此基础上，项目组分析了这些区域对三峡库区水质变化的贡献，确定了相应的权重，其结果见表 21-2。

表21-2　生态区域及权重

地区	权重	地区	权重	地区	权重	地区	权重
宜昌	0.0541	巫溪	0.0012	忠县	0.0893	长寿	0.0237
兴山	0.0150	奉节	0.0695	石柱	0.0154	渝北	0.0169
秭归	0.0662	云阳	0.1002	丰都	0.0540	巴南	0.0506
巴东	0.0265	开州	0.1308	武隆	0.0092	重庆主城七区	0.0224
巫山	0.0720	万州	0.0634	涪陵	0.1185	江津	0.0012

② 确定了脆弱性评价指标，该指标主要包含生态特征指标（15 个单项指标）、功能综合性指标（9 个单项指标）、社会经济指标（11 单项指标）三类，并确定其相应的权重分别是 0.50、0.25、0.25，以及确定各类指标的因子指标及其权重，最终建立三峡库区生态环境脆弱性指标体系，各类子因子权重的确定是在各类指标中选择一个因子并对其赋予权重为 1，其他指标可根据表 21-3 对此类比并获得相应权重。水环境脆弱性评价指标如图 21-10 所示。各指标根据 AHP 层次分析法确定在评价体系中的相应权重，其结果如表 21-4 所列。

表21-3　因子权重对照表

权重	定义	权重	定义
1	与指定因子指标一样重要	1/2	比指定指标贡献略低
2	比指定因子指标略重要	1/4	比指定指标贡献低
3	比指定因子指标重要	…	与制定的因子进行类比

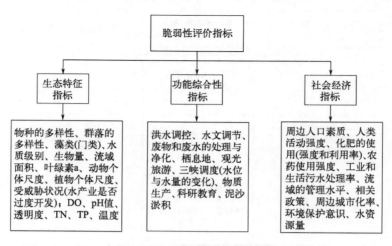

图21-10　水环境脆弱性评价指标

表21-4 各水环境脆弱评价指标权重

指标	权重	归化后的权重	指标	权重	归化后的权重	指标	权重	归化后的权重
物种多样性	1	0.0930	泥沙淤积	1	0.1111	物质生产	1	0.1053
DO	1	0.0930	受威胁状况	0.5	0.0556	科研教育	0.5	0.0526
TN	1	0.0930	洪水调控	2	0.2222	周边人口素质	0.5	0.0526
TP	1	0.0930	水文调节	1	0.1111	人类活动（人口密度）	0.5	0.0526
透明度SD	0.5	0.0465	栖息地（破坏情况）	1	0.1111	化肥利用效率	1	0.1053
水质	2	0.1860	观光旅游	0.5	0.0556	农药利用效率	1	0.1053
pH值	0.25	0.0233	净化率	1	0.1111	工业生活污水处理率	2	0.2105
群落的多样性	0.5	0.0465	三峡调度（水的流速）	1	0.1111	流域管理水平	0.5	0.1053
藻类多样性指数H	0.5	0.0465	水资源量	1	0.1111	相关政策	0.5	0.0526
叶绿素a	1	0.0930	动物个体尺度	0.5	0.0465	周边城市化率	1	0.1053
植物个体尺度	0.5	0.0465	生物量	1	0.0930	环境保护意识	0.5	0.0526
水温	1	0.0930	供水能力	1	0.1111	社会总产值	0.5	0.0526

③ 确定了脆弱性评价标准，其标准共分为微脆弱、轻度脆弱、中度脆弱、强度脆弱、极度脆弱5个等级，并对各标准定值，其值分别为0～0.20、0.20～0.40、0.40～0.60、0.60～0.80、0.80～1.0，其值越高表示脆弱性越明显。并确定了各因子评价指标的评价等级标准（见表21-5）。

表21-5 评价指标评价等级标准

指标	级别				
	微脆弱	轻度脆弱	中度脆弱	强度脆弱	极度脆弱
物种多样性	极丰富	一般丰富	中度丰富	贫乏	极度贫乏
DO/(mg/L)	7.5	6	5	3	2
TN/(mg/L)	0.78	1.3	1.68	2.16	2.78
TP/(mg/L)	0.034	0.074	0.108	0.158	0.231
透明度SD/m	2.4	1.3	0.73	0.5	0.2
群落的多样性	类型很多	类型较多	类型一般	类型较少	类型单一
藻类多样性指数H	>4	3～4	2～3	1～2	0～1
叶绿素a/(mg/m³)	<1.65	1.65～10.25	10.25～25.65	25.65～64	>64

续表

指标	级别				
	微脆弱	轻度脆弱	中度脆弱	强度脆弱	极度脆弱
植物个体尺度	个体高度增加，茎粗增加，变化率>10%	个体高度或茎粗相对增加或没有明显变化，变化率0～10%	个体大小没有明显变化或稍稍变化，变化率0～10%	个体变小，茎秆变细，变化率>10%	个体明显发生改变或突变
动物个体尺度	个体明显增大，无畸形，变化率>20%	个体相对增大或没有明显变化，变化率为0～20%	个体大小没有明显变化，稍稍变小，变化率0～20%	个体明显变小，变化率>20%	个体变小程度大，有畸形
水质等级	I	II	III	IV	V
受威胁状况	无过度渔猎、垦殖等现象	有渔猎但很适宜，无垦殖等现象	过度渔猎，无垦殖等现象	渔猎强度大，垦殖等现象严重	过度渔猎、垦殖
生物量	生物量增加，变化率>10%	生物量增加或没有明显改变，变化率0～10%	生物量没有明显改变或稍稍减小，变化率为0～10%	生物量减小，变化率>10%	生物量已明显减小，变化率>50%
pH值	7～9	9～10或6～7	10～11或5～6	11～12或4～5	<4或>12
洪水调控	调控能力强，基本无附加工程费用	在筑堤后，有较强的调控能力	须有筑堤，水库和滞洪区配合，才具有较强的调控能力	没有明显的调控能力，工程附加费大	不能调控洪水
水文调节	供水、补水能力在提高	筑堤后，补水能力增强	附加人工设施后供水能力增强	补水、供水能力弱，且在不断减小	不能供水、补水
栖息地	破坏或退化率<2%	破坏或退化率2%～5%	破坏或退化率5%～8%	破坏或退化率8%～12%	破坏或退化率>12%
观光旅游	景观、美学价值极高，休闲娱乐日在增加	有较多的休闲娱乐日	在特定时段内有休闲娱乐日	休闲娱乐日较少，景观、美学价值不高	没有休闲娱乐日，没有景观、美学价值
净化率	净化能力在增强，变化率≥0%	净化能力没有明显变化，变化率<5%	净化能力在减弱，变化率5%～10%	净化能力明显减弱，减小率为10%～20%	净化能力明显减弱，变化率>20%
三峡调度	水位变化				
物质生产	年收获量增加，增加率>5%	年收获量增加，变化率为2%～5%	年收获量保持平稳，变化率为0%	年收获量在下降，变化率为0～5%	年收获量下降，变化率>5%
科研教育	具有很强的科研价值，有国际项目参与，并设有专门的科研站点	有一定的科研价值，有相关研究项目	有科研价值	科研关注较少	没有科研价值，没人关注
泥沙淤积	稳定无冲刷/淤积	仅有零星冲刷	中等，影响部分河段	冲刷较显著	冲刷/淤积广泛且强烈
人类活动/%	<10	10～20	20～30	30～40	>40
化肥利用效率/%	>50	50～40	40～30	30～20	<10

指标	级别				
	微脆弱	轻度脆弱	中度脆弱	强度脆弱	极度脆弱
农药利用效率/%	>50	50～40	40～30	30～20	<10
工业生活污水处理率/%	>80	80～70	70～60	60～50	<50
流域管理水平	管理机构合理，人员素质高，人员配置科学	管理机构较合理，人员素质较高	有相应的管理机构，但管理人员缺乏必要的培训	人员素质不高，管理不善	管理落后，水平低下或没有完整的管理机构
相关政策	全面贯彻，积极落实	比较认真地贯彻了应有的政策法规	部分政策法规得到贯彻落实	简单对付，不认真对待	完全搁置
周边城市化率	没有20万人口的城市	有一个20万人口的城市	有50万人口的城市	有50万～70万人口的城市	有100万人口的城市
水资源量	水资源量增加，变化率>20%	水资源量增加，变化率0～20%	水资源量没有变化	水资源量减少，变化率<20%	水资源量减少，变化率>20%

④ 利用开发的方法进行了脆弱性评估，利用实地收集来的数据确定各水生态区域的各项因子指标对于脆弱性评价等级的模糊隶属度，其因子指标可分为定量评价指标和定性评价指标两类。对于定量指标，其收集的数据大都是区间值，故其模糊隶属度公式如下：

$$u_1 = \begin{cases} 1 & x_k^+ \leqslant \lambda_{k,1} \\ \dfrac{\lambda_{k,1} - x_k^-}{x_k^+ - x_k^-} & x_k^- \leqslant \lambda_{k,1}, x_k^+ > \lambda_{k,1} \\ 0 & x_k^- \geqslant \lambda_{k,1} \end{cases}$$

$$u_j = \begin{cases} 0 & x_k^+ < \lambda_{k,j-1} \\ \dfrac{x_k^+ - \lambda_{k,j-1}}{x_k^+ - x_k^-} & x_k^- < \lambda_{k,j-1}, x_k^+ < \lambda_{k,j} \\ \dfrac{\lambda_{k,j} - \lambda_{k,j-1}}{x_k^+ - x_k^-} & x_k^- < \lambda_{k,j-1}, \lambda_{k,j} > x_k^+ > \lambda_{k,j-1} \\ 1 & x_k^- > \lambda_{k,j-1}, x_k^+ < \lambda_{k,j} \\ \dfrac{\lambda_{k,j} - x_k^-}{x_k^+ - x_k^-} & \lambda_{k,j-1} < x_k^- < \lambda_{k,j}, x_k^+ > \lambda_{k,j} \\ 0 & x_k^- > \lambda_{k,j} \end{cases} \tag{21-6}$$

$$u_5 = \begin{cases} 0 & x_k^+ \leqslant \lambda_{k,5} \\ \dfrac{x_k^+ - \lambda_{k,4}}{x_k^+ - x_k^-} & x_k^- \leqslant \lambda_{k,4}, x_k^+ > \lambda_{k,4} \\ 1 & x_k^- \geqslant \lambda_{k,4} \end{cases}$$

对于定性指标可按照表 21-6 中给出的评语进行评价等级隶属度的确定。

表21-6 定性评价指标评价矩阵

评语等级隶属度	u_1	u_2	u_3	u_4	u_5
u_1	0.7	0.3	0	0	0
u_2	0.3	0.5	0.2	0	0
u_3	0	0.2	0.6	0.2	0
u_4	0	0	0.2	0.5	0.3
u_5	0	0	0	0.3	0.7

⑤ 库区水环境脆弱性评价涉及的因素众多，包括自然、社会和经济等诸多方面，若仅仅进行一级评价，则很难科学统一地制定出权数，难以客观地反映各因素指标在整体评价中的作用；即使制定出综合因素的权重向量，由于因素指标集 $U=\{u_1,u_2,u_3,\cdots,u_n\}$ 中的元素数量 n 较大，所以权重向量 $A=\{a_1,a_2,\cdots,a_n\}$ 中的每个分量 a_t 常常变得很小，进而在选择算子进行运算时，单因素指标评价中所得的隶属度信息往往大量丢失，对于这种因素指标个数较多的综合评判问题，用多级综合评判的方法能够很好地解决。用模糊综合评价法进行水环境脆弱性的评价，可通过隶属函数来描述评价标准的级别，并能够刻画出界线的模糊性、平滑标准界线两边的跳跃性，也可用隶属度来描述评价区域的适宜状态。因而利用模糊综合评判来对其进行研究是一条有效的途径，能够更生动、更客观地反映评价区域内水环境脆弱状况，并且计算方法也简单易行。本章结合建立的鄱阳湖湿地水环境脆弱性评价指标体系，采用二级模糊综合评判，其评判模型为：

$$B = A \times R = A \times \begin{bmatrix} B_1 \\ B_2 \\ B_3 \end{bmatrix} = A \times \begin{bmatrix} A_1 \times R_1 \\ A_2 \times R_2 \\ A_3 \times R_3 \end{bmatrix} \tag{21-7}$$

$$W = B \times C^{\mathrm{T}} \tag{21-8}$$

式中　A_i——第 i 亚类指标的权重向量；

　　　A——亚类指标之间的权重向量；

　　　R_i——第 i 亚类指标相对于评语的单因素模糊隶属评判矩阵；

　　　R——指标之间的评判矩阵；

　　　B_i——第 i 亚类指标的评判结果；

　　　B——亚类指标之间的最终综合评判结果；

　　　W——综合评判分值；

　　　C——评语等级评分行。

本章在评价时分两级进行，首先对三个亚类指标进行第二层次的评价，然后再在亚类之间做出一级综合评价，评判流程如图21-11所示。

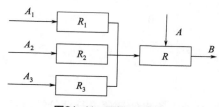

图21-11 两级评判流程

为更好地反映三峡库区水环境脆弱性，将各行政水环境脆弱性通过某种映射关系转换成三峡库区主要水系的水环境脆弱性，从而反映出库区主要水系的水环境脆弱性。

21.3.5 三峡库区水量水质优化调度数据库系统集成

21.3.5.1 技术研发过程

（1）2009 年技术研发

三峡库区水量水质优化调度数据库系统包括文字、图纸、图标、声像、计算材料等各种形式的资料，项目组开展了广泛的现场调查和资料查阅，同时结合实际监测和实验模拟，对大坝调度方式、电站运行方式，水文气象资料、水质现状、富营养化水平、污染源特征以及其他影响库区水量水质的相关信息进行调查，综合获取了各种水量水质调度数据。

获取各种水量水质调度数据后，项目组对获取到的数据进行了大量而细致的整理和预处理工作。首先将文字版的资料电子化，制作成 word 文档或 excel 表格，便于导入数据库；同时对重要的 CAD 图，使用 ArcGIS 软件进行了矢量化，便于地图发布。对数据进行整理和预处理后，项目组按照水文、气象、污染源、社会经济、水库调度和电站运行等不同类型，分门别类地在 SQL Server 数据库中建立了表结构，并将数据导入相应的数据表中。

同时，根据项目需要，项目组将三峡库区水量水质优化调度数据库系统分为三峡库区基本信息数据子库、三峡水库运行数据子库、三峡电站运行数据子库、三峡库区水质数据子库。系统数据类型既有库区水文、气象、污染源、水源地、社会经济、水库调度及电站运行等基础数据，也包含库区县界、水系、居民点等地理空间数据；数据库系统组成结构见图 21-12。

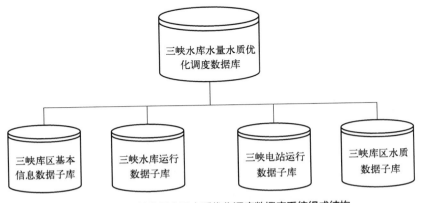

图21-12 三峡库区水量水质优化调度数据库系统组成结构

三峡库区水量水质优化调度数据库既可以满足一般用户对三峡库区水文、水质、气象、水源地、社会经济、水系、规划图等基础数据查询的需求，同时也可满足三峡水库优化调度改善水库水质研究的需求，如水库不同运行水位对库区水质的影响、不同下泄流量对库区水质的影响以及三峡电站不同运行方式对水质影响的对比分析等，为水库调度综合决策提供水量、水质数据支持。

（2）2010 年技术研发

根据项目需要，三峡库区水量水质优化调度数据库系统需要实现数据的统筹管理和综合展示，为水库调度方案的确定提供有效数据支持；同时该系统也是三峡库区水量水质优化调度决策支持系统的支撑和基础，负责对水量水质优化调度数据进行有效的管理和维护，既为优化模型计算和科学决策提供数据支持，又可存储计算后调度方案数据。因此，项目组综合运用 SQL Server 技术、WEB 技术和 .NET 技术，建立了三峡库区水量水质优化调度数据库，对三峡库区水量、水质以及调度等数据进行获取、录入、分析、共享及综合管理。

对于水量、水质、调度、水文气象等基础数据，项目组设计了如下功能。

① 用户管理：系统管理员可以管理、创建、删除用户，如图 21-13 所示。

图21-13　数据库用户管理界面

② 数据查询：数据库系统实现了两种形式的数据查询方式。第一，系统对数据建立了索引表，用户可以通过索引表查找符合条件的数据表，如图 21-14 所示。第二，系统建立了导航，用户可以通过左边的导航，查看自己需要的数据。

③ 数据录入和编辑：用户可以单个或成批地录入或编辑数据。

④ 统计图表的绘制和分析：用户可以对查询到的数据表进行图表的绘制和分析，同时用户可以根据自己的需要，选择所要分析的具体数据，自定义绘制图表和对其进行分析，如图 21-15 所示。

⑤ 数据导入和导出：由于本数据库系统既要为三峡库区水量水质优化调度模型计算以及科学决策提供数据支持，又要存储计算后调度方案数据，系统设计了 excel 数据表导入和导出功能（见图 21-16）。

图21-14　数据库模糊查询界面

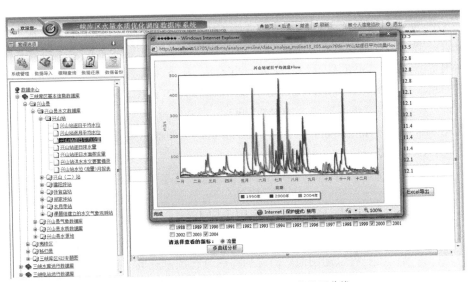

图21-15　自定义绘制兴山站逐日平均流量曲线

⑥ 数据备份和还原：系统包括三峡库区水文、气象、水质、水量数据，为确保数据安全性，系统设计了数据备份和还原功能。

（3）2011 年技术研发

根据项目需要，同时由于三峡库区空间跨度大，涉及 20 个县（市、区），具有很强的时空特征，因此我们通过集成 ArcGIS Server 技术，使得数据存储和查询具有很强的空间直观性。因此，项目组在 SQL Server 技术、Web 技术和 .NET 技术基础上，继续集成 ArcGIS Server 技术，进一步完善三峡库区水量水质优化调度数据库，对三峡库区空间信息、水量、水质以及调度等数据进行分析、共享及可视化综合管理。

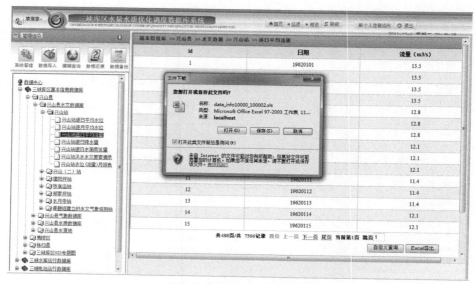

图21-16　excel数据表导出界面

ArcGIS Server 是一个基于 Web 的企业级 GIS 解决方案，是一套用于开发基于网络的企业级服务器端程序的组件集，服务器端包括 Web Service、Web 应用程序和 EJB 等。它充分利用了 ArcGIS 产品的核心组件库 ArcObjects，并将两项功能强大的 GIS 和 Web 技术结合在一起。ArcGIS Server 与传统的基于 B/S 的 WebGIS 相比，不仅具备发布地图服务的功能，而且还具有在线编辑和强大的分析功能。

集成 ArcGIS Server 技术后，对于行政区、道路、河流水系等地理空间数据管理，项目组设计了如下功能。

① 地图放大、缩小、漫游、全屏、后退、前进等基本功能。

② 图层管理：用户可以对地图各个图层进行有效管理，查看自己感兴趣的图层。

③ 专题图发布：用户可以很直观地了解其他小组的研究成果。

④ 地图打印：用户可以打印自己需要的地图，包括地图、指北针、比例尺以及图例。

⑤ 地图查询：用户可以运用地名对三峡库区进行搜索查询。

⑥ 地图选择和清除：用户可以对搜索查询到的地点进行选择，通过 ArcGIS Server 和数据库的交互，可以快速进入想要查看的水文、气象、水质、污染源等基础数据子库，如图 21-17 ～图 21-20 所示。

21.3.5.2　技术方法

（1）数据

主要数据如下。

① 三峡库区地理基础数据，包括行政区、道路、河流水系、DEM 数据以及遥感数据。

② 三峡库区经济社会数据，包括人口、GDP 总量、耕地面积等数据。

图21-17 基于ArcGIS Server的三峡库区选择和交互界面一

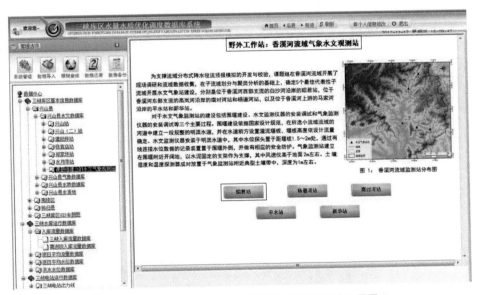

图21-18 基于ArcGIS Server的三峡库区选择和交互界面二

图21-19　基于ArcGIS Server的三峡库区选择和交互界面三

id	日期	时间	深度（米）	水温（℃）	Volts
1	20100916	08:19:13	-0.01	22.83	16.31
2	20100916	08:49:13	-0.01	22.17	16.31
3	20100916	09:19:13	0	21.92	16.31
4	20100916	09:49:13	-0.01	21.92	16.31
5	20100916	10:19:13	0	22.02	16.31
6	20100916	10:49:13	0	22.22	16.31
7	20100916	11:19:13	0	22.41	16.31
8	20100916	11:49:13	-0.01	22.78	16.31
9	20100916	12:19:13	0	23.36	16.31
10	20100916	12:49:13	0	24.12	16.31
11	20100916	13:19:13	0.01	25	16.31
12	20100916	13:49:13	0	24.49	16.31
13	20100916	14:19:13	0	24.05	16.31
14	20100916	14:49:13	0	24	16.31
15	20100916	15:19:13	0.01	24.05	16.31

共247页/共 3697记录　首页　上一页　下一页　尾页　当前第1页　跳页 1

自定义查询　　Excel导出

图21-20　基于ArcGIS Server的三峡库区选择和交互界面四

③ 三峡水库运行数据，包括三峡入库流量、三峡逐日平均流量、三峡逐日平均水位、三峡洪水水位等数据。

④ 三峡电站运行数据，包括三峡电站设计出力线数据、三峡电站实际出力线数据、三峡电站 n-h-q 曲线数据、三峡综合限制出力线数据、三峡水位库容关系曲线数据、三峡出库流量 - 下游水位相关线数据、三峡水库泄流曲线数据、三峡入库流量与水头损失相关数据以及宜昌站逐日平均流量数据等。

⑤ 三峡库区水文站点数据，包括兴山站、兴山（二）站、建阳坪站、建阳坪（河道）站、建阳坪（渠道）站、张官店站、郑家坪站、水月寺站等站点的各种水位、降水量、流量、洪水水文要素等数据。

⑥ 项目组建立的水文气象观测站数据，包括昭君站、杨道河站、南对河站、平水站、新华站的水文气象数据。

⑦ 三峡库区气象数据，主要有降水量、平均风速、相对湿度、最高气温、最低气温等数据。

⑧ 库区典型支流大宁河、小江、香溪河等野外观测水质数据以及室内模拟水质数据，主要的理化指标有水体 pH 值、水体流速、溶解氧、总磷、氨氮、硝氮、总氮、叶绿素 a 含量、藻密度等。

（2）软件和技术

软件包括 Microsoft SQL Server 2008，ArcGIS Server 10.0，Microsoft Visual Studio 2010。技术包括数据库技术、Web-GIS 技术、Web 技术和 .NET 技术。

21.3.6 三峡水库多目标优化调度模型技术与改善水质的调度准则与方案研究

21.3.6.1 技术研发过程

（1）第一阶段：2009 年

1）香溪河流域水环境改善情景分析

通过实地考察、模型模拟、文献查询等方法，对香溪河水文水环境格局与过程、水环境污染物时空分布、迁移转化规律展开了辨识研究。项目组在三峡库区兴山县峡口镇，成立了香溪河水生态与环境野外观测站。持续对香溪河淹没回水区河段流速进行监测。其中监测频率为每月两次，分别于每月中旬和月底进行，春季水华暴发时，适当加密为每周监测一次。

沿香溪河每 3km 左右设置采样点，由于蓄水过程要着重关注长江对香溪河的影响，库湾靠近长江的河段采样点适当加密。香溪河的主干流上从香溪河口至高阳镇设置 11 个采样断面，编号分别为 XX00 ~ XX10，另外在香溪河的两条支流高岚河和屈原河上各设一个采样点，编号分别为 GL、QY；并在香溪河入长江干流的出口扇形区布设 4 个采样点，分别记为 CJR、CJM、CJL、CJXX，综上共计 17 个采样。

2）三峡水库调度改善水质的响应关系分析

在响应分析技术研究方面，项目组在 2009 年主要应用调查分析和主成分分析对影响三峡水库水质的诸多影响因子进行分析，选出较为重要的调度因子，为后续研究奠定基础。具体过程是将相关领域专家、基层技术人员咨询与公众参与相结合，以调查问卷的方式收集各因素对库区支流回水区水质影响程度；然后，通过主成分分析方法，确定出主要的水质影响因素，包括污染源排放水平、坝前水位、库区人口、水库下泄流量、上游来水、库区净降水量、净化能力系数和环境政策等因素。其中，主成分分析中选取主要水质影响因子的过程如下：

① 将该领域专家、基层技术人员与公众的调研数据标准化并求相关矩阵 R。

② 求 R 的特征根及相应的单位正交特征向量和贡献率。

③ 确定主成分的个数 q，对贡献率（重要性）进行排序。

④ 最终选取的主要影响支流回水区水质的调度因素为水库坝前水位及水库下泄水量（坝前水位和下泄水量为所有影响因子中贡献率相对较高因素）。在本阶段技术研发过程中，项目组成员通过实地考察、问卷调查、网络调查等多种方法来收集相关的数据。

⑤ 通过各种途径收集三峡库区及流域 2009 年的各种水文水质及社会经济资料，同时，项目组组织人员研究学习相关的技术软件，包括 SPSS 等统计软件，并且查找国际前沿统计分析方法，为新的统计分析方法的开发做准备。

3）三峡水库多目标优化调度模型

研究区内资料的收集与整理是进行本研究模型设计的基础，在本研究中起着非常关键的作用。本研究主要收集了宜昌站逐日平均入库流量（1878 ～ 2009 年）、三峡入库流量与水头损失关系数据、三峡水位 - 库容关系数据、三峡下游水位与出库流量关系数据以及各主要支流的相关水质数据等。

① 主要依托宜昌站得到 1878 ～ 2009 年的逐日三峡入库流量资料。

② 依据建立的多目标调度模型所需要的数据，分别收集三峡入库流量与水头损失关系数据、三峡水位 - 库容关系数据、三峡下游水位与出库流量关系数据，使得多目标模型能够顺利求解，从而得到水库发电资料。

③ 主要收集的水质资料包括香溪河、小江以及大宁河库区水质资料。

（2）第二阶段：2010 年

1）香溪河流域水环境改善情景分析

① 聚类分析。首先将水文水质监测平台中香溪河库湾监测数据进行了聚类分析，将在表层水深 0.5m 处的各监测断面的各指标的监测值平均并进行标准化，采用分层聚类分析法研究香溪河库湾水华生消的空间变化规律。分层聚类分析以欧式距离度量样本之间的距离，结果见图 21-21。

由聚类分析的结果可知，根据香溪河库湾水华期各断面监测指标的相似性，可将库湾断面划分为五组，其中 group1 包括 XX00，group2 包括 XX01、XX02，group3 包括 XX03、XX04，group4 包括 XX05、XX06，group5 包括 XX07、XX08、XX09。同组的监测断面数据相似性较大，不同组的断面相对较独立。并在聚类分析的基础上对各个监测指标的时空分布差异性进行了分析。

② 核心要素、驱动因子的识别及机理探究。在香溪河水环境复杂性研究数据调查与收集研究的基础上，对香溪河水华暴发的主要影响因素进行了因子分析；此外，分别考察了库区调度行为与藻类密度以及库区调度与水质指标的定量响应关系。

第四篇　工程实践篇

**** H I E R A R C H I C A L C L U S T E R A N A L Y S I S ****

Dendrogram using Average Linkage(Between Groups)

Rescaled Distance Cluster Combine

```
          C A S E    0         5        10        15        20        25
          Label   Num  +---------+---------+---------+---------+---------+

          XX07     8    -+
          XX08     9    -+-------+
          XX09    10    -+       +--------+
          XX05     6    -+-------+        +-----------------+
          XX06     7    -+                |                 +-----------+
          XX00     1    -----------------+                  |           |
          XX01     2    -+-----------------------------------+          |
          XX02     3    -+                                              |
          XX03     4    --------------------------------------------------+
          XX04     5    -+
```

图21-21 分层聚类分析树状图

首先利用因子分析的方法将水华暴发相关的众多驱动变量用为数不多的几个因子表示，根据聚类分析结果，将 group 1 ~ group 5 的温度、DO、pH 值、TP、NH_4^+-N、NO_3^--N、TN 等指标（表层 0.5m 处）的监测值以及 3m 处的流速测值和库区运行水位蓄水、放水量等指标标准化后作为变量，运用 SPSS 中的因子分析法分析香溪河库湾水华空间分布差异的主要影响因子。

依据水库所在流域的气候、降水规律和江河涨水等具体条件，根据 2008 ～ 2010 年三峡水库库区水位历史数据以及上游来水量（入库流量），并参照库区水位年度变化相关研究，将三峡库区调度划分为四个不同的情景，分别为非汛期（枯水期供水）、汛前期（汛前腾库过程）、汛期以及汛末蓄水期，如图 21-22 所示。

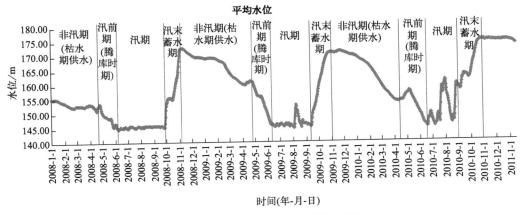

图21-22 三峡库区水位情景划分示意图

在 4 个调度情景下分别对监测数据进行相关性分析以及回归分析。表 21-7 所列为藻密度值及 TN、TP 与库区调度参数的相关系数表，由结果可见，香溪河库湾藻密度值与香溪河营养盐（TP、TN）浓度的相关性不显著，与叶绿素浓度显著相关。藻密度值和营养盐浓度与库区调度参数都呈现一定程度的相关性，尤其是 TP 浓度与库区平均水位以及下泄流量显著相关，这为通过调度改善水质以及控制水华的可行性提供了支持。

表21-7　藻密度值及总氮、总磷与库区调度参数的相关系数表

指标	相关性分析项目	藻密度	叶绿素	TP	TN	平均水位	入库流量	出库流量
藻密度	相关系数	1	0.421[①]	0.050	0.097	−0.392[①]	0.187	0.342[①]
	显著性		0.001	0.698	0.449	0.001	0.130	0.005
	N	67	63	63	63	67	67	67
叶绿素	相关系数	0.421[①]	1	0.281[②]	0.132	−0.464[①]	0.324[①]	0.366[①]
	显著性	0.001		0.027	0.307	0.000	0.010	0.003
	N	63	63	62	62	63	63	63
TP	相关系数	0.050	0.281[②]	1	0.019	−0.395[①]	0.242	0.309[②]
	显著性	0.698	0.027		0.884	0.001	0.056	0.014
	N	63	62	63	63	63	63	63
TN	相关系数	0.097	0.132	0.019	1	−0.156	0.141	0.136
	显著性	0.449	0.307	0.884		0.123	0.749	0.287
	N	63	62	63	63	63	63	63

① 在0.01水平（双侧）上显著相关。
② 在0.05水平（双侧）上显著相关。

　　在相关性分析、假设检验的基础上分别将藻密度值、营养盐（TP、TN）浓度值作为因变量，库区日平均水位、入库流量、出库流量作为自变量进行多元回归分析。得出了库区调度与藻类生长的定量响应关系、库区调度与 TN、TP 间的定量响应关系。在进行回归分析的过程中首先进行库区调度参数（平均水位、单日入库流量、单日出库流量）与藻密度值和水质间相关性分析，并综合考虑相关系数以及相关关系的显著性水平，以此判断关系是否显著；在关系显著的基础上进一步进行回归分析，并综合考虑回归系数以及回归关系，并在系数显著性的基础上判断回归方程的可参考性，以保证定量响应关系的准确性。

　　2）三峡水库调度改善水质的响应关系分析

　　调度响应分析技术在本阶段的主要任务是调度-响应方法的开发，包括水质-水库调度指标秩相关分析、水质-水库调度敏感分区、离散多元统计分析方法。其中在秩相关分析方面，项目组基于 Mann-Kendall 检验法，选取涵盖了整个库区的 11 条典型支流（东溪河、渠溪河、黄金河、官渡河、长滩河、磨刀溪、汤溪河、小江、大宁河、香溪河和龙河），分别分析了其回水区水质受水库调度的影响是否显著。其中，水质因素的选取，主要是参考当地环保局和水文局的数据以及本项目期间的水质监测数据和污染排放源调查，从而确定了 COD、TP 和 TN 等几项代表性的水质监测指标；调度指标，则是基于主成分分析的结果，而选取了下泄流量和坝前水位。其具体分析过程如下，首先设水质指标和调度指标的样本 $(X,Y) = \{(X_1,Y_1),\cdots,(X_n,Y_n)\}$ 来自总体 $F(x,y)$，设定相关假设，H_0：X 与 Y 不相关；H_1：X 与 Y 正相关；其次另设 R_i 是 X_i 在 $(X_1,X_2,\cdots,X_n)$ 中的秩，Q_i 是 Y_i 在

$(Y_1, Y_2, \cdots, Y_n)$ 中的秩。秩的简单相关系数为：

$$r_s = \frac{\sum\limits_{i=1}^{n}[(R_i - \frac{1}{n}\sum\limits_{i=1}^{n}R_i)(Q_i - \frac{1}{n}\sum\limits_{i=1}^{n}Q_i)]}{\sqrt{\sum\limits_{i=1}^{n}(R_i - \frac{1}{n}\sum\limits_{i=1}^{n}R_i)^2}\sqrt{\sum\limits_{i=1}^{n}(Q_i - \frac{1}{n}\sum\limits_{i=1}^{n}Q_i)^2}} \tag{21-9}$$

可将秩相关系数简化为：

$$r_s = 1 - \frac{6}{n(n^2-1)}\sum_{i=1}^{n}(R_i - Q_i)^2$$

最后，当在零假设成立时，$T = r_s\sqrt{\frac{n-2}{1-r_s^2}}$，服从自由度为 $v = n-2$ 的 t 分布。$T > t_{\alpha,v}$ 时表示正相关。在存在重复数据的时候，可以采用平均秩，数据不多的时候，T仍然可以采用。在大样本情况下，可以采用正态近似进行检验：

$$\sqrt{n-1}r_s \rightarrow N(0,1)(当 n \rightarrow \infty)$$

在小样本情况下，需要使用修正公式计算。然后，依据水质 - 水库调度方式的 Mann-Kendall 检验法结果，综合考虑地理、当地污染排放和工农业发展情况等因素，利用多判据决策分析（MCDA）中的逼近理想解排序方法（TOPSIS），将库区划分为水库水质 - 水库调度敏感区、较敏感区和非敏感区，其方法过程如下：TOPSIS 法主要借助多属性问题的理想解和负理想解对方案集合中的方案进行排序。其具体算法如下。

① 用定量规范化的方法求得规范决策矩阵。设多属性决策问题的决策矩阵 $\boldsymbol{Y} = \{y_{ij}\}$，规范化决策矩阵 $\boldsymbol{Z} = \{z_{ij}\}$，则：

$$\boldsymbol{Z}_{ij} = y_{ij}\bigg/\sqrt{\sum_{i=1}^{m}y_{ij}^2}, i = 1,2,\cdots,m; j = 1,2,\cdots,n$$

② 构成加权规范阵 $\boldsymbol{X} = \{x_{ij}\}$，设由决策人给定 $w = (w_1, w_2, \cdots, w_n)^{\mathrm{T}}$，则：

$$x_{ij} = w_j \times z_{ij} \ i = 1,2,\cdots,m; j = 1,2,\cdots,n$$

③ 确定理想解 x^* 和负理想解 x^0。假设理想解 x^* 的第 j 个属性值为 x_j^*，负理想解 x^0 的第 j 个属性值为 x_j^0，则当 j 为效益型属性时，理想解 x_j^* 取值为 x_{ij} 中的最大值；而当 j 为成本型属性时，理想解 x_j^* 取值为 x_{ij} 中的最小值。与之相对应的是，当 j 为效益型属性时，负理想解 x_j^0 取值为 x_{ij} 中的最小值；而当 j 为成本型属性时，负理想解 x_j^0 取值为 x_{ij} 中的最大值。

④ 计算各方案到理想解和负理想解的距离，备选方案 x_i 到理想解的距离为：

$$d_i^* = \sqrt{\sum_{j=1}^{n}(x_{ij} - x_j^*)^2}, i = 1,2,\cdots,m$$

备选方案 x_i 到负理想解的距离为：

$$d_i^0 = \sqrt{\sum_{j=1}^{n}(x_{ij} - x_j^0)^2}, i = 1,2,\cdots,m$$

⑤ 计算各方案的排队指示值（即综合评价指数）：

$$C_i^* = d_i^0\big/(d_i^0 + d_i^*), i = 1,2,\cdots,m$$

⑥ 按C_i^*由大到小排列支流回水区水质 - 水库调度敏感程度分类方案的优劣。

在离散多元统计分析方面，项目组开发了一种逐步聚类分析的方法，通过一系列的逐步聚类和分类，来确定不同自变量变化范围所对应的因变量的变化。该方法能够有效地处理自变量和因变量之间复杂的线性关系，以及处理连续及离散型随机变量。具体而言，逐步聚类分析步骤如下。

Ⅰ. 系统输入和输出。考虑 n 个基本单元，每个基本单元中假设有 m 个独立自变量，表示为 $x=(x_1, x_2, \cdots, x_m)$，$p$ 个因变量，表示为 $y=(y_1, y_2, \cdots, y_p)$。因此所有的数据可以组成矩阵：

$$X=(X_{tr})_{n \times m}, \ Y=(Y_{ti})_{n \times p}, \text{其中} r=1, 2, \cdots, m; \ i=1, 2, \cdots, p$$

Ⅱ. 聚类基本原理。逐步聚类方法的基本原理是根据给定的标准，把一组样本分割成两类，或者把两组样本合并成一类，一步一步地直到将所有的样本归入相应的类之中。

为了将含有 n_h 个样本的类 h 分割成两个子类 e 和 f（子类 e 和 f 分别含有样本 n_e 个和 n_f 个，$n_e+n_f=n_h$），根据 Wilks 似然率准则，如果分割点最佳，Wilks 值 Λ（$\Lambda=|W|/|T|$）应该最小，其中 T 是总样本矩阵 $\{t_{ij}\}$，$|T|$ 是矩阵 $\{t_{ij}\}$ 的行列式，W 是组内矩阵 $\{w_{ij}\}$，$|W|$ 是矩阵 $\{w_{ij}\}$ 的行列式。当 Λ 值非常大时，类 e 和 f 不能再分，必须被合并到上一级的类 h 中。通过 Rao's F- 近似（R- 统计量），可以得到：

$$R = \frac{1-\Lambda^{1/s}}{\Lambda^{1/s}} \times \frac{Z \times S - P \times (K-1)/2 + 1}{P \times (K-1)} \tag{21-10}$$

$$Z = n_h - 1 - (P+K)/2 \tag{21-11}$$

$$S = \frac{P^2 \times (K-1)^2 - 4}{P^2 + (K-1)^2 - 5} \tag{21-12}$$

其中统计量 R 是近似服从自由度 $v_1=P \times (K-1)$ 和 $v_2=P \times (K-1)/2+1$ 的 F 分部。K 是组的个数，P 是因变量的个数。当 $P=1$ 或 2，或者 $K=2$ 或 3 的时候，R- 统计量就简化成一个精确的 F- 统计量。在我们的方法中，$K=2$，因此可以根据 Wilks 准则进行 F 检验：

$$F(P, n_h-P-1) = \frac{1-\Lambda}{\Lambda} \times \frac{n_h-P-1}{P} \tag{21-13}$$

因此，分类和合并的标准就变成了一系列的 F 检验。

Ⅲ. 子类的切割。为了得到最佳的类分割点，h 类中的 n_h 个样本先根据$x_{r,k}^h$的值进行排序，得到 $x_{r,1'}^h \leqslant x_{r,2'}^h \leqslant \cdots \leqslant x_{r,n_h'}^h$，然后序列统计指标 $\{k'\}$ 根据计算因变量的总样本离差阵和组间样本离差阵计算：

$$b_{ij}(k^r, n_h^r) = \frac{n_h^r k^r \times \{[B_i^h(k^r) - B_i^h(n_h^r)] \times [B_j^h(k^r) - B_j^h(n_h^r)]\}}{n_h^r - k^r} \tag{21-14}$$

$$t_{ij}(n_h^r) = A_{ij}^h(n_h^r) - n_h^r \times B_i^h(n_h^r) \times B_j^h(n_h^r) \tag{21-15}$$

$$w_{ij}(k^r, n_h^r) = t_{ij}(n_h^r) - b_{ij}(k^r, n_h^r) \tag{21-16}$$

其中

$$B_{\text{iorj}}^h(u) = \frac{1}{u} \sum_{k=1}^{u} y_{\text{iorj},k}^h \tag{21-17}$$

$$A_{ij}^{h}(u) = \sum_{k=1}^{u} y_{i,k}^{h} \times y_{i,k}^{h} \tag{21-18}$$

式中，$k^{r} = 1^{r}, 2^{r}, \cdots, (n_{h}^{r} - 1), \forall r, i, j = 1, 2 \cdots$；$u$ 和 $r = 1, 2, \cdots, m$。

对于每一个 x_{r}，得到一个分割点 k^{*r}，满足：

$$\Lambda(k^{*r}, n_{h}^{r}) = \min_{k^{r}=1^{r}}^{n_{h}^{r}-1} \{\Lambda(k^{r}, n_{h}^{r})\} \tag{21-19}$$

对于每个自变量，得到用来进行分割判断的自变量指标 r^{*}，满足：

$$\Lambda(k^{*r^{*}}, n_{h}^{r}) = \min_{k=1}^{m} \{\Lambda(k^{r}, n_{h}^{r})\} \tag{21-20}$$

因此，我们可以得到类 h 的最佳分割点 $k^{*r^{*}}$ 以及相应的自变量 $x_{r^{*}, k^{*r^{*}}}^{h}$，然后，可以进行 F 检验，如果满足：

$$F(P', n_{h}^{r^{*}} - P' - 1) = \frac{1 - \Lambda(k^{*r^{*}}, n_{h}^{r^{*}})}{\Lambda(k^{*r^{*}}, n_{h}^{r^{*}})} \times \frac{n_{h}^{r^{*}} - P' - 1}{P'} \geqslant F_{1} \tag{21-21}$$

则类 h 可以根据 x_{r} 的分布分割成两个子类：一是因变量满足 $k^{r^{*}} \leqslant k^{*r^{*}}$ 条件，分配到子类 e（$<$ f）中；二是因变量满足 $k^{r^{*}} > k^{*r^{*}}$，分配到子类 f 中。

上式中，P' 表示所考虑的因变量的个数（即水质指标格式）；x_{r} 表示最重要的水质指标影响因素，它会显著地影响因变量的值。

与之相反，如果不满足式（21-21），则类 h 不能分割，然后考虑其他的类是否可以分割，即检验 $h = 1, 2, \cdots, H$（H 是在现阶段类的总数）。当子类都不能继续分割，则进行下一步——类的合并。

Ⅳ. 子类的合并。为了检验 H 个类中的 e 类和 f 类能否合并，首先计算下面的总离差阵和组间离差阵：

$$t_{ij}(n_{e}, n_{f}) = A_{ij}^{e} n_{e} + A_{ij}^{f} n_{f} - (n_{e} B_{i}^{e} n_{e} + n_{f} B_{i}^{f} n_{f}) \times (n_{e} B_{j}^{e} n_{e} + n_{f} B_{j}^{f} n_{f}) / (n_{e} + n_{f}) \tag{21-22}$$

$$b_{ij}(n_{e}, n_{f}) = \frac{n_{e} n_{f} (B_{i}^{e} n_{e} - B_{i}^{f} n_{f})(B_{j}^{e} n_{e} - B_{j}^{f} n_{f})}{n_{e} + n_{f}} \tag{21-23}$$

$$w_{ij}(n_{e}, n_{f}) = t_{ij}(n_{e}, n_{f}) - b_{ij}(n_{e}, n_{f}) \tag{21-24}$$

然后进行 F 检验，如果满足：

$$F(P', n_{e} + n_{f} - P' - 1) = \frac{1 - \Lambda(n_{e} + n_{f} - 2, 1)}{\Lambda(n_{e} + n_{f} - 2, 1)} \times \frac{n_{e} + n_{f} - P' - 1}{P'} < F_{2} \tag{21-25}$$

则 e 类和 f 类可以合并成一个新的类 h。否则，检验其他的类 $[e = 1, 2, \cdots, (H-1)$；$f = 2, 3, \cdots, H]$ 是否能够两两合并。

Ⅴ. 预测。当所有的分割和合并都不能进行之后，我们完成了所有的计算和检验，得到每一个因变量的聚类树。在每个分割点 $x_{r^{*}, k^{*}}^{h}$ 产生两个分支。当检验一个新的自变量样本 $\{x_{r}\}$，x_{r} 的值可以在分割点 $x_{r^{*}, k^{*r^{*}}}^{h}$ 进行比较，并且分成两个分支。一步一步地，样本会最终进入一个既不能分割也不能合并的末端。新样本的分类标准为：a. 样本的值满足 $x_{r} \leqslant x_{r^{*}, k^{*}}^{h}$，合并到 e 类（＜f）；b. 样本值满足 $x_{r^*} > x^h_{r^*,k^*,r}$，合并到 f 类。

假设 e′ 是新样本所进入的聚类末端，则因变量的预测值 $\{y_i\}$ 可以表示为：

$$y_i = y_i^{e'} \pm R_i^{e'}$$

其中 $y_i^{e'}$ 是因变量的第 i 个指标的均值，$R_i^{e'}$ 是 y_i 在子类 e′ 中的半径：

$$y_i^{e'} = \frac{1}{n_{e'}} \sum_{k=1}^{n_{e'}} y_{i,k}^{e'} \quad \forall i \tag{21-26}$$

$$R_i^{e'} = \{\max_{k=1}^{n_{e'}}(y_{i,k}^{e'}) - \min_{k=1}^{n_{e'}}(y_{i,k}^{e'})\} / 2 \tag{21-27}$$

此外，项目组继续组织人员收集三峡库区及流域的各种水文水质数据。

3）三峡水库多目标优化调度模型

三峡水库多目标优化调度模型研究在 2010 年的主要任务是建立水质统计模型，依据已经收集的数据进行多元回归分析得出香溪河、小江以及大宁河 3 条支流三峡水库调度与水质的响应关系比较明显，从而得出该 3 条支流的水质统计模型。

① 香溪河。

Ⅰ.叶绿素统计模型：

$$YC_{ij} = e^{-0.088H_{ij}+15.706}, \forall i,j \tag{21-28}$$

Ⅱ.藻密度统计模型：

$$CC_{ij} = 11730000 - 700784.427H_{ij} - 2349.326I_{ij} + 3191.871Q_{ij}, \forall i,j \tag{21-29}$$

Ⅲ.总磷统计模型：

$$XCP_{ij} = 1.605 - 0.0093H_{ij}, \forall i,j = 1,2,\cdots,9 \tag{21-30}$$

$$XCP_{ij} = 1.595 - 0.0099H_{ij}, \forall i,j = 10,11,\cdots,16 \tag{21-31}$$

$$XCP_{ij} = 0.000001292I_{ij} + 0.000002168Q_{ij} - 0.032, \forall i,j = 17,18,\cdots,24 \tag{21-32}$$

$$XCP_{ij} = -0.0031H_{ij} - 0.000005329I_{ij} + 0.000001341Q_{ij} - 0.516$$
$$\forall i,j = 25,26,\cdots,36 \tag{21-33}$$

Ⅳ.总氮统计模型：

$$XCN_{ij} = 0.061H_{ij} + 0.001Q_{ij} - 16, \forall i,j = 1,2,\cdots,9 \tag{21-34}$$

$$XCN_{ij} = 0.06H_{ij} + 0.00068Q_{ij} - 15, \forall i,j = 10,11,\cdots,16 \tag{21-35}$$

$$XCN_{ij} = 2.876 - 0.0001519Q_{ij}, \forall i,j = 17,18,\cdots,24 \tag{21-36}$$

$$XCN_{ij} = -0.065H_{ij} - 0.00009642I_{ij} + 12.669, \forall i,j = 25,26,\cdots,36 \tag{21-37}$$

② 小江。

Ⅰ.总磷统计模型：

$$RCP_{ij} = -3.10\times10^{-2}H_{ij} + 1.02\times10^{-3}Q_{ij} + 1.46\times10^{-4}H_{ij}^2 - 2.74\times10^{-8}Q_{ij}^2$$
$$-3.90\times10^{-6}H_{ij}Q_{ij} - 3.74\times10^{-6}, \forall i,j = 1,2,\cdots,15,31,32,\cdots,36 \tag{21-38}$$

$$\text{RCP}_{ij} = -3.18\times10^{-3}H_{ij} + 1.64\times10^{-4}Q_{ij} + 2.59\times10^{-5}H_{ij}^2 - 1.11\times10^{-10}Q_{ij}^2$$
$$-1.05\times10^{-6}H_{ij}Q_{ij} - 4.21\times10^{-5}, \quad \forall i, j = 16,17,18,26,27,\cdots,30 \tag{21-39}$$

$$\text{RCP}_{ij} = 2.67\times10^{-2}H_{ij} - 2.15\times10^{-4}Q_{ij} - 1.67\times10^{-4}H_{ij}^2 + 4.82\times10^{-10}Q_{ij}^2$$
$$+1.31\times10^{-6}H_{ij}Q_{ij} - 2.66\times10^{-5}, \quad \forall i, j = 19,20,\cdots,25 \tag{21-40}$$

Ⅱ. 总氮统计模型：

$$\text{RCN}_{ij} = 9.23\times10^{-3}H_{ij} - 1.66\times10^{-5}Q_{ij} - 1.29\times10^{-2}, \quad \forall i, j = 1,2,\cdots,15,31,32,\cdots,36 \tag{21-41}$$

$$\text{RCN}_{ij} = -2.83\times10^{-2}H_{ij} + 1.58\times10^{-3}Q_{ij} + 2.65\times10^{-4}H_{ij}^2 + 3.15\times10^{-9}Q_{ij}^2$$
$$-1.06\times10^{-5}H_{ij}Q_{ij} - 1.52\times10^{-4}, \quad \forall i, j = 16,17,18,26,27,\cdots,30 \tag{21-42}$$

$$\text{RCN}_{ij} = -0.213H_{ij} + 2.82\times10^{-3}Q_{ij} + 1.21\times10^{-3}H_{ij}^2 - 2.40\times10^{-8}Q_{ij}^2$$
$$-1.34\times10^{-5}H_{ij}Q_{ij} - 1.39\times10^{-4}, \quad \forall i, j = 19,20,\cdots,25 \tag{21-43}$$

③ 大宁河。

Ⅰ. 总磷统计模型：

$$\text{DCP}_{ij} = 9.93\times10^{-4}H_{ij} - 1.58\times10^{-5}Q_{ij} + 7.89\times10^{-4}, \quad \forall i, j = 1,2,\cdots,15,31,32,\cdots,36 \tag{21-44}$$

$$\text{DCP}_{ij} = 7.15\times10^{-4}H_{ij} - 5.96\times10^{-9}Q_{ij} + 5.01\times10^{-3},$$
$$\forall i, j = 16,17,18,26,27,\cdots,30 \tag{21-45}$$

$$\text{DCP}_{ij} = -2.04\times10^{-2}H_{ij} + 1.62\times10^{-4}Q_{ij} + 1.45\times10^{-4}H_{ij}^2 + 1.06\times10^{-10}Q_{ij}^2$$
$$-1.13\times10^{-6}H_{ij}Q_{ij} + 6.10\times10^{-8}, \quad \forall i, j = 19,20,\cdots,25 \tag{21-46}$$

Ⅱ. 总氮统计模型：

$$\text{DCN}_{ij} = 1.31\times10^{-2}H_{ij} - 1.33\times10^{-4}Q_{ij} + 5.85\times10^{-3}, \quad \forall i, j = 1,2,\cdots,15,31,32,\cdots,36 \tag{21-47}$$

$$\text{DCN}_{ij} = 6.20\times10^{-2}H_{ij} + 1.08\times10^{-4}Q_{ij} - 3.64\times10^{-4}H_{ij}^2 - 3.87\times10^{-9}Q_{ij}^2$$
$$+2.91\times10^{-8}H_{ij}Q_{ij} - 4.74\times10^{-5}, \quad \forall i, j = 19,20,\cdots,25 \tag{21-48}$$

式中　　i——规划年数，$i=1,2,\cdots,5$；

　　　　j——规划年份所划分的时段（依据旬来划分每年，故为36）；

　　H_{ij}——第i年时段j的发电净水头，m；

　　Q_{ij}——第i年时段j的下泄流量，m³/s；

　　I_{ij}——第i年时段j对应的进入计算水量平衡区域的入库流量，m³/s；

　　YC_{ij}——第i年时段j对应的香溪河叶绿素含量；

　　CC_{ij}——第i年时段j对应的香溪河藻密度含量；

　XCP_{ij}——第i年时段j对应的香溪河总磷；

　XCN_{ij}——第i年时段j对应的香溪河总氮；

　RCP_{ij}——第i年时段j对应的小江总磷；

　RCN_{ij}——第i年时段j对应的小江总磷；

　DCP_{ij}——第i年时段j对应的大宁河总磷；

　DCN_{ij}——第i年时段j对应的大宁河总氮。

（3）第三阶段：2011 年

1）香溪河流域水环境改善情景分析

分析预测了不同情景下香溪河流域水环境变化趋势。从改善水质和控制水华两个角度出发，参照库区调度与藻类生长以及库区调度与水质间的定量响应关系提供可能的改善措施。

从监测数据的时间分布差异性分析可以知道，藻密度值在 3 月下旬、6 月上旬以及 9 月份出现三个较大的峰值，说明在这 3 个时期暴发水华的可能性比较大。

在库区一年的调度方式中，3 月份处在枯水供水期的中后期，此时的水位经过一段时间的枯水期供水已经下降到 160m 左右，而从该时期藻密度值与库区调度的定量响应关系（$y=0x_1-6762.47x_2-97864.16x_3+584800000$）可知，可能的改善措施是增大出库流量，并且下泄流量每增大 100m³/s 藻密度值相应地会降低 9786416 个 /L，且在 3 月份采集到的各测点的藻密度的均值为 15878631，由此可知增大下泄流量的方式能够起到有效抑制水华的作用。并且 3 月下旬下泄流量水平在 5500m³/s 左右，属于一年中的较低水平，小范围地增大下泄流量不会对库区水头损失造成太大影响，也不会造成发电量的损失，相反，适当地增大下泄流量能够更大程度地保证下游供水，对改善下游枯水季航运条件也起到一定作用。因此，在 3 月下旬水华易暴发期，可以通过适当增大下泄流量的方式达到抑制水华的效果。

6 月上旬为汛前腾库时期的末期与汛期的交接时期，从该时期藻密度值与库区调度的定量响应关系（$y=845513.587x_1-108100000$）可知，可能的改善措施是降低库区水位，且水位每降低 1m 藻密度值相应地降低 845513 个 /L，6 月上旬实测的藻密度均值为 64163683 个 /L，由此可知库区水位需要较大幅度（数十米）地降低才能起到抑制水华的作用。而此时经过枯水期供水、汛前腾库期的库区泄水，库区水位已经达到一年中的最低水平（145m 左右），水位下浮的区间已经很小，再者，大幅度水位下浮造成水头损失，导致发电效率降低。因此在该时期通过降低库区水位的措施改善水华暴发情况不可行。

9 月中下旬为汛期的末尾阶段，此时经过一段时间的蓄水，库区水位已经有了一定程度的回升（实测数据为 2008 年回升至 146m，2009 年回升至 152m，2010 年回升至 162m）。从该时期藻密度值与库区调度的定量响应关系（$y=845513.587x_1-108100000$）可知，可能的改善措施是降低库区水位，且水位每降低 1m 藻密度值相应地降低 845513 个 /L，9 月中下旬实测的藻密度的均值为 27194637 个 /L。因此笔者建议向后推迟汛末蓄水的起始时间。

2）三峡水库调度改善水质的响应关系分析

调度改善水质响应关系分析技术在第三阶段的主要任务是汇集整理相关数据，编写相关代码并开始计算。

其中主要数据来源包括《重庆市水资源公报》《宜昌市水资源公报》（2006～2010 年）；人口、经济社会资料主要取自《重庆市统计年鉴》（2006～2009 年）、《宜昌市统计年鉴》（2007～2009 年）。对于三峡库区各县市各预测年（2010～2015 年）的数据：人口数量采用灰色预测模型 GM（1,1），并利用多元线性回归，结合宜昌市和重庆市的《国民经济和社会发展第十一个五年总体规划纲要》预测工农业、第三产业、生态及生活用水量及污染物排放水平进行预测；调度资料参照《三峡水库调度和库区水资源与河道管理办法》（水利部令第 35 号）和三峡水库现行运行方式；库区环境质量参照 2006 ～ 2010 年《长江三峡工程生态与环境监测公报》等，此外还有香溪河、大宁河、小江和乌江四条典型支流 2008 ～ 2010 年的水质监测数据。

3）三峡水库多目标优化调度模型

三峡水库多目标优化调度模型在 2011 年的主要任务是多目标模型的构建及编程计算。

① 目标函数。鉴于三峡水库调度目标的复杂性，在常规优化目标的基础上加上水质统计约束，构建该多目标优化调度模型，具体目标如下。

Ⅰ. 发电效益最大：

$$\text{Max} f_1 = \sum_{i=1}^{5} \sum_{j=1}^{36} \kappa \alpha_{ij} Q_{ij} H_{ij} T_{ij} \tag{21-49}$$

式中　i——规划年数，$i=1,2,\cdots,5$；

　　　j——规划年份所划分的时段（依据旬来划分每年，故为 36）；

　　　α_{ij}——发电机组在第 i 年时段 j 的出力系数，其中 $\alpha_{ij}=9.81\eta$，η 为机电效率系数，在三峡的实际计算中取 $\alpha_{ij}=8.5$；

　　　Q_{ij}——第 i 年时段 j 的下泄流量，m³/s；

　　　T_{ij}——第 i 年时段 j 的发电时间，h；

　　　H_{ij}——第 i 年时段 j 的发电净水头，m；

　　　κ——三峡电站上网电价，0.2506 元/（kW·h）。

Ⅱ. 防洪目标。由于三峡工程的最主要目的在于防洪，以确保长江中下游的安全，充分利用洪水资源，实现由控制洪水向洪水管理转变。为此，采用以下几个指标作为优化的目标。

a. 防洪风险率最小：

$$\text{Min} f_2 = \frac{1}{5 \times 36} \sum_{i=1}^{5} \sum_{j=1}^{36} R_{ij} \tag{21-50}$$

b. 防洪损失效益最小：

$$\text{Min} f_3 = \sum_{i=1}^{5} \sum_{j=1}^{36} R_{ij} K_1 Q_{ij}^{K_2} \tag{21-51}$$

c. 余留的平均防洪库容最大：

$$\text{Max} f_4 = \overline{V_f} = \frac{1}{K} \sum_{n=1}^{K} (V_{Zn} - V_n) \tag{21-52}$$

式中　n——场次洪水；

　　　K——场次洪水个数；

　　　R_{ij}——第 i 年时段 j 的出库情况，是一个 0 ～ 1 变量，即，$R_{ij} = \begin{cases} 1 & (Q_{ij} > 35000\text{m}^3/\text{s}) \\ 0 & (Q_{ij} \leq 35000\text{m}^3/\text{s}) \end{cases}$；

　　　$\overline{V_f}$——正常蓄水位（175m）以下余留的平均防洪库容，m³；

　　　V_n——在第 n 次洪水调度过程中所动用的最大库容，m³；

　　　V_{Zn}——正常蓄水位（175m）对应的水库库容，m³；

K_1，K_2——防洪效益损失系数（根据文献：$K_1 = 0.00985$，$K_2 = 0.758$）。

Ⅲ. 航运效益最大化，以通航保证率表示：

$$\text{Max } f_5 = \frac{1}{5 \times 36} \sum_{i=1}^{5} \sum_{j=1}^{36} S_{ij} \tag{21-53}$$

式中　S_{ij}——第 i 年时段 j 的通航情况，是一个 0 ～ 1 变量。

根据规范，三峡水利枢纽正常运行期的通航条件是：水库上游水位不低于 145.0m，不高于 175.0m；水库下游最高通航水位为 73.8m，最低通航水位为 62.0m；下泄最大通航流量为 56700m³/s。即为：

$$S_{ij} = \begin{cases} 1 & 145\text{m} \leqslant Z_{\text{up}} \leqslant 175\text{m}, 62\text{m} \leqslant Z_{\text{down}} \leqslant 73.8\text{m}, 5000\text{m}^3/\text{s} \leqslant Q \leqslant 56700\text{m}^3/\text{s} \\ 0 & Z_{\text{up}} \leqslant 145\text{m}, Z_{\text{up}} \geqslant 175\text{m}, Z_{\text{down}} \leqslant 62\text{m}, Z_{\text{down}} \geqslant 73.8\text{m}, Q \geqslant 56700\text{m}^3/\text{s}, Q \leqslant 5000\text{m}^3/\text{s} \end{cases}$$

② 约束条件。

Ⅰ. 水量平衡约束（与水库库容对应的某水文站到大坝的水量平衡）：

$$V_{i,j+1} = V_{ij} + (I_{ij} - Q_{ij}) \times T_{ij} \tag{21-54}$$

式中　I_{ij}——第 i 年时段 j 对应的进入计算水量平衡区域的入库流量，m³/s；

V_{ij}——第 i 年时段 j 对应的库容，m³。

Ⅱ. 水位约束：

$$Z_{\min} \leqslant Z(Q_{ij}) \leqslant Z_{\max} \tag{21-55}$$

式中　$Z_{\max}$——调度期最高水位，m；

$Z_{\min}$——调度期最低水位，m。

Ⅲ. 泄洪量约束：

$$Q_{\text{泄}} \leqslant Q_{\max} \tag{21-56}$$

Ⅳ. 水头约束：

$$H_{\min} \leqslant H_{ij} \leqslant H_{\max} \tag{21-57}$$

水头的具体计算公式为：

$$H_{ij} = Z_{\text{up}}(Q_{ij}) - Z_{\text{down}}(Q_{ij}) - Z_{\text{loss}} \tag{21-58}$$

其中：

$$Z_{\text{up}}(Q_{ij}) = 78.65 + \sqrt{23.288[V_{ij} + (I_{ij} - Q_{ij}) \times T_{ij}] + 127.225} \tag{21-59}$$

$$Z_{\text{down}}(Q_{ij}) = 62.57917 + 9.84891 \times 10^{-5} Q_{ij} + 1.42007 \times 10^{-9} Q_{ij}^2 \tag{21-60}$$

$$Z_{\text{loss}} = \begin{cases} 1 \times 10^{-4} I_{ij} & 5000\text{m}^3/\text{s} \leqslant I_{ij} \leqslant 10000\text{m}^3/\text{s} \\ 1 \times 10^{-5} I_{ij} + 0.9 & 10000\text{m}^3/\text{s} \leqslant I_{ij} \leqslant 60000\text{m}^3/\text{s} \end{cases} \tag{21-61}$$

式中　$Z_{\text{up}}, Z_{\text{down}}$——大坝上下游水位，m；

Z_{loss}——水头损失，m；

$H_{\max}$——调度期水库最高水头，m；

$H_{\min}$——调度期水库最低水头，m；

$Q_{\text{泄}}$——发生洪水时的泄洪量，m³/s；

$Q_{\max}$——三峡大坝的最大泄洪量，m³/s。

Ⅴ. 水电站出力约束：

$$N_{\min} \leqslant N_{ij} \leqslant N_{\max} \tag{21-62}$$

出力的具体计算公式为：

$$N_{ij} = \alpha_{ij} Q_{ij} \left[Z_{\text{up}}(Q_{ij}) - Z_{\text{down}}(Q_{ij}) - Z_{\text{loss}} \right] \tag{21-63}$$

式中 N_{ij}——第 i 年时段 j 对应的水电站出力，kW；

$N_{\min}$——水电站最小技术出力，kW；

$N_{\max}$——电站机组装机容量，kW。

Ⅵ. 香溪河：

a. 叶绿素约束：

$$\text{YC}_{ij} = e^{-0.088 H_{ij} + 15.706} \leqslant \text{RYC}_{ij}, \quad \forall i, j \tag{21-64}$$

b. 藻密度约束：

$$\text{CC}_{ij} = 11730000 - 700784.427 H_{ij} - 2349.326 I_{ij} + 3191.871 Q_{ij} \leqslant \text{RC}_{ij}, \quad \forall i, j \tag{21-65}$$

c. 总磷约束：

$$\text{XCP}_{ij} = 1.605 - 0.0093 H_{ij} \leqslant \text{XRP}_{ij}, \quad \forall i, j = 1, 2, \cdots, 9 \tag{21-66}$$

$$\text{XCP}_{ij} = 1.595 - 0.0099 H_{ij} \leqslant \text{XRP}_{ij}, \quad \forall i, j = 10, 11, \cdots, 16 \tag{21-67}$$

$$\text{XCP}_{ij} = 0.000001292 I_{ij} + 0.000002168 Q_{ij} - 0.032 \leqslant \text{XRP}_{ij}, \quad \forall i, j = 17, 18, \cdots, 24 \tag{21-68}$$

$$\text{XCP}_{ij} = -0.0031 H_{ij} - 0.000005329 I_{ij} + 0.000001341 Q_{ij} - 0.516 \leqslant \text{XRP}_{ij}, \quad \forall i, j = 25, 26, \cdots, 36 \tag{21-69}$$

d. 总氮约束：

$$\text{XCN}_{ij} = 0.061 H_{ij} + 0.001 Q_{ij} - 16 \leqslant \text{XRN}_{ij}, \quad \forall i, j = 1, 2, \cdots, 9 \tag{21-70}$$

$$\text{XCN}_{ij} = 0.06 H_{ij} + 0.00068 Q_{ij} - 15 \leqslant \text{XRN}_{ij}, \quad \forall i, j = 10, 11, \cdots, 16 \tag{21-71}$$

$$\text{XCN}_{ij} = 2.876 - 0.0001519 Q_{ij} \leqslant \text{XRN}_{ij} \quad \forall i, j = 17, 18, \cdots, 24 \tag{21-72}$$

$$\text{XCN}_{ij} = -0.065 H_{ij} - 0.00009642 I_{ij} + 12.669 \leqslant \text{XRN}_{ij}, \quad \forall i, j = 25, 26, \cdots, 36 \tag{21-73}$$

Ⅶ. 小江：

a. 总磷约束：

$$\text{RCP}_{ij} = -3.10 \times 10^{-2} H_{ij} + 1.02 \times 10^{-3} Q_{ij} + 1.46 \times 10^{-4} H_{ij}^2 - 2.74 \times 10^{-8} Q_{ij}^2$$
$$- 3.90 \times 10^{-6} H_{ij} Q_{ij} - 3.74 \times 10^{-6} \leqslant \text{RRP}_{ij}, \quad \forall i, j = 1, 2, \cdots, 15, 31, 32, \cdots, 36 \tag{21-74}$$

$$\text{RCP}_{ij} = -3.18 \times 10^{-3} H_{ij} + 1.64 \times 10^{-4} Q_{ij} + 2.59 \times 10^{-5} H_{ij}^2 - 1.11 \times 10^{-10} Q_{ij}^2$$
$$- 1.05 \times 10^{-6} H_{ij} Q_{ij} - 4.21 \times 10^{-5} \leqslant \text{RRP}_{ij}, \quad \forall i, j = 16, 17, 18, 26, 27, \cdots, 30 \tag{21-75}$$

$$\text{RCP}_{ij} = 2.67 \times 10^{-2} H_{ij} - 2.15 \times 10^{-4} Q_{ij} - 1.67 \times 10^{-4} H_{ij}^2 + 4.82 \times 10^{-10} Q_{ij}^2$$
$$+ 1.31 \times 10^{-6} H_{ij} Q_{ij} - 2.66 \times 10^{-5} \leqslant \text{RRP}_{ij}, \quad \forall i, j = 19, 20, \cdots, 25 \tag{21-76}$$

b. 总氮约束：

$$\text{RCN}_{ij} = 9.23 \times 10^{-3} H_{ij} - 1.66 \times 10^{-5} Q_{ij} - 1.29 \times 10^{-2} \leqslant \text{RRN}_{ij}, \quad \forall i, j = 1, 2, \cdots, 15, 31, 32, \cdots, 36 \tag{21-77}$$

$$RCN_{ij} = -2.83 \times 10^{-2} H_{ij} + 1.58 \times 10^{-3} Q_{ij} + 2.65 \times 10^{-4} H_{ij}^2 + 3.15 \times 10^{-9} Q_{ij}^2$$
$$-1.06 \times 10^{-5} H_{ij} Q_{ij} - 1.52 \times 10^{-4} \leqslant RRN_{ij}, \quad \forall i, j = 16, 17, 18, 26, 27, \cdots, 30 \tag{21-78}$$

$$RCN_{ij} = -0.213 H_{ij} + 2.82 \times 10^{-3} Q_{ij} + 1.21 \times 10^{-3} H_{ij}^2 - 2.40 \times 10^{-8} Q_{ij}^2$$
$$-1.34 \times 10^{-5} H_{ij} Q_{ij} - 1.39 \times 10^{-4} \leqslant RRN_{ij}, \quad \forall i, j = 19, 20, \cdots, 25 \tag{21-79}$$

Ⅷ. 大宁河：

a. 总磷约束：

$$DCP_{ij} = 9.93 \times 10^{-4} H_{ij} - 1.58 \times 10^{-5} Q_{ij} + 7.89 \times 10^{-4} \leqslant DRP_{ij},$$
$$\forall i, j = 1, 2, \cdots, 15, 31, 32, \cdots, 36 \tag{21-80}$$

$$DCP_{ij} = 7.15 \times 10^{-4} H_{ij} - 5.96 \times 10^{-9} Q_{ij} + 5.01 \times 10^{-3} \leqslant DRP_{ij}$$
$$\forall i, j = 16, 17, 18, 26, 27, \cdots, 30 \tag{21-81}$$

$$DCP_{ij} = -2.04 \times 10^{-2} H_{ij} + 1.62 \times 10^{-4} Q_{ij} + 1.45 \times 10^{-4} H_{ij}^2 + 1.06 \times 10^{-10} Q_{ij}^2$$
$$-1.13 \times 10^{-6} H_{ij} Q_{ij} + 6.10 \times 10^{-8} \leqslant DRP_{ij}, \quad \forall i, j = 19, 20, \cdots, 25 \tag{21-82}$$

b. 总氮约束：

$$DCN_{ij} = 1.31 \times 10^{-2} H_{ij} - 1.33 \times 10^{-4} Q_{ij} + 5.85 \times 10^{-3} \leqslant DRN_{ij}$$
$$\forall i, j = 1, 2, \cdots, 15, 31, 32, \cdots, 36 \tag{21-83}$$

$$DCN_{ij} = 6.20 \times 10^{-2} H_{ij} + 1.08 \times 10^{-4} Q_{ij} - 3.64 \times 10^{-4} H_{ij}^2 - 3.87 \times 10^{-9} Q_{ij}^2$$
$$+2.91 \times 10^{-8} H_{ij} Q_{ij} - 4.74 \times 10^{-5} \leqslant DRN_{ij}, \quad \forall i, j = 19, 20, \cdots, 25 \tag{21-84}$$

式中 RYC_{ij}——第 i 年时段 j 对应的香溪河叶绿素标准；

        RC_{ij}——第 i 年时段 j 对应的香溪河藻密度标准；

XRP_{ij}，XRN_{ij}——第 i 年时段 j 对应的香溪河总磷、总氮标准；

RRP_{ij}，RRN_{ij}——第 i 年时段 j 对应的小江总磷、总氮标准；

DRP_{ij}，DRN_{ij}——第 i 年时段 j 对应的大宁河总磷、总氮标准。

    依据已建成的三峡库区数据库获得模型所需数据，结合社会、经济、生态和环境保护多重效益目标，构建优化调度模型。运用动态规划 - 遗传算法求解优化调度模型，最终得到非劣解，确定水库调度方案，实施水库调度。

    秉持对水环境有利的原则，该优化调度系统将结合其他子项目所开发的实验技术以及水质水量与水华控制等技术成果，以库区的发电量最大、防洪安全的风险最低、航运效益最大、可能利用水能资源量最大、水华发生概率最小等为多个目标，同时满足对库区水资源"量"的要求以及"质"的保证。技术的决策变量包括多时期、分时段水库的下泄流量、入库流量、弃水及损失流量、发电流量等。

    将库区污染物浓度作为目标函数，加入了临界流速约束作为限定支流水华现象的一个技术指标，运用新型的动态规划 - 遗传算法，将研究阶段划分为枯水期、平水期、丰水期，针对各时期不同的特点选用不同的时段来研究。最终充分探究水库调度行为对水库水质变化的直接和间接影响，并结合社会、经济、生态和环境保护多重效益目标对调度方案进行综合评价。

    重点考虑的目标对象包括水库调度对库区水质的直接影响，对航运作用的影响，对防洪作用的影响，对发电功能的影响，以及水库调度对当地社会、经济的影响五大类。具体涉及藻密度、叶绿素a、总磷含量、总氮含量等相关技术指标，支流水华现象发生情况，蓄放水措施，工业、农业、发电及航运的产值等经济指标。

21.3.6.2 技术方法

（1）香溪河流域水环境改善情景分析

本研究首先对香溪河水环境进行复杂性辨识，并在三峡库区调度情景划分识别的基础上，探索库区调度与香溪河水环境间的定量响应关系。其次，在定量响应关系的基础上，提出对于香溪河水质改善可能的调度改进措施。反映香溪河水环境的指标是通过建立的野外观测站获得的，沿香溪河每3km左右设置采样点，由于蓄水过程要着重关注长江对香溪河的影响，库湾靠近长江的河段采样点适当加密。香溪河的主干流上从香溪河口至高阳镇设置11个采样断面，编号分别为XX00～XX10，另外在香溪河的两条支流高岚河和屈原河上各设一个采样点，编号分别为GL、QY；并在香溪河入长江干流的出口扇形区布设四个采样点，分别记为CJR、CJM、CJL、CJXX，共计17个采样。监测指标主要包括浊度（turbidity）、水温（WT）、pH值、电导率、溶解氧（DO）、总氮（TN）、硝酸盐氮（NO_3^--N）、氨氮（NH_4^+-N）、总磷（TP）、正磷酸盐（PO_4^{3-}-P）、溶解性硅酸盐（D-Si）、叶绿素a（Chla）、流速（v）、水位（water level）。水温、浊度、pH值、电导率、溶解氧由美国哈希公司的HYDROLab DS5-44783多参数水质分析仪现场测定。水温、水位、浊度精度分别为：±0.10℃；±0.1m；浊度在100NTU以内为±1%，100～400NTU为±3%，400～3000NTU为±5%。其他水质指标由自制的采水器在各监测断面分层取水，储存于洁净的聚乙烯瓶中，并调节pH＜2低温保存，带回实验室24h内分析，参考《水和废水监测分析方法》（第四版）和《湖泊生态调查观测与分析》测定。库区调度数据主要包括2008年初到2011年初每日坝前水位信息以及2008年初至2010年末三峡水库每日入库流量以及出库流量信息。鉴于在对水环境系统的分析过程中，需要对多个变量进行分析，由于变量个数众多且带有动态性，并且彼此之间存在一定的相关性，使得对水质监测数据信息的提取变得十分复杂。此外，还要考虑库区调度与水环境间的响应关系，势必会增加分析问题的复杂性，而多元统计分析法的优势正是对多维复杂数据集合进行科学分析。通过多元统计法对问题进行分析，可以清楚地把握系统的本质特征，对高维水质监测数据集合进行最佳综合，迅速将隐没在其中的重要信息集中提取出来，同时可以充分发掘水质与调度响应关系的丰富内涵，清晰地展示系统结构，准确地认识水环境系统中元素的内在联系，以及直观地描绘水环境系统的运行历程。因此本研究基于多元统计理论分析香溪河水环境与库区调度间的响应关系。具体实施时采用相关性分析的方法考察不同调度情景下藻类生长与库区调度间的相关性，在考察藻类生长与库区调度的定量响应关系以及水质与库区调度的定量响应关系时采用多元回归的方法。回归分析与相关分析有密切的关系，它们都是研究变量之间关系的统计分析方法，相关分析研究的变量视为随机变量，仅研究变量之间是否存在线性关系；而回归分析中研究的变量分为因变量与自变量，因变量是随机变量，自变量也称为因素变量，是可以加以控制的变量，相关分析可以视为回归分析的基础。在方法的实现上采用 SPSS 统计分析软件来完成，SPSS 为国际上最有影响力的三大统计软件之一，它集数据整理、分析功能于一身，操作界面友好，输出结果美观，保证了该软件强大统计功能的实现。在对不同情形下水质改善情况进行分析时所用到的情景分析方法的基本原理，是在对研究对象的未来状态或者趋势进行多种可能性推断的基础上，推理不同库区调度准则下调度行为与香溪河水环境响应关系，以期产出最优水环境改善方案而供决策者参考选择。此外，本研究还应用因子分析、主成分分析、相关分析、偏相关分析、回归分析等方法，分别用于核心驱动因子辨识、香溪河水质与调度参数的相关性分析、定量响应关系的研究等。

（2）三峡水库调度改善水质的响应关系分析

在数据搜集整理分析和实验监测方面，有关水资源的资料主要取自《重庆市水资源公报》《宜昌市水资源公报》（2006～2010 年）；人口、经济社会资料主要取自《重庆市统计年鉴》（2006～2009 年）、《宜昌市统计年鉴》（2007～2009 年）；对于三峡库区各县市各预测年（2010～2015 年）的数据，人口数量采用灰色预测模型 GM（1，1），并利用多元线性回归，结合宜昌市和重庆市的《国民经济和社会发展第十一个五年规划纲要》预测工农业、第三产业、生态及生活用水量及污染物排放水平进行预测；调度资料参照《三峡水库调度和库区水资源与河道管理办法》（水利部令第 35 号）和三峡水库现行运行方式；库区环境质量参照 2006～2010 年《长江三峡工程生态与环境监测公报》等。水质因素的选取主要是参考当地环保局和水文局的数据以及本项目期间的水质监测数据和污染排放源调查，从而确定了 COD、TP 和 TN 等几项代表性的水质监测指标。库区敏感区划分的资料来源主要包括《重庆市水资源公报》和《宜昌市水资源公报》（2006～2010 年）中各支流的水资源状况、各支流所在地的地方志和统计年鉴。通过与监测站沟通，收集到了基于 TOPSIS 中最优分类方案集的支流属性所选取的 4 条典型支流（香溪河、大宁河、小江和乌江）于 2008～2010 年间的水质监测数据。

在模型、方法、技术及软件的开发应用方面，本项目基于 SPSS 软件中的 Mann-Kendall 检验模块，选取涵盖了整个库区的 11 条典型支流（东溪河、渠溪河、黄金河、官渡河、长滩河、磨刀溪、汤溪河、小江、大宁河、香溪河和龙河），分别分析了其回水区水质受水库调度的影响是否显著。之后，本研究基于 TOPSIS 中最优分类方案集的支流属性，选取了最接近最优分类方案属性的 4 条支流（香溪河、大宁河、小江和乌江）作为典型支流，以代表不同分区进行不同时期下库区支流库湾的水质 - 水库调度响应时间和敏感程度研究。将相关领域专家、基层技术人员咨询与公众参与相结合，以调查问卷的方式收集各因素对库区支流回水区水质影响程度。通过主成分分析方法，确定出主要的水质影响因素，包括污染源排放水平、坝前水位、库区人口、水库下泄流量、上游来水、库区净降水量、净化能力系数和环境政策等因素。利用多判据决策分析（MCDA）中的逼近理想解排序方法（TOPSIS），将库区划分为水库水质 - 水库调度敏感区、较敏感区和非敏感区。应用 Mann-Kendall 相关分析检验三峡库区不同支流水环境对三峡水库调度的响应，综合判断各支流回水区水质在不同水位时期对水库调度的响应程度和响应时间，为进一步定量响应关系产出奠定基础。考虑到水库调度中各种因素对于支流回水区水质的影响，应用多种连续型回归方法，建立水库调度与支流回水区水质的响应关系。由于一般的多元线性回归方法不能有效地处理库区调度与支流水质响应之间的非线性关系，我们通过多元二项式回归方法来进一步改进水库调度与水质之间的响应关系。常用的秩相关分析方法有Spearman 相关分析和 Mann-Kendall 相关分析，但是由于 Spearman 相关分析仅局限于两组资料的分析，不适用于多组资料的相关分析，所以项目组应用 Mann-Kendall 假设检验分析，分别研究了库区坝前水位、水库泄水量与支流回水区多个水质指标之间的相关程度；而后基于此，本研究采用多种回归方法，选取 COD、TP、TN 三项水质指标，对主汛期、非汛期和汛前 - 汛末期的各支流回水区的水质分别进行模拟，并选取具有较高相关系数的回归方程定量分析了各回水区水质指标与三峡调度的响应关系。最后，项目组开发了一套逐步聚类分析技术，通过一系列的逐步聚类和分类，来确定不同自变量的变化范围所对应的因变量的变化。该技术能够有效地处理自变量和因变量之间复杂的线性关系，以及处理连续及离散型随机变量。对于上述所有模型、技术和方法，项目组都采用专业的开源计算分析软件 R 编写了相应的程序。尤其是自主研发的逐步聚类分析技术，项目组组织专业队伍将其开发成了一套可以供任何人任何规模的项目免费在线使用的开放式工具。

（3）三峡水库多目标优化调度模型

以已经收集的数据，各种调度方式的水库泄流过程，已知来流量、来流浓度和干支流交汇口的水流水质控制条件作为边界条件，进行多元回归分析得出香溪河、小江以及大宁河 3 条支流三峡水库调度与水质的响应关系比较明显，从而得出该 3 条支流的水质统计模型。拟合得到相关的统计模型，采用该统计模型计算库区各个断面在各个计算时刻的浓度，得出每种调度方式对水流和水质的影响。

所建立的改善水质的多目标优化调度模型有发电效益最大、防洪风险率最小、防洪损失效益最小、平均余留的防洪库容最大以及通航效益最大等目标函数，约束条件除考虑常规的水量平衡、水位、流量、出力、水头等外还有支流库湾水质统计模型等约束条件。决策目标不仅考虑了库区防洪、发电等多种功能，还考虑了水库调水对河流水质、环境需水的影响，同时满足对库区水资源"量"的要求以及"质"的保证。技术的决策变量包括多时期、分时段的下泄流量、入库流量、弃水及损失流量、发电流量等。技术约束包括环境、经济、生态、资源以及政策等方面，例如：水环境约束、水位约束、出力约束、水量约束、其他水库（如葛洲坝）的来水约束、流域内水资源的供需平衡约束、流域内水质目标控制约束（反映产业结构调整政策的工业各行业、农业以及其他第三产业的经济发展的约束）、费用约束、土地开发利用约束等。由于开发该多目标优化技术的目标和约束将涉及社会、经济、环境、生态、水量、水质、水华、资源以及政策等多方面内容，数学处理上将涉及多目标、不确定性、非线性等问题，因此，本研究除将充分利用其他子项目构建的多种统计响应关系、统计模型、模拟模型以及经验公式以外，还将通过文献查询、实地考察以及问卷调查等方式，收集模型相关数据与参数。

在多目标优化模型求解方面，在没有给出决策偏好信息的前提下难以直接衡量解的优劣，是遗传算法应用到多目标问题中的最大困难。根据遗传算法中每一代都有大量的可行解产生这一特点，通过可行解之间相互比较淘汰劣解的办法来达到最后对非劣解集的逼近。对于遗传算法中产生的大量可行解，对同一代中的个体基于目标函数相互比较，淘汰确定的劣解，并以生成的新解予以替换。经过数量足够大的种群一定次数的进化计算，可以得到一个接近非劣解集前沿面的解集，在一定精度要求下，可以近似地将其作为非劣解集。遗传算法是一种基于模拟自然基因和自然选择机制的寻优方法。该法按照"择优汰劣"的法则，将适者生存与自然界基因变异、繁衍等相结合，从各优化变量的若干可能取值中，逐步求得最优值。该算法是一种随机搜索方法，它不是从某一点出发按确定的搜索方向直接寻优，而是以种群为单位，根据个体的适应度进行选择、交叉及变异等操作，最终达到收敛于全局最优解的一种启发式算法。应用遗传算法时，可根据问题的特点，选择适当的适应度评价方法，进行各种算子，包括编码策略、选择策略、交叉策略以及变异策略等的设计。

本研究采用模糊综合评价技术对三峡水库多目标优化调度的效益进行综合分析。作为定性分析和定量分析综合集成的一种常用技术，模糊综合评价已得到广泛应用。目前模糊综合评价的研究难点之一，就是如何科学、客观地将一个多指标问题综合成一个单指标的形式，以便在一维空间中实现综合评价。其实质就是如何合理地确定这些评价指标的相对重要性。同时，当指标体系为多层系统时，必须建立多级模糊评判系统，而其相对重要性的确定就更为复杂与困难。复杂性条件下的调度方案的综合效益分析将提供对三峡水库多目标优化调度结果的系统性认识，既包含对优化调度方案实施前的效益预测，也包括方案实施过程中基于真实条件的效益评估。这一过程不仅有助于决策者从社会、经济和生态综合效益的高度掌握优化调度方案的预期效果和实际作用，同时将促进调度方案与实际操作的互馈改善过程，有利于多目标优化调度行为逐步逼近最优过程。

21.3.7　改善水库水质的调度技术集成及决策支持系统研究

21.3.7.1　技术研发过程

（1）2009 年：三峡水库调度现状调查、水质现状评估

1）三峡水库调度现状调查与评估

三峡水库传统调度方案的特点主要体现于非汛期、主汛期和汛末期。非汛期，在兼顾航运等综合用水要求下，三峡水库尽量维持高水位运行，从而提高机组发电效率；主汛期，在确保工程防汛安全、提高下游防洪标准的要求下，尽量减少汛期水库泥沙淤积；汛末期，时间短而集中，控制水位尽量蓄至正常高水位。

三峡水库全年传统调度过程主要分为 5 个时段：

① 枯水期向下游补水时段（12 月～次年 3 月）。水库下泄流量基本满足于下游航运要求（控制于 5500m³/s）。在枯水期，由于天然来水流量偏小，而且水库向下游补水，水库控制水位缓慢消落。

② 出入库基本平衡、水位保持时段（4 月、11 月）。在这一时段，由于水库上游来水一般大于航运等基本流量要求，而且不需要向下游补水，水库下泄流量总体按出入库平衡控制，从而维持较高的控制水位、保持较高的发电水头。此外，在汛末期，如果入库水量相对较少，11 月也可能减小出库流量、保持水库继续蓄水。

③ 水库控制水位、汛前集中消落时段（5月～6月上旬）。由于枯水期水库向下游补水，5月初水库控制水位一般维持于156～160m。在这一时段，水库可加大下泄流量，使水库水位消落至防洪控制水位约145m，为主汛期防洪安全腾空库容。

④ 主汛期低水位运行时段（6月中旬～9月中旬）。在主汛期，水库运行水位基本控制于145～146m，洪水维持出入库流量平衡；在长江发生大于40000m³/s的较大洪水、超过下游防洪标准、需要三峡水库削峰调洪的要求下，水库短时间适当抬高水位以拦蓄洪峰，但是，洪峰过后，运行水位及时消落至145～146m。

⑤ 汛末集中蓄水时段（9月下旬～10月）。在蓄水期，通过减小下泄流量拦蓄水库上游来水，从而使水库水位逐步从145m抬高至正常高水位175m。此外，如果流域来水偏少，蓄水开始时间可以提前至9月中旬，而结束时间可以推迟至11月。

三峡水库调度方案的设计涉及很多方面的内容，包括水文模拟与预测、水质模拟与预测、水库调度、发电量计算、防洪损失计算和航运情况计算等；同时，也受到很多因素的影响，包括自然和人为因素。因此，三峡水库调度方案的设计、产生、运行过程，必须依托强大的工具；而且这种工具可以综合考虑各方面的要素，包括主观和客观要素，这样才能形成合理、可行的三峡水库调度方案。该调度方案综合考虑防洪、发电、航运、水质改善4个调度目标，力求实现社会效益、经济效益、环境效益的最大化。因此，项目组开发了一套专家系统，确定三峡水库调度方案。最终形成的三峡水库调度方案，将为三峡水库的调度提供决策支持。

专家系统主要包括：a. 调查问卷设计、公众调查、数据收集与分析；b. 调度模型的运用，以及防洪风险、发电效益、航运效益和水库水质的综合分析；c. 基于模糊的MCDA技术的运用。

三峡水库优化调度专家系统的设计，基于"目标建立-权重识别-关系确定-备选方案集生成-方案优化和比选-系统实现"的技术路线（图21-23），其具体步骤如下。

① 建立三峡水库调度目标体系。主要包括降低防洪风险、增大发电效益、增大航运效益、改善水库水质4个方面。

② 确定调度目标体系中每一个调度目标的权重。主要以调查问卷的方式，根据相关人员的选择（调度目标重要性的判定），结合统计分析及模糊理论，求得各个调度目标的权重。

③ 建立防洪、发电、航运、水质改善与水库调度之间的响应关系。为了确保三峡水库优化调度方案设计、产生、运行的合理性，结合三峡水库的多重功能，基于统计分析、逐步聚类分析和响应曲面分析方法，构建水库调度（水库控制水位和下泄流量）与防洪、发电、航运和水质改善之间的定量关系，并以此为依据，构建判别矩阵。

④ 确定三峡水库备选调度方案集合。根据调查问卷的调查结果，基于统计分析的方法及一定的筛选原则，生成水库备选调度方案集合。

⑤ 水库备选调度方案集合的优化与比选，确定最优方案。运用多种MCDA方法［简单权重相加法（SAW）、结合补充分析法（ELECTRE）、理想解之相似偏好顺序评估法（TOPSIS）］，进行备选调度方案的逐一分析，并形成最优调度方案。

⑥ 利用计算机技术，基于数据库理论、编程理论，开发基于改善水质的三峡水库优化调度专家系统。

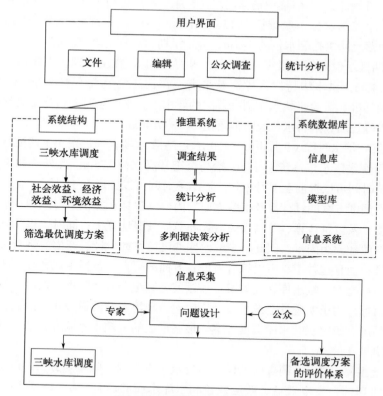

图21-23 专家系统的基本框架

"公众参与"是指公民通过一定的渠道对公共事务表达意见，并且对公共事务的决策和治理产生影响的行为。研究采取"公众参与"手段的主要目的是：

① 对民众的调查，更多地考虑维护公众合法的环境权益，体现以人为本的原则。

② 对专家的调查，有助于挖掘专家的知识信息，帮助生成经济有效、切实可行的三峡水库优化调度方案；有助于平衡各方面利益，确保水库优化调度方案能够更好地兼顾上述4个调度目标，实现三峡库区的社会、经济和环境的可持续发展。

为此，研究并设计了一份调查问卷表，主要包括人员基本信息调查、三峡水库调度目标的重要性调查、水库调度方案调查。调查问卷的发放形式主要包括网络调查和现场调查两种。调查结果：现场发放问卷共计105份，收回调查问卷98份，回收问卷率为93.33%；其中有效问卷95份，有效问卷率达到96.94%。

2）三峡水库水质现状评估

① 富营养化SVM评价。富营养化SVM评价分以下5个步骤。

步骤1：评价指标的确定。将选取的Chla、TN、透明度（SD）、TP、COD_{Mn} 等富营养化评价指标划分为6个等级，分别对应6个标准值，即贫营养、中营养、轻富营养、中富营养、重富营养以及异常富营养，将各评价指标的具体分级情况列于表21-8。

步骤2：利用均匀随机数在各水质富营养化等级的每个水质指标变化区间内随机产生10个水质指标值。

表21-8 三峡库区富营养化评价指标

营养状态	等级	评价指标				
		Chla/(mg/m³)	SD/m	TN/(mg/L)	TP/(mg/L)	COD$_{Mn}$/(mg/L)
贫营养	1	5	2	0.12	0.01	2
中营养	2	10	1.5	0.3	0.025	3
轻富营养	3	15	1	0.6	0.05	4
中富营养	4	25	0.7	1.2	0.1	7
重富营养	5	100	0.4	6	0.5	20
异常富营养	6	>100	<0.1	>6.0	>0.5	>20

步骤3：在随机生成的60个样本系列中，对应每个水质等级任意挑选2个样本共12个样本构成检验集，其余48个样本作为训练集。训练集用于SVM建模，检验集用于SVM检验。

步骤4：以Chla、TN、SD、TP、COD$_{Mn}$为支持向量机输入，以富营养化等级值为支持向量机输出，富营养化评价问题就转化为5个输入和1个输出的支持向量机函数回归问题。

步骤5：本节依据实验前经验选择径向基函数（RBF）作为核函数，并用网格搜寻法对δ、C进行寻优试验，得到δ=0.200、C=110.750时，对湖泊富营养化标准训练集的拟合效果较好。用回归算法估计w_0和b后，对48个训练集样本的拟合效果见图21-24。

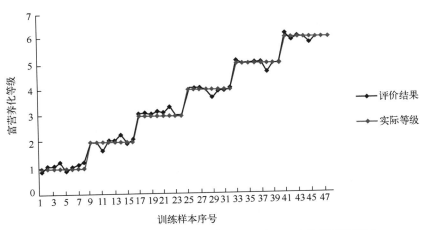

图21-24 富营养化SVM评价模型训练集拟合效果（书后另见彩图）

为检验支持向量机的推广能力，以检验集12个样本对富营养化SVM进行检验，检验结果见表21-9，SVM方法评价结果见表21-10。

② 水华灾害SVM评价。蓄水前三峡水库库区支流没有水华发生记录，自2003年三峡水库135m蓄水以来，部分受回水顶托的库湾和支流富营养化加重，藻类生物量增加，局部时段多次发生水华，威胁着三峡库区的水质安全，已成为库区水环境方面的突出问题和公众关注的焦点。

表21-9 检验集样本富营养化评价

检验集样本序号	水质目标预期等级值	支持向量机		
		评价结果	评价等级	绝对误差
1	1	1.05	1	−0.05
2	1	1.025	1	−0.025
3	2	2.02	2	−0.02
4	2	1.465	1	−0.465
5	3	3.015	3	−0.015
6	3	2.985	3	0.015
7	4	4.085	4	−0.085
8	4	3.856	4	0.144
9	5	5.04	5	−0.04
10	5	4.955	5	0.045
11	6	5.95	6	0.05
12	6	5.825	6	0.175
评价结果正确率		91.7%		

表21-10 2003～2004年大宁河6次长河段水体富营养化评价结果

时间	采样点	Chla /(mg/m³)	SD/m	TN /(mg/L)	TP /(mg/L)	COD /(mg/L)	TLI值	综合营养评价	SVM评价
2003-07-17	龙门大桥	20.5	0.5	0.87	0.08	1.3	44.87	中营养	中营养
	银窝滩	24.8	0.7	0.77	0.03	1.9	43.37	中营养	中营养
	双龙	27.1	0.7	1	0.025	1.5	43.43	中营养	中营养
	马渡河口	0.9	1	0.99	0.012	0.8	30.81	中营养	中营养
	大昌南门	0.9	0.4	0.91	0.012	0.4	27.60	贫营养	贫营养
2004-03-24	龙门大桥	6.9	1.9	1.8	0.113	1.7	47.92	中营养	中营养
	银窝滩	4.7	2	1.67	0.088	1.7	45.91	中营养	中营养
	双龙	1.6	1.7	0.72	0.01	0.8	31.92	中营养	中营养
	马渡河口	2.4	1.8	0.69	0.01	0.7	32.83	中营养	中营养
	大昌南门	1.4	2.5	0.7	0.01	0.7	31.92	中营养	中营养
2004-04-21	龙门大桥	108.5	1.6	1.73	0.038	2.3	52.68	轻富营养	轻富营养
	银窝滩	76.4	1.1	1.46	0.048	3.9	52.14	轻富营养	中营养
	双龙	16.9	2	0.78	0.023	0.8	41.82	中营养	中营养
	马渡河口	16.9	2.3	0.64	0.005	0.7	36.58	中营养	中营养
	大昌南门	5.6	5.4	0.56	0.023	0.6	38.92	中营养	中营养
2004-05-24	龙门大桥	30.8	1.1	1.32	0.071	3.1	47.98	中营养	中营养
	银窝滩	24.6	1.1	1.13	0.061	3.3	48.52	中营养	中营养
	双龙	26.8	0.9	1.12	0.046	2.9	47.27	中营养	中营养
	马渡河口	3.2	2	0.48	0.033	0.9	36.86	中营养	中营养
	大昌南门	2.6	1.4	0.47	0.038	0.8	35.75	中营养	中营养

续表

时间	采样点	Chla /(mg/m³)	SD/m	TN /(mg/L)	TP /(mg/L)	COD /(mg/L)	TLI值	综合营养 评价	SVM评价
2004-07-21	龙门大桥	6.6	0.4	1.5	0.073	2.5	43.75	中营养	中营养
	银窝滩	2.1	0.3	1.15	0.063	2	38.25	中营养	中营养
	双龙	2.1	0.8	1.06	0.058	1.7	37.25	中营养	中营养
	马渡河口	0.1	0.6	0.95	0.033	1.2	27.23	贫营养	贫营养
	大昌南门	0.1	0.3	1.17	0.023	1	25.15	贫营养	贫营养
2004-07-31	龙门大桥	58.7	0.8	1.34	0.123	3.3	53.10	轻富营养	轻富营养
	银窝滩	26.4	1.2	0.96	0.088	3.1	47.39	中营养	轻富营养
	双龙	7.2	1.6	1.43	0.068	2.1	45.86	中营养	中营养
	马渡河口	0.5	1.2	1.07	0.043	1.7	34.96	中营养	中营养
	大昌南门	0.9	0.1	1.27	0.0473	2.9	33.89	中营养	中营养

三峡水库蓄水后，藻类生物量增加及群落优势种的转变使得水华时有暴发，据不完全统计，库区支流库湾蓄水后发生大范围水华现象的次数为：2003 年 3 起，2004 年 11 起，2005 年 18 起，2006 年 15 起，2007 年 7 起，2008 年 13 起，2009 年 12 起。统计情况见表 21-11，发生比例见图 21-25。

表21-11 三峡库区2003～2009年水华统计情况

事件	年份	发生次数/起	涉及河流	水华优势种类
水华	2003年	3	大宁河、香溪河等	蓝藻等
水华	2004年	11	香溪河、大宁河等	甲藻、小球藻、实球藻等
水华	2005年	18	香溪河、大宁河等	小环藻、多甲藻、颤藻等
水华	2006年	15	神女溪、大宁河等	硅藻、甲藻、隐藻以及蓝藻等
水华	2007年	7	大宁河、香溪河等	硅藻、甲藻、绿藻以及蓝藻
水华	2008年	13	香溪河、神农溪等	硅藻、甲藻、绿藻以及蓝藻
水华	2009年	12	汤溪河、磨刀溪等	甲藻、蓝藻、绿藻

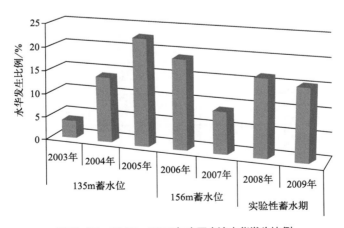

图21-25 2003～2009年库区支流水华发生比例

水华暴发是水生态系统中营养因子与环境因子综合作用的产物，采用 Chla、藻密度、透明度、持续时间、面积作为水华发生时的危害性评价指标，参照湖泊富营养化评价标准及水华暴发时的实际情况，制定了三峡库区水华危险性评价分级标准，见表 21-12；水华危害等级评价模型训练集拟合效果见图 21-26，SVM 方法评价结果见表 21-13。

表21-12　水华危害评价指标分级情况

危害等级	不同评价指标分级				
	Chla/(mg/m³)	藻密度/(10⁶个/L)	透明度/m	持续时间/d	面积/km²
小型 =1	(0, 30]	(1, 10]	(0, 0.5]	(1, 5]	(0, 150]
中型 =2	(30, 80]	(10, 20]	(0.5, 0.4]	(5, 8]	(150, 400]
大型 =3	(80, 150]	(20, 50]	(0.4, 0.3]	(8, 15]	(400, 600]
重大 =4	(150, 300]	(50, 100]	(0.3, 0.1]	(15, 25]	(600, 900]
特大 =5	>300	>100	<0.1	>25	>900

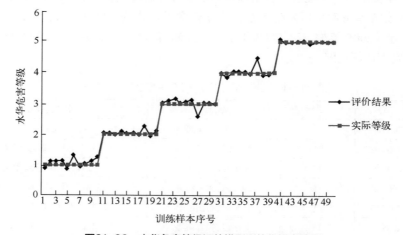

图21-26　水华危害等级评价模型训练集拟合效果

表21-13　水华危害等级评价结果

时间	河流	透明度/m	面积/km²	Chla/(mg/m³)	藻密度/(10⁶个/L)	持续时间/d	水华优势种类	SVM评价结果
2004年2月下旬	香溪河库湾近河口	0.21	525.6	4.95	46	5	小环藻、针杆藻等	大型
2004年3～4月	香溪河盐关-峡口	0.15	584	5.2	98	10	甲藻、小环藻、星杆藻等	大型
2004年4月上旬	香溪河盐关	0.19	580	31.5	86	30	里海小环藻	小型
2004年3月下旬～4月上旬	巴雾峡口-大宁河河段	0.16	636.25	40.5	102	11	小球藻、星杆藻等	重大
2004年5月下旬	双龙-银窝滩-龙门河段	0.14	540	56.8	110	10	小球藻、实球藻	重大

续表

时间	河流	透明度/m	面积/km²	Chla/(mg/m³)	藻密度/(10⁶个/L)	持续时间/d	水华优势种类	SVM评价结果
2004年6月	马渡河-河口	0.26	490	70.1	64	10	多甲藻、微囊藻	大型
	抱龙河	0.21	36.25	47.5	25	11	微囊藻	中型
	神女溪倒车坝	0.2	30	56.5	23	10	甲藻、小球藻、实球藻	中型
	香溪河库湾峡口以上	0.12	580	45.6	80	10	小环藻等	大型
2004年7月底	香溪河库湾近河口	0.14	584	400	92	10	隐藻门红胞藻	重大
2005年3月上中旬	香溪河	0.21	175.2	35.6	31	10	小环藻和多甲藻	中型
	大宁河	0.09	381.75	38.5	25	9	小环藻和衣藻	中型
2005年3月下旬	香溪河	0.1	438	17.9	23	15	小环藻和多甲藻	中型
	大宁河	0.22	300	23	26	12	衣藻	中型
2005年4月	香溪河	0.12	496.4	47.5	31	15	小环藻	大型
	大宁河	0.18	304	40.5	35	10	小环藻	中型
	梅溪河	0.23	126	56.7	30	7	多甲藻	中型
	长滩河	0.3	65	17.1	2.1	5	多甲藻和隐藻	小型
	磨刀河	0.4	56.4	27.1	4.1	5	隐藻	小型
	汤溪河	0.35	50	38.4	5.1	5	多甲藻	小型
	小江	0.32	142.8	17.7	5.7	4	小环藻和多甲藻	小型
2005年5月	香溪河	0.24	408	21.6	10	10	多甲藻和衣藻	中型
	大宁河	0.18	510	71.1	64	11	小环藻和多甲藻	大型
	瀼渡河	0.28	95	36.5	35	6	小球藻	中型
	草堂河	0.3	102	38	34	7	小球藻	中型
	朱衣河	0.32	90	37.5	36	6	颤藻	中型
	梅溪河	0.35	126	45.6	31	6	多甲藻	中型
2005年6月	大宁河	0.21	381	12.3	20	10	颤藻和小环藻	中型
2005年7月	香溪河	0.13	580	52.9	150	20	颤藻	重大
	磨刀河	0.23	169	12.3	29	7	衣藻和平裂藻	中型
	小江	0.35	200	11.9	3.5	5	颤藻	小型
2005年8月	香溪河	0.2	175.2	40.7	27	10	衣藻	中型
2006年4月	太平溪	0.21	180	52.8	43	15	蓝藻	小型
2006年7月	香溪河入口	0.18	102	45.2	50	10	蓝藻	中型
2007年2月	香溪河平邑口	0.23	105	21.6	56	8	甲藻、硅藻	中型
2007年3月	神女溪	0.36	160	38	80	5	甲藻	重大

续表

时间	河流	透明度/m	面积/km²	Chla/(mg/m³)	藻密度/(10⁶个/L)	持续时间/d	水华优势种类	SVM评价结果
2007年3月25日~4月	香溪河河口-库湾	0.2	150	62	102	14	蓝藻、绿藻	重大
2007年5月6日~5月中旬	香溪河库湾	0.19	290	150	110	9	蓝藻、水华微囊藻	重大
2007年12月	大宁河唐家湾河段	0.2	80	102	96	28	冬季微囊藻	重大
2009年3月	磨刀溪	0.19	50	1100	38	5	甲藻	重大
	小江	0.13	428.3	160	10	15	甲藻、绿藻、蓝藻	中型
	龙河	0.2	24	1200	96	5	甲藻	重大
	瀼渡河	0.38	12	434	13	4	甲藻	大型
	汤溪河	0.32	103	51	20	8	硅藻	中型
	梅溪河	0.29	140	310	43	6	隐藻	大型
	香溪河	0.15	620	62	56	15	硅藻	大型
2009年8月	神农溪河	0.2	180	2700	1700	15	蓝藻	重大
	苎溪河	0.19	100	110	17	7	隐藻	中型
	汤溪河	0.18	500	130	81	10	隐藻	重大
2009年10月	磨刀溪	0.23	37	250	16	8	甲藻、绿藻	特大
	青干河	0.3	8	66	18	7	隐藻	重大

（2）2010年：香溪河水质管理模型及其决策支持系统的开发和应用

1）香溪河水质管理模型

① 研究目标。随着香溪河沿岸城镇社会经济快速发展，排放量日益增加的污水和垃圾、磷矿和煤矿排出的废水以及工业污染，对香溪河的生态环境造成了严重影响。虽然香溪河干流年平均流量对排入的污染物有较强的稀释能力，但污水排放量的逐渐增加使得河水自净能力降低，进而带来水体富营养化等环境问题。此外，三峡库区蓄水使得河床水位抬高-回水顶托、香溪河水流速滞缓、水体扩散能力减弱、水体更新周期延长、水质变差和水体富营养化程度进一步升高。而且，香溪河流域水质恶化对于三峡库区以及长江流域水环境保护和改善都存在着影响。

针对这些系统复杂性，通过耦合水质模拟，开发基于点源和非点源污染控制的香溪河流域水质管理模型。通过综合考虑三峡大坝调度和运行对香溪河水量和水质的影响，以及对香溪河沿岸企业、矿厂等点源和农业生产等非点源排放进行合理规划，最终实现香溪河流域行业发展经济效益和水污染控制等经济-环境综合效益的最大化。

② 研究思路与技术路线。香溪河流域污染源较多、污染数据缺乏、河流水量水质变化较大，这些特征给本研究带来一定的困难。基于研究区域水环境系统复杂性分析，本研究制定如图 21-27 所示的技术路线。

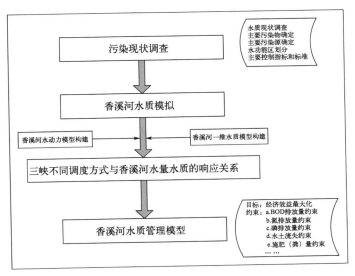

图21-27 香溪河水质管理模型技术路线图

Ⅰ.污染现状调查：通过现场调查和文献查阅等方式，确定香溪河沿岸主要污染物类型及其污染源，如化工厂、乡镇企业、矿厂公司等主要点源以及农业生产、农村生活等非点源，进而根据香溪河不同河段功能区划分确定主要的控制标准和控制指标。

Ⅱ.香溪河水质模拟：通过构建与运行香溪河水动力模型和一维水质模型，分析三峡库区不同的调度运行方式对香溪河水动力特性、污染物迁移扩散等的影响。

Ⅲ.三峡库区不同调度方式与香溪河水量水质的响应关系：根据香溪河水质模拟结果并借鉴其他项目组的研究成果，初步获得三峡不同调度运行方式对香溪河水量和水质的响应关系。

Ⅳ.香溪河水质管理模型：基于以上分析，考虑三峡库区不同调度运行方式的影响，构建香溪河流域水质管理模型。以流域经济效益最大化作为研究目标，约束条件包括BOD排放量、氮排放量、磷排放量、水土流失等。

③ 水质管理模型构建。项目组在香溪河水质现状数据搜集以及实地走访调查基础上，结合香溪河沿岸经济发展现状，确定了15个典型点源排放企业（单位），其中包括白沙河化工厂、刘草坡化工厂等5个磷化工厂，兴昌磷矿、兴河磷矿、葛坪磷矿等6个磷矿开采公司，以及古夫镇、高阳（昭君）镇等4个污水处理厂；并确定了古夫镇种植区、高阳镇种植区等4个典型非点源污染源，以及10个主要的控制断面。

根据点源和非点源空间分布、下垫面条件以及回水区范围，将香溪河流域划分为若干空间单元。针对每个空间单元，基于水动力模型和一维水质模型，确定了三峡水库调度和运行方式对香溪河水动力特性和污染物稀释扩散过程等的影响。基于此，将优化方法与香溪河流域水质管理紧密结合，开发了多重复杂条件下的香溪河流域水质管理模型。其中，决策变量包括各时期-时段-空间单元耦合条件下香溪河流域工农业的生产和发展规模等；规划目标为香溪河流域产业发展的经济效益总和最大化；所考虑到的约束条件则涵盖了任意时期-时段-空间各类污染负荷限制、生产和发展规模限制以及其他各种非负或技术约束条件。所构建的模型可简要表示如下。

Ⅰ.目标函数：

$$\max f = \sum_{i=1}^{5}\sum_{t=1}^{4} L_t \times NB_{it} \times X_{it} + \sum_{j=1}^{4}\sum_{k=1}^{3} CR_k \times PL_{jk} \times PR_{jk} \times Y_{jk} + \sum_{r=1}^{4}(\omega_r - q_r) \times Z_r$$

$$+ \sum_{s=1}^{4}\sum_{t=1}^{4} L_t \times WB_{st} \times WS_{st} + \sum_{p=1}^{6}\sum_{t=1}^{4} L_t \times MI_{pt} \times (MTB_{pt} - MPTC_{pt} - MMTC_{pt})$$

$$- \sum_{i=1}^{5}\sum_{t=1}^{4} L_t \times X_{it} \times IW_{it} \times (1 - RE_{it}) \times IO_{it} - \sum_{j=1}^{4}\sum_{k=1}^{3}\sum_{t=1}^{4} CM_{jt} \times M_{jkt}$$

$$- \sum_{j=1}^{4}\sum_{k=1}^{3}\sum_{t=1}^{4} CH_{jt} \times H_{jkt} - \sum_{s=1}^{4}\sum_{t=1}^{4} L_t \times WS_{st} \times WP_{st} \times (1 - RC_{st}) \times WO_{st}$$

$$(21\text{-}85)$$

Ⅱ.约束条件：

a. BOD 排放量约束

工厂废水 BOD 排放量约束：

$$X_{it} \times IW_{it} \times IC_{it} \times (1 - RE_{it}) \times (1 - \eta_{it}) \leqslant IS_{it} \quad \forall i, t \qquad (21\text{-}86)$$

城镇生活废水 BOD 排放量约束：

$$WS_{st} \times WP_{st} \times CB_{st} \times (1 - RC_{st}) \times (1 - RR_{st}) \leqslant CS_{st} \quad \forall s, t \qquad (21\text{-}87)$$

b. 氮排放量约束

种植业氮排放量约束：

$$\sum_{k=1}^{3}(SN_{jkt} \times SL_{jkt} + R_{jkt} \times NC_{jkt}) \times Y_{jkt} \leqslant MTN_{jt} \times T_{jt} \quad \forall j, t \qquad (21\text{-}88)$$

农村生活氮排放量约束：

$$L_t \times TP_{0t} \times AW_{0t} \times AP_{0t} \times ATN_{0t} + \left[L_t \times \left(\sum_{r=1}^{4} BM_{rt} \times Z_{rt} + BM_{0t} \times TP_{0t} \right) - \sum_{j=1}^{4}\sum_{k=1}^{3} M_{jkt} \right]$$
$$\times PG_t \times \varepsilon_1' \leqslant ALN_t \quad \forall t$$

$$(21\text{-}89)$$

香溪河氮排放量约束：

$$\sum_{j=1}^{4}\sum_{k=1}^{3}(SN_{jkt} \times SL_{jkt} + R_{jkt} \times NC_{jkt}) \times Y_{jkt} + L_t \times TP_{0t} \times AW_{0t} \times AP_{0t} \times ATN_{0t} +$$
$$BQ_t \times BWN_t + IQ_t \times IWN_t + \left[L_t \times \left(\sum_{r=1}^{4} BM_{rt} \times Z_{rt} + BM_{0t} \times TP_{0t} \right) - \sum_{j=1}^{4}\sum_{k=1}^{3} M_{jkt} \right] \quad (21\text{-}90)$$
$$\times PG_t \times \varepsilon_1' + UC \times BD \times A_t \times DP \times BN_t \leqslant MRN_t \quad \forall t$$

c. 磷排放量约束

工厂磷排放量约束：

$$X_{it} \times IW_{it} \times IP_{it} \times (1 - RE_{it}) \times (1 - \eta_{it}') + X_{it} \times IPR_{it} \times (1 - IPRE_{it}) \times IPL_{it} \times ICP_{it} \leqslant STP_{it} \quad (21\text{-}91)$$

种植业磷排放量约束：

$$\sum_{k=1}^{3}\left(SP_{jkt} \times SL_{jkt} + R_{jkt} \times PC_{jkt}\right) \times Y_{jkt} \leqslant MTP_{jt} \times T_{jt} \quad \forall j,t \tag{21-92}$$

农村生活磷排放量约束：

$$L_t \times TP_{0t} \times AW_{0t} \times AP_{0t} \times ATP_{0t} + \left[L_t \times \left(\sum_{r=1}^{4} BM_{rt} \times Z_{rt} + BM_{0t} \times TP_{0t}\right) - \sum_{j=1}^{4}\sum_{k=1}^{3} M_{jkt}\right] \tag{21-93}$$
$$\times PG_t \times \varepsilon_2' \leqslant ALP_t \quad \forall t$$

城镇生活磷排放量约束：

$$WS_{st} \times WP_{st} \times CTP_{st} \times \left(1 - RC_{st}\right) \times \left(1 - RR_{st}'\right) \leqslant CSP_{st} \quad \forall s,t \tag{21-94}$$

采矿业磷排放量约束：

$$MI_{pt} \times MIW_{pt} \times MIC_{pt} \times \left(1 - MRE_{pt}\right) + MI_{pt} \times MWR_{pt} \times \left(1 - MBF_{pt}\right) \tag{21-95}$$
$$\times MWC_{pt} \times MWL_{pt} \leqslant MPE_{pt} \quad \forall p,t$$

香溪河磷排放量约束：

$$\sum_{i=1}^{5} L_t \times \left[X_{it} \times IW_{it} \times IP_{it} \times \left(1 - RE_{it}\right) \times \left(1 - \eta_{it}'\right) + X_{it} \times IPR_{it} \times \left(1 - IPRE_{it}\right) \times IPL_{it} \times ICP_{it}\right]$$
$$+ \sum_{j=1}^{4}\sum_{k=1}^{3}\left(SP_{jkt} \times SL_{jkt} + R_{jkt} \times PC_{jkt}\right) \times Y_{jkt} + \left[L_t \times \left(\sum_{r=1}^{4} BM_{rt} \times Z_{rt} + BM_{0t} \times TP_{0t}\right) - \sum_{j=1}^{4}\sum_{k=1}^{3} M_{jkt}\right]$$
$$\times PG_t \times \varepsilon_2' + L_t \times TP_{0t} \times AW_{0t} \times AP_{0t} \times ATP_{0t} + \sum_{s=1}^{4} L_t \times WS_{st} \times WP_{st} \times CTP_{st} \times \left(1 - RC_{st}\right)$$
$$\times \left(1 - RR_{st}'\right) + \sum_{p=1}^{6} L_t \times \left[MI_{pt} \times MIW_{pt} \times MIC_{pt} \times \left(1 - MIRE_{pt}\right) + MI_{pt} \times MWR_{pt}\right]$$
$$\times \left(1 - MBF_{pt}\right) \times MWC_{pt} \times MWL_{pt}\right] + BQ_t \times BWP_t + IQ_t \times IWP_t + UC \times BD$$
$$\times A_t \times DP \times BP_t \leqslant MRP_t \quad \forall t$$

$$\tag{21-96}$$

土壤流失约束：

$$\sum_{k=1}^{3} SL_{jkt} \times Y_{jkt} \leqslant ML_{jt} \times T_{jt} \quad \forall j,t \tag{21-97}$$

作物施肥量约束：

$$\left(1 - VN_t\right) \times \varepsilon_1 \times H_{jkt} + \left(1 - VN_t'\right) \times \varepsilon_1' \times M_{jkt} - DN_{jkt} \times Y_{jkt} \geqslant 0 \quad \forall j,k,t \tag{21-98}$$

$$\varepsilon_2 \times H_{jkt} + \varepsilon_2' \times M_{jkt} - DP_{jkt} \times Y_{jkt} \geqslant 0 \quad \forall j,k,t \tag{21-99}$$

$$\sum_{k=1}^{3}\left(\varepsilon_1 \times H_{jkt} + \varepsilon_1' \times M_{jkt} - DN_{jkt} \times Y_{jkt}\right) \leqslant MTN_{jt} \times T_{jt} \quad \forall j,t \tag{21-100}$$

$$\sum_{k=1}^{3}\left(\varepsilon_2 \times H_{jkt} + \varepsilon_2' \times M_{jkt} - DP_{jkt} \times Y_{jkt}\right) \leqslant MTP_{jt} \times T_{jt} \quad \forall j,t \tag{21-101}$$

粪肥约束：

$$L_t \times \left(\sum_{r=1}^{4} BM_{rt} \times Z_{rt} + BM_{0t} \times T_{0t}\right) - \sum_{j=1}^{4}\sum_{k=1}^{3} M_{jkt} \geqslant 0 \quad \forall t \tag{21-102}$$

生产规模约束：

$$X_{i,\min} \leqslant X_{it} \leqslant X_{i,\max} \tag{21-103}$$

$$\mathrm{WS}_{s,\min} \leqslant \mathrm{WS}_{st} \leqslant \mathrm{WS}_{s,\max} \tag{21-104}$$

$$\mathrm{MI}_{p,\min} \leqslant \mathrm{MI}_{pt} \leqslant \mathrm{MI}_{p,\max} \tag{21-105}$$

$$Z_{r,\min} \leqslant Z_{rt} \leqslant Z_{r,\max} \tag{21-106}$$

作物种植面积约束：

$$\sum_{k=1} Y_{jkt} \leqslant \mathrm{TAS}_{jt}, \ \sum_{k=2}^{3} Y_{jkt} \leqslant \mathrm{TAH}_{jt}, \ Y_{jkt} \geqslant Y_{jkt,\min} \tag{21-107}$$

技术和非负约束：

$$\sum_{t=1}^{4} Y_{jkt} = Y_{jk}; \ \sum_{t=1}^{4} Z_{rt} = Z_r \tag{21-108}$$

$$X_{it} \geqslant 0; Y_{jkt} \geqslant 0; Z_{rt} \geqslant 0; \mathrm{WS}_{st} \geqslant 0; M_{jkt} \geqslant 0; H_{jkt} \geqslant 0; \mathrm{MI}_{pt} \geqslant 0 \tag{21-109}$$

2）香溪河水质管理决策支持系统

① 研究目标。项目组通过对三峡库区水环境进行系统性的现状调查与调研，收集整理香溪河水资源管理数据，利用多判据决策技术，开发一套水库调度下的香溪河水质管理专家系统。该系统不仅可以为决策者提供不同水库运行方式对香溪河水质的影响信息，还为决策者提供了针对具体水质问题改善香溪河水质的最佳方案，为管理者快速做出决策提供信息支持，即用户只需通过用户界面操作即可获得相关决策支持信息。通过人工智能和数据仓库技术将实地考察、现场走访及问卷调查（专家和利益相关者）提供的知识归纳、总结，并利用多判据决策分析技术进行推理和判断，模拟人类专家的决策过程以便解决用户关心的复杂问题，使用者可以通过简单的操作得到专家给出的建议和意见，为香溪河进一步水质管理提供一定的决策支持。

② 研究方法。利用计算机平台（.NET）将不同水库运行方式对香溪河水质的影响情况及相应的应对方案进行整合并构建专家知识库。充分利用人工智能技术对相关知识进行归纳和推理，实现人机互动。用户对解决某一问题提供个性化方案，能与专家方案进行分析比较。具体研究步骤如下：

Ⅰ.通过收集资料及现场勘查掌握香溪河的污染现状，查明香溪河主要水质问题及主要解决方法。

Ⅱ.筛选出影响香溪河水质管理方案的因素，确定评价指标。

Ⅲ.专家利用模糊赋分法对每种方案进行评价。

Ⅳ.针对具体的水质问题利用统计分析和多判据决策分析技术生成改善水质的最佳方案（过程如图 21-28 所示）。

主要通过现场走访、实地考察及问卷调查（专家、利益相关者）收集信息，并利用统计分析及多判据决策分析技术进行分析。其中问卷调查通过现场问卷调查和网络问卷调查两种方式进行（见图 21-29）。

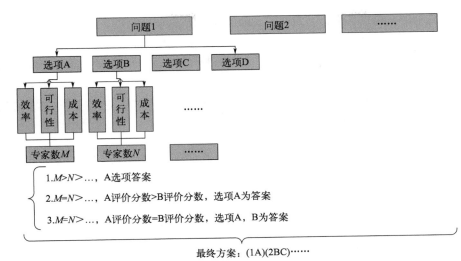

图21-28 最佳方案产生过程

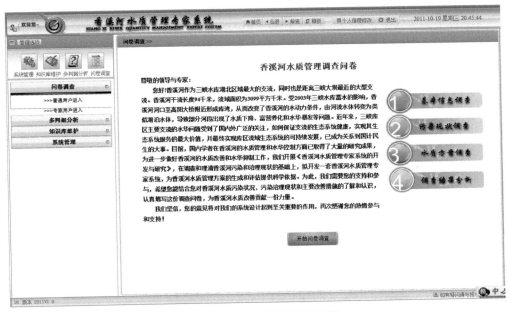

图21-29 网络问卷调查页面示例

（3）2011年：三峡水库水量水质调度决策支持系统的开发、综合调度技术的集成应用

三峡水库是长江干流的控制性工程，其运行调度对长江中下游的生产用水、生活用水和生态供水安全的意义重大。自蓄水运行以来，三峡水库的综合调度在维护生态环境和中下游供水安全、提高三峡水利枢纽综合效益等方面都面临着不同的要求和挑战。同时，库区上游水域近年来水质的不断恶化和频繁发生的水华现象与三峡工程也有密切的联系。因此，优化三峡水库的调度方案，考虑防洪、发电、航运、水质等多方面的实际需求，以最

大限度发挥三峡水库的综合效益对三峡水库的长远发展具有重要意义。

近年来，决策支持系统已经被应用于三峡水库的调度指导，例如何文社等在三峡水文泥沙分析系统管理数据库的基础上，通过对流域水系概化，构建了三峡水库决策信息系统，为三峡水库实时调度提供数据支持；廖等将决策支持系统应用于三峡水库的梯级水库调度，以获得最大化的发电效益。但过去的研究都没有考虑三峡工程对其上游流域的水质状况的影响，不能为三峡水库综合调度提供决策支持。因此，本研究将综合考虑防洪风险、发电效益、航运效益、水质状况与三峡水库调度的相互影响和响应机制，构建三峡水库水量水质调度决策支持系统，为三峡水库的优化调度提供决策支持，以最大限度发挥三峡水库的综合效益。

根据"特征辨识-过程模拟-评价分析-系统优化-综合决策"的逻辑原理，三峡水库水量水质调度决策支持系统将基于实地考察、定位监测、文献查询和实验分析，集成模拟优化和虚拟调控技术，为三峡水库的水量水质综合调控提供决策支持。具体而言，在保证防洪抗旱、发电和航运的基础上进行水量预报，综合三峡水库水量水质优化调度数据库系统以及上游来水和本地污染现状，集成三峡库区水文、水循环及水环境过程水量水质耦合模拟分析，嵌入水库系统中不确定性的定量分析和表征，融合水量水质状况的响应机制及调度条件下的库区生态环境脆弱性分析，生成理论优化调度方案。以基于专家意见和问卷调查产出的水库调度专家系统对调度方案集进行测评，最终输出水库水量水质调度的最优调度方案，其流程如图21-30所示。该系统不仅为决策者提供了不同水库调度对三峡水库及上游支流库湾水质的影响情况，还提供了改善三峡水库及上游支流库湾水质的最佳方案，为管理者快速决策提供了信息支持，用户只需通过用户界面操作即可获得相关决策支持信息。

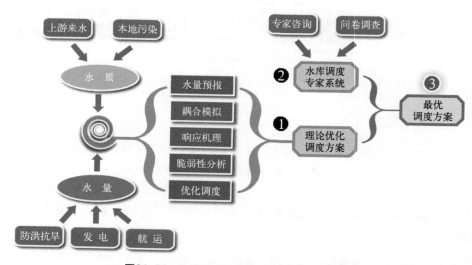

图21-30 三峡水库水量水质调度决策支持系统

三峡水库水量水质调度决策支持系统的设计思路：通过人工智能技术和计算机技术，同时结合实地考察、现场走访及问卷调查（专家和利益相关者）收集的信息，综合利用多判据分析、不确定性分析、多目标优化和多重后优化分析等技术，并综合基于模拟模型的不确定性风险评价方法进行推理和判断，模拟人类专家的决策过程以便解决那些需要人类专家处理的复杂问题，即管理者通过简单的界面操作就可得出和专家一样的三峡水库及上游支流库湾水量水质调度决策支持信息。

21.3.7.2　技术方法

（1）技术设计

基于多个备选水库调度方案，以防洪风险、发电效益、航运效益、水质改善为评价指标（判据），优化并筛选出最佳水库调度方案，实现三峡水库优化调度的社会、经济、环境总效益的最大化。调度方案分析决策树如图21-31所示。在此基础上，利用计算机技术，设计一套水库优化调度专家系统，快速、准确地筛选最佳调度方案。

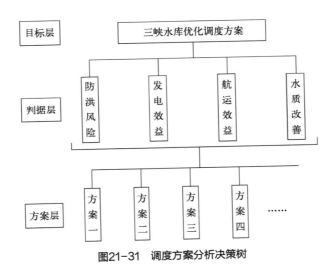

图21-31　调度方案分析决策树

（2）调查表设计

"公众参与"是指公民通过一定的渠道对公共事务表达意见，并且对公共事务的决策和治理产生影响的行为。研究采取"公众参与"手段的主要目的是：

① 对民众的调查，更多地考虑维护公众合法的环境权益，体现以人为本的原则。

② 对专家的调查，有助于挖掘专家的知识信息，帮助生成经济有效、切实可行的三峡水库优化调度方案；有助于平衡各方面利益，确保水库优化调度方案能够更好地兼顾四个调度目标，实现三峡库区的社会、经济和环境的可持续发展。

为此，研究并设计了一份调查问卷表，主要包括调查人员基本信息、三峡水库调度目标的重要性调查、水库调度方案调查。

① 调查人员基本信息：调查人员的职业背景、学术背景等基本情况。

② 三峡水库调度目标的重要性调查：设计五个层次（非常重要、重要、中等、不重要、可忽视），确定不同时期、不同调度目标的权重。

③ 水库调度方案调查：调查五个时期（非汛期、汛前消落期、汛前期、主汛期、汛

末期）各月（或旬）的水库控制水位与水库下泄流量情况，并给出备选的调度方案图。

（3）调查结果评估

基于调查问卷的统计结果，得到每一个评价指标在五个评价层次（非常重要、重要、中等、不重要、可忽视）下的比例，然后赋予不同的评价层次以模糊数，利用下列公式计算判据的权重。

$$S_i = \sum_{j=1}^{5} P_{ij} \mathrm{WP}_j, \quad i = 1,2,3,4 \tag{21-110}$$

$$W_i = \frac{S_i}{\sum_{i=1}^{5} S_i}, \quad \forall i \tag{21-111}$$

式中　P_{ij}——评价指标 i 在评价层次 j 下的比例；

WP_j——赋予的评价层次的模糊数；

W_i——判据的权重。

（4）建立统计关系

建立防洪、发电、航运、水质改善与水库调度之间的统计关系，是确定水库优化调度方案的重要一步，具体结果如下。

① 防洪风险：防洪风险以防洪损失表示。利用不同调度方案下的控制水位值，结合上游来水入库流量和水库库容之间的关系，得到下泄流量，从而求出防洪损失。具体的防洪风险调度模型如下。

$$f_1 = \sum_{i=1}^{m} R_i K_1 Q_i^{K_2} \tag{21-112}$$

$$Q_i = I_i - \frac{4.294 \times 10^6 \left(H_{1i} - 78.65\right)^2}{T_i} + \frac{5.463 \times 10^8}{T_i} + \frac{10^8 V_{i-1}}{T_i} \tag{21-113}$$

$$R_i = \begin{cases} 1, & Q_i > 35000 \\ 0, & Q_i \leqslant 35000 \end{cases} \tag{21-114}$$

式中　f_1——防洪损失；

Q_i——下泄流量，$\mathrm{m^3/s}$；

I_i——入库流量，$\mathrm{m^3/s}$；

H_{1i}——控制水位（即坝前水位），m；

V_{i-1}——水库库容，$\mathrm{m^3}$；

T_i——时间跨度，s；

K_1，K_2——防洪损失系数，这里 $K_1 = 0.00985$，$K_2 = 0.758$；

m——时段，以旬计。

② 发电效益：发电效益以电力能源利润表示。利用不同调度方案下的控制水位，结合上游来水入库流量和水库库容之间的关系得到下泄流量、水头损失和水库净水头，最终求得发电效益。具体的发电效益调度模型如下。

$$f_2 = \frac{1}{3600} \sum_{i=1}^{m} k\alpha_i Q_i H_i T_i \tag{21-115}$$

$$Q_i = I_i - \frac{4.294 \times 10^6 (H_{1i} - 78.65)^2}{T_i} + \frac{5.463 \times 10^8}{T_i} + \frac{10^8 V_{i-1}}{T_i}$$

$$H_{2i} = 62.57917 + 9.84891 \times 10^{-5} Q_i + 1.42007 \times 10^{-9} Q_i^2 \tag{21-116}$$

$$H_{3i} = \begin{cases} 10^{-4} I_i, & 5000 \leqslant I_i \leqslant 10000 \\ 10^{-5} I_i + 0.9, & 10000 \leqslant I_i \leqslant 60000 \end{cases} \tag{21-117}$$

$$H_i = H_{1i} - H_{2i} - H_{3i} \tag{21-118}$$

式中　f_2——发电效益，元；

　　Q_i——下泄流量，m³/s；

　　I_i——入库流量，m³/s；

　　H_{1i}——控制水位（即坝前水位），m；

　　H_{2i}——坝后水位，m；

　　H_{3i}——水头损失，m；

　　H_i——水库净水头，m；

　　V_{i-1}——水库库容，m³；

　　T_i——时间跨度，s；

　　k——单位发电利润，元；

　　α_i——发电出力系数，$\alpha_i=8.5$；

　　m——时段，以旬计。

③ 航运效益：航运效益以通航率表示。利用不同调度方案下的控制水位，结合入库流量和水库库容之间的关系，得到下泄流量和坝后水位，最终求得通航率。基本航运效益调度模型如下。

$$f_3 = \frac{1}{m} \sum_{i=1}^{m} S_i \tag{21-119}$$

$$Q_i = I_i - \frac{4.294 \times 10^6 (H_{1i} - 78.65)^2}{T_i} + \frac{5.463 \times 10^8}{T_i} + \frac{10^8 V_{i-1}}{T_i}$$

$$H_{2i} = 62.57917 + 9.84891 \times 10^{-5} Q_i + 1.42007 \times 10^{-9} Q_i^2 \tag{21-120}$$

$$S_i = \begin{cases} 1, & 145 \leqslant H_{1i} \leqslant 175, \ 62 \leqslant H_{2i} \leqslant 73.8, \ 5000 \leqslant Q_i \leqslant 56700 \\ 0, & \text{其他} \end{cases} \tag{21-121}$$

式中　f_3——通航率；

　　Q_i——下泄流量，m³/s；

　　I_i——入库流量，m³/s；

　　H_{1i}——控制水位（即坝前水位），m；

　　H_{2i}——坝后水位，m；

　　V_{i-1}——水库库容，m³；

T_i——时间跨度，s；

m——时段，以旬计。

④ 水库水质：水库水质以 TN 与 TP 的浓度表示。利用不同调度方案下的控制水位，结合入库流量和水库库容之间的关系，得到下泄流量，最终求得 TN 与 TP 浓度。具体的水库水质调度模型如下。

$$Q_i = I_i - \frac{4.294 \times 10^6 \left(H_{1i} - 78.65\right)^2}{T_i} + \frac{5.463 \times 10^8}{T_i} + \frac{10^8 V_{i-1}}{T_i}$$

Ⅰ. TN：

$$y_1\left(\text{主汛期}\right) = 6.20 \times 10^{-2} H_{1i} + 1.08 \times 10^{-4} Q_i - 3.64 \times 10^{-4} H_{1i}^2$$
$$- 3.87 \times 10^{-9} Q_i^2 + 2.91 \times 10^{-8} H_{1i} Q_i - 4.74 \times 10^{-5} \tag{21-122}$$

$$y_1\left(\text{非汛期}\right) = 1.31 \times 10^{-2} H_{1i} - 1.33 \times 10^{-4} Q_i + 5.85 \times 10^{-3} \tag{21-123}$$

$$y_1\left(\text{汛前/汛末期}\right) = 3.22 \times 10^{-3} H_{1i} + 2.58 \times 10^{-4} Q_i + 5.44 \times 10^{-5} H_{1i}^2$$
$$+ 7.82 \times 10^{-10} Q_i^2 - 1.84 \times 10^{-6} H_{1i} Q_i + 4.18 \times 10^{-4} \tag{21-124}$$

Ⅱ. TP：

$$y_2\left(\text{主汛期}\right) = -2.04 \times 10^{-2} H_{1i} + 1.62 \times 10^{-4} Q_i + 1.45 \times 10^{-4} H_{1i}^2$$
$$+ 1.06 \times 10^{-10} Q_i^2 - 1.13 \times 10^{-6} H_{1i} Q_i + 6.10 \times 10^{-8} \tag{21-125}$$

$$y_2\left(\text{非汛期}\right) = 9.93 \times 10^{-4} H_{1i} - 1.58 \times 10^{-5} Q_i + 7.89 \times 10^{-4} \tag{21-126}$$

$$y_2\left(\text{汛前/汛末期}\right) = 7.15 \times 10^{-4} H_{1i} - 5.96 \times 10^{-9} Q_i + 5.01 \times 10^{-3} \tag{21-127}$$

式中　y_1，y_2——TN 与 TP 的浓度，mg/L；

Q_i——下泄流量，m³/s；

I_i——入库流量，m³/s；

H_{1i}——控制水位（即坝前水位），m；

V_{i-1}——水库库容，m³；

T_i——时间跨度，s。

（5）优化调度专家系统

三峡水库优化调度专家系统是基于一定的开发环境、编程语言及相关技术开发而成的：

① .NET 开发平台，使用 CVS 进行版本控制；

② SQL Server 2005 数据库；

③ C# 语言开发后台代码；

④ XML 可扩展标记语言；

⑤ ASP、Flash、Flex、html 负责页面展示部分；

⑥ JavaScript、jQurey 负责页面的脚本动作；

⑦ IIS 应用服务器；

⑧ CSS 层叠样式表，负责网页的美化；

⑨ Fashion Chart 报表控件数据分析展示；

⑩ Ajax 技术提高页面响应速度。

专家系统包括问卷调查、调度模型、多判据分析、系统管理四部分。问卷调查包括调查人员基本信息、调度目标的重要性调查、调度方案调查；调度模型包括防洪风险模型、发电效益模型、航运效益模型、水库水质模型；多判据分析包括统计分析、效益分析、决策分析。具体效果见图 21-32 ～图 21-34。

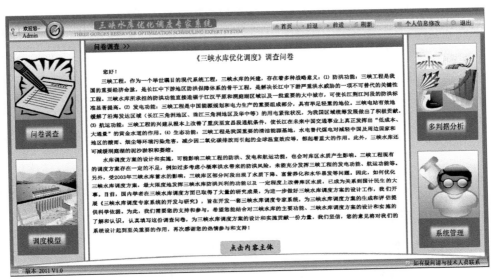

图21-32　三峡水库优化调度专家系统之问卷调查首页

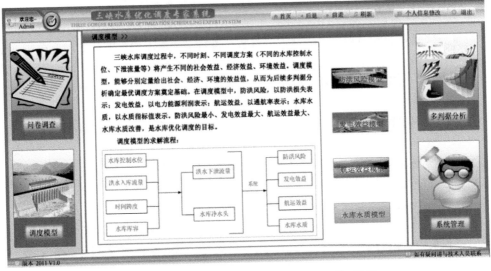

图21-33　三峡水库优化调度专家系统之调度模型首页

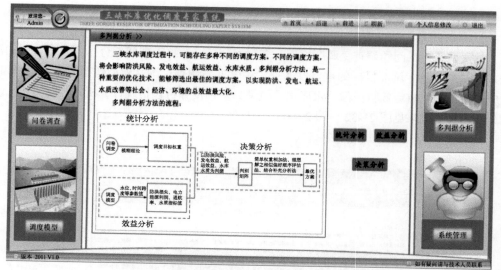

图21-34　三峡水库优化调度专家系统之多判据分析首页

21.3.8　三峡水库优化调度改善水库水质的复杂性分析和模型集成技术

21.3.8.1　技术研发过程

（1）在三峡库区典型流域分布式水量水质耦合模拟方面

①　基于全球气候模式和库区地面气象观测的结果，采用多元统计方法分析大气降水过程的时空特征和尺度效应，确定区域气候模式和尺度下延过程的关键参数；综合运用区域气候模式和统计尺度下延方法，建立多种分辨率的区域气候变化情景，并开展尺度效应研究，产生陆面模型所需要的高精度温度与降雨序列，为流域分布式模拟预报提供气象边界条件。

②　在 GIS 环境中，通过 DEM 分析和现场勘查，构建高精度 DEM，提取数字河网，确定数字河网临界集水面积等子流域划分参数；进行多要素图层的空间离散度分析，结合现场考察和文献查询，确定子流域聚类过程的一批关键阈值；采用模糊 C 均值和逐步聚类算法，根据下垫面要素及其水文效应对子流域进行聚类，归纳下垫面复杂性，为流域分布式降雨径流模拟预报提供空间架构和下垫面边界条件。

③　在多个不同类型的典型子流域建立气象水文观测平台，连续监测降雨径流过程，结合"3S"技术、文献调查、室内实验和现场考察等多种方式，将子流域的垂向水文过程概化为具有物理意义的 4 个非线性水箱，建立水箱间的交换机制和子流域间的汇流机制，并在代表性子流域通过精细的水文气象观测支撑关键模型参数的率定，实现流域尺度上的降雨径流精确预报。

④　将整个三峡库区按重要支流划分为若干个箱体（流域），分别对各个箱体建立水量模拟模型和水质模拟模型，定量研究箱体内水量变化、水质变化以及相互关系，继而自主开发建立耦合的库区多箱水量水质模拟模型。

⑤　融合三峡水库水量调度条件下水流水质观测平台的成果，在水量水质模拟耦合计

算过程中开展一系列敏感性和可靠性分析，率定流域降雨径流模型和库区箱式水质模型的关键参数，进而支撑模型的开发和校验。

⑥ 将已开发的三峡库区流域分布式水量预报技术应用到三峡库区香溪河流域，以香溪河水生态与环境野外观测站为基地，在研究流域内进行了广泛的数据收集和现场勘测。基于现场勘测结果对 20 世纪 80 年代发布的 1∶25 万基础高程数据进行了更新和细化，显著改善了地表水文特征的分布信息。采用 ArcGIS 系统对高程数据进行数字化，建立了研究区域的 1∶25 万数字高程模型。

⑦ 基于数字高程模型计算流域的流向分布和汇水分布，结合现有水文资料修正地势低平区域的流向和汇水状况，建立了研究区域的 1∶25 万河网模型。通过开发应用模糊 C 均值聚类和逐步聚类技术，结合实地考察的结果，将香溪河所有子流域依据下垫面要素聚类成 5 类，实现了流域内分布式降雨径流模式的基本类型划分和空间定位。

⑧ 基于数字河网和数字高程模型计算流域边界，在不同空间尺度下将三峡水库及香溪河流域划分成了一定数目的基本子流域，并将基本子流域归类。基于子流域划分与聚类分析结果，确定 5 个香溪河最佳子流域以开展水文气象站建设。

⑨ 针对香溪河流域开发了分布式降雨径流模型，考虑了不同种类子流域的水文特征，辅以长时间子流域水文气象精细观测，使建立的分布式降雨径流模型能够实时反映流域内水文特征、气候条件变化。

⑩ 同时应用所开发的三峡库区多箱水文水环境耦合模拟技术，有效处理了尺度差异和不确定性带来的复杂性问题，对三峡库区水量、水质状况进行系统模拟与预测，为库区管理提供了水污染态势等信息，其结果也为三峡库区水质水量的联合优化调度提供了必要的输入条件。

（2）在三峡水库多目标优化调度决策技术方面

① 搜集大量香溪河水质现状数据以及实地走访调查，根据香溪河沿岸经济发展现状，调查确定了 11 个典型点源和 5 个典型非点源污染源。针对香溪河地理位置和水环境的特点，构建了基于水质模拟的香溪河水质管理模型。

② 根据不同季节、不同调度和运行方式，设置了 24 个典型情景。并在不同情景下，通过构建水动力模型和一维水质模型等模拟手段，确定了三峡水库调度和运行方式对香溪河水动力特性、污染物迁移扩散等的影响，获得了调度与香溪河水量水质的响应关系。

③ 采用优化方法构建了香溪河水质管理模型。在已设置的 24 个不同情景下分别求解水质管理模型，获得的满足所有约束条件下区域经济效益最大的方案即最优经济发展方案。

④ 若有的方案经济效益相同，可通过对比主要污染物的排放量或香溪河水质状况进而确定最优的香溪河水质管理方案。

⑤ 通过对三峡水库现行调度方案的研究、库区水质水量监测数据的收集与整理、多目标优化求解方法以及处理不确定性方法的探究、三峡大坝调度的量化变量和库区及库湾水质之间统计模型的构建，开发了适用于三峡水库水资源综合调度的多目标优化模型。

⑥ 运用遗传算法实现了优化调度模型的高效求解：将多阶段问题分解为若干单个阶段的子问题，在每个阶段内寻求最优解，采用遗传算法优化单个阶段的子问题，通过编码避免离散变量；对于构造的多目标决策问题，采用了混合编码的多目标遗传算法进行优

化，从若干可行解中以概率的方式寻求到全局最优解。

⑦ 开发了三峡水库调度改善水质的情景分析技术，该技术针对调度方案的优选和实施等技术瓶颈，对影响库区水环境质量的诸多要素（点源和非点源污染物排放水平、汇流条件、区域气候条件，以及库区环境管理政策等）进行分析和筛选，帮助管理者明确了最佳的水库调度方案。

⑧ 项目组还设计了一系列调查问卷表，主要包括：a. 基本信息表；b. "水库调度目标权重" 调查表；c. "水库调度方法的评价标准权重" 调查表；d. "水库调度方法的评价" 调查表。

⑨ 通过调查问卷的形式确定了降低防洪风险、增大发电效益、增大航运效益、改善水质 - 控制水华、改善生态环境等调度目标的权重；通过调查问卷确定了每一个调度方案评价标准（效率、实现的可能性、适应性、成本）的权重。

⑩ 构建了每种调度方法在每个评价标准下评价层次（非常高、高、中等、差、非常差）的判别矩阵；运用简单权重相加法（SAW）、偏好序列组织法（PROMETHEE）、理想解之相似偏好顺序评估法（TOPSIS）和结合补充分析法（ELECTRE）进行备选调度方法的逐一分析和综合排序。

⑪ 开发了基于改善水质的三峡水库优化调度专家系统。

（3）在三峡水库水量水质调度决策支持系统方面

① 通过对三峡库区水环境进行系统性的现状调查与调研，收集整理了香溪河水资源管理数据，利用多判据决策技术，开发了一套水库调度下的香溪河水质管理决策支持系统。

② 香溪河水质管理决策支持系统已成功应用于香溪河的水质管理中，针对香溪河库湾春季水华问题，系统利用多判据技术并经过筛选最后得出实时调节三峡水库水位为最佳应对方案。

③ 利用计算机语言（VB）将不同水库运行方式对香溪河水质的影响情况及相应的应对措施进行了界面化处理，实现了人机互动。

④ 主要通过现场走访、实地考察及问卷调查（专家、利益相关者）收集并利用统计分析及多判据决策分析技术确定技术参数，其中问卷调查包括现场问卷调查和邮件问卷调查两种方式。

⑤ 遵循理论紧密联系实际的原则，将大型水库的水量水质优化调度决策支持系统分解成若干个子系统 / 模块，分别进行深入研发，然后集总为有机整体。

⑥ 三峡水库水量水质调度决策支持系统的核心技术模块包括复合智能系统、水量水质集成模拟、多目标优化以及管理决策等。三峡水库水量水质调度决策支持系统的用户界面由智能人机对话系统、Web-GIS 可视化输出以及网络化数据查询系统多项功能构成。

⑦ 三峡水库水量水质调度决策支持系统已在三峡水库开展测试 / 试用。

（4）在控制典型支流水华的生态调度的研究方面

① 通过现场观测，对监测数据整理归纳并统计分析，已较为明确地探明三峡水库典型调度过程对支流库湾水流水质的影响机制，提出了相应的生态调度方案。

② 基于三峡水库水量调度条件下的水流水质观测数据和水流水质模拟数据，考虑库区水流水质的时间序列性和空间异质性，辨识了多种现实和模拟响应关系中优化调度决策

变量的主成分或投影因子，分析出实际和理论调度行为对库区坡面产流产沙、河网输流输沙、外源性污染物运移、点源和非点源污染分布的直接和交互影响，有效处理和阐明了库区水量水质与调度行为（连续或离散变量）之间的动态性、多层次性、交互性、非线性以及各种不确定性，建立了三峡水库调度行为对水流水质和水华在统计意义上的多种响应关系和映射模式。

③ 结合实践操作，研究环境与营养因子对水华生消的影响，以及相关水质参数的变化规律。建立基于 CE-QUAL-W2 的立面二维水流水温模型，对三峡水库香溪河库湾水动力与水温特征进行模拟分析。

④ 拟定库湾上游不同来水流量、库湾不同水温、不同水位日变幅的正交数值模拟实验，分析不同因素对干流倒灌异重流的影响规律。以典型支流库湾作为研究区域，采用聚类数据分析、多元分析、概率理论和统计理论对大量的数据进行分析，并采用模糊数学理论、统计理论和可能性理论处理不确定性问题。

⑤ 运用开发的多种多元统计分析技术建立三峡水库水流水质和水华对调度行为的多种响应关系和映射模式。从而从统计层面上，全面揭示了三峡水库水流水质对调度行为的响应规律，为制定控制典型支流水华的生态调度方案提供技术支持。

21.3.8.2 技术方法

通过系统集成的方法，着力整合项目各个部分所开发的模型、技术和方法。具体包括：

① 协力开展三峡库区流域水量水质预报关键技术研究，在三峡库区和典型流域两个层面开展气候变化条件下的降雨径流预报和水文水环境模拟；

② 针对三峡水库支流区变化水文水动力学条件，开展藻类室内生长模拟试验并且建立了干支流耦合水流水质模型，分析了三峡水库水量调度与库区水量水质状况响应关系；

③ 实施三峡水库调度条件下水生态环境系统脆弱性分析与风险评估；

④ 针对三峡库区多条典型支流水质，建立了基于统计水质响应的三峡库区多目标优化调度模型，在考虑防洪、发电、航运、水质等多方面因素的基础上，开发了多情景三峡水库水量水质调度决策支持系统。

21.3.9 三峡水库抑制水华及改善水质的水库调度准则

21.3.9.1 技术研发过程

（1）2009 年

开展调度准则的概念研究，探索准则制定的技术方法，开展与调度准则相关的数据收集和整理工作，识别出现有调度准则制定过程中存在的问题和不足。首先，通过查阅书籍、收集资料和咨询相关工作人员、专家的方式，开展调度准则的概念和准则制定的技术方法研究，并确定影响调度准则制定的主观和客观因素。在此基础上，采用网络检索、现场调研和查阅书籍等方式，收集历年的三峡水库入库流量和下泄流量数据、三峡水库的传统水位运行图等。通过对过去三峡水库调度过程中存在问题和导致的严重后果的分析和总结，识别出现有调度准则制定过程中存在的问题和不足，确定改进方法，并以此作为未来的主要研究方向。

（2）2010 年

与项目组的其他小组建立合作机制，完成气候变化条件下的入库流量预测。基于 2009 年的研究成果，确定三峡水库调度准则主要存在以下两方面不足：一是传统调度准则的设计依据，即调度方案过于陈旧，可能影响生成调度准则的合理性和可行性；二是入库流量的确定过多依赖于历史观测数据，忽略了气候变化的影响。可能导致下泄流量的计算存在一定的偏差，引发调度反应滞后和突发性洪水事件等问题。因此，2010 年的研究重点是预测气候变化条件下的入库流量。三峡库区未来气候变化的研究和库区流域水量平衡核算作为整个项目的主要研究内容，项目组专门安排其他小组开展相关工作。该年度的研究工作主要是以配合主体研究人员开展相关方面的工作，同时共享研究成果。

（3）2011 年

设计和生成三峡水库调度方案。具体工作包括：

① 参考国内、外学者在三峡水库调度方面取得的研究成果，设计调查问卷。

② 通过网络调查、现场走访和咨询群众、专家意见的方式，生成潜在的三峡水库调度方案。在这里，三峡水库调度方案的水位是由上界和下界组成的区间来表示的。

③ 基于系统开发、统计分析的方式，处理和分析调查问卷获得的结果，产生三峡水库调度方案集。

④ 以防洪风险（防洪损失、防洪风险率和剩余库容）、发电效益（发电量）、航运效益（通航率）和水库水质（水质指标浓度，包括藻密度、叶绿素 a、TN、TP、COD 等）作为评价指标（判据），利用多判据决策分析技术和专家系统技术对调度方案集进行优化和筛选，从而生成三峡水库的综合调度方案。

（4）2012 年

计算下泄流量，生成调度准则。首先，在确定入库流量方面：一方面基于三峡水库入库流量长序列的历史观测数据（1878～2010 年），识别入库流量的分布特征，选定对应频率 10%、50% 和 90% 的入库流量为特征值；另一方面，通过对全球气候模式的尺度降解得到气候变量（降水和气温），并将其作为水文预测模型的输入变量，识别气候变化对三峡库区流域水资源的影响，确定气候变化条件下的入库流量。另外，考虑到水库水位的变化，在保证防洪的前提下，可能带来一定的发电和航运效益，因此基于历史平均入库流量，计算不同水库水位条件下的下泄流量，形成水位变化条件下的水库调度准则。上述调度准则综合考虑不同的水文情势条件、气候变化条件和水位变化条件，以调整水利工程调度的方式，确保了包括防洪、发电和航运等多个目标之间的相互协调，可为三峡总公司设计三峡水库的合理调度方式提供技术支持和决策依据。

21.3.9.2 技术方法

主要用于计算水库调度产生的防洪风险、发电效益、航运效益和水库水质状况。详见 21.3.7.2 下（4）部分。

21.4 实验检测及结果分析

21.4.1 三峡库区流域水量水质预报关键技术研究

21.4.1.1 库区重要支流水文气象观测工作站

基于数字高程模型（DEM），香溪河流域划分成了多个小尺度子流域。通过开发逐步聚类技术，综合分析流域下垫面信息，将香溪河子流域依据下垫面要素聚类成5类，实现了流域内降雨径流模式基本类型的划分和空间定位。综合考虑微地形植被、土壤、小气候、汇水面积、交通情况等条件，结合子流域划分和分类结果，最终在香溪河流域确定了5个最佳子流域，代表地点分别为新华、平水、昭君、南对河和杨道河小流域。气象水文观测工作站见图21-35。

5个气象水文观测工作站的具体信息见表21-14。

图21-35 气象水文观测工作站

表21-14 气象水文观测工作站信息

名称	经纬度	高程/m
昭君站	N31°14′15″, E110°44′36″	180
南对河站	N31°11′28″, E110°57′54″	533
杨道河站	N31°12′19″, E110°51′29″	307
平水站	N31°29′5″, E110°47′52″	404
新华站	N31°31′19″, E110°52′43″	713

21.4.1.2 库区流域分布式水文模拟

（1）模型率定与验证

根据构建的水文模型及气象水文工作站获取的数据，对小流域进行模拟，如图21-36所示（图中仅示意相对位置）。结果表明，构建的水文模型能较好地模拟降雨径流过程，模拟值与实测值的相关系数及确定性效率系数如表21-15和表21-16所列。5个小流域代表了5种降雨径流类型，由模拟结果可知模型效率系数都在0.6以上，表明建立的香溪河水文模型在模拟几类降雨径流类型的水文过程中有较强的适用性，较好地模拟了小流域的水文过程。

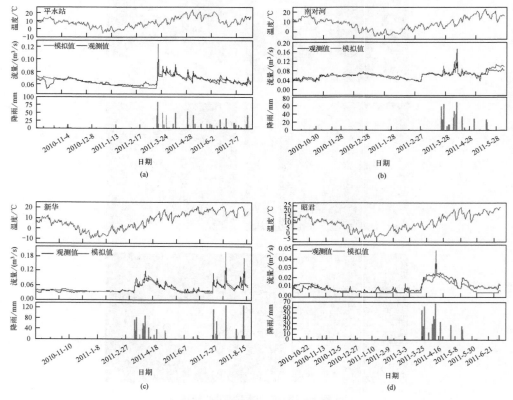

图21-36 观测工作站模拟结果

表21-15 模型率定效果评价

时期	Nash效率系数			流量偏差/%			相关系数		
	日	月	年	日	月	年	日	月	年
1994~1998年	0.55	0.85	0.71	−5.653	−7.007	−7.008	0.75	0.93	0.88
2001~2005年	0.54	0.78	0.771	−5.26	−6.34	−5.26	0.74	0.89	0.92

表21-16 模型验证效果评价

时期	Nash效率系数			流量偏差/%			相关系数		
	日	月	年	日	月	年	日	月	年
1991~1993年	0.54	0.77	0.76	−8.414	−8.40	−8.39	0.74	0.89	0.98
2006~2010年	0.53	0.70	0.68	−1.39	−3.38	−4.05	0.73	0.78	0.84

采用香溪河流域1991~1998年和2001~2010年两组长时间序列的水文数据对模型进行率定和验证，其中，以1994~1998年和2001~2005年香溪河流域气象观测数据及兴山水文站日径流观测数据对模型进行率定，率定和验证结果如表21-15和表21-16所列。根据模型效果评价，香溪河水文模型在模拟香溪河流域月和年水文过程中模拟效果较好，纳什（Nash）效率系数均在0.65以上，并且模拟相关系数也达到0.8左右。由两个长时间系列率定结果可知，1994~1998年模型模拟效果较好，尤其在月流量过程的模拟时，纳什效率系数高达0.85，整体模拟效果已经达到满意的水平。从率定的日水文过程可以发现，模型在模拟水文峰值时普遍低于实际的峰值，尤其是模拟洪水峰值时。主要原因在于，香溪河流域是多山的流域，大部分小流域的坡度较陡，在强降雨条件下能够在短时间内形成径流，并汇流形成洪峰。

模型计算的日流量数据与实际流量变化趋势基本一致，整体误差在合理的范围内。虽然模型对极端洪水峰值的模拟效果稍显不足，但对于香溪河这样一个下垫面复杂、气候变化较大的流域来说，模拟效果已经很理想了。模拟计算的各年径流总量与实际年径流总量变化趋势基本一致，但1991~1998年模拟的年变化趋势被实测的年变化趋势缓和，也即模型在枯水年的模拟结果比实测结果偏大，在丰水年模拟结果比实测结果偏小。2001~2010年模拟期内模拟的年径流普遍高于实际的观测数值，主要原因在于人类活动的干扰使得实际年流量偏低。

（2）与SWAT、TOPMODEL模拟比较

本研究模拟结果与SWAT、TOPMODEL模型在香溪河的应用情况方面进行了对比验证。模型分别以2001~2005年数据进行参数率定，然后利用2006~2010数据进行验证，验证结果如表21-17所列。结果表明，本研究所建立的香溪河水文模型和TOPMODEL模型的模拟效果普遍优于SWAT的模拟结果。虽然TOPMODEL验证的模型效率系数和相关系数稍高于所构建的水文模型效果，但是开发的香溪河水文模型的流量相对偏差为−1.39%，低于TOPMODEL的7%。TOPMODEL是将香溪河流域人为地分成5个子流域，形成松散耦合结构模拟流域的出口流量，模拟结果较好。但是，TOPMODEL是集总式水文模型，不能得出各个小流域出口的流量结果。

表21-17　3种模型模拟结果比较

模型	Nash效率系数		总流量相对偏差/%		R^2	
	率定期	验证期	率定期	验证期	率定期	验证期
TOPMODEL	0.53	0.54	7.8	7.0	0.74	0.77
SWAT	0.61	0.50	−10.64	−11.02	0.72	0.64
香溪河水文模型	0.54	0.53	−5.26	−1.39	0.74	0.73

　　从模拟的总体效果看，三个模型都表现出了一定的适应性，但如图21-37所示，对于长时间水文序列而言，三个模型也表现出了不同的适应能力。TOPMODEL对峰值的模拟效果较好，但也出现了很多假峰，尤其是在2010年的模拟中。同样，SWAT的模拟在2010年出现峰值提前和假峰的现象，不能很好地模拟洪水过程，建立的香溪河水文模型虽然没有假峰的现象，但也表现出对峰值模拟不足的情况。TOPMODEL表现出了良好的模拟效果，但不能给出分布式的结果，不利于分布式研究流域的现象。

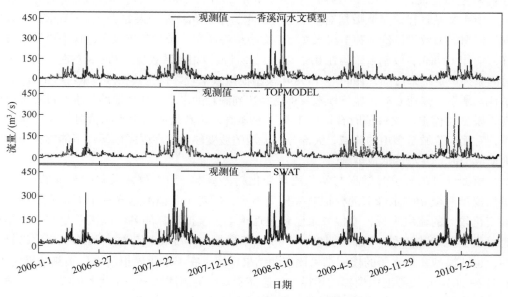

图21-37　2006～2010年模型模拟验证结果比较

21.4.1.3　区域气候模拟与尺度下延

　　选用英国哈德利（Hadley）中心开发的区域气候模型PRECIS，对三峡库区及支流流域进行1961～1990年的模拟，并在SRES A2和B2情景下对2071～2100年的气候变化进行预测。模拟的参数包括平均温度、最高温度、最低温度以及降水量等。该研究选用的水平分辨率在旋转坐标下经纬度为纬度0.44°×经度0.44°和纬度0.22°×经度0.22°，在中纬度地区水平格点间距约为50km和25km，积分时间步长分别为5min和2.5min。研究范围为以三峡库区（N30°44′18″，E111°16′29″）为中心点，经纬度方向格点数分别为50和44（50km网格）、100和88（25km网格）的区域。在该区域空间范围内，垂直方向采

用 σ 坐标,分为 19 层,最上层为 0.5hPa;水平方向计算应用 Arakawa B 网格,应用水平扩散项控制非线性不稳定;侧边界采用松弛边界条件,陆地边界层应用的是 MOSES(met office surface exchange scheme)方案。通过区域气候现场观测以及气象站点资料收集,选择有代表性的气象站点,选取 1961 ~ 2100 年段气象数据对 PRECIS 区域气候模拟进行验证及效果评价,结果显示区域气候模型 PRECIS 对于温度的模拟接近实测数据,模拟结果较为理想,而对于降水参数的模拟差异较大,需要进一步调整模型。

基于三峡库区快速发展的趋势,选择 A2、B2 两种情景,针对未来 10 年(2011 ~ 2020 年)应用 HadCM3 输出的未来气候情景,输入验证过的 SDSM 生成预报量的未来序列,以建立未来 10 年的气温情景和降水情景,并对三峡库区未来气温变化情景和降雨量变化情景进行分析。三峡库区未来日最高和日最低气温总体呈增温趋势。A2 情景下的增温幅度大于 B2 情景,日最高气温的增温幅度略大于日最低气温的增温幅度;在季节性变化上,日最高和日最低气温年内变化不大,日最高和最低气温在夏季的变化幅度比其他 3 个季节略大,其次是冬季;流域未来的年降雨量有增有减,总体变化趋势不明显。总体上,三峡库区在冬季和春季的降水呈现增加的趋势,冬季增加幅度略高于春季,夏季和秋季减少趋势显著,B2 情景下年降雨量的增加幅度超过 A2 情景。总体上,A2 情景下 2011 ~ 2020 年的年平均最高气温和最低气温变化分别较基准期升高约 0.74℃和 0.61℃;B2 情景下年最高气温和最低气温则分别升高约 0.57℃和 0.46℃;降雨方面,A2 情境下夏季和秋季降雨分别减少约 38mm 和 26mm。而春冬季降水呈现增加趋势,特别是 B2 情景下春季和冬季降雨分别增加约 17mm 和 31mm。

21.4.1.4 三峡库区水量平衡核算与气候变化影响分析

将三峡库区分成 40 个子流域,通过水量平衡计算模型计算得到 2006 ~ 2009 年 40 条子流域径流结果。然后,通过库区上游来水、支流汇水、坝前来水、库容变化等,对库区水量核算进行率定、校验等。选用 SDSM 对三峡库区 40 条子流域的降雨量和气温进行处理,分别以降雨和气温预报因子的主分量作为 SDSM 的输入量,分别和库区气象站的日降水资料建立相关关系,模拟 A2、B2 情景下库区 2011 ~ 2020 年降水量、气温的变化情况,建立库区 2011 ~ 2020 年的气候变化情景。通过库区各水文站的历史实测降水、蒸发资料,率定水量平衡模型的参数,建立气候变化下库区 40 条子流域的水量平衡模型。用 1974 ~ 2003 年的香溪河实测月降雨、月蒸发、月径流资料,率定和检验水量平衡模型的参数,率定期和检验期的效率系数分别为 78% 和 56%,径流总量相对误差分别为 −0.13% 和 −31.8%。模拟值和实测值基本吻合,率定期、检验期的拟合能力较好,可用于模拟未来径流量。用 2006 ~ 2009 年綦江、嘉陵江、乌江、大宁河、龙河、渠溪河、磨刀溪、九畹溪等 40 条子流域的实测月降雨、月蒸发、月径流资料,率定和检验水量平衡模型的参数,模拟值和实测值基本吻合,率定期、检验期的拟合能力较好,可用于模拟未来径流量。考虑气候稳定条件下的水量平衡,即假定未来十年的气候状况与目前十年保持一致的前提下计算未来十年的月径流量。

10 条代表性子流域的具体模拟结果见图 21-38。

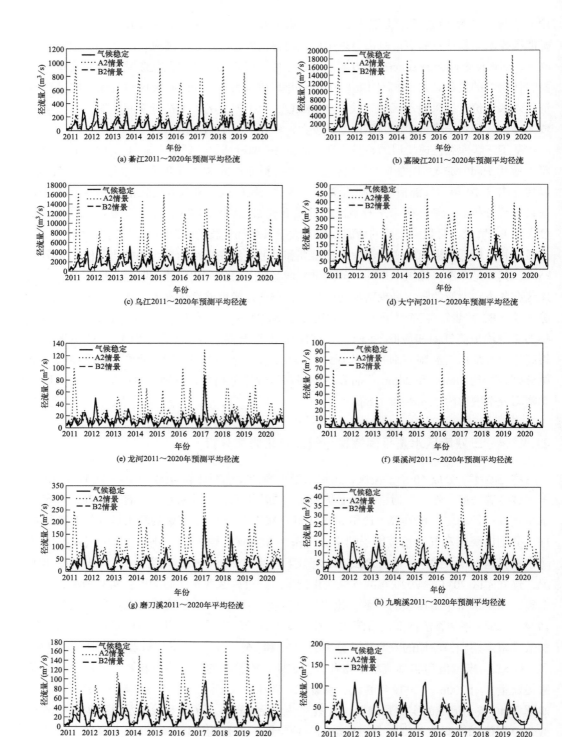

图21-38 库区流域出口流量模拟

在支流水量平衡的模型结果上建立库区水量汇流模型。在模型的检验期，根据长江干流朱沱断面 2008～2009 年的水量历史数据率定参数，并用现有数据对参数进行验证。模型计算得到库区的出库流量与观测值较为吻合，R^2 达到了 0.98，说明模型的拟合效果相当好，可用于模拟库区未来下泄流量。在参数有效、准确的前提下，根据水库高位蓄水后的平均历史（2008 年、2009 年）水位数据，结合水库水位库容变化曲线，通过月均水位变化得到月库容变化量，进而完成对未来月均下泄流量的预测。然后，根据库容变化情景，结合气候变化模型及尺度下延产出的库区干、支流的水量，考虑校准后的入库流量修正参数，求得未来气候稳定条件和气候变化下不同情景（A2、B2 两个情景）满足水位情景所需要泄水的月总量。

库区未来下泄流量模拟结果如图 21-39 所示。

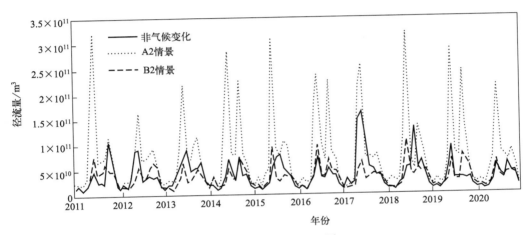

图21-39 大坝下泄流量预测

21.4.2 三峡库区水文水环境耦合模拟研究

21.4.2.1 香溪河水质模拟结果分析

（1）香溪河水质变化规律分析

针对香溪河水质的变化规律同库区其他支流变化规律有所不同的现象，项目组通过实地考察调研及模拟分析，得出如下结论。

① 香溪河主汛期水质略好于非汛期，但是香溪河水质年际变化规律不显著，并不像库区其他支流水质的年际变化规律那样明显，与其他支流水质变化相比全年水质变化比较平稳。

② 香溪河水质主要受河流流量变化和水库回水两方面因素影响。

主汛期水质略好于非汛期的主要原因：

① 非汛期 01～04 站点水质主要受回水影响，与三峡水库的水质保持一致。05～09 号站点的水质较差，主要是受上游来水减少的影响。因为上游的水库将河流的水流截留，造成下游的来水量减小，从而导致水质变差。

② 主汛期上游放水，下游流量增加，整条河流汛期水量较大，但是这个时期有大量面源污染进入水体，所以水质只是略好于非汛期。01、02号站点依旧是由于库区回水影响而保持库区水质变化趋势。

（2）WASP与Qual2k模拟对比

分别对主汛期、非汛期、汛前期、汛末期四种情景下的WASP与Qual2k模型模拟结果进行比较，对比分析四个时期下的两模型模拟结果。通过分析相关系数以及进行显著性检验比较两模型模拟数据的准确性。数据对比结果如图21-40～图21-47所示。

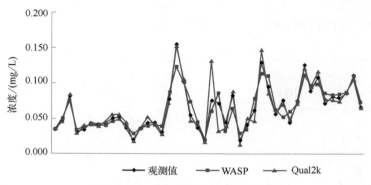

图21-40　主汛期TP模拟数值对比图

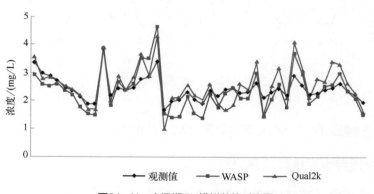

图21-41　主汛期TN模拟数值对比图

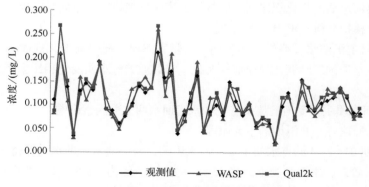

图21-42　非汛期TP模拟数值对比图

第四篇　工程实践篇

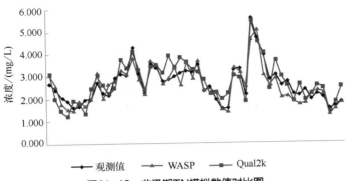

图21-43　非汛期TN模拟数值对比图

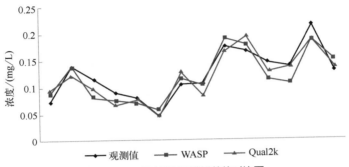

图21-44　汛前期TP模拟数值对比图

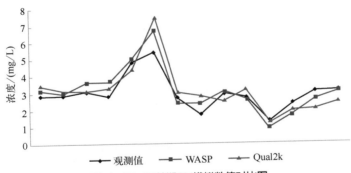

图21-45　汛前期TN模拟数值对比图

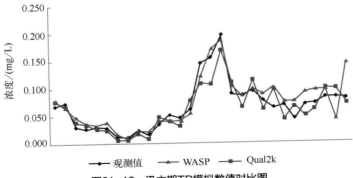

图21-46　汛末期TP模拟数值对比图

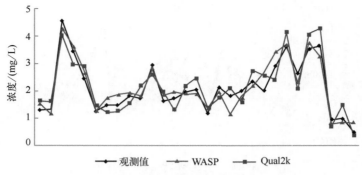

图21-47 汛末期TN模拟数值对比图

两模型主汛期 TP、TN 模拟结果显著性检验参数分别如表 21-18、表 21-19 所列。两模型非汛期 TP、TN 模拟结果显著性检验参数分别如表 21-20、表 21-21 所列。

表21-18 两模型主汛期TP模拟结果显著性检验参数表

Qual2k				WASP			
回归统计				回归统计			
R	0.831353			R	0.936372		
R^2	0.691148			R^2	0.876792		
标准误差	0.015884			标准误差	0.010032		
观测值	44			观测值	44		
方差分析				方差分析			
项目	df	F	t检验显著系数t	项目	df	F	t检验显著系数t
回归分析	1	93.98728	2.81×10^{-12}	回归分析	1	298.8872	1.04×10^{-20}
残差	42			残差	42		
总计	43			总计	43		

注：df为自由度。

表21-19 两模型主汛期TN模拟结果显著性检验参数表

Qual2k				WASP			
回归统计				回归统计			
R	0.886077			R	0.884812		
R^2	0.785132			R^2	0.782892		
标准误差	0.344606			标准误差	0.200574		
观测值	44			观测值	44		
方差分析				方差分析			
项目	df	F	t检验显著系数t	项目	df	F	t检验显著系数t
回归分析	1	153.4692	1.3×10^{-15}	回归分析	1	151.4525	1.62×10^{-15}
残差	42			残差	42		
总计	43			总计	43		

表21-20 两模型非汛期TP模拟结果显著性检验参数表

Qual2k				WASP			
回归统计				回归统计			
R		0.951054		R		0.914029	
R^2		0.904503		R^2		0.83545	
标准误差		0.012969		标准误差		0.017391	
观测值		50		观测值		48	
方差分析				方差分析			
项目	df	F	t检验显著系数t	项目	df	F	t检验显著系数t
回归分析	1	454.6362	3.98×10^{-26}	回归分析	1	233.5498	1.2×10^{-19}
残差	48			残差	46		
总计	49			总计	47		

表21-21 两模型非汛期TN模拟结果显著性检验参数表

Qual2k				WASP			
回归统计				回归统计			
R		0.884582		R		0.925978	
R^2		0.782486		R^2		0.857436	
标准误差		0.413562		标准误差		0.314552	
观测值		50		观测值		50	
方差分析				方差分析			
项目	df	F	t检验显著系数t	项目	df	F	t检验显著系数t
回归分析	1	172.6755	1.62×10^{-17}	回归分析	1	288.6904	6.13×10^{-22}
残差	48			残差	48		
总计	49			总计	49		

根据上述图表所示结果及方法，对两模型结果进行统计学分析比较，针对香溪河的水质模拟，对两个模型的模拟结果分别进行了 F 检验与 t 检验。以主汛期 TP 模拟结构对比分析为例：WASP 模拟结果的相关系数为 0.876792，大于 Qual2k 模拟结果的 0.691148，同时，WASP 模型 F 检验的 F 值为 298.8872，大于 Qual2k 模型 F 检验的 F 值 93.98728；WASP 模型 t 检验的显著系数 1.04×10^{-20} 明显小于 Qual2k 模型 t 检验的显著系数 2.81×10^{-12}。这些对比结果证明了在此时期中 TP 的 WASP 模拟结果要优于 Qual2k 的模拟结果。

根据上述工作的步骤，分别做出各个时期模拟结果的相关检验及显著性检验，得到复相关系数及 F、t 检验的结果。结果证明，对非汛期以及汛前期的 TP 模拟而言，Qual2k 模型模拟结果优于 WASP 模型，而其他时期的 WASP 模型模拟结果均优于 Qual2k 模型模拟结果。因此，可以得出结论：WASP 适用于在香溪河进行水质模拟，并在模拟 DO、TN 时较其他模型有一定的准确度。

21.4.2.2 三峡库区水量水质耦合模拟结果

在库区尺度上，从模拟结果来看，各箱体各指标的模拟 R^2 值均在 0.80 以上，误差在

15% 以下的模拟结果占总数的 92% 左右，模拟结果和实测结果吻合度较高，部分模拟结果如图 21-48 ～图 21-56 所示。

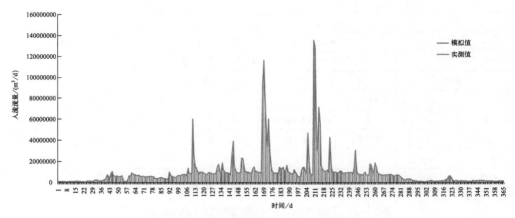

图21-48　小江流域入流拟合结果（R^2=0.920）

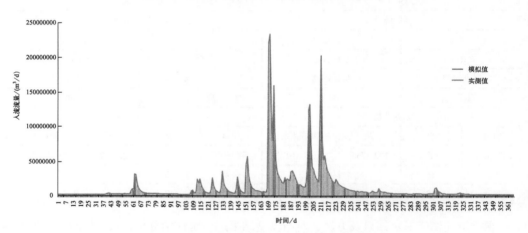

图21-49　大宁河入流拟合结果（R^2=0.827）

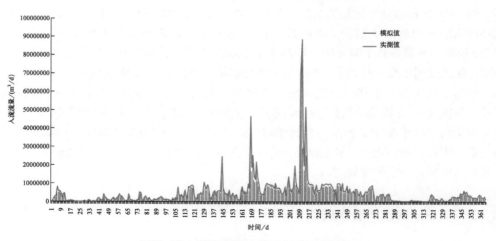

图21-50　龙河入流拟合结果（R^2=0.843）

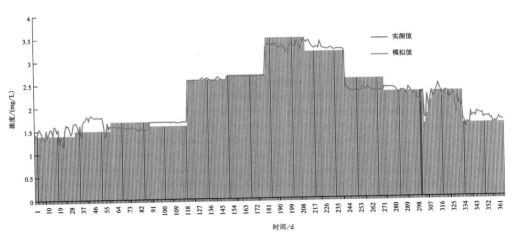

图21-51 小江2008年COD模拟结果（R^2=0.884）

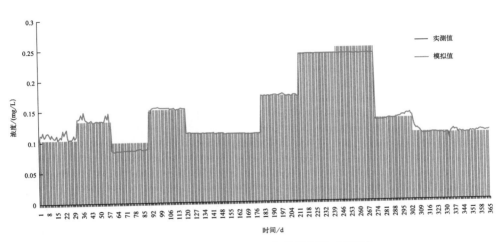

图21-52 小江2008年TP模拟结果（R^2=0.901）

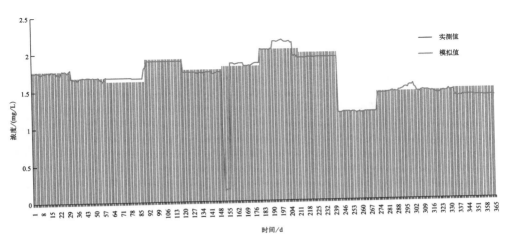

图21-53 小江2008年TN模拟结果（R^2=0.827）

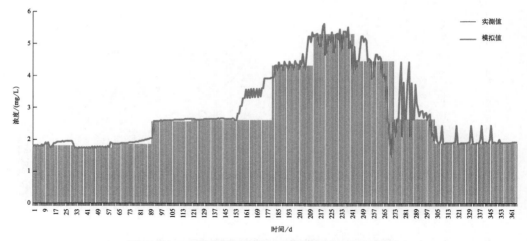

图21-54 寸滩断面2008年COD模拟结果（R^2=0.801）

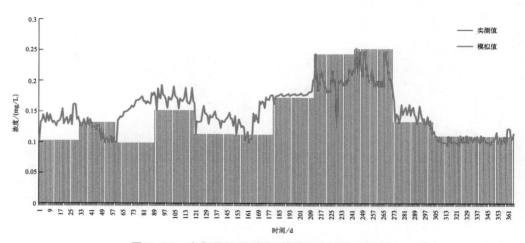

图21-55 寸滩断面2008年TP模拟结果（R^2=0.814）

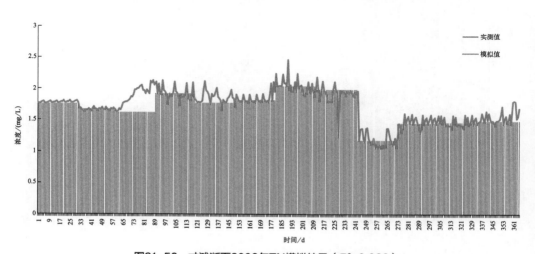

图21-56 寸滩断面2008年TN模拟结果（R^2=0.833）

三峡水库年径流量主要集中在汛期，79% 的径流量集中在汛期 5～10 月，季节变化很大。同时，三峡库区大部分支流的较高入库流量集中在 6～8 月份，全年水量波动较大。库区内最大的两条支流——嘉陵江和乌江占全部支流来水的 93% 左右。三峡库区支流水体的高锰酸盐指数、TP、TN 浓度全年波动，7～9 月份各指标浓度较高，水质条件相对其他时期较差，应加以控制。在夏季、夏秋之交、春夏之交的季节，水体 TP、TN 浓度相对较高，水体有可能会出现程度不同的富营养化现象。库区干流段 TP 浓度最大值与支流 TP 浓度最大值出现时间基本一致。沿重庆方向到三峡大坝方向，水体总体水质指标见好，并且，相对其他时间，7～9 月份各指标浓度较高。长江上游支流乌江和嘉陵江水质受蓄水影响不大，下游支流大宁河、小江等则因为受大坝影响，局部水环境波动较大。

三峡水库的污染来源除上游来流挟带的污染物外，还包括工业排污口和城市排污口的点源污染以及径流带来的面源污染。总体来说，三峡水库蓄水运行后，从上游到下游，污染物浓度呈现低 - 高 - 较低或者轻 - 重 - 较重的分布态势。三峡库区支流及干流污染物浓度较高的时间主要是在 4～9 月春夏之交、盛夏及夏秋之交的非暴雨时段，径流产生的 N、P 负荷高，这些因素都有利于水华的发生。

（1）枯水期水质变化分析

枯水期坝前及各支流水质最好。枯水期在水文条件相同的情况下，污染物负荷较高时的支流 COD_{Cr} 浓度均值约为 2.3mg/L，而在低背景时，支流 COD_{Cr} 浓度均值约为 1.2mg/L。在重庆市长寿和万州等排污较为严重的地区，支流及岸边污染非常明显。在污染物高负荷排放情况下，支流 COD 的浓度均值较高，超过地表水环境质量标准的 V 类标准，由于排污量较大，在三峡库区重庆段支流污染物浓度明显偏高。而在低负荷排放情况下，由于上游来水水质较好，污染物排放量较小，各支流污染物浓度可达到地表水 I 类标准。

（2）平水期、丰水期水质变化分析

平水期和丰水期水质状况比枯水期差。污染物高负荷排放时，在排污量较大的城市库段，支流水质恶化。在坝前，总磷、氨氮浓度偏高。由于在平水期和丰水期水量较大，库区污染负荷对水质的影响相对较小，上游的来水浓度则对水质的影响较大。由于该时期水流速度比枯水期快，污染物停留时间较枯水期短，因此污染物衰减总量少，水质指标的浓度也比枯水期高很多。平水期、丰水期与枯水期的水质变化趋势是相同的，即由库尾至库首处，污染物浓度逐渐降低，水质向好的趋势转化。

21.4.3 三峡水库水量调度与库区水流水质状况响应关系研究

21.4.3.1 三峡水库支流库湾低流速监测技术

项目组从 2008 年起，在三峡水库库首 4 条主要支流 [九畹溪（JW）、香溪河（XX）、蒲庄河（PZ）、叱溪河（ZX）]，采用首尾抛锚定点式"威龙"测流法，得到了较好的结果，现随机选取了部分时间测量结果，如图 21-57、图 21-58 所示。可以明显看出，在库首 4 条主要支流中不同时间均不同程度地存在着分层异向流动特征。

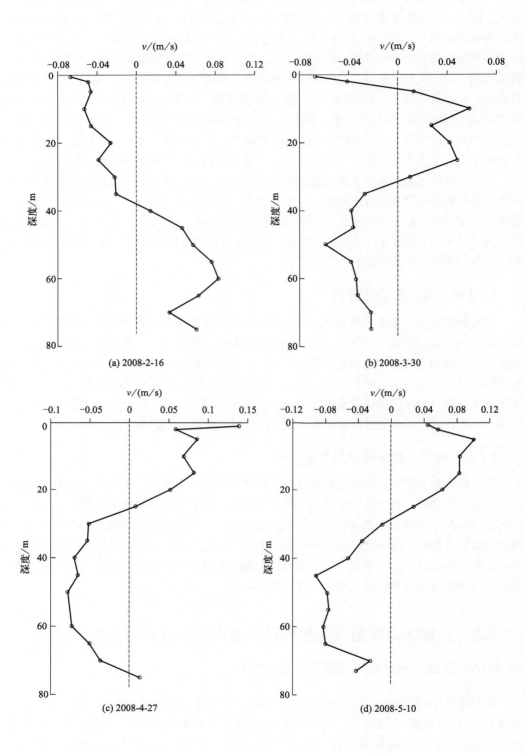

(a) 2008-2-16

(b) 2008-3-30

(c) 2008-4-27

(d) 2008-5-10

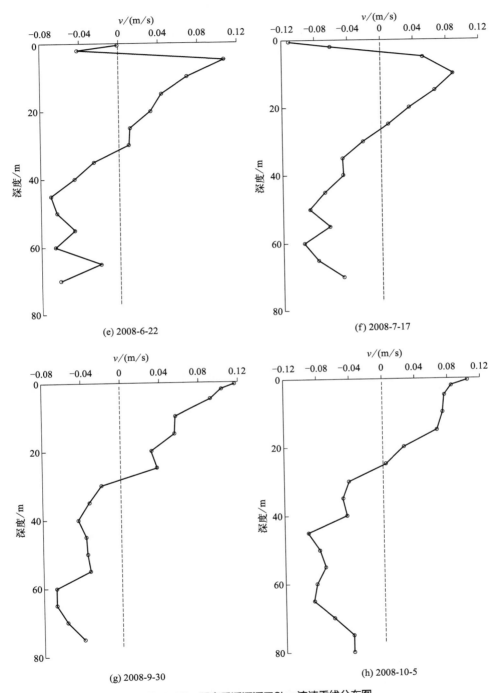

图21-57 距离香溪河河口3km流速垂线分布图

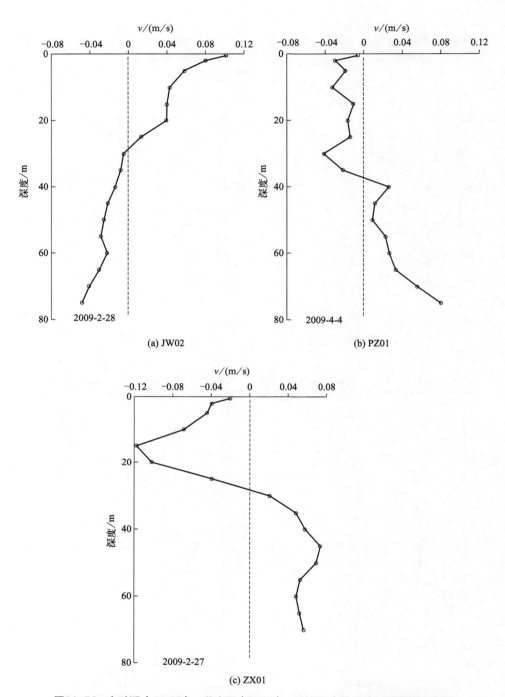

图21-58　九畹溪（JW02）、蒲庄河（PZ01）、叱溪河（ZX01）流速垂线分布图

首尾抛锚定点式"威龙"测流法能准确有效地获得三峡水库支流库湾低流速水体的水流状况，为正确分析三峡水库的水动力特征提供技术保障。

21.4.3.2　环境条件影响藻类生长的室内模拟技术

环境与营养因子对蓝藻水华生消的复合影响试验结果表明：在4个因素中，光照强度对藻类生长和水华暴发影响最大；根据比增长率计算，[P]=0.8mg/L、[N]=3.6mg/L、温度=27～30℃、光强=3300～3400 lx是铜绿微囊藻生长，也是蓝藻水华暴发的最适宜条件，此时藻类比增长率为1.129。

不同流速对蓝藻水华生消的影响试验结果表明：藻类生物量达到最大值的时间为12～18d，一个完整的生长周期为24～28d，流速的增大对藻类生长及水华暴发的影响表现为藻类生长滞后。

通过室内模拟实验，有效揭示了光照、水位、氮、磷及流速对藻类生长的影响规律，为藻类水华生消机理探索及水华预测预报和防治提供了科学依据。

21.4.3.3　三峡水库调度行为与水量、水质和水华响应关系

建立的香溪河库湾立面二维水流水温模型能够模拟库湾长期存在的分层异重流现象，对异重流的主要水力学要素（如潜入点深度、潜入距离）及运动过程中的环流能够较好地模拟；对库湾水温的时空差异性及垂向分布特征也能较好地模拟，所建立的库湾模型具有代表性。

影响干流中层和表层倒灌异重流运行距离和潜入点厚度的因素的主次顺序为：库湾表层与干流表层温差＞库湾上游来流量＞水位日升幅。其中，水位日升幅增大，倒灌异重流运行距离和潜入点厚度均有增大的趋势。

当发生倒灌异重流时，蓄水调度均能适当加快库湾表层的流速。其中中层倒灌异重流主要通过与库湾水体形成表层补偿流而加快流速，而表层倒灌异重流则是直接加速；水位日升幅变大，中层倒灌异重流在库湾形成的补偿流流速有增大的趋势。

当发生分层异重流时，异重流层水体掺混剧烈，水温梯度减小，水体分层减弱。同时在水位不断抬高过程中，异重流与库湾中、下层环境水体形成环流亦可对库湾水体进行掺混并打破水体内部温度分层从而影响库湾更深层水体，且日上升幅度越大，对库湾水体水流水温影响越大。

有关三峡水库支流水华问题，结合"防"和"治"的理念，主要形成两大解决思路，即控制污染源和水库生态调度。对于通过生态调度改善支流水华问题而言，其前提在于首先要弄清支流库湾的水动力特性及其对水库调度的响应关系。所研究的三峡水库调度行为与水量、水质和水华响应关系的分析技术具有良好的适用性和扩展性，其成果也可以有效地应用到我国其他大中型水库的调度研究中。因而，该技术不仅对三峡库区水环境防治具有一定的理论和实践意义，而且可为国内其他库区尤其是大中型库区水库调度行为与水量、水质和水华等一系列水环境问题的研究提供技术指导和研究示范。

21.4.3.4 富藻水综合治理技术

（1）连续式自清洁微藻收集设备

1）膜通量变化

5个试验的出水流量在300L/h以上，出水量达7t/d左右，表明该设备膜通量比较高，产水能力强。进出水流量及叶绿素a含量变化曲线如图21-59所示。

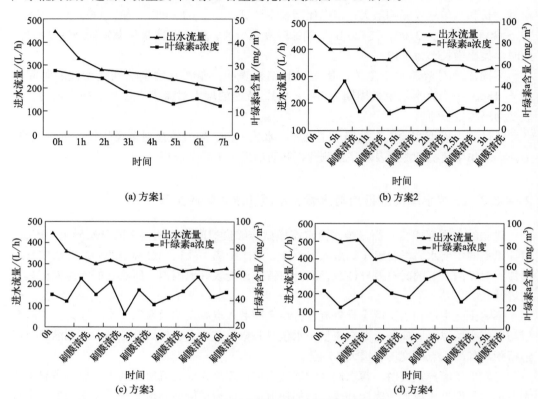

图21-59 进出水流量及叶绿素a含量变化曲线

2）叶绿素a去除率

以叶绿素a浓度作为衡量出水中微藻含量的指标，5个试验方案出水叶绿素a浓度都比较低，在100mg/m³以下，平均去除率为92%，表明设备对微藻的截留效率高，除藻效果好，出水水质达到水厂取水口含藻浓度指标。进出水流量及叶绿素a含量变化曲线（方案5）如图21-60所示。

3）膜污染与清洗初步研究

先用碱性清洁粉（pH值在8～10之间）进行压滤清洗，后用大量清水冲洗，再加入酸性洗涤剂，pH值保持在2～4之间，清洗之后用清水冲洗至中性环境。物理清洗方法采用每1h刷膜一次，化学清洗是在设备运行4h后进行。在刷膜清洗后，膜通量恢复较好，但清洗后膜通量快速下降，基本回到清洗前的状态，说明没有达到预期的清洗效果，应该在清洗剂的选择、清洗时间的安排以及清洗频率等问题上进行调整。物理清洗和化学清洗效果对比如图21-61所示。

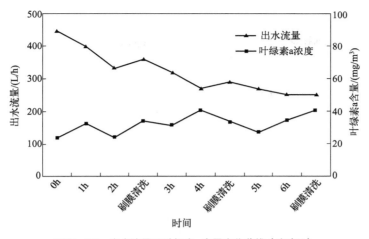

图21-60 出水流量及叶绿素a含量变化曲线（方案5）

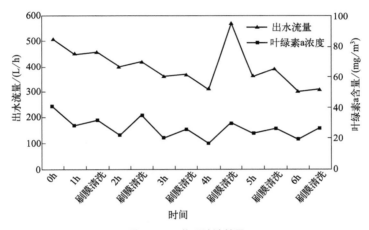

图21-61 物理清洗效果

（2）水网藻种植水抑藻实验

经实验证明，水网藻对铜绿微囊藻具有较强的抑制作用，并对氮磷有较强的去除能力。抑制作用实验是在共生培养和分离培养两种条件下进行的，分别在锥形瓶和自制的两厢玻璃培养缸（玻璃缸长宽高为20cm×10cm×10cm，材料为普通玻璃，在长1/2处玻璃缸被分为两部分，中间开一个直径为4cm的圆孔，并装上0.45μm的微孔滤膜，水网藻和铜绿微囊藻被滤膜隔开，但化学物质可以相互交流）中进行，通过每天测定藻液的光密度（OD_{680}）来判断铜绿微囊藻的生长情况，每两天测定培养液中氮磷浓度，考察水网藻对氮磷的去除效果。图21-62和图21-63分别是分离培养和共生培养下铜绿微囊藻的生长情况，在高浓度的水网藻作用下，藻细胞受到抑制，作用10d后基本死亡。图21-64～图21-67是培养液中氮磷浓度变化曲线，氮磷浓度都有不同程度的下降，下降幅度随着水网藻浓度的升高而增加。结果表明两种培养条件下水网藻对铜绿微囊藻的抑制效果明显，并对氮磷有较强的去除能力。

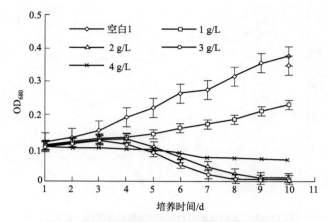

图21-62　分离培养条件下铜绿微囊藻的生长曲线

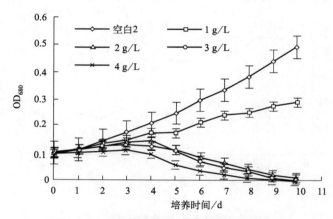

图21-63　共生培养条件下铜绿微囊藻的生长曲线

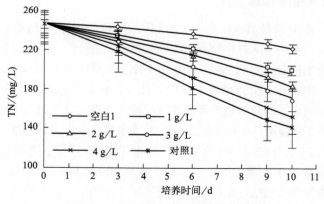

图21-64　分离培养液中TN的变化曲线

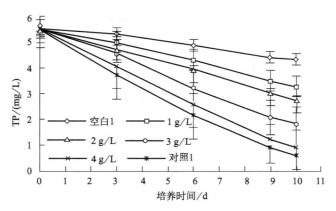

图21-65 分离培养液中TP的变化曲线

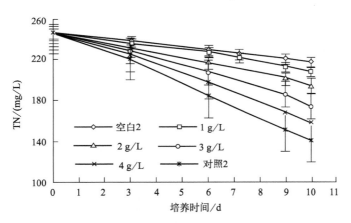

图21-66 共生培养液中TN的变化曲线

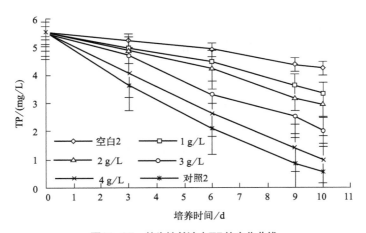

图21-67 共生培养液中TP的变化曲线

（3）水网藻对铜绿微囊藻抑制机理研究实验

1）水网藻种植水对铜绿微囊藻叶绿素 a 含量的影响

藻体中叶绿素 a 含量常与藻细胞生长状态和光合作用密切相关。由图 21-68 可知，铜绿微囊藻叶绿素 a 含量的变化与 OD_{680} 值的变化情况基本相似，空白组的铜绿微囊藻生长情况良好，叶绿素 a 含量从 $122.6mg/m^3$ 上升到 $732.6mg/m^3$；5% 浓度实验组的叶绿素 a 含量有所增加，但低于空白组。15% 和 20% 浓度种植水对铜绿微囊藻叶绿素 a 含量的影响非常明显，叶绿素 a 含量从第 2 天开始就表现为显著性下降，至实验结束时仅为 $21.4mg/m^3$ 和 $16.6mg/m^3$。叶绿素 a 含量降低，一方面是因为水网藻种植水中含有某种物质能够阻碍铜绿微囊藻叶绿素 a 的合成；另一方面是因为藻密度降低，相应叶绿素 a 含量降低。

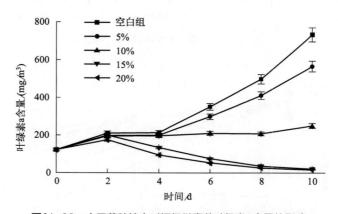

图21-68　水网藻种植水对铜绿微囊藻叶绿素a含量的影响

2）水网藻种植水对铜绿微囊藻细胞膜的影响

电导率（EC）是衡量细胞膜透性变化的生理指标之一，当质膜受到损伤时，表现为细胞膜透性增大，细胞内部分电解质外渗，外液电导率增大。OD_{260} 值用以反映核酸及核苷酸的相对含量的变化。本研究结果显示 EC 和 OD_{260} 值都上升，表明水网藻种植水使得铜绿微囊藻细胞膜遭受严重破坏并使其分解，这与实验中藻细胞量变化情况相一致。

3）水网藻种植水对铜绿微囊藻 O_2^-·和丙二醛（MDA）含量的影响

图 21-69 为铜绿微囊藻 O_2^-·含量的变化情况，由图可知，空白组和 5% 浓度组中的藻细胞 O_2^-·含量基本保持不变，说明藻细胞受到的逆境伤害很小或者几乎没有，其余 3 组中藻细胞 O_2^-·含量均有不同程度的上升，20% 浓度种植水作用 8d 后 O_2^-·含量达到 0.158mmol/kg。图 21-70 为铜绿微囊藻 MDA 含量的变化曲线，藻细胞 MDA 含量的变化情况与 O_2^-·含量基本一致，空白组和低浓度组（5%）中 MDA 含量保持相对稳定，其余组表现为随着水网藻种植水浓度的增加 MDA 含量迅速上升。8d 后 MDA 值有少量的下降。

4）水网藻种植水对铜绿微囊藻 SOD 活力的影响

由图 21-71 可知，实验过程中空白组和 5% 浓度组中的 SOD 活力波动不大。但是高浓度（15% 和 20%）水网藻种植水使得 SOD 活力在实验开始 2d 后迅速上升，并在第 4 天达到峰值，紧接着 SOD 活力迅速下降，至实验结束时仅为 29 U/mg 和 42 U/mg，说明藻细胞已基本丧失 SOD 活力。

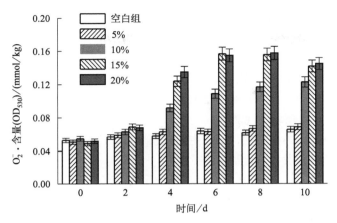

图21-69 水网藻种植水对铜绿微囊藻O_2^-·含量的影响

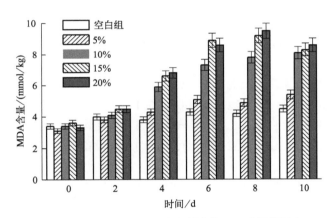

图21-70 水网藻种植水对铜绿微囊藻MDA含量的影响

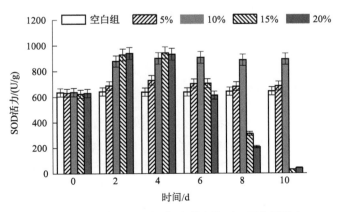

图21-71 水网藻种植水对铜绿微囊藻SOD活力的影响

（4）BFM 超滤卷式膜除藻系统实验

1）BFM 超滤卷式膜除藻系统除藻能力测试

BFM 超滤卷式膜除藻系统以叶绿素 a 为主要控制指标，考察了超滤膜除藻设备对富营养化水体中藻类的去除能力，同时对设备进水与出水中的 TN、COD 等常用指标也进行了对比考察。实验结果表明，超滤膜除藻设备对叶绿素 a 的去除率在 99% 以上，对 COD 的去除率在 89% ~ 97%，TN 去除率在 15% ~ 25%。

2）BFM 卷式膜除藻系统性能测试

为了衡量设备运行的稳定性，试验主要以膜通量、压力及膜清洗后通量恢复等参数为检测指标，对不同时段设备运行状况进行考察。

① 设备初始运行时，在进水泵电机功率设定为 40.00Hz，回流液流量为 4.5m³/h 的情况下，进水压力为 1.5MPa，膜通量为 250L/（m²·h）左右；随后设备运行 12h 后压力上升为 2.1MPa，通量降为 184L/（m²·h）。

② 设备运行 12h 后进行 0.5h 的膜清洗程序。先取出预处理设备中的微孔滤膜进行人工清洗，然后引入添加清洗剂的清水 15L，开机，设定进水泵电机功率为 40.00Hz，回流液流量为 4m³/h，清洗 15min 后排掉洗液，再加入清水 15L 冲洗残留洗液，运行 15min 后关机将其外排，装上洗好的微孔滤膜。经过膜清洗后，压力下降为 1.6MPa，膜通量恢复到 229L/（m²·h）。

试验结果表明设备通量最高为 250L/（m²·h），最低为 180L/（m²·h），经清洗通量可恢复到 229L/（m²·h），其后运行均可稳定在 180 ~ 190 L/（m²·h）范围内，说明设备运行稳定，通过清洗能够有效地清除膜表面污垢、恢复其通透性。进水压力变化范围较小，为 1.5 ~ 2.1MPa，能在较低能耗下运行的同时保证设备的稳定性。

21.4.4　三峡水库调度条件下水环境脆弱性评估技术研究

通过建立权重模糊矩阵和关系模糊矩阵，计算得出综合评价指数。根据模糊数学最大隶属度原则，确定模糊评价中的最终评价等级，即脆弱性程度，从而实现对整个库区的脆弱性评估。根据计算可得到各水环境功能区脆弱性值。

将收集的资料数据按照评价指标进行整理，按照上述部分介绍的评价体系对三峡库区水环境脆弱性进行计算。

21.4.4.1　现阶段水环境脆弱性

三峡库区水环境脆弱性值处于轻度脆弱和中度脆弱之间，很容易演变为轻度脆弱。脆弱性的分级表明：大部分库区水环境的脆弱性处于轻度脆弱到中度脆弱水平，约占整个三峡库区面积的 65.98%，其中有 31.77% 的区域的水环境处于轻度脆弱（见表 21-22），其主要分布在巫山、忠县、石柱土家族自治区、江津等地。有将近 8.6% 的面积处于强度脆弱水平，主要分布在万州区和主城区，其原因是该地区的经济发达，自然水基本被破坏且生活用水需求量大，而排出的水质较差，从而造成该地区水环境质量的下降。另外，有将近 25.42% 的区域、约 14442.3km² 的水环境脆弱性处于微脆弱水平，其脆弱不显著，主要分布在巫溪县、奉节县、宜昌县（宜昌市）、武隆县（现武隆区）等这些遭受人类活动干扰和水质较好的地区。

表21-22 三峡库区水环境脆弱性等级所占比例及面积

项目	微脆弱	轻度脆弱	中度脆弱	强度脆弱	极度脆弱
比例/%	25.42	31.77	34.21	8.6	0
面积/km²	14442.3	18047.4	19432	4885.6	0

对收集的数据进行分析可得出，三峡库区长江干流和主要支流的水质主要分为3个时期，即汛前期（2～5月份）、汛期（6～9月份）、汛后期（10月～次年1月份），分别对这3个时期的库区主要支流水环境脆弱性进行计算。其计算结果表明三峡库区水环境脆弱性水平在汛期是最差的，故汛期应加强水质管理，防止库区水质恶化造成不可修复的后果；而汛前期的水环境脆弱性略差于汛后期。主要因为汛期处于高水位，使淹没地带的底层裸露在大气中，而夏天雨水充足，对其进行冲刷，造成水土流失，土壤中的污染物也随之进入水体，从而使得库区水质较差。

21.4.4.2 水质恶化20%情景下水环境脆弱性

表21-23表明三峡库区水环境在现有条件下，由于管理不当和人类活动加强而导致整个三峡库区的水质相比于现阶段下降20%的情景下的水环境脆弱性分布。在整个三峡库区中，首次出现了处于极度脆弱水平的地区，其面积达到了3457km²，约占整个三峡库区的6.09%，主要分布在万州区。有8526.6km²的区域水环境的脆弱性处于强度脆弱，约占三峡库区面积的15.01%，其主要分布在秭归、主城区、巴东县等地。有将近50%的库区面积水环境处于中度脆弱状态，其面积有27423.4km²，主要分布在长江万州段以上的区域。其中25.52%区域处于轻度脆弱状态，主要分布在巫溪、巫山、奉节等地。其余的5.11%区域依然处于微脆弱状态，其脆弱性不显著，分布在武隆县（现武隆区）地区。

表21-23 水质恶化20%三峡库区水环境脆弱性等级所占比例及面积

项目	微脆弱	轻度脆弱	中度脆弱	强度脆弱	极度脆弱
比例/%	5.11	25.52	48.27	15.01	6.09
面积/km²	2901.3	14499	27423.4	8526.6	3457

21.4.4.3 水质改善20%情景下水环境脆弱性

水质在现有条件基础上改善20%情景下，三峡库区水环境脆弱性评价结果，如表21-24所列，大部分地区的水环境脆弱性处于微脆弱到轻度脆弱之间，其比例约占整个三峡库区的88.29%，其中47.11%处于轻度脆弱，其面积达到了26760.8km²，主要分布在三峡库区的上游；其余的41.08%属于微脆弱，对水环境脆弱不明显。中度脆弱和强度脆弱的比例不是很多，表明通过改善水质可以降低三峡库区水环境的脆弱性。其中中度脆弱的面积为 3253.6km²，主要分布在重庆的主城区和巴南区。而处于强度脆弱的面积为 3457km²，约占整个三峡库区总面积的 6.09%，主要分布在万州区。综合考虑计算，整个三峡库区在水质现有条件基础上改善 20% 的情况下，其水环境脆弱性处于轻度脆弱水平，其水环境脆弱水平对三峡库区发展有利。

表21-24　水质改善20%三峡库区水环境脆弱性等级所占比例及面积

项目	微脆弱	轻度脆弱	中度脆弱	强度脆弱	极度脆弱
比例/%	41.08	47.11	5.73	6.09	0
面积/km²	23335.9	26760.8	3253.6	3457	0

21.4.4.4　社会经济恶化20%情景下水环境脆弱性

社会经济在现有条件的基础上恶化 20% 的水环境脆弱性评价结果，如表 21-25 所列，江津市（现江津区）到云阳县大多处于中度脆弱水平，处于中度脆弱的面积达到了 23677.4km²，约占整个三峡库区总面积的 41.68%，原因是云阳县上游区域的社会经济比较发达，一旦社会经济下降，其固体垃圾和生活污水得不到有效处理和处置，故其污染物就会流入水体，从而造成该地区水环境的脆弱性显著下降。水环境脆弱性水平为轻度脆弱的地区面积有 19695km²，约占整个三峡库区面积的 34.67%，这些主要分布在自然水较好的巫溪、巫山、石柱土家族自治县地区。而在社会经济恶化 20% 情景下，水环境脆弱水平处于微脆弱状态的是武隆县（现武隆区），其原水保护得较好，社会经济指标下降并未对其造成太大的影响，其面积为 2901.3km²，约占整个三峡库区面积的 5.11%。处于强度脆弱以上的面积达到了 10531.6km²，约占整个三峡库区面积的 18.54%，其中处于强度脆弱的约占整个三峡库区面积的 12.45%，主要分布在重庆主城区、涪陵区、秭归县、巴东县等地区，其余的 6.09% 处于极度脆弱水平，主要分布在万州区，故应该得到重视，应加强对该地区水的改善。

表21-25　社会经济恶化20%三峡库区水环境脆弱性等级所占比例及面积

项目	微脆弱	轻度脆弱	中度脆弱	强度脆弱	极度脆弱
比例%	5.11	34.67	41.68	12.45	6.09
面积/km²	2901.3	19695	23677.4	7074.6	3457

基于三峡库区现阶段的脆弱性评估结果，项目组应用动态模糊聚类法对三峡库区的脆弱性进行动态分析，研究影响脆弱性状态的主导限制因子，对照实际水环境状况，确定相应的水环境脆弱性阈值 $\alpha=0.5$，如个别地区水环境脆弱性值超过水阈值，应加强水环境管理和保护，如三峡库区整体超过脆弱性阈值，则对三峡调度方案进行适当调整以确保三峡库区水环境质量不会由于水库调度而下降。

21.4.4.5　社会经济改善20%情景下水环境脆弱性

社会经济改善 20% 的情景下，三峡库区水环境的脆弱性如表 21-26 所列，面积有

25168.4km²、约占整个三峡库区面积的44.3%的地区水环境处于轻度脆弱水平，主要分布在万州上游地区、巴东县、兴山县等地。通过改善社会经济，有一部分水环境的脆弱性水平为微脆弱，约占整个三峡库区面积的30.63%，主要分布在下游巫山、巫溪、奉节县等地。同时还存在处于强度脆弱水平的地区，其面积达到了3457km²，约占整个三峡库区面积的6.09%，分布在万州区，其余的18.98%区域处于中度脆弱，主要分布在巴南区、重庆主城区、云阳县、秭归县，其中秭归县受三峡大坝回水影响，而使得其水环境处于中度脆弱水平。整个三峡库区水环境的脆弱性水平为轻度脆弱，所以加强社会管理，可有效地改善三峡库区水环境的脆弱性水平。

表21-26　社会经济改善20%三峡库区水环境脆弱性等级所占比例及面积

项目	微脆弱	轻度脆弱	中度脆弱	强度脆弱	极度脆弱
比例/%	30.63	44.3	18.98	6.09	0
面积/km²	17400.3	25168.4	10781.6	3457	0

各行政区水环境脆弱性结果随不同的水环境情景的变化而改变，表21-27展示了各行政区的水环境情景下的脆弱性结果。其中部分行政区水环境情景改变其脆弱性等级也随之改变，少部分行政区的水环境脆弱性评价结果变化很少，其脆弱性等级没有改变。

表21-27　各行政区不同水环境情景下脆弱性等级分布

不同三峡水环境情景	不同水环境脆弱性等级分布				
	微脆弱	轻度脆弱	中度脆弱	强度脆弱	极度脆弱
三峡现状	武隆县、奉节县、巫溪县、夷陵区	江津区、长寿县、涪陵区、忠县、石柱、巫山、兴山	渝北区、巴南区、丰都县、开县、云阳县、巴东县、秭归县	万州区、主城七区	
水质类指标恶化20%(基于现状)	武隆县	长寿县、巫溪县、巫山县、奉节县、夷陵区	江津区、巴南区、涪陵区、丰都县、忠县、石柱、开县、云阳县、兴山县	主城七区、渝北区、巴东县、秭归县	万州区
水质类指标改善20%(基于现状)	长寿县、武隆县、忠县、巫溪县、奉节县、巫山县、兴山县、夷陵区	江津市、渝北区、涪陵区、丰都县、石柱县、开县、云阳县、巴东县、秭归县	主城七区、巴南区	万州区	
社会经济类指标恶化20%(基于现状)	武隆县	忠县、石柱、巫溪县、奉节县、巫山县、夷陵区	江津市、巴南区、渝北区、长寿县、涪陵区、丰都县、开县、云阳县、兴山县	主城七区、巴东县、秭归县	万州区
社会经济类指标改善20%(基于现状)	武隆县、奉节县、巫山县、巫溪县、夷陵区	江津市、长寿县、涪陵区、丰都县、忠县、石柱、开县、巴东县、兴山县	主城七区、巴南区、渝北区、云阳县、秭归县	万州区	

注：武隆县现更名为武隆区；江津市更名为江津区；开县现更名为开州区。

21.4.4.6　三峡库区水环境脆弱性结果分析

（1）各情景下水环境脆弱性对比分析

计算出各情景下三峡库区的水环境，可以得出三峡库区的水环境受人为因素影响比较大。从各情景下各脆弱性等级分布可以得出（见图21-72），现阶段处于微脆弱水平的地区面积占比为25.42%，而在这一等级中，水质恶化和社会经济恶化20%的情景下，水环境脆弱性处于微脆弱水平的地区面积占比均低于现状，其占比均为5.11%，且都分布在武隆区境内。而水质和社会经济改善20%条件下处于微脆弱水平的区域显著增加，其占比分别为41.08%和30.63%，在同样改善20%的情景下，水质改善后处于微脆弱的占比比社会经济改善高将近10%，这主要是因为水质类评价指标占整个评价指标的50%，社会经济类评价指标只占总评价标准的20%。而对轻度脆弱而言，现阶段的水环境脆弱性处于轻度脆弱水平的占比为31.77%，其值仅略高于水质恶化20%情景下的25.52%，其余3种情景，其水环境脆弱性处于轻度脆弱水平的占比分别为：水质改善20%的轻度脆弱的占比为47.11%，社会经济改善20%的轻度脆弱的占比为44.3%，社会经济恶化20%的轻度脆弱的占比为34.67%。其原因是社会经济和水质改善20%的情景下，原先处于强度脆弱或者更高级别的地区，通过改善，其脆弱性水平下降到轻度脆弱水平；而对于社会经济恶化，主要是现阶段处于微脆弱水平的地区上升到轻度脆弱水平。对于中度脆弱水平，社会经济改善和水质改善下，其水环境脆弱性处于中度脆弱水平的地区的占比都低于现阶段的百分比，其值分别为18.98%和5.73%，而水质恶化和社会经济恶化的水环境脆弱性处于中度脆弱性水平的地区的占比均高于现阶段的值，其值分别为48.27%和41.68%，其主要原因是水质恶化比社会经济恶化产生的结果更明显。对于强度脆弱，水质改善和社会经济改善下水环境脆弱性水平处于强度脆弱的地区的占比都为6.09%，且都分布在万州区域，而水质恶化和社会经济恶化下的水环境脆弱性都比现阶段处于强度脆弱水平的百分比高，其值分别为15.01%和12.45%。对于极度脆弱，只有当水质和经济评价指标恶化的情景下才出现，这时，相关部门应该高度重视，实施相应的措施，以缓解水环境脆弱性。

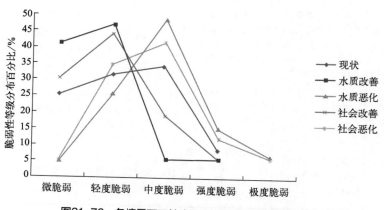

图21-72　各情景下三峡库区水环境脆弱性等级百分比

（2）水环境脆弱性阈值的确定

本项目所指的水环境脆弱性阈值是根据三峡库区水环境现状，以水环境承载力为约束，对不同发展阶段设定的不同的指标目标值。该值指导三峡库区建设过程中实现有序发展与环境质量的"双赢"。利用已有的三峡库区水环境研究成果，结合系统分析法、情景分析法和压力-状态-响应模型，提出了水环境指标阈值的确定方法。系统分析法将三峡库区水环境脆弱性视为一个整体进行研究，而不是孤立地考虑各评价指标的阈值；运用情景分析法对三峡库区水环境多个未来可能的情景进行对比分析，在此基础上确定合理的发展远景和相应指标阈值。

同时，对于脆弱性评价结果，咨询相关水环境专家，并结合三峡库区水环境现状，确定该评价体系的水环境阈值 α 为0.5，根据该值判断其结果如表21-28所列，可以得出三峡库区现阶段中主城区、万州区、渝北区、秭归县、巴东县的水环境脆弱性值超过了水环境的阈值，故相关管理者和决策者应加强该地区的水环境保护；水质类评价指标改善20%的情景下，只有万州区该加强水环境保护；而水质类评价指标恶化20%时，万州、巴东、主城区、渝北、巴南、兴山、云阳、江津等11个区县都应加强水环境保护；在考虑社会经济变化时，分别考虑了社会经济类指标改善和恶化20%的情景，可以发现当社会类经济指标恶化20%时，有万州、主城区、云阳、兴山、巴南、秭归等地需加强水环境保护工作，相反地，当社会类经济指标改善20%时，只有主城区、万州区和秭归县应加强水环境保护工作。

表21-28 不同情景下超出水环境阈值的区县

不同三峡水环境情景	超出水环境脆弱性阈值的区县
三峡现状	渝北区、秭归县、巴东县、主城区、万州区
水质类指标恶化20%(基于现状)	石柱、江津、涪陵、云阳、兴山、巴南区、秭归县、渝北区、主城区、巴东县、万州区
水质类指标改善20%(基于现状)	万州区
社会经济类指标恶化20%(基于现状)	万州区、主城区、巴东县、秭归、渝北区、云阳、兴山、巴南区
社会经济类指标改善20%(基于现状)	主城区、万州区、秭归县

各种情景下的水环境处于各脆弱性水平的百分比不相同，通过结果对比发现水质改变和社会经济改变都会对水环境造成相应的改变，但是改变相同数量的值，水质对水环境造成的影响更加明显。该结果表明三峡库区水环境管理者的管理重心应放在水质管理上，同时社会经济方面也不可忽视，因为这两者是相互影响的。

21.4.5 三峡库区水量水质优化调度数据库系统集成

三峡库区水量水质优化调度数据库系统开发完成，主要包括三峡库区基本信息数据子库、三峡水库运行数据子库、三峡电站运行数据子库、三峡库区水质数据子库4个子库。

21.4.5.1 三峡库区基本信息数据库

项目组通过查询、遥感遥测、实地考察、试验分析和采样测试等一系列方法，收集和获取了三峡库区基本信息。基本信息数据库包括三峡库区水文、气象、污染源、水源地、社会经济等资料或文献。其总体结构如图 21-73 所示。

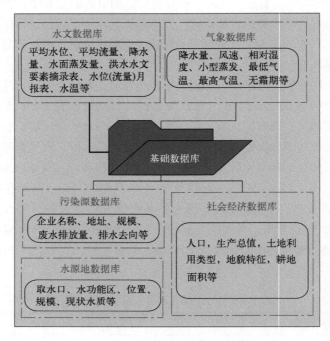

图21-73 基本信息数据库结构图

由于三峡库区具有很强的时空特征，在建立三峡库区基本信息数据库时，通过集成 ArcGIS Server 技术，使得数据储存和查询具有很强的空间直观性。用户可以对地图进行放大、缩小、漫游、全屏、后退、前进、选择、清除、打印等操作，同时可以运用地名对三峡库区进行搜索查询；并可对搜索到的地点进行选择，通过 ArcGIS Server 的人机交互，用户可以很快进入想要查看的基础水文、气象、水质、污染源、水源地等数据子库，如图 21-74～图 21-76 所示。同时，用户也可以通过图层管理，对地图各个图层进行有效管理，查看自己感兴趣的图层。同时，基础数据库让用户可以很直观地了解到其他小组的研究成果。例如，将三峡库区水环境脆弱性的评价结果通过 GIS 专题图的形式发布给用户。同时，基本信息数据库也为三峡库区水量水质优化调度综合决策提供基础数据支持。

21.4.5.2 三峡水库运行数据库

项目组调查和收集了三峡水库运行数据，主要包括三峡入库流量、三峡逐日平均流量、三峡逐日平均水位、三峡洪水水位等数据，反映了三峡水库运行的基本情况（见图 21-77～图 21-79）。同时，为其他研究（如不同运行水位对库区水质的影响、不同下泄流量对库区水质的影响）提供强有力的数据支持。

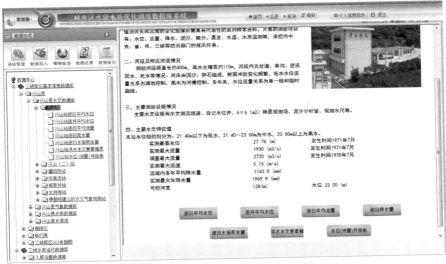

图21-74 兴山县水文数据库兴山水文站主界面

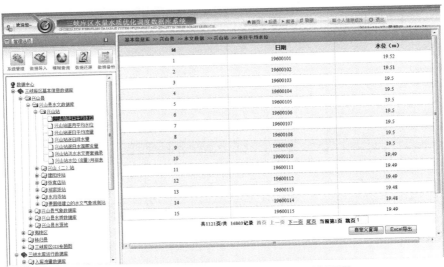

图21-75 兴山水文站逐日平均水位查询和分析界面

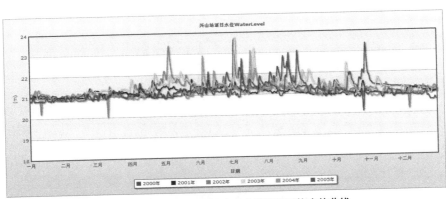

图21-76 自定义绘制兴山水文站逐日平均水位曲线

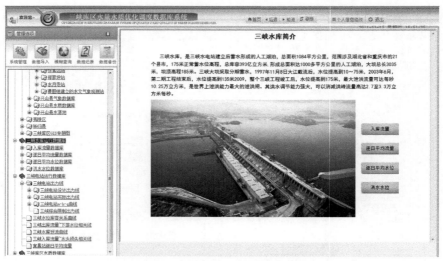

图21-77　三峡水库运行数据库主界面

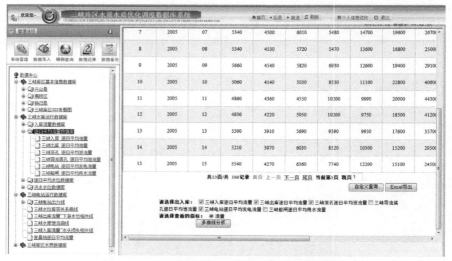

图21-78　三峡逐日平均流量数据库查询和分析界面

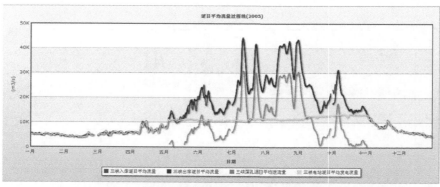

图21-79　自定义绘制三峡逐日平均流量过程线

21.4.5.3 三峡电站运行数据库

通过对监测数据整理归纳并统计分析，项目组调查和收集了三峡电站运行数据，主要包括三峡电站设计出力线数据、三峡电站实际出力线数据、三峡电站 n-h-q 曲线数据、三峡综合限制出力线数据、三峡水位库容关系曲线数据、三峡出库流量-下游水位相关线数据、三峡水库泄流曲线数据、三峡入库流量-水头损失相关数据以及宜昌站逐日平均流量数据等（见图 21-80～图 21-84）。数据反映了三峡电站运行的基本情况，同时为其他研究（如三峡电站运行对水质影响的对比分析，三峡大坝不同调度方式对水质影响分析）提供数据支持。

图21-80 三峡电站运行数据库主界面

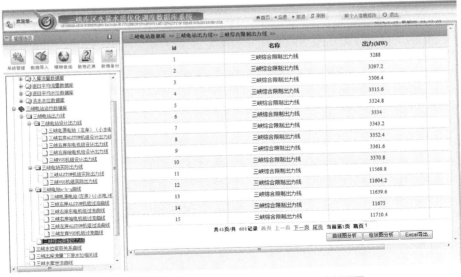

图21-81 三峡电站综合出力线数据库查询和分析界面

图21-82　三峡水位库容关系曲线数据库查询和分析界面

图21-83　宜昌站逐日平均流量查询和分析界面

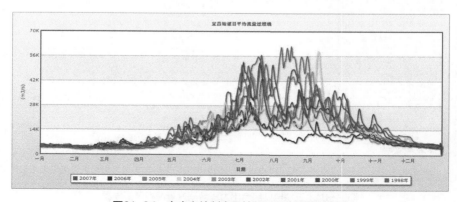

图21-84　自定义绘制宜昌站逐日平均流量过程线

21.4.5.4 三峡库区水质数据库

三峡库区水质数据库主要包括库区野外水质子库和室内模拟水质子库。项目组对库区典型支流——大宁河、小江、香溪河进行了现场观测，收集了野外观测水质数据，同时收集了乌江等其他支流的野外监测水质数据，主要包含的理化指标有水体pH值、水体流速、溶解氧、总磷、氨氮、硝氮、总氮、叶绿素a含量、藻密度等。建立了库区野外水质数据库，可为其他研究（如三峡大坝不同调度方式对水流水质影响分析，三峡电站运行对水流水质影响的对比分析）提供强有力的数据支持。同时，香溪河野外观测水质数据库也为香溪河水质管理提供数据支持（见图21-85～图21-88）。

图21-85 野外观测水质数据库主界面

id	Date	Sites	Depth(m)	Temp.	PH	DO(mg/l)
1	20070225	XX00	0.64	12.31	8.75	10.70
2	20070225	XX01	0.77	12.50	8.99	11.97
3	20070225	XX02	0.69	12.74	9.00	12.37
4	20070225	XX03	0.62	12.58	8.69	11.07
5	20070225	XX04	0.58	12.69	8.71	11.28
6	20070225	XX05	0.58	12.78	8.70	11.38
7	20070225	XX06	0.57	13.36	8.86	12.18
8	20070225	XX07	0.52	13.44	9.07	14.78
9	20070225	XX08	0.44	14.05	9.30	
10	20070225	XX09	0.39	13.94	9.08	13.37
11	20070304	XX00	0.57	12.56	8.99	13.34
12	20070304	XX01	0.45	12.51	8.90	12.64
13	20070304	XX02	0.49	12.49	8.81	11.98
14	20070304	XX03	0.59	12.41	8.61	11.04
15	20070304	XX04	0.55	12.61	8.59	11.21

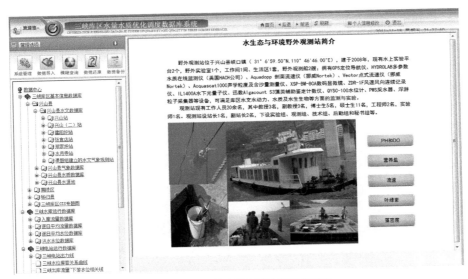

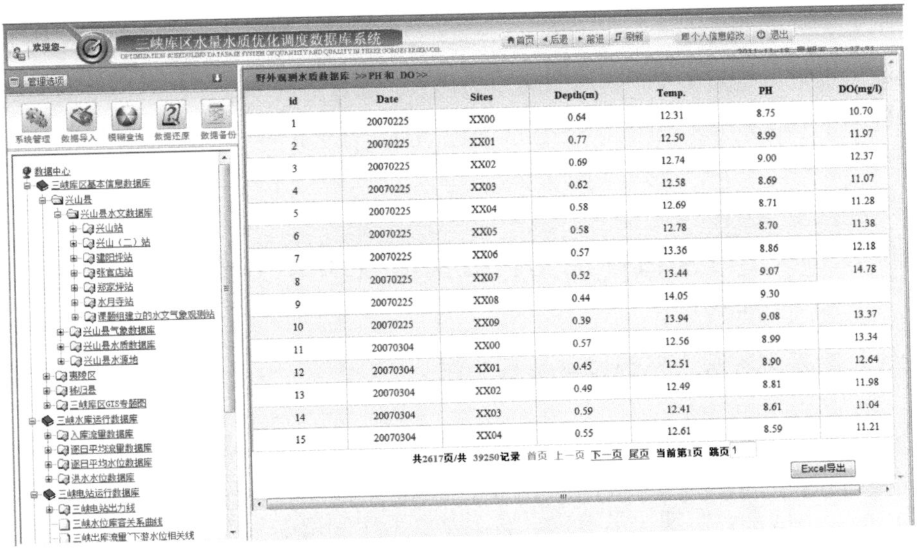

图21-86 pH值和DO数据库查询和分析界面

图21-87　营养盐数据库查询和分析界面

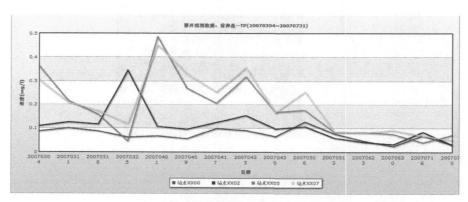

图21-88　自定义绘制营养盐（TP）曲线

以湖泊中常见蓝藻优势种铜绿微囊藻为代表，通过室内模型系统模拟不同环境条件、营养条件和水动力条件下该藻引发的水华生消过程，获取了室内模拟水质数据。项目组在此基础上进一步构建了室内模拟水质数据库，并对监测数据整理归纳并统计分析。

21.4.6　三峡水库多目标优化调度模型技术与改善水质的调度准则及方案研究

21.4.6.1　香溪河流域水环境改善情景分析

香溪河流域水环境改善情景分析研究基于多元统计分析的理论，分为不同的考察范围（所包含的测点）、考察对象（水质、水华指标及水位、入库、出库流量），在不同时期（非汛期、汛前期、汛期、汛末蓄水期）考察了库区调度与香溪河水质、水华指标的相关性。在此基础上用多元回归的方法得出了库区调度与香溪河水质、水华的定量响应关系。在相关性分析中，香溪河库湾藻密度值与香溪河营养盐（TP、TN）浓度的相关性不显著，藻密度值与叶绿素浓度显著相关。藻密度值和营养盐浓度与库区调度参数都呈现一定程度的相关性，尤其是总磷浓度与库区平均水位以及下泄流量显著相关，这为通过调度改善水质以及控制水华的可行性提供了支持。在相关性分析、假设检验的基础上分别将藻密度值、营养盐（TP、TN）浓度值作为因变量，将库区日平均水位、入库流量、出库流量作为自变量进行多元回归分析。做出了库区调度与藻类生长的定量响应关系及库区调度与总氮、总磷间的定量响应关系。在进行回归分析的过程中首先进行库区调度参数（平均水位、单日入库及出库流量）与藻密度值和水质间相关性分析，并综合考虑相关系数以及相关关系的显著性水平，以此来判断关系是否显著。在关系显著的基础上进一步进行回归分析，并在综合考虑回归系数以及回归关系和系数显著性的基础上判断回归方程的可参考性，以保证定量响应关系的准确性。在所得到的定量响应关系的基础上分析预测了不同情景下香溪河流域水环境变化趋势，从改善水质和控制水华两个角度出发，参照库区调度与藻类生长以及库区调度与水质间的定量响应关系提供可能的改善措施。

　　从改善水质角度出发，主要以 TN 和 TP 为指标进行水体营养程度的研究。值得注意的是，由于水体中的某些藻类具有固氮能力，当环境中的氮减少时，它们可以自己把大气中的氮通过固氮作用转化为硝酸盐。因此，与磷元素相比，氮作为水体富营养化的限制因素，处于次要地位。此外，还参照钟成华等在题为"三峡库区水体富营养化研究"的研究中提到的香溪河库湾富营养化评价标准，结合实测数据，着重控制氮、磷污染水平较严重的一项。

　　在非汛期（枯水供水期），总磷与调度间的定量响应关系为

$$y=-0.009x_1+0x_2+0x_3+1.605$$

　　总氮与库区调度间的定量响应关系为

$$y=0x_1+0x_2+0.001x_3-2.520$$

　　由此可以得到降低 TP 浓度可能的改善措施是提高库区水位，且根据定量响应关系可知，库区水位每增高 1m TP 含量下降 0.009mg/L，此时期 TP 含量为一年中的中等水平，该时期均值约为 0.15mg/L，从富营养化评价指标表可知，TP 含量已经达到了中 - 富营养化的程度。而降低 TN 含量可能的改善措施是减少下泄流量，且下泄流量每减少 $100m^3/s$ TN 含量下降 0.1mg/L，此时期 TN 含量为一年中的较高水平，约为 1.5mg/L，介于富营养化与重富营养化程度之间。鉴于磷污染的程度较重，在此时期主要对 TP 含量进行控制，因此建议采取的措施是在该时期在保证下游用水的前提下尽量保持较高的库区水位，且在原水平上使库区水位提高 6m 的情况下就能使 TP 含量由重富营养化降到富营养化水平。

　　在汛前腾库时期，TP 与调度间的定量响应关系为

$$y=0.01x_1+0x_2+0x_3-1.357$$

　　TN 与库区调度的关系在该时期不显著。在该时期内 TP 含量的均值为 0.072mg/L，介于中 - 富营养与富营养之间。由定量响应关系可知，可能的改善措施是降低库区水位，且

库区水位每降低 1m TP 含量下降 0.01mg/L，因此当库区水位下降到比同时期低 2m 时 TP 浓度就可降低到中 - 富营养水平。

在汛期时，TP 与库区调度的三个参数均呈显著正相关性，但回归方程的显著性水平不高，总氮与库区调度的定量响应关系为

$$y=0x_1+0x_2-0.00006609x_3+2.876$$

在该时期内 TP 含量的均值为 0.09mg/L，介于中 - 富营养与富营养之间，TN 含量均值为 1.21mg/L，介于富营养与重富营养之间。TN 污染的程度较深，由定量响应关系可知，可能的改善措施是增大出库流量，且下泄流量每增大 100m³/s 时，TN 含量降低 0.0066mg/L，并且汛期的出库与入库流量的基数都较大（10000 ～ 25000m³/s），可浮动程度也较大，因此通过加大下泄流量降低 TN 浓度是可行的。需要注意的是，由于 TP 含量与下泄流量成正相关，增大下泄流量也可能导致磷浓度上升，这可能是水体扰动使底泥中的磷元素重新释放到水体中所致。

在汛末蓄水期，TP 与调度间的定量响应关系为

$$y=-0.003x_1-0.000004829x_2+0.00001341x_3+0.521$$

TN 与库区调度的定量响应关系为

$$y=-0.064x_1-0.00009542x_2+0x_3+12.669$$

该时期 TP 含量的均值为 0.099mg/L，介于中 - 富营养与富营养之间，TN 浓度的均值为 0.932mg/L，介于中 - 富营养与富营养之间。由定量响应关系可知，对于 TP，可能的改善措施是提高库区水位或者降低出库流量，且库区水位每提高 1m TP 浓度相应地降低 0.003mg/L。而对于总氮，可能的改善措施同样是提高库区水位，且库区水位每提高 1m TN 浓度相应地降低 0.064mg/L。因此建议在汛末蓄水期加速蓄水的过程，使单日库区水位升幅保持在较高的水平，在较短的时间内就使库区水位达到一个较高的水平。需要指出的是，加速蓄水过程与控制水华所提到推迟蓄水的起始时间并不是相矛盾的。

21.4.6.2 三峡水库调度改善水质的响应关系分析

（1）显著影响水质的调度因子识别

本部分通过调查分析和主成分分析方法，最终遴选出主要影响支流回水区水质的调度因素为水库坝前水位及水库下泄水量（坝前水位和下泄水量为所有影响因子中贡献率相对较高的因素；其贡献率前四位的具体排序为：坝前水位 21.21%，污染排放 17.99%，下泄流量 15.39% 和季度因素 10.41%）。由此可知水库调度是改善库区（支流回水区）水质的有效手段之一。

（2）基于 Mann-Kendall 检验的水质 - 水库调度指标秩相关分析

识别出主要的调度影响因子后，基于 Mann-Kendall 检验，选取涵盖了整个库区的 11 条典型支流，分别分析了其回水区水质受水库调度的影响是否显著（见表 21-29）。

表21-29　水质指标检验结果

支流名称	TP		TN		COD	
	显著性P值	相关系数	显著性P值	相关系数	显著性P值	相关系数
香溪河	0.017	0.986	0.021	0.984	0.012	0.891
黄金河	0.019	0.956	0.025	0.964	0.012	0.851
渠溪河	0.015	0.974	0.019	0.99	0.02	0.902
龙河	0.014	0.953	0.014	0.921	0.021	0.934
官渡河	0.017	0.945	0.017	0.963	0.013	0.921
长滩河	0.022	0.953	0.032	0.932	0.021	0.919
磨刀溪	0.022	0.912	0.033	0.945	0.029	0.845
汤溪河	0.029	0.942	0.038	0.904	0.027	0.836
小江	0.037	0.967	0.037	0.927	0.028	0.871
大宁河	0.044	0.897	0.046	0.862	0.041	0.823
嘉陵江	0.092	0.0893	0.092	0.0721	0.215	0.032

从结果可知，不同水质指标对调度的响应关系均为显著，但支流距离三峡大坝距离越近，其相关系数越高，水质-水库调度响应关系越显著，其中 COD 的响应结果相对较低，其余指标结果均较高，表明水库调度对近坝地区的支流回水区水质影响较大。

依据水质-水库调度方式的 Mann-Kendall 检验结果，综合考虑地理、当地污染排放和工农业发展情况等因素，利用多判据决策分析（MCDA）中的逼近理想解排序方法（TOPSIS），将库区划分为了水库水质-水库调度敏感区、较敏感区和次敏感区。

最终划分敏感分区的排序结果为 $C^*_{地理} > C^*_{经济} > C^*_{排污}$。

由结果可知，基于假设检验及水库支流回水区水质-水库调度方式的敏感度分区结果中按地理因素分区较为理想。各区具体分析如下。

① 敏感区和较敏感区对三峡水库蓄放水均有不同程度的影响。其中，敏感区受蓄水影响较大，假设检验的相关系数很高。其主要原因为：该地岸上人类活动会产生一定量的污染且干流回水水质相对较差；近坝地区支流回水区回水量较大，干支流水体交换较为频繁，加大了水质的弥散和溶解稀释。因而该区对水库调度泄蓄水敏感，其水质受本地源和回水作用的综合影响。

② 较敏感区中的支流假设检验相关系数较高。因此，水质受调度影响较大。其中，渠溪河、龙河、黄金河 P 检验值明显比小江、磨刀溪和长滩河更低。主要原因为靠近库腹西边的 4 条支流与东边 3 条支流相比，流域面积较小，并且由于该地主要以旅游业为主，该流域产污染物较少，此外，该区域回水量较大，水质情况主要与回水带来的污染物有关。因此该区域的支流回水区污染主要受回水作用的影响。

③ 次敏感区检验结果 P 值为 0.092（嘉陵江），> 0.05，检验结果表明支流回水区水质-水库调度响应关系不显著。主要由于该地区支流处于库尾地区，水质受泄蓄水和回水作用比较小。相比之下，该地污染物排放量是回水区水质的主要影响因素。

最后，本研究基于 TOPSIS 中最优分类方案集的支流属性，选取了各分区内最接近最优分类方案属性的 4 条支流（香溪河、大宁河、小江和乌江）作为典型支流，代表不同分区，从而进行不同时期下库区支流回水区的水质 - 水库调度响应时间和敏感程度研究。

（3）三峡水库调度与上游代表性支流回水区水质的响应关系分析

1）基于秩相关检验的水质 - 水库调度响应时间分析

本研究基于 Mann-Kendall 的假设检验分析，获得库区坝前水位、水库泄水量与乌江回水区 COD、TP、TN 等水质指标之间的相关系数。从而由假设检验验证得到：三种时期（主汛期、汛前 / 末期和非汛期）下，三峡调度到各研究支流的响应时间依次逐渐缩短，乌江在主汛期的响应时间是 13 ～ 15d，在汛前 / 末期的响应时间是 7 ～ 9d，在非汛期的响应时间是 2d；小江在主汛期的响应时间是 12 ～ 15d，在汛前 / 末期的响应时间是 4 ～ 6d，在非汛期的响应时间是 1d；大宁河在主汛期的响应时间是 12 ～ 14d，在汛前 / 末期的响应时间是 2 ～ 4d，在非汛期的响应时间是 1 ～ 2d。同时，根据不同时期假设检验得出的最大相关程度范围可知，香溪河（非汛期、汛前 / 末期、主汛期）与坝前水位和下泄流量的最大响应时间范围依次是当天及提前 1 ～ 2d、提前 2 ～ 4d、提前 12 ～ 14d 的坝前水位和下泄流量。由此可知，香溪河水环境质量对三峡调度的响应时间是非汛期＜汛前 / 末期＜主汛期，而响应程度则正好相反。最后，根据各水质指标对三峡水库调度的响应程度综合比较 4 条支流，可知香溪河对三峡水库调度的响应程度最大，其次是大宁河、小江，最后是乌江。

2）乌江回水区水质与三峡调度的响应关系分析

三峡水库的入库洪水主要来自长江干流寸滩以上和支流乌江（占入库径流总量的 90% 以上），所以研究不同时期下三峡库区调度与乌江水质的定量关系对三峡库区调度方案的优选具有积极意义。鉴于此，本研究首先采用多种回归方法，选取 COD、TN、TP 三种水质指标，对主汛期、非汛期和汛前 / 末期的水质分别进行模拟。对于 COD，在主汛期，线性模拟的相关系数为 0.523，非线性模拟的相关系数为 0.605，所以选择非线性回归方程模拟主汛期的 COD 水质指标。在非汛期，线性模拟的相关系数为 0.581，非线性模拟的相关系数为 0.557，所以选择线性回归方程模拟非汛期的 COD 水质指标。在汛前 / 末期，线性模拟的相关系数为 0.327，非线性模拟的相关系数为 0.402，所以选择非线性回归方程模拟汛前 / 末期的 COD 水质指标。对于 TN，在主汛期，线性模拟的相关系数为 0.330，非线性模拟的相关系数为 0.431，所以选择非线性回归方程模拟主汛期的 TN 水质指标。在非汛期，线性模拟的相关系数为 0.584，非线性模拟的相关系数为 0.542，所以选择线性回归方程模拟非汛期的 TN 水质指标。在汛前 / 末期，线性模拟的相关系数为 0.266，非线性模拟的相关系数为 0.367，所以选择非线性回归方程模拟汛前 / 末期的 TN 水质指标。对于 TP，在主汛期，线性模拟的相关系数为 0.419，非线性模拟的相关系数为 0.517，所以选择非线性回归方程模拟主汛期的 TP 水质指标。在非汛期，线性模拟的相关系数为 0.524，非线性模拟的相关系数为 0.402，所以选择线性回归方程模拟非汛期的 TP 水质指标。在汛前 / 末期，线性模拟的相关系数为 0.194，非线性模拟的相关系数为 0.235，所以选择非线性回归方程模拟汛前 / 末期的 TP 水质指标。

① 乌江回水区 COD 指标与三峡水库调度的响应关系分析。具体地，取 2008 年、

2009 年的数据对模型进行率定，取 2010 年数据进行效果验证。在主汛期，COD 模拟结果的相对误差范围分别在 0.052 ～ 0.206（线性模拟）和 0.047 ～ 0.153（非线性模拟）之间；非汛期 COD 模拟结果的相对误差范围分别在 0.028 ～ 0.808（线性模拟）和 0.076 ～ 0.250（非线性模拟）之间；汛前/末期 COD 模拟结果的相对误差范围分别在 0.120 ～ 0.987（线性模拟）和 0.146 ～ 1.149（非线性模拟）之间。在主汛期，在 2008 年 5 ～ 8 月实测值更接近非线性模拟值，在 2009 年 6 ～ 9 月以及 2010 年 6 ～ 7 月，实测值更接近线性模拟值。在非汛期，在 2009 年 11 月、12 月以及 2010 年 1 月、11 月、12 月，实测值更接近非线性模拟值，在 2008 年 11 月、12 月，实测值更接近线性模拟值。在汛前/末期，只有 2009 年 4 月、10 月，实测值在一定程度上接近非线性模拟值，其余时间段，实测值与模拟值均偏离较大，平均相对偏差高达 80%。

② 乌江回水区 TN 指标与三峡水库调度的响应关系分析。取 2008 年、2009 年的数据对模型进行率定，取 2010 年数据进行效果验证。在主汛期 TN 模拟结果的相对误差范围分别在 0.307 ～ 0.621（线性模拟）和 0.295 ～ 0.474（非线性模拟）之间；非汛期 TN 模拟结果的相对误差范围分别在 0.401 ～ 0.458（线性模拟）和 0.532 ～ 0.691（非线性模拟）之间；汛前/末期 TN 模拟结果的相对误差范围分别在 0.004 ～ 0.217（线性模拟）和 0.036 ～ 0.193（非线性模拟）之间。可知，在主汛期，实测值与非线性模拟值均更为接近。在非汛期，实测值更接近线性模拟值。在汛前/末期，实测值与非线性模拟值的相对误差范围更小。

③ 乌江回水区 TP 指标与三峡水库调度的响应关系分析。取 2008 年、2009 年的数据对模型进行率定，取 2010 年数据进行效果验证。可知在主汛期 TP 模拟结果的相对误差分别在 ＞ 0.554（线性模拟）和 ＞ 0.401（非线性模拟）之间；非汛期 TP 模拟结果的相对误差范围分别在 0.015 ～ 0.023（线性模拟）和 0.034 ～ 0.057（非线性模拟）之间；汛前/末期总磷模拟结果的相对误差范围分别在 ＞ 1.20（线性模拟）和 ＞ 0.964（非线性模拟）之间。在主汛期，实测值与模拟值均偏离较大，与非线性模拟值相对接近。在非汛期，实测值与模拟值均较为接近，实测值与线性模拟值更为接近。在汛前/末期，实测值与模拟值均偏离较大，与非线性模拟值更为接近。由此可以看出，对于线性回归和非线性回归两种方法，尽管存在一定程度的接近，但从总体来看，无论是线性模拟还是非线性模拟，模拟值与实测值均有偏差。以上表明，相同时期下，乌江支流与三峡水库调度的响应关系相对不显著，支流水质对三峡水库调度不敏感。

此外，从地理因素分析，乌江流域处于库尾地区，距离三峡水库距离约为 450km。支流水质主要受本地污染源影响，受泄蓄水和回水作用比较小，水质对水库调度泄蓄水的敏感程度很低。因此，在主汛期、非汛期、汛前/末期三种不同时期下，乌江支流与三峡水库调度的响应关系均不明显。

3）小江回水区水质与三峡水库调度的响应关系分析

① 小江回水区 COD 水质指标与三峡调度的响应关系分析。小江距离三峡大坝 250km，在主汛期、非汛期以及汛前/末期，三种不同的水位和调度时期下，其回水尾段的长度分别为 59km、95km、75km。本研究选取小江回水区的 COD、TP、TN 三种水质指标，对其在主汛期、非汛期和汛前/末期三个时期里，对水库调度的响应方程和关系分别进行模拟和定量分析。

在主汛期、非汛期和汛前/末期三种不同时期下，小江回水区 COD 浓度与坝前水位、下泄流量间呈显著的非线性/线性相关关系，其定量响应方程分别为：

$$y(\text{COD,主汛期}) = -0.972x_1 + 1.03 \times 10^{-2}x_2 + 6.83 \times 10^{-3}x_1^2 - \\ 2.64 \times 10^{-8}x_2^2 - 6.40 \times 10^{-5}x_1x_2 + 6.84 \times 10^{-4} \tag{21-128}$$

$$y(\text{COD,非汛期}) = 1.99 \times 10^{-3}x_1 + 2.04 \times 10^{-6}x_2 - 1.36 \times 10^{-3} \tag{21-129}$$

$$y(\text{COD,汛前/末期}) = 0.108x_1 - 2.27 \times 10^{-3}x_2 - 6.43 \times 10^{-4}x_1^2 - \\ 2.85 \times 10^{-9}x_2^2 + 1.51 \times 10^{-5}x_1x_2 - 3.42 \times 10^{-4} \tag{21-130}$$

式中　　x_1——坝前水位，m；

　　　　x_2——下泄流量，m³/s。

对各定量响应方程系数进行综合比较，可以看出非汛期的 COD 定量响应方程的系数均大于主汛期和汛前/末期的方程系数，因此非汛期内坝前水位和下泄流量对小江回水区的 COD 浓度影响更显著一些，而主汛期和汛前/末期受其影响程度则略逊。

进一步采用线性回归和非线性回归两种方法，对主汛期、非汛期和汛前/末期三个时期下的小江回水区 COD 浓度对水库调度响应关系的模拟值与实测值进行比较。在主汛期，COD 模拟结果的相对误差范围分别在 −0.032 ～ 0.156 和 −0.021 ～ 0.253 之间；非汛期 COD 模拟结果的相对误差范围分别在 −0.088 ～ 0.308 和 −0.189 ～ 0.750 之间；汛前/末期 COD 模拟结果的相对误差范围分别在 −0.160 ～ 0.180 和 −0.236 ～ 0.150 之间。在主汛期，相比线性回归方法，非线性回归方法拟合的模拟曲线比较接近实测值。就具体模拟数值来说，前两个和后两个非线性回归方法的模拟值能够真实反映实际情况，而模拟曲线的中段则与实测值偏离较大。在非汛期，非线性回归方法依然比线性回归方法拟合的模拟曲线更贴近实际情况。具体来说，模拟曲线前端比较贴近实测值，而中后段则与实测值的偏离程度较大。对于汛前/末期的小江回水区 COD 浓度，线性回归方法与非线性回归方法得到的模拟曲线差别不大，也比较接近实际监测值，只有最后两个模拟值与实测值存在一定的偏离，线性回归方法模拟值更接近实测值。以上表明，小江回水区的 COD 浓度在汛前/末期对三峡水库调度的响应程度最显著，主汛期和非汛期基本显著，小江回水区的 COD 浓度对三峡水库调度有一定的敏感性。

②　小江回水区 TN 指标与三峡水库调度的响应关系分析。在主汛期、非汛期和汛前/末期三种时期下，小江回水区 TN 浓度与坝前水位、下泄流量呈显著的非线性/线性相关关系，其定量响应方程分别为：

$$y(\text{TN,主汛期}) = -0.213x_1 + 2.82 \times 10^{-3}x_2 + 1.21 \times 10^{-3}x_1^2 \\ - 2.40 \times 10^{-8}x_2^2 - 1.34 \times 10^{-5}x_1x_2 - 1.39 \times 10^{-4} \tag{21-131}$$

$$y(\text{TN,非汛期}) = 9.23 \times 10^{-3}x_1 - 1.66 \times 10^{-5}x_2 - 1.29 \times 10^{-2}$$

$$y(\text{TN,汛前/末期}) = -2.83 \times 10^{-2}x_1 + 1.58 \times 10^{-3}x_2 + 2.65 \times 10^{-4}x_1^2 \\ + 3.15 \times 10^{-9}x_2^2 - 1.06 \times 10^{-5}x_1x_2 - 1.52 \times 10^{-4} \tag{21-132}$$

式中　　x_1——坝前水位，m；

　　　　x_2——下泄流量，m³/s。

对三个时期的定量响应方程系数进行综合比较，可以看出，相比于主汛期和汛前/末期的方程系数，非汛期的 TN 定量响应方程的系数较大。因此，非汛期内坝前水位和下泄流量的变化对小江回水区的 TN 浓度影响相对显著一些，而主汛期和汛前 / 末期受其影响程度则略逊。

　　为进一步分析小江回水区 TN 浓度与水库调度的响应关系，采用线性回归和非线性回归两种方法，对主汛期、非汛期和汛前 / 末期三个时期下的小江回水区 TN 浓度与水库调度响应关系的模拟值与实测值进行比较。在主汛期，TN 模拟结果的相对误差范围分别在 $-0.097 \sim 0.331$ 和 $-0.028 \sim 0.469$ 之间；非汛期 TN 模拟结果的相对误差范围分别在 $-0.020 \sim 0.044$ 和 $-0.206 \sim 0.249$ 之间；汛前 / 末期 TN 模拟结果的相对误差范围分别在 $-0.160 \sim 0.297$ 和 $-0.087 \sim 0.393$ 之间。在主汛期，非线性回归方法拟合的小江回水区 TN 浓度曲线比实测值的趋势平缓，但模拟值与实测值的偏离相对较小。线性回归方法得到的模拟曲线与实测值的偏离较大。在非汛期，非线性回归方法拟合的模拟曲线更贴近实际情况；而线性回归方法得到的模拟曲线与实测值偏离较大，具体来说，线性模拟曲线前中段与实测值的差距较大，而后段比较贴近实测值。对于汛前 / 末期，线性回归方法与非线性回归方法得到的模拟曲线差别不大，但两条模拟曲线与实际监测值曲线趋势差距较大。具体来说，线性回归方法得到的模拟曲线与实测值偏离程度要小于非线性回归方法。以上表明，小江回水区的 TN 浓度在非汛期对三峡水库调度的响应程度最显著，在主汛期和汛前 / 末期响应方程曲线与实际监测值存在一定的偏离，响应一般显著。

　　③ 小江回水区 TP 指标与三峡水库调度的响应关系分析。在主汛期、非汛期和汛前 / 末期三种不同时期下，小江回水区 TP 浓度与坝前水位、下泄流量间呈显著的非线性相关关系，其定量响应方程分别为：

$$y(\text{TP,主汛期}) = 2.67 \times 10^{-2} x_1 - 2.15 \times 10^{-4} x_2 - 1.67 \times 10^{-4} x_1^2 \\ + 4.82 \times 10^{-10} x_2^2 + 1.31 \times 10^{-6} x_1 x_2 - 2.66 \times 10^{-5} \tag{21-133}$$

$$y(\text{TP,非汛期}) = -3.10 \times 10^{-2} x_1 + 1.02 \times 10^{-3} x_2 + 1.46 \times 10^{-4} x_1^2 \\ - 2.74 \times 10^{-8} x_2^2 - 3.90 \times 10^{-6} x_1 x_2 - 3.74 \times 10^{-6} \tag{21-134}$$

$$y(\text{TP,汛前 / 末期}) = -3.18 \times 10^{-3} x_1 + 1.64 \times 10^{-4} x_2 + 2.59 \times 10^{-5} x_1^2 \\ - 1.11 \times 10^{-10} x_2^2 - 1.05 \times 10^{-6} x_1 x_2 - 4.21 \times 10^{-5} \tag{21-135}$$

式中　　x_1——坝前水位，m；

　　　　x_2——下泄流量，m³/s。

　　为进一步分析小江回水区 TP 浓度对于水库调度的响应关系，采用线性回归和非线性回归两种方法，对主汛期、非汛期和汛前 / 末期三个时期下的小江回水区 TP 浓度与水库调度响应关系的模拟值与实测值进行比较。在主汛期，TP 模拟结果的相对误差范围分别在 $-0.180 \sim 0.639$ 和 $-0.114 \sim 0.772$ 之间；非汛期 TP 模拟结果的相对误差范围分别在 $-0.089 \sim 0.385$ 和 $-0.100 \sim 0.282$ 之间；汛前 / 末期 TP 模拟结果的相对误差范围分别在 $-0.179 \sim 1.047$ 和 $-0.141 \sim 1.527$ 之间。在主汛期，相比线性回归方法，非线性回归方法拟合的小江回水区 TP 浓度模拟曲线比较接近实测值。但就具体模拟数值来说，两条曲线的模拟值与实测值偏离都较大。在非汛期，线性回归方法拟合的模拟曲线的趋势更贴近实际情况，但仍与实测值存在一定的偏离。对于汛前 / 末期，线性回归方法与非线性回归方法得到的模拟曲线差别较大，线性回归方法得到的模拟曲线相对比较平缓；而非线性回归方法得到的模拟曲线起伏较大。但无论是线性回归还是非线性回归方法得到的模拟曲线与实际监测值偏离都较大。以上表明，小江回水区的 TP 浓度在非汛期对三峡水库调度的响应程度最显著，主汛期次之，而汛前/末期基本不显著。

从地理因素分析，小江流域处于库中地区，距离三峡水库距离约为 250km。支流回水区水质主要受本地污染源影响，同时也受泄蓄水和回水作用，水质对水库调度泄蓄水的敏感程度很一般。在主汛期、非汛期、汛前/末期三种不同时期下，小江支流回水区水质受三峡水库调度的影响的显著性一般。

4）大宁河回水区水质与三峡水库调度的响应关系分析

① 大宁河回水区 COD 与三峡水库调度的响应关系。在主汛期（夏季低水位时期）和汛前/末期（春季和秋季），回水区 COD 和坝前水位、下泄流量间呈显著的非线性相关关系，其定量响应关系式分别如下：

$$y(\text{COD,主汛期}) = 0.226x_1 - 3.94 \times 10^{-4}x_2 - 1.27 \times 10^{-3}x_1^2$$
$$+ 8.32 \times 10^{-9}x_2^2 + 2.66 \times 10^{-7}x_1x_2 - 1.01 \times 10^{-5} \tag{21-136}$$

$$y(\text{COD,汛前/末期}) = 7.98 \times 10^{-2}x_1 - 1.52 \times 10^{-3}x_2 - 4.63 \times 10^{-4}x_1^2$$
$$- 2.16 \times 10^{-9}x_2^2 + 1.02 \times 10^{-5}x_1x_2 - 3.63 \times 10^{-4} \tag{21-137}$$

式中 x_1——坝前水位，m；

x_2——下泄流量，m³/s。

在非汛期，大宁河回水区 COD 和三峡调度之间呈现线性的相关关系，研究拟合得到的定量响应方程为：

$$y(\text{COD,非汛期}) = 8.83 \times 10^{-3}x_1 + 5.37 \times 10^{-6}x_2 - 1.13 \times 10^{-3} \tag{21-138}$$

本研究利用多元回归方法，得到了不同时期下坝前水位、下泄流量对回水区的 COD 响应关系，模拟统计结果和实测值之间的相关性良好，最大的相关系数的平方（R^2）在 0.924 ～ 0.964 之间。在主汛期，COD 模拟结果的相对误差范围分别在 −0.138 ～ 0.314 和 −0.110 ～ 0.242 之间；非汛期 COD 模拟结果的相对误差范围分别在 −0.132 ～ 0.054 和 −0.020 ～ 0.201 之间；汛前/末期 COD 模拟结果的相对误差范围分别在 1.221 ～ 1.779 和 −0.078 ～ 0.143 之间。

② 大宁河回水区 TN 与三峡水库调度的响应关系。与大宁河回水区 COD 对三峡调度的响应规律类似，在主汛期和汛前/末期，大宁河回水区 TN 浓度与坝前水位、下泄流量间呈显著的非线性相关关系；而在非汛期间，大宁河回水区 TN 浓度则与坝前水位、下泄流量间呈现线性响应关系。在上述三种水位时期下，大宁河回水区的 TN 与三峡水库调度的定量响应关系方程分别为：

$$y(\text{TN,主汛期}) = 6.20 \times 10^{-2}x_1 + 1.08 \times 10^{-4}x_2 - 3.64 \times 10^{-4}x_1^2 -$$
$$3.87 \times 10^{-9}x_2^2 + 2.91 \times 10^{-8}x_1x_2 - 4.74 \times 10^{-5}$$

$$y(\text{TN,汛前/末期}) = 3.22 \times 10^{-3}x_1 + 2.58 \times 10^{-4}x_2 + 5.44 \times 10^{-5}x_1^2 +$$
$$7.82 \times 10^{-10}x_2^2 - 1.84 \times 10^{-6}x_1x_2 + 4.18 \times 10^{-4}$$

$$y(\text{TN,非汛期}) = 1.31 \times 10^{-2}x_1 - 1.33 \times 10^{-4}x_2 + 5.85 \times 10^{-3}$$

式中　x_1——坝前水位，m；

　　　x_2——下泄流量，m³/s。

根据线性回归和非线性回归两种曲线拟合方法，对主汛期、非汛期和汛前／末期的大宁河回水区 TN 浓度与水库调度响应关系的模拟值与实测值进行比较。可知，在主汛期，TN 模拟结果的相对误差范围分别在 −0.138 ～ 0.105 和 −0.205 ～ 0.147 之间；非汛期 TN 模拟结果的相对误差范围分别在 −0.044 ～ 0.036 和 −0.104 ～ 0.023 之间；汛前／末期 TN 模拟结果的相对误差范围分别在 −0.076 ～ 0.270 和 −0.064 ～ 0.077 之间。在主汛期，非线性回归方法拟合的大宁河回水区 TN 浓度曲线能够较好地反映 TN 随时间的变化，其 R^2 值可达到 0.995；线性回归方法得到的模拟曲线与实测值的偏离较大。在汛前／末期，非线性回归方程较好地拟合出了 TN 随时间变化的趋势，与实测值吻合度较高。在非汛期，线性回归关系方程能够更好地反映实际情况（ R^2 值较高）。总体而言，模拟得到的大宁河 TN 浓度与三峡调度的响应关系略逊于 COD 浓度的响应结果。

③ 大宁河回水区 TP 与三峡水库调度的响应关系。在主汛期，大宁河回水区 TP 浓度与坝前水位、下泄流量呈显著的非线性相关关系，其定量响应方程为：

$$y(\text{TP,主汛期}) = -2.04 \times 10^{-2} x_1 + 1.62 \times 10^{-4} x_2 + 1.45 \times 10^{-4} x_1^2$$
$$+1.06 \times 10^{-10} x_2^2 - 1.13 \times 10^{-6} x_1 x_2 + 6.10 \times 10^{-8}$$

式中　x_1——坝前水位，m；

　　　x_2——下泄流量，m³/s。

在非汛期，大宁河回水区 TP 浓度与坝前水位、下泄流量呈线性相关关系，其定量响应方程为：

$$y(\text{TP,非汛期}) = 9.93 \times 10^{-4} x_1 - 1.58 \times 10^{-5} x_2 + 7.89 \times 10^{-4}$$

与 COD 和 TN 对三峡水库调度的响应规律不同的是，在汛前／末期，大宁河回水区 TP 浓度与坝前水位、下泄流量呈线性相关关系，其定量响应方程如下：

$$y(\text{TP,汛前／末期}) = 7.15 \times 10^{-4} x_1 - 5.96 \times 10^{-9} x_2 + 5.01 \times 10^{-3}$$

根据线性回归和非线性回归两种曲线拟合方法，对主汛期、非汛期和汛前／末期三个时期下的大宁河回水区 TN 浓度与水库调度响应关系的模拟值与实测值进行比较。可知，在主汛期 TP 模拟结果的相对误差范围分别在 −0.330 ～ 0.972 和 −0.500 ～ 0.965 之间；非汛期 TP 模拟结果的相对误差范围分别在 −0.116 ～ 0.082 和 −0.033 ～ 0.529 之间；汛前／末期 TP 模拟结果的相对误差范围分别在 −0.154 ～ 1.045 和 −0.066 ～ 0.247 之间。在主汛期，非线性回归方法拟合的大宁河回水区 TN 浓度曲线能够相对较好地反映 TN 随时间的变化。在非汛期，线性拟合所得到的大宁河 TP 浓度随时间变化的曲线，与实测值吻合度较高，能够很好地反映实际的水质变化。在汛前／末期，线性回归方程能够更好地反映实际情况（ R^2 值较高）。总体而言，模拟得到的大宁河 TN 浓度与三峡调度的响应关系略逊于 COD 浓度的响应结果。

与乌江和小江相比，由于大宁河河口距离三峡水库相对较近，约为 125km，其受三峡大坝蓄放水的影响较为显著；通过模拟和回归分析得到的大宁河水质对坝前水位和下泄流量的定量响应关系，也有力地证实了这一推论。大宁河回水区上游回水末端和下游河口的水体交换程度相对较高，下游长江水体倒灌或回水区水体注入长江等水动力现象更加剧了其水环境的变化。因此，有效地对三峡大坝的蓄放水过程进行科学调控，将有助于改善库区及干支流（特别是回水区）的综合水质水平。

5）香溪河回水区水质与三峡水库调度的响应关系分析

① 三峡库区调度与香溪河回水区 TP 的响应关系分析。图 21-89 表示香溪河回水区 TP 与三峡水库调度之间的聚类树，通过这个聚类树，我们能够得到不同的水库水位与下泄流量所对应的香溪河回水区 TP 的浓度，从而建立了三峡水库调度与香溪河回水区水质之间的响应关系。逐步聚类能够很好地处理离散和连续的随机变量以及它们之间的非线性关系。不需要建立水库水位和下泄流量与香溪河回水区 TP 指标之间具体的定量关系表达式，只是通过图 21-89 中的聚类树，就能够预测未来不同的水库水位和下泄流量所对应的香溪河回水区的 TP 指标值。

图 21-90 表示香溪河回水区 TP 浓度监测值与预测值之间的相对误差的概率直方图，从图中可以看出 TP 浓度预测值与监测值之间的相对误差主要分布于［–0.75，0.75］之间，但是还有一些值相对误差较大，某些甚至超过 1.5。产生较大相对误差的原因主要是：逐步聚类分析需要大量的样本来进行训练，如果样本不足，则会产生一些比较粗略的分类，因而产生比较大的误差。图 21-91 所示为香溪河回水区 TP 指标的监测值与逐步聚类分析预测值之间的对比。总体来说，逐步聚类分析的结果能够比较好地拟合实际的监测值，此外，逐步聚类分析还能够很好地反映香溪河库区 TP 指标的峰值变化。TP 浓度在 2008 年 7～10 月之间的剧烈变化，逐步聚类分析结果都能够有效地反映出来。利用 2010 年 9 月份以后的数据，我们对 SCA 方法的预测结果进行了抽样验证，图 21-92 展示了 SCA 方法的抽样验证结果图，从图中我们可以看出 SCA 在 TP 浓度方面的预测结果还是比较可信的。

② 三峡库区调度与香溪河回水区氨氮、硝氮和 TN 等指标的响应关系分析。与总氮分析相类似，通过香溪河回水区水质指标氨氮、硝氮和 TN 等与三峡水库调度之间的聚类树，能够得到不同的水库水位与下泄流量所对应的香溪河回水区氨氮、硝氮和 TN 等水质指标的浓度，从而建立了三峡水库调度与香溪河回水区水质之间的响应关系。通过逐步聚类分析我们得到不同的水库水位和下泄流量范围所对应的香溪河回水区水质的波动范围，因此不需要建立水库水位和下泄流量与香溪河回水区氨氮、硝氮和 TN 等指标之间具体的定量关系表达式，通过聚类树就能够预测未来不同的水库水位和下泄流量所对应的香溪河回水区的氨氮、硝氮和 TN 等指标值。基于香溪河回水区氨氮、硝氮和 TN 等浓度预测值与监测值之间的相对误差的概率分析，可得知，除了几个特殊的极端值，氨氮、硝氮和 TN 等浓度预测值与监测值之间的相对误差主要在零值附近波动。总体来说，逐步聚类分析的结果能够比较好地拟合实际的监测值，此外，逐步聚类分析还能够很好地反映香溪河库区氨氮、硝氮和 TN 等指标的峰值变化。氨氮浓度在 2010 年第一次观察期间的极端值，逐步聚类分析结果都能够有效地反映出来。但是该方法在硝氮预测中没有很好地反映极端值的情况，产生这些极端值误差的原因是逐步聚类分析的训练样本太少，无法对极端值进行聚类和分类。但是在进行 TN 响应关系分析时，还是有一些值的相对误差较大，某些甚至超过 1.5。产生较大相对误差的原因主要是逐步聚类分析需要大量的样本来进行训练，如果样本不足则会产生一些比较粗略的分类，因而产生比较大的误差。

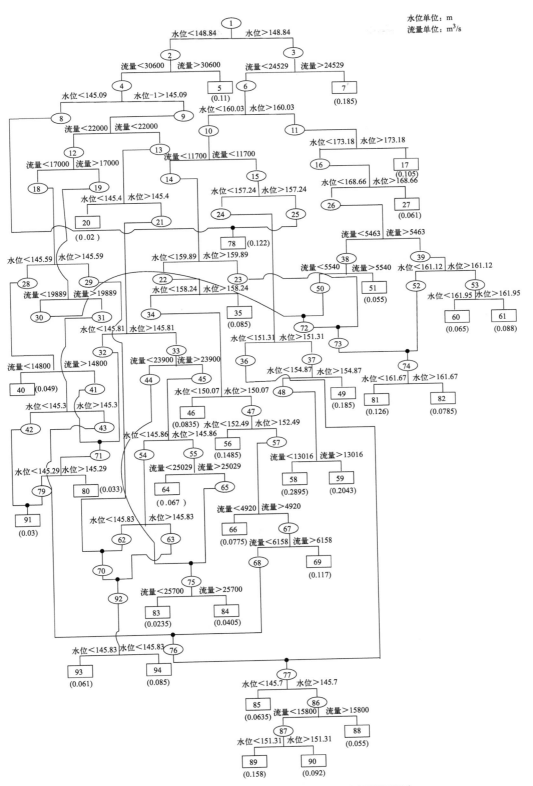

图21-89 香溪河回水区TP与三峡水库调度之间的聚类树

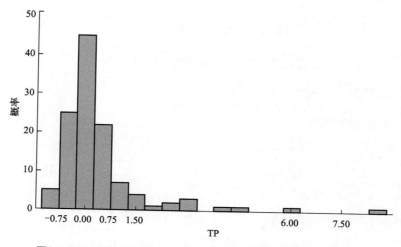

图21-90 香溪河回水区TP浓度的监测值与预测值之间相对误差分布

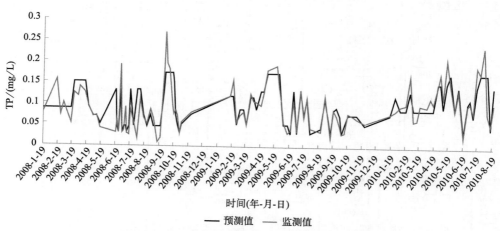

图21-91 香溪河回水区TP浓度的监测值与SCA预测值对比

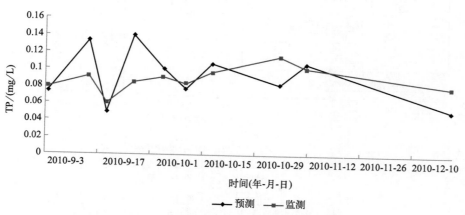

图21-92 SCA在TP预测方面的抽样验证结果

6）结果分析总结

本研究通过对比分析针对四条代表性支流、利用不同方法、综合考虑三个时期和多项水质而构建的支流回水区水质与三峡水库调度之间的秩相关检验结果和定量关系式，揭示出水质-水库调度响应关系在时期、支流以及方法或者水质指标之间的一致性规律，从而为多目标优化调度方案的产出以及调度准则的制定奠定了坚实基础。

① 在不同时期、不同支流和不同响应时间等多维情景下对不同水质指标和调度指标进行检验，所得到的秩相关结果揭示：对应着不同时期（主汛期、非汛期、汛前/末期），各代表性支流回水区水质受三峡水库调度影响的响应时间存在着差异，可见表21-30。在主汛期，水库以放水为主，干流基本保持天然河道状态。因此，调度对上游干流以及支流回水区水动力条件影响相对较小，回水顶托等作用不明显。而在非汛期，水库以蓄水为主，并且上游来水流速较缓，所以回水顶托作用显著，致使上游支流回水区水质受到显著影响，而且响应时间整体上相对较短。除此之外，在汛前以及汛末期，支流回水区水质响应时间介于主汛期和非汛期之间，并且具有显著的变化。

表21-30　代表性支流对三峡调度的响应时间及敏感程度

支流	距离三峡 /km	支流回水水质对三峡调度的响应时间			支流回水水质对三峡调度的敏感程度		
		主汛期	汛前/末期	非汛期	主汛期	汛前/末期	非汛期
乌江	490	—	很长	短	很低	很中	高
小江	250		较长	微短	较低	较中	微高
大宁河	125		微长	较短	微低	微中	较高
香溪河	34	—	长	很短	低	中	很高

② 秩相关检验的结果还揭示了支流回水区水质对调度的响应时间与支流所处的地理位置相关。越靠近三峡水库的支流，其响应时间越短，如香溪河仅需要1d。在较上游位置的支流，如乌江，则需要比较长的响应时间。究其原因，主要是因为每次调度行为实施之后，库区上游干流及其支流回水区水动力条件的改变都是从三峡水库逐渐演进到上游的。因此，响应时间也随支流与三峡水库的距离远近而逐渐变化。

进一步地，在秩相关检验的基础上，通过对不同时期、不同支流和不同水质-水库调度指标在不同方法下所得到的定量响应关系式进行敏感分析，揭示了支流回水区水质对三峡水库调度的响应程度在时空（调度时期和支流地理位置）上的异质性。

Ⅰ.库区上游支流回水区水质对调度的响应程度沿主汛期、汛前/末期、非汛期逐渐增强。对于库区任意一条支流，基于三种定量分析方法所得的关系式，对于任一调度行为，即坝前水位以及下泄流量的变化，在主汛期回水区各项水质指标变化不显著，在非汛期有显著变化，而在汛前和汛末期整体的变化程度则介于二者之间。其原因主要在于：在主汛期，上游来水流速较急，坝前水位和下泄流量的变化较难引起库区上游支流回水区水动力条件以及水质的显著变化；在非汛期，同样的调度行为则可以带来较为明显的支流回水区水质变化；类似地，在汛前/末期，支流回水区水质变化程度介于前两者之间。

Ⅱ.支流回水水质对调度的响应程度还与支流的地理位置有关，存在着由上游到水库逐渐增强的规律。在任意的调度扰动下，库首支流，如香溪河回水区水质各项指标变化均明显；相比之下，在库尾段的乌江回水区水质则没有明显的变化；而在库腹段的小江和大宁河回水区水质变化大致介于两者之间。其中主要原因在于，回水过程越往上游受到的阻力越大，则回水过程对于支流水质变化的贡献越小。相应地，水质对于调度的响应敏感程度越低。

21.4.6.3　三峡水库多目标优化调度模型研究

采用宜昌站1878～2010年共133年日流量资料，基于已建立的多目标优化调度模型以及计算所需的各项数据资料和拟合的曲线关系，采用改进的多目标遗传算法，动态规划-遗传算法在满足各项约束尤其是水质约束的基础之上进行寻优计算。最终生成一些非劣解，从较好的八套方案选取优属度最大的一套方案得到最终的调度运行方案。如表21-31所列为较好的八套方案，相应的水位-时间以及下泄流量-时间方案如图21-93～图21-97所示（图21-93、图21-94书后另见彩图），同时也体现出在最优解条件下的库容-时间以及相应的各水质指标的变化情况。

表21-31　优化计算非劣解结果表

方案	总效益/亿元	总发电效益/亿元	防洪损失效益/亿元	平均余留防洪库容/(10⁸m³)	防洪风险率/%	通航率/%	优属度
常规	111.07	188.25	77.18	96.15	1.43	95.60	
一	98.65	153.83	55.18	127.69	1.11	96.68	0.943
二	93.58	148.22	54.64	125.62	1.21	97.77	0.907
三	95.79	155.11	57.32	115.50	1.34	97.23	0.831
四	88.03	146.47	58.43	142.37	2.01	98.89	0.805
五	98.71	158.65	57.94	125.58	2.96	96.68	0.783
六	127.80	204.72	76.92	88.92	2.52	96.11	0.732
七	127.23	197.62	70.39	91.11	3.51	95.05	0.604
八	87.77	147.46	57.69	111.70	3.31	95.82	0.579

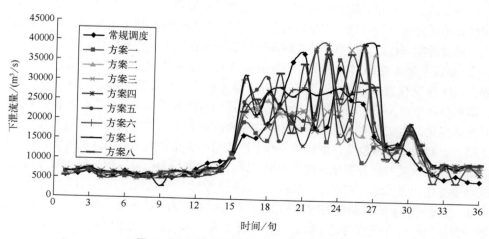

图21-93　优化计算非劣解：下泄流量-时间

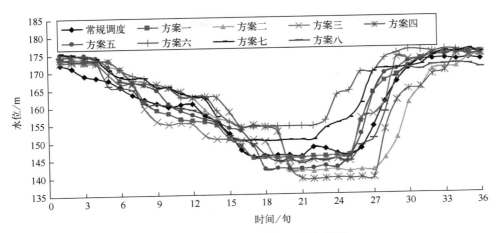

图21-94 优化计算非劣解：水位-时间

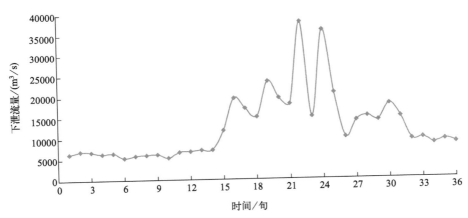

图21-95 优化计算最优解：下泄流量-时间

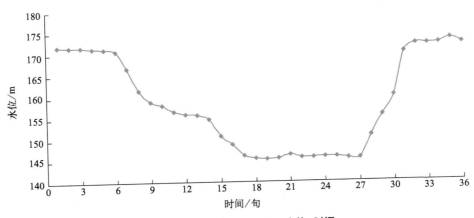

图21-96 优化计算最优解：水位-时间

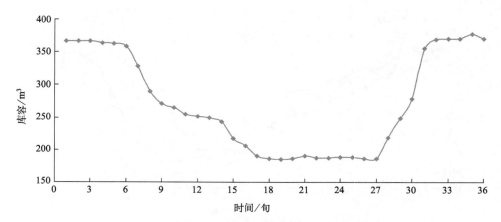

图21-97 优化计算最优解：库容-时间

图 21-93 和图 21-94 分别表示不同的八套方案具体的下泄流量 - 时间以及水位 - 时间关系。通过这些图可以看出不同方案下的下泄流量、水位之间的差异，为后续如何更好地修正方案指明了方向。

图 21-95 和图 21-96 分别表示了最优方案的下泄流量 - 时间以及水位 - 时间关系。从这两张图中可以看出：

① 在库区支流易于发生水华的 3～5 月份，库区水位缓慢持续下降，一旦出现污染性事件，库区可以利用已有的水位做出相应的决策，例如加大下泄流量使原来支流中处于死水位的环境有所改善，同时也可以增加支流的流速加快污染物的扩散与消减以及与干流水体的交换，从而改善支流的水环境状况。

② 在 5 月下旬，最优方案将水位降至最低水位运行的主要原因在于：入库流量开始爬升，为准备较大洪水的到来而预留一定的库容，同时下泄流量也在加大以尽快达到最低水位。

③ 在 5 月下旬至 8 月下旬，保持在低水位左右波动运行，在满足发电保证出力以及通航的基础之上，尽量增加防洪库容，此时水位达到整个调度的最低点。

④ 从 9 月上旬开始水位攀升，但是攀升幅度较小，到 9 月末才升到 160m，这主要是出于对防洪目标的考虑，虽然长江流域大部分洪水发生在 7～8 月，但是在 8～9 月之间的防洪任务仍然不可掉以轻心。最终在 11 月上旬到达最高水位 173m。

⑤ 11 月上旬到达最高水位之后一直维持高水位运行直到次年 3 月份。

图 21-97 表示在该调度方案下，库容的变化情况。由于库容自身和水位存在一定的对应关系，所以库容变化与水位变化趋势基本相同。

最终得到的三峡优化调度运行方案为：11 月上旬～次年 2 月下旬，维持高水位 173m 左右运行；2 月下旬开始下降水位，到 4 月上旬水位下降到 160m 附近；4 月中旬～4 月下旬维持 155m 左右水位运行；从 4 月下旬开始下降水位，在 5 月中旬降至最低水位 145m；5 月中旬～8 月下旬一直维持最低水位 145m 附近运行；从 8 月下旬开始水位攀升，在 11 月上旬到达最高水位 173m，此后维持该高水位运行直到次年 2 月下旬。

21.4.7　改善水库水质的调度技术集成及决策支持系统研究

21.4.7.1　香溪河水质管理模型结果分析

本研究通过对已构建的水质管理模型进行求解，获得了满足所有约束条件的香溪河流域经济效益最大化方案，即经济最优发展方案。实现了在各污染源达标排放、污染负荷减量情况下，区域经济的最大化目标。在满足所有环境、技术等约束条件下，区域最大的经济效益为23.54亿元。

（1）化工厂生产规模分析

各化工厂不同时期的生产规模如图21-98所示。由图可知，除香锦联营化工厂的最大生产规模（308.7t/d）出现在汛末期（$t=4$）外，其他4家化工厂都是汛前期（$t=2$）的生产规模最大。而且最优条件下，5家化工厂在不同时期应该采用不同的生产规模，这是由于不同时期受三峡调度运行方式以及雨水冲刷矿渣等方面的影响存在差异，所以化工厂在不同的时期也应调整生产规模，以便实现效益最大化。通过计算5个化工厂生产规模的变异系数（CV），可知平邑口化工厂的生产最为稳定，不同时期的规模变化幅度最小，而刘草坡化工厂生产规模的变化相对较大。综合模型运算结果，5家化工厂不同时期的生产规模变化较小，这也说明了结果的可靠性和可操作性。

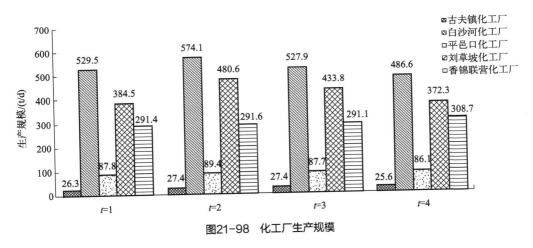

图21-98　化工厂生产规模

（2）主要城镇供水量分析

本研究考虑了香溪河沿岸的4个主要城镇的供水问题，通过模型运算获得各城镇供水量的最优解（表21-32）。不同城镇的经济发展和用水需求不同，供水量也会存在很大差异。其中，古夫镇是兴山县新县城的所在地，经济发展地位较高，而且城镇人口众多，需水量大，因而供水量也最大。高阳镇是兴山县老县城所在地，许多乡镇企业分布于此，用水量也较大。本研究还探讨了城镇在非汛期、汛前期、主汛期和汛末期供水量的差异。以古夫镇为例，在非汛期时最佳的供水量是12077.3m³/d，而在其他三个时期最优供水量分别是11904.8m³/d、12254.9m³/d 和11737.1m³/d。古夫镇的最大供水量出现在了主汛期

（t=3），这是因为此时段（6～9月）是用水高峰，居民饮用水量、洗澡用水和洗衣用水等需求大增。

表21-32　不同时期城镇的供水量

单位：m³/d

城镇	t=1	t=2	t=3	t=4
古夫镇	12077.3	11904.8	12254.9	11737.1
南阳镇	877.1	836.1	813.8	982.6
高阳镇	3001.9	3225.8	2976.2	3016.1
峡口镇	1801.8	1736.1	1756.2	1687.2

（3）磷矿开采规模分析

香溪河流域磷矿资源丰富，分布也相对集中。近年来，政府大力度整顿规范磷矿生产秩序，通过取缔无证开采、关闭小规模开采等措施从源头上有效保护和合理利用磷矿资源。当时，仅有兴盛矿产公司（下辖兴昌、兴河和兴隆三个矿区）和兴山县树空坪矿产公司（下辖葛坪、蒋家湾和申家山三个矿区）负责磷矿资源的开采、运输和销售。本研究选取了这6个矿区进行污染物排放控制（特别是磷的排放），同时获得了各矿区的最优开采规模（如图21-99所示）。在不同时段内，废渣产生率、开采成本、磷矿售价等方面都存在较大差异，降雨冲刷矿渣导致磷排放受环境的约束不同，因此磷矿开采的规模在不同时期也会有所不同。以兴盛矿产公司下辖的兴隆磷矿为例，非汛期时的开采规模最大，而汛前期的开采受约束条件限制更严，此时的开采规模最小。最大与最小规模的差值（极差）为110.5 t/d，这也说明兴隆磷矿的开采规模相对比较稳定。从图中还可以看出，6个矿区不同时期的开采情况均存在如下的规律，即：非汛期＞汛末期＞主汛期＞汛前期。

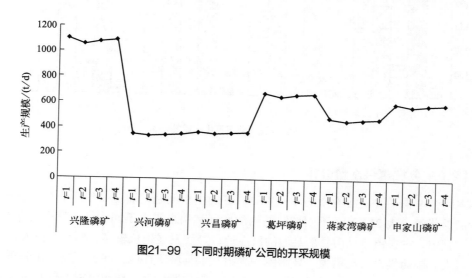

图21-99　不同时期磷矿公司的开采规模

（4）农业种植业与畜禽养殖分析

研究区域内不同种植区各类作物种植面积、施肥量、施粪量以及畜禽养殖规模等信息，并将模型运算结果整理在表21-33中。尽管香溪河流域绝大部分的土地面积由森林覆盖，耕地面积仅占6.5%，但农业种植仍是流域的重要人类活动，更是农村人口的主要经济来源。本项目选取了柑橘、水稻和蔬菜3种主要的典型种植作物作为研究对象，通过模型求解获得了各类作物的最优种植面积（图21-100）。由于流域地形等方面的特殊性，柑橘等水果作物成为主要种植作物，种植面积较广、产量和收入较高。本研究中，4个种植区柑橘的种植也显示出较大的优势，最优种植面积分别为1031hm²、836hm²、1319hm²和1803hm²。对于种植区1而言，蔬菜的种植面积最大，这是由于本地区的地势较为平缓，适合大面积种植蔬菜作物；而且此种植区的主要供应对象（或销售市场）为兴山县新县城，对蔬菜需求量巨大。水稻是流域内主要的粮食作物，在居民生活中起着重要的作用。流域受气候等方面的影响，夏季和秋季均可种植水稻，即有早稻和晚稻之分。通过模型求解，4个种植区水稻的种植面积都已达到各自水田面积的上限，这也说明在条件允许的情况下应该最大限度地满足水稻的种植需求。从土壤流失方面考虑，水田的土壤流失模数最低，种植相同面积的水稻与其他作物相比，流失土壤量最少，这也反映了种植水稻的优势。

表21-33　种植面积、施肥量、施粪量和畜禽养殖规模

符号	种植区	作物	畜禽	运算结果
种植面积/hm²				
Y_{11}	1	水稻		292.0
Y_{12}	1	柑橘		1031.3
Y_{13}	1	蔬菜		1594.7
Y_{21}	2	水稻		64.0
Y_{22}	2	柑橘		836.4
Y_{23}	2	蔬菜		374.6
Y_{31}	3	水稻		171.0
Y_{32}	3	柑橘		1318.8
Y_{33}	3	蔬菜		752.2
Y_{41}	4	水稻		535.0
Y_{42}	4	柑橘		1802.5
Y_{43}	4	蔬菜		478.5
施粪量/t				
M_{11}	1	水稻		23237.7
M_{12}	1	柑橘		14784.4
M_{13}	1	蔬菜		24247.3
M_{21}	2	水稻		4804.4
M_{22}	2	柑橘		5822.5
M_{23}	2	蔬菜		1981.9
M_{31}	3	水稻		11400.2

续表

符号	种植区	作物	畜禽	运算结果
施粪量 /t				
M_{32}	3	柑橘		14033.5
M_{33}	3	蔬菜		21742.1
M_{41}	4	水稻		19574.7
M_{42}	4	柑橘		16947.3
M_{43}	4	蔬菜		26496.5
施肥量 /t				
H_{11}	1	水稻		0
H_{12}	1	柑橘		280.2
H_{13}	1	蔬菜		657.3
H_{21}	2	水稻		217.9
H_{22}	2	柑橘		678.2
H_{23}	2	蔬菜		222.7
H_{31}	3	水稻		0
H_{32}	3	柑橘		113.8
H_{33}	3	蔬菜		531.4
H_{41}	4	水稻		1197.1
H_{42}	4	柑橘		778.9
H_{43}	4	蔬菜		324.5
畜禽养殖规模 /万只				
Z_1			猪	15.01
Z_2			牛	0.15
Z_3			羊	8.94
Z_4			家禽	27.78
系统总收益 /亿元				23.54

　　正如前面介绍，本流域土壤肥力中等，普遍缺磷，大部分缺氮。作物生长所需的氮、磷等营养物质普遍需要化肥或畜禽粪便的补给。本地区长期以来存在过量施肥的问题，这不仅增加了农业生产成本，而且大量流失的肥料也构成了严重的非点源污染。因此，合理地规划本流域的施肥（粪）量显得尤为重要。本研究讨论了作物种植过程中的施肥量或施粪量（表 21-33 和图 21-101）。结果显示：种植区作物生长所需的氮、磷等营养元素主要通过施用畜禽粪便得以满足，施用化肥为辅。而且，种植区 1 和种植区 3 的水稻种植施肥量为 0，说明仅仅施用畜禽粪便就能满足水稻生长的营养需求。这种以施粪为主、施肥为辅的方式有如下优点：

① 在满足作物需求基础上，减少非点源污染，利于改善河流水质；

② 充分利用畜禽粪便，变废为宝；

③ 大大地减少农业生产中的成本投入，实现环境效益和经济效益的"双赢"。

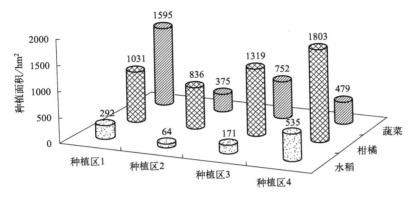

图21-100 作物种植面积

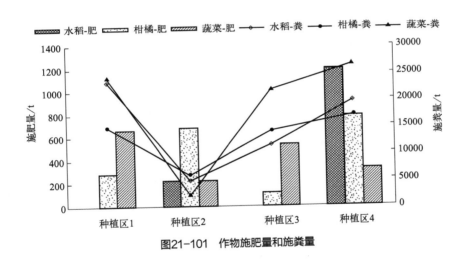

图21-101 作物施肥量和施粪量

畜牧业是新形势下农村经济发展的主导产业，也是香溪河流域农村的传统产业，更是山区农民收入的主要来源。对于促进区域农村经济持续、稳定、健康发展具有重要意义。近年来，本地区畜牧业规模化、标准化养殖发展迅速，但比例相对较低（12%左右），大部分的畜禽仍然来自散养农户。相关研究表明，小型畜禽养殖场以及规模以下的散养户已经构成农村主要的非点源污染，威胁着香溪河的水质。因此，规划流域畜禽养殖规模，在满足环境约束条件下，实现畜牧业效益的最大化是十分必要的。畜禽养殖规模的大小与畜禽的收益、粪便产生率以及作物种植面积有关（产生的粪便供作物生长所需）。通过模型求解，最优的畜禽养殖规模已经获得（如表21-33所列），即猪的最优养殖规模是15.01万只，而牛、羊和家禽的最佳规模分别是1500只、8.94万只和27.78万只。

（5）香溪河流域氮负荷分析

香溪河流域氮排放量过大，是诱发富营养化的一个因素，开展氮负荷的研究对于改善香溪河水质具有一定的指导意义。模型计算了4个不同时期非点源和其他来源的氮素排放量，结果如表21-34所列。对于香溪河流域非点源氮污染而言，主要考虑了种植业和农村生活的排放，而且种植业主要通过水土流失和降雨径流两种方式，农村生活也包含未经处理的生活废水的肆意排放和散养畜禽粪便的流失两种途径。结果表明：对于农业种植非点源排放，水土流失是氮排放的主要途径，降雨径流氮排放较少（非汛期除外）。农村生活氮排放过程中，除汛前期和汛末期通过粪便流失的氮量为0外，其他两个时期的氮排放量均较大，分别为64.76t和63.93t；农村生活废水的氮排放也主要集中在非汛期和主汛期，而汛前期和汛末期氮排放量较少。对于香溪河流域通过回水效应、上游来水和消落带释放等途径带来的氮污染而言：在非汛期和汛末期回水效应导致的氮排放量巨大，分别为160.28t和214.21t；同时消落带释放的氮量也较大，分别为44.71t和51.39t。而在汛前期和主汛期，三峡库区回水效应没有输入氮量，主要因为在汛前期和主汛期三峡水库由高水位向低水位转化，不仅没有回水输入而且香溪河部分水量回灌库区并带走部分营养物质；而且，高水位向低水位转变时也没有消落带的氮释放，因为淹没地带的氮已经释放完毕，只有新的消落带产生时才会有营养物质的释放。上游来水不断地向香溪河输入的氮量，相对而言较少且较为稳定，4个时期分别为25.23t、13.41t、31.07t和10.37t。

表21-34　香溪河氮源排放情况　　　　　　　　　　　　单位：t

来源			t=1	t=2	t=3	t=4
非点源	种植业	水土流失	180.49	111.74	472.71	94.54
		降雨径流	14.33	17.96	83.28	7.52
	农村生活	生活污水	17.16	3.89	22.68	3.89
		粪便流失	64.76	0	63.93	0
其他	回水效应	回水	160.28	0	0	214.21
	上游来水	来水	25.23	13.41	31.07	10.37
	消落带	释放	44.71	0	0	51.39

不同时期氮源排放贡献率如图21-102所示。结果显示，不同时期氮污染的主要来源不同，且贡献率也存在较大差异，这主要是受三峡调度运行方式、区域降雨量和人类活动等多方面的影响。非汛期时，氮排放量主要来源于农业种植活动，贡献率约为38.4%；其次是回水效应和农村生活排放。在汛前期和主汛期，种植业的氮排放量巨大，贡献率分别为88.3%和82.5%；上游来水输入成为汛前期的第二大来源，在主汛期农村生活排放的贡献率较大。在汛末期，出现了与其他三个时期不同的排放情况，此时，回水效应的氮贡献率最大（约56.1%），农业种植活动贡献率次之（约26.7%），消落带的氮释放量贡献也较大，成为第三大主要来源。

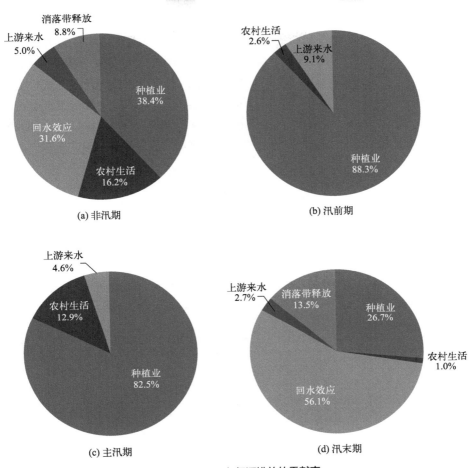

图21-102　各氮源排放的贡献率

（6）香溪河流域磷负荷分析

表21-35 给出了不同时期各磷源（点源、非点源和其他输入源）排放情况。本研究考虑了典型的磷化工企业、磷矿开采公司和乡镇污水处理厂等香溪河流域点源污染源。从表中可以看出：不同污染源磷排放量存在很大差异，而且同一排放源不同时期的排放情况也不相同。对于磷化工企业和磷矿开采公司，绝大部分磷排放过程来自废渣的流失，而通过废水排放的磷很少。这是由于企业严格按照《污水综合排放标准》（GB 8978—1996）排放污水，最终排入河流的污水磷浓度很低，排放量也就很少；而本地区降雨量充沛，生产和开采过程中产生的废渣、矿渣以及闲置矿井如得不到及时有效处理，所含磷极易经雨水冲刷等过程排放至河流中。对于城镇污水处理厂，是按照《城镇污水处理厂污染物排放标准》（GB 18918—2002）排放污水，处理厂排放磷量也很少而且比较稳定（约0.27t/月）。对于香溪河非点源磷污染而言，水土流失是农业种植业磷排放（固态磷）的主要方式，而降雨径流（溶解态磷）排放较少；畜禽粪便流失在非汛期和主汛期是农村生活的主要方

式，生活废水的排放量较少。在汛前期和汛末期通过粪便流失的磷为 0，是由于这两个时期畜禽产生的粪便全部用于作物生长。对于香溪河磷污染的其他来源，同样考虑了三峡水库回水效应、香溪河上游来水和消落带磷释放。从表 21-35 中可以看出：在非汛期和汛末期，三峡水库回水效应磷输入量最大，分别为 13.95t 和 22.79t；消落带磷释放次之，分别为 4.33t 和 10.36t。而在汛前期和主汛期，香溪河水位随着三峡调度运行方式的变化而降低，导致三峡库区回水效应和消落带释放的磷量均为 0。上游来水各个时期均会向香溪河输入磷，各时期磷的输入量分别是 2.45t（非汛期）、1.52t（汛前期）、2.98t（主汛期）和 1.16t（汛末期）。从整体而言，不同时期香溪河氮、磷排放量的规律较为一致，呈现出了一定的同步性。

表21-35　香溪河磷源排放情况　　　　　　单位：t

来源			t=1	t=2	t=3	t=4
点源	磷化工企业	污水排放	1.08	0.21	0.71	0.19
		废渣流失	163.54	37.81	188.54	37.67
	磷矿开采公司	污水排放	0.13	0.02	0.10	0.03
		废渣流失	64.33	15.07	126.58	25.75
	城镇污水处理厂	污水排放	1.68	0.26	1.05	0.27
非点源	种植业	水土流失	95.60	57.18	250.36	50.07
		降雨径流	1.91	2.80	13.04	1.03
	农村生活	生活污水	2.42	0.43	2.17	0.48
		粪便流失	18.78	0	18.53	0
其他	回水效应	回水	13.95	0	0	22.79
	上游来水	来水	2.45	1.52	2.98	1.16
	消落带	释放	4.33	0	0	10.36

本研究还对各时期磷源的贡献率进行了分析，结果如图 21-103 所示。在非汛期，香溪河流域磷输入源较多，其中主要来自磷化工企业的排放（贡献率约 44.4%），其次是农业种植过程（约 26.3%），再次是磷矿的开采过程（约 17.4%），其他过程约占 11.9%。而在汛前期，随着降雨量和降雨强度的增加，农业种植过程磷流失成为主要途径，其次是磷化工企业和磷矿开采过程磷排放，这三个主要来源约贡献总排放量的 98.1%。在主汛期，尽管农业种植和磷化工企业仍旧是主要的途径但贡献率均有所下降，贡献率分别为 43.6% 和 31.3%。而磷矿开采过程和农村生活排放的贡献率与汛前期相比均有上升。在汛末期，随着三峡库区不断蓄水，水位不断上升，回水效应和消落带磷释放贡献率上升幅度较大，贡献率分别上升为总排放量的 14.9% 和 6.8%，这也是 4 个时期中回水和消落带释放贡献率的最大值。而且，随着雨季的结束，农业种植、磷化工企业排放和磷矿开采等过程磷排放贡献率均出现下降趋势。通过对 4 个时期磷源贡献率的分析可以看出，农

业种植过程、磷化工企业排放和磷矿开采过程磷流失是香溪河磷超标的主要来源，而且不同时期各自贡献率存在一定的差异。虽然其他过程不断向河流中排放磷，但贡献率较小。

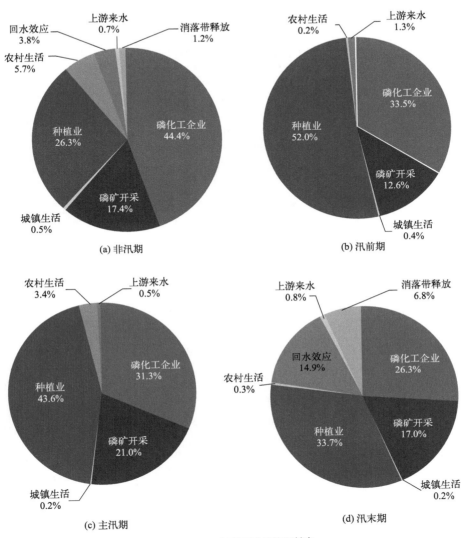

图21-103 各磷源排放的贡献率

21.4.7.2 香溪河水质管理决策支持系统

项目组已开发出了香溪河水质管理决策支持系统，并应用于香溪河的水质管理中，为香溪河的水质管理做出正确决策提供了重要的信息支持。系统的主要功能有问卷调查、多判据分析、知识库维护、系统管理。系统包括两种用户界面即普通用户和专家用户，专家用户主要是对知识库进行更新，提供专家方案，普通用户是系统的主要使用者，利用系统为香溪河的水质管理提供信息支持。部分系统界面如图 21-104 ～图 21-115 所示。

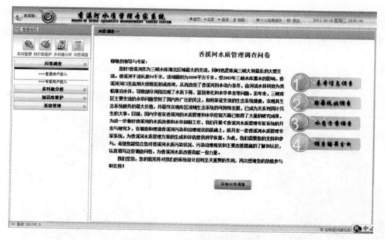

图21-104 普通用户首页

图21-105 基本信息调查

图21-106 现状调查

图21-107 自定义问卷内容

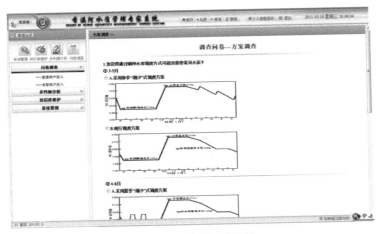

图21-108 问卷方案选择

图21-109 方案选择结果

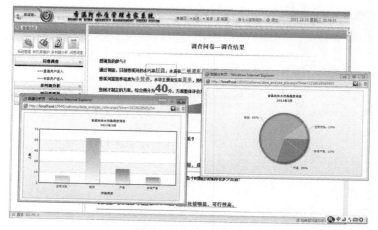

图21-110　结果分析

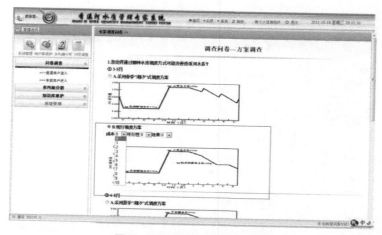

图21-111　专家用户更新知识库

图21-112　问题查询

图21-113 问题咨询结果

图21-114 专家问答

图21-115 知识库维护

水质管理决策支持系统核心功能有最佳方案生成功能、普通用户生成方案分析功能，以及多判据分析功能。

（1）最佳方案生成功能

利用专家知识库，针对香溪河水华问题，系统综合考虑调度、点、面源方面的影响，产生一套最佳方案。

① 调度：3～5月采用春季"潮汐"式调度，日调峰控制在（50000+6000）m³/s；6～8月采用夏季"潮汐"式调度，日调峰控制在（20000+10000）m³/s；9～10月采用秋季"提前蓄水"调度，日调峰控制在（5000+12000）m³/s。

② 点源控制：提倡环保生活方式，禁止或限制含磷洗涤剂的使用。各乡镇应该新建污水处理厂，并在现有污水处理厂中安装脱磷脱氮装置。古夫化工厂、平邑口化工厂消减总量应控制在40%～45%；兴河磷矿公司、兴昌磷矿公司、蒋家湾磷矿公司污染物消减总量应控制在30%～40%。

③ 面源控制：开展环境保护宣传教育，提高公民环保意识；发展生态养殖场，并设置隔离带；推广大棚种植技术，减少化肥流失；增加农村污水集中处理设施。

（2）普通用户生成方案分析功能

普通用户进入系统可以生成自己的方案，普通用户进入系统界面后，系统会自动生成一套香溪河水质管理问卷，普通用户选择答案并最终生成一套方案。生成的方案可以与专家方案库的最佳方案做比较，并给出综合得分。系统通过对普通用户生成的方案进行分析，给出方案在成本、效果和可行性上的优劣，并对普通用户给出建议，辅助用户做出决策。普通用户进入界面完成问卷，调查结果显示（图21-109）：目前香溪河轻微污染，水质在三峡建库后开始发生变化，影响水质的安全隐患主要是工业污染，主要污染物是总磷，水华主要发生在夏季，持续时间一般为5～10d，方案综合得分为40分。该系统还对方案失分的原因进行了分析，如问题1"通过哪种水库调度方案可改变香溪河水质"。该用户选择了现行调度方案，而专家建议方案是春季"潮汐"式调度方案，因为专家建议方案的效果比现行调度方案的效果明显，成本更小。即该用户选择的方案与专家建议方案不同，从而造成方案失分。系统还设置了基础问卷的统计功能，如图21-109、图21-110所示，用户可以查看每种答案的被选情况，如点击"轻微"页面会弹出柱形图和饼形图展示选择每种答案的人数及比重。

（3）多判据分析功能

香溪河水质管理决策支持系统的另外一个核心功能是多判据分析功能，不同用户会给出不同方案，每种方案都有自己的优劣，当存在多个评判标准而评判标准又不一致时，用户就会面临艰难的选择，多判据分析技术是解决这类问题常用的手段，香溪河水质管理决策支持系统通过将多判据分析技术程序化，开发了多判据分析功能，为用户做出最佳选择提供信息支持。如果用户1,2,…,n各自生成一套方案，这时就需要判断这n种方案中谁的方案最好，系统会利用多判据决策分析功能对这 n 种方案进行排序，为用户做出最佳选择提供信息支持。本系统提供了三套多判据分析方法，分别为简单线性加权法、代换法和乘法合成法。不同的多判据方法可能得到不同的方案排序，多种方法可以保证结果的可靠性。如图 21-116 所示，专家用户 1，2，…，7 共生成 7 套方案，通过多判据分析对方案进行排序（简单线性加权法），最后的排序结果为：方案 3 ＞方案 6 ＞方案 5 ＞方案 4 ＞方案 1 ＞方案 2，即方案 3 为最佳方案。

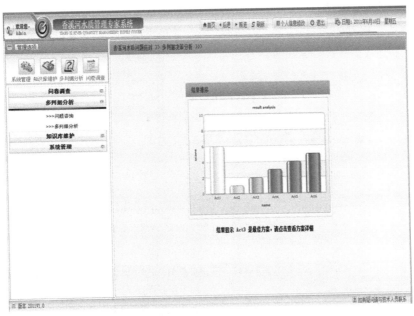

图21-116　多判据分析功能

21.4.7.3　三峡水库水量水质调度决策支持系统

决策支持系统核心模块主要包括水量情景模块、水质情景模块、调度方案生成模块、方案评价模块等，具体如下所述。

（1）水量情景模块

根据历史数据和其他小组的结果，产生未来三峡库区上游各个子流域的水库流量时间序列图，进而得到上游来水总量的时间序列图；用户可以对产生的时间序列图进行修改，以符合其实际想模拟的上游来水情景，其主要操作界面如图 21-117 所示。

（2）水质情景模块

根据历史水质曲线，产生未来水质情景曲线；用户可以对情景曲线进行修改（如 TP、TN、BOD、pH 值、叶绿素 a、悬浮物等指标浓度），以符合其实际想模拟的水质情景，其主要操作界面如图 21-118 所示。

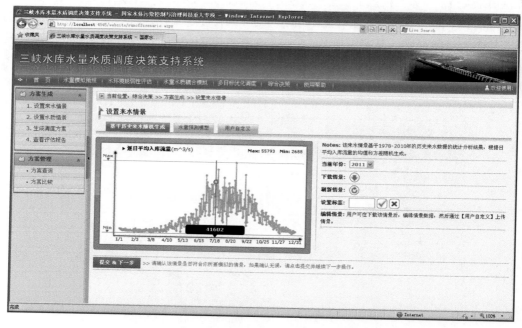

(a) 基于历史来水统计数据随机生成来水情景

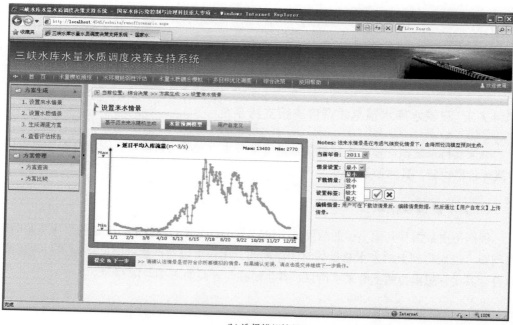

(b) 选择模拟情景

(c) 用户自定义模拟情景

图21-117 水量情景模块主要操作界面

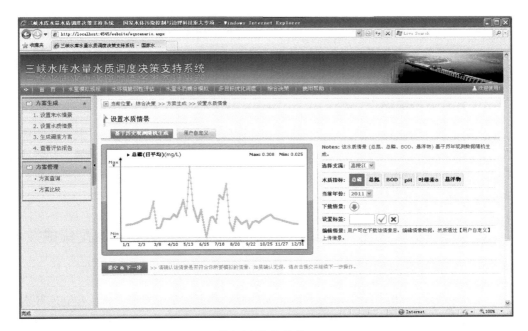

(a) 设定水质情景(总磷)

图21-118

(b) 用户自定义设定水质情景

图21-118　水质情景模块主要操作界面

（3）调度方案生成模块

根据三峡水库的基准调度曲线和近几年的实际调度曲线，结合现场问卷调查和专家咨询等得到的结果，针对相应的水质情景和上游来水情景，生成相应的微调方案（水位与时间的曲线、下泄流量与时间的曲线）；用户可以对产生的调度曲线进行修正，进而可通过后面的方案评价模块来分析微调方案对防洪、发电、航运等产生的影响，其部分操作界面如图 21-119 所示。

（4）方案评价模块

根据制定的评价指标体系，结合相应的综合评价方法（AHP、TOPSIS、秩和比法等），对所产生的微调方案分别进行出库流量、洪水风险、发电效益和航运效益计算，并将计算结果以方案集的形式展示出来。此外该模块还能针对不同的评价方法，进行结果比对。其主要结果展示界面如图 21-120 所示。

21.4.8　三峡水库优化调度改善水库水质的复杂性分析和模型集成技术

21.4.8.1　三峡库区典型流域分布式水量水质耦合模拟系统

三峡水库的建设和运行使库区水量和水质的时空特征发生了显著变化。建立库区水质的调控机制及手段，必须立足于流域层面，充分认识流域水循环过程的时空特征和演变规律，掌握营养物质在坡面、河道和库区中的传输转化过程。改善流域尺度上的水质水量预报能力，是研究水库调度条件下水文水质响应关系的基础，也是实现水库水质水量的联合优化调度的关键前提。

(a) 设定水质标准

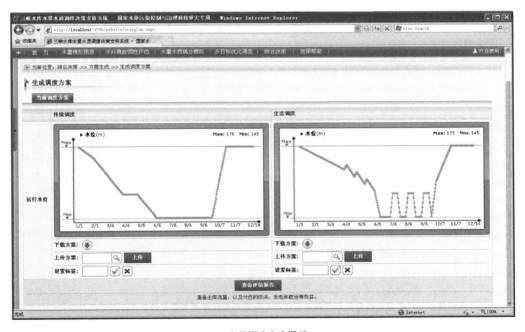

(b) 当前调度方案展示

图21-119 调度方案生成模块部分操作界面

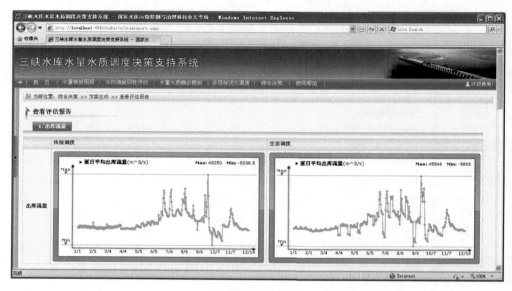

(a) 计算出库流量

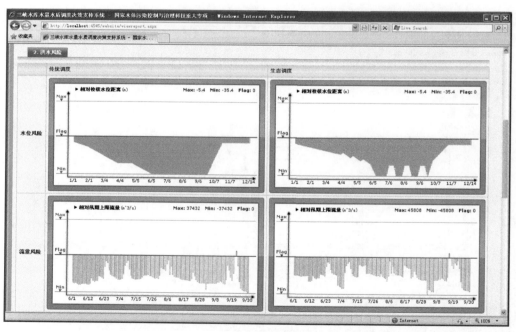

(b) 计算洪水风险

第四篇　工程实践篇

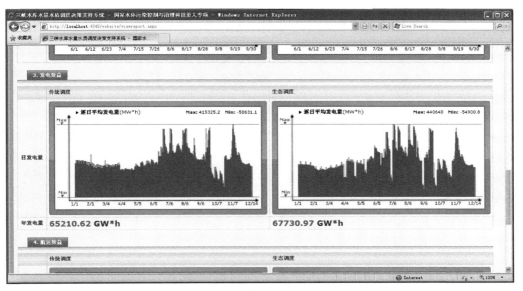

(c) 计算发电效益

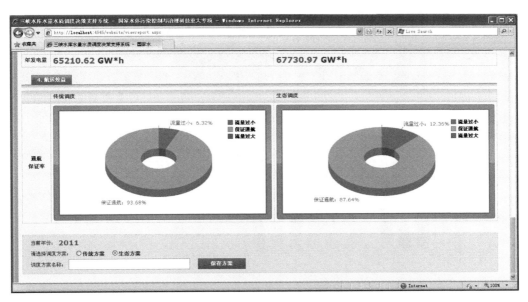

(d) 计算航运效益

图21-120

(e) 方案查询

(f) 方案比较——综合指数法

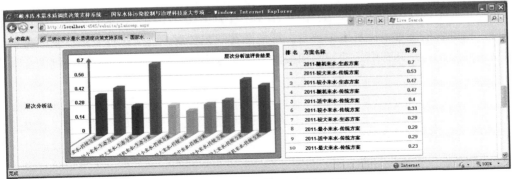

(g) 方案比较 —— 层次分析法

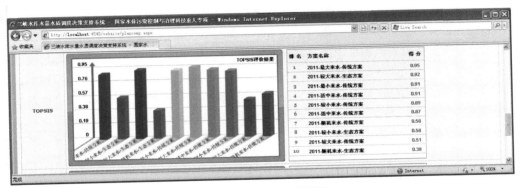

(h) 方案比较 —— TOPSIS

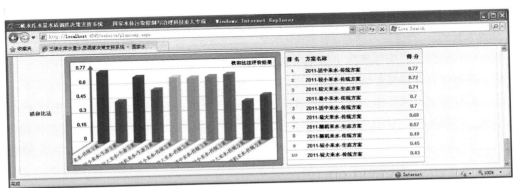

(i) 方案比较 —— 秩和比法

图21-120 方案评价模块主要结果展示界面

本研究致力于解决这一重要科学需求，系统性地整合区域气候模式与尺度下延、子流域划分与聚类、流域分布式降雨径流预报和库区水文水环境耦合模拟四种单项技术，形成一套针对三峡库区流域多因子复杂性的分布式水量水质耦合模拟方法。本模拟系统集成了气候模拟及尺度下延技术、子流域划分及分类技术、分布式降雨径流模拟与预报技术和水文水环境耦合模拟技术，以水循环过程为主线，在各项技术的数据传输、参数耦合、模拟与预测等方面都有效整合，形成涵盖气候要素、水文过程、水质条件与下垫面复杂性分析，并具有中长期预测预报能力的库区流域水量水质耦合模拟预测综合集成技术。

本项目开发的三峡库区典型流域分布式水量水质耦合模拟技术具有灵活性强、运行容易、计算高效、简单等特点，充分考虑了流域系统复杂性及子流域时空异质性，有效地克服了以往三峡库区水量水质联合模拟预测中的不足，为水库运行规划、管理以及通过水库调度实现水质改善提供技术支撑。其中，建立的分布式降雨径流模拟子流域划分与聚类技术，能够满足水文模型对下垫面数据的要求，具有较强的灵活性，可按应用要求在子流域类型的多寡和运算效率之间寻求最佳配置。开发的分布式降雨径流模拟与预报技术综合考虑不同下垫面对径流形成过程的影响，在物理概念合理的框架之下实现了冠层截留、总蒸发、超渗和蓄满产流机制的综合模拟，既避免了因集总式模型的粗糙带来的较大误差，也克服了全分布式模型对数据要求的严格性的不足。同时，结合和借助气候模型和尺度下延技术，实现了中长期的降雨径流预报。开发的三峡库区多箱水文水环境耦合模拟技术，针对库区流域洪水期和枯水期区分明显的特点，通过箱体（子流域）划分以及调度期对水量水质预报的要求，结合多因子耦合互动条件，将水环境模拟与上面开发的水量预报技术相结合，揭示了降雨径流和水动力、水动力和水质、水土流失和水环境等过程之间的耦合规律，动态预测洪水期水量水质和枯水期中长期水量水质，在保证模拟准确性的前提下，模拟结果能与水库优化调度决策进行有机的系统集成。

三峡库区典型流域分布式水量水质耦合模拟技术流程如图 21-121 所示。

21.4.8.2　三峡水库多目标优化调度决策技术

本项目组分别以三峡库区上游子流域香溪河和三峡水库为研究区域，开发了适用于多情景、多目标、非线性、动态性、互动性、不确定性及具有耦合作用等多重复杂条件下的库区水资源调度方案产出、情景分析和决策支持的三峡水库多目标优化调度决策技术。该技术基于前面本研究所作的系统辨识、数据资料调查监测、气候 - 行业发展 - 库区调度 - 水量 - 水文水动力 - 水质 - 水生态 - 经济 - 洪旱 - 航运 - 供水 - 供电等多因子时空动态响应模拟模型。

本项目组所开发的香溪河水质管理模型已成功应用于香溪河流域沿岸工农业发展以及污染排放控制等的综合管理，其中定量考虑了三峡库区不同的调度运行方式对香溪河水量和水质的影响，而基于水质模拟等手段构架水质管理模型是本研究最大的创新点和贡献。另外，通过情景构建的方式，考察了不同调度准则下调度行为以及不同污染物削减方案对于香溪河流域水环境的影响，辅助管理者明确了不同三峡库区调度方案以及污染物削减方

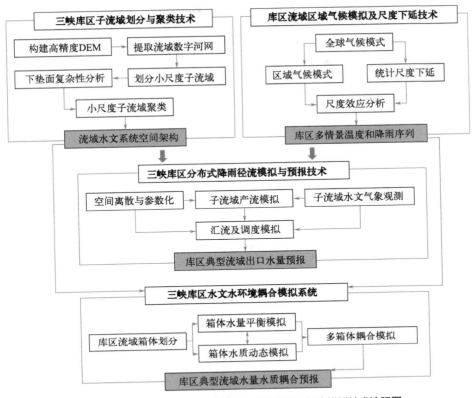

图21-121 三峡库区典型流域分布式水量水质耦合模拟技术流程图

案下香溪河水环境的改善情况，仅技术层面更是已经取得了基于情景分析方法开展水库调度与香溪河水环境响应关系理论研究的重大突破。项目组所开发的香溪河水质管理决策支持系统已经可以为水利及其他相关部门做出快速高效的最优决策提供技术支持，避免了传统人工方法时间长、工作量大和成本高等一系列缺点。针对香溪河所开发的水质管理模型，基于情景分析改善流域水环境的方法及水质管理决策支持系统，具有很好的应用前景，进行合理适当调整后可直接推广到三峡库区其他40条子流域，为库区子流域水质水量联合调度方案制定提供了技术保障。

项目组所建立的香溪河水质管理模型，考虑了三峡大坝调度和运行对香溪河水量和水质的影响，规划了香溪河沿岸企业、矿厂等点源和农业生产等面源排放，最终达到区域经济效益最大化和香溪河水污染控制的目的。本研究模型如图 21-122 所示。

以香溪河水质管理模型为基础，本研究定量考虑了三峡水库不同调度行为以及污染物削减控制方案对香溪河水环境及流域抗洪、航运、农业灌溉等功能的影响，开发了基于情景分析的香溪河水环境管理模型。通过情景构建的方式，考察了不同调度准则下调度行为以及不同污染物削减方案对于香溪河流域水环境的影响，为管理者明确了不同三峡库区调度方案以及污染物削减方案下香溪河水环境的改善情况，并基于所建立的判据指标体系用多判据分析的方法筛选出最优方案供决策者选择，为香溪河优化调度决策支持系统的开发奠定了坚实基础，香溪河流域水环境改善情景分析具体流程见图 21-123。

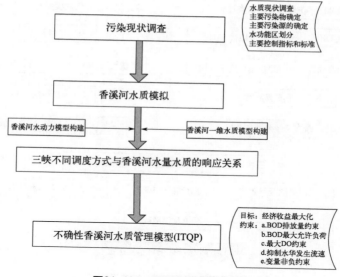

图21-122 香溪河水质管理模型

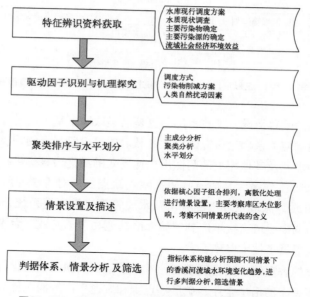

图21-123 香溪河流域水环境改善情景分析具体流程图

本研究首先在香溪河水环境复杂性辨识的基础上，探索了库区调度行为以及污染物削减控制与香溪河水环境间的响应关系；其次，在整合、分析监测数据及公众专家意见的基础上，基于驱动因子识别进行了情景预设；最后，利用多判据决策分析技术，筛选出了最优情景。其中，还将主成分分析、不确定性分析、动态聚类分析、多判据分析的方法分别用于核心驱动因子的辨识、参数及参数间相互作用的不确定性的分析、驱动因子维数的降低、情景的筛选。基于情景分析的方法，在对研究对象的未来状态或者趋势进行多种可能性推断的基础上，推理得到了不同库区调度准则下调度行为以及污染物削减方案与香溪河水环境响应关系，产出了最优的水环境改善方案，供决策者参考选择。

此外，项目组所开发的三峡水库多目标优化调度系统，通过理论分析、实际应用、反馈调节等环节实际指导了三峡水库的优化调度问题，实现了三峡库区社会、经济、生态和环境保护多目标之间的相互权衡，在保证其防洪、发电和航运等主体功能的前提下，充分发挥了其在生态环境保护等方面的长期调控价值与应急响应效能，为三峡库区总体决策支持提供了可靠的科学依据。所开发的三峡水库调度改善水质的情景分析技术，采用系统方法科学研究了三峡库区水质对不同优化调度方案的响应，充分分析了三峡水库调度条件下水质状况的各种不确定性和发展演变规律，并对其进行了定量描述，有效避免了过高或过低估计未来水质的变化情况而导致的决策失误。基于改善水质的三峡水库优化调度专家系统，耦合了调查问卷技术、调度模型、优化技术、多判据技术、计算机技术，在迅速准确地遴选最佳调度方案从而指导水库调度方面优势显著，有利于实现社会效益、经济效益、生态效益、环境效益的综合优化，而且该系统已经成功应用于三峡库区汛期调水方案的确定，表现出了较好的实效性和广阔的应用前景。

所开发的三峡水库多目标优化调度决策技术，充分结合了双响应曲面分析、逐步聚类分析、响应矩阵以及包括遗传算法和神经网络在内的人工智能算法等模拟模型与优化模型尺度转换技术，有效利用了模糊集合论、随机分析、区间分析、贝叶斯统计等复杂性分析技术，综合考虑并有效表征了库区水资源调度优化模型结构和参数的不确定性、非线性、动态性、多目标、互动性等复杂特征。其以情景分析和人工智能技术辅助优化模型中气候、政策、经济和社会等宏观或定性输入参数的率定，再利用各种高效的人工智能算法对三峡水库多目标优化模型进行求解而得到各种典型发展情景下最优的调度方案，最后耦合调查问卷、多判据分析和人工智能技术对各情景下调度方案进行评价、后优化分析和可视化展示，并在实际调度应用中对所开发的三峡水库多目标优化调度决策技术进行了反复验证和调整，为三峡水库多目标优化调度决策提供了科学高效的技术支持。

所建立的三峡水库多目标优化调度系统，其目标包括了与水库调度密切相关的库区水质、航运、防洪、发电和社会-经济五大类，涉及 BOD、COD、DO、TP 含量、TN 含量等相关技术指标以及支流水华现象发生情况、蓄放水措施、工业、农业、发电及航运产值等经济指标。决策变量包括了多时期-时段水库的下泄流量、入库流量、弃水及损失流量、发电流量等，其中上游来水量和水库污染物排放量等均表征为不确定参数。将研究阶段划分为了枯水期、平水期、丰水期，针对各时期不同的特点选用了不同的时段来研究。另外，约束条件涉及对库区水资源"量"的要求以及"质"的保证，并加入了临界流速约束作为限定支流水华现象的一个技术指标。

通过改进遗传算法的求解，确定了三峡水库详尽调度方案，切实指导了三峡水库调度，充分探究了水库调度行为对水库水质变化的直接和间接影响，并结合社会、经济、生态和环境保护多重效益目标对调度方案进行了综合评价。此外，根据调度期间三峡水库水量水质等监测数据的对比分析，三峡库区以及各支流的水质得到了明显改善，对支流污染物浓度的降低发挥了明显的好处。

通过情景构建的方式，预测和分析了所有可能组合的发展情景条件下，汛期和非汛期不同的水位控制方案对三峡库区水质、经济、社会及防洪等诸多方面的综合影响，充分探究了三峡水库调度条件下水质状况的各种不确定性和发展演变规律，并对其进行了定量描述，有效避免了过高或过低估计未来水质的变化情况而导致的决策失误，帮助管理者明确了最佳的水库调度方案及其对三峡库区水质的改善效用。充分耦合三峡水库多目标优化调度系统和调度改善水质的情景分析技术后，项目组建立了基于改善水质的三峡水库优化调度专家系统。调度方法分析决策树和专家系统核心结构如图 21-124 所示。

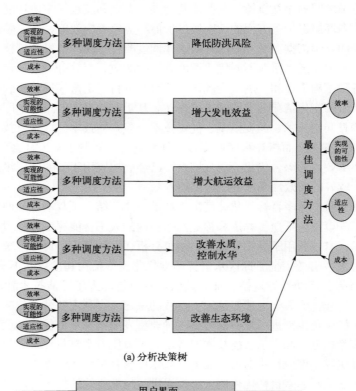

(a) 分析决策树

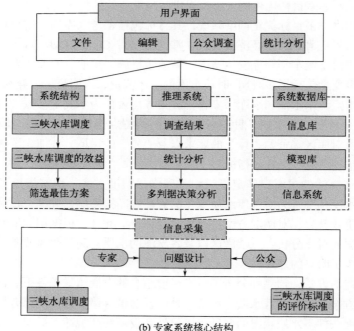

(b) 专家系统核心结构

图21-124　调度方法分析决策树和专家系统核心结构

21.4.8.3　三峡水库水量水质调度决策支持系统

本项目组通过综合水量水质优化调度数据库系统，在试验模型研究的基础上，综合运用计算机技术的最新成果，采用 WEB 和 GIS 等技术开发了操作性强的、适合我国三峡库区的交互式水质水量联合调度的决策支持系统。三峡水库水量水质调度决策支持系统可用于验证水库调度实施后对库区水质状况及水华的改善程度、鉴别重点治理区域以及提出进一步需要治理的区域等内容。通过可视化平台，可再现库区污染物的迁移、转化和分布规律，为界定不同水库运行调度方式下环境对污染物的承受能力提供事实依据；同时也可作为三峡库区水环境综合管理的基本依据。

基于"特征辨识 - 过程模拟 - 评价分析 - 系统优化 - 综合决策"的逻辑原理，三峡水库水量水质调度决策支持系统将涵盖实地考察、定位监测、文献查询、实验分析、模拟优化和管理决策等过程，综合三峡水库水量水质优化调度数据库系统，集成三峡库区水文、水循环及水环境过程模拟分析，嵌入水库系统中不确定性的定量分析和表征，融合水流水质状况的响应机制，整合水库水质优化调度方案生成和评测，最终输出水库水质水量调度的综合决策支持成果。

（1）香溪河水质管理决策支持系统

该系统不仅为决策者提供了不同水库运行方式对香溪河水质的影响情况，还提供了针对具体水质问题改善香溪河水质的最佳方案，为管理者快速决策提供了信息支持，用户只需通过用户界面操作即可获得相关决策支持信息。香溪河水质管理决策支持系统的设计框架如图 21-125 所示，通过人工智能技术和计算机技术，根据实地考察、现场走访及问卷

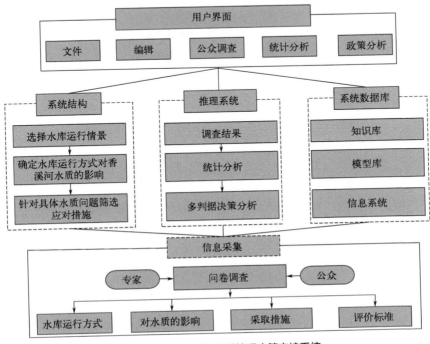

图21-125　香溪河水质管理决策支持系统

调查（专家和利益相关者）提供的知识利用多判据决策分析技术进行推理和判断，模拟人类专家的决策过程以便解决那些需要人类专家处理的复杂问题，即使用者可以通过简单的界面操作得出和专家一样的香溪河水质管理决策支持信息。

香溪河水质管理决策支持系统部分示意性界面如图 21-126～图 21-128 所示。

图21-126　香溪河决策支持系统示例（添加方案）

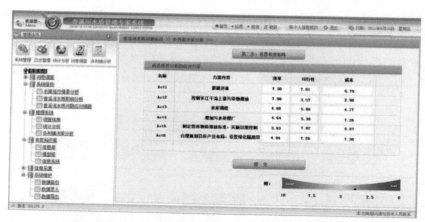

图21-127　香溪河决策支持系统示例（生成评价指标矩阵）

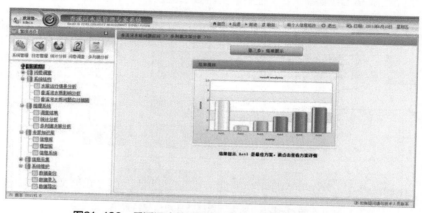

图21-128　香溪河决策支持系统示例（各方案最终排序）

第四篇　工程实践篇

使用者通过简单界面操作即可获得所需决策支持信息。首先，选择三峡水库运行方式，设置不同情景（低、中、高水位）；然后，确定不同水库运行情景下，香溪河水质的变化情况如顶托作用对香溪河库湾总氮、总磷浓度的影响等；最后，针对具体的水质问题利用多判据决策分析技术给出改善水质的最佳方案和措施。

（2）三峡水库水量水质调度决策支持系统模块

1）复合智能系统

复合智能系统基于专家系统和人工神经网络，为水库调度的实现提供强大的专家支持及智能学习功能。其中神经网络主要负责知识的获取与表示，实现知识的利用与推理；专家系统则负责用户接口界面、系统内部连接与协调，以及基于规则的知识处理。

2）水量水质集成模拟

包括先进的区域气候模拟与尺度下延技术、子流域划分和分类技术、分布式降雨径流模拟与预报技术、环境条件影响藻类生长的室内模拟技术、三峡水库调度行为与水量、水质和水华响应关系分析技术、支流库湾水流水质对三峡水库水量调度的响应机制分析技术及在此基础上构建的三峡库区的水文水环境耦合模拟系统，能够揭示降雨径流和水动力、水动力和水质、水动力和泥沙的淤积输送、水土流失和水环境等过程之间的耦合规律，动态预测洪水期水量水质和枯水期中长期水量水质，为三峡库区水量水质联合调度提供科学的决策依据。

3）多目标优化

三峡水库多目标优化调度决策技术适用于多情景、多目标、非线性、动态性、互动性、不确定性及其耦合作用等多重复杂条件下的库区水资源调度方案产出、情景分析、决策支持和可视化展示，可以在保证防洪、发电和航运等主体功能的前提下，充分发挥其在生态环境保护等方面的长期调控价值与应急响应效能，为三峡库区总体决策支持提供可靠的科学依据。特别地，基于水质模拟的不确定性，香溪河水质管理模型技术在满足相应功能区水质标准的前提下，考虑三峡大坝调度和运行对香溪河水质的影响，规划香溪河沿岸点源、面源排放，最终达到区域经济效益最大化和水污染控制目的。

4）管理决策

三峡水库调度改善水质的情景分析技术建立在对研究对象的未来状态或者趋势进行多种可能性推断基础上，通过详细地、严密地推理和描述来构想未来各种可行的三峡水库优化调度方案，对各种政策条件下未来水质状况进行模拟预测和比较分析，使管理者明确不同调度方案下三峡库区水质的改善情况。三峡水库优化调度专家系统鉴于不同的水库调度方案将产生不同的总效益，通过调查问卷的形式，结合多判据分析等多重后优化分析技术，遴选不同的水位与水量调度方案以指导水库调度、实现总效益最大化。基于情景分析的香溪河水环境管理模块，根据不同季节、不同调度和运行方式，设置多个典型情景，考察不同调度准则下水库水位以及不同污染物削减方案对于香溪河流域水环境的影响。

三峡水库水量水质调度决策支持系统的用户界面由智能人机对话系统、WEB-GIS可视化输出以及网络化数据查询系统多项功能构成。具体如下。

① 智能人机对话系统。本界面的人机对话系统将强调网络交往的动态性、人机对话的交互性、人机界面的人性化、计算机数据处理及仿真模拟能力的日益强大；同时还能通

过不断地收集测评数据，形成强大的测评数据库。

② WEB-GIS 技术系统。利用计算机网络技术的最新发展和当代 GIS 技术在因特网上实现 GIS 应用。通过在网上的实时更新，人们能得到最新信息和最新动态。通过本系统，数据的采集、输入以及空间信息的分析与发布将是在相互协调下运作，对其部分维护将是自动化进行，减少了重复劳动。同时用户可以直接从网上获取需要的各种地理信息，直接进行各种分析，而不用关心数据库的维护和管理。

③ 强大、方便、灵活的快速网络化的数据查询系统。实现用户的网上查询、发布、浏览、下载、更新等功能，具有多项强大的功能和特点，如可以连接用户现有的不同数据库和存储方式，不受原系统软件的限制，可灵活、自由地查询，支持多种数据库、多类型用户等。

（3）三峡水库水量水质调度决策支持系统界面

三峡水库水量水质调度决策支持系统的数据基础主要包括三峡库区基本信息数据库、三峡水库和电站运行数据库、三峡电站调峰数据库、香溪河野外观测水质数据库、室内模拟水质数据库、突发性灾害数据库等，丰富的数据信息为三峡水库水量水质调度的综合分析和决策支持提供了有效的数据支撑。对功能角度而言，该系统综合集成项目组开发的先进技术和方法体系，不仅能够为三峡水库水量模拟预报、水量与水质响应机理、水环境系统脆弱性评价等提供应用支持，还考虑了水资源调度中的多重不确定性因素，能够为三峡水库水量与水质的多目标优化调度提供决策支持；同时，该系统基于开放互联网构架技术，支持多重客户端并发的数据共享和应用请求，能够有效促进系统的部署实施和应用推广。

三峡水库是复杂的系统，在三峡水库的多目标调度过程中，存在许多复杂的问题，如水资源分配目标、经济参数的区间、水资源分配规划动态特征以及水资源流量的分布信息等方面。本研究开发的三峡水库水量水质调度决策支持系统综合子项目的各类水量水质与水华控制等技术成果，集成一系列多目标优化调度技术体系，可以在不同调水情景下综合考虑各目标之间的相互平衡，能够对水资源进行合理调配，同时还可以协调系统环境与经济目标之间的矛盾，实现对库区水资源"量"的要求以及"质"的保证。该系统整合三峡水库经济发展、环境保护、污染排放等各类信息，并将其数字化和规范化，综合多判据分析、不确定性分析、多目标优化和多重后优化分析等技术，并综合基于模拟模型的不确定性风险评价方法，进行综合分析和结果展示，并可为用户提供三峡库区基础数据及结果，实现数据技术以及成果之间的互动，最大程度地满足决策者和用户进行信息交流共享的需要。

三峡水库水量水质联合优化调度的决策过程具有极大的复杂性，水库调度决策问题由于涉及相关部门、地区多个主体，并且涉及近期和远期多个决策时段，具有生态环境和社会经济等多方面的决策目标。各目标和准则间充满着互斥、互补或重叠的关系，并且还涉及水资源自然、社会、经济、生态等内在属性，以及水文、工程、水量、水质、投资等多类约束条件，是一个高度复杂的多阶段、多层次、多目标、多决策主体的风险决策问题，决策者需要综合考虑多项指标，并且在关系复杂的目标与准则间进行选择。本研究建立的三峡水库水量水质调度决策支持系统集成有动态的、多目标的、多层次的、多情景的优化决策模型，在时间、空间上充分考虑整个系统的不确定性和复杂性，能满足三峡水库水质水量管理的复杂需求；同时，友好的人机界面、高度的智能化、高运行效率、广泛的适用性和高可靠性，可以充分满足三峡水库水量水质优化调度决策的应用需求，有效支撑实现综合解决陆源控制、入河治理和水利调度的项目目标。

项目组所开发的"三峡水库水量水质调度决策支持系统"成套技术，以水华控制与水生态环境质量改善为重点研究目标，创新性地综合集成了水资源水环境评价、水量水质集成模拟、库区多目标优化调度系统技术、优化调度专家系统技术、水环境改善情景分析技术、水质管理模型与决策支持技术等方面的研究成果。并成功地将人工智能、计算机及地理信息技术领域的最新技术成果引入三峡水库水量水质优化调度决策管理中。首次开发出一套操作性强、适合我国三峡库区水量水质联合调度的决策支持系统。该成套系列技术可以为三峡水库水污染防治与水华控制、三峡水库防洪、发电、调水及生态保护的综合管理提供决策支持。

21.4.8.4 控制典型支流水华的生态调度方案及实施效果评估技术

（1）三峡水库典型支流水动力特性

项目研究组在三峡库区长期监测结果表明，三峡水库支流回水区水流并非单一的自上游流向下游的一维水流状态，而是呈典型的分层流态。导致这种分层异重流出现的主要原因是三峡水库蓄水后干支流的温度差和泥沙浓度差，以温度差为主要影响因素。

（2）基于分层异重流背景下的水华暴发机理

三峡水库蓄水发电以后，支流水流流速减缓，水深加深，但支流一年中大部分时间存在分层异重流，在不同时期，长江水体分别以表、中、底异重流形式倒灌入支流，支流上游来流低温水体主要以顺坡异重流形式从河底流入长江，此为支流水体水华暴发的水动力背景。在此水动力背景下，支流水体呈现下游水体分层较弱，上游水体分层较强的水体垂向混合模式，同时，长江干流高氮、硅、磷等水体以异重流形式对支流中下游水体进行营养补给，上游磷矿区富磷水体对支流上游进行磷营养补给，形成下游氮高、上游磷高的营养盐分布格局，但支流营养盐浓度整体满足浮游植物的生长，在适宜的光照、温度等条件下促使水体中藻类生长增殖。当水体垂向混合程度较弱，藻类在真光层水体中增殖较快，其自身生理特性促使其聚集在表层水体中，即形成水华。在其他条件满足藻类生长的情况下，支流上游稳定分层水体有助于藻类在真光层水体增殖并聚集在表层水体中，即在支流上游水体中首先暴发较为严重的水华，并逐渐蔓延至整个支流。而长江干流水体常年处于混合状态，容易将藻类从真光层水体携带进入真光层以下，不利于藻类在表层水体聚集，即使长江水体营养盐、水温等满足藻类生长条件，也不易暴发水华。

水动力是三峡水库香溪河库湾水华暴发的主要诱因。在水华严重的 3～9 月，香溪河库湾均存在一定程度的异重流。在水华暴发期间，适当抬高水库水位，能够增强库湾异重流能量补给，扩大异重流对支流库湾的影响范围。三峡水库水位波动范围为 30m，水位调度空间较大，当三峡水库水位日抬升 1.0～1.5m，即能使支流库湾形成中、上层水体流入库湾，下层水体流出库湾的水循环过程。长江低藻类、掺混均匀、高泥沙含量水体能够迅速影响至整个香溪河库湾，打破支流库湾原来水动力、营养盐及水华空间分区格局，加大水体垂向混合程度，缩小真光层厚度，增大库湾流速，降低库湾水体滞留时间，从而在一定程度上控制香溪河库湾水华的暴发或控制其暴发的区域。

（3）库区支流水华防控导向的水库调度

根据 2008 ～ 2010 年三峡水库调度方式对香溪河流域水华控制的效果，提出了防控支流水华的调度方式，分别在春季、夏季、秋季等支流水华期间，以三峡水库常规调度水位过程线为基础，首先持续抬高水库水位，增强支流异重流能量补给，扩大异重流对支流的影响范围，然后持续降低水位，增大干流水体流速，促进干流对支流水体的拖动作用，进而缩小支流水体滞留时间，并为下次抬升水位提供水位可变空间，使水位抬升 - 下降过程交替进行，干流水位的波动对支流水体形成"潮汐式"影响，能增大干支流水体交换频率，持续破坏支流藻类生长环境，进而控制支流水华。具体的控制典型支流水华的生态调度实施方案包括以下三种。

1）春季"潮汐式"水位调度方案

对于 3 ～ 5 月的春季水华，采用春季"潮汐式"水位调度方案（见图 21-129），在水华暴发时段，短时间内减小大坝下泄流量，在 2 ～ 3d 内抬升水位 3 ～ 6m，强化支流中层异重流的形成，扩大其对支流的影响范围，迫使支流形成"上进下出"的水循环模式，缓解水华暴发程度，之后根据实际情况增大大坝下泄流量。该方案能够改善支流库湾水质，控制支流春季水体富营养化及水华，同时能在 5 月来流较丰的情况下形成人造洪峰，有利于下游鱼类产卵，也能增加三峡电厂发电量，但在枯水期运用则对下游航道有间歇性影响。

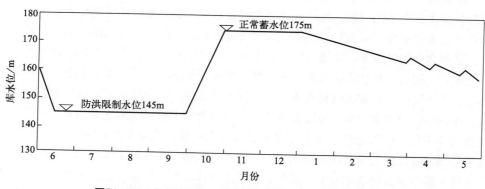

图21-129　控制春季水华发生的三峡水库"潮汐式"调度方案

2）夏季"潮汐式"水位调度方案

对于 6 ～ 8 月的夏季水华，采用夏季"潮汐式"调度方案，即在水华暴发时段（见图 21-130），在 2 ～ 3d 内将水位由防洪限制水位抬升 4 ～ 6m，但不超过上限水位，扩大异重流对支流的影响范围，使支流水体形成"上进下出"的水循环模式，打破支流水动力、营养盐等空间分区特性，破坏水温分层，缓解并控制水华的形成。之后增大大坝下泄流量，在 3 ～ 4d 内将水位迅速降低 4 ～ 6m，但不低于防洪限制水位，增大支流流速大小，缩短水体滞留时间，将支流内部高藻类含量水体泄出支流，以缓解水华的发生。该方案能够较大程度地控制库区支流库湾夏季水体富营养化及水华的发生，同时容易形成人造洪峰，对下游鱼类生存有利，也能增加三峡电厂发电量。由于同时会增大防洪风险，因此在实行的过程中必须结合可靠的洪水预报才能进行。

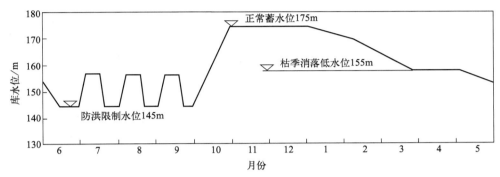

图21-130　控制夏季水华发生的三峡水库夏季"潮汐式"调度方案

3）秋季"提前分期蓄水"调度方案

对于9～10月的秋季水华，采用"提前分期蓄水"调度方案（见图21-131），即若在9～10月暴发较为严重的支流水华，则在9月初开始蓄水，采用"先快后慢"的蓄水过程，即蓄水初4～5d，日均抬升水位1.0～1.5m，后期日均抬升水位0.4m，抬升到一定高度可维持水位不变一段时间，再继续按前述步骤抬升水位，于10月底将水位抬升至正常蓄水水位，以缓解支流水华发生。该方案能够缓解并控制库区支流库湾水华，提前蓄水能保证水库蓄水至175m水位，可增大10月中、下旬大坝下泄流量以满足长江河口对下流流量的要求，但与防洪有一定的矛盾，因此需要协调好与防洪之间的关系，同时必须基于可靠的洪水预报。

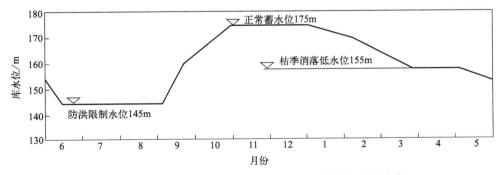

图21-131　控制秋季水华发生的三峡水库"提前蓄水"调度方案

（4）控制支流水华的三峡水库调度

自2003年三峡水库蓄水发电以来，大部分支流库湾均暴发了不同程度的水华现象，而且暴发频率、影响区域、水华强度呈逐年上升的趋势。尤其是香溪河、大宁河、小江等支流库湾还出现了有毒蓝藻水华。尤其是 2008 年香溪河蓝藻水华，蓝藻水华覆盖河段累计近 30km，造成沿程工厂、居民、渔民用水困难。项目组通过在香溪河设置研究站开展多年的研究基础上，于 2008 年蓝藻水华产生之后，提出了针对春季、夏季水华的"潮汐式"调度方案，以及针对秋季水华的"提前分期蓄水"调度方案，并于 2008 年秋季水华期、2009 年夏季及 2010 年全年实施调度。效果表明："潮汐式"调度方案在能够保证三峡水库防洪、通航、补水等效益的前提下，有效控制库区支流春季或夏季水华问题，同时能增大水库发电效益，并形成人造洪峰，增大下游生态环境效益；"提前分期蓄水"调度方案能够在确保三峡水库蓄水至 175m 正常蓄水位的前提下，保证水库航运效益，并能有效控制支流秋季水华。具体示范过程及效果如下所述。

1）2007～2010 年防治支流水华的年际中长期调度

2007～2010 年水库水位变化过程与支流水华暴发过程如图 21-132 所示。从图中可以看出，在 2007 年、2008 年，三峡水库以Ⅱ期蓄水水位 156m 运行，春季水位持续下降，变化幅度较小。汛期水位主要以 145m 运行，基本无水位波动。2009 年、2010 年以 175m 水位运行，春季水位以下降为主，汛期以 145m 水位为基础，伴随水位波动，尤其是 2010 年汛期水位波动较大，以"潮汐式"调度方案为主。就水华暴发过程来看，2007 年春季水华较严重，夏季水华不显著；2008 年春季、夏季水华均较为显著；2009 年春季水华暴发程度降低，夏季水华仍然显著；2010 年春夏季水华暴发程度显著降低。按照Ⅰ期、Ⅱ期蓄水过程中水华暴发趋势推测，三峡水库水位蓄至 175m 水位以后，支流水华暴发形势应该更加严峻，但 2009 年、2010 年结果却与推测相反，水库水体营养盐浓度并未见显著降低，水库水位波动过程却呈显著变化。尤其是 2010 年较 2009 年水位波动频繁，水华暴发程度显著降低。因此，三峡水库"潮汐式"中长期调度方案能够有效预防支流水华暴发。

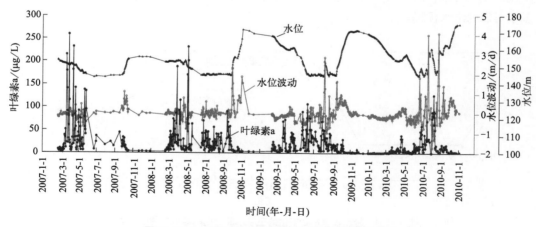

图21-132　三峡水库水位年际变化与水华情势比较图

2）2008 年汛末"提前分期蓄水"控制支流水华示范

2008 年汛末三峡水库分两次蓄水至172m 水位。蓄水过程中香溪河库湾水体叶绿素 a 浓度及富营养化评价指数变化过程如图 21-133（a）所示。蓄水过程水库支流叶绿素 a 浓度变化显著，水库干流叶绿素a浓度基本保持不变，在5mg/m³以下。在第一次蓄水初期及第二次蓄水前期，支流叶绿素a浓度出现两次峰值，都超过30mg/m³，超过有关水华暴发的叶绿素a浓度阈值（10mg/m³），使水体呈中富营养化状态；随着水库蓄水的进行，支流水体叶绿素a浓度迅速降低，在第一次蓄水的9月29日及第二次蓄水的10月20日均低于10mg/m³，与水库干流水体叶绿素a浓度接近。

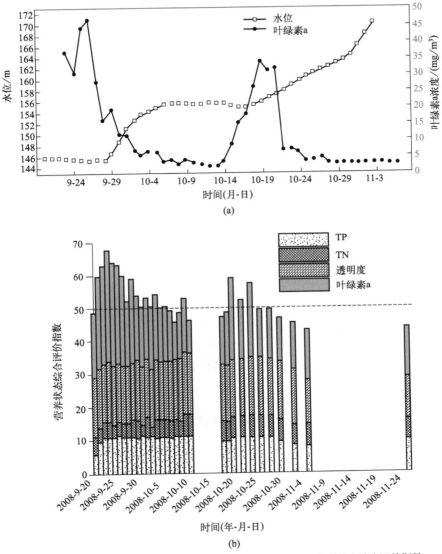

图21-133 2008年三峡水库蓄水控制支流水华示范过程及营养状态综合评价指数

在整个蓄水过程中，水库干、支流水体TP、TN浓度都超过国际公认的富营养化阈值（TP=0.02mg/L，TN=0.2mg/L）。从图21-133（b）中可以看出，第一次蓄水前，三峡水库支流水体富营养指数均大于60，为中富营养化状态；在蓄水过程中开始下降，到第一次蓄水结束降至50以下，为中营养状态；第二次蓄水初期，水库支流水体反弹至50以上，为轻富营养状态，到蓄水结束，降至50以下，为中营养状态。

2008 年蓄水控制支流水华示范过程进一步说明通过"提前分期蓄水"方法来控制支流秋季水华的效果是显著的。

21.4.9 三峡水库抑制水华及改善水质的水库调度准则

21.4.9.1 综合调度方案

考虑到三峡水库调度方案涉及很多方面的内容，包括水文模拟预测、水质模拟预测、水库调度、发电量计算、防洪损失和航运情况等，项目组综合集成水文模拟和预报、水质耦合模拟和预报、情景分析、多目标优化调度模型等方面的研究成果，生成三峡水库的综合调度方案（见图 21-134）。

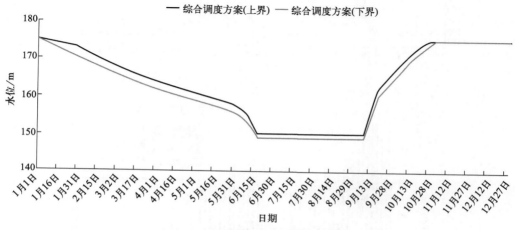

图21-134 三峡水库综合调度方案图

具体形式如下：

① 非汛期（3～4 月）及汛前消落期（5 月）是水华暴发的关键时期。维持较高的水位（3 月与 4 月水位分别控制在 162～164m 与 159～161m；5 月底水位控制在 156～158m）可以改善水库水质。

② 汛前期推迟放水，即 6 月下旬放水至低水位（149～150m）。

③ 主汛期（7 月 1 日～9 月 10 日），水库水位控制在 149～150m。

④ 汛末期提前蓄水（9 月 11 日开始蓄水；9 月中下旬水位分别控制在 160～162m 与 164～166m；10 月上中下旬水位分别控制在 168～170m、171～173m 与 173～175m）。

21.4.9.2 调度准则生成研究

（1）基于历史平均入库流量条件下的三峡水库调度准则

基于综合调度方案的控制水位和历史平均入库流量，可以计算求得对应的下泄流量。图 21-135 显示了历史平均入库流量条件下各个时期的控制水位与下泄流量。

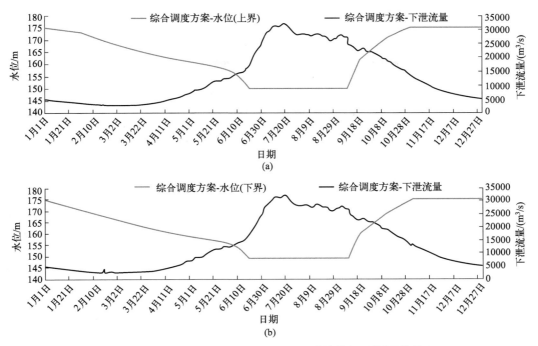

图21-135　基于历史平均入库流量条件下控制水位与下泄流量的关系

① 非汛期及汛前消落期，特别是 3 ～ 5 月是春季水华暴发的关键时期，需要维持较高的水位，因此，下泄流量普遍偏低，多数维持在 3000 ～ 12000m³/s。

② 汛前期，由于上游来水入库流量较大，兼顾考虑防洪安全，虽然该时期的水位设计考虑采用推迟放水的方式，利用较大的水头差获取较大的发电效益；但是，下泄流量仍呈现增长趋势，到 6 月末维持在 20000m³/s 左右。

③ 主汛期，上游来水入库流量大，防洪压力显著增加，要求水位控制在 149 ～ 150m，导致下泄流量增大，并达到最大值，维持在 28000m³/s 左右。

④ 汛末期，如果采用集中蓄水方式（10 月蓄水），可能导致下泄流量骤减，从而破坏下游生态、影响下游航运，因此，应采用提前蓄水的方式，可以避免对下游生态的破坏，并改善下游航运。下泄流量表现为缓慢下降，从 9 月中旬的 24000m³/s 左右下降至 10 月末的 15000m³/s 左右。"先快后慢"的提前蓄水方式，可以缓解秋季水华的发生，改善水库水质。

（2）基于特定入库流量条件下的三峡水库调度准则

基于综合调度方案的控制水位和历史入库流量，选取对应频率 10% 的入库流量，得到各个时期的控制水位与下泄流量，如图 21-136 所示。基于综合调度方案的控制水位、历史入库流量，选取对应频率 90% 的入库流量，得到各个时期的控制水位与下泄流量，如图 21-137 所示。在这里，对应频率 10% 的入库流量，代表将 130 余年的入库流量按照从大到小的顺序进行排列，在总数 10% 位置的入库流量，即仅有 10% 的历史入库流量超过该数值。相应地，对应频率 90% 的入库流量表示有 90% 的入库流量超过该数值。

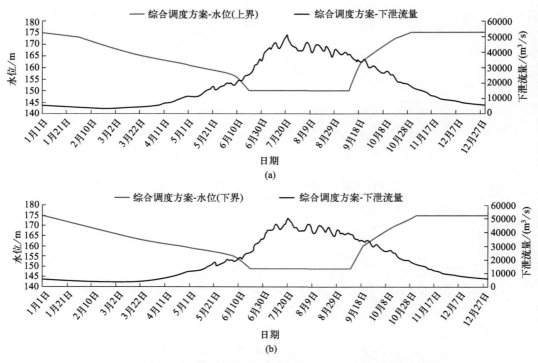

图21-136 基于对应频率10%的入库流量条件下控制水位与下泄流量的关系

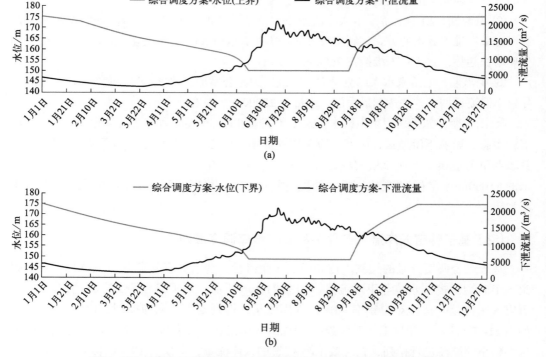

图21-137 基于对应频率90%的入库流量条件下控制水位与下泄流量的关系

在对应频率10%的入库流量条件下，相比于历史平均入库流量条件，下泄流量明显增加，具体表现为：

① 非汛期和汛前消落期，需要维持较高的水位，因此下泄流量普遍偏低，多数维持在3500～19000m³/s。

② 汛前期，上游来水入库流量较大（增加幅度明显高于历史平均流量），虽然该时期的水位设计考虑采用推迟放水的方式，利用较大的水头差获取较大的发电效益；但是，下泄流量仍呈现增长趋势，到6月末维持在35000m³/s左右。

③ 主汛期，上游来水入库流量大（增加幅度明显高于历史平均流量），防洪压力增加，要求水位控制在149～150m，导致下泄流量增大，并达到最大值，维持在35000～45000m³/s。

④ 汛末期，采用"先快后慢"的提前蓄水方式，下泄流量逐渐减小；10月末，下泄流量维持在18000m³/s左右。

在对应频率90%的入库流量条件下，下泄流量则明显偏低，具体表现为：

① 非汛期和汛前消落期，下泄流量普遍偏低，维持在1500～6000m³/s左右。

② 汛前期，由于上游来水入库流量增加（增加幅度小于历史平均流量），因此，下泄流量呈现一定的增长趋势，到6月末维持在14000m³/s左右。

③ 主汛期，上游来水入库流量大（增加幅度小于历史平均流量），防洪压力增加，要求水位控制在149～150m，导致下泄流量增大，并达到最大值，维持在15000～20000m³/s。

④ 汛末期，采用"先快后慢"的提前蓄水方式，下泄流量逐渐减小；10月末，控制水位维持在9000m³/s左右。

（3）基于气候变化条件下的三峡水库调度准则

基于综合调度方案的控制水位和气候变化情景下的预测入库流量，可以得到各个时期的控制水位与下泄流量，如图21-138所示。在不同情景条件下，由于水位保持一致，下泄流量很大程度上取决于入库流量。相比于历史平均入库流量，气候变化情景下得到的入库流量表现出很大的不同，直接导致下泄流量存在很大的差异。具体表现为：

① 非汛期与汛前消落期，下泄流量普遍偏低，维持在5000m³/s左右。

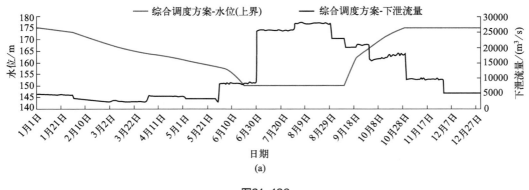

图21-138

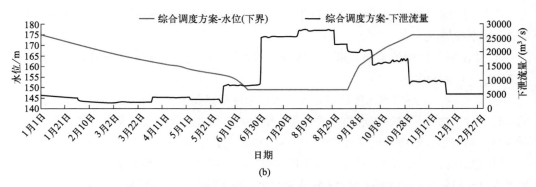

图21-138 基于气候变化条件下控制水位与下泄流量的关系

② 汛前期，由于上游来水入库流量增加（但增加幅度明显小于历史平均流量），因此，下泄流量呈现一定的增长趋势，到 6 月末维持在 8500m³/s 左右。

③ 主汛期，上游来水入库流量大（增加幅度仍然明显小于历史平均流量），防洪压力增加，要求水位控制在 149～150m，导致下泄流量增大，并达到最大值，维持在 28000m³/s 左右。

④ 汛末期，采用"先快后慢"的提前蓄水方式，下泄流量逐渐减小，呈现阶梯式减小的特征，10 月末，维持在 8500m³/s 左右。

（4）基于不同水位情景下的三峡水库调度准则

为了更好地保证防洪安全，可以根据不同的入库流量，适当调整调度方案：汛前期，当遇到百年一遇以下洪水时，水库应该在 6 月 20 日前放水至低水位（149～150m）；当遇到百年一遇洪水（入库洪峰 31000m³/s）时，水库应该在 6 月 15 日前放水至低水位（149～150m）；当遇到百年一遇以上洪水时，水库应该在 6 月 10 日前放水至低水位（149～150m）。主汛期，当遇到百年一遇以下洪水时，水库水位应该维持在 149～150m；当遇到百年一遇洪水（入库洪峰 47000m³/s）时，水库水位应该维持在 147～149m；当遇到百年一遇以上洪水时，水库水位应该维持在 145～146m。汛末期，当遇到百年一遇以下洪水时，水库应该从 9 月 11 日开始蓄水；当遇到百年一遇洪水（入库洪峰 37000m³/s）时，水库应该从 9 月 21 日开始蓄水；当遇到百年一遇以上洪水时，水库应该从 10 月 1 日开始蓄水。

为了保证防洪安全，实现社会、经济、环境总效益的最大化，根据洪水入库流量，可以选定不同的放水情景（图21-139，方案 1 代表 6 月 10 日前放水至低水位；方案 2 代表 6 月 15 日前放水至低水位；方案 3 代表 6 月 20 日前放水至低水位）。基于历史入库流量的统计结果以及选定的放水情景，可以得到：6 月份，水库放水情景下，分别遇到百年一遇以上、百年一遇以及百年一遇以下洪水时，控制水位与下泄流量的关系，如图 21-140～图 21-142 所示。

为了保证防洪安全，根据洪水入库流量与控制水位，下泄流量变化较大：

① 6 月上旬，方案 1 的下泄流量维持在 27000～34000m³/s；方案 2 的下泄流量较低，维持在 19000～22000m³/s；方案 3 的下泄流量最低，维持在 12000～14000m³/s。

② 6 月中旬，方案 1 基本按入库流量下泄，下泄流量维持在 33000 ～ 37000m³/s；方案 2 与方案 3 的下泄流量均增加，分别维持在 20000 ～ 29000m³/s 与 14000 ～ 18000m³/s。

③ 6 月下旬，方案均按入库流量下泄，分别维持在 41000 ～ 56000m³/s、28000 ～ 39000m³/s 与 17000 ～ 25000m³/s。

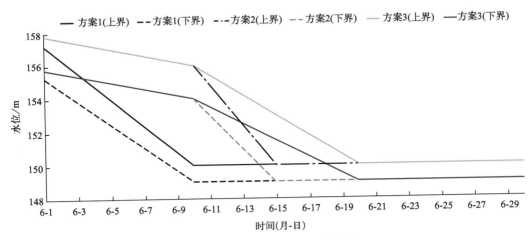

图21-139 三峡水库不同的放水情景

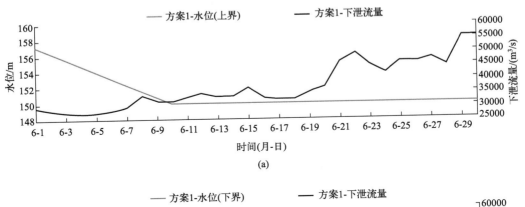

(a)

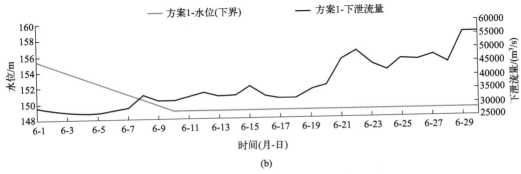

(b)

图21-140 基于6月份百年一遇以上洪水条件下控制水位与下泄流量的关系

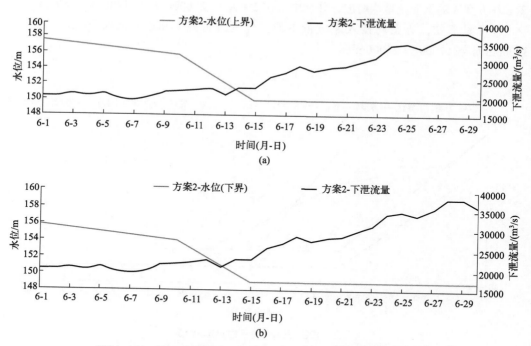

图21-141 基于6月份百年一遇洪水条件下控制水位与下泄流量的关系

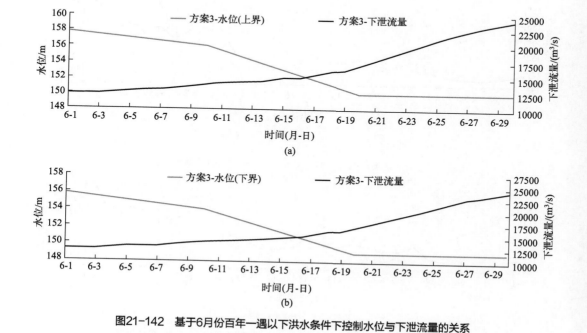

图21-142 基于6月份百年一遇以下洪水条件下控制水位与下泄流量的关系

与放水情景相类似，蓄水情景见图21-143（方案1代表9月11日开始蓄水；方案2代表9月21日开始蓄水；方案3代表10月1日开始蓄水）。基于历史入库流量的统计结果以及选定的蓄水情景，可以得到：9～10月，水库蓄水情景下，分别遇到百年一遇以下、百年一遇以及百年一遇以上洪水时，控制水位与下泄流量的关系，如图21-144～图21-146所示。

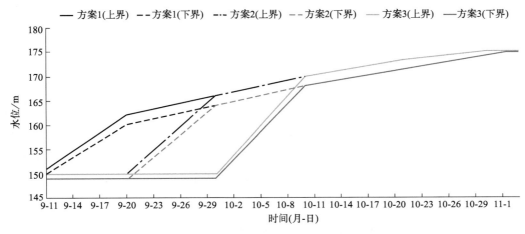

图21-143 三峡水库不同的蓄水情景

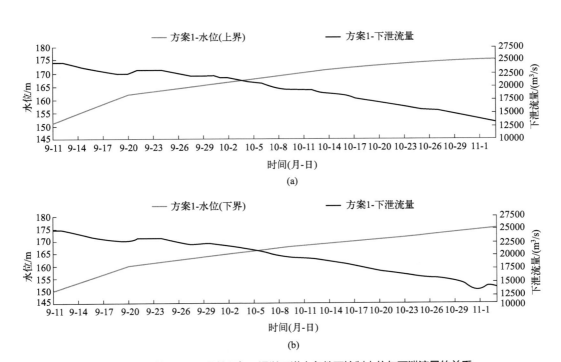

图21-144 基于9～10月份百年一遇以下洪水条件下控制水位与下泄流量的关系

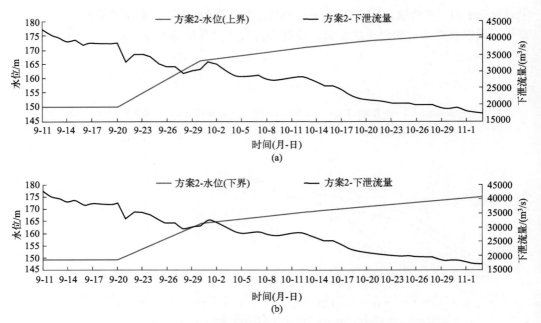

图21-145　基于9～10月份百年一遇洪水条件下控制水位与下泄流量的关系

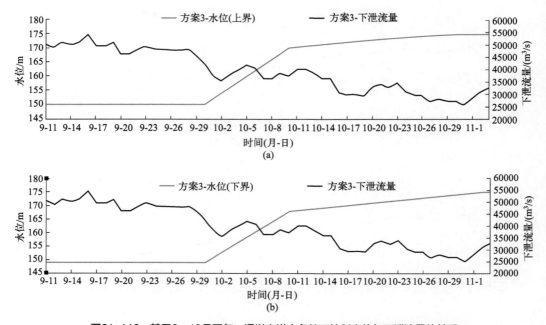

图21-146　基于9～10月百年一遇以上洪水条件下控制水位与下泄流量的关系

第 **22** 章
三峡流域生态调控及生态防护带
构建关键技术与示范

22.1 汉丰湖调节坝生态调度关键技术

22.1.1 汉丰湖调节坝生态调度目标需求分析及方案

22.1.1.1 藻类对生态调度目标的需求分析

（1）汉丰湖蓄水后流速变化情况

汉丰湖蓄水前为天然河道，而蓄水后表现为湖泊。如图22-1～图22-8所示，蓄水前全年库中流速从4月到9月波动性升高，＞0.2m/s流速的时间较长，最大流速能达到0.4m/s，该条件有利于破坏藻类的结构，抑制引发水华的藻类的增殖。且考虑到对于部分产漂流性卵的鱼类而言，＞0.2m/s的流速有助于产卵及幼鱼生长。

如图22-1和图22-2所示，东河2和南河2点流速变化不大，主要是由于这两点处于东南河上游，距离汉丰湖水库较远，地势较高，受汉丰湖水位变化影响较弱，所以汉丰湖蓄水后对东河和南河上游的流速影响较小，流速还保持在原有水平。

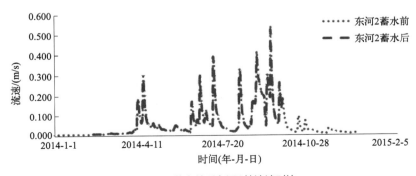

图22-1　蓄水前后东河2处流速对比

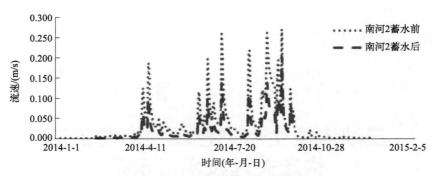

图22-2　蓄水前后南河2处流速对比

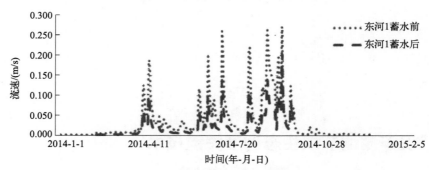

图22-3　蓄水前后东河1处流速对比

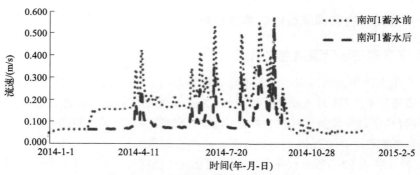

图22-4　蓄水前后南河1处流速对比

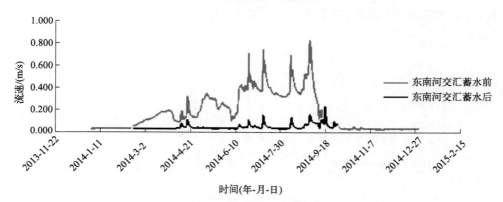

图22-5　蓄水前后东南河交汇处流速对比

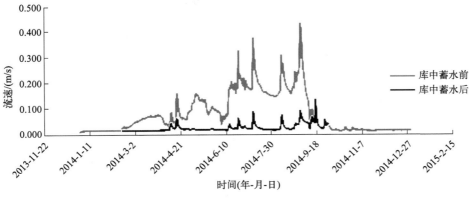

图22-6 蓄水前后库中流速对比

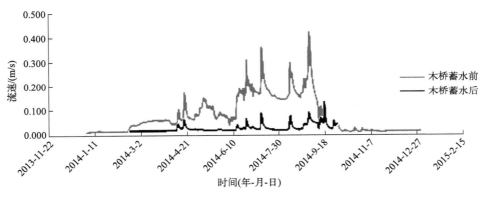

图22-7 蓄水前后木桥流速对比

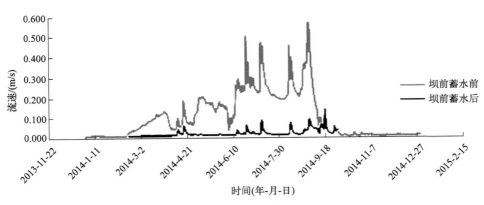

图22-8 蓄水前后坝前流速对比

图 22-3 ~图 22-8 为蓄水前后东河 1、南河 1、东南河交汇处、库中、木桥和坝前的流速对比图，从图中可以明显地看出蓄水后这些点位的流速要比蓄水前小得多，东河 1、南河 1 大部分时间流速＜ 0.1m/s，而汉丰湖内的东南河交汇处、库中、木桥和坝前流速大部分时间＜ 0.05m/s。

（2）典型水华分析

2015年10月9～25日汉丰湖东南河交汇处发生大规模甲藻水华，水体呈褐色，尤其在10月18～24日之间最为严重。采样镜检发现占优势的为一种甲藻。通过查阅文献，初步判定优势藻类为飞燕角甲藻［*Ceratium hirundinella*（Mull）Schr］。

飞燕角甲藻属于甲藻门，甲藻纲，多甲藻目，多甲藻科，角甲藻属。在水华发生时期，于2015年10月23日进行了水样与浮游植物的采集。植物体为单细胞，球形、椭圆形、卵形，罕为多角形，横断面常呈肾形。横沟显著，多数为左旋，也有为右旋或环状的，横沟将植物体分为上、下壳，纵沟略上伸到上壳。胞壁厚，具平滑或具窝孔状的板片，其间具板间带，具或不具顶孔，顶板4块，其间插板0～3块，沟前板7块，沟后板5块，底板2块。鞭毛2条，色素体多数，颗粒状，呈黄、褐色，部分种类具蛋白核。具或不具眼点。常具一个搏动泡，具一个间核型细胞核。繁殖为细胞纵分裂或产生休眠孢子。细胞扁平，内有含黄色、褐色或绿色色素的色素体。

图22-9为水华与非水华期TN、TP、COD_{Mn}浓度及流速的对比图。

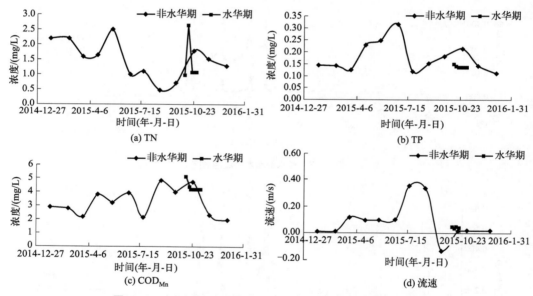

图22-9 水华与非水华期TN、TP、COD_{Mn}浓度及流速的对比图

从图22-9中可以看出水华期TN、TP、COD_{Mn}等污染物指标与其他时期浓度没有发生较大变化，2015年10月三峡已经在168.5m以上的高水位运行，所以受三峡水位的顶托作用，东南河交汇处的流速也较小，10月8日、15日、21日、31日监测的东南河交汇处的流速只有0.05m/s、0.04m/s、0.06m/s、0.04m/s，非常低的流速水平是诱发藻华发生的一大因素。

（3）抑藻的流速需求

国内外关于藻类与水动力学条件的大量研究文献表明增大流速可以起到抑制藻类生长的作用，Escartin等的室内实验证明，要破坏藻群结构，水流速度必须达到0.1m/s。在温度和光照适合藻类生长的季节，通过增大易于控制暴发"水华"水域的流速，使其失去藻类生长所需要的水文和水力条件，从而达到控制"水华"的目的。

为了定量研究水体动力条件对小江富营养化的影响，量化水力要素在生态模型中的作用，在自然水体中开展了藻类生长试验，根据三峡水库小江回水区实测流速范围，确定3个流速的试验水平，分别为0.1m/s、0.2m/s、0.3m/s，以静置且透明的浮筒为对照组（对照组流速为0m/s）（图22-10）。

(a)   (b)

图22-10　基于人工水力调控的小江藻类生长的原位试验

研究期间，3个阶段试验槽、对照槽和湖水的叶绿素a变化测试数据见表22-1、图22-11和图22-12。

表22-1　研究期间浮筒内外叶绿素a（Chla）变化过程与比增长速率变化情况

第一阶段	湖水	对照槽(0m/s)	试验槽(0.3m/s)
D_1	53.0	23.8	32.7
D_2	—	40.8	63.1
D_3	20.1	30.4	58.8
D_4	—	30.8	24.5
D_5	60.7	32.8	11.3
D_6	—	22.4	18.7
D_7	98.4	18.4	20.0
比增长速率/d^{-1}	—	−0.05	−0.10
第二阶段	湖水	对照槽(0m/s)	试验槽(0.2m/s)
D_1	41.7	31.0	35.3
D_2	31.3	37.8	38.8
D_3	24.1	31.9	45.0
D_4	41.5	36.9	50.8
D_5	14.8	36.2	39.2
D_6	11.5	23.6	23.4
D_7	1.6	27.4	30.6
比增长速率/d^{-1}	—	−0.03	−0.03

续表

第三阶段	湖水	对照槽(0m/s)	试验槽(0.1m/s)
D_1	6.9	15.7	12.7
D_2	15.1	10.8	8.9
D_3	28.6	17.7	18.2
D_4	44.1	23.8	26.5
D_5	99.3	27.5	72.4
D_6	42.3	24.4	39.2
D_7	11.4	22.4	45.8
比增长速率/d^{-1}	—	0.07	0.26

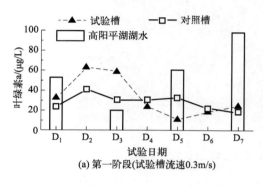
(a) 第一阶段(试验槽流速0.3m/s)

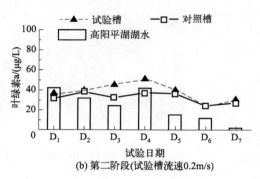
(b) 第二阶段(试验槽流速0.2m/s)

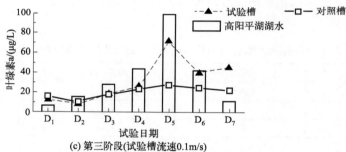
(c) 第三阶段(试验槽流速0.1m/s)

图22-11 不同试验阶段浮筒中叶绿素a的变化过程

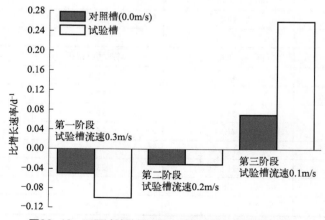

图22-12 不同试验阶段浮筒内藻类比增长速率变化情况

对比比增长速率的计算结果可以看出，流速增大，藻类比增长速率呈现显著下降的趋势。随着试验流速水平从 0.1m/s 逐渐增加到 0.3m/s，流速试验槽中藻类比增长速率从 0.26d^{-1} 逐渐下降到 −0.10d^{-1}，表现出下降趋势。在低水位的藻类生长季节，流速增大藻类比增长速率呈现显著下降的趋势。流速水平和生态试验槽中藻类比增长速率的指数模型为（μ 为比增长速率，d^{-1}；v 为流速，m/s）：

$$\begin{cases} \mu = 0.337\ln v - 0.532\,(R^2 = 0.965,\ P \leqslant 0.01,\ 不扣除对照,\ 0.1 \leqslant v \leqslant 0.3) \\ \mu = 0.224\ln v - 0.337\,(R^2 = 0.962,\ P \leqslant 0.01,\ 扣除对照,\ 0.1 \leqslant v \leqslant 0.3) \end{cases}$$

要达到较好的控藻效果，建议"调度控藻"的流速水平维持在 0.2m/s 以上。

22.1.1.2　鱼类保护对生态调度目标的需求分析

（1）鱼类历史变化

三峡大坝建设蓄水初期（2010 年），历史数据记载小江鱼类有 56 种（表 22-2）。

表 22-2　不同时期小江鱼类类群数对比

调查时间	目数	科数	种数	调查范围
2010年	6	9	56	小江
2016年	6	10	37	小江

2016 年调查获得 37 种鱼类，其中银飘鱼、寡鳞飘、鳙、岩原鲤、胭脂鱼、乌鳢和刀鲚 7 种鱼类是 2010 年调查未记录的种类。2016 年调查结果（37 种鱼类）与 2010 年调查结果（56 种）相比减少了 19 种，总物种数较前一次调查下降 33.9%。两次调查共记录鱼类 64 种，其中 29 种在两次调查中均有出现，物种相似性指数 0.45，为中等不相似。调查发现，减少的种类主要是鲑形目银鱼科、鲇形目鳢科、鲤形目鳅科和鲤科鮈亚科中的一些鱼类。

（2）鱼类影响因子分析

1）大坝建设对小江鱼类组成及群落结构的影响

三峡大坝的建成运营和小江汉丰湖大坝的建设使小江呈现典型的"库中库"水域格局。首先，双重大坝（三峡大坝和汉丰湖大坝）的建设使小江水流变缓、水量增加、静水面积增大，这一改变导致小江原有鱼类产卵场发生变化，尤其是产漂流性卵鱼类发育受限，繁殖时间滞后，最终导致产漂流性卵鱼类和喜流水鱼类资源减少，例如铜鱼、唇𬶟、马口鱼等。其次，使适应于静水或缓流水域的鲢、鳙、草鱼和鳙等鱼类资源增加。在汉丰湖大坝上游的汉丰湖水域，因大坝建导致水位上升，湖区面积显著增加，水生和湿生植物及其附着的藻类等基础碳源增加，既为鱼类提供了丰富的饵料，也为产黏性卵的鲫、鲤、黑尾鳘、草鱼、赤眼鳟等鱼类提供了多样化的繁殖生境，有利于其资源量的恢复。再者，大坝建设会改变小江水生生物的食物网结构和能量传递模式，进而影响到鱼类群落结构和营养级关系。分析显示，虽然大坝（三峡大坝和汉丰湖大坝）的建设有利于喜静水或缓流水的鱼类资源量的增加，但原有的喜流水和产漂流性卵的土著物种资源量却呈现锐减、衰退的趋势。因此，如何结合三峡大坝调水规律来合理地设置汉丰湖大坝调水机制，尽可能减少对小江原有土著物种的影响就显得十分重要。

2）大坝运行后对漂流性鱼卵（土著鱼类）胚胎发育的影响

① 产漂流性、微黏性及黏性卵的种类。产漂流性、微黏性及黏性卵鱼类的产卵和胚胎发育主要条件是繁殖季节的合适水温、涨水、流速和一定流速的流程。表22-3列举了小江产漂流性、微黏性及黏性卵的鱼类、产卵的合适水温、流速及胚前所需发育时间，这些种类的繁殖时间主要集中在4～6月。

表22-3　小江产漂流性、微黏性及黏性卵的鱼类及胚胎发育生态条件

编号	种类	产卵季节	温度/℃	卵的特性	最小流速/(m/s)	出膜时长
1	油鳘	4～6月	＞20	漂流性	＞0.2	—
2	鳘	5～7月	＞20	微黏性	＞0.2	—
3	黑尾鳘	5～6月	＞20	微黏性	＞0.2	—
4	银飘鱼	5～6月	＞20	漂流性	＞0.2	—
5	寡鳞飘	4～6月	＞20	漂流性	＞0.2	—
6	拟尖头鲌	5～7月	＞23	漂流性	＞0.2	—
7	翘嘴鲌	4～6月	25～27	漂流性	＞0.2	22h 30min
8	蒙古鲌	6月上旬	23～26	黏性	＞0.2	38h
9	银鮈	5～8月	17.5～27	漂流性	＞0.6	38h
10	蛇鮈	3～4月	15～18.3	微黏性	＞0.2	81～82h
11	吻鮈	3～5月	17.6～18.3	漂流性	0.5～0.8	56h
12	鳙	5月	24～28	漂流性	0.8～1.3	22～25h
13	鲢	5月	25	漂流性	0.8～1.3	24h
14	草鱼	3～5月	25	微黏性	＞0.2	24h
15	赤眼鳟	4～9月	22～28	微黏性	＞0.2	31～35h
16	鳡	4～8月	＞23	漂流性	＞0.2	＞33h
17	岩原鲤	3～4月	18～26	黏性		124h
18	似鳊	5～6月	19～21	漂流性	0.7～0.9	95h 8min
19	马口鱼	6～8月	23～25	漂流性	＞0.2	80h
20	宽鳍鱲	4～9月	17.1～28	漂流性	＞0.2	73h 1min
21	长颌鲚	4～6月	15～27.5	漂流性	0.057～0.075	32h

② 流速变化对胚胎发育的影响。流速是反映水体流动快慢的指标，是水流与河道宽度、坡度、糙率相互作用的综合表现。流速对鱼类产卵的影响主要包括两个方面：一是直接影响，适当的流速能刺激鱼类产卵；二是间接影响，鱼类的性腺发育需要充足的溶解氧，而流速的大小与水中溶解氧量有关，流速大的地方，水流的掺气效果好，水流中氧气的含量高，而流速小的地方，水流中氧气的含量低。此外，漂浮性鱼卵吸水膨胀后密度略大于水，需要水流具有一定的流速才能悬浮于水中，顺水漂流孵化，直到发育成具有主动游泳能力的幼鱼；在水流平缓或静水处则下沉，导致鱼卵死亡。当然，流速过大也不利于鱼类繁殖，过大的流速会影响黏性、沉性鱼卵的受精及在河底的分布和黏附。

江河中鱼类产卵与涨水、流速、流态及水温等物理因素密切相关。在一定的温度条件

下，江河中涨水是刺激大多数鱼类产卵的重要信号。已有数据显示小江中 4～6 月一般有 4～6 次涨水（图 22-13），相应地有 4～6 批亲鱼产卵。产卵盛期为 4～6 月。三峡库区的形成及汉丰湖大坝建成后，小江水文情势呈周期性变化趋势，其中在低水位（145m）运行时，小江养鹿至汉丰湖大坝段仍保持一定的流水生境，而在高水位（175m）运行时，整个小江呈宽水面的静、缓流水状态，而汉丰湖夏季正常蓄水后水位维持在 168.5m，汉丰湖内流速很低，刺激鱼类产卵的流量脉动不复存在。

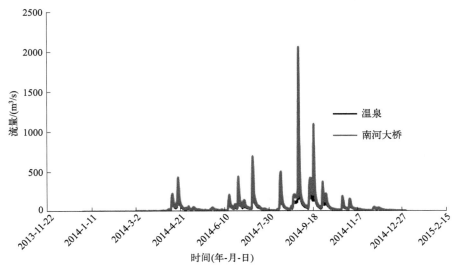

图22-13　2014年小江支流南河大桥水文站监测数据

③ 水温变化对胚胎发育的影响。水温是水环境中极其重要的因素，它直接影响水中的溶解氧、机体代谢和其他有关的生命过程。水温是水生态系统的决定因素，特定的水温是鱼类产卵成功的关键因素。水温的变动模式影响有机体的适合度，也影响生物种的数量和空间分布。温度分层是汉丰湖的一个重要特征，其分层状况与太阳辐射强度、汉丰湖蓄水深度和出水量密切相关。类似研究显示，如金沙江溪洛渡水电站，库前水温 2～8 月一直保持在 11～12℃。3 月下泄流量时水温在 10℃左右，4 月也低于 11℃，这样的水温严重影响坝下鱼类的产卵时间。汉丰湖大坝未正式运行时，其水文数据也不全面，但有一点可以确定，汉丰湖坝前 30～40m 的水深一定存在温跃层，即下泄的水温要低于自然河流水温，低水温很可能推迟了汉丰湖坝下的一些鱼类的繁殖时间（具体时间需要长期的监测数据才能计算准确）。通常，对于多数鱼类而言，18℃的水温是鱼类产卵的最低值，而低于此温度鱼类胚胎发育会很慢，且容易形成大量畸形，孵化率极低。同时，水温升高的延迟不仅推迟鱼的产卵期，而且缩短了幼鱼的生长期，严重影响幼鱼的越冬成活率。

3）大坝建设对洄游鱼类的影响

长江流域是我国淡水鱼类资源最丰富的河流，也是中国最长的河流。历史上，这里干支流相连，湖泊与河网纵横交错。过去 30 多年中，长江峡谷水利枢纽工程陆续开建，统计数据显示目前长江流域大小水坝（包括水闸）达到 7000 多座，将不同河段分割开来，使自由流动的干、支流总长度大幅度减小，严重威胁到洄游鱼种的产卵和生存。小江开州区段汉丰湖大坝于2012年竣工，该水坝的建设改变了小江水文环境，阻隔了小江鱼类的洄游通道，特别对需洄游到小江上游产漂流性卵鱼类的影响最大。

4）大坝建设对小江特有、珍稀鱼类的影响

本次调查显示，小江有国家二级保护鱼类胭脂鱼1种，长江上游特有鱼类黑尾鲹和岩原鲤2种。

① 胭脂鱼。属于鲤形目，胭脂鱼科或称为亚口鱼科。现知全世界约有该科鱼类13属68种，其中多数种类分布于北美洲，仅亚口鱼分布于亚洲东北部和北美洲西北部。胭脂鱼分布于我国的长江和闽江，是我国也是亚洲特有种。我国多个科研机构（万州水产所、西南大学、长江水产所及中国科学院水生生物研究所等）和众多鱼类学工作者对胭脂鱼展开了较为全面、系统的研究工作，已经取得了丰富的研究成果。已有研究数据表明，胭脂鱼不属于典型的洄游性鱼类，产卵时间集中在4～6月，水温17～21℃，产沉性卵（微黏性）。历史资料和本次调查表明小江中尚无胭脂鱼产卵场的分布，且其种群资源量也很小。研究显示，三峡大坝蓄水后，三峡大坝以上胭脂鱼的产卵场主要分布在长江上游合江至宜宾以及部分岷江、嘉陵江江段。本次调查（2016年9月）发现了1尾胭脂鱼（体长15cm，体重75g），可能与近两年在汉丰湖开展的胭脂鱼增殖放流活动有关。因此，总体而言汉丰湖大坝的修建与运行对胭脂鱼的影响不大。

② 岩原鲤和黑尾鲹。其为我国长江上游特有鱼类。

岩原鲤生活在深水中，常在岩石缝隙间巡游觅食，繁殖时间主要集中在3～4月，水温18～26℃，在流水刺激的条件下产卵，为黏性卵。本次调查期间在汉丰湖大坝下游的高阳镇发现了4尾岩原鲤（平均体长13cm，平均体重52g），尚未达到性成熟。小江较深的水位、丰富的饵料资源以及其部分江段独特的底质（砾石、石缝）适合岩原鲤繁衍生存。汉丰湖大坝运行后，改变了小江原有的水文条件，可能会对岩原鲤的生存产生不利影响。

黑尾鲹是小江优势经济鱼类之一，繁殖季节主要集中在6～7月，卵具有黏性。三峡库区蓄水后，在三峡蓄水顶托作用下小江中多个河段均能满足黑尾鲹的产卵条件，例如渠口河段、高阳镇河段等，这也是近几年来黑尾鲹能成为小江优势类群（重要经济鱼类）的一个重要因素。汉丰湖大坝建成运行后，可能会对黑尾鲹原有的部分产卵场（渠口）产生影响，但蓄水后可在汉丰湖中形成新的产卵场。因此，汉丰湖大坝的运行对黑尾鲹的影响不大。

22.1.1.3　陆生生态目标需求分析

（1）遥感数据及分类方法

1）遥感数据

研究采用重庆小江地区的SPOT6卫星影像，影像获取时间分别为2014年4月9日和2014年7月6日。SPOT6影像共5个波段，其中全色波段（0.455～0.745μm）空间分辨率为1.5m；多光谱分辨率为6m，包含蓝（0.455～0.525μm）、绿（0.530～0.590μm）、红（0.625～0.695μm）和近红外（0.760～0.890μm）共4个波段。

2）分类方法和技术路线

所使用的 SPOT6 影像空间分辨率较高，但波段较少，光谱信息并不丰富，同时可能存在光谱相互影响的情况，因此传统的基于像素的遥感影像分类方法精度较低。故本研究主要采用面向对象的分类方法对影像进行分类，以得到库区土地利用类型。实际分类工作主要以人工目视解译结合计算机自动分类的方法进行。对于通过地物特征光谱难以区分、自动分类效果较差的居民地和道路部分，主要采用人工目视解译的方法完成。对于光谱特征较为明显和单一、自动分类效果相对较好的水体、林地和耕地部分主要采用面向对象的计算机自动分类的方法进行。由于 SPOT6 影像光谱信息较少，自动分类效果相对较差，因此在分类过程中需要较多的人工修正工作。

计算机自动分类方法中，主要采用面向对象的分类方法。面向对象的遥感影像分类是以对象（objects）作为基本处理单元的图像分析方法。所谓对象，是具有光谱、纹理或空间组合关系等相同特征的均质单元，是光谱域和空间域的统一定义。面向对象的影像分类技术通过影像的多尺度分割来获得对象，分类时不仅依靠对象对应地物的光谱特征，更多地是要利用其几何信息和结构信息，后续的图像分析和处理也都是基于对象进行。面向对象法更适宜运用在高空间分辨率的遥感影像中，因为高分辨率的遥感影像细节丰富，形状信息和空间拓扑信息更为明确。对于本书所采用的 SPOT6 高分辨率遥感影像，选用面向对象法能更加有效地对小江地区的土地利用类型进行分类。

面向对象的分类方法在分类时的基本处理单元是影像对象，而不是像素，因此整个分类过程主要有图像分割和图像对象的分类两个步骤。其中图像分割有棋盘分割和多尺度分割等方法，目的是将影像从整体切分为光谱和形状特征较为单一的图像对象。图像的分类方法有阈值法、模糊分类法以及决策树等监督分类方法，目的是以图像对象为基本单元对遥感影像进行分类。

图像分类工作技术路线如图 22-14 所示。

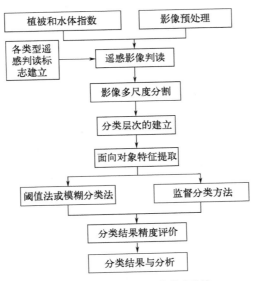

图22-14 图像分类工作技术路线

（2）汉丰湖湿地景观指数计算与分析

1）湿地景观格局表征模型

从景观生态学的角度来说，景观格局是指景观组成单元的类型、数量及空间分布与配置，它是由自然或人为原因形成的一系列细小、形状各异且排列不同的景观要素共同作用的结果。自然或人为的干扰是不同尺度上的景观格局形成的主要原因。景观格局的形成包含了一系列复杂的物理、生物和社会因子相互作用的过程。构成景观格局的景观斑块的大小、形状和连接度决定了斑块的生态学功能，会影响景观内物种的丰度、分布及种群的生存能力及抗干扰能力，进而对一系列的生态过程产生影响。因此，景观格局与生态学过程的相互关系一直是景观生态学的一个核心内容，对景观生态学研究是至关重要的。随着科学和技术的发展，尤其是遥感、地理信息系统和全球定位技术的发展，景观格局的定量化研究方法已经发生了显著的变化。遥感技术能够获取低成本、近实时、大尺度、高分辨率的空间数据，地理信息系统的应用使得快速、准确地处理大规模空间数据成为可能，它们与景观生态学理论的结合形成了对大尺度生态系统空间格局进行研究的独具特色的研究模式，而利用景观指数对空间格局进行定量化研究是研究的基本内容。

景观指数是指能够高度浓缩景观格局信息，反映其结构组成和空间配置的某些方面特征的定量指标。景观格局特征可以在 3 个层次上分析：a. 单个斑块（individual patch）；b. 由若干单个斑块组成的斑块类型（patch type 或 class）；c. 包括若干斑块类型的整个景观镶嵌体（landscape mosaic）。

相应地，景观格局指数可以分为斑块水平指数（patch-level index）、斑块类型水平指数（class-level index）以及景观水平指数（landscape-level index）。斑块水平上的指数包括与单个斑块的面积、形状、边界特征以及距离其他斑块远近有关的一系列指数。斑块类型水平上，由于同一类型通常包含多个斑块，因此可计算平均面积、平均形状指数等统计指标。其中，与斑块密度和空间相对位置有关的指数对于描述和理解湿地景观中不同类型的湿地斑块的格局特征非常重要，例如某种类型的湿地的斑块密度、边界密度等。在景观镶嵌体水平上，可以计算各种多样性指数，如 Shannon-Wiener 多样性指数、Simpson 多样性指数和均匀度指数等。

湿地景观格局的变化可以通过景观指数的变化反映出来，因此景观指数可以用来定量地描述和监测湿地景观结构特征随时间或不同水位的变化情况。对于某一类湿地的斑块特征的描述除了常用的斑块面积、斑块周长、斑块密度之外，还可以用景观指数来进一步表达斑块结构特征及其动态变化，以揭示景观格局在外在环境的影响下的演变信息。本书对湿地景观镶嵌体水平和单一湿地景观要素类的水平的多个典型的景观指数进行了计算，并利用这些景观指数对汉丰湖湖区消落带湿地景观空间格局的变化特征进行了简单的定量分析。在湿地景观镶嵌体水平上的典型景观指标有景观多样性指数、景观优势度指数、景观均匀度指数、景观破碎化指数和平均斑块分维数指数；在湿地单一景观要素的景观格局分析中的典型景观指标有平均斑块形状指数、平均斑块密度指数和景观斑块质心变化。

① 景观镶嵌体水平的特征指数。景观要素斑块交错分布，有机地结合在一起就形成了景观镶嵌体。镶嵌体结构是景观最主要的特征之一，景观生态学的实质就是研究

景观镶嵌体结构。景观镶嵌体的格局特征反映了各景观要素的特征，也反映了景观要素之间的相互关系，同时还反映了景观基底的空间差异。在本书中，计算了景观多样性指数、优势度、均匀度、破碎化指数和分维数等表征湿地景观镶嵌体的特征，并利用这些景观参数来描述汉丰湖湖区湿地景观镶嵌体的结构特征在不同运行水位下的变化情况。

Ⅰ.景观多样性指数。景观多样性是指不同类型的湿地景观元素或生态系统在空间结构、功能机制和时间动态方面的多样化和变异性，它反映了湿地景观类型的丰富度和复杂度。对于汉丰湖湖区消落带湿地来说，景观类型的数量本身不多且随运行水位的变化不大，因此本书中的景观类型多样性主要考虑不同运行水位下各类湿地景观类型在整个系统中所占面积的比例的变化。多样性指数的计算一般基于信息论基础，计算方法类似于信息熵或类型纯度。多样性指数反映了湿地景观要素的类型多少和各类湿地景观所占比例的变化，它是景观镶嵌体斑块丰富度和均匀度的综合反映。当湿地景观只包含单独的一种湿地类型时，景观是均质的，其多样性指数为0；由两种以上的湿地类型构成的湿地景观，当各种湿地类型所占比例相等时其景观的多样性最高；反之，各景观类型所占比例差异增大，则景观的多样性下降。常用的景观样多样性指数包括 Shannon-Wiener 多样性指数、Simpson 多样性指数以及改进的 Simpson 多样性指数等。

本研究中选用的是改进的 Simpson 多样性指数 S，其计算方法如下：

$$S = -\ln\left(\sum_{k=1}^{n} P_k^2\right) \tag{22-1}$$

式中　P_k——湿地类型 k 在湿地景观中出现的概率，这里以该湿地类型占有的栅格单元数或像元数占景观栅格单元总数或像元总数的比值来估算；

　　　n——湿地景观中湿地类型的数量。

Ⅱ.景观优势度指数。景观优势度指数是多样性指数的最大值和实际计算值的差，也就是实际的景观多样性相对于最大景观多样性的偏离程度，它描述的是一种或多种湿地景观镶嵌体支配景观格局的程度。景观优势度指数越大，则代表实际景观多样性相对于最大景观多样性的偏离程度越大，即组成景观的各湿地类型所占比例差异较大，即某一种或少数几种湿地景观类型占优势；优势度小则表明偏离程度小，即组成景观的各种湿地类型所占比例大致相当。使用景观优势度指数可以很好地反映湿地景观中占优势的湿地类型及其支配景观程度。

景观优势度指数 D 的计算公式如下：

$$D = \ln n + \ln\left(\sum_{k=1}^{n} P_k^2\right) \tag{22-2}$$

式中　P_k——湿地类型 k 在湿地景观中出现的概率；

　　　n——湿地类型的数量。

Ⅲ.景观均匀度指数。景观均匀度指数反映景观中各湿地斑块在面积上分布的不均匀程度，通常以多样性指数及其最大值的比值来确定。景观均匀度指数的取值范围为 0 ～ 1，均匀度指数越大，则说明湿地景观中的各湿地斑块的面积大小差异越小。

改进的 Simpson 景观均匀度指数 E 的计算公式如下：

$$E = \frac{S}{\ln n} = \frac{-\ln\left(\sum_{k=1}^{n} P_k^2\right)}{\ln n} \tag{22-3}$$

式中 　S——即改进的 Simpson 景观多样性指数；

　　　P_k——湿地类型 k 在湿地景观中出现的概率；

　　　n——湿地类型的数量。

Ⅳ.景观破碎度指数。景观破碎度指数用来表示湿地景观被分割的破碎程度，反映了湿地景观在空间结构上的复杂性，也在一定程度上反映了人类对景观的干扰程度。景观破碎化是由自然或人为干扰所导致的景观由单一、均质和连续的整体趋向于复杂、异质和不连续的斑块镶嵌体的过程，它是生物多样性丧失的重要原因之一，与自然资源保护密切相关。景观破碎化可以用景观斑块形状破碎度指数、景观斑块数破碎度指数以及景观斑块密度等景观参数来衡量。其中，景观形状破碎度指数反映的是湿地景观斑块形状的复杂度，景观斑块数破碎度指数反映的是湿地景观被分割的破碎程度，而景观斑块密度反映的是景观斑块切割景观基质的破碎程度。由于湿地斑块形状的复杂度与人为活动的关系很复杂，不能很简单地说明景观整体的破碎情况，而平均斑块密度一般需要考虑景观基质的类型，故本研究选用景观斑块数破碎度指数作为景观破碎度指数，湿地景观整体的破碎度指数 F_t 和第 k 个湿地类型的破碎度指数 F_k 的计算公式如下：

$$F_t = \frac{N_t - 1}{N_c} = \frac{\sum_{k=1}^{n} N_k - 1}{N_c} \tag{22-4}$$

$$F_k = \frac{N_k - 1}{M_k} = \frac{N_k - 1}{A_k / N_k} = \frac{N_k - 1}{\sum_{i=1}^{N_k} a_i / N_k} \tag{22-5}$$

式中 　N_t——湿地景观中斑块的总数；

　　　N_k——第 k 类湿地景观的斑块数量；

　　　A_k——第 k 类湿地景观的总面积；

　　　a_i——第 k 类湿地景观中第 i 个斑块的面积；

　　　N_c——湿地景观的总面积；

　　　M_k——湿地景观中各类斑块的平均斑块面积。

在实际计算的过程中，湿地景观总面积 N_c 和湿地类型的平均斑块面积 M_k 一般不使用实际面积单位（或网格数、像元数）来衡量，而是使用总面积或平均斑块面积与最小斑块面积的比值来衡量，这样可以消除网格尺度的不同对破碎度指数的影响。破碎度指数的取值范围为 0 ～ 1，0 表示无景观破碎现象出现，而 1 表示给定的景观已经完全破碎，数值越大则表示景观的破碎程度越高。

Ⅴ.平均斑块分维数。斑块分维数用来表示景观斑块周边形状的复杂程度，它可用于描述和比较湿地斑块的几何形状特征。分维数作为反映景观空间格局总体特征的重要指标，可以从一定程度上反映出人类活动对景观格局的影响和干扰程度。当景观斑块的边缘趋于直线变化时分维数较低；边缘趋于曲线变化时分维数较高。面积加权平均斑块分维数（AWMPFD）是湿地景观中所有景观斑块的分维数以面积为基准的加权平均值，其计算公式为：

$$\text{AWMPFD} = \sum_{k=1}^{n} \sum_{i=1}^{N_k} \left[\frac{2\ln(0.25 p_i)}{\ln a_i} \times \frac{a_i}{A} \right] \tag{22-6}$$

式中　p_i——第 k 类湿地中第 i 个斑块的周长；

　　　a_i——第 k 类湿地中第 i 个斑块的面积；

　　　N_k——第 k 类湿地景观的斑块数量；

　　　A——湿地景观的总面积。

面积加权的平均斑块分维数的理论值为 1.0 ～ 2.0，AWMPFD 值越大，表明斑块形状越复杂。

② 斑块类水平的特征指数。单一的湿地类型是由很多形状复杂、面积不同的湿地斑块有机结合起来形成的格局，这种景观格局反映了湿地景观要素的自身特征，同时也反映了景观基质的空间变化情况，还反映了景观要素之间的相互关系以及各种生态因素对景观格局的影响。本书计算了平均斑块形状指数、平均斑块密度指数和景观要素斑块空间质心变化等参数，并利用这些参数定量分析了湿地各景观类型的变化特征。

Ⅰ. 平均斑块形状指数。斑块形状是景观空间格局研究中一个重要的特征，对研究景观功能如景观中物种的扩散、能量流动和物质运移等有着非常重要的意义。斑块形状指数是斑块的周长与等面积的圆周长或者正方形周长的比值，它反映了湿地景观要素斑块的规则程度、边缘的复杂程度。斑块形状指数越大，说明斑块的形状越不规则。

平均斑块形状指数 MS 的计算公式为：

$$\text{MS} = \frac{\sum_{i=1}^{N_k} \frac{p_i}{2\sqrt{\pi a_i}}}{k} \tag{22-7}$$

式中　p_i——第 k 类湿地中第 i 个湿地斑块的周长；

　　　a_i——第 k 类湿地景观中第 i 个斑块的面积；

　　　N_k——第 k 类湿地景观的斑块数量；

　　　k——该湿地类型中的斑块总数。

Ⅱ. 平均斑块密度指数。平均斑块密度反映了某个湿地景观类型斑块切割景观基质的程度，同时也反映了景观异质性的程度。它与景观斑块数破碎度指数一样，都可以用来描述景观破碎现象。某个湿地类型的平均斑块密度越大，表示该类型的湿地景观的破碎程度越高，空间异质性也越大。

第 k 个湿地类型的平均斑块密度 PD_k 的计算公式如下：

$$\text{PD}_k = \frac{N_k}{\sum_{i=1}^{N_k} a_i} \times 10^{-6} \tag{22-8}$$

式中　N_k——第 k 类湿地景观的斑块数量；

　　　a_i——第 k 类湿地中第 i 个景观斑块的面积。

Ⅲ. 景观斑块质心变化。湿地在空间上的变化，可以用湿地分布的质心变化来表示。求出特定运行水位下所对应的湿地分布图中各类型湿地斑块的质心坐标，然后以湿地斑块的面积进行加权平均，即可得到某个类型的湿地的斑块质心。某个特定运行水位下的特定类型的湿地斑块质心的计算公式如下：

$$X = \frac{\sum\limits_{i=1}^{k}(x_i a_i)}{\sum\limits_{i}^{k} a_i} \tag{22-9}$$

$$Y = \frac{\sum\limits_{i=1}^{k}(y_i a_i)}{\sum\limits_{i=1}^{k} a_i} \tag{22-10}$$

式中　X、Y——该类型的湿地斑块质心的两个坐标（经纬度或投影后的平面直角坐标）；

x_i——第 i 个斑块的质心的 x 坐标；

y_i——第 i 个斑块的质心的 y 坐标；

a_i——第 i 个斑块的面积；

k——该湿地类型中的斑块总数。

通过比较不同运行水位下的湿地分布质心，可以获得汉丰湖湖区消落带湿地景观要素的空间变化规律。

2）湿地景观格局指数的计算

结合谷歌地球以及重庆市地理信息公共服务平台所提供的高清影像，以目视解译方法为主，对小江流域 2014 年 4 月的 SPOT6 遥感影像中的汉丰湖湖区进行湿地类型专题解译，获取了汉丰湖湖区湿地的斑块矢量数据，将这些数据与汉丰湖地区的数字高程模型数据（DEM）相结合进行水位淹没分析，可计算出不同水位条件下的湿地斑块的面积、数量和空间分布等信息。在此基础上，可以对汉丰湖不同运行水位下的景观格局变化进行简单的分析。

根据我国 2008 年发布的《全国湿地资源调查技术规程（试行）》，汉丰湖湖区及附近 200m 高程以下的湿地可以分为河流湿地（Ⅱ）、沼泽湿地（Ⅳ）和人工湿地（Ⅴ）3 个湿地类以及永久性河流（Ⅱ1）、季节性或间歇性河流（Ⅱ2）、洪泛平原湿地（Ⅱ3）、草本沼泽（Ⅳ2）、灌丛沼泽（Ⅳ3）和库塘（Ⅴ1）6 个湿地型，其中灌丛沼泽湿地主要分布于调节坝以东区域。

通过查资料，2014 年 4 月汉丰湖运行水位约为 164.50m（黄海高程，吴淞高程约为 166.28m，下同）。河流湿地呈带状分布，从周边汇入南河以及汉丰湖；洪泛平原湿地则主要分布于东河、南河以及头道河沿岸，分布相对较为集中；而库塘型湿地中，汉丰湖是面积最大的，其余小型库塘则以散点状分布在汉丰湖和东河等几条永久性河流沿岸及入湖口，镶嵌于洪泛平原湿地以及沼泽湿地滩地中或分布于周边；沼泽型湿地则主要分布在汉丰湖周边的低洼处，主要由地势较低、积水严重的洪泛平原湿地逐渐发育而成。

2014 年 4 月汉丰湖运行水位下，汉丰湖湖区景观斑块总数量为 444 块，湿地总面积为 9.49km²，斑块平均面积为 0.21km²，总周长为 298.15km，斑块平均周长为 0.67km。湖区湿地景观斑块密度为 48.741 块 /km²，景观形状指数为 1.797，分维数为 1.252，分离度指数为 4.533，多样性指数为 1.066，均匀度指数为 0.769，优势度指数为 0.320。

（3）湿地景观格局随水位的变化分析

1）基本参数变化分析

根据汉丰湖湖区湿地斑块矢量数据在不同运行水位下的淹没分析结果，利用 ArcGIS

软件计算出汉丰湖湖区湿地在不同运行水位下的景观格局的基本特征参数（表22-4）和动态变化特征参数（表22-5）。

表22-4 不同运行水位下汉丰湖湖区湿地景观格局基本特征参数

水位/m	斑块数量/块	总面积/km²	斑块平均面积/m²	总周长/km	斑块平均周长/m
164.50	444	9.49	21374	298.15	671.51
166.50	243	9.61	39547	193.12	794.73
168.50	166	9.95	59940	142.83	860.42
172.50	70	10.46	149429	95.09	1358.43

表22-5 不同运行水位下汉丰湖湖区湿地景观格局动态变化特征参数

水位/m	总面积/km²	增加面积/km²	增加率/%	库塘、河流面积/km²	增加面积/km²	增加率/%
164.50	9.49	—	—	5.74	—	—
166.50	9.61	0.12	1.26	7.40	1.66	28.92
168.50	9.95	0.34	3.54	8.82	1.42	19.19
172.50	10.46	0.51	5.13	10.24	1.42	16.10

从表22-4中可以看出，随着运行水位的增加，汉丰湖湖区湿地总面积呈逐渐增大的趋势。运行水位从164.50m增大到172.50m，湿地面积增大0.97km²，平均运行水位每增加1m湿地面积增加0.12km²。而湖区湿地斑块数量的变化则呈逐渐减少的趋势，164.50m运行水位下的湿地斑块总数量为444块，166.50m运行水位下的湿地斑块总数量为243块，168.50m运行水位下的湿地斑块总数量为166块，172.50m运行水位下湿地斑块总数量为70块。湖区湿地总周长随运行水位的增加逐渐减小，而斑块的平均周长则略有增加。运行水位从164.50m上升至172.50m时，湿地总周长减小203.06km，平均周长增加686.92m。

如表22-5所列，164.50m运行水位下湖区湿地总面积为9.49km²，172.50m运行水位下湖区湿地总面积为10.46km²。随着运行水位的增高，湖区湿地面积略有增加。运行水位自164.50m上升至166.50m时，湖区湿地总面积增加0.12km²，增加率为0.06km²/m。运行水位自166.50m上升至168.50m时，湖区湿地总面积增加0.34km²，增加率为0.17km²/m。运行水位自168.50m上升至172.50m时，湖区湿地总面积增加0.51km²，增加率为0.13km²/m。运行水位自166.50m上升为168.50m时，湿地面积的增加率最高；运行水位自164.50m上升至166.50m时，湖区湿地面积的增加率最低。这说明在164.50～166.50m水位运行时，主要是汉丰湖湖区周边地势较低的沼泽湿地和洪泛平原湿地逐渐被淹没而转换成库塘湿地，因此湿地总面积增加并不明显；而在166.50～168.50m水位运行时，汉丰湖湖区周边各大河流水位被逐渐抬升因此河流湿地的面积增加明显，因此总面积增加率较高。总体而言，随着汉丰湖运行水位的升高，湖区湿地类型主要还是由沼泽湿地和洪泛平原湿地向库塘和河流湿地的转化，湿地总面积的增加并不明显。

2）景观镶嵌体水平上的湿地景观参数变化分析

将每个运行水位下的湿地斑块矢量数据以1.0m×1.0m的分辨率转换为栅格文件，然后在 FragStats 软件中导入各运行水位下的湿地斑块栅格数据文件并设定相应的参数，计算出每个运行水位下的景观格局参数，包括景观多样性指数、优势度指数、均匀度指数、破碎度指数、平均斑块分维数等。

景观多样性指数表征湖区湿地构成的复杂性。如图 22-15（a）所示，在较低水位运行情况下，湖区湿地景观多样性指数较高。随着运行水位的提升，湖区湿地景观多样性逐渐降低。湖区湿地景观多样性指数与运行水位之间具有明显的负相关关系。这表明随着运行水位的提升，汉丰湖湖区的湿地景观逐渐为水面景观（汉丰湖及东河、南河、头道河等河流）所主导，景观构成的复杂度降低。

景观优势度指数表征湖区湿地中一个或几个湿地类型占主导地位的程度。如图 22-15（b）所示，汉丰湖湖区湿地景观的优势度指数与运行水位之间呈明显的正相关关系。随着湖区运行水位的提升，湿地景观的优势度指数不断增大，表明湖区湿地景观逐渐转变为库塘湿地和河流湿地占主导地位的格局。优势度指数与多样性指数的变化趋势正好相反，湖区湿地景观由少数景观类占优势即代表着景观构成的复杂度降低。

景观均匀度指数代表着湖区湿地面积中各斑块在面积分布上的不均匀程度。如图 22-15（c）所示，汉丰湖湖区湿地景观的均匀度指数与运行水位之间呈明显的负相关关系。随着湖区运行水位的提升，湿地景观的均匀度指数不断降低，表明湖区湿地景观斑块的面积差异越来越大。均匀度指数与多样性指数变化趋势相同，且与优势度指数的变化趋势正好相反，湖区湿地景观斑块的面积差异大则代表着面积较大的景观类占主导地位，同时也表明景观构成的复杂度降低。

景观破碎度指数代表着湖区湿地破碎程度。如图 22-15（d）所示，汉丰湖湖区湿地景观的破碎度指数与运行水位之间呈明显的负相关关系。随着湖区运行水位的提升，湿地景观的破碎程度不断降低。这表明随着运行水位的升高，湖区沼泽湿地和洪泛平原湿地逐渐被汉丰湖和周边河流所淹没，景观的多样性减少，但景观的破碎程度降低，生态完整性得到增强。当运行水位为 172.50m 时景观破碎化程度最低，此时生态景观的完整性相对最好。

平均斑块分维数代表着湿地形状的复杂度。如图 22-15（e）所示，汉丰湖湖区湿地景观的平均斑块分维数与运行水位之间呈明显的负相关关系。随着湖区运行水位的提升，湿地景观斑块的平均分维数不断减小。湿地景观分维数较小，说明湿地景观整体形状较为规则和简单。随着运行水位的升高，库塘湿地和河流湿地景观主导了湖区的湿地景观，因而景观格局较为简单和单一，湿地景观整体形状也变得较为简单。

① 湿地景观格局动态变化分析。当运行水位为 164.50m 时，汉丰湖湖区湿地景观格局的构成情况如图 22-16 所示。其中，库塘湿地面积最大，占总面积的 49.36%；其次为洪泛平原湿地，占 26.95%；沼泽湿地和河流湿地分别占 12.54% 和 11.15%。

Ⅰ. 当运行水位为 166.50m 时，汉丰湖湖区湿地景观格局的构成情况如图 22-17 所示。其中，库塘湿地面积最大，占总面积的 62.07%；其次为洪泛平原湿地，占 17.31%；沼泽湿地和河流湿地分别占 5.63% 和 14.99%。从图 22-16 和图 22-17 中可以看出，当运行水位从 164.50m 上升到 166.50m 时，库塘湿地和河流湿地的面积增加，洪泛平原湿地和沼泽湿地面积减少。当水位达到 166.50m 时，汉丰湖周边地势较低的沼泽湿地被大量淹没，因此沼泽湿地面积显著减少而库塘湿地面积显著增加。

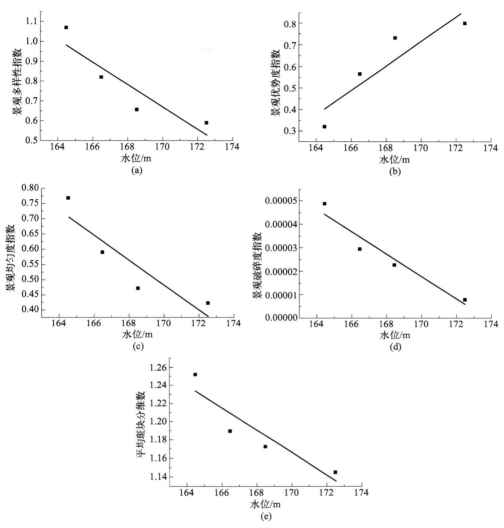

图22-15　不同运行水位下汉丰湖湖区湿地景观指数变化特征

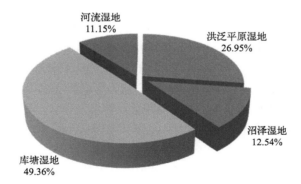

图22-16　164.50m运行水位下汉丰湖湖区湿地景观格局构成

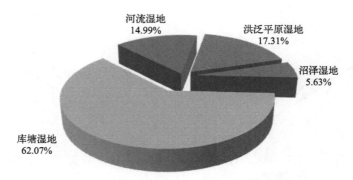

图22-17　166.50m运行水位下汉丰湖湖区湿地景观格局构成

Ⅱ. 当运行水位为 168.50m 时，汉丰湖湖区湿地景观格局的构成情况如图 22-18 所示。库塘湿地面积最大，占总面积的 68.53%；其次为河流湿地，占 20.14%；沼泽湿地和洪泛平原湿地分别占 1.23% 和 10.10%。从图 22-17 和图 22-18 中可以看出，当运行水位从 166.50m 上升到 168.50m 时，库塘湿地和河流湿地的面积继续增加，而洪泛平原湿地和沼泽湿地面积继续减少。当运行水位为 168.50m 时，汉丰湖周边的沼泽湿地已基本被淹没，面积百分比下降到 1.23%，此时汉丰湖周边河流水位被抬升而面积增加，沿岸洪泛平原湿地也因被淹没而面积急剧减少。在 168.50m 运行水位下，汉丰湖湖区湿地已形成库塘湿地和河流湿地为主导的景观格局。

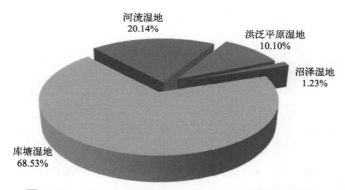

图22-18　168.50m运行水位下汉丰湖湖区湿地景观格局构成

Ⅲ. 当运行水位为 172.50m 时，汉丰湖湖区湿地景观格局的构成情况如图 22-19 所示。库塘湿地面积最大，占总面积的 68.64%；其次为河流湿地，占 29.22%；沼泽湿地和洪泛平原湿地分别占 0.23% 和 1.91%。从图 22-18 和图 22-19 中可以看出，当运行水位从 168.50m 上升到 172.50m 时，库塘湿地和河流湿地为主导的景观格局得到继续加强，洪泛平原湿地和沼泽湿地面积继续减少，二者面积之和只有 2.14%。由于汉丰湖周边 168.60m 以上大部分为防洪堤坝，因此库塘面积有增加但并不明显，而汉丰湖周边河流水位被抬升后，沿岸洪泛平原湿地已基本被完全淹没，因此河流湿地的面积增加较为显著。

② 湿地景观斑块面积动态变化分析。景观的结构单元可以分为斑块、廊道和基底 3 种。其中，斑块是周围环境在外貌或性质上不同，但具有一定内部均质性的空间单元；廊道是景观中与相邻两边环境不同的线性或带状结构；基底是景观中分布最广、连续性最强

的背景结构。廊道和基底具有自身独特的生态功能，但也可以看成是两类特殊的斑块。一个区域的景观格局变化可以表现在斑块特征的变化上。当汉丰湖运行水位从164.50m上升至172.50m时，湖区湿地景观斑块特征发生了较大的变化，包括斑块面积、数量等（图22-20）。

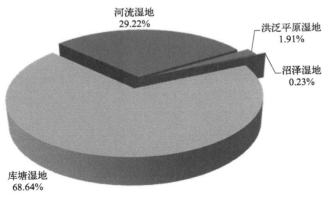

图22-19 172.50m运行水位下汉丰湖湖区湿地景观格局构成

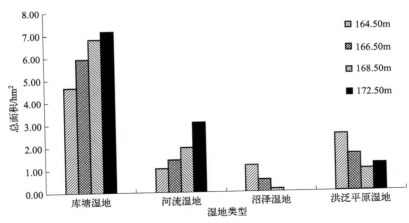

图22-20 不同运行水位下汉丰湖湖区湿地景观斑块面积动态变化特征

如图22-20所示，洪泛平原湿地和沼泽湿地的斑块总面积随着运行水位的上升而逐渐减小，库塘湿地和河流湿地的斑块总面积随着运行水位的上升而增大。洪泛平原湿地和沼泽湿地在164.50m运行水位下面积最大，而库塘湿地和河流湿地在172.50m运行水位下面积最大。可以看出，随着运行水位的上升，洪泛平原湿地和沼泽湿地被逐渐淹没，湿地类型转换为库塘湿地或河流湿地。

库塘湿地和河流湿地的平均斑块面积［图22-21（a）］的动态变化趋势与斑块总面积（图22-20）基本一致，均随着运行水位的不断上升而不断增大。洪泛平原湿地的平均斑块面积随运行水位的上升出现先增加后减小的趋势，而沼泽湿地的平均斑块面积则随着运行水位的不断上升先减小后增加。在各类湿地景观斑块中，河流湿地的平均斑块面积最大，而洪泛平原湿地的平均斑块面积最小。

③ 湿地景观斑块数量动态变化分析。图 22-21（b）是不同运行水位下汉丰湖湖区湿地景观中各湿地类型的斑块数量的动态变化情况。总体而言，洪泛平原湿地和库塘湿地的斑块数量较多，沼泽湿地和河流湿地的斑块数量较少。随着运行水位的不断升高，洪泛平原湿地和库塘湿地的数量不断减少，沼泽湿地出现先增加后减少的趋势，而河流湿地的斑块数量也呈减少的趋势。从斑块数量［图 22-21（b）］和斑块总面积（图 22-20）以及平均斑块面积［图 22-21（a）］的动态变化情况可以看出，当汉丰湖运行水位不断上升时库塘湿地和河流湿地的面积不断增加，且整体性逐步明显，而洪泛平原湿地和沼泽湿地则不断被淹没，斑块面积和斑块数量都明显减少。

④ 湿地景观斑块密度动态变化分析。斑块密度反映景观的破碎程度，也反映景观的异质性程度。斑块密度越大，表示景观破碎程度越高，空间异质性也越大。如图 22-21（c）所示，汉丰湖区湿地景观斑块密度在不同运行水位下的变化特征与景观斑块数量随运行水位的变化趋势一致。运行水位从 164.50m 上升至 172.50m 时，洪泛平原湿地和库塘湿地的斑块不断减小，沼泽湿地出现先增加后减小的趋势，而河流湿地的斑块密度也由于部分季节性或间歇性河段被淹没而呈略微减小的趋势。

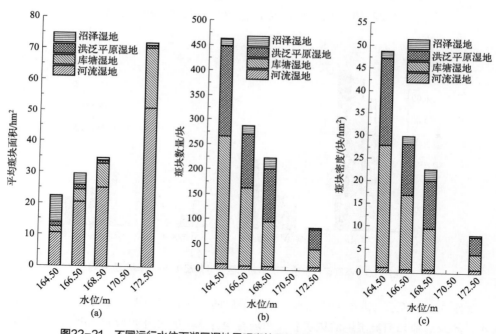

图22-21　不同运行水位下湖区湿地景观斑块平均面积、数量、密度变化特征

3）不同运行水位下单一湿地景观要素变化分析

① 库塘湿地的景观格局动态变化特征。汉丰湖湖区库塘湿地主要包括汉丰湖、周边175.00m 高程以下的小型库塘以及少量 175.00m 高程以上但与汉丰湖湖区景观具有一定延续性的库塘。为区分河流湿地与库塘湿地，本研究中分别将新东河大桥、石龙船大桥及滨湖北路大桥作为东河、头道河和南河与汉丰湖的交界线。

当汉丰湖运行水位从 164.50m 上升至 172.50m 时，湖区库塘湿地总面积呈增加的趋势（见图 22-22）。库塘湿地总面积与运行水位之间具有正相关关系。

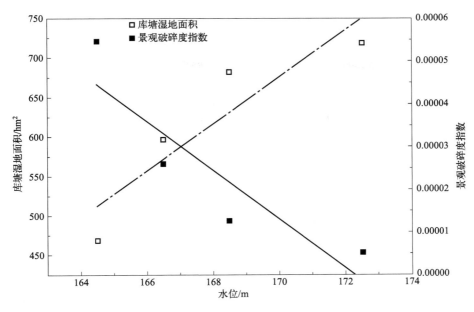

图22-22　不同运行水位下库塘湿地面积、景观破碎度指数动态变化

从图 22-22 中可以看出，随着湖区运行水位的升高，库塘湿地的总面积不断增加。结合其他湿地类型的总面积变化情况可知，随着水位的上升，汉丰湖周边的沼泽湿地和洪泛平原湿地不断被淹没而转换成库塘湿地，湖区湿地逐渐转换成以库塘湿地和河流湿地为主体的景观格局。

水位为 164.50m、166.50m、168.50m 和 172.50m 时，湖区库塘湿地的景观破碎度指数分别为 0.000054、0.000026、0.000013 和 0.000005。如图 22-22 所示，库塘湿地的破碎度指数与运行水位存在负相关关系。同时，在这 4 个运行水位下，湖区库塘湿地的平均形状因子分别为 1.5172、1.4449、1.4010 和 1.3869。这说明随着湖区运行水位的升高，库塘湿地的破碎程度逐渐降低，完整性逐渐升高，同时其形状上也趋向简单化。

随着湖区运行水位的升高，库塘湿地的总面积不断增加，增加的速度在 164.50 ～ 166.50m 之间最快，而在 168.50 ～ 172.50m 之间最慢。当汉丰湖运行水位上升时，湖区库塘湿地景观的动态变化主要有两种情况，其中一种情况是汉丰湖本身水位的上升，淹没周边地势较低的沼泽湿地和部分洪泛平原湿地，以及这两类湿地中镶嵌分布的零星积水库塘，其结果是库塘湿地总面积的增加，以及沼泽湿地面积的急剧降低，洪泛平原湿地面积也减少。这一过程主要发生于 164.50 ～ 168.50m 水位之间，因此库塘面积增加速度快。库塘湿地景观动态变化的另一种情况是，当运行水位上升至 168.50m 以上时，由于汉丰湖沿岸的主要构成是防洪堤坝，水位继续上升时汉丰湖本身的面积增加较为有限；同时随着汉丰湖周边主要河流水位的上升，河流沿岸的库塘湿地被淹没而转换为河流湿地，这一过程主要发生于 168.50 ～ 172.50m 水位之间，此水位间库塘湿地的增加速度最慢。

当运行水位上升时，库塘湿地的质心位置变动不大，这主要是因为汉丰湖作为库塘湿地的主体，面积远超其他湿地斑块，因此对库塘湿地的质心位置具有决定性作用。当水位上升时，湿地质心先向东北方向偏移，之后主要向西北方向偏移。这主要是因为汉丰湖水位上升时首先淹没位于东北方向的沼泽湿地，随后淹没位于西北方向的洪泛平原湿地，到 168.50m 之后，汉丰湖面积变化不大，但西北方向的主要河流水位上升，沿岸库塘被淹没，导致库塘湿地质心向东南方向（汉丰湖质心方向）回移。

② 河流湿地的景观格局动态变化特征。汉丰湖湖区的河流湿地主要包括东河、南河、头道河、箐林溪以及几条季节性或间歇性小河沟。河流湿地呈带状分布，由周边汇入南河或汉丰湖。当汉丰湖运行水位从 164.50m 上升至 172.50m 时，湖区河流湿地总面积呈增加的趋势（见图 22-23）。河流湿地总面积与运行水位之间具有正相关关系。

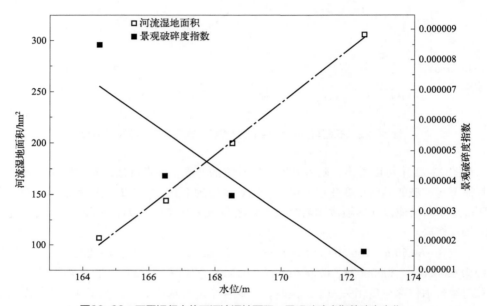

图22-23　不同运行水位下河流湿地面积、景观破碎度指数动态变化

由图 22-23 可以看出，随着湖区运行水位的升高，河流湿地的总面积不断增加，其增加速度在 168.50 ～ 172.50m 之间最快。水位为 164.50m、166.50m、168.50m、172.50m 时，湖区河流湿地的景观破碎度指数分别为 0.0000085、0.0000042、0.0000035 和 0.0000007。如图 22-23 所示，河流湿地的景观破碎度指数与运行水位存在负相关关系；同时，在这 4 个运行水位下，湖区河流湿地的平均形状因子分别为 5.5678、5.8969、4.5189 和 4.1246。这说明随着湖区运行水位的升高，河流湿地的破碎程度逐渐降低，在形状上则是先趋向复杂，随着水位的进一步提升形状变得简单。

湖区河流湿地的增加主要是因为随运行水位的上升，东河、南河、头道河、箐林溪水位抬升而淹没沿岸区域，这一过程在 168.50 ～ 172.50m 之间最为明显，因此河流湿地的面积增加速度也最快。

③ 洪泛平原湿地的景观格局动态变化特征。湖区洪泛平原湿地主要沿河流两岸分布，随着运行水位的提高，湖区洪泛平原湿地逐渐被淹没而面积减小（见图 22-24）。洪泛平原湿地的总面积与运行水位之间具有负相关关系。

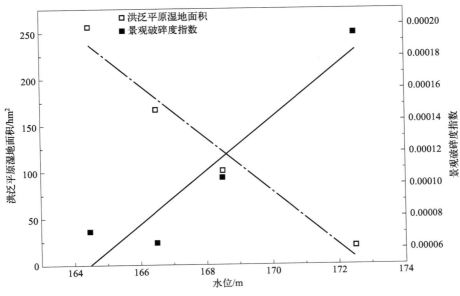

图22-24　不同运行水位下洪泛平原湿地面积、景观破碎度指数动态变化

由图 22-24 可以看出，随着湖区运行水位的升高，洪泛平原湿地的总面积不断减小。

湖区洪泛平原湿地的景观破碎度指数在 164.50m 水位下为 0.000071，在 166.50m 水位下为 0.000064，在 168.50m 水位下为 0.000104，在 172.50m 水位下 0.000195。如图 22-24 所示，洪泛平原湿地的景观破碎度指数与运行水位存在正相关关系；同时，在这 4 个运行水位下，湖区洪泛平原湿地的平均形状因子分别为 1.9414、2.0652、1.8328 和 2.7942。这说明随着湖区运行水位的升高，洪泛平原湿地的破碎程度呈现出先下降后上升的趋势，相应的斑块形状则变化较为复杂，其原因可能是洪泛平原湿地本身地形复杂，导致水位上升时淹没线的形状变化较为复杂。

④ 沼泽湿地的景观格局动态变化特征。汉丰湖湖区的沼泽湿地主要分布于汉丰湖周边，由地势较低、排水不便的洪泛平原湿地缓慢发育而成。湖区沼泽湿地的类型主要是草本沼泽湿地，另有部分灌丛沼泽湿地分布于乌杨岛以东、窟窿坝以西，位于研究区之外。随着运行水位的提高，湖区沼泽湿地很快被淹没而面积急剧减小（图 22-25）。沼泽湿地的总面积与运行水位之间具有负相关关系。

由图 22-25 可以看出，随着湖区运行水位的升高，洪泛平原湿地的总面积减小速度很快，到 172.50m 运行水位时，湖区沼泽湿地已几乎完全消失。湖区沼泽湿地的景观破碎度指数在 164.50m 水位下为 0.000011，在 166.50m 水位下为 0.000026，在 168.50m 水位下为 0.000188，在 172.50m 水位下 0.000041。如图 22-25 所示，当湖区运行水位上升时，湖区沼泽湿地因为被部分淹没而由整块湿地转换为零星的湿地，因此景观破碎度指数呈上升趋势，但到 168.50m 运行水位之后，沼泽湿地被大量淹没，斑块数下降，景观破碎度指数也随之降低。在 4 个运行水位下，湖区沼泽湿地的平均形状因子分别为 2.3245、2.2045、1.8833 和 3.0975。这说明随着湖区运行水位的增加，沼泽湿地斑块形状的复杂度先下降后上升。

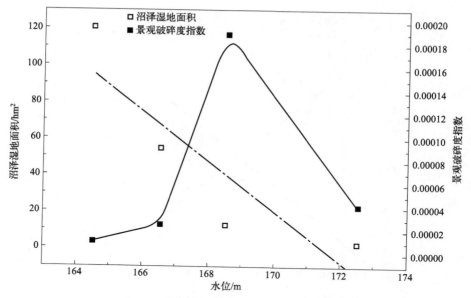

图22-25 不同运行水位下沼泽湿地面积、景观破碎度指数动态变化

（4）主要植物种类萌生、建群与种子对水淹的响应

1）主要植物耐水淹性能及萌生情况

对高水位运行时水-陆交错带的植物水淹情况的研究有助于揭示水位消长产生的植被演化历史，理解典型消落带区植物群落的形成机制。2016年12月对蓄水后的汉丰湖库区水-陆交错带植物种类和水淹情况进行了调查，在150～170m的主要消落带部分种类由于不耐长时间和高强度水淹，退出了消落带区域。在150～170m消落带的主要植物中，柳树、柏树、乌桕和毛竹等消失，水淹时间长、较深的区域仅有合萌一种木本植物，且为小灌木，表明乔木、灌木树种耐高强度水淹的能力较差。此外，狗牙根、空心莲子草等耐水淹能力强，因此在不同高程的消落带均具有较大优势，成为库区的建群种。

植物建群的主要方式包括种子萌发与成苗、萌生以及其他营养繁殖，植物在群落中能否存在，能否发展成为优势种主要依赖其繁殖效率和竞争能力。根据对汉丰湖主要植物生物学特性和生活史的分析，认为萌生和种子繁殖是消落带植被建成的主要形式；营养生长良好、适应性强的种类主要依靠萌生产生后代，如狗牙根、空心莲子草、苋草、竹叶草和水蓼等植物。狗牙根植株耐水淹，根状茎发达，埋于凋落层和表层土壤，在水位下降环境适宜时，能够快速恢复生长，这是狗牙根在消落带逐渐占据优势的重要原因。

2）消落带植被的历史变化

表22-6和表22-7为对三峡库区开州段消落带植物的研究，尽管调查区域稍有不同，但主要区域均为汉丰湖及其支流，在植被类型和物种组成的历史变化研究上具有较高参考价值。

从表22-6、表22-7中可以看出，三峡库区蓄水初期，澎溪河流域消落带植物种类还非常丰富，科属组成较为复杂，禾本科、莎草科、蓼科、伞形科等是优势类群，白茅、小蓬草、酸模和宽叶香蒲等是优势物种。2012年针对汉丰湖的调查中，物种数量和科属组

表22-6 消落带植物多样性的历史变化

年份	采样地	物种数量	科数	属数	资料来源
2008	澎溪河及其支流	98	38	77	王强(2009)
2012	汉丰湖	41	22	39	陈春娣(2012)
2016	汉丰湖及支流	36	14	29	本次样地调查

表22-7 消落带植被组成的年际变化

年份	群落类型	主要类群	优势种类	资料来源
2008	白茅群丛、苍耳群丛、双穗雀稗群丛、喜旱莲子草群丛、萤蔺群丛、宽叶香蒲群丛、水蓼群丛	禾本科、莎草科、菊科、蓼科、伞形科、玄参科	白茅、狗牙根、小蓬草、艾、苍耳、双穗雀稗、藨草、喜旱莲子草、萤蔺、酸模、香附子、宽叶香蒲、水蓼	王强(2009)孙荣(2011)
2012	空心莲子草群落、鬼针草群落、狗尾草群落、苎麻群落、小白酒草群落	菊科、禾本科、苋科、豆科、伞形科、荨麻科、旋花科	空心莲子草、水蓼、节节草、马唐、狗牙根、鬼针草、苍耳、狗牙根、小白酒草	陈春娣(2012)
2016	狗牙根群落、苍耳群落、鬼针草群落、水蓼群落、空心莲子草群落	禾本科、菊科、莎草科、蓼科、	狗牙根、苍耳、香附子、空心莲子草、无芒稗、水蓼、碎米莎草	本次样地调查

成均较少,在一定程度上反映了随着蓄水年限增加,群落趋于简化,植物多样性水平受到一定程度影响。禾本科、伞形科仍为主要类群,空心莲子草、马唐、鬼针草等逐渐发展起来,成为新的优势物种。本次调查中,物种数量和科属组成进一步简化,优势类群为禾本科、菊科和莎草科等,狗牙根、苍耳和香附子成为占绝对优势的植物种类。可见,三峡库区植物群落随蓄水年限增加而趋于简化,物种多样性水平降低,优势植物类群发生了一定变化。

与历史资料对比发现,水对消落带植被产生了显著的影响,在三峡库区蓄水后消落带植被处于动态变化中,群落结构、物种组成趋于简化,优势类群更替并逐渐趋于稳定。由本研究结果可知,汉丰湖库区消落带植被覆盖良好,人为扰动少的区域盖度均在90%,由于狗牙根等优势草本植物生长茂盛,高程较低地段的群落盖度达100%,可有效降低地质灾害发生的风险;但群落结构总体较为简单,优势类群明显。物种多样性水平方面,植物种类较多,以湿生植物和水生植物为主,主要为本地先锋植物种类和入侵植物部分优势物种的优势度极高,均匀性较差。植物生活型以草本为主,这与适应库区蓄水后消落带植物可利用的生长季缩短有关,生长迅速、生命周期短的植物才能够适应消落带水环境的节律性变化,尤其是170m以下的区域。

水淹对消落带植物具有十分重要的影响,现存消落带植物具有其相应的适应策略。不同植物种类植株和种子的耐水淹能力、个体萌生能力不同,是植物群落动态变化的主要原因。在这一过程中,以乔木为主的耐受性差的种类不断减少甚至消失,而狗牙根、空心莲子草等优势植物类群个体数量不断增加。不同高程的土壤种子库密度、种子萌发率差异显著,长时间水淹会降低多数植物种子的萌发率,浅水短时间水淹对部分植物种子萌发特性具有积极作用。因此,高水位运行期适当降低水位有利于消落带主要植物种子活性的保存,对于维持消落带植被覆盖和物种保护具有积极作用。

22.1.1.4 调度准则分析

（1）防洪需求

结合三峡水库调度运行方式，小江调节坝水库的蓄水期主要为 6～9 月；10～12 月及次年 1 月为与三峡同步运行期；挡水期 2～5 月库区水位视三峡水库运行水位而定。调节坝的修建改变了小江库区原来的泥沙淤积分布，原进入小江中下游的部分泥沙被拦蓄在调节坝库区内，致使调节坝库区泥沙淤积，对调节坝的使用寿命和调节坝库区水面线有所影响。为延长调节坝的使用寿命，减少库区内泥沙淤积，降低库区内水位抬升幅度，当汛期调节坝上游来水量 ≥ 800m³/s 时，泄水闸闸门全开敞泄冲沙。

调节坝水库运行方式分枯水期和汛期两种类型。

1）枯水期

① 当三峡水库水位上涨至 168.50m，水位调节坝工程闸门全开，水位调节坝库区水位与三峡库区水位同步运行；

② 当三峡库区水位下降至 168.50m，水位调节坝工程下闸，水位调节坝开始挡水。

2）汛期（三峡库区水位较低）

① 当上游来水较小时，由溢流坝过流调节库区水位使水位保持在 168.50～169.00m；

② 当上游来水较大，库区水位超过 169.00m 时，开启部分闸门，上游水量来多少泄多少，维持水位调节坝库区水位 168.50m；

③ 当上游洪水 $Q_\text{入}$ < 800m³/s 时，维持库区水位 168.50m；

④ 当上游洪水 $Q_\text{入}$ ≥ 800m³/s 时，泄水闸闸门全开敞泄冲沙，洪水过后下闸蓄水，排沙时间按 10 年累计 28d 控制。

（2）藻类调试目标需求分析

根据文献收集和汉丰湖的原位试验的结果，要达到较好的控藻效果，流速达到 0.2m/s 以上时试验周期内藻类比增长速率呈指数下降，说明流速升高将对藻类生长产生一定抑制，建议"抑制藻类生长"的流速水平维持在 0.2m/s 以上。2 月气温过低、6～8 月上游流量较大都减小了藻华发生的概率，所以作为控制水华的一般调度期。每年 3～5 月流量、气温、光照等条件都适宜藻类的生长，所以以 3～5 月为控制水华的重点调度期。

（3）鱼类调度目标需求分析

江河中鱼类产卵与涨水、流速、流态及水温等物理因素密切相关。在一定的温度条件下，江河中涨水是刺激大多数鱼类产卵的重要信号。已有数据显示小江中 4～9 月一般有 4～6 次涨水，相应地有 4～6 批亲鱼产卵。产卵盛期为 4～9 月。三峡库区的形成及汉丰湖大坝建成后，小江水文情势呈周期性变化趋势，其中在低水位（145m）运行时，小江养鹿至汉丰湖大坝段仍保持一定的流水生境，而在高水位（175m）运行时，整个小江呈宽水面的静、缓流水状态。每年的 4～9 月期间（145m 水位运行期间）小江下游（渠口-长江段）流量脉动过程基本消失，刺激鱼类产卵的流量脉动不复存在。所以在汉丰湖正常蓄水后有必要进行 4～6 次的调度，加大汉丰湖上游流速条件，刺激汉丰湖上下游鱼类产卵。

根据鱼类影响因子分析结果可知，库区中的流速、流量脉动、水温以及鱼类洄游通道等对鱼类的繁殖生长有重要影响，其中流速的大小决定了水体中鱼类繁殖生长所需要的溶解氧，同时对部分特殊鱼类卵的孵化具有一定的刺激作用，这在一定程度上与流量具有相同的作用，通过水位及流量的波动带动水体流速。由以上分析可知，适合鱼类卵的孵化以及繁殖生长的适合流速基本处于 0.2m/s 以上，所以，目标调度需求主要考虑大部分小江鱼类的需求，将汉丰湖库区的流速提高到 0.2m/s 来满足鱼类对生境的适应性。

在三峡库区处于高水位时将闸门全部打开，使汉丰湖和长江连通，即打通鱼类的洄游通道，改善鱼类的生长环境。

（4）陆生生态调度目标需求分析

调查结果表明适宜的水位涨落可以实现汉丰湖大小景观斑块之间的转化，可以兼顾大斑块为大型脊椎动物提供核心生境和庇护所及小斑块为物种多样性提供生境的功能，所以汉丰湖水位变化具有一定的生态学意义。景观中斑块面积的大小、形状以及数目对生物多样性以及各种生态学过程都有一定的影响。景观斑块的大小影响着物种的数量和多样性。一般而言，物种多样性随着斑块面积的增加而增加。现实中各种大小景观斑块同时存在，具有不同的生态学功能。如大斑块对地下蓄水层和库塘水质有保护作用，有利于敏感物种的生存，为大型脊椎动物提供核心生境和庇护所，为景观其他组成部分提供种源，可维持更近乎自然的生态体系，在环境变化的情况下可以为物种灭绝过程产生缓冲作用。小斑块则可以作为物种传播和局部物种灭绝后重新定居的生境和"踏脚石"，从而增加景观的连接度，为许多边缘物种、小型生物群以及一些稀有物种提供生境。此外，斑块的形状多种多样，其形状越紧密，则单位面积的边缘较小，有利于保蓄能量、养分和生物；而松散的形状则易于促进斑块内部与外围环境的相互作用。

对汉丰湖湖区的遥感图像进行解译时发现：

① 164.50 ～ 168.50m 水位时，汉丰湖周边大片洪泛平原和沼泽湿地转换为库塘湿地。

② 168.50 ～ 172.50m 水位时，主要是各支流水位抬升而淹没沿岸区域转换为河流湿地。

③ 运行水位自 166.50m 上升为 168.50m 时，湿地面积的增加率最高。

④ 随着运行水位的提高（165.50 ～ 168.50m），沼泽湿地景观破碎度指数变化最为明显。

⑤ 库区水位下降 3m 时库容约为 $2.9 \times 10^7 m^3$，接近 168.50m 时库容的 50%，考虑到库区水位的下降对库区景观及水库用水等的影响，不再加大库区水位的降幅。基于以上分析，同样的水量条件下在 165.50 ～ 168.50m 范围内湿地面积变化率较大，所以调度时运行水位变化范围最大取为 165.50 ～ 168.50m。

（5）汉丰湖生态调试准则

综上所述，考虑防洪安全、抑制水华、保护鱼类和陆生生态等多种因素，生态调度准则如下（见图 22-26）：

① 三峡处于低水位运行时，将闸门全部打开，使汉丰湖和长江连通，即打通鱼类的洄游通道，改善鱼类的生长环境。

② 三峡处于低水位运行时，当上游洪水 $Q_入 <$ 800m³/s 时，维持库区水位 168.50m；当上游洪水 $Q_入 \geq$ 800m³/s 时，泄水闸闸门全开敞泄冲沙，洪水过后下闸蓄水。

③ 流速升高将对藻类生长产生一定的抑制作用，流速达到 0.2m/s 以上时藻类比增长

速率呈指数下降，建议"抑制藻类生长"的流速水平维持在 0.2m/s 以上。

④ 为了刺激喜流水性和产漂流性卵的土著鱼种产卵，在 4 ~ 9 月进行调度，人工造峰 4 ~ 6 次，创造刺激鱼类产卵的流量脉动，达到汉丰湖产漂流性和微黏性卵的种类所需的基本流速 0.2m/s 以上。

⑤ 运行水位自 166.50m 上升为 168.50m 时，湿地面积的增加率最高。随着湖区运行水位的升高，汉丰湖周边大片洪泛平原和沼泽湿地转换为库塘湿地，增加的速度在 164.50 ~ 168.50m 之间最快。

⑥ 库区水位下降 3m 库容约为 $2.9 \times 10^7 m^3$，接近 168.50m 时库容的 50%，考虑到库区水位的下降对库区景观及水库用水等的影响，不再加大库区水位的降幅，所以调度时运行水位变化范围最大取为 165.50 ~ 168.50m。

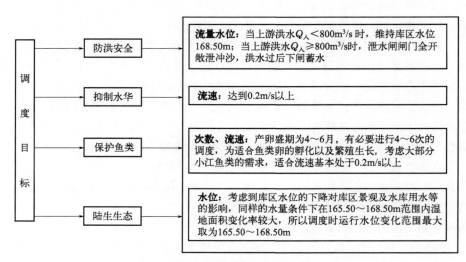

图22-26　生态调度目标需求分析

22.1.2　调节坝生态调度原型观测

22.1.2.1　调节坝原型调度监测方案

于 2015 年 9 月 9 ~ 13 日进行了汉丰湖调节坝生态调度原型试验，9 日、11 日、12 日、13 日每天监测一次。10 日进行调度，下泄时间 5h，10 孔闸门全开，前 2h 闸门开度 0.5m，后 3h 闸门开度 1.0m，并且配合调节坝调度进行加密监测。

（1）监测点位布设

监测点位共设 6 个：
① 坝前 1000m 处，断面左、中、右测点；
② 库中（宝塔窝断面）左、中、右测点；
③ 库尾（东南河下游交汇 1000m 处）左、中、右测点；
④ 支流东河上游（公交 10 路白鹤敬老院站）；

⑤ 南河（风箱坪大桥）；

⑥ 支流头道河上游（盛山电厂桥下）。

取样均位于水面以下 0.5m。

监测时间：每日 8：00 ～ 12：00 监测。

（2）监测指标

1）流场监测

采用 ADCP 监测流场。

2）水质监测

根据《水环境监测规范》及生态调度目标，本次调度水质监测指标包括高锰酸盐指数、NH_4^+-N、TP、TN、NO_3^--N、NO_2^--N、磷酸盐、叶绿素 a。所有化学测试指标分析方法参照《水和废水监测分析方法》（第四版）进行。

3）藻类监测

藻类的监测点位同水质监测点位，时间与水质监测同步。藻类定性和定量分析分别如下：

① 藻类定性。藻类定性样品带回实验室后在 XSP-8CA 光学显微镜下鉴定藻种，藻类种类鉴定参照相关文献进行。

② 藻类定量。藻类定量样品带回实验室后，将采集的水样混合后取 1L 倒入圆柱形沉降筒中，静沉 48h 后用虹吸管小心吸出上清液，剩下 20 ～ 25mL 时将浓缩液移入 30mL 定量标本瓶中，然后用吸出的上清液少许冲洗沉降筒，再移入定量标本瓶中定容至 30mL。计数前将定量标本瓶中样品摇匀，用移液枪取 0.1mL 于藻类计数框中，盖上盖玻片置于 400 倍显微镜下对各种藻类分别计数，再根据式（22-11）和式（22-12）换算出藻类的细胞密度和生物量。

藻类细胞密度计算公式：

$$N_i = \left(\frac{A}{A_c} \times \frac{V_s}{V_a} \right) \times n_i \tag{22-11}$$

式中　N_i——每升水中第 i 种浮游藻类的细胞数量，个 /L；

　　A——计数框面积，mm^2，取 $400mm^2$；

　　A_c——计数面积，mm^2；

　　V_s——1L 原水经沉淀浓缩后的样品体积，mL，取 30mL；

　　V_a——计数框体积，mL，取 0.1mL；

　　n_i——每片计数所得第 i 种藻类的细胞数目，个。

在确定藻类生物量时，通过藻类的几何形状测量，并参照《中国淡水藻类》《湖泊生态系统调查方法》等文献中的常见藻类细胞体积数据来确定镜检藻种的实际体积，最后按相对密度为 1 进行换算得到该藻种的生物量（湿重）。

藻类生物量计算公式：

$$D = N_i V / 10 \tag{22-12}$$

式中　D——藻类生物量，μg/L；

　　N_i——第 i 种藻类的细胞密度个细胞，10^5 个 /L；

V——细胞体积，μm^3。

22.1.2.2 原型调度过程及实施情况

于 2015 年 9 月 10 日进行了一次调度。9 月 9 日汉丰湖调节坝 10 孔闸门都处于关闭状态，在坝前左、中、右，库中左、中、右，东河的白鹤敬老院及南河的风箱坪大桥采集了水质数据，作为调水前的水质指标的背景值。

2015 年 9 月 10 日上午进行调水试验，闸门开度 0.5m，监测人员分为两组：一组在坝上游乘汽艇使用 ADCP 监测流量和水质情况；另一组在坝下用悬桨式流速仪进行流量的监测和复核。9:30 10 孔闸门开度 0.5m，坝上组在坝前开始了第一次监测，10:00 到达库心断面进行监测。11:10 10 孔闸门开度扩大到 1.0m，坝上组在坝前开始了第 2 次监测，12:10 到达库心断面进行监测。由于人员有限，当日没有对上游支流东河、南河和头道河断面的水量和水质进行监测。

为了持续观测原型调水试验对库区水质的影响，于 2015 年 9 月 11 ~ 13 日对汉丰湖及支流的断面进行了连续 3d 的水质监测，包括坝前、库中、库尾和东河白鹤敬老院、南河风箱坪大桥及头道河大桥。

22.1.2.3 原型调度的效果分析

（1）各测点水质变化分析

1）高锰酸盐指数

图 22-27 ~ 图 22-29 为各测点高锰酸盐指数变化图，从图中可以看出坝前和库中断面左、中、右测点高锰酸盐指数虽有一定波动，但 9 月 9 ~ 13 日总体趋势持平，且各测点相差不大。在库尾右测点的值较大，主要是南河水质污染较为严重，比东河的水质差。

2）NH_4^+-N 浓度

图 22-30 ~ 图 22-32 为各测点 NH_4^+-N 浓度变化。从图中可以看出坝前与库中左、中、右 NH_4^+-N 浓度虽然略有差异，但是各测点浓度在测点 9 月 10 日调水之后总体呈下降趋势。坝前各测点 10 日 NH_4^+-N 浓度在 0.3 ~ 0.7mg/L 之间，而 13 日降至 0.2mg/L 以下。库中左测点比右、中 2 个测点浓度值低，库中 3 个测点的浓度从 9 月 10 日的 0.4mg/L 左右降为 13 日的 0.1mg/L 左右。库尾左、中 2 个测点浓度从 11 日开始有所降低，但是右测点受南河来流的影响 NH_4^+-N 浓度呈上升趋势。

3）TP 浓度

图 22-33 ~ 图 22-35 为各测点 TP 浓度变化，从图中可以看出坝前左、中、右 3 个监测点从 9 日开始一直呈下降趋势，坝前右测点从 9 日的 0.16mg/L 下降到 13 日的 0.033mg/L，下降幅度为 80%。库中 TP 除右测点 13 日呈上升趋势外，其他各点调水后都呈现下降趋势。坝前和库中 9 月 12 日都低于 0.05mg/L，符合湖泊 Ⅱ 类水质标准。9 月 11 ~ 13 日库尾中和左测点 TP 浓度基本相同，右测点 TP 浓度依然呈现上升趋势，13 日达到最高的 0.143mg/L。

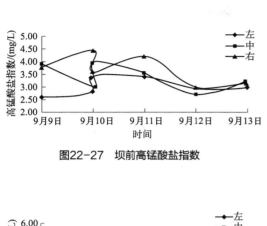

图22-27 坝前高锰酸盐指数

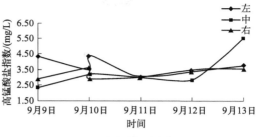

图22-28 库中高锰酸盐指数

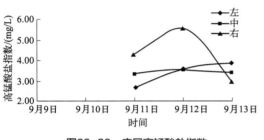

图22-29 库尾高锰酸盐指数

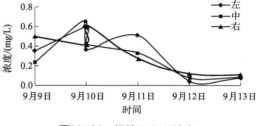

图22-30 坝前NH_4^+-N浓度

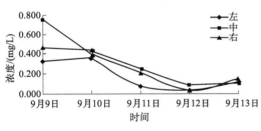

图22-31 库中NH_4^+-N浓度

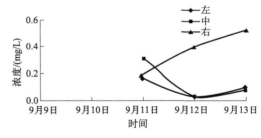

图22-32 库尾NH_4^+-N浓度

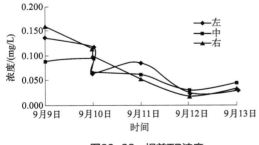

图22-33 坝前TP浓度

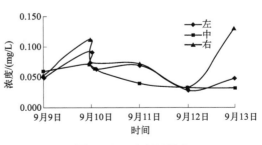

图22-34 库中TP浓度

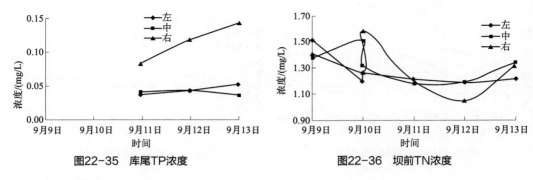

图22-35 库尾TP浓度 　　图22-36 坝前TN浓度

4）TN浓度

图 22-36～图 22-38 为各测点 TN 浓度变化，从图中可以看出坝前和库中各测点在 10 日调水后基本上呈现出先降后有所升高，最后与调水前的 9 日基本持平。9 月 11 日库中的左、中测点都低于 1.0mg/L，符合Ⅲ类水质标准。11 日库尾 TN 浓度均低于 1.0mg/L，从 11 日开始受上游来水的影响各测点 TN 浓度都呈上升趋势。

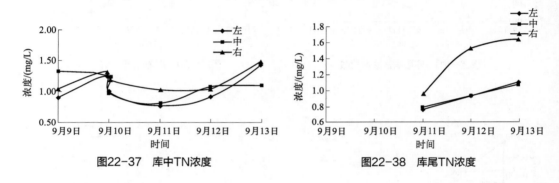

图22-37 库中TN浓度 　　图22-38 库尾TN浓度

5）叶绿素 a 浓度

图 22-39～图 22-41 为各测点叶绿素 a 浓度变化，从图中可以看出坝前与库中叶绿素 a 浓度从 10 日调水后呈下降趋势，经过 2d 后叶绿素浓度与之前持平。库尾 11～13 日左测点叶绿素 a 浓度呈先降后升趋势外，其他 2 个测点都先升后降。

（2）库区平均水质变化分析

按照以上的监测方案进行了原型调度的实施工作，图 22-42～图 22-44 为 9 月 9～13 日库区内各点（坝前、库中、库尾）水质指标平均浓度随时间变化的过程曲线。

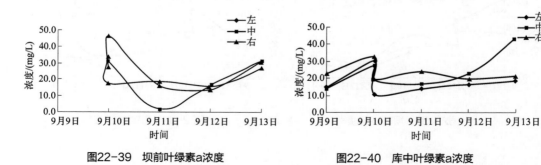

图22-39 坝前叶绿素a浓度 　　图22-40 库中叶绿素a浓度

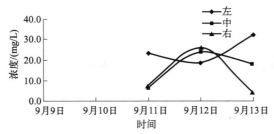

图22-41　库尾叶绿素a浓度

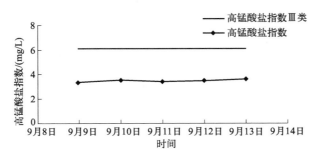

图22-42　库区内高锰酸盐指数日平均值变化趋势

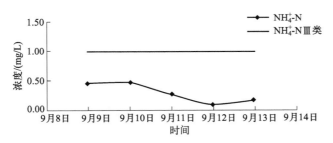

图22-43　库区内NH₄⁺-N指数日平均值变化趋势

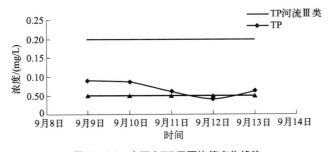

图22-44　库区内TP日平均值变化趋势

如图 22-42 所示库区高锰酸盐指数日平均值变化趋势。最大浓度 3.61mg/L 出现在 9 月 13 日，最小浓度 3.32mg/L 出现在 9 月 9 日，从变化趋势上看调度过程中库区内高锰酸盐指数变化不大，都处于Ⅲ类水平。

如图 22-43 所示，库区NH_4^+-N 的平均浓度为 0.28mg/L。最大浓度为 0.46mg/L，出现在 9 月 10 日；最小浓度为 0.10mg/L，出现在 9 月 12 日。在调度过程中NH_4^+-N 一直处于Ⅲ类水平，从变化趋势上看NH_4^+-N 浓度整体呈现下降趋势，在调度后浓度从 9 月 10 日的

0.46mg/L 下降到 9 月 13 日的 0.06mg/L，所以调度过程有利于 NH$_4^+$-N 浓度的下降。

如图 22-44 所示，库区 TP 的平均浓度为 0.07mg/L。库区 TP 最大浓度 0.09mg/L 出现在 9 月 9 日，最小浓度 0.04mg/L 出现在 9 月 12 日。

河流Ⅲ类水质 TP 标准浓度为 0.20mg/L，如果汉丰湖按河流进行评价，那么 TP 浓度全部达到河流Ⅲ类水平。

湖泊Ⅲ类水水质 TP 标准浓度为 0.05mg/L，如果汉丰湖按湖泊进行评价，那么 TP 浓度在调度后的第 2 天即 9 月 12 日也达到了湖泊Ⅲ类水平。

从变化趋势上看 TP 浓度在调度后整体呈现下降趋势，调度后浓度从 9 月 10 日的 0.09mg/L 一直下降到 9 月 12 日的 0.04mg/L，所以调水过程有利于 TP 浓度的下降。

如图 22-45 所示，库区 TN 的平均浓度为 1.18mg/L，达到Ⅳ类水水平。TN 最大浓度为 1.30mg/L 出现在 9 月 13 日；TN 最小浓度 0.97mg/L，出现在 9 月 11 日，这时已经达到地表水Ⅲ类水平。在整个调度过程中，TN 的浓度在调度后呈下降趋势，在 11 日降到了最小浓度 0.97mg/L，调度 2d 后又升高到原有水平。

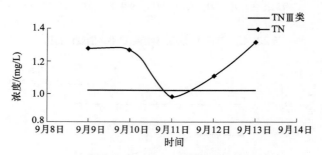

图22-45　库区内TN日平均值变化趋势

如图 22-46 所示，库区叶绿素 a 平均浓度 20.5mg/m³。最小浓度 14.09mg/m³，出现在 9 月 11 日；最大浓度 26.96mg/m³ 出现在 9 月 10 日。在整个调度过程中，叶绿素 a 浓度在调度后呈下降趋势，从 9 月 10 日的 26.96mg/m³ 下降到 11 日的 0.97mg/m³，9 月 13 日又升高到原有水平。

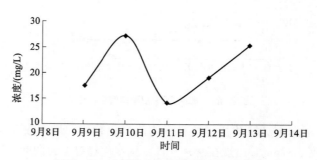

图22-46　库区内叶绿素a日平均值变化趋势

（3）浮游植物变化分析

如图 22-47 所示，本次监测在 20 个样本中共发现 6 门 62 种藻类，其中绿藻门种类数最多，共 25 种，约占总数的 40%；其次为硅藻门，共 21 种，约占总数的 34%；蓝藻门、隐藻门、裸藻门和甲藻门各 8 种、4 种、2 种、2 种，分别约占总数的 13%、7%、3%、3%。

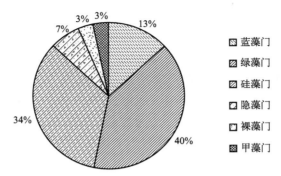

图22-47 原型观测中各门藻类所占比例

本次监测共采集了 20 个藻类样本，藻类样品采样时间、地点及样品编号见表 22-8，1 ～ 6 号样品为坝前采样点，7 ～ 12 号为库中采样点，13 ～ 15 号为库尾采样点，16 ～ 20 号为各支流采样点。

表22-8 藻类样品采样时间、地点及样品编号表

编号	日期	地点	时间	密度 /($\times 10^6$个/L)	生物量 /(μg/L)
1号	2015-9-9	坝前	15:13	13.49	795.64
2号	2015-9-10	坝前	9:25	14.85	876.19
3号	2015-9-10	坝前	11:10	11.13	656.82
4号	2015-9-11	坝前		7.98	471.09
5号	2015-9-12	坝前	9:57	5.95	351.33
6号	2015-9-13	坝前	9:26	10.37	611.62
7号	2015-9-9	库中	16:43	8.16	481.16
8号	2015-9-10	库中	9:58	8.65	510.51
9号	2015-9-10	库中	12:12	4.85	286.21
10号	2015-9-11	库中		4.83	284.71
11号	2015-9-12	库中	10:40	7.12	419.89
12号	2015-9-13	库中	9:47	9.73	574.35
13号	2015-9-11	库尾		4.73	278.93
14号	2015-9-12	库尾	11:26	4.73	279.14
15号	2015-9-13	库尾	10:05	4.67	275.71
16号	2015-9-9	东河白鹤敬老院	18:45	0.51	805.79
17号	2015-9-11	东河白鹤敬老院		0.36	496.21
18号	2015-9-9	风箱坪大桥	18:03	1.00	184.37
19号	2015-9-11	风箱坪大桥		0.93	54.63
20号	2015-9-11	头道河电厂大桥		0.36	235.41

从表 22-8 可以看出，20 个藻类样品中上游支流东河白鹤敬老院、风箱坪大桥、头道河电厂大桥的藻类密度都较低，都低于 1.0×10^6 个 /L。坝前样品藻类密度值普遍高于库中样品。库尾的藻类密度也较低，都低于 5.0×10^6 个 /L。

1～6 号样品为坝前采样点，2 号和 3 号样品分别为调度日 9 月 10 日 9:25 和 11:10 在坝前所采样品，4 号、5 号、6 号样品为 9 月 11 日、12 日、13 日所采样品。9 月 10 日 9:25 坝前各种藻类密度和为 14.85×10^6 个 /L，达到最大值，11:10 藻类密度下降为 11.13×10^6 个 /L，从 9 月 10 日调度开始后坝前的藻类密度呈现明显的下降趋势，9 月 11 日、12 日分别为 7.98×10^6 个 /L、5.95×10^6 个 /L，而 13 日又升高到 10.37×10^6 个 /L。

7～12 号样品为库中采样点，8 号和 9 号样品分别为调度日 9 月 10 日 9:58 和 12:12 在坝前所采样品，10 号、11 号、12 号样品为 9 月 11 日、12 日、13 日所采样品。9 月 10 日 9:58 坝前各种藻类密度和达到最大值 8.65×10^6 个 /L，12:12 藻类密度下降为 4.85×10^6 个 /L，11 日继续下降为 4.83×10^6 个 /L，而 12 日和 13 日又回升至 7.12×10^6 个 /L 和 9.73×10^6 个 /L。

综上所述，整个调度过程中高锰酸盐指数和 NH_4^+-N 都处于Ⅲ类水平。如果按河流标准评价，TP 一直处于Ⅲ类水平；如果按湖泊标准评价，在调度后的 TP 最小浓度 0.04mg/L 也达到了湖泊Ⅲ类水水质标准。TN 在调度后最小浓度 0.97mg/L 也达到了Ⅲ类水平。

汉丰湖调度期间藻类密度和藻类生物量都表现为坝前最丰、库中次之、库尾最少的趋势。在 9 月 10 日调水后，坝前和库中的藻类密度和藻类生物都呈递减趋势，而 2d 后的 13 日又有所回升，所以汉丰湖调水后藻类密度和藻类生物量有所减少。

22.1.3 汉丰湖水动力模型与生态调度方案

22.1.3.1 水动力学模型

基于 MIKE21FM 模型建立水动力学与富营养化模型，水动力学因子包括流量、水位、流速等，在水环境研究中起"骨架"作用，是水环境计算的载体，直接影响到水体中物质、能量的输移转化过程。流场模拟的准确程度直接影响到水环境计算的准确程度。

（1）水流运动方程

水流控制方程采用 σ 坐标系下的三维浅水方程。在笛卡尔坐标系下，任一水流运动要素是 (x, y, z, t) 的函数，在 σ 坐标系下任一流动要素是 (x', y', t', σ) 的函数，同时 σ 也是 (x', y', t', σ) 的函数。笛卡尔坐标系与 σ 坐标系的转化关系为：

$$\sigma = \frac{z - z_b}{h}, \ x' = x, \ y' = y, \ 0 \leqslant \sigma \leqslant 1 \tag{22-13}$$

$$\frac{\partial}{\partial z} = \frac{1}{h} \times \frac{\partial}{\partial \sigma} \tag{22-14}$$

$$\frac{\partial}{\partial x} = \frac{\partial}{\partial x'} - \frac{1}{h} \times \left(-\frac{\partial d}{\partial x} + \sigma \frac{\partial h}{\partial x} \right) \times \frac{\partial}{\partial \sigma} \tag{22-15}$$

$$\frac{\partial}{\partial y}=\frac{\partial}{\partial y'}-\frac{1}{h}\times\left(-\frac{\partial d}{\partial y}+\sigma\frac{\partial h}{\partial y}\right)\times\frac{\partial}{\partial\sigma} \tag{22-16}$$

则 σ 坐标系下的连续性方程为：

$$\frac{\partial h}{\partial t}+\frac{\partial hv}{\partial y'}+\frac{\partial hu}{\partial x'}+\frac{\partial hw}{\partial\sigma}=hS \tag{22-17}$$

x、y 方向的动量方程分别为：

$$\frac{\partial hu}{\partial t}+\frac{\partial hu^2}{\partial x'}+\frac{\partial huv}{\partial y'}+\frac{\partial hwu}{\partial\sigma}=fvh-gh\frac{\partial\eta}{\partial x}-\frac{h}{\rho_0}\times\frac{\partial p_a}{\partial x}-\frac{hg}{\rho_0}\int_z^\eta\frac{\partial\rho}{\partial x}\mathrm{d}z-$$
$$\frac{1}{\rho_0 h}\times\left(\frac{\partial s_{xx}}{\partial x}+\frac{\partial s_{xy}}{\partial y}\right)+hF_u+\frac{\partial}{\partial\sigma}\times\left(\frac{v_t}{h}\times\frac{\partial u}{\partial z}\right)+hu_s S \tag{22-18}$$

$$\frac{\partial hv}{\partial t}+\frac{\partial hv^2}{\partial y'}+\frac{\partial huv}{\partial x'}+\frac{\partial hvw}{\partial\sigma}=fuh-gh\frac{\partial\eta}{\partial y'}-\frac{h}{\rho_0}\times\frac{\partial p_a}{\partial y'}-\frac{gh}{\rho_0}\int_z^\eta\frac{\partial\rho}{\partial y}\mathrm{d}z-$$
$$\frac{1}{\rho_0}\times\left(\frac{\partial s_{yx}}{\partial x}+\frac{\partial s_{yy}}{\partial y}\right)+hF_v+\frac{\partial}{\partial\sigma}\times\left(\frac{v_t}{h}\times\frac{\partial v}{\partial z}\right)+hv_s S \tag{22-19}$$

垂向速度协变量：

$$\omega=\frac{1}{h}\times\left[w+u\frac{\partial d}{\partial x'}+v\frac{\partial d}{\partial y'}-\sigma\left(\frac{\partial h}{\partial t}+u\frac{\partial h}{\partial x'}+v\frac{\partial h}{\partial y'}\right)\right] \tag{22-20}$$

式中　u、v、w——x、y、z 三个方向的速度分量，水深 $h=\eta+d$；

　　　　η——水面高程；

　　　　d——相对于基准面的水深，即河底高程到基准面的差值乘以负号；

　　　　f——柯氏力，由式 $f=2\Omega\sin\phi$（Ω 为地球旋转角速度，ϕ 为研究区域的经度）
　　　　　　决定；

s_{xx}、s_{xy}、s_{yx}、s_{yy}——辐射应力张量分量；

　　　　p_a——大气压强；

　　　　S——点源流量；

　　　u_s、v_s——点源进入环境水体的流速分量；

　　　　v_t——垂向紊动黏度。

v_t 的常用计算方式有 3 种，即从流速的对数率分布推算、Richardson 数法以及 k-ε 法。本模型采用的计算式如下：

$$v_t=U_\tau h\times\left[c_1\times\frac{\sigma h+z_b+d}{h}+c_2\times\left(\frac{\sigma h+z_b+d}{h}\right)^2\right] \tag{22-21}$$

$$U_\tau=\max\left(U_{\tau s},\ U_{\tau b}\right)$$

式中　c_1、c_2——常数；

　　　$U_{\tau s}$、$U_{\tau b}$——水面和床面的摩阻流速。

F_u、F_v 分别为 x、y 方向的应力项，使用应力梯度来描述，简化为：

$$hF_u = \frac{\partial}{\partial x}\left(2hA \times \frac{\partial u}{\partial x}\right) + \frac{\partial}{\partial y}\left[hA \times \left(\frac{\partial u}{\partial y} + \frac{\partial v}{\partial x}\right)\right] \tag{22-22}$$

$$hF_v = \frac{\partial}{\partial x} \times \left[hA \times \left(\frac{\partial u}{\partial y} + \frac{\partial v}{\partial x}\right)\right] + \frac{\partial}{\partial y} \times \left(2hA \times \frac{\partial v}{\partial y}\right) \tag{22-23}$$

$$A = c_s^2 l^2 \left[\left(\frac{\partial u}{\partial x}\right)^2 + \frac{1}{2}\left(\frac{\partial u}{\partial y} + \frac{\partial v}{\partial x}\right)^2 + \left(\frac{\partial v}{\partial x}\right)^2\right] \tag{22-24}$$

式中　A——水平涡黏度，根据 Smagorinsky 公式确定［式（22-24）］；

　　　c_s——计算常数；

　　　l——特征长度。

u、v、w 在水面与河底的边界条件定义如下。

在 $\sigma=1$（水面）处：

$$w=0,\left(\frac{\partial u}{\partial \sigma}, \frac{\partial v}{\partial \sigma}\right) = \frac{h}{\rho_0 v_t}(\tau_{sx}, \tau_{sy}) \tag{22-25}$$

在 $\sigma=0$（床面）处：

$$w=0,\left(\frac{\partial u}{\partial \sigma}, \frac{\partial v}{\partial \sigma}\right) = \frac{h}{\rho_0 v_t}(\tau_{bx}, \tau_{by}) \tag{22-26}$$

式中　τ_{sx}、τ_{sy}——水面处 x、y 方向的风应力；

　　　τ_{bx}、τ_{by}——x、y 方向的床面应力。

对于床面应力 $\overline{\tau}_b = (\tau_{bx}, \tau_{by})$，由二次摩擦定律来确定，即式（22-27）：

$$\frac{\overline{\tau}_b}{\rho_0} = c_f \overline{u}_b |\overline{u}_b| \tag{22-27}$$

式中　c_f——摩擦系数。

$\overline{u}_b = (u_b, v_b)$ 为床面流速，摩阻流速和床面应力的关系如式（22-28）所列：

$$U_{rb} = \sqrt{c_f |u_b|^2} \tag{22-28}$$

三维模型中 $\overline{u}_b$ 为距离床面 Δz_b 处的流速，假设床面与 Δz_b 之间的流速按对数分布，则计算 c_f 值如式（22-29）所列：

$$c_f = \frac{1}{\left[\dfrac{1}{\kappa} \times \ln\left(\dfrac{\Delta z_b}{z_0}\right)\right]^2} \tag{22-29}$$

$$z_0 = mk_s \tag{22-30}$$

$$\frac{1}{n} = \frac{25.4}{k_s^{\frac{1}{6}}} \tag{22-31}$$

式中　κ——卡门常数，取值 0.4；

　　　z_0——床面粗糙长度尺度，计算见式（22-30）；

　　　m——常数，近似为 1/30；

第四篇　工程实践篇

k_s——粗糙高度，它与糙率的关系见式（22-31）。

（2）控制方程的数值格式

在空间上采用有限体积法对方程进行离散。有限体积法在计算流体力学界已得到广泛应用，它又被称为有限容积法，以守恒性的方程为出发点，通过对流体运动的有限子区域的积分离散来构造离散方程。在计算出通过每个控制体边界沿法向输入（出）的流量和通量后，对每个控制体分别进行水量和动量平衡计算，得到计算时段末各控制体平均水深和流速。本模型在水平方向采用非结构化网格，垂向采用结构化网格。

时间积分采用半隐半显格式，浅水方程采用如式（22-32）的空间积分格式：

$$U_{n+1}-\frac{1}{2}\Delta t(G_v U_{n+1}+G_v U_n)=U_n+\Delta t G_h U_n \tag{22-32}$$

式中，下标 h、v 分别表示水平方向和垂向。水平项采用一阶显示欧拉法进行积分，垂向采用二阶隐式梯形法。

输移方程积分格式如式（22-33）所示。水平输移项和垂直扩散项采用一阶显示欧拉法进行计算，垂向紊动项采用二阶隐式梯形法。

$$U_{n+1}-\frac{1}{2}\Delta t\left(G_v^V U_{n+1}+G_v^V U_n\right)=U_n+\Delta t G_h U_n+\Delta t G_v^I U_n \tag{22-33}$$

式中，上标 V、I 分别表示黏滞项和非黏滞项。

（3）边界条件

各变量在陆地边界法向的通量均认为是 0，即在边界处 $\frac{\partial \Phi}{\partial n}=0$，$\Phi$ 为任一变量。浅水方程和对流扩散方程的开边界处均按第一类边界给出，即给定边界处具体的水位或者流量。

22.1.3.2 富营养化模型

在对汉丰湖富营养化的研究中模拟 DO、NH_4^+-N、NO_2^--N、NO_3^--N、正磷酸盐、叶绿素 a 等指标，任一生态学变量随时间和空间的变化均可采用式（22-34）所列的迁移扩散方程来描述。

$$\frac{\partial hC}{\partial t}+\frac{\partial huC}{\partial x'}+\frac{\partial hvC}{\partial y'}+\frac{\partial hwC}{\partial \sigma}=hF_C+\frac{\partial}{\partial \sigma}\left(\frac{D_v}{h}\times\frac{\partial C}{\partial \sigma}\right)+hF(C)+hC_s S \tag{22-34}$$

式中 C——某一生态学变量的浓度。

式（22-34）左边第一项为时变项，后边三项为对流项；等式右边前两项分别为水平、竖直方向的扩散项，第三项为生化反应项，代表着各生态变量在水体中进行的物理、化学、生物作用过程以及各生态动力学过程中水质、水文气象、水动力因子之间的动态联系，这一项可认为是某一生态变量浓度对于时间的全导数，即 $\frac{dC}{dt}$。

22.1.3.3 二维模型搭建

采用上述模型建立汉丰湖平面二维水动力模型，采用非限定性网格（三角网格）建立了包括汉丰湖坝上和4条支流（东河、南河、桃溪河以及头道河）的水动力学模型，模型网格数为6563个，节点为64636个。

水动力学模型中上游4条支流（东河、南河、桃溪河以及头道河）采用流量边界条件，调节坝处采用水位条件。富营养化模型中模拟的指标包括溶解氧、氨氮、亚硝酸盐氮、硝氮、正磷酸盐、叶绿素a等指标，在东河、南河、桃溪河以及头道河处及调节坝采用水质条件进行计算。

22.1.3.4 模型率定

（1）水动力模型验证

采用2014年实测数据对水动力学模型进行验证，上游4条支流东河、南河、桃溪河以及头道河采用2014年日流量实测数据，调节坝处采用2014年日水位数据。通过对汉丰湖内的东南河交汇处、乌杨大坝、木桥3处的实测与计算流速对比调整参数。通过汉丰湖内实测与计算流速的对比（图22-48）发现，搭建的水动力模块能够有效地模拟汉丰湖水动力变化，流速趋势线的吻合度验证了水动力模型的有效性。

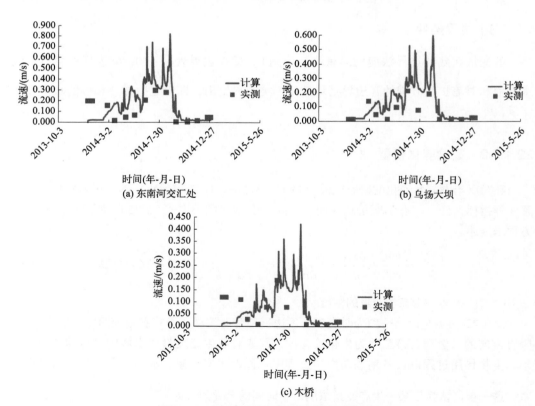

图22-48　汉丰湖内各点流速计算与实测对比

（2）水质模型验证

1）模型验证断面及实测数据

2014年对汉丰湖内东南河交汇处和木桥两处进行了水质监测（表22-9），采用2014年这两个点的实测数据对富营养化模型进行验证。

表22-9　模型验证断面实测水质数据

断面	时间(年-月-日)	DO/(mg/L)	叶绿素 a/(mg/m³)	NH_4^+-N/(mg/L)	NO_3^--N/(mg/L)
东南河交汇处	2014-1-14	6.700	1.510	0.254	0.635
	2014-2-28	10.060	15.040	0.159	0.896
	2014-3-21	8.180	10.920	1.528	0.886
	2014-4-23	8.170	1.650	0.105	1.175
	2014-5-19	9.350	1.596	0.566	0.847
	2014-6-20	8.510	2.540	0.036	0.905
	2014-7-20	8.210	3.190	0.034	0.868
	2014-8-21	8.030	2.620	0.006	0.981
	2014-9-20	8.190	2.670	0.066	0.706
	2014-10-24	8.400	14.560	0.164	0.574
	2014-11-22	4.560	0.840	0.341	0.715
	2014-12-22	7.364	2.836	0.050	0.832
木桥	2014-1-14	5.580	1.450	0.129	0.495
	2014-2-28	8.340	8.010	0.079	0.754
	2014-3-21	12.390	10.330	0.146	0.777
	2014-4-23	7.900	9.195	0.308	1.195
	2014-5-19	9.210	2.690	0.625	1.054
	2014-6-20	7.750	3.490	0.067	1.075
	2014-7-20	7.840	2.080	0.052	0.919
	2014-8-21	8.160	2.340	0.077	0.859
	2014-9-20	8.180	4.320	0.110	0.763
	2014-10-24	8.290	12.670	0.465	0.590
	2014-11-22	4.870	0.820	0.332	0.727
	2014-12-22	6.907	1.959	0.119	0.834

2）验证结果及分析

调节模型参数进行验证，验证的主要模型参数结果见表22-10。

表22-10　模型主要参数验证结果

参数	取值	单位
生化需氧量过程:20℃时的一级降解速率(溶解)	0.5	d^{-1}
生化需氧量过程:氧的半饱和浓度	2	mg/L
氧过程:植物呼吸速率	0	d^{-1}
氧过程:温度系数,呼吸	1.08	无量纲
氧过程:超氧化物歧化酶的温度系数	1.07	无量纲
硝化过程:20℃时的一级降解速率,氨向亚硝酸盐氮转化	0.05	d^{-1}
硝化过程:20℃时的一级降解速率,亚硝酸盐氮向硝酸盐氮转化	1	d^{-1}

续表

参数	取值	单位
硝化过程:温度系数,氨向亚硝酸盐氮转化	1.088	无量纲
硝化过程:温度系数,亚硝酸盐氮向硝酸盐氮转化	1.088	无量纲
硝化过程:氧的半饱和浓度	2	mg/L
氨化过程:氮吸收的半饱和浓度	0.05	mg/L
硝化过程:20℃时的一级反硝化速率	0.1	d^{-1}
硝化过程:反硝化速率温度系数	1.16	无量纲
磷过程:磷吸收的半饱和浓度	0.005	mg/L
叶绿素过程:氮的半饱和浓度,光限制	0.05	mg/L
叶绿素过程:磷的半饱和浓度,pH值限制	0.01	mg/L
叶绿素过程:叶绿素a接受的碳分配	0.025	mg/mg
叶绿素过程:初级生产的碳氧质量比	0.2857	mg/mg
叶绿素过程:叶绿素a的死亡率	0.01	d^{-1}
叶绿素过程:叶绿素a的沉降速率	0.2	m/d

图 22-49～图 22-56 为计算所得的 2014 年东南河交汇断面和木桥断面叶绿素 a 浓度、NH_4^+-N 浓度、NO_3^--N 浓度以及 DO 浓度实测值与计算值的对比图。2014 年的监测数据为 1 月 1 次,因此共有 12 个点。从图中实测值与计算值的吻合程度来看,模拟的结果能够较好地描述各指标的变化,由此可知建立的水质模型能够较好地反映汉丰湖库区中的水质变化趋势。

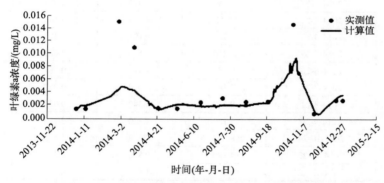

图22-49　东南河交汇断面叶绿素a浓度实测值与计算值对比

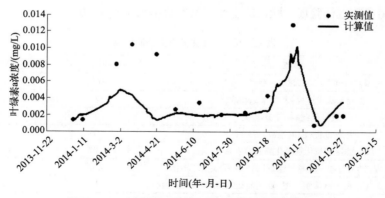

图22-50　木桥断面叶绿素a浓度实测值与计算值对比

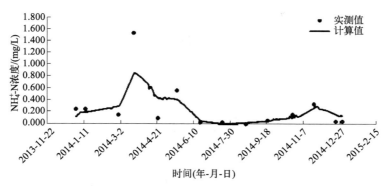

图22-51 东南河交汇断面NH₄⁺-N浓度实测值与计算值对比

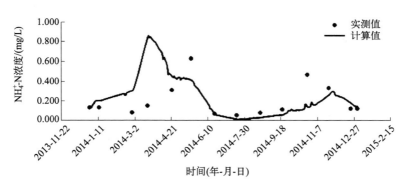

图22-52 木桥断面NH₄⁺-N浓度实测值与计算值对比

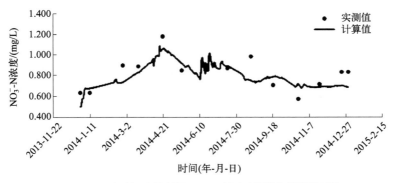

图22-53 东南河交汇断面NO₃⁻-N浓度实测值与计算值对比

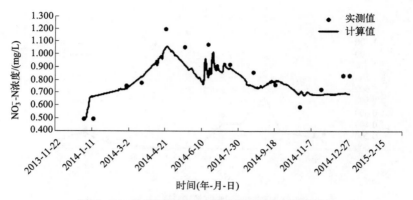

图22-54　木桥断面NO₃⁻N浓度实测值与计算值对比

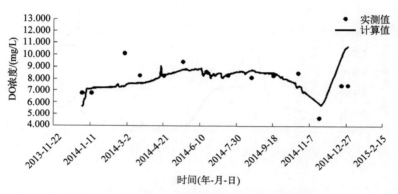

图22-55　东南河交汇断面DO浓度实测值与计算值对比

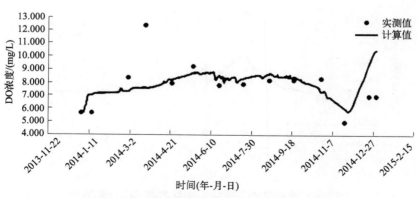

图22-56　木桥断面DO浓度实测值与计算值对比

22.1.3.5 小江调节坝调度方案设计与效果分析

（1）方案设计

各方案调度时泄水阶段运行水位从 168.50m 下降至 165.50m，下泄水量共 $2.691 \times 10^7 m^3$，不同方案采用不同的下泄流量，所以下泄历时不同。补水阶段从 165.50m 上升到 168.50m，补水时上游水量条件采用平均来水流量 117m³/s，补水需要 64h。

表22-11　以不同流量下泄到相应水位所需要的时间

下泄流量/(m³/s)		历时/h
方案1	100	75
方案2	500	15
方案3	1000	7.5
方案4	1500	5
方案5	2000	3.75
方案6	2500	3
方案7	3000	2.5
补水流量/(m³/s)		历时/h
117		64

如表 22-11 所列设计如下 7 个方案，分析不同下泄流量下汉丰湖水动力条件变化以及水质变化。

① 方案 1：初始水位 168.50m，开闸以 100m³/s 流量下泄到 165.50m（历时 75h），补水至 168.50m 水位（历时 64h）；共往复 3 次，最后以 168.50m 水位持续运行。

② 方案 2：初始水位 168.50m，开闸以 500m³/s 流量下泄到 165.50m（历时 15h），补水至 168.50m 水位（历时 64h）；共往复 3 次，最后以 168.50m 水位持续运行。

③ 方案 3：初始水位 168.50m，开闸以 1000m³/s 流量下泄到 165.50m（历时 7.5h），补水至 168.50m 水位（历时 64h）；共往复 3 次，最后以 168.50m 水位持续运行。

④ 方案 4：初始水位 168.50m，开闸以 1500m³/s 流量下泄到 165.50m（历时 5h），补水至 168.50m 水位（历时 64h）；共往复 3 次，最后以 168.50m 水位持续运行。

⑤ 方案 5：初始水位 168.50m，开闸以 2000m³/s 流量下泄到 165.50m（历时 3.75h），补水至 168.50m 水位（历时 64h）；共往复 3 次，最后以 168.50m 水位持续运行。

⑥ 方案 6：初始水位 168.50m，开闸以 2500m³/s 流量下泄到 165.50m（历时 3h），补水至 168.50m 水位（历时 64h）；共往复 3 次，最后以 168.50m 水位持续运行。

⑦ 方案 7：初始水位 168.50m，开闸以 3000m³/s 流量下泄到 165.50m（历时 2.5h），补水至 168.50m 水位（历时 64h）；共往复 3 次，最后以 168.50m 水位持续运行。

为了模拟汉丰湖内发生水华后，通过泄水进行抑制藻华过程，汉丰湖及上游河流叶绿素 a 初始浓度设为 20mg/m³，上游边界东河、南河、桃溪河以及头道河叶绿素 a 初始浓度设为 5mg/m³ 进行模拟。

（2）流速变化

1）流速及流场分布

方案 1 和方案 2 流速较小，随着下泄流量的增大，汉丰湖库区内的流速逐渐增大，相应流速控制面积也逐渐增大，方案 1 条件下流速达到 0.1m/s 的面积很小，只在汉丰湖调节坝前有部分分布，方案 2 条件下达到 0.1m/s 的流速较方案 1 有明显增大，随着下泄流量增大到 3000m³/s，流速达到 0.1m/s 的控制面积覆盖了整个汉丰湖库区。流速达到 0.2m/s、0.3m/s 以及 0.4m/s 的控制面积与 0.1m/s 流速控制面积分布一致，均是随着下泄流量增大，各流速阈值下的控制面积增大。

方案 4～方案 7 流速 > 0.1m/s 的控制区域基本覆盖了整个汉丰湖库区。方案 1～方案 3 流速达到 0.2m/s 较多分布在东河、南河以及坝前部分区域，方案 4～方案 7 达到 0.2m/s 流速开始在汉丰湖库中有明显增大的面积分布。达到 0.3m/s 的流速在方案 5～方案 7 的库中开始有分布，在方案 7 中分布面积最大。流速达到 0.4m/s 控制面积很小，方案 1～方案 6 的库中均无明显分布，只在方案 7 中有显著的面积分布。

综上可以发现，0.1m/s 的流速在方案 2～方案 7 的泄水过程中均有显著且较大的面积分布，0.2m/s 的流速在方案 4～方案 7 的泄水过程中于汉丰湖库中有明显分布，0.3m/s、0.4m/s 的流速均只在方案 7 泄水过程中的库中有明显分布，根据原位控藻试验研究结果，库中流速达到 0.2m/s 时有利于控制藻类生长，因此，方案 4～方案 7 均适合通过控制下泄流量来达到水利控藻的目的。

2）典型断面流速大小

为了比较整个泄水蓄水过程中，库区中流速的主要变化，在库区中设置 4 个典型断面（见图 22-57，书后另见彩图），分别为东南河交汇处、库中、木桥以及坝前，比较各方案下各典型断面处的流速变化。

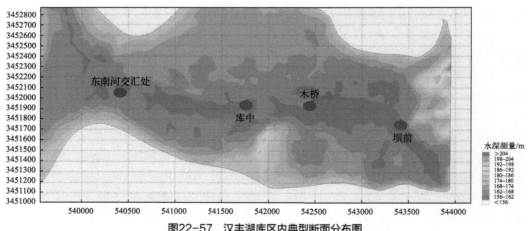

图22-57　汉丰湖库区内典型断面分布图

从图 22-58～图 22-61 中可以看出在整个过程中，4 个典型断面的流速随着泄水过程而发生较大变化。

① 方案 1：泄水之前各断面流速均低于 0.02m/s，当以 100m³/s 的下泄流量进行泄水时，带动了库区中水体的流动，4 个典型断面的流速随之抬升，均达到 0.02m/s 以上，部分断面流速达到了 0.05m/s，但均不超过 0.06m/s。

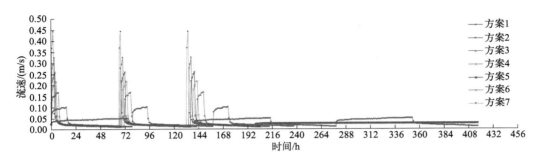

图22-58　各方案下东南河交汇处流速变化

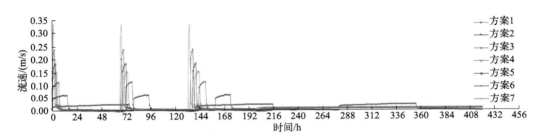

图22-59　各方案下库中处流速变化

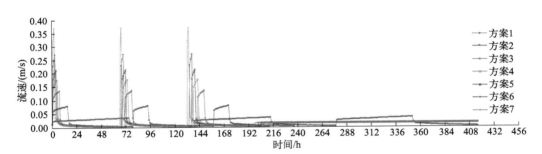

图22-60　各方案下木桥处流速变化

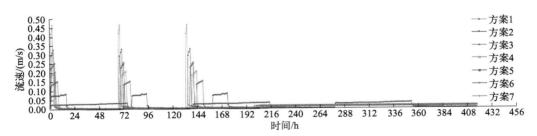

图22-61　各方案下坝前处流速变化

② 方案2：泄水之前各断面流速均低于0.05m/s，当以500m³/s的下泄流量进行泄水时，各断面的流速随之抬升达到0.05m/s以上，部分断面流速达到了0.1m/s，但均不超过0.2m/s。

③ 方案3：泄水之前各断面流速均低于0.1m/s，当以1000m³/s的下泄流量进行泄水时，各断面的流速随之抬升达到0.1m/s以上，但均不超过0.2m/s。

④ 方案4：泄水之前各断面流速均低于0.1m/s，当以1500m³/s的下泄流量进行泄水时，各断面的流速随之抬升达到0.1m/s以上，部分断面的流速达到0.2m/s，但均不超过0.3m/s。

⑤ 方案5：泄水之前各断面流速均低于0.2m/s，当以2000m³/s的下泄流量进行泄水时，各断面的流速随之抬升达到0.2m/s以上，但均不超过0.3m/s。

⑥ 方案6：泄水之前各断面流速均低于0.2m/s，当以2500m³/s的下泄流量进行泄水时，各断面的流速随之抬升达到0.2m/s以上，部分断面流速达到0.3m/s，但均不超过0.4m/s。

⑦ 方案7：泄水之前各断面流速均低于0.2m/s，当以3000m³/s的下泄流量进行泄水时，各断面的流速随之抬升达到0.3m/s，部分断面流速达到0.4m/s，但均不超过0.5m/s。

3）典型断面流速阈值历时

不同的方案下，各断面的流速变化趋势一致，大小差异显著，方案1～方案7泄水过程中的流速逐步增大，从方案1的0.02m/s到方案7中部分断面流速达到0.4m/s可以看出，下泄流量越大，流速越大，增加越快，达到大流速的时间越短。表22-12中列出了各方案中各典型断面的流速阈值历时。

表22-12　单次下泄典型断面流速阈值历时

方案	流速分布/(m/s)	典型位置流速历时/h			
		东南河交汇处	库中	木桥	坝前
方案1	＞0.02	75	75	75	75
方案2	＞0.05	15	15	15	15
方案3	＞0.1	7	7	7	7
方案4	＞0.1	5	5	5	5
方案5	＞0.1	4	4	4	4
方案6	＞0.2	3	3	3	3
方案7	＞0.2	2	2	2	2

由表22-12可以看出，各方案中的典型断面流速阈值历时与下泄时间基本保持一致，方案1以100m³/s的流量下泄3次，每次下泄时间为75h，流速达到较高值0.02m/s的时间为75h，方案2～方案7同方案1一致。因此，随着库区水开始下泄，带动水体流速，下泄流量越大，流速越大。

（3）叶绿素a浓度变化

1）不同方案的浓度场

库区中叶绿素a起始浓度均为20mg/m³，第1次泄水蓄水过程带动了库区中水体的流动，形成一定大小的流速，对库区中藻类生长增殖产生了不同程度的影响，当边界输入浓度为 5mg/m³ 时，随着水体交换和自净能力，库区中叶绿素 a 浓度被不断稀释降解，表现为沿着东河、南河到东南河交汇，再到木桥及坝前，浓度依次降低。当完成第 1 次泄水蓄水过程之后，方案 1 的叶绿素 a 浓度降低较快，库中浓度已经达到 7 ～ 10mg/m³，方案 2 ～方案 7 库中浓度稀释较慢，第 1 次泄水蓄水完成叶绿素 a 只在东南河交汇处有较为明显的浓度变化。当完成第 2 次泄水蓄水过程之后，方案 1 中库区水体基本上能够全部被更换一次，基本整个库区的叶绿素 a 浓度均能够稀释到 5mg/m³ 左右，方案 2 ～方案 7 中的叶绿素 a 浓度在库中区域有了较为明显的变化。当完成第 3 次泄水蓄水之后，7 个方案库区中的叶绿素 a 浓度几乎都能被稀释降解到 5mg/m³。

经过 1d 的泄水蓄水过程，各方案下叶绿素 a 浓度变化较为明显的区域只在东河与南河，而汉丰湖内叶绿素 a 浓度基本未变，所以如果要实际净化汉丰湖水质和抑制藻类，1d 的汇水时间明显太短。

经过 3d 的调度，汉丰湖东南河交汇处到库中叶绿素 a 浓度明显降低，但是库中到坝前段叶绿素 a 浓度还较高。

经过 10d 的调度，汉丰湖内各断面包括上游支流所有水面叶绿素 a 浓度都呈现较低浓度，说明各方案经过 10d 调度，整个汉丰湖都可以达到净化水质和抑制藻类的作用。

2）不同方案浓度降解历时

如图 22-62 所示为各方案东南河交汇处叶绿素 a 浓度变化过程，从图中可以看出各方案浓度过程略有差异，但是总体趋势基本相同。各方案条件下大约 1.5d 后东南河交汇处水质开始变差，5d 后东南河交汇处的叶绿素 a 浓度可降低到上游河交汇流水平。

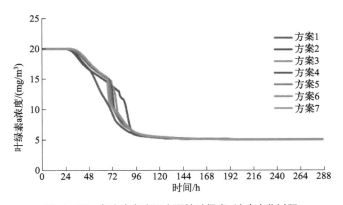

图22-62 各方案东南河交汇处叶绿素a浓度变化过程

如图 22-63 所示为各方案坝前断面叶绿素 a 过程，从图中可以看出各方案浓度过程略有差异，但是总体趋势基本相同。各方案条件下大约 3d 后东南河交汇处水质开始变差，10d 后东南河交汇处的叶绿素浓度可降低到上游河流水平。

综上所述，从水质角度来看，在汉丰湖典型断面上各方案的浓度过程略有差异，但是总体趋势基本相同，说明从上游东河、南河等边界的水置换汉丰湖内的水所用时间基本相同。各方案都需要大约 10d 时间，可以将汉丰湖内水体置换一次。而对于 2000m³/s 以上的泄水方案，至少要 3 次反复的泄蓄水过程才能将汉丰湖水彻底置换一次。

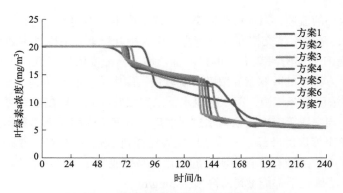

图22-63 各方案坝前叶绿素a浓度变化过程

（4）调节坝调度方案

综上所述，基于生态调试准则，综合各方案流速与叶绿素a的分析结果，建议汉丰湖生态调度方案如下，2000m³/s和3000m³/s调度方案的水位控制线如图22-64所示。

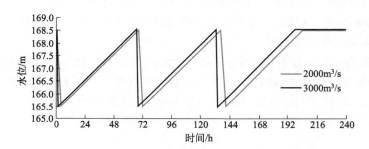

图22-64 2000m³/s和3000m³/s调度方案水位控制线

① 在三峡处于高水位时将闸门全部打开，使汉丰湖和长江连通，即打通鱼类的洄游通道。

② 4～9月三峡低水位时进行4～6次调度：每次调度初始水位168.50m，开闸以2000～3000m³/s流量下泄到165.50m（历时2.5～3.75h），关闸补水至168.50m水位（历时64h左右），这种168.50m—165.50m—168.50m水位变化过程要往复3次（整个过程在10d以上）。

③ 结合防洪需求，4～9月可在上游洪水 $Q_入$ ≥ 800m³/s时进行上述调度，同时泄水闸门全开敞泄冲沙。

22.2 汉丰湖流域生态防护带构建关键技术

22.2.1 生态防护带技术模式研究

在筛选具有环境净化功能与景观美化功能，适应于季节性水位变动的河（库）岸适生植物的基础上，进行了种源栽种试验，研究结果表明这些植物不但能够经受冬季深水淹没，而且在夏季还能够耐受适度的干旱胁迫。

22.2.1.1 适应水位变化的河（库）岸多功能生态防护带技术

（1）消落带基塘工程系统

借鉴中国传统农业文化遗产的生态智慧，吸取珠江三角洲桑基鱼塘的合理成分，在三峡水库具有季节性水位变动的消落带设计并实施消落带基塘工程。在三峡水库消落带平缓区域（坡度＜15°），根据自然地形和水文特征，构建大小、深浅、形状根据消落带自然地形和生态特点确定，塘内筛选种植适应于消落带水位变化（尤其是冬季深水淹没）的植物，主要是具有观赏价值、环境净化功能、经济价值的水生花卉、湿地作物、湿地蔬菜等如菱角、荸荠、茭白、菖蒲、黄花鸢尾、水生美人蕉、金钱蒲、莲藕（包括本地品种及定向为消落带培育的太空飞天品种）、慈姑、水芹等。充分利用消落带每年退水时保留下来的丰富的营养物质以及拦截陆域高地地表径流所携带的营养物质，构建消落基塘系统。

基塘系统中的湿地植物在生长季节能够发挥环境净化、景观美化及碳汇功能。生长季节结束正值三峡水库开始蓄水，收割后能够进行经济利用，同时避免了冬季淹没在水下厌氧分解的碳排放及二次污染。第二年水位消落后，基塘内的植物能够自然萌发。基塘工程的管理采取近自然方法，不施用化肥、农药和杀虫剂，禁止过多人工干扰。基塘工程可以运用于三峡水库坡度小于15°的平缓消落带（如湖北省秭归县的香溪河、重庆市开州区澎溪河、重庆市忠县东溪河、重庆市丰都县丰稳坝等），总面积达204.59km²，占消落带总面积的66.79%，其产生的生态效益、经济效益和社会效益巨大。事实上，作为三峡水库水体与陆域集水区之间的湿地生态缓冲带，基塘工程发挥了环境净化、生物生产、庇护生境、水鸟及鱼类食物来源、景观美化等多功能生态效益。经过5年的试验研究，形成了库湾基塘工程、河岸基塘工程、半岛基塘工程和城市景观基塘工程四种类型。

尤其值得一提的是，在消落带基塘工程成功的基础上，针对汉丰湖的多重水位变动及开州区水敏性特点，探索了在保障汉丰湖水质安全的前提下，充分发挥作为生态缓冲区的消落带的综合生态系统服务功能，建设一个集污染净化、景观优化、生物生境庇护等多功能于一体的消落带复合生态系统，提出了城市消落带景观基塘工程建设模式，将基塘系统应用于汉丰湖消落带景观生态修复之中，这是对城市消落带生态治理模式的创新性探索（图22-65、图22-66）。

(a)　　　　　　　　　　　　　　　　(b)

图22-65　冬季被水淹没的基塘工程

(a)　　　　　　　　　　　　　　　　　(b)

图22-66　退水后发育良好的基塘工程

　　景观基塘系统是针对汉丰湖受双重调节作用下水位变动特点提出的城市滨湖消落带湿地资源生态友好型利用模式。于陆域集水区边缘和汉丰湖低水位高程之间建设基塘系统，并种植耐水淹湿地植物，不仅能够起到美化景观的作用，同时还具有净化城市面源污染、增加城市生物多样性等功能。在汉丰湖南岸选择海拔处于 172～175m 的地势相对平坦的湖岸带，挖泥成塘，堆泥成基，形成一系列大小不同、形状各异的湖岸水塘，并以此构成滨湖基塘系统。根据适应性原则选择具有良好耐淹性能的湿地植物，这些湿地植物能够耐受冬季长时间水淹。

　　根据功能性原则，植物的选择应尽量满足城市景观基塘系统对景观优化和水质净化功能的需求。经过 2～3 年的淹水考验，石龙船段城市景观基塘系统示范效果良好，生物多样性提高、消落带景观效果改善、水质净化效果良好。种植于基塘系统中的各种湿地植物均能适应冬季水淹的影响，同时基塘系统也为湿地动物提供了丰富的栖息环境。汉丰湖景观基塘系统是根据传统农业文化遗产理念而针对特定水位变动条件提出的一种新的城市湿地修复模式，将消落带湿生态修复和对消落带湿地资源的合理利用相结合，景观基塘的建设丰富了滨湖湿地景观多样性，为城市居民提供了休闲、科普宣教的亲水平台。

（2）消落带复合林泽工程系统

　　林泽工程是在消落带筛选种植耐水淹而且具有经济利用价值的乔木、灌木，形成在冬水夏陆逆境下的林木群落。根据三峡水库消落带的水位变动规律、高程、地形及土质条件等，将高程 165～175m 的带状范围作为林泽工程的实施区域，形成宽约 10m 的生态屏障。充分利用消落带的冬水夏陆逆境的机遇，筛选耐水淹且具有经济价值的乔灌木，依此恢复消落带林木群落，进而带动整个消落带生态系统功能的恢复，发挥了护岸、生态缓冲、景观美化和碳汇功能。主要经济产出是林木产出和碳汇效益。

　　通过近年来在三峡水库开州区澎溪河的试验研究，筛选出了适合在三峡水库消落带种植的耐冬季深水淹的十余种木本植物，包括落羽杉、池杉、中山杉、水松、杨树、旱柳、垂柳、乌桕、水桦等乔木，以及秋华柳、中华蚊母、枸杞、桑树、长叶水麻等耐水淹灌木。在小江-汉丰湖流域库岸带筛选种植耐湿、耐淹而且具有多功能生态经济价值的乔木、灌木，构建库岸生态防护林泽系统，研究河、库岸林泽系统构建关键技术，并进行示范。根据三峡水库水位变动规律、高程、地形及土质条件等，以 165～180m 高程作为林泽工程的实施范围。筛选种植耐湿、耐淹的乔木、灌木，通过乔灌搭配，营建库岸复合林泽系统（图22-67）。消落带林泽工程具有提供生物生境、环境净化、碳汇和改善景观四大功能。

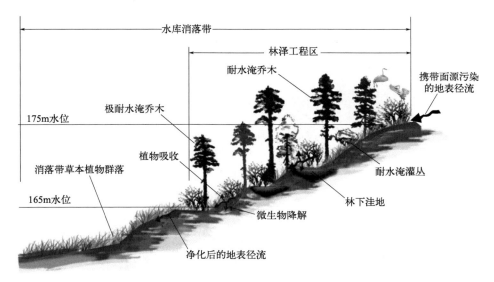

图22-67 消落带林泽系统剖面图

研究采用的模式包括湿生乔木＋湿生灌草模式和灌木＋湿生草本植物模式。

① 湿生乔木＋湿生灌草模式。该带的湿生灌草主要构建于高程170m以下的区域，种植秋华柳、枸杞和狗牙根等湿生灌草。该带的湿生乔木主要构建于高程170～180m之间的区域，种植植物主要以池杉、落羽杉、水松、乌柏等湿生乔木为主。

② 灌木＋湿生草本植物模式。该模式适用于坡度在15°～25°之间的河岸、库岸带，主要构建草本植物带和湿生灌木林带。该带的湿生灌木主要构建于高程165～170m之间的区域；湿生草本植物主要构建于高程165m以下的区域。

林泽工程的主要实施区域为消落带内的缓坡地带，冬季淹水，而夏季伏旱季节则可能出现缺水情况。为了考察消落带林泽工程的真实效果，本章不对种植后的树种进行特殊管护。根据调查，林泽工程研究所在的海拔范围为消落带内植物多样性最高的区域，其中藤本植物杠板归喜缠绕树木生长，为了保障林泽工程实施初期苗木的正常生长，应对树种附近的杠板归予以清理。清理手段以人工拔除为主，不可采取大面积锄草和喷洒农药等严重破坏生态系统结构和生态质量的方式。

如今，在三峡水库澎溪河白夹溪板凳梁、大湾实施的林泽工程经历了5年的水淹考验，林木生长繁茂，形成了稳定的群落结构，发挥了护岸、生态缓冲、景观美化和碳汇功能。经过试验研究，形成了复层林泽工程、林泽-基塘复合工程、林泽碳汇工程三种类型的林泽工程模式（图22-68）。

消落带林泽工程位于重要的水陆交错带区域，是库岸高地向库区过渡的重要生态屏障，其发达的地下根系和复杂的林下植物群落具有重要的面源污染净化功能，有助于保护库区水环境安全。

(a)

(b)

(c)

图22-68 林泽工程

（3）水陆生态界面设计——多带多功能缓冲系统

从近岸水际线、河（库）岸核心区域到过渡高地，从河（库）岸带生物重建、河（库）岸缓冲带生境重建和河（库）岸生态系统结构与功能恢复等方面，将175～185m高程作为实施范围，构建适应于季节性水位变动的草本、灌丛、乔木组成的多带生态缓冲系统，采用的模式包括湿生乔木＋湿生灌木模式和乔木＋灌木＋草本植物模式。

1）湿生乔木＋湿生灌木模式

受上游洪水影响，三峡水库在夏季常出现短暂的高水位，与自然河流类似。因此在海拔较高、受夏季洪水影响的区域可以尝试恢复自然河岸植被。该带主要构建于高程175～180m之间的区域，种植小梾木、地瓜藤、枫杨和水杨梅等自然河岸带植被。

2）乔木＋灌木＋草本植物模式

该模式适用于高程180～185m之间的区域。该区域为河岸高地，一般不会被洪水淹没。该区域的植被恢复以拦截高地面源污染和景观美化为主要目标。可选择的乔木有乌桕、栾树、黄桷树等；可选择的灌木有黄荆、马桑、枸杞等；可选择的草本植物有狗牙根、五节芒、牛鞭草等。

3）复合型多带多功能缓冲系统

多带多功能缓冲系统是集合基塘工程、生态护坡以及自然消落带特征，在汉丰湖石龙船大桥至乌阳坝段构建的综合型河、库生态防护带模式。根据汉丰湖水环境和湿地生态保护目标，基于滨湖湿地的功能需求，按照高程和地形特征，从175m以上的滨湖绿带开始

第四篇 工程实践篇

到消落带下部依次构建多带生多功能生态缓冲系统，充分发挥环境净化功能（水质净化）、生态缓冲功能、生态防护功能、护岸固堤功能、生境功能、生物多样性优化功能、景观美化功能和城市碳汇功能。

① 滨湖绿化带＋消落带上部生态护坡带＋消落带中部景观基塘带＋消落带下部自然植被恢复带（图22-69）。滨湖绿化带是现在的滨湖公园绿化带，以乔、灌、草形成了复层混交的立体植物群落，发挥着对道路、居住区的第一层隔离、净化、缓冲作用，在为市民提供优美景观的同时，也为鸟类和昆虫提供了食物和良好生境。消落带上部生态护坡位于一、二级马道之间的斜坡上，冬季175m蓄水时会被淹没，目前以适应水位变动的狗牙根、牛筋草等草本植物为主。消落带中部景观基塘带丰富了滨湖湿地景观多样性，为城市居民提供了休闲游憩、科普宣教的亲水平台，实现了水质净化、生境改善等综合生态服务功能。消落带下部自然植被恢复带处于高程较低的区域，以耐水淹的狗牙根、牛筋草、合萌等草本植物为主。

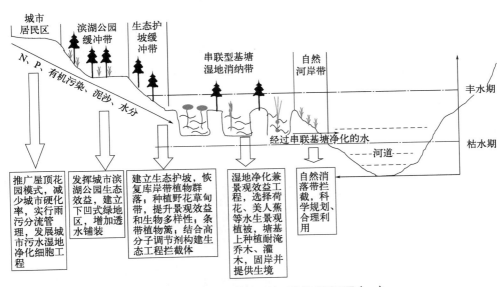

图22-69 多带多功能生态缓冲系统模式剖面图（一）

② 生态防护带＋消落带上部生态固岸带＋消落带中部复合林泽带＋消落带下部自然植被恢复带。生态防护带是建设在175～180m水位线区间的以高大乔木为主、林下灌丛为辅的第一级防护带（图22-70），该带是农业面源污染进入汉丰湖的第一道屏障，繁茂的防护带及发达的根系，可以有效减少水体流失和地表径流污染负荷。生态固岸带是为了防止消落带季节性淹水导致湖岸带脆弱，在170～175m区间以大型透水材料铺装为主，中心种植巴茅等高大耐水淹植被，形成一个近自然的具有较好固岸、生境、净化等功能的生态固岸带；在生态固岸带以下，以卵石、原位土壤为材料，堆积成170m海拔的平台，种植水杉、乌桕等乔木、灌丛，形成一个复合林泽带，冬季林泽淹没5m，乔木有1m左右露出水面，为越冬鸟类栖息提供良好的环境，夏季露出，形成森林生境，效果极好。消落带下部自然植被恢复带处于高程较低的区域，以耐水淹的狗牙根、牛筋草、合萌等草本植物为主。

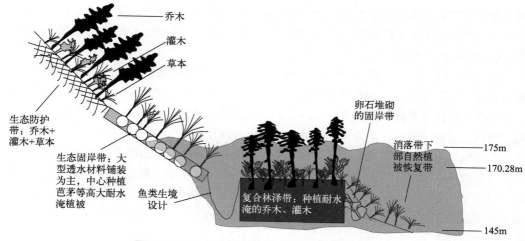

图22-70　多带多功能生态缓冲系统模式剖面图（二）

③ 大叶麻竹带＋竹柳带＋苍耳带＋狗牙根带＋多塘系统带的多带缓冲系统。2015年3月开始，针对白家溪河口鸟类生境恢复和植被恢复，设计并实施了以大叶麻竹、竹柳、苍耳、狗牙根为主要植物防护带的示范工程（图22-71）。175m以上以大叶麻竹为主，172～175m之间种植竹柳，165～172m之间自然形成以苍耳为主的草本防护带，165m以下自然形成以狗牙根为主的草本防护带。示范工程面积约600m²，是对自然消落带人为改造的一种植被恢复和生态防护带建设的一种探索和研究。

(a)　　　　　　　　　　　　　　　　(b)

图22-71　多带多功能缓冲系统

与林泽工程、林泽基塘复合工程、基塘工程等一系列技术体系不同，生态防护带建设是对一些地形特殊、植被生长旺盛的区域进行的一种生态防护带设计的探索，也是人为改造消落带恢复工程的一种有效参照。

④ 多塘系统带＋多孔穴缓坡带＋景观基塘带＋植被恢复带。多塘系统带可以有效拦截周围径流汇水和城市污水，同时提供生物生境，提高生物多样性，多塘系统间设置人行步道，可以提供景观价值和休闲娱乐功能。

卵石堆砌的多孔穴缓坡带，经过乌杨坝段示范效果，植物根系的大量繁殖，可以有效增强固岸效果，同时提供丰富的根系空间和多孔穴生境，夏季退水可为昆虫提供良好的生境和庇护场所，有效提高生物多样性，而且相对于土质护岸在季节性淹水条件下更安全。

景观基塘系统冬季淹水，夏季露出。夏季塘中水生植物生长对净化水质、景观美化有重要意义，冬季淹水前收获地上部分，可避免淹水后植物腐烂对水体造成污染，具有多重环境效益、生态效益、社会效益。该模式效果已经在石龙船大桥段示范中得到了认可。

消落带植被恢复对于汉丰湖生态环境保护具有重要价值。自然植被恢复带作为水陆界面的最后一个屏障，不仅为冬季鱼类提供丰富的水下空间，也同时为夏季河岸生物提供生境。多年植物筛选的成果表明，在自然植被恢复带种植水生美人蕉和秋华柳等耐水淹植物对河岸带植被恢复有一定促进作用。

22.2.1.2 环湖多维湿地系统

环湖多维湿地系统主要是在汉丰湖周 170m 水位线以上消落带区域及湖岸带以上区域构建与汉丰湖水体具有一定水文连通的不同结构的湿地群，包括大小不一的多塘系统、拟潟湖结构、复合林泽基塘系统等。现以芙蓉坝野花草甸 - 环湖多塘 - 林泽基塘复合系统模式阐述如下。

野花草甸是自然界中由草本花卉植物形成的大面积野生生境。通常，野花草甸分布在阳光较为充足的湿地边坡、半干旱场地、森林林缘甚至废弃荒地，植物种类多样性较高，呈现出多季象景观，并提供优良的生态服务，如调节微气候、改善土壤渗透率、固持水土、维持野生生物生境等。在中国，自然野花草甸常见于西部高原地区，如香格里拉地区、川西高原与青藏高原。目前，受西方国家在城市和景观建设中大量应用野花草甸的启发，中国城市环境中也开始出现人工野花草甸景观，通常称为"草花混播"。这种师法自然的生境，给城市物种保育与低碳景观的发展带来了莫大的助益。

环湖多塘多基于对中国塘智慧的不断探索，本研究认为塘系统在生态系统中具有不可忽略的重要意义，不仅具有生境异质性、水文多变性的特点，还能够临时储存水分，增加地表渗水，更具有削峰、滞洪、缓流、纳污等多种水环境效益。

林泽基塘复合系统（见图 22-72）是针对消落带特殊生境设计的适应水位变动的多功能生态缓冲系统。林泽基塘复合系统一方面提供生物生境功能，同时对区域景观效果具有较好的优化作用；另一方面，多塘系统种植纳污能力较强的植物种类，可对污染负荷较低的生活污水进行直接处理。

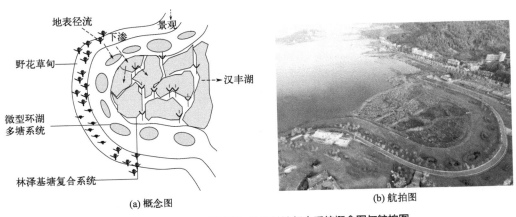

(a) 概念图　　　　(b) 航拍图

图22-72　库湾区环湖多塘-林泽基塘复合系统概念图与航拍图

22.2.1.3　滨湖水敏性结构系统

　　水敏性结构系统设计应该考虑结合土地利用控制、源头控制、径流控制、排放控制等综合方案，从雨水收集、径流过程到最终进入受纳水体，总体控制和削减污染物含量，同时要考虑其重要的景观、美学、娱乐、休闲等给人们带来心理影响的潜在价值。本研究将水敏性结构系统水质净化技术分布为植物控制、雨水储留以及雨水净化三部分。

（1）植物控制

　　植物控制是水敏性结构系统水质净化技术的核心，包括生物沟和植物篱等技术，生物沟也叫作生物过滤系统、生物截留系统、水质控制系统、生物滤器或生物过滤洼地，是一种被草本植物覆盖的简易沟渠或者洼地，一般有水平流向和垂直流向两种形式：一种是水平流的生物沟通过植物吸附、吸收、物理沉淀、生物分解去除污染物；另一种是垂直流的生物沟由植物、过滤介质及底部穿孔管构成，处理后的径流由穿孔管收集并排放。生物沟可以有效防止径流引起的土壤侵蚀，拦截并固定雨水径流悬浮颗粒；植物篱类似一个过滤带，能够有效拦截和削减坡面径流携带的大量营养物和污染物。

（2）雨水储留

　　雨水储留技术是城市水平衡的关键，包括生态滞留池、滞洪池、湿洼地、雨水花园等技术。滞洪池是一种有效的控制暴雨径流和补给地下水的技术，往往可以维持一个永久性的滞洪池以降低径流洪峰，同时滞洪池也能够通过生物吸收和物理沉降起到改善水质的作用。滞洪池一般需要尽可能地靠近水源。生态滞洪池还能够提供美学、灌溉蓄水以及娱乐消遣功能，如钓鱼、划船等，但如何长期维持良好的水质是目前滞洪池技术需要解决的首要问题。

（3）雨水净化

雨水净化技术主要包括渗滤池、人工湿地、潜流通道等技术。

　　本研究基于水敏性城市设计技术体系构建了生物沟 - 雨水花园（生物塘）模式和生命景观屋顶 - 生命景观墙 - 生物沟 - 雨水花园 - 生物塘模式，并在湖岸带区域进行了示范。

　　① 生物沟 - 雨水花园（生物塘）模式。生物沟（也叫作生物过滤系统、生物截留系统、生物滤器或生物过滤洼地）是由开挖沟渠、回填介质和植物组成的暴雨径流处理系统，可以是细长的沟渠，也可以做成滞留池塘。生物沟技术简单高效、成本低廉，被广泛应用于城市地区暴雨径流管理的源头控制。

　　雨水花园是自然形成的或人工挖掘的浅凹绿地，被用于汇聚并吸收来自屋顶或地面的雨水，通过植物、沙土的综合作用使雨水得到净化，并使之逐渐渗入土壤，涵养地下水，或使之补给景观用水、厕所用水等城市用水。其是一种生态可持续的雨洪控制与雨水利用设施。

　　② 生命景观屋顶 - 生命景观墙 - 生物沟 - 雨水花园 - 生物塘模式。生命景观屋顶是在屋顶以绿化的形式建设花园。屋顶花园不仅能够降温隔热，而且能够美化环境，净化空气，改善局部小气候，丰富城市的俯仰景观，补偿建筑物占用的绿化地面，大大提高了城

市的绿化覆盖率，而且能够对降雨初期冲刷效应具有明显缓冲效果，尤其对暴雨径流中N、P营养物和Cd、Cu、Mn等金属元素含量具有显著的削减作用，是城市水环境污染防控体系源头控制的第一级控制单元。

生命景观墙（生态墙）是指充分利用不同的立地条件，选择攀缘植物及其他植物栽植并依附或者铺贴于各种构筑物及其他空间结构上的绿化方式，其能够充分利用城市竖向空间，改善不良环境等问题，因此越来越受到城市绿化的青睐。本研究中设计生命景观墙主要是提供生物生境，可以避免雨水直接冲刷墙体增加污染负荷和缓冲径流。

生命景观屋顶-生命景观墙-生物沟-雨水花园-生物塘模式（图22-73）是对生物沟-雨水花园-生物塘模式的一种优化和改进。

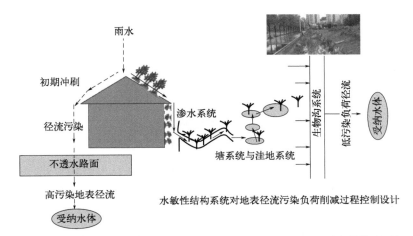

图22-73　汉丰湖流域生命景观屋顶-生命景观墙-生物沟-雨水花园-生物塘模式设计思路

汉丰湖周边的开州区新城为典型的水敏性城市，与汉丰湖水环境安全密切相关。针对汉丰湖的水敏性特点，在河、库岸带等水敏性关键节点设计并实施具有污染净化等多功能的雨水花园、生物沟、生物洼地等综合型水敏性系统。

22.2.2　生态防护带水质净化效果评估

22.2.2.1　基塘工程污染削减效果评估

（1）研究区样品采集与处理

根据汉丰湖景观基塘工程分布及入水口、出水口以及水流通道等，选取汉丰湖南岸石龙船大桥段的一组4级串联塘为代表，设置入水口与出水口2个采样点。2014年6～9月及2015年6～9月，逐月依据降雨情况进行地表径流采集并监测（图22-74）。2014年6～9月共采集11次降雨期间入水口、出水口水样，2015年共采集12次降雨期间水样。入水口代表降雨期间冲刷城市硬化路面形成高负荷污染径流，出水口代表经过多级基塘净化后排入汉丰湖的径流。

同时在石龙船大桥南岸自然湖岸带采集坡顶和坡麓水样作为对照。

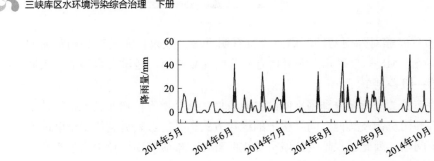

(a) 2014年

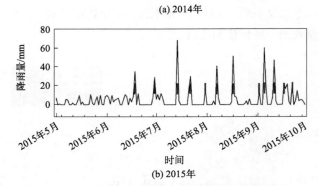

(b) 2015年

图22-74 采样期间开州区降雨量分布及采样时间

采集水样带回实验室，参考照《水和废水监测分析方法》分别对NH_4^+-N、NO_3^--N、TN、TP、溶解性TP（DTP）以及正磷酸盐等水质指标进行测定。测试方法如下：TP和DTP用过硫酸钾消解-钼锑抗分光光度法；溶解态正磷酸盐为钼锑抗分光光度法；TN为过硫酸钾氧化-紫外分光光度法；NO_3^--N为紫外分光光度法；NH_4^+-N为水杨酸-次氯酸盐光度法。

（2）数据分析方法

各指标取重复的平均值，数据采用Excel 2003和SPSS 13.0进行统计分析。

污染负荷去除率计算公式：

$$去除率 = (C_入 - C_出)/C_入 \times 100\%$$

式中　$C_入$——系统入水的污染物浓度；

　　　$C_出$——系统出水的污染物浓度。

（3）结果与分析

1）对地表径流TN含量削减效果

景观基塘工程对地表径流中TN含量削减效果如图22-75所示。

由图22-75可知，景观基塘入水TN浓度为4.41～15.13mg/L，入水口氮浓度高于国家地表水劣Ⅴ类水质标准，可能由于部分生活污水管网不健全，导致雨水管网排污浓度较高，这部分TN直接入湖将给汉丰湖水环境造成极大威胁。高污染复合地表径流进入景观基塘工程，经过沉淀、拦截、过滤、植物吸收等作用，有明显的降低。景观基塘出水TN浓度为2.21～10.31mg/L，仍然高于国家地表水劣Ⅴ类水质标准，但极显著地低于入水口

TN 浓度（$p < 0.01$），可见景观基塘系统不仅提供了景观优化功能，同时在汉丰湖与城市污染物源之间构成了一道拦截屏障，有效削减入湖 TN 负荷。

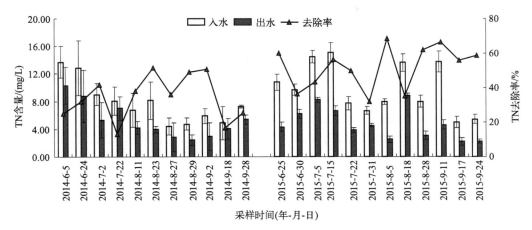

图22-75　景观基塘工程对地表径流中TN含量的削减效果

通过计算 TN 去除率，景观基塘工程对地表径流 TN 去除率达到 13% ～ 69%，与传统护坡、滤岸相比具有明显的优势。对照区 TN 的去除率为 –17.7%（图 22-76），可见城市面源污染直接经过自然湖岸带进入汉丰湖并不能得到有效拦截和削减；同时由于消落带季节性淹水导致土壤养分更容易流失进入水体，在城市绿带与湖泊之间构建景观基塘系统具有非常重要的意义。景观基塘工程对于污染负荷较高的生活污水或城市面源污染具有显著的拦截和去除 TN 的作用。

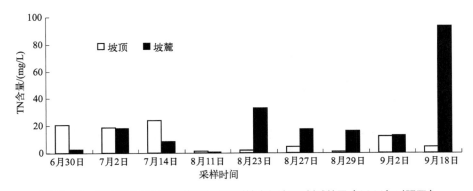

图22-76　汉丰湖北岸自然消落带湖岸区对地表径流TN削减效果（2014年对照区）

2014 年与 2015 年相比，景观基塘工程运行更加稳定。其中 2014 年 TN 去除率为34%，而 2015 年提升到了 60%，2015 年在更高入水 TN 浓度情况下，景观基塘工程仍然可保证出水 TN 含量低于 2014 年（表 22-13），可见经过两年的淹水考验，景观基塘工程对 TN 的去除效果相对稳定，通过自然做功，基塘中生物多样性不断提升，基塘生态系统的结构更加完整，植物根系微生物群更加丰富，因此具有更加有效的污染去除效果。

表22-13 景观基塘工程入水与出水TN含量的去除情况

采样次数	2014年			2015年		
	入水TN含量/(mg/L)	出水TN含量/(mg/L)	去除率/%	入水TN含量/(mg/L)	出水TN含量/(mg/L)	去除率/%
1	13.70±2.28	10.31±2.65	25	10.80±1.16	4.32±0.64	60
2	12.88±3.97	8.78±3.76	32	9.68±0.80	6.18±0.67	36
3	9.02±1.55	5.26±2.55	42	14.48±0.90	8.22±0.37	43
4	8.02±2.04	6.99±1.66	13	15.13±1.44	6.62±0.74	56
5	6.72±2.42	4.17±0.90	38	7.74±0.98	3.87±0.36	50
6	8.14±2.69	3.96±0.44	51	6.65±0.55	4.54±0.26	32
7	4.41±1.24	2.83±2.12	36	7.99±0.40	2.51±0.48	69
8	4.74±0.89	2.42±0.74	49	13.65±1.28	8.87±0.31	35
9	5.90±1.06	2.92±1.97	51	8.01±0.90	3.03±0.60	62
10	4.86±2.39	4.04±1.47	17	13.79±1.49	4.64±0.67	66
11	7.21±0.20	5.37±0.67	26	5.00±0.85	2.21±0.59	56
12				5.43±0.65	2.24±0.31	59
平均值	7.78±1.88	5.19±1.72	34	9.86±0.95	4.77±0.50	52

2）对地表径流TP含量削减效果

景观基塘工程对地表径流中TP含量的削减效果如图22-77所示。

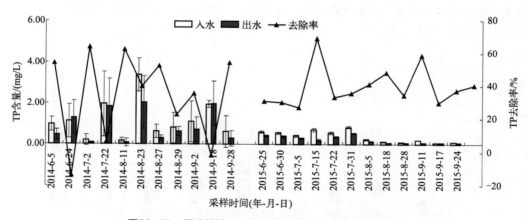

图22-77 景观基塘工程对地表径流中TP含量的削减效果

由图22-77可知，景观基塘入水TP浓度为0.08～3.38mg/L，大部分降雨形成地表径流进入基塘时TP浓度符合国家地表水劣V类水质标准，磷的主要来源为地表冲刷路面和少量生活污水汇入。经过景观基塘工程沉淀、拦截、过滤、植物吸收等作用，出水TP浓度有明显的降低。景观基塘出水TP浓度为0.06～2.02mg/L，基本达到国家地表水E级A类水质标准，显著低于入水口TP浓度（$P < 0.01$），可见景观基塘工程对地表径流入湖TP具有显著的削减效果。

通过计算TP去除率，景观基塘工程对地表径流TP去除率达到–13%～70%，平均去除率为 37%，与邓焕广等设计的城市河流滤岸系统 TP 去除率（42.6%）相近，但低于阎丽凤等所设计的植被缓冲系统（74%），可能原因是基塘工程对 TP 的去除需要缓慢的流速，而降雨过大形成快速的表流则去除效果会降低。同时，基塘工程对 TN 的去除主要通过植物拦截和沉淀，而塘内的营养物则通过微生物降解作用和植物吸收消纳，因此基塘工程对污染物的拦截和去除具有相对的滞后性。但总体上景观基塘工程在汉丰湖周发挥着重要的 TP 去除作用。

对照区 TP 的去除率均为负值，无景观基塘工程的区域地表径流进入汉丰湖带来较大的 TP 负荷，而且自然湖岸带对地表径流 TP 的削减效果较差，同时消落带土壤受季节性水淹影响营养物质极易流失，导致较大的污染威胁（图 22-78）。

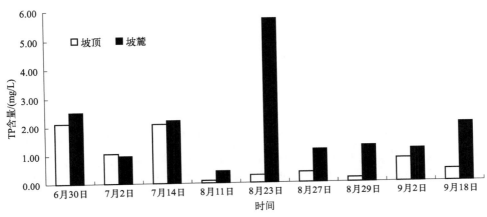

图22-78 汉丰湖北岸自然消落带湖岸区对地表径流TP削减效果（2014年对照区）

与 TN 不同，2014 年与 2015 年相比，景观基塘工程入水的 TP 浓度具有较大差异，2014 年入水平均 TP 浓度为（1.16±0.63）mg/L，出水浓度为（0.86±0.57）mg/L，去除率达到 35%（表 22-14）。而 2015 年可能由于城市绿化带（特别是道路两侧的生物沟系统）发挥了拦截污染物的作用，同时城市管网不断完善，所以入水 TP 浓度较低，仅为（0.36±0.03）mg/L，出水 TP 浓度为（0.22±0.02）mg/L，去除率为 39%，略高于 2014 年。景观基塘工程对 TP 污染去除率随着入水污染物浓度的提高而提高，但存在阈值，当入水 TP 浓度超过 1.0mg/L 时 TP 的去除率均较低（表 22-14）。总体上 2015 年系统的 TP 削减效果比较稳定，但仍需要高浓度的输入来验证最大污染负荷阈值，进而有利于对系统进行科学评估。

表22-14 景观基塘工程入水与出水TP含量的去除情况

采样次数	2014年			2015年		
	入水TP含量/(mg/L)	出水TP含量/(mg/L)	去除率/%	入水TP含量/(mg/L)	出水TP含量/(mg/L)	去除率/%
1	0.95±0.34	0.43±0.25	55	0.59±0.04	0.41±0.04	31
2	1.12±0.81	1.27±0.84	−13	0.53±0.05	0.37±0.04	30
3	0.19±0.26	0.07±0.03	63	0.40±0.04	0.29±0.02	28

续表

采样次数	2014年			2015年		
	入水TP含量 /(mg/L)	出水TP含量 /(mg/L)	去除率 /%	入水TP含量 /(mg/L)	出水TP含量 /(mg/L)	去除率 /%
4	1.95±1.58	1.81±1.35	7	0.69±0.08	0.21±0.04	70
5	0.17±0.12	0.06±0.19	65	0.53±0.06	0.35±0.03	34
6	3.38±0.81	2.02±1.28	40	0.81±0.04	0.52±0.04	36
7	0.60±0.32	0.29±0.12	52	0.23±0.02	0.13±0.02	43
8	0.78±0.74	0.60±0.22	23	0.12±0.02	0.06±0.01	50
9	1.09±1.00	0.70±0.60	36	0.09±0.01	0.06±0.01	33
10	1.93±0.17	1.96±1.08	-2	0.20±0.01	0.08±0.00	60
11	0.61±0.76	0.28±0.35	54	0.08±0.01	0.06±0.01	25
12				0.09±0.01	0.06±0.01	33
平均值	1.16±0.63	0.86±0.57	35	0.36±0.03	0.22±0.02	39

3）对地表径流 NH_4^+-N 含量削减效果

NH_4^+-N 是指水中以游离氨和铵根离子形式存在的氮，是水体中的营养素，可导致水体富营养化现象产生，是水体中的主要耗氧污染物，对鱼类及某些水生生物有毒害。2014年6～9月及2015年6～9月监测期间景观基塘工程对地表径流中 NH_4^+-N 含量及 NH_4^+-N 去除率的分析如图 22-79 所示。

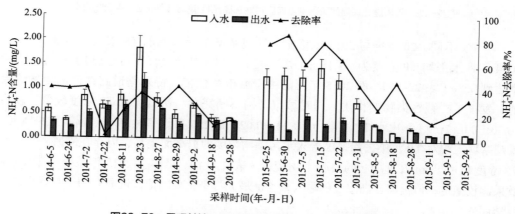

图22-79　景观基塘工程对地表径流中 NH_4^+-N含量的削减效果

由图 22-79 可知，景观基塘入水 NH_4^+-N 浓度为 0.13～1.82mg/L，大部分降雨形成地表径流进入基塘时 NH_4^+-N 含量符合国家地表水Ⅳ～Ⅴ类水质标准， NH_4^+-N 的主要来源为生活污水，入基塘主要为雨水地表径流， NH_4^+-N 含量相对较低。2014年入水与出水 NH_4^+-N 含量 6～9 月均表现为先增高后降低，最大值出现在 8 月下旬，这可能与这期间为盛夏季节，生活污水排放量激增有关。而 2015 年时间变异性与 2014 年具有明显不同，主要受到 2015 年 8～9 月间密集的降雨导致稀释效应影响。经过景观基塘工程沉淀、拦截、过滤、植物吸收等作用，出水NH_4^+-N含量有明显的降低。景观基塘出水NH_4^+-N含量为0.10～1.16mg/L，基本达到国家地表水Ⅱ类水质标准，显著低于入水口NH_4^+-N含量（$P < 0.01$），可见景观基塘工程对地表径流入湖NH_4^+-N含量具有显著的去除效果。

景观基塘工程对地表径流NH_4^+-N含量去除率达到3%～84%，平均去除率为38%±22%，低于邓焕广等设计的城市河流滤岸系统NH_4^+-N去除率（56%～65%），略高于阎丽凤等所设计的自然植被缓冲系统（31%）。总体景观基塘工程NH_4^+-N的去除效果良好，在对遭受污染的河湖进行生态修复时，应考虑环境污染特点和地表特征，以充分发挥河岸界面及流域塘系统对污染物的去除优势。2014年与2015年相比，景观基塘工程入水的NH_4^+-N浓度没有显著差异，分别为（0.72±0.09）mg/L和（0.71±0.09）mg/L（表22-15）。而二者出水浓度差异显著（$P < 0.05$），均值分别为（0.51±0.05）mg/L和（0.25±0.03）mg/L，而2015年经过一年稳定期的景观基塘工程对NH_4^+-N的去除率是2014年工程建设初期的约2倍（表22-15）。可见，随着景观基塘工程趋于稳定，其NH_4^+-N的去除效果明显增加，主要原因可能是2014年工程初期基塘工程内植物种类单一（主要为荷花），随着原位种子库的作用，第2年景观基塘中水生植物明显增加，沉水植物开始生长，因此具有更加显著的NH_4^+-N去除效果。

表22-15 景观基塘工程入水与出水NH_4^+-N含量的去除情况

采样次数	2014年			2015年		
	入水NH_4^+-N含量/(mg/L)	出水NH_4^+-N含量/(mg/L)	去除率/%	入水NH_4^+-N含量/(mg/L)	出水NH_4^+-N含量/(mg/L)	去除率/%
1	0.56±0.07	0.34±0.04	39	1.28±0.17	0.29±0.03	77
2	0.37±0.04	0.22±0.02	41	1.29±0.17	0.20±0.02	84
3	0.84±0.11	0.50±0.06	40	1.27±0.17	0.49±0.06	61
4	0.66±0.08	0.64±0.08	3	1.46±0.19	0.31±0.04	79
5	0.85±0.11	0.66±0.08	22	1.22±0.16	0.43±0.05	65
6	1.82±0.24	1.16±0.15	36	0.77±0.10	0.43±0.05	44
7	0.80±0.09	0.59±0.01	26	0.33±0.02	0.25±0.02	24
8	0.49±0.09	0.29±0.05	41	0.18±0.01	0.10±0.01	44
9	0.66±0.05	0.48±0.03	27	0.26±0.03	0.20±0.01	23
10	0.43±0.07	0.38±0.05	12	0.13±0.02	0.11±0.01	15
11	0.44±0.01	0.37±0.02	16	0.18±0.01	0.14±0.01	22
12				0.15±0.01	0.10±0.01	33
平均值	0.72±0.09	0.51±0.05	28	0.71±0.09	0.25±0.03	48

景观基塘工程对NH_4^+-N的去除也存在入湖污染负荷阈值，当入水NH_4^+-N浓度过高时，形成快速表流而没有充分的滞留时间导致NH_4^+-N去除率可能较低。但总体上景观基塘系

统的NH_4^+-N削减效果比较稳定，但仍需要高浓度的输入来验证最大污染负荷阈值，并对系统进行科学评估。

4）对地表径流硝氮（NO_3^--N）含量削减效果

硝氮（NO_3^--N）是指硝酸盐中所含有的氮元素。水和土壤中的有机物分解生成铵盐，被氧化后变为硝氮，NO_3^--N对水体水质量的影响最显著。NO_3^--N是面源污染的主要污染物。2014年6～9月及2015年6～9月监测期间景观基塘工程对地表径流中NO_3^--N含量及NO_3^--N去除率的分析如图22-80所示。总计23次降雨期间采集地表径流NO_3^--N浓度变动性较大，景观基塘入水NO_3^--N浓度变化范围为2.13～10.96mg/L，均高于国家地表水V类水质标准。NO_3^--N进入水体成为水生藻类、浮游生物生长的优势氮源，是水体富营养化的主要因素，因此高NO_3^--N负荷的地表径流进入汉丰湖成为重要的面源污染证据和汉丰湖水环境安全的重要威胁。本研究设计冲刷路面的地表径流及少量生活污水汇合后进入景观基塘系统，经过多级系统的拦截、消纳、沉淀、分解以及少量的吸收，出水口的NO_3^--N浓度变化范围为0.28～6.98mg/L，高于国家地表水劣V类水质标准，但总体NO_3^--N浓度显著低于入水口浓度（$P < 0.01$）。尤其2015年8～9月期间，景观基塘中植物生长最旺盛，在入水污染负荷仍较高的条件下，出水口的NO_3^--N浓度降低至0.86mg/L，达到地表水环境的Ⅲ类水标准，效果较好。

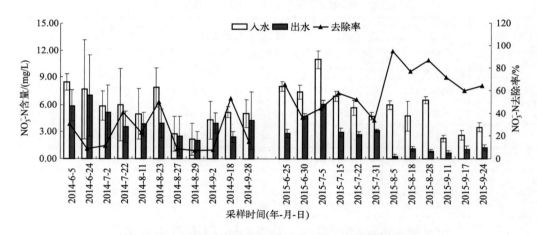

图22-80　景观基塘工程对地表径流中NO_3^--N含量的削减效果

景观基塘工程对地表径流NO_3^--N含量去除率达到7%～95%，平均去除率为44%±27%。与阎丽凤等监测的自然植被缓冲系统（13%～44%）相似。景观基塘系统NO_3^--N去除率变异性较大，可见2014年系统建成初期呈现出不稳定的特征。2015年，景观基塘系统经过一年的稳定期，整个监测期间出水NO_3^--N浓度较低[（2.28±0.31）mg/L]，NO_3^--N去除率显著高于2014年，平均的NO_3^--N去除率为62%，是2014年平均去除率的近3倍（表22-16）。可见，随着景观基塘工程趋于稳定，其NO_3^--N的去除效果也趋于稳定，尤其是2015年8～9月植物生长旺盛季节，NO_3^--N去除率均超过60%，景观基塘工程经过2年的运行，具有较好的污染去除效果。

表22-16 景观基塘工程入水与出水NO₃⁻-N含量的去除情况

采样次数	2014年			2015年		
	入水NO_3^--N含量 /(mg/L)	出水NO_3^--N含量 /(mg/L)	去除率 /%	入水NO_3^--N含量 /(mg/L)	出水NO_3^--N含量 /(mg/L)	去除率 /%
1	8.44±0.90	5.86±1.73	31	8.01±0.51	2.77±0.45	65
2	7.67±5.52	6.98±4.50	9	7.38±0.72	4.70±0.28	36
3	5.83±1.6	5.16±2.97	11	10.96±0.99	6.07±0.41	45
4	5.96±4.00	3.51±1.74	41	6.92±0.57	2.89±0.48	58
5	4.96±2.79	3.82±1.33	23	5.64±0.86	2.69±0.27	52
6	7.84±2.15	3.90±1.62	50	4.68±0.42	3.10±0.16	34
7	2.74±1.93	2.50±2.18	9	5.95±0.50	0.28±0.23	95
8	2.13±1.76	1.98±1.01	7	4.71±1.63	1.10±0.28	77
9	4.26±2.13	3.93±1.17	8	6.47±0.39	0.87±0.19	87
10	5.16±0.64	2.41±0.60	53	2.24±0.36	0.63±0.25	72
11	4.98±1.55	4.23±3.16	15	2.60±0.50	1.04±0.39	60
12				3.46±0.47	1.23±0.32	64
平均值	5.45±2.27	4.02±2.00	23	5.75±0.66	2.28±0.31	62

由表22-16可见，中度污染条件下（NO_3^--N＜5mg/L），景观基塘系统对NO_3^--N的去除效果较好，而高度污染条件下（NO_3^--N≥5mg/L），景观基塘系统去除NO_3^--N的效果有限，因此景观基塘工程的推广需要进一步发展复合型基塘工程系统。

5）对地表径流正磷酸盐（PO_4^{3-}）含量削减效果

研究期间地表径流水体PO_4^{3-}含量及变化特征如图22-81所示。两年的监测中景观基塘工程受纳地表径流PO_4^{3-}浓度范围为0.04～0.67mg/L，平均值为（0.29±0.19）mg/L，大部分降雨径流PO_4^{3-}含量高于国家地表水环境质量Ⅴ类水的TP标准浓度（0.2mg/L）。可见城市面源污染对地表水体PO_4^{3-}的贡献不容忽视。2014年与2015年景观基塘入水PO_4^{3-}浓度基本略有差异，分别为（0.37±0.02）mg/L和（0.22±0.02）mg/L，主要由于2015年8月、9月密集的降雨导致PO_4^{3-}浓度较低。景观基塘出水PO_4^{3-}浓度范围为0.03～0.38mg/L，均值为（0.17±0.01）mg/L，显著低于入水口PO_4^{3-}浓度（$P＜0.01$），大部分出水PO_4^{3-}浓度达到国家地表水环境质量Ⅳ类水质要求，可见景观基塘工程对地表径流入湖PO_4^{3-}具有显著的拦截和消纳效果。

通过计算PO_4^{3-}去除率，景观基塘工程对地表径流PO_4^{3-}去除率达到−18%～75%（除2014年9月18日外，其去除率为−85%），平均去除率为31%，与邓焕广等设计的城市河流滤岸系统TP去除率（42.6%）相近。

2014年景观基塘工程对PO_4^{3-}的去除率表现较大的波动性，尤其是出现了2次负去除率的情况（−18%和−85%），整个系统处于初期运行，没有稳定的污染物去除率。2014年监测景观基塘工程对地表径流PO_4^{3-}平均去除率为20%。经过一年的稳定运行，景观基塘工程开始发挥其作用，整个2015年PO_4^{3-}的去除率均高于20%，平均达到41%，约是2014年平均值的2倍。2015年可能由于城市绿化带及道路两侧的生物沟系统发挥了拦截污染物的作用，同时城市管网不断完善，所以入水PO_4^{3-}浓度较低，仅为（0.22±0.02）mg/L，出水

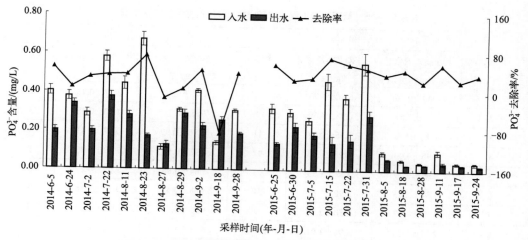

图22-81　景观基塘工程对地表径流中PO_4^{3-}含量的削减效果

PO_4^{3-}浓度为（0.11±0.01）mg/L（表22-17）。景观基塘工程对PO_4^{3-}污染去除率随着入水污染物浓度的提高而提高，但也存在阈值。总体上2015年系统的TP削减效果比较稳定。

表22-17　景观基塘工程入水与出水PO_4^{3-}含量的去除情况

采样次数	2014年			2015年		
	入水PO_4^{3-}含量 /(mg/L)	出水PO_4^{3-}含量 /(mg/L)	去除率 /%	入水PO_4^{3-}含量 /(mg/L)	出水PO_4^{3-}含量 /(mg/L)	去除率 /%
1	0.40±0.03	0.20±0.02	50	0.32±0.02	0.14±0.01	56
2	0.38±0.02	0.34±0.02	11	0.30±0.02	0.22±0.03	27
3	0.29±0.02	0.20±0.01	31	0.26±0.02	0.18±0.02	31
4	0.58±0.03	0.38±0.02	34	0.46±0.04	0.14±0.04	70
5	0.44±0.03	0.28±0.02	36	0.37±0.02	0.16±0.03	57
6	0.67±0.04	0.17±0.01	75	0.55±0.06	0.28±0.03	49
7	0.11±0.01	0.13±0.02	−18	0.09±0.01	0.06±0.00	33
8	0.31±0.01	0.29±0.02	6	0.05±0.01	0.03±0.00	40
9	0.41±0.01	0.22±0.02	45	0.04±0.01	0.03±0.00	25
10	0.14±0.01	0.26±0.02	−85	0.10±0.01	0.04±0.01	60
11	0.31±0.01	0.19±0.01	39	0.04±0.01	0.03±0.00	25
12				0.04±0.01	0.03±0.00	25
平均值	0.37±0.02	0.24±0.02	20	0.22±0.02	0.11±0.01	41

6）对地表径流溶解性TP（DTP）含量削减效果

TP指水中溶解物质的含磷和悬浮物中的含磷，通常测定过程中通过微孔滤膜将悬浮物不溶性的物质过滤，测定TP含量为DTP。DTP测定能够反映水体污染物的形态特征，对解释污染物来源和去向具有重要意义。如图22-82所示，2014年与2015年雨季监测景观基塘工程对地表径流中DTP含量的削减效果。监测表明，两年雨季城市地表径流中携带大量的DTP汇入城市受纳水体。入水DTP含量为0.05～1.35mg/L［均值为（0.44±0.11）mg/L］。

而出水 DTP 浓度为 0.02 ～ 0.99mg/L［均值为（0.31±0.07）mg/L］，显著低于入水浓度，景观基塘工程对 DTP 具有一定的削减效果。同时出水 DTP 均值占 TP 浓度平均值的 94%，而颗粒态磷仅占 6%，可见在地表径流进入景观基塘后主要通过物理的过滤、沉淀以及植物拦截等作用去除大量的颗粒态磷。

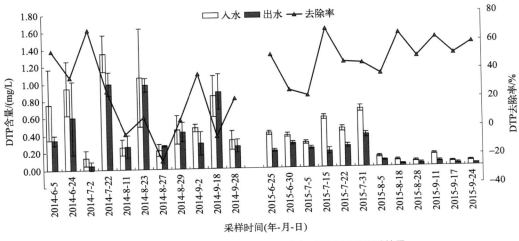

图22-82　景观基塘工程对地表径流中DTP含量的削减效果

如图 22-82 所示，景观基塘系统对地表径流 DTP 的去除率 –18% ～ 71%（平均为 36%），低于 TP 去除率，进一步说明景观基塘系统主要通过物理过程有效拦截颗粒态磷而达到水环境保护的目的，同时其对 DTP 的削减作用也不可忽略。目前关于生态防护带对 DTP 的削减效果的研究较少，但本研究认为 PO_4^{3-} 研究对理解磷素的来源与去向具有重要意义。

2014 年监测与 2015 年比较，入水 DTP 浓度较高，分别为（0.62±0.21）mg/L、（0.27±0.02）mg/L。由于入水浓度差异显著，出水 DTP 的浓度比较也呈现显著差异［（0.49±0.13）mg/L、（0.14±0.02）mg/L］（表 22-18）。由于入水浓度波动性较大，同时系统处于非稳定阶段，因此 2014 年景观基塘工程对地表径流 DTP 的去除率波动性较大，其中 3 次监测表现为负值，而 2015 年 DTP 去除率较稳定，均高于 20%（表 22-18）。DTP 的浓度变化规律与 PO_4^{3-} 相似。

表22-18　景观基塘工程入水与出水DTP含量的去除情况

采样次数	2014年			2015年		
	入水DTP含量/(mg/L)	出水DTP含量/(mg/L)	去除率/%	入水DTP含量/(mg/L)	出水DTP含量/(mg/L)	去除率/%
1	0.76±0.41	0.34±0.06	55	0.40±0.03	0.20±0.02	50
2	0.94±0.32	0.60±0.43	36	0.38±0.02	0.28±0.02	26
3	0.13±0.09	0.04±0.05	69	0.29±0.02	0.22±0.02	24
4	1.35±0.22	0.99±0.14	27	0.58±0.03	0.18±0.04	69
5	0.25±0.09	0.26±0.13	–4	0.44±0.03	0.24±0.02	45
6	1.06±0.57	0.98±0.08	8	0.67±0.04	0.37±0.03	45

续表

采样次数	2014年			2015年		
	入水DTP含量/(mg/L)	出水DTP含量/(mg/L)	去除率/%	入水DTP含量/(mg/L)	出水DTP含量/(mg/L)	去除率/%
7	0.22±0.07	0.26±0.01	−18	0.11±0.01	0.07±0.01	36
8	0.45±0.17	0.43±0.11	4	0.07±0.01	0.02±0.01	71
9	0.47±0.04	0.29±0.13	38	0.06±0.01	0.03±0.01	50
10	0.84±0.24	0.89±0.21	−6	0.14±0.01	0.05±0.01	64
11	0.32±0.11	0.26±0.08	19	0.05±0.01	0.02±0.01	60
12				0.05±0.01	0.02±0.01	60
平均值	0.62±0.21	0.49±0.13	21	0.27±0.02	0.14±0.02	50

（4）小结

河岸景观基塘系统吸滞、阻滤水中污染物主要是通过物理沉降、过滤、吸附、微生物及植物吸收同化等作用实现。地表径流流速、基塘系统的稳定性、植物密度、植物根系生长状况、根系微生物膜状况等对景观基塘系统处理面源径流污染效果具有重要影响。初步设计景观基塘系统经过两年的连续监测，其对地表径流和少量生活污水污染负荷具有较好的削减效果。景观基塘工程对地表径流 TN、TP 的去除率分别达到 13%～69%、−13%～70%。总体来看，景观基塘工程对 N 的去除效果优于 P，工程建设初期削减效果不稳定，变异性较大。经过一年的稳定期后，景观基塘工程系统对地表径流 TP、TN 的去除率表现稳定。景观基塘工程系统对地表径流污染净化效果存在阈值，当污染负荷高于这一阈值时则削减效果可能降低；同时景观基塘系统在高速汇入径流的条件下，可能因为较低的水滞留时间而导致 N、P 去除率较低，但总体对 N、P 的去除率较高。

通过对地表径流污染物 N、P 形态的分析，景观基塘系统对 TP 的削减主要来自对颗粒态磷的削减，同时对 TN 的削减主要来自对硝氮和有机氮的拦截消纳。

植物生长吸收 N、P 等营养元素，出水 N、P 含量小于进水 N、P 含量与蓄水沉积 N、P 含量之和，此时基塘系统表现为营养元素的汇，减少了营养物质流失和库区水环境压力；植物通过光合作用将 C 元素固定为生物量，蓄水前对其进行收割，将实现基塘系统重要的碳汇功能；基塘系统为水生无脊椎动物、湿地鸟类等提供了丰富的栖息环境；基塘中种植的经济作物作为生物产品可为农民带来一定经济效益。

此外，三峡水库消落带作为一种特殊水陆生态界面，其中的生态环境问题纷繁而复杂。景观基塘工程是一种适合消落带特殊水位变动情况的生态友好型生态工程，在植物生长过程中坚持采用"近自然管理"模式，禁止施用农药化肥，将减轻三峡库区水污染负荷；同时，基塘系统作为一种湿地类型，能够对水库周边高地面源污染物质进行有效过滤，减缓库区水环境压力；基塘中湿地植物的生长过程固定了大量碳元素，蓄水之前对其地上部分收割用作食物或能源，将充分发挥基塘系统的碳汇功能；把基塘系统看作一个暴雨储留湿地，它对地表径流产生了有效的拦截作用，不仅削弱了下游洪峰，同时也为湿地动植物提供了适宜的栖息生境。

第四篇　工程实践篇

22.2.2.2 乌杨坝生态缓冲带污染削减效果评估

（1）材料与方法

1）研究区域概况

复合型生态缓冲带示范区位于汉丰湖北岸东河河口至乌杨坝，全长 2.5km，宽度 20～50m，位于高程 172～185m 范围内，种植乔木有樟树、栾树、黄桷树、乌柏、柳树等，灌木有黄荆、马桑、枸杞等，草本植物有狗牙根、五节芒、白茅、牛鞭草等。调查样地内主要土壤类型为潮土。

2）研究设计及样品的采集

2014 年 6～9 月期间，按照降雨分布情况设计采样时间，降雨期间收集缓冲带坡顶与坡麓径流水样，每次采样设计 3 个重复采样点。共采集径流样 11 次，66 个样。同时 2014 以未实施示范工程的自然湖岸区作为对照区，进行样品采集分析。

2015 年 5 月，在多带生态缓冲系统设置 3 个 5m×2m 的样方用于模拟微型径流场小区试验。每个样方四周用水泥板材围起，水泥板材插入地表 20cm，地上部分高出地表 15cm，防止地表径流侧向流动。同时在径流小区上缘和下缘各设置地表径流收集装置（见图 22-83）。分别于 2015 年 6～9 月选择降雨量在 10mm 以上的降雨期间收集径流，每次收集完后将收集器内的水样全部抽出，并清洗收集器。

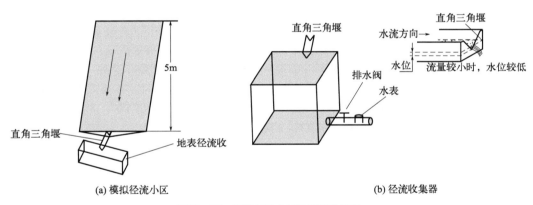

(a) 模拟径流小区　　　　　　　　　　　　　(b) 径流收集器

图22-83　模拟径流小区和径流收集器

3）数据分析

污染负荷去除率计算公式：

$$去除率=(C_入-C_出)/C_入×100\%$$

式中　$C_入$——系统坡顶的污染物浓度；

　　　$C_出$——坡麓的污染物浓度。

（2）结果与分析

1）生态缓冲带对地表径流 TN 含量削减效果

如图 22-84 所示，2014 年 6～9 月及 2015 年 6～9 月共 23 次降雨期间乌杨坝生态缓冲带对地表径流中 TN 含量的影响。

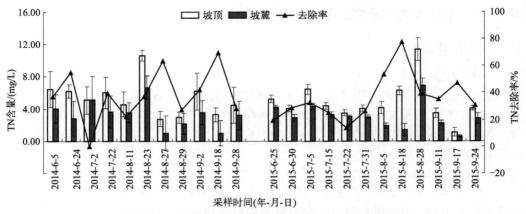

图22-84 乌杨坝生态缓冲带对地表径流中TN含量的削减效果

由图 22-84 可见，乌杨坝生态缓冲带坡顶 TN 浓度为 1.08 ～ 11.35mg/L ［平均值 ± 标准差：（5.07±0.98）mg/L］，入水口 TN 浓度高于国家地表水劣 V 类水质标准，主要原因是生态缓冲带上部区域均为坡耕地，大量的农田系统和施肥活动导致面源污染负荷较高，这部分 TN 直接入湖将给汉丰湖水环境造成严重威胁。高污染复合地表径流通过复合型生态缓冲系统的多级沉淀、拦截、过滤、植物吸收等作用得到有效拦截。乌杨坝生态缓冲带坡麓收集的地表径流 TN 浓度为 0.57 ～ 6.88mg/L ［平均值 ± 标准差：（3.18±1.08）mg/L］，仍然高于国家地表水劣 V 类水质标准，但极显著的低于坡顶径流 TN 浓度（$P < 0.01$），可见乌杨坝生态缓冲带在汉丰湖与城市污染源之间构成了一道拦截屏障，可有效削减入湖 TN 负荷。

通过估算综合 TN 去除率，乌杨坝生态缓冲带对地表径流 TN 去除率达到 –0.30% ～ 78%，平均去除率为 37%，与传统护坡、滤岸相比具有明显的优势。同时，本研究以未实施生态缓冲带区域的地表径流污染削减效果为对照，对照区 TN 的平均去除率仅为 13%（图 22-85），乌杨坝生态缓冲带的建设使得总体的 TN 去除率提升了 24 个百分点。

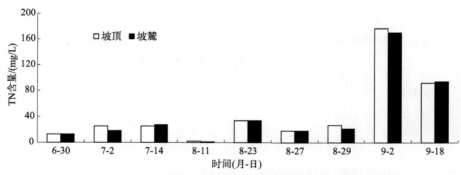

图22-85 北岸东河河口至乌杨坝区对照区逐次取样TN含量比较

2014 年与 2015 年相比，乌杨坝生态缓冲带对地表径流的污染去除率基本相同，其中 2014 年 TN 去除率为 38%，2015 年为 36%（表 22-19），但乌杨坝生态缓冲带 2015 年运行更加稳定，整个去除率波动性较小。经过一年的植被恢复过程，乌杨坝生态缓冲带对 TN 去除效果相对稳定，未来通过自然做功，乌杨坝生态缓冲带生物多样性不断提升，生态系统的结构更加完整，植物根系微生物群更加丰富，因此具有更加有效的污染去除效果。

表22-19 乌杨坝生态缓冲带坡顶与坡麓TN含量的去除情况

采样次数	2014年			2015年		
	坡顶TN含量 /(mg/L)	坡麓TN含量 /(mg/L)	去除率 /%	坡顶TN含量 /(mg/L)	坡麓TN含量 /(mg/L)	去除率 /%
1	6.48±2.24	4.06±1.75	37	5.24±0.46	4.23±0.25	19
2	6.22±0.84	2.79±2.17	55	4.04±0.43	2.88±0.42	29
3	5.09±1.67	5.11±2.94	-0.30	6.43±0.60	4.34±0.34	33
4	6.02±1.94	3.62±2.02	40	4.37±0.41	3.26±0.41	25
5	4.58±1.51	3.55±1.21	22	3.51±0.37	3.02±0.19	14
6	10.63±0.66	6.66±1.48	37	4.07±0.40	3.00±0.23	26
7	2.75±0.93	1.00±2.09	64	4.11±0.74	1.90±0.32	54
8	2.95±0.70	2.15±1.32	27	6.26±0.54	1.40±0.77	78
9	6.18±2.30	3.56±1.50	42	11.35±1.43	6.88±0.9	39
10	3.26±0.85	0.99±1.61	70	3.45±0.58	2.23±0.33	35
11	4.50±2.25	3.22±1.78	28	1.08±0.52	0.57±0.18	47
12				4.08±0.29	2.81±0.64	31
平均值	5.33±1.44	3.34±1.81	38	4.83±0.56	3.04±0.42	36

2）生态缓冲带对地表径流 TP 含量削减效果

乌杨坝生态缓冲带对地表径流 TP 含量的削减如图 22-86 所示。受到缓冲带上部农业面源污染的影响，坡顶径流 TP 含量较高［0.04 ～ 1.27mg/L，平均值＋标准差为（0.43±0.17）mg/L］，多数降雨径流 TP 含量高于国家地表水劣 V 类水质标准。经过缓冲带系统的拦截作用，坡麓 TP 含量为 0.03 ～ 0.77mg/L，显著低于坡顶径流 TP 浓度，极显著低于未实施工程区自然湖岸带坡麓的 TP 含量。2014 年地表径流 TP 负荷变异性较大，而 2015 年地表径流 TP 含量则相对稳定，可能与缓冲带上部 2015 年大面积荒弃，少量施肥活动有关。

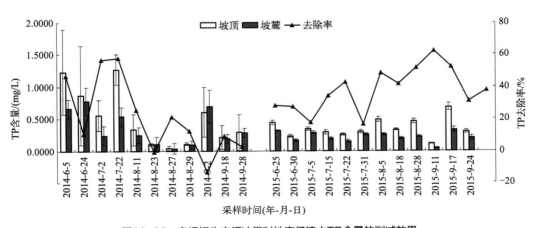

图22-86 乌杨坝生态缓冲带对地表径流中TP含量的削减效果

乌杨坝生态缓冲带对 TP 的去除率变异性较大，范围为 –13% ～ 64%（表 22-20），平均去除率为 30%，与传统护坡、滤岸相似。然而，生态缓冲带对 TP 去除率变异性主要来自 2014 年，由于工程建设初期，植被恢复尚不成熟，因此稳定性较差，甚至在强降雨时存在负削减情况。而 2015 年乌杨坝生态缓冲带植被生长良好，根系发达，对径流削减效果更好，尤其 2015 年 8 ～ 9 月，植物生长最旺盛的季节，去除率均超过 42%。2015 年平均去除率（38%）比 2014（22%）年高 16 个百分点，因此系统整体运行较稳定。同时，本研究以未实施生态缓冲带区域的地表径流污染削减效果为对照（图 22-87），对照区 TP 的平均去除率仅为 –3%，乌杨坝生态缓冲带的建设使得总体的 TP 去除率提升明显。

表22-20　乌杨坝生态缓冲带坡顶与坡麓TP含量的去除情况

采样次数	2014年			2015年		
	坡顶TP含量 /(mg/L)	坡麓TP含量 /(mg/L)	去除率 /%	坡顶TP含量 /(mg/L)	坡麓TP含量 /(mg/L)	去除率 /%
1	1.23±0.66	0.66±0.14	46	0.44±0.03	0.32±0.01	27
2	0.87±0.77	0.77±0.21	11	0.23±0.02	0.17±0.02	26
3	0.55±0.24	0.24±0.15	56	0.34±0.03	0.28±0.02	18
4	1.27±0.53	0.53±0.15	58	0.29±0.04	0.19±0.02	34
5	0.33±0.25	0.25±0.22	24	0.25±0.01	0.15±0.03	40
6	0.10±0.02	0.10±0.12	0	0.30±0.04	0.25±0.02	17
7	0.04±0.03	0.03±0.08	25	0.49±0.04	0.25±0.04	49
8	0.11±0.02	0.09±0.06	18	0.33±0.02	0.19±0.02	42
9	0.60±0.68	0.68±0.26	–13	0.46±0.04	0.22±0.01	52
10	0.21±0.19	0.19±0.07	10	0.11±0.01	0.04±0.01	64
11	0.29±0.28	0.28±0.07	3	0.68±0.05	0.33±0.04	52
12				0.30±0.03	0.20±0.04	33
平均值	0.51±0.33	0.35±0.12	22	0.35±0.03	0.22±0.02	38

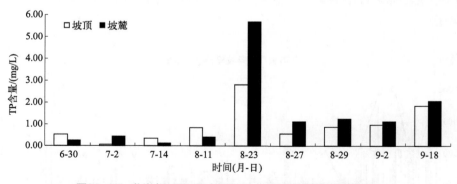

图22-87　北岸东河河口至乌杨坝区对照区逐次取样TP含量比较

此外，调查中发现生态防护带对 TP 的去除率与 TP 浓度呈正相关关系（R^2=0.13），因此乌杨坝生态缓冲带可能对更高浓度的 TP 负荷具有较好的削减效果，但仍需要进一步研究。

3）生态缓冲带对地表径流NH$_4^+$-N含量削减效果

如图 22-88 所示，2014 年 6～9 月及 2015 年 6～9 月共 23 次降雨期间乌杨坝生态缓冲带对地表径流中NH$_4^+$-N 含量的影响。

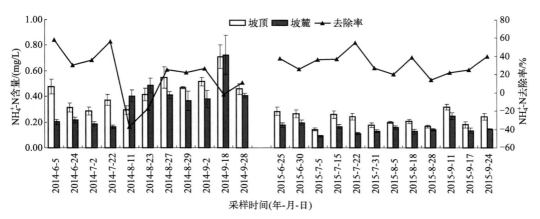

图22-88　乌杨坝生态缓冲带对地表径流中NH$_4^+$-N含量的削减效果

由图 22-88 可知，乌杨坝生态缓冲带坡顶径流NH$_4^+$-N 浓度为 0.14～0.71mg/L，符合国家地表水Ⅱ类水质标准，但偶尔出现Ⅲ类水的情况（表 22-21），主要由于乌杨坝区域位于城市郊区，人口密度较小，几乎没有大量生活污水产生，主要污染为农业面源污染，因此径流NH$_4^+$-N 含量相对较低。生态缓冲带坡麓径流NH$_4^+$-N 浓度为 0.09～0.72mg/L，符合国家地表水Ⅱ类水质标准（表 22-21），极显著地低于入水口NH$_4^+$-N 浓度（$P < 0.01$），尤其是 2015 年生态缓冲带坡麓径流NH$_4^+$-N 浓度基本达到Ⅰ类水标准，生态缓冲带对地表径流NH$_4^+$-N 去除效果良好，能够有效削减入湖NH$_4^+$-N 负荷。

表22-21　乌杨坝生态缓冲带坡顶与坡麓NH$_4^+$-N含量的去除情况

采样次数	2014年			2015年		
	坡顶NH$_4^+$-N含量/(mg/L)	坡麓NH$_4^+$-N含量/(mg/L)	去除率/%	坡顶NH$_4^+$-N含量/(mg/L)	坡麓NH$_4^+$-N含量/(mg/L)	去除率/%
1	0.48±0.06	0.20±0.02	58	0.28±0.03	0.18±0.02	36
2	0.31±0.03	0.22±0.02	29	0.26±0.03	0.20±0.02	23
3	0.29±0.03	0.19±0.02	34	0.14±0.01	0.09±0.01	36
4	0.37±0.04	0.16±0.01	57	0.26±0.03	0.16±0.02	38
5	0.29±0.03	0.40±0.05	−38	0.24±0.03	0.11±0.01	54
6	0.41±0.05	0.49±0.06	−20	0.18±0.02	0.13±0.01	28
7	0.55±0.08	0.41±0.03	25	0.20±0.01	0.16±0.01	20
8	0.47±0.01	0.37±0.07	21	0.21±0.01	0.13±0.02	38
9	0.51±0.03	0.38±0.07	25	0.17±0.01	0.14±0.01	18
10	0.71±0.09	0.72±0.15	−1	0.32±0.02	0.25±0.03	22
11	0.46±0.04	0.41±0.02	11	0.18±0.02	0.13±0.02	28
12				0.24±0.03	0.15±0.01	38
平均值	0.44±0.05	0.36±0.05	18	0.22±0.02	0.15±0.02	31

通过计算NH$_4^+$-N去除率，生态缓冲带对地表径流NH$_4^+$-N去除率达到-38%～58%，平均去除率为25%，略低于传统护坡、滤岸，可能与该区域地表径流NH$_4^+$-N污染负荷较低有关。研究发现，2014年出现3次降雨径流NH$_4^+$-N负去除率的情况，这可能与降雨量大小有关，而且工程建设初期，缓冲带植被生长较差，植物密度较低，因此容易产生水土流失，同时径流在缓冲带滞留时间不足导致去除率较低。因此大降雨量的污染拦截效果还有待提高，主要表现为降雨量大，土壤饱和形成地表径流，此外，降雨量较大携带的地表枯枝落叶中的污染物较多，因此出现NH$_4^+$-N去除率为负值的情况。

2014年与2015年相比，生态缓冲带运行更加稳定。其中2014年NH$_4^+$-N去除率为18%，而2015年提升到了31%。在2015年入水NH$_4^+$-N浓度较低的情况下，生态缓冲带出水NH$_4^+$-N率基本达到Ⅰ类水标准，可见经过一年的植被恢复，生态缓冲带对NH$_4^+$-N效果相对稳定，通过自然做功，生态缓冲带生物多样性不断提升，生态缓冲带的结构更加完整，植物根系微生物群更加丰富，因此具有更加有效的污染去除效果。

4）生态缓冲带对地表径流硝氮（NO$_3^-$-N）含量削减效果

乌杨坝缓冲带坡顶与坡麓地表径流NO$_3^-$-N含量的变化情况如图22-89所示。农田面源污染中，NO$_3^-$-N是重要的污染物之一。本研究中地表径流的NO$_3^-$-N含量均较高，乌杨坝缓冲带坡顶径流中NO$_3^-$-N含量为0.36～8.57mg/L，大部分径流中NO$_3^-$-N含量高于国家地表水劣Ⅴ类环境标准。由于受到农业面源污染影响，2014年坡顶径流NO$_3^-$-N含量〔（3.96±1.80）mg/L〕高于2015年〔（2.52±0.61）mg/L〕，主要是2015年周围大量的农田被改造为水田或梯田，同时部分调查区农田被荒弃，施肥量的减少对试验区地表径流NO$_3^-$-N负荷具有重要影响。经过生态缓冲带的拦截，坡麓地表径流NO$_3^-$-N的含量显著降低，为0.24～6.32mg/L，显著低于坡顶的平均浓度（$P < 0.01$）。同时，2014年坡麓径流NO$_3^-$-N含量〔（3.40±1.56）mg/L〕约是2015年〔（1.57±0.29）mg/L〕的2倍。2015年坡麓的径流NO$_3^-$-N含量达到了国家地表水Ⅳ类水标准。

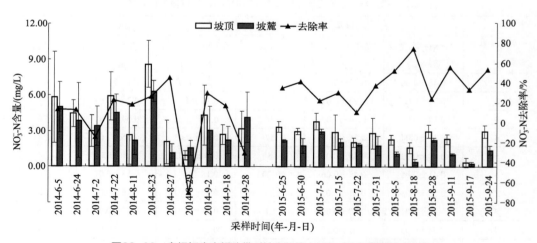

图22-89　乌杨坝生态缓冲带对地表径流中NO$_3^-$-N含量的削减效果

NO$_3^-$-N的去除率是反映系统拦截污染物的重要指标。乌杨坝生态缓冲带对NO$_3^-$-N的去除率波动性极大（表22-22），为-70%～74%，平均去除率为24%。这种变异性主要源于 2014 年工程建设初期，植物恢复水平较低，系统稳定性较差。甚至 2014 年有 3 次降雨径流经过生态缓冲带后 NO_3^--N 浓度有所增加，平均去除率仅为 7%。2015 年系统区域稳定，NO_3^--N 去除率也较稳定，最低为 11%，最高为 74%，平均去除率高达 39%。乔灌草复合型生态缓冲带总体对 NO_3^--N 去除率随系统的恢复提高显著。

表22-22　乌杨坝生态缓冲带坡顶与坡麓 NO_3^--N 含量的去除情况

采样次数	2014年			2015年		
	坡顶 NO_3^--N 含量 /(mg/L)	坡麓 NO_3^--N 含量 /(mg/L)	去除率 /%	坡顶 NO_3^--N 含量 /(mg/L)	坡麓 NO_3^--N 含量 /(mg/L)	去除率 /%
1	5.80±3.81	4.99±2.11	14	3.34±0.46	2.17±0.12	35
2	4.45±1.11	3.87±3.14	13	2.97±0.25	1.73±0.62	42
3	2.98±1.35	3.41±1.64	-14	3.82±0.68	2.97±0.21	22
4	5.90±2.01	4.54±1.51	23	2.90±1.46	2.02±0.35	30
5	2.68±2.53	2.19±1.23	18	2.05±0.38	1.82±0.15	11
6	8.57±1.95	6.32±0.89	26	2.80±1.32	1.76±0.80	37
7	2.08±1.84	1.13±0.77	46	2.26±0.41	1.08±0.18	52
8	0.92±0.38	1.56±0.63	-70	1.58±0.47	0.41±0.25	74
9	4.32±2.52	3.03±2.00	30	2.97±0.57	2.24±0.18	24
10	2.69±0.84	2.23±1.16	17	2.30±0.40	1.02±0.09	56
11	3.17±1.48	4.14±2.13	-31	0.36±0.39	0.24±0.15	33
12				2.93±0.52	1.37±0.36	53
平均值	3.96±1.80	3.40±1.56	7	2.52±0.61	1.57±0.29	39

5）生态缓冲带对地表径流溶解性 TP（DTP）含量削减效果

乌杨坝生态缓冲带对地表径流 DTP 含量的削减效果如图 22-90 所示。坡顶径流 DTP 含量为 0.04 ～ 1.14mg/L，多数降雨径流 DTP 含量高于国家地表水劣 Ⅴ 类水质标准。经过缓冲带系统的拦截作用，坡麓 DTP 含量为 0.01 ～ 0.91mg/L，低于坡顶径流 DTP 浓度。2014 年地表径流 TP 负荷变异性较大，而 2015 年地表径流 DTP 含量则相对稳定。

乌杨坝生态缓冲带对 DTP 的去除率变异性较大（表 22-23），范围为 -20% ～ 75%，平均去除率为 30%。然而，生态缓冲带对 DTP 去除率变异性主要来自 2014 年，由于工程建设初期，植被恢复尚不成熟，因此稳定性较差，甚至在强降雨时存在负削减情况。而 2015 年乌杨坝生态缓冲带植被生长良好，根系发达，对径流削减效果更好，尤其 2015 年 8 ～ 9 月，植物生长最旺盛的季节，去除率均超过 35%（9 月 17 日除外）。2015 年平均去除率（40%）比 2014 年（20%）高 20 个百分点，因此系统整体运行较稳定。

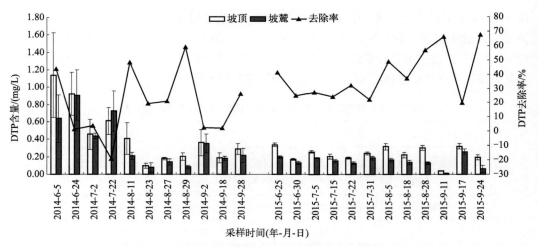

图22-90　乌杨坝生态缓冲带对地表径流中DTP含量的削减效果

表22-23　乌杨坝生态缓冲带坡顶与坡麓DTP含量的去除情况

采样次数	2014年			2015年		
	坡顶DTP含量 /(mg/L)	坡麓DTP含量 /(mg/L)	去除率 /%	坡顶DTP含量 /(mg/L)	坡麓DTP含量 /(mg/L)	去除率 /%
1	1.14±0.48	0.64±0.28	44	0.34±0.02	0.20±0.01	41
2	0.92±0.25	0.91±0.29	1	0.17±0.01	0.13±0.02	24
3	0.46±0.17	0.44±0.03	4	0.26±0.02	0.19±0.01	27
4	0.61±0.16	0.73±0.23	−20	0.20±0.03	0.15±0.02	25
5	0.41±0.18	0.21±0.04	49	0.19±0.01	0.13±0.02	32
6	0.10±0.03	0.08±0.05	20	0.24±0.02	0.18±0.02	25
7	0.18±0.01	0.14±0.03	22	0.32±0.04	0.16±0.02	50
8	0.20±0.04	0.08±0.02	60	0.22±0.03	0.14±0.02	36
9	0.36±0.15	0.35±0.11	3	0.30±0.03	0.13±0.01	57
10	0.19±0.06	0.18±0.02	5	0.04±0.00	0.01±0.00	75
11	0.29±0.06	0.21±0.08	28	0.32±0.03	0.26±0.03	19
12				0.19±0.03	0.06±0.04	68
平均值	0.44±0.14	0.36±0.11	20	0.23±0.02	0.15±0.02	40

　　通常生态缓冲带对污染物的净化包括过滤、拦截、沉积、吸附等物理过程，对颗粒态污染物的削减效果明显（图22-91）。本研究中粗略估算颗粒态磷的去除率高达56%，其中2014年为41%，2015年为72%。可见，随着植物密度提升，拦截颗粒态污染物效果明显提升。

　　此外，调查中发现生态防护带对DTP的去除率与DTP浓度呈正相关关系（$R^2=0.11$），因此乌杨坝生态缓冲带可能对更高浓度的DTP负荷具有较好的削减效果，但仍需要进一步研究。

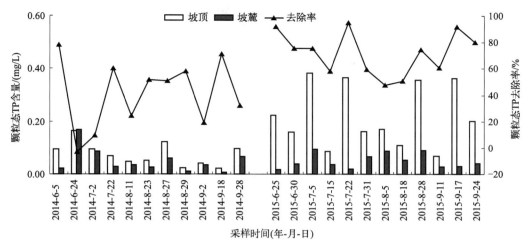

图22-91 乌杨坝生态缓冲带对地表径流中颗粒态TP含量的削减效果

6）生态缓冲带对地表径流正磷酸盐（PO_4^{3-}）含量削减效果

乌杨坝缓冲带坡顶与坡麓地表径流PO_4^{3-}含量的变化情况如图 22-92 所示。整个监测期间，乌杨坝缓冲带坡顶PO_4^{3-}含量为 0.03 ～ 0.34mg/L，大部分径流污染负荷达到国家地表水 V 类环境标准。整体地表径流PO_4^{3-}含量较低，雨水冲刷径流以 TP 和 DTP 为主。乌杨坝缓冲带坡麓PO_4^{3-}含量为 0.01 ～ 0.26mg/L，达到国家地表水 IV ～ V 类环境标准。2014 年地表径流PO_4^{3-}含量 [（0.24±0.02）mg/L] 略高于 2015 年 [（0.17±0.01）mg/L]，这与周围农田改造和废弃密切相关。

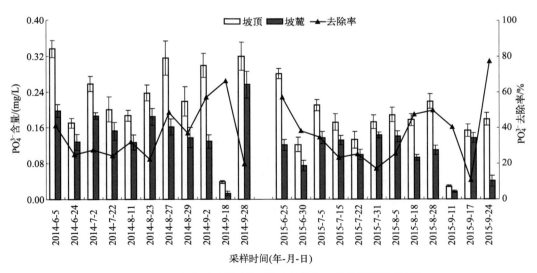

图22-92 乌杨坝生态缓冲带对地表径流中PO_4^{3-}含量的削减效果

PO_4^{3-}的去除率相对较稳定（表 22-24），为 7% ～ 78%，平均去除率为 36%。监测期间，生态缓冲带均发挥了良好的去除污染物的作用，其中 2014 年去除率为 37%，2015 年为 36%，低于蔡婧等设计的柴笼 - 灌丛垫 - 植草复合型生态护岸的去除效果。生态缓冲带对正磷酸盐的削减主要通过植物的吸附和土壤的渗滤，尽管 2015 年植物生长更加稳定，但对 PO_4^{3-} 的去除率并未提升。乔灌草复合型生态缓冲带总体对 PO_4^{3-} 去除率随系统的恢复变异较小。

表22-24　乌杨坝生态缓冲带坡顶与坡麓 PO_4^{3-} 含量的去除情况

采样次数	2014年			2015年		
	坡顶PO_4^{3-}含量/(mg/L)	坡麓PO_4^{3-}含量/(mg/L)	去除率/%	坡顶PO_4^{3-}含量/(mg/L)	坡麓PO_4^{3-}含量/(mg/L)	去除率/%
1	0.34±0.02	0.20±0.01	41	0.28±0.01	0.12±0.01	57
2	0.17±0.01	0.13±0.02	24	0.12±0.02	0.08±0.01	33
3	0.26±0.02	0.19±0.01	27	0.21±0.01	0.14±0.01	33
4	0.20±0.03	0.15±0.02	25	0.17±0.01	0.13±0.01	24
5	0.19±0.01	0.13±0.02	32	0.13±0.01	0.10±0.01	23
6	0.24±0.02	0.18±0.02	25	0.17±0.02	0.14±0.01	18
7	0.32±0.04	0.16±0.02	50	0.19±0.01	0.14±0.01	26
8	0.22±0.03	0.14±0.02	36	0.18±0.01	0.09±0.01	50
9	0.30±0.03	0.13±0.01	57	0.22±0.02	0.11±0.01	50
10	0.04±0.00	0.01±0.00	75	0.03±0.00	0.02±0.00	33
11	0.32±0.03	0.26±0.03	19	0.15±0.01	0.14±0.01	7
12				0.18±0.01	0.04±0.01	78
平均值	0.24±0.02	0.15±0.02	37	0.17±0.01	0.10±0.01	36

（3）小结

① 乌杨坝段乔灌草复合型生态缓冲带对面源污染 TP、TN 以及不同形态的氮、磷均具有较好的拦截、去除效果。其中 TP、TN 的去除率达到 30% 和 37%，与自然河岸带系统相比具有更好的去除污染物的效果。同时复合型生态缓冲带对 NO_3^--N 与 NH_4^+-N 的去除率均超过 20%，DTP 和 PO_4^{3-} 的去除率达到 29% 和 37%。同时分析有机氮和颗粒态磷的去除率得出，复合型生态缓冲带主要是通过物理拦截、吸附、过滤等方式去除 TP、TN。复合型生态缓冲带区入湖地表径流 PO_4^{3-} 和 NH_4^+-N 均可达到国家地表水Ⅲ类水标准。

② 乌杨坝段乔灌草复合型生态缓冲带运行具有明显的恢复稳定过程，主要通过其对地表径流氮、磷去除率的变异性反映。复合型生态缓冲带运行初期对 TN、TP 及其他形态氮、磷的去除率变异性较大，而经过一年的植被恢复和系统稳定期，去除率相对表现较稳定。主要由于复合型生态缓冲带经过植被恢复形成密集的地下根系系统和地表植物茎秆滤网，可以更有效地拦截过滤污染物。

③ 乌杨坝段乔灌草复合型生态缓冲带对地表径流污染负荷削减效果有限，经改造的更高区域农田系统和农业塘系统对地表径流污染物的总体控制效果较好，同时缓冲带下缘林泽工程区成为拦截入湖污染的多重屏障，构成综合性多带多功能生态缓冲系统。该复合型生态缓冲带的综合效益需要进一步研究。

22.2.2.3 复合林泽工程生态护坡污染削减效果评估

（1）材料与方法

1）研究区域

白夹溪段复合林泽工程生态护坡位于澎溪河支流白夹溪旁的后湾沿线以及老土地湾旁的板凳梁向下游河岸延伸（E108°33′51.46″～E108°34′20.93″，N31°8′54.70″～N31°9′16.38″）后湾沿线，175～180m区域主要为耕地，180m以上陡坡区域主要为人工种植马尾松林和果林；板凳梁为紧邻老土地湾一小山丘，顶部最高海拔173m，冬季蓄水将被完全淹没，但由此形成的浅水区域将为冬季水鸟提供优越的栖息环境。板凳梁一侧为基塘工程试验区，另一侧则为传统农耕区，与林泽工程形成了复合林泽工程示范区。由于地形及周边用地的限制，本书选择了后湾168～175m海拔区间开展林泽工程研究。受亚热带季风气候影响，研究区域年均降雨量1200mm，年均气温18.2℃。

2）研究设计及样品的采集

2014年6～9月期间，按照降雨分布情况设计采样时间，降雨期间收集缓冲带坡顶与坡麓径流水样，每次采样设计3个重复采样点，共采集径流样11次，66个样。同时以未实施示范工程的自然湖岸区作为对照区，进行样品采集分析。

2015年5月，在多带生态缓冲系统设置3个5m×2m的样方用于模拟微型径流场小区试验，分别于2015年6～9月选择降雨量在10mm以上的降雨期间收集径流，每次收集完后将收集器内的水样全部抽出，并清洗收集器。

（2）结果与分析

1）白夹溪复合林泽系统对地表径流TN含量削减效果

白夹溪复合林泽系统坡顶与坡麓地表径流TN含量的变化情况如图22-93所示。整个监测期间，白夹溪复合林泽系统坡顶TN含量为1.79～11.86mg/L，大部分径流污染负荷高于国家地表水劣V类环境标准。白夹溪复合林泽系统上部农田系统导致地表径流具有较高的污染负荷。白夹溪复合林泽系统坡麓TN含量为1.04～8.04mg/L，仍然处于一个较高的污染浓度，但显著低于坡顶的污染物浓度。2014年与2015年相比地表径流TN含量相似，没有较大的变异性，可见该区域面源污染整体具有持续性。

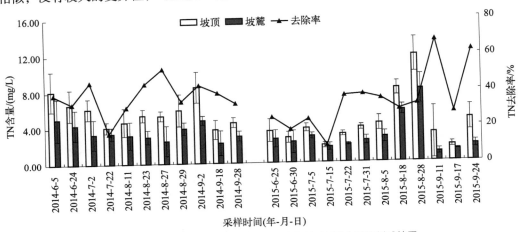

图22-93 白夹溪复合林泽系统对地表径流中TN含量的削减效果

TN 的去除率相对较稳定（表 22-25），为 10%～67%，平均去除率为 35%。监测期间，复合林泽带均发挥了良好的削减污染物的效益，其中 2014 年去除率为 37%，2015 年为 34%，低于蔡婧等设计的柴笼-灌丛垫-植草复合型生态护岸的去除效果。复合林泽系统对 TN 的削减主要通过植物的吸附和土壤的渗滤，复合林泽带经过一年的植被恢复后，2014 年和 2015 年两年对地表径流的削减效果较好。复合林泽带总体对 TN 去除效果稳定。

表22-25　白夹溪复合林泽系统坡顶与坡麓TN含量的去除情况

采样次数	2014年			2015年		
	坡顶TN含量/(mg/L)	坡麓TN含量/(mg/L)	去除率/%	坡顶TN含量/(mg/L)	坡麓TN含量/(mg/L)	去除率/%
1	8.12±2.2	5.01±2.34	38	3.55±1.25	2.66±0.94	25
2	6.57±1.71	4.37±1.66	33	2.81±0.62	2.29±1.27	19
3	6.13±1.14	3.35±1.62	45	3.84±0.43	2.91±0.36	24
4	4.10±0.60	3.40±0.68	17	1.88±0.30	1.70±0.41	10
5	4.64±1.53	3.19±1.51	31	3.14±0.28	1.97±0.15	37
6	5.39±0.69	3.00±0.75	44	3.85±0.30	2.40±0.49	38
7	5.32±0.55	2.54±1.67	52	4.29±0.84	2.77±0.63	35
8	5.91±1.76	3.88±0.71	34	8.14±0.76	5.75±0.58	29
9	8.44±1.69	4.78±0.48	43	11.86±1.92	8.04±1.61	32
10	3.71±1.04	2.27±1.36	39	3.18±2.90	1.04±0.33	67
11	4.50±0.55	3.01±0.53	33	1.79±0.30	1.29±0.09	28
12				4.79±1.39	1.82±0.41	62
平均值	5.71±1.22	3.53±1.21	37	4.43±0.94	2.89±0.61	34

　　与空白对照区相比，自然消落带对雨季地表径流 TN 的去除率均表现为负值，具有明显的累积污染特征。如图 22-94 所示，对照区坡麓 TN 均高于坡顶，即表现为径流 TN 含量的累积，整体增加率为 95.4%。主要由于消落带季节性水淹后土壤养分不稳定，同时大量植物残体腐烂分解后被径流携带进入水体，造成水环境污染。因此在该区域构建复合林泽系统对流域水环境保护具有重要意义。

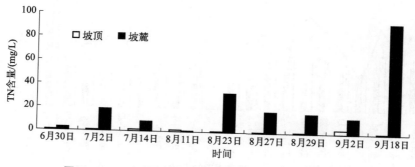

图22-94　白夹溪自然消落带区地表径流TN含量的去除情况

2）白夹溪复合林泽系统对地表径流 TP 含量削减效果

白夹溪复合林泽系统对地表径流 TP 含量的削减如图 22-95 所示。受到缓冲带上部农业面源污染的影响，坡顶径流 TP 含量较高，为 0.03 ～ 1.64mg/L，多数降雨径流 TP 含量高于国家地表水劣 V 类水质标准。经过缓冲带系统的拦截作用，坡麓 TP 含量为 0.01 ～ 1.34mg/L，低于坡顶径流 TP 浓度，极显著低于未实施工程区自然湖岸带坡麓的 TP 含量［（1.92±1.57）mg/L］。2014 年地表径流 TP 负荷变异性较大，而 2015 年地表径流 TP 含量则相对稳定，在 8 月 28 日和 9 月 11 日两次出现较高浓度的污染负荷，一方面上部农田施肥，另一方面两次均处于持续降雨期，导致大量土壤流失。2014 年整体径流 TP 浓度高于 2015 年。

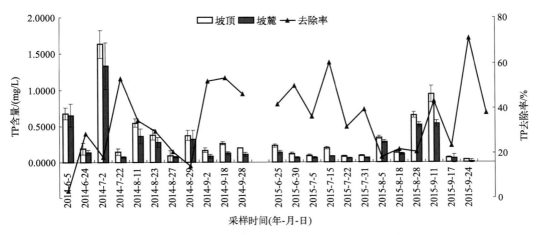

图22-95　白夹溪复合林泽系统对地表径流中TP含量的削减效果

白夹溪复合林泽系统对 TP 的去除率变异性较大（表 22-26），范围为 3% ～ 67%，平均去除率为 34%，与传统护坡、滤岸相似。这种较大的变异性反映出消落带林泽系统对地表径流污染削减的不稳定性。但 2015 年整体去除率均高于 15%，能够达到较好的拦截控污的效果。2015 年 8 月期间，多数为大雨或暴雨，形成快速径流，因此尽管径流 TP 浓度低，复合林泽系统去除率也相对降低，主要因为大雨稀释了径流污染负荷，但高速流入坡麓导致水力停留时间较短，而无法快速下渗过滤。

表22-26　白夹溪复合林泽系统坡顶与坡麓TP含量的去除情况

采样次数	2014年			2015年		
	坡顶TP含量 /(mg/L)	坡麓TP含量 /(mg/L)	去除率 /%	坡顶TP含量 /(mg/L)	坡麓TP含量 /(mg/L)	去除率 /%
1	0.68±0.08	0.66±0.16	3	0.22±0.02	0.13±0.02	41
2	0.18±0.08	0.13±0.03	28	0.11±0.01	0.06±0.01	45
3	1.64±0.19	1.34±0.32	18	0.09±0.01	0.06±0.01	33
4	0.14±0.04	0.06±0.01	53	0.19±0.02	0.08±0.00	58
5	0.55±0.06	0.36±0.11	35	0.07±0.01	0.05±0.00	29

采样次数	2014年			2015年		
	坡顶TP含量/(mg/L)	坡麓TP含量/(mg/L)	去除率/%	坡顶TP含量/(mg/L)	坡麓TP含量/(mg/L)	去除率/%
6	0.38±0.07	0.27±0.07	29	0.09±0.01	0.05±0.01	44
7	0.08±0.07	0.07±0.01	13	0.35±0.02	0.28±0.02	20
8	0.37±0.07	0.32±0.13	14	0.14±0.02	0.11±0.01	21
9	0.16±0.03	0.08±0.02	50	0.66±0.04	0.52±0.03	21
10	0.25±0.02	0.12±0.02	52	0.94±0.12	0.54±0.04	43
11	0.19±0.00	0.10±0.02	47	0.06±0.00	0.05±0.06	17
12				0.03±0.00	0.01±0.02	67
平均值	0.42±0.06	0.32±0.08	31	0.25±0.02	0.16±0.02	37

　　同时，本研究以未实施消落带复合林泽系统区域的地表径流污染去除效果为对照（图22-96），对照区坡麓 TP 均高于坡顶，即表现为径流 TP 含量的累积，整体增加率为70.9%。复合林泽系统的建设使得总体的 TP 去除率提升明显。

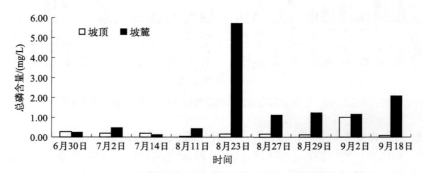

图22-96　白夹溪自然消落带区地表径流TP含量的去除情况

　　此外，调查中发现复合林泽系统区域地表径流 TP 含量与去除率呈负相关关系（R^2=0.1446）（图22-97），因此白夹溪复合林泽系统由于处于消落带这一特殊环境，对高负荷径流的削减效果有限，仍需要进一步探索其原因并进行系统的优化。

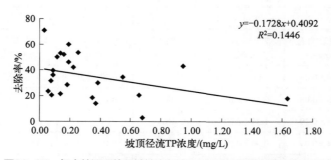

图22-97　复合林泽系统区域地表径流TP含量与去除率相关关系分析

3）白夹溪复合林泽系统对地表径流 NH_4^+-N 含量削减效果

2014 年 6～9 月及 2015 年 6～9 月共 23 次降雨期间复合林泽系统对地表径流中 NH_4^+-N 含量的削减效果如图 22-98 所示。

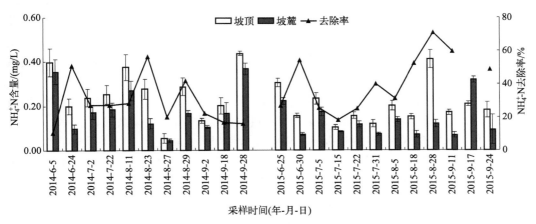

图22-98　白夹溪复合林泽系统对地表径流中 NH_4^+-N含量的削减效果

由图 22-98 可知，复合林泽系统坡顶径流 NH_4^+-N 浓度为 0.06～0.44mg/L，符合国家地表水 II 类水质标准，但偶尔出现 III 类水的情况（表 22-27），主要由于白夹溪段远离城市，主要以农业流域为主，大部分土地利用为自然林地，没有污染源，因此 NH_4^+-N 含量较小。复合林泽系统坡麓径流 NH_4^+-N 浓度为 0.04～0.37mg/L，符合国家地表水 II 类水质标准（表 22-27），极显著低于入水口 NH_4^+-N 浓度（ $P < 0.01$ ）。2014 年比 2015 年径流 NH_4^+-N 浓度略高（表 22-27），2014 年坡麓的径流 NH_4^+-N 浓度高于国家地表水 II 类水标准。复合林泽系统对地表径流 NH_4^+-N 去除效果良好，能够有效削减入湖 NH_4^+-N 负荷。

表22-27　白夹溪复合林泽系统坡顶与坡麓 NH_4^+-N含量的去除情况

采样次数	2014年			2015年		
	坡顶 NH_4^+-N含量 /(mg/L)	坡麓 NH_4^+-N含量 /(mg/L)	去除率 /%	坡顶 NH_4^+-N含量 /(mg/L)	坡麓 NH_4^+-N含量 /(mg/L)	去除率 /%
1	0.40±0.06	0.36±0.06	10	0.31±0.02	0.22±0.02	29
2	0.20±0.03	0.10±0.02	50	0.16±0.01	0.07±0.01	56
3	0.24±0.04	0.17±0.03	29	0.23±0.03	0.17±0.02	26
4	0.25±0.04	0.18±0.03	28	0.10±0.01	0.08±0.00	20
5	0.38±0.06	0.27±0.04	29	0.16±0.01	0.12±0.02	25
6	0.28±0.05	0.12±0.02	57	0.12±0.02	0.07±0.01	42
7	0.06±0.02	0.04±0.01	33	0.20±0.02	0.14±0.01	30
8	0.29±0.04	0.17±0.01	41	0.15±0.01	0.07±0.01	53
9	0.13±0.01	0.10±0.01	23	0.41±0.04	0.12±0.02	71
10	0.20±0.04	0.17±0.05	15	0.17±0.01	0.07±0.01	59
11	0.44±0.01	0.37±0.03	16	0.21±0.01	0.32±0.01	−52
12				0.18±0.03	0.09±0.07	50
平均值	0.26±0.04	0.19±0.03	30	0.20±0.02	0.13±0.02	34

复合林泽系统对地表径流NH_4^+-N去除率达到10%～71%（除2015年9月17日外），平均去除率为32%，略低于传统护坡、滤岸，可能与该区域地表径流NH_4^+-N污染负荷较低有关。2015年9月17日坡顶径流NH_4^+-N含量低于坡麓，表现为NH_4^+-N的累积，主要是本次采样前未对径流小区下部的径流收集器进行清理，导致收集器内样品发生了变性。本研究表明，在降雨量较大期间，仍能够保持较高的NH_4^+-N去除率。2015年（工程建设2年后）与2014年（工程建设1年后）相比，白夹溪复合林泽系统运行均较稳定，对径流NH_4^+-N的平均去除率均超过25%。在2015年入水NH_4^+-N浓度较低的情况下，白夹溪复合林泽系统出水NH_4^+-N浓度基本达到 I 类水标准，可见复合林泽系统对NH_4^+-N去除效果相对稳定，自然做功可使复合林泽系统生物多样性不断提升，复合林泽系统的结构更加完整，植物根系微生物群更加丰富，因此具有更加有效的污染物去除效果。

4）白夹溪复合林泽系统对地表径流NO_3^--N含量削减效果

复合林泽系统对地表径流中NO_3^--N含量具有明显削减效果（图22-99）。由图22-99可见，复合林泽系统坡顶径流NO_3^--N浓度为1.19～6.29mg/L［平均值±标准差：（3.06±1.31）mg/L］，NO_3^--N含量高于国家地表水劣 V 类水质标准。白夹溪段地表径流NO_3^--N污染负荷较高，可能与周边农业活动较密集有关。复合林泽系统坡麓径流NO_3^--N浓度为0.36～4.43mg/L［平均值±标准差：（2.00±0.92）mg/L］，符合国家地表水类 V 水质标准（表22-28），显著的低于坡顶径流NO_3^--N浓度（$P < 0.01$）。2014年比2015年径流NO_3^--N浓度变略高（表22-28），但差异不显著。

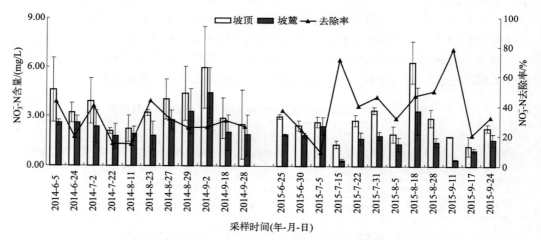

图22-99　白夹溪复合林泽系统对地表径流中NO_3^--N含量的削减效果

表22-28　白夹溪复合林泽系统坡顶与坡麓NO_3^--N含量的去除情况

采样次数	2014年			2015年		
	坡顶NO_3^--N含量/(mg/L)	坡麓NO_3^--N含量/(mg/L)	去除率/%	坡顶NO_3^--N含量/(mg/L)	坡麓NO_3^--N含量/(mg/L)	去除率/%
1	4.58±1.96	2.59±0.18	43	2.95±0.14	1.85±0.05	37
2	3.19±0.61	2.57±0.43	19	2.41±0.31	1.84±0.15	24
3	3.91±1.38	2.33±1.00	40	2.63±0.34	2.39±0.53	9

续表

采样次数	2014年			2015年		
	坡顶NO_3^--N含量/(mg/L)	坡麓NO_3^--N含量/(mg/L)	去除率/%	坡顶NO_3^--N含量/(mg/L)	坡麓NO_3^--N含量/(mg/L)	去除率/%
4	2.06±0.18	1.76±0.77	15	1.28±0.22	0.36±0.08	72
5	2.21±0.81	1.90±0.44	14	2.72±0.34	1.63±0.36	40
6	3.19±0.19	1.79±0.85	44	3.34±0.21	1.79±0.23	46
7	4.02±1.22	2.75±0.59	32	1.90±0.48	1.29±0.38	32
8	4.38±1.65	3.27±1.38	25	6.29±1.28	3.33±1.45	47
9	5.96±2.49	4.43±1.55	26	2.87±0.53	1.43±0.27	50
10	2.87±1.24	2.00±1.07	30	1.75±0.03	0.38±0.03	78
11	2.50±2.10	1.85±1.22	26	1.19±0.58	0.95±0.12	20
12				2.26±0.23	1.54±0.37	32
平均值	3.53±1.26	2.48±0.86	29	2.6±0.39	1.57±0.34	41

复合林泽系统对地表径流NO_3^--N去除率达到9%～78%，平均去除率为35%，整体变异性较大，但主要出现在2015年。2015年降雨分布极不均匀可能是导致这种变异性的主要原因。然而，在径流NO_3^--N污染负荷较低的情况下，2015年平均去除率（41%）高于2014年（29%），说明复合林泽系统可能对更高的污染负荷具有更有效的拦截效果；同时由于2015年7～8月降雨密集，冲刷的大量水土和植物残体导致污染负荷被稀释，而且可能以颗粒态为主，这期间去除率均高于30%，这主要是复合林泽系统具有密集的植物根系和地上茎秆，具有良好的拦截削污效果。

此外，调查中发现复合林泽系统区域地表径流NO_3^--N含量与去除率呈显著的负相关关系（R^2=0.0952）（图22-100），因此白夹溪复合林泽系统由于处于消落带这一特殊环境，对高负荷径流的削减效果有限，仍需要进一步探索其原因并进行系统的优化。

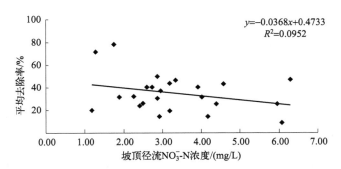

图22-100 复合林泽系统区域地表径流NO_3^--N含量与去除率相关关系分析

5）白夹溪复合林泽系统对地表径流PO_4^{3-}含量削减效果

复合林泽系统对地表径流中PO_4^{3-}含量具有明显削减效果（图22-101）。

由图22-101可见，复合林泽系统坡顶径流PO_4^{3-}浓度为0.01～0.53mg/L，达到国家地表水Ⅴ类水质标准。白夹溪段地表径流PO_4^{3-}污染负荷较低，主要是因为该区域周围有大量天然林。复合林泽系统坡麓径流PO_4^{3-}浓度为0.01～0.57mg/L，符合国家地表水类Ⅲ类水质标准（表 22-29），显著低于坡顶径流 PO_4^{3-} 浓度（ $P < 0.01$ ）。2014 年比 2015 年径流 PO_4^{3-} 浓度相近（表 22-29），差异不显著。

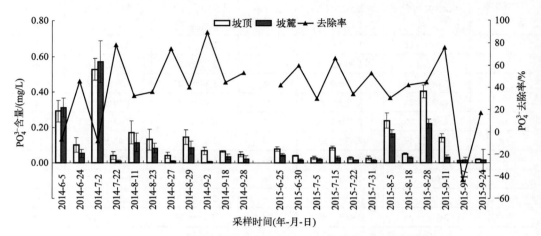

图22-101　白夹溪复合林泽系统对地表径流中 PO_4^{3-} 含量的削减效果

表22-29　白夹溪复合林泽系统坡顶与坡麓 PO_4^{3-} 含量的去除情况

采样次数	2014年			2015年		
	坡顶 PO_4^{3-} 含量 /(mg/L)	坡麓 PO_4^{3-} 含量 /(mg/L)	去除率 /%	坡顶 PO_4^{3-} 含量 /(mg/L)	坡麓 PO_4^{3-} 含量 /(mg/L)	去除率 /%
1	0.29±0.06	0.31±0.05	−7	0.08±0.01	0.05±0.01	38
2	0.10±0.04	0.06±0.02	40	0.04±0.00	0.02±0.01	50
3	0.53±0.06	0.57±0.12	−8	0.03±0.01	0.02±0.01	33
4	0.04±0.02	0.01±0.01	75	0.09±0.01	0.03±0.01	67
5	0.17±0.06	0.12±0.05	29	0.03±0.01	0.02±0.00	33
6	0.13±0.06	0.08±0.03	38	0.03±0.01	0.01±0.01	67
7	0.04±0.02	0.01±0.00	75	0.24±0.04	0.17±0.02	29
8	0.15±0.04	0.09±0.04	40	0.05±0.00	0.03±0.01	40
9	0.07±0.02	0.01±0.00	86	0.40±0.04	0.22±0.03	45
10	0.07±0.01	0.04±0.02	43	0.14±0.02	0.03±0.01	79
11	0.05±0.01	0.02±0.02	60	0.01±0.00	0.02±0.01	−100（异常）
12				0.02±0.00	0.02±0.06	0
平均值	0.15±0.04	0.12±0.03	43	0.10±0.01	0.05±0.02	42

复合林泽系统对地表径流 PO_4^{3-} 去除率达到 −8% ～ 86%（2015 年 9 月 17 日为 −100%，判定为异常数据），平均去除率为 43%，整体变异性较大，主要变异性来自 2014 年 6 月和 2015 年 9 月。2014 年 6 月 5 日和 7 月 2 日去除率均为负值，可能由于消落带退水初期，两次强降雨（降雨量超过 30mm）的冲刷作用导致 PO_4^{3-} 经过工程区后表现为富集作用，同期 6 月 24 日降雨量较小，冲刷较弱，因此仍然表现为较好的削减效果。2015 年 9 月 17 日由于坡麓径流收集器未及时清理导致数据异常。除此之外，整个监测期间复合林泽系统对 PO_4^{3-} 的削减效果表现较稳定，去除率均高于 25%。

此外，调查中发现复合林泽系统区域地表径流PO_4^{3-}含量与相应去除率呈显著的负相关关系（$R^2=0.3146$）（图22-102），因此白夹溪复合林泽系统由于处于消落带这一特殊环境，对高负荷径流的削减效果有限，仍需要进一步探索其原因并进行系统的优化。

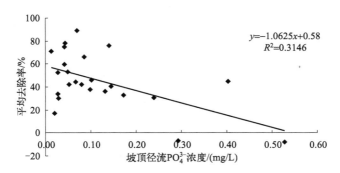

图22-102　复合林泽系统区域地表径流PO_4^{3-}含量与去除率相关关系分析

6）白夹溪复合林泽系统对地表径流DTP含量削减效果

白夹溪复合林泽系统对地表径流DTP含量的削减如图22-103所示。坡顶径流DTP含量为0.01～1.03mg/L，多数降雨径流DTP含量接近国家地表水V类水质标准。经过复合林泽系统拦截作用，坡麓DTP含量为0.02～0.90mg/L，低于坡顶径流DTP浓度。两年该区域地表径流TP负荷变异性较大，但2014年与2015年平均浓度相近。

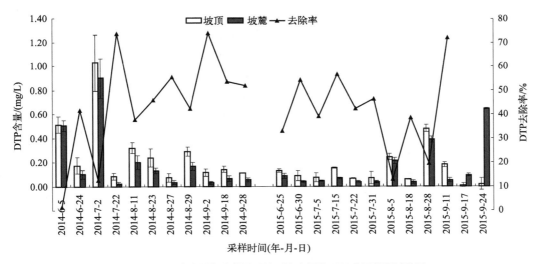

图22-103　白夹溪复合林泽系统对地表径流DTP含量的削减效果

白夹溪复合林泽系统对DTP的去除率变异性较大（表22-30），范围为0%～75%，平均去除率为43%。主要因为DTP的削减与降雨量相关性较高，高降雨量或者持续的降雨均会导致去除率变动，但复合林泽系统对地表径流去除率仍高于传统的河岸带。2015年平均去除率（41%）与2014年（44%）没有显著差异，因此系统整体运行较稳定。

表22-30　白夹溪复合林泽系统坡顶与坡麓DTP含量的去除情况

采样次数	2014年			2015年		
	坡顶DTP含量/(mg/L)	坡麓DTP含量/(mg/L)	去除率/%	坡顶DTP含量/(mg/L)	坡麓DTP含量/(mg/L)	去除率/%
1	0.51±0.07	0.51±0.04	0	0.13±0.02	0.09±0.02	31
2	0.17±0.07	0.10±0.04	41	0.09±0.04	0.04±0.01	56
3	1.03±0.23	0.90±0.16	13	0.07±0.04	0.04±0.01	43
4	0.08±0.03	0.02±0.01	75	0.15±0.01	0.07±0.01	53
5	0.32±0.05	0.20±0.06	38	0.06±0.00	0.04±0.01	33
6	0.24±0.08	0.13±0.02	46	0.07±0.05	0.04±0.01	43
7	0.07±0.04	0.03±0.02	57	0.24±0.03	0.21±0.03	13
8	0.29±0.04	0.17±0.03	41	0.06±0.00	0.03±0.01	50
9	0.11±0.03	0.03±0.01	73	0.48±0.03	0.39±0.03	19
10	0.14±0.03	0.07±0.02	50	0.18±0.02	0.05±0.02	72
11	0.11±0.00	0.05±0.02	55	0.01±0.02	0.09±0.01	−800(异常)
12				0.02±0.05	0.65±0.01	−3150(异常)
平均值	0.28±0.06	0.20±0.04	44	0.13±0.03	0.15±0.01	41

　　白夹溪复合林泽系统对污染物的净化主要通过过滤、拦截、沉积、吸附等物理过程起作用，对颗粒态污染物的削减效果明显。本书中粗略估算颗粒态磷的去除率高达55%，其中2014年为66%，2015年为44%。可见随着植物恢复，植物密度提升，对拦截颗粒态污染物效果明显提升。

　　此外，调查中发现复合林泽系统区域地表径流DTP含量与相应去除率呈显著的负相关关系（R^2=0.4128）（图22-104），因此白夹溪复合林泽系统由于处于消落带这一特殊环境，对高负荷径流的削减效果有限，仍需要进一步探索其原因并进行系统的优化。

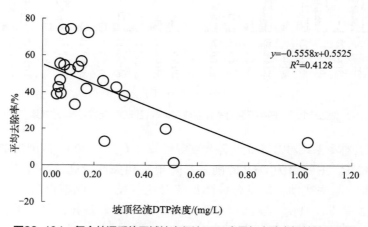

图22-104　复合林泽系统区域地表径流DTP含量与去除率相关关系分析

（3）小结

① 白夹溪乔灌草复合林泽系统对面源污染 TP、TN 以及不同形态的氮、磷均具有较好的拦截、去除效果。其中 TP、TN 的去除率达到 34% 和 35%，与自然河岸带系统相比具有更有效的削减污染物的效果。同时复合林泽系统对 NO_3^--N 与 NH_4^+-N 的去除率均超过 35%，DTP 和 PO_4^{3-} 的去除率达到 46% 和 43%。同时分析有机氮和颗粒态磷的去除率得出，复合林泽系统主要是通过物理拦截、吸附、过滤等方式去除 TP、TN。复合林泽系统入湖地表径流 PO_4^{3-} 和 NH_4^+-N 均可达到国家地表水 Ⅱ 类水标准。

② 复合林泽系统运行没有明显的恢复稳定过程，2015 年与 2014 年相比，对各类污染负荷削减基本一致，这表明 2013 年工程建设完成，经过了 1 年和 2 年的恢复期后，复合林泽系统对地表径流的污染负荷拦截效果基本稳定。复合林泽系统植被恢复良好，在宽度 > 10m 的消落带区域形成密集的地下根系系统和地表植物茎秆滤网，可以更有效地拦截过滤污染物。

③ 复合林泽系统对地表径流污染负荷削减效果有限，大部分数据表明，复合林泽系统对径流污染负荷的去除率与径流污染负荷呈负相关关系。

22.2.2.4 湖岸带水敏性结构系统污染削减效果评估

（1）材料与方法

1）研究区域

研究区域位于汉丰湖芙蓉坝区域，金科大酒店旁，主要处理金科大酒店污水，由上部野花草甸、中部环湖多塘和下部林泽基塘复合系统构成。

2）研究设计及样品的采集

2015 年 6 ~ 9 月间，对下部多塘林泽复合系统进行水样采集，分别在生活污水入水口、中间塘 1、中间塘 2 以及系统出水口设计 4 个采样点，每 3 天采样一次，共计采样 21 次，共采集水样 252 个。每次采样期间现场分析 pH 值、溶解氧（DO）浓度以及电导率。

同时 2015 年 7 月 15 日随机采集环湖多糖中的 3 个微型塘的水样，3d 后再次采集同样 3 个微型塘的水样，研究环湖多塘系统对雨水的拦蓄及净化功能。

（2）结果与分析

1）水敏性系统对污染负荷 TN 含量削减效果

图 22-105 是芙蓉坝水敏性系统中 TN 含量的动态变化，芙蓉坝水敏性系统的入水主要以生活污水为主，本研究中入水口 TN 含量为 3.93 ~ 39.76mg/L，均值为（16.48±1.18）mg/L，高于国家污水排放一级标准，这部分污水直接排入汉丰湖将对水环境安全造成极大威胁。经过本研究设计的林泽多塘系统逐级净化，塘 1 和塘 2 的 TN 浓度分别降低至（12.24±1.09）mg/L和（9.95±0.79）mg/L，仍然处于较高的污染水平，但已经低于国家污水排放的一级 A 标准。系统的出水口 TN 浓度为（6.89±0.86）mg/L，显著低于入水口污水 TN 浓度，所有出水均达到国家污水排放一级 A 标准。出水口 TN 浓度与入水口 TN 浓度具有极显著相关关系（$P < 0.0001$），因此，对于该系统，污水排放 TN 浓度过高可能会导致出水浓度不达标，因此需要对该系统处理污水 TN 最高浓度进行检验。

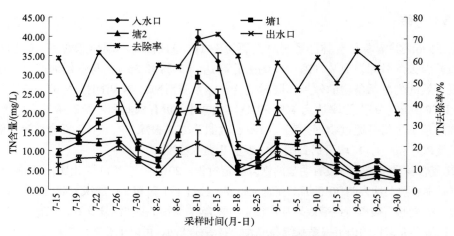

图22-105　芙蓉坝水敏性系统中TN含量的动态变化

　　芙蓉坝水敏性系统对 TN 的去除率变异性较大（表 22-31），范围为 31%～72%，平均去除率为 54%。工程类似生态滞留池，但去除率高于传统生态滞留池、生物洼地系统以及草地洼地。Larice 等指出足够数量生态滞洪池不仅能够控制暴雨径流和补给地下水，而且可以通过生物吸收和物理沉降起到改善水质的作用，生态滞留池是城市雨水储留的关键技术；Chapman 等研究表明，生态滞留池 N、P 的去除率也分别达到 30% 和 37%，Backstrom 研究表明，当径流污染物浓度较高时，草地湿洼地可以通过沉降颗粒物而保留 80% 以上的径流污染物。这种波动性主要与入水污染物浓度有关，同时可能受到降雨影响。分析表明，降雨期间采集样品所表现的 TN 去除率均较低，因为降雨期间导致塘系统内水体快速流动，污水在塘中滞留时间不足，因此不足以沉降，同时降雨冲刷导致植物吸附的颗粒态污染物重新进入水体而导致出水口污染浓度较高。此外，如图 22-106 所示，入水 TN 浓度与总体污染物去除率呈显著的正相关关系，即入水浓度越大，去除率越高，因此导致去除率差异。这也表明，芙蓉坝水敏性系统具有较好的设计，对该区域生活污水负荷具有较好的处理能力，但未来需要进一步研究该系统对入水 TN 最大处理容量，以防止出现污水的大量入湖。

表22-31　芙蓉坝水敏性系统TN含量的削减情况

日期 （月 - 日）	入水口 TN 含量 /(mg/L)	塘1TN 含量 /(mg/L)	塘2TN含量 /(mg/L)	出水口 TN含量 /(mg/L)	去除率 /%
7-15	15.75±0.67	13.11±0.43	9.76±0.83	6.16±2.06	61
7-19	13.96±1.13	13.23±0.51	12.29±0.43	8.04±0.93	42
7-22	22.78±1.23	17.19±1.38	12.14±0.9	8.35±0.94	63
7-26	24.07±2.45	19.73±1.93	12.70±0.87	11.41±1.02	53
7-30	12.16±0.85	10.55±2.56	8.01±0.50	7.45±0.59	39
8-2	10.11±0.72	7.82±0.33	6.43±0.78	4.26±0.35	58
8-6	22.60±1.49	13.85±1.12	20.18±0.83	9.68±1.16	57
8-10	39.76±1.93	29.29±1.59	21.08±1.16	12.09±3.44	70
8-15	33.49±2.32	24.23±1.91	20.3±1.17	9.32±0.53	72
8-18	11.56±0.99	5.51±0.72	6.77±0.99	4.40±0.65	62
8-25	9.38±0.83	8.09±0.51	6.05±0.42	6.49±0.70	31

续表

日期 （月 - 日）	入水口TN含量 /(mg/L)	塘1TN含量 /(mg/L)	塘2TN含量 /(mg/L)	出水口TN含量 /(mg/L)	去除率 /%
9-1	21.47±2.01	12.19±1.48	11.12±2.24	8.88±0.98	59
9-5	14.02±1.28	11.78±1.19	7.97±0.94	7.51±0.40	46
9-10	19.24±1.6	12.55±1.69	7.28±0.57	7.44±0.51	61
9-15	9.29±0.28	7.77±0.52	6.21±0.52	4.69±0.49	50
9-20	5.57±0.62	3.57±0.46	3.73±0.16	1.99±0.35	64
9-25	7.51±0.48	5.57±0.32	4.28±0.64	3.25±0.16	57
9-30	3.93±0.35	4.31±0.93	2.87±0.34	2.55±0.27	35
平均值	16.48±1.18	12.24±1.09	9.95±0.79	6.89±0.86	54

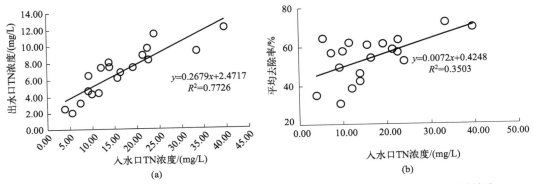

图22-106 芙蓉坝水敏性系统入水口TN浓度与出水口TN浓度和总体污染物去除率的相关关系

根据出水口 TN 浓度与入水口 TN 浓度线性回归方程 [图 22-106（a）]：

$$y=0.2679x+2.4717（P<0.0001）$$

式中　y——出水口 TN 浓度；

　　　x——入水口 TN 浓度。

因此，对于该系统，污水排放 TN 浓度过高会导致出水浓度不达标，需要对该系统入水 TN 浓度进行控制。通过入水与出水 TN 浓度关系方程，初步认为入水 TN 浓度不宜超过 46.76mg/L。

2）水敏性系统对污染负荷 TP 含量削减效果

芙蓉坝水敏性系统中水体 TP 的浓度变化情况如图 22-107 所示。

本研究中入水口 TP 含量为 0.28 ~ 6.93mg/L，均值为（2.21±0.12）mg/L，大部分监测期间水样 TP 高于国家污水排放二级标准，对汉丰湖水环境安全造成极大威胁。经过本研究设计的林泽多塘系统逐级净化，塘1 和塘2 的 TP 浓度分别降低至（1.42±0.12）mg/L 和（1.26±0.09）mg/L，仍然处于较高的污染水平，但已经接近国家污水排放的一级 B 标准。系统的出水口 TP 浓度为（0.91±0.09）mg/L，显著低于入水口污水 TP 浓度，大部分出水达到国家污水排放一级 A 标准，但在 7 ~ 8 月，气温较高，生活污水排放量大，污染物浓度较高，因此系统出水浓度高于一级 A 标准，但低于 B 标准。同时出水口 TP 浓度与入水口 TP 浓度具有极显著相关关系，且如下方程所示 [图 22-108（a）]：

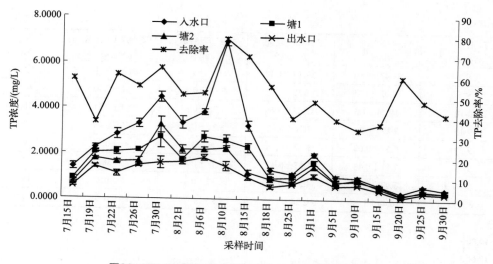

图22-107 芙蓉坝水敏性系统中水体TP含量的动态变化

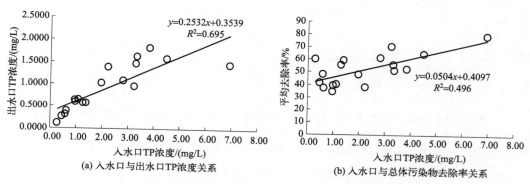

图22-108 芙蓉坝水敏性系统入水口与出水口TP浓度和总体污染物去除率的相关关系

$$y=0.2532x+0.3539 \qquad (P<0.0001)$$

式中 y——出水口 TP 浓度；

x——入水口 TP 浓度。

因此，对于该系统，污水排放 TP 浓度过高会导致出水浓度不达标，需要对该系统入水口 TP 浓度进行控制。通过入水口与出水口 TP 浓度关系方程，本研究计算芙蓉坝水敏性系统处理污水入水最大 TP 浓度（$y=1mg/L$）为 2.55mg/L。

芙蓉坝水敏性系统对 TP 的去除率范围为 35%～79%，平均去除率为 59%（表22-32）。该系统对污水 TP 的去除率高于大部分河岸带缓冲系统。TP 的去除率也有一定的波动性，主要归因于降雨和入水 TP 浓度的影响。如图 22-108 所示，入水口 TP 浓度与总体污染物去除率呈显著的正相关关系，即入水口 TP 浓度越大，去除率越高，因此导致去除率差异。同时尽管 2015 年 7～8 月期间该系统对 TP 具有较高的削减效果，但出水 TP 浓度仍存在不达标现象，可见该系统在处理 TP 方面容量有限，需要进一步优化管理。

表22-32 芙蓉坝水敏性系统TP含量的去除情况

日期 (月-日)	入水口TP含量 /(mg/L)	塘1TP含量 /(mg/L)	塘2TP含量 /(mg/L)	出水口TP含量 /(mg/L)	去除率 /%
7-15	1.39±0.14	0.88±0.08	0.70±0.04	0.57±0.07	59
7-19	2.23±0.12	2.03±0.05	1.75±0.06	1.38±0.08	38
7-22	2.82±0.21	2.06±0.15	1.61±0.06	1.08±0.14	62
7-26	3.30±0.17	2.14±0.08	1.63±0.16	1.46±0.08	56
7-30	4.49±0.22	2.70±0.47	3.25±0.35	1.58±0.27	65
8-2	3.34±0.28	1.72±0.09	2.16±0.19	1.62±0.10	51
8-6	3.82±0.13	2.72±0.24	2.18±0.10	1.81±0.14	53
8-10	6.93±0.18	2.56±0.26	2.23±0.13	1.44±0.21	79
8-15	3.23±0.22	2.26±0.20	1.17±0.11	0.96±0.12	70
8-18	1.28±0.13	0.94±0.05	0.87±0.03	0.57±0.08	56
8-25	1.09±0.07	0.96±0.05	0.73±0.06	0.66±0.03	40
9-1	1.97±0.09	1.61±0.10	1.42±0.08	1.02±0.10	48
9-5	0.98±0.08	0.76±0.08	0.73±0.06	0.59±0.04	39
9-10	0.97±0.05	0.81±0.07	0.90±0.03	0.63±0.04	35
9-15	0.62±0.05	0.59±0.04	0.52±0.03	0.39±0.03	37
9-20	0.28±0.02	0.21±0.01	0.19±0.01	0.11±0.01	61
9-25	0.59±0.05	0.35±0.03	0.39±0.05	0.30±0.03	49
9-30	0.46±0.03	0.34±0.02	0.32±0.02	0.27±0.02	41
平均值	2.21±0.12	1.42±0.12	1.26±0.09	0.91±0.09	59

3）水敏性系统对污染负荷NH_4^+-N含量削减效果

NH_4^+-N是污水中重要的污染物，是污水排放达标的重要参考。芙蓉坝水敏性系统中水体NH_4^+-N的浓度变化情况如图22-109所示。

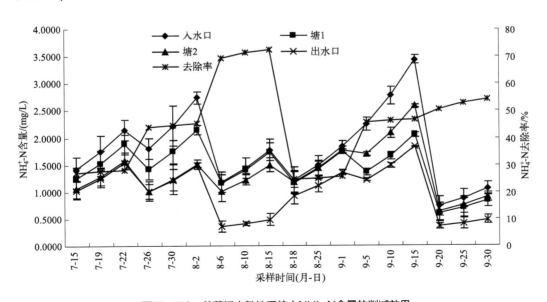

图22-109 芙蓉坝水敏性系统中NH_4^+-N含量的削减效果

本研究中入水口NH_4^+-N含量为0.73～3.44mg/L，均值为（1.79±0.18）mg/L，大部分监测期间水样NH_4^+-N浓度均能达到国家污水排放一级A标准，浓度相对较低，但如果直接排入汉丰湖会消耗湖水中的DO，造成水质恶化，其威胁不容小觑。监测塘1和塘2的NH_4^+-N浓度平均值分别为（1.44±0.14）mg/L和（1.36±0.13）mg/L，达到国家地表水Ⅳ类水质标准。系统的出水口NH_4^+-N浓度为（1.00±0.09）mg/L，显著低于入水口污水NH_4^+-N浓度，大部分出水达到国家地表水Ⅳ类水质标准，甚至部分已经达到Ⅲ类标准，系统处理NH_4^+-N效果显著。监测期间NH_4^+-N浓度总体变异性较大，具有一定的代表性，因此根据出水口NH_4^+-N浓度与入水口NH_4^+-N浓度构建相关方程如下［图22-110（a）］:

$$y=0.5677x-0.0117 \quad (P<0.0001)$$

式中　y——出水口NH_4^+-N浓度；

　　　x——入水口NH_4^+-N浓度。

该系统整个监测期间出水NH_4^+-N浓度达到相关标准，效果较好。通过入水口与出水口NH_4^+-N浓度关系方程，本书计算芙蓉坝水敏性系统处理污水入水最大NH_4^+-N浓度（y=5mg/L）为8.83mg/L。

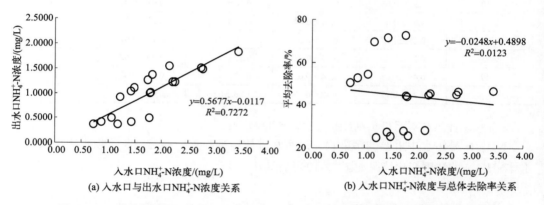

（a）入水口与出水口NH_4^+-N浓度关系　　　　（b）入水口NH_4^+-N浓度与总体去除率关系

图22-110　芙蓉坝水敏性系统入水口与出水口NH_4^+-N浓度和总体污染物去除率的相关关系

芙蓉坝水敏性系统对NH_4^+-N的去除率范围为25%～72%（表22-33），平均去除率为45%。NH_4^+-N去除率与入水浓度没有明显的相关关系［图22-110（b）］，该系统在NH_4^+-N处理方面具有较高潜力，能够应对较高浓度的NH_4^+-N负荷。

表22-33　芙蓉坝水敏性系统NH_4^+-N含量的去除情况

日期 （月 - 日）	入水口NH_4^+-N含量 /(mg/L)	塘1NH_4^+-N含量 /(mg/L)	塘2NH_4^+-N含量 /(mg/L)	出水口NH_4^+-N含量 /(mg/L)	去除率 /%
7-15	1.43±0.23	1.26±0.20	1.06±0.16	1.04±0.16	27
7-19	1.74±0.29	1.53±0.23	1.29±0.16	1.26±0.15	28
7-22	2.15±0.18	1.89±0.18	1.58±0.15	1.54±0.04	28
7-26	1.80±0.19	1.43±0.18	1.02±0.18	1.01±0.14	44
7-30	2.22±0.37	1.74±0.22	1.24±0.28	1.23±0.19	45
8-2	2.74±0.10	2.15±0.08	1.52±0.09	1.50±0.04	45

日期 (月 - 日)	入水口NH$_4^+$-N含量 /(mg/L)	塘1 NH$_4^+$-N含量 /(mg/L)	塘2 NH$_4^+$-N含量 /(mg/L)	出水口NH$_4^+$-N含量 /(mg/L)	去除率 /%
8-6	1.19±0.19	1.16±0.17	1.01±0.18	0.36±0.11	70
8-10	1.44±0.19	1.41±0.07	1.22±0.09	0.41±0.04	72
8-15	1.77±0.19	1.73±0.16	1.50±0.13	0.49±0.11	72
8-18	1.22±0.24	1.17±0.21	1.19±0.20	0.92±0.16	25
8-25	1.49±0.18	1.43±0.14	1.44±0.13	1.12±0.13	25
9-1	1.83±0.11	1.75±0.04	1.77±0.06	1.36±0.04	26
9-5	2.25±0.12	1.37±0.06	1.71±0.04	1.22±0.03	46
9-10	2.78±0.16	1.67±0.07	2.09±0.09	1.49±0.04	46
9-15	3.44±0.07	2.06±0.04	2.59±0.02	1.83±0.01	47
9-20	0.73±0.18	0.59±0.15	0.63±0.16	0.36±0.05	51
9-25	0.88±0.17	0.70±0.17	0.75±0.16	0.41±0.10	53
9-30	1.06±0.12	0.85±0.12	0.91±0.09	0.49±0.08	54
平均值	1.79±0.18	1.44±0.14	1.36±0.13	1.00±0.09	45

4）水敏性系统对NO$_3^-$-N含量削减效果

NO$_3^-$-N是引起水体富营养化的重要污染物。图22-111为水敏性结构系统中水体NO$_3^-$-N的浓度变化情况。本研究入水口污水由于未经过污水厂处理，因此具有相对较高的NO$_3^-$-N含量，达到3.21～8.04mg/L，均值为（5.19±0.53）mg/L，达到国家地表水劣Ⅴ类水质标准。经过塘1、塘2的净化，塘1和塘2的NO$_3^-$-N浓度平均值分别降至（4.06±0.41）mg/L和（3.55±0.39）mg/L，仍处于国家地表水劣Ⅴ类水质标准。监测期间系统的出水口NO$_3^-$-N浓度平均值为（2.91±0.30）mg/L（1.76～4.52mg/L），显著低于入水口污水NO$_3^-$-N浓度，大部分出水接近国家地表水Ⅴ类水质标准，系统处理NO$_3^-$-N效果较好。

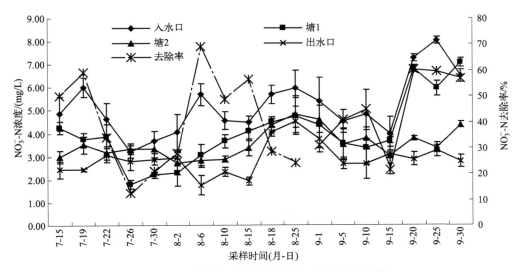

图22-111 芙蓉坝水敏性系统中NO$_3^-$-N含量的削减效果

监测期间NO$_3^-$-N浓度总体变化不大，低于大部分生活污水NO$_3^-$-N浓度。如图22-112（a）所示，入水口NO$_3^-$-N浓度与出水口浓度没有显著相关关系，这与TP、TN不同，可能由于研究期间NO$_3^-$-N数据分布较稳定，因此没有呈现显著规律。

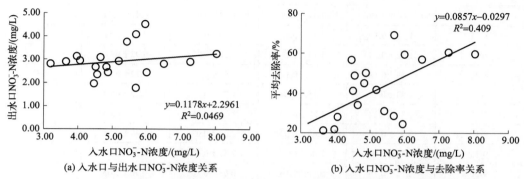

（a）入水口与出水口NO$_3^-$-N浓度关系　　　　（b）入水口NO$_3^-$-N浓度与去除率关系

图22-112　芙蓉坝水敏性系统入水口与出水口NO$_3^-$-N浓度和总体污染物去除率的相关关系

芙蓉坝水敏性系统对NO$_3^-$-N的去除率范围为13%～69%（表22-34），平均去除率为42%，削减效果低于TP和TN，且具有明显的波动性。主要由于该系统为表流型人工湿地处理系统，对溶解性营养盐的处理效果受到水力停留时间和入水量的影响较大，因此平均削减效果不如TN，这也表明该系统对TN的削减可能主要来自对颗粒悬浮物的过滤、吸附以及对有机氮的拦截等。NO$_3^-$-N去除率与入水口浓度呈显著正相关关系［图22-112（b）］，可见该系统设计对NO$_3^-$-N去除具有较好的效果，且可能具有很高的处理容量，需要进一步研究确定，以科学管理和优化。

表22-34　芙蓉坝水敏性系统NO$_3^-$-N含量的去除情况

日期 （月-日）	入水口NO$_3^-$-N含量 /(mg/L)	塘1 NO$_3^-$-N含量 /(mg/L)	塘2 NO$_3^-$-N含量 /(mg/L)	出水口NO$_3^-$-N含量 /(mg/L)	去除率 /%
7-15	4.88±0.73	4.24±0.26	2.98±0.28	2.44±0.36	50
7-19	6.01±0.43	3.75±0.26	3.52±0.36	2.44±0.07	59
7-22	4.65±0.68	3.88±0.52	3.16±0.30	3.07±0.30	34
7-26	3.21±0.27	1.81±0.19	3.34±0.23	2.80±0.39	13
7-30	3.66±0.43	2.21±0.14	3.34±0.39	2.89±0.26	21
8-2	4.06±0.77	2.30±0.59	2.71±0.50	2.93±0.24	28
8-6	5.69±0.47	3.07±0.46	2.84±0.30	1.76±0.42	69
8-10	4.56±0.39	3.66±0.28	2.89±0.14	2.35±0.20	48
8-15	4.47±0.29	4.11±0.41	3.39±0.38	1.94±0.16	57
8-18	5.69±0.40	4.47±0.17	4.38±0.33	4.06±0.20	29
8-25	5.96±0.79	4.74±0.81	4.83±0.79	4.52±0.26	24
9-1	5.42±1.03	4.38±1.02	4.61±0.59	3.75±0.57	31
9-5	4.52±0.50	3.57±0.60	3.52±0.68	2.66±0.20	41
9-10	4.83±1.08	3.39±0.75	3.79±0.47	2.66±0.62	45
9-15	3.97±0.72	3.66±0.25	3.03±0.80	3.12±0.43	21

续表

日期 （月-日）	入水口NO₃⁻-N含量 /(mg/L)	塘1NO₃⁻-N含量 /(mg/L)	塘2NO₃⁻-N含量 /(mg/L)	出水口NO₃⁻-N含量 /(mg/L)	去除率 /%
9-20	7.27±0.16	6.82±0.17	3.79±0.07	2.89±0.29	60
9-25	8.04±0.16	5.96±0.32	3.39±0.20	3.25±0.25	60
9-30	6.50±0.28	7.09±0.18	4.38±0.15	2.80±0.26	57
平均值	5.19±0.53	4.06±0.41	3.55±0.39	2.91±0.30	42

5）水敏性系统对 DTP 含量削减效果

DTP 进入水体极易转化为正磷酸盐而被浮游生物吸收导致水体富营养化。芙蓉坝水敏性系统中水体 DTP 的浓度变化情况如图 22-113 所示。本书中入水口污水 DTP 含量为 0.15～5.01mg/L，均值为（1.64±0.12）mg/L，大部分监测期间水样 DTP 高于国家污水排放一级 B 标准。经过林泽多塘系统逐级净化，监测期间塘 1 和塘 2 的 DTP 平均浓度分别降低至（1.06±0.07）mg/L 和（0.87±0.07）mg/L，仍然处于较高的污染水平，但已经接近国家污水排放的一级 A 标准。系统的出水口 DTP 浓度为（0.66±0.05）mg/L（0.06～1.59mg/L），显著低于入水口污水 DTP 浓度，75% 以上的出水达到国家污水排放一级 A 标准。7 月 26 日～8 月 10 日间，可能由于气温过高，生活污水排放量大，污染物浓度较高，因此系统出水浓度高于一级 A 标准，但低于 B 标准。

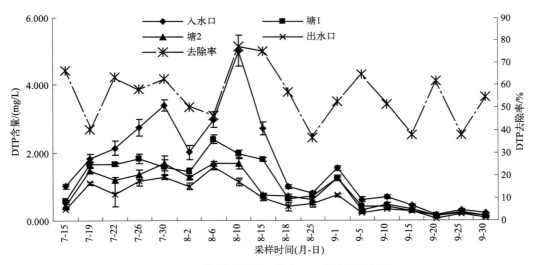

图22-113 芙蓉坝水敏性系统中DTP含量的削减效果

DTP 在监测期间浓度变化规律与 TP 相同，均表现为 7～8 月较高，8 月下旬至 9 月底浓度降低。总体 DTP 浓度变异性较大，具有一定的代表性，因此对出水 DTP 浓度与入水 DTP 浓度进行简单线性回归得到如下方程［图 22-114（a）］：

$$y=0.2935x+0.1787 \quad (P<0.0001)$$

式中　y——出水口 DTP 浓度；

　　　　x——入水口 DTP 浓度。

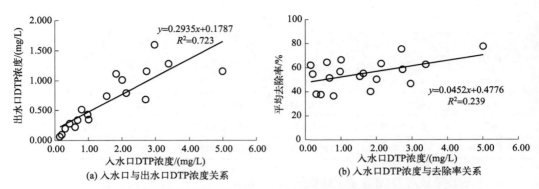

图22-114　芙蓉坝水敏性系统入水口与出水口DTP浓度和总体污染物去除率的相关关系

　　根据此方程，本研究计算得到芙蓉坝水敏性系统处理污水入水DTP的最大浓度为2.80mg/L，（y=1mg/L）。

　　芙蓉坝水敏性系统对DTP的去除率范围为36%～77%（表22-35），平均去除率为55%。该系统对污水DTP的去除率高于大部分河岸带缓冲系统。DTP的去除率也有一定的波动性，但不显著，主要归因于降雨和入水DTP浓度的影响。如图22-114（b）所示，入水口DTP浓度与总体污染物去除率呈显著的正相关关系，即入水口浓度越大，去除率越高，因此导致去除率差异。

表22-35　芙蓉坝水敏性系统DTP含量的去除情况

日期 （月-日）	入水口DTP含量 /(mg/L)	塘1DTP含量 /(mg/L)	塘2DTP含量 /(mg/L)	出水口DTP含量 /(mg/L)	去除率 /%
7-15	1.01±0.07	0.59±0.03	0.44±0.05	0.34±0.01	66
7-19	1.84±0.14	1.65±0.08	1.47±0.09	1.10±0.04	40
7-22	2.14±0.21	1.67±0.05	1.19±0.07	0.78±0.06	64
7-26	2.75±0.25	1.83±0.15	1.35±0.13	1.15±0.12	58
7-30	3.40±0.16	1.57±0.23	1.68±0.21	1.27±0.07	63
8-2	2.01±0.22	1.42±0.13	1.28±0.05	1.00±0.11	50
8-6	2.97±0.22	2.39±0.12	1.67±0.07	1.59±0.09	46
8-10	5.01±0.46	1.97±0.12	1.68±0.15	1.14±0.11	77
8-15	2.72±0.2	1.79±0.06	0.75±0.06	0.68±0.10	75
8-18	0.98±0.05	0.63±0.09	0.71±0.05	0.43±0.05	56
8-25	0.80±0.02	0.73±0.04	0.61±0.03	0.51±0.03	36
9-1	1.54±0.07	1.23±0.04	1.25±0.09	0.73±0.04	53
9-5	0.61±0.07	0.42±0.02	0.31±0.02	0.22±0.03	64
9-10	0.69±0.05	0.41±0.03	0.47±0.06	0.34±0.03	51
9-15	0.44±0.02	0.29±0.03	0.34±0.03	0.28±0.02	36
9-20	0.15±0.01	0.13±0.01	0.13±0.01	0.06±0.01	60
9-25	0.31±0.03	0.22±0.02	0.24±0.02	0.19±0.01	39
9-30	0.21±0.02	0.13±0.01	0.13±0.02	0.09±0.00	57
平均值	1.64±0.12	1.06±0.07	0.87±0.07	0.66±0.05	55

利用 TP 减去 DTP 的方法粗略估算颗粒态磷的削减效果（图 22-115），平均去除率为 53%（28% ～ 84%），与 DTP 的去除率相当，因此该系统对 TP 的削减既来自颗粒态磷的削减，也有 DTP 的消纳。

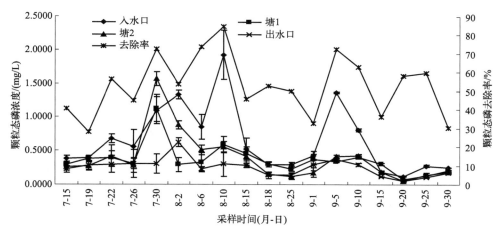

图22-115　芙蓉坝水敏性系统中颗粒态磷含量的变化

6）水敏性系统对 PO_4^{3-} 含量削减效果

正磷酸盐是导致水体富营养化的直接因素。芙蓉坝水敏性系统中水体 PO_4^{3-} 的浓度变化情况如图 22-116 所示。

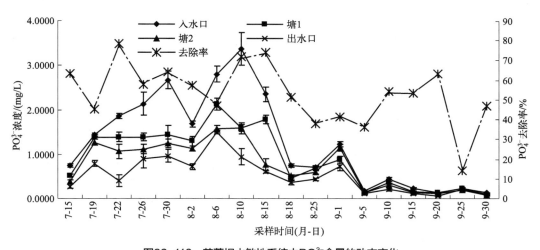

图22-116　芙蓉坝水敏性系统中 PO_4^{3-} 含量的动态变化

本研究中入水口污水正磷酸盐含量为 0.13 ～ 3.36mg/L，均值为（1.28±0.09）mg/L，大部分监测期间水样正磷酸盐浓度高于国家污水排放一级 B 标准。监测期间塘 1 和塘 2 的正磷酸盐平均浓度分别降低至（0.89±0.06）mg/L 和（0.74±0.06）mg/L，仍然处于较高的污染水平，但已经接近国家污水排放的一级 A 标准。系统的出水口正磷酸盐浓度为（0.52±0.06）mg/L（0.06 ～ 1.59mg/L），显著低于入水口污水正磷酸盐浓度，完全达到污水排放一级 B 标准。PO_4^{3-} 在监测期间浓度变化规律与 TP、DTP 相似，均表现为 7～8 月较高，8 月下旬至 9 月底浓度降低。出水口 PO_4^{3-} 浓度与入水口 PO_4^{3-} 浓度存在以下方程关系 [图 22-117（a）]：

$$y=0.3341x+0.0912 \qquad (P<0.0001)$$

式中　y——出水口 PO_4^{3-} 浓度；

　　　x——入水口 PO_4^{3-} 浓度。

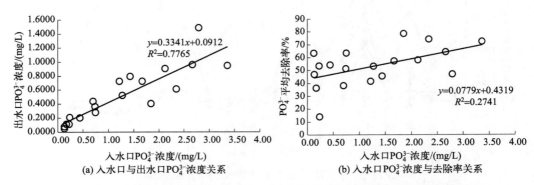

图22-117　芙蓉坝水敏性系统入水口与出水口 PO_4^{3-} 浓度和总体污染物去除率的相关关系

　　根据此方程，本研究计算得到芙蓉坝水敏性系统处理污水入水 PO_4^{3-} 的最大浓度为 2.72mg/L（$y=1$mg/L）。

　　芙蓉坝水敏性系统对 PO_4^{3-} 的去除率范围为 17%～78%（表 22-36），平均去除率为 53%。PO_4^{3-} 的去除率有一定的波动性，但不显著，主要归因于入水 PO_4^{3-} 浓度的差异。如图 22-117（b）所示，入水口 PO_4^{3-} 与总体污染物去除率呈显著的正相关关系，即入水浓度越大，去除率越高，因此导致去除率差异。

表22-36　芙蓉坝水敏性系统 PO_4^{3-} 含量的去除情况

日期 （月-日）	入水口 PO_4^{3-} 含量 /(mg/L)	塘1 PO_4^{3-} 含量 /(mg/L)	塘2 PO_4^{3-} 含量 /(mg/L)	出水口 PO_4^{3-} 含量 /(mg/L)	去除率 /%
7-15	0.75±0.04	0.52±0.03	0.38±0.05	0.27±0.05	64
7-19	1.44±0.04	1.39±0.05	1.27±0.07	0.79±0.07	45
7-22	1.85±0.06	1.39±0.10	1.07±0.16	0.40±0.13	78
7-26	2.13±0.25	1.38±0.08	1.11±0.11	0.90±0.21	58
7-30	2.67±0.20	1.44±0.2	1.25±0.10	0.96±0.14	64
8-2	1.68±0.07	1.30±0.10	1.13±0.06	0.72±0.07	57
8-6	2.80±0.18	2.12±0.14	1.57±0.07	1.48±0.04	47
8-10	3.36±0.37	1.58±0.12	1.58±0.08	0.94±0.18	72
8-15	2.35±0.17	1.78±0.09	0.76±0.13	0.61±0.03	74
8-18	0.74±0.04	0.46±0.03	0.52±0.03	0.36±0.05	51

第四篇　工程实践篇

日期 （月-日）	入水口PO_4^{3-}含量 /(mg/L)	塘1PO_4^{3-}含量 /(mg/L)	塘2PO_4^{3-}含量 /(mg/L)	出水口PO_4^{3-}含量 /(mg/L)	去除率 /%
8-25	0.70±0.04	0.68±0.04	0.60±0.04	0.43±0.03	38
9-1	1.22±0.07	0.88±0.08	1.15±0.07	0.72±0.08	41
9-5	0.17±0.01	0.14±0.01	0.14±0.02	0.11±0.01	35
9-10	0.44±0.02	0.37±0.03	0.30±0.02	0.20±0.02	55
9-15	0.23±0.03	0.15±0.01	0.13±0.01	0.11±0.01	52
9-20	0.13±0.00	0.13±0.00	0.11±0.01	0.05±0.01	62
9-25	0.24±0.02	0.22±0.01	0.19±0.02	0.20±0.01	17
9-30	0.14±0.00	0.10±0.01	0.08±0.01	0.07±0.01	50
平均值	1.28±0.09	0.89±0.06	0.74±0.06	0.52±0.06	53

7）水敏性系统中水体电导率变化

电导率是反映水质污染状况的重要参数。芙蓉坝水敏性系统中水体电导率变化情况如图 22-118 所示。

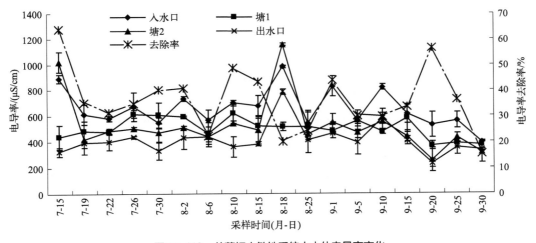

图22-118 芙蓉坝水敏性系统中水体电导率变化

本研究中入水口污水电导率为 396 ～ 984μS/cm，均值为（656.56±52.10）μS/cm。塘1 和塘2 的电导率分别降低至（504.50±55.37）μS/cm 和（528.56±53.11）μS/cm，仍然处于较高的污染水平。系统的出水口电导率为（415.00±50.34）μS/cm，显著低于入水口污水电导率。通常电导率值越大，水的溶解性总固体（TDS）浓度值就越高，因此表明经过系统处理后水体中总溶解性固体含量得到有效降低，水质得到较好的改善。电导率在监测期间随时间变化没有出现明显的规律，整个监测过程均处于中等水平。

芙蓉坝水敏性系统对水体电导率具有明显的降低作用（表 22-37），出水口与入水口相比电导率减小了 15% ～ 64%，平均降低了 36%。系统对入水水质具有较好的调节作用。

表22-37　芙蓉坝水敏性系统中水体电导率变化情况

日期 (月-日)	入水口 /(mg/L)	塘1 /(mg/L)	塘2 /(mg/L)	出水口 /(mg/L)	去除率 /%
7-15	894±31.73	436±90.42	1021±81.69	323±35.86	64
7-19	610±76.54	482±77.59	418±62.76	396±87.69	35
7-22	579±18.59	475±19.72	482±19.58	398±59.72	31
7-26	671±108.56	614±26.80	503±11.21	438±9.60	35
7-30	547±41.38	602±95.51	469±70.08	328±66.97	40
8-2	733±18.53	594±6.53	511±9.45	435±88.74	41
8-6	565±79.63	464±84.85	441±42.83	440±74.80	22
8-10	703±15.91	618±58.04	542±1.44	361±81.03	49
8-15	677±77.12	525±51.02	489±105.20	385±14.60	43
8-18	984±11.61	516±30.93	1160±10.04	786±19.32	20
8-25	541±97.05	518±104.41	458±44.99	411±100.74	24
9-1	829±78.32	486±60.25	545±68.19	465±3.09	44
9-5	560±27.43	561±74.39	472±44.06	393±95.24	30
9-10	824±20.06	478±17.43	554±95.52	579±38.37	30
9-15	614±75.25	576±104.89	442±40.80	408±33.34	34
9-20	528±94.97	368±30.80	256±92.50	229±29.38	57
9-25	563±63.26	391±31.60	430±37.03	359±61.45	36
9-30	396±1.80	377±31.53	321±86.56	336±6.13	15
平均值	656.56±52.10	504.50±55.37	528.56±51.33	415.00±50.34	36

8）水敏性系统中水体 pH 值变化

芙蓉坝水敏性系统中水体 pH 值变化情况如图 22-119 所示。

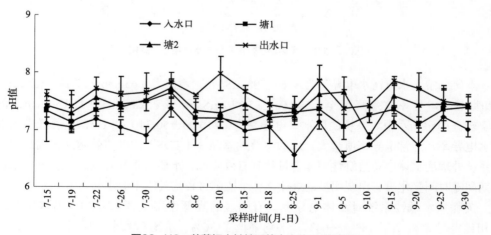

图22-119　芙蓉坝水敏性系统中水体pH值变化

研究中入水口污水 pH 值较低，为 6.56～7.39，均值为 7.01±0.23。塘 1 和塘 2 的 pH 值有所上升，均值分别为 7.31±0.15 和 7.43±0.19，处于弱碱性水平。系统的出水口 pH 值为 7.63±0.19，显著高于入水口污水 pH 值，所有出水水样 pH 值均为弱碱性。水敏性结构系统对生活污水 pH 值具有较好的改善效果。

芙蓉坝水敏性系统对水体 pH 值具有明显的提升作用，出水与入水相比 pH 值升高了 4%～14%，平均升高了 9%。

（3）小结

① 芙蓉坝水敏性系统对周围生活污水 TP、TN 具有较好的去除效果。对 TN 的去除率达到 54%，而且排水全部达到国家污水排放一级 A 标准，系统设计对 TN 的处理能力较好。然而，尽管系统对 TP 的去除率高达 59%，但系统对 TP 的处理能力不足，在 7～8 月污水排放量较大和浓度较高期间，排水 TP 理浓度未达到一级 A 排放标准。

② 芙蓉坝水敏性系统对周围生活污水 NH_4^+-N 的去除率较高，达到 45%，且整个监测期间出水的 NH_4^+-N 含量均达到国家地表水 IV 类水标准，表明系统对污水 NH_4^+-N 具有较好的去除潜力。

③ 芙蓉坝水敏性系统对其他氮、磷形态的削减效果均表现较好，但监测期间入水磷浓度存在超出系统处理容量的情况，因此导致出水磷浓度不达标情况。

④ 芙蓉坝水敏性系统对电导率具有较好的降低作用，对入湖水质具有较好的改善效果。

22.2.3 生物多样性功能评估

22.2.3.1 植物群落及其多样性评估

（1）基塘工程植物多样性

基塘区域共记录到维管束植物 45 种，其中基塘工程区共记录到非人工种植高等维管植物 29 种，分属 15 科 28 属，含优势种植物 2 种，常见种植物 8 种，少见种植物 19 种；对照区共记录到非人工种植高等维管植物 34 种，分属 17 科 30 属，其中优势种植物 2 种，常见种植物 16 种，少见种植物 16 种。仅在基塘工程区发现的维管束植物共有 11 种，仅在对照区发现的维管束植物共 16 种。基塘工程区植物多样性指数 H_p=2.368，对照区植物多样性指数 H'_p=2.546。

基塘工程区主要植物群落为无芒稗群落、鸭舌草群落、野荸荠群落和萤蔺群落，其中无芒稗群落分布范围最广；对照区主要植物群落为浮萍群落、金鱼藻＋菹草群落、水葫芦群落、水虱草群落和狗牙根群落，其中浮萍群落、金鱼藻＋菹草群落和水葫芦群落主要分布在对照区的水塘中，水虱草群落主要分布于稻田间的田埂上，狗牙根群落则主要分布于休耕农田中。

基塘工程区域植物名录见表 22-38。

表22-38　基塘工程区域植物名录

科	属	种	科	属	种
唇形科	紫苏属	紫苏	柳叶菜科	丁香蓼属	丁香蓼
大戟科	铁苋菜属	海蚌含珠	马鞭草科	马鞭草属	马鞭草
豆科	合萌属	合萌	茄科	茄属	龙葵
豆科	鸡眼草属	鸡眼草	三白草科	三白草属	三白草
浮萍科	浮萍属	浮萍	莎草科	飘拂草属	水虱草
禾本科	狗牙根属	狗牙根	莎草科	荸荠属	野荸荠
禾本科	马唐属	马唐	莎草科	莎草属	异型莎草
禾本科	稗属	无芒稗	莎草科	莎草属	香附子
禾本科	雀稗属	双穗雀稗	莎草科	藨草属	萤蔺
禾本科	狗尾草属	狗尾草	商陆科	商陆属	商陆
禾本科	白茅属	白茅	天南星科	菖蒲属	菖蒲
金鱼藻科	金鱼藻属	金鱼藻	苋科	莲子草属	空心莲子草
菊科	蒿属	苦蒿	苋科	苋属	苋
菊科	紫菀属	钻叶紫菀	玄参科	婆婆纳属	水苦荬
菊科	鬼针草属	鬼针草	玄参科	母草属	泥花草
菊科	白酒草属	小白酒草	玄参科	母草属	陌上菜
菊科	鳢肠属	鳢肠	雨久花科	雨久花属	鸭舌草
菊科	苍耳属	苍耳	雨久花科	凤眼蓝属	凤眼莲
蓼科	蓼属	水蓼	鸭跖草科	鸭跖草属	鸭跖草
蓼科	蓼属	酸模叶蓼	眼子菜科	眼子菜属	菹草
蓼科	蓼属	杠板归	眼子菜科	眼子菜属	浮叶眼子菜
蓼科	蓼属	虎杖	泽泻科	慈姑属	矮慈姑

（2）生物沟工程植物多样性

生物沟工程系统选址在城市景观绿地范围内，原有景观绿地植物种类主要是景观绿化植物，包括桂花树、茶花树、女贞、红花檵木、紫叶小檗、杜鹃、狗牙根草皮。生物沟工程系统设计配置22种湿生、湿地植物，增加区域植物种类，提升生物多样性和生境异质性。后期自然演替，生物沟工程系统内植物种类增加至42种，大多是土壤松动和客土转运过程土壤种子库萌发。将原有以狗牙根草皮为主的绿地景观改造成以湿地植物为主的异质生境。

生物沟工程区域植物名录见表22-39。

（3）雨水花园工程植物多样性

雨水花园系统运行初期塘、生物沟植物面积所占比例为56.49%，初期植物栽种比例为30%，植被覆盖率相对较高，植被生长良好。现有植物按生活型划分，湿生植物种类最多为72种，挺水植物种类次之为14种，两者相加占湿地植物种类总数的95.56%；而沉

表22-39 生物沟工程区域植物名录

科	属	种	科	属	种
禾本科	狗牙根属	狗牙根	香蒲科	香蒲属	香蒲
禾本科	狼尾草属	狼尾草	禾本科	狗尾草属	狗尾草
禾本科	芒属	芭茅	禾本科	狗牙根属	狗牙根
禾本科	芦苇属	芦苇	苋科	莲子草属	喜旱莲子草
禾本科	牛鞭草属	牛鞭草	蓼科	蓼属	水蓼
禾本科	芦竹属	水生芦竹	毛茛科	毛茛属	毛茛
鸢尾科	鸢尾属	黄花鸢尾	唇形科	夏枯草属	夏枯草
鸢尾科	鸢尾属	鸢尾	蓼科	蓼属	杠板归
泽泻科	慈姑属	慈姑	伞形科	窃衣属	窃衣
石蒜科	葱莲属	葱兰	伞形科	积雪草属	积雪草
灯芯草科	灯芯草属	灯芯草	蔷薇科	蛇莓属	蛇莓
莎草科	莎草属	风车草	茄科	茄属	龙葵
雨久花科	梭鱼草属	梭鱼草	桔梗科	半边莲属	半边莲
天南星科	菖蒲属	菖蒲	豆科	合萌属	合萌
天南星科	菖蒲属	金钱蒲	骨碎补科	肾蕨属	肾蕨
百合科	沿阶草属	麦冬	大戟科	铁苋菜属	铁苋菜
千屈菜科	千屈菜属	千屈菜	酢浆草科	酢浆草属	酢浆草
美人蕉科	美人蕉属	水生美人蕉	菊科	紫菀属	钻形紫菀
睡莲科	睡莲属	睡莲	菊科	苦苣菜属	苦苣菜
睡莲科	莲属	莲	菊科	苍耳属	苍耳
竹芋科	塔利亚属	再力花	菊科	鬼针草属	鬼针草

水植物、浮叶、漂浮物种类相对较少，三者之和占湿地植物种类总数的4.44%。按植物的来源划分，人工栽种的植物的生活类型分布分别为挺水植物13种，湿生植物5种，浮叶植物1种；自然繁衍植物的生活类型分布分别为挺水植物1种，湿生植物67种，漂浮植物1种，沉水植物2种。这说明人栽种以挺水植物为主，而自然繁衍的植物以湿生植物占据绝对优势。

雨水花园系统建成运行后，植物群落分布较不均匀，故采用群丛法来计算生物量。另外，雨水花园系统内浮叶植物、漂浮植物与沉水植物的种类、分布面积较少，因此雨水花园系统内植物群落生物量主要统计挺水植物和湿生植物。除合萌群落外，其余群落的优势种均系人工栽植，衍生物种呈点缀分布，所占面积份额较小。与部分自然湿地相似，湿地水生植物群落的水平分布具有明显的复合性特征，属典型的群落复合体，亦称群丛复合体。

按接受统计的水生植物群丛生物量从大到小排列为黄花鸢尾群丛、鸢尾群丛、梭鱼草群丛、美人蕉群丛、大慈姑群丛、再力花群丛、慈姑群丛、香蒲群丛、睡莲群丛、荷花群丛、合萌群丛、菖蒲群丛、千屈菜群丛。

雨水花园工程区域植物名录见表22-40。

表22-40　雨水花园工程区域植物名录

科	属	种	科	属	种
禾本科	稗属	稗	唇形科	夏枯草属	夏枯草
	稗属	芒稗	蓼科	蓼属	杠板归
	稗属	长芒稗		蓼属	水蓼
	狗尾草属	狗尾草	毛茛科	毛茛属	毛茛
	狗牙根属	狗牙根		毛茛属	石龙芮
	芦苇属	芦苇	千屈菜科	千屈菜属	千屈菜
	芦竹属	芦竹		节节菜属	圆叶节节菜
	雀稗属	雀稗	三白草科	三白草属	三白草
	千金子属	千金子		蕺菜属	鱼腥草
	白茅属	白茅	桑科	桑属	桑树
	荩草属	荩草		构属	构树
	薏苡属	薏苡	苋科	莲子草属	喜旱莲子草
	雀稗属	双穗雀稗		青葙属	青葙
	马唐属	马唐	泽泻科	慈姑属	慈姑
	牛鞭草属	牛鞭草		慈姑属	大慈姑
	棒头草属	棒头草	睡莲科	睡莲属	睡莲
莎草科	莎草属	碎米莎草		莲属	莲
	莎草属	扁穗莎草	雨久花科	雨久花属	鸭舌草
	莎草属	长尖莎草		梭鱼草属	梭鱼草
	莎草属	异形莎草	鸢尾科	鸢尾属	黄花鸢尾
	莎草属	旋磷莎草		鸢尾属	鸢尾
	莎草属	风车草	天南星科	菖蒲属	菖蒲
	荸荠属	野荸荠		菖蒲属	金钱蒲
	荸荠属	稻田荸荠	酢浆草科	酢浆草属	酢浆草
	藨草属	萤蔺	竹芋科	塔利亚属	再力花
	藨草属	藨草	香蒲科	香蒲属	香蒲
	刺子莞属	水虱草	小二仙草科	狐尾藻属	粉绿狐尾藻
	水蜈蚣属	单穗水蜈蚣	荨麻科	苎麻属	苎麻
菊科	苍耳属	苍耳	鸭跖草科	鸭跖草属	鸭跖草
	鬼针草属	鬼针草	报春花科	珍珠菜属	过路黄
	鬼针草属	婆婆针	车前科	车前属	车前
	鳢肠属	鳢肠	大戟科	铁苋菜属	铁苋菜
	紫菀属	钻形紫菀	大麻科	葎草属	葎草
	苦苣菜属	苦苣菜	豆科	合萌属	合萌
	马兰属	马兰	浮萍科	紫萍属	紫萍
	飞蓬属	一年蓬	骨碎补科	肾蕨属	肾蕨
	白酒草属	白酒草	虎耳草科	虎耳草属	虎耳草
伞形科	胡萝卜属	野胡萝卜	桔梗科	半边莲属	半边莲
	窃衣属	窃衣	柳叶菜科	丁香蓼属	丁香蓼
	积雪草属	积雪草	马鞭草科	马鞭草属	马鞭草
	水芹属	高山水芹	木贼科	木贼属	木贼
美人蕉科	美人蕉属	水生美人蕉	蔷薇科	蛇莓属	蛇莓
	美人蕉属	黄花美人蕉	茄科	茄属	龙葵
	美人蕉属	粉美人蕉	十字花科	播娘蒿属	播娘蒿
唇形科	风轮菜属	细风轮菜	金鱼藻科	金鱼藻属	金鱼藻

三处工程正常运行过程中，植物种类逐渐增加，且相对于工程未建设实施时更加丰富。工程实施促使了工程区内及周边地区植物多样性的提升。

（4）汉丰湖湖（库）岸芙蓉坝区主要维管束植物多样性

汉丰湖生态系统作为城市生态系统中较为重要的组成部分，对于维护城市生态系统平衡、改善城市生态环境、保护城市生物多样性有着极其重要的作用。湿地植被群落在水文、土壤理化指标等自然要素和人类活动影响下发生演替，主要表现在植被物种多样性变化和植被群落结构变化两个方面。

统计调查显示，汉丰湖湖（库）岸芙蓉坝和乌杨坝两个区域，维管植物79种，隶属23科54属。禾本科、菊科、豆科和莎草科植物居多，多数物种为单科单属种。其中优势物种为狗牙根、钻叶紫菀、胡枝子、苍耳、小白酒草、鬼针草等（见表22-41）。

表22-41　汉丰湖湖（库）岸主要维管束植物

科	属	种	科	属	种
菊科	苍耳属	苍耳	禾本科	狗牙根属	狗牙根
	白酒草属	小白酒草		牛鞭草属	扁穗牛鞭草
	蒿属	艾蒿		稗属	无芒稗
	蒿属	白蒿		狗尾草属	狗尾草
	蒿属	灰苞蒿		狗尾草属	狼尾草
	蒿属	苦蒿		白茅属	白茅
	鬼针草属	鬼针草		荩草属	茅叶荩草
	鬼针草属	三叶鬼针草		马唐属	马唐
	鬼针草属	狼把草		雀稗属	双穗雀稗
	苦荬菜属	苦荬		千金子属	千金子
	菊属	野菊花		求米草属	竹叶草
	鳢肠属	鳢肠		芒属	芭芒
	紫菀属	钻叶紫菀		细柄草属	硬杆子草
蓼科	蓼属	水蓼		稗属	水稗
	蓼属	酸模叶蓼	莎草科	莎草属	香附子
	蓼属	杠板归		莎草属	异型莎草
豆科	益母草属	益母草		莎草属	碎米莎草
	风轮菜属	风轮草		苔草属	栗褐苔草
	合萌属	合萌		飘拂草属	水虱草
	胡枝子属	铁扫帚		水蜈蚣属	水蜈蚣
	胡枝子属	胡枝子		藨草属	萤蔺
	鸡眼草属	鸡眼草			

从芙蓉坝区域植物空间梯度分布来看，上部区域野花草甸区以人工种植的景观植物车轴草、波斯菊为主，钻叶紫菀＋合萌群落伴生；中部区域平坦以狗牙根群落为主，鬼针草＋苍耳群落伴生；下部区域以胡枝子群落为主，水蓼＋苍耳群落伴生。

乌杨坝区域上部多功能固岸护岸区以乔木群落香樟、灌木群落八茅、草本群落白茅为主，狗牙根群落伴生；岸坡下护岸-林泽过渡带区域以胡枝子群落为主，苍耳＋水蓼群落伴生；下部林泽区域以狗牙根＋胡枝子群落为主，水蓼＋苍耳群落伴生。

（5）汉丰湖湖（库）岸乌杨坝区主要维管束植物多样性

1）植物群落调查

按高程分为 3 个样带：175～185m 为生态防护带；170～175m 为生态固岸带；170～172m 为复合林泽带。2017 年 5 月对乌杨坝多带多功能生态防护带建设区开展了春季生物多样性调查，对每个功能带设置 3 个固定样点进行调查，方法为样方法。

经定量调查，生态防护带总计 15 科，25 属，25 种植物。乔木平均胸径 12.2cm，平均高度 5.3m，平均冠幅 2.3m×1.9m。草本主要优势种为白茅，伴生种为木贼和蜈蚣草（表22-42）。

表22-42　生态防护带定量调查植物名录

科	属	种	科	属	种
三白草科	三白草属	鱼腥草	禾本科	狗牙根属	狗牙根
伞形科	葛缕子属	葛缕子	苋科	莲子草属	莲子草
	窃衣属	窃衣	菊科	小苦荬属	抱茎小苦荬
大戟科	乌桕属	乌桕		白酒草属	小蓬草
	秋枫属	重阳木		蒿属	野艾
凤尾蕨科	凤尾蕨属	蜈蚣草		黄鹌菜属	黄鹌菜
旋花科	打碗花属	旋花		鬼针草属	鬼针草
木贼科	木贼属	木贼	豆科	草木樨属	黄香草木樨
杨柳科	杨属	杨树		油麻藤属	常春油麻藤
樟科	樟属	樟树		苜蓿属	小苜蓿
牻牛儿苗科	老鹳草属	老鹳草		野豌豆属	野豌豆
玄参科	婆婆纳属	婆婆纳		野豌豆属	小巢菜
禾本科	白茅属	白茅			

生态固岸带总计 12 科，24 属，24 种。优势种为巴茅，伴生种为白苞蒿、黄花蒿、金星蕨（表 22-43）。

表22-43　生态固岸带定量调查植物名录

科	属	种	科	属	种
伞形科	窃衣属	窃衣	菊科	小苦荬属	抱茎小苦荬
	野胡萝卜属	野胡萝卜		白酒草属	小蓬草
凤尾蕨科	凤尾蕨属	蜈蚣草		蒿属	黄花蒿
唇形科	风轮菜属	风轮菜		小苦荬属	中华小苦荬
	水棘针属	水棘针		鼠曲草属	鼠曲草
海金沙科	海金沙属	海金沙		蒿属	野艾
玄参科	婆婆纳属	婆婆纳		苍耳属	苍耳
禾本科	蒲苇属	蒲苇		蒿属	白苞蒿
	狗牙根属	狗牙根	豆科	草木樨属	黄香草木樨
	白茅属	白茅		苜蓿属	小苜蓿
紫草科	附地菜属	附地菜	酢浆草科	酢浆草属	酢浆草
荨麻科	苎麻属	苎麻	金星蕨科	金星蕨属	金星蕨

复合林泽带总计19科，37属，37种。乔木平均胸径9.1cm，平均高度5.2m，平均冠幅1.4m×1.0m。草本优势种为狗牙根、苍耳，伴生种为老鹳草、繁缕、裸柱菊和鼠曲草（表22-44）。

表22-44 复合林泽带定量调查植物名录

科	属	种	科	属	种
伞形科	野胡萝卜属	野胡萝卜	紫草科	附地菜属	附地菜
	天胡荽属	天胡荽	苋科	莲子草属	莲子草
十字花科	萝卜属	萝卜	茄科	茄属	龙葵
	蔊菜属	蔊菜	菊科	苍耳属	苍耳
大戟科	乌桕属	乌桕		鼠曲草属	鼠曲草
唇形科	水棘针属	水棘针		白酒草属	小蓬草
报春花科	泽珍珠菜属	泽珍珠菜		紫菀属	紫菀
柏科	落羽杉属	中山杉		紫菀属	钻叶紫菀
	水松属	水松		鬼针草属	鬼针草
旋花科	菟丝子属	菟丝子		蒿属	黄花蒿
毛茛科	毛茛属	石龙芮		裸柱菊属	裸柱菊
牻牛儿苗科	老鹳草属	老鹳草	蓼科	酸模属	酸模
玄参科	通泉草属	通泉草		蓼属	酸模叶蓼
	婆婆纳属	婆婆纳	豆科	草木樨属	草木樨
	婆婆纳属	水苦荬		野豌豆属	野豌豆
石竹科	繁缕属	繁缕		合萌属	合萌
禾本科	狗牙根属	狗牙根		苜蓿属	小苜蓿
	棒头草属	棒头草	酢浆草科	酢浆草属	酢浆草
	看麦娘属	看麦娘			

经过定性调查，生态防护带植物总计87种，生态固岸带植物总计37种，复合林泽带植物总计39种。生态防护带植物群落结构复杂，形成了“乔—灌—草”的层次结构，生物多样性高。生物固岸带由于被硬化，虽形成多孔隙空间但不适宜植物生长，以蕨类和菊科一年生植物为主。复合林泽带由于周期性的反季节水淹，草本群落以苍耳、狗牙根为优势种，具有明显的消落带特征。林泽内部土壤湿度大，土质疏松，形成了多个洼地，乔木萌发状况良好。

2）调查结果分析

通过乌杨坝生物多样性分析可知，乌杨坝样地内从固岸护岸系统即多带多功能缓冲带到岸下多空穴栖息生境带再到林泽系统，生物多样性呈现递增的趋势，与现场实际调查的情况一致，且样带内植物分布较为均匀。

4月整个乌杨坝样地内以胡枝子群落为主，到7月，胡枝子群落已经结种，并且绝大多数枯萎死亡。而乌杨坝样地内，苍耳逐渐演变为优势群落。

多带多功能固岸护岸系统内植物群落单一，上部乌桕、香樟树下主要为白茅、木贼伴生；中部巴茅区仅见少量蕨类植物生长；下部胡枝子枯萎，苍耳、鬼针草生长旺盛，逐渐演变为优势属种。

林泽区胡枝子枯萎，苍耳、稗草生长旺盛，狗牙根、水虱草、合萌伴生。退水后的自然消落带区以狗牙根为主，生物物种较春季丰富，部分地势低洼区苍耳、稗草、合萌呈团簇状生长，而且狗牙根群落中有香附子伴生。

22.2.3.2　鸟类多样性评估

（1）研究区域

自 2013 年开始对小江 - 汉丰湖流域内的库岸带鸟类多样性及其生境进行调查工作，主要进行鸟种调查。春季和秋季，小江 - 汉丰湖流域受三峡库区水位调动影响，处于持续退水或蓄水阶段，生态系统极不稳定。夏季和冬季，调查区域内水位较稳定。在夏季，基塘、林泽等生态工程露出，形态结构完整，植物亦处于生长最为旺盛的季节，对留鸟、夏候鸟的庇护、觅食、育雏等发挥积极作用。而冬季高水位时，林泽、生态护坡等生态工程则是游禽、涉禽、鸣禽等的重要庇护地。夏季和冬季最能够表现鸟类与生态护岸之间的响应机制。

2014 ～ 2015 年，生态护岸处于设计施工阶段、植被恢复阶段或者试运行阶段，结构组分不完善，护坡内人为干扰较严重，对鸟类产生直接影响，因此选择 2015 年，即生态工程实施后一年或者一年以上的夏季和冬季进行生态护岸鸟类多样性效益评估工作。采用时空替代法，以开州区未进行人为恢复重建的区域作为对照样点，石龙船大桥城市景观基塘、芙蓉坝、乌杨坝、大浪坝、白夹溪老土地湾 5 个样点作为调查样点。对照区域选择145 ～ 190m 水位下消落区域及周边生境。

每个季节在选定的样带开展 3 次调查工作。生态护岸每次调查的坡样线长度为400m，每个调查样带单次调查时间为 30min，样点选择避开施工区和施工期。选择晴朗无风的天气，在 7：00 ～ 11：00 以及 15：00 ～ 18：00 进行调查。利用 8×42 倍的双筒望远镜及20 ～ 60 倍的施华洛世奇单筒望远镜进行鸟类调查。调查时，研究区域内看到和听到的鸟类均算，记录鸟类的行为及活动的生境。记录开始调查后样带范围内的鸟类，调查后进入调查范围内的鸟类则不计入内。

（2）研究方法

1）鸟类的物种组成特征

鸟类分类参考《中国鸟类名录 4.0》，鸟类分布参考郑光美主编的《中国鸟类名录及分布》（第二版）。

2）鸟类多样性

针对研究区域鸟类种类及种群数量的调查结果，采用如下的分析方法。

① 采用香农 - 威纳指数作为衡量鸟类群落多样性的指标，公式为：

$$H = -\sum_{i=1}^{s} P_i \ln P_i$$

式中　P_i——第 i 种的个体数与该群落总个体数的比值；

　　　S——总种数。

$$E=H/\ln S$$

式中　E——均匀性指数；

　　　H——实测多样性值。

$$D = P_i^2$$

式中　D——Simpson 种类优势度指数。

② 采用 Sorenson 相似性系数衡量夏季和冬季鸟类种类的相似性，公式为：

$$c=\frac{2j}{a+b}$$

式中　j——两个季节共有的鸟类种类数；

　　　a——第 1 个季节的鸟类种类数；

　　　b——第 2 个季节的鸟类种类数。

③ 利用 SPSS 软件进行方差分析和比较，显著性水平取 0.05。对不同的生态护岸在同一个季节进行 Duncan 分析，显著性水平取 0.05。

（3）结果与分析

1）研究区域鸟类群落结构

2013 年 6 月～ 2016 年 10 月在小江 - 汉丰湖流域生态河、库岸带共发现鸟类 71 种，隶属于 14 目 34 科，占整个河、库岸带鸟类物种数的 94.67%；而在对照点仅发现鸟类 40 种，隶属于 7 目 25 科，河、库岸带鸟类丰度显著高于对照区。生态河、库岸带增加的类群为雁形目、鸮形目、鹰形目等门类。生态护岸与对照样带的鸟类的相似性为 64.86%，相似度较高。证明生态护岸实施河（库）建设后，原有的河、库岸带鸟类种类仍然比较完整，并且通过栖息地结构的改造，为游禽、鸣禽、涉禽等类群提供了栖息地，这对整个流域内鸟类多样性保育发挥着积极的作用。详细的河、库岸带鸟类名录见表 22-45。在重庆市开州区渠口镇大浪坝生态防护岸带内新记录到红胸田鸡和蓝胸秧鸡两种鸟类，它们喜在隐蔽性较好的基塘中觅食、繁殖。

表22-45　小江-汉丰湖流域生态护岸带鸟类名录

编号	中文名	保护等级	分布区系	居留类型	DZD	STD
1	(1)䴙䴘目					
	1)䴙䴘科					
	小䴙䴘	△	C	R	√	√
2	(2)鲣鸟目					
	2)鸬鹚科					
	普通鸬鹚	△	P	W		√
3	(3)鹃形目					
	3)鸥鹃科					
	斑头鸺鹠	Ⅱ	O	R		√

续表

编号	中文名	保护等级	分布区系	居留类型	DZD	STD
4	(4)犀鸟目					
	4)戴胜科					
	戴胜		P	R		√
5	(5)隼形目					
	5)隼科					
	阿穆尔隼	Ⅱ	C	T		√
6	(6)鸡形目					
	6)雉科					
	雉鸡		C	R	√	√
7	(7)鸽形目					
	7)鸠鸽科					
	珠颈斑鸠		O	R	√	√
8	(8)佛法僧目					
	8)翠鸟科					
	普通翠		C	R	√	√
9	(9)鹰形目					
	9)鹰科					
	普通鵟	Ⅱ	C	W		√
10	(10)雁形目					
	10)鸭科					
	雀鹰	Ⅱ	C	W		√
11	绿头鸭		P	W		√
12	斑嘴鸭		P	R		√
13	绿翅鸭		C	W		√
14	(14)鹤形目					
	14)秧鸡科					
	蓝胸秧鸡		O	R		√
15	白胸苦恶鸟		O	S		√
16	红胸田鸡		C	S		√
17	董鸡	△	O	S	√	√
18	黑水鸡	△	O	R		√
19	(19)鸻形目					
	19)彩鹬科					
	骨顶鸡		C	W	√	√

续表

编号	中文名	保护等级	分布区系	居留类型	DZD	STD
20	20) 鸻科					
	彩鹬	△	O	S		√
21	长嘴剑鸻		C	W		√
22	金眶		C	S		√
23	23) 丘鹬科					
	扇尾沙锥		P	W		√
24	白腰草鹬		P	W		√
25	林鹬		P	T		√
26	(26) 鹳形目					
	26) 鹭科					
	矶鹬		P	W		√
27	大麻鳽	△	C	W		√
28	栗苇鳽	△	O	S		√
29	夜鹭		C	S		√
30	池鹭		O	R	√	√
31	牛背鹭		O	S	√	√
32	苍鹭		C	R	√	√
33	白鹭		O	R	√	√
34	大白鹭		C	W		√
35	(35) 雀形目					
	35) 黄鹂科					
	黑枕黄鹂		O	S		√
36	36) 卷尾科					
	黑卷尾		O	S	√	√
37	37) 苇莺科					
	东方大苇莺		C	S	√	
38	38) 百灵科					
	小云雀		O	R	√	
39	39) 鹛科					
	棕颈钩嘴鹛		O	R		√
40	40) 莺鹛科					
	棕头鸦雀		C	R	√	√
41	41) 噪鹛科					
	白颊噪鹛		O	R	√	√
	42) 山雀科					

续表

编号	中文名	保护等级	分布区系	居留类型	DZD	STD
42	大山雀		C	R		√
43	43) 鸫科					
	乌鸫		C	R	√	√
44	44) 鸦科					
	红嘴蓝鹊		O	R		√
45	45) 椋鸟科					
	灰椋鸟		C	W		√
	丝光椋鸟		O	R	√	√
46	46) 雀科					
	山麻雀		C	R		√
	麻雀		C	R	√	√
47	47) 梅花雀科					
	白腰文鸟		O	R	√	√
	斑文鸟		O	R		√
48	48) 燕科					
	家燕		C	S	√	√
	金腰燕		C	S	√	√
49	49) 燕雀科					
	黑尾蜡嘴雀		P	W		√
	金翅雀		P	R	√	√
50	50) 鹀科					
	小鹀		P	W	√	√
	灰头鹀		C	W	√	√
51	51) 伯劳科					
	虎纹伯劳		P	S		√
	红尾伯劳		P	S	√	√
	棕背伯劳		O	R		
52	52) 扇尾莺科					
	棕扇尾莺		O	R	√	√
	山鹪莺		O	R		√
	纯色山鹪莺		O	R	√	√
53	53) 鹎科					
	黄臀鹎		O	R	√	√
	白头鹎		O	R	√	√
	绿翅短脚鹎		O	R	√	√

第四篇　工程实践篇

续表

编号	中文名	保护等级	分布区系	居留类型	DZD	STD
54	54) 鹟科					
	黑喉石䳭		O	S	√	√
	鹊鸲		O	R		√
	北红尾鸲		P	W	√	√
55	55) 鹡鸰科					
	黄鹡鸰		C	T		√
	黄头鹡鸰		P	T		√
	灰鹡鸰		P	R	√	√
	白鹡鸰		P	R	√	√
	理氏鹨		C	S	√	
56	树鹨		P	W		√
57	水鹨		P	W	√	

注：1.分布区系，O 为东洋界物种，P 为古北界物种，C 为广布种。

2.居留类型，R 为留鸟，S 为夏候鸟，W 为冬候鸟，T 为旅鸟。

3. "Ⅱ"为国家二级保护动物。

4. "△"为重庆市保护动物。

5.STD 为生态防护带，DZD 为对照带。

生态防护带中国家二级保护鸟类 4 种，分别为阿穆尔隼、雀鹰、普通鵟、斑头鸺鹠；重庆市保护动物 7 种，分别为大麻鳽、栗尾鳽、董鸡、黑水鸡、彩鹬、小鸊鷉、普通鸬鹚。消落带对照带无国家级保护动物，仅有 3 种重庆市保护动物。生态防护带内生境质量更高，能够为珍稀濒危的鸟类提供栖息地，也是水域内游禽隔绝人为干扰的重要缓冲带。

从分布区系分析可以得出，生态防护带（STD）和对照带（DZD）的东洋界鸟类种类及种群数量与小江-汉丰湖流域位于东洋界的动物学地理分界特征相一致。生态护岸带中东洋界、古北界和广布种的物种数均高于对照区域（图 22-120）。

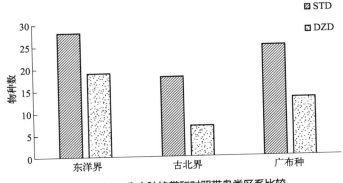

图22-120 生态防护带和对照带鸟类区系比较

对生态护岸带鸟类居留类型进行分析，留鸟占鸟类种类数的 1/2，旅鸟占物种总数比例较低。生态护岸实施后留鸟、夏候鸟、冬候鸟、旅鸟的物种数均高于对照区，如图 22-121 所示。雀形目棕头鸦雀、树麻雀、金翅雀等鸟类应对流域内的季节性水位动态形成相应的适应机制。流域内集中在 165 ～ 175m 消落带沿高程梯度植被丰茂，是喜食草籽、昆虫等鸟类重要的觅食、栖息和庇护地，上述鸣禽在夏季低水位时就集中在该区域活动。而冬季高水位时，植物被淹没，棕头鸦雀、树麻雀、金翅雀等留鸟在生态护岸内丰度、多度、均匀度均显著下降，迅速转移到周边农耕地、居民点、城市公园栖息。

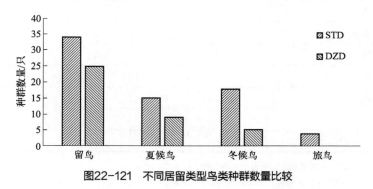

图22-121　不同居留类型鸟类种群数量比较

2）不同季节河、库岸带的鸟类多样性比较

① 夏季。夏季生态护坡鸟类多样性比较如图 22-122 所示。

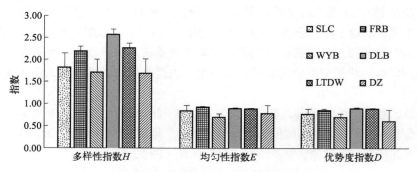

图22-122　夏季生态护坡鸟类多样性比较

SLC—石龙船大桥调查样点；FRB—芙蓉坝调查样点；WYB—乌杨坝调查样点；
DLB—大浪坝调查样点；LTDW—老土地湾调查样点；DZ—对照调查样点

由图 22-122 可以得出，夏季大浪坝的鸟类多样性、均匀性、优势度最高；乌杨坝的鸟类多样性、均匀性和优势度最低。这是因为乌杨坝中的白鹭种群数量高，占鸟类群落多度的比例大。石龙船和对照样点的多样性、均匀性和优势度较接近。芙蓉坝和老土地湾的多样性指数、均匀性和优势度较接近。相比于对照点，大多数生态工程区域的多样性、均匀性和优势度均有所提高，特别是基塘工程的增加，直接吸引秧鸡科、鹭科鸟类在生态护岸内觅食、栖息和繁殖。

夏季生态护坡鸟类种类和多度比较如图 22-123 所示。

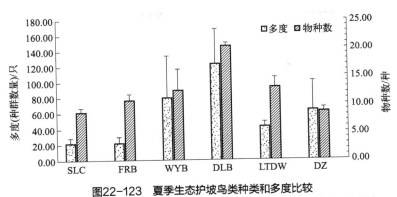

图22-123 夏季生态护坡鸟类种类和多度比较

SLC—石龙船大桥调查样点；FRB—芙蓉坝调查样点；WYB—乌杨坝调查样点；
DLB—大浪坝调查样点；LTDW—老土地湾调查样点；DZ—对照调查样点

由图 22-123 可知大浪坝的鸟类物种数、多度均最高。大浪坝小柳树林＋桑树落羽杉林泽＋基塘复合生态系统结构，为秧鸡科、鹭科、伯劳科、卷尾科等不同生态位的鸟类提供栖息地，因此鸟类多样性最高。石龙船、芙蓉坝、老土地湾的鸟类群落多度低于对照区。由于上述 3 个护坡的生境中游客众多、人为干扰强烈，导致隐匿性强的鸟类种类及种群数量较低，多样性亦随之较低。对照组内在 165 ～ 175m 水位高程内，一年生苍耳子、狼巴草、磨盘草等草本植物是优势种，植被平均高度近 1.5m，成为喜食草籽、昆虫的鸣禽如棕头鸦雀、黑卷尾、白腰文鸟等重要的觅食、庇护和栖息地。在 165m 下的河滩微型洼地形态多样、隐蔽性好，吸引鹭科、秧鸡科鸟类觅食，直接提高多样性。但是在石龙船大桥的城市景观基塘工程，通过荷花、再力花、水生美人蕉等挺水植物营造生境，形成近 1/2 面积郁闭度良好的栖息空间，成为白胸苦恶鸟、黑水鸡、蓝胸秧鸡等涉禽重要的繁殖地和育雏地。城市景观基塘作为一个重要的生境模块，对汉丰湖滨湖带局部生境类型优化、生物多样性提高发挥积极推动作用。

对调查区域生态护岸夏季的多样性、均匀性、优势度、物种数和多度进行单因素 Duncan 检验，显著性水平取 0.05，香农 - 威纳多样性指数（df=17，F=6.779，P=0.003 < 0.05）、优势度指数（df=17，F=2.740，P=0.071 < 0.05）、物种数（df=17，F=17.224，P=0.000 < 0.05）、多度（df=17，F=4.628，P=0.018 < 0.05）差异显著。表明研究区域内不同生态护岸对鸟类多样性的影响程度有所不同。

②冬季。冬季生态护坡鸟类多样性比较如图 22-124 所示。

由图 22-124 可得出，冬季生态护坡的鸟类多样性、均匀性和优势度均低于夏季鸟类多样性。由于冬季高水位（165 ～ 175m）运行，相比于夏季，生境结构发生显著变化，由山地河流转变为深水水库。冬季，乌杨坝的多样性、均匀性、优势度最高。乌杨坝自 190m 到 170m，形成多带多功能缓冲系统＋动态林泽的复合模式。多带多功能缓冲系统中以香樟树、重阳木等为优势种；蒲苇是区域内的优势灌木，可以为棕背伯劳、白腰文鸟、黄臀鹎、山鹪莺等提供栖息地和食物资源。而动态林泽在高水位时隐蔽好，下部有倒木放置，是绿头鸭、斑嘴鸭、绿翅鸭等重要的庇护空间，而林灌层则是鸬鹚、白鹭、苍鹭、普通鵟等重要的栖木和黄头鹡鸰、棕背伯劳、白鹡鸰重要的活动空间。乌杨坝生态护坡结构多样，适应涉禽、游禽、鸣禽等类群的生态需求，因此冬季鸟类多样性较高。对照样点的多样性较低，仅高于芙蓉坝。

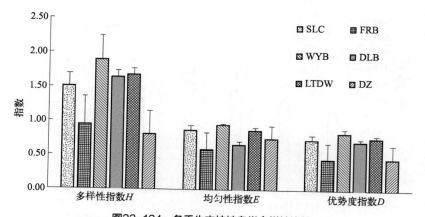

图22-124　冬季生态护坡鸟类多样性比较

SLC—石龙船大桥调查样点；FRB—芙蓉坝调查样点；WYB—乌杨坝调查样点；
DLB—大浪坝调查样点；LTDW—老土地湾调查样点；DZ—对照调查样点

相较于夏季，生态护坡冬季的鸟类物种数、多度明显低于夏季。由于冬季高水位运行，淹没生态护岸内的基塘、植物，导致棕头鸦雀（*Sinosuthora webbiana*）、树麻雀（*Passer montanus*）、金翅雀（*Chloris sinica*）等鸣禽种类减少，种群数量降低。由图22-125可知大浪坝的鸟类物种数、多度均最高，但物种数仅12种，种群数量达到130只，善于潜水觅食的白骨顶（*Fulica atra*）是优势种。其余生态护岸冬季的鸟类物种数、多度均较低。

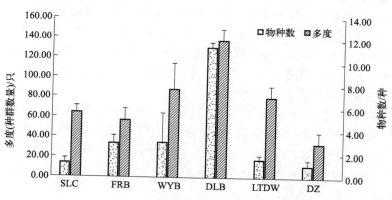

图22-125　冬季生态护坡鸟类种类和多度比较

SLC—石龙船大桥调查样点；FRB—芙蓉坝调查样点；WYB—乌杨坝调查样点；
DLB—大浪坝调查样点；LTDW—老土地湾调查样点；DZ—对照调查样点

对调查区域生态护岸冬季的多样性、均匀性、优势度、物种数和多度进行单因素 Duncan 检验，显著性水平取 0.05，香农-威纳多样性指数（df=17，F=7.388，P=0.002＜0.05）、均匀性指数（df=17，F=3.160，P=0.048＜0.05）、优势度指数（df=17，F=4.663，P=0.013＜0.05）、物种数（df=17，F=17.414，P=0.000＜0.05）、多度（df=17，F=35.131，P=0.000＜0.05）均呈现显著差异。表明研究区域内冬季不同生态护岸的鸟类多样性差异明显。

（4）结论

河、库岸带是湿地生物多样性保育的重要功能结构。通过小江-汉丰湖流域生态护岸与消落带区域对比研究表明，相比于自然河、库岸带，生态护岸内增加37种鸟类，部分样点种群数量增加2倍，并且为部分珍稀濒危鸟类的繁殖提供栖息生境，鸟类多样性的生态效益显著。同时，结合护坡地形地貌特征，嵌入基塘、林泽等生境结构单元，合理植物配置，能够为涉禽、游禽、鸣禽等不同生态位的鸟类营造栖息、觅食乃至繁殖的生境，最终提高整个区域的鸟类多样性。

22.2.3.3 昆虫多样性

昆虫调查与植物群落调查同步进行，采用糖醋液陷阱诱捕72h后回收陷阱并带回实验室鉴定。昆虫调查样点设置与植物群落调查样带相同，分为3个样带：175～185m生态防护带、170～175m生态固岸带、165～170m复合林泽带。每个样带设置3个样点。

由定量调查数据（图22-126～图22-128）可知，生态防护带和生态固岸带均以膜翅目昆虫为主，复合林泽带则以鞘翅目昆虫为主。由于生态护坡的修建形成了大量的空隙空间，为地表昆虫提供了有利的生境，因此此处昆虫门类数量多，生物多样性高。由于土壤湿度大且存在多处洼地水池，因此直翅目在复合林泽带分布较少。双翅目昆虫的数量随湿度上升而增加。

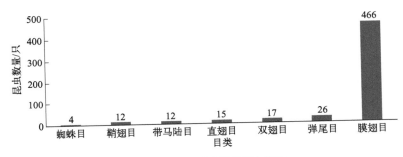

图22-126　生态防护带昆虫样方

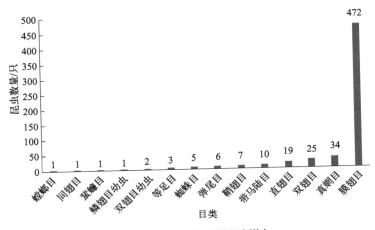

图22-127　生态固岸带昆虫样方

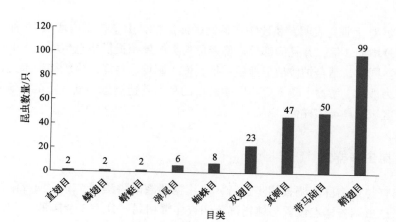

图22-128 复合林泽带昆虫样方

第 23 章

三峡库区水生态环境感知系统及平台业务化运行

23.1 概论

23.1.1 研究内容

以保障三峡库区水安全和生态健康为目标，开展三峡库区水生态系统特征表征方法体系研究，研制三峡库区水生态环境感知传感器与装置，构建三峡库区感知平台，为三峡水生态环境监测、污染控制与治理提供支撑平台。

围绕研究目标，研究内容主要包括以下 5 个方面。

（1）三峡库区水环境生态系统感知特征参数及实施方法研究

研究三峡库区水环境生态系统感知特征关键表征指标，形成以碳平衡为核心的大型水库生态系统评价指标体系；提出耦合生态过程动态表征和海量数据实时传输、分析的三峡库区感知技术与方法体系。

（2）三峡库区水环境生态系统感知方案研究

研究三峡库区动水位下水环境生态系统时空变化特征，开展三峡库区感知系统示范支流回水区水动力与水生态环境耦合特征，以及三峡库区感知系统构建组成研究，形成三峡库区水环境生态系统感知系统顶层设计方案。

（3）感知系统关键设备研究

研究三峡库区水生态环境关键指标的感知关键技术，构建以藻类种群、水体中 CO_2 变化速率、藻毒素、综合毒性以及水质多参数为重点的关键传感器与在线监测装置。

（4）感知系统原位观测示范

研究三峡库区水生态环境感知技术系统集成运用示范方案，在三峡库区重点水域与典型支流建立原位观测系统，实现连续观测示范与传感器设备验证。

（5）感知平台业务化运行示范

研究感知平台传输、管理、可视化关键技术，开发三峡库区水环境生态的推演模型与软件，建设具有自主知识产权的三峡库区感知平台，开展业务化运行。

23.1.2　拟解决的科学问题和关键技术

（1）拟解决的主要科学问题

① 大型水库湖沼演化的水生态动力学过程的参数化表达；
② 大型水库生态系统演化的关键性阈值参数的确定；
③ 以碳平衡为基础的水生态动力学过程动态感知模型的构建；
④ 水库水生态安全状态与体系 CO_2 变化速率耦合关系的确定；
⑤ 水库初级生产力水平与藻毒素阈值耦合关系的确定；
⑥ 水生态环境感知的动态推演模型与方法的构建。

（2）拟突破的核心关键技术

① 大型水库水生态环境特征的辨识与表征方法构建；
② 大型水库水生态环境感知技术的系统结构确定与相互耦合；
③ 适用于原位在线监测的水质综合毒性微型化装置的搭建；
④ 藻毒素微流控芯片分析仪的确定；
⑤ 原位水体 CO_2 变化速率检测传感器的确定；
⑥ 国产化多参数水质分布式小浮标（子浮标）阵列装置的搭建；
⑦ 集成水质、水体毒性、藻毒素等在线监测的大型感知浮标（母浮标）的搭建；
⑧ 多源异构信息混合传输技术；
⑨ 动态感知信息存储机制；
⑩ 高并发、大规模、分布式数据安全访问与管理。

23.1.3　总体思路及技术路线

23.1.3.1　总体思路

本研究实施的总体思路如图 23-1 所示。

① 在基础研究方面，聚焦感知系统业务化运行拟解决的关键科学问题，以三峡水库水环境问题为导向进行研究布局，从三峡水库水生态环境总体特征入手，在宏观层面服务于感知系统顶层设计的科学需求，在微观层面聚焦于当前三峡水库较为突出的支流水体富营养化与水华问题，研究分析水华同水体碳平衡、体系 CO_2 变化速率、藻毒素和生物毒性等的耦合关系，掌握"感知"三峡库区典型支流水华过程的方法学基础。

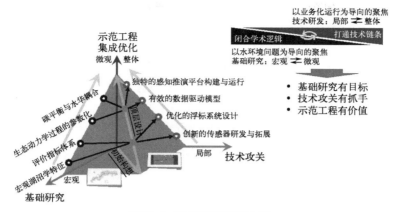

图23-1 研究实施的总体思路

② 在技术攻关方面，以业务化运行的技术装备需求为导向进行研究布局，从关键技术研发与重点装备创制入手，逐步拓展到感知平台搭建与数据推演分析的全部过程，打通感知系统全技术链条，结合三峡库区典型支流库湾"感知"水华的方法学基础和具体工程示范，实现"由点及面""由局部到整体"的技术集成与应用。

围绕上述"二元"耦合的思路，实现"基础研究有目标""技术攻关有抓手""示范工程有价值"的目标。

23.1.3.2 技术路线

（1）水生态安全在线感知系统示范工程

选取"朱衣河-草堂河-梅溪河"流域为重点示范区，小江、大宁河和香溪河3个流域为典型水域示范区，开展三峡库区水生态环境安全在线感知系统示范研究（图23-2）。感知示范系统监测参数包含：a.水质综合毒性；b.藻毒素；c.藻群细胞；d.水体CO_2变化速率；e.叶绿素a；f.pH值；g.溶解氧；h.水温；i.浊度；j.电导率；k.COD；l.水位、流速；m.风速、风向、气温、气压；n.总氮、总磷、氨氮。该工程依托国务院三峡办在朱衣河、小江、大宁河、香溪河设立的"三峡工程生态环境监测网络三峡库区重点支流水质监测重点站"具体开展。

示范区域位于三峡库区有代表性的香溪河、草堂河、小江、大宁河4条支流。香溪河位于距三峡水库大坝43km处，全长97.3km，流经兴山县与秭归县；草堂河位于三峡入口夔门奉节县，是长江北岸的一级支流，干流全长33.3km，流域面积394.8km²；大宁河位于长江三峡峡谷中段（巫峡），全长约300km，流域面积343.5km²；小江（又名澎溪河）位于三峡水库腹心地带，距三峡水库大坝300km左右，干流长182.4km，流域面积5172.5km²。

（2）水生态感知模拟与可视化推演平台示范工程

实现重点区域水污染与防治的动态可视化模拟与仿真，提供可选择的多种方案和政策建议，为三峡库区水环境的管理、预警和治理等提供重要数据支撑和技术支持。中国科学院重庆绿色智能技术研究院配套资金3000万元用于该工程云计算平台、数据传输平台、感知平台、运行平台的建设（图23-3）。

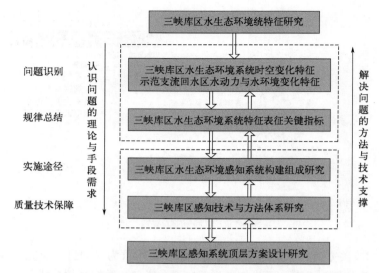

图23-2　三峡库区水生态环境安全在线感知系统示范工程技术路线

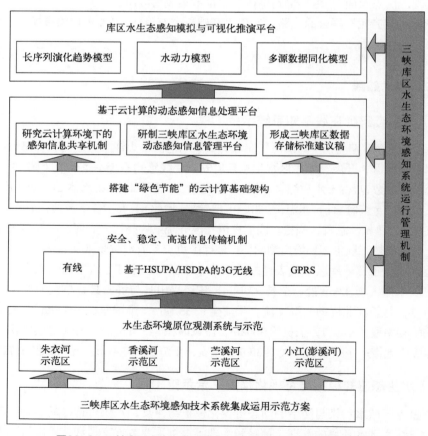

图23-3　三峡库区水生态感知模拟与可视化推演平台示范工程方案

（3）科研项目技术路线方案

技术路线方案如图 23-4 所示。

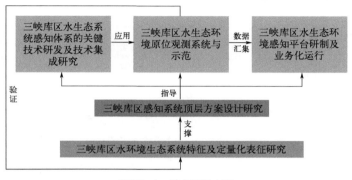

图23-4 技术路线方案

23.2 三峡水库的水生态系统特征

23.2.1 研究思路

为构建三峡水库水生态环境感知系统，需首先在方法学原理上梳理、明晰以下 2 个方面的问题：

① 三峡水库水生态环境现状如何以及影响其湖沼系统演化的关键生态过程及其时空特征如何；

② 作为超大的河道型水库，如何筛选有效的指标表征三峡水库水生态系统特征以及如何在有限的时空区间内，采用有限的、可测的、可在线化的水环境生态指标表征三峡水库水生态系统特征。

本章的科学逻辑是：

① 从水库湖沼演化的科学原理出发，结合三峡水库水生态环境总体情况，提出评价三峡水库水生态环境的方法和指标体系；

② 梳理并归纳总结现阶段三峡水库不同时空区段湖沼演化特点及其关键生态过程；

③ 根据三峡水库水生态环境方法指标体系的需求，着重开展碳平衡、CO_2 变化、藻毒素等关键指标同水华、水体初级生产力等关键生态指标之间的耦合关系研究，为后续关键仪器设备创制、推演感知模型的设计验证与优化提供方法与原理基础，支撑三峡水库感知系统构建与后续基于示范工程的业务化运行。

本章研究工作技术路线见图 23-5。

23.2.2 三峡水库总体情况

23.2.2.1 区域气候气象条件、地形地貌与水文过程

三峡工程，全称为"长江三峡水利枢纽工程"，是在长江上游段建设的特大型水利水

电枢纽工程项目。整个工程由大坝、水电站厂房和通航建筑物三大部分组成，包括：一座混凝土重力式大坝及泄水闸；一座堤后式水电站；一座永久性通航船闸和一架升船机。建成后，三峡工程将具有防洪、发电、航运以及供水等综合利用效益（图23-6）。

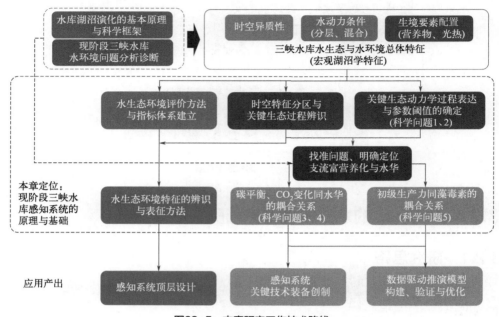

图23-5　本章研究工作技术路线

图23-6　三峡工程全景照片

三峡大坝坝址位于长江三峡西陵峡中段的三斗坪镇（N30°49′48″，E111′0′36″），位于葛洲坝水电站上游 38km 处，控制流域面积约 $1.0 \times 10^6 km^2$，占整个长江流域面积的 56%，多年平均径流量 $4.51 \times 10^{11} m^3$。三峡工程基本特征参数见表 23-1。三峡大坝为混凝土重力坝，坝长 2335m，底部宽 115m，顶部宽 40m，坝顶高程 185m，最大浇筑坝高 181m，正常蓄水位海拔 175m。大坝下游的水位约海拔 66m，坝下通航最低水位海拔 62m，通航船闸上下游设计最大落差 113m，最大泄洪能力可达 102500m³/s。水电站左岸设 14 台，右岸 12 台，共装机 26 台，前排容量为 70 万千瓦的小轮发电机组，总装机容量 1820 万千瓦，年发电量 847 亿千瓦时。根据上述设计方案，三峡工程土石方挖填总量约 $1.3 \times 10^8 m^3$，混凝土浇筑量 $0.2794 \times 10^8 m^3$，钢材 26 万吨，钢筋 46 万吨。以 1993 年 5 月末价格为基准，三峡工程预测的静态总投资大约 900 亿元人民币，其中工程投资 500 亿元，移民安置 400 亿元人民币。预测动态总投资可能达到 2039 亿元人民币，估计实际总投资约 1800 亿元人民币。三峡工程已成为世界上规模最大的水电站工程，是中国也是世界上迄今为止最大的水坝。

表23-1 三峡工程基本特征参数

项目	运行时间	
	初期	后期
坝顶高程/m	185	185
正常蓄水位/m	156	175
防洪限制水位/m	135	145
枯水期最低消落水位/m	140	155
总库容/$10^8 m^3$	393	
兴利调节库容/$10^8 m^3$	89	165
防洪库容(正常蓄水位以下)/$10^8 m^3$	111	221.5
防洪库容(千年一遇洪水位下)/$10^8 m^3$	220	221.5
二十年一遇洪水最高库水位/m	150.1	175.5
二十年一遇洪水最大下泄流量/(m³/s)	56700	56700
百年一遇洪水最高库水位/m	162.3	166.9
百年一遇洪水最大下泄流量/(m³/s)	56700	56700
千年一遇洪水最高库水位/m	170	175
千年一遇洪水最大下泄流量/(m³/s)	73000	69800
校核洪水(万年一遇加10%)最高库水位/m	—	180
校核洪水(万年一遇加10%)最大下泄流量/(m³/s)	—	91100
电站装机容量/MW	22400	22400
多年平均发电量/(10^8kW·h)	≥900	

三峡库区水系发育，江河纵横，主要包括长江干流河系、嘉陵江水系和乌江水系，三大水系河流源远流长，流域面积广阔，径流总量大。除嘉陵江、乌江两大支流外，三峡水库区域内还有流域面积 100km² 以上的长江一级支流 152 条，其中重庆境内 121 条，湖北境内 31 条。流域面积 1000km² 以上的一级支流有 19 条，其中重庆境内 16 条，湖北境内 3 条，主要支流有香溪河、神农溪、大宁河、梅溪河、汤溪河、磨刀溪、澎溪河、龙河、龙溪河、御临河、綦江等（表 23-2）。

表23-2 三峡库区主要支流流域基本信息

地区	编号	河流名称	流域面积 /km²	库区境内长度 /km	年均流量 /(m³/s)	入长江口 位置	距大坝距离 /km
江津	1	綦江	4394	153	122	顺江	654
九龙坡	2	大溪河	195.6	35.8	2.3	铜罐驿	641.5
巴南	3	一品河	363.9	45.7	5.7	渔洞	632
	4	花溪河	271.8	57	3.6	李家沱	620
渝中	5	嘉陵江	157900	153.8	2120	朝天门	604
江北	6	朝阳河	135.1	30.4	1.6	唐家沱	590.8
南岸	7	长塘河	131.2	34.6	1.8	双河	584
巴南	8	五布河	858.2	80.8	12.4	木洞	573.5
渝北	9	御临河	908	58.4	50.7	骆渍新华	556.5
长寿	10	桃花溪	363.8	65.1	4.8	长寿河街	528
	11	龙溪河	3248	218	54	羊角堡	526.2
涪陵	12	梨香溪	850.6	13.6	13.6	蔺市	506.2
	13	乌江	87920	65	1650	麻柳嘴	484
	14	珍溪河				珍溪	460.8
丰都	15	渠溪河	923.4	93	14.8	渠溪	459
	16	碧溪河	196.5	45.8	2.2	百汇	450
	17	龙河	2810	114	58	乌杨	429
	18	池溪河	90.6	20.6	1.3	池溪	420
忠县	19	东溪河	139.9	32.1	2.3	三台	366.5
	20	黄金河	958	71.2	14.3	红星	361
	21	汝溪河	720	11.9	11.9	石宝镇	337.5
万州	22	瀼渡河	269	37.8	4.8	瀼渡	303.2
	23	苎溪河	228.6	30.6	4.4	万州城区	277
云阳	24	澎溪河	5172.5	117.5	116	双江	247
	25	汤溪河	1810	108	56.2	云阳	222
	26	磨刀溪	3197	170	60.3	兴河	218.8
	27	长滩河	1767	93.6	27.6	故陵	206.8
奉节	28	梅溪河	1972	112.8	32.4	奉节	158
	29	草堂河	394.8	31.2	8	白帝城	153.5
巫山	30	大溪河	158.9	85.7	30.2	大溪	146
	31	大宁河	4200	142.7	98	巫山	123
	32	官渡河	315	31.9	6.2	青石	110
	33	抱龙河	325	22.3	6.6	埠头	106.5
巴东	34	神农溪	350	60	20	官渡口	74

续表

地区	编号	河流名称	流域面积 /km²	库区境内长度 /km	年均流量 /(m³/s)	入长江口 位置	距大坝距离 /km
秭归	35	青干河	523	54	19.6	沙镇溪	48
	36	童庄河	248	36.6	6.4	邓家坝	42
	37	吒溪河	193.7	52.4	8.3	归州	34
	38	香溪河	3095	110.1	47.4	香溪	32
	39	九畹溪	514	42.1	17.5	九畹溪	20
	40	茅坪溪	113	24	2.5	茅坪	1
	41	泄滩河	88	17.6	1.9		
	42	龙马溪	50.8	10	1.1		
宜昌	43	百岁溪	152.5	27.8	2.6	偏岩子	
	44	太平溪	63.4	16.4	1.3	太平溪	

三峡库区属湿润亚热带季风气候，具有四季分明、冬暖春早、夏热伏旱、秋雨多、湿度大、云雾多和风力小等特征。库区年有雾日达 30 ～ 40d，库区年平均气温 17 ～ 19℃，无霜期 300 ～ 340d，年平均气温西部高于东部。三峡库区各站年平均降水量一般在 1045 ～ 1140mm，空间分布相对均匀，时间分布不均，主要集中在 4 ～ 10 月，约占全年降水量的 80%，且 5 ～ 9 月常有暴雨出现。库区水土流失严重，坡耕地平均侵蚀模数为 7500t/（km²·a），年侵蚀量达 9450 万吨，占年侵蚀总量的 60.0%，库区年入库泥沙量达 1890 万吨，约为年入库泥沙总量的 46.16%。

根据中国长江三峡集团网站的数据（图 23-7），对 2003 年蓄水至 2012 年三峡入库、出库流量变化进行了统计分析。2003 ～ 2012 年十年间，三峡水库入库总量约为 39774.50 亿立方米，出库总量约为 39389.95 亿立方米，差值约为 384.55 亿立方米。其中，2006 年为典型特枯年，为长江上游百年一遇的大旱，三峡水库年入库总量仅为 2979.8 亿立方米；2010 年、2012 年长江上游均发生了特大洪水，三峡入库流量最高日均值分别达到 67200.0m³/s（2010 年 7 月 20 日）、68175.0m³/s（2012 年 7 月 24 日）。

23.2.2.2　水库调度运行情况

按照满足防洪、发电、航运和排沙的综合要求，三峡水库采用"蓄清排浑"的水库调度运行方式（图 23-8）。每年的 5 月末至 6 月初，坝前水位降至汛期防洪限制水位 145m，水库腾出约 221.5 亿立方米库容用于防洪。汛期 6 ～ 9 月，水库一般维持此低水位运行，水库下泄流量与天然情况相同。在遇大洪水时，根据下游防洪需要，水库拦洪蓄水，库水位抬高，洪峰过后，仍降至 145m 运行。汛末 10 月，水库蓄水，下泄流量有所减小，水位逐步升高至 175m，12 月至次年 4 月，水电站按电网调峰要求运行，水库尽量维持在较高水位。4 月末以前水位最低高程不低于 155m，以保证发电水头和上游航道必要的航深。每年 5 月开始进一步降低库水位。根据上述工程设计要求，三峡水库正常蓄水水位 175m，汛期防洪限制水位 145m，枯季消落最低水位 155m，相应的总库容、防洪库容和兴利库容分别为 393 亿立方米、221.5 亿立方米和 165 亿立方米。

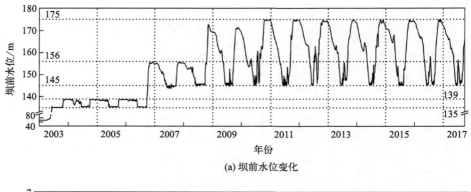

(a) 坝前水位变化

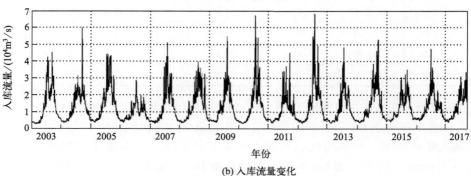

(b) 入库流量变化

图23-7 2003~2017年三峡大坝坝前水位、入库流量日变化
（数据来源：中国长江三峡集团网站）

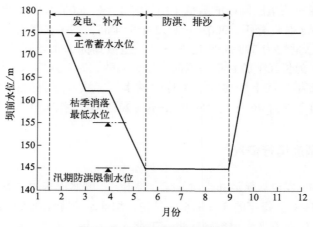

图23-8 三峡工程调度运行方案

当坝前水位降至防洪限制水位145m时，从大坝前缘到145m水位水面线回水末端的天然河段（包括急流滩险）常年被淹没并处于水库状态，流速较缓、水深较大，此区间称为"常年回水区"。在三峡水库上游来水五年一遇的条件下（流量为61400m³/s），回水区末端距三峡大坝前缘524km，位于重庆市长寿区境内。当坝前水位达到正常蓄水位175m时，回水区末端即为水库水域的上游边界。在上游来水五年一遇的情况下，回水区末端距三峡大坝前缘663km，位于重庆市江津区境内。从常年回水区末端（重庆市长寿区境内）

至175m正常蓄水水位时的回水区末端（重庆市江津区境内），河段区间长度约140km。该区间在汛后三峡水库蓄水至175m时，处于水库范围内，水面开阔，水深增加，流速减缓，但在汛期水库水位降低至防洪限制水位145m时，该区间又恢复到天然河道状态，故将这一区间称为"变动回水区"。

23.2.2.3 水库形态特征与水文水动力条件

三峡水库属于典型的河道峡谷型水库。蓄水前，自重庆市江津区朱沱水文站至宜昌约750km天然河段，枯水期平均水面宽度384.9m，丰水期平均水面宽度747.1m，河道狭窄，多险滩、激流。蓄水后，受两岸峡谷丘陵区的地形地貌约束，三峡水库整体形态依然为狭长的河道峡谷型。当坝前正常蓄水水位为175m时，三峡水库五年一遇（上游来水流量为61400m³/s）回水水库面积1045km²，其中淹没陆域面积600km²；二十年一遇（上游来水流量为72300m³/s）回水水库面积1084km²，其中淹没陆域面积632km²。

在丰水年丰水期坝前水位145m时，江津朱沱入库流量为17500m³/s，三峡水库平均水面宽度为866m，较天然河道拓宽约20%，平均过水断面面积比天然河道约增加1倍，流速减小60%。此时，水库回水长度约为566km，位于重庆市长寿区境内。在正常蓄水水位为175m的枯水期（7Q10流量状态下），三峡水库平均水面宽度为986m，平均水深为48.6m，坝前最大水深为160～170m，回水区长度约为655km，末端位于重庆市江津区境内。同天然河道相比，正常蓄水水位条件下水库坝前水位抬高超过100m，水库长宽比约为650∶1，库区最大大水面宽度为3411m，最小水面宽度只有279m，断面宽窄相差约11倍，整体上水库蓄水后依然保持其河道峡谷型的形态特征，河道形态沿程依然复杂（表23-3、图23-9）。

表23-3 三峡水库河道基本形态参数

坝前水位	水文条件	朱沱入库流量 / (m³/s)	平均水面宽度 / m	平均流速 / (m/s)	平均断面面积 / m²	平均水深 / m
145m	丰水年丰水期	17500	866	1.17	29311	36.5
	平水年丰水期	15175	859	1.09	28768	36.1
	枯水年丰水期	14050	846	0.99	28039	35.5
	1998年丰水期	24620	892	1.39	31439	38.2
175m	7Q10枯水期	2125	986	0.17	48100	48.6

注：1. 1998年长江全流域发生特大洪水，此处以1998年洪水期间流量为例；

2. 7Q10是指90%保证率连续7d最小流量。

为获取不同运行水位下三峡水库水域面积、岸线长度等水库形态参数，利用三峡水库30m数字高程模型（ASTER GDEM）并经遥感影像数据（CGIAR-CSI SRTM）初步修正，提取了二十年一遇情况下145～175m每5m水位间隔的三峡水库水域面积、岸线长度，并采用三次多项式模型进行初步拟合，拟合结果见图23-10。三峡水库175m正常蓄水水位下，水域面积为1084.2km²，岸线长度为5578.21km，岸线发育系数高达47.8；145m防洪限制水位下，水域面积约为591.0km²，岸线长度约为3056.6km，岸线发育系数为35.4。

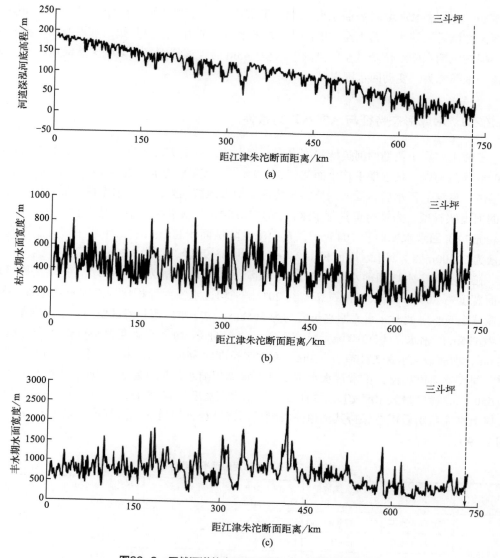

图23-9　天然河道状态下三峡长江干流河道断面特征

尽管水体滞留时间具有宏观性，难以反映大型或超大型水体的时空异质性特征，但作为水库生态系统的重要参数，对三峡水库水体滞留时间的估算是分析三峡水库生态系统总体特征的基础。

忽略其他途径的水量收支（如流域内水面蒸发与降水、地下水流入流出等），可认为流域内城镇生产生活对三峡水库取用水量和污水排放量在长时间尺度内保持平衡。根据水量平衡原理，一定持续时间（Δt）下入库总量 ΣQ_{in} 同出库总量 ΣQ_{out} 之差（$\Delta \Sigma Q$），为该时段内水库水位变化（ΔL）所造成的库容变化量（ΔV）。考虑到三峡水库为超大型水库，水位变化对入库、出库流量变化在较短的时间内（如 $1 \sim 2d$）不一定敏感，故相对较长的持续时间内（如 1 个完整年甚至以上）的 $\Delta \Sigma Q$ 可以认为是相应水位变化下造成的库容变化量 ΔV。

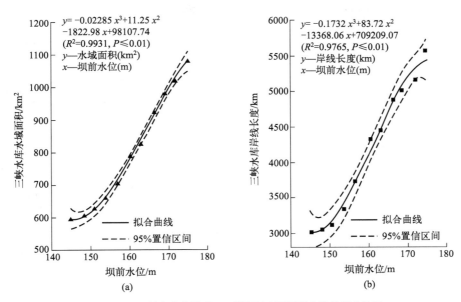

图23-10 三峡水库水域面积、岸线长度同坝前水位的拟合结果

　　2003～2012 年间，三峡水库坝前最高水位为 175.04m，出现在 2011 年 11 月 1 日，同 2003 年 3 月 14 日间距 3155d，入库径流总量（ΣQ_{in}）为 34648.41 亿立方米，累积出库径流总量（ΣQ_{out}）为 34252.86 亿立方米，二者之差为 395.55 亿立方米，即为三峡水库坝前水位从 69.16m 升高至 175.04m 所增加的实际库容，该计算结果接近三峡水库 393 亿立方米的总库容值，二者相差 0.65%，考虑到前述基本假设，故认为对三峡水库库容的估算方案基本可信。根据前述水位基准，对 2003～2012 年蓄水成库后（坝前水位高于 135m）不同水位的三峡水库库容进行推算，并采用指数模型进行拟合，结果见图 23-11。

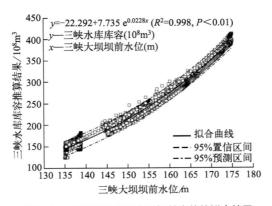

图23-11 三峡水库总库容同坝前水位的拟合结果

　　根据库容推算结果，对 2003～2012 年间三峡水库水体滞留时间日值（当日坝前水位下对应的库容同当日入库流量的比值）、年值（全年总库容同全年入库总径流量的比值）进行估算（图 23-12～图 23-14）。蓄水至 175m 以后，三峡水库总体上维持过流型 - 过渡型的水库生态特征，年均水体滞留时间为 25～30d。2011～2012 年，两年间最高水体滞

留时间（日值）为 110.1d（2011 年 2 月 10 日），最低水体滞留时间（日值）为 4.7d（2012 年 7 月 5 日）。在三峡水库"蓄清排浑"的调度运行方式下，水库总体水体滞留时间（日值）频次分布呈现出"三峰"形特征，水体滞留时间（日值）出现频次相对集中地出现在 15～20d（汛期低水位运行）、75～80d（枯季高水位运行）和 35～40d（枯季消落运行）。可以推测，三峡水库总体上不太可能出现水体滞留时间超过 100d 的湖泊型水体特征。

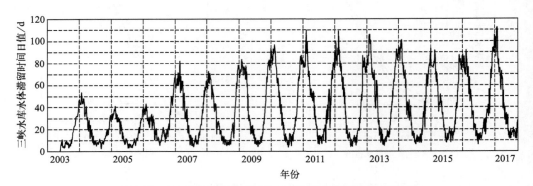

图23-12　三峡水库135m蓄水后水体滞留时间日变化过程

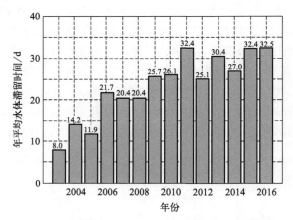

图23-13　三峡水库135m蓄水后水体滞留时间年平均值变化

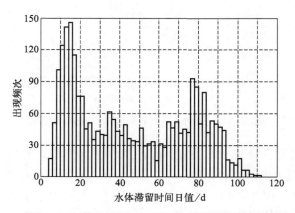

图23-14　三峡水库175m蓄水后2011～2012年水体滞留时间（日值）频次分布

23.2.2.4 三峡水库水生态环境的总体特点

（1）流域地表过程对水库生态系统影响异常强烈

因受地形约束，三峡水库成库后的河道峡谷型特征迫使其具有极大的长宽比（约650：1）和岸线发育系数（47.8～35.4），成库后水面增加并不明显，流域内水面率依然较低。此外，三峡水库位于我国西南山区，所在区域高山峡谷较多、岩石裸露、植被覆盖有限、水土涵养能力较低。据2005年遥感调查结果，三峡库区（重庆、湖北）水土流失面积近30000km²，占辖区面积的48.66%，平均土壤侵蚀模数3642t/（km²·a），土壤侵蚀总量约1.46×10⁸t/a，是全国水土流失严重的区域之一。库区山地广布，滑坡、泥石流等山地灾害频繁发生，加之人口密度大，坡耕地多，近年来库区内移民迁建城镇发展迅速，水土流失治理难度大，水土流失问题十分突出。上述几个方面因素相互叠加迫使三峡水库流域内地表过程对水库生态系统的影响异常激烈。三峡水库陆源输入的N与P等营养物、异源性有机质及其他污染物质对水库水环境、水生态的影响不可忽视。

（2）水库分层混合格局时空异质性显著

三峡水库处于东亚副热带季风区，冬暖夏凉，气温年变幅较小。河流多年平均的各月水温基本保持在10℃以上。故从混合的频率特征来看，三峡水库总体属于暖单季回水型水库，水库年内一般出现一次温度变化导致的水体垂向的对流混合，即夏季增温，水柱出现水温层化，秋季表层水温下降导致对流，冬季水柱混合趋于均匀。但三峡水库"蓄清排浑"的调度运行方式，使夏季增温分层期（即为汛期）水位低、流速快、断面混合相对较好、分层不易形成；冬季枯季高水位运行，表水层温度下降，水柱难以形成分层。因此，总体上三峡水库全库属于弱分层型水库。

三峡水库干支流分层混合格局空间差异显著。长江干流来水量远大于库区内其他支流，库容相对较小，近坝干流段的横向流速分布的差异不大，仅在干流岸边库湾半封闭水域出现缓流区。总体上，干流混合条件较好，具有接近理想状态的推流型反应器特征。支流水体因来水量较小，其水体更新周期远长于干流，大部分支流混合条件比干流要差，支流形成分层的可能性远高于干流，更具有湖泊特征。在三峡库区独特的气候气象条件下，一些支流在夏季汛期洪峰到来前（5月）出现温度分层，洪水期间断面完全混合，洪峰过后伏旱季节（7月）再次出现温度分层现象，全年呈现暖多次分层格局。此外，密度流（也称异重流）现象对库区干支流分层混合影响明显。尽管水库水体滞留时间相对较短、更新较快，但一些山区支流具有来水量大、水温低、陡涨陡落的特点，所形成的密度流影响支流回水区末端分层混合格局；干支流交汇区出现的倒灌密度流现象可能携带大量干流营养物输入支流，并同支流水体混合上行，对支流水生态过程产生显著影响（图23-15～图23-17，书后另见彩图）。

（3）水库运行方式独特，"脉冲"效应对生态系统发育、演化影响复杂

除了改变分层混合格局外，三峡水库水位涨落过程同天然径流、气候变化多重因素相互叠加，迫使三峡水库干支流物理环境呈现独特的周期变化过程，加之水库具有强烈的陆源输入特征，对水库生态系统发育、演化影响显著。

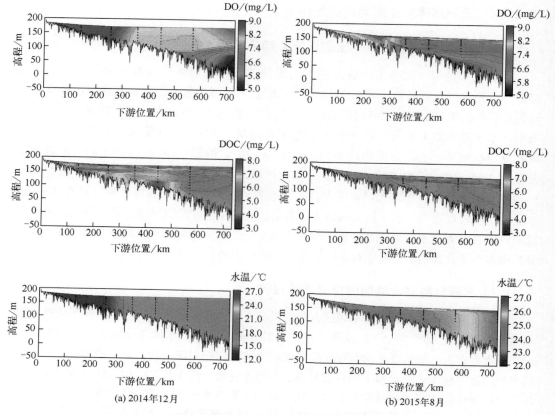

(a) 2014年12月   (b) 2015年8月

图23-15　三峡水库干流剖面分层监测结果

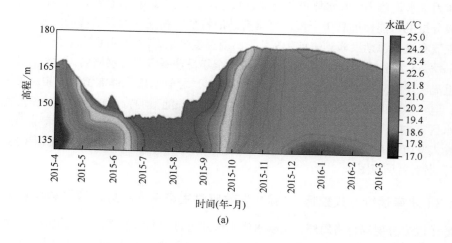

(a)

第四篇　工程实践篇

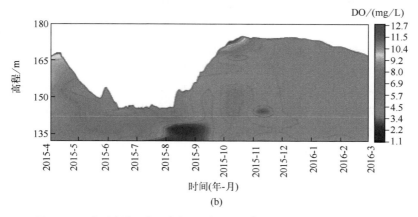

(b)

图23-16 典型支流回水区（澎溪河高阳平湖）水温与溶解氧分层监测结果

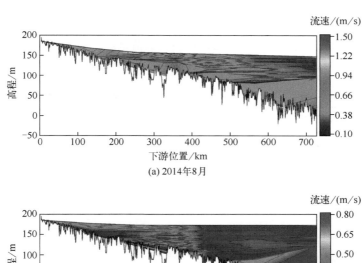

(a) 2014年8月

(b) 2014年12月

图23-17 三峡水库干流流速剖面分布情况

一方面，由于水体滞留时间相对较短，泥沙颗粒含量相对较高，因此干流浮游植物生长受限，初级生产能力总体上维持较低水平。干流总体上以细菌分解异源有机质为主。水库运行在一定程度上改变了干流水体对异源有机质的分解能力（即"水体自净能力"）。在库区支流水域，水库高水位运行下因混合均匀和蓄水淹没导致水柱营养物含量通常达到全年峰值，水柱真光层深度加大，但浮游植物因水温下降进入非生长期，初级生产能力受限；水库低水位运行下浮游植物进入生长期，但因汛期过流型的水体滞留特征迫使水柱混合层深度加大，洪水过程携带的大量无机泥沙大大压缩了真光层深度，浮游植物初级生产

1993

能力亦受到影响。全年支流浮游植物仅在有限的时段内（如水文过程和季节过程交替期间）充分生长，甚至出现"水华"现象。尽管支流水体因其缓流特征和营养物累积效应，浮游植物初级生产能力高于干流，但支流浮游植物生长所需物质（N、P营养物）、能量（水下光热结构）要素的供给因水库运行而呈现交错的特点。另一方面，水库调度运行迫使近岸消落带呈现季节性受淹 - 裸露的过程。陆生 - 水生周期性交错使得水库近岸交错带水生、陆生植被群落发育具有其特殊性。在水库水位涨落的"脉冲"效应下，适生植被因淹没时间长短而在高程上呈现梯度分布特征，并形成同天然湖泊、河流迥异的生物地球化学过程、景观格局和生态功能特征。

23.2.2.5　入库污染负荷估算

（1）工业点源污染

根据《年长江三峡工程生态与环境监测公报（2016）》中有关工业废水污染物排放状况的描述，结合《三峡水库水质预测和环境容量计算》中三峡库区工业排放统计有关低污染负荷量的相关数据，得到 2015 年各行政区污染负荷量。

2015 年研究流域内长江干流沿线主要行政区域内的重点工业污染源见表 23-4。

表23-4　2015年各行政区域内重点工业污染源污染负荷区域统计

行政区域	废水量/10^4t	COD_{Cr}/t	NH_4^+-N/t	TN/t	TP/t
江津(珞璜)	1.68	244	16	153	3
重庆主城区	148.34	22620	1468	14257	286
长寿	9.00	476	21	843	17
涪陵	15.00	1778	47	1351	27
丰都	4.04	584	38	369	7
忠县	4.86	705	46	445	9
万州	19.64	12268	1496	1916	170
云阳	3.45	500	32	314	6
奉节	5.40	953	59	526	47
巫山	4.05	762	46	402	44
巴东	2.61	630	2148	288	51
秭归	1.62	234	37	146	3
合计	219.69	41754	5454	21010	670

（2）城镇生活污染

根据《长江三峡工程生态与环境监测公报（2016）》研究成果，得到 2015 年三峡库区范围内长江沿线城区总污水排放量和排放负荷量，再根据 2015 年年鉴中其他行政区域非农业人口数目，推算得到 2015 年研究流域内各行政区域的城镇污水排放量和污水负荷。

（3）农村生活污染

根据《三峡库区污染源调查专题报告》中的单位农村人口污水产生量、单位农村人口污染负荷产生量及研究流域内各行政区域的统计年鉴资料，对研究流域2015年的农村生活污水及污染物排放情况进行了估算。

（4）城镇径流污染

城镇径流污染主要指城镇生活垃圾、建筑残渣、汽车排气与漏油及空气中飘浮的粉尘等通过降雨径流直接排入受纳水体的一种非点源污染。本研究采用《三峡水库水质预测和环境容量计算》中关于城镇地表径流污染负荷产生量的计算方法，利用研究流域内各行政区域2015年的建成区面积、降雨数据、人口密度及污染物载荷因子，统计城镇径流污染负荷入河量。

（5）农田径流污染

农田径流污染是指农田中剩余的化肥和农药经降雨径流进入水体，使水环境中氮、磷等营养盐负荷增加而使水体遭受的污染。农田产生的径流负荷计算方法与城镇地表径流负荷计算方法相同。根据各行政分区中的农业人口数目与1998年农业人口数目的比例，推算研究流域内所有区县的农田径流负荷产生量。其中，氨氮负荷按照《三峡库区重庆段非点源污染负荷产生量的估算》中氨氮与总氮（TN）比值得到。

（6）畜禽养殖污染

畜禽养殖污染是指猪、牛、羊、家禽等养殖过程中排放的污染物造成的污染。其计算方式与生活污染基本相同。2015年研究流域各行政区域的各种畜禽养殖数量来自各县国民经济和社会发展统计公报和百科以及各行政区域的统计年鉴，如表23-5所列。不同种类畜禽的单位污染负荷产生量来自国家环保总局的《畜禽养殖排污系数表》（表23-6）。

表23-5　2015年目标流域畜禽养殖量统计　　　　单位：万只

大牲畜	猪	家禽	羊
56.6	1964	11310	184

表23-6　不同种类畜禽的单位污染负荷产生量　　　单位：kg/（只·a）

污染物指标	大牲畜	猪	家禽	羊
COD_{Cr}	248.20	26.61	1.20	8.87
NH_4^+-N	25.19	2.15	0.07	0.72
TN	61.10	4.51	0.27	1.50
TP	10.07	1.70	0.15	0.57

（7）流动污染源污染

船舶是目标流域内的流动污染源，它的污染负荷主要来自机舱废水和客轮上游客产生的生活污水，其中机舱废水主要指船舶含油废水。结合1998年的负荷量按照相应比例推算得到2015年的负荷量，2015年目标流域长江干流船舶污染负荷产生量见表23-7。

表23-7　2015年目标流域长江干流船舶污染负荷产生量

船舶类型	生活污水/(10^4t/a)	COD_{Cr}/(t/a)	NH_4^+-N/(t/a)
大型客轮	371.7	657.9	48.9

（8）污染负荷产生量与入河量汇总

依据不同行政区域的相关数据资料得到各行政区域的污染负荷产生量之后，利用行政区域和子流域之间的面积关系折算出研究流域的污染负荷产生量。2015年研究流域不同类型污染负荷产生量见表23-8。

表23-8　2015年研究流域不同类型污染负荷产生量　　　　单位：t/a

种类	COD_{Cr}	NH_4^+-N	TN	TP
农村生活	199906	3019	10796	1035
城镇生活	330013	80781	108500	4241
城镇径流	74162	474	2173	297
农田径流	166503	16892	54489	20371
畜禽养殖	1143951	98343	234617	71335
工业点源	45810	3065	9664	299
流动污染源(船舶)	657.9	48.9	—	—
合计	1961002.9	202622.9	420239	97578

污染负荷产生量可以在一定程度上反映负荷来源，而入河量才是影响流域水体水质的关键，两者是不同的概念。对于直接入河的点源来讲，可以认为两者基本相同。而对于非点源来讲，其差别十分明显，通常入河量只是产生量的一部分。大量非点源污染或者被原地吸收、降解消耗，或者在向受纳水体移动的过程中衰减。本项目中，引入流失系数描述这一过程，并对不同来源、不同行政区域和不同种类的污染物设定不同的流失系数。参考相关文献，不同类型污染物的平均流失系数见表23-9。2015年研究流域不同类型污染负荷入河量如表23-10所列。

表23-9　不同类型污染物的平均流失系数

种类	COD_{Cr}	NH_4^+-N	TN	TP
农村生活	0.40	0.30	0.30	0.30
城镇生活	0.40	0.40	0.40	0.40
城镇径流	0.40	0.40	0.40	0.40
农田径流	0.30	0.30	0.30	0.30
畜禽养殖	0.12	0.12	0.03	0.03
工业点源	1.00	1.00	1.00	1.00
流动污染源(船舶)	1.00	1.00	1.00	1.00

表23-10 2015年研究流域不同类型污染负荷入河量   单位：t/a

种类	CODcr	NH₄⁺-N	TN	TP
农村生活	79962.2	905.7	3238.9	310.6
城镇生活	132005.4	32312.5	43399.9	1696.5
城镇径流	29664.9	189.4	869.0	118.7
农田径流	49950.9	5067.5	16346.6	6111.3
畜禽养殖	137274.1	11801.2	6569.3	1997.4
工业点源	47447.8	3180.8	9981.9	308.8
流动污染源（船舶）	657.9	48.9	—	—
合计	476963.2	53506.0	80405.6	10543.3

（9）污染负荷评估合理性简析

合理估算污染负荷是河流水质模拟的先决条件。工业点源污染、城镇生活污染主要是基于《长江三峡工程生态与环境监测公报（2016）》中有关2015年污染负荷量描述来给定，其他污染负荷是根据相关文献来给定的。卓海华等发表的《三峡水库污染物来源及变化趋势分析》采用《长江三峡工程生态与环境监测公报》数据对三峡库区1996～2014年主要污染物排放状况及年度变化情况进行分析，其中主要对工业废水、城镇生活污水和农业生产、船舶运营带来的污染情况进行了着重分析，其中就包括了对农药和化肥施用量的分析。据文献记载，1998年三峡库区农药施用量为964t，《长江三峡工程生态与环境监测公报（2016）》上记载2015年施用农药约602t，从总量上减少了将近1/3。另外，文献中记载了有关化肥施用量的数据，尽管总体来说，化肥施用量从1998年到2015年有所提升，但是化肥施用结构进行了调整，1998年施用氮肥9.34×10^4t、磷肥2.26×10^4t，2015年施用氮肥8.70×10^4t、磷肥3.60×10^4t。尽管有农药流失等因素，但是从整体数据可以推断出，农田径流从1998年到2015年应该是减少的（表23-11）。表23-12为蓄水前后农田径流负荷入河量数据对比，符合农田径流负荷的变化规律。

表23-11 1998年与2015年化肥和农药施用量的对比   单位：10^4t/a

项目	1998年	2015年
数据来源	《三峡水库污染物来源及变化趋势分析》	《长江三峡工程生态与环境监测公报(2016)》
农药施用量	0.964	0.602
化肥施用总量	12.66	13.50
氮肥	9.34	8.70
磷肥	2.26	3.60

表23-12 蓄水前后农田径流负荷入河量数据对比   单位：t/a

时间	CODcr	NH₄⁺-N	TN	TP
蓄水前(1998年)	84368.7	5763.3	27740.4	5371.2
蓄水后(2015年)	49950.9	5067.5	16346.6	6111.3

23.3 三峡水库水生态环境关键技术研发

23.3.1 大型水库水生态环境要素表征、感知与系统构建技术

水环境生态感知是指对反映流域水生态环境的参数，包括水质状况、动植物密度、浮游生物密度等指标，进行测量、传输和处理分析，评估水环境生态状态的过程。本研究同时基于大型水库水环境生态系统和过程特征，结合三峡库区特殊的水动力条件和流域信息数据，开展以碳平衡为基础的生态动力学过程动态感知系统设计，构建耦合生态过程动态表征和海量数据分析的三峡库区感知技术与方法体系。

考虑到三峡库区水生态系统的动态性，根据研究需求分以下两个方面予以研究。

（1）三峡库区水生态环境特征的辨识与表征

通过系统分析三峡库区富营养化相关物理指标、化学指标及藻类监测数据，研究营养水平、优势藻类群落生物监测的归一化量化表达；建立以二氧化碳分压、优势藻类丰度指数、生物量以及同步监测的叶绿素、初级生产能力等关键参数为重点的水库湖沼学评价指标；提出基于多要素权重分析的三峡水库水环境生态系统特征定量表征，为库区感知系统总体设计提供基础支撑。

（2）三峡库区水生态环境感知技术的系统结构与相互耦合

研究水库感知的科学原理，分析水库感知系统构建的理论方法，明确水库感知系统的功能与作用。基于水库生命特征演变研究，在开展感知系统关键技术研发与系统构建及开展三峡库区感知平台建设的基础上，集成提出耦合生态过程动态表征和海量数据实时传输、分析的三峡库区感知技术与方法体系，形成三峡水库水环境生态感知系统方法体系。在前述研究基础上，开展感知系统业务需求分析、数据管理需求分析、系统组成与系统管理需求分析、系统安全体系与运维体系分析，形成三峡库区感知系统方案。

23.3.1.1 三峡库区水生态环境特征的辨识与表征方法

（1）辨识与表征方法的意义

以三峡库区作为研究区域，对三峡库区动水位下水环境生态系统时空变化特征、三峡库区感知系统示范支流回水区水生态环境耦合特征等进行研究，针对三峡库区水文水质、库区富营养化、污染源和分区入库污染物总量等水环境监测要求，在三峡库区建成由固定监测站、浮标监测站为主体的一体化监测网络，实现三峡库区水环境监测预警与预报服务功能。同时，根据三峡库区水质监测数据资料，收集国内外关于三峡库区水质监测方案的文献，选用内容分析法，构建了三峡库区示范区域水环境生态系统健康评价指标体系，形成以碳平衡为核心的水库生态系统评价指标体系和方法，精确监测和动态感知水生态环境特征，系统表征了三峡库区水生态环境的特征，为后续构建三峡库区水生态与水环境感知系统奠定了重要基础。

（2）辨识与表征方法的技术内容

在全面考虑风险压力以及三峡库区水环境污染现状、生态系统组成的基础上，精确监测和动态感知水生态环境特征，系统表征三峡库区水生态环境的特征。针对三峡库区水文水质、库区富营养化、污染源和分区入库污染物总量等水环境监测要求，结合水质自动监测技术、水质预报模型技术、水质监测点位优化技术、通信网络技术、物联网与互联网技术的发展趋势，实现感知层水质监测数据采集接口的异构数据规范化技术、监测数据的实时网传技术、水环境监测预警系统多模块无缝对接技术、多平台自适应组网技术。数据通信与传输系统同计算机网络系统集成，构建水环境在线监测系统，最终形成由水环境监测传感器系统、信息通信系统构成的多网络水环境在线监测系统，实现三峡工程监测预警业务管理的自动化、信息化、智能化、业务化。

三峡库区水环境自动监测系统主要分为水环境指标采集和水质视频监控2个主要单元。

选用内容分析法，通过对国内外关于三峡生态系统特征的所有文献进行分析，筛选三峡库区水生态系统监测指标及监测频次，构建了三峡库区水环境生态感知系统监测指标体系（见表23-13）。由表23-13可知，三峡库区水环境生态感知系统监测指标体系包括常规指标、特征指标和生物毒性指标3类共21项。其中，常规指标包括气象指标、水文指标、水质指标和生态指标。

表23-13　三峡库区水环境生态感知系统监测指标体系

指标类别		指标
常规指标	气象	风速、风向、气温、气压
	水文	水位、流速
	水质	水温、浊度、电导率、透明度、pH值、DO、COD_{Mn}、NH_4^+-N、TP、TN
	生态	叶绿素a、藻密度
特征指标		藻毒素、CO_2变化速率
生物毒性指标		水质综合毒性（发光细菌）

23.3.1.2　三峡库区水生态环境感知技术的系统结构与相互耦合

（1）感知技术的系统结构与相互耦合意义

本研究构建了大型水库水生态系统感知评价技术方法，实现了对支流水质状态的定量定性精准描述。在全面、准确识别三峡库区水环境生态系统问题基础上，根据水环境管理不同需求，采用WPI指数综合评价水质状况，采用修正后的营养状态指数法评价水体营养状态，采用综合健康指数法评价水生态健康状况，采用发光菌发光抑制率评价水质综合毒性，构建了涵盖水环境质量状况评价、水体营养状态评价、水环境生态健康状态评价及水质综合毒性评价的三峡库区水环境生态系统评价技术方法，并在典型流域进行验证，实现了对支流大宁河水质状态的定量定性精准描述。同时，该研究形成三峡库区水生态环境感知技术总体设计，为大型水库水环境综合管理提供支撑。采用数理统计分析等方法，运用水库感知的科学原理，分析水库感知系统构建的理论方法，明确水库感知系统的功能与作用。基于水库生命特征演变研究，提出构建耦合生态过程动态表征、数据实时传输、数据分析的三峡库区感知技术与方法体系。较系统地提出了三峡水库水环境感知系统空间分区方案，为感知系统总体设计和业务化运行奠定基础。

（2）感知技术的系统结构与相互耦合研究内容

本技术拟综合运用理论研究与探索、文献资料分析、现场调查研究、数理统计分析等多种方法开展研究。以国内外文献研究、现场调查、资料收集为基础，以三峡水库示范流域为研究对象，开展数据、资料的收集和分析；采用数理统计分析等方法，运用水库感知的科学原理，分析水库感知系统构建的理论方法，明确感知系统的功能与作用。基于水库生命特征演变研究，提出构建耦合生态过程动态表征、数据实时传输、数据分析的三峡库区感知技术与方法体系。

三峡库区水环境生态感知系统包括环境信息的感知监测系统和数据中心控制平台两部分。系统框架如图 23-18 所示。

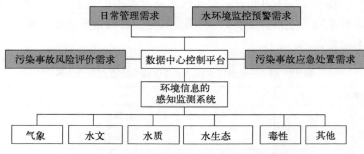

图23-18　三峡库区水环境生态感知系统框架

水环境信息的获取方面，需要建立完善的监测方案，构建覆盖广泛的监测网络，开发环境信息的监测技术方法。基于物联网、地面监测网络以及遥感等多种水环境信息监测网络，充分发挥各种监测手段优势，协同各种应用，构建天地空一体化的环境信息实时感知与监测系统。

中心控制平台支撑感知系统与其他系统的链接，并实现环境感知控制与本地管理的实体，可以根据水环境管理的需求实现对监测数据的有效分析和利用，从而实现诸如统计分析、报警管理、决策支持、方案储备等功能。

23.3.2　水生态环境感知关键要素检测技术与仪器创制

水生态环境感知关键要素检测技术与仪器创制技术由在线水质综合毒性检测技术、原位藻毒素在线检测技术、原位藻细胞观测技术和原位水体 CO_2 变化速率检测技术组成。通过采用生物、化学、光学、电子与计算机技术，开发了稳定可靠、准确测量水质综合毒性、微囊藻毒素、藻细胞密度以及水 - 气界面 CO_2 变化速率的检测技术。并以此为基础，开发出体积小、可在野外长期运行、原位检测的在线水质综合毒性检测仪、原位藻毒素在线检测仪、原位藻细胞观测仪和原位水体 CO_2 变化速率检测仪。与国内外同类设备相比，这些设备具有便携性特点，可以在野外环境长期使用，为水环境参数的原位在线检测提供可靠的技术保障与支持。

23.3.2.1 在线水质综合毒性检测技术及仪器

（1）在线水质综合毒性检测的意义

由于排入环境水体的污染物种类繁多，同时每种污染物往往具有多种生物效应，所以传统方法中利用单一指标判断水质安全存在一定不足。

生物综合毒性测试是基于生态毒理学发展起来的检测方法。生物综合毒性测试不仅能检测单一污染物的负面生物效应，也能检测水样中共存的为数众多污染物的综合生物效应，是水质安全评价的一种综合方法。生物检测技术主要借助受污染水体中指示生物的形态、生理和生化变化的信息指标的采集来有效反映水质污染程度，包括蚤类毒性试验、藻类毒性试验、鱼类毒性试验、微生物毒性试验等。由于发光细菌生命周期短，种群数量大，培养简单，发光细菌毒性试验成了微生物毒性试验中研究和应用最为广泛的一种综合毒性检测方法。发光细菌法借助光电测量系统测定菌体发光强度，污染物进入水环境后影响细菌新陈代谢，进而发光细菌的自身细胞活性下降，发光细菌的发光强度最终也下降。在有毒污染物特定浓度范围内，其浓度高低与发光细菌的发光强度强弱呈剂量-效应关系，发光细菌生物检测是一种反应迅速、灵敏度较高、相关性高的生物毒性检测方法。常用于水体毒性检测的发光细菌包括费氏弧菌、明亮发光杆菌和青海弧菌。尽管生物综合毒性检测具有许多优点，但是目前国内外同类水质综合毒性检测产品体积大、价格高、试剂昂贵、运行成本高，难以满足野外长期运行的需要。

（2）在线水质综合毒性检测关键技术研究

从以下两个方面重点研究，开发适于在野外进行水质综合毒性在线检测的技术，如图23-19所示。

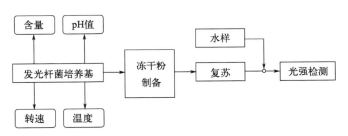

图23-19 在线水质综合毒性检测关键技术研究内容

1）菌种冻干粉保存

通过优化冻存试剂的成分配比，提高冻干发光杆菌复苏的效率，分析连续培养过程中各关键参数的变化趋势及其对明亮发光杆菌生长发光的影响；在培养过程中，进行相应的调控以延长冻干粉保存时间。同时，考察连续培养过程的发光强度及活性维持时间以期能满足连续在线检测的需要，保证复苏后发光杆菌发光强度的稳定性。在仪器中设置了低温模块区域，保证发光杆菌冻干粉可以稳定保存，复苏效率稳定，数据准确可靠。

2）发光强度在线检测

利用光电倍增管将发光细菌与水样混合后，水样将影响发光细菌的发光强度，致使发光强度降低。通过对发光细菌发光信号进行实时检测，实时获取发光细菌发光强度的信息，绘制发光强度衰减曲线。通过软件自动计算相对发光强度，从而知晓水样对细菌发光产生的抑制效应，判断水样毒性强度。

以此，开发了在线水质生物毒性检测技术，实现了仪器小型化，满足了在线水质生物毒性在野外长期检测的要求。

（3）在线水质综合毒性检测仪器的研发

开发的在线水质综合毒性检测仪原理如图23-20所示，由低温保存装置、冻干粉复苏装置、光电检测系统、进样装置、清洗装置和信号处理装置六部分构成。在获得明亮发光杆菌最佳培养方式后，通过低温装置保存冻干粉，维持其活性。在需要进行水质毒性检测时，将冻干粉与氯化钠溶液混合进行复苏。水样经过过滤后，复苏液分别与水样和纯净水在检测通道和参考通道混合。由于发光杆菌自然死亡以及溶液浓度降低的作用，在参考通道，发光杆菌的光强会自然降低。而在检测通道，除以上两个因素影响光强外，水样中各种物质的综合作用也将导致发光杆菌发光强度发生变化。因此，将在检测通道和参考通道获得的光强进行对比，可以提取出水样中毒性物质对发光杆菌发光强度的影响。至此，建立发光杆菌发光强度与水样毒性的定量关系。利用光电探测器收集光信号并实现光电转换，选择A/D转化器实现电信号的采集和数据分析，并经过放大电路将电信号放大，通过数据采集电路对信号进行采集、处理，从而对水质毒性进行评估。最后，清洗装置对液体管路进行清洗，等待下一次命令。

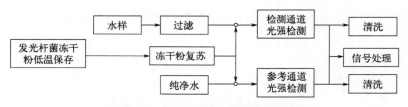

图23-20　在线水质综合毒性检测仪原理

该仪器延长了菌剂的储存周期，减少了人工干预，支持系统集成，满足了水质综合毒性现场检测的需求。

23.3.2.2　原位藻毒素在线检测技术及仪器

（1）原位藻毒素在线检测的意义

淡水水体富营养化容易导致藻类特别是蓝藻异常繁殖生长而出现蓝藻水华现象。蓝藻水华能释放出藻毒素，通过饮用水源和食物链影响人类的健康，其中的微囊藻毒素

（microcystin，MC）是毒性最强、造成危害最严重的藻毒素种类。它的主要靶器官是肝脏，MC 进入肝细胞后，能强烈地抑制蛋白磷酸酶（PP1、PP2A）的活性，破坏肝脏血管系统，同时它还是很强的肿瘤促进剂。我国颁布执行的《生活饮用水卫生标准》[GB 5749—2022，微囊藻毒素 -LR（藻类暴发情况发生时）限值为 0.001mg/L]和《地表水环境质量标准》（GB 3838—2002，微囊藻毒素 -LR 限值为 0.001mg/L）都包含了微囊藻毒素的检测项目。世界卫生组织（WHO）在其推荐的《饮用水水质准则》（第 2 版）中也增加了微囊藻毒素（MC，1 μg/L）等指标。

微囊藻毒素是一组环状七肽，具有水溶性和耐热性，在水中的溶解性大于 1g/L，化学性质相当稳定，加热煮沸都不能将毒素破坏，也不能将其去除。目前，大多数藻毒素使用价格昂贵、体积庞大的 HPLC-MS 或 GC-MS 检测，样品制备过程复杂、耗时长，需要专业技术人员操作，检测费用很高，因此限制了常规检测次数。近年来，美国、德国和我国的科学家运用免疫技术结合计算机、传感器技术，研究水中藻毒素（尤其是微囊藻毒素 -LR）的原位免疫检测方法。但这些方法存在样品前处理烦琐、需要检测仪器配合、检测时间较长、检测人员需要较高的素质及受过良好的培训、不适合野外操作、时间分辨率低、检测成本高等缺点。因此，现在急需要一种高效、快速、便携和低价的检测技术。

（2）原位藻毒素在线检测技术的研究

本研究分别采用液相色谱检测技术和表面等离子体共振检测技术开发了原位藻毒素在线检测技术。

1）液相色谱检测技术

液相色谱原位藻毒素检测关键技术研究内容如图 23-21 所示，主要集中在开发微型化的微囊藻毒素专用色谱柱，优化填料的孔径、比表面积和含碳量等色谱参数方面。选用的高效液相色谱柱型号为 Venusil XBP-C$_{18}$(L)，尺寸为 4.6mm×150mm。填充高纯球形美国进口硅胶微粒，减小色谱峰宽，提高色谱峰高，从而降低检出限。同时，增加色谱柱保护柱，能长期有效地保护色谱柱的柱效和使用寿命。保护柱内径及填料与色谱柱完全一致，可以有效避免因保护柱与色谱柱特性的差异影响色谱峰形及检测结果等性能指标。此外，由于水体中微囊藻毒素含量非常低，为实现低浓度检测，开发了对水样的环富集技术。对进入仪器的水样在富集管采取环富集方式，多次过滤，多次吸附，从而达到高效富集的效果。通过环富集技术的使用，对水样中的微囊藻毒素进行浓缩，为进行低浓度样品检测创造条件。

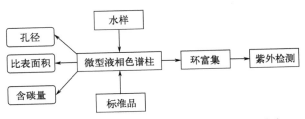

图23-21　液相色谱原位藻毒素检测关键技术研究内容

2）表面等离子体共振检测技术

表面等离子体共振原位藻毒素检测关键技术研究内容如图 23-22 所示。在传感芯片上通过分子印迹原位聚合的方式制备针对微囊藻毒素 -LR 使用的分子印迹聚合物膜，将功能单体、交联体、微囊藻毒素等物质按一定比例进行混合并配制成聚合溶液。将传感芯片放置在聚合液中进行原位热聚合，在传感芯片上形成分子印迹聚合物膜。然后，构建相位调制型表面等离子体共振检测仪。水样经过传感芯片时，传感芯片上的分子印迹聚合物膜将捕获水样中的微囊藻毒素 -LR，这将改变芯片表面环境的折射率，进而改变源自芯片的光谱信息。使用表面等离子体共振检测仪记录从芯片上获取的光谱，随后使用带窗傅里叶变换算法提取光谱中的相位信息，建立光谱相位信息与微囊藻毒素 -LR 浓度之间的关系。最后根据标准曲线计算水样中微囊藻毒素 -LR 的浓度。

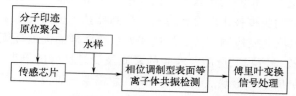

图23-22　表面等离子体共振原位藻毒素检测关键技术研究内容

通过分别采用液相色谱检测技术和表面等离子体共振检测技术开发微囊藻毒素检测方法，实现了对水样中微囊藻毒素的富集、分离与检测一体化。并以此为基础研制了藻毒素原位检测设备，实现对微囊藻毒素的高灵敏度检测。

（3）原位藻毒素在线检测设备的研究

1）基于液相色谱在线检测技术开发的原位藻毒素在线检测仪

目前高效液相色谱（HPLC）法是各国家及相关机构推荐的主要的藻毒素检测方法，本研究在 HPLC 方法的基础上，简化了仪器元件，优化了结构设计，固化了检测条件，构建了专用于藻毒素检测的小型化 HPLC 仪器系统，实现了藻毒素快速检测的需求，制备的仪器小型便携，可在野外长期自动运行。

仪器由进样装置、循环富集装置、微型液相色谱柱、紫外检测装置、清洗装置和信号处理装置六部分组成，原理如图 23-23 所示。自唤醒高压输液泵开启后，样品选择阀可选择水样或者标准样品进入仪器用于之后的分析。仪器吸入水样后，水样通过自动过滤装置，排除水中杂质后进入仪器内部管路。由于自然水体中微囊藻毒素含量非常低，环富集技术在定量环处进行。通过多次将水样进行循环进而可以提高水中物质的浓度。之后，水样经过微型液相色谱柱，至此可以将水样中不同物质逐一分离。随后，使用紫外检测器进行光强分析，使用信号处理模块计算微囊藻毒素浓度。最后，清洗装置将废液排出仪器，清洗液体管路，等待下一次命令。

将高效液相色谱柱集成后，通过参数优化专门用于水中藻毒素的检测，同现行的检测技术相比具有高效、低价和高度自动化的特点。整个过程可以设计为手动、半自动或者全自动。这种技术不仅可以应用于水中藻毒素的检测，还可以直接用于其他水环境中污染物的检测，为将来建成多目标全自动检测平台打下基础。

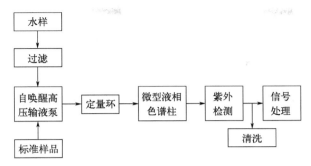

图23-23　液相色谱原位藻毒素检测仪器原理

2）基于表面等离子体共振检测技术开发的原位藻毒素在线检测仪

本研究通过结合相位调制型表面等离子体共振（SPR）传感器的高灵敏度以及分子印迹（MIP）技术的高特异性，研究基于 SPR 传感器的微囊藻毒素 -LR 检测方法，开发了操作简单、可快速原位在线检测藻毒素的设备，由光电检测系统、进样装置、清洗装置和信号处理模块构成，原理如图 23-24 所示。

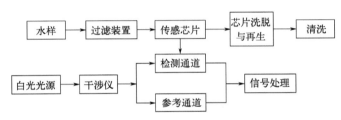

图23-24　表面等离子体共振原位藻毒素检测仪器原理

该仪器的进样系统由一系列电磁阀和蠕动泵构成。通过电磁阀、蠕动泵实现根据程序设定的时序，在规定间隔时间采集水样，按照预设量使用对应的反应试剂。水体经过过滤装置后，进入光电检测系统的检测通道。光电检测系统由相位调制型表面等离子体共振检测系统构成。白光光源经过干涉仪产生干涉效果后，经过 50%：50% 的偏振分束镜后分别进入检测通道和参考通道。检测通道含有传感芯片，传感芯片上预先制作的分子印迹空穴用于捕获水样中的微囊藻毒素 -LR。参考通道用于校准，降低噪声对测量的影响。传感芯片捕获到目标物后，将改变检测通道的光谱信号。检测通道和参考通道的光谱仪分别收集各自通道的光谱信息后，经过傅里叶变换，获取相位信息。经过表面等离子体共振检测系统后获得的光谱相位信息经过信号模块处理，根据标准曲线计算微囊藻毒素浓度。待检测结束，清洗装置依次使用洗脱液和 NaOH 溶液对芯片进行洗脱和再生，并将废液排出仪器，等待下一次检测命令。

该技术开发的微囊藻毒素检测设备，实现了在野外的长期无人值守运行，为示范工程的建设发挥了积极作用。

23.3.2.3　原位藻细胞观测技术及仪器

（1）原位藻细胞观测的意义

水华的形成是一个非常复杂的过程，受到诸多因素的影响，除了营养条件和水文气象环境之外，还与水华藻类自身长期进化过程中形成的适应性结构和功能有着重要联系。

对藻细胞密度的观测，可为研究藻类水华的成因和诱发因子提供充分的依据。流式细胞仪通过使用激光照射样品，样品中细胞对入射激光产生折射和反射，这部分信号被记录下来并被识别和计数。但流式细胞仪价格异常昂贵，常规的显微镜可以实现对藻细胞成像，然后使用计数板对细胞进行计数。但是，这两种方法尚不具备对藻细胞在线识别和计数的能力。

（2）原位藻细胞观测技术的研究

项目开发的原位藻细胞观测技术，研究内容如图 23-25 所示，包括暗场显微镜、暗场图像、图像识别等。

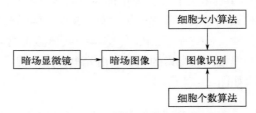

图23-25　原位藻细胞观测技术研究内容

1）暗视场成像

藻细胞由于灰度低和亮度不均匀的特征造成其成像对比度不高，因此在明视野中很难直接得到清晰的图像。通过设计暗场照明方式，采用平行光线从样品侧面照明，由于平行光线被环形遮光板阻挡，因而中心部分光线被遮去，穿过环形遮光板的光线成空心圆筒形光束射入垂直照明器。暗场照明的垂直照明器是一个环形反光镜，将圆筒形光束反射向上，沿着物镜外壳投在反射集光镜的金属弧形反射面上，靠它的反射使光线聚集在物面上。这样，使得照明光线偏移不进入物镜，而只有样品的散射光进入物镜。因而，可以得到背景黑暗，而仅有样品散射光成像的图像。这种方式可以有效提高成像的对比度和图像的可视度，有助于提高藻细胞测量的分辨率，同时可减小系统的体积。

2）图像识别算法

编写可对藻细胞的暗场图像进行自动识别与计数的程序，包括使用细胞图像灰度拉伸、细胞图像平滑、细胞图像分割、边缘检测等在内的图像增强技术对图像进行修改。根据图像中藻细胞大小勾勒出藻细胞轮廓，将藻细胞所在像素与背景像素进行分离，以便准确确定图像中组成每个藻细胞的像素范围，从而对藻细胞进行精确计数。

（3）原位藻细胞观测仪的研发

原位藻细胞观测仪由暗场显微观察仪、人机交互平台、自动进样设备和自动清洗设备等部分组成，工作原理如图 23-26 所示。

水样经过过滤装置后，暗场显微观察仪对水样中的藻细胞进行成像。由于采用暗视场照明成像技术，细胞对比度得到极大提高，有利于下一步软件识别。细胞计算软件对含有藻细胞的图像进行处理，获得藻细胞的数目，并根据样品容量计算藻细胞密度。完成图像成像后，水样再经过清洗装置，排出仪器外。仪器等待下一次启动命令。

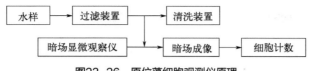

图23-26 原位藻细胞观测仪原理

人机交互平台基于 ARM 系统开发，依此平台一方面实现对硬件的控制，包括暗场显微观察仪、自动进样和自动清洗部分；另一方面控制细胞计算软件，根据图像处理的算法，对图像进行处理，最终实现藻细胞图像的实时采集、测量和传输。

该原位藻细胞观测仪已经在示范工程中得到了应用，在野外实现了长期运行。

23.3.2.4 原位水体CO₂变化速率检测技术及仪器

（1）原位水体 CO₂ 变化速率的检测意义

水库会释放大量温室气体。人工水库温室气体的产生、释放及其通量关系研究数据较少但近年来逐渐引起学术界的重视。水库产生温室气体主要通过 3 种方式：a. 大坝的建设；b. 上游输入的外源性有机质及自生有机质的降解；c. 淹没区植被的缓慢降解。水库建成后，水动力条件明显减弱，水体透明度得到增强，水体光合作用也因此加强，同时大量吸收水体中溶解的二氧化碳。对于水 - 气界面二氧化碳速率变化的研究，可探讨水库温室气体释放的现状，解释水库作为大气中二氧化碳"源"或者"汇"的问题。

目前，应用二氧化碳气体传感器时主要的检测方式有电化学式、陶瓷式、电容式和红外吸收式。电化学式和陶瓷式传感器使用过程中需要经常校准。电容式传感器检测低浓度二氧化碳时易受其他气体影响。红外吸收式传感器是利用二氧化碳吸收波长 4.26μm 红外线的物理特征来有选择地准确测量二氧化碳的分压，吸收关系服从朗伯 - 比尔定律。市面上现在多采用红外吸收式传感器进行二氧化碳的检测。现有的二氧化碳检测传感器大多设计为民用和工业用，对分辨率要求不高，且稳定性差。这种检测方式的缺陷主要是采用了开放式的气室，检测过程受周围环境的变化影响大。此外，信号采集和处理精度不高，因此造成系统分辨率和量程之间的矛盾，即无法实现大量程范围下高分辨率的测量。

（2）原位水体 CO₂ 变化速率检测技术的研究内容

项目开发的二氧化碳检测技术，适合在水环境区域使用，同时也保证了高精度的测量。该技术的研究内容如图 23-27 所示。

图23-27 原位水体CO₂变化速率检测技术的研究内容

1）采用双光路光学补偿技术

选取 $4.26\mu m$ 和 $4\mu m$ 分别作为检测波长和参考波长，消除光源波动对测量的影响。CO_2 气体分子对 $4.26\mu m$ 波长的红外光具有指纹吸收特性。当 $4.26\mu m$ 波长的红外光透过 CO_2 气体时，CO_2 气体会吸收相应波段的红外光，从而衰减了在其相应波段的红外光能量。为降低光源波动对测量的影响，使用空间双光路补偿、双通道探测器的检测方式。光源发出的光经过待测 CO_2 的气室，分别被检测窗口 1 和参考窗口 2 的探测器接收。窗口 1 接收与被测 CO_2 浓度相关的测量信号，窗口 2 接收与被测 CO_2 浓度无关的信号作为参考信号。根据 CO_2 气体分子的吸收光谱，选取 $4.26\mu m$ 的光信号作为测量信号。参考波长的选择要求为被测 CO_2 气体和大气中的其他气体对该参考波长无吸收，在此选择 $4\mu m$，使得大气在该波长无吸收衰减。由于光源功率的不稳定等因素对各路信息的影响相同，而参考光路不含有被测 CO_2 成分的信息却能反映环境变化的信息，因此通过将两路信号作比值即可得到含有 CO_2 气体浓度信息的光信号。由此可知，采用双通道检测方法有利于提高对气体浓度的检测精度和准确性，提高系统的可靠性。

2）建立 CO_2 高精度校准模型

采集大量不同浓度的标准 CO_2 气体的光谱，建立 CO_2 气体浓度与检测光/参考光比值的数据库。由于数据库中 CO_2 浓度间距小、步长短，因此绘制的 CO_2 浓度与检测光/参考光比值的曲线能实现高度线性拟合，相关系数达到 0.9999。通过建立这个 CO_2 吸收光谱的高精度校准模型，确保 CO_2 浓度测量的准确度。

（3）原位水体 CO_2 变化速率检测仪的研发

开发的原位水体 CO_2 变化速率检测仪器原理如图 23-28 所示，包括光源、光电检测系统、气室和信号处理装置等。

图23-28　原位水体CO_2变化速率检测仪原理

在气室的进气孔和排气孔放置一定的过滤和除尘装置，保证气室内的空间清洁度，可以有效地滤除水蒸气，延长传感器的使用寿命。检测通道和参考通道的使用，形成对 CO_2 气体的双光路检测方式。检测通道的光信号用于测量包含 CO_2 气体吸收和光源波动带来的光强变化，而参考通道的光信号仅用于测量光源波动所带来的光强变化。信号处理装置用于采集检测通道与参考通道的测量值，采用高精度校准模型分析并计算 CO_2 浓度。待测量结束，光源关闭，等待下一次测量命令。

23.3.3　基于浮标的水生态环境原位监测系统集成技术

23.3.3.1　基于浮标的水生态环境原位监测系统集成技术的工作原理

基于浮标的水生态环境原位监测系统是由包括在线水质综合毒性检测仪、原位藻毒素在

第四篇　工程实践篇

线检测仪、原位藻细胞观测仪和原位水体 CO_2 变化速率检测仪在内的可检测水文、水质、水生态和气象方面共 20 个参数的仪器设备组成的环境感知系统，通过数据采集与传输系统进行连接，实现环境数据的实时监测与远程无线传输。太阳能电池板和风力发电机组成的风光互补供电系统为仪器设备的运行提供电力保障。浮标作为水环境监测仪器的承载平台，有利于适应三峡水库水位具有大幅变化的特点。将原位获取的监测数据通过无线方式发送至监测中心，利用可视化推演模型对数据进行存储、分析和管理，实现对数据的智能化分析和运用。

该技术通过环境感知系统和浮标系统的协调运转（如图 23-29 所示），实现监测设备在监测水域的稳定长期自动化运行。位于水面的浮标体承载着环境监测设备，随水位自动升降。处于休眠状态的各环境监测设备根据数据采集传输装置的程序，定时唤醒、运行并分析环境参数，获得环境数据。之后，环境数据通过数据采集传输装置的无线传送模块，被发送至监测中心进行存储和分析。同时，环境监测数据也进行本地备份。太阳能电池板和风力发电机分别在有日照和风力的情况下进行发电，将电能存储于蓄电池，为环境监测设备、数据采集传输设备的运行提供电力。

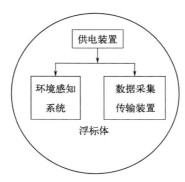

图23-29　基于浮标的水生态环境原位监测系统集成技术原理

23.3.3.2　基于浮标的水生态环境原位监测系统集成关键技术

（1）环境感知系统

环境感知系统，由在线水质综合毒性检测仪、原位藻毒素在线检测仪、原位藻细胞观测仪和原位水体 CO_2 变化速率检测仪、营养盐检测仪、水环境参数检测仪（多参数水质检测仪）、流速仪、气象工作站等设备组成，如图 23-30 所示。水环境参数检测仪承担监测水温、pH 值、氧化还原电位、电导率、盐度、溶解氧、浊度、叶绿素 a 等参数的任务。营养盐检测仪承担监测总磷、氨氮、总氮等参数的任务。在线水质综合毒性检测仪用于监测综合毒性。原位藻毒素在线检测仪用于监测水体中的微囊藻毒素浓度。原位藻细胞观测仪用于进行藻群细胞密度的观测。原位水体 CO_2 变化速率检测仪进行 CO_2 在水 - 气界面变化速率的监测。流速仪进行水深和流速的监测。气象工作站则完成风速、风向、大气压、温度等参数的监测。

（2）浮标系统

浮标系统由浮标体、数据采集传输装置及供电装置组成。

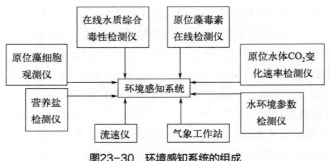

图23-30　环境感知系统的组成

1）浮标体

浮标体主要由浮体、仪器孔、电子仓、太阳能板支架、尾管、锚链等部分组成，如图 23-31 所示。浮标体的设计考虑环境感知系统、数据采集传输装置和供电装置中各个仪器设备的尺寸和重量。经过综合考虑，浮标体水平面为直径 2m 的圆形，可提供 2000kgf（1kgf=9.80665N）的浮力，可在水深超过 150m、水位变化超过 50m 的水域使用。

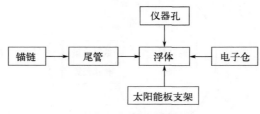

图23-31　浮标体的组成

根据环境监测设备的尺寸和重量，在浮标体水平面外围合理布局各个设备的仪器孔，在保持浮标平衡的情况下悬挂监测仪器，便于各个仪器就近获取水源，同时能够处于水平状态进行工作。浮体中部为需要保持干燥的电子仓，主要用于摆放蓄电池、数据采集器、数据传输模块等电子设备。太阳能板支架的四个面安装太阳能电池板，顶部安装风力发电机和航标灯。浮体下有尾管，其可起到保持浮体在水中平衡作用。尾管下采用锚链单点系留，锚链沉入水底。锚链一方面利于浮体随水位波动，另一方面可对浮体进行定位。

2）数据采集传输装置

数据采集传输装置如图 23-32 所示，用于完成各传感器数据的采集和处理任务。选用低功耗、高可靠的数据采集器，分别通过 SDI-12 接口和 RS-232 接口连接在线水质综合毒性检测仪、原位藻毒素在线检测仪、原位藻细胞观测仪、水体 CO_2 变化速率检测仪、水环境参数检测仪、营养盐检测仪、流速仪以及气象工作站，进行数据采集。根据对各个监测指标的获取需求，即时调整各设备的运行频次，提供充足的监测数据。将所采集的数据，通过 RS-232 串口通信方式发送至无线路由器用于数据的无线传输。数据采集器配有大容量的存储空间，用于在传输系统实时传输数据失败的情况下供工作人员离线获取数据。

图23-32 数据采集传输装置的组成

3）供电装置

供电装置的组成如图 23-33 所示，包括太阳能电池板、风力发电机、电源管理器和蓄电池等。大功率的太阳能电池板可每天持续将太阳能转换为电能，供仪器设备运行所用。将 200W 太阳能电池板分别安装在浮标体外侧的 4 个方位，全方位吸收太阳能，并将太阳能转为电能。同时，配备 1 台额定功率为 200W 的风力发电机，可将风能转换为电能，实现风光互补的发电功能。风力发电机的使用，是太阳能供电的一种补充手段。太阳能电池板和风力发电机所产生的电量用于补充胶体电池。胶体电池容量为 800A·h，用于电量的存储。

图23-33 供电装置的组成

23.3.4 数据驱动的水生态环境推演模型技术

传统上，水生态环境模型是指利用数学方程模拟水环境中复杂的响应关系，其主要通过结合水动力模型、水质模型和水生态模型得到。从技术层面上看，通常实践中水动力模型、水质模型的构建一般基于各种由传统方式获取的数据例如气象数据、水文数据和水质监测数据等，从而生成偏微分方程的边界和初始条件。随着大数据时代的到来和大数据技术的迅猛发展，生态环境大数据的建设和应用已初露端倪，而在重点流域使用大数据技术使得对水生态环境演变规律的探索更为高效，有利于辨识和管控污染源风险和灾害提前预判，从而为生态环境决策的制定提供足够的理论依据，提高区域水环境污染联防和共治能力。从技术层面上考虑，基于确定性的机理过程模型在国内外许多河流、湖库管理中取得了较好的效果，可较为详细准确地模拟水体污染物的动态特征。但是这类模型不具备普适性，大量模型参数只能针对某一特定湖泊，只能在小范围内应用。同时，模型需要大量数据确定大量待定参数，且模型配置运行时间较长，难以短时间快速捕捉现场的预警信息。而随着传感器、物联网等技术的发展与广泛应用，外加卫星遥感图片甚至航拍图片的相对易获得性，使一直以数据稀缺为特征的水环境领域逐步进入了信息化与大数据的时代，这为水污染防控决策提供了新的条件和机会。

数据驱动的水生态环境推演模型主要由以下 4 个方面的模型构成。

（1）水质变化推演模型

为实现在线指标变化的提前预测，根据关键水质指标（溶解氧和高锰酸盐指数等）时序变化的近似周期性特征，研发了高斯云变换和模糊时间序列的多粒度水质预测模型，并集成在三峡库区水生态环境感知系统平台上，实现业务化运行并获得高精度的预测效果。

（2）水质富营养化评价模型

传统水质富营养化评价常采用国标方法，通过 TN、TP、COD、叶绿素 a 和透明度 5 个指标来计算富营养化状态指数，如果遇到数据集中关键指标缺失时，将无法利用国标方法评价富营养化等级状态，研究采用耦合了粗糙集和 Petri 网的方法体系，实现 5 个指标的约简和大规模数据的并行计算，为缺失指标下富营养化评价提供方法学参考，对富营养化评价模型进行感知系统集成，利用在线监测数据实现示范区域的富营养化状态推算与评价。

（3）水生态健康评价模型

根据三峡水库水环境生态的总体特征研究，库区水华暴发具有持续时间短和空间异质性强等特点，且与"太湖"等大型浅水湖泊水华呈现不同演替特征，研究利用环境一号星 CCD 数据，结合原位实测地物光谱数据和实测数据，构建叶绿素 a（浮游植物总生物量）与藻蓝素（蓝藻生物量）的反演模型，利用密度峰值聚类算法，实现水华区域自动聚类判别，创新性提出"蓝 - 绿藻光谱分类指数"，实现蓝藻和绿藻水华的时空信息提取，实现示范区域生态健康风险等级判断，对遥感反演模型进行感知系统集成和业务化运行。

（4）生物生态综合毒性评价模型

围绕水华暴发引起的微囊藻毒素超标预警问题，提出基于贝叶斯网络的毒素等级判别模型，利用数据驱动方法构建藻毒素预警模型，实现代替指标对微囊藻毒素风险等级的预测，模型结构上耦合了生物和非生物参数从而实现高精度风险预测，利用灵敏度分析揭示水华和微囊藻毒素动态变化过程中关键指示因子，为其他藻类水华统治的湖库中藻毒素风险预警提供方法学参考，对贝叶斯网络模型进行感知系统集成，利用在线监测数据实现示范区域的生物生态综合毒性风险等级推算与评价。

23.3.4.1　水质变化推演模型研究

（1）水质变化推演模型的研究意义

水质指标预测作为水资源管理的重要方法和手段，能够为相关部门及时掌握水质变化发展趋势提供科学依据和决策支持。目前，许多统计分析模型和人工智能方法已成功应用于河流水质指标预测，常用的统计分析模型有差分整合移动平均自回归（ARIMA）模型和偏最小二乘回归（PLSR）模型等。然而统计分析模型的有效性高度依赖于水质指标历史观测数据概率分布假设的合理性，并且统计分析模型对多因素水质预测难度大。以人工神经网络（ANN）、支持向量机（SVM）及其扩展衍生模型为代表的机器学习方法近年来在水质预测中得到了广泛的研究和应用，这类模型对高质量的水质时间序列数据集具有较好的建模能力和预测精度。然而在实际应用中的水质时间序列通常具有不精确性、不完整性、随机性、周期性等特性，而基于精确数据的时间序列预测模型不能直接用于这类水质预测问题的分析。结合水质预测中的时间序列近似周期性，本研究提出一种基于高斯云变换和模糊时间序列（Gaussian cloud transformation-fuzzy time series，GCT-FTS）的多粒度水质预测模型。该模型采用启发式高斯云变换算法将数值型的定量历史观测数据粒化成多个高斯云（定性概念），在构建模糊逻辑关系的过程中融合时间序列的近似周期性，利用时间序列数据本身的内在特征，去除噪声，模糊逻辑关系，提高预测模型的精度和鲁棒性。

（2）水质变化推演模型的研究内容

基于高斯云变换和模糊时间序列（GCT-FTS）的多粒度水质预测模型利用启发式高斯云变换粒化历史观测水质时间序列，得到模糊时间序列的软论域分区，该软论域分区方法能够较好地处理相邻两个分区间边界区域的亦此亦彼不确定性问题，如图 23-34 所示。另外，多因子 GCT-FTS 模型的不同因子通常被粒化为不同粒度的高斯云，整个预测过程由多个粒度层次共同完成。选取水质指标溶解氧和高锰酸盐指数水质时间序列变化进行模型测试，使用 4 条支流在线监测的水质指标进行模型验证，结果表明模型预测结果精度较高，满足水质在线监测变化推演的业务化需求。

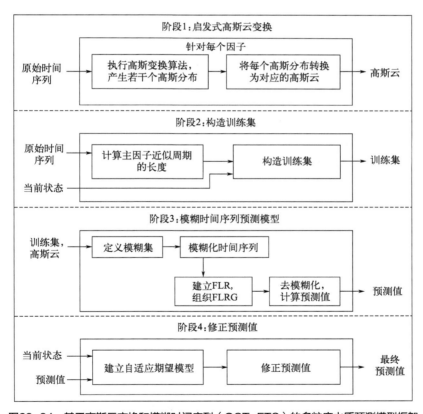

图23-34 基于高斯云变换和模糊时间序列（GCT-FTS）的多粒度水质预测模型框架

模型预测效果测试方面，数据上采用大型水库水生态环境特征的辨识与表征方法提出的水质指标，选取溶解氧和高锰酸盐指数时序变化为测试数据集，模型上利用 GCT-FTS 多粒度水质预测模型与类似模型进行比较，采用多种模型评价参数对模型预测效果进行测试，通过对模型进行感知系统集成，利用示范区域的在线监测数据，验证模型实际运行效果。

23.3.4.2　水质富营养化评价模型研究

（1）水质富营养化模型的研究意义

从 20 世纪 70 年代至今，营养指数以及数学模型的方法被广泛应用于富营养化评价。但是综合来看，有关湖泊富营养化的评价，多从水质、水生生物以及底质三个方面来进行，所采用的评价方法可归纳为特征法、参数法、生物指标评价法、磷收支模型法、营养状态指数法、数学分析法以及基于地理信息系统（GIS）的评价方法等。三峡库区回水区富营养化形成机理复杂，影响因素众多，分析回水区富营养化时空关系时，通过常规定量统计与数值模拟等方法，往往会存在诸如需要先验知识等局限性。此外，如何有效地从海量监测数据中挖掘出有用的富营养化相关知识也成为目前水质工作者的一大难题。特别是针对在线监测数据来进行富营养化评价时常常面临两个问题：一是国标五指标法规定的透明度，无法利用在线监测直接获取，因而无法实时获取目标水体富营养化状态变化，因而需要尽可能小的代价获取有用的知识；二是在线监测数据规模较大，如叶绿素等指标频次达到 10min/ 次，这对富营养化评价模型的运算速度提出较高的要求，也就是如何提高大型知识库的规则匹配速度。

针对富营养化评价，尽管已有大量国内外学者分别从生态学和信息学的角度提出了众多评价方法与模型，并且从评价精度上来看，效果还不错。但是都存在一些问题，例如通常需要完备的数据集、过分重视评价精度而忽视了评价效率。大数据时代所面临的是数据的迅猛增长，其中这些数据中还存在着大量的噪声、缺失数据，这会直接导致评价效率的降低。因此，如何在大数据时代构建一个高效的、基于不完备数据的富营养化评价模型是大数据时代下水环境保护所急需解决的关键问题。

（2）水质富营养化模型的研究内容

富营养化被公认为是一个严重的水环境问题，造成这种现象的原因有很多，因此有效的富营养化监测和管理技术是必不可少的。虽然有大量的研究以提高富营养化评价的准确性或效率为研究切入点，但很少有研究试图采用 RST 和 PN 同时解决评价效率与精度问题。本研究提出了基于 RST 和 PN 的高效生态评价模型来评价三峡水库香溪河支流 2015 ～ 2016 年的富营养化状态。

现在，我国富营养化评价的主流方法是综合营养状态指数法。这种方法虽然简单易用但是代价也较高，通常需要五个完整的数据指标。然而，在实际监测中，由于传感器故障、通信传输等问题，往往会造成数据丢失，此时用综合营养状态指数法就显得有些力不从心。RSPN 模型并不需要所有指标数据，它只需要少量的数据指标，并且不影响评价结果，这点在环境生态领域是非常重要的，模型技术路线如图 23-35 所示。在模型验证的香溪河应用中，仅需采集 SD（透明度）、COD_{Mn} 以及叶绿素数据就可进行富营养化评价，无须手动采集 TN、TP 等营养盐数据，一方面降低了检测成本，实现缺失指标的富营养化评价；另一方面当数据规模增大时，模型具有较快的评价速度，如表 23-14 及图 23-36 所示。

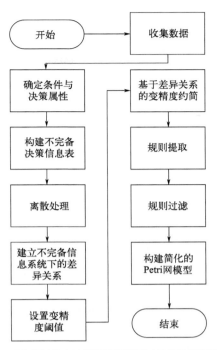

图23-35 不完备系统中的并行推理模型（RSPN模型）技术路线

表23-14 RSPN、CART、ID3与C4.5总体实验结果

项目	RSPN	CART	ID3	C4.5
平均测试覆盖度	0.915	1.000	0.902	1.000
平均测试精度	0.909	0.668	0.592	0.592
PTCA	0.832	0.668	0.534	0.592

注：PTCA—平均测试覆盖度与平均测试精度的乘积。

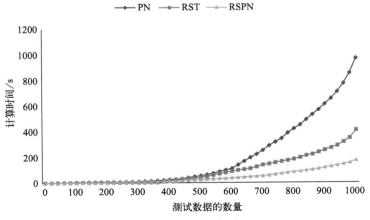

图23-36 三种方法计算时间对比

23.3.4.3　水生态健康评价模型研究

（1）水生态健康评价模型的研究意义

随着人口增长及社会经济的发展，人类大量消耗水资源，并排放污染物进入水体，使水生态系统自然功能和经济功能降低或丧失，水生态健康受到严重威胁。科学有效地评价、恢复和维持水生态健康已经成为近年来流域管理的重要目标。在水生态健康评价方法方面，国内外学者主要采用水质理化指标及部分生物指标，多以多指标评价法对水生态健康状况进行评价。研究区4条支流（小江、草堂河、大宁河、香溪河）位于三峡库区的腹心地带，自蓄水后多次暴发藻类水华，是库区典型的富营养化支流。对三峡水库的研究目前一般主要关注水质方面，一般耦合水质（水温、pH值、SD、DO、COD_{Mn}、TN、TP）与水生态（藻密度、叶绿素a）多重指标，构建水生态健康评价指标体系，并基于熵值法建立综合健康指数，对水生态健康状况进行定性定量评价。

然而，当前的很多研究已经证明利用有限点位和频次的原位观测对全流域全生态变化过程进行健康程度评价是不完备的，需要提出更方便刻画全流域水生态健康变化过程的快速评价方法。遥感技术具有大范围、快速、准确获取水体光谱特征信息的能力，并通过光谱分析解译方法获得水体各组分信息。因此，本研究提出利用水色遥感技术结合长期原位观测，建立研究区水域的水生态健康评价模型。

（2）水生态健康评价模型的研究内容

三峡水库典型富营养化支流的水华现象所产生的藻毒素已经对水生动植物造成危害，并形成对饮用和灌溉水源的威胁。本研究针对研究区水生态系统主要的水华问题展开研究，提出水华风险等级指数对其水生态健康状况进行综合评价，以期为三峡水库水生态保护和富营养化防治提供理论依据。健康的水生态系统应具有物理、化学、生物三方面的结构完整性，即评价其水生态健康的指标应包括物理指标、化学指标、生物指标。但由于三峡水生态系统非常复杂，不可能对所有表征其生态系统健康状况的指标都进行评价，因此在对研究区水生态系统健康状况评价指标进行选择时，必须根据其本身的特点选择适宜的指标。

在对研究区水生态环境健康状况进行深入调查研究的基础上，依据指标选取的代表性、综合性、方便性和适用性原则，选取能反映水体物理化学、水生生物等特征的7个指标作为水生态健康评价的候选指标。其中，反映物理性质的指标包括水位、气温、降雨量和季节，反映生物状况的指标包括叶绿素a（Chla）、藻蓝蛋白（PC）和微囊藻毒素（MCs）。这些指标能够较为全面地反映研究区营养盐和有机污染方面的特征，因此保留这些指标进入综合评价体系，即三峡水库水生态系统健康评价方案，见图23-37。

结果表明，2010～2017年研究区水生态系统健康状况整体呈亚健康状态，89%的监测样本处于亚健康状态，丰水期和枯水期各健康等级分布趋势较为相似，并且整体上丰水期健康状态好于枯水期。从季节变化看，研究区各监测点位水生态健康等级季节变化表现为丰水期优于枯水期。从年际变化看，研究区水生态健康状态在2011～2017年整体呈现先转好后转差的变化趋势。从空间变化看，研究区各监测站点丰水期和枯水期的不健康状态主要出现在各支流中下游的断面。农业面源污染及城镇生活排污等可能是造成研究区水生态系统健康受损的主要因素。营养盐指标和有机物指标在各支流水生态健康评价体系中有重要的作用，需从上述指标入手治理三峡水库污染，以恢复其健康状态。

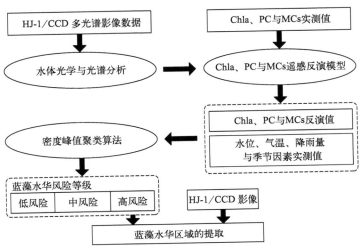

图23-37　水生态健康评价方案的技术路线

在对研究区水华优势种状况进行深入调查研究的基础上，依据藻类种群结构特征光谱分析方法，选取能反映不同优势种特征的光谱指标作为蓝藻水华识别的候选指标。其中，反映蓝藻细菌吸收特征的 620 ～ 640nm 和 475 ～ 500nm 吸收峰可用于构建蓝绿藻光谱指数（cyano-chlorophyta index，CCI）。这一光谱指数能够较为准确地识别蓝藻在研究区的时空分布特征。水华光谱特征识别与遥感反演的技术路线见图 23-38，蓝藻水华风险等级分类结果见图 23-39。

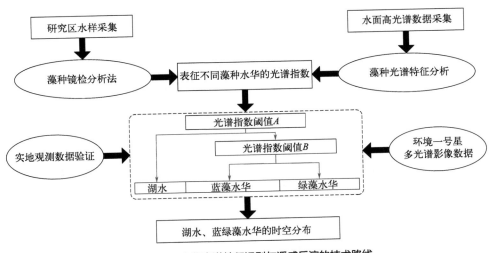

图23-38　水华光谱特征识别与遥感反演的技术路线

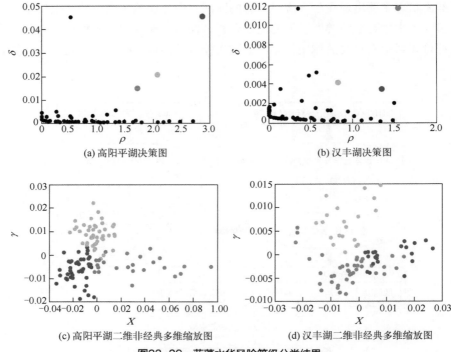

(a) 高阳平湖决策图   (b) 汉丰湖决策图

(c) 高阳平湖二维非经典多维缩放图   (d) 汉丰湖二维非经典多维缩放图

图23-39　蓝藻水华风险等级分类结果

不同深度的灰代表着不同的分类

23.3.4.4　生物生态综合毒性评价模型

（1）生物生态综合毒性评价模型的研究意义

　　三峡水库自 2003 年蓄水以来，由于水环境条件、水动力的变化，多条支流出现不同程度的水华现象，水华频发。水华会导致一系列水质问题，如水体缺氧、鱼类窒息、水体透明度低、有毒藻类物种的生物量增加以及毒害底栖生物等。此外，很容易导致有毒蓝藻水华暴发，使营养级系统严重失衡，同时在嗅觉与视觉上造成恶劣影响。

　　水华暴发没有太大的规律，有些可以是持续几周的季节性事件，有些可以是持续几天的非周期性事件，甚至是数小时事件，还有一些是偶然事件。水华发生具有突然性、高度不确定性、次生危害性等特点，使在执行应急决策中面临着决策时间短、应急预案少、决策复杂度高等问题，传统的水质管理应急决策系统和方法无法满足对蓝藻水华预测预警的需求。因而，如何基于已有的对蓝藻水华生物学及生态学过程中所获取的信息，对其进行充分的数据挖掘分析，总结出一定的演化趋势和规律并为水环境应急方案提供快速准确的技术支持，是蓝藻水华灾害管理面临的核心问题之一。由于信息化理论和技术飞速发展，在水环境管理和决策中耦合机器学习和人工智能理论方法越来越引起人们的关注；通过对获取的数据进行充分挖掘和分析，建立有效的模型对突发性环境事件的演化趋势进行预测，进而评估水环境事件的演化状态，并为相关管理工作和应急预案提供有效的科学支持。贝叶斯网络作为人工智能研究领域的一个重要分支，结合了图论和统计学方面的知识，能够以一种自然的方法表示因果信息，具有丰富的概率表达能力、不确定性问题处理能力、多源信息表达与融合能力。因此，将贝叶斯网络与突发事件应急决策相融合，研究基于贝叶斯网络的突发事件应急决策信息分析方法具有十分重要的理论意义和现实意义。

（2）生物生态综合毒性评价模型的研究内容

本研究首先提出了基于动态粗糙集的单元素、多元素增量式知识更新算法，并通过对比实验验证了其优越性与可行性，结合三峡库区香溪河春季两次水华数据，建立了一种水华动态分析模型，此模型相比静态分析模型能快速且有效地区分多次水华发生之间主要影响因素的变化趋势。该方法能协助专家在区域内的所有水华异常项中，分析出某次水华前兆异常项的最小集合，减小了问题求解规模，为水华预测提供了客观依据。同时此方法有助于决策者评估水质，减少工作时间，以及正确估计其发展趋势。

同时，提出基于贝叶斯网络的微囊藻预测模型框架，整合原位数据和经验知识进行毒素的风险判断。研究指标上整合不同时空尺度环境因子、生物因子和微囊藻毒素。通过多元回归模型对模型输入变量进行遴选，并测试不同参数设置组合下贝叶斯网络的预测效果，结果表明朴素贝叶斯分类器和等频离散化是贝叶斯网络的最优设置，且在毒素预测上优于大部分分类算法。同时，构建另一种知识驱动贝叶斯网络，基于文献数据、数据分布规律和分类及回归树来离散化，该模型对微囊藻毒素具有中等的预测性能，但具有高度的生态学意义和可靠的适用性。两种模型灵敏度分析皆揭示了水温、氨氮和遮光指数是决定微囊藻毒素是否超出水质标准限值（1μg/L）最重要的环境因素。研究框架如图23-40所示，各算法分类精度对比见表23-15。

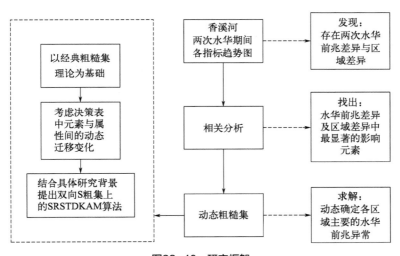

图23-40 研究框架

表23-15 各算法分类精度对比 单位：%

数据集	分类精度		
	SRSTDKAM	NB	C4.5
Iris	82.22±2.12	80.00±2.28	77.78±2.44
Glass	85.94±0.63	84.38±0.68	82.81±0.76
Balance	89.89±0.46	87.77±0.51	86.70±0.57

续表

数据集	分类精度		
	SRSTDKAM	NB	C4.5
Yeast	71.91±1.41	73.03±1.39	70.79±1.45
Segment	86.58±0.61	82.25±0.88	83.69±0.78
Kr-vs-Kp	87.59±0.58	83.42±0.84	84.98±0.69
平均精度	84.02±0.97	81.81±1.10	81.13±1.12

表23-16　S1第一次水华前兆异常分类

元素	指标	类别	元素	指标	类别
x_1	WT	G	x_9	DOC	A
x_2	pH	D	x_{10}	TOC	A
x_4	Si	A	x_{22}	硅藻	H
x_7	PO_4^{3-}	A	x_{25}	隐藻	H
x_8	TP	A			

注：WT—水温；Si—可溶性硅；PO_4^{3-}—正磷酸盐；TP—总磷；DOC—溶解性有机碳；TOC—总有机碳。

表 23-16 的上近似集合为：

$$\left\{ \begin{array}{l} x_4,x_5,x_6,x_7,x_9,x_{10},x_{12},x_{13},x_{14},x_{15},x_{16},x_{17}, \\ x_{18},x_{19},x_{20},x_2,x_3,x_{22},x_{23},x_{24},x_{26},x_{27},x_{28} \end{array} \right\} \quad (23\text{-}1)$$

其具体指标集合为：

$$\left\{ \begin{array}{c} Si,DIN,TN,PO_4^{3-},DOC,TOC,AT,P20\text{-}20,SE,LE,AWV,HWV, \\ WDHWV,EWV,WDEWV,pH,DO,硅藻,甲藻, \\ 蓝藻,绿藻,裸藻,金藻 \end{array} \right\} \quad (23\text{-}2)$$

式中　DIN——NH_4^+-N+ NO_2^--N+ NO_3^--N；

TN——总氮；

P20-20——24h 降雨量（20 时至次日 20 时）；

SE——最小蒸发量；

LE——最大蒸发量；

AWV——平均风速；

HWV——最大风速；

WDHWV——最大风速风向；

EWV——极大风速；

WDEWV——极大风速风向；

DO——溶解氧；

AT——平均气温。

它们是 S1 采样点春季两次水华期间所有出现的水华前兆异常项的集合。在水华预测时，是否采纳其中的某些异常项数据，可以结合专家经验来确定。而下近似集合为 $\{x_2,x_3\}$，

第四篇　工程实践篇

其具体指标集合为{pH,DO}。它们是 S1 采样点在春季两次水华期间最有参考价值的水华前兆异常项的集合。在水华预测时，专家可以重点研究它们，以此把握水华发展趋势。

为说明贝叶斯网络对微囊藻毒素的预测能力，研究选取不同分类算法作比较，见表23-17。通过 10 折交叉验证，计算出四种衡量模型性能的指示指标。根据文献，Kappa 值高于 0.4 被认为是较为有效的模型，几种测试算法基本达到预测准确性；数据及保守一致条件下，对不同模型进行 Duncan 多重比较检验，显示经过优化的贝叶斯网络对微囊藻毒素的预测准确性优于其他算法。

表23-17 贝叶斯网络与常见分类算法对微囊藻毒素预测能力的比较

模型	CCI	K	RMSE	RAE
BBN	0.832 (σ=0.079)	0.598 (σ=0.188)	0.356 (σ=0.080)	0.530 σ=0.143)
NN	0.786 (σ=0.085)	0.489 (σ=0.200)	0.409 (σ=0.090)	0.515 (σ=0.180)
2-NN	0.796 (σ=0.084)	0.526 (σ=0.189)	0.378 (σ=0.073)	0.567 (σ=0.139)
3-NN	0.812 (σ=0.078)	0.539 (σ=0.192)	0.369 (σ=0.066)	0.583 (σ=0.123)
ID3	0.770 (σ=0.090)	0.499 (σ=0.186)	0.450 (σ=0.098)	0.547 (σ=0.214)
Logistic 回归	0.827 (σ=0.079)	0.576 (σ=0.193)	0.360 (σ=0.058)	0.659 (σ=0.128)
SVM	0.820 (σ=0.078)	0.552 (σ=0.195)	0.413 (σ=0.096)	0.440 (σ=0.191)
MLP	0.795 (σ=0.082)	0.496 (σ=0.199)	0.406 (σ=0.086)	0.509 (σ=0.167)
C4.5	0.810 (σ=0.079)	0.545 (σ=0.188)	0.374 (σ=0.068)	0.624 (σ=0.120)
随机森林	0.816 (σ=0.082)	0.549 (σ=0.195)	0.360 (σ=0.062)	0.611 (σ=0.118)
ZeroR	0.714 (σ=0.019)	0	0.452 (σ=0.009)	100

注：CCI—蓝绿藻光谱指数；K—Kappa值；RMSE—均方根误差；RAE—相对绝对误差；σ—标准差。

23.3.5 三峡库区水生态环境感知与可视化平台构建技术

该研究面向三峡库区水生态环境感知系统，该系统架构如图 23-41 所示，其中平台由已建成部分和本期建设内容两部分构成，其中拟建部分重点围绕水生态环境大数据智能分析平台开展，技术上构建并融合三个模型系统，包括数据驱动水质预测模型、水动力 - 水质 - 水生态数值模型及遥感反演模型。平台架构上包括感知层、传输层、支撑层、应用层，以及标准规范、运行维护和安全管理三个体系。在该三个体系下，各层系统模块之间分工协同，基于一张严密的智能感知监控网络，实现水生态环境相关在线监测、遥感监测、污染源数据源的采集、处理、存储，充分利用云计算、GIS 和大数据等技术构建水环境大数据智能分析平台，实现地表水与饮用水源地水质指标预警、水污染事故追踪、水华暴发过程模拟等功能。

（1）感知层

物联网感知层是实现水环境智慧环保和智能感知的基础。首先，优化已建成并运行的浮标平台，在线收集项目所需的传感器数据，包括多普勒流速流向仪、小型气象站、YSI 多参数水质监测仪、营养盐在线分析仪，研发 4 台核心传感器包括原位藻细胞、微囊藻毒素、综合毒性和 CO_2 变化速率在线分析仪等；其次，利用已开发完成的遥感图像自动分发系统，自动定时收集研究区域遥感影像数据；最后，数据通过环保政务网、公共互联网、环保专网以及公共交换电话网（PSTN）传输到云平台。

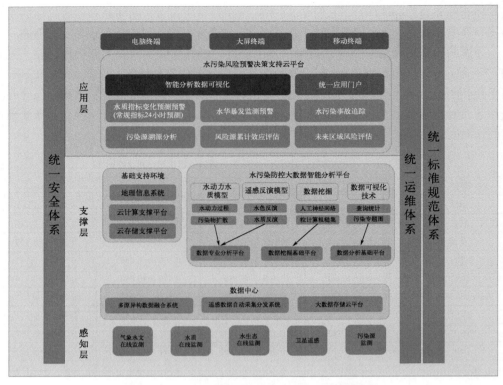

图23-41 三峡库区水生态环境感知平台系统架构

（2）支撑层

包括水生态环境数据中心、云计算基础支撑平台、超级计算平台、地理信息系统、水环境大数据智能分析平台，该部分是实现智慧环保的核心部分。首先，利用云计算、大数据等先进技术，为物联网终端（在线监测及遥感影像数据）接入和数据存储构建高效、安全的数据云平台；其次，在数据中心基础上，利用拟建设的水环境大数据智能分析平台，集成先进的三维水动力水质数值模型、遥感反演模型、大数据驱动的挖掘算法，同时研发模型间数据融合与协同机制。

（3）应用层

实现智能化的三种预测预警和三种等级评价，包括水质指标变化预测预警、污染事故追踪预警、水华暴发过程模拟、水质安全等级评价、富营养化状态等级评价、流域生态健康等级评价。最后根据模型分析计算结果，分析数据中的空间信息经过 ArcGIS 高级扩展功能可视化处理后，结合地理信息平台，通过可视化图表、仪表盘、动画等方式，将模型分析结果及变化过程直观地展示出来。

23.3.5.1 多源异构信息混合传输技术

针对库区示范水域的水生态环境监测设备、多种网络数据传输及野外监控网络分散的特点，研究以 HSUPA/HSDPA（高速上行链路分组接入 / 高速下行链路分组接入）的 3G 无线传输为基础，辅以有线、GPRS（通用分组无线服务）网络、北斗卫星通信方式实现多源数据、多通道智能路由，为水、陆、空、天、库底"五位一体"的感知系统架设传输通道。研究多源异构感知信息传输机制，包括感知数据压缩与编码、图像压缩与编码、高速上传与下载、断点续传等关键技术，构建集扩展性、兼容性、安全性于一体，全面支撑三峡库区感知体系的信息传输网络。根据北斗通信不存在通信盲区的特点，采用 CR1000 数据采集器与北斗卫星天线相连接的通信方式作为应急管理通信方案。感知系统结构如图 23-42 所示。

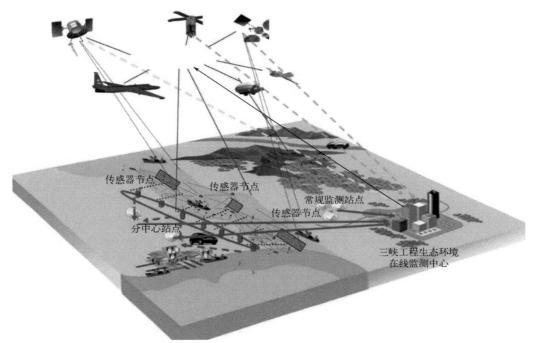

图23-42　水、陆、空、天、库底"五位一体"感知系统结构

（1）通信架构

支持多元异构信息混合传输，开发物联传感网络连接分配和调度中间件。传感网络连接分配和调度方法为：与物联网消息接收服务器通信，获得物理网消息接收服务器的信息，根据获得的物理网消息接收服务器信息制定合适的连接分配调度算法，当有无线传感网请求连接消息接收服务器时，根据制定好的连接分配调度算法分配给合适的物理网消息接收服务器。此中间件，可以支撑高并发、大吞吐的大型物联网项目良好运转。可以根据物联网消息接收服务器的情况，选择最适当的连接调度算法，使物联网消息接收服务器达到最合理的负载均衡，如图 23-43 所示。

（2）通信协议

① 数据可靠性。为了保证数据在传输过程中没有出现错误，在在线监测数据传输字段增加循环冗余校核（CRC）字段。如果校验失败，接收端将认为数据在传输过程中发生了错误，不接受该条消息，并将此结果告诉发送端，发送端根据情况选择重发数据或者丢弃该条数据。

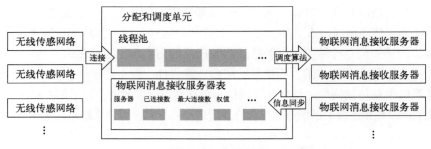

图23-43 传输调度

② 通信可靠性。为保证通信的可靠性，基层站需具有使用多种通信方式传输数据的能力，如有线网、GPRS、3G、LTE（长期演进）、北斗中的两种或三种等，在常规使用的通信方式通信受限时，可以切换到其他可行的备用通信方式，保证数据可传输到指定站。

③ 扩展性。协议中字段必须要有良好的扩展，保证命令和数据类不能用尽。

通信协议数据结构如图 23-44 所示。

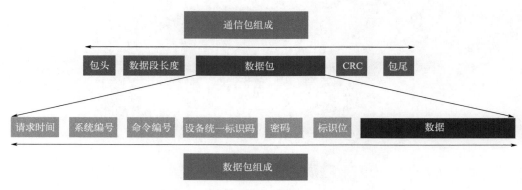

图23-44 通信协议

23.3.5.2 动态感知信息存储机制

针对感知平台提供的数据具有多源异构且存在明显的非线性、关联性、系统性等特点，研究并制定云存储条件下多源数据的交换协议和安全协议，形成三峡库区数据分级存储标准建议稿；研究海量数据的分层融合与同化方法，海量数据的组织、管理、快速检索和容灾备份机制；融入信息生命周期机制，按照法律遵从、电子文件生命周期随时间变化、访问率实时变化的要求，价值等级判断体系涵盖了依据相关规定划分的属性等级，形成依据时间划分的时间等级，依据访问率划分的应用等级；建立基于云计算的三峡库区水生态环境动态感知信息管理平台，研究云计算环境下的感知信息共享机制。

由于三峡水生态环境监测涵盖数据种类较多、涉及面广、信息分散，目前缺乏一套全面、系统、准确、规范的基础信息资料。通过研究建设三峡库区水生态环境数据存储标准体系，解决当前三峡水生态环境数据管理分散、基础数据存储零乱、标准化差、应用服务适用性单一、难以共享等问题；通过建立和健全数据库存储标准规范体系，形成一个集中管理、安全规范、充分共享、全面服务的三峡水生态环境数据库。通过三峡库区数据存储标准的制定和推广使用，促进库区范围内水生态环境信息的快速交换和信息共享，提高水生态环境评价模型的时效性和管理水平，为三峡库区水生态环境感知系统的业务化运行提供良好的数据基础，从而方便库区各行政管理部门进行水生态环境管理与保护服务。

（1）混合模式存储架构

对复杂海量数据信息进行处理，适应海量数据的特征分析与多粒度描述，且适应三峡在线监测数据多样性（关系型数据、非关系型数据），设计混合模式存储架构：

① 针对关系型数据（平台管理数据、报表数据、政务数据等），采用 shared-everything 集群存储架构，保证数据的高度一致性。

② 针对非关系型数据（异构传感器数据、卫星遥感数据、图片视频数据等），采用 shared-nothing 集群存储架构，提高数据的输入/输出（I/O）性能，由于分布式存储的多副本机制，提高了可用性。

③ 针对水生态环境时间序列监测数据，发明了基于开源分布式数据库 Hbase 特殊优化的时间序列数据存取方法，如图 23-45 所示。通过粗粒度时间前缀合并、传感器单点分区等方式，实现了时间序列数据存储能力的线性扩展、单传感器时间区间序列数据的快速访问能力，有效节省了存储空间，极大提高了海量传感器高并发存储数据的吞吐量。

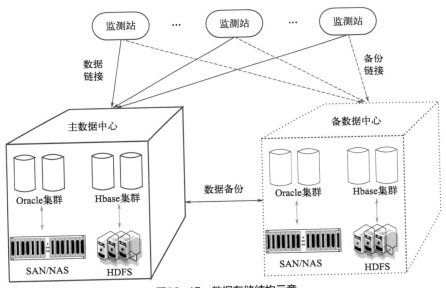

图23-45 数据存储结构示意

SAN—存储区域网络；NAS—网络附属存储；HDFS—分布式文件系统

（2）数据存储标准制定

考虑到三峡库区数据存储标准范围较大，依据水生态环境在线感知系统监测数据库建设需求，制定《三峡水生态环境监测数据存储标准》，实现三峡水生态环境监测数据的分类存储，为监测数据的规范管理和数据共享提供支撑，用于规范监测数据库的表结构及标识符，兼容水利部水质数据库表结构等行业标准。

标准规定了三峡工程水生态环境监测数据库表结构，涵盖水文、气象、水质及水生态等相关监测指标，主要技术内容包括范围、规范性引用文件、术语和定义、数据分类、表结构设计、标识符命名、字段类型及长度、监测数据库表结构、表标识符索引、字段标识符索引等。本标准中未涉及指标存储要求，仍执行国家和行业的相应标准。

23.3.5.3　高并发、大规模、分布式数据安全访问与管理

三峡库区水生态环境感知系统及业务化运行平台的安全保障体系建设将严格遵循国家等级保护有关规定和标准规范要求，坚持管理和技术并重的原则，将技术措施和管理措施有机结合，建立信息系统综合防护体系，提高信息系统整体安全保护能力，落实信息安全等级保护、风险评估等网络安全制度，建立数据安全评估体系，切实加强关键信息基础设施安全防护。以"绿色节能"理念建设基于云计算的动态感知信息处理平台，基础架构包括高效能配电系统、制冷系统、功耗管理系统等，其中配电系统采用业界领先的功率因数达90%以上的UPS产品，制冷系统采用能解决高密度服务器散热问题的水冷散热系统，功耗管理系统从整体上对服务器功耗进行控制和调配，并根据实际负载分配系统功耗。采用虚拟化技术，构建灵活的基础网络平台。采用防火墙、虚拟专用网络（VPN）等手段构建立体安全的防护网络，采用基于容灾备份技术和存储虚拟化技术的数据保护与数据隔离。建立后端核心管理系统，实现动态感知信息处理平台软硬件的全面管理。

平台系统功能、功能结构及安全框架如图23-46～图23-48所示。

图23-46　大数据平台系统功能

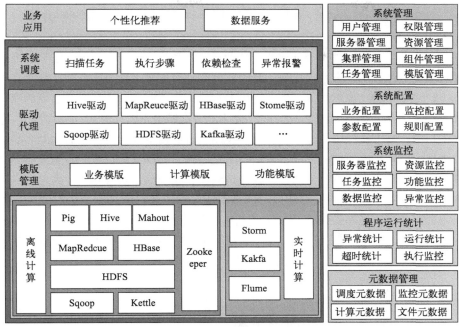

图23-47　大数据平台功能结构

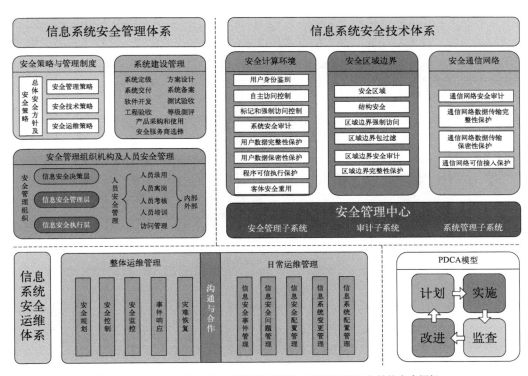

图23-48　三峡库区水生态环境感知系统及业务化运行平台总体安全框架

2027

23.4 三峡库区水生态系统感知体系的核心传感器研发

三峡库区水生态环境是一个开放的、高度复杂的系统，要实现对水生态环境的污染控制、富营养化治理和水生态系统推演，精确监测和动态感知水生态环境就必须对水生态环境信息进行定量检测。虽然我国水生态环境的水质在线监测已有应用，并逐渐成网，但是反映水质与水生态相耦合系统的一些关键指标，仍依靠手工取样分析，不仅费时、费力，更重要的是测定的准确性因取样的代表性、样品制备、测定方法等困难而受到影响，长期缺乏位于水生态环境中原位的在线自动动态的监测技术。特别是在核心传感仪器方面，目前市场上尚无小型化水质综合生物毒性在线检测仪、在线藻毒素检测仪、大量程且高分辨率的水体 CO_2 变化速率检测传感器以及能够在线传输图像的藻细胞显微观测等装置。因此，本研究将开发上述有关生态环境关键指标的传感器，并集成水质多参数、气象参数、水文参数传感器，构建集数据采集、传输、控制于一体的三峡库区水生态监测浮标，为三峡库区的生态监测提供依据。本研究的技术先进性重点体现在原位、在线和连续监测等方面。

23.4.1 技术框架与总体研究思路

根据仪器的研发任务，本研究的技术框架如图 23-49 所示，包括水生态环境感知关键要素检测技术与仪器创制和基于浮标的水生态环境原位监测系统集成技术的研究，涉及核心传感器研发、传感器集成以及水生态水环境原位监测系统的构建，采用了机械、电子、光学、计算机、软件等多个领域的技术，按照部件的设计和优化、仪器的研制、性能评价来逐步开展，最终实现三峡库区水生态系统的原位监测。

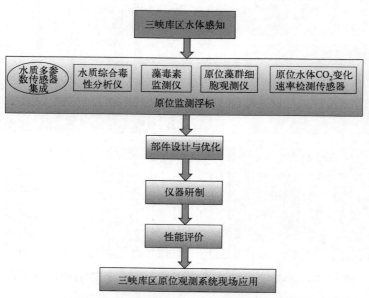

图23-49　三峡库区水生态系统感知体系的核心传感器研发及技术集成研究

23.4.2 常规参数传感器集成研究

23.4.2.1 常规参数传感器系统集成和工作流程

项目需要完成水质多参数、营养盐参数、水文参数及气象参数传感器的集成。

① 水质多参数包括水温、浊度、电导率、pH 值、DO、COD、叶绿素 a；

② 营养盐参数包括NH_4^+-N、TP、TN；

③ 气象参数包括风速、风向、气温、气压；

④ 水文参数包括水位和流速。

由于测量参数种类多，为了实现集成、提高有效数据率，需要对数据的传输进行规划。本研究采用 SDI-12 和 RS-232 实现数据的传输，一方面将测量数据传给浮标上的控制单元；另一方面控制单元也可以向各个探头发出控制信号，要求采集数据、发送数据和停止采集数据等。最后，浮标上的数据将通过 3G 网络与控制中心通信，从而实现常规参数的在线监测，为水质生态指标的监测提供全面的基础参考数据。

常规参数传感器的系统构成框图如图 23-50 所示。

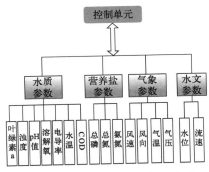

图23-50 常规参数传感器系统构成

为了方便安装，本研究的水生态环境监测设备均采用便携式设备，安装灵活方便。各个探头采用光学、声学和超声波方式进行测量，测量过程不会造成二次污染，响应速度快、仪器故障率低，符合绿色监测技术的要求。

由于各个传感器都向浮标的控制中心发送数据，因此需要建立浮标控制中心和各个传感器的通信。因为整个系统需要低功耗运行，所以在大多数时间里微控制单元（MCU）处于睡眠状态。打破睡眠状态的中断源有串口中断和定时中断。定时中断主要用于控制 MCU 的数据采集时间，串口中断主要用于接收控制中心下发的命令。集成常规多参数传感器软件工作流程如图 23-51 所示。

23.4.2.2 常规参数传感器系统测试

研究组首先对水质多参数传感器与控制中心通信的稳定性进行测试。一方面，评价各个传感器的工作性能；另一方面，测试控制中心软件与各个传感器是否能够保证正常通信。测试分两个阶段：一是在实验室内进行测试；二是在通过实验室测试的基础上，进行野外测试。

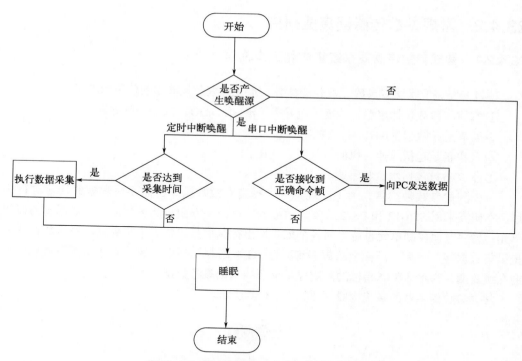

图23-51 集成常规多参数传感器软件工作流程

（1）实验室测试

1）溶解氧传感器

① 溶解氧传感器的校准。在恒温水浴装置内灌入 2/3 容积的新鲜纯水（约 8L），将多孔塑料浮盖浮于水面。调节恒温水浴温度为 20℃，待温度稳定后，加鼓泡器（空气泵）向水中连续曝气并不断搅拌水样，鼓泡 60min 后停止曝气，计算该温度点下水样的溶解氧参考值。保持恒温状态，水静止 30min 后用多参数水质监测仪测量水样的溶解氧。重复 3 次，得到仪器示值平均值 c_i，按以下公式计算溶解氧示值误差。

$$c_s' = c_s \frac{p - p_w}{101325 - p_w} \tag{23-3}$$

$$\Delta c = c_i - c_s' \tag{23-4}$$

式中　c_s'——在大气压力（p）下溶解氧浓度，mg/L；

　　　c_s——在 101325Pa 大气压力下氧的饱和溶解度，mg/L；

　　　p——大气压力，Pa；

　　　p_w——特定温度点时饱和水蒸气压力（10℃、20℃、30℃时，饱和水蒸气压力分别是 1228Pa、2338.8Pa、4246Pa），Pa；

　　　Δc——溶解氧浓度示值误差，mg/L；

　　　c_i——仪器显示溶解氧浓度平均值，mg/L。

按照上述方法分别测量温度为 20℃和 30℃时多参数水质监测仪的溶解氧浓度示值误差，取绝对值最大的 Δc 为仪器的溶解氧浓度示值误差。

② 溶解氧传感器的通信测试。首先需要准备测试样品。样品的准备过程为：先制备无氧标准试剂，方法为取 190mL 的纯净水，加入 10g 无水亚硫酸钠，配制成 5% 的亚硫酸钠饱和溶液，作为无氧水；接下来配制饱和氧标准试剂，方法为取 200mL 纯净水，放入增氧泵，连续增氧 15min 即可。用配制的两个样品对溶解氧探头进行标定。接下来就可以测量不同浓度的样品。测量时将溶解氧探头放入饱和氧标准液中，继续开启增氧泵，开始探头和控制中心的通信。

图 23-52 为测试的实验现场照片及测量结果。

实验室测量结果表明所测样品的溶解氧浓度为 1.3817mg/L，温度为 20.1100℃。实验室长期测试结果表明，所测溶解氧传感器可以稳定地与浮标的控制中心进行通信。

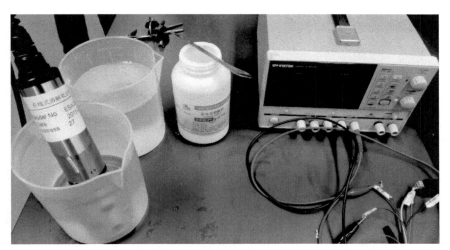

(a) 实验现场照片

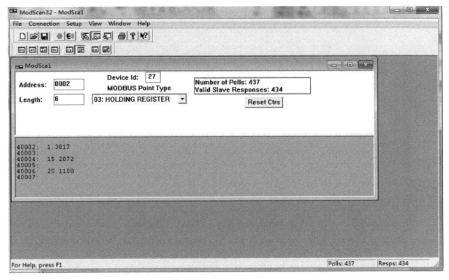

(b) 测量结果

图23-52 溶解氧传感器实验现场照片及测量结果

2）pH 传感器

① pH 传感器的校准。用合适的玻璃容器盛装 pH 值为 4.00（25℃）的标准溶液，并用恒温水浴将标准溶液恒定到 25℃。

用多参数水质监测仪对上述标准溶液进行测量，重复测量 3 次，得到仪器示值平均值 pH_i，按以下公式计算 pH 示值误差。

$$\Delta pH = pH_i - pH_s \tag{23-5}$$

式中　ΔpH——pH 示值误差；

pH_i——仪器显示 pH 值；

pH_s——标准溶液的 pH 值。

采用同样的方法，对另两种 pH 标准溶液进行测量，并计算其 pH 示值误差。取绝对值最大的 ΔpH 为仪器的 pH 示值误差。

② pH 传感器的通信测试。在实验室配制 pH 值标准溶液，以配制的 pH 值为 7.85 的标准溶液为被测样品，将其倒入烧杯中进行测试，测量结果如图 23-53 所示。

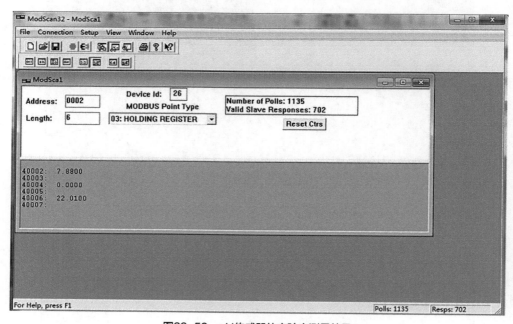

图23-53　pH传感器的实验室测量结果

从图 23-53 中可以看出，实验测出的 pH 值为 7.8800，温度为 22.0100℃。实验室长期大量测试表明 pH 传感器与浮标控制中心通信状态稳定。

3）电导率传感器

① 电导率传感器的校准。选取电导率约为 146μS/cm（25℃）的电导率溶液标准物质，用干净的玻璃容器盛装并置于恒温水浴装置，待标准溶液温度恒定后，用多参数水质监测仪测量其电导率，重复 3 次，得到仪器示值平均值 σ_i，按以下公式计算多参数水质监测仪电导率示值误差。

$$\Delta\sigma = \sigma_i - \sigma_s \tag{23-6}$$

式中 $\Delta\sigma$——电导率示值误差，μS/cm；

σ_i——仪器显示电导率，μS/cm；

σ_s——标准溶液的电导率，μS/cm。

按照上述方法，测量电导率约为 1408μS/cm（25℃）的电导率溶液标准物质，计算该点的仪器电导率示值误差。取两次中绝对值最大的 $\Delta\sigma$ 为仪器的电导率示值误差。

② 电导率传感器的通信测试。在实验室配制 1413μS/cm 的标准溶液，方法为称取 0.746g 分析纯无水氯化钾，溶解于纯水中，用玻璃棒搅拌，直到完全溶解，然后将此溶液定容至 1000mL，就可以得到 25℃下电导率为 1413μS/cm 的标准溶液。在用标准溶液对传感器进行校准后，可以配制不同电导率的样品进行测试，图 23-54 为样品的测试结果。

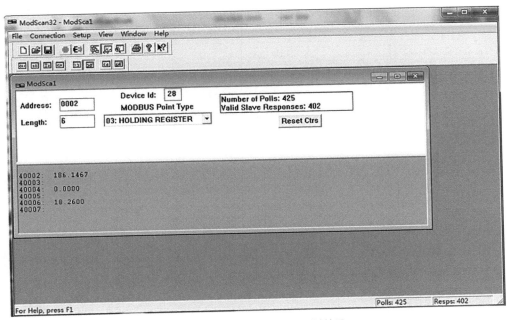

图23-54 电导率传感器的测试结果

由图 23-54 可知溶液 B 中的电导率为 186.1467μS/cm，温度为 18.2600℃。实验室长期大量测试表明电导率传感器与浮标控制中心通信状态稳定。

4）叶绿素 a 传感器

① 叶绿素 a 传感器的校准。准确配制浓度分别为 100μg/L 和 400μg/L 的叶绿素 a 系列标准溶液。用多参数水质监测仪按照浓度由低到高的顺序依次进行测量，每个浓度点连续测量 3 次，得到仪器示值平均值 C_i，按以下公式计算叶绿素 a 浓度的示值误差。

$$\Delta C = C_i - C_s \tag{23-7}$$

式中 ΔC——叶绿素 a 浓度示值误差，μg/L；

C_i——仪器叶绿素 a 浓度示值平均值，μg/L；

C_s——标准溶液的叶绿素 a 浓度参考值，μg/L。

取绝对值最大的 ΔC 为仪器的叶绿素 a 浓度的示值误差。

② 叶绿素 a 传感器的通信测试。首先配制样品。向烧杯中加入 300mL 纯水，然后向其中加入少许绿茶，测试叶绿素 a 传感器传输给浮标控制中心的结果，测试结果显示在图 23-55 中。

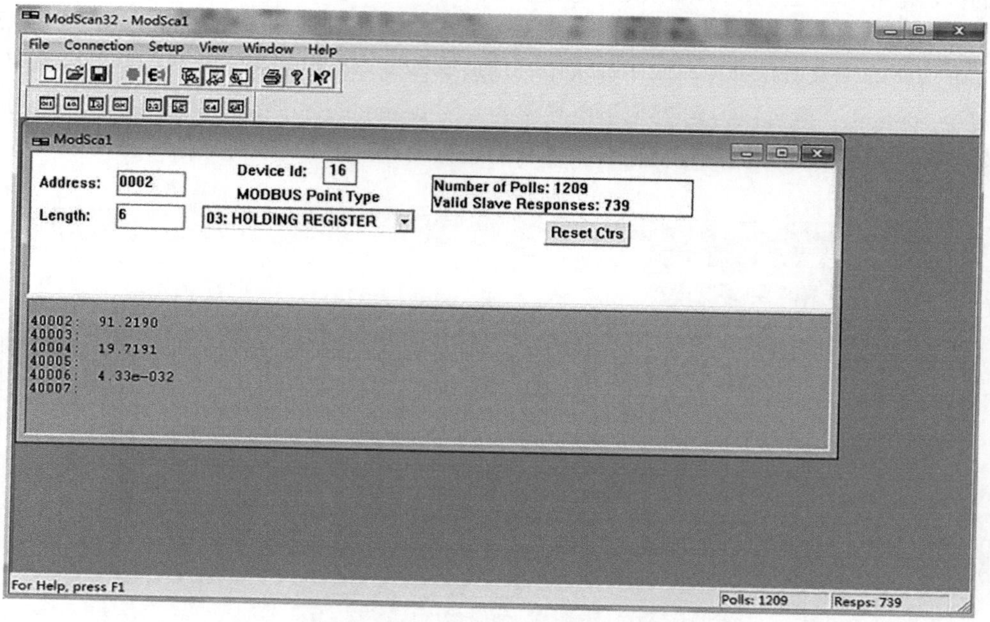

图23-55　叶绿素a传感器测试结果

图 23-55 的测试结果表明，所配溶液的叶绿素 a 浓度为 91.2190μg/L，温度为 19.7191℃。实验室长期大量测试表明叶绿素 a 传感器与浮标控制中心通信状态稳定。

5) 浊度传感器

① 浊度传感器的校准。用去离子水对水质浊度溶液标准物质进行稀释，得到浊度值约为仪器浊度测量范围 20%、40%、60%、80% 和 100% 的系列浊度标准溶液。

按照浓度由低到高的顺序，用多参数水质监测仪对系列溶液进行测量，每个浓度点重复测量 3 次，得到仪器示值平均值 T_i，按以下公式计算仪器浊度示值误差。

$$\Delta T = T_i - T_s \tag{23-8}$$

式中　ΔT——浊度值示值误差，NTU；

T_i——仪器显示浊度值，NTU；

T_s——标准溶液的浊度值，NTU。

取绝对值最大的 ΔT 为仪器的浊度示值误差。

② 浊度传感器的通信测试。首先配制测试样品。向烧杯中加入 300mL 纯水，并加入少量 Na_2SO_3，测量浊度传感器传输给浮标控制中心的结果，测试结果显示在图 23-56 中。

图 23-56 的测试结果表明，所配溶液的浊度为 33.5654 NTU，温度为 18.2691℃。实验室长期大量测试表明浊度传感器与浮标控制中心通信状态稳定。

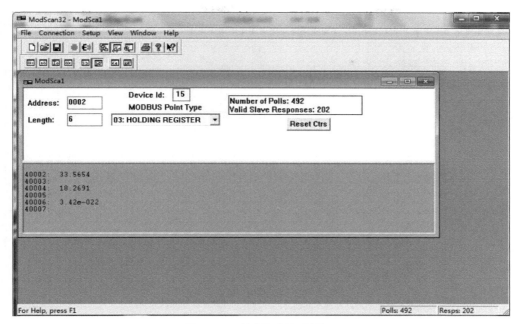

图23-56 浊度传感器测试结果

6）COD 传感器

① COD 传感器的校准。选取浓度约为仪器化学需氧量（COD）测量范围 20% 的化学需氧量溶液标准物质，将 COD 传感器部分浸入标准溶液进行测量，重复测量 3 次，得到仪器示值平均值C_i^0，按以下公式计算多参数水质监测仪化学需氧量示值误差。

$$\Delta C^0 = C_i^0 - C_s^0 \tag{23-9}$$

式中　ΔC^0——化学需氧量浓度示值误差，mg/L；

　　　C_i^0——仪器显示化学需氧量浓度，mg/L；

　　　C_s^0—标准溶液的化学需氧量浓度，mg/L。

按照上述方法，分别测量浓度约为仪器化学需氧量测量范围 50% 和 80% 的化学需氧量溶液标准物质，计算各自的示值误差。取 3 个浓度点的示值误差中绝对值最大的ΔC^0为仪器的化学需氧量浓度示值误差。

② COD 传感器的通信测试。从野外多次提取样品溶液，通过采用《水质　化学需氧量的测定　重铬酸盐法》标准中的方法测得溶液化学需氧量浓度分别为 1.33mg/L、2.51mg/L、4.11mg/L、5.78mg/L、7.02mg/L。用 COD 传感器测量对应溶液，并将数据传输给浮标控制中心，测试结果显示在图 23-57 中。

图 23-57 的测试结果表明，使用 COD 传感器检测对应溶液的 COD 测量结果分别是 1.35mg/L、2.48mg/L、4.08mg/L、5.79mg/L、7mg/L，误差可控制在 2% 之内。实验室长期大量测试表明 COD 传感器与浮标控制中心通信状态稳定。

7）总磷传感器

① 总磷传感器的校准。用二次去离子水分别对水中总磷溶液标准物质进行稀释，分别得到 3 组浓度为仪器总磷测量范围 20%、50%、80% 的水中总磷系列标准溶液。

2035

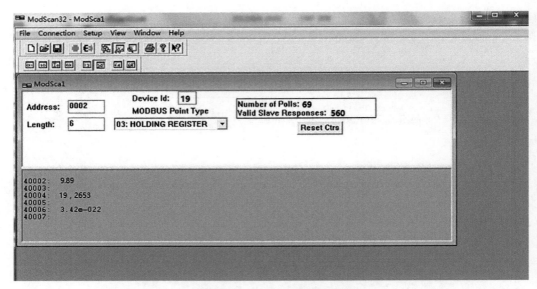

图23-57　COD传感器测试结果

选取浓度约为仪器总磷测量范围 20% 的标准溶液，将多参数水质监测仪的总磷传感器部分浸入标准溶液进行测量，重复 3 次，得到仪器示值平均值C_i^1，按以下公式计算总磷浓度示值误差。

$$\Delta C^1 = C_i^1 - C_s^1 \tag{23-10}$$

式中　ΔC^1——仪器总磷浓度示值误差，mg/L；

$\quad\quad\quad C_i^1$——仪器总磷浓度测量平均值，mg/L；

$\quad\quad\quad C_s^1$——标准溶液的总磷浓度参考值，mg/L。

② 总磷传感器的通信测试。首先配制样品。配制 50μg/L 的总磷标准液。使用总磷传感器检测该标准溶液，测量结果传输给浮标控制中心，结果显示为 49.8μg/L。实验室长期大量测试表明总磷传感器与浮标控制中心通信状态稳定。

8）总氮传感器

① 总氮传感器的校准。用二次去离子水对水中总氮溶液标准物质进行稀释，分别得到总氮测量范围 20%、50%、80% 的水中总氮系列标准溶液。

选取浓度约为仪器总氮测量范围 20% 的标准溶液，将多参数水质监测仪的总氮传感器部分浸入标准溶液进行测量，重复 3 次，得到仪器示值平均值C_i^2，按以下公式计算总氮浓度示值误差。

$$\Delta C^2 = C_i^2 - C_s^2 \tag{23-11}$$

式中　ΔC^2——仪器总氮浓度示值误差，mg/L；

$\quad\quad\quad C_i^2$——仪器总氮浓度测量平均值，mg/L；

$\quad\quad\quad C_s^2$——标准溶液的总氮浓度参考值，mg/L。

② 总氮传感器的通信测试。首先配制样品。配制 1000μg/L 的总氮标准溶液。使用总氮传感器检测该标准溶液，测量结果传输给浮标控制中心，结果显示为 995μg/L。实验室长期大量测试表明总氮传感器与浮标控制中心通信状态稳定。

9）氨氮传感器

① 氨氮传感器的校准。用二次去离子水对水中氨氮溶液标准物质进行稀释，分别得到氨氮测量范围 20%、50%、80% 的水中氨氮系列标准溶液。

选取浓度约为仪器氨氮测量范围 20% 的水中氨氮标准溶液，将多参数水质监测仪的氨氮传感器部分浸入标准溶液进行测量，重复 3 次，得到仪器示值平均值 C_i^3，按以下公式计算氨氮浓度示值误差。

$$\Delta C^3 = C_i^3 - C_s^3 \tag{23-12}$$

式中　ΔC^3——仪器氨氮浓度示值误差，mg/L；

　　　C_i^3——仪器氨氮浓度测量平均值，mg/L；

　　　C_s^3——标准溶液的氨氮浓度参考值，mg/L。

② 氨氮传感器的通信测试。首先配制样品。配制 50μg/L 的氨氮标准溶液。使用氨氮传感器检测该标准溶液，测量结果传输给浮标控制中心，结果显示为 48.6μg/L。实验室长期大量测试表明氨氮传感器与浮标控制中心通信状态稳定。

（2）第三方测试

研究组委托国家光学仪器质量监督检验中心、重庆市计量质量检测研究院对所有多参数水质传感器进行了检测，检测结果如下。

① 叶绿素 a。测量范围：0 ～ 400μg/L；精度：20μg/L；分辨率：0.1μg/L。

② pH 值。量程：0 ～ 14；准确度：±0.2；分辨率：0.01。

③ DO。量程：0 ～ 50mg/L；精度：-6% ～ +6%；分辨率：0.01mg/L。

④ 浊度。量程：0 ～ 1000NTU；准确度：读数值的 ±2% 或 0.3NTU；分辨率：0.1NTU。

⑤ 电导率。量程：0 ～ 200mS/cm；分辨率：0.001mS/cm；准确度：±2%（水温 20℃）。

⑥ 总磷。示值误差：-11μg/L；重复性（相对标准偏差）：3.6%。

⑦ 总氮。示值误差：12μg/L；重复性（相对标准偏差）：5.8%。

⑧ 氨氮。示值误差：-8μg/L；重复性（相对标准偏差）：10.7%。

多参数水质传感器的性能指标如表 23-18 所列。检验结果表明，本研究所用的多参数水质传感器符合研究要求的各项指标。

表23-18　多参数水质传感器的性能指标

项目	溶解氧	Chla	浊度	COD	电导率	pH值	总磷	总氮	氨氮
量程	0～50mg/L	0～400μg/L	0～1000NTU	0～20mg/L	0～200mS/cm	0～14			
测量精度	-6%～+6%	20μg/L	读数值的±2%或0.3NTU	±2%	±2%	±0.2	-11μg/L	12μg/L	-8μg/L
重复性	≤0.05%FS						3.6%	5.8%	10.7%
分辨率	0.01mg/L	0.1μg/L	0.1NTU	0.01mg/L	0.001mS/cm	0.01			

注：FS表示满量程。

经过实验室测试表明工作站与流速仪通信状态稳定。

（3）监测性能测试

经过实验室和第三方检测的充分测试，本研究组将集成的多参数水质传感器进行野外测试，一方面测试传感器的在线工作状态，另一方面测试多参数水质传感器与控制中心的通信状态是否稳定。

考虑到三峡库区现场的实际环境较复杂，本研究组首先选择了相对稳定、环境条件相对较好的现场环境——鱼塘进行测试。根据现场应用的情况进行调试，以获得现场工作经验。图 23-58 为安装在浮筒处的多参数水质传感器。

图23-58　安装在浮筒处的多参数水质传感器

研究组将安装的多参数水质传感器在鱼塘稳定运行 6 个月，对其性能进行测试，掌握系统运行情况。经过测试，仪器在鱼塘工作稳定，监测参数可实时获取，数据可正常完成传输和存储。

23.4.3　关键传感器仪器研发

项目除了集成常规多参数水质传感器外，还开发了原位藻毒素、水质综合毒性、藻细胞显微观测及水体 CO_2 变化速率等特征参数的关键传感器，下面将分别阐述上述关键传感器研发所做的工作。

23.4.3.1　水质综合毒性检测仪

发光菌毒性检测法因其无毒无害、可靠、快速、操作简便、灵敏度高等优点已经成为水质毒性检测研究的主要方向。但发光菌常温下活性维持时间较短，限制了其在水质毒性连续在线检测中的应用。同时，进口仪器及试剂成本昂贵，维护费用高，装置体积大尚难以用于水质原位在线检测，国内开发的此类检测设备自动化程度低，不能满足水质毒性连续自动化检测的需要。因此，将检测系统小型化，提高检测设备长期运行的可靠性和检测过程的简易性是本节开发水质综合毒性在线检测仪的技术突破点，这对保障我国水质安全具有重要意义。

（1）水质毒性检测仪的初步设计与研发

随着在线检测技术的不断发展和应用范围的逐渐扩大，现阶段的生物毒性检测技术发展趋势越来越清晰。目前水质毒性检测的对象主要是饮用水、污水、地表水、水源水等，发光菌本身对有害物质会有一定的耐受力，会导致检出限降低，且污水成分复杂，腐蚀性大，容易造成检测仪管道的损坏和腐蚀，缩短仪器的使用寿命，所以功能齐全、适应不同水质的毒性检测仪是未来的研究方向之一。另外，不同毒性检测仪所选用的指示菌种不同，会导致测量结果的特异性，且同一菌种在不同时期也会有不同的发光水平，这亦会引起检测结果的偏差。所以对受试菌种的生理特性有待进一步研究，以提高实验灵敏度和结果重现性。同时，为了满足现场原位连续实时自动化检测的需求，微型化及能够早期预警的在线水质毒性检测仪是目前水质毒性检测系统发展的主要方向。

发光菌发光强度与外来毒性物质的毒性大小呈负相关关系。受试物通过两个途径来抑制细菌发光：一是直接抑制发光反应酶活性，影响代谢反应；二是抑制细胞内与发光有关的代谢过程来间接影响发光代谢过程。基于以上原理，研制水质毒性检测仪。选择冻干粉复苏方案用于水质毒性检测系统的初步设计与开发。

1）设计思路

① 设计原理。通过建立发光杆菌发光强度与光电转换后的电信号的定量关系，实现测量。即以明亮发光杆菌为指示生物，先利用光电探测器收集光信号并实现光电转换，并经过放大电路将电信号放大，以便后续电路的采集与分析，最后通过数据采集电路对信号进行采集、处理并进行稳定性评估。

测量系统组成如图 23-59 所示。

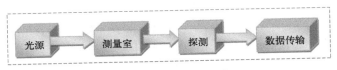

图23-59 测量系统组成

② 明亮发光杆菌发光光谱测定。在室温条件下，关闭光度计的光源，用 LS55 荧光仪测定发光杆菌的生物发光光谱，扫描范围为 300 ～ 700nm，扫描速度为 600nm/min。

③ 光电探测器的选择。发光杆菌发光极其微弱，波长主要在 450 ～ 490 nm 之间，故选择光电倍增管作光探测器。光电倍增管是一种光电转换器件，可将微弱的光信号转换成可测的电信号。它具有极高的灵敏度以及超短的时间响应，能广泛应用于生化分析仪、扫描电镜、极弱光探测仪、化学发光光度计、色度计、浊度计、辐射量热计等仪器设备中。作为一种真空器件，它由光阴极、聚焦电极、电子倍增极等组成。本设计选取 H5784 光电倍增管作为光探测器（见图 23-60），该型号的光电倍增管具有极好的输出稳定性，响应时间短，能够满足希望达到的要求。

④ 工作电压的调节。测量时，通过改变可变电阻来调节分压电压，分压电压在 0 ～ 1 V 范围内，电压越大，灵敏度越高，但不要超过 1V，由于所选型号光电倍增管已能满足灵敏度的需求，所以未进行放大电路的设计。

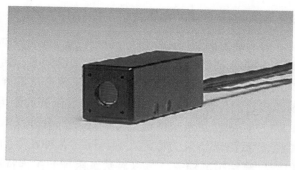

图23-60　H5784光电倍增管

⑤ 数据采集器。设计采用两个万用电表，型号为 Victor97，它性能稳定，读数清晰，整机采用可直接驱动液晶显示器（LCD）的 4 位微处理器和双积分 A/D 转换集成电路，可用来测量直流电压、直流电流、交流电压、交流电流、电阻、电容、温度、占空比等，同时还具有单位符号显示、数据保持、自动和手动量程转换及自动断电与报警功能，功能齐全，使用便捷。采用双积分式 A/D 转换的测量方式，采样速率约 3 次 /s，工作环境温度 0～40℃，相对湿度＜ 80%，测量前要检查表笔是否接触可靠，是否连接正确，是否良好绝缘，以防止电击，切勿输入超过规定的极限值，以防止损坏仪表。

2）工作电压的确定

在测量过程中，发光菌为中国科学院南京土壤研究所提供的明亮发光杆菌 T_3 小种冻干粉或实验室自制冻干粉，在配制发光菌溶液时，用移液枪吸取 1mL 3%NaCl 溶液于冻干粉安瓿瓶内进行明亮发光杆菌的复苏，复苏约 10min 后，每次吸取 10mL 于 5mL 测试管中进行测试。

光电倍增管电压筛选：取 10mL 菌液于 2mL 3% 盐水，作空白样品；取 10mL 菌液于 2mL 6mg/L Zn^{2+} 溶液，作毒物样品。使用 HM 生物毒性检测仪（实验室搭建），以不同电压作为光电倍增管工作电压，检测发光信号。另检测了 0.750 V 与 0.800 V 电压下，加入 6mg/L Zn^{2+} 毒物 2min 后发光信号值，这两个电压满足空白信号要求，但是加入 6mg/L Zn^{2+} 毒物 2min 后检测信号，抑光率在 0.75 V 与标准结果接近，故选择 0.75V 作为工作电压。

3）水质毒性检测系统性能检测

① 稳定性测试。在室温 20～25℃条件下，使用复苏好的发光菌液，每隔 5s 测量一次发光菌液发光强度，观察仪器稳定性，测量结果如表 23-19 所列，其测量结果的标准偏差为 3.24，相对标准偏差为 0.16%，说明其稳定性较好。

表23-19　稳定性检测结果（工作电压0.75V）

项目	检测次数							
	1	2	3	4	5	6	7	8
发光度/mV	2075	2073	2078	2081	2083	2080	2077	2079
平均值/mV	2078.25							
标准偏差/mV	3.24							
相对标准偏差/%	0.16							

② 重复性实验。重复性反映的是系统对同一样品在相同条件下多次测量的差异，良好的重复性是保证系统性能的首要前提。为了评价系统的重复性，用实验室自研水质毒性检测系统对同一浓度（1mg/L）的硫酸锌溶液，同一批次的发光菌多次重复测量，求出测量的标准偏差和相对标准偏差作为仪器重现性指标。结果如表23-20所列。结果显示其相对标准偏差为5.6%，重复性良好。

表23-20　重复性检测结果（Zn^{2+}浓度1mg/L）

项目	检测次数							
	1	2	3	4	5	6	7	8
发光度/mV	542	521	563	572	513	504	493	560
平均值/mV	533.5							
标准偏差/mV	29.8							
相对标准偏差/%	5.6							

③ 与DXY-3型生物毒性检测仪测试结果对比。常温下，对实验室自研水质毒性检测系统与中国科学院南京土壤研究所购置的DXY-3型生物毒性检测仪对一系列不同Zn^{2+}浓度下菌体相对发光度的剂量-相对发光度做了对比（见表23-21），实验设置3组平行，读数取平均值。实验结果显示，实验室搭建系统读数整体略高，但结果相近，对不同浓度Zn^{2+}毒性检测的测量相对误差在1%～15%之间，可见两种装置光检结果接近，对于同等毒物浓度对应抑制率差异可在后期仪器软件设计中进行修正。

表23-21　自制毒性检测仪与DXY-3型生物毒性检测仪测量结果对比

Zn^{2+}浓度/(mg/L)	相对发光度/mV		相对发光度差值/mV	测量相对误差/%
	自制检测仪器	DXY-3仪		
0.25	0.89	0.81	0.08	9.88
0.50	0.62	0.57	0.05	8.77
0.75	0.53	0.54	0.01	1.85
1.00	0.55	0.48	0.07	14.58
1.25	0.45	0.42	0.03	7.14
1.50	0.42	0.39	0.03	7.69
1.75	0.31	0.28	0.03	10.71
2.00	0.27	0.26	0.01	3.85
2.25	0.25	0.24	0.01	4.17
2.50	0.23	0.22	0.01	4.55

（2）水质毒性检测系统用于Zn^{2+}毒性检测

选择冻干粉进行实验室自研水质毒性检测系统的Zn^{2+}毒性检验。实验结果如图23-61所示，装置光检结果与毒物浓度线性关系良好（$P < 0.05$），实验所得R^2可高达0.9864，与DXY-3型生物毒性检测仪毒性检测结果相近。

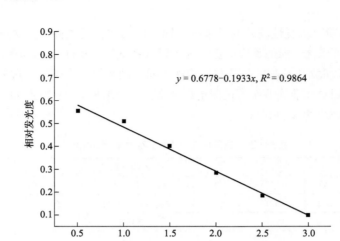

图23-61 冻干粉用于Zn²⁺毒性检测实验的相对发光度

通过上述实验对仪器的核心部分的工作性能进行了验证，可以进一步进行样机的设计。样机的设计过程充分考虑了进样和测量的自动化要求，以满足在线检测系统的要求。仪器的设计原理如图 23-62 所示。整个进样和测量过程可以自动完成。

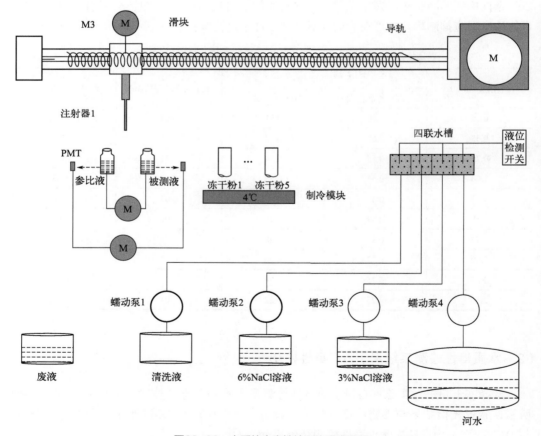

图23-62 水质综合毒性检测仪设计原理

仪器的透视如图 23-63 所示，仪器的实物如图 23-64 所示。整个仪器具有小型化和自动化的特点，能够满足在线检测的应用需求。

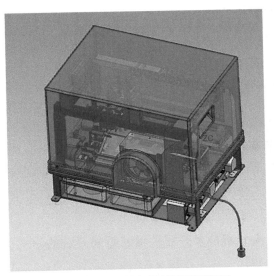

图23-63 水质综合毒性监测仪透视图

(a) 内部侧视图

(b) 内部俯视图

图23-64 仪器实物图

目前在使用发光细菌进行毒性评估时，一般实验室只具备普通的发光细菌光子检测仪器，样品与发光细菌的混合由实验人员手动完成，计时也由实验人员完成。由于发光细菌的发光强度在自然条件下就有缓慢衰减，在较长时间的实验过程中会带来一定的系统误差，同时人工操作也会带来一定的系统误差。此外，不同批次的发光细菌发光强度有明显差异，人工修正过程复杂，难以快速获得准确的结果，并且在处理较高毒性样品时，不易准确获取反应初始阶段的详细数据。

在发光细菌保存方面，通过优化冻存试剂的成分配比，提高了冻干发光细菌复苏的效率，同时也保证了复苏后发光细菌发光强度的稳定性。在仪器中设置了低温模块区域，保证发光细菌冻干粉通过稳定保存，7d 内的复苏效率稳定，数据准确可靠。

在光子检测方面，利用了光电倍增管对发光信号进行实时检测，并绘制发光强度衰减曲线，然后通过软件自动计算相对发光强度及抑制率。提高了检测的灵敏度，并可以实时获取发光细菌发光强度的信息。

通过自动化控制，仪器可以远程自动运行并输出数据，可以实现原位水质综合毒性的在线检测。

23.4.3.2　原位藻毒素检测仪

目前高效液相色谱（HPLC）法是各国家及相关机构推荐的主要的藻毒素检测方法，如果能在 HPLC 方法的基础上，简化仪器元件，优化结构设计，固化检测条件，构建专用于藻毒素检测的小型化 HPLC 仪器系统，将满足大部分机构的藻毒素快速检测的需求。本项目分别基于高效液相色谱技术和表面等离子体共振传感技术开展了藻毒素感知系统的研制工作。

（1）基于液相色谱分析技术开展藻毒素感知系统的研究

基于液相色谱原理设计一款在线微囊藻毒素检测仪，实现水中微囊藻毒素在线检测，实时上报检测结果，系统包括在线样品过滤装置、自唤醒高压输液泵、在线自动进样装置、微囊藻毒素专用色谱柱、紫外检测器、仪器控制平台及在线微囊藻毒素专用分析软件等部分，如图 23-65 所示。

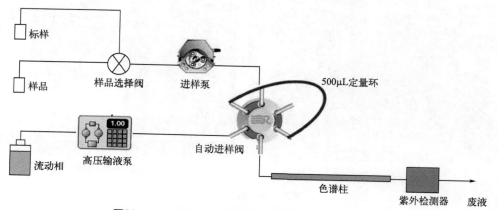

图23-65　基于色谱技术开发微囊藻毒素的检测方案示意

系统通过样品选择阀选择标准样品或实际样品，通过进样泵输送到自动进样阀定量环中，切换阀状态到进样状态，流动相携带标样或样品进入色谱柱中，将藻毒素与其他杂质分离开，按照设定好的色谱条件，检测微囊藻毒素含量。

（2）基于表面等离子体共振技术开展藻毒素感知系统的研究

常规使用的高效液相色谱、酶联免疫技术等用于检测 MC-LR 普遍存在操作复杂、要求高、价格高等缺点。在此，通过结合相位调制型 SPR 传感器的高灵敏度以及分子印迹技术的高特异性，研究基于 SPR 传感器的 MC-LR 检测方法，开发操作简单、检测快速的检测设备。

该检测设备的开发思路如图 23-66 所示。

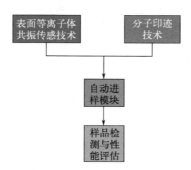

图23-66　表面等离子体共振技术的微囊藻毒素检测仪器开发思路

23.4.3.3　原位藻细胞观测仪

目前常用的藻细胞检测法主要有生物量检测法和细胞染色法。

① 生物量检测法是测定藻的细胞密度或叶绿素 a 含量等，通过其指标的变化反映出细胞活性的改变。这种方法具有简单易操作的优点，但耗时长，不适合用于在线检测。

② 细胞染色法是将不同细胞染色后在荧光显微镜下发出不同颜色来进行检测。这种方法速度较慢，同样不适合在线检测。

本研究从在线检测的要求出发，采用显微成像的方法，将拍摄的藻细胞显微图像通过网络实时传输给控制中心，从而实现藻细胞的原位检测，为解决水体富营养化问题提供途径。

（1）原位藻细胞显微观测仪系统设计

原位藻细胞显微观测仪主要用于观测水中藻细胞的生长状况和浓度检测。本研究设计的原位藻细胞显微观测仪主要由暗视场显微观察仪和人机交互平台两大部分组成，系统组成如图 23-67 所示。

根据图 23-67 的系统组成，原位藻细胞显微观测仪的设计工作分解如图 23-68 所示。

由图 23-68 可以看出，整个仪器设计工作分为仪器硬件设计（在线摄像机子系统）和软件设计（生化在线分析系统）两部分，研究方案主要采用了显微成像和图像处理相结合的技术，系统的设计过程按照首先设计硬件，其次开发软件，然后软硬件联调来开展。最后，研制的仪器经过大量的试验工作（包括实验室试验、野外试验和在线监测试验）完成测试和调试。

按照功能，本研究研发的原位藻细胞显微观测仪由光学部分（包括光源、照明光路、显微镜头、CCD 等）、机械部分（包括机械定位和自动清洗等）以及人机交互（包括控制电路及图像处理软件等）等几部分组成。

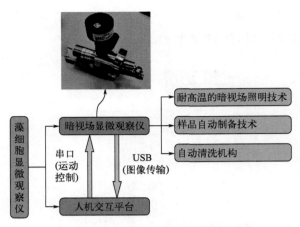

图23-67　原位藻细胞显微观测仪系统组成

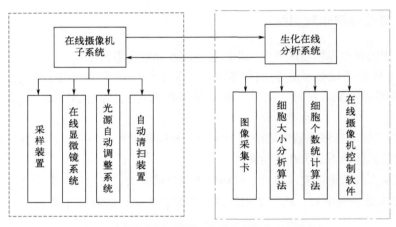

图23-68　原位藻细胞显微观测仪系统设计工作分解

（2）原位藻细胞显微观测仪部件设计

1）光学设计部分

本研究要实现藻细胞的原位观测，而由于低灰度和亮度不均匀的特征造成藻细胞成像对比度不高，因此在明视野中很难直接得到清晰的图像，这就给成像光路的设计提出了挑战。暗视场照明技术是低对比度成像应用的首选，采用这种技术可以大大提高图像的可视度，因此本研究采用暗视场照明技术。

暗视场照明技术的原理为：采用平行光线从样品侧面照明，由于平行光线被环形遮光板所阻，因而中心部分光线被遮去，穿过环形遮光板的光线成空心圆筒形光束射入垂直照明器。暗场照明的垂直照明器是一个环形反光镜，将圆筒形光束反射向上，沿着物镜外壳投在反射集光镜的金属弧形反射面上，靠它的反射使光线聚集在物面上。采用此种方式照明，使得照明光线偏移不进入物镜，而只有样品的散射光进入物镜，因而在暗背景上得到亮的图像，可以有效提高成像的对比度，适合本研究对藻细胞成像的要求。

为了减小系统的体积，采用 LED 作为光源，选用的 LED 由北京光电生产，该 LED 性能可靠，在空间任务中也有应用。同时为了避免野外工作出现意外情况，本研究采用 2 颗 LED 光源并联进行备份，大大降低现场工作故障的风险。经过实验确定显微镜头采用奥林巴斯的 20X 的物镜，CCD 采用日本沃泰克（Watec）公司生产的低照度相机，该相机的特色在于可以在低照度的条件下达到良好的成像效果，该相机曾多次搭载卫星成功完成相关任务，功能可靠，因此非常适合本研究的在线应用的需求。

为了达到清晰成像的目的，在光学设计中充分考虑了实际放大倍率的影响，即显微成像系统的实际放大倍数与显微镜头的标称放大倍数以及物距都有关。通常，镜头焦距随着放大倍数的增加而缩小。为了保证清晰成像，镜头焦距必须足够。在显微镜头一定的情况下，物距越小，即显微镜头与成像物体越近，成像越大，但是物距减小会导致像距增大，也就是 CCD 与显微镜头距离增大，影响显微成像装置的整体尺寸。

2）机械部分设计

在光学设计确定后，需要根据光学设计的要求进行相应的机械设计。

根据原位藻细胞显微观测仪的光学设计要求，其机械设计如图 23-69 所示。机械设计采用 Solidworks 软件，设计过程中，在材料选择和材料的外表面处理方面充分考虑了系统在三峡库区潮湿环境工作的要求，同时对公差允许范围进行了分析。

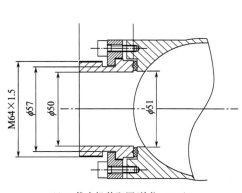 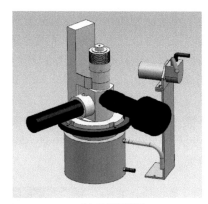

(a) 二维光机装配图(单位：mm)　　　　　　　　　(b) 三维机械图

图23-69　原位藻细胞观测仪光机设计图

为了使系统适应现场应用的需求，需要具备自动清洗和样本自动制备的功能，从而减小仪器的维护工作量，同时也能保证测量精度。本研究研发的原位藻细胞显微观测仪设计了自动清洗装置，工作时，可由程序根据清洁程度自动判断是否需要清洗并控制清洗过程的执行。

3）人机交互部分

参见第三篇 16.1.3.2 部分（3）相关内容。

（3）原位藻细胞显微观测仪测试与结果分析

为了验证水体藻类细胞密度量程、检测精度、仪器的分辨率及视场范围等，对研制的藻细胞显微观测仪先后进行了实验室测试、分辨率和视场测试、现场测试。

1）实验室测试

首先进行实验室测试，在实验室配制了直径为 2～3μm 不同浓度的小球藻样品，打开控制软件，开启观测仪，吸取不同浓度的藻细胞样品，进行藻细胞数据记录，并利用软件计算浓度。图 23-70 为在实验室内进行测试的照片。

图23-70　原位藻细胞显微观测仪在实验室测试的照片

2）分辨率和视场测试

为了测量研制的原位藻细胞显微观测仪的分辨率和视场，选取 1000 线 /mm 的光栅作为观测对象。可以计算得出，所用光栅的线宽为 0.5μm，记录显微镜视场中可同时获得的光栅条数，则显微系统视场可由视场中可见的光栅条数和光栅线宽的乘积来决定。

3）现场测试

考虑到三峡库区现场的实际环境较复杂，首先选择了相对稳定、环境条件相对较好的现场环境——上海海洋大学鱼塘进行现场测试，根据现场应用的情况进行调试，以获得现场工作经验。图 23-71 为研发的原位藻细胞显微观测仪在上海海洋大学鱼塘工作时仪器测量的结果。

(a) 藻细胞安装筒　　　　　　　　　　(b) 安装筒内部

第四篇　工程实践篇

 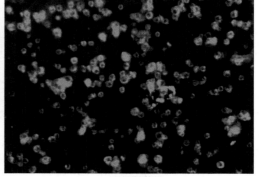

(c) 安装在电器箱内　　　　　　　　　　　　(d) 测量结果

图23-71　原位藻细胞显微观测仪在上海海洋大学鱼塘工作时仪器测量的结果

仪器在上海海洋大学鱼塘稳定运行 3 个月以后，本研究组开始进一步开展在三峡库区现场工作的测试。现场测试结果表明，研发的原位藻细胞显微观测仪在三峡库区工作稳定，符合现场工作的要求。

23.4.3.4　原位水体CO$_2$变化速率检测传感器

目前国内外大多数原位水体 CO$_2$ 变化速率检测传感器多用于空气或工业环境中，测量范围小且精度低，不能满足本研究指标要求。对于三峡库区的生态平衡而言，CO$_2$ 浓度的大小很大程度上影响了水生态平衡，对水体 CO$_2$ 变化速率检测传感器进气行实时监测和预警，对于维护三峡库区生态环境有着重大的意义。因此，研制出稳定性好、精确度高、能够快速响应的 CO$_2$ 气体传感器具有非常重要的意义以及实际应用价值。

（1）原位水体 CO$_2$ 变化速率传感器的系统设计

原位水体 CO$_2$ 变化速率传感器用于实现 CO$_2$ 变化速率的在线监测，而要实现这一点，本质上是要实现对 CO$_2$ 含量的测定。本研究通过比较和分析多种气体浓度检测方法的优缺点，并结合 CO$_2$ 对红外光的吸收特点，选择了红外光谱法来测定气体的浓度。红外光谱法用于定量检测的原理是基于不同物质组成对红外辐射有着不同的吸收光谱。CO$_2$ 气体分子对 4.26μm 波长的红外光具有指纹吸收特性。

当一束具有连续波长的红外光透过待测气体时，气体会吸收相应波段的红外光，从而衰减了在其相应波段的红外光能量。红外光能量的衰减量与该待测气体浓度 c、气体的吸收光程 L 以及该气体吸收系数 k 有关，关系服从朗伯 - 比尔（Lambert-Beer）定律，据此原理可以实现 CO$_2$ 气体分子浓度的检测。

通过测量光电传感器输出信号的值，建立待测样品的出射光强度与待测成分含量之间的相关关系，就可以得到 CO$_2$ 气体含量信息。根据测量得到的 CO$_2$ 气体含量和所用时间就可以计算得出 CO$_2$ 的变化速率。

本研究需完成原位水体 CO$_2$ 变化速率检测传感器的研制，系统组成如图 23-72 所示。

图23-72　原位水体CO$_2$变化速率传感器系统组成

整个系统由光源、测量室、探测和数据传输四大组成部分，涉及光源光路和驱动设计、测量空间设计、探测电路设计以及 CO$_2$ 观测仪的组装与调试、库区现场 CO$_2$ 检测的应用等工作。

采用非分光红外（NDIR）技术实现原位水体 CO$_2$ 变化速率传感器的研发。该传感器采用非分光红外和双通道探测器的检测方式，实现空间双光路补偿，通过微处理器进行信号采集、处理和输出，最终向浮标上的控制中心传送测量结果。经过大量实验和现场测试，完善了传感器的性能，经第三方机构（上海计量测试技术研究院）检测，满足项目研究合同书的指标。

因项目设计的传感器需用在三峡库区湿度较大的环境中，为了提高测量精度和延长传感器使用寿命，在进气口采用了干燥片，可以有效地滤除水蒸气。

（2）测试与结果分析

原位 CO$_2$ 变化速率传感器的测试工作包括传感器的标定及重复性、稳定性、测量范围、测量精度等的测试。在这些测试工作中，对传感器的标定是首要的，只有经过标定的传感器才能实现对未知浓度的 CO$_2$ 气体的测量。在传感器标定后，需要依次对重复性、稳定性、测量范围、测量精度等进行测试。

1）标定

本系统属于有源探测，对于探测器来说，输入输出的关系如下式所示，再结合朗伯 - 比尔定律，从理论上可以对仪器进行标定。

$$\frac{V_0 - V}{V_0} = \frac{I_0 - I}{I_0} = 1 - \frac{I}{I_0} \tag{23-13}$$

式中　V_0——参考通道的电压输出值；

　　　V——测量通道的电压输出值；

　　　I_0——参考通道的电流输出值；

　　　I——测量通道的电流输出值。

但是理论标定的结果容易受环境影响，实际使用中，通常以实验标定的数据为准，用实验法对仪器进行标定，标定步骤如下：a. 搭建好实验平台，关闭出气口，向气室通入纯氮气不少于 2min，然后关闭进气口，通电预热 5min；b. 用示波器检测检测通道和参考通道的电压峰值并记录下来；c. 断电，将气室内的气体排出，通入浓度为 1% 的 CO$_2$ 气体，关闭进气口和出气口，然后通电预热 5min；d. 用示波器检测检测通道和参考通道的电压峰值并记录下来，断电。

由于所设计的输出电压是参考通道电压和 CO$_2$ 通道电压的差值，从理论上来说，CO$_2$ 气体的浓度和电压差应该呈线性关系并且是正相关，因为随着 CO$_2$ 气体浓度的增大，更多的光能被吸收，从而导致探测器热端的温度下降，产生的电动势U_{CO_2}也随之下降，而参考通道的电压U_{ref}并没有发生变化，所以电压差将会升高。

通过示波器测量模拟量的峰值，与标准CO_2气体浓度回归，就可以建立探测器输出与CO_2气体浓度之间的关系曲线。具体的标定过程为：在23℃、9.5mPa压强下对仪器进行标定，首先将氩气通入气室中，然后再将标准CO_2气体通入气室中，以避免空气中的CO_2对仪器的标定造成干扰。然后，将不同浓度的标准CO_2气体从气瓶中通过减压阀的控制，经进气口进入传感器中，传感器系统检测后将得到的数据传输至上位机进行分析处理。

标定所用气体如图23-73所示，标定实验采用了6组不同浓度的标准CO_2气体，浓度（体积分数）分别为20×10^{-6}、50×10^{-6}、512×10^{-6}、1516×10^{-6}、3505×10^{-6}及4507×10^{-6}。

图23-73 原位水体CO_2变化速率传感器标定所用气体

对这些气体进行测量，每组气体测量6次取平均值参与回归，得出标准CO_2气体浓度与探测器输出的电压差，接下来对CO_2气体浓度与探测器输出的电压差进行拟合，得到的回归曲线如图23-74所示。

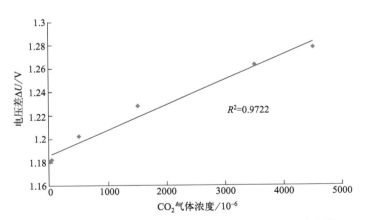

图23-74 CO_2气体浓度与探测器输出的电压差之间的回归曲线

从图23-74中可以看出，随着CO_2气体浓度的增大，探测器参考通道和测量通道的电压差ΔU也在不断地增大，这与我们前面的分析相符合。根据回归线的线性相关系数可以看出，相关系数的平方为0.9722，接近1，表明CO_2浓度与两路探测器的输出电压差的相关性较强，拟合较为理想。经过计算得出二者之间的线性表达式为：

$$\Delta U = 2.157 \times 10^{-5} c_{CO_2} + 1.186 \tag{23-14}$$

式中　ΔU——探测器参考通道和测量通道的电压差；

　　　c_{CO_2}——CO_2 气体浓度。

根据此式，即可得出待测 CO_2 的浓度。

2）重复性测试

经过系统标定后，可以开始对系统的性能进行评价。系统的重复性是系统性能评价的第一步。为了评价系统对不同浓度范围的 CO_2 气体测量的重复性，本研究组选取不同浓度范围的有代表性的标准气体进行了大量的重复性评价实验。具体方法为，在实验环境不变的前提下，向气室分别通入 50×10^{-6}、512×10^{-6}、1516×10^{-6}、3505×10^{-6} 及 4507×10^{-6}（体积分数）这几个浓度的 CO_2 标准气体分别进行 6 次重复测量，评价传感器的重复性指标，测量结果如表 23-22 所列。

表23-22　原位CO_2变化速率传感器重复性测量结果（单位：10^{-6}）

样品浓度（体积分数）	测量次数					
	1次	2次	3次	4次	5次	6次
50×10^{-6}	41	41	41	41	41	40
512×10^{-6}	529	528	529	528	529	528
1516×10^{-6}	1526	1527	1528	1529	1530	1528
3505×10^{-6}	3551	3549	3551	3549	3552	3551
4507×10^{-6}	4519	4520	4521	4519	4523	4521

测量的标准差可以根据以下式计算：

$$\sigma = \sqrt{\frac{\sum_{i=1}^{n}\left(c_i - \bar{c}\right)^2}{n-1}} \tag{23-15}$$

式中　c_i——第 i 次测量值；

　　　$\bar{c}$——6 次测量的平均值；

　　　n——测量次数。

根据此式可以得出 6 次测量的标准差 σ，如表 23-23 所列。

表23-23　原位CO_2变化速率传感器重复性测量的标准偏差

CO_2标准气体浓度/10^{-6}	50	512	1516	3505	4507
标准差/10^{-6}	0.408248	0.547723	1.414214	1.224745	1.516575

相对标准偏差 RSD 计算公式：

$$RSD = \frac{\sigma}{\bar{c}} \times 100\% \tag{23-16}$$

根据公式，得出相对标准偏差 RSD 值如表 23-24 所列。

表23-24　原位CO_2变化速率传感器重复性测量的相对标准偏差

CO_2标准气体浓度/10^{-6}	50	512	1516	3505	4507
相对标准偏差/%	0.816497	0.106977	0.093286	0.034943	0.033649

将相对标准偏差作为系统重复性指标，得到 RSD 值低于 0.816497%，说明本系统的重复性良好。

3）稳定性测试

重复性反映的是系统对同一样品在相同条件下多次测量的差异，良好的重复性是保证系统性能的首要前提。在此基础上，系统还需具备良好的稳定性。稳定性反映传感器在一个较长时间内保持性能参数的能力。在实验环境条件不变的情况下，向气室内分别通入同一浓度的 CO_2 标准气体，为了能更全面地反映系统的稳定性，分别选取低、中、高浓度的 CO_2 标准气体作为待测对象，浓度分别为 50×10^{-6}、512×10^{-6}、1516×10^{-6}，分别连续测量 0.5h 以上，测定系统的输出值，得出的结果如图 23-75 所示。

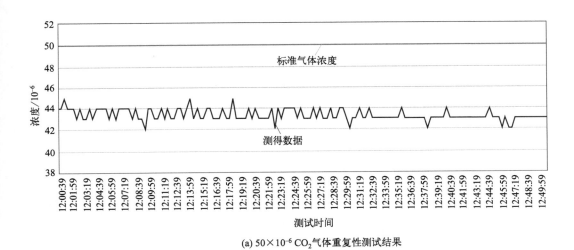

(a) 50×10^{-6} CO_2 气体重复性测试结果

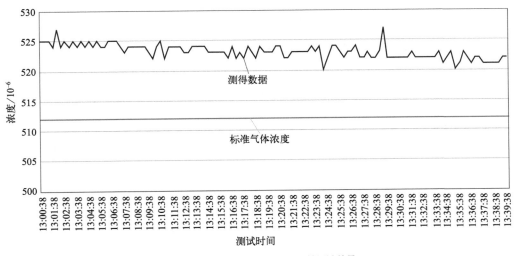

(b) 512×10^{-6} CO_2 气体重复性测试结果

图23-75

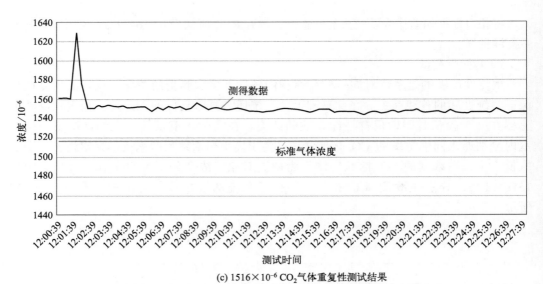

(c) 1516×10^{-6} CO_2 气体重复性测试结果

图23-75　原位水体CO_2变化速率传感器重复性测试结果

接下来对稳定性测量的数据进行计算处理，结果仍用相对标准偏差来评价，计算公式如式（23-15）和式（23-16）所示。根据计算，最终得出稳定性的 RSD 结果为 2.0976%，说明系统具有很好的稳定性。

4）系统的测量范围和测量分辨率第三方测试

系统的 CO_2 浓度测量范围和测量分辨率在华东国家计量测试中心完成，测试的样品由国家质量监督检测中心按照国家标准提供，测试方法为，先在常温常压下通入 N_2 约 2min，之后向系统中分别通入不同浓度的 CO_2 标准气体，记录传感器的测量结果。第三方测试委托华东国家计量测试中心（中国上海测试中心、上海市计量测试技术研究院）对本研究组研发的原位水体 CO_2 变化速率传感器在对方现场进行测试，所有测试环境和测试所用样品、方法及检定和校准器具均由华东国家计量测试中心根据相关国家标准来提供，检定过程由华东国家计量测试中心的工作人员操作。由于华东国家计量测试中心所能提供的经过检定的 CO_2 气体的最大浓度为 4540×10^{-6}，因此最大浓度的样品只测到了 4540×10^{-6}。因为对 4540×10^{-6} 的 CO_2 气体进行测试时，传感器输出未达到满量程，记录仪器输出结果的同时，记录传感器电压信号输出值，通过与传感器满量程对比，可以说明所研发的原位水体 CO_2 变化速率传感器可以对浓度为 5000×10^{-6} 的 CO_2 气体进行测量，因而符合研究指标所提出的测量范围要求。同时，测试结果表明传感器的测试精度优于 10×10^{-6}。本研究组研发的原位水体 CO_2 变化速率传感器不仅通过了华东国家计量测试中心的检测获得了检测报告，同时还通过了华东国家计量测试中心校准测试取得了校准证书，校准证书显示，本研究组研发的原位水体 CO_2 变化速率传感器的扩展不确定度 $U_{ref} = 2.8\%$。

5）现场工作的情形

经过实验室和第三方检测的充分测试，本研究组将研发的原位水体 CO_2 变化速率传感器安装在浮标上进行了现场测试。图 23-76（a）、（b）为传感器现场安装过程和完成安装后的照片，在图 23-76（b）中所研发的传感器安装在图中的电气箱中。

(a) 原位水体CO_2变化速率传感器现场安装过程的照片   (b) 原位水体CO_2变化速率传感器现场安装完成的照片

图23-76　原位水体CO_2变化速率传感器现场照片

23.4.3.5　同类产品性能指标对比

（1）水质综合毒性检测仪

针对三峡库区的现场长期检测／监测的需求，开发了自动化操作的水质综合毒性检测仪，满足水质综合毒性现场检测的需求。通过优化冻存试剂的成分配比，创新了发光菌的冻干粉制备和保存，大幅提高了发光菌制剂复苏发光强度的稳定性；同时，在仪器中设置了低温模块区域，保证发光菌冻干粉稳定保存 7d 内的复苏效率，数据准确可靠。通过自动化控制，仪器可以自动运行并远程传输数据，实现水质综合毒性的原位在线检测。和同类国内外的仪器相比（表 23-25），通过创新发光菌冻干粉的生产和稳定保存核心技术，使得仪器运行和维护费用大幅降低。在仪器的设计方面，通过建立发光杆菌发光强度与光电转换后的电信号的定量关系来实现测量，即以明亮发光杆菌为指示生物，先利用光电探测器收集光信号并实现光电转换，并经过放大电路将电信号放大，实现测量。经教育部科技查新工作站进行的"在线水质综合毒性分析仪和藻毒素原位监测仪的研制"查新及咨询结果（2018 年 6 月 20 日完成）表明该仪器具有国内新颖性，并达到国内先进水平。该仪器完全自主设计，在软硬件方面具有全部的知识产权，可填补国内在地表水水质检测方面的空白。

表23-25　水质综合毒性检测仪性能指标对比分析

型号	检测原理	技术指标	价格	优点	缺点
美国哈希（HACH）：ECLOX便携式水质毒性测试仪	发光菌原理（冻干费氏弧菌）	筛查测试时间5min、15min或30min；工作温度20～55℃；环境等级IP67；防水防尘	国外品牌，昂贵，价格为17.82万元	现场检测，便携；配套试剂可以长期保存	手工操作，不能安装在浮标上自动运行；配套试剂昂贵，测试成本高
中科谱创：WDX-LumiFox生物毒性检测仪	发光菌原理	检测时间5min；工作温度5～40℃；相对湿度10%～90%(25℃)	国产，便宜，价格为9万元	现场检测，便携；菌种质量可靠，性能稳定；可检测重金属、有机和无机有毒物质等	手工操作，不能安装在浮标上自动运行；配套试剂昂贵，测试成本高；发光菌需要专门的便携式保温箱

续表

型号	检测原理	技术指标	价格	优点	缺点
本研究自主研发产品	发光菌原理（采用明亮杆菌）	可在线检测；光强检测范围可可含100～120000000光子范围；检测时间小于30min；标准偏差3.1%，小于15%；适用pH值范围6～9；菌体更换周期(冻干粉保存时间)不小于7d；现场仪器稳定运行周期可达1个月	自主研发，成本可控，便宜	可以用于现场检测，也可以远程在线自动检测；使用明亮杆菌，可以自己生产，设备维护运行成本低；系统开源，容易改进，并网操作	可以进一步延长自持时间

为对比研究组开发的综合毒性检测设备与商业毒性检测仪性能，将开发的水质毒性检测仪与DXY-3型生物毒性检测仪对一系列不同Zn^{2+}浓度下菌体相对发光度的剂量 - 相对发光度做了对比（见表23-26）。对比实验设置了3组平行实验，读数取平均值并计算相对误差。实验结果显示，实验室搭建系统读数整体略高，但结果相近，对不同浓度Zn^{2+}毒性检测的测量相对误差在 1% ～ 15% 之间，可见两种装置对相同Zn^{2+}浓度检测结果相接近，在同等毒物浓度对应的抑制率差异可以接受。

表23-26　水质综合毒性检测仪性能对比

Zn^{2+}浓度 /(mg/L)	自制检测仪器测量结果 /mV	DXY-3型仪器测量结果 /mV	测量结果差值 /mV	测量相对误差 /%
0.25	0.89	0.81	0.08	9.88
0.50	0.62	0.57	0.05	8.77
0.75	0.53	0.54	0.01	1.85
1.00	0.55	0.48	0.07	14.58
1.25	0.45	0.42	0.03	7.14
1.50	0.42	0.39	0.03	7.69
1.75	0.31	0.28	0.03	10.71
2.00	0.27	0.26	0.01	3.85
2.25	0.25	0.24	0.01	4.17
2.50	0.23	0.22	0.01	4.55

（2）原位藻毒素检测仪

本研究组针对三峡库区现场长期检测 / 监测的需求，开发了自动化操作的藻毒素原位检测仪。将其与传统的高效液相色谱仪器集成后，通过参数优化专门用于水中藻毒素的检测，同现行的检测技术相比具有高效、低价和高度自动化的特点（表23-27）。国内外藻毒素检测所采用的免疫荧光技术其核心在于藻毒素单克隆抗体，但该蛋白类生化试剂很难在常温下长期保存，导致该类仪器设备结构复杂、成本昂贵，不适合温差变化较大的野外在线使用。本研究开发的原位藻毒素检测仪，核心技术为自主研发的LC-LC联用，通过两级色谱柱解决了富集和检测的问题，整个系统结构简洁，不需要生物类试剂，只使用常规的甲醇类溶剂。同时，本研究组还开发了利用表面等离子体共振传感技术与分子印迹技术相结合的原位藻毒素检测仪，可以在野外长期自动运行。本研究组开发的这两台设备维护简单，成本低，适合野外环境长期检测。整个检测过程可以设计为手动、半自动或者全自动。教育部科技查新工作站进行的"在线水质综合毒性分析仪和藻毒素原位监测仪的研制"查新及咨询结果（2018年6月20日完成）及中国科学院成都文献情报中心进行的"微囊藻毒素检测技术"查新报告显示，本研究组开发的仪器具有国内新颖性，并达到国内先进水平。本研究所开发的检测技术不仅可以应用于水中藻毒素的检测，还可以直接用于其他水环境中污染物的检测，为将来建成多目标全自动检测平台打下基础。另外，这种技术不仅可以用于快速现场分析，也可以用于水体环境（包括河水、湖水和海水）中毒素的长期检测。

表23-27　藻毒素原位检测仪性能指标对比分析

型号	检测原理	技术指标	价格	优点	缺点
美国McLane实验室：产毒藻及藻毒素在线监测系统(ESP系统)	免疫荧光检测	检测时间1.5～2h；工作温度4～29℃；最大布放时间3个月；可以测量多种毒素，探针数量20～30种	非常昂贵，600万元以上	长期、自动连续监测产毒藻和毒素的变化；可水下原位工作；监测结果可无线传输到岸上基站	仪器复杂，体积巨大，非常昂贵
北京金达清创环境科技有限公司：微囊藻毒素在线分析仪(JQMCs-online)	间接竞争免疫反应	检测时间<15min；检出限0.1μg/L；定量检测0.2～10μg/L；芯片可重复使用次数>200次	昂贵，30万元	适用于环境检测，包括富营养化地表水、饮用水及饮用水源地水质的监控	基于免疫方法，抗体保存的有效期有限，不适合野外环境的长期监测
本研究自主研发产品	LC-LC联用	仪器检测范围为0～0.01mg/L；最低检出限0.094μg/L；定性重复性0.053%，定量重复性6.7%；单次检测时间<60min；适用pH值范围5～9	自主研发，便宜	适合地表水、饮用水及饮用水源地水质的长期监控；维护简单，成本低	
本研究自主研发产品	表面等离子体共振	仪器检测范围为0～0.01mg/L；最低检出限0.26μg/L；最大线性误差11%，重复性2.6%；单次检测时间<60min；适用pH值范围5～9	自主研发，便宜	适合地表水、饮用水及饮用水源地水质的长期监控；维护简单，成本低	

为检验开发的原位藻毒素检测仪性能，研究组配制了1×10^{-9}、2×10^{-9}、5×10^{-9} 和 10×10^{-9}（体积分数，下同）共4种浓度的微囊藻毒素-LR样品，分别采用本研究开发的两款微囊藻毒素检测仪器以及液相色谱仪器进行检测，测定结果如表23-28和表23-29所列。检测结果显示，研究组开发的原位藻毒素检测设备测量结果与国标法检查结果相比，相对误差可控制在15%范围内，达到项目设计要求。

表23-28　原位藻毒素检测仪指标对比（一）

微囊藻毒素-LR浓度/10^{-9}	自制检测设备(LC-LC的联用)测量结果/10^{-9}	液相色谱测量结果/10^{-9}	测量差值(绝对值)/10^{-9}	相对误差(绝对值)/%
1	1.225	1.095	0.130	11.87
2	2.056	2.102	0.046	2.19
5	5.127	5.028	0.099	1.97
10	10.291	10.104	0.187	1.85

表23-29 原位藻毒素检测仪指标对比（二）

微囊藻毒素-LR浓度/10^{-9}	自制检测设备(表面等离子体共振)测量结果/10^{-9}	液相色谱测量结果/10^{-9}	测量差值(绝对值)/10^{-9}	相对误差(绝对值)/%
1	1.231	1.095	0.136	12.42
2	2.115	2.102	0.013	0.62
5	5.129	5.028	0.101	20
10	10.165	10.104	0.061	0.60

（3）原位藻细胞显微观测仪

本研究组针对三峡库区现场长期检测/监测的需求，开发了原位藻细胞显微观测仪，能够实现藻细胞显微图像的实时自动传输，同时具有自动清洗功能，满足藻细胞现场检测的需求。本研究研发的原位藻细胞显微观测仪与国内外现有主要仪器相比（表23-30），通过暗视场照明技术，提高了藻细胞显微成像的对比度，从而提高了藻细胞的测量精度，研制的观测仪可以实时传递藻细胞图像和检测结果，满足现场监测的要求；同时，在仪器中设计了自动采样和自动清洗功能，可以由程序控制自动完成样本的采集和测量空间的清洗，使研制的仪器适用于三峡库区水体藻细胞的原位在线监测。教育部科技查新工作站进行的"原位藻细胞观测仪、水体CO_2变化速率检测传感器、水质多参数传感器集成及浮标研制"查新及咨询结果（2018年9月10日完成）表明该仪器具有国内新颖性。

表23-30 原位藻细胞显微观测仪性能对比分析

现有系统	检测原理	价格	技术指标	优点	缺点
荷兰CytoSense流式细胞仪	集光电和计算机于一体的生物学测定技术	选择模块不同，价格从几十万元到上百万元不等	检测密度下限：100万个/L	准确性较高	成本高、体积大，维护工作量大，没有图像采集功能，不适合在线应用
显微镜鉴别法	采用传统光学显微技术，观察藻类的细胞结构和组织结构，根据其形态结构、基本特征等进行鉴定	根据功能，价格从几万元到几十万元不等	只能定性对细胞进行鉴别，不能定量监测，定量监测需使用计数板	方法直观	分类鉴定工作量大，不能定量监测，也不适合本研究在线监测的要求
本研究自主研发产品	光学显微成像与图像处理技术	自主研发，价格可控	量程$1 \times 10^{4} \sim 1 \times 10^{12}$个/L；分辨率100个/L；精度20%；仪器分辨率$1\mu m$；视场范围$150\mu m \times 150\mu m$	采用显微成像法，采用图像处理技术，实现藻群细胞的自动识别和监测，适合原位监测的要求	可以进一步提高自动化水平

将研究组开发的设备与CytoSense流式细胞仪用于相同样品进行检测对比，结果如表23-31所列。可知，研究组开发的设备检测结果与商业设备相比，相对误差可控制在20%之内，达到预期设计要求。

第四篇 工程实践篇

表23-31 藻群细胞观测仪指标对比

样品序号	自制藻细胞密度检测设备测量结果/(个/L)	流式细胞仪测量结果/(个/L)	测量差值(绝对值)/(个/L)	相对误差(绝对值)/%
1	13762	14568	806	5.53
2	59874	60129	255	0.42
3	98562	101231	2669	2.64
4	102358	103658	1300	1.25
5	56988859	58652210	1663351	2.84
6	875624956	987562417	111937461	11.33

（4）原位水体 CO_2 变化速率传感器

研究组针对现有原位水体 CO_2 变化速率传感器普遍存在的检测量程和分辨率存在矛盾且易受环境干扰的缺陷，采用双光路、高精度硬件采集电路和 CO_2 含量与光电信号数学拟合模型，实现了大量程、高分辨率和高稳定性的 CO_2 含量的在线检测，符合三峡库区的现场应用需求。所研发的原位水体 CO_2 变化速率传感器与现有仪器相比（表23-32），通过双光路检测技术，采用非分光红外和双通道探测器的检测方式，实现空间双光路补偿，通过微处理器进行信号采集、处理和输出，最终向浮标上的控制中心传送测量结果。经过大量实验和现场测试，完善了传感器的性能，使研制的仪器适用于三峡库区水体 CO_2 变化速率的原位在线测试。教育部科技查新工作站进行的"原位藻群细胞观测仪、水体 CO_2 变化速率检测传感器、水质多参数传感器集成及浮标研制"查新及咨询结果（2018年9月10日完成）表明该仪器具有国内新颖性。

表23-32 CO_2 变化速率传感器性能指标对比分析

型号	检测原理	价格	技术指标	优点	缺点
美国通用公司出产的 Telaire 6613 CO_2 module	红外吸收	仅购买一个功能模块5000元(不含电源和采集分析功能)	测量范围(400～2000)×10^{-6}；精度(400～1250)×10^{-6}±30×10^{-6}或读数的3%	开放式气室	测量结果受环境变化影响大，主要用于民用领域，检测量程和精度都不满足研究要求
北京泰和联创科技有限公司出产的 THA100M	红外吸收	约2万元	量程0～5×10^{-6}，线性偏差±2%FS	功能强，适合在实验室作分析仪器用	多用于工业环境，体积大，维护不方便，不适合在线应用
本研究自主研发产品	红外吸收	自主研发，成本可控	量程5000×10^{-6}以内；分辨率10×10^{-6}(5000×10^{-6}以内)；测量时间小于20s(上述参数已通过上海计量测试技术研究院的检测)	双通道检测的设计，有效提高了仪器的稳定性；隔离的电流环和开关量输出，消除外界干扰对测量的影响；高精度 CO_2 红外光谱校正模型的建立保证了仪器的测量精度；适用于在线监测	可以进一步优化结构

将所开发的二氧化碳检测设备与泰和联创科技有限公司生产的 THA100M 二氧化碳检测仪器进行了检测对比，结果如表 23-33 所列。通过结果对比可知，研究组开发的设备检测结果与商业二氧化碳检测设备相比，相对误差可控制在10%之内，可实现在（$0 \sim 5000$）$\times 10^{-6}$ 二氧化碳浓度范围内进行检测，仪器达到预期设计要求。

表23-33　二氧化碳检测仪器指标对比

二氧化碳气体浓度 /10^{-6}	自制检测设备测量结果 /10^{-6}	商业设备测量结果 /10^{-6}	测量差值(绝对值) /10^{-6}	相对误差(绝对值) /%
20	18.98	20.19	1.21	5.99
50	53.39	53.88	0.49	0.91
500	489.65	495.62	5.97	1.20
2000	1985.65	2065.68	80.03	3.87
4000	4103.28	4178.65	75.37	1.80

23.4.4　基于浮标的水生态环境原位监测系统的开发

基于浮标的水生态环境原位监测系统将包括在线水质综合毒性检测仪、原位藻毒素在线检测仪、原位藻细胞观测仪和原位水体 CO_2 变化速率检测仪在内的可监测水文、水质、水生态和气象方面共 20 余个参数的仪器设备，通过数据采集传输装置进行连接，实现环境数据的实时监测与远程无线传输。太阳能电池板和风力发电机组成的风光互补供电装置为仪器设备的运行提供充足的电力。水生态环境原位监测系统以浮标作为水环境检测仪器的承载平台，利于适应三峡水库水位具有大幅变化的特点。将原位获取的监测数据通过无线方式发送至监测中心，利用可视化推演模型对数据进行存储、分析和管理，实现对数据的智能化分析和运用。该技术通过环境感知系统、数据采集与传输系统、供电系统等各部分的协调运转，实现监测设备在监测水域的稳定长期自动化运行。

23.4.4.1　环境感知系统

环境感知系统由在线水质综合毒性检测仪、原位藻毒素在线检测仪、原位藻细胞观测仪和原位水体 CO_2 变化速率检测仪、营养盐检测仪、多参数水质检测仪、流速仪、气象工作站等设备组成。多参数水质检测仪承担监测水温、pH 值、氧化还原电位、电导率、盐度、溶解氧、浊度、叶绿素 a 等参数的任务。营养盐分析仪承担监测总磷、氨氮、总氮等参数的任务。水质综合毒性检测仪用于监测综合毒性。原位藻毒素在线检测仪用于监测水体中的微囊藻毒素浓度。原位藻细胞观察仪用于进行藻群细胞密度的观测。原位水体 CO_2 变化速率检测仪进行 CO_2 在水 - 气界面变化速率的监测。声学多普勒流速剖面仪进行水深和流速的监测。超声波气象工作站则完成风速、风向、大气压、温度等参数的监测。环境感知系统可监测指标如表 23-34 所列。

表23-34 环境感知系统监测指标

序号	类别	监测指标
1	水文	水温、水位、断面平均流速
2	水质	pH值、氧化还原电位、电导率、盐度、溶解氧、浊度、总磷、氨氮、总氮
3	水生态	叶绿素a、藻毒素、综合毒性、藻细胞、水-气界面CO_2变化速率
4	气象	风速、风向、大气压、温度

23.4.4.2 浮标系统

浮标系统由浮标体、数据采集传输装置及供电装置组成。

（1）浮标体

浮标体主要由浮体、仪器孔、电子仓、太阳能板支架、尾管、锚链等部分组成。由于三峡库区水流大且急，对浮标本体的要求极高。此外，浮标需要在三峡库区无人值守的条件下工作，存在传感器被损坏或遗失的风险。鉴于上述考虑，浮标体采用了两种设计方式：第一种是船型浮标体；第二种是圆形浮标体。

图23-77为船型浮标体的设计。浮标体内层为不锈钢内胆，主要由浮体（隔舱）、尾管、平衡铁、仪器（灯）架等组成。浮标的设计考虑了水质综合毒性检测仪、原位藻细胞显微观测仪和原位水位CO_2变化速率检测仪等的安装，这些传感器均安装在浮标的仪器架上，由浮标提供电力能源。浮标下有锚定设备，尾管下采用锚链单点系留，适合在水深30m以内水域布放，用沉锚进行锚定。

圆形浮标体外壳采用钢制材料，内部加不锈钢骨架。浮标直径为2100mm，高度约为5100mm，设计水深约为80m，浮标体净重约为1900kg，可提供的储备浮力达到2450kg。浮标内设电子仓，浮标用于装载数据采集器、蓄电池、3G通信模块、电压电流传感器等电子设备，所有仪器总质量约为337kg。

（2）数据采集传输装置

数据采集传输系统完成各传感器数据的采集和处理任务。选用低功耗、高可靠的数据采集器，分别通过SDI-12接口连接多参数水质检测仪，RS-232数据接口连接在线水质综合毒性检测仪、原位藻毒素在线检测仪、原位藻细胞观察仪、水体CO_2变化速率检测仪、营养盐检测仪、声学多普勒流速剖面仪以及超声波气象工作站，进行数据采集。根据对各个指标的获取需求，即时调整各设备的运行频次，提供充足的监测数据。将所采集的数据，通过RS-232串口通信方式发送至3G路由器用于数据的无线传输。

数据采集系统线路连接如图23-78所示。

数据传输系统采用性价比较高的移动公用无线网络［中国电信公司的CDMA2000(3G)网络］作为主要的通信手段。每个指标发送频率根据实际需要调整。数据传输系统选用3G网络传输数据，可实现数据上行速率不低于5.76Mbit/s，下行速率不低于21.6Mbit/s。移动通信框架如图23-79所示。

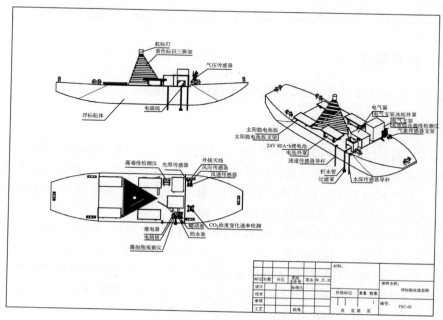

(a) 浮标船机械设计图

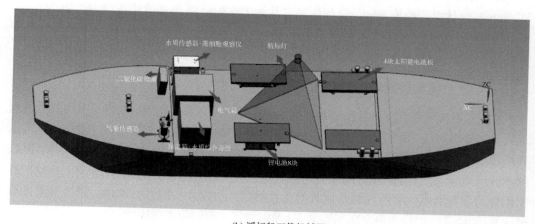

(b) 浮标船三维机械图

图23-77 研究组研制的浮标船

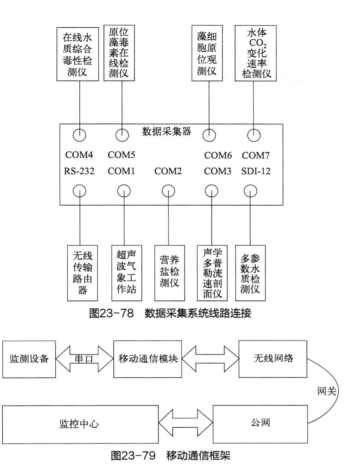

图23-78 数据采集系统线路连接

图23-79 移动通信框架

数据标准及协议内容主要有数据元标准、数据交换标准、数据处理标准、通信协议。数据元标准包括数据元的提取、命名、标识、描述、分类等的标准化，分为数据元目录标准和信息资源目录及元数据标准。数据交换标准包括制定数据采集与加载规范和各数据源之间进行格式转换的标准。

（3）供电装置

供电系统由太阳能电池板、风力发电机和蓄电池组组成。太阳能电池板共计4块，每块太阳能电池板额定功率是100W。将太阳能电池板分别安装在浮标体外侧的4个方位，全方位吸收太阳能并将太阳能转为电能。由于库区阴雨天气较多且风力较大，使用1台额定功率400W的风力发电机，实现风光互补的发电功能。太阳能电池板和风力发电机所产生的电量用于补充4个胶体电池，每个胶体电池额定电量是200A·h，共计可存储800A·h电量。在仪器正常工作的24h内，测量获取的总耗电量达到54A·h。在蓄电池充满电而无外界电量补充的情况下，蓄电池可维持各个仪器正常运行14d左右的时间。在浮体上安装4块太阳能电池板，其中1块朝南，预计每天充电时间为4.5h，其余3块预计每天充电时间为2.25h，因此，4块太阳能电池板总工作时间为11.25h。太阳能电池板最佳工作电流为5.79A，太阳能电池板预计每天可补充电量为65.1375A·h，可满足每天54A·h的电量消耗，保证仪器的正常运行。

23.5 三峡库区水生态环境感知与可视化平台研制

23.5.1 数据驱动的水生态环境感知推演模型技术

23.5.1.1 技术框架与总体研究思路

参见第 3 篇第 16 章第 16.2.1 小节相关内容。

23.5.1.2 水质变化推演模型

参见第 3 篇第 16 章第 16.2.2 小节相关内容。

23.5.1.3 水质富营养化评价模型

参见第 3 篇第 16 章第 16.2.3 小节相关内容。

23.5.1.4 水生态健康评价模型

参见第 3 篇第 16 章第 16.2.4 小节相关内容。

23.5.1.5 生物生态综合毒性评价模型

参见第 3 篇第 16 章第 16.2.5 小节相关内容。

23.5.1.6 推演模型先进性

2018 年 6 月 22 日，研究组组织专家对示范工程中推演模型的先进性进行评价。专家组听取研究负责人就推演模型研发机理、系统平台集成和应用场景的汇报，现场查看三峡库区水生态环境感知系统平台，针对模型推演可靠度水平的科学性及与任务合同书的符合性等进行评价。专家组一致认为：

① 本研究研发的水环境推演模型结合先进的数据挖掘方法，针对水质时间序列预测中的模糊不清、亦此亦彼不确定性问题，提出多粒度水质预测模型获得高精度的预测结果；针对在线监测数据中存在大量噪声、缺失数据问题，建立基于差异关系的变精度粗糙集模型，有效降低知识的求解规模，提高推理速度，且围绕水质富营养化评价问题发表一系列高水平论文，推动数据驱动方法在生态环境中的应用。

② 本研究围绕三峡库区水环境安全管理的重大技术需求，对研发的模型进行集成与实际应用，实现三峡库区 4 条典型支流的水质指标预测、富营养化状态评价、水生态健康评价和综合毒性评价等业务化功能，结合水动力和遥感反演模型开放业务化应用场景，定期为业务化单位提供测试数据和技术支撑服务。

③ 本研究集成三峡库区水环境安全感知平台，并实现连续、稳定的业务化运行 6 个月以上，平台架构搭建合理科学，管理流程规范，符合水专项办的业务化运行要求。

23.5.2 三峡库区水生态环境感知与可视化平台设计与建设

23.5.2.1 示范平台设计

(1)设计原则

针对水库水环境生态监管的国家和区域需求，紧密结合《三峡后续工作规划》的库区水环境安全保障目标，以多点库区水生态动态过程感知信息为基础，进行三峡库区感知平台设计与建设。选择三峡水库重点水域及典型支流水域开展水库生态感知技术示范和原位观测研究，形成适合三峡库区环境特点的大型水库水生态系统演化特征动态辨识与评价的集成技术体系。研究感知平台传输、管理、可视化关键技术，构建三峡库区的水生态系统感知监测网络及相关技术支持平台；开发三峡库区水环境的推演模型与软件，建设具有自主知识产权的三峡库区感知平台，实现业务化运行，为三峡治理、预警和管理等提供重要数据支撑和技术支持。

(2)系统架构设计

三峡库区水生态环境感知系统及业务化运行平台通过利用先进传感技术，将物联网、云计算、移动互联网、大数据、人工智能、知识管理、分布式存储、非结构数据库、信息可视化、GPS 定位等技术应用于水环境监测服务中，建设集数据获取、传输、存储、管理、处理、分析、应用、表征、发布全过程于一体的水环境监测信息管理服务平台；基于数据驱动方式构建水环境推演模型，结合水动力和遥感反演模型开发系统业务化应用场景模块；系统包含 5 个功能模块，分别是实时在线监测、统计查询与分析、推演模型、水动力水质模型、遥感反演模型。应用系统应符合云平台要求，可移植部署于云平台之上。三峡库区水生态环境感知系统业务化功能上主要由模型分析平台和监测预警平台构成。

(3)功能模块设计

围绕三峡库区典型支流富营养化与水华暴发的生态学问题，以先进的大数据挖掘方法和天地一体化观测为支撑，立足 4 条示范支流，按照"模型分析 + 监测预警"的应用思路构建三峡库区水生态环境感知系统及业务化运行平台，集成环境流体动力学代码（EFDC）模型和遥感反演模型，采用 C/S 结构系统与 B/S 结构系统混合模式，研发一套水生态环境推演模型，实现示范区内水质变化预测预警、水污染事故追踪、富营养化状态评价、水华暴发和成灾安全风险评价、生态健康评价等业务化功能，在三峡工程生态环境监测系统在线监测中心搭建示范平台，为库区水污染防治提供技术支撑。

模型分析系统不仅集成高级水动力水质模型 - 环境流体力学代码（EFDC）模型用于计算内核，同时集成遥感反演模型，利用先进大数据挖掘方法，如粒计算求解、模糊时间序列预测、粗糙集知识提取、密度峰值聚类和半监督分类等算法，融合并改进传统水质、富营养化评价模型方法，实现水质指标精确预测、富营养化缺失指标评价、水华暴发风险判断等。

23.5.2.2 三峡库区水生态环境模型分析平台

（1）系统设计

1）总体结构

参见第3篇第16章第16.3.4小节（1）总体结构部分相关内容。

2）功能模块

参考第3篇第16章第16.3.4小节（2）功能模块部分相关内容。

3）数据流

参考第3篇第16章第16.3.4小节（3）数据流部分相关内容。

4）业务流

参考第3篇第16章第16.3.4小节（4）业务流部分相关内容。

（2）模型分析平台系统功能

1）外源数据通信传输与存储

通过读取文件，从文件中读取实时的监测数据，将数据解析后存储到数据库中。并且管理员在外源数据通信与存储模块的管理界面可查看解析后的外源数据。

① 在线监测。在线监测区域（图23-80），圆点显示定位，每次选择不同地点，上方都会刷新区域显示。

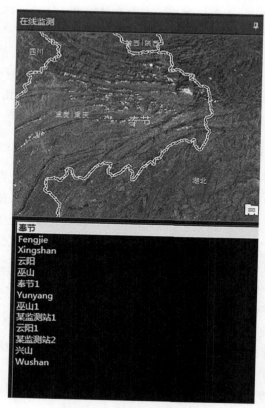

图23-80 在线监测区域界面

有 4 幅折线图，分别对应左上、右上、左下、右下 4 种参数的折线图，在下拉框可以选择想要显示的是哪种数据（图 23-81）。时间段可以选择近一天、近三天、近七天。采样频率可以选择如图 23-82 所示的 7 种。

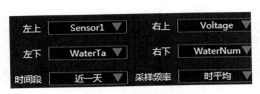

图23-81　数据显示界面

图23-82　采样频率界面

② 三维展示。在 ArcGlobe 中的三维展示区域，如图 23-83 所示，用到的几个工具分别为拖动、缩放、视图与导航，方便对 ArcGlobe 进行操作。

图 23-84 中，在参数指标里可以下拉选择要看的参数，最大允许值与最小允许值是我们定的阈值，不能超过最大允许值，并且要大于最小允许值。

图23-83　ArcGlobe中用到的工具界面　图23-84　参数指标及最大、最小允许值界面

③ 监测数据管理及统计分析。

Ⅰ.数据录入：导入数据到服务器（图 23-85）。

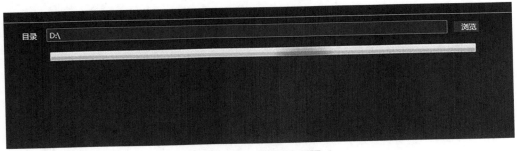

图23-85　数据录入界面

Ⅱ.数据导出：按权限导出相关水质数据（图 23-86）。

Ⅲ.监测统计：对监测数据进行统计和分析并对数据进行虚拟化显示（图 23-87）。

2）水动力 - 水质模型计算应用

各个模块水质监测、水华暴发以及水污染扩散都可以通过客户端对服务器的请求调用数据库的数据，然后在 ArcGIS 中显示对应地理位置水域的各种情况。水动力应用分为水华暴发预警、污染扩散模拟、生态调度运行、水源污染控制及水动力综合应用几个模块（图 23-88）。

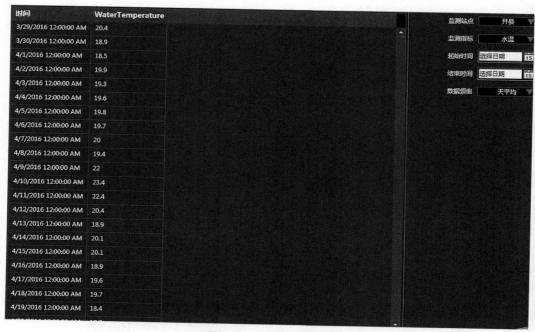

图23-86 数据导出界面

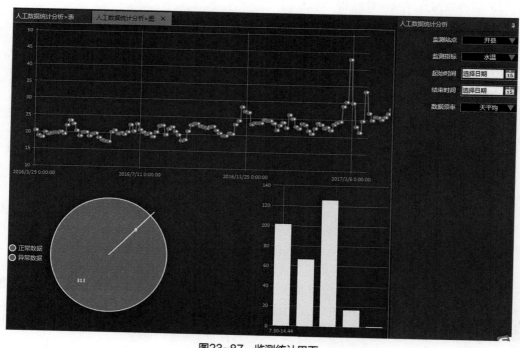

图23-87 监测统计界面

第四篇 工程实践篇

图23-88 水动力应用的几个模块界面

① 下载远程项目。图23-89和图23-90是系统的下载远程项目窗口及下载并创建界面，可以选择服务器中的项目，并且在本地新建目录，点击图标下载到本地目录。

图23-89 下载远程项目窗口

图23-90 下载并创建界面

② 新建项目。图23-91是新建项目窗口，在项目名称中定义想要定义的名称并定义路径，可以对路径进行描述，然后点击确定。

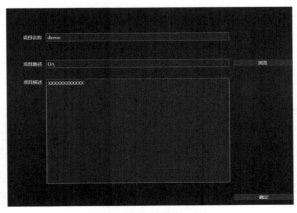

图23-91 新建项目窗口

③ 打开项目。图 23-92 是系统的打开项目窗口，点击浏览，打开之前保存的项目路径，即可以对项目进行操作。

图23-92 打开项目窗口

④ 保存项目。点击保存项目按钮，即可保存成功，在界面的左下角可以看到图 23-93 所示结果。

图23-93 保存项目窗口

⑤ 另存项目。如图 23-94 所示是另存项目窗口，点击出现的对话框，可以选择一个路径来重新保存系统的项目文件。

图23-94 另存项目窗口

⑥ 上传本地项目。如图 23-95 所示点击上传本地项目，在目录中选择要上传的目录，点击上传，即可以上传项目目录到服务器（图 23-96）。

图23-95 上传本地项目窗口（一）

图23-96 上传本地项目窗口（二）

⑦ 网格操作。网格操作见图 23-97。

图23-97 网格操作

⑧ 水动力参数。如图 23-98 所示是水动力参数设置对话框，可以修改和删除各种水动力相关卡片参数。

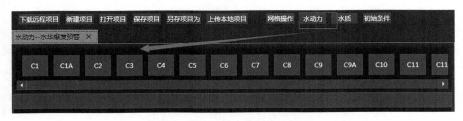

图23-98 水动力参数设置对话框

⑨ 水质参数。如图 23-99 所示是水质参数设置对话框，可以修改和删除各种水质相关数据。

⑩ 初始条件。如图 23-100 是初始条件设置对话框，可以对各种初始条件进行修改。

⑪ 输入汇总。输入汇总是对数据的输入进行统计并且汇总，如图 23-101 是输入汇总的对话框。

图23-99　水质参数设置对话框

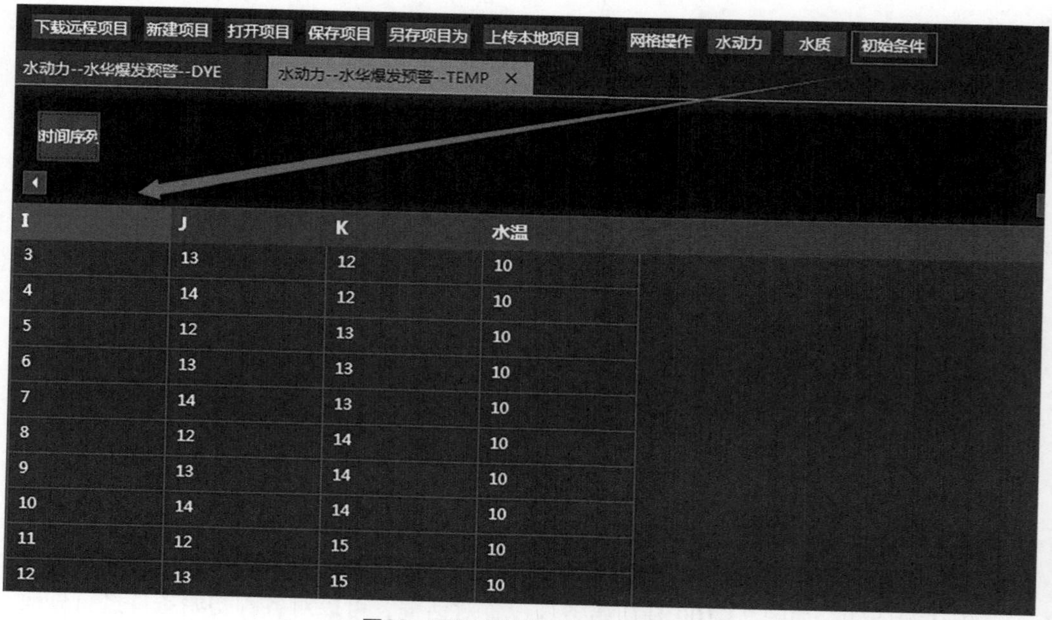

图23-100　初始条件设置对话框

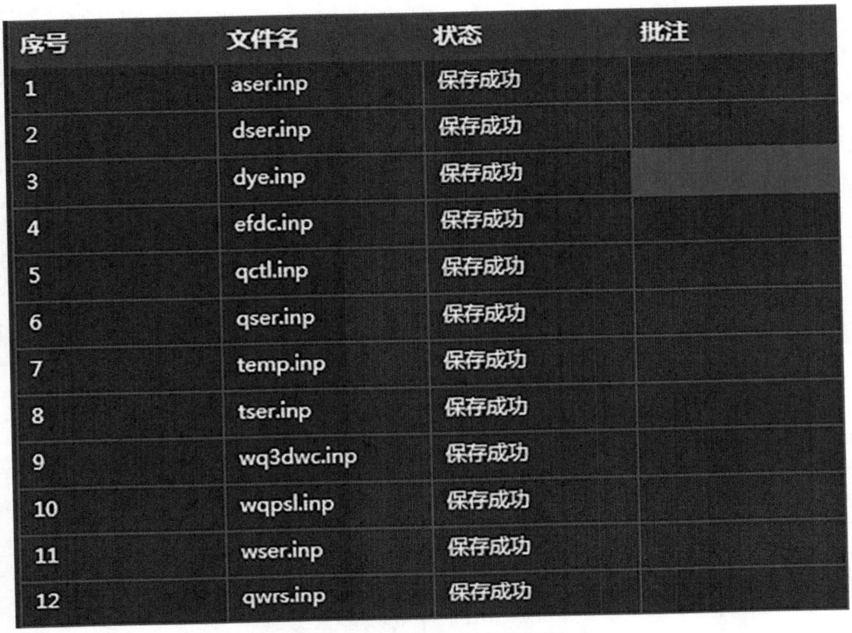

序号	文件名	状态	批注
1	aser.inp	保存成功	
2	dser.inp	保存成功	
3	dye.inp	保存成功	
4	efdc.inp	保存成功	
5	qctl.inp	保存成功	
6	qser.inp	保存成功	
7	temp.inp	保存成功	
8	tser.inp	保存成功	
9	wq3dwc.inp	保存成功	
10	wqpsl.inp	保存成功	
11	wser.inp	保存成功	
12	qwrs.inp	保存成功	

图23-101　输入汇总对话框

⑫ 运行计算。点击运行计算出现三个按钮，分别是运行模型（图23-102）、终止运行（图23-103）、清除日志（图23-104）。点击运行模型将会出现图23-102中很多字符不断刷新显示；当点击终止运行，如图23-103所示，界面会停留在那一瞬间；当点击清除日志，如图23-104所示界面会清空。

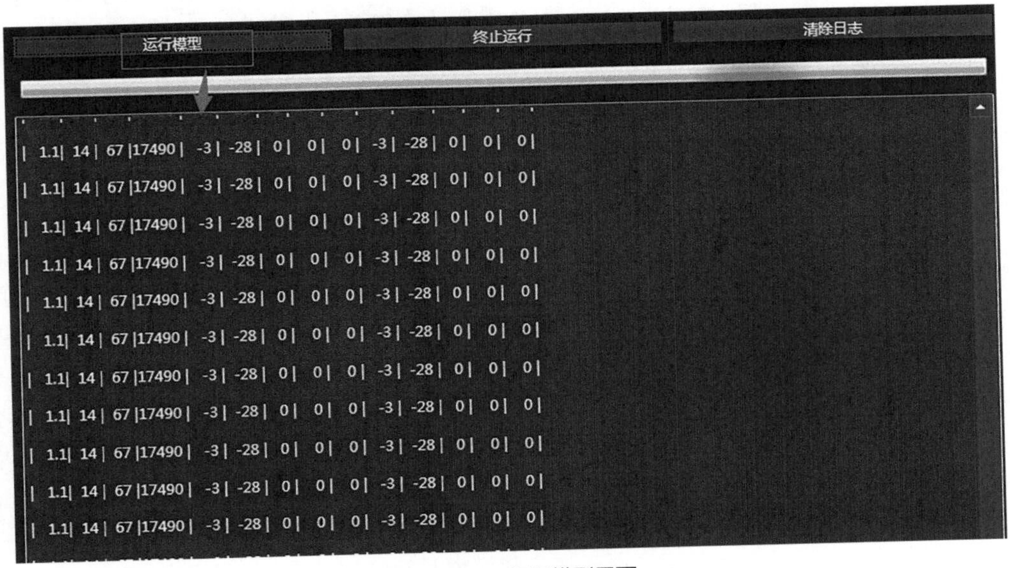

图23-102　运行模型界面

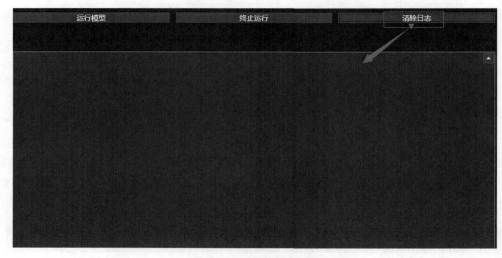

图23-103　终止运行界面

图23-104　清除日志界面

⑬ 结果展示。可以在 ArcGIS 地图上查看模型计算的二维结果。

3）遥感反演模型的应用

系统可以通过卫星图片去分析水生态相关问题，遥感应用包括叶绿素 a、藻蓝蛋白、微囊藻毒素及遥感对比四个小模块。基于影像处理软件 ENVI 的遥感反演模块，采用国产环境一号星 CCD 影像数据，系统开发了三峡库区小江流域（高阳平湖、汉丰湖）水体叶绿素 a（Chla）、藻蓝蛋白（PC）以及微囊藻毒素（MCs）浓度的遥感反演模型。在此基础上，利用 Chla 与 MCs 间的相关关系，建立综合毒性评价模型；利用 PC/Chla 与 Chla 不同风险等级阈值，建立水生态健康评价模型；水色遥感结合聚类算法，能够快速生成水华风险等级的时空分布结果。

4）推演评价模型

系统集成前文所开发的基于高斯云变换和模糊时间序列的多粒度水质推演模型、基于不完备并行处理粗糙集的富营养化评价模型、基于水色遥感反演模型的水生态健康评价模型和基于数据及知识共驱动贝叶斯网络的藻毒素风险预测模型。在系统展示上实现4个功能模型：a.水质变化推演预测模型；b.水质富营养化评价模型；c.生物生态综合毒性评价模型；d.水生态健康评价模型。

5）统计分析

统计分析是地理分析软件必备的功能，否则不能说是一个完整的分析预测软件。系统接下来对外源数据、人工数据及奉节监测点相关数据进行统计分析。

6）后台管理

本项目需要采用身份认证机制。通过身份认证系统，实现安全的三峡库区生态环境动态感知及信息管理。系统通过基于登录用户的认证方法来确认用户的身份，提供基于登录用户的授权控制来实现对信息资源和应用的访问控制，通过对用户登录的验证来提供完整性保护。

23.5.2.3 三峡库区水生态环境监测预警平台

（1）概述

1）建设背景

在模型分析平台基础上，结合监测原始数据，综合研发了三峡库区水生态环境感知及信息管理系统（C/S结构系统）。在现有C/S结构系统基础上，为进一步提升模型分析带来的数据价值，本次拟结合B/S结构系统和数据可视化科学手段，将模型分析结果以更丰富、直观的形式展示出来，为领导及专家提供更好的决策支撑。

2）建设目标

① 充分吸收现有C/S结构系统的成果，综合考虑未来更多模型在平台上灵活扩展，借鉴数据可视化的科学方式，研发与现有系统形成有利互补的平台。

② 成果充分展示，对现有的在线监测数据、历史统计数据、模型分析成果进行展示。

③ 平台可扩展性，本次系统设计要着眼于未来更多模型的展示，系统设计要具有良好的可扩展性和科学性。

④ 数据展示要直观、突出重点，借鉴数据可视化的科学方式，对数据进行准确的业务定义，基于业务定义在展示形式、色彩构成等方面进行合理设计，提高数据产生的辅助决策效果。

3）术语定义

术语定义如表23-35所列。

表23-35　术语定义

名称	释义
C/S	client/server的缩写，即客户/服务器结构。一种软件系统体系结构，由客户端和服务器端两部分组成，应用程序必须下载客户端才能使用，类似于PC电脑上安装的QQ
B/S	brower/server的缩写，即浏览器/服务器结构。一种软件系统体系结构，由浏览器端和服务器端两部分组成，应用程序只需要浏览器就可以使用
GIS	geographic information system的缩写，即地理信息系统。它是提供对地球表层空间有关数据进行采集、存储、管理、运算、分析、显示和描述的技术系统
数据可视化	借助图形化手段，清晰有效地传达与沟通信息，它是关于数据视觉表现形式的科学技术研究

（2）监测预警平台系统设计

1）项目建设范围

本次建设内容是在已有的 C/S 系统基础上对模型分析结果数据进行展示。向现有侧重于基层用户操作的 C/S 端提供领导和专家辅助决策展示的界面，形成功能操作与成果多元化展示的互补。

本次建设范围包括监测预警、地图展示、统计分析和系统管理展示等模块。

2）建设思路

三峡库区生态环境动态感知及信息管理系统建设本着高效、及时、智能的原则，从监测、数据传输、模型分析入手，依托先进的智能感知设备和网络传输设备，借鉴成熟的软件系统，充分发挥数据整合再现能力，结合时下先进的人工智能技术，提供高效精准的决策辅助支撑功能。

系统采用 C/S 结构系统与 B/S 结构系统混合模式，既解决了运行过程中运行数据与服务器频繁交互，以及模型预算对服务器的高消耗，又解决了系统访问的便捷性、丰富多元的展现形式和升级的平滑性。

本次 B/S 结构系统的开发旨在提升数据可视化的价值，结合业务并利用多元数据展现方式，充分发挥结果数据应有的价值，从而向领导和专家提供辅助决策支撑。

（3）平台关键技术

1）J2EE

J2EE（Java 2 platform enterprise edition）企业级 Java 开发平台实质上是一个分布式的服务器应用程序设计环境，它提供了基于组件的、以服务器为中心的多层应用体系结构，允许 J2EE 应用组件暴露为基于 SOAP/HTTP 的 Web 服务；和原有的 Web 服务进行整合，使用 JAX-RPC、JAXR 和 SAAJ 等 Web 服务的关键技术，为企业应用系统提供了一个具有高度的可移植性和兼容性、安全的平台。

J2EE 多层体系结构的设计特点极大地简化了开发、配置和维护的过程，它最大的优点就在于将企业的业务逻辑同系统服务和用户接口分开，放在它们之间的中间层。它提供了一系列的底层服务，如事务管理、缓冲池等，使得开发者能够将精力集中于企业的业务逻辑，而无须过多地关心与业务逻辑不太相干的系统环境等。由于采用多层结构，系统中同时会有多台服务器在工作，这样不仅能提高系统的整体运行效率，而且一旦某一台服务器出现故障，应用程序会自动转移到另一台服务器上接着运行，这就有效地保障了系统整体运行的可靠性。

2）GIS 技术

本研究采用了多维 GIS 融合技术，即将"时间维、空间维和仿真技术"相结合的三维 GIS 平台，实现"物联网前端感知、应用时态分析、多维 GIS 空间分析"一体化的 GIS 可视化应用创新模式。

本研究通过对矢量数据、栅格数据、遥感影像数据、三维数据等地理信息资源的整合利用、分析共享，结合环境信息，实现库区动态监测信息在电子地图上的可视化展现、地理信息的更新管理以及一体化运维。

（4）总体架构

系统总体架构如图 23-105 所示。

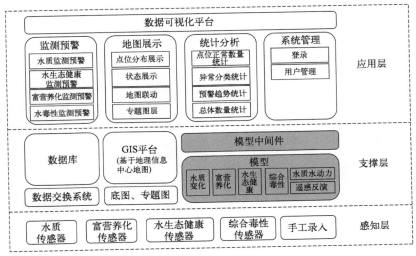

图23-105　总体架构

（5）监测预警平台建设内容

1）建立数据模型

为保障系统的扩展性和独立性，本次系统实施将结合后续平台规划和 B/S 结构系统特征进行模型优化设计。

建立数据模型包括建立数据标准规范、元数据设计、模型设计几部分，数据模型设计是后续数据库设计、内部程序逻辑设计、外部程序接口设计的基础。

2）算法模型结果封装

对现有的推演评价模型分析结果进行服务封装，使分析结果数据能在 C/S 和 B/S 系统上共享调用。

算法模型封装包括模型内部逻辑重构和外部接口设计两部分。

3）中间件开发

在模型技术对接方面初步采用中间件进行对接的方案。模型访问中间件屏蔽了模型底层的通信、交互、连接等复杂但通用化的功能，可以面向业务应用系统，以标准的 Web 服务形式提供模型的功能。任何系统在需要使用模型时，直接与模型访问中间件进行连接和交互即可，避免了大量重复的代码开发，节约了人工成本。

4）数据可视化展示

为便于模型分析结果直观展示、突出重点，产生应有的价值，系统借助数据可视化科学手段，将结果数据以形式多元、色彩丰富、数据汇集的方式进行综合展示，便于领导与专家快速、准确、全面地掌握宏观数据，进而提升辅助决策的效果。

（6）监测预警平台系统功能

本系统分为系统登录、监测预警、综合评价、数据分析、遥感影像 5 大功能模块，其中遥感影像在系统中位于数据分析菜单下。

各模块详细介绍如下。

1）系统登录

由于本系统与数据模型分析系统实为一个大的平台，互为补充，因此系统登录分为两步，第一步进入系统选择界面［图23-106（a）］，第二步选择"监测预警平台"进入登录界面［图23-106（b）］。在登录界面输入正确的用户名和密码则可进入系统进行使用。

(a) 系统选择界面　　　　　　　　　　　　　　(b) 登录界面

图23-106　平台界面

2）监测预警

监测预警模块主要对末端感知设备传回的数据进行甄别，如有数据超标则报警。

监测预警模块实现了实时监测数据定时抓取甄别、监测数据中断传输甄别、监测数据异常甄别、各监测点实时状态呈现、整体监测预警情况汇总、各子类型监测预警数量汇总、实时为消除监测预警数据列表、近30d监测预警数量走势展示近30d各类型监测预警数量占比列表、预警最多的5类监测指标排名公示、概念地图的监测点位数据传输等。

① 监测预警列表综合查询详细页面。本页面可通过监测点位、指标、时间进行筛选查询（图23-107）。

图23-107　监测预警列表综合查询详细页面

② 监测预警趋势分析详细页面。本页面由监测预警首页点击近30d监测预警数量趋势详情进入，可通过监测点位、指标、时间进行筛选查询（图23-108）。

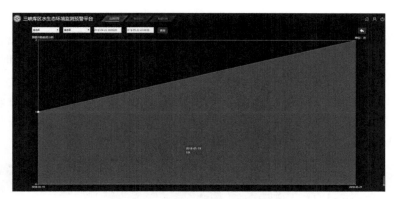

图23-108 监测预警趋势分析详细页面

③ 预警分析统计详细页面。本页面可查询任意时间段的监测预警统计比例情况（图23-109）。

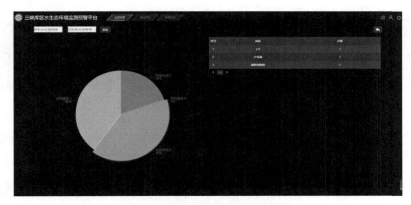

图23-109 预警分析统计详细页面

④ 指标预警次数排名详细页面。首页只能看到近30d指标预警数量排名前5，在本详细页面，可以查看指标预警数量的全部排名，并能通过时间段进行筛选查询（图23-110）。

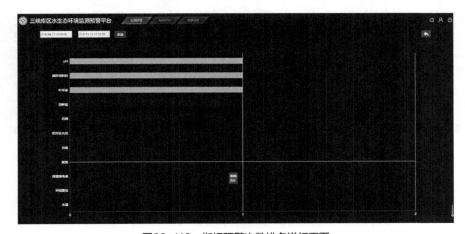

图23-110 指标预警次数排名详细页面

3）综合评价

综合评价模块主要是对模型分析结果进行统计、分析、展示。C/S 端进行模型分析预算得出结果，B/S 端对结果数据进行展示，并且 B/S 端基于浏览器，可以随时随地访问，解决了 C/S 端需要安装系统才能查看数据的问题。

① 模型预警数量排名详细页面。本页面由预警模块模型预警排名板块详细按钮进入，可按时间筛选查看模型预警数量排名，并可查看详细的数量是由哪些点位产生的（图 23-111）。

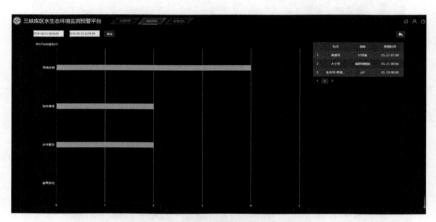

图23-111　模型预警数量排名详细页面

② 模型预警数量历史趋势详细页面。本页面提供了模型预警数量历史曲线图，并可选择时间查看指定时间段模型预警数量及趋势（图 23-112）。

图23-112　模型预警数量历史趋势详细页面

4）数据分析

数据分析模块提供地理辅助分析和多曲线对比功能。地理辅助分析可基于地图，结合周边污染源和敏感点数据，进行辅助决策分析；多曲线对比功能提供参考对比，辅助分析不同测点关联性和差异性问题。

第四篇　工程实践篇

监测数据横向对比详细页面见图 23-113。本页面提供综合的监测数据查询及对比功能，可将不同点位的同一指标进行横向对比分析。

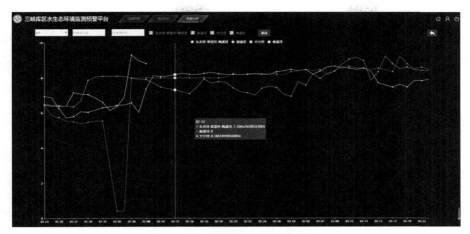

图23-113　监测数据横向对比详细页面

5）遥感影像

遥感影像图是将遥感分析图像处理后的影像图叠加到底图上，使用者可以根据比色卡查看该区域遥感分析结果情况。同时可结合地图专题图层、详细监测数据进行综合分析决策。

23.6　三峡库区水生态环境感知系统总体建设方案

三峡水库自 2003 年蓄水后，国家对库区执行的环保力度不断加强，但废水排放量依然巨大，水污染态势依旧。因国家节能减排政策的大力实施，"十一五"期间三峡入库负荷呈现工业废水排放量逐年下降，而城镇生活污水排放量逐年上升的趋势，总废水排放量居高不下，来自城镇生活污水方面的压力超过工业废水而成为主要的污染源。三峡库区成库之后，水体的水文、水动力及营养环境发生了巨大改变。由于三峡水库蓄水至 175m，库区水体流速进一步变小，尤其是次级河流和河汊水体流速更小，回水区基本处于静止状态，对水中氮、磷等营养物质的稀释扩散能力更弱，因而回水区是水体富营养化及水华的频发段，其达到富营养状态的断面比例显著高于非回水区。三峡水库总体水质呈现稳定态势，但支流富营养化与水华频繁发生，成为三峡水库水环境安全的重要问题。

三峡库区水生态环境是一个开放的、高度复杂的系统，要实现对水生态环境的污染控制、富营养化治理和生态系统推演，精确监测和动态感知水生态环境就必须对水生态环境情况进行及时掌握、实时监测，感知水生态环境的基本生命功能特性。在现有重点监测站专业分析能力提升的同时，建设水生态环境在线监测体系，实时、直观、形象、全面地表现库区水功能区及水体断面的水生态环境状况，感知水生态环境变化趋势就显得尤为必要。在三峡库区建设水生态环境感知系统，可以为监测、控制和治理富营养化水体污染提供重要的技术支持与保障。为此开展了大量的科学研究与调查工作，并在此基础上编写了《三峡库区水生态环境感知系统总体建设方案》。

23.6.1 三峡库区典型支流水生态环境特征分析

23.6.1.1 背景

以三峡库区澎溪河、草堂河、大宁河、香溪河4条典型支流为代表，对本研究执行期间4条典型支流水生态环境变化进行梳理与分析。相关分析成果用于支撑三峡水库湖沼演化动力学过程关键参数阈值的确定，也用于后续感知系统在线监测结果的校验。

23.6.1.2 澎溪河

2014～2015年，澎溪河温泉水文站水位与流量变化过程见图23-114。年内径流峰值出现在7～9月，2015年观测到的最高瞬时径流峰值约为1400m³/s，温泉水文站水位超过警戒水位（195m），2014年汛期峰值流量约为400m³/s。项目执行期间，年平均径流量为47.6m³/s，变化范围为2.4～1400m³/s，方差为116.3，年内径流变异系数为2.44，呈现了典型的山区河流陡涨陡落的特点。澎溪河高阳平湖呈现典型的湖泊特征，其全年平均水体滞留时间为89d，变化范围为5.7～235d。夏季水库低水位运行期间，平均停留时间短于20d，呈现出典型的过流型特征；而冬季平均水体滞留时间超过180d，呈现出典型的湖泊型特征。尽管如此，澎溪河高阳平湖表层水体流速却在全年呈现出较低的特征。全年表层流速均不超过0.1m/s，夏季低水位运行期间，表层水体流速呈显著静滞状态，如图23-115所示。

2015～2016年，高阳平湖水温、溶解氧（DO）浓度剖面变化见图23-116（书后另见彩图）。全年水温均值为21℃，方差为3.0，变化范围为14.1～28.4℃。剖面温度监测结果显示，自4月份开始，受气温变暖的影响，澎溪河水体逐渐升温；4月末至5月出现了分层现象，且分层强度随着水温的升高而逐渐升高。但由于水位下降和径流量的增加，水体滞留时间在夏季低水位运行期间迅速缩短，故水文分层在7～8月主汛期被打破。9月汛末出现弱分层，但分层现象被9月末开始的水库蓄水破坏，进入高水位运行期间的不分层期。随着气温逐渐下降，高阳平湖水温逐渐下降，并在冬季达到最低值。

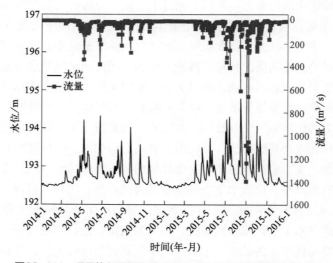

图23-114　项目执行期间澎溪河温泉水文站水位与流量变化过程

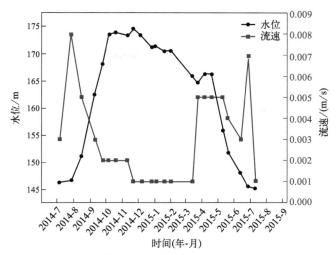

图23-115 项目执行期间澎溪河高阳平湖水位与表层流速变化

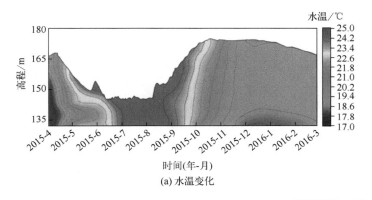

时间(年-月)
(a) 水温变化

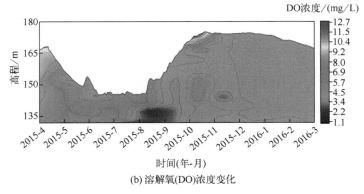

时间(年-月)
(b) 溶解氧(DO)浓度变化

图23-116 高阳平湖水温、溶解氧（DO）浓度剖面变化

2015～2016年，高阳平湖DO浓度平均值为5.3mg/L（全部水柱），变化范围为1.6～12.7mg/L。同水温垂向分布不一样，DO浓度在全年并不呈现出显著的分层现象。仅在水华发生期，表层DO呈现过饱和现象，表层水体DO浓度可能超过10mg/L（如2015年4月、10月）。特别地，在部分水华繁盛时期（如2014年7月），短时间内表层水体DO浓度可能超过15mg/L。另外，夏季因底泥耗氧严重，汛末和夏季伏旱期间，高阳

平湖底部出现显著的缺氧区（DO＜2.0mg/L），维持时间为1个月左右。缺氧区随着水位的升高而在10月份逐渐消失。

2014～2015年，TN、TP、氨氮浓度和高锰酸盐指数的逐月变化过程见图23-117。2014～2015年，高阳平湖表层水体TN浓度均值为1.17mg/L，方差为0.32，变化范围为0.51～1.92mg/L；TP浓度均值为0.094mg/L，方差为0.097，变化范围为0.017～0.38mg/L；氨氮浓度均值为0.18mg/L，方差为0.13，变化范围为0.02～0.48mg/L；高锰酸盐指数均值为10.05mg/L，方差为9.5，变化范围为2.52～35mg/L。常规理化指标的变化呈现显著的季节变化过程。其中TN、TP浓度峰值出现在春末夏初（5月）和主汛期（7～8月），且呈现显著的正相关关系（Spearman相关系数 R=0.87），表明高阳平湖TN、TP呈现同源性，由于上述时间段均具有典型的降雨或径流过程，故可以推测，高阳平湖TN、TP主要来自上游及陆源输入，且具有同步性特征。高锰酸盐指数季节变化同TN、TP具有相似性，但水华期间（4～5月）亦呈现较高的高锰酸盐指数。氨氮的季节变化则同TN、TP并不完全相同，氨氮峰值出现在高水位运行期的冬季，说明高水位期间蓄水消落带底部营养物溶出释放和水体中颗粒物沉降与转化可能是水中氨氮的主要来源。

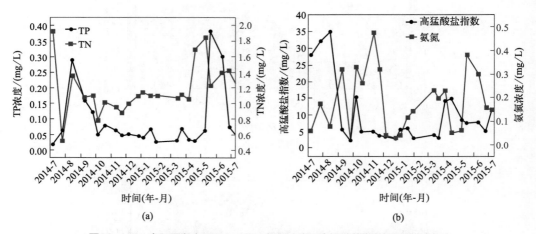

图23-117　高阳平湖表层TN、TP、氨氮浓度和高锰酸盐指数逐月变化过程

23.6.1.3　草堂河

草堂河回水区水位主要受三峡水库调蓄影响，呈现出相应的年内波动特征。如图23-118所示，调查初始的2015年7～9月是长江中上游的主汛期，长江上游来水量较大，三峡水库为满足调蓄可能的大洪水的需要，库区水位维持在较低水平。从2015年7月底开始到9月长江汛期的结束以及10月三峡蓄水期的到来，草堂河回水区水位逐步从最初的151m上涨到175m。这种高水位一直维持到当年的12底。从2016年1月开始，为满足长江下游枯季用水和航运要求，三峡水库开始增大排泄水量，水库水位因此缓慢降低，这种降低趋势一直持续到4～6月的汛前排空期。2016年6月底，草堂河回水区水位保持在160m左右。

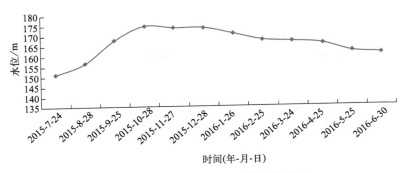

图23-118 草堂河回水区水位随时间变化图

草堂河库湾回水区流速的变化主要受三峡蓄水、泄水过程导致的水位涨落的影响。监测结果统计见表23-36，总体上草堂河库湾回水区流速较小，各监测点表层水体平均流速在 0.20m/s 左右。

表23-36 表层流速变化平均值及标准偏差　　　　　　单位：m/s

CT01	CT02	CT03	CT04	CTCJ01	CTCJ02
0.20±0.11	0.18±0.17	0.19±0.09	1.42±0.50	0.29±0.59	0.21±0.95

图 23-119 显示了调查时间内水体表层流速随时间的变化（书后另见彩图）。由图23-119 可知，长江中上游主汛期的 7～9 月是库区长江水体流速一年中最大的时期。但是此时长江流速并没有显著比草堂河流速大，主要原因可能是监测点位于夔门瞿塘峡内，峡内水文情势复杂导致流速缓慢。随着 2015 年 10 月三峡蓄水期的到来，库区水位在短时间内逐渐上升到最高点 175m，与此同时水体流速保持缓慢趋势。在随后的 11 月、12 月和次年 1 月，库区水流平缓，流速较低。此时，作为三峡库区支流的草堂河库湾回水区，其水体的流速更低，仅维持微弱的表层水体流动，形成几乎处于准静止状态的库湾。草堂河源头点位的流速一直较大，源头地势较高，水层较浅，常年处于流动状态，因此流速较大。

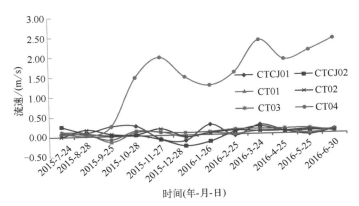

图23-119 表层流速随时间的变化

空间上，草堂河回水区内各监测点水温差异不大，表层水温平均在 19.23～20.79℃之间（表 23-37）。受水体流动性影响，河口处长江水温略低于回水区内水温。随深度变化整体上水温呈现明显的差异。表层水温高于中层及底层水温，并且表中层水温差异大于中底层水温差异，这个差异在 7～8 月尤为突出。这一结果表明，受三峡蓄水影响，草堂河库湾表现出深水湖泊特征，回水区水体在表、中层之间存在一定的跃温层现象。总体上，水温与气温变化一致，呈明显的季节波动特征。调查时间段内，草堂河最高温度出现在2015 年 7 月份，8 月份略有降低，9 月份开始水温降低显著，并在之后的时间里逐渐降低，直到次年 2 月水温达到最低值。自春季 3 月份开始，水温明显回升。中、底层水温的变化特征与表层高度一致。

表23-37　水温变化均值及标准偏差　　　　　　　　单位：℃

监测点	表层	中层	底层
CT01	19.99±4.98	19.61±4.16	19.53±4.07
CT02	20.26±4.66	19.99±4.14	19.54±4.52
CT03	20.66±5.01	20.01±4.78	19.96±4.56
CT04	20.79±5.99	—	—
CTCJ01	19.86±5.32	17.55±6.37	17.55±4.25
CTCJ02	19.23±4.33	17.59±4.32	17.45±3.99

2015～2016 年监测期间草堂河回水区 pH 值整体变化范围为 7.99～8.61，大部分时间段水体为弱碱性。随深度增加，pH 值最大值呈下降趋势。其中表层水体，pH 值平均值在 8.19～8.61 之间，中层在 8.04～8.22 之间，底层在 7.99～8.14 之间（表 23-38）。空间上有自上游向下游减小的趋势。时间变化上，草堂河回水区表层水体 pH 值在 7～9 月整体较大，总体上表现为草堂河上游 ＞ 草堂河下游 ＞ 长江，10～12 月 pH 值整体稳定在 8.0 左右，在随后的次年 1～4 月，各监测点 pH 值有缓慢增加的趋势。草堂河回水区中层及底层水体受紊流影响，空间上并未表现出与表层一致，但在时间上的变化趋势与表层相同。

表23-38　pH值变化均值及标准偏差

监测点	表层	中层	底层
CT01	8.22±0.42	8.11±0.11	8.10±0.16
CT02	8.19±0.35	8.04±0.14	7.99±0.19
CT03	8.39±0.47	8.22±0.16	8.14±0.21
CT04	8.61±0.51	—	—
CTCJ01	8.09±0.62	8.07±0.23	8.00±0.33
CTCJ02	7.99±0.52	7.92±0.31	8.01±0.34

监测期间草堂河回水区溶解氧（DO）含量均值变化范围为 4.72～9.82mg/L，源头监测点 CT04 DO 含量为 17.11mg/L，如图 23-120 所示（书后另见彩图）。中表层水体 DO 含

量明显大于中层和底层。在空间上，除源头外下游监测点 CT03 断面 DO 含量最高，特别是表层水体其均值为 12.28mg/L。同期内长江水体 DO 含量明显低于草堂河回水区。就时间变化来看，中层 7～8 月各监测点 DO 含量较为稳定，表层含量较高且差异较大，上游处最高约为 12.28mg/L，下游处最低约为 6.02mg/L。9 月份，表层水体 DO 含量整体呈迅速下降趋势，且草堂河下降速率高于长江，且随深度加深下降速率逐渐减小。10 月份草堂河中层和底层的 DO 含量比长江相应位置高。在 10 月～次年 4 月，表层水体 DO 含量呈缓慢上升过程并趋于稳定，4～5 月之后开始下降，6 月略有回升。

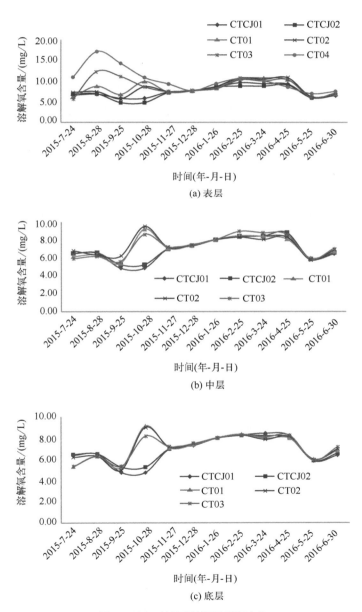

图23-120 溶解氧含量随时间变化

草堂河回水区浊度呈现底层＞中层＞表层的特征（表 23-39）。表层水体浊度平均值为 6.85 ～ 15.43 FNU、中层水体浊度平均值为 8.55 ～ 12.42FNU、底层水体浊度平均值为 11.28 ～ 14.36FNU。河口处长江水体的浊度平均在 26.94FNU 以上，明显高于草堂河水体浊度（表 23-39）。空间上，草堂河回水区内上游断面（CT03 断面）浊度较其他 2 个断面略低。2015 年 7 ～ 9 月水体浊度整体偏大，与此同时，长江水体的浊度更是远远高于库湾水体浊度，两者差异巨大。自 10 月份开始，草堂河库湾水体和长江水体的浊度均显著减小，表、中、底各层水体在 2015 年 10 月至 2016 年 4 月间浊度值较低且较为稳定。自 5 月开始，水体浊度逐渐增加。水体浊度随时间的变化特征很大程度上受长江上游降水及库区水动力条件的影响。每年的 7 ～ 9 月为长江的汛期，长江及草堂河水动力条件较好，长江上游来水增多且含大量泥沙，导致水体浊度较高。由于在 7 ～ 9 月草堂河和长江在白帝城北岸没有连通，因此没有形成 180° 交汇，仅在白帝城的南岸以较小角度与长江交汇，干支流交汇作用较小，因此浊度较长江小。2015 年 10 月～次年 4 月，三峡水库进入蓄水期，水库的高水位运行使泥沙等悬浊物得以沉降，导致水体浊度降低。每年 5 月开始，三峡水库进入汛前泄水期，库区水体流速加快，浊度也随之上升。

表23-39　浊度变化均值及标准偏差　　　　　单位：FNU

监测点	表层	中层	底层
CT01	15.43±7.95	12.42±8.25	11.28±11.25
CT02	12.36±8.66	11.95±7.69	14..36±8.01
CT03	8.09±5.76	8.55±7.55	11.66±8.22
CT04	6.85±7.63	—	—
CTCJ01	27.03±20.55	28.16±22.46	27.39±30.76
CTCJ02	26.94±24.21	27.33±21.69	30.71±27.66

水体电导率是表征水体导电能力的指标，以离子状态存在于水中的矿物质含量越高，水体导电性越强，电导率越高。整体上，草堂河回水区电导率在空间上无显著性差异。表层水体电导率平均值为 428.2 ～ 437.6μS/cm、中层水体电导率平均值为 416.4 ～ 432.8μS/cm、底层水体电导率平均值为 414.2 ～ 432.4μS/cm。河口处长江水体的电导率平均在 413.0 ～ 428.2μS/cm，与草堂河水域电导率无明显差异（表 23-40）。草堂河水体电导率在时间序列上有明显差异。7 ～ 10 月水体电导率整体偏大。9 月或 10 月各监测点水体电导率达到最大。自 11 月开始，草堂河库湾水体和长江水体的电导率均显著减小，并在随后的月份里保持稳定和在较低水平上。电导率随时间的变化特征与浊度极为相似（除了 2015 年 6 月外），其在很大程度也是受到长江上游降水及库区条件的影响。每年的 7 ～ 10 月为汛期，长江上游来水增多且含大量泥沙等颗粒物，颗粒物吸附的离子溶于水中，导致电导率增高。10 月到至次年 4 月进入蓄水期，水库的高水位运行使泥沙等悬浊物吸附离子后沉降，电导率降低。但是水体浊度和电导率对水库水动力条件的响应不同，水体浊度在三峡蓄水的 10 月后就明显降低，而水体电导率在 11 月才显著降低。5 月之后，三峡水库虽然进入泄水期，流速加快，但此时上游并未大规模来水，水体含沙量依然较低，电导率依然保持在较低水平。

表23-40 电导率变化均值及标准偏差 单位：μS/cm

监测点	表层	中层	底层
CT01	428.2±102.3	432.8±182.4	432.4±129.4
CT02	437.6±153.5	430.6±200.1	414.2±146.8
CT03	430.6±100.0	416.4±203.1	430.8±116.5
CT04	441.1±52.3	—	—
CTCJ01	413.0±152.4	428.2±163.7	427.0±154.8
CTCJ02	427.6±119.2	410.1±156.4	417.3±161.4

2015～2016年草堂河回水区各监测点表层水体COD_{Mn}浓度平均值在0.98～2.62mg/L之间，中层水体COD_{Mn}浓度平均值在2.22～2.41mg/L之间，底层水体COD_{Mn}浓度平均值在2.29～2.43mg/L之间（表23-41）。空间上各点相差不大。河口处长江水体的COD_{Mn}浓度整体情况与库湾水体相似，差异较小。COD_{Mn}浓度随时间的变化除2015年9月草堂河回水区上游CT03断面COD_{Mn}浓度为4.11mg/L外，总体来看，草堂河回水区表层水体COD_{Mn}浓度在7～10月间较稳定（9月上游水域可能受局部污染）。除回水区源头CT04监测点COD_{Mn}浓度自10月以后呈逐渐下降外，其他各点COD_{Mn}浓度均在11月降到全年最低。冬季COD_{Mn}浓度明显上升，并且12月和1月呈现较大的空间差异。在之后的3月草堂河库湾水体COD_{Mn}浓度达到全年最高，之后一直呈逐月降低的过程。

表23-41 COD_{Mn}浓度变化均值及标准偏差 单位：mg/L

监测点	表层	中层	底层
CT01	2.51±0.56	2.41±0.52	2.29±0.51
CT02	2.31±0.72	2.22±0.55	2.43±0.52
CT03	2.62±0.62	2.33±0.57	2.37±0.77
CT04	0.98±0.88	—	—
CTCJ01	2.57±0.68	2.48±0.62	2.52±0.71
CTCJ02	2.45±0.43	2.45±0.43	2.58±0.47

草堂河回水区及长江各监测点表、中、底层TN浓度平均值无明显差异，除回水区源头监测点（CT04）TN平均值（0.55mg/L）略低外，其他各点平均值均在2.0mg/L左右（表23-42）。从上游到河口TN浓度的变化范围在0.55～2.23mg/L之间，源头CT04断面在7～9月TN含量较高，其他时间含量较低，其主要原因可能是这3个月降雨较多，地表径流增大，农业面源污染增加，因此在这3个月的TN含量较高。草堂河表层除了长江上游（CTCJ01断面）之外，其他监测点TN均大于1.2mg/L，达到地表水Ⅳ、Ⅴ类水质标准，表明草堂河库湾全年TN污染十分严重。水体垂直方向上，中层、底层与表层TN浓度变化规律基本相同。

表23-42　TN浓度变化均值及标准偏差　　　　　　　　单位：mg/L

监测点	表层	中层	底层
CT01	1.97±0.35	1.96±0.61	2.15±0.59
CT02	2.16±0.41	2.07±0.52	1.99±0.33
CT03	2.07±0.36	1.79±0.44	1.95±0.34
CT04	0.55±0.54	—	—
CTCJ01	2.00±0.42	2.05±0.32	2.06±0.44
CTCJ02	2.23±0.31	2.09±0.51	2.04±0.58

　　表23-43的统计结果表明，除草堂河回水区源头CT04监测点NH_4^+-N浓度普遍较低外，其他3个监测点表层水体NH_4^+-N浓度平均值在0.25～0.39mg/L、中层水体NH_4^+-N浓度平均值在0.16～0.22mg/L、底层水体NH_4^+-N浓度平均值在0.16～0.20mg/L。表、中层水体NH_4^+-N浓度大于河口长江水体NH_4^+-N浓度。2015年7～12月间，草堂河每个监测点NH_4^+-N含量呈现降低趋势，2016年1～6月，个别断面NH_4^+-N含量变化较大，除草堂河源头，其余大多高于0.2mg/L，达到地表水Ⅲ类水质标准。特别是在1～3月，水体NH_4^+-N浓度普遍处于高位。4月各监测点NH_4^+-N浓度值有一个明显突降，5月又显著升高，而到6月均降至0.2mg/L以下。

表23-43　NH_4^+-N浓度变化均值及标准偏差　　　　　　　　单位：mg/L

监测点	表层	中层	底层
CT01	0.39±0.14	0.17±0.17	0.16±0.15
CT02	0.25±0.14	0.16±0.12	0.17±0.12
CT03	0.41±0.12	0.22±0.03	0.20±0.19
CT04	0.07±0.01	—	—
CTCJ01	0.35±0.18	0.18±0.15	0.20±0.14
CTCJ02	0.17±0.13	0.16±0.16	0.17±0.19

　　草堂河回水区TP浓度平均值在0.02～0.30mg/L之间（表23-44）。但是，各监测点TP浓度的标准偏差相对较大，各监测点TP浓度存在较大的季节波动。调查时间段内，在大多数时间里草堂河回水区TP浓度＜0.20mg/L，达到Ⅲ类水质标准。但是1月草堂河下游CT01断面TP浓度异常偏大，达到劣Ⅴ类水质标准，究其原因，可能是在监测断面附近有水上经营餐饮船只，监测采样时，相关废液倾倒江中所致。空间上，除了2～5月河口区TP浓度整体较小外，在大多数月份里TP浓度上游＞中游＞下游，然后到河口区TP浓度又有所增大。

　　叶绿素a浓度可以在一定程度上表征水体浮游植物的现存量。监测时间段内，叶绿素a浓度总体为表层＞中层＞底层（见表23-45）。时间上，叶绿素a浓度呈现出巨大的季节波动特征。回水区表层水体叶绿素a浓度在2015年8月呈现出爆发式增加特点，在之后的9月急剧减小，这极有可能是在8月期间发生过藻华现象所致。从11月～次年6月变化较为平稳。空间上，整体而言，草堂河叶绿素a含量比长江叶绿素a含量高，其主要原因是长江干流水动力不利于水生植物生长，而草堂河流速缓慢，有利于藻类植物生长。

表23-44 TP浓度变化均值及标准偏差 单位：mg/L

监测点	表层	中层	底层
CT01	0.30±0.03	0.09±0.06	0.11±0.04
CT02	0.12±0.12	0.08±0.09	0.16±0.02
CT03	0.14±0.06	0.09±0.07	0.14±0.09
CT04	0.02±0.01	—	—
CTCJ01	0.09±0.04	0.17±0.01	0.09±0.04
CTCJ02	0.10±0.12	0.09±0.08	0.09±0.08

表23-45 叶绿素a变化均值及标准偏差 单位：mg/m³

监测点	表层	中层	底层
CT01	2.09±6.06	0.94±1.71	1.00±0.65
CT02	2.34±5.11	1.06±0.99	1.05±0.73
CT03	2.41±7.69	0.88±0.98	0.69±0.42
CT04	1.33±0.11	—	—
CTCJ01	1.04±1.55	0.87±0.43	0.53±0.41
CTCJ02	1.02±1.01	1.25±0.22	0.58±0.90

2015年7～9月期间，在草堂河没有检测到藻毒素含量，但是在8月期间，草堂河中游CT02断面与下游CT01断面之间部分河段呈现暗褐色，经形态学初步鉴定为硅藻。

23.6.1.4 大宁河

2016年9月～2017年8月间，大昌、双龙、白水河、菜子坝断面平均流速分别为49.27cm/s、61.09cm/s、49.55cm/s和51.27cm/s（表23-46）。对比三峡水库蓄水前大宁河的流速（1～3m/s），三峡水库成库后，支流流速显著降低，水体特征发生明显变化，类似于湖泊或河-湖过渡型水体，满足藻类聚集生长的流速条件，水流变缓被认为是支流回水区水华暴发的最大诱发因素，支流水动力条件的变化，加剧了支流富营养化和水华风险。

表23-46 各断面水体流速 单位：cm/s

时间(年-月)	大昌	双龙	白水河	菜子坝
2016-9	42	45	75	70
2016-10	25	42	47	61
2016-11	35	41	67	32
2016-12	31	35	17	31
2017-1	54	59	46	50
2017-2	14	56	28	25
2017-3	42	63	66	80
2017-5	82	75	58	70
2017-6	63	74	81	35
2017-7	34	56	24	35
2017-8	120	126	36	75
平均值	49.27	61.09	49.55	51.27
标准偏差	29.99	25.18	21.59	20.47

2016 年 9 月～2017 年 8 月年各断面的 9 个评价指标中 TN 和 TP 浓度均较高，其他指标监测结果相对较低（表 23-47）。其中，TN 在 1.05～2.06mg/L 之间，最大浓度超过《地表水环境质量标准》（GB 3838—2002）Ⅲ类水质的 1.06 倍，且远远超过国际公认的发生富营养化的浓度水平（0.2mg/L）；TP 在 0.03～0.20mg/L 之间，平均值为 0.09mg/L，最大浓度达到《地表水环境质量标准》Ⅲ类水质标准限值，考虑到三峡蓄水后水动力特征变化较大，接近湖泊特征，如以湖库类标准来看，则 TP 最大浓度超过《地表水环境质量标准》湖库类Ⅲ类水质的 3 倍，且远大于国际公认发生富营养化的浓度水平（0.02mg/L）。可见，大宁河水体已具备一定的发生富营养化的营养盐条件。值得注意的是，在双龙、白水河和菜子坝断面，部分 pH 值超过水质标准最高限值，这可能与 5～6 月水体中藻类繁殖有关。过高的 pH 值会使水中的微生物活动受到抑制，硝化细菌的分解作用受阻，有机物不易分解，降低水体自净能力，导致水质恶化。

表 23-47 各断面水质评价结果

指标		水温/℃	浊度/FNU	电导率/(μS/cm)	pH值	DO/(mg/L)	COD$_{Mn}$/(mg/L)	NH$_4^+$-N/(mg/L)	TP/(mg/L)	TN/(mg/L)
水质标准限值	Ⅰ级				6～9	7.5	15	0.15	0.02(湖库0.01)	0.2
	Ⅱ级					6	15	0.5	0.1(湖库0.025)	0.5
	Ⅲ级					5	20	1	0.2(湖库0.05)	1
	Ⅳ级					3	30	1.5	0.3(湖库0.1)	1.5
大昌	最小值	13.20	3.11	147.50	6.71	6.01	1.25	0.07	0.03	1.12
	最大值	28.50	29.00	306.00	8.93	12.51	1.98	0.22	0.10	1.78
	平均值	21.14	8.74	248.53	8.29	8.76	1.61	0.14	0.08	1.47
	水质级别					Ⅰ	Ⅰ	Ⅰ	Ⅱ(Ⅳ)	Ⅳ
双龙	最小值	13.50	4.50	151.40	7.70	5.11	0.69	0.06	0.03	1.37
	最大值	28.30	17.20	321.00	9.06	15.79	2.29	0.30	0.10	1.69
	平均值	21.56	8.77	267.38	8.39	8.59	1.57	0.14	0.08	1.53
	水质级别					Ⅰ	Ⅰ	Ⅰ	Ⅱ(Ⅳ)	Ⅴ
白水河	最小值	13.70	4.30	140.70	7.76	5.38	1.32	0.07	0.06	1.42
	最大值	30.00	50.00	330.00	9.77	15.77	2.42	0.25	0.20	2.06
	平均值	21.46	14.48	267.45	8.48	9.24	1.63	0.13	0.10	1.56
	水质级别					Ⅰ	Ⅰ	Ⅰ	Ⅱ(Ⅳ)	Ⅴ
菜子坝	最小值	13.80	4.10	160.60	7.81	6.01	1.25	0.06	0.05	1.05
	最大值	29.30	59.00	357.00	9.35	14.15	2.94	0.19	0.10	1.76
	平均值	20.78	16.81	287.36	8.33	8.36	1.62	0.12	0.08	1.41
	水质级别					Ⅰ	Ⅰ	Ⅰ	Ⅱ(Ⅳ)	Ⅳ

2014～2017 年大宁河各监测断面叶绿素 a 变化情况如图 23-121（书后另见彩图）和图 23-122 所示，叶绿素 a 浓度在 0.85～157.1μg/L 之间，变化幅度较大，高值主要出现在 5～9 月，与水华发生时期吻合。2014～2017 年间，叶绿素 a 浓度年际变化不明显，但最高值呈上升趋势。2016 年 8 月至 2017 年 8 月年研究区域内叶绿素 a 浓度的时空分布特征，各断面年内变化存在差异，水库干流培石断面叶绿素 a 浓度基本上保持不变，均在

2μg/L 以下,从叶绿素 a 浓度看干流水体均处于贫营养水平。上游大昌断面叶绿素 a 浓度在高水位运行期、蓄水期和汛限期均较低。

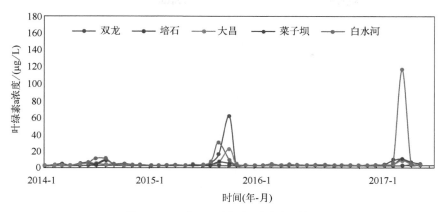

图23-121　各断面叶绿素a浓度变化情况

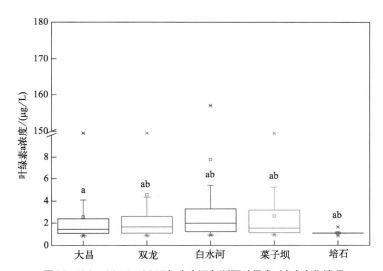

图23-122　2014~2017年大宁河各断面叶绿素a浓度变化情况

2014 ~ 2017 各监测断面藻密度在 19000 ~ 1753000 个 /L 之间,变化幅度较大,高值主要出现在 5 ~ 9 月(图 23-123,书后另见彩图)。

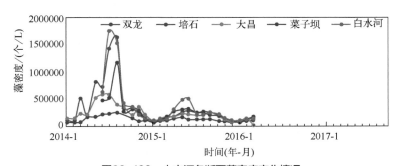

图23-123　大宁河各断面藻密度变化情况

23.6.1.5 香溪河

香溪河回水区水位主要受三峡水库调蓄影响，呈现出相应的年内波动特征。如图23-124所示，调查初始的2015年7～9月是长江中上游的主汛期，长江上游来水量较大，三峡水库为满足调蓄可能的大洪水的需要，库区水位维持在较低水平。从2015年7月底开始到9月长江汛期的结束，以及10月三峡蓄水期的到来，香溪河回水区水位逐步从最初的146m上涨到175m。这种高水位一直维持到当年的12月底。从2016年1月开始，为保证长江下游枯季用水和航运要求，三峡水库开始增大排泄水量，水库水位因此缓慢降低，这种降低趋势一直持续到4～6月的汛前排空期。2016年6月底，香溪河回水区水位保持在160m左右。

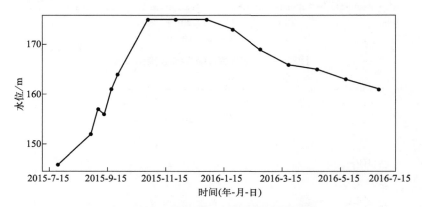

图23-124 香溪河回水区水位随时间变化图

香溪河库湾回水区流速的变化主要受三峡蓄、泄水过程导致的水位涨落的影响。监测结果统计见表23-48，总体上香溪河库湾回水区流速较小，各监测点表层水体平均流速在0.20m/s左右，远小于河口长江处水体流速。从春季3月开始，随着香溪河流域降水的增多，上游地表径流汇入库湾，导致库湾回水区流速不断增大。特别是在5～6月，进入香溪河流域的主汛期，而且三峡水库进入汛前排空期，库区水位迅速下降，导致库湾水体流速达到最大，这一时期回水区内水体流速呈现出由上游向下游减小的趋势。表层流速随时间变化如图23-125所示（书后另见彩图）。

表23-48 表层流速变化平均值及标准偏差　　　　　　　　单位：m/s

XX01	XX02	XX03	XX04	XXCJ01	XXCJ02
0.19±0.11	0.21±0.09	0.20±0.09	0.23±0.10	1.06±0.78	1.15±0.88

表23-49的统计结果表明，香溪河回水区内各监测点2015～2016年水温差异不大，表层水温平均在20.17～20.57℃之间。受水体流动性影响，河口处长江水温略低于回水区内水温。随深度变化整体上水温呈现明显的差异。表层水温大于中层及底层，并且表中层水温差异大于中底层水温差异，这个差异在7～8月尤为突出。这一结果表明，受三峡蓄水影响，香溪河库湾表现出深水湖泊特征，回水区水体在表、中层之间存在一定的跃温层现象。

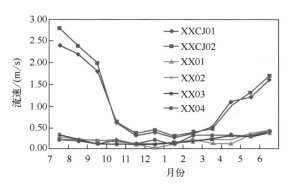

图23-125　表层流速随时间变化图

表23-49　水温变化均值及标准偏差　　　　　　　单位：℃

监测点	表层	中层	底层
XX01	20.46±4.98	19.64±4.16	19.51±4.07
XX02	20.26±4.40	19.56±4.07	19.24±4.14
XX03	20.57±4.90	19.86±4.23	19.44±4.39
XX04	20.17±6.10	—	—
XXCJ01	20.00±4.83	19.29±4.45	19.16±4.40
XXCJ02	20.09±4.67	19.28±4.32	19.21±4.30

表 23-50 的统计结果表明，香溪河回水区 pH 值整体变化范围在 7.98 ～ 8.59 之间，为弱碱性水体。随深度增加，pH 值最大值呈下降趋势。其中表层水体 pH 值平均值在 8.34 ～ 8.59 之间，中层在 8.01 ～ 8.25 之间，底层在 7.98 ～ 8.11 之间。空间上有自上游向下游减小的趋势。时间变化上，香溪河回水区表层水体 pH 值在 8 ～ 9 月整体较大，与此同时，长江水体的 pH 值整体偏小，总体上表现为香溪河上游＞香溪河下游＞长江，10 ～ 12 月 pH 值整体稳定在 8.0 左右，在随后的次年 1 ～ 4 月，各监测点 pH 值有缓慢增加的趋势。这段时间内，与 8 ～ 9 月相反，pH 值呈现长江高于香溪河的特点。5 月 pH 值骤降，而后 6 月又有所升高。香溪河回水区中层及底层水体受紊流影响，空间上并未表现出与表层一致，但在时间上的变化趋势与表层相同。

表23-50　pH值变化均值及标准偏差

监测点	表层	中层	底层
XX01	8.43±0.48	8.01±0.18	8.02±0.28
XX02	8.34±0.36	8.14±0.31	7.98±0.21
XX03	8.40±0.50	8.25±0.27	8.11±0.24
XX04	8.59±0.56	—	—
XXCJ01	7.97±0.73	8.13±0.22	7.91±0.32
XXCJ02	7.90±0.38	7.91±0.44	8.26±0.31

表 23-51 的统计结果表明，监测期间香溪河回水区溶解氧（DO）含量均值变化范围为 6.37 ～ 10.43mg/L，其中表层水体 DO 含量明显高于中层和下层。在空间上，回水区内 DO 含量分布并无规律性特征，上游监测点 XX03 DO 含量最高，特别是表层水体其均值含量为 10.43mg/L。同期内长江水体 DO 含量明显低于香溪河回水区。就时间变化来看，7 ～ 8 月各监测点 DO 含量较为稳定，表层含量较高且差异较大，中游最高约为 18mg/L，下游处最低约为 7mg/L。9 月，表层水体 DO 含量整体呈迅速下降趋势，且香溪河下降速率高于长江，且随深度加深下降速率逐渐减小。在随后的 10 月～次年 4 月，表层水体 DO 含量呈缓慢上升过程并趋于稳定，4 月之后开始下降。中下层水体 DO 含量随时间变化高度一致，但与表层水体截然不同。DO 含量在 8 ～ 9 月偏低，自 10 月以来至次年 4 月呈稳定的增加趋势，5 月份之后，DO 含量出现明显的降低过程。

表 23-51　溶解氧变化均值及标准偏差　　　　　　单位：mg/L

监测点	表层	中层	底层
XX01	8.84±2.25	6.80±1.16	6.37±1.79
XX02	8.18±1.23	6.97±1.22	6.71±1.33
XX03	10.43±4.12	7.14±1.16	6.84±1.24
XX04	9.43±1.71	—	—
XXCJ01	7.41±1.04	6.68±1.27	6.59±1.37
XXCJ02	7.26±0.88	6.60±1.37	6.55±1.37

表 23-52 为 2015 年 7 月～ 2016 年 6 月间香溪河库湾水体透明度时空变化的统计结果。由表 23-52 可知，在整个调查时间段内，回水区各监测点水体透明度平均值在 135.17 ～ 144.25cm 之间，空间上各点相差不大。河口处长江水体的透明度整体情况与库湾水体相似，差异较小。香溪河库湾水体透明度季节差异明显，总体上冬季最大，春秋次之，夏季最小。2015 年 8 月水体透明度最低，这一特点与叶绿素 a 浓度的季节分布呈相反的趋势。7 ～ 8 月水体透明度低还与汛期河流携带入库的大量泥沙等悬浮物质密切相关。9 ～ 12 月水体透明度逐渐增大，一直到次年 2 月。2016 年 3 月开始水体透明度逐渐降低，但库湾下游仍然保持较大值。三峡水库蓄水之后，香溪河库湾水体基本处于准静止状态，水体透明度受浮游植物生长及降雨事件等影响较大。春季是水华高发季节，浮游植物大量增殖，水体透明度往往较小；夏季水体透明度的大小不仅与浮游植物生长有关，还易受降雨携带的泥沙及悬浮颗粒物等因素的影响，水体透明度为全年最小的时段；秋季浮游植物增殖速率有所减小，水体透明度逐渐增大；冬季水库处于枯水期，水体透明度为全年最大的时段。

表 23-52　水体透明度变化均值及标准偏差　　　　　　单位：cm

XX01	XX02	XX03	XX04	XXCJ01	XXCJ02
143.75±79	144.25±74	141.17±67	135.17±66	142.42±86	131.83±83

表 23-53 的统计结果表明，香溪河回水区浊度呈现底层＞中层＞表层的特征。表层水体浊度平均值为 7.44 ～ 10.19FNU，中层水体浊度平均值为 9.13 ～ 11.06FNU，底层水

体浊度平均值为 9.20 ～ 12.45FNU。河口处长江水体的浊度平均在 24.39FNU 以上，明显高于香溪河水体浊度。空间上，香溪河回水区内自下游向上游，水体浊度有减小的趋势。2015 年 7 ～ 9 月水体浊度整体偏大，与此同时，长江水体的浊度更是远远高于库湾水体浊度，两者差异巨大。自 10 月开始，香溪河库湾水体和长江水体的浊度均显著减小。除长江下游监测点表层水体在 2016 年 2 ～ 4 月浊度值偏高外，其余表、中、底各层水体在 2015 年 10 月～ 2016 年 4 月间浊度值较低且较为稳定。自 5 月开始，水体浊度逐渐增加。

表23-53　浊度变化均值及标准偏差　　　　　　单位：FNU

监测点	表层	中层	底层
XX01	10.19±8.57	11.06±9.27	12.45±10.47
XX02	9.65±8.65	10.61±9.28	9.20±7.36
XX03	7.44±6.63	9.13±8.55	11.19±8.78
XX04	8.17±8.65	—	—
XXCJ01	24.39±26.67	27.70±30.63	29.91±32.87
XXCJ02	26.88±22.68	28.26±30.38	31.27±34.18

由表 23-54 可知，香溪河回水区电导率呈现表层＞中层＞底层的特征。表层水体电导率平均值为 678.25 ～ 821.98μS/cm，中层水体电导率平均值为 656.80 ～ 683.36μS/cm，底层水体电导率平均值为 642.16 ～ 678.80μS/cm。河口处长江水体的电导率平均值在 596.41 ～ 655.73μS/cm，明显低于香溪河水体。各监测点水体电导率标准偏差较大，反映出香溪河回水区电导率季节波动大。7 ～ 10 月水体电导率整体偏大，并且空间差异也较大。9 月各监测点水体电导率达到最大，XX04 表层水体电导率达到 1554μS/cm。自 11 月开始，香溪河库湾水体和长江水体的电导率均显著减小，并在随后的月份里保持稳定和在较低水平上。电导率随时间的变化特征与浊度极为相似，其在很大程度也是受到长江上游降水及库区条件的影响。每年的 7 ～ 9 月为汛限期，长江上游来水增多且含大量泥沙等颗粒物，颗粒物吸附的离子溶于水中，导致电导率增高。10 月～次年 4 月进入蓄水期，水库的高水位运行使泥沙等悬浊物吸附离子后沉降，电导率降低。但是水体浊度和电导率对水库水动力条件的响应不同，水体浊度在三峡蓄水的 10 月就明显降低，而水体电导率在 11 月才显著降低。5 月之后，三峡水库虽然进入泄水期，流速加快，但此时上游并未大规模来水，水体含沙量依然较低，电导率依然保持在较低水平。

表23-54　电导率变化均值及标准偏差　　　　　　单位：μS/cm

监测点	表层	中层	底层
XX01	708.73±495.53	683.36±467.05	678.80±463.83
XX02	708.24±491.53	668.02±457.54	642.16±420.41
XX03	678.25±463.89	656.80±432.24	659.49±447.21
XX04	821.98±571.62	—	—
XXCJ01	633.91±411.31	606.46±377.15	596.41±371.99
XXCJ02	655.73±439.00	635.32±403.36	602.31±372.56

香溪河回水区及长江各监测点表、中、底层 TN 浓度平均值无明显差异，除回水区源头监测点（XX04）TN 平均值（0.69mg/L）略低外，其他各点平均值均在 2.0mg/L 左右（表23-55）。从上游到河口 TN 浓度的变化范围在 0.01～3.65mg/L 之间，表层除了 2015 年 10 月～次年 6 月香溪河源头、2016 年 6 月份中下游及河口处 TN 浓度偏低外，其他时间均大于 1.2mg/L；季节上看，TN 浓度变化趋势不明显，但是 2015 年秋季 9～11 月 TN 浓度呈现降低的趋势，随后的冬春季节略有增加并维持在较高水平。秋季是三峡水库的蓄水季节，随着水库水位的逐渐升高，干流水体大量进入库湾，且以倒灌异重流的形式对库湾营养盐进行了稀释和再分配，同时水库的高水位运行状态使颗粒态的营养盐得以沉降，营养盐浓度逐渐降低。冬季是浮游植物生物量较小的季节，对营养盐的消耗量较小，库湾中的营养盐浓度逐渐上升，营养盐含量开始累积。春季 TN 浓度略有增加原因可能是更多地受区内农业耕作活动的影响。

表23-55　TN浓度变化均值及标准偏差　　　　　　　　单位：mg/L

监测点	表层	中层	底层
XX01	1.94±0.33	2.13±0.74	2.17±0.76
XX02	1.95±0.44	2.08±0.44	1.91±0.25
XX03	1.91±0.46	2.04±0.57	1.95±0.30
XX04	0.69±0.73	—	—
XXCJ01	1.76±0.41	1.99±0.42	1.86±0.51
XXCJ02	2.23±0.61	2.06±0.47	2.04±0.40

调查期间，各监测点 NH_4^+-N 浓度范围在 0.01～0.85mg/L 之间。表 23-56 的统计结果表明，除香溪河回水区源头 XX04 监测点 NH_4^+-N 浓度普遍较低外，其他 3 个监测点表层水体 NH_4^+-N 浓度平均值在 0.02～0.29mg/L，中层水体 NH_4^+-N 浓度平均值在 0.15～0.19mg/L，底层水体 NH_4^+-N 浓度平均值在 0.15～0.22mg/L。表、中层水体 NH_4^+-N 浓度大于河口长江水体 NH_4^+-N 浓度。2015 年 7～12 月间，除香溪河上游及下游在 9 月、中游在 12 月值偏高以外，其他各点 NH_4^+-N 浓度均稳定在 0.2mg/L 以下，达到地表水 Ⅱ 类水质标准。2016 年 1～5 月，除香溪河源头、2～5 月长江上游低于 0.2mg/L 外，其余大多高于 0.2mg/L，达到地表水 Ⅲ 类水质标准。特别是在 1～3 月，水体 NH_4^+-N 浓度普遍处于高位。4 月各监测点 NH_4^+-N 浓度值有一个明显突降，5 月又显著增加，而到 6 月均降至 0.2mg/L 以下。空间上，整体表现为上游高于下游、中游及长江。中层及底层时间变化与上层相似，但在空间上呈现出中游高于下游、上游及长江的规律。

表23-56　NH_4^+-N浓度变化均值及标准偏差　　　　　　　　单位：mg/L

监测点	表层	中层	底层
XX01	0.25±0.17	0.15±0.14	0.15±0.16
XX02	0.19±0.14	0.19±0.15	0.22±0.12
XX03	0.29±0.20	0.16±0.08	0.20±0.24
XX04	0.02±0.02	—	—
XXCJ01	0.13±0.11	0.14±0.11	0.20±0.20
XXCJ02	0.13±0.10	0.13±0.14	0.14±0.12

表 23-57 的统计结果表明，香溪河回水区 TP 浓度范围在 0.03～0.38mg/L 之间，其中大多数时间里 TP 浓度低于 0.20mg/L，达到Ⅲ类水质标准。但是在 10 月、次年 1 月以及 4 月里香溪河 TP 浓度异常偏大，局部河段 TP 浓度超过 0.4mg/L，达到劣Ⅴ类水质标准。2015 年 7～9 月 TP 浓度偏低，主要是受浮游植物生长吸收的影响（水体叶绿素含量在此段时间内达到最大）。其他时间里，TP 浓度变化复杂，这可能与库区水动力条件改变，以及城镇生活污水排入和农村化肥过度施用有关。空间上，除了 2～5 月河口区 TP 浓度整体较小外，在大多数月份里 TP 浓度上游＞中游＞下游，然后到河口区 TP 浓度又有所增大。这一特征在很大程度上受流域自然环境条件的影响。香溪河流域内磷矿资源丰富，上游磷矿资源的开采和化工企业的存在，导致大量排放的磷酸盐在库湾中聚集，是水体中磷污染负荷的主要来源。因此，库湾中 TP 的分布规律是距离河口越近的样点浓度越低。河口区水体受长江干流影响，已有研究也表明，三峡库区大多数支流回水区 TN、TP 含量低于干流。

表23-57 TP浓度变化均值及标准偏差　　　　单位：mg/L

监测点	表层	中层	底层
XX01	0.12±0.04	0.13±0.05	0.20±0.18
XX02	0.35±0.75	0.23±0.32	0.15±0.07
XX03	0.22±0.12	0.32±0.38	0.38±0.48
XX04	0.03±0.04	—	—
XXCJ01	0.09±0.05	0.10±0.07	0.13±0.14
XXCJ02	0.14±0.11	0.16±0.16	0.12±0.09

表 23-58 的统计结果表明，香溪河回水区表层水体叶绿素 a 含量在 2015 年 8 月呈现出爆发式增加特点，在之后的 9 月急剧减小，仅在下游水域仍然保持在较高水平。从 11 月至次年 6 月变化较为平稳，低于 3mg/L。空间上，8～10 月，整体上是长江上游叶绿素 a 含量高于下游及香溪河，香溪河下游高于上游，其中长江上游叶绿素 a 含量在 9 月最高可达 29.62mg/L。11 月～次年 6 月整体上也呈现出长江上游高于香溪河的规律。中层水体随时间变化表现与表层一致。空间上，8～10 月，香溪河下游高于上游及长江，11 月至次年 6 月整体上表现为长江上游高于香溪河。底层空间变化与中层一致，由于叶绿素 a 含量较低，在时间尺度上并未出现明显变化特征。

表23-58 叶绿素a变化均值及标准偏差　　　　单位：mg/m³

监测点	表层	中层	底层
XX01	4.03±5.14	1.89±1.70	0.73±0.46
XX02	1.90±2.01	0.87±0.57	0.74±0.44
XX03	1.19±0.94	1.01±0.44	0.97±0.36
XX04	3.34±4.87	—	—
XXCJ01	7.96±10.63	1.09±0.59	0.79±0.50
XXCJ02	0.74±0.39	0.82±0.45	0.72±0.33

图 23-126 的统计结果表明，藻毒素 8 月达到最高值。秋季开始下降，冬季整体较低，并从 2016 年春季开始，又呈增加趋势。这种季节变化特征与水体营养盐和区域气候特征相对应。近年来由于三峡库区水域水体氮、磷含量增加，导致水体富营养化状况日益突出。香溪河回水区水流平静，虽然夏季水量充足，对库湾水体中的藻毒素起到了一定的稀释作用，但在较高的温度、充足的光照、流动性相对较小以及富含氮和磷的富营养化条件下，夏季藻类生长迅速，致使库湾水体的夏季微囊藻毒素浓度明显增高。冬季由于气候环境的改变，不利于藻类的生长发育，从而使水体中微囊藻毒素含量降低。

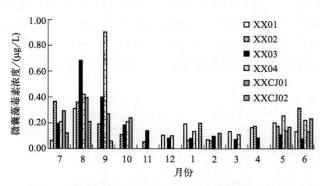

图23-126　调查时间段内各月份水体微囊藻毒素浓度变化

23.6.2　三峡水库水生态系统评价方法与指标体系构建

23.6.2.1　背景

三峡水库是大型河道型水库，具有明显的反季节调控的特点，由于水库调度运行引起的库区干流以及支流水动力条件的转变，成为引发流域水污染风险的重要不确定性因素。本节以三峡库区作为研究区域，聚焦于污染压力对三峡库区水质安全和水生态健康系统的影响，在全面考虑风险压力以及三峡库区水环境污染现状、生态系统组成的基础上，基于三峡库区动水位下水环境生态系统时空变化特征、三峡库区感知系统示范支流回水区水生态环境耦合特征等研究，根据水生态系统评价指标体系构建原则，选择能够反映三峡库区水环境污染状况的各项指标构建评价指标体系，形成以碳平衡为核心的水库生态系统评价指标体系和方法。

23.6.2.2　指标选取原则

由于三峡库区水生态系统非常复杂，不可能对所有表征其生态系统健康状况的指标都进行评价。因此在对三峡水生态系统健康状况评价指标进行选择时，必须立足于实际情况，基于现有条件进行筛选，评价指标的筛选必须遵循以下 3 个原则。

① 科学性和代表性：能具体表征三峡水生态系统的主要性状。

② 简明性和可操作性：所选指标应概念明确、易于理解，便于采集和测定，可操作性强，同时应力求简明，指标所反映的信息应能被非专业的管理人员和公众掌握和理解。

③ 可比性和规范性：指标应科学统一和规范，应能进行比较和分析，以便对河流系

统健康及其发展规律进行分析和研究。另外,在指标选取的过程中应充分考虑评价的横向扩展性,确保所选指标不仅能对三峡水生态系统健康状况进行评价,而且能够适用于不同河流的生态系统健康评价。

23.6.2.3　指标分类

水质安全,特别是饮用水水质安全是最基本的民生问题。传统的常规理化参数主要是针对具体污染物的检测,有助于对水质基本状况进行了解,但是在突发性环境污染事件、水华暴发等情况下,传统的常规理化参数监测不能综合反映水质安全状态,难以满足水环境生态健康和饮用水安全监测的需求。基于此,美国研究机构提出了在线自动监测站的优化架构,由常规多参数、特征污染参数和生物毒性参数3类参数构成。这些参数的总和才可以真正代表水环境生态状态。

(1)常规多参数指标

常规多参数主要提供对水质基本状况的了解,并作为水环境生态预警的辅助信息。很多有害物质的变化会引起常规参数的变化,但是也有很多有害物质的增加并不会引起这些参数的变化,或者引起参数的变化很不明显。

(2)特征污染参数指标

特征污染参数是根据检测点的历史污染事故和历史水质数据确定的,这些指标是该检测点的主要问题来源。从历史的分析看,如果该检测点水质出现问题,绝大多数情况下污染物来自这组检测点。所以应该针对这组特殊物质进行针对性监测。这组参数是日常水质监测预警的重要指标,针对这组参数,由于采用针对性检测技术,可以准确获得污染物的具体种类和浓度,便于后续的应急处理。但是这组参数的缺陷是只能针对几种污染物检测,不可能涵盖太多种。

(3)生物毒性参数指标

即使有了以上两组参数,还是有些毒性物,甚至是毒性很强的有害物可能遗漏。如果污染事件是由这些污染物引起的,以上两组参数没有变化或变化很小,不会引起人们的注意。为了扩大检测的毒性物种类,必须采用生物检测方法。其主要思路是用生物作为试验品,测定被测水样对生物的危害程度如何。

23.6.2.4　常规指标

按照指标选取的原则,为了保证选取的指标能科学、全面、准确地反映三峡生态系统特征,本研究选用内容分析法,通过对国内外关于三峡生态系统特征的所有文献进行分析筛选三峡库区水生态系统监测指标及监测频次。

内容分析法是以各类文献为基础,将分析单元的资料内容分解为一系列项目的分析维度,评判单元内所表现的事实并进行定量统计描述的方法。简而言之,则是对文献内容进行客观、系统、量化分析的一种研究方法。自20世纪90年代以来,内容分析法在国内的研究逐渐深入，其客观性、揭示文献隐性特征、将定性描述转化为定量结果等方面的特征优势逐渐显现。基于以上原因，本节选用内容分析法收集三峡库区有关监测方案的文献，对文献中的监测指标及监测频次进行分析，筛选出适用于三峡库区水生态系统监测方案的监测指标及监测频次。

根据内容分析法的基本要求，本研究分为以下几个步骤。

① 内容抽样，为保证样本的代表性以及时效性，选取 36 个关于三峡监测方案的文献为总体样本。

② 标准提取，对 36 个文献进行系统分析，提取并确定监测指标。

③ 量化处理，对所选文献进行编码处理，对有关三峡库区监测方案出现的监测指标和监测频次进行频次计数，总和代表每一个监测指标和频次在文献中出现的次数。本研究中将所选样本文献按照成文时间顺序进行排序，以反映三峡库区监测方案的时间演化。

④ 结论描述，根据量化处理结果，得出三峡库区监测方案的核心监测指标以及监测频次。

（1）相关文献来源

选取国内外近 15 年内的 36 个有关三峡库区监测方案的文献为样本，其中中文文献 18 个，英文文献 18 个。

（2）指标提取

对已选 36 个反映三峡库区监测指标的文献进行系统剖析：

① 提取并确定 5 个主要的气象监测指标，分别是风速、风向、气温、气压、湿度。

② 提取并确定 4 个主要的水文监测指标，分别是水位、流速、水深、泥沙含量。

③ 提取并确定 21 个主要的水质监测指标，分别是水温、浊度、电导率、透明度、碱度（硬度）、pH 值、DO、COD_{Mn}、NH_4^+-N、TP、TN、Hg、Pb、As、Cu、Cd、Mn、BOD_5、SiO_2、Na^+、Cl^-。

④ 提取并确定 3 个主要的水生态监测指标，分别是叶绿素 a、藻密度、藻种类。

（3）量化分析

① 气象监测指标。见表 23-59 及图 23-127。

表23-59　三峡库区气象监测指标比较

序号		风速	风向	气温	气压	湿度
英文文献	1					
	2					
	3					
	4					
	5					
	6					
	7					
	8					
	9				1	
	10					

续表

序号		风速	风向	气温	气压	湿度
英文文献	11					
	12					
	13					
	14	1	1			
	15					
	16					
	17					
	18					
中文文献	1					
	2					
	3					
	4					
	5					
	6					
	7			1		
	8					
	9					
	10			1		
	11					
	12					
	13					
	14					
	15					
	16	1	1			
	17	1	1	1	1	1
	18					

注：文献中出现该指标则标记为1。

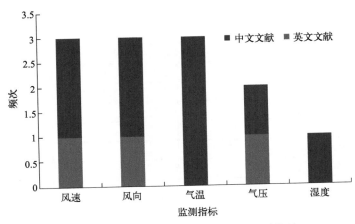

图23-127　三峡库区气象监测指标出现频次比较

② 水文监测指标。见表 23-60 及图 23-128。

表23-60　三峡库区水文监测指标比较

序号		水位	流速	水深	泥沙含量
英文文献	1				
	2				
	3				
	4				
	5				
	6				
	7	1			
	8		1		
	9				
	10				
	11	1	1		
	12				
	13	1	1		
	14	1	1		
	15	1			
	16	1			
	17				
	18				
中文文献	1				
	2		1	1	
	3	1	1	1	
	4				
	5				
	6		1	1	
	7		1	1	
	8				
	9				
	10				
	11				
	12				
	13	1	1		1
	14			1	
	15				
	16	1	1		
	17	1	1	1	1
	18	1	1	1	

注：文献中出现该指标则标记为1。

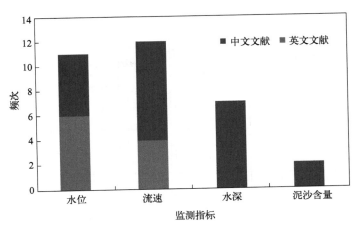

图23-128 三峡库区水文监测指标出现频次比较

③ 水质监测指标。见表 23-61 及图 23-129。

表23-61 三峡库区水质监测指标比较

	序号	水温	浊度	电导率	透明度	碱度(硬度)	pH值	DO	COD_{Mn}	NH_4^+-N	TP	TN	Hg	Pb	As	Cu	Cd	Mn	BOD_5	SiO_2	Na^+	Cl^-
英文文献	1									1		1										
	2	1								1	1	1										
	3										1	1										
	4																					
	5										1	1										
	6																					
	7						1				1	1										
	8																					
	9	1	1	1			1	1														
	10										1	1										
	11																					
	12										1											
	13																					
	14	1	1	1			1															
	15	1																				
	16																					
	17														1	1		1	1			
	18											1										
中文文献	1	1	1	1	1		1		1		1									1		1
	2	1	1	1				1	1	1	1	1	1	1	1	1	1	1				
	3	1			1					1	1	1										

续表

	序号	水温	浊度	电导率	透明度	碱度(硬度)	pH值	DO	COD_{Mn}	NH_4^+-N	TP	TN	Hg	Pb	As	Cu	Cd	Mn	BOD_5	SiO_2	Na^+	Cl^-
	4				1						1											
	5				1					1	1	1										
	6										1	1										
	7	1					1			1	1	1										
	8				1				1		1	1										
中文文献	9	1			1		1		1		1	1										
	10	1			1		1	1		1	1	1										
	11	1		1			1	1		1	1	1										
	12	1		1			1	1		1	1	1								1		
	13	1	1	1			1	1			1	1								1		
	14	1		1			1	1		1	1	1										
	15	1							1		1	1										
	16	1			1						1	1								1		
	17	1		1	1		1	1		1	1	1									1	1
	18										1	1										

注：文献中出现该指标则标记为1。

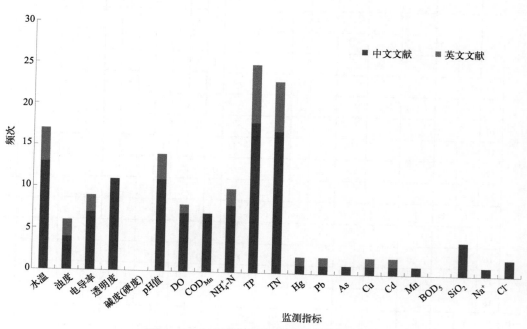

图23-129　三峡库区水质监测指标出现频次比较

④ 水生态监测指标。见表23-62及图23-130。

表23-62 三峡库区水生态监测指标比较

序号		叶绿素a	藻密度	藻种类
英文文献	1			
	2			
	3		1	1
	4	1		
	5	1	1	1
	6	1	1	1
	7		1	1
	8			
	9	1		
	10			
	11		1	1
	12			
	13			
	14			
	15			
	16			
	17			
	18			
中文文献	1	1		
	2			
	3	1	1	1
	4	1		
	5	1		
	6			
	7			
	8	1		
	9	1		
	10	1		
	11	1		
	12	1		
	13	1		
	14			
	15	1	1	1
	16	1	1	1
	17	1	1	
	18			1

注：文献中出现该指标则标记为1。

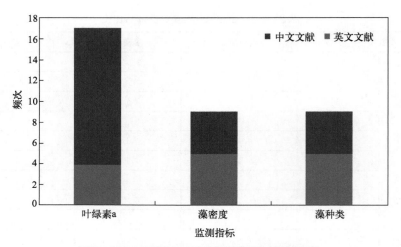

图23-130　三峡库区水生态监测指标出现频次比较

（4）筛选结果

分别统计分析 5 个气象、4 个水文、21 个水质和 3 个水生态常用监测指标在文献中出现频次，可以得到相应的量化结果。从量化结果可以看出每个表征指标出现频次存在较大的差异，每类表征指标出现的频次也有不同。因此，针对每类指标分别开展筛选，得到气象指标为风速、风向、气温、气压、湿度，水文指标为水位、流速、水深、泥沙含量，水质指标为水温、浊度、电导率、透明度、碱度（硬度）、pH 值、DO、COD_{Mn}、NH_4^+-N、TP、TN、Hg、Pb、As、Cu、Cd、Mn、BOD_5、SiO_2、Na^+、Cl^-，水生态指标为叶绿素 a、藻密度、藻种类。同时，考虑到特定站点水位与水深的关联性，只保留水位指标。考虑到指标在线监测的可实现性，去掉藻种类，则三峡库区水环境生态感知系统常规监测指标包括风速、风向、气温、气压、水位、流速、水温、浊度、电导率、透明度、pH 值、DO、COD_{Mn}、NH_4^+-N、TP、TN、叶绿素 a、藻密度，共计 18 项。

23.6.2.5　特征指标

（1）藻毒素

水华本质上是水生态系统中重要的初级生产者——浮游植物，在一定的条件下生长繁殖失去控制而形成大量生物量的自然现象。一般贫营养水体中的藻类具有种类多、总量少的特点，主要种类为浮游硅藻和黄鞭毛藻，有小环藻、平板藻和锥囊藻等。随着水体富营养化程度的增加，藻的种类减少，蓝藻逐渐成为优势菌暴发而形成水华，其主要由微囊藻、束丝藻、鱼腥藻、腔球藻、胶刺藻、节球藻及念珠藻组成。

水华会从多方面给生态环境带来破坏，危害人类或水生生物的健康。一是通过大量生物量的积累威胁水环境，如水华发生后水底厌氧环境进一步加深，从而引发沉积物有毒物质的释放，缺氧造成鱼类死亡，阻断光线向水体更深处穿透进而影响沉水植物生长，威胁水生食物链的稳定性，等等；二是直接产生毒素，通过饮水或进入食物链威胁人类的健康。藻毒素主要是在藻细胞破裂或藻类腐烂分解后，从细胞内释放到水体中。目前已知能够产生毒素的淡水藻有 11 属 60 多种。在所有有毒蓝藻中，微囊藻水华发生普遍、持续时间长，危害最严重，其分泌的次级代谢产物微囊藻毒素（microcystins，MCs）是一类含有环状七肽结构的毒性物质，具有强烈的致癌作用，引发的水生态健康风险备受关注。已检测出的微囊藻毒素异构体大约有 90 种，其中毒性最大的为 MC-LR，1998 年世界卫生组织已经规定饮用水中 MC-LR 的标准限值仅 1μg/L。

直接接触或饮用含有 MCs 的水都会使人和动物中毒。在澳大利亚的 Alexandrina 湖沿岸，牛、羊等动物饮用了含有 MCs 的湖水后出现了大量死亡现象。人们在洗澡、游泳及其他水上休闲和文娱活动时直接接触含有 MCs 的水，会产生皮肤过敏、肌肉痉挛、腹泻、呼吸急促、昏迷甚至死亡的症状；长期暴露在含有 MCs 的水体中会引起肝炎、肝癌及皮肤癌等疾病。MCs 能造成肾脏细胞的细胞骨架改变，并引起 DNA 损伤，在 MCs 暴露的情况下可造成心肌功能受损，从而引发循环系统紊乱。MCs 还可以在鱼等水产品体内存留和蓄积，通过生态系统和食物链以间接方式进入人体，从而对人类健康造成潜在的威胁。蓝藻水华及藻毒素在世界各地淡水水体中广泛存在。美国南加州地区 4 个饮用水源水库暴发以淡水浮丝藻为优势种的蓝藻水华，检测到 90 ~ 432μg/L MC-LR。日本中部 Suwa 湖暴发以绿色微囊藻为优势种的蓝藻水华，检出 102.1μg/L MC-LR。中国湖库蓝藻水华及微囊藻毒素污染日趋严重，已成为饮用水安全的主要危害之一。2003 ~ 2004 年长江流域 30 个浅水湖泊的调查中，发现优势蓝藻以铜绿假单胞菌、念珠藻为主，检测出 MC-LR、MC-RR 和 MC-YR 3 种微囊藻毒素，最高浓度达到 8.6μg/L MC-LR。Wu 等随后在长江流域以铜绿假单胞菌、念珠藻为优势种的浅水湖泊中检出 MC-LR、MC-RR、MC-YR、MC-LA 和 MC-YA 5 种微囊藻毒素，等价 MC-LR 浓度高达 4.1 μg/L。安徽巢湖暴发的蓝藻水华主要以铜绿假单胞菌、念珠藻和阿氏颤藻为优势种，检出 MC-LR 和 MC-RR 最高浓度达到 17.3μg/L。太湖是中国蓝藻水华最严重的淡水湖泊之一，主要优势藻种以微囊藻、铜绿假单胞菌和水华微囊藻为主，检出 MC-LR、MC-RR、MC-YR、[Dha^7] MC-LR、MC-LA 5 种藻毒素，最高浓度为 631.3μg/L，为中国淡水水体中藻毒素检出浓度最高的纪录。

水中藻毒素的产生、增长和消退随着水华发展的不同阶段（发生初期—暴发期—衰退期—消退后期）相应地发生变化。发生初期，毒素刚开始在新生藻细胞内合成，不会释放到水体中，此阶段的水环境基本未受毒素污染；在蓝藻暴发期微囊藻产毒基因的丰度显著增加，因此处于暴发期的蓝藻可能合成更多的毒素，但微囊藻毒素主要集中在细胞的类囊体核区，很少存在于细胞壁和鞘壁上，即使藻已进入稳定期或达到很大的密度也可能只有很少部分的藻细胞死亡，因此水体中藻毒素浓度不会显著增加；水体中微囊藻毒素一般在蓝藻大量衰亡的季节才会大量释放到水中，此阶段水体中藻毒素的污染浓度最高，但由于开始消退的时期难以及时预估，且藻细胞开始衰亡时释放到水体中的溶解性藻毒素自然降解的过程与复杂多样的环境生态因素综合影响有关，藻毒素浓度波动性很大，为保障水生态环境安全，评估水环境生态健康水平，需对其污染浓度进行及时的监测和预警。

长期以来，对环境与蓝藻产毒规律的相关性研究是许多学者研究的热点，包括室内模拟、现场围隔及野外采样监测等不同尺度的研究空间，利用各类数学模型和计算软件进行计算分析，希望能筛选出最主要的若干因子，建立环境因子与藻毒素的关系表达式。水体中藻毒素浓度主要与水体中藻类的生物量以及种类有关，因此影响水体中藻类生长和分布状况的气候气象条件（气温、降水、光照、风速风向、辐射等）、物理化学因素（各形态氮磷营养盐、pH值、DO、SD、COD、SS、叶绿素a、色素、金属离子等）、生物因素（浮游动植物种类和数量、细菌、微生物菌群等）均会对水体藻毒素浓度产生影响。许多学者曾对溶解性MCs浓度与所处水体环境中相应温度、pH值、叶绿素a浓度、各形态氮磷营养盐浓度等理化指标数据进行回归分析，得出结果差异性很大，甚至相悖。表明环境因子对MCs浓度分布的影响并不是简单的线性关系，各环境因子对蓝藻产毒和毒素的释放迁移等环境行为有着错综复杂的作用关系，相互制约、相消相长，随着水华生长的不同时期、不同地理位置和气象条件等诸多因素的改变而表现出不同程度和方式的影响行为。目前还没有一种通用的模式能完整表达环境生态因子与蓝藻产毒的具体关系。因此，针对水华多发水体，必须长期定点监测藻毒素，才能为水环境生态安全的评估、预测、预警和防控措施的优化提供可靠准确的依据。

（2）CO_2变化速率

水域与大气CO_2的交换是全球碳循环的重要组成部分，CO_2在水体有机和无机储库间的循环，主要是取决于水体中浮游植物与高等水生植物的光合作用、细菌的光化学反应及水生生物的呼吸作用，在全球碳循环中起着重要作用，在相当程度上控制着水-气界面CO_2的交换。

水华期间浮游植物生长代谢会对水环境产生巨大的影响。研究表明，营养盐及浮游生物数量的增加会改变水体功能结构，使之由异养型向自养型转变，并且降低表层水体p_{CO_2}（CO_2分压）与大气之间的差距，促进水中碳的"生物泵"运行，对水体碳循环产生显著的影响。在光照强度合适的条件下，藻类利用水中的氢还原CO_2合成有机物质，藻类生物量增加，水中CO_2逐渐减少，大气中CO_2加速溶解于水体中，因此可通过藻类利用CO_2的速度来指示水体富营养化程度。冉景江等通过对小江回水区p_{CO_2}的时空变化监测与分析，指出了水体p_{CO_2}与水体碳循环的关系；袁希功等、姚臣谌等对三峡库区支流香溪河库湾p_{CO_2}进行监测以及影响因素的分析，分析发现水-气界面p_{CO_2}与温度、pH值、叶绿素a浓度、溶解氧（DO）浓度的相关性明显。

陈红萍等通过对太湖水进行室内多年模拟培养并观测，发现pH值、溶解氧（DO）浓度、二氧化碳反应速率（CRR）、叶绿素a浓度之间紧密相关。取样湖水在实验室条件下藻类细胞分为迟滞期（潜伏期）、对数生长期、稳定期（水华暴发期）和水华消退期四个时期，且藻类细胞消长（水华暴发与消退）的特征参数之间的规律如下。

① 迟滞期：主要表现为好氧代谢生理特征，即放出CO_2和吸收O_2，此时二氧化碳反应速率（carbon dioxide reaction rate，CRR）大于0mmol/（L·h），而pH值、DO浓度往往表现为逐渐下降的趋势。

② 对数生长期：表现为好氧与厌氧（光合作用代谢）的竞争转变为光合作用为优势的生理特征，即CRR逐渐下降，但仍然大于0mmol/（L·h），而pH值和DO浓度则逐渐上升，叶绿素a浓度开始迅速增加。

③ 水华暴发期：藻类细胞数据急骤增加到最大值，即叶绿素a浓度为最大值，此阶段CRR因细菌释放CO_2而呈负值，且出现最小值，同时pH值和DO浓度也出现最大峰值。

④ 水华消退期：可能由于营养等条件限制，水华在生长至最大密度后，往往随之出现水华的消退期，此阶段生理参数CRR逐渐从最小值上升，理化参数（pH值、DO浓度）

从最大峰值逐渐下降。当 CRR > 0mmol/（L·h）时，则湖水又表现为好氧代谢强度大于呼吸代谢强度，表明藻类细胞已明显消退。

三峡蓄水以来，支流回水区水华暴发问题备受关注，开展水体 CO_2 变化速率监测，既能为水华期间碳循环及 p_{CO_2} 的分布特征研究积累数据，也能在蓝藻起始浓度不高的时候进行早期预防，具有重要的科学意义。

23.6.2.6　水环境生态感知系统监测指标体系

综上，三峡库区水环境生态感知系统监测指标体系包括常规指标、特征指标和生物毒性指标三类共 21 项。其中常规指标包括气象指标、水文指标、水质指标和生态指标（表 23-63）。

表23-63　三峡库区水环境生态感知系统监测指标体系

指标类别		指标
常规指标	气象	风速、风向、气温、气压
	水文	水位、流速
	水质	水温、浊度、电导率、透明度、pH 值、DO、COD_{Mn}、NH_4^+-N、TP、TN
	生态	叶绿素 a、藻密度
特征指标		藻毒素、CO_2 变化速率
生物毒性指标		水质综合毒性（发光细菌）

23.6.2.7　生物毒性指标

传统水质在线监测主要以多参数在线监测为主，主要包括温度、浊度、pH 值、溶解氧、电导率、TOC、COD、氨氮、总磷、总氮等物理化学指标。经过多年的重视和发展，这些指标的在线监测具备了很高的可靠性和敏感度，对于评价水环境和饮用水安全起着至关重要的作用。

目前，常见的生物毒性检测方法有通过鱼类、生物燃料电池、发光细菌、水蚤、藻类等为指示物进行检测。发光细菌是含有 *lux* 基因，在正常生理条件下可以发出波长在 $450 \sim 490nm$ 范围蓝绿色可见光的一类细菌。在水环境中，发光细菌在水体所含毒物的作用下，细胞的活性会降低，同时腺嘌呤核苷三磷酸（ATP）含量减少，导致其发光强度减弱。相关研究表明，水中毒物的浓度与菌体发光强度呈现明显的负相关关系。

相比水藻、鱼类等测试对象，发光细菌法作为一种新型的水质毒性的生物检测技术，具有以下优点：

① 发光细菌对很多有毒物质非常敏感，其灵敏度和可靠性可与鱼体 96h 培养测定的急性毒性方法相比。

② 发光细菌毒性测试结果与理化分析方法和传统的鱼类及其他生物毒性试验结果具有良好的吻合度。

③ 仪器使用简便，自动化程度高，反应速度快，一般可在 30min 内得出结果。

④ 操作简单，能够快速检测，性价比较高。

基于以上特点，发光细菌已广泛应用于污水、工业废水、饮用水等方面的毒性检测。

23.6.3　三峡库区水生态环境要素表征与感知技术评估

本技术在全面、准确识别三峡库区水环境生态系统问题基础上，根据水环境管理不同需求，选取受蓄、放水变化影响明显的大宁河开展水生态环境感知技术应用。本技术构建了大型水库水生态系统感知评价技术方法，实现对支流水质状态的定量定性精准描述。三峡库区水环境生态系统评价主要包括水环境质量状况评价、水体营养状态评价、水环境生态健康状态评价和水质综合毒性评价。其中水环境质量状况评价采用水污染指数（water pollution index，WPI）法，水体营养状态评价采用修正后的营养状态指数法，水环境生态健康状态评价采用综合健康指数法，水质综合毒性评价采用发光细菌发光抑制率来判断水环境中有毒物质的污染水平。

23.6.3.1　水环境质量状况评价

我国现阶段运用比较成熟的水质评价方法主要是单因子评价法和污染指数法，但前者无法将水质量化，而后者无法直观判断水质类别。近年来，一些新的统计方法不断被尝试用于水质评价中，但这些方法大多计算复杂，应用难度较大。本研究基于"十一五"水专项研究成果，选用水污染指数法评价三峡库区水环境质量状况。

（1）评价因子

评价因子选择 pH 值、浊度、电导率、溶解氧、高锰酸盐指数、总氮、氨氮、总磷等指标。

（2）计算方法

依据水质类别与 WPI 值对应表（表 23-64）用内插方法计算得出某一断面每个参加水质评价项目的 WPI 值，取最高的 WPI 值作为该断面的 WPI 值。

表23-64　水质类别与WPI值对应表

I 类	II 类	III 类	IV 类	V 类	劣 V 类
WPI=20	$20 < \text{WPI} \leqslant 40$	$40 < \text{WPI} \leqslant 60$	$60 < \text{WPI} \leqslant 80$	$80 < \text{WPI} \leqslant 100$	WPI > 100

① 未超过 V 类水限值时指标 WPI 值计算方法：

$$\text{WPI}(i) = \text{WPI}_l(i) + \frac{\text{WPI}_h(i) - \text{WPI}_l(i)}{C_h(i) - C_l(i)} \times \left[C(i) - C_l(i) \right] \quad C_l(i) < C(i) \leqslant C_h(i) \tag{23-17}$$

式中　$C(i)$——第 i 个水质项目的监测浓度值；

$C_l(i)$——第 i 个水质项目所在类别标准的下限浓度值；

$C_h(i)$——第 i 个水质项目所在类别标准的上限浓度值；

$\text{WPI}_l(i)$——第 i 个水质项目所在类别标准下限浓度值所对应的指数值；

$WPI_h(i)$——第 i 个水质项目所在类别标准上限浓度值所对应的指数值；

$WPI(i)$——第 i 个水质项目所对应的指数值。

此外，当《地表水环境质量标准》（GB 3838—2002）中两个水质等级的标准值相同时，则按低分数值区间插值计算。

pH 值（属于无量纲值）：取评分值 20 分。

溶解氧（DO）：如果 ≥ 7.5mg/L 时则取评分值 20 分；如果 ≥ 2 且 < 7.5 时，计算公式为

$$WPI(i) = WPI_l(i) + \frac{WPI_h(i) - WPI_l(i)}{C_l(i) - C_h(i)} \times [C_l(i) - C(i)] \tag{23-18}$$

② 超过 V 类水限值的指标 WPI 值计算方法：

$$WPI(i) = 100 + \frac{C(i) - C_5(i)}{C_5(i)} \times 40 \tag{23-19}$$

式中 $C_5(i)$——第 i 项目 GB 3838—2002 中 V 类标准浓度限值。

此外，当 pH < 6 时，

$$WPI(pH) = 100 + 6.67 \times (6 - pH) \tag{23-20}$$

当 pH > 9 时，

$$WPI(pH) = 100 + 8.00 \times (pH - 9) \tag{23-21}$$

当 DO < 2 时，

$$WPI(DO) = 100 + \frac{2.0 - C(DO)}{2.0} \times 40 \tag{23-22}$$

③ 断面 WPI 的确定：

$$WPI = MAX[WPI(i)] \tag{23-23}$$

④ 主要污染指标的确定。根据各断面各项污染物的 WPI 值，可对该断面的主要污染指标进行筛选。筛选原则和方法有：a. 水质为Ⅲ类或优于Ⅲ类的断面不做主要污染指标筛选；b. 对于水质劣于Ⅲ类的断面，从超过Ⅲ类标准限值的指标中取 WPI 值最大的前三个指标作为该断面的主要污染指标。

（3）水环境质量分级

根据断面的 WPI 值，可对断面进行定性评价。WPI 值与水质定性评价分级的对应关系见表 23-65。

表23-65 断面水环境质量定性评价

WPI值	类别分级	定性评价
0 < WPI ≤ 40	Ⅰ 或 Ⅱ 类	优
40 < WPI ≤ 60	Ⅲ类	良好
60 < WPI ≤ 80	Ⅳ类	轻度污染
80 < WPI ≤ 100	V类	中度污染
WPI > 100	劣 V 类	重度污染

（4）大宁河水环境质量状况评价

表23-66为2016年9月～2017年8月期间各断面水质指标监测结果。从表中可以看出，2016年9月～2017年8月大宁河各断面水环境质量状况在Ⅲ类～劣Ⅴ类之间，主要污染物为TN和TP。

表23-66　各断面水质评价结果

时间(年-月)	断面	WPI(i)						WPI	定性评价
		pH值	DO	COD$_{Mn}$	NH$_4^+$-N	TP	TN		
2016-9	大昌	20	20	20	22.23	34.08	71.47	71.47	轻度污染
2016-9	双龙	20	20	20	23.83	37.10	79.41	79.41	轻度污染
2016-9	白水河	20	20	20	25.71	39.69	87.35	87.35	中度污染
2016-9	菜子坝	20	20	20	22.23	37.96	90.37	90.37	中度污染
2016-09	培石	20	20	20	20	36.24	92.26	92.26	中度污染
2016-10	大昌	20	20	20	20	34.52	70.71	70.71	轻度污染
2016-10	双龙	20	20	20	21.26	37.53	79.03	79.03	轻度污染
2016-10	白水河	20	20	20	22.51	40.44	85.46	85.46	中度污染
2016-10	菜子坝	20	20	20	21.54	38.83	89.62	89.62	中度污染
2016-10	培石	20	20	20	20	37.96	91.89	91.89	中度污染
2016-11	大昌	20	20	20	20	33.22	67.69	67.69	轻度污染
2016-11	双龙	20	20	20	20	37.10	77.14	77.14	轻度污染
2016-11	白水河	20	20	20	20	36.67	79.79	79.79	轻度污染
2016-11	菜子坝	20	20	20	20	37.96	84.70	84.70	中度污染
2016-11	培石	20	20	20	20	35.81	90.75	90.75	中度污染
2016-12	大昌	20	23.87	20	20	32.36	64.67	64.67	轻度污染
2016-12	双龙	20	57.80	20	20	35.81	76.39	76.39	轻度污染
2016-12	白水河	20	52.40	20	20	35.81	81.68	81.68	中度污染
2016-12	菜子坝	20	23.87	20	20	36.67	84.32	84.32	中度污染
2016-12	培石	20	46.80	20	20	34.95	90.75	90.75	中度污染
2017-1	大昌	20	39.87	20	20	38.00	85.44	85.44	中度污染
2017-1	双龙	20	42.60	20	20	36.75	83.56	83.56	中度污染
2017-1	白水河	20	41.20	20	20	37.50	80.56	80.56	中度污染
2017-1	菜子坝	20	39.87	20	20	35.00	73.00	73.00	轻度污染
2017-1	培石	20	40	20	20	36.75	92.28	92.28	中度污染
2017-2	大昌	20	20	20	20	38.50	85.60	85.60	中度污染
2017-2	双龙	20	20	20	20	38.00	79.60	79.60	轻度污染
2017-2	白水河	20	20	20	20	36.25	76.80	76.80	轻度污染
2017-2	菜子坝	20	20.67	20	20	33.25	71.60	71.60	轻度污染
2017-2	培石	20	24.27	20	20	40.00	90.40	90.40	中度污染
2017-3	大昌	20	20	20	20	39.75	79.20	79.20	轻度污染

时间(年-月)	断面	WPI(i)						WPI	定性评价
		pH值	DO	COD$_{Mn}$	NH$_4^+$-N	TP	TN		
2017-3	双龙	20	24.67	20	20	38.75	79.20	79.20	轻度污染
2017-3	白水河	20	37.73	20	20	36.25	77.20	77.20	轻度污染
2017-3	菜子坝	20	20	20	20	33.25	76.00	76.00	轻度污染
2017-3	培石	20	28	20	20	42.60	81.60	81.60	中度污染
2017-4	大昌	—	—	20	20	38.50	91.20	91.20	中度污染
2017-4	双龙	—	—	20	20	37.50	85.60	85.60	中度污染
2017-4	白水河	—	—	20	20	36.75	77.60	77.60	轻度污染
2017-4	菜子坝	—	—	20	20	34.50	70.80	70.80	轻度污染
2017-4	培石	—	—	20	20	40.80	89.60	89.60	中度污染
2017-5	大昌	20	27.33	20	20	39.25	89.20	89.20	中度污染
2017-5	双龙	100.48	20	20	20	39.75	85.20	100.48	重度污染
2017-5	白水河	101.04	20	20	20	38.75	78.80	101.04	重度污染
2017-5	菜子坝	20	31.60	20	20	33.25	70.40	70.40	轻度污染
2017-5	培石	20	46.40	20	20	41.20	90.80	90.80	中度污染
2017-6	大昌	20	20	20	24.11	34.25	86.40	86.40	中度污染
2017-6	双龙	20	20	20	28.29	36.75	86.40	86.40	中度污染
2017-6	白水河	106.16	20	20	20	40.60	79.20	106.16	重度污染
2017-6	菜子坝	102.8	20	20	20	34.00	70.00	102.80	重度污染
2017-6	培石	20	36	20	26.97	39.25	89.60	89.60	中度污染
2017-7	大昌	20	20	20	20	21.70	77.06	77.06	轻度污染
2017-7	双龙	20	20	20	20	23.49	74.96	74.96	轻度污染
2017-7	白水河	20	20	20	20	60.84	102.39	102.39	重度污染
2017-7	菜子坝	20	20	20	20	31.76	61.87	61.87	轻度污染
2017-7	培石	20	20	20	21.14	54.45	56.22	56.22	良好
2017-8	大昌	20	20	20	21.26	31.50	74.72	74.72	轻度污染
2017-8	双龙	20	20	20	21.71	30.00	87.60	87.60	中度污染
2017-8	白水河	20	20	20	20	29.50	81.60	81.60	中度污染
2017-8	菜子坝	20	20	20	20	28.50	73.60	73.60	轻度污染
2017-8	培石	20	20	20	20	38.00	93.20	93.20	中度污染

注：表中"—"代表该数据缺失。

23.6.3.2 水体营养状态评价

（1）评价因子

选择 Chla、TP、TN、SD、COD$_{Mn}$ 5 个浓度参数进行评价。

（2）计算方法

依据叶绿素 a（Chla）、总磷（TP）、总氮（TN）、透明度（SD）和化学需氧量（COD_{Mn}）5 个单项指标的浓度值，分别计算单项营养状态指数，计算方法如下：

$$TLI(Chla) = 10 \times (2.5 + 1.806\ln[Chla]) \tag{23-24}$$

$$TLI(TN) = 10 \times (5.453 + 1.694\ln[TN]) \tag{23-25}$$

$$TLI(TP) = 10 \times (9.436 + 1.624\ln[TP]) \tag{23-26}$$

$$TLI(SD) = 10 \times [5.118 - 1.94\ln(SD)] \tag{23-27}$$

$$TLI(COD_{Mn}) = 10 \times (0.109 + 2.611\ln[COD_{Mn}]) \tag{23-28}$$

式中，[Chla]、[TN]、[TP]、[COD_{Mn}] 分别表示 Chla、TN、TP 和 COD_{Mn} 的浓度。

综合营养状态指数由单项营养状态指数加权之和求得，公式如下：

$$TLI(\Sigma) = \sum_{j=1}^{m} \left[W_j \times TLI(j) \right] \tag{23-29}$$

式中　TLI（Σ）——综合营养状态指数；

　　　TLI（j）——第 j 种指标的单项营养状态指数；

　　　m——指标个数，本标准取 5；

　　　W_j——第 j 种指标的单项营养状态指数的相关权重，取值为 W_{Chla}=0.5996、W_{TN}=0.0718、W_{TP}=0.1370、W_{SD}=0.0075、$W_{COD_{Mn}}$=0.1840。

上式中，透明度单位为 m，叶绿素 a 浓度单位为 μg/L，TP、TN 和 COD_{Mn} 浓度单位为 mg/L。

（3）水体营养状态分级

基于水体综合营养状态指数，结合水体对使用功能的支持程度，将三峡库区水体营养状态按功能高低依次划分为六级（表 23-67）。

表23-67　水体营养状态分级

TLI	营养级别	营养状态
TLI ≤ 30	Ⅰ级	贫营养
30 < TLI(Σ) ≤ 50	Ⅱ级	中营养
50 < TLI(Σ) ≤ 60	Ⅲ级	轻富营养
60 < TLI(Σ) ≤ 70	Ⅳ级	中富营养
70 < TLI(Σ) ≤ 80	Ⅴ级	重富营养
TLI(Σ) > 80	劣Ⅴ级	异富营养

（4）大宁河水体营养状态评价

基于 2016 年 9 月～2017 年 8 月监测数据，计算大宁河各断面营养状态指数，评价大宁河营养状态（图 23-131）。从结果可知，除白水河与双龙断面在 2017 年 6 月为轻富营养化状态外，其余均为中营养状态。

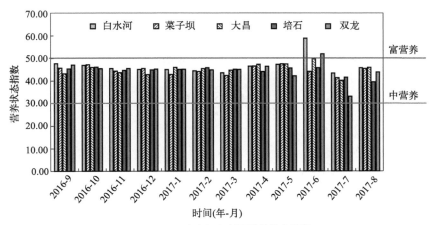

图23-131 大宁河各断面营养状态指数

23.6.3.3 水环境生态健康状态评价

（1）评价因子

评价指标确定后需要对其进行分级以形成评价指标体系，生态系统健康评价分级标准的确定通常采用历史资料法、参照对比法、借鉴标准与科研成果、专家咨询、公众参与等方法。其中本节通过借鉴国家标准与相关科研成果，参照对比相似案例与进行专家咨询，结合三峡库区水环境生态系统的特点，采用水温、透明度（SD）、水位、流速、pH 值、TP、TN、NH_4^+-N、Chla、藻密度、藻毒素 11 个指标反映三峡库区水质理化状况和生态状况，构建了三峡库区水环境生态系统健康评价指标体系（表 23-68）。

表23-68 三峡库区水环境生态系统健康评价指标体系

评价项目	指标	意义
物理指标	水温/℃	水温是影响水生生物分布及水体新陈代谢的一个主导因素，在较大水深的湖库中，污染物对水生态系统的影响取决于水温状况
	透明度/m	指水样的澄清程度，洁净的水是透明的，水中存在悬浮物和胶体时，透明度便降低
	水位/m	以黄海为基准的海拔标高，不同水位与三峡水库运行调度有关
	流速/(m/s)	流速是流体的流动速度，不同的水流流速会影响藻类生长繁殖
化学指标	pH值	pH值是表示溶液酸性或碱性程度的数值，pH值与藻类生长关系密切，改变pH值会影响藻类生长繁殖速度，进而影响种类演替
	TN/(mg/L)	水中的总氮含量是衡量水质的重要指标之一，有助于评价水体被污染和自净状况
	TP/(mg/L)	总磷是水样经消解后将各种形态的磷转变成正磷酸盐后测定的结果，可评价水体被污染和自净状况
	NH_4^+-N/(mg/L)	氨氮以游离氨或铵盐的形式存在于水体中，测定水中各种形态的氮化合物，有助于评价水体被污染和自净状况
生物指标	藻密度/(10^5个/L)	浮游植物是水质的指示生物，一片水域水质如何，与浮游植物的丰富程度和群落组成有着密不可分的关系，浮游植物的减少或过度繁殖，将预示那片水域正趋向恶化
	Chla/(mg/m^3)	通过测定浮游植物叶绿素a(Chla)含量，可掌握水体的初级生产力情况；同时，Chla 含量还是富营养化的指标之一
	藻毒素/(μg/mL)	监测藻毒素，能为水环境生态安全的评估、预测、预警和防控措施的优化提供可靠准确的依据

（2）计算方法

1）综合健康指数的计算

公式如下：

$$\mathrm{CHI} = \sum_{i=1}^{m}\left(w_i b_i\right) \tag{23-30}$$

式中　m——评价指标的个数；

　　　w_i——指标 i 的权值；

　　　b_i——指标 i 的归一化值；

　　CHI——综合健康指数。

2）计算各指标的归一化值

指标归一化时，取序列中各指标的相对最佳值为 1，其余值则以其与最佳值的比值或比值的倒数作为归一化后的值。若各指标中的最大值为相对最佳值，则其余值与最大值的比值作为其归一化后的值；若各指标中的最小值为相对最佳值，则其余值与最小值的比值的倒数作为其归一化后的值。

3）确定指标权重

对于所讨论的 n 个样本 m 个评价指标的初始矩阵，利用熵值法计算各指标的权重，其本质就是利用该指标信息的效用值来计算，效用值越高，其对评价的重要性越大。其计算步骤如下。

① 构建 n 个样本 m 个评价指标的判断：

$$\boldsymbol{R} = \left(x_{ji}\right)_{n \times m} \ (i = 1, 2, \cdots, m; j = 1, 2, \cdots, n) \tag{23-31}$$

② 将判断矩阵归一化处理，得到归一化判断矩阵 $\boldsymbol{B}$，$\boldsymbol{B}$ 中元素的表达式为：

$$\boldsymbol{B} = \left(b_{ji}\right)_{n \times m} \ (i = 1, 2, \cdots, m; j = 1, 2, \cdots, n) \tag{23-32}$$

评价指标通常分为越大越优、越小越优两类，各类指标相对于优隶属度的计算公式分别为：

越大越优型指标：

$$b_{ji} = \frac{x_{ji} - x_{\min}}{x_{\max} - x_{\min}} \tag{23-33}$$

越小越优型指标：

$$b_{ji} = \frac{x_{\max} - x_{ji}}{x_{\max} - x_{\min}} \tag{23-34}$$

式中，$x_{\max}$、$x_{\min}$——同指标下不同样本中最满意值或最不满意值。

③ 根据熵的定义，n 个样本 m 个评价指标，可确定评价指标的熵为：

$$H_i = -\frac{1}{\ln n}\left[\sum_{j=1}^{n}\left(f_{ji} \ln f_{ji}\right)\right](i = 1, 2, \cdots, m; j = 1, 2, \cdots, n) \tag{23-35}$$

$$f_{ji} = \frac{b_{ji}}{\sum\limits_{j=1}^{n} b_{ji}} \tag{23-36}$$

为使 $\ln f_{ji}$ 有意义，当 $f_{ji} = 0$ 时，根据水质评价的实际意义，可以理解 f_{ji} 为一较大的数值，与 f_{ji} 相乘趋于 0，故可认为 $f_{ji} \ln f_{ji}$ 也等于 0。但当 $f_{ji} = 1$，$f_{ji} \ln f_{ji}$ 也等于 0，这显然与熵所反映的信息无序化程度相悖，不切合实际，故需对 f_{ji} 进行修正，将其定义为：

$$f_{ji} = \frac{1 + b_{ji}}{\sum\limits_{j=1}^{n} (1 + b_{ji})} \tag{23-37}$$

④ 计算评价指标的熵权 W：

$$W = (w_i)_{1 \times m}$$
$$w_i = (1 - H_i) / \left(m - \sum\limits_{i=1}^{m} H_i \right) \tag{23-38}$$

并且满足：

$$\sum\limits_{i=1}^{m} w_i = 1 \tag{23-39}$$

（3）水环境生态健康状态分级

评价标准是河流状况评估的衡量标准、参考依据以及生态基准，其有效确定是科学把握河流状况的前提。评价标准直接影响评价结果的合理性。目前，对于河流生态系统的健康评价尚无统一的标准。综合来看，河流健康的评价标准具有相对性的特征，处于不同区域、不同规模、不同类型的河流，以及人们对河流的主观要求的不同，都会有不同的评价标准。

评价标准一般可以通过历史资料法、实地考察、多区域河流对比分析（或称参照对比法）、借鉴国家标准与相关研究成果、公众参与、专家评判等方法确定。以上方法各有优劣，适用于不同类型的指标对象。

本研究主要基于国内外研究成果及专家咨询评判，在该范围内确定健康评价等级划分标准，将 CHI 值划分为 5 个区间——0～0.2、0.2～0.4、0.4～0.6、0.6～0.8、0.8～1.0，它们分别对应着病态、一般病态、亚健康、健康、很健康 5 个健康等级。具体健康分级详见表 23-69。

表23-69　河流生态系统健康状态分级表

健康指数	0～0.2	0.2～0.4	0.4～0.6	0.6～0.8	0.8～1.0
健康状态	病态	一般病态	亚健康	健康	很健康
级别	V	IV	III	II	I

（4）大宁河水环境生态健康状态评价

基于 2016 年 9 月～ 2017 年 8 月监测数据（其中 2017 年 4 月数据因部分指标缺失，未采用），分别计算各指标的熵、熵权，见表 23-70。

表23-70 大宁河水生态系统健康评价各指标的熵、熵权计算结果

指标		水温	pH值	NH₄⁺-N	Chla	TP	TN	藻毒素	水位	流速	透明度
大昌	熵	0.956	0.959	0.956	0.955	0.960	0.956	0.955	0.951	0.957	0.956
	熵权	0.100	0.093	0.100	0.102	0.092	0.101	0.103	0.111	0.097	0.100
双龙	熵	0.955	0.956	0.955	0.955	0.959	0.955	0.954	0.953	0.957	0.959
	熵权	0.102	0.101	0.101	0.102	0.092	0.101	0.104	0.108	0.097	0.092
白水河	熵	0.956	0.956	0.958	0.954	0.959	0.956	0.954	0.953	0.956	0.959
	熵权	0.100	0.099	0.096	0.105	0.094	0.099	0.104	0.108	0.101	0.094
菜子坝	熵	0.956	0.954	0.957	0.951	0.958	0.957	0.955	0.953	0.953	0.956
	熵权	0.098	0.101	0.096	0.109	0.093	0.096	0.100	0.105	0.104	0.098
培石	熵	0.954	0.956	0.958	0.959	0.957	0.960	0.949	0.953	0.954	0.955
	熵权	0.103	0.098	0.095	0.092	0.097	0.090	0.114	0.106	0.104	0.101

计算出各断面各月份的综合健康指数（CHI），依据表23-69中给出的健康状态区间划分方法得到大宁河水生态系统健康状态及等级，见表23-71。

表23-71 大宁河水生态系统综合健康指数（CHI）及评价结果

年份		2016				2017						
月份		9	10	11	12	1	2	3	5	6	7	8
大昌	CHI	0.588	0.576	0.622	0.650	0.635	0.703	0.610	0.617	0.463	0.780	0.636
	状态	亚健康	亚健康	健康	健康	健康	健康	健康	健康	亚健康	健康	健康
双龙	CHI	0.662	0.596	0.600	0.667	0.643	0.657	0.574	0.515	0.556	0.828	0.651
	状态	健康	亚健康	健康	健康	健康	亚健康	亚健康	亚健康	亚健康	很健康	健康
白水河	CHI	0.491	0.544	0.569	0.665	0.763	0.688	0.610	0.638	0.468	0.713	0.693
	状态	亚健康	亚健康	亚健康	健康	健康	健康	健康	健康	亚健康	健康	健康
菜子坝	CHI	0.534	0.510	0.612	0.604	0.772	0.691	0.585	0.530	0.553	0.757	0.668
	状态	亚健康	亚健康	健康	健康	健康	健康	亚健康	亚健康	亚健康	健康	健康
培石	CHI	0.582	0.691	0.641	0.670	0.751	0.662	0.597	0.693	0.528	0.751	0.753
	状态	亚健康	健康	健康	健康	健康	健康	亚健康	健康	亚健康	健康	健康

由表23-71可见，基于熵权法的大宁河水环境生态系统健康评价显示，2016年9月～2017年8月期间大宁河水环境生态系统健康状况整体呈亚健康～健康状态。其中，大昌断面2016年9月、10月和2017年6月为亚健康状态，双龙断面2016年10月和2017年3月、5月、6月为亚健康状态，白水河断面2016年9月、10月、11月和2017年6月为亚健康状态，菜子坝断面2016年9月、10月和2017年3月、5月、6月为亚健康状态，培石断面2016年9月和2017年3月、6月为亚健康状态。总体来说，各断面蓄水期、泄水期健康状态略差，高水位运行期和汛期健康状态较好。

23.6.3.4 水质综合毒性评价

国际标准化组织于1998年颁了布发光细菌检测方法的标准，分为冻干以及新制的细菌两种检测状态；而在1999年发光细菌应用于毒性检测的标准中，规定了冻干粉的应用方法，即将冻干粉细菌复苏之后，直接用于检测。我国在1995年3月由国家环境保护局、

国家技术监督局联合颁布了发光细菌法水质急性毒性检测的标准——《水质 急性毒性的测定 发光细菌法》（GB/T 15441—1995）。水质的毒性检测结果采用发光抑制率来表示，水质综合毒性评价可以采用中国科学院南京土壤研究所推荐的百分数等级分数标准来判断水环境中有毒物质的污染水平（表23-72）。

表23-72 发光细菌法测定水质毒性的分级标准

发光抑制率L	毒性等级	毒性级别
$L < 30\%$	Ⅰ	低毒
$30\% \leqslant L < 50\%$	Ⅱ	中毒
$50\% \leqslant L < 70\%$	Ⅲ	重毒
$70\% \leqslant L < 100\%$	Ⅳ	高毒
$L = 100\%$	Ⅴ	剧毒

本研究利用发光细菌法对大宁河白水河断面水质进行毒性检测研究，基于2018年1～9月监测数据，评价白水河断面毒性级别。具体评价结果见表23-73和图23-132。从表23-73可知，在所监测的白水河断面中，1～9月的水质对发光细菌发光性能抑制作用均较低，毒性结果均为低毒，毒性等级为Ⅰ级。

表23-73 综合毒性评价结果

监测月份	发光抑制率平均值/%	毒性结果	毒性等级
1	10.96	低毒	Ⅰ
2	9.39	低毒	Ⅰ
3	8.63	低毒	Ⅰ
4	7.33	低毒	Ⅰ
5	13.44	低毒	Ⅰ
6	20.68	低毒	Ⅰ
7	19.58	低毒	Ⅰ
8	14.71	低毒	Ⅰ
9	12.85	低毒	Ⅰ

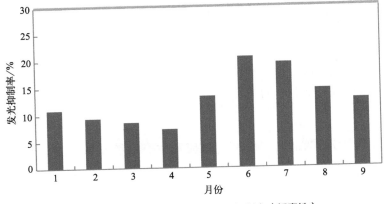

图23-132 白水河断面各月发光抑制率（低毒性）

（1）流域地表过程对水库生态系统影响异常强烈

因受地形约束，三峡水库成库后的河道峡谷型特征迫使其具有极大的长宽比（约650：1）和岸线系数（47.8～35.4），成库后水面增加并不明显，流域内水面率依然较低。此外，三峡水库位于我国西南山区，所在区域多高山峡谷、岩石裸露、植被覆盖有限、水土涵养能力较低。据2005年遥感调查结果，三峡库区（重庆、湖北）水土流失面积近30000km²，占辖区面积的48.66%，平均土壤侵蚀模数3642t/（km²·a），土壤侵蚀总量约1.46×10⁸t/a，是全国水土流失严重的区域之一。库区山地广布，滑坡、泥石流等山地灾害频繁发生，加之人口密度大，坡耕地多，近年来库区内移民迁建城镇发展迅速，水土流失治理难度大，水土流失问题十分突出。上述几个方面因素相互叠加迫使三峡水库流域内陆表过程对水库生态系统的影响异常激烈。三峡水库陆源输入的 N、P 等营养物，异源性有机质及其他污染物质对水库水环境和水生态的影响不可忽视。

（2）水库分层混合格局时空异质性显著

三峡水库处于东亚副热带季风区，冬暖夏凉，气温年变幅较小。河流多年平均的各月水温基本保持在10℃以上。故从混合的频率特征来看，三峡水库总体属于暖单季回水型水库，水库年内一般出现一次温度变化导致的水体垂向的对流混合，即夏季增温，水柱出现水温层化，秋季表层水温下降导致对流，冬季水柱混合趋于均匀。但三峡水库"蓄清排浑"的调度运行方式，使得夏季增温分层期即为汛期，水位低、流速快、断面混合相对较好、分层不易形成；冬季枯季高水位运行，表水层温度下降，水柱难以形成分层。因此，总体上三峡水库全库属于弱分层型水库。

三峡水库干支流分层混合格局空间差异显著（图23-133，书后另见彩图）。长江干流来水量远大于库区内其他支流，库容相对较小，近坝干流段的横向流速的分布差异不大，仅在干流岸边库湾半封闭水域出现缓流区。总体上，干流混合条件较好，具有接近理想的推流型反应器特征。支流水体因来水量较小，其水体更新周期远长于干流，大部分支流混合条件比干流要弱，支流形成分层的可能性远高于干流，更具有湖泊特征（图23-134，书后另见彩图）。在三峡库区独特的气候气象条件下，一些支流在夏季汛期洪峰到来前出现温度分层（5月），洪水期间断面完全混合，洪峰过后伏旱季节（7月）再次出现温度分层现象，全年呈现暖多次分层格局。此外，密度异重流现象对库区干支流分层混合影响明显。尽管水库水体滞留时间相对较短、更新较快，但一些山区支流具有来水量大、水温低、陡涨陡落的特点，所形成的密度异重流影响支流回水区末端分层混合格局；干支流交汇区可能出现的倒灌异重流现象可能携带大量干流营养物输入支流，并同支流水体混合上行，对支流水生态过程产生显著影响（图23-135，书后另见彩图）。

（3）水库运行方式独特，"脉冲"效应对生态系统发育、演化影响复杂

除了改变分层混合格局外，三峡水库水位涨落过程同天然径流、气候变化多重因素相互叠加，迫使三峡水库干支流物理环境呈现独特的周期变化过程，加之水库具有强烈的陆源输入特征，对水库生态系统发育、演化影响显著。

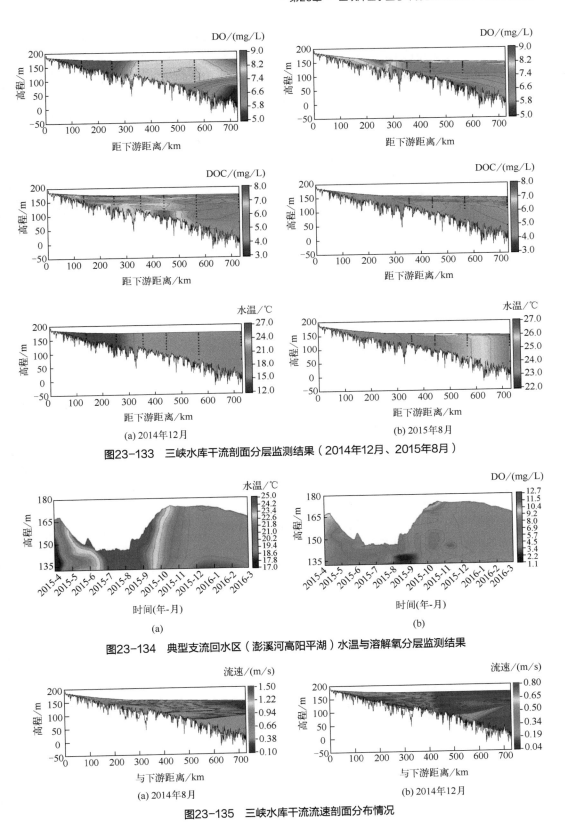

(a) 2014年12月　　　　(b) 2015年8月

图23-133　三峡水库干流剖面分层监测结果（2014年12月、2015年8月）

(a)　　　　(b)

图23-134　典型支流回水区（澎溪河高阳平湖）水温与溶解氧分层监测结果

(a) 2014年8月　　　　(b) 2014年12月

图23-135　三峡水库干流流速剖面分布情况

一方面，由于水体滞留时间相对较短、泥沙颗粒含量相对较高，干流浮游植物生长受限、初级生产能力总体上维持较低水平；干流总体上以细菌分解异源有机质为主。水库运行在一定程度上改变了干流水体对异源有机质的分解能力（即"水体自净能力"）。在库区支流水域，水库高水位运行下因混合均匀和蓄水淹没导致水柱营养物含量通常达到全年峰值，水柱真光层深度加大，但浮游植物因水温下降进入非生长期，初级生产能力受限；水库低水位运行下浮游植物进入生长期，但因汛期过流型的水体滞留特征迫使水柱混合层深度加大，洪水过程携带的大量无机泥沙大大压缩真光层深度，浮游植物初级生产能力亦受到影响。全年支流浮游植物仅在有限的时段内（如水文过程和季节过程交替期间）充分生长，甚至出现"水华"现象。尽管支流水体因其缓流特征和营养物累积效应，浮游植物初级生产能力高于干流，但支流浮游植物生长所需物质（N、P 营养物）、能量（水下光热结构）要素的供给因水库运行而呈现交错的特点。

另一方面，水库调度运行迫使近岸消落带呈现季节性受淹 - 裸露的过程。陆生 - 水生周期性交错使得水库近岸交错带水生、陆生植被群落发育具有其特殊性。在水库水位涨落的"脉冲"效应下，适生植被因淹没时间长短而在高程上呈现梯度分布特征，并形成同天然湖泊、河流迥异的生物地球化学过程、景观格局和生态功能特征。

23.6.4　三峡库区水生态环境示范区域选择

根据上述思路，本研究拟选择小江（又称"澎溪河"）、草堂河、大宁河、香溪河 4 条典型支流开展研究与工程示范。4 条支流在三峡库区具有一定典型性和代表性。

三峡成库后，受回水顶托影响，三峡库区长江干支流水文情势发生了显著改变。自 2010 年蓄水至 175m 以来，三峡水库总体呈现干流水质稳定、支流水华频发的态势。支流水华特征的基本认识见图 23-136。支流富营养化加剧与频繁发生的水华成为当前三峡库区较为显著的水生态环境问题，备受关切。

在三峡库区支流富营养化与水华方面，小江、草堂河、大宁河和香溪河 4 条支流的典型性和代表性具体体现在以下几个方面。

（1）代表性

4 条支流分别位于三峡水库不同区段，流域自然地理背景、水文水动力条件等方面分别具有三峡库区不同区段支流流域的一定代表性。

① 小江：发源于大巴山，在一定程度上代表了三峡库区库中段位于川东丘陵区的支流流域特征，尽管具有较长的回水区，但因离大坝较远，对大坝水位波动的敏感性低于坝前支流（如香溪河）。

② 草堂河：流域较小且回水长度较短，但因其河口位于瞿塘峡口，故受长江干流倒灌、顶托的影响显著。

③ 大宁河：因高山峡谷对峙，形成了相对独立且封闭的气候气象条件，也形成了非常独特且有代表性的深水峡谷型回水区特点，能够在一定程度上代表三峡库区巫峡段部分支流回水区。

④ 香溪河：发源于神农架，位于坝前，受大坝运行、水位波动影响显著。

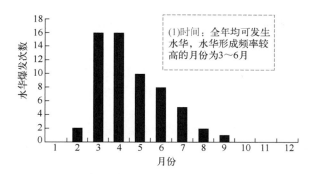

(1)时间：全年均可发生水华，水华形成频率较高的月份为3～6月

(2)水华面积：长达回水末端700m～1km范围，某些水华发生时仅是面积不足100m²的小库湾

(3)藻群细胞密度：峰值可达到10¹⁰个/L，较轻微水华也可达10⁷个/L

(4)藻类生物量：水华期间，表层水体Chla变动范围在15.0～500.0μg/L

(5)机械迁移：随流迁移明显。水位下降或流量增加，则向下游迁移；水位升高，则有向河流上游发展的趋势

(a) 三峡水库水华特征的基本认识

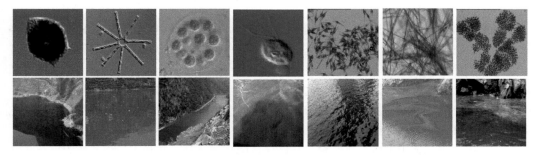

总体趋势：河流型 ⟶ 湖泊型

水华优势藻主要特征：

① 几乎所有的门都可能出现水华

② 同一水域不同时段出现水华优势藻不一致

③ 蓝藻发生的频率有增加的趋势，故总体判断为河流型向湖泊型转变

(b)水华优势藻

图23-136 三峡水库支流水华特征的基本认识

（2）典型性

4条支流回水区水华特征、氮磷营养物来源、形成机制各不相同且各具特点，但它们涵盖了库区大部分支流出现的水华类型，不同优势藻种在三峡库区支流形成的水华现象在这4条支流回水区均有发生。

① 小江：移民人口重镇，人口密度和流域开发程度高，营养物主要由陆源点面源输入，大量淹没区和消落区产生的污染负荷贡献亦不可忽视；支流回水区受干流回灌影响较小；近年来水华多为蓝藻水华。

② 草堂河：营养物来源可能主要受长江干流影响。

③ 大宁河：营养物既有上游点面源输入，也有长江干流回灌顶托等影响。

④ 香溪河：上游磷矿，本底磷含量高；干支流交汇产生的异重流对水华形成影响显著。

正是基于以上原因，4条支流均被纳入了"三峡工程生态与环境监测系统信息网"的支流重点站体系中。目前，关于三峡水库水华相关公开文献报道中，在上述4条支流开展的相关研究工作在文献总量中所占比重超过80%，当前研究积累相对丰富，对水华形成的认识也正逐渐达成共识。

23.6.5　三峡库区水环境生态感知系统设计方案

本技术拟综合运用理论研究与探索、文献资料分析、现场调查研究、数理统计分析等多种方法开展研究。以国内外文献研究、现场调查、资料收集为基础，以三峡水库示范流域为研究对象，开展数据、资料的收集和分析；采用数理统计分析等方法，运用水库感知的科学原理，分析水库感知系统构建的理论方法，明确水库感知系统的功能与作用。基于水库生命特征演变研究，提出构建耦合生态过程动态表征、数据实时传输、数据分析的三峡库区感知技术与方法体系。

三峡库区水环境生态感知系统包括环境信息的感知监测系统和数据中心控制平台两部分。具体框架如图23-137所示。

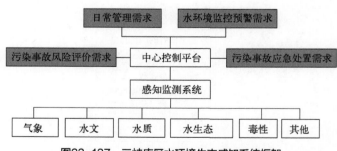

图23-137　三峡库区水环境生态感知系统框架

水环境信息的获取方面，需要建立完善的监测方案，构建覆盖广泛的监测网络，开发环境信息的监测技术方法。基于物联网、地面监测网络以及遥感等多种水环境信息监测网络，充分发挥各种监测手段优势，协同各种应用，构建天地空一体化的环境信息实时感知与监测系统。

中心控制平台是支撑感知系统与其他系统的链接，并构建环境感知控制与本地管理的实体，根据水环境管理的需求实现对监测数据的有效分析和利用，实现诸如统计分析、报警管理、决策支持、方案储备等功能。

23.6.5.1 水环境信息监测系统

水环境信息感知系统，主要考虑监测方案的确定、监测数据的标准化、监测数据安全传输的实现3个指标。

（1）监测方案的确定

1）监测指标

自动监测指标的选取应遵循以下原则：

① 可测性；

② 可比性；

③ 敏感性；

④ 综合性。

三峡库区水环境生态感知系统监测指标体系包括常规指标、特征指标和综合毒性指标3类共21项（表23-63）。其中常规指标包括气象指标、水文指标、水质指标和生态指标。具体指标可根据实际情况进行增删调整。

2）监测频次

自动监测频次一般为1次/h，最小监测频次为1次/24h，如出现应急等特殊情况应根据实际情况进行调整。

3）监测设备选配

选择设备时，要充分考虑仪器设备的性能及其在监测区域的适用性。注意根据设备检测器的检测原理、方法和适用条件，选择满足工作需求的设备。

自动监测仪器性能指标一般应符合或优于表23-74要求，同时还应符合以下技术要求。

① 检出限：监测设备的各项水质参数检出限应符合水质定量分析的基本要求，对GB 3838—2002规定监测因子的检出限应优于一类标准限值浓度的1/5或设置点位水质近三年监测最低值的1/10；对检出限达不到上述要求的设备，不能作为自动监测站的组成。

② 测定范围：对于GB 3838—2002中规定的监测因子，检测范围一般能够覆盖Ⅰ～Ⅴ类地表水浓度测定范围；对于属于劣Ⅴ类的点位，上限应为近三年内最高检测值的3～5倍。

③ 监测仪器稳定性：自动监测站的监测设备在5～10月生物生长旺盛季节期间，每次校准和维护后，能够保证稳定运行14d以上。

备用监测设备的性能配置参照日常监测使用的设备性能配置进行选择。考虑监测区域水质情况及日常监测的设备使用频率，整装设备按照现场使用设备的10%备用（不足1台按照1台备）；每种参数监测设备的易损配件按照20%备用。

表23-74　三峡库区水环境生态感知系统仪器性能指标技术要求

分析项目	测量范围	检出限	分辨率	准确度	加标回收率
水位	100～200m		0.001FS		
流速	0～30m/s		0.01m/s		
风速	0～49m/s	0m/s	0.11m/s	0.7998m/s	
风向	0～360°			±4°	
气温	−39.2～60℃			±0.2℃	
气压	800～1100mbar				
总氮	0～10mg/L	500μg/L	10μg/L	小于读数的15%	90%～110%
总磷	0～2mg/L	200μg/L	10μg/L	小于读数的15%	90%～110%
氨氮	0～5mg/L	250μg/L	10μg/L	小于读数的15%	90%～110%
水温	−10～＋80℃			0.1℃	
溶解氧	0～50mg/L		0.01mg/L	±2%～±6%	
电导率	0～200mS/cm		0.001mS/cm	±2%	
浊度	0～1000 NTU		0.1 NTU	读数的±2%	
pH值	0～14		0.01	±0.2	
Chla	0～400μg/L		0.1μg/L	读数的±2%	
COD_{Mn}	0～20mg/L		0.01mg/L	±2%	
水质综合毒性	可将毒性判断为高、中、低				
藻毒素	0～0.01mg/L	1μg/L		15 %	90%～110%
藻群细胞密度	$1×10^4～1×10^{12}$个/L		100个/L	20%	
水体CO_2变化速率	$(60～15000)×10^{-6}$/min，CO_2量程$(0～5000)×10^{-6}$		$10×10^{-6}$		

注：1mbar=100Pa；FS表示满量程。

（2）监测数据的标准化

水环境信息数据表现形式各不相同而且由于环境数据在监测、采集、处理过程中缺乏标准化监管流程，数据质量受到多种因素干扰，监测数据往往存在可靠性低、质量差的现象。尤其是自动监测数据具有实时、海量特点，所以必须对环境数据进行标准化处理，推动水环境管理的智能化。

监测数据标准化，首先需要保证水环境监测数据集的完整性和正确性，对不同来源采集的数据源进行格式检查、质量检查和分析，检验方法、检验原则和检验结果需要编制数据集说明文档，文档格式按照相关的标准进行编制；同种监测指标有多种数据来源条件下，根据要求选择合适的数据源，并详细记录数据源的选择理由。

监测数据标准化，选取相应的工具和方法对原始的数据源进行加工，形成监测数据集实体数据文件；同时在数据集说明文档中对数据处理工具和方法进行说明。数据处理工具包括 Excel 等数据处理软件，以及管理数据文件系统的数据库系统。

监测数据标准化还包括数据存储格式的标准化。监测数据文件的存储格式选择国内、国外通用的数据格式，如文档格式、数据库格式以及通用图像文件格式。

为提高管理的效率和满足精细化管理的要求，规范自动监测能力建设的设计、实施、管理，数据存储与分类参考《三峡水生态环境监测数据存储标准》（T/CQSES 01—2017）。

（3）监测数据安全传输的实现

环境监测数据分布在不同地域、不同部门、不同系统，数据形式包括文字、数字、符号、图形、图像和声音等，需要安全传输到交换中心，并实现不同交换节点对环境监测数据的调用和交换。在安全考虑上，不仅包括感知设备物理安全管理、网络安全管理，同时也要兼顾数据安全管理、系统安全管理、安全测评与风险评估。

1）数据采集

自动监测设备获得的监测数据，根据自动监测设备配置的数据传输协议，包括但不限于 RS-232、RS-485、SDI-12，选用低功耗、高可靠的数据采集器进行数据采集工作。数据采集器的性能及参数应满足如下要求：

① 工作电压为 12V 直流电压；

② 数据接口类型应完全满足使用的自动监测设备数据传输协议的要求，每类数据接口数量应多于对应的自动监测设备数量；

③ 采集的数据应当实时通过通信端口向中心控制平台传输，数据采集器应当具有存储数据的功能，存储的数据内容应当不少于 2 个月。

2）数据传输

三峡库区水环境生态感知系统原位获取的数据，通过因特网、移动通信网络，以及北斗卫星通信网络进行组网传输。由数据采集器、通信模块及中心控制平台数据存储模块构成，实现数据的传输与接收。数据传输速率上行速率不低于 5.76Mbit/s，下行速率不低于 21.6Mbit/s。

① 数据表设计与定义。三峡库区水生态环境感知平台包含在线监测数据库、地理信息数据库两个部分。在线监测数据库为存储通过巡测或设置监测站获取的数据的数据库，包括通过定点监测、巡测、在线监测等方式获取的水位、流量、水量、水质、水生态等动态变化的数据；地理信息数据库是存储地理信息数据的数据库，包括照片影像信息和遥感影像信息，存储获取图片的位置坐标、图像来源等内容。

② 水质自动站监测信息表。本表存储的水质站水体监测参数信息是自动监测站常监测内容；本表允许各单位根据实际情况进行扩展，所采用的字段名、标识符、类型及长度等应与相关标准一致。

③ 通信协议。通信包由 ACSII 码字符组成，通信协议数据结构如图 23-138 所示。

通信包包括包头、数据段长度、数据包、循环冗余校核（CRC）校验码、包尾。数据包由请求时间、系统编号、命令编号、设备统一标识码、密码、标识位、数据组成。设备标识码由用户机构统一管理，各个在线监测设备传输数据时使用此标识码作为凭证。

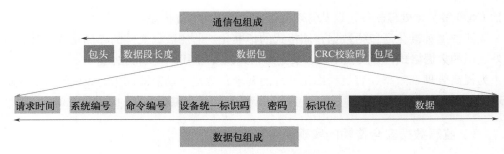

图23-138　通信协议数据结构

23.6.5.2　中心控制平台

（1）中心控制平台的功能

中心控制平台的功能主要是支撑感知系统与其他系统的链接，实时监控和远程控制自动监测站设备运行情况，获取、存储、管理和分析处理自动监测站监测数据，评估水环境生态安全状态，并进行决策分析、信息发布和会商支撑等。

（2）中心控制平台组成

总体框架如图23-139所示。

① 水生态管理运行模块包括水环境事件预警平台和智能管理平台。

② 水生态推演模拟模块包括水质预测模型、富营养化评价模型、水生态评价模型、生物生态综合毒性模型。

③ 水生态感知模拟与可视化推演平台系统包括基础设施层、数据采集层、应用支撑层和业务功能层。

④ 可视化展示与会商决策平台包括可视化展示系统、会商系统和会商室网络。

23.6.5.3　平台业务化运行维护

（1）日常运行维护系统建设

运行维护系统包括信息系统相关的主机存储设备、网络安全设备、操作系统、数据库、权限管理、系统监控、访问监控、资料检索服务以及应用系统的运行维护服务，保证现有的信息系统正常运行，降低整体管理成本，提高信息系统的整体服务水平。同时根据日常维护的数据和记录，提供信息系统的整体建设规划和建议，更好地为信息化发展提供有力的保障。

1）网络系统运行维护

① 网络节点和拓扑管理。保持全网拓扑结构的自动生成及实时更新，便于直观地观察和监控。拓扑图包括骨干线路的拓扑图、基于设备物理连接的物理拓扑图、按照地理位置的网络分布图、楼宇的网络结构视图、重要网络设备的管理视图、核心网段的网络拓扑图、根据网络管理员日常工作的维护视图等。

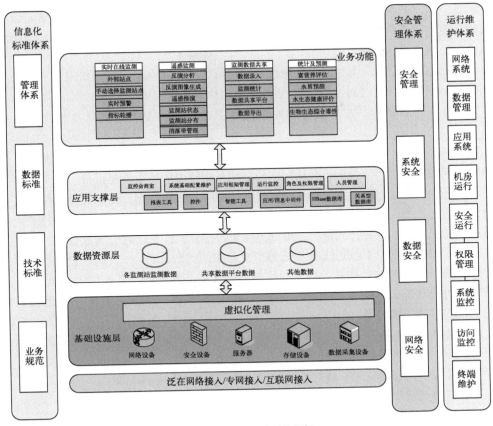

图23-139 系统总体框架

② 网络性能管理。根据被管理对象的类型及属性，定时采集性能数据，如流量、延迟、丢包率、CPU利用率、内存利用率、温度等，自动生成统计分析报告；可对每一个被管理对象，针对不同的时间段和性能指标进行阈值设置，通过设置阈值检查和告警，提供相应的阈值管理和溢出告警机制；监控网络系统节点之间的网络时延，搜索从源节点到目的节点的网络路径和从目的节点返回源节点的网络路径，并将沿途线路带宽和设备状态直观地显示出来。

③ 网络故障管理。实时监控网络中发生的各种事件，根据需要定制监控的对象和内容，当出现预定义的故障或超出性能阈值时，将按照管理员指定的处理方式自动报警或动作处理；使用网管系统的连通性故障自动定位和诊断功能，对于故障事件能进行自动关联，得出最直接的故障原因，并将明确的故障发生定位信息通过告警系统发送给网络管理员；告警系统提供多种报警方式，包括电子邮件、声音、告警信息、发手机短信等；管理员定期完成网络连通可用性分析报告，通过与帮助台联动，实现故障处理的规范化。

2）数据处理与数据库运行维护

① 服务器系统维护。

Ⅰ.硬件系统管理。实时监控主机内温度、风扇状态、电源状态、主机板、电池状态、盘阵状态；实时监视系统 CPU 的利用率，显示 CPU 运行队列的长度；对内存使用情况进行管理；观察硬盘及磁盘阵列的使用率，统计用于文件读或写操作的磁盘 I/O 利用率以及虚拟内存的使用率。

Ⅱ．系统进程管理。实时监视系统进程的运行状况，并在系统进程出现异常时给出告警，针对出现异常和长时间占用内存或 CPU 的用户进程进行重点监控。

Ⅲ．网络性能管理。监控服务器网络通断、冲突和错误的情况以及其网络流量的情况。

Ⅳ．性能报告管理。监控系统资源的实时变化，设置异常门限值，当正监测的系统性能参数达到门限值时产生报警，并按时间段生成系统资源的历史性能报告。

Ⅴ．文件系统空间管理。实时监视文件系统空间的使用情况，并在文件系统达到一定的阈值时给出告警；对系统中的重要文件进行管理，监视重要文件的存在与文件的大小变化情况，监视文件系统的挂载情况，出现不能正常挂载文件系统时给出告警。

Ⅵ．群集管理。实时监控 Unix 服务器群集和包的运行状态。

② 数据库系统维护。监视数据库的状态，SGA 的各种参数，日志事件（警告），侦听器状态，进程状态，可用性如死锁、资源争用、不一致性，以及会话和 SQL 活动、等待状况、数据库碎片情况等。

监视关系型数据库归档日志和可用空间量，以及关系型数据库归档日志目的地中可用空间的百分比；监视转储目的目录的使用空间百分比。

监视并警告当前分配的扩展数据块数超出指定阈值的数据库对象。

对表空间的使用情况和增长情况进行定期分析和预警。

针对数据库中的 I/O 情况进行实时监控。

定期提供数据库运行性能的分析，帮助提出诊断和优化调整建议。

将监控到的数据库性能指标保存下来，生成性能趋势报告，为管理者提供决策依据。

定期检查系统日志和备份作业日志，根据日志解决潜在问题。

3）数据存储备份运行维护

对 IT 环境中的存储和备份资源集中监控、统一管理，实时得出设备性能参数，如 I/O 请求的数量、物理 I/O 读写响应时间和数据传输峰值、高速缓冲存储器使用的统计数据等；规划总体存储空间，分析数据量随时间增长的趋势图表，合理分配资源，并对系统性能进行优化。

对应用进行数据迁移前，进行风险分析和评估，制订应用迁移方案，提交风险回退方案；数据迁移后对数据一致性、完整性和可用性进行测试，确认移植成功。

制订主机操作系统、文件系统和应用软件系统数据备份策略，制订自动或人工备份介质管理规范。

检查日常备份任务的完成情况，确保数据按要求成功备份。

定时进行备份恢复演习，保证操作系统、文件系统和数据库出现异常时能够迅速解决。

4）应用系统运行维护

① 日常基本维护。实时监控应用系统服务和进程的运行状态，对关键进程占用系统

资源的情况进行管理；在服务出现异常时给出告警，并能在进程终止时给予自动重启该进程的操作；定期针对应用系统运行中生成的记录文件进行监测，从而判断应用中的重要错误、警告以及性能等问题；实时监控关键服务的响应时间，当服务响应时间不正常时予以排查处理。

② 专项高级维护。配合应用系统建设工作，完成应用程序的 bug 修改和功能拓展；针对应用程序特点，完成网络、数据库、主机内核参数、存储设备的调整和优化，提高应用系统性能。

5）机房运行维护

机房管理方案分为设备运维和人员管理两部分。

① 设备运维：主要设备运转状况、环境参数实时监控；设备故障及环境参数报警信号实时通报。

② 人员管理：主要是通过门禁系统对进出机房的工作人员进行授权，限定人员工作区域，杜绝随意走动造成的安全隐患。

6）安全运行维护方案

在网络上建立比较完整的安全防护体系，为业务应用系统提供安全可靠的网络运维环境。

实现多级的安全访问控制功能。

重要信息的传输实施加密保护。

建立安全监测监控系统；建立系统网络全方位的病毒防范体系；建立数字证书认证服务基础设施和授权系统；建立系统网络安全监控管理中心，加强集中管理和监控，及时了解网络系统的安全状况、存在的隐患，技术上采取"集中监控、分级管理"的手段，发现问题后及时采取措施；建立有效的安全管理机制和组织体系。

7）权限管理维护方案

用户权限管理主要实现不同用户在系统中具有不同的权限，系统按照业务内容与组织机构的不同，给不同角色赋予不同的权限。主要包括系统管理员、领导、业务员以及普通公众用户。

① 用户管理。有权限的后台管理人员能对系统进行添加用户、编辑用户、删除用户的操作。

② 角色管理。有权限的后台管理人员能对系统进行添加角色、编辑角色、删除角色的操作

③ 资源管理。系统中的各种功能称为资源，资源管理是对系统中各类资源进行管理，实现对资源的添加、查询、编辑、删除操作。

④ 角色资源管理。角色资源管理是对角色能操作哪些资源进行管理，有权限的后台管理人员能对角色进行资源的分配和移除操作。

⑤ 用户角色管理。用户可以拥有多个角色，一个角色也能对应多个用户，有权限的后台管理人员能对用户进行角色的分配和移除操作。

8）系统监控维护方案

① 系统状态监控。主要针对系统运行交换的过程中出现的错误进行统一监控，如对出现的网络断网、排队、流量超标、标准不统一等一系列问题进行统一的监管，同时监控系统资源使用情况。

② 日志查询浏览。平台日志包括系统日志和业务日志。系统日志是指记录系统各模块的运行状态，用户对系统运行情况进行跟踪，在系统出现故障的时候能根据日志快速进行问题排查。系统日志完成各类系统信息的记录，分为一般信息、警告、错误、严重错误几个级别来记录。

9）计算机终端运行维护

网络客户端运行维护方案主要从终端的状态、行为、事件三个方面着手解决十大类功能，主要包括终端运行状态管理、终端资产管理、终端补丁管理、终端防毒管理、终端联网行为管理、终端安全事件处置、终端桌面行为审计、终端桌面安全审计、终端访问控制和终端安全报警。

（2）三峡库区水环境生态感知系统应用扩展

针对三峡库区水文水质、库区富营养化、污染源和分区入库污染物总量等水环境监测要求，结合水质自动监测技术、水质预报模型技术、水质监测点位优化技术、通信网络技术、物联网与互联网技术的发展趋势，实现感知层水质监测数据采集接口的异构数据规范化技术、监测数据的实时网传技术、水环境监测预警系统多模块无缝对接技术、多平台自适应组网技术；数据通信与传输系统同计算机网络系统相集成，构建水环境在线监测系统。最终形成由水环境监测传感器系统、信息通信系统构成的多网络水环境在线监测系统，实现三峡工程监测预警业务管理的自动化、信息化、智能化、业务化。

在三峡库区建成以固定监测站、浮标监测站为主体的一体化监测网络，并在库区干流重要河段、支流生态敏感区域建设智能化水环境监测预警系统监测站，在库区重要断面关键区域建设多平台在线监测站点，在分区总部建成智能化水环境监测预警中心平台，实现三峡库区水环境立体智能感知、多种数据远距离传输、有效信息标准规范等的水环境监测预警与预报服务功能。

23.6.5.4　三峡库区感知系统整体方案

（1）空间区划

根据三峡水库宏观湖沼学特点，在大尺度空间上对三峡水库干支流拟分为 5 个空间区段和上下游干流天然河段进行跟踪观测，相应的环境特点见表 23-75。

表23-75　三峡水库不同空间区段及其环境特点

编号	空间区段	具有代表性的断面	环境特点
1	干流——过坝下泄区	三斗坪大坝下泄区	过坝下泄水剧烈的扰动翻滚作用以及深层出水造成过饱和气体大量释放
2	库首段：干流——坝区	坝区秭归县处	地貌上为扬子江淮地台(秭归盆地)，气候气象条件接近长江中下游地区
3	干流——奉节至巴东段	干流巫山站	大巴山区的高山峡谷水域，喀斯特地貌特征，高山对峙，下有流水，垂直气流扩散独特，可能存在大气逆温层现象

编号	空间区段	具有代表性的断面	环境特点
4	干流——长寿至云阳段	干流忠县站，忠县石宝寨（干流消落区）	库中段，四川盆地东部的川东丘陵区，为三峡水库腹心地带，冬季温和，少见冰雪，紫色土为主要土壤，农业耕种强度大
5	库尾段：干流——重庆主城段	干流寸滩站	库尾段，受上游来水和主城排污影响明显，且仅在冬季高水位下首演，夏季为天然河道，物理背景同长寿至云阳过渡区迥异

（2）水文水质同步自动监测子系统

1）监测目标

对库区重要断面水质状况进行实时监控，弥补人工监测存在的时效性不足的缺陷；初步形成三峡水库水环境远程监控体系，提升各干支流监测站的实时监控能力，增强水环境的预警预报能力。采用浮标或者近岸监测站的方式进行监测。

2）监测范围

涉及万州典型区生态环境监测重点站的监测断面，监测站点详细信息如表23-76所列。

表23-76　万州典型区生态环境监测重点站能力建设表

序号	河流名称/区域	监测站点名称	在线监测内容
1	五桥河/万州区	陈家沟流域	污染源（土壤、气象）
2	五桥河/万州区	万州站站部	污染源（气象）
3	长江干流/万州区	万州站	水质、水文、视频
4	五桥河/万州区	五桥河流域	污染源（降雨）

3）监测内容

根据三峡水库水文水质监测的需要，监测常规5指标（DO、水温、pH值、浊度、电导率）、COD、氨氮、TN、TP、硝酸盐、亚硝酸盐、叶绿素、BOD、氯化物、可溶性磷、溶解性固体、TOC、水位、流量、流速、常规气象8指标（风速、风向、空气温度、相对湿度、大气压力、光合有效强度、太阳辐射、降雨量）等内容。

4）监测时间

① 水文水质指标：常规5指标、水位、流量等每小时1次，其他指标每天4次，应急情况可扩展至每20分钟1次。

② 气象指标：常规气象8指标每半小时1次，应急情况可扩展至每10分钟1次，降水强度、降雨历时在降雨时连续监测。

③ 其他指标：土壤含水量每天4次；泥沙含量每小时1次，应急情况可扩展每20分钟1次；视频实时监控。

5）监测结果分析

按水功能区域计算水体的纳污能力，提出保证水质安全的污染物排放控制量。

6）能力建设

在原水文水质监测子系统监测站基础上，以长江干流与重要一级支流为监测水功能区，原有改造及新建浮标监测站，使用水质多参数监测仪、营养盐监测仪、声学多普勒断面流速测量仪、COD 分析仪等，采用国内外水文水质在线监测技术进行水体水文水质实时在线监测，利用信息网络将监测数据实时传送到监测站和综合监测预警中心，提高对干支流水质、水源地水质、取水口水质、近岸污染带水质的在线监测能力和应急响应能力。

（3）库区富营养化自动监测子系统

1）监测目标

对三峡水库重点支流及重点断面的富营养化状态进行在线监测，提高三峡水库营养化的远程监控及水华的预警预报能力。主要采取浮标的方式。

2）监测范围

涉及各站点监测断面。

3）监测内容

根据三峡水库水文水质富营养化监测的需要，监测内容选择常规 5 指标、常规气象 8 指标、高锰酸盐指数、TN、TP、氨氮、硝氮、叶绿素、流量、水位、流速。

4）监测时间

① 水文水质指标：常规 5 指标、水位、流量等每小时 1 次，其他指标每天 4 次，应急情况可扩展至每 20 分钟 1 次。

② 气象指标：常规气象 8 指标每半小时 1 次，应急情况可扩展至每 10 分钟 1 次。

③ 其他指标：视频实时监控。

5）监测结果分析

在富营养化敏感区域每天分析一次营养物质来源变化特征，预测三峡库区富营养化发生发展趋势，提出三峡水库富营养化的防治对策建议。

6）能力建设

在干流重要水质断面（如朱沱入库断面）、支流生态敏感区域补充在线监测设备，建设综合监测站。由中国水利水电科学研究院负责的重点支流水质监测重点站和三峡工程生态环境监测系统在线监测中心进行能力建设。使用水质多参数监测仪、营养盐监测仪、声学多普勒断面流速测量仪、COD 分析仪等，采用国内外富营养化在线监测技术进行水体富营养化实时在线监测，利用信息网络将监测数据实时传送到监测站和综合监测预警中心，提高对干支流富营养化在线监测能力和应急响应能力。具体能力建设站点情况见表23-77。

表23-77　重点支流水质监测重点站能力建设表

序号	河流名称/区域	监测站点名称	在线监测内容
1	香溪河/兴山县	香溪河基层站	水质、水文、气象、视频
2	神农溪/巴东县	神农溪基层站	水质、水文、气象、视频
3	大宁河/巫山县	大宁河基层站	水质、水文、气象、视频
4	朱衣河/奉节	朱衣河基层站	水质、水文、气象、视频
5	小江/开州区	小江(汉丰湖以下)基层站	水质、水文、气象、视频
6	小江/开州区	汉丰湖基层站	水质、水文、气象、视频
7	苎溪河/万州区	苎溪河基层站	水质、水文、气象、视频

续表

序号	河流名称/区域	监测站点名称	在线监测内容
8	汝溪河/忠县	汝溪河基层站	水质、水文、气象、视频
9	龙河/丰都县	龙河基层站	水质、水文、气象、视频
10	御临河/江北区	御临河基层站	水质、水文、气象、视频
11	磨刀溪/云阳县	磨刀溪基层站	水质、水文、气象、视频

（4）污染源自动监测子系统

1）监测目标

入库点源、面源污染负荷，满足相关总量控制和水污染排放标准。采用排污口处监测的方式。

2）监测范围

包括船舶流动污染源监测重点站、秭归典型区生态环境监测重点站和农业生态环境监测重点站3个涉及的管辖范围。

3）监测内容

① 船舶流动污染源监测重点站监测内容包括石油类、SS、BOD、COD、TP、TN 等主要污染物的排放浓度；其他指标包括废气中 SO_2、NO_2、等效连续 A 声级、视频等。

② 秭归典型区生态环境监测重点站监测内容包括 pH 值、COD、悬浮物、DO、氨氮、硝氮、溶解性磷、TP、TN、常规气象 8 指标、水位、流量、流速、土壤温度、土壤水分、土壤 EC 值、视频等。

③ 农业生态环境监测重点站监测内容包括 pH 值、电导率、浊度、COD、TP、TN、氨氮、水位、流量、流速、视频等。

4）监测时间

① 水文水质：pH 值、电导率、浊度、水位、流量等每小时 1 次，其他指标每天 1 次，应急情况可扩展至每 20 分钟 1 次。

② 气象指标：常规气象 8 指标每半小时 1 次，应急情况可扩展至每 10 分钟 1 次。

③ 其他指标：土壤温度、土壤水分、土壤 EC 值每小时 1 次，应急情况可扩展至每 20 分钟 1 次；废气中 SO_2、NO_2、等效连续 A 声级采用连续监测、视频实时监控等。

5）监测结果分析

对三峡库区水污染发生发展趋势进行预测，提出三峡水库水污染的防治对策建议。

6）能力建设

在秭归典型区生态环境、船舶流动污染源、农业面源污染区域补充在线监测设备，建设污染源在线监测站。由交通运输部环境保护中心负责的船舶流动污染源监测重点站、湖北省农业生态环境保护站负责的农业生态环境监测重点站、中国科学院南京土壤所负责的秭归典型区生态环境监测重点站及三峡工程生态环境监测系统在线监测中心建设的监测点进行能力建设，提高在线监测能力。使用水质多参数监测仪、营养盐监测仪、COD 分析仪等，采用国内外污染源在线监测技术进行水体污染源实时在线监测，利用信息网络将监测数据实时传送到监测站和综合监测预警中心，提高对干支流污染源的在线监测能力和应急响应能力。具体能力建设站点情况见表 23-78 ～表 23-80。

表23-78　交通运输部环境保护中心——船舶流动污染源监测重点站能力建设

序号	河流名称/区域	监测站点名称	测点位置	在线监测内容
1	长江干流/库区	北京站	库区范围(15条船)	污染源(油污水、生活污水、船舶废气、噪声、视频)

表23-79　中国科学院南京土壤所——秭归典型区生态环境监测重点站能力建设

序号	区域	监测站点名称	测点位置	在线监测内容
1	秭归县	秭归县水田坝乡上坝村	E110°40.55′, N31°3.53′	污染源、水质、富营养化、水文、气象、视频

表23-80　湖北省农业生态环境保护站——农业生态环境监测重点站能力建设

序号	河流名称/区域	监测站点名称	在线监测内容
1	九畹溪/秭归县	农业园区秭归	水质、水文、视频
2	香溪河/兴山县	农业园区兴山	水质、水文、视频
3	笋溪河/江津区	农业园区江津	水质、水文、视频
4	龙溪河/长寿区	农业园区长寿	水质、水文、视频
5	乌江/武隆县	农业园区武隆	水质、水文、视频
6	龙河/丰都县	农业园区丰都	水质、水文、视频
7	小江/开县	农业园区开县	水质、水文、视频
8	汝溪河/忠县	农业园区忠县	水质、水文、视频
9	彭溪河/云阳县	农业园区云阳	水质、水文、视频
10	大溪河/奉节县	农业园区奉节	水质、水文、视频
11	大宁河/巫山县	农业园区巫山	水质、水文、视频

注：武隆县现今称武陵区；开县现今称开州区。

（5）分区入库污染物总量自动监测子系统

①监测目的：行政区界污染负荷核定、应急监测管理。

②监测范围：河流分区断面。

③监测内容：常规5指标、COD、氨氮、TN、TP、硝酸盐氮、叶绿素、水位、流速、流量、视频等。

④监测时间：常规5指标、水位、流量等每小时1次，其他指标每天1次，应急情况可扩展至每20分钟1次，主要采用取浮标的方式。

⑤监测结果分析：统计分析计算每年进入三峡水库的各类污染源负荷，摸清各类污染源入库污染负荷量及其分布规律，掌握污染物种类、浓度和排放规律。

⑥能力建设：在原有省界、县界水文水质监测子系统监测站基础上，以长江干流与重要一级支流为监测水功能区，改造原有5个分区入库污染物总量监测站，使用水质多参数监测仪、营养盐监测仪、声学多普勒断面流速测量仪、COD分析仪等，采用国内外水文水质分区入库在线监测技术进行水体水文水质分区入库实时在线监测，利用信息网络将

第四篇　工程实践篇

监测数据实时传送到监测站和综合监测预警中心，提高对分区入库污染物总量的在线监测能力和应急响应能力。具体能力建设站点情况见表23-81。

表23-81 分区入库污染物总量监测能力建设表

序号	河流名称	监测站点名称	在线监测内容	备注
1	长江干流	朱沱水文站	水质、水文、视频	四川-重庆
2	乌江	武隆水文站	水质、水文、视频	贵州-重庆
3	嘉陵江	嘉陵江干流武胜	水质、水文、视频	四川-重庆
4	渠江	嘉陵江支流渠江罗渡溪	水质、水文、视频	四川-重庆
5	涪江	涪江小河坝	水质、水文、视频	四川-重庆

23.7 三峡库区水生态环境感知系统工程示范

23.7.1 水生态环境安全在线感知系统示范工程

23.7.1.1 示范平台设计

（1）设计总则

三峡库区水生态环境是一个开放的、高度复杂的系统，要实现对水生态环境的污染控制、富营养化治理和水生态系统推演，精确监测和动态感知水生态环境就必须对水生态环境信息进行定量检测。本示范工程将集成自主开发的综合生物毒性在线检测仪、在线藻毒素检测仪、大量程且高分辨率的水体CO_2变化速率检测传感器以及能够在线传输图像的藻细胞显微观测仪、水质多参数传感器、气象参数传感器、水文参数传感器，构建集数据采集、传输、控制于一体的三峡库区水生态监测浮标，为三峡库区的生态监测提供依据，实现对水生态环境参数的原位、在线和连续监测。

（2）总体设计

水生态环境安全在线感知系统示范工程建设的主要内容是集成自主开发的水质综合毒性检测仪、藻毒素原位检测仪、原位藻群细胞观察仪、水体CO_2变化速率检测仪以及水质多参数传感器，以浮标作为水环境监测仪器的承载平台，搭载包括自主开发设备在内的可监测水文、水质、水生态和气象方面共20个参数的仪器，分别运用了光学、电化学、声学等方面的技术，获取环境中的物理量、化学量，将其转换为电信号予以收集、分析、处理。通过数据采集传输系统从水环境监测设备读取监测数据并通过无线方法进行数据的远程传输。由太阳能和风能发电设备组成的供电系统保障各仪器设备运行所需的电能，进而实现浮标原位系统对该片水域环境的实时监测。由此，组成一套完整的水生态系统原位感知体系。该环境原位监测系统包括环境感知系统、供电系统、数据采集与传输系统，原位实时获取的环境感知数据通过无线传输方式传输至监测指挥决策平台，用于对环境感知数据进行分析和处理（图23-140）。

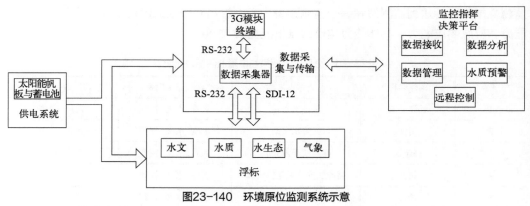

图23-140 环境原位监测系统示意

23.7.1.2 示范工程的建设

在三峡库区重点水域与典型支流建立水生态环境原位监测系统，在完成浮标本体设计、制造基础上，依次完成太阳能电池板支架、电子仓、蓄电池、数据采集器、风力发电机、水质多参数传感器、营养盐检测仪、声学多普勒断面流速测量仪等设备的安装，形成可稳定、长期、连续运行的原位在线监测系统。

项目组先后于2015年4月和2017年4～5月分别在重庆市云阳县、湖北省宜昌市兴山县、重庆市巫山县和重庆市奉节县完成5套浮标原位监测系统的安装。浮标本体上安装可检测水文、水质、水生态和气象方面的20余个参数的检测设备。

（1）水生态环境原位监测系统在香溪河的建设

2017年4月，项目组开始在香溪河安装环境原位监测系统。首先利用吊车将浮标体从货车上卸下，放入水中。其次，在浮标体上安装太阳能板支架、太阳能板等部件。然后，运用船舶将浮标拖运至指定安装地点，固定于河中。最后，安装各个仪器、电池等器件，直至调试完毕。其安装过程如图23-141所示。

（2）水生态环境原位监测系统在大宁河的建设

水生态环境原位监测系统在大宁河的安装过程、步骤如其在香溪河的安装过程，在此不再赘述。其安装过程如图23-142所示。

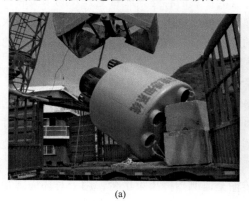

(a)   (b)

(c)   (d)

图23-141 水生态环境原位监测系统在香溪河的安装过程

(a)   (b)

(c)   (d)

图23-142 水生态环境原位监测系统在大宁河的安装过程

（3）水生态环境原位监测系统在草堂河的建设

水生态环境原位监测系统在草堂河的安装过程、步骤如其在香溪河的安装过程，在此不再赘述。其安装过程如图 23-143 所示。

图23-143　水生态环境原位监测系统在草堂河的安装过程

浮标船在草堂河的安装过程，如图 23-144 所示。

(a)　　　　　　　　　　　　　　　　　　　(b)

(c)

图23-144 浮标船在草堂河的安装过程

（4）水生态环境原位监测系统在澎溪河的建设

水生态环境原位监测系统在澎溪河的安装过程、步骤如其在香溪河的安装过程，在此不再赘述。其安装过程如图23-145所示。

(a)

(b)

(c)

(d)

图23-145 水生态环境原位监测系统在澎溪河的安装过程

（5）仪器的维护

由于使用的仪器长期存放于野外，项目组将定期对仪器进行校准和维护，以此保证仪器对环境参数测量的准确性。

图 23-146 展示的是长期放置在水中的仪器，外表被泥沙、贝壳之类的物质附着，因此有必要定期将仪器从水中取出进行清洗，并对仪器进行校准和维护。

(a)

(b)

(c)

图23-146　长期放置在水中的仪器

23.7.1.3　示范工程的测试

为验证自动监测设备在野外运行所获取的环境数据的准确性和稳定性，制订监测实施方案。检验机构根据监测实施方案对自动监测设备进行校验。

（1）监测点位布置

本次监测工作涉及的 4 个监测断面，分别位于三峡库区重庆市云阳县澎溪河（小江）、奉节县草堂河、巫山县大宁河和湖北省兴山县香溪河。断面设置在野外监测感知系统所在浮标船附近 3m 范围内。

（2）监测指标及对应的监测方法

监测指标包括水位、流速、风速、气温、气压、水温、pH 值、电导率、溶解氧、浊度、高锰酸盐指数（COD）、总磷、总氮、氨氮、叶绿素 a（Chla）、浮游植物数量、微囊藻毒素 -LR、水质综合毒性、二氧化碳变化速率等。

监测指标有国家标准的，按照国家标准进行监测和分析；若无国家标准，按照行业标准或业内公认方法进行监测和分析。其中，主要的水质及微生物指标分析方法及检出限如表 23-82 所列。2018 年 1 ～ 6 月每月 1 次，共 6 次。

表 23-82　主要监测指标监测方法

序号	项目名称	分析方法	最低检出限
1	水温	温度计法(GB 13195—91)	
2	pH值	玻璃电极法 (GB 6920—86)	
3	电导率	电导仪法(SL78—1994)	
4	溶解氧	电化学探头法 (HJ 506—2009)	
5	浊度	分光光度法(GB 13200—91)	0.5NTU
6	高锰酸盐指数	高锰酸钾法 (GB 11892—89)	0.5mg/L
7	总磷	钼酸铵分光光度法 (GB 11893—89)	0.01mg/L
8	总氮	流动注射分析法 (HJ 668—2013)	0.03mg/L
9	氨氮	气相分子吸收光谱法 (HJ/T 195—2005)	0.020mg/L
10	叶绿素a	荧光法(SL 88—2012)	
11	浮游植物数量	显微镜计数(SL 167—2014)	
12	微囊藻毒素 -LR	水中微囊藻毒素的测定(GB/T 20466—2006)	0.01μg/L

监测所采用的仪器设备如表 23-83 所列。

表 23-83　主要监测仪器

序号	项目名称	仪器设备
1	水位	水尺
2	流速	流量计
3	风速、风向	六合一风速仪
4	气温	温度计
5	气压	气温仪

续表

序号	项目名称	仪器设备
6	水质综合毒性	生物毒性仪
7	水体CO_2变化速率	滴定管
8	水温	水银温度计
9	pH值	便携式水质多参数仪HQ30d
10	电导率	便携式水质多参数仪HQ30d
11	溶解氧	便携式水质多参数仪HQ30d
12	浊度	浊度仪
13	高锰酸盐指数	25mL滴定管
14	总磷	UV-9600紫外可见分光光度计
15	总氮	LACHAT QuikChem8500流动注射仪
16	氨氮	GMA3380气相分子吸收光谱仪
17	叶绿素a	HYDROLAB DS5型哈希多参数测定仪
18	浮游植物数量	Olympus BX53显微镜
19	微囊藻毒素-LR	Thermo Fisher Ultimate 3000液相色谱仪

（3）监测流程

1）布点采样和现场测定

在距离监测平台3m内采集水样，并测定气象指标及现场理化指标。水样采集平台周围（探头相同深度）混合样。现场理化指标在平台周围采集水样处测定。

2）样品的运输保存

水样品用车载冰箱低温（4℃）冷藏保存或及时运回实验室低温冷藏保存。

3）监测项目的实验室分析

除了气象指标及现场理化指标外，其余指标均带回实验室按相关国家标准法、行业标准法或业内公认方法进行分析。

4）数据的处理和填报

将数据填入Excel表格，并形成监测报告。

（4）测试结果

本项目组邀请长江水利委员会水文局长江上游水文水资源勘测局在2018年1～6月期间，采用国家或行业发布的标准方法进行传统监测，与原位观测系统中运行的自动监测设备的环境数据进行比对和分析，以分析和验证自动监测设备监测结果的准确性。

依据两个监测单位对两套系统所提供的检测报告，得到所需的数据，整理出各监测指标的结果，将这些数据按照监测参数分组，并绘制成折线图，得到图23-147～图23-164。

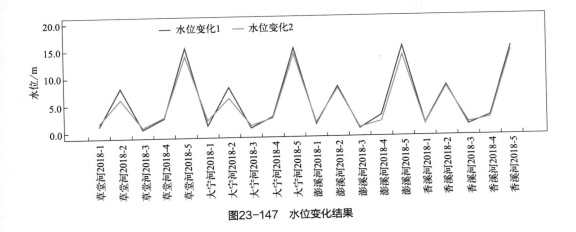

图23-147 水位变化结果

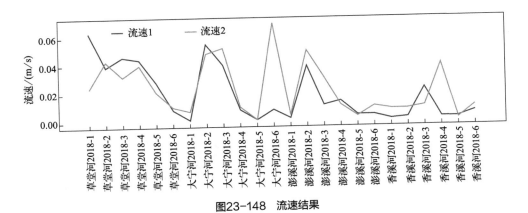

图23-148 流速结果

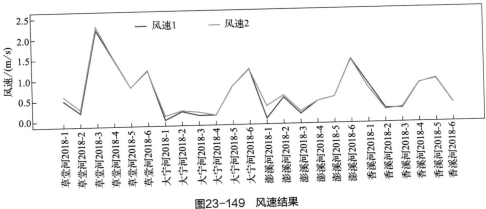

图23-149 风速结果

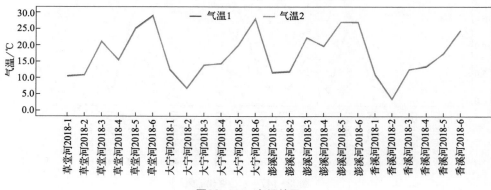

图23-150　气温结果

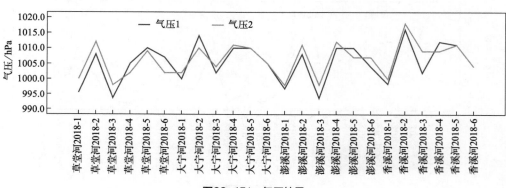

图23-151　气压结果

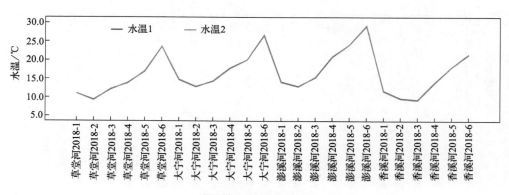

图23-152　水温结果

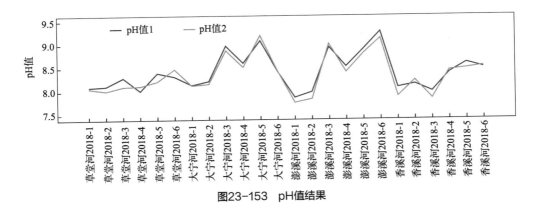

图23-153　pH值结果

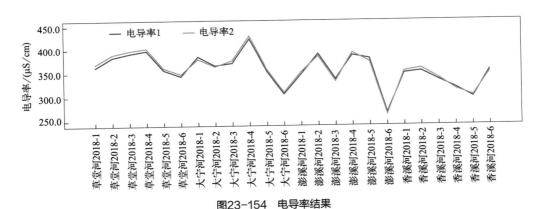

图23-154　电导率结果

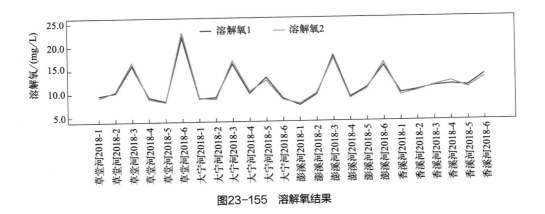

图23-155　溶解氧结果

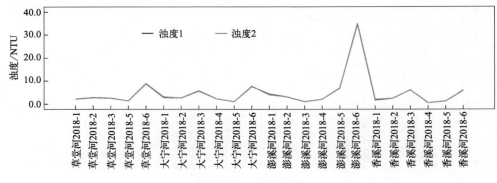

图23-156 浊度结果

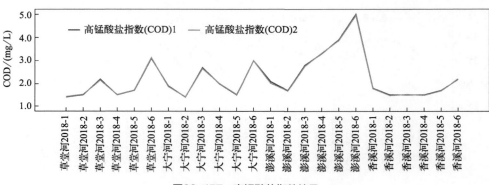

图23-157 高锰酸盐指数结果

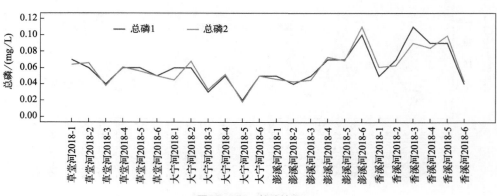

图23-158 总磷结果

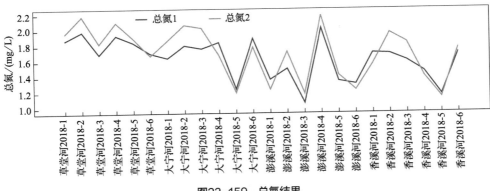

图23-159 总氮结果

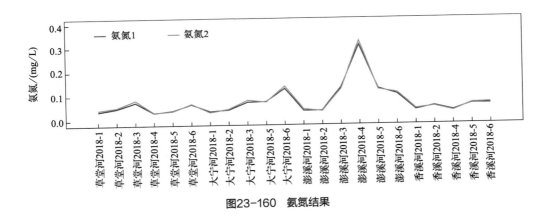

图23-160 氨氮结果

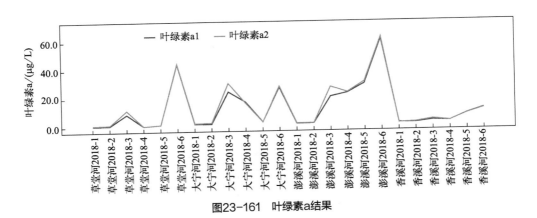

图23-161 叶绿素a结果

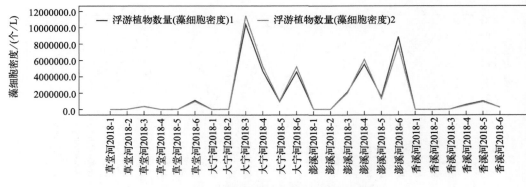

图23-162 浮游植物数量（藻细胞密度）结果

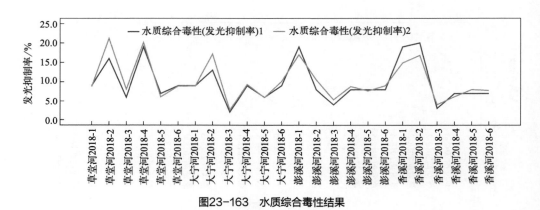

图23-163 水质综合毒性结果

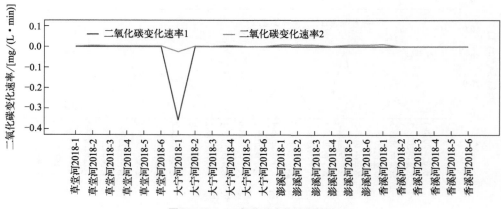

图23-164 二氧化碳变化速率结果

对数据进行相关性分析时，由于风向数据两组数据监测尺度不一致，藻毒素数据均未检出，因此，风向和藻毒素数据未做相关性分析。由数据结果分析可知，从相关性的结果来看 $P < 0.05$，表示配对的自动监测系统获得的数据与第三方机构获取的数据不存在显著相关性的概率小于 0.05，即两组数据显著相关。因此，参与统计分析的 18 个配对组的结果均显示，这些配对组数据之间存在显著的相关性，即各配对组，自动监测和传统监测的数据有显著的相关性。

在 pH 值、总氮、氨氮、叶绿素这几组数据之间存在较显著的差异性。因此，对这些指标进一步做了偏差分析，以检验其差异的大小。在叶绿素的比对中，出现了偏差结果较大的情况。在叶绿素的 24 对数据中有 3 对出现了偏差大于 15% 但小于 22% 的情况。其余几个指标，比对所测得的数据其偏差均在 15% 范围内。pH 值、总氮、氨氮、叶绿素这几个指标，除了叶绿素指标有少数情况出现偏差至 21.8% 的情况外，其余指标其数据偏差均处于 15% 以内，处于可以接受的范围。

23.7.2 水生态环境感知模拟与可视化推演平台示范工程

23.7.2.1 示范平台设计

参见本章第 23.5.2.1 节内容。

23.7.2.2 示范平台建设

（1）超级计算机中心建设

为了支撑水生态环境感知与可视化推演平台计算能力需求，投入建设生态环境超级计算机中心（图 23-165）。设有 400m² 标准机房，拥有浪潮服务器 NX5440M4 刀片数 360 个，总 CPU 核心数 8640 个，总内存 45TB，总存储资源约 2.2PB，理论计算峰值约 300 万亿次。

图23-165　超级计算机中心

计算系统采用双路刀片计算节点 360 台，配置最新的 Intel Xeon Haswell 处理器，配置 1 台环境监测源解析的胖节点，整套系统提供计算能力 ≥ 300 万亿次；系统所有节点采用高速 InfiniBand 网络，实现全线速无阻塞网络互联，满足业务软件对网络高带宽、低延迟的需求；存储系统采用商业版分布式并行存储系统，支持单一存储命名空间，支持容量海量扩展、性能线性扩展，能够满足业务软件对文件并发读写需求；配置 1 套存储系统，裸容量 2PB，主要用于精细化气象预报和生态环境在线监测，系统另有一套备份存储系统，可用于重要数据的备份；配置登录管理节点 4 台，主要用于软件编译安装调试以及登录任务提交等；配置 1 套千兆交换、万兆汇聚的以太网络作为系统管理监控网络；配置 1 套集群监控管理和调度软件，配置足够的许可（license）数量。

（2）云计算平台建设

研发有自主知识产权的云计算平台及适用于云计算平台的核心应用系统，可提供包括弹性计算、分布式存储和大数据离线／实时分析等一系列的云计算、大数据服务（图 23-166）。该平台采用业界知名的 VMware 虚拟化解决方法来对硬件物理资源进行虚拟资源池化，在此基础上，将大数据体系结构（如 Hadoop、Spark、Storm）与实际的运算需求结合，采用分布式存储和分布式计算模型，以虚拟集群的方式实现大数据运算，为不同的行业和应用提供所需的计算、存储能力。平台存储能力达到 1.036PB，浮点计算能力峰值为 10 万亿次／秒，由 SaaS 层、PaaS 层和 IaaS 层组成。

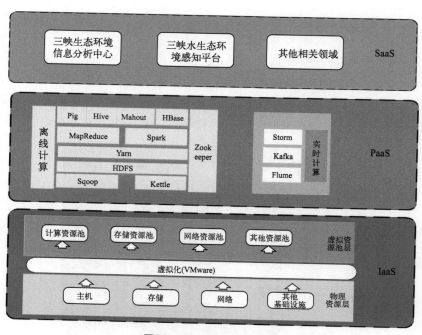

图23-166 云计算平台搭建

（3）监控会商室建设

生态环境在线监测信息系统作为在线监测中心的基础能力部分，采用大数据技术与传统信息系统架构相结合方式，为传感器数据、视频数据以及部分遥感数据的传输、存储、分析提供数据层、IT基础设施、基础环境的支撑，其中监控会商室是基础环境建设中的重要内容（图23-167）。显示系统由6块70寸DLP显示屏组成，配套显示拼接设备和拼接软件。软件会商系统包括视频会议软件、扩音、麦克风和摄像头等。

图23-167　监控会商室搭建

23.7.2.3　示范平台测试

（1）测试大纲

以《系统与软件工程　系统与软件产品质量要求和评价（SquaRE）　第51部分：就绪可用软件产品（RUSP）的质量要求和测试细则》（GB/T 25000.51—2016）、《三峡库区水生态环境感知平台研制及业务化运行》（编号：2014ZX07104-006）、《三峡水生态感知模拟与可视化推演平台验收测试需求》为测试依据，对三峡水生态感知模拟与可视化推演平台在功能、兼容性、可靠性、易用性、性能、信息安全、可移植性、用户文档集8个方面进行测试。

（2）测试范围

对"水生态感知模拟与可视化推演平台"项目进行测试，保证使用方的功能正确，保证系统核心模块的稳定和安全，为项目的验收提供参考。因此，本计划列出了在此次功能测试过程中所要进行的内容和实施的方案及测试资源的安排，作为测试活动的依据和参考。本次测试的主要内容有功能测试（含容错测试）、易用性测试，并编写测试报告。

（3）测试内容

1）水生态感知模拟与可视化推演平台功能测试

① 三峡水生态环境推演模型包括水质变化推演模型、水质富营养化评价模型、水生态健康评价模型、生物生态综合毒性评价模型。

② 观察动态感知平台运行情况，测试水生态感知模拟与可视化推演平台各个子功能

模块是否正常运行。测试平台是否可展示下列数据：a. 水质综合毒性监测数据；b. 藻毒素原位监测数据；c. 藻群细胞原位观测数据；d. 水体 CO_2 变化速率原位监测数据；e. Chla（叶绿素 a）；f. pH 值；g. 溶解氧；h. 水温；i. 浊度；j. 电导率；k. COD（高锰酸盐指数）；l. 水位、流速；m. 风速、风向、气温、气压，n. 总氮、总磷、氨氮。

2）水生态感知模拟与可视化推演平台性能测试

测试水生态感知模拟与可视化推演平台是否能支撑 200 个以上并发用户访问；测试水生态感知模拟与可视化推演平台是否能支撑每天 10 万次的访问；测试能否在高于实际系统运行压力 1 倍的情况下稳定运行；测试水生态感知模拟与可视化推演平台是否能稳定运行 12h。数据处理能力：太比（TB）级；数据存储能力：拍比（PB）级；数据更新频率：实时更新。

3）测试环境

测试环境见表 23-84。

表 23-84　测试环境

编号	测试项目	测试环境	测试方法
1	平台压力测试	200 个以上并发用户访问	Windows 10 SQL Server .Net Framework 4.0	VMware Workstation 镜像用户测试
2		每日 10 万次的访问	Windows 10 SQL Server .Net Framework 4.0	VMware Workstation 镜像用户测试
3		系统稳定性测试	Windows 10 SQL Server .Net Framework 4.0	人工测试，多进程下系统是否稳定运行
4		系统长时间运行测试	Windows 10 SQL Server .Net Framework 4.0	人工测试，平台是否长时间稳定运行
5		数据处理能力测试	Windows 10 SQL Server .Net Framework 4.0	通过专用软件进行读写测试
6		数据存储能力测试	Windows 10 SQL Server .Net Framework 4.0	通过专用软件测试数据库存储能力
7		数据更新频率测试	Windows 10 SQL Server .Net Framework 4.0	人工测试，平台数据是否实时更新

（4）测试结果

1）实时在线监测模块

测试在线监测模块界面与功能，除了检测监测断面和采集时间信息外，需要检测平台可展示环境指标，包括：a. 水质综合毒性监测；b. 藻毒素原位监测；c. 藻群细胞原位观测；d. 水体 CO_2 变化速率原位监测；e. Chla（叶绿素 a）；f. pH 值；g. 溶解氧；h. 水温；i. 浊度；j. 电导率；k. COD（高锰酸盐指数）；l. 水位、流速；m. 风速、风向、气温、气压；n. 总氮、总磷、氨氮（表 23-85）。

表23-85 实时在线监测

功能要求	参数描述	状态
大宁河	外部站点_监测断面项目正常显示	正常显示
	外部站点_采集时间正常显示	正常显示
	外部站点_河道名称正常显示	正常显示
	外部站点_监测断面正常显示	正常显示
	外部站点_水质综合毒性数据正常显示	正常显示
	外部站点_藻毒素原位数据正常显示	正常显示
	外部站点_藻群细胞原位数据正常显示	正常显示
	外部站点_水体CO_2变化速率数据正常显示	正常显示
	外部站点_叶绿素a数据正常显示	正常显示
	外部站点_pH值数据正常显示	正常显示
	外部站点_溶解氧数据正常显示	正常显示
	外部站点_水温数据正常显示	正常显示
	外部站点_浊度数据正常显示	正常显示
	外部站点_电导率数据正常显示	正常显示
	外部站点_高锰酸盐指数数据正常显示	正常显示
	外部站点_水位数据正常显示	正常显示
	外部站点_流速数据正常显示	正常显示
	外部站点_风速数据正常显示	正常显示
	外部站点_风向数据正常显示	正常显示
	外部站点_气温数据正常显示	正常显示
	外部站点_气压数据正常显示	正常显示
	外部站点_总氮数据正常显示	正常显示
	外部站点_总磷数据正常显示	正常显示
	外部站点_氨氮数据正常显示	正常显示
草堂河	外部站点_监测断面项目正常显示	正常显示
	外部站点_采集时间正常显示	正常显示
	外部站点_河道名称正常显示	正常显示
	外部站点_监测断面正常显示	正常显示
	外部站点_水质综合毒性数据正常显示	正常显示
	外部站点_藻毒素原位数据正常显示	正常显示
	外部站点_藻群细胞原位数据正常显示	正常显示
	外部站点_水体CO_2变化速率数据正常显示	正常显示

续表

功能要求	参数描述	状态
草堂河	外部站点_叶绿素a数据正常显示	正常显示
	外部站点_pH值数据正常显示	正常显示
	外部站点_溶解氧数据正常显示	正常显示
	外部站点_水温数据正常显示	正常显示
	外部站点_浊度数据正常显示	正常显示
	外部站点_电导率数据正常显示	正常显示
	外部站点_高锰酸盐指数数据正常显示	正常显示
	外部站点_水位数据正常显示	正常显示
	外部站点_流速数据正常显示	正常显示
	外部站点_风速数据正常显示	正常显示
	外部站点_风向数据正常显示	正常显示
	外部站点_气温数据正常显示	正常显示
	外部站点_气压数据正常显示	正常显示
	外部站点_总氮数据正常显示	正常显示
	外部站点_总磷数据正常显示	正常显示
	外部站点_氨氮数据正常显示	正常显示
小江	外部站点_监测断面项目正常显示	正常显示
	外部站点_采集时间正常显示	正常显示
	外部站点_河道名称正常显示	正常显示
	外部站点_监测断面正常显示	正常显示
	外部站点_水质综合毒性数据正常显示	正常显示
	外部站点_藻毒素原位数据正常显示	正常显示
	外部站点_藻群细胞原位数据正常显示	正常显示
	外部站点_水体CO_2变化速率数据正常显示	正常显示
	外部站点_叶绿素a数据正常显示	正常显示
	外部站点_pH值数据正常显示	正常显示
	外部站点_溶解氧数据正常显示	正常显示
	外部站点_水温数据正常显示	正常显示
	外部站点_浊度数据正常显示	正常显示
	外部站点_电导率数据正常显示	正常显示
	外部站点_高锰酸盐指数数据正常显示	正常显示
	外部站点_水位数据正常显示	正常显示

续表

功能要求	参数描述	状态
小江	外部站点_流速数据正常显示	正常显示
	外部站点_风速数据正常显示	正常显示
	外部站点_风向数据正常显示	正常显示
	外部站点_气温数据正常显示	正常显示
	外部站点_气压数据正常显示	正常显示
	外部站点_总氮数据正常显示	正常显示
	外部站点_总磷数据正常显示	正常显示
	外部站点_氨氮数据正常显示	正常显示
香溪河	外部站点_监测断面项目正常显示	正常显示
	外部站点_采集时间正常显示	正常显示
	外部站点_河道名称正常显示	正常显示
	外部站点_监测断面正常显示	正常显示
	外部站点_水质综合毒性数据正常显示	正常显示
	外部站点_藻毒素原位数据正常显示	正常显示
	外部站点_藻群细胞原位数据正常显示	正常显示
	外部站点_水体CO_2变化速率数据正常显示	正常显示
	外部站点_叶绿素a数据正常显示	正常显示
	外部站点_pH值数据正常显示	正常显示
	外部站点_溶解氧数据正常显示	正常显示
	外部站点_水温数据正常显示	正常显示
	外部站点_浊度数据正常显示	正常显示
	外部站点_电导率数据正常显示	正常显示
	外部站点_高锰酸盐指数数据正常显示	正常显示
	外部站点_水位数据正常显示	正常显示
	外部站点_流速数据正常显示	正常显示
	外部站点_风速数据正常显示	正常显示
	外部站点_风向数据正常显示	正常显示
	外部站点_气温数据正常显示	正常显示
	外部站点_气压数据正常显示	正常显示
	外部站点_总氮数据正常显示	正常显示
	外部站点_总磷数据正常显示	正常显示
	外部站点_氨氮数据正常显示	正常显示

2）推演评价模型

① 水质变化推演模型见表23-86。

表23-86 水质变化推演模型

内容	类别	参数描述	状态
水质变化推演模型	页面显示项目	水质_监测站点正常显示	正常运行
		水质_水质预测趋势图正常显示	正常运行
		水质_历年参考正常显示	正常运行
	页面功能	水质_水质预测趋势图数据正常显示	正常运行
		水质_历年参考数据正常显示	正常运行

② 水质富营养化评价模型见表23-87。

表23-87 水质富营养化评价模型

内容	类别	参数描述	状态
水质富营养化评价模块	页面显示项目	富营养评估_监测站点正常显示	正常运行
		富营养评估_富营养化等级评估正常显示	正常运行
		富营养评估_富营养化评估饼图正常显示	正常运行
	页面功能	富营养评估_富营养化等级评估数据正常显示	正常运行
		富营养评估_线图正常显示	正常运行

③ 水生态健康评价模型见表23-88。

表23-88 水生态健康评价模型

内容	类别	参数描述	状态
水生态健康评价模型	页面显示项目	水生态健康分析_指示指标正常显示	正常运行
		水生态健康分析_评价结果正常显示	正常运行
	页面功能	水生态健康分析_数据刷新	正常运行
		水生态健康分析_评价结果可更新	正常运行
		水生态健康分析_指标可以选择	正常运行

④ 生物生态综合毒性评价模型见表23-89。

表23-89 生物生态综合毒性评价模型

内容	类别	参数描述	状态
生物生态综合毒性评价模型	页面显示项目	生物生态综合毒性_指示指标正常显示	正常运行
		生物生态综合毒性_评价结果正常显示	正常运行
	页面功能	生物生态综合毒性_数据刷新	正常运行
		生物生态综合毒性_评价结果可更新	正常运行
		生物生态综合毒性_指标可以选择	正常运行

3）数据统计分析功能

数据统计分析功能见表23-90。

表23-90 数据统计分析功能

内容	类别	参数描述	状态
数据统计分析	监测统计显示测试	监测统计_查询项目正常显示	正常运行
		监测统计_已保存查询数据正常显示	正常运行
		监测统计_再次编辑数据正常显示	正常运行
		监测统计_图表形状选择正常显示	正常运行
		监测统计_图表属性正常显示	正常运行
		监测统计_设置图表属性正常显示	正常运行
		监测统计_显示图表正常显示	正常运行
数据统计分析	监测统计功能测试	监测统计_已保存查询数据功能实现	正常运行
		监测统计_图表形状选择功能实现	正常运行
		监测统计_再次编辑数据可以点击	正常运行
		监测统计_设置图表数据可以点击	正常运行
		监测统计_生成图表可以点击	正常运行

4）监测预警功能

监测预警功能见表23-91。

表23-91 监测预警功能

序号	功能	参数描述	状态
1	用户登录	实现系统登录认证,输入用户名、密码验证后进入系统	正常运行
2	用户信息	查看用户基本信息,并实现系统注销功能	正常运行
3	监测预警首页	综合展示监测数据预警总体情况	正常运行
4	预警事件列表	预警事件详细列表	正常运行
5	预警次数趋势	总体预警历史趋势图	正常运行
6	预警分类统计	预警分类及子类数据构成情况	正常运行
7	单指标预警排名	单项指标的预警次数总体排名	正常运行
8	数据异常列表	数据传输中断或无效数据记录	正常运行
9	综合评价首页	综合系统监测数据综合评价总体情况	正常运行
10	推演评价次数	推演评价次数详细记录列表	正常运行
11	达标率趋势	点位达标率趋势及详情页面	正常运行
12	分析预警分类统计	分类预警统计、排名及详细数据	正常运行
13	评价结果趋势	分类预警结果值趋势图	正常运行
14	数据分析首页	数据综合查询分析总体页面	正常运行

续表

序号	功能	参数描述	状态
15	专题图层	工业企业、畜禽养殖、饮用水源地图层功能	正常运行
16	遥感反演	遥感反演图层功能	正常运行
17	点位指标对比	不同点位同一指标检测数据比较分析功能	正常运行

5）系统性能测试

系统性能测试见表23-92。

表23-92　系统性能测试

序号	测试项	测试结果描述	测试结论
1	访问量：支撑每天10万次访问	系统最高日访问239658次，表明该系统能够支撑10万次访问量	符合
2	可视化推演响应时间：≤15s	水质推演模型响应时间为4s	符合
3	吞吐量：支持200个以上并发用户访问	通过使用测试用例XNCS001对该用户访问操作的并发性能测试，表明其能够支持220个并发用户访问	符合
4	数据处理能力太比(TB)级别	数据处理能力测试，处理能力1.28TB，该系统能够实现太比(TB)级数据处理能力	符合
5	系统稳定运行12h	通过对2017年6月1日12时～2017年6月2日12时日志文件检查，表明系统能够稳定运行12h	符合
6	数据存储能力拍比(PB)级别	通过对系统存储空间检查，系统提供数据存储空间为520T×4=2080TB，表明其能够实现数据拍比(PB)级存储能力	符合

23.7.3　感知与可视化平台业务化运行

23.7.3.1　水质推演模型验证

本研究研发的水质推演模型（GCT-FTS）已集成到三峡水生态环境感知平台中，能够实现对十余项水质指标的预测；将4条示范支流在线监测数据导入系统，实现模型业务化运行。

为检验在线监测数据在水质推演模型中的运行效果，通过对不同监测点位下、不同监测指标的推演模型预测效果进行评价，支撑示范平台在三峡库区水质监测预警的应用。

选取小江监控断面，实现水质状态指标（溶解氧）预测，选取2018年10月15日～11月3日连续两周在线数据。通过设置模型参数，得到推演结果，并与实际监测值对比。结果（图23-168与图23-169）显示，模型对11月4日DO浓度预测值为18.05mg/L，实际监测值为17.76mg/L，误差为0.29mg/L，误差率为1.63%。

在小江在线监测点位运行推演模型，选取指示水华暴发的指标——叶绿素a，结果见图23-170与图23-171，其显示11月3日叶绿素a预测浓度为9.47μg/L，实际11月3日的叶绿素a浓度监测值为9.70μg/L，误差为0.23μg/L，误差率为2.37%。

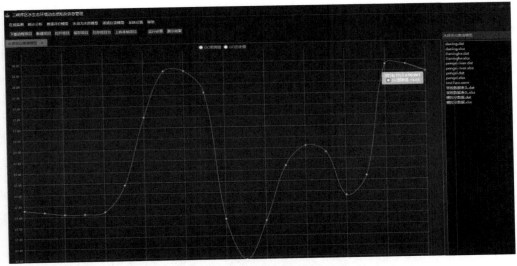

图23-168 小江DO浓度模型预测值

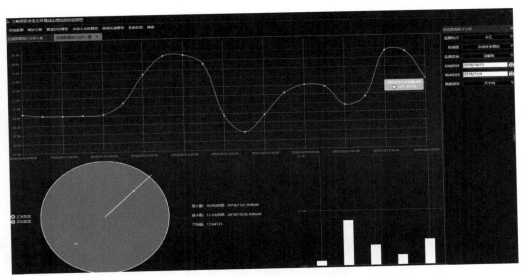

图23-169 小江DO浓度监测值

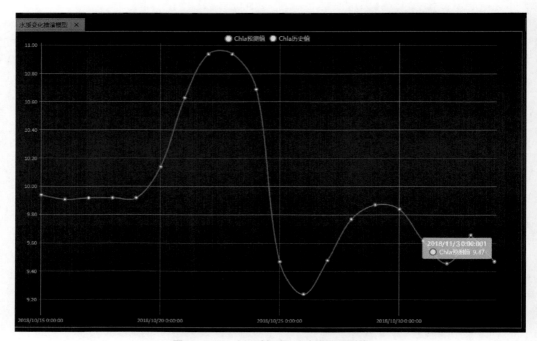

图23-170　小江叶绿素a浓度模型预测值

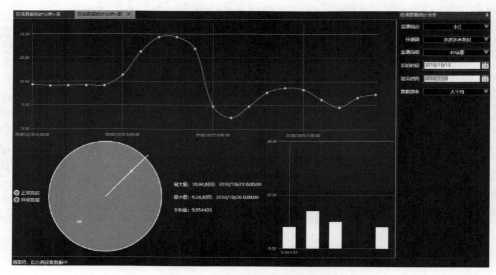

图23-171　小江叶绿素a浓度监测值

选取重点示范区草堂河 pH 值运行推演模型，结果如图 23-172 与图 23-173 所示，其显示 11 月 3 日的 pH 值模型预测值为 6.57，实际监测值为 6.38，误差为 0.19，误差率为 2.98%。

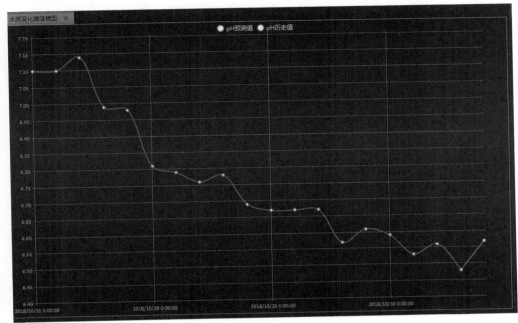

图23-172 草堂河pH值模型预测值

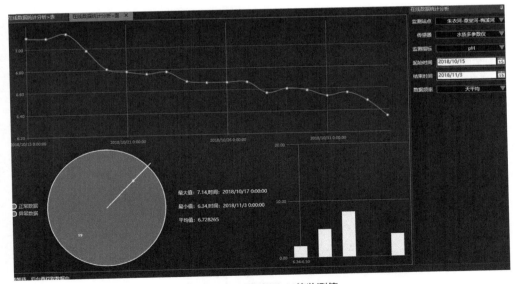

图23-173 草堂河pH值监测值

草堂河 11 月 3 日溶解氧浓度模型预测值为 11.12mg/L，而实际监测值为 10.98mg/L，误差为 0.14mg/L，误差率为 1.28%（图 23-174、图 23-175）。

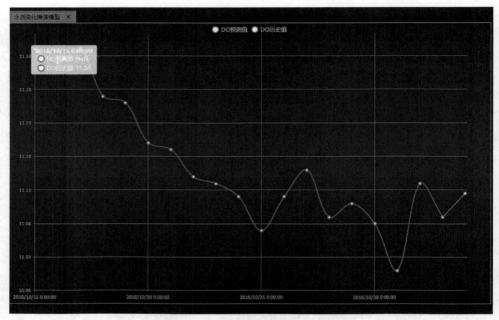

图23-174　草堂河DO浓度模型预测值

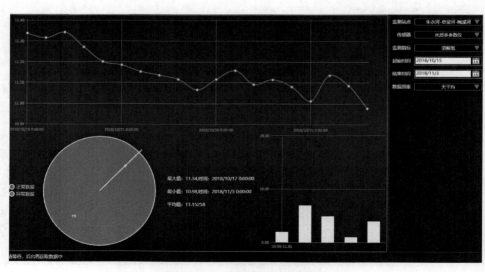

图23-175　草堂河DO浓度监测值

草堂河 11 月 3 日 TP 浓度模型预测值为 0.091mg/L，实际监测值为 0.085mg/L，误差为 0.006mg/L，误差率为 7.06%（图 23-176、图 23-177）。

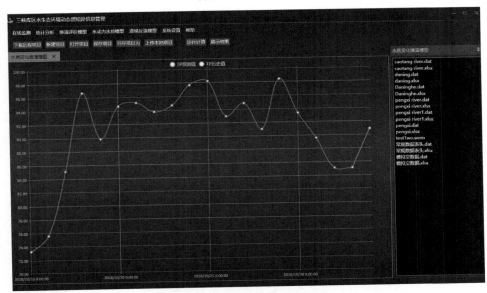

图23-176　草堂河TP浓度模型预测值

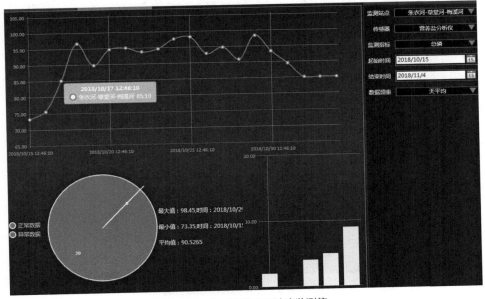

图23-177　草堂河TP浓度监测值

由于香溪河水华常暴发在春夏交替时节（4～6月），因而选取5月份监测数据来运行推演模型，模型显示DO浓度预测值为10.47mg/L，实际监测值为10.90mg/L，误差为0.43mg/L，误差率为3.94%（图23-178、图23-179）。

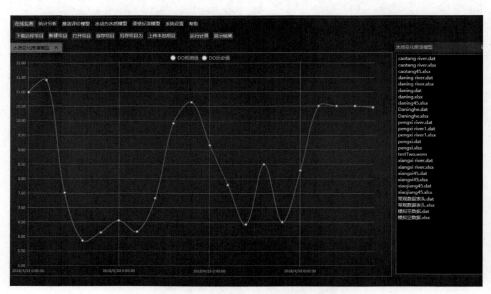

图23-178　香溪河DO浓度模型预测值

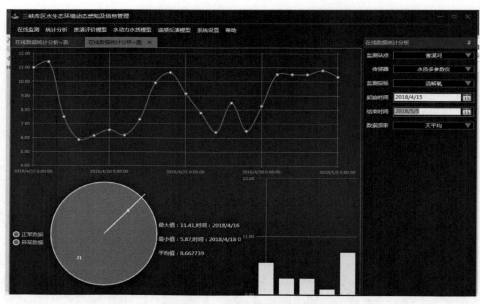

图23-179　香溪河DO浓度监测值

5月3日香溪河叶绿素a浓度模型预测值为8.05μg/L，实际监测值为7.05μg/L，误差为1.00μg/L，误差率为14.18%（图23-180、图23-181）。

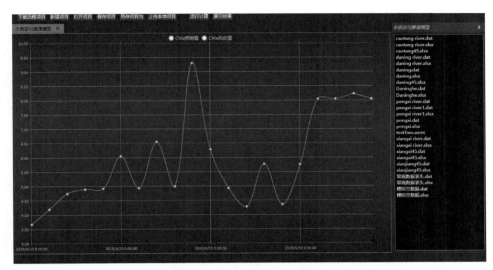

图23-180 香溪河叶绿素a浓度模型预测值

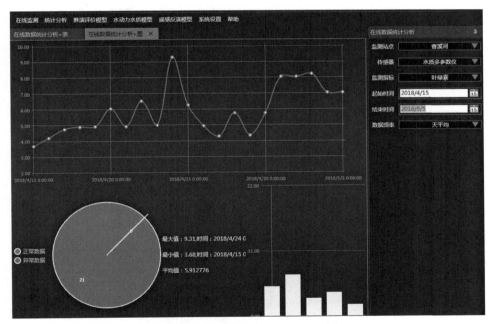

图23-181 香溪河叶绿素a浓度监测值

综上，三峡库区水生态环境推演平台集成水质推演模型，运用不同点位、不同类型在线监测数据时，具有一定的适应性和精度要求，满足现有水环境安全管理对预测预警技术的需求。

23.7.3.2　在线监测数据动态变化

自 2018 年 1～9 月，在香溪河、大宁河、草堂河和澎溪河获取的原位监测数据如图 23-182～图 23-192 所示（书后另见彩图）。

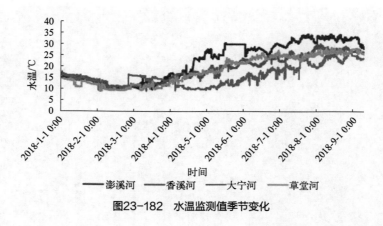

图23-182　水温监测值季节变化

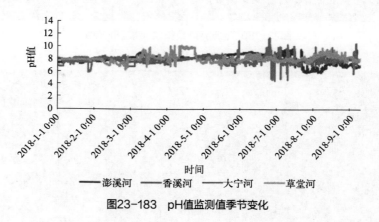

图23-183　pH值监测值季节变化

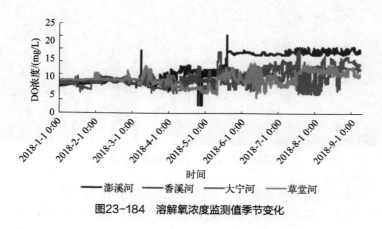

图23-184　溶解氧浓度监测值季节变化

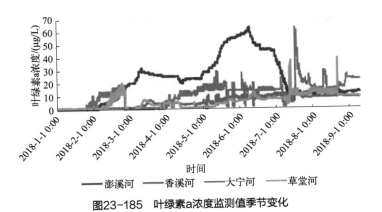

图23-185 叶绿素a浓度监测值季节变化

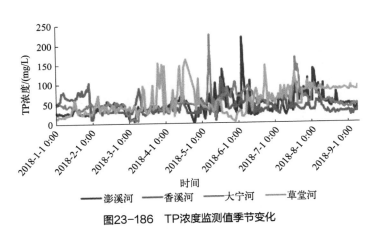

图23-186 TP浓度监测值季节变化

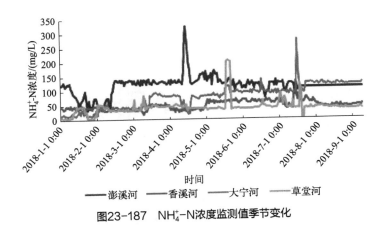

图23-187 NH_4^+-N浓度监测值季节变化

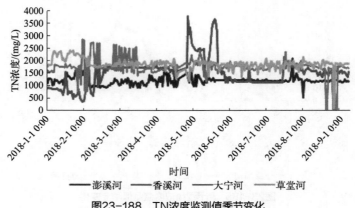

图23-188　TN浓度监测值季节变化

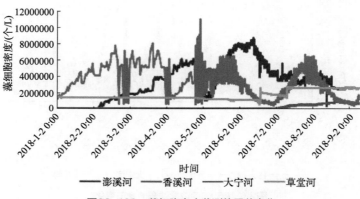

图23-189　藻细胞密度监测值季节变化

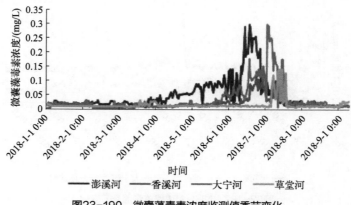

图23-190　微囊藻毒素浓度监测值季节变化

第四篇　工程实践篇

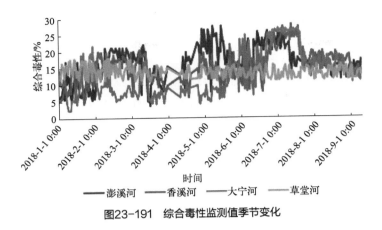

图23-191　综合毒性监测值季节变化

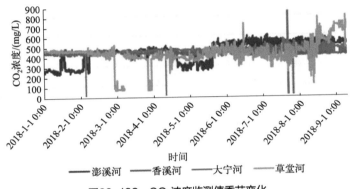

图23-192　CO_2浓度监测值季节变化

气温在1月初～2月底呈下降趋势，水温也呈下降趋势。2月开始由于季节转入春季，气温回升，4条河流的水温也随着开始上升，随着季节的变化由春入夏，气温由10℃左右上升到了30℃左右。pH值在整个区间内基本呈现平稳状态，在6～8区间内稍有波动。电导率在1～6月区间内变化不大，基本在300～400μS/cm区间内波动。溶解氧（DO）浓度在1～3月期间处于比较平稳的状态，其值在6～10mg/L。在3月底至4月初，开始出现波动的情况。4条河流的溶解氧浓度变化升降皆有。澎溪河流域的溶解氧浓度在6月初出现了较大陡增，其值达到了16mg/L左右。至此，其值基本处于平稳状态。藻毒素的数值在1～5月期间非常小，而从5月开始其值出现升高迹象；到7月时均达到各自的顶峰；之后，再缓慢下降。香溪河和草堂河的藻细胞密度在整个周期内比较平稳。澎溪河和大宁河的藻细胞密度值则有较大波动，在5～9月期间，分别呈现出2个波峰和2个波谷。二氧化碳浓度比较平稳，在整个周期内，浓度基本在400～500mg/L范围内波动。就TP而言，4条支流获取的浓度基本在50～100mg/L范围内波动。草堂河在4～5月期间TP浓度略有升高，峰值达到150mg/L。在NH_4^+-N方面，澎溪河所测的NH_4^+-N浓度最高，基本在140～150mg/L范围内波动。香溪河、大宁河和草堂河的NH_4^+-N浓度在1～3月期间在50mg/L左右波动，在4～9月期间略有升高，在50～100mg/L。TN的浓度则基本维持在1000～2000mg/L范围内波动。4条河流的综合毒性虽然在1～9月期间是无规律波动，但它们的最大值均小于30%。

23.7.3.3　在线监测指标相关性分析

（1）香溪河

对 2018 年 1 ～ 8 月香溪河在线监测指标进行相关性分析，结果如图 23-193 所示（书后另见彩图）：香溪河叶绿素 a（Chla）变化与水温（WT）、气温（AT）、溶解氧浓度（DO）呈现显著正相关关系（$P < 0.001$），而与气压（AP）、水深（DP）变化呈现显著负相关关系（$P < 0.001$）；藻细胞数与叶绿素 a 有较好的相关性，表明香溪河藻类生物量变化可以用叶绿素 a 浓度来间接表征；同样微囊藻毒素和综合毒性均与叶绿素 a 浓度具有较强的正相关关系，而两者变化均与水深呈现显著的负相关关系。

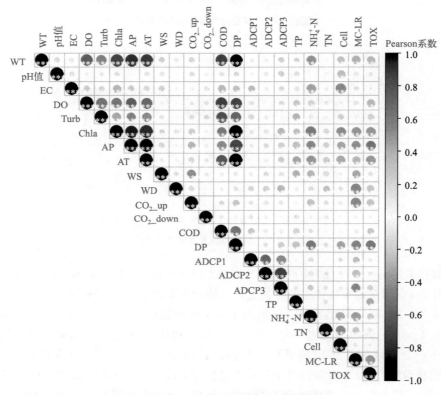

图23-193　香溪河在线监测指标间相关性分析

（2）澎溪河

对 2018 年 1 ～ 8 月澎溪河在线监测指标进行相关性分析，结果如图 23-194 所示（书后另见彩图）：澎溪河叶绿素 a 浓度变化与 pH 值、COD 呈现显著正相关关系（$P < 0.001$），而与气压、水深变化呈现显著负相关关系（$P < 0.001$）；藻细胞数与叶绿素 a 有较强的相关性，表明澎溪河藻类生物量变化可以用叶绿素 a 浓度来间接表征，而藻细胞变化与水温、气温、溶解氧、二氧化碳浓度呈现较强正相关关系；同样微囊藻毒素和综合毒性均与叶绿素 a 浓度具有较强的正相关关系，而两者变化均与水深呈现显著的负相关关系。

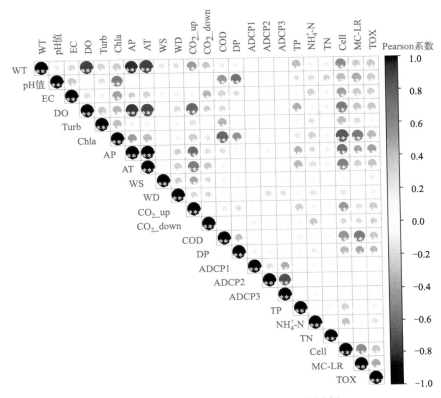

图23-194 澎溪河在线监测指标间相关性分析

（3）大宁河

对 2018 年 1～8 月大宁河在线监测指标进行相关性分析，结果如图 23-195 所示（书后另见彩图）：大宁河叶绿素 a 浓度变化与水温、气温及氨氮浓度呈现显著正相关关系（$P < 0.001$），而与气压、水深变化呈现显著负相关关系（$P < 0.001$）；藻细胞数与叶绿素 a 浓度没有表现出较强的相关性，表明大宁河藻类生物量无法直接用叶绿素 a 来表征；同样微囊藻毒素和综合毒性均与叶绿素 a 浓度具有正相关关系，而两者变化均与水深呈现显著负相关关系（$P < 0.001$）。

（4）草堂河

对 2018 年 1～8 月草堂河在线监测指标进行相关性分析，结果如图 23-196 所示（书后另见彩图）：草堂河叶绿素 a 浓度变化与水温、气温、溶解氧浓度和浊度表现显著正相关关系（$P < 0.001$），而与气压变化呈现显著负相关关系（$P < 0.001$）；藻细胞数、微囊藻毒素和综合毒性均与叶绿素 a 浓度没有正相关关系，而藻细胞数与微囊藻毒素和综合毒性间具有一定正相关关系，表明草堂河可以通过藻细胞数表征水体毒性强弱。

（5）叶绿素 a 浓度与其他指标相关性

4 个站点叶绿素 a 浓度与其他水质指标相关性分析的结果如表 23-93 所列。可以看出水温、气温、溶解氧浓度、浊度、大气压、CO_2 变化速率、水深、TP 浓度和综合毒性与

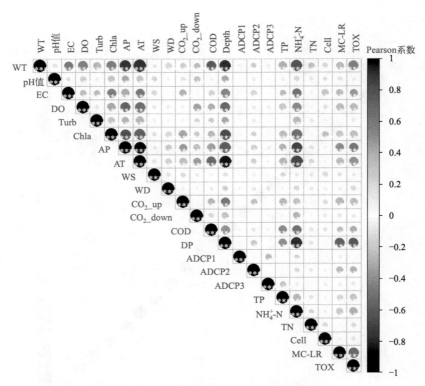

图23-195　大宁河在线监测指标间相关性分析

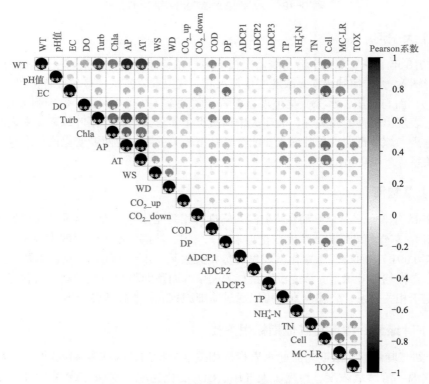

图23-196　草堂河在线监测指标间相关性分析

叶绿素a浓度在4条河流均有强的相关性。值得注意，氮磷与叶绿素a浓度相关性在4条支流上差异，反映出营养限制类型上的差异，如香溪河中叶绿素a浓度与TP浓度表现出负相关，与TN浓度表现出正相关，说明香溪河属于氮限制型；草堂河中叶绿素a浓度与TN浓度表现为负相关，与TP浓度表现为正相关，说明草堂河属于磷限制型水体；而澎溪河与大宁河可以推断为磷限制型水体。

表23-93 叶绿素a浓度与其他指标相关性分析

其他指标	叶绿素a浓度			
	澎溪河	草堂河	香溪河	大宁河
水温(WT)	0.35**	0.60**	0.86**	0.57**
pH值	0.65**	−0.06	0.16*	0.29**
电导率(EC)	0.50**	−0.01	0.36**	−0.47**
溶解氧(DO)	0.43**	0.61**	0.60**	0.43**
浊度(Turb)	0.41**	0.66**	0.43**	0.29**
平均大气压(AP)	−0.41**	−0.59**	−0.83**	−0.64**
平均气温(AT)	0.41**	0.63**	0.92**	0.73**
风速(WS)	−0.01	−0.23**	−0.15*	−0.12
风向(WD)	0.12	0.21**	0.14*	0.25**
CO_2上(CO_2_up)	0.34**	0.27**	0.24**	0.45**
CO_2下(CO_2_down)	−0.14*	0.02	−0.06	−0.2**
化学需氧量(COD)	0.77**	−0.12	−0.48**	−0.28**
水深(DP)	−0.45**	−0.13*	−0.94**	−0.66**
流速1(ADCP1)	−0.02	−0.07	−0.03	0.01
流速2(ADCP2)	0.01	−0.12	0.08	−0.18**
流速3(ADCP3)	0.00	0.06	−0.28**	−0.02
总磷(TP)	0.18**	0.32**	−0.24**	0.34**
氨氮(NH_4^+-N)	0.32**	0.03	0.6**	0.65**
总氮(TN)	−0.06	−0.21**	0.19**	−0.02
藻细胞数(cell)	0.83**	0.28**	0.52**	−0.24**
微囊藻毒素(MC-LR)	0.67**	0.04	0.5**	0.27**
综合毒性(TOX)	0.43**	0.20**	0.49**	0.32**

注：右上角无*数据为不相关，*为弱相关，**为强相关。

23.7.3.4 示范区水华监测预警

（1）叶绿素a浓度与藻细胞数关系建立

如图23-197所示，根据小江在线监测数据中叶绿素a浓度与藻细胞数关系可以划分为3个区间。当叶绿素a浓度低于8μg/L时，此时叶绿素a浓度和藻细胞数均处于较低水平，并且两者表现为线性关系；当叶绿素 a 浓度大于 8μg/L 且小于 30μg/L 时，叶绿素 a 浓度和藻细胞数没有相关关系，即通过叶绿素 a 浓度无法很好地表征藻类生物量，即可能存成较高水华风险；当叶绿素 a 浓度大于 30μg/L 时，藻细胞数与叶绿素 a 浓度表现为正相关关系，可以推断水华的发生可以通过叶绿素 a 浓度和藻细胞数两种指标来反映。

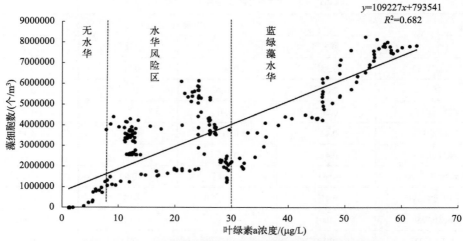

图23-197　小江高阳平湖在线监测藻细胞数和叶绿素a浓度关系

如图 23-198 所示，根据香溪河在线监测数据中叶绿素 a 浓度与藻细胞数关系可以划分为 2 个区间。当叶绿素 a 浓度小于 4μg/L，此时藻细胞数相对较低，无水华暴发风险；当叶绿素 a 浓度大于 4μg/L，存在细胞数突增的可能性，且此时无法通过叶绿素 a 浓度变化表征水华发生。

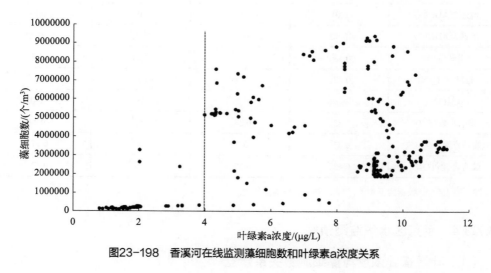

图23-198　香溪河在线监测藻细胞数和叶绿素a浓度关系

如图 23-199 所示，草堂河在线监测数据中叶绿素 a 浓度与藻细胞数无明显相关关系，可以推断在草堂河无法仅依赖叶绿素 a 浓度变化表征水华发生。

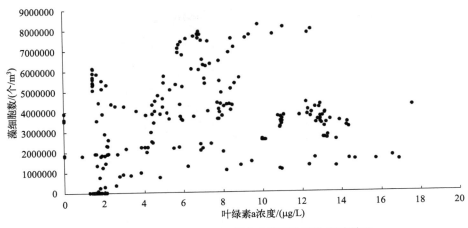

图23-199 草堂河在线监测藻细胞数和叶绿素a浓度关系

（2）叶绿素a浓度阈值划定

基于4个站点监测数据与研究结果，对叶绿素a浓度变化范围进行划分，使其分别对应不同的水华风险等级：当叶绿素a浓度处于0～5mg/m³时，藻细胞数小于3×10个/m³，此时水华风险等级较低；当叶绿素a浓度处于5～20mg/m³时，藻细胞数为3×10^5～5×10^6个/m³，此时水华风险较低，但特别接近水华暴发临界状态；当叶绿素a浓度处于20～50mg/m³时，藻细胞数为1×10^6～7×10^6个/m³，此时有较大概率发生水华；当叶绿素a浓度高于50mg/m³时，水华风险等级处于最高级别，除了关注藻类生物量外，应加强对微囊藻毒素、综合毒性等指标的监测，以加强对水生态安全的保障（表23-94）。

表23-94 叶绿素a与藻细胞数对应关系和阈值划分

叶绿素a浓度范围/(mg/m³)	藻细胞数范围/(个/m³)	水华风险等级
0～5	$<3\times10^5$	无
5～20	3×10^5～5×10^6	低
20～50	1×10^6～7×10^6	中
>50	7×10^6	高

以小江为例，统计了叶绿素a在不同阈值段分布情况，并进行风险划分。其中有10%的监测值处于水华高风险，水华中风险占据比例为43%，水华低风险所占比例为31%，而仅有16%的监测数据为无风险（图23-200）。

（3）水华预测模型的构建

人工神经网络是一种应用类似于大脑神经突触连接的结构进行信息处理的数学模型。神经网络通过大量的神经元进行连接，网络能够在外界信息的基础上来适应并调整内部结构，神经网络可以用来探索输入和输出之间复杂的非线性关系。神经网络由大量的节点和节点之间相互连接构成，每个节点代表一种特定的输出函数，称为激励函数。每两个节点间的连接都代表一种对于通过该连接信号的加权值，称为权重，网络的输出则依据网络的连接方式、权重值的激励函数的不同而不同。根据人工神经网络运行过程中的信息流向，

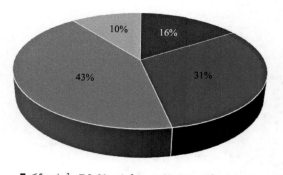

■ <5mg/m³　■ 5~20mg/m³　■ 20~50mg/m³　■ >50mg/m³

图23-200　不同阈值段叶绿素a分布情况及风险划分

可以分为前馈式和反馈式两种基本类型。前馈网络的输出仅由当前输入和权矩阵决定，与网络先前的输出状态无关，因此是一种静态的映射网络。而反馈网络输出信号可以通过反馈回到每一个神经元的输入端，是一种随时间动态演化的网络。区别于前面两种有监督学习网络，无监督学习网络不对输出结果进行强制性检验，而仅仅对输入变量进行分布模式特征分析，从而找出适应于输出变量潜在的类别规则。

本研究采用深度神经网络来实现在线数据对支流叶绿素a浓度时间序列预测，如图23-201所示。深度神经网络涉及两种参数：一种参数利用监测数据得到；另一种只能靠经验来设定，这类参数被称为超参数。本研究中涉及的超参数主要包括神经网络的学习速率、迭代次数、批次大小、激励函数、神经元数量和层数。利用随机搜索方法对超参数组合进行率定，即在变量允许的变化区间，不断随机地产生随机点，并计算其约束函数和目标函数的值，对满足约束条件的点，逐个比较其目标函数的值，将坏的点抛弃，保留好的点，最后得到最优近似解。

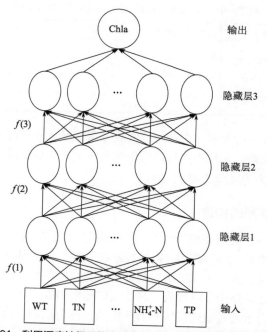

图23-201　利用深度神经网络实现叶绿素a浓度时间序列预测模型示意

23.7.3.5 示范区域水环境生态系统评价

（1）水污染指数

选用水污染指数（water pollution index，WPI）法评价三峡库区水环境质量状况，选择 pH 值、浊度、电导率、溶解氧、高锰酸盐指数、总氮、氨氮、总磷等指标进行评价。结果如图 23-202～图 23-205，其显示：4 条支流水质总体评价为轻度污染状态，其中草堂河水质整体在轻度污染和良好之间波动；大宁河只有 1 月底和 2 月上旬及 4 月底～5 月初个别点评价结果为中度污染，其余时间基本为轻度污染；香溪河水质在 1 月和 2 月上旬基本为良好，4 月下旬～5 月中旬个别时间为中度污染，其余时间评价结果为轻度污染；澎溪河水质除去在个别时间点为良好外，其余时间内保持在轻度污染范围内。

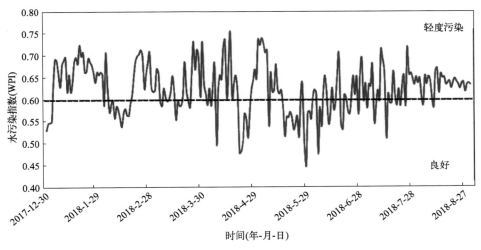

图23-202　草堂河水污染指数

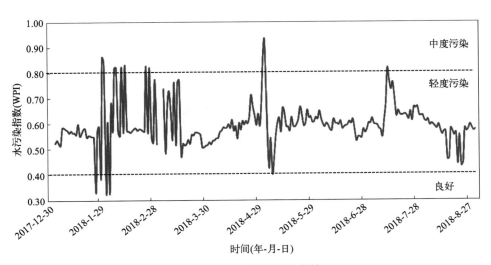

图23-203　大宁河水污染指数

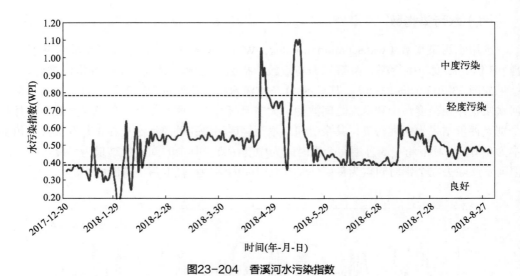

图23-204 香溪河水污染指数

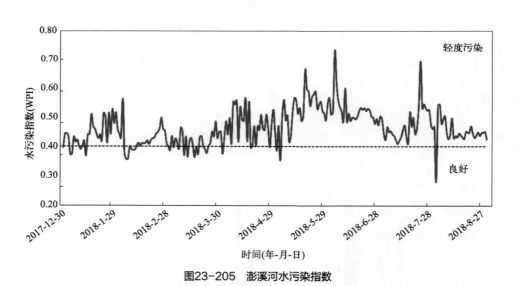

图23-205 澎溪河水污染指数

（2）富营养状态指数

选用富营养状态指数（trophic level index，TLI）法评价4条示范支流营养状态变化。从结果（图23-206～图23-209）可知，草堂河除在2月出现短暂轻富营养化状态，其余时间均为中营养状态；大宁河在5～7月个别时观测到轻富营养状态，其余时间均为中营养状态；香溪河在1月底出现贫营养状态，其余时间均为中营养状态；澎溪河在3月底和4月底出现过贫营养状态，6月为轻富营养状态，其余时间均为中营养状态。

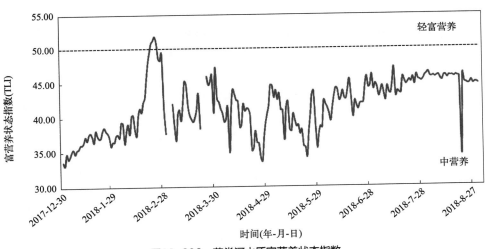

图23-206 草堂河水质富营养状态指数

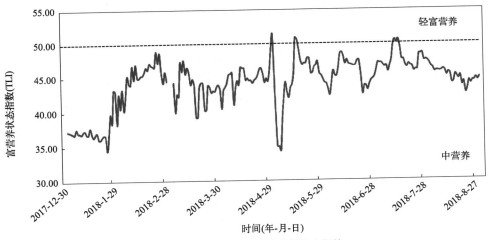

图23-207 大宁河水质富营养状态指数

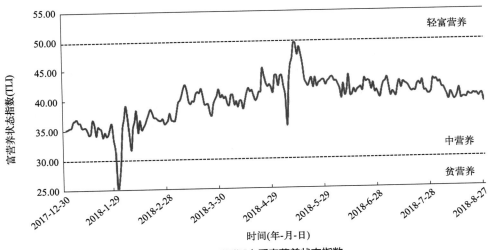

图23-208 香溪河水质富营养状态指数

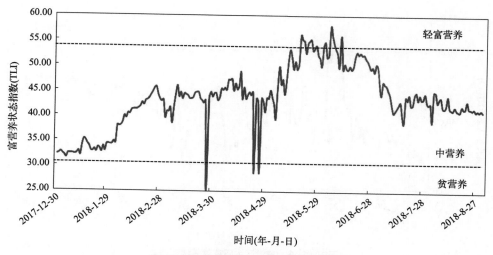

图23-209　澎溪河水质富营养状态指数

（3）综合健康指数法

选用综合健康指数（CHI）法评价 4 条示范支流生态健康状况。从结果（图 23-210 ～图 23-213）可知，草堂河在 1 月下旬到 3 月中旬生态系统为健康状态，但随后健康指数开始下降并基本维持在亚健康状态，个别时间出现了一般病态；大宁河在 5 月之前生态系统处于健康和亚健康交替，随后基本维持在亚健康状态，个别时间出现了一般病态；香溪河 2 月和 3 月生态系统为健康状态，随后便一直处于亚健康状态；澎溪河多数时间处于亚健康状态。

（4）发光抑制率

选用发光抑制率来表征水体综合毒性强弱。结果表明，4 条支流水体在研究期间均处于低毒性状态（图 23-214 ～图 23-217）。

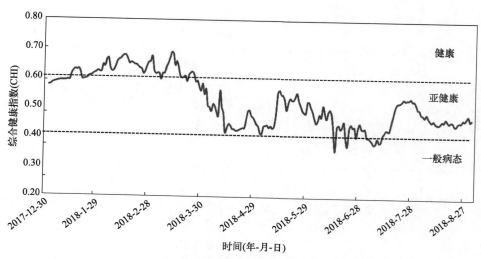

图23-210　草堂河综合健康指数

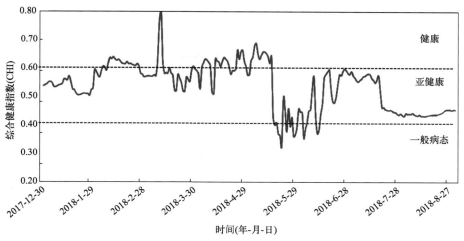

图23-211　大宁河综合健康指数

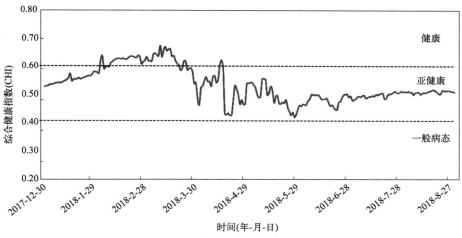

图23-212　香溪河综合健康指数

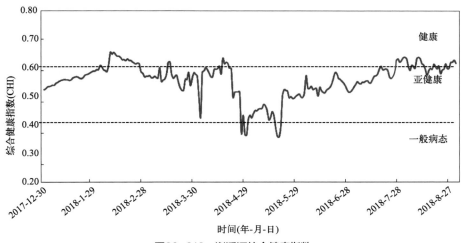

图23-213　澎溪河综合健康指数

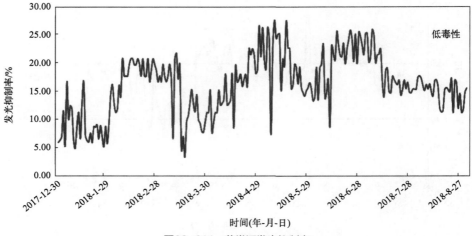

图23-214　草堂河发光抑制率

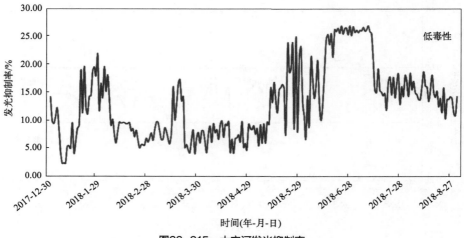

图23-215　大宁河发光抑制率

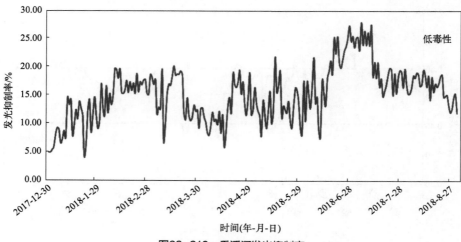

图23-216　香溪河发光抑制率

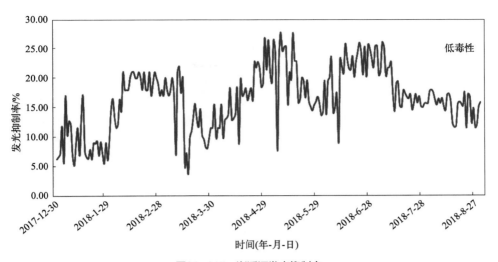

图23-217 澎溪河发光抑制率

第五篇

总结建议篇

第 24 章
三峡流域水环境形势研判

24.1 三峡流域水环境特征及变化趋势

（1）三峡水库干流水环境质量总体良好稳定，175m 蓄水后显著改善

通过对三峡水库蓄水前后近 20 年（1998～2017 年）的监测资料（图 24-1）分析表明，三峡工程 2003 年蓄水后，干流水质总体优良，三峡水库干流水质总体优于蓄水前（1998～2017 年资料），断面水质等级以Ⅱ～Ⅲ类为主。三峡工程 175m 水位运行后，三峡干流水质进一步改善。自 2010 年以来，上游入库污染负荷逐年下降，表明长江中上游流域水污染治理工作取得一定成效。三峡水库干流蓄水后，干流流速从 1.8～2.3m/s 降至 0.4～0.8m/s，水体仍保持良好掺混。低流速、均匀混合"近河流"混合型水体，有效增强了干流水体自净化能力，这是干流水质保持稳定的主要原因。

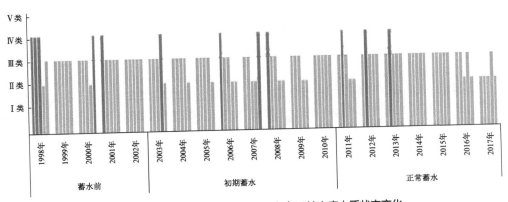

图24-1　蓄水前后（1998~2017年）三峡水库水质状态变化

（2）高水位运行期水质优于低水位运行期

受工程调度调蓄控制，三峡水库水位在 145～175m 范围内升降，以 2011～2014 年数据为例分析不同运行水位下的水质情况，如图 24-2 所示，枯期高水位运行阶段（11～12 月）干流水质符合及优于Ⅲ类的比例为 100%，汛期低水位运行阶段（7～9 月）符合及优于Ⅲ类水质的比例 75%；库尾寸滩、清溪场断面出现Ⅳ～Ⅴ类，TP 为主要超标参数。

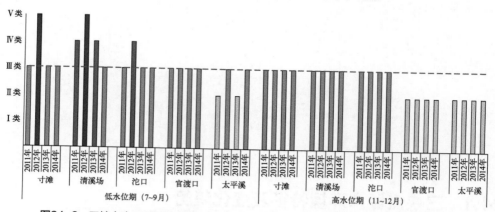

图24-2　三峡水库不同运行水位下水质状态（2011～2014年，颜色越深，水质越差）

① 高水位运行期三峡库区长江干流水质总体情况良好，以Ⅱ～Ⅲ类水为主。2011～2014 年库区干流寸滩、沱口、官渡口和太平溪断面年度水质类别均稳定为Ⅱ～Ⅲ类，清溪场、寸滩出现过Ⅴ类水，虽然上述 5 个干流代表断面月度水质类别出现过超过Ⅲ类的情况，但库区干流年度水质类别以Ⅱ～Ⅲ类为主，年度水质类别符合或优于Ⅲ类的断面频次比例达 87.5%，超标的Ⅳ类和Ⅴ类占比 12.5%。

② 高水位运行期三峡库区长江干流水质总体趋势趋好，坝前和库首断面水质优于上游入库、库尾、库中断面。库区干流主要水质影响因子 TP 和 COD_{Mn} 的含量在空间沿程上呈现出由库上游至库下游逐渐降低的趋势，时间尺度上呈现出 2012 年略增高之后逐步下降的趋势。

③ 高水位运行期三峡库区长江干流超标参数为 TP 和 COD_{Mn}。库区 5 个代表断面 2013 年前均在个别月份不定期出现过超出Ⅲ类水质标准的情况，达到Ⅳ类，甚至个别断面出现Ⅴ类的情况，超标的污染因子主要为 TP 和 COD_{Mn}。清溪场断面 TP 超标情况最为突出。

④ 总体上三峡库区干流高水位调度期（11～12 月）水质状况明显好于低水位调度期（7～9 月），但高低两个调度期均以Ⅱ～Ⅲ类水为主。高水位调度期 5 个代表断面水质类别符合Ⅱ～Ⅲ类，符合或优于Ⅲ类水的比例为 100%，低水位调度期 5 个代表断面水质类别为Ⅱ～Ⅴ类，符合或优于Ⅲ类水的比例为 75%。整体上看，库区干流 TP、COD_{Mn}、氨氮和铅等水质参数含量在低水位调度期（7～9 月）略高于高水位调度期（11～12 月）；空间上看低水位调度期 TP、COD_{Mn} 和铅呈现出沿程降低趋势，氨氮变化不大；高水位期 TP 呈现出沿程降低趋势，COD_{Mn}、氨氮和铅变化不大。

⑤ 蓄水后干流水质总体上趋好，库区干流断面符合（或优于）Ⅲ类水质标准的比例总体上蓄水后较蓄水前有所提高。135m 蓄水前，库区干流断面总体年度水质类别以Ⅱ～Ⅲ类为主；蓄水后的 135m 蓄水位、156m 蓄水位和 175m 试验性蓄水位三个阶段，年度水质明显变好，且保持相对稳定，总体年度水质均为Ⅱ～Ⅲ类。175m 蓄水位运行期（2011～2014 年），水质类别以Ⅱ～Ⅲ类为主。

蓄水后（2004～2014 年）各蓄水位代表年按月度统计，三峡水库干流水质因子超标情况呈现出由上游至下游沿程减轻的趋势，上游寸滩和清溪场断面超标参数较多，出现 TP、COD$_{Mn}$、石油类、铅、镉和汞超标的情况；中游的沱口断面只出现 TP、COD$_{Mn}$、石油类、铅超标情况；下游的官渡口断面出现 TP 和石油类超标情况；坝前的太平溪断面只出现 TP 超标情况。

（3）支流回水区水质达标率较低，175m 蓄水后支流水质状况未明显改善

三峡水库蓄水后，支流水质达标率显著降低（采用 GB 3838—2002 中的湖泊标准），主要以Ⅳ～劣Ⅴ类为主（见图 24-3）。2010 年三峡水库 175m 蓄水位运行后，支流回水区水质状态仍呈下降趋势。TP、COD 为主要超标因子，"十二五"期间支流回水区 TP 浓度上升 5%～40%。

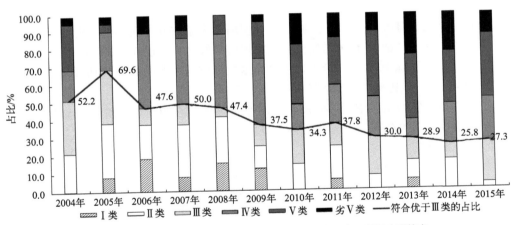

图24-3　蓄水后（2004~2015年）三峡水库支流回水区断面水质状态

（4）支流水质总体情况较差，175m 蓄水后支流水质状况未明显改善

① 2011～2015 年库区支流水质均较差，以Ⅳ～劣Ⅴ类为主，每年监测的支流断面有 2/3 以上超标。调查监测的所有支流均存在断面超标的现象，但超标的程度不同，差异也较大，断面超标比例从 25% 至 100% 不等。2011～2015 年支流水质呈下降趋势，支流断面符合Ⅰ～Ⅲ类水的比例由 2011 年的 33% 降为 2012 年和 2013 年的 27% 以及 2014 年的 21% 和 2015 年的 16%。

② 2011～2015 年三峡库区支流出现的水质超标参数为 TP、COD$_{Cr}$、COD$_{Mn}$、氨氮、pH 值、溶解氧和石油类，其中石油类和溶解氧为偶发性不稳定超标污染物。TP 是三峡库

区支流主要超标因子，2011～2015年TP超标率均超过了60%，其他超标因子超标率不超过20%，大多数不超过10%。库区支流总体表现为以TP营养盐为代表以及以COD$_{Cr}$、COD$_{Mn}$、氨氮等综合性耗氧有机物为代表的超标污染，支流不存在重金属污染和毒物酚的污染。TP是影响支流水质类别的决定性因素，支流断面总体水质类别分析表明：TP对水质类别超标的贡献率达65%以上。但TP的影响应辩证地看待，由于占大多数样本的回水区和河口断面按更严格的湖库TP超标标准评价（湖库和河流Ⅲ类评价限值分别为0.05mg/L和0.2mg/L，湖库是河流Ⅲ类评价限值的1/4），使得TP浓度值不高的断面也超标，在一定程度上影响了支流水质类别比例的构成。统计表明：除苎溪河、吒溪河、香溪河、池溪河、珍溪河、瀼渡河、汝溪河、朱衣河8条支流TP五年均值高于0.2mg/L外，其他支流TP五年均值均低于河流TP标准Ⅲ类限值或湖库TP标准Ⅴ类限值0.2mg/L。

③ 对库区8条长期监测支流（香溪河、大宁河、梅溪河、长滩河、磨刀溪、汤溪河、小江和龙河）在2003～2015年期间，每年3～4月同期的水质监测结果进行对比分析表明：蓄水后支流水质类别总体变差，其中蓄水后高水位常态运行期（2011～2015年）较蓄水后初期运行期（2004～2010年）支流水质类别总体变差。蓄水前支流口水质以较好的Ⅱ～Ⅲ类为主，蓄水后初期运行期和蓄水后高水位常态运行期支流各监测断面水质以较差的Ⅳ～Ⅴ类为主；蓄水前符合或优于Ⅲ类的水质断面占比88.9%，蓄水后初期运行期和蓄水后高水位常态运行期符合或优于Ⅲ类的水质断面年度占比范围为34.3%～69.6%及25.8%～37.8%。支流口同比显示蓄水后支流水质更差，蓄水后初期运行期和蓄水后高水位常态运行期支流口水质仍以较差的Ⅳ～Ⅴ类为主，符合或优于Ⅲ类的水质断面占比进一步下降为21.7%和2.6%。蓄水初期支流水质短暂趋好之后呈现逐年下降趋势，蓄水后高水位常态运行期，除2011年符合或优于Ⅲ类水质标准的断面比例较2010年有所上升外，2012～2015年，该比例进一步下降。

支流河口氨氮蓄水后浓度降低较大，pH值和溶解氧在初期运行期和高水位运行期较蓄水前，有所上升，COD$_{Mn}$含量蓄水前后变化不明显。TP在蓄水前和蓄水后初期运行期基本稳定，而在蓄水后高水位常态运行期（2011～2015年）含量则有所上升，此阶段TP整体均值从0.10mg/L上升到了0.14mg/L，增加了40%。

④ 对资料较为齐整和较长监测时段的御临河、大宁河、小江和香溪河4条重点支流的支流口断面开展季度水质评价工作，共统计分析上述4个河口断面2004～2014年11年间176个评价次的各参数超标率，以分析库区支流主要常规污染物在各支流河口的分布特征，结果表明：

Ⅰ. TP为库区支流口主要超标因子，石油类偶有超标。4条支流的河口断面均出现过TP超标现象，御临河河口断面和小江河口断面蓄水初期运行期出现过石油类超标现象。

Ⅱ. 高水位常态运行期较蓄水初期运行期支流超标率略有升高，全库支流综合超标率由蓄水初期运行期的46.9%上升为高水位常态运行期的49.2%。TP在高水位常态运行期比蓄水初期运行期超标率略有增加，说明随着三峡水库水位提升，TP在库区支流口有上升趋势；石油类超标状况减轻明显，高水位常态运行期未出现石油类超标。

Ⅲ. 各个季度均出现超标现象，TP在1～4季度均有超标，石油类超标集中在初期运行期第2季度和第4季度。总体上看4条支流河口各个季度超标率大体相当，高水位常态运行期 1 ~ 4 季度超标率在 11.7% ~ 12.5% 之间，而初期运行期 1 ~ 4 季度超标率在 10.3% ~ 12.5% 之间。高水位常态运行期超标率整体上看略高于初期运行期，其中第 1 季度和第 3 季度超标率较初期运行期略有上升，而第 2 季度和第 4 季度则保持不变。

24.2 三峡流域水环境状况未来发展趋势

（1）三峡水库具有较高富营养化生态风险，支流和支流回水区水华将呈常态化，水华控制仍然是未来流域水环境治理的重心

三峡水库具有较高营养，TN 含量在 0.50 ~ 2.80 mg/L 之间，TP 含量在清水和浑水中存在显著差别，清水样品中的 TP 含量在 0.03 ~ 0.05mg/L 之间，浑水样品中的 TP 含量在 0.07 ~ 0.30mg/L 范围内波动。水体营养盐浓度接近太湖水平，如果现状条件没有发生根本性变化，支流水华将长期存在，发生富营养化水华的风险较高。

支流库湾季节性水体分层，在滞留水域形成了适宜藻类繁殖的环境条件，浮游植物水生态性质发生了重大变化，藻类种类数从 78 种增至 151 种，富营养化程度从贫营养状态上升到中富营养状态，支流水华常态化成为三峡水库"湖泊相变化"的标志。时间序列上，三峡水库 135m 蓄水位运行阶段（2004 ~ 2006 年）支流水华频次较高，156m 蓄水（2007 ~ 2008 年）和试验性蓄水（2009 年以后）时期支流水华频次有所缓和，175m 蓄水运行阶段（2010 年）支流水华频次略有上升而后趋稳定。三峡水库水华优势种表现类型多样，硅藻、甲藻、隐藻、蓝藻、绿藻均可成为水华优势种，且整体呈现硅藻下降，蓝藻、绿藻、隐藻上升的态势，表现出河流型向湖泊型水库转变的特点，一定程度上反映了三峡水库湖沼演化的整体方向。

1）三峡水库干支流浮游生物差异

① 三峡水库干流浮游植物发现硅藻、绿藻、蓝藻、甲藻、隐藻、裸藻 6 门百余种，以硅藻、绿藻、蓝藻为主，平均生物量在 10^4 ~ 10^6 个 /L 之间；支流发现硅藻、绿藻、蓝藻、甲藻、隐藻、裸藻 6 门几十余种，以硅藻、绿藻为主，平均生物量在 10^6 ~ 10^8 个 /L 之间；干流藻类种类要略多于支流，但支流藻类数量明显高于干流 100 余倍。干流藻类生物多样性较支流丰富，但干流流速相对较大，藻类数量较少；支流水流相对平缓，藻类数量一般较大，因此有可能短时暴发式过量生长形成"水华"。三峡水库干 / 支流浮游植物生物量对比及支流水华形成机制见图 24-4。

② 三峡水库干流浮游动物发现有轮虫、原生动物、枝角类、桡足类 4 门几十余种，以轮虫、原生动物为主，平均生物量在 600 ~ 1100 个 /L 之间；支流发现轮虫、原生动物、枝角类、桡足类 4 门几十余种，以轮虫、原生动物为主，平均生物量在 2000 ~ 5300 个 /L 之间；干流浮游动物种类与支流相当，但支流浮游动物数量明显高于干流 2 ~ 5 倍。干流流速相对较大，浮游动物数量较低；支流水流相对平缓，浮游动物生物量一般较大。

2）三峡水库支流富营养化水平季节差异

① 2011 ~ 2015 年库区支流普遍为中营养和富营养等级，其中春季富营养化水平以轻富营养为主，其次为中营养，还出现了个别重富营养情况；秋季以中营养和轻富营养为主，个别支流出现中富营养，未出现重富营养支流。

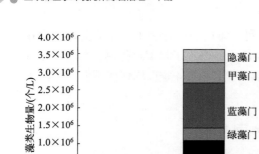
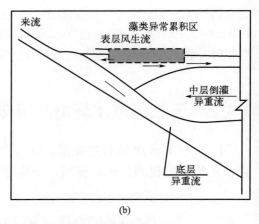

图24-4　三峡水库干/支流浮游植物生物量对比及支流水华形成机制

② 2011 ～ 2015 年支流的营养化水平，整体表现为春季高于秋季。春季库区支流富营养化维持较高水平，平均占比 44.0%；秋季库区支流富营养化变化较大，平均占比 27.9%。

③ 2011 ～ 2015 年库区大部分支流水体的 TN/TP 值低于 29，按照 VAL H. Smith 的理论，支流适宜蓝藻、绿藻生长。

3）三峡水库支流水华发生特征

据长江流域水环境监测中心不完全统计，2011 ～ 2015 年发生大范围水华现象的次数分别为：2011 年 18 起，2012 年 31 起，2013 年 29 起，2014 年 14 起，2015 年（春季）7 起。发生水华河流占监测河流的比例分别为 33.3%（2011 年春秋季）、57.4%（2012 年春秋季）、63.0%（2013 年春秋季）、40.0%（2014 年春秋季）、43.8%（2015 年春季）。

三峡库区水华的时段分布呈现明显的季节变化，春季为水华高发期，秋季偶有发生。水华发生区域多出现在库区支流回水段、河口及库湾地区。春季藻类以硅藻、甲藻为主要优势种。暴发期间藻类细胞密度大于 10^7 个 /L，水色依据"水华"发生时优势藻种的不同变化显著，多呈浅黄绿色、黄绿色、红褐色、酱油色等。

（2）新时期"共抓大保护、不搞大开发"长江治理理念，有利于未来三峡流域入库污染负荷的削减，也对三峡流域水生态环境保护提出了更高要求

三峡水库是连接长江上游及长江中下游的重要枢纽，战略地位重要、生态作用关键，是维系和调控长江流域生态健康的主要环节。2018 年 4 月习近平总书记在深入推动长江经济带发展座谈会上再次强调长江经济带"共抓大保护、不搞大开发"的战略要求，同时，提出了以改善长江水环境质量为核心，突出长江干流、三峡库区、洞庭湖、鄱阳湖、太湖、巢湖等重点区域生态环境保护的工作重点。围绕国家对三峡水库的战略定位，以及长江经济带建设的环境保护要求，针对潜在影响三峡库区水环境质量的新问题，包括上游的梯级水库建设、尚不稳定的库区生态系统发育状况、库区排放模式的逐渐转变等，三峡生态环境保护应拓宽思路，开展更大尺度的流域水库群的整合研究。

第 25 章
三峡流域突出水环境问题的解决

25.1 "十一五"期间突出水环境问题的解决

"十一五"阶段针对三峡工程蓄水初期,重点突破水环境演变机理和滞留区水华暴发机理,阐明关系超大型水库的水污染防治和水华控制的重大科学问题,攻克库区次级河流点源与面源污染综合控制、消落带生态修复、水库的水质水量优化调度、支流水华控制的关键技术难题,研发高效适用的技术设备,实现示范区污染物总量削减目标,保障示范区水体水质有效改善,提出库区环境保护与社会经济协调发展战略思路,初步形成了三峡水库水污染防治与水华控制技术体系,为库区水污染防治国家规划提供技术支持。

(1)突破对三峡特大型水库科学认知空白,初步形成了三峡水库富营养化发生机制及控制理论的科学认知和诊断技术体系

以小江、忠县、香溪河水生态监测站为重点,结合全流域巡测,建立了覆盖全库区93个干流、支流固定断面的监测网络和水生态环境原位研究平台,共采集超过10万件水体、沉积物、生物标样,构建了全面反映库区水环境和水生态质量状况的监测指标体系,并结合国内外湖库生态安全研究成果建立了评价方法和评价标准,掌握了从2003年145m蓄水位至2010年达到175m水位期间库区水环境演变全过程的水质监测数据和水生态调查成果,初步揭示了三峡水库富营养化及支流藻类水华暴发的作用规律,并诊断了其中的主要问题。

(2)针对消落带治理、次级支流负荷削减、支流水华控制这3类典型性问题,在发生机理机制研究的基础上,形成了一套三峡水库水污染防治与水华控制技术体系

① 突破了陡坡型消落带生态屏障构建、缓坡型消落带生态保护与污染负荷削减、湖盆型消落带湿地构建及水质改善等技术难题。三峡水库运行后,随着蓄水位在坝前高程

145～175m 之间变化，库区干、支流两岸形成大面积的消落带。开展了三峡库区消落带生态环境现状的调查和评估工作，提出了消落带的分区保护方案，选择三峡库区三类主要消落带类型（占库区消落带总面积的 83.5%）示范区开展关键技术研究，并在三峡库区干流（重庆万州新田镇和忠县石宝镇）和主要支流（湖北秭归归州镇和重庆开州区渠口镇）实施规模化工程示范，形成了陡坡型消落带、缓坡型消落带和湖盆型消落带生态修复的技术模式。

② 研发了三峡库区山地乡镇生活污水多形态处理、三峡库区坡面侵蚀产沙与小流域面源污染综合减控等技术，形成了适用于库区山地特点的、经济高效的小流域污染源削减成套技术。重点研发山地乡镇污水经济实用集中处理技术与强化氮磷控制技术；研发村落生活污水集中与分散型就地强化自然净化的组合技术及装置；开发小城镇生活垃圾分散与集中治理实用技术，降低小流域生活污染物的排放负荷。重点突破乡镇生活污染、水土流失、农业农村面源、高氨氮工业废水、畜禽养殖、受污染河段内源污染控制集成技术在三峡库区的适用性、高效性和经济性问题，为库区次级河流污染综合整治提供切实可行的技术途径，为入库污染负荷的有效降低提供多重保障。

③ 基于破坏优势维持机制的物理控藻、三峡水库支流水华的生物调控等关键技术，形成了适合库区特点的藻类水华控制成套技术。针对三峡库区支流峡谷型水域的水文流态特征，设计基于破坏优势维持机制的物理控藻关键技术；通过研发三峡库区控藻生物载体平台构建技术、人工浮岛植物筛选种植管理技术、库区人工生物膜控藻技术、高等植物控藻技术和水生动物控藻技术，形成了一套适合三峡库区支流的藻类水华生物调控关键技术；基于三峡水库支流水华与水动力条件的密切关系，研究了人工水力调度控藻技术。以单项生源要素的控制为切入点，形成了有效削减支流水体磷负荷的控磷抑藻关键技术体系。

（3）形成了"三峡水库多目标优化调度"和"主要污染物总量控制"的 2 个应用方案

① 提出了改善水质的调度方案，支撑了水库支流水质改善和水华抑制。以保障库区水环境健康、抑制支流水华和提高三峡水库下游水质为目标，开展了三峡工程优化运用调度、发挥工程调度的调控能力以改善库区水环境的研究水平。遵循"特征辨识 - 过程模拟 - 系统优化 - 综合决策"的技术思路，研究三峡水库水量调度与改善水质的关系，构建了三峡水库多目标优化调度系统，形成了三峡库区水量水质耦合分析预报与多目标优化调度相结合的关键技术体系，提出了三峡水库多目标优化调度准则，并在三峡水库的实际调度过程中得到了有效检验。在保证三峡水库防洪、发电和航运等主体功能正常发挥的前提下，实现变化水文条件和设计水质条件下对支流水华的有效抑制。

② 三峡库区主要污染物总量控制方案。针对库区流域水污染防治与水库蓄水运用、水库水质安全保障与库区流域经济发展等方面存在的矛盾，围绕三峡库区水污染防治规划国家目标，以库区流域水质安全保障分区与控制单元区划方案为基础，提出了主要污染物（COD、NH_4^+-N、TP、TN）水环境容量及总量控制方案。根据水体分区水域 - 入河排污口 - 陆上汇流区的对应关系和污染源 - 水环境质量的输入响应关系，提出了三峡库区流域水污染控制单元划分方案，提出了三峡库区流域控制单元和流域污染源主要污染物分配方案和

削减方案，全面支撑了三峡库区流域生态环境保护规划编制的技术需求。

（4）基于三峡水库水环境问题科学诊断，提出"强支控干、保护优先"的三峡水库水污染防治和富营养化防控策略（一库一策）

研究成果表明，库区水质总体良好，干流水质保持或优于蓄水前水平，显现出"从库尾至坝前水质沿程趋好"的变化趋势，干流污染物主要来源于长江干流上游以及乌江和嘉陵江。支流回水区水质等级较蓄水前明显下降，整体处于中富营养化状态，藻类水华暴发加剧，多发生在库区支流回水段、河口及库湾区域，主要是因为干流顶托作用造成的支流水动力条件和氮磷营养盐浓度发生变化。支流水华类型多样，优势种整体组成呈现"硅藻下降，蓝藻、绿藻、隐藻上升"的态势。根据认知和诊断研究成果，项目提出了"强支控干、保护优先"的三峡水库水体污染防治和富营养化防控策略（一库一策）。主要策略是进一步加强干流上游的水污染防治工作，有效减少干流污染负荷，进一步加强支流及小流域的水污染防控与治理工作，特别是强化支流回水区易发生富营养化的"敏感区域"或"脆弱区域"的环境治理与生态保护，通过对支流水生态系统的重建和修复，促进支流水生态系统生态功能的发挥，控制藻类水华发生。

25.2 "十二五"期间突出水环境问题的解决

"十二五"阶段围绕三峡工程正常蓄水运行，在"十一五"阶段成果基础上，针对三峡水库进入175m水位运用阶段后水文水动力情势变化特点，通过跟踪监测揭示超大型水库生态环境演化的湖沼化过程，阐明了水库生态环境现状及发展趋势，并在流域磷污染综合治理、典型次级河流污染控制及生态修复、面源污染控制、梯级水库群多目标优化调度等方面实现了技术突破，通过强化超大型水库生态环境保护和污染治理的整装成套技术集成和规模化示范，建立了适合超大型水库富营养化防治较为完整的科学理论与技术体系。建立了三峡水库水污染综合防治集成技术体系并设计了中长期方案，为库区实现可持续发展战略提供决策依据。

（1）在"十一五"研究工作基础上，构建一套完整的深大水库水生态综合监测与诊断技术体系，全面回答了工程初期运行阶段（1998～2018年）三峡水库生态环境状态及其变化趋势，阐明了三峡水库初期运行阶段水生态演化机制及水华成因，有效深化了三峡水库水生态演化和水华控制科学认知

在"十一五"研究工作基础上，采用全面调查监测与系统数据分析整理等技术手段，在深入分析三峡水库超大型深水库特性和运行特征后，优化布点和选定参数，针对性地制定和提出了系统、全面的水环境水生态监测方案，并通过长期开展原位跟踪监测，获取了大量水环境数据。通过对大量系列水环境数据和资料的对比分析，深入研究了三峡水库干支流水质现状与变化趋势；聚焦支流富营养化和水华等主要生态环境问题，阐明了支流水生态现状与变化特征；重点调查了库区饮水安全相关的微量有机物与藻毒素等水质因子，综合评估了三峡水库饮用水安全状况。通过全面深入总结三峡水库干支流水环境和水生态状况与变化趋势，揭示了三峡水库不同水位运行期存在的主要水环境水生态问题，科学认识了三峡水库蓄水进程带来的生态环境影响，为针对性地开展三峡水环境问题诊断和提出治理对策奠定了坚实的基础。

基于地面调查和多源多时遥感影像，开展了三峡水库流域蓄水以来陆域生态环境遥感监测和水体叶绿素 a 浓度遥感反演，获得了长时间序列的三峡水库流域土地覆被、植被覆盖度以及水质数据。在此基础上通过对气象、统计数据的收集，运用 RUSLE 模型和输出系数法模型分别运算得到了 2002 ～ 2015 年逐年的三峡水库分流域水土流失强度等级和面源污染负荷分布，通过景观格局分析，阐明了陆域生态环境演变的水环境效应。通过构建的叶绿素 a 浓度反演模型，开展了 2003 ～ 2016 年三峡水库叶绿素 a 浓度观测工作，对水华的关键区域进行识别分析，为三峡水库水环境问题诊断和分流域治理提供了直观的依据。

综合运用 GIS、数据库和数据挖掘等技术，通过构建融合库区范围内点源污染普查数据、面源调查数据、经济社会统计数据等多源数据的基础数据库，解析三峡水库入库污染来源、负荷量、空间分布、源强变化特征，形成三峡库区 40 条一级支流自然流域边界与 23 个区县行政区空间、时间匹配的入库污染源台账。构建三峡库区 40 个小流域单元的空间数据库和属性数据库，包括下垫面遥感空间分析、土壤和气象等方面数据，模拟分析不同水平年三峡水库流域面源（TN、TP）的时空分布特征，识别水库面源产生的敏感区，辨识三峡库区面源污染防治的重点控制区域。利用沉积物 - 水界面分子扩散原理，根据沉积物孔隙水污染浓度梯度计算沉积物中污染物的内源释放通量，结合高精度的三峡水库沉积形态浅地层测量资料，建立全库沉积物内源通量估算模式，解析三峡水库沉积物的内源释放通量的时空分布特征。

运用水文 - 水质 - 水生态的同步实时观测及采样技术，揭示了三峡水库不同水位运行条件下，库区干流和典型库湾的流场结构，明晰了干支流相互作用下，干流和典型库湾之间的水体交换以及营养盐交换量；厘清了引起支流库湾水华暴发的营养盐来源与补充机制，认识到干流的营养盐持续输入是支流库湾内富营养化乃至水华发生的根源；通过放射性同位素手段和模型计算，证实了水体滞留时间是影响库湾富营养化发生的重要控制因素；根据对干、支流营养盐循环特征和生物敏感因子的观测，辨识了在不同水位运行影响下，干、支流的水生态系统的差异性。

基于"驱动力 - 压力 - 状态 - 影响 - 响应"模型，建立了适用于深大水库的水环境安全评价技术体系，分析评估了三峡水库不同分区及整体的水环境安全状态，并针对性地开展了农业面源视角下三峡库区整体和分区的水生态安全状态评价，为三峡库区水生态安全状态演进变化的过程与内在机制提供了新的研究思路，并在此基础上提出了库区生态安全保障策略。

（2）以减污控磷为工作重心，重点开展三峡支流典型富磷流域磷污染综合治理和三峡库区及上游流域面源污染综合治理，强化流域层面技术集成应用，形成了三峡水库水污染综合防治集成技术体系

1）库区小流域磷污染综合治理及水华控制

作为长江三峡库区的坝首支流和三峡水库湖北段最大支流的香溪河，其水环境状况直接影响三峡库区的水环境质量和水质安全。自三峡水库蓄水以来，香溪河干流及支流均暴发过不同程度的水华现象。香溪河流域 TP 污染是流域水质超标的主要原因。研发了"磷化工产业全流程污染源控制技术体系"和"富磷流域磷污染综合治理与水华控制技术体系"两大标志性技术以及离子交换强化化学沉淀 - 超滤反渗透深度除磷技术、磷矿废弃地矿渣堆垦生态修复技术集成、农业面源磷流失多级生态拦截阻控技术集成等 9 项关键技术。依托湖北兴发化工集团股份有限公司刘草坡化工厂污水处理站改造工程、香溪河流域（兴山段）环境综合整治工程、兴山县树空坪磷矿区矿山地质环境恢复治理工程、三峡后续规划兴山县生态屏障区水土保持项目、湖北省兴山县峡口镇集中居民区生活污水治理工程等地方配套工程建立了 7 个示范工程，TP 污染削减量达到 68.5t/a，水华暴发频率下降 44.4%，水华覆盖面积减少 30.9%，实现了全流域磷污染负荷减少 10% ～ 15% 和水华防控的目标，为其他入库支流和入湖支流磷污染治理及水华控制提供工程和技术借鉴。

2）三峡库区及上游流域农村面源污染控制

针对三峡库区及上游流域地块破碎、地面坡度大、水土流失严重、面源污染中入库污染负荷高的问题，研发集成了三峡库区粮菜轮作旱坡地面源污染防控技术、稻菜轮作水田面源污染防控技术、规模化以下移动式生态养殖（养猪）技术与模式、规模化以上生态养殖（养猪）种养循环技术与模式、可净化面源污染的消落带梯级人工湿地构建技术等 19 项支撑技术并进行工程示范。研发集成了库周丘陵农业区农村面源污染立体防控综合技术体系，通过"库周丘陵农业区农村面源污染综合防治示范工程"的示范、应用与推广，建成核心示范区累计 2359hm²，技术示范区累计 18870hm²，技术辐射区累计 45280hm²，三区累计 66509hm²。示范区 4 年累计减少化学氮肥（纯氮）使用 10373.86t，减少化学磷肥（五氧化二磷）使用 4121.54t，节约肥料投入 6003.40 万元，化肥利用率提高了 5.6 个百分点；消纳作物秸秆 33705t，畜禽养殖废弃物资源化利用达到 84%；示范区氮磷减排分别为 3073.92t 和 83.70t（以纯氮和五氧化二磷计），全面支撑了"入库污染负荷减量和改善库区水质"目标的实现。

（3）构建了"水库群联合多目标优化调度决策支持系统及可视化业务应用平台"和"三峡库区水生态环境感知系统及业务化运行平台"

1）水库群联合多目标优化调度决策支持系统及可视化业务应用平台

依据长江流域干支流地理气象、水文泥沙、江湖水质和社会经济等基础数据，通过多维异构数据同化技术，按照《水文数据库表结构及标识符》、《实时雨水情数据库表结构与标识符》（SL 323—2011）和《水资源监控管理数据库表结构及标识符标准》（SL 380—2007）标准，建设了三峡上游梯级水库群基础信息数据库，实施了层次化和标准化管理，支撑了决策系统和平台运行。基于空间拓扑原理，将源于江河湖库不同属性的水流、水质、水生态专有技术模型建成多元功能型结构体，相应搭建成具有不同功能作用的干流水质、库区水源地、支流水华和下游水生态子智能体，通过空间拓扑的数据信息的"点 - 线 - 面"关联及传输，建成了水库群联合多目标优化调度决策支持系统及可视化业务应用平台，落户于三峡梯调中心，可用率＞ 85%，并结合长江防总调度令多次开展了向家坝 - 三峡水库调度示范，为三峡水污染防治和长江大保护提供了技术支撑。

2）三峡库区水生态环境感知系统及业务化运行平台

运用粒计算、粗糙集、密度峰值聚类和贝叶斯网络等大数据挖掘方法，集成了水质变化推演模型、水质富营养化评价模型、水生态健康评价模型和生物生态综合毒性评价模型，开发了基于大数据技术的水生态环境预警预报模型技术，并在此基础上构建了三峡库区水生态环境感知系统支撑软件。根据三峡工程生态环境监测的管理需求，编写了《三峡水生态环境监测数据存储标准》，实现对三峡水生态环境监测数据的分类存储，为监测数据的规范管理和数据共享提供支撑。针对水库水环境生态监管、在线感知和污染预警的需求，基于研发仪器和集成传感器在线实时监测数据，研究信息传输、信息存储技术，搭建了基于300万亿次/秒超级计算机、云计算平台和监控会商室的大数据硬件支撑系统。在此基础上构建了集数据存储、分析与可视化展示于一体的感知平台，实现数据安全访问与管理。进行三峡水库典型区域原位水生态环境数据获取、数据实时传输、数据存储和数据分析。感知系统应用于重点示范区域，为国务院原三峡工程建设委员会办公室移民管理中心和三峡工程生态环境检测系统在线监测中心提供技术支撑。

（4）进一步优化了三峡水库水污染防治和富营养化防控策略（一库一策），提出了"减污降磷、强支控干、生态优先"的系统保护对策

在"十一五"研究的基础上，基于更新数据和多视角开展的生态健康评估表明，三峡水库生态健康状态整体良好，2010年安全预警指数增加，三峡水库水生态安全改善和保障策略把干流定位于"预防-治理"，而支流定位于"预防-治理-修复"。基于DPSIR评价结果，根据对三峡水库富营养化成因机制、演化规律、调控理论的科学认知，对"十一五"阶段提出的"一库一策"进行了优化，提出了三峡水库"减污降磷、强支控干、生态优先"的生态环境系统保护对策。

第 26 章

取得的重大成果

26.1 突破的关键技术

（1）通过开展不同运行水位下三峡水库水生态环境跟踪监测，构建了一套完整的深大水库水生态综合监测与诊断技术体系，明晰了三峡水库富营养化特征、主要问题及成因，深化了对三峡水库水生态环境演化的科学认知，为三峡流域水华控制奠定了坚实的科学基础

三峡项目创新研发了针对深大水库复杂条件的水文 - 水化学 - 水生态多要素整合监测的成套技术，构建了基于遥感空间分析与污染调查统计有机融合的三峡水库流域污染负荷台账，创新发展了支流水华预测模型，优化三峡水库水生态健康评估方法。依托三峡工程生态网络开展以 10 个支流为重点覆盖全库区 1086km² 水域的常态化监测，填补了我国在特大型水库富营养化监测领域的空白。明确了三峡水库初期运行阶段水环境演化及主要问题支流水华的特征、成因和规律，定量解析了流域生态格局演变、经济社会发展与入库污染负荷源的动态变化，深化了特大型水库水环境演化及保护途径的新科学认知。

1）突破深大水库复杂条件水文 - 水环境 - 水生态多要素整合观测的关键技术，全面掌握了三峡水库初期运行阶段水生态环境的演变动态

① 突破了 100m 级水深低速（每秒毫米级）水团的流场流态精确测量技术，准确刻画了干 - 支流相互作用中尺度水文物理过程（异重流、峰生、峰落、层化混合等）；

② 创新发展了以放射性同位素（镭）、稳定同位素和微量元素融合的多元水团示踪技术，有效反演了干 - 支流水团混合交换和维持的物理机制；

③ 利用多种声学测量、光电传感器与现代分析化学技术，定位观测与走航式大面观测相结合，获取三峡水库"水文 - 水化学 - 水生态"多要素的同步观测资料。

"十二五"期间累计获取了三峡库区流场流态、营养盐水化学、浮游动植物、沉积物等多种环境要素 120 万余种，为适时掌握三峡水库水生态环境变化提供重要保障。

三峡水库水环境观测技术见图 26-1（书后另见彩图）。

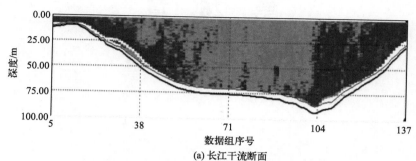

(a) 长江干流断面

流量：25976.56m³/s；平均流速：0.570m/s；流向：59.64°

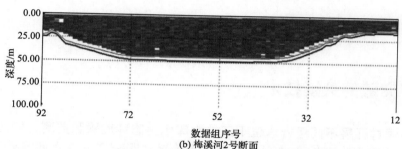

(b) 梅溪河2号断面

流量：155.37m³/s；平均流速：0.015m/s；流向：122.18°

图26-1　三峡水库水环境观测技术

2）通过水生态动力学过程数值模拟的创新工作，解决了干 - 支流相互作用水位变动震荡流场精细模拟的难题，实现了支流水华成因及驱动机制的定量刻画，深化了三峡水库水生态环境演化的科学认知

借鉴海洋环境研究与预报模型（MERF），模型水平输运方程采用 TVDal 差分格式以减小数值频散影响，有效提高对支流库湾不同调度期的中尺度水体输运特征的模拟精度和运算速度；采用 Sobol 全局敏感性分析，实现智能算法的生态模型参数优选；通过模型技术改进和创新应用，深入认识支流库湾高生产区中尺度物理过程的特性、演变机制及其伴生的营养驱动作用，明晰三峡水库支流水华的成因和防控途径。

① 干 - 支流相互作用驱动水团交换和水体分层化，形成了触发支流水华的物理水文基础。与干流"均匀混合"情况相反，蓄水后支流库湾普遍出现水体分层。香溪河、大宁河、梅溪河、小江等典型支流夏季最大表底水温差可达 10℃左右，类似"春夏季分层、秋冬季混合"的温带 - 亚热带单温湖泊模式，具有不稳定和易变化的特点。根据水体分层化特点，支流水体可以划分为交换区、过渡区、滞留区、变动区、河流区 5 个不同环境区域，其中滞留区水温分层显著，水体上下掺混较弱，水华敏感指数大于 0.5，最易暴发高强度水华。由于三峡水库支流库湾水体主要进行"水平"而非"垂直"能量交换，呈现下游深水区水温分层较弱、上游浅水区分层较强的特殊空间分布特点。

②　干流以顶托倒灌为主的营养盐补给和更新，构成了支流库湾特殊的生产力营养动力机制。三峡蓄水运行后干流与支流库湾间普遍存在异重流环流模式，"十二五"期间在反复研究和探索低流速（每秒毫米级）现场准确测量方法的基础上，对以温度差为主要驱动的干支流水团交换有了更深入的认识，多数支流常年可在低流速情况下保持干支流交汇处水交换通量（香溪河、大宁河、梅溪河等都大于 100m³/s），密度流倒灌占库湾水交换量的 80% 以上。库湾内密度流对 TN 和 TP 的输运量分别为 1083t/月和 37t/月，占库湾总交换量的 70% ～ 98%，干流倒灌输送的营养盐在库湾富营养化的营养补充中占主导地位。

③　干流和支流回水水域水生态演替，反映了水库湖沼演化的基本特征和发展趋势。在"十一五"期间水华成因（临界层深度）认识的基础上，以"水龄"为定量标准建立了干 - 支流水团混合水文水动力与水生态响应关系，重新辨识和划分了水华敏感区域，三峡水库支流水龄为 10 ～ 40d 的水域是水华暴发的敏感区域。三峡水库水团性质（水龄）的空间差异，导致水华成因的多样性和不确定性，因此，基于水华防治的生态调度方案具有一定局限性，不能有效改变"支流水华敏感"水龄水域分布面积。在高营养盐背景和特殊环流模式下，适宜水龄水域的空间异质性，共同决定了支流水华是三峡水库蓄水后"湖泊相"变化的必然结果，支流库湾频繁发生的低强度水华可能将常态化存在，控制水体磷浓度是三峡水库富营养化防治和支流水华控制的必要途径。三峡水库支流水华（叶绿素）、水龄和水体溶解总磷限值关系见图 26-2（书后另见彩图）。

（2）以"农（园）田（地）源头减量与氮磷流失阻控、种养结合与养殖粪污资源化利用、农村生活污染低能耗处理与循环利用、景观优化配置与多级拦截消纳"为核心，形成了 1 套三峡库区及上游流域面源污染控制技术体系，在不减少农业综合效益的前提下，显著减少氮磷排放，全面支撑了"入库污染负荷减量和改善库区水质"的目标

1）三峡库区及上游流域生态养殖（养猪）种养循环技术与模式

以"适度规模 - 种养结合 - 土地消纳 - 粪污资源化利用"为核心，进行三峡库区及上游生态养殖（养猪）种养循环技术与模式的研发与集成。针对三峡库区及其上游养殖粪污污染严重的问题，形成了三峡库区规模化以下移动式生态养殖（养猪）技术与模式、三峡库区规模化以上生态养殖（养猪）种养循环技术与模式、库区上游流域生猪养殖粪污低污染排放及资源化利用技术与模式 3 套生态养殖（养猪）种养循环技术与模式以及配套的带垫层的养殖发酵床技术和循环管网沼液使用技术 2 项支撑技术，为三峡库区及上游流域农村养殖污染防控提供技术支撑。

①　三峡库区规模化以下移动式生态养殖（养猪）技术与模式。针对三峡库区规模化以下生猪养殖粪污无序排放的问题，采用钢架可组合、配件可拆卸的思路构建移动猪舍，根据作物种植对有机肥的需求确定圈舍规模，构建涪陵黑猪适度规模、种养结合、生态配合、循环利用、持续发展的生产模式。该模式适用于 200 头以下养殖规模，粪污消纳为 1 头猪 =1 亩柑橘园，养殖密度为 1 头猪 /1.2m²，投资为 1000 元 / 头猪。在山顶修建移动式栏舍，养殖涪陵黑猪，养殖粪污沼气化处理（沼气袋），沼液、沼渣柑橘园土地消纳，形成"猪 - 沼 - 果"局地循环模式，实现"零排放"生态养殖。

②　三峡库区规模化以上生态养殖（养猪）种养循环技术与模式。针对三峡库区规模化以上生猪养殖粪污资源化利用的难题，以长江天然冲积沙土为猪舍垫料，充分吸收猪

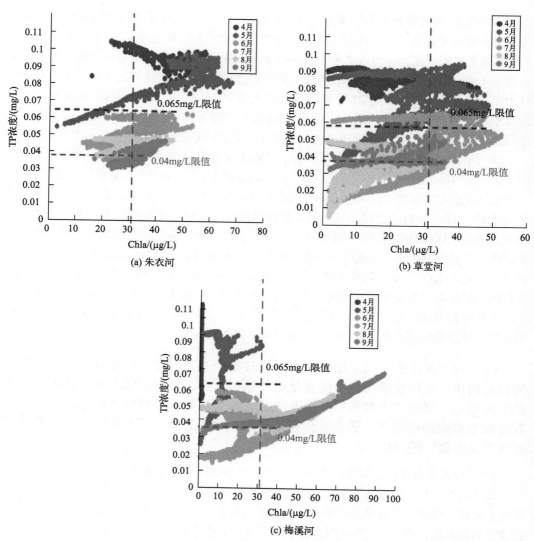

图26-2　三峡水库支流水华（叶绿素）、水龄和水体溶解总磷限值关系

群排泄物，猪群出栏后改猪舍为种植大棚，大棚作物收获后还原为猪舍养殖，循环利用。该模式适用于200头以上养殖规模，垫料厚度为80cm，粪污消纳为1头猪=3m²，养殖密度：1头猪/3m²，投资为300元/头猪。改造栏舍，填80cm河沙，按1头猪/3m²涪陵黑猪养殖，猪出栏后进行蔬菜种植，蔬菜收获后继续进行生猪养殖，3年后栏舍泥沙用作土壤改良材料还田，实现"零排放"生态养殖。

　　③ 库区上游生猪养殖粪污低污染排放及资源化利用技术与模式。针对库区上游流域种养分离、循环利用体系缺位的问题，开展"研-企-合作社"相结合的种养资源化利用技术研发，消纳养殖废弃物的同时增加土壤有机质含量，平衡养分供应，提高肥料利用率，减少养分流失；同时，构建"物理沉淀、秸秆基质过滤、水生生物（绿狐尾藻）净化、肥水养殖"为一体的养殖废水处理技术。该模式根据种植业规模按1头猪/亩耕地建立生猪养殖场，养殖粪便干湿分离为猪粪和高浓度的氨氮废水，猪粪堆肥发酵产生生物腐殖酸，废水

以氮磷养分回收技术生产氮磷肥，秸秆粉碎资源化处理，将猪粪堆肥发酵产生的生物腐殖酸、废水氮磷养分回收技术生产的氮磷肥和粉碎资源化处理的秸秆按照一定比例调配形成有机土壤调理剂，施用调理剂实现土壤有机质快速提升，从而实现"种养生态大循环"。

2）三峡库区及上游流域轮作农田（地）、柑橘园面源污染防控技术

以"源头减量、径流调控与氮磷流失阻控"为核心，进行三峡库区水稻 - 榨菜轮作水田、玉米 - 榨菜轮作旱坡地、优质柑橘园和库区上游流域水稻 - 油菜轮作水田、玉米 - 油菜轮作旱坡地面源污染防控技术的研发与集成。针对三峡库区及上游流域轮作农田（地）及柑橘园氮、磷流失特征，研发集成三峡库区粮菜轮作旱坡地面源污染防控技术、三峡库区稻菜轮作水田面源污染防控技术、三峡库区优质柑橘园秸秆还园大球盖菇套种栽培利用面源污染防控技术、丘陵山地 4DAgro 四维农田面源营养迁移累计监测模拟技术、三峡库区农田面源污染控制的 P 指数施肥技术、库区上游旱坡地水土及氮磷养分流失阻控集成技术、库区上游水田氮磷流失阻控技术、山地丘陵耕作田块修筑技术 8 项支撑技术。

① 三峡库区粮菜轮作旱坡地面源污染防控技术。针对三峡库区粮菜轮作旱坡地，将旱坡地 - 桑树系统构建技术、全桑枝生产有机食用菌技术、菌渣还田肥料减量施用技术集成，形成三峡库区粮菜轮作旱坡地面源污染防控技术。该技术实施后，增加土壤蓄水量 20% ～ 35%，提高土壤养分含量 9% ～ 13%；拦截泥沙 60% ～ 80%，降低氮磷流失 30% ～ 70% 和 50% ～ 90%；增加玉米产量 300 ～ 500kg/hm²，榨菜产量 1000 ～ 2000kg/hm²，桑叶产量 500 ～ 700kg/hm²。

② 三峡库区稻菜轮作水田面源污染防控技术。针对三峡库区稻菜轮作水田，将榨菜叶还田肥料减量施用技术、稻田垄作技术、水田埂坎优化配置技术集成，形成三峡库区稻菜轮作水田面源污染防控技术。该技术实施后，径流损失减少 30% 以上；拦截泥沙 70% ～ 90%，降低氮磷流失 30% ～ 60% 和 70% ～ 90%；榨菜肥料施用量减少 30% 以上，水稻肥料施用量减少 60% 以上。

③ 三峡库区优质柑橘园秸秆还园大球盖菇套种栽培利用面源污染防控技术。针对三峡库区优质柑橘园，将秸秆还园技术、大球盖菇套种栽培技术集成，形成三峡库区优质柑橘园秸秆还园大球盖菇套种栽培利用面源污染防控技术。该技术实施后，亩均消纳秸秆 3 ～ 5t；土壤有机质提升 15% 以上；柑橘肥料施用量减少 30% 以上；亩均经济效益提高 1000 元以上。

④ 丘陵山地 4DAgro 四维农田面源营养迁移累计监测模拟技术和三峡库区农田面源污染控制的 P 指数施肥技术。引进丘陵山地 4DAgro 四维农田面源营养迁移累计监测模拟技术和 P 指数施肥技术，将 2 项技术结合，通过参数率定，形成三峡库区农田面源污染控制的 P 指数施肥技术，构建了三峡库区水稻 - 榨菜轮作、玉米 - 榨菜轮作推荐施肥方案，肥料施用量减少 30% 以上。

⑤ 库区上游旱坡地水土及氮磷养分流失阻控集成技术。针对库区上游流域玉米 - 油菜轮作旱坡地将等高种植、秸秆和地膜覆盖组合技术、秸秆覆盖＋适量有机肥配施技术、生物碳替代氮素投入增效减负技术集成，形成库区上游旱坡地水土及氮磷养分流失阻控技术。该技术实施后，横坡等高种植＋秸秆 / 地膜覆盖，可使径流量较顺坡不覆盖减少 15% ～ 35%、泥沙侵蚀减少 12% ～ 75%。该技术实施后，秸秆覆盖＋有机肥 200kg/ 亩，可减少氮肥 40%，小麦 / 玉米增产 15.69%，玉米氮肥利用率提高 6.95% ～ 20.05%，径流

流失减少 48.18%，泥沙侵蚀降低 57.27%；生物炭替代氮素投入 20% ～ 30%，能实现小麦 / 玉米稳产，且玉米氮肥利用率提高 5.59% ～ 9.96%。

⑥ 库区上游水田氮磷流失阻控集成技术。针对库区上游流域水稻 - 油菜轮作水田，将新型缓控释复合肥施用增效减负技术、生物炭和高分子聚合物土壤结构调理剂调库扩容技术集成，形成库区上游水田氮磷流失阻控集成技术。该技术实施后，油菜 - 水稻轮作模式下，施用等养分量缓控释肥，油菜和水稻产量分别增产 26.59% 和 8.84%，氮肥利用率提高 14.63% 和 11.06%；缓控释复合肥组合炭基肥配施技术示范应用下，油菜和水稻产量分别增产 27.89% 和 11.78%，氮肥利用率分别提高 9.18% 和 15.35%，实现稻田油菜 - 水稻系统粮食增产 10%，氮肥利用率提高 5.2%。

⑦ 山地丘陵耕作田块修筑技术。明确了适用于三峡库区及其上游流域丘陵山地耕作田块修筑工程区的选址方法与耕作田块修筑类型，制定了针对三峡库区及其上游流域耕作田块田面与田坎设计参数。经过修筑后的田块面积增大，田面坡度降低，对地表径流的拦截作用增强，土壤水分库与养分库随之增加，从而达到对耕作田块保水保土保肥的目的，并有效地将三峡库区及上游流域丘陵山地农田面源污染拦截在源头。同时，耕作田块修筑带动了农业产业与适度规模经营的发展，随后资金的引入带动耕作技术和施肥技术的不断提高，其化肥、农药的投入量将显著降低，从根本上减少化肥、农药等污染物的投入。

3）三峡库区及其上游小流域农村面源污染防控技术

以 "景观优化配置 - 污染物低能耗处理 - 多级拦截消纳" 为核心，进行三峡库区及其上游小流域农村面源污染防控技术的研发与集成。针对三峡库区及其上游小流域氮、磷排放特征，研发集成三峡库区小流域水田生态系统恢复与重建技术，三峡库区小流域 "农 - 桑" 生态保育模式，农村户用生活污水处理技术与装置，农村户用生活垃圾发酵技术与装置，蚯蚓生物处理污泥、畜禽粪污及农业废弃物处理技术，可净化面源污染的消落带梯级人工湿地构建技术 6 项支撑技术，为三峡库区及其上游小流域农村面源污染防控提供技术支撑。

① 三峡库区小流域水田生态系统恢复与重建技术。针对三峡库区小流域水田生态系统面积日益萎缩的问题，为充分发挥水田生态系统在小流域面源污染控制中的作用，进行小流域内水田生态系统恢复与重建，研究提出建议小流域内水田的面积应大于旱地面积的 25%。

② 三峡库区小流域 "农 - 桑" 生态保育模式。针对三峡库区小流域氮磷污染负荷大的问题，自坡顶顺坡而下依次构建柑橘防护林、"农 - 桑配置旱坡地梯田" 和 "农 - 桑配置水田"，其中 "旱坡地梯田及水田" 田边均种植矮桑树（灌木型良桑），形成三峡库区小流域 "农 - 桑" 生态保育模式，具有良好的保持水土和防控氮磷流失的作用。

③ 农村户用生活污水处理技术与装置。针对三峡库区及其上游小流域分散型农户生活污水随意排放、处理困难的问题，通过在自复氧生物滤池内加设反滤层，池壁上设置复氧管和通气孔，池底设置曝气管，填料层上面设置布水管等多项改进措施，可有效地保证污水处理效果。该技术与装置仅废水提升环节需要外加动力，其余均为自流，能耗较低，一般单户使用，电价按照 0.5 元 /（kW·h）计算，平均每吨生活污水的处理成本仅 0.02 元，运行成本极低。处理后的废水可达《城镇污水处理厂污染物排放标准》（GB 18918—2002）中废水排放一级 B 标准，在管理维护得当的情况下可达一级 A 标准，处理后的废水既可排入蓄水池以作农用，又可直接排入当地地表水体。

④ 农村户用生活垃圾发酵技术与装置。针对三峡库区及上游小流域分散型农户生活

垃圾收集、处理困难的问题，通过设立透气填料层，使外界环境与发酵桶内物体相连通，可为发酵桶内物体提供部分氧气。更重要的是当生活垃圾发酵时，桶内温度升高，桶内外的温度差将加速气体流通，使桶内呈现半好氧状态，从而加速反应进行，物质降解得较为彻底，恶臭物质减少，产生的肥料可直接作为农肥。该技术解决了现有技术中桶底积液、桶内通气效果差、发酵反应进行较慢的问题，提供的户用生活垃圾发酵装置投资低、操作简便、处理效率高。发酵桶内生活垃圾夏季发酵时间需 20 ~ 40d，冬季则需 40 ~ 60d，发酵完成后便可用作肥料。

⑤ 蚯蚓生物处理污泥、畜禽粪污及农业废弃物技术。针对三峡库区及其上游小流域分散型农户畜禽粪污及农业废弃物资源化利用的难题，利用蚯蚓将畜禽粪污中有机氮磷吞噬转化为高效蚯蚓肥，将农业废弃物综合处理为蚯蚓粪，减少农业废弃物如秸秆、菇渣等的污染。

⑥ 可净化面源污染的消落带梯级人工湿地构建技术。针对三峡库区及其上游小流域面源污染多级拦截消纳的需求，筛选适生植物，在消落带不同高程构建人工湿地。依据消落带水位涨落 "梯度"、历史遗留的土地利用 "梯度"（梯田）、生物学 "梯度" 和经济利用 "梯度" 四个梯度变化，对遗留的梯田通过护坎、构建生物篱和建立具有一定水位的湿地植物生长区进行湿地改造；对梯田因地制宜进行湿地改造后，根据自然降水情况构造梯级人工湿地灌溉系统和排涝系统，最终构建成可净化面源污染的消落带梯级人工湿地。消落带梯级人工湿地对水体中氮磷等污染物的削减率超过了 30%，能有效阻隔流域面源污染物。

（3）重点突破三峡流域特色消落带生态修复关键技术，构建了 1 套 "消落带" 生态保护与生态修复综合技术体系，有力支撑了《三峡后续工作规划》，为筑牢长江 "生态屏障" 提供支撑

三峡水库根据 "蓄清排浑" 的水位调度方案，形成了约 350km² 的消落带。三峡消落带具有 3 个显著特征：

① 水位落差大（30m），淹水时间长；
② 水位涨落节律与蓄水前的自然消落带完全相反，即冬水夏陆；
③ 面积大，分布区域广，周围城镇密集，消落带生态系统干扰频繁。

在全面认识消落带生态环境现状特征的基础上，形成了 1 套适合三峡库区不同生态类型和功能区的 "消落带生态保护与生态修复综合技术体系"，该技术体系包括陡坡消落带生态屏障带构建与污染负荷削减技术、缓坡消落带生态保护与污染负荷削减技术、湖盆消落带湿地构建及水质改善技术，已运用到消落带生态环境信息与保护决策系统中，并成功接入重庆市生态环境局环境信息平台，不仅有力支撑了《三峡后续工作规划》，也为三峡库区消落带的生态保护与管理决策提供了重要支撑。

1）突破了基于生态系统服务优化的反季节水位大幅波动消落区多带多功能生态防护带技术体系，实现消落区面源污染物拦截、生物多样性和景观格局重建多重功效

反季节水位大幅波动消落区的剧烈环境扰动，会导致大部分生物物种无法生存，生态系统服务功能严重退化。针对消落区污染物拦截与消纳、水质净化、景观优化和生物生境等综合生态服务功能恢复的需要，筛选了兼具环境净化功能、景观价值，且适应季节性水位变动的三峡库区消落带适生草本、灌木和乔木种类，提出了适应不同环境的群落配置技术。在此基础上，研发了基于生态系统服务优化的反季节水位大幅波动消落区多带多功能

生态防护带技术，包括基塘工程技术、复合林泽工程技术、复合型多带多功能缓冲系统工程技术（图26-3）。

图26-3　反季节水位大幅波动消落区生态防护带技术示范

① 基塘工程技术。在 165 ～ 175m 高程间，借鉴具有 400 多年历史的"桑基鱼塘"传统农业技术和中国乡村多塘生态系统智慧，在坡度＜25°的区域，通过微地形改造，营造串联蓄水塘。在基塘系统中种植能耐水淹且具有环境净化功能、景观功能、经济价值的湿地植物，形成湖岸带湿地系统。基塘系统的管理采用近自然管理，不施用化肥、农药和杀虫剂，并在三峡蓄水前收割进行经济利用，每亩经济产值平均可达到 2700 元，实现消落带可持续利用的重要技术突破。基塘工程对地表径流 TN、TP 负荷削减率分别达到 32% ～ 66% 和 26% ～ 69%，平均削减率分别为 52.0% 和 39.7%，生物多样性提高 30% 以上。

② 复合林泽工程技术。在 165～180m 高程，坡度＞20°的区域，通过合理配置湿生乔木＋湿生灌草（170～180m）和灌木＋湿生草本植物群落（165～170 m），形成在冬水夏陆逆境下的林木群落景观——林泽系统，恢复整个河、库岸林木生境，进而带动整个生态系统的恢复。林泽工程区植物带对地表径流 TN、TP 削减率比仅有草本植物的消落带高出 21.7% 和 15.6%。

③ 复合型多带多功能缓冲系统工程技术。将适应不同水位变化的技术进行整合，提出了三峡库区城市区水环境保护的"滨湖绿带 - 生态护坡带 - 景观基塘带 - 自然消落带"和"生态防护带 - 生态固岸带 - 复合林泽带 - 自然消落带"多带缓冲系统，以及自然河岸区的"桑杉林泽 - 基塘复合系统"。该系统将河库岸带和滨水空间作为一个整体生态系统，构建从低水位高程到河库岸过渡高地的滨水空间，形成了一种从源头 - 过程 - 末端的多梯度面源污染防控体系，通过几年的研究表明，该系统是一种适用于具有季节性水位变动的河、库岸生态防护带创新模式。

2）突破了陡坡型消落带生态屏障构建、缓坡型消落带生态保护与污染负荷削减、湖盆型消落带湿地构建及水质改善等技术，形成了覆盖三峡库区陡坡、缓坡、湖盆三种主要类型（占库区消落带总面积的 83.5%）的消落带生态修复技术模式

① 陡坡型消落带生态屏障构建技术。以三峡库区秭归陡坡型消落带为对象，通过筛选高效去污植物，对陡坡消落带土壤进行改良、加固等，优化和配置不同海拔高程植物物种，构建了陡坡型消落带生态屏障带，使得示范区消落带对入库污染物（TN、TP 和 COD）的削减率达到 20% 以上。

② 缓坡型消落带生态保护与污染负荷削减技术。缓坡型消落带是三峡水库消落带最主要生态类型，面积为 173.39 km²，占总面积的 51.5%。与陡坡型消落带不同，缓坡型消落带因坡度较小不存在明显的水土流失、滑坡等风险，反而有利于截取消落带上缘的入库污染物。因此在水库消落带中缓坡型消落带作为生态屏障有利于强化库区水体水质。三峡以三峡库区开州区渠口和万州新田缓坡型消落带为对象，通过计算消落带生态屏障适宜宽度，筛选适生高效去污植物和微生物，对缓坡型消落带实行土壤坡改梯整理等技术，构建了缓坡消落带生态屏障带，使得示范区消落带对入库污染物（TN、TP 和 COD）的削减率达到 20% 以上。

③ 湖盆型消落带湿地构建及水质改善技术。水库消落带中库湾或湖盆型消落带的主要生态保护功能是减少富营养化的发生。以三峡库区忠县石宝寨湖盆消落带为对象，通过筛选适生高效去污植物，利用废弃水田构建消落带湿地，优化与调控湿地生态系统，采用井字压茎免耕栽植等技术方法构建了缓坡型消落带生态屏障带，使得示范区消落带对入库污染物（TN、TP 和 COD）的削减率达到 20% 以上。

④ 三峡库区消落带信息管理与决策系统构建技术。"三峡库区消落带环境信息管理和保护决策"系统集成了消落带的各种数据，建成了消落带生态环境、保护模式、功能区划等各种数据库，在此基础上对数据进行调用，实现了对消落带生态环境、生态类型、生态功能类型的查询，同时可以对消落带进行环境评价，向决策者提供合适的消落带生态环境保护决策，并将评价、决策结果以图层的形式展现在系统界面上，为决策者开展消落带生态治理和利用提供理论基础、科学支撑和决策依据。

（4）针对流域主要水环境问题——三峡支流水华，以典型富磷流域为依托，形成了"磷化工产业全流程污染源控制技术体系"和"富磷流域磷污染综合治理与水华控制技术体系"两大技术体系，可有效防控支流水华，保障三峡流域水生态环境安全

三峡水库蓄水后各支流回水区的水文情势发生了显著改变，水体由河流向湖泊过渡，支流中下游受新的水文流态特性主导，生态环境发生明显改变，水体失去河流态特征，逐步具备库湾的水体特性，水体流态、理化性状、营养盐时空分布特点以及藻类群落结构特征产生了对水体类型改变的显著响应。缓慢的流速以及强烈的回水顶托作用，导致支流水域营养物质无法快速稀释扩散，营养集聚为水华藻类生长增殖提供了良好的物质基础，水体良好的澄清作用为入射光能量进入支流水体提供了较好的外部条件，确保了藻类光合作用的能量需求，一旦外部水温等条件适宜，群落中的优势种群会利用自身的竞争优势，快速生长增殖，扩大种群数量，导致水华暴发。据不完全统计，自 2003 年蓄水以来，三峡流域 2003 年累计发生水华 3 起；2004 年 16 起，2005 年 23 起，而 2006 年仅 2～3 月就发生 10 余起，累计 27 起，2007 年 26 起，2008 年 19 起，2009 年 8 起，2010 年 26 起，2011 年 15 起，2012 年 8 起，其中以苎溪河、小江、汤溪河、磨刀溪、梅溪河、大宁河、神农溪和香溪河等一级支流水华最为严重，水华类型包括甲藻、硅藻、绿藻、蓝藻、隐藻水华 5 种类型。

1）支流水华发生机制识别与控磷抑藻技术

三峡项目开发了适用于三峡水华控制的多项关键技术，包括基于破坏优势维持机制的物理控藻关键技术、生物调控关键技术、人工水力调度控藻关键技术以及高效控磷抑藻技术等，集成了 1 套处置三峡支流水华的综合技术体系，该技术体系立足于水华的发生、发展和消亡的具体过程，将水华发生发展期的预防、水华暴发后的控制有机结合，将长效机制和应急处置融合，利用不同关键技术作用于水华发生的不同环节，形成完整的技术链条。三峡支流水华多发生在回水顶托区，很多水华高发水域水体浅、水下环境复杂、大型船舶无法靠近、水华区域生物量大等，因此设计了一种依托小型渔船的船舶拖网藻类生物采收方法及装置，以支流多见的渔船为载体、牵引力和操作平台，依据水华优势种的不同定制不同规格网目的拖网，借助捕捞学的技术，开展藻类生物的船舶拖网采收。船舶拖网藻类生物采收技术对甲藻的采收率为 41.3%，采收结束后水体透明度增加 30% 以上。基于此，完成的"甲藻水华的应急处置与长效防控机制"被湖南石门县皂市镇水库和福建九龙江应用在当地水域的甲藻水华防控工作中。为三峡水专项研发的"水生动物控藻技术"（以鲢鱼和鳙鱼为主要控藻水生动物）被中国长江三峡集团公司用于三峡水库流域综合整治，借助食物网的生态学效应，通过对水体生态系统人为调整，实现支流水华控制、养鱼保水的目的。2011 年三峡水库童庄河发生了绿藻水华，通过三峡水专项成果"船舶拖网藻类生物采收技术"和"人工造流处置技术"开展了水华核心水域的藻类生物采收和水域流态条件的改变，通过处置，5d 内清除了水体表层 70% 以上的藻类生物，改变了水体中的藻类群落结构和藻类空间分布状况，加速了藻类优势种的死亡沉降和分解，促进了水华的消退。

2）磷化工产业全流程污染源控制技术体系

磷化工产业作为香溪河流域支柱性产业，磷矿采选、磷化工生产和废弃物处理处置产生的磷污染物成为全流域磷污染最主要来源之一。针对磷化工生产全流程高浓度含磷废水

缩合态磷处理技术难度大、磷矿废弃地环境污染与地质灾害风险共存等技术难点，从污染源治理、污染过程控制、资源回收利用等主要环节研发了3项关键技术和2项支撑技术，构建了高浓度含磷废水深度处理、磷矿采选废石废渣生态处置、磷化工生产废弃物资源回收的磷化工产业全流程污染源控制技术体系。

研发了冲渣蒸汽冷凝回收及分级出水循环利用技术，解决了磷化工黄磷炉渣冲渣含磷废气无组织排放及废水回用率低等问题。本技术对整个生产工艺进行水平衡分析，根据各用水节点的水质要求将污水处理设施各单元出水重新配置，并在湖北兴发化工集团股份有限公司刘草坡磷化工厂示范应用。应用冲渣蒸汽冷凝回收技术回收65%～70%的含磷蒸汽，减少蒸汽排放量12万吨/年（折合总磷4.1t/a）；各级处理单元出水分级回用到凉水塔、生产车间、冲渣补充水等工艺段，废水回用率达到100%，补水量削减60%以上，每年可节水16万吨。

研发了离子交换强化化学沉淀-超滤反渗透深度除磷技术解决高磷废水前处理效果不稳定、出水总磷浓度较高等问题，确保出水能达到各生产工艺段回用水质要求。比选了化学沉淀技术、电絮凝技术等废水前期处理工艺，优化化学沉淀技术的投药量、反应时间、反应条件等工艺参数，对化学沉淀-超滤-反渗透组合进行优化并增加离子交换处理单元。优化集成了沉淀→砂滤→阳离子树脂→超滤→反渗透→阴离子树脂处理工艺，出水TP浓度降至0.2mg/L以下，TP指标达到地表水Ⅲ类水体标准，TP年减排量达到60t。

研发了贫磷泥中磷有效回收和残渣无害化处置技术及黄磷渣显热法原位生产硅酸钙纤维技术，解决磷化工两大固废的处理难点，提升贫磷泥中磷回收率，为黄磷渣资源利用提供了新途径。研究了贫磷泥的结构特性和蒸磷残渣中磷浸出规律，建立了贫磷泥胶体破稳与黄磷回收率间的对应关系。采用化学药剂和超声波预处理方法破坏贫磷泥胶体稳定性，将蒸磷回收率从50%提高到90%以上，回收磷产品达到《工业黄磷》一等品要求。对蒸磷残渣采取"空气氧化+水洗+水泥固化"深度处理后，达到第Ⅰ类一般工业固体废物浸出毒性要求。研发了利用黄磷渣显热法原位生产硅酸钙纤维技术，基于原料组成、熔融温度、离心机转速等因素对产品主要技术性能影响规律进行研究，确定了粉煤灰投配比10%、离心机转速4500r/min、熔融温度1550℃的条件下，放料时间由90s降至30s等关键技术参数，实现了黄磷炉渣的高值化利用。

研发了一套"底部防渗-深层固化-顶部防渗缓冲-表层生态修复"的磷矿废弃地植物群落构建与生态修复综合治理技术，有效解决了磷矿废弃地矿渣堆垾体总磷流失与堆体失稳造成的环境地质灾害控制难题。研发了矿渣堆垾体底部黏土胶凝固结防渗材料，与传统的水泥固结防渗系统相比，抗压强度提高了2～3倍，抗渗性提高了1～2个数量级，酸碱溶蚀率降低了35%～45%，克服了水泥固结防渗系统稳定性、抗渗性和抗酸碱腐蚀差的难题。遴选了磷矿废弃地矿渣堆垾体深层固化药剂，优化得出固化剂最优配比，降低酸雨淋滤作用下磷矿渣固化体磷元素浸出浓度60%以上，堆垾体的整体安全系数提高至1.5以上。提出了在磷矿废弃地矿渣堆垾体顶部建设防渗缓冲层减少雨水下渗量和中和酸雨，以此降低磷矿废弃地矿渣堆垾体淋滤液产量和总磷浓度的方法，确定了防渗缓冲层材料的最佳配比及防渗缓冲层质量控制参数。研发了一种堆垾体表层生态修复基材，遴选了磷矿废弃地矿渣堆垾体表层生态修复优势植被，植被年平均覆盖率从建设前的46%提高至88%，减少泥沙冲刷量56%。

3）富磷流域磷污染综合治理和水华控制技术体系

针对三峡库区香溪河流域磷本底值高、陡坡耕地土壤颗粒态磷流失量大、粗放式耕种模式面源磷控制能力弱、高水位差造成河岸带生态阻控能力差、沉积物内源磷释放速率快、回水区局部库湾水华频发等系列难点问题，在香溪河库湾构建"陡坡地-河岸带-水体-沉积物"逐级防控的富磷流域磷污染综合治理和水华控制系统技术体系。

　　基于逐级阻控、阻断污染物迁移和流失以拦截和净化陆源性磷污染思路，优化集成了"坡面汇水沉沙系统-坎篱组合系统-生态净化沟渠-径流坡岸湿地"的面源磷流失的生态阻控技术和高效控磷固土生态堤岸技术，解决了强降雨条件下陡坡耕地磷流失量大的问题。通过小试试验优化采用横向坎篱组合，与生态沟渠组成一级屏障阻挡坡耕地泥沙流失，构建了金银花"品"字形生物篱种植模式，泥沙拦截量达29%以上，径流拦截量9%；构建坡降为1%并搭配种植多年生狗牙根和黑麦草的生态净化沟渠，泥沙拦截率达69%，TP去除率达19%～26%；径流坡岸湿地作为二级屏障削减净化径流中磷素污染物，筛选石灰石富磷填料及美人蕉和菖蒲富磷湿生植物，TP的去除率达49%～60%。该技术对示范区域的泥沙削减量达46%以上，径流水体磷素削减量约为55%。确定框格+狗牙根植物草皮模式作为生态堤岸建设方案，宽度为5～6m，对TP和泥沙的削减量分别达到38%和65%，该技术对示范区径流TP的年平均削减量达到14%。

　　通过高效富磷水生植物群落筛选构建技术，研发了人工高效立体脱磷水生态系统配置技术对库湾表层水体磷生物富集、植物吸收，解决了目前缺乏适应三峡水库水文及生态环境特征的水体磷削减相关技术的问题。通过小试和中试试验，筛选确定了美人蕉、菖蒲、香蒲等对水体磷有明显富集效果的植物，构建了以风车草、美人蕉等挺水植物占比45%、水芹等湿生植物占比30%、金鱼藻为主的沉水植物占比9%的搭配种植模式。研发了由人工水草、铁砂、钢渣、蛭石组成的人工吸附材料等组成的高效除磷生态栅体构建技术，除磷栅体占比16%。钢渣与蛭石按11∶20质量比例混合，通过物理吸附和化学吸附作用富集水体中的磷，进而促进水面植物吸收利用磷；再通过植物收割达到削减TP的效果。在冬季，通过增加高效除磷生态栅体提高示范工程的富磷效果。人工高效立体脱磷水生态系统配置技术使示范工程区域内水体中磷含量降低15%，使得示范工程区域内水质得到有效改善，降低水华暴发风险，具有显著的环境效益。

　　以沉积物内源磷释放特征为基础，开发了底泥内源磷固化/稳定化技术，搭配香溪河库湾高效富磷水生生物群落，有效削减了底泥、水体中内源磷素，改善了库湾水质。研发了一种新型底泥固化剂，无毒环保，具有黏性，能较好固结底泥和吸附底泥所释放的营养盐，通过小试和中试试验确定了固化剂和底泥的比例为1∶4。通过检测对水体和底泥总磷、总氮的削减效果，筛选出10余种固磷水生物种，形成控制底泥磷释放的12种植物搭配。应用该技术建成了完整可靠的库区内源磷控制示范区，总平均控制磷释放率达到58.75%。

　　研发了基于源头控制、过程阻断和末端处置的水华暴发过程关键阻断技术集成和水华生物量的有效清除和科学处置技术，解决了受库湾支流水位波动和季节性影响的水华暴发控制的技术问题。构建了库湾水面植物浮床技术和水下人工强化自然生物膜技术的立体结构，比选确定了人工强化自然生物膜最佳载体材料为组合填料，通过清除水生植物和生物膜的生物量每年削减水体氮、磷约为6.7g/m²和2.1g/m²。初步研究了生物滤藻的水华暴发过程阻断关键技术，优化了激光杀藻的技术参数，研制了激光杀藻样机，表层水体蓝藻杀灭效率＞90%，处理量为2.48t/d，可实现表层水体藻类过量繁殖的有效控制。研究了壳聚糖改性香溪河原位沉积物的方法，研制了生态除藻剂，确定最佳配比为 1g/L 壳聚糖混合 5g/L 香溪河原位沉积物。实测表明 2h 内藻密度去除率＞94%，叶绿素 a 去除率＞64%，可实现水华暴发后的应急处置。

（5）完成了三峡库区总量控制技术及集成方案，制定了库区流域水污染防治中长期系统方案，全面支撑了三峡库区流域生态环境保护规划编制的技术需求

针对三峡库区水污染防治与水库蓄水运用、水库水质安全保障与库区流域经济发展等方面存在的矛盾，围绕三峡库区水污染防治规划国家目标，以库区流域水质安全保障分区与控制单元区划方案为基础，提出了水环境容量及总量控制方案。根据水体"分区水域 - 入河排污口 - 陆上汇流区"的对应关系和"污染源 - 水环境质量"输入之间的响应关系，提出了三峡库区流域水污染控制单元划分方案，以及三峡库区流域控制单元和流域污染源主要污染物分配方案和削减方案，全面支撑了三峡库区流域生态环境保护规划编制的技术需求。整体研究成果为《三峡库区及其上游流域水污染防治"十二五"规划》和《三峡后续工作规划》生态环境建设与保护专题的编制提供了技术支撑。项目建立的三峡库区"流域 - 控制单元 - 排污口 - 污染源"不同层次的总量控制分配技术与方案被《重庆市"十二五"主要污染物总量控制规划》采用。提出的库区经济结构优化方案、库区流域典型工业行业的主要污染源控制技术方案、小城镇污染控制技术方案、库区流域生态控制技术方案以及水污染防治系统方案被《重庆市生态建设和环境保护"十二五"规划》采用。

① 提出了适用于三峡库区的水质安全保障分区指标体系和技术方法，制定了三峡库区水质安全保障分区方案。改进了现行河流水功能区划的"用水需求"划分原理，构建了水质安全保障二级分区制度。采用社会属性和自然属性双约束准则，构建了水质安全保障等级矩阵图，判别优先保障区、协调保障区和一般保障区。根据指标因子分析，在一级分区的基础上，确定河流保障功能，划定二级功能区。基于以上方法，确定了三峡库区长江干流和库区 40 条重要一级支流共 78 个分区的水质安全保障等级和功能定位。

② 以流域 - 控制单元 - 排污口 - 污染源为分配流程，提出了流域容量总量控制技术体系，形成了按照流域整体协调要求、以水质目标为核心、兼顾公平和效率的容量总量多层次多目标优化分配技术方法及方案。

③ 建立了以库区经济效益最大化、污染物排放量最小化等为目标，以水环境容量、可利用水资源量、资金、人口和土地为约束条件的库区流域社会 - 经济 - 环境系统的多目标优化模型，形成了以"模拟 - 优化 - 评价"为核心的水污染防治系统方案研究方法体系，制定了库区流域水污染防治中长期系统方案。

（6）建立了完备的基础信息数据库、水污染防治三维可视化平台、水库群联合调度可视化平台、水生态环境感知平台，增强了监测预警预报和联合调度能力，提升了三峡水库智慧化运行管理水平

1）三峡流域水环境综合信息数据库

初步构建了三峡流域水环境综合数据库，集成了三峡库区水质现状、水生态环境保护、富营养化水平、污染源、三峡水库调度、三峡电站运行、水资源分配、水文气象等数据，包括用户管理信息库、水文水资源信息库、水环境信息库、水生态信息库、水工

程信息库、经济社会信息库、业务信息库，公共专题数据库、统计数据库、水污染防治技术库、水污染防治方案库、GIS 信息库、遥感影像数据库、DEM 数据库。目前已建成115 个数据库表，汇集和处理了超过 11 万条专业属性数据，800 多兆空间数据的综合水环境数据库，该数据库为中国长江三峡集团有限公司进行三峡库区水量水质联合调度提供了支撑。

2）库区流域水污染防治三维可视化平台

通过库区流域水污染防治多维信息可视化技术研究，以及库区流域水污染防治决策支持系统的研发，综合采用 GIS、三维可视化、综合集成等技术，建立了库区流域水污染防治三维可视化平台系统，包括三维场景模块、三维场景基础功能模块、飞行定位和漫游模块、历史浏览位置记录模块、图层管理模块、淹没分析模块、水体仿真模块、流场模拟模块、一维和三维水动力学仿真、污染相关数据查询统计功能模块、数据库配置模块、软件界面皮肤模块等功能模块，实现了三峡库区水污染防治的数字化与可视化，为三峡库区水污染防治的高维定量分析提供数字化、信息化依据，该数据库为中国长江三峡集团有限公司进行三峡库区水污染防治提供了支撑。

3）三峡及其上游梯级水库群联合调度决策支持系统及可视化业务应用平台

三峡及其上游梯级水库群联合调度决策支持系统及可视化业务应用平台是集成了三峡水库群库区多目标优化调度模型、三峡水库库区水源地安全保障管理模型和基于下游生态环境改善的三峡水库群中长期联合调度模型的系统平台。该平台实现了人机互动的高智能管理模式，减少了人工管理的输出，最大程度地简化方便了三峡水库群联合调度的管理和应用。该平台目前已经在三峡集团下属的三峡水利枢纽梯级调度通信中心开始试运行，自从 2017 年 5 月 24 日以来，该系统的总体可用率＞85%；在网络和平台正常情况下，访问操作性界面的系统响应时间＜5s，静态页面标准响应时间＜2s，能够节约水环境或生态调度方案生成或会商时间 1h 以上，圆满达到了预设目标。

① 利用溪洛渡 - 向家坝 - 三峡梯级水库的调控空间，优化了溪洛渡 - 向家坝 - 三峡梯级水库的调节库容，结合溪洛渡 - 向家坝 - 三峡梯级水库的调度规程，创新性提出了三峡水库群中长期多目标联合调度"预限动态水位过程线"，该过程线在主汛期嵌入了"潮汐式"调度，汛末初期提前于 9 月 10 日蓄水至 150～155m，中期快速蓄水到 165m，后期缓蓄到 175m，解决了原有调度方案中无法考虑改善三峡水库水环境的中长期调度目标的实施问题，在保障防洪、发电、航运等传统效益的基础上，显著提高了三峡水库群联合调度的环境效益。

② 利用首次发现的判别三峡库区支流水华发生的混光比阈值（当混光比＞2.8 且香溪河库湾水体叶绿素 a 浓度不超过 30μg/L 时，将不会发生藻类水华），构建了支流水华预测预报模型。在"十一五"三峡单库"潮汐式"概念调度的基础上，创新了控制支流水华的三峡水库群"潮汐式"波动调度方法，开展了三峡水库"潮汐式"调度示范，使香溪河水华暴发强度、暴发频次和暴发面积都大幅下降，解决了利用水库群联合调度防控三峡库区支流水华问题。

③ 研制了长江三峡至大通 1200km"水库 - 河道 - 湖泊 - 河口"河网型"水流 - 水质 - 水环境"耦合模型，科学确定了三峡水库下泄流量过程，解决了下游防洪补偿、水质提升、河湖环境水位和长江口压咸需水量的配置问题。

4）三峡库区水生态环境感知系统及业务化运行平台

当前，我国长期缺乏原位在线自动动态监测设备，反映水质与水生态耦合的一些关键指标仍依靠手工取样分析，现有的一些在线监测设备多为具有单一或相对较少的几个参数的设备，难以满足三峡多参数实时监测的需求。围绕三峡库区 1 个重点监测区（朱衣河-草堂河-梅溪河）和 3 个局部水体（香溪河、大宁河和小江），综合运用生物、化学、光学、机械、信号处理等学科，完成了水质综合毒性检测仪、藻毒素原位检测仪、原位藻群细胞观察仪和水体 CO_2 变化速率检测仪 4 台核心传感器研制，通过了华东国家计量测试中心第三方质量认证。基于三峡水库水位大幅变化的特点，运用浮标作为承载平台，集成了水文、水质、水生态和气象等 20 余个参数在线监测设备，实现了监测设备在监测水域的稳定运行和感知参数的实时观测。研发的三峡水生态感知模拟与可视化推演平台系统在性能和功能指标上通过了重庆市软件测评中心有限公司的第三方验收测试。基于推演平台系统，建成了集数据获取、传输、存储、管理、处理、分析、应用、表征、发布全过程于一体的水环境监测信息管理服务平台，包括三峡生态环境超算中心、云计算大数据平台和监控会商室。三峡库区水生态环境感知系统及业务化运行平台能够定期为中华人民共和国水利部提供三峡生态环境实时监测数据，该平台也与重庆市生态环境局应急系统实现了对接。

为保障三峡库区水质安全，规范三峡库区水环境生态感知系统技术工作，三峡水专项制定了《三峡水生态环境监测数据存储标准》（T/CQSES 01—2017），已经通过重庆市环境科学学会颁布实施；制定了《三峡库区水环境生态感知系统技术规范建议稿》标准；结合三峡库区感知系统顶层方案设计，编制的《三峡工程综合管理能力建设实施规划（2014～2017 年）》获得了国务院原三峡工程建设委员会办公室批复。

26.2 三峡流域建成的综合示范区

三峡项目"十一五"和"十二五"阶段共建成 8 个示范工程区（包括 35 个示范点），示范技术范围涵盖点源（污水处理厂、底泥清淤、工业水处理）、面源（库周、上游）、水华控制（生物生态措施、水力调控措施）、典型富磷小流域（工业、矿山、库湾）、典型小流域（点源、面源、消落带、岸边带、调度、集成方案）、水库调度、监测预警。

（1）三峡水库次级支流污染负荷削减技术示范区

在三峡库区梁滩河流域、重庆忠县石宝镇申家河小流域、重庆开州区芋子沟小流域完成了次级河流环境治理与污染控制示范工程建设。其中，生活污染源治理工程包括走马镇污水处理厂等 6 座污水处理厂（处理规模 200～600m³/d）的工艺改造、村镇生活垃圾快速生物稳定和垃圾堆放场地修复技术示范工程、畜禽粪便和养殖有机垃圾厌氧消化示范。次级河流环境治理工程包括梁滩河污染沉积物环保疏浚与余水处理处置工程（重污染沉积物有毒有害物固化稳定技术工艺示范、天赐温泉河道沉积物环保疏浚与处置示范工程、九凤村河道清淤生态护岸修复工程）。小流域污染治理工程包括申家河小流域水土流失与农业面源污染综合防治示范区、石碗溪芋子沟小流域农林水复合生态系统综合示范区、丘陵山区分散型污水处理示范工程。

（2）三峡水库消落带生态保护与水环境治理技术示范区

选取了三种典型消落带（面积占全库区 344km² 消落带的 65%）开展了示范工程建设，分别是湖北秭归县的陡坡型、重庆市开州区渠口镇的缓坡型和重庆市忠县石宝镇湖盆湿地型的示范工程。消落带生态防护及减污截污示范工程面积超过 1000 亩，示范区内成功完成了狗牙根、牛鞭草、桑、水蓼、鬼针草、苍耳、马唐、莎草、狗尾草等植物的淹水成活栽培实验，覆盖率从 12% ～ 30% 提高到 80% 以上，示范区植物生态防护屏障带削减入库污染负荷 TN、TP 和 COD 超过 20%。通过工程示范，初步形成了适合三峡特点的消落带耐淹植被栽培技术、边坡稳定生态技术，攻克了消落带植被恢复的技术难关，填补了国内外技术空白，并在《三峡后续工作规划》一期、二期项目得到应用，为规划实施的库岸带综合治理工程提供了直接支持。

（3）三峡水库支流水华控制技术示范区

选择三峡水库藻类水华暴发的库首支流香溪河，开展支流水华综合控制工程建设，在全支流河段构建物理控藻、生物控藻的示范工程体系。核心区为高岚河库湾物理控藻技术示范工程，包括船舶拖网 9 张，人工造流船舶 1 艘，机械处置平台 1 个，7d 内可采收核心水域水华生物量 70% 以上，处置的水域的透明度同比增加 20% 以上。香溪河生物控藻技术示范工程，建设了库岸植被缓冲带 10000m²，人工生物浮岛 2500m² 以及人工水草生物膜控藻区 1000m²，同时在示范水域内每年放养鲢鱼和鳙鱼 60 万尾。实现了减少藻类水华暴发频率 40%，表层水体藻类生物量下降 50%，水体透明度同比提高 10% 的预期目标。

（4）三峡库区小流域磷污染综合治理与水华控制技术示范区

该示范区共建立了 7 个示范工程，分别为刘草坡化工厂磷化工废水深度除磷技术示范工程、香溪河流域磷矿废弃地生态修复示范工程、三峡库区兴山县峡口镇面源磷流失治理示范工程、高效富磷生态堤岸示范工程、人工高效脱磷水生态系统配置示范工程、香溪河库湾内源磷释放控制技术研究及集成示范工程、水华控制关键技术示范工程。

1）刘草坡化工厂磷化工废水深度除磷技术示范工程

示范工程位于香溪河干流左岸湖北兴发化工集团股份有限公司刘草坡化工厂，废水来源于历史遗留磷矿渣堆场地渗水、生产废水和部分厂区初期雨水。进水 TP 浓度在 800 ～ 1500mg/L，还含缩合态磷酸盐等难处理成分，老工艺采用沉淀和膜处理，出水 TP 浓度为 15 ～ 65mg/L。项目组依托刘草坡化工厂污水处理改造工程完成了示范工程建设，提出了全厂水循环改造方案，研发形成了两项关键技术：一是集成离子交换强化化学沉淀 - 超滤反渗透深度除磷技术，对沉淀、电絮凝、膜处理等技术进行了优化筛选，增加离子交换处理单元，最终出水 TP 浓度降到 0.2mg/L 以下；二是冲渣蒸汽冷凝回收及处理单元出水循环利用技术，减少了含磷水蒸气释放和新鲜水取用量。示范工程建设后出水总磷浓度达到Ⅲ类水体标准，反渗透出水回用率超过 95%，废水处理规模提高到 1440m³/d，TP 去除量超过 40t/a，大大降低了磷污染直接入河量。

2）香溪河流域磷矿废弃地生态修复示范工程

示范工程位于兴山县树空坪磷矿区，建设前，植被覆盖率较低，表层泥沙流失严重，降水淋滤液 TP 浓度高达 2.4mg/L。项目组研发了底部注浆防渗 - 深层固化 - 顶部防渗缓冲 - 表层生态修复的综合治理技术，对坡面进行刷坡处理，增加堆垭体表层稳定性；在堆垭体底部和深部进行注浆防渗和固化稳定化，降低淋滤液产量和 TP 浓度。在顶部构建防渗缓冲层，减少雨水下渗与中和酸雨，覆盖营养土，种植遴选的磷矿废弃地生态修复优势植物，提高植被覆盖率，减少冲沙量。示范工程总磷浓度降低 68%，安全系数提高 70%，植被覆盖率高于 90%。

3）三峡库区兴山县峡口镇面源磷流失治理示范工程

示范工程位于兴山县峡口镇陈家湾。农业种植区坡度以 15°～ 25° 为主，主要经济作物是柑橘，部分农田是玉米和油菜轮作。地表径流水体总磷 0.9mg/L 左右，雨季携带较多泥沙。项目组研发了 3 项关键技术。

① 固磷生物篱栽培技术，提出了陡坡地生物篱栽培模式。

② 固磷植物的时空配置技术，通过不同固磷植物的搭配构建了最适控磷植物配置模式，泥沙拦截量可达 60%。

③ 结合截洪沟、沉砂池等拦蓄工程和生态沟渠、坡岸湿地等构建了面源磷流失的生态阻控技术体系。

示范工程规模达到 757.5 亩，其中生态沟渠 845m，径流坡岸湿地 2 座，面积共 600m²，可去除 40% 以上水体中 TP。示范工程建设后，降雨径流水体中 TP 年平均浓度至 0.437mg/L，降低 50% 以上，泥沙降低至未检出。

4）高效富磷生态堤岸示范工程

高效富磷生态堤岸示范工程位于香溪河陈家湾两岸，海拔高度在 175 ～ 182m 水位线之间，北岸种植柑橘，坡面坡度 15°～ 25°；南岸杂草荒地，坡度为 5° 左右。地表径流水体总磷 0.9mg/L 左右，项目组研发了生态堤岸高效富磷固土技术。筛选出多年生草本植物狗牙根作为固土富磷植物并确定最佳的离岸距离为 5 ～ 6m。核心区采用护土框格加框格植被的模式，非核心区采用生物篱和狗牙根结合的模式。示范工程共建成 1618m 长生态堤岸，核心区长 345m。非核心区长 1273m。示范工程建设后，降雨径流水体总磷年均浓度降低至 0.753mg/L，降低 10% 以上，泥沙降低 20% 以上。

5）人工高效脱磷水生态系统配置示范工程

示范工程位于香溪河库湾陈家湾河段，建设前库湾水体磷负荷峰值达 0.2mg/L。项目组研发了 2 项关键技术，通过对水生植物的富磷效果对比和三峡水库原位适用性研究，以风车草、美人蕉、千屈菜、莲子草作为优势种，构成高效富磷水生植物群落筛选与构建技术。为强化除磷效果，通过比较几种材料磷吸附能力，确定以蛭石加铁砂组合为主要材料，在水面下构建高效除磷生态栅体技术。工程建设规模 5000m²。以生态浮床为载体，分挺水植物、湿生植物、沉水植物、人工高效除磷生态栅体 4 个功能区。工程建成后定期开展除草、收割、补种等维护。

第三方监测数据表明：TP 平均去除率为 15.19%，达到目标效果。

6）香溪河库湾内源磷释放控制技术研究及集成示范工程

示范区位于香溪河陈家湾，海拔高度在 142 ～ 175m 水位线之间，建设前磷释放浓度每日 0.038mg/L。项目组进行了富磷固磷植物的物种调查与筛选，开发了美人蕉加千屈菜加香蒲等 12 种搭配模式，完成了 5000m² 工程的建设，包括群落配置小试试验池 8 个、水生植物种植小区 137 个、生物隔离带 175m、截洪沟 200m，种植富磷固磷水生植物 20 余种，共 2 万余株，并研发了底泥原位固化技术，对 142 ～ 155m 水位的底泥进行了原位固化。示范区建成后，磷释放浓度降至每日 0.017mg/L，实现示范区域水体总磷浓度削减 15%。

7）水华控制关键技术示范工程

示范工程位于香溪河支流高岚河陈家湾水域，三峡水库蓄水以后导致水库水体流速急剧下降，加之较高的营养负荷，导致水库支流藻类水华频繁暴发。水华暴发导致鱼类死亡，水体生态服务功能丧失。本项目研发了针对水华形成源头控制的立体复合床技术、针对水华形成过程阻断的激光除藻和生物滤藻技术、针对水华形成末端处置的生态除藻剂，建设完成 1080m² 示范区。示范工程运行期间，每年从水体去除总氮 14.5kg，去除总磷 2.58kg。第三方监测数据表明，相比示范工程建成前，示范区内水华暴发频率下降 44.4%，水华覆盖面积减少 30.9%。水华经生态除藻剂应急处置后，藻密度低于 0.8×10^6 个 /L，叶绿素含量同比减少 64.8% 以上，均达到或优于考核要求。

（5）三峡库区及上游流域农村面源污染控制技术示范区

该示范区共建立了 3 个示范工程，分别为库周丘陵农业区农村面源污染综合防治示范工程、上游川中农村面源污染综合防治示范工程、库区上游高强度种养流域农村面源污染综合防治示范工程。

1）库周丘陵农业区农村面源污染综合防治示范工程

该示范工程由两部分组成，分别位于重庆市珍溪镇王家沟小流域和涪陵区南沱镇（包括睦和、连丰、焦岩、石佛、南沱和治坪 6 个行政村）。其中，珍溪镇王家沟小流域为示范工程的中试基地，南沱镇为综合示范区。核心示范区累计 2359hm²，技术示范区累计 18870hm²，技术辐射区累计 45280hm²，三区累计 66509hm²。示范区 4 年累计减少化学氮肥（纯氮）使用 10373.86t，减少化学磷肥（P_2O_5）使用 4121.54t，节约肥料投入 6003.40 万元，化肥利用率提高了 5.6 个百分点；消纳作物秸秆 33705t，畜禽养殖废物资源化利用率达到 84%；示范区氮磷减排分别为 3073.92t 和 83.70t（以纯氮和五氧化二磷计）。2012 年以前，"库周丘陵农业区农村面源污染综合防治示范工程"所在区域由于农田化肥的过量施用和生猪养殖粪便的无序排放，河道被生猪养殖粪污堵塞，地表水 90% 以上为黑臭水体。2015 年 12 月示范工程完成后，整个区域消除了黑臭水体，其中睦和和连丰 2 个行政村完成了产业结构调整，形成了以龙眼、枇杷、荔枝、柑橘等优质水果为主导产业，以赏花品果和休闲观光为主体的特色农业，示范工程所在区域地表水环境质量明显改善。该技术体系既能削减肥料投入又能保证稳产，同时消纳种植业秸秆和养殖业畜禽粪便，减少径流养分及泥沙流失量，改善农业生态环境，在三峡库区中部涪陵 - 丰都段实现了大规模的应用与推广，农村面源污染防控效果显著。

2）上游川中农村面源污染综合防治示范工程

① 眉山市东坡区思蒙河流域示范区中万胜镇为核心示范区，面积 13.5km²；推广示范区涉及 8 个镇，面积约为 548.6km²。万胜社区 12000 人的农户生活废水采用 A/O+ 人工湿地工艺集中处理，规模 1000m³/d；共修建小型湿地组合系统 40 座及相关沟渠管道；对存栏 20 头以上 500 头以下的养猪大户，推行干清粪工艺，共新建 10m³ 沼气池 215 座，沼气

池修复 1000 座。

② 邛崃南河流域畜禽养殖农牧结合污染控制示范区，位于邛崃市临济镇，包含黄庙村、凉水村，面积约为 14.5km²。示范工程为黄庙和凉水 2 个村的畜禽养殖污染治理，配套建设沼气池、沼液收集管网、田间储液池、施肥管网及配套工程。示范工程实施后，农村生活污水收集处理率达 80%，农村垃圾清运率达 100%，畜禽养殖粪便综合利用率达 90%。农村户用污水处理设施出水满足《城镇污水处理厂污染物排放标准》（GB 18918—2002）一级 B 标准。畜禽养殖实现种养结合，以种限养，示范区化肥利用率提高 5%，示范区化肥使用量降低 20%。

3）库区上游高强度种养流域农村面源污染综合防治示范工程

示范工程位于四川省德阳市中江县仓山镇，核心试验示范基地位于仓山镇响滩村，示范推广区主要在中江县仓山镇和永太镇。核心示范区 48.8hm²，技术示范区累计 137.8hm²，技术辐射区累计 865.4hm²，三区累计 1052hm²。示范内容包括库区上游水田水肥一体化氮磷流失阻控集成技术、库区上游旱作坡地径流调控及氮磷流失阻控集成技术、生猪养殖粪污低污染排放及资源化利用集成技术。示范工程实施后，4 年累计减少氮肥（纯氮）246.16t、磷肥（P_2O_5）99.41t；化肥利用率提高了 3.9 个百分点，节约投入 163.21 万元。坡地径流氮和磷流失分别减少 71.4t 和 6.56t，径流氮磷流失削减率分别为 32.53% 和 31.41%。处理出栏量 5000 头生猪的粪污，年消纳猪粪作为原料的有机肥 2328t，生猪养殖粪污处理率达 90.7%，示范区氮磷减排分别为 89.41t 和 1.62t（以纯氮和 P_2O_5 计）。

（6）小江汉丰湖典型流域水环境综合防治示范区

该示范区共建立了 5 个示范工程，第三方监测结果表明点源、面源和生态防护带等示范工程对 SS 拦截率超过 80%，COD 的削减率大于 50%，TN、TP 的削减率大于 15%。为三峡水库流域水环境综合治理规划提供技术支撑。

1）生物强化氨氮减排示范工程

示范工程位于重庆市开州区临江污水处理厂，2016 年 3～4 月建设，2016 年 5 月示范工程正式运行，示范工程规模 2100m³/d。示范技术采用选择性生物强化法提高冬季低 C/N 值城镇生活废水中微生物活性与丰度，外加固体碳源为微生物提供附着载体及有机碳源，最终生物强化优势脱氮菌群可以在反应池内长期稳定存在，有效改善目标微生物菌群相对丰度，提高系统脱氮性能。根据重庆市万州区环境监测第三方监测结果，反应池内目标微生物菌群相对丰度从 3.99% 提高到 15.03%，固体碳源上反硝化菌属相对平均丰度达 11.68%，实现了氨氮、总氮去除率提高 27.89% 和 31.96% 的目标，出水氨氮和总氮达到《城镇污水处理厂污染物排放标准》一级 A 类标准。

2）工业循环水系统磷污染减排技术示范工程

示范工程位于重庆市三灵化肥有限责任公司硝酸车间，2016 年 2～10 月建设，示范规模 2500m³/d，示范的技术为生物酶缓蚀阻垢技术。示范工程运行期间，相对于往年同期，实验期间循环冷却水系统磷减排日均量为 0.506 kg，磷减排总量为 75.95 kg，减排率为 94.10%。第三方监测报告表明总磷含量从 2.66 mg/L 降低至 0.11 mg/L。

3）汉丰湖入湖支流河道水质净化与生态修复示范工程

示范工程建设地点位于开州区汉丰湖入湖支流头道河，示范长度 3500m。建设了一种新型前置库，由面源污染收集初级净化区和生态塘强化净化区组成，湿地面积 3200m²；构建溢流堰 5 处、深潭浅滩序列 4 处，丁坝 3 处。重庆市万州区生态环境监测站对示范工程开展的 12 个月第三方监测结果表明：相比于示范工程建设前，示范区总氮、总磷、氨氮、高锰酸盐指数降幅在 40% 以上；溶解氧增幅为 50% 以上，夏季溶解氧维持在 7mg/L以上；总磷、氨氮、高锰酸盐指数及溶解氧均值均达到了地表水环境质量标准Ⅲ类标准。

4）汉丰湖流域河库岸生态防护带建设关键技术示范

示范工程建设分为 6 大区块，分别位于重庆市汉丰湖周、小江白家溪支流河口段。汉丰湖北岸东河河口至乌杨坝多带多功能库岸生态防护带，建设规模为 2km²；汉丰湖南岸石龙船大桥至芙蓉坝建设以基塘工程为主的库岸生态防护带，建设规模为 1km²；小江支流白家溪下游段实施基塘工程、复合林泽工程，建设规模为 4km²；小江（澎溪河）左岸剑阁楼村段河岸生态防护带，建设规模为 7km²；石龙船 - 头道河 - 东河河口多级生态防护体系，建设规模为 1km²；水敏性结构工程体系构建及示范，建设规模为 1km²。小江汉丰湖流域河库岸生态防护带关键技术示范工程实际建设面积为 16 km²。示范技术内容包括基塘工程（库湾基塘工程、河岸基塘工程、半岛基塘工程、城市景观基塘工程）、消落带林泽工程（复层林泽工程、林泽 - 基塘复合工程、林泽碳汇工程）、多带多功能缓冲系统、消落带鸟类生境工程、消落带生态浮床工程以及一系列水敏性结构工程技术体系。由重庆市万州区生态环境监测站第三方监测单位进行为期 2 年的地表径流污染负荷监测，所有示范工程对入库水环境总磷、总氮削减率均高于 15%，复合削减率可达到 40% 以上，对控制城市河流的地表径流污染具有重要的生态效益。

5）黄水沟农业面源污染控制关键技术示范

示范工程建设地点位于新疆博斯腾湖大湖以西，博湖县塔温觉肯乡、本布图镇、乌兰再格森乡以东湖滨地带，建设方为新疆博湖县金海育苇有限责任公司。示范工程于 2015年初完成了表面流强化人工湿地、表面流半自然湿地、配套工程设施建设，最终建设规模为 5.02km²，建设内容包括新建挡水围堰、调节水闸、平整地面、开挖沟渠、安装生物强化装置、种植芦苇及沉水植物等。示范的技术主要包括控盐阻污生态沟渠和削减营养盐的组合人工载体两个单项技术。据新疆维吾尔自治区巴音郭楞生态环境监测站出具的第三方水质监测报告显示，示范工程区内的人工湿地和苇田均能大幅度降低入湖污水的 TN、TP、COD 及悬浮物的浓度，对削减入湖污水中的营养盐效果显著。水质监测期间，TN 的削减率为 17.51% ～ 57.60%，平均值为 38.30%，TN 削减了 5920.24 吨；TP 的削减率为 7.48% ～ 44.13%，平均值为 29.20%，TP 削减了 190.26 吨；COD_{Mn} 的削减率为7.66% ～ 32.10%，平均值为 20.03%；悬浮物的削减率为 55.63% ～ 78.47%，平均值为69.79%。

（7）三峡及其上游梯级水库群联合调度决策支持系统及可视化业务应用平台

三峡及其上游梯级水库群联合调度决策支持系统及可视化业务应用平台设立于三峡集团公司梯调中心。项目组开展了 2016 ～ 2017 年防控支流水华的应急调度试验，成功预测到水华发生阈值，并实施了三峡水库"潮汐式"应急调度，较"十一五"末 2009 年水华，香溪河监测站叶绿素 a 浓度值降低了 64.52%，大于 30μg/L 浓度的覆盖面积整体降低了 66.31%。支流水华预测预报与联合调度结合，防止了 2017 年 7 月支流水华发生，长江三峡工程生态与环境监测公报刊载出 2016～2017 年未监测出香溪河蓝藻水华的报道。2017 年 5 月 23～25 日，长江防汛抗旱总指挥部发出生态调度令，开展向家坝与三峡水库联合调度，向家坝下泄流量 11000m³/s、12500m³/s、14000m³/s，三峡水库按 4000m³/s、4500m³/s 控制出流，项目择机开展长江干支流全程观测，结果水质符合水环境质量标准。"三峡及其上游梯级水库群联合调度决策支持系统及应用平台"历经三峡梯级调度中心 2017 年运行，第三方检测出总体可用率大于 85%；系统响应时间小于 5s，静态响应时间小于 2s，会商 1h 以上，达到了预定目标。其后的 2018 年 8 月 15～24 日汛末，三峡梯级调度中心开展"三峡水库汛期水位浮动试验"，三峡水位控制在 154.62～149.55m，平均流量 28456m³/s，最小流量 24300m³/s，最大流量 30000m³/s；对应项目成果"预限动态调度过程"。8 月份为 150m 运行，汛末高水位运行为提前蓄水做准备。在此期间，同步连续观测了库区水源地、宜昌、荆州和武汉重要区域水质，水质达标率在 95% 以上。

（8）三峡库区水生态环境安全感知系统与可视化平台

"三峡库区水生态环境安全感知系统与可视化平台"选取靠近大坝及受水库日调度水位影响明显的香溪河、峡谷段典型支流大宁河、145m 水位已呈浅水湖泊状态且相对独立封闭的澎溪河（小江）高阳平湖、河道较短丰水期与干流对流明显的草堂河四条典型支流回水区部署在线监测系统，开展水生态环境感知技术应用示范。该套系统运行所产生的监测数据，通过大数据平台和大数据预警预报模型分析，可实现对敏感区域"水华"暴发强度、暴发面积和未来演变趋势进行预测。监测数据和预警提示以月报的形式分送重庆市生态环境局、重庆市开州区水利局、重庆市奉节县生态环境局。通过三峡库区典型支流在线监测站点的数据服务，为监测区域环境保护部门提高管理效益提供支撑。

系统运行以来，为监测区域水环境变化提供了多次预警提示服务。2018 年 7 月 20 日，对位于草堂河的监测站点提供的数据进行了分析，预计 8 月 2～4 日期间，该区域有发生"水华"的可能性。项目组及时向重庆市奉节县生态环境局汇报了此次预报情况。同月，根据澎溪河监测站点提供的数据，预测了汉丰湖在 7 月 28 日左右有发生蓝绿藻水华的可能性，并向重庆市开州区生态环境局发出预报。2018 年 8 月上旬，再次对位于澎溪河的监测站点提供的数据进行了分析，推演认为汉丰湖水质于 8 月下旬将有异常的迹象，并及时向重庆市开州区生态环境局提供了该次汉丰湖夏季水华预警提示，事实证明，从 8 月 21 日起，汉丰湖局部水域发生了以蓝藻为主的水华。2019 年 4 月下旬，对位于澎溪河的监测站点提供的水质数据进行分析，得出高阳平湖有发生"水华"的可能，并将该预报信息即时传递给了重庆市云阳县生态环境局。

26.3　形成的水污染治理模式

基于三峡水库水生态安全状态评估，提出了三峡水库"减污降磷、强支控干、生态优先"的三峡水库水体污染防治和富营养化防控策略与技术对策（一库一策），干流定位于

"预防 - 治理"，而支流定位于"预防 - 治理 - 修复"。形成的政策建议在原国务院三峡工程建设委员会办公室、重庆市生态环境局相关部门规划编制、综合管理、环境保护工作中得到采纳应用，并可为我国众多大型水库的生态环境保护工作提供有效借鉴。三峡水库支流水华成因和控制途径见图 26-4。

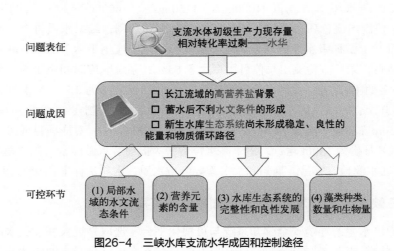

图26-4　三峡水库支流水华成因和控制途径

第 27 章

实施成效及重大影响

27.1 对流域治理和管理目标实现的支撑情况

（1）总量控制技术及集成系统方案对流域水质目标管理的科技支撑

三峡项目秉承"分区、分类、分级、分期"的思路，以库区流域水质安全保障分区与控制单元区划方案为基础、以主要污染物（COD、NH_4^+-N、TP、TN）水环境容量及总量控制方案为指导、以水污染防治中长期系统方案及集成技术体系为保障、以库区流域水污染防治决策支持系统为辅助，构建了基于流域水质目标管理的水污染防治综合技术体系。整体研究成果为《三峡库区及其上游流域水污染防治"十二五"规划》和《三峡后续工作规划》生态环境保护专题的编制提供了技术支撑。项目提出的 4 类主要污染物（COD、NH_4^+-N、TN 和 TP）、2 类水文条件（高、低运行水位）的水库水环境容量成果被《三峡库区水资源保护规划》采用，用于三峡库区入河排污总量的控制管理。建立的三峡库区流域 - 控制单元 - 排污口 - 污染源不同层次的总量控制分配技术与方案已经被《重庆市"十二五"主要污染物总量控制规划》采用。提出的库区经济结构优化方案、库区流域典型工业行业的主要污染源控制技术方案、小城镇污染控制技术方案、库区流域生态控制技术方案以及水污染防治系统方案已经被《重庆市生态建设和环境保护"十二五"规划》采用。

（2）提交的政策建议对三峡流域治理和管理目标实现的支撑情况

项目提出的态势分析和政策建议，为三峡水库生态环境保护的宏观战略提供了决策支持。基于对三峡水库富营养化和水华发生机制的科学认知，与中国科学院 STS 项目合作，对三峡水库生态环境演化及生态环境问题提出了多份政策建议，包括《三峡库区富营养化及支流水华发展态势及对策》《加强生态调度监测研究的建议》《规范生态调节闸建设以改善支流水环境的建议》等。明确了以流域控污为重点的治理方向，提出长江干流实行溶解总磷水质限值的建议，为三峡水库及流域生态环境保护工作提供帮助。提交的关于农业面源污染防控和新农村建设的 5 项政策建议得到了国务院副总理、重庆市主要领导的批示。提出的《香溪河流域磷渣源环境管理建议》《香溪河流域磷化工全流程管理政策建议》为湖北省、重庆市和四川省人民政府在磷化工全流程管理提供指导。提交的《中科院专家关于加强新疆博斯腾湖生态修复和综合治理的建议》已上报中国科学院，被中国共产党中央委员会办公厅、中华人民共和国国务院办公厅采纳。编制的《汉丰湖水质改善和生态保育的水位调节坝调度准则与方案》被重庆市开州区水位调节坝管理处采用。提出的《汉丰湖流域水污染综合防治集成方案》，被国务院原三峡工程建设委员会办公室在三峡库区水污染防治和水环境保护工作中部分采纳。

27.2　对国家及地方重大战略和工程的支撑情况

（1）三峡特大型水库理论认知突破和水环境态势分析，为制定三峡流域生态环境保护宏观战略提供支撑情况

当前，水库已成为我国陆地水文系统的重要水环境单元，但与我国水库大国地位不相适应，目前国内外对水库生态环境的研究十分薄弱，一方面是由于水库作为新的生态体系受到的关注度不够，另一方面则是由于水库既具有河流特征也具有湖泊的特征，水库环境过程还受到人工调蓄的强烈影响，传统基于激流过程的河流研究理论和基于静水生态的湖泊学研究理论都不能很好说明水库的问题。三峡项目在三峡库区开展的大型水库生态环境演化及问题诊断研究，在研究方法、数据积累和科学认知方面都取得了一些新的认识和成果。在系统调查和原位试验研究的基础上，研发了以多尺度耦合的生态动力学模型为核心的大型水库生态安全评估体系，在揭示三峡水库富营养发生、演化机制及其防控理论等方面形成了新的科学认知。

① 获得的观测数据和研究资料，为三峡水库生态环境保护的管理实践提供了直接支撑。三峡项目获取了大量一手观测数据，在三峡流域总量控制方案、水环境质量目标的确定方面发挥了重要作用。监测成果被《三峡工程生态和环境公报》采用，形成的水质监测快报、技术分析报告，提交给了国务院原三峡工程建设委员会办公室、环保监测总站，直接服务于三峡水库的环境管理工作。

② 形成的基本认知和理论成果，为三峡水库生态环境保护规划编制提供了重要依据。三峡项目基于模型和遥感分析对三峡库区污染源负荷进行了细致解析，其成果得到重庆市生态环境局采纳，在流域污染防治规划中得到应用。针对三峡水库支流水华成因及防治对策获得的监测资料和分析成果，在《三峡后续工作规划》的水污染防治、面源污染控制方面的编制和实施中得到采用。对三峡水库饮用水水源地调查的成果（包括有毒有机污染物）被用于《三峡后续工作规划》"饮用水源地保护"章节编制，项目组参加《三峡后续工作规划——综合能力建设实施规划》编制，直接支持了三峡库区水质安全保障的总体目标。

（2）三峡流域特色消落带生态修复技术和农业面源污染防控体系，为新时期建设长江"生态屏障"相关规划设计提供支撑情况

长江消落带面积约 350km²，受到了社会各界的广泛关注，也得到了国家领导人的高度重视。2010 年 11 月，李克强副总理在国务院三峡工程建设委员会第十七次全体会议上，提出加强消落带保护和生态修复，保护库区生态景观与物种多样性，努力使三峡库区消落带生态环境持续改善。2013 年 3 月，张高丽副总理在国务院三峡工程建设委员会第十八次全体会议上，提出要全面落实有关实施规划，继续从源头上加强水污染防治，保持三峡水库干流水质洁净和稳定，使支流水环境质量明显改善。继续加强消落带保护和整治，维护库区生态景观等。2013 年 3 月，国务院三峡工程建设委员会第十八次全体会议上，汪洋副总理提出强化三峡水库的水污染防治，加强消落带保护和整治，解决突出矛盾和问题，大力推进绿色发展，建设美丽新三峡。2016 年 1 月，习近平总书记在推动长江经济带发展座谈会上强调，要把修复长江生态环境摆在压倒性位置，共抓大保护、不搞大开发。在当前新形势下，修复长江生态环境，筑牢长江"生态屏障"将成为一定时期内的重要工作。

① 消落带基础数据和生态治理技术成果，为三峡消落带治理规划与设计提供支撑。三峡项目开展的消落带分布与环境特征等基础研究，为《重庆市"十二五"生态环境保护规划》提供了支撑。针对三峡库区三类消落带（缓坡、陡坡、湖盆）典型问题，形成了 1 套"基于生态功能分区的消落带保护与生态修复模式"，为《三峡水库消落区生态环境保护专题规划》中消落带植被恢复、湿地多样性保护及岸线环境综合整治等项目的落实起到重要的支撑作用，该规划成果被列入《三峡后续工作规划》，于 2011 年 5 月经国务院常务会议审议批准。开展的消落带耐淹植物筛选及配置、植被恢复与利用、生态防护带构建等研究的成果，成功应用于《三峡水库重庆库区消落带植被恢复试点方案》，项目组规划设计了重庆市 17 个区县及主城区消落带植被恢复的地点、规模、技术措施与投资等，其中 6 个区县的试点方案通过了国务院原三峡工程建设委员会办公室批准。研发的"源头-过程-末端"的多梯度面源污染防控体系，实现了消落区面源污染物拦截、生物多样性、景观格局多重功能，被应用于汉丰湖国家湿地公园管理局"汉丰湖湿地恢复"专项、"重庆澎溪河市级湿地自然保护区湿地保护建设二期工程"、"三峡后续工作规划小江汉丰湖流域生态环境综合整治工程"。

② 起草的消落带治理相关文件，为三峡消落带保护与管理提供了决策支持。项目组协助国务院原三峡工程建设委员会办公室起草了"关于进一步加强三峡水库消落区保护和管理的意见"，纳入《关于加强三峡后续工作阶段水库消落区管理的通知》（国三峡发办字〔2011〕10 号）。项目组受湖北省移民局委托，承担了《三峡水库湖北库区消落区管理细则（试行）》编制工作。项目组研发的消落带信息管理决策系统，作为信息决策系统的重要组成部分，已纳入重庆市环境信息管理系统，为重庆市库区消落带的管理提供科学支撑。

③ 研发的农业面源污染防控成套集成技术体系，为三峡流域削减入库面源负荷提供了技术支撑。针对三峡库区及上游流域地块破碎、地面坡度大、水土流失严重、面源污染入库污染负荷高的问题，研发集成了三峡库区及上游流域轮作农田（地）以及柑橘园面源污染防控技术、三峡库区及上游流域生态养殖（养猪）种养循环技术与模式、三峡库区及

上游小流域农村生活污染防控技术 3 项关键技术（包含 19 项支撑技术），在不影响农民收入、农业发展的基础上，能够实现面源污染负荷削减 30% 以上，这为污染负荷来源仍以面源为主的三峡流域治理提供了技术支撑。

（3）磷污染治理与控藻调度技术为三峡水库支流水华控制战略实施提供支撑情况

水体富营养化和支流水华是三峡流域面临的主要水生态问题，提出了长江干流实行溶解总磷水质限值的建议。项目针对典型富磷小流域，构建了高浓度含磷废水深度处理、磷矿采选废石废渣生态处置、磷化工生产废弃物资源回收、磷化工产业全流程污染源控制技术体系，以及"陡坡地 - 河岸带 - 水体 - 沉积物"逐级防控的磷污染综合治理和水华控制系统技术体系，为防控支流水华，保障三峡流域水生态环境安全提供了支撑。

① 典型富磷流域全流程减磷和水华控制，为三峡流域入库支流磷污染治理及水华控制提供工程和技术借鉴。项目研发的"磷化工产业全流程污染源控制技术体系"与"富磷流域磷污染综合治理和水华控制技术体系"已成功应用于湖北兴发化工集团股份有限公司刘草坡化工厂污水处理改造工程和兴山县树空坪磷矿区矿山地质环境恢复治理工程，以及香溪河流域（兴山段）环境综合整治工程、兴山县树空坪磷矿区矿山地质环境恢复治理工程、三峡后续规划兴山县生态屏障区水土保持项目、湖北省兴山县峡口镇集中居民区生活污水治理工程，可为其他入库支流磷污染治理及水华控制提供工程和技术借鉴。

② 研发的控藻技术不仅成功应用于三峡流域水华防控，而且还为我国其他地区水华应急防控提供支撑。三峡项目研究成果"水生动物控藻技术"借助食物网的生态学效应，通过对水体生态系统的人为调整实现支流水华控制，实施效果显著，被中国长江三峡集团有限公司用于三峡水库的流域综合整治。"甲藻水华优势种的鉴定"被用于浙江宁波奉化的水华优势种鉴定，为当地确定水华种类、平息民众对水华危害的恐惧心理起到了重要作用。"甲藻水华的应急处置与长效防控机制"被湖南石门县皂市镇水库和福建九龙江应用在当地水域的甲藻水华防控工作中，在当地的水生态环境保护和水体生态服务功能的维持方面发挥了重要作用。

③ "潮汐式"生态调度方案及水库调度准则有效支撑三峡流域水华防控。三峡项目提出了针对春季、夏季水华的"潮汐式"调度方案，以及针对秋季水华的"提前分期蓄水"调度方法。"潮汐式"调度方案在能够保证三峡水库防洪、通航、补水效益的前提下，有效控制支流春季或夏季水华问题，同时能增大水库发电效益，并造成人造洪峰，增大下游生态环境效益；"提前分期蓄水"调度方案能够在确保三峡水库蓄水至 175m 正常蓄水位的前提下，保证水库航运效益，并能有效控制支流秋季水华。"潮汐式"调度方案应用于 2010 年三峡水库调度，有效控制了三峡水库支流水华，使得支流水华暴发强度较 2009 年降低了 50% 以上；"潮汐式"调度方案及"提前分期蓄水"方案的实施较常规调度过程增加 5% 的发电量。三峡项目以综合调度方案为基础，综合考虑包括历史平均入库流量、极端入库流量和气候变化条件在内的多种上游来水情景，根据上游来水量、控制水位情况和下泄流量之间的关系，确定各种情景条件下的下泄流量，生成水库调度准则，为三

峡水库的调度准则的制定提供技术支持和决策依据，并广泛应用于超大型水库的运行管理中。

27.3 成果转化及经济社会效益情况

（1）对三峡流域水环境问题诊断和理论的突破，有利于推动行业对三峡流域的研究深度，是流域水生态环境质量改善的基础

① 环境敏感水库水环境问题识别与质量评价技术应用效果。基于三峡库区区域和行政单元的化肥施用、畜禽养殖、农村生活等农业面源污染源要素的空间差异，在评价时间尺度上，侧重于三峡大坝175m运行后的库区生态安全状态评估；在数据来源上更多地利用了项目实际调查数据，增加了数据的精准性；在评价分区上，依托干流水质评价分为库首、库腹和库尾，构建了"驱动力-压力-状态-影响-响应"（DPSIR）研究脉络框架和结构方程模型，并针对性地开展了农业面源视角下三峡库区整体和分区的水生态安全状态评价，这为三峡库区水生态安全状态演进的过程与内在机制提供了新的研究思路。

② 超大型水库生态环境动态监测及问题诊断技术集成系统应用效果。针对三峡水库多云多雨的特征，通过标准化的影像预处理流程，选择使用多源多尺度多时相的遥感影像，构建基于面向对象的分类方法，综合利用了像元的空间相似性特征和其他空间辅助数据，优于传统的基于像元的监督或非监督分类方法，通过不同年份影像的变化监测，可以在已有反演结果的基础上，快速高效地获取其他年份的观测结果。综合多支流多时相的实地叶绿素a浓度观测与影像不同波段组合的响应特征构建的狭长形水库的叶绿素a浓度反演模型，在国产环境卫星周期短重复性高的条件下，可以获取三峡水库库首中较宽支流的叶绿素a浓度较高区域面积和频次，从大尺度上为评估支流水华风险和关键区域识别提供依据。本研究开展的三峡水库蓄水前后陆域生态环境观测结果，为长江三峡水利枢纽工程竣工环境保护验收的景观生态和农业生态专题、水土流失专题提供了支撑。

（2）三峡库区点源治理成果转化及社会经济效益情况

① 项目针对三峡流域点源治理，依托库区山地小城镇的地形特点，研发了一系列多形态生物生态处理实用技术和"综合梯级控减"技术，这些技术体系在同等效果条件下，技术经济性能将比传统技术有显著提高，有利于减缓并逐步消除三峡水库水污染对区域发展的制约，创造良好的水生态系统，促进区域经济又好又快发展。

② 项目研发的生物酶缓释阻垢剂已在30多套循环水装置上使用，从处理的规模上看，保有水量50～33000m³，循环水量15084000m³；从地理分布上看，在云南省、贵州省、四川省、重庆市、宁夏回族自治区、陕西省、天津市、内蒙古自治区可使用；从行业上看，军工、航天、机械、化工、电力等均有部分系统运行。示范推广的企业包括重庆市万利来化工、三灵化工、富源化工、重庆农药化工、玖龙纸业、国家能源集团宁夏煤业、陕西煤业化工集团、宁夏宝丰集团、云天化集团、中国兵器北方化工、航天132、宜宾天原等。该技术产品不但无磷绿色环保，而且可提高浓缩倍数，节水量大，其综合运行费用远

低于化学药剂处理费用，例如蒲城清洁能源化工股份有限公司"70万吨煤制烯烃项目第三循环水系统"（循环水量30000～35000 m³/h），除无磷酸盐排出等二次污染外，与同比相同工况的第一、第二循环水系统（采用化学法）的水质指标相比具有显著优势，同时能有效降低企业运行成本，特别是节水型优势明显，运行180d节约排污水费139万元，月平均节约排污费23.3万元；降低运行中劳动及管理成本37.5万元。该技术的应用大大削减工业循环水中磷的排放，对水体富营养化防治具有重要意义，可为国家节约大笔的水体综合整治的费用，创造了一种既不增加环保投入、也不减小工业效益的良好运行模式，是技术创新推动工业产品升级、技术创新转化为生产力、技术创新治理环境污染的代表性产品之一，具有显著的社会效益和环境效益。被中国环境科学学会鉴定为环境友好型技术产品，达到国际先进水平。

③ 磷化工产业全流程污染源控制技术应用于湖北兴发化工集团股份有限公司刘草坡化工厂污水处理改造工程和兴山县树空坪磷矿区矿山地质环境恢复治理工程。2017年工程建成后，刘草坡化工厂冲渣蒸汽冷凝回收率达到65%～70%，蒸汽冷凝水回用到凉水塔、生产车间、冲渣补充水等工艺段。工程建成以来累计减少新鲜水使用量20万吨。建成60m³/h规模的离子交换强化化学沉淀——超滤反渗透深度除磷污水处理工程，出水中TP浓度降至0.2mg/L以下，达到Ⅲ类水体标准，TP年减排量达到60t，实现高浓度多组分含磷废水深度除磷净化并稳定化运行。采用磷矿废弃地矿渣堆垄生态修复技术对10万立方米磷矿废弃地矿渣堆垄体开展生态修复，降雨淋滤液TP浓度降低68%，堆垄体安全系数提高70%，全年平均植被覆盖率高于85%，该成果应用可实现对全流域磷污染物减量达到30%。

（3）三峡库区及上游面源治理成果转化及社会经济效益情况

通过"库周丘陵农业区农村面源污染综合防治示范工程"的示范、应用与推广，与重庆海林生猪发展有限公司实施"产学研"合作，在重庆市涪陵区南沱镇示范区建设规模化以下移动式生态养殖（养猪）场7个，规模化以上生态养殖（养猪）场5个，年出栏涪陵黑猪1.5万头，实现"零排放"生态养殖。通过"上游川中农村面源污染综合防治示范工程"的示范、应用与推广，与四川茂华养殖有限公司实施"产学研"合作，应用覆盖年出栏肥猪1万余头，优质仔猪3万余头的养殖场，配套消纳土地1200亩，实现零污染排放，具有较好的环境效益，其中循环管网施用系统每年将节约10万的人工费用，带垫层的养殖发酵床技术具有较高的潜在经济价值。通过"库区上游高强度种养流域农村面源污染综合防治示范工程"的示范、应用与推广，与当地的绿安生物科技公司合作，开展"研-企-合作社"相结合的种养资源化利用模式，共同研发养殖废弃物资源化利用肥。

（4）三峡库区特色消落带治理成果转化及社会经济效益情况

① 成果转化情况及效益。河、库岸生态防护带建设技术被国内多家单位推广应用，包括科研院所、设计院、工程企业等单位。其中，长江勘测规划设计研究有限责任公司重庆分公司、重庆大方生态环境治理股份有限公司、招商局生态环保科技有限公司、重庆千洲生态环境工程有限公司4个单位，在湖库及流域生态修复和景观设计方面采用本项目技术，近三年新增产值5.96亿元，新增利润1.27亿元。在市场上的技术和业绩优势明显，

显著提高了竞争力。成果应用单位长江勘测规划设计研究有限责任公司重庆分公司在重庆市、湖北省实施了 20 余个湖库、流域生态修复与景观规划、设计，采用了本项目技术，近三年新增产值 2.19 亿元，新增利润 0.66 亿元。成果应用单位重庆大方生态环境治理股份有限公司在重庆、四川省实施了 30 余个湖库、流域的水生态修复与景观设计和施工，采用了本项目技术，近三年新增产值 1.65 亿元，新增利润 0.28 亿元。成果应用单位招商局生态环保科技有限公司，在重庆市、湖北省、四川省、山东省实施了 14 个湖库、流域生态修复与景观规划、设计，采用了本项目技术，近三年新增产值 1.79 亿元，新增利润 0.28 亿元。成果应用单位重庆千洲生态环境工程有限公司在九龙外滩消落带及滨江生态修复和景观建设中，采用了本项目技术，近三年新增产值 3300 万元，新增利润 500 万元。

② 社会经济效益。三峡库区移民农民增收问题，一度成为三峡后移民时代成功与否的关键。三峡项目提出的银合欢、紫穗槐、苎麻、桑、花椒、木姜子、构、狗牙根、扁穗草、牛鞭草、香根草、黄栌、竹等具有良好的经济价值，其中苎麻、桑、银合欢是水利部用于消落带治理重点培育的经济作物，可用于纺织或作为优质牧草；而花椒、木姜子是当地主要的调味品；紫穗槐、构、狗牙根、香根草等是优质牧草，其他草本植物均可用于沼气池发酵。通过在消落带大量种植经济作物有助于解决三峡移民的增收和致富难题。基塘工程技术体系已经在三峡库区 15° 的平缓消落带（如湖北省秭归县的香溪河、重庆开州区澎溪河、忠县东溪河、丰都县丰稳坝）推广应用，带动了沿岸乡村湿地产业的发展和农民的经济收入。因此，消落带生态保护治理研究成果可实现三峡移民精准扶贫。

③ 生态景观效益。长江三峡作为一个旅游景观带，是国际知名的黄金旅游线路。而三峡工程对三峡库区消落带景观的影响迄今为止未引起足够重视。景观视觉的问题对世界级的峡谷景观恰恰是至关重要的。受水位季节消涨的影响，消落带的植被经常遭受因不断变化的水文状况与河床变动引起的冲刷破坏，导致绝大多数植物生长不良，滨水景观较差，给旅游景点的观赏性带来不利影响。尤其是夏季洪水过后消落带灰白的颜色、枯死的植物呈带状的连绵分布，严重影响到当地旅游景观。项目示范工程实施后，大大改善了各示范区域的景观效果。陡坡消落带示范区在示范前植被覆盖率不到 20%，且存在大面积裸露岩质边坡，但施工后植被覆盖率明显提高，达到了 95%。缓坡消落带示范工程和湖盆示范工程同样也明显提高了示范区的植被覆盖率，示范区建设后其植被覆盖率均超过了 90%。尤其是湖盆消落带示范工程通过对原有淹没水田的改造，构建了消落带湿地生态系统，并种植了大量的具有观赏性的湿地植物（荷花、慈姑、雨久花等），对改善消落带的景观效果起到了试点示范的作用，同时也为长江三峡黄金周旅游增添了一道亮丽的景观。

第 28 章
流域保护修复的重大建议

28.1 存在问题

三峡水库是我国超大型水库，175m水位正常运行后具有393亿立方米的库容量，水面面积达到了1084km²。三峡水库自2003年蓄水以来，工程经历了围堰发电期、初期运行期，至2010年10月完成175m蓄水位运行试验，工程按计划进入全面发挥设计效益的正常运行阶段。总体来看，三峡水库仍然处于水位变动频繁的"湖沼化初期发育阶段"，随着水位的提高，重要的生态过程尚未稳定，主要生态环境问题尚未全面暴露，水库生态环境演化趋势尚具有极大不确定性。此外，随着三峡水库上游水利工程的梯级开发，长江的来水和来沙格局也发生了很大调整，流域水沙条件的改变给三峡水库的水环境和水生态演化造成了极大的不确定性。近年来随着库区城镇化进程的不断加快，库区居民从原来的分散型居住逐步转为集中型的居住模式。这种城镇化改变和居住类型的变化，也使得库区原有污染排放模式发生了改变，但是由于三峡水库是一个庞大的系统，污染排放模式转变的水环境演化长期效应还未真正凸显。

综上，三峡水库的水环境演化受多方面多层次因素的影响，还有许多问题值得进一步探讨和研究。

28.2 重大建议

（1）统筹干支流水生态环境问题，科学制定"十四五"期间三峡流域总体治理思路

"十四五"期间三峡流域总体治理思路方针为"减污降磷、强支控干、生态优先"的生态环境系统保护对策，其中，干流定位于"预防 - 治理"，而支流定位于"预防 - 治理 - 修复"。

1）减污降磷

伴随三峡水库"湖沼化"的发展，水体营养盐（重点是磷）浓度削减是三峡水库水体富营养化和支流水华防治的重点，因此，建议三峡流域通过制定干流水体溶解总磷 0.065 mg/L 的水质目标控制要求，倒逼流域污染综合治理和经济社会发展格局优化。

2）强支控干

建立三峡库区上游跨省区水污染联合防控机制和生态补偿机制，有效降低水库上游入库污染负荷；加强支流水环境治理和生态修复、支流面源污染防治、生态屏障带建设以及部分具备条件的支流生态调节工程，避免在库湾不利环境条件下加剧水质恶化。"流域控磷与生态调度"相结合，降低水体营养水平，改善水动力条件，有效抑制支流水华。

3）生态优先

山水林田湖草系统治理，以支流库湾水生态、消落带湿地、滨岸生态屏障带建设为先导，提高水库生境水龄多样性，促进水库水生态系统良性发展，改善库区生态环境质量。三峡水库是长江经济带重要水源，结合库区生态屏障带建设，开展重点区域消落带的环境整治和生态修复（重建），促进水库生态系统良性发展。

（2）以"生命共同体"理念指引长江上下游和干支流协同治理方向

长江流域接近 30% 的重要湖库处于富营养化状态，长江生物完整性指数到了最差的无鱼等级，废水、化学需氧量、氨氮排放量分别占全国的 43%、37%、43%。国家已滚动开发长江上游梯级葛洲坝、三峡、向家坝、溪洛渡、白鹤滩、乌东德水电站，形成了超大型水库群体，与长江中下游特大型湖泊洞庭湖、巢湖、鄱阳湖等构成"生命共同体"，因此，"十四五"期间长江水生态环境治理应做好以下几个方面：

① 突出强调生态系统整体性和长江上下游、干支流的系统性；

② 统筹考虑长江流域超大型水库群与特大型湖泊的联合、联调、联防；

③ 政府层面应从三峡整个流域尺度做好顶层设计，将治理任务逐级分解，压实责任；

④ 着手洞庭湖三口水系整治和生态环境治理工程。长江三口分水分沙对保障洞庭湖生态安全具有重要作用，受长江河道冲深、荆江裁湾等因素影响，三口水沙过程持续发生变化，生态环境恶化，如何通过三口生态清淤恢复分水量，配合生态环境治理和生态修复，是洞庭湖生态环境保护工作的重要内容。

（3）三峡水环境问题的不确定性决定了长期持续开展三峡水库水环境演化机理研究的必要性

三峡水专项通过"十一五"和"十二五"两个五年计划滚动实施，初步揭示了三峡水库水环境演变机理。三峡水库作为新生的超大型水库，其内外部环境均在发生变化，如干支流外来污染类型和特点变化，库区内部污染物和泥沙累积亦会对水沙协同和富营养化演化机制产生不确定性影响。在内外双重因素作用下，三峡水库水环境演化机理的研究应是一个长期的、稳定持续的过程，应继续开展此类研究。围绕国家对三峡水库的战略定位，以及长江经济带建设的环境保护要求，针对潜在影响三峡库区水环境质量的新问题，包括上游的梯级水库建设、尚不稳定的库区生态系统发育状况、库区排放模式的逐渐转变等，项目建议：

① 持续加强对三峡水库水环境演化的观测和研究，建立长期连续的原位观测网和重点机理研究相结合的综合研究体系；

② 开展更大尺度的流域水库群的整合研究。

（4）应进一步完善水生态环境管理决策平台建设，尽快实现长江流域智慧化管理

管理决策平台要实现的首要功能主要包括：

① 对流域内各种污染源（如养殖、工矿企业、食品生产、城镇生活污水排口、农田灌溉沟渠等）实行监管，为排污许可证制度的实施提供支撑；

② 在干支流重点水域设置水生态环境监测断面，对各断面水生态环境状况进行实时监测，通过构造水体污染物的扩散输移耦合模型，对污染物的扩散及输移进行模拟分析，进而对流域水体中水生态环境（水质和水生态）状况及其演进规律进行分析和预测，对可能出现水生态环境问题的水域提供控制和治理决策方案；

③ 对突发性水生态环境污染应急预案进行推演及结果分析，对可能出现水生态环境问题的水域提供治理决策方案。

附　录

附录一　《三峡水库水环境质量评价技术规范（试行）》节选

1　适用范围

本标准规定了长江三峡水库主库区和支流回水区水体营养状态评价方法、水环境质量综合评价方法等技术内容。

本标准适用于长江三峡水库主库区、支流回水区水体的水环境质量评价。

2　规范性引用文件

本标准内容引用了下列文件或其中的条款。凡是不注明日期的引用文件，其有效版本适用于本标准。

（GB 3838—2002）《地表水环境质量标准》

3　术语和定义

3.1　三峡水库主库区

指长江三峡水库蓄水后，在长江干流形成的回水区。

3.2　三峡水库支流回水区

指直接注入三峡水库主库区的支流，蓄水后所形成的回水区。

3.3　水体富营养化

指水体接纳过量氮、磷等营养物质，使藻类以及其他水生生物异常繁殖，水体透明度和溶解氧变化，造成水体水质恶化，从而使水生态系统和水生态服务功能受到阻碍和破坏。

3.4 营养状态指数

指以叶绿素 a 的状态指数为基准，选择与叶绿素 a（Chla）指标关系密切的营养状态指标如总磷（TP）、总氮（TN）、透明度（SD）和高锰酸盐指数（I_{Mn}）进行加权综合，表征水体营养状态水平，分别用单项营养状态指数 TLI（j）和综合营养状态指数 TLI（$\sum$）表示。

3.5 水质类别比例

指一个水域多个监测断面，达到某一类别的断面数与总监测断面数之比。

4 三峡水库水环境质量评价内容

三峡水库水环境质量评价包括水质类别评价、水质变化趋势分析、营养状态评价、营养状态变化趋势分析。

水质类别评价和水质变化趋势分析方法按照 GB 3838—2002 要求进行。

营养状态评价和营养状态变化趋势分析方法按照本标准进行。营养状态评价只针对湖泊型水体进行，对于河流型和过渡型水体不作营养状态评价。

5 三峡水库水体营养状态评价分区

按照三峡水库主库区和支流回水区水体的特征水力滞留时间和特征流速，水体类型划分为河流型、过渡型和湖泊型三种。

三峡水库三期蓄水后，主库区水域为河流型或过渡型水体。

五布河、御临河、桃花溪、龙溪河、梨香溪、乌江、珍溪河、渠溪河、碧溪河、龙河、池溪河、东溪河、黄金河、汝溪河、老龙河、瀼渡河、苎溪河、小江、汤溪河、磨刀溪、长滩河、梅溪河、草堂河、五马河、大宁河、官渡河、抱龙河、边城河、万福河、神农溪、锣鼓河、童庄河、凉台河、香溪河和九畹溪等主要支流回水区水体，属于湖泊型。

其他支流回水区水体类型的确定，可以参照附录 A 规定的方法进行。

6 三峡水库水体营养状态分级

基于水体综合营养状态指数，结合水体对使用功能的支持程度，将三峡水库水体营养状态按功能高低依次划分为六级：

Ⅰ级　贫营养级　水体 TLI（$\sum$）≤ 30。水体初级生产力低，完全支持水体的各种使用功能。

Ⅱ级　中营养级　水体 30 < TLI（$\sum$）≤ 50。水体初级生产力中等，但不影响水体的各种使用功能。

Ⅲ级　轻富营养级　水体 50 < TLI（$\sum$）≤ 60。水体初级生产力较高，作为工业、生活水源需要作适当处理，仍可作为人体直接接触的娱乐用水，也不影响水产养殖等

功能。

Ⅳ级　中富营养级　水体 60 ＜ TLI（∑）≤ 70。水体初级生产力高，出现少量藻华，作为工业、生活水源需要作特殊工艺处理，不支持直接接触的娱乐用水功能，对非直接接触的景观功能也产生明显的影响。

Ⅴ级　重富营养级　水体 70 ＜ TLI（∑）≤ 80。水体初级生产力极高。水体出现大面积藻华，严重影响水体的使用功能。不支持工业、生活水源和景观娱乐用水功能，仅满足农业用水功能。

劣Ⅴ级　异富营养级　水体 TLI（∑）＞ 80。水体营养状态超过重度富营养水平，水体发黑发臭，水华暴发现象频繁发生。

7　三峡水库水体营养状态评价

7.1　水体营养状态评价指标

采用总氮（TN）、总磷（TP）、叶绿素 a（Chla）、透明度（SD）和高锰酸盐指数（I_{Mn}）5 个指标作为营养状态评价指标。其中，总磷、总氮是富营养化的原因变量，叶绿素 a、高锰酸盐指数和透明度是响应变量。

7.2　三峡水库水体综合营养状态指数计算方法

依据叶绿素 a、总磷、总氮、透明度和高锰酸盐指数 5 个单项指标的浓度值，分别计算单项营养状态指数，公式如下：

$$\text{TLI(chla)}=10 \times \left[2.46+\frac{\ln(\rho_{\text{chla}})}{\ln 2.5}\right] \tag{1}$$

$$\text{TLI(TN)}=10 \times \left[2.46+\frac{1.6316+4.3067\ln(\rho_{\text{TN}})}{\ln 2.5}\right] \tag{2}$$

$$\text{TLI(TP)}=10 \times \left[2.46+\frac{10.2862+2.8691\ln(\rho_{\text{TP}})}{\ln 2.5}\right] \tag{3}$$

$$\text{TLI(SD)}=10 \times \left[2.46+\frac{2.6027-7.6079\ln(D_{\text{SD}})}{\ln 2.5}\right] \tag{4}$$

$$\text{TLI}(I_{\text{Mn}})=10 \times \left[2.46-\frac{0.7204-4.1230\ln(\rho_{I_{\text{Mn}}})}{\ln 2.5}\right] \tag{5}$$

式中　ρ_{chla}——叶绿素 a 浓度值，mg/L；

$\quad\quad\rho_{\text{TN}}$——总氮浓度值，mg/L；

$\quad\quad\rho_{\text{TP}}$——总磷浓度值，mg/L；

$\quad\quad D_{\text{SD}}$——透明度，m；

$\rho_{I_{Mn}}$——高锰酸盐指数浓度值，mg/L。

综合营养状态指数是单项营养状态指数加权之和求得，公式如下：

$$TLI（\Sigma）=\sum_{j=1}^{m}W_j TLI(j) \tag{6}$$

式中　TLI（Σ）——综合营养状态指数；

　　　TLI（j）——第 j 种指标的单项营养状态指数；

　　　m——指标个数，本标准取 5；

　　　W_j——第 j 种指标的单项营养状态指数的相关权重，取值为：W_{chla}=0.5996；W_{TN}=0.0718；W_{TP}=0.1370；W_{SD}=0.0075；$W_{I_{Mn}}$=0.1840。

7.3　三峡水库水体营养盐评价指标

三峡水库水体营养盐评价指标用于三峡水库水体总氮、总磷环境容量估算和总量控制，具体评价指标值见表 1。

表1　三峡水库营养盐评价指标值　　　　　　　　单位：mg/L

营养状态分级	总氮(TN)	总磷(TP)
贫营养级	0.78	0.034
中营养级	1.30	0.074
轻富营养级	1.68	0.108
中富营养级	2.16	0.158
重富营养级	2.78	0.231
异富营养级	＞2.78	＞0.231

7.4　三峡水库水体营养状态评价技术要求

7.4.1　定量评价的技术要求

每月有两次或两次以上测量值时，取测点表层 0.5m 数值的平均值进行评价。

断面的年或季节水体营养状态评价，按评价时段内的每个测点每次监测结果计算综合营养状态指数值，经时间加权平均，得到评价时段内综合营养状态指数。

水域的年或季节水体营养状态评价，根据评价时段内的断面评价结果，按照每个断面控制的水面面积加权平均，得到评价水域的综合营养状态指数，确定评价水域的营养状态级别。

为了全面反映三峡水库水生态系统演变规律，在定量说明水体营养状态的同时，应说明形成"水华"的浮游植物、浮游动物优势种群的类型和数量。

营养状态评价结果仅代表测点所控面积和监测时段的水体营养状况，对不同水域同期监测结果，分别确定其营养状态，可以进行营养状态的空间差异比较。

7.4.2　营养状态变化趋势评价

（1）两个时段变化比较

按评价时段，计算综合营养状态指数值，进行水体营养状态的不同年度同期比较或同一年度不同月份比较。如果营养状态指数值变化不超过5%，且没有级别变化，则称略有变化（"减轻"或"加重"）；如果综合营养状态指数值产生级别变化，或指数值变化超过5%，则称显著变化（"减轻"或"加重"）。

（2）多时段的水环境质量变化趋势评价

分析断面、支流在连续多时段的水环境质量变化趋势，评价水质或营养状态是否有变化及变化的程度，应对评价项目（如项目浓度、指数值等）与时间序列间的相关性进行分析，可采用Spearman秩相关系数法，具体内容见附录B。

变化趋势应用折线图来表征。

8　三峡水体水环境质量综合评价结果表征

三峡水库水体断面水环境质量状况综合评价结果表征见表2，三峡水库主库区与支流回水区的水环境质量状况综合评价结果表征见表3。

表2　三峡水库水体断面水环境质量状况综合评价结果表征

水质类别和营养状态	环境质量状况	表征颜色
Ⅰ～Ⅱ类水质且贫-中营养	优	蓝色
Ⅲ类水质且贫-中营养	良好	绿色
Ⅳ类水质或轻富营养	轻度污染	黄色
Ⅴ类水质或中富营养	中度污染	橙色
劣Ⅴ类水质或重-异富营养	重度污染	红色

表3　三峡水库主库区与支流回水区水环境质量状况综合评价结果表征

水质类别比例和营养状态	环境质量状况	表征颜色
Ⅰ～Ⅲ类水质比例≥90%，且贫或中营养	优	蓝色
75%≤Ⅰ～Ⅲ类水质比例<90%，且贫或中营养	良好	绿色
Ⅰ～Ⅲ类水质比例<75%，且劣Ⅴ类比例<20%或轻富营养	轻度污染	黄色
Ⅰ～Ⅲ类水质比例<75%，且20%≤劣Ⅴ类比例<40%或中富营养	中度污染	橙色
Ⅰ～Ⅲ类水质比例<60%，且劣Ⅴ类比例≥40%或重-异富营养	重度污染	红色

附录A
（规范性附录）
三峡水库水体营养状态评价分区方法

A.1　三峡水库水体水动力学特征因子计算方法

水体的特征流速、特征滞留时间等水力学特征是控制水体营养状态的关键因子。

a）特征滞留时间（Tr）

滞留时间是判断水库营养状态的主要水动力学特征。滞留时间公式：

$$Tr=V/Q \tag{A.1}$$

式中　Tr——特征滞留时间，d；
　　　V——水库库容，一般采用有效库容，m³；
　　　Q——年平均径流量或其他时段平均流量，m³/d。

b）特征流速（U）

采用月平均流速判断水库的流动状况：

$$U_月=Q_月/S \tag{A.2}$$

式中　$U_月$——月平均流速，m/s；
　　　$Q_月$——月平均流量，m³/s；
　　　S——平均过水断面面积，m²。

A.2　三峡水库水体营养状态评价分区方法

a）分区指标

根据月保证率流量、水库运行水位，计算不同月不同保证率下水动力学特征值，按照表 A.1 综合判断水体的水动力学类型。为进行营养状态评价分区，将水动力学指标无量纲归一化，具体计算处理方法如表 A.2。

表A.1　水动力学特征分类判断方法

指标	河流型	过渡型	湖泊型
特征滞留时间 Tr/d	<20	20～300	>300
特征流速 U/(m/s)	>0.03	0.03～0.01	<0.01

表A.2 营养状态评价分区无量纲归一化值

指标	单位	无量纲指标	无量纲指标计算说明
滞留时间	天(d)	滞留率	根据分段百分率加权和计算 取月滞留时间＜20d段的无量纲为0；20～120d段的无量纲值为0.5；＞120d段的无量纲值为1
平均流速	m/s	流速比率	根据分段百分率加权和计算 取月平均流速＜0.01m/s段的无量纲值为1；0.01～0.03m/s段的无量纲值为0.5；＞0.03m/s段的无量纲值为0

b）分区指数（RLI）

为使分区可以量化，拟定水体类别判断的分区指数如下式：

$$\text{RLI} = \sum_{i=1}^{n} \alpha_i F_i \tag{A.3}$$

式中　RLI——分区指数；

F_i——第 i 个特征指标的无量纲及归一化数值；

α_i——第 i 个特征指标的权重系数，如表 A.3。

表A.3 水力学分区指标的权重

指标	权重	说明
滞留时间	0.60	限制藻华发生的重要因子
流速	0.40	

c）综合分区方法

根据三峡水库各类水体的富营养化敏感状况，确定水库综合分区方法如下：

RLI ＜ 0.4　　　　　　　　属于河流型；

0.4 ≤ RLI ＜ 0.6　　　　　属于过渡型；

0.6 ≤ RLI ＜ 1.0　　　　　属于湖泊型。

附录B

（规范性附录）

营养状态变化趋势的定量分析方法——秩相关系数法

衡量富营养化变化趋势在统计上有无显著性，最常用的是 Daniel 的趋势检验，它使用了 Spearman 的秩相关系数法。使用这一方法，要求具备足够的数据，一般至少应采用 4 个期间的数据，即 5 个时间序列的数据。给出时间周期 $Y_1, \cdots, Y_N$，和他们的相应值 X（即年均值 $X_1, \cdots, X_N$），从大到小排列好，统计检验用的秩相关系数按下式计算：

$$r_s = 1 - [6\sum_{i=1}^{n} d_i^2]/[N^3 - N] \tag{B.1}$$

式中　d_i——变量 X_i 与 Y_i 的差值，$d_i = X_i - Y_i$；

　　　X_i——周期 1 到周期 N 按浓度值从小到大排列的序号；

　　　Y_i——按时间排列的序号。

将秩相关系数 γ_s 的绝对值同 Spearman 秩相关系数统计表（见表 B.1）中的临界值 W_p 进行比较。

表B.1　秩相关系数 γ_s 的临界值（W_p）

N	W_p		N	W_p	
	显著水平 （单侧检验）0.05	显著水平 （单侧检验）0.1		显著水平 （单侧检验）0.05	显著水平 （单侧检验）0.1
5	0.900	1.000	16	0.425	0.601
6	0.829	0.943	18	0.399	0.564
7	0.714	0.893	20	0.377	0.534
8	0.643	0.833	22	0.359	0.508
9	0.600	0.783	24	0.343	0.435
10	0.564	0.746	26	0.329	0.465
12	0.506	0.712	28	0.317	0.448
14	0.456	0.645	30	0.306	0.432

当 $\gamma_s > W_p$ 则表明变化趋势有显著意义：

如果 γ_s 是负值，则表明在评价时段内有关统计量指标变化呈下降趋势或好转趋势；

如果 γ_s 为正值，则表明在评价时段内有关统计量指标变化呈上升趋势或加重趋势。

当 $\gamma_s \leqslant W_p$ 则表明变化趋势没有显著意义：说明在评价时段内水质变化稳定或平稳。

附录二　《三峡库区消落带生态修复技术指南》
（T/CQSES 02—2022）节选

1　范围

本文件适用于指导三峡水库消落带的生态修复工作，其他水库消落带的生态修复可参照使用。

2　规范性引用文件

本文件内容引用了下列文件或其中条款。凡是不注日期的引用文件，其最新版本（包括所有的修改版）适用于本文件。

（GB 3838—2002）《地表水环境质量标准》

（GB 50707—2011）《河道整治设计规范》

（GB/T 15776—2016）《造林技术规程》

（HJ/T 166—2004）《土壤环境监测技术规范》

（HJ/T 192—2006）《生态环境状况评价技术规范（试行）》

（LY/T 2964—2018）《三峡库区消落带植被生态修复技术规程》

（DBJ50T 350—2020）《主城区两江四岸消落带绿化技术标准》

《中华人民共和国水法》（2016 年修订）

《中华人民共和国环境保护法》（2014 年修订）

《中华人民共和国长江保护法》（2020 年 12 月 26 日第十三届全国人民代表大会常务委员会第二十四次会议通过）

《中华人民共和国防洪法》（2016 年修订）

《中华人民共和国河道管理条例》（2017 年修订）

《关于加强三峡后续工作阶段水库消落区管理的通知》（国三峡委发办字〔2011〕10 号）

《重庆市三峡水库消落区管理暂行办法》（重庆市人民政府令第 267 号）

3　术语和定义

下列术语和定义适用于本文件。

3.1　三峡库区消落带 the water level fluctuating zone of Three Gorges reservoir area

指三峡水库坝前水位（吴淞高程）从 175m 逐步消退至防洪限制水位 145m 之间，在三峡库区形成的特殊区域，以及该区域范围内的孤岛、库岸岸线和新增淤积陆地。

3.2　生态修复 ecological restoration

指基于生态系统的自我恢复能力，通过一定的人工干预，减轻负荷压力，改善和提升其结构与功能，使遭到破坏的生态系统逐步恢复并向良性循环方向发展。

3.3　城镇型消落带 the water level fluctuating zone in town area

指长江三峡干支流两岸区、县驻地城市与建制镇建成区附近，并受城镇密集人口和产业影响的库区消落带。

3.4　农村型消落带 the water level fluctuating zone in town area in rural area

指长江三峡干支流两岸农业活动区附近的库区消落带。

3.5　岛屿型消落带 the water level fluctuating zone in island area

指石质高丘因海拔高于四周，三峡水库蓄水过程中出露成岛屿，和江中岛屿一样，随水位涨落在岛屿底部形成环带状消落带。

3.6　湖盆–库湾型消落带 the water level fluctuating zone in lake basin–bay area

指三峡水库成库期间水流速度较缓，泥沙、氮磷营养物和污染物容易淤积、沉积和聚积的消落带。

3.7　其他消落带 the water level fluctuating zone in other area

指位于三峡库区峡谷地带，且坡度陡峭、无或基本无土壤覆被的消落带以及土壤基质较差且人为干扰较大的消落带。

3.8　三峡库区消落带区段 section in the water level fluctuating zone of Three Gorges Reservoir area

根据三峡水库蓄水周期和消落带出露时间，将三峡库区消落带分为上、中、下部三个区段。上部区段指库区蓄水位 172～175m 之间区域，全年淹水时间一般约为 1～4 个月；中部区段指库区蓄水位 165～172m 之间区域，全年淹水时间一般约为 4～5 个月；下部区段指库区蓄水位 165m 以下区域，全年淹水时间一般约为 5～8 个月。

4　生态修复总体要求

4.1　主要目的

通过消落带生态修复，完善其生态系统结构，提升其生态系统稳定性，稳步提高消落带生态系统功能。

4.2　设计原则

4.2.1　自然恢复为主、人工措施为辅。尊重自然，顺应自然，保护自然。注重消落带生态系统内在机理和演替规律，坚持以自然恢复为主，综合考虑库岸的稳定性和生态治理的规整性，必要时可辅以人工措施。

4.2.2　因地制宜、科学施策。在生态系统调查的基础上，摸清消落带地形地貌特征、生态环境状况，识别存在的问题，根据不同功能类型的特征，采取差异化的保护与治理措施，维护消落带生态系统稳定。

4.2.3　系统设计、阶段实施。综合考虑水位涨落变化、生物多样性、水环境质量、景观效果等因素，注重完善生态系统的结构和功能，分步骤、分阶段进行修复。

4.3　技术流程

综合国内外相关生态修复设计及实践经验，提出技术流程（图1）。

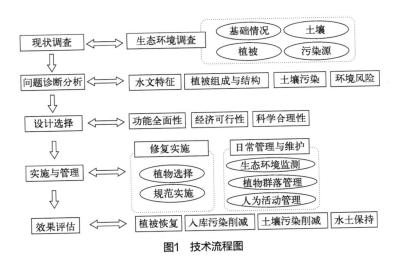

图1　技术流程图

4.4　基本要求

4.4.1　生态环境调查与问题诊断。通过对消落带生境、植物群落等调查，分析其生态系统状况，甄别影响其生态退化的主导因素和驱动因子，并确定生态修复目标。

4.4.2　生态修复设计。以目标为导向，通过设计比选，分区分型确定消落带生态修复的模式和技术方法。

4.4.3　工程实施与维护管理。坚持依据规划、控制使用、严格审批、占补平衡的原则，依法依规完善工程实施的相关手续，按照确定的模式与技术方法，开展生态修复。工程实施后，开展修复区域人为活动管理与后续维护。

4.4.4　效果评估。实施生态修复区植被恢复、水土保持、水体净化、污染负荷削减等效果评估。

5　生态环境调查与问题诊断

5.1　调查范围

消落带区域，以及根据库岸地形地貌、生态用地、周边污染源等情况需扩展调查的区域。

5.2　生态环境调查

5.2.1　基本情况。通过资料收集和现场调查，掌握消落带水位变化、地形地貌与土地利用方式、水环境质量等生境因子，统计消落带面积和岸线长度，确定消落带修复区域范围，了解其保护与管理的总体情况。

5.2.2　土壤状况。分别对消落带上部、中部、下部区段的土壤本底状况进行调查。原则上采用对角线取样法布设取样点，每个取样点分别取 0 ～ 20cm、20 ～ 40cm、40 ～ 60cm 三个土层深度的土壤样品，采用四分法收集土样，对土壤 pH、有机质、总氮、有效氮、总磷、有效磷等进行测定。

5.2.3　植被状况。调查植被群落组成与结构，掌握消落带植被基本情况。一般按照 30m（长）× 10m（宽）设置样带，每个样带内至少设置 5 个 1m × 1m 的样方，间距 5 ～ 10m。现场不能识别的，制作标本室内鉴定。

5.2.4　污染源。重点调查修复区域周边的工业、生活、农田、养殖、旅游等污染源，以及消落带水土流失、进入消落带的径流污染等。

5.3　生态环境问题诊断

根据消落带基本情况、土壤、植被与污染源等方面的调查结果，结合水位涨落情况，诊断植被组成与结构、土壤污染、环境风险源、水土流失与景观等方面存在的主要问题。

6　生态修复模式

6.1　自然恢复模式

对于特殊的自然地理条件不宜进行任何形式扰动以及自然生态环境条件尚好的消落

带，采取保留保护管理措施，减少和避免人类活动的干扰，主要通过自然恢复、自然发育等手段，保护其生态系统的结构和功能。

6.2 人工修复模式

除适合自然恢复模式的区域外，可采用人工修复模式。主要包括以下模式：

6.2.1 植被群落构建模式。一般情况下（图2），上部区段以乔木为主建群种，构建乔-灌-草复合群落；中部区段以高草和灌木为主，构建高草与灌丛混合群落；下部区段以多年生草本为主，构建低矮的草本植物群落。此外，中上部区段退水后会大量积水的区域，可采用构建人工湿地的方式来进行生态修复。

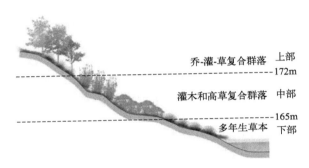

乔-灌-草复合群落 上部
172m
灌木和高草复合群落 中部
165m
多年生草本 下部

图2 消落带植物群落构建示意图

6.2.2 工程技术模式。针对码头、沙场等基础底质较差且人为干扰大的消落带，采用工程技术手段，促进植物群落构建。在铺设防冲刷生态型护坡构件的生态护坡技术、串珠式柔性护岸技术、生态袋护坡技术、复合锚垫生态护坡技术等改良消落带坡岸生境质量的基础上，种植灌草植物。

7 生态修复技术设计

除符合自然恢复要求的区域外，其他区域可针对城镇型、农村型、岛屿型、湖盆-库湾型、其他消落带实际情况进行差异化设计。其中，植物选择的具体要求见附录二8.1.1。

7.1 城镇型消落带

7.1.1 设计思路。采用完全人工干预方式（即重度人工干预）构建植物群落。在消落带构建以植物群落为主的生态缓冲带，适宜区域建设净化能力强的湿地生态景观带，并与城镇滨江绿化建设有机融合，丰富和提升城镇滨江景观。

7.1.2 植物群落设计。①上部区段。构建乔-灌-草植物群落，根据现场的立地条件组合栽植，构建以景观性为主的植物群落。②中部区段。主要采用高大的草本植物为建群种，构建稳定草本植物群落；在部分地段可适当栽植灌木，形成灌-草相搭配的灌丛。③下部区段。选择根系发达、耐冲刷的多年生草本植物构建草本植物群落。

7.2　农村型消落带

7.2.1　设计思路。采用完全人工干预或中度人工干预方式构建乔灌草植物群落。在长江干道或次级支流成片宽阔缓坡型消落带（一般指坡度小于 15°），可利用上部区段原有梯田或河坝带域，栽植水生植物，构建梯级人工湿地，净化水质。

7.2.2　植物群落设计。①上部区段。除乔 - 灌 - 草植物群落搭配外，可利用原有梯田或河坝带域，栽植水生作物，构建人工湿地，适宜区段可构建梯级人工湿地。②中部区段。主要采用高大的草本植物，在部分地段配置灌木，形成灌 - 草相搭配的植物群落。③下部区段。选择根系发达、耐冲刷的多年生低矮草本植物进行大面积栽植。

7.3　岛屿型消落带

7.3.1　设计思路。划定岛屿生态景观保护带域范围，尽可能保留原有自然景观。结合岛屿生态旅游功能，可采取轻度干扰促进保护带生态景观恢复，建设景观湿地生态系统。

7.3.2　植物群落设计。①上部区段。构建乔 - 灌 - 草植物群落，注意与所在旅游地和岛屿生态景观保护带原有景观风貌保持一致；在人为干扰较小的带域，可选择水生植物构建人工湿地，为鸟类提供栖息地。②中、下部区段。可参考城镇型消落带中、下部区段植物群落构建。

7.4　湖盆–库湾型消落带

7.4.1　设计思路。根据水位涨落影响程度，按照植被群落构建、人工湿地配置、适量补植等方式，改善湖盆消落带的环境结构和生物组成。

7.4.2　植物群落设计。①上部区段。构建乔 - 灌植物群落，适当加大栽植密度。②中部区段。可设置水生植物配置区、湿生植物配置区和植被群落构建区。其中，将原有水分供应充足的水田改造成水塘，配置适应性灌木和水生植物，构建水生植物配置区；将原有水分供应一般的水田改造成湿地，配置适应性灌木和水生植物，构建湿生植物区；将原有旱地适当平整，配置灌草植物，构建植被群落。③下部区段。以自然植被恢复为主，在裸露地段适量补植适应力较强的草本植物物种。

7.5　其他消落带

对位于库区峡谷地带，且坡度陡峭、无或基本无土壤覆被的消落带，尽可能保留其原有地形、地貌、植被等自然景观。对危险或有滑坡趋势地段，采取简易的护坡工程技术措施，防止坍塌。

对土壤基质较差且人为干扰较大的消落带，采用生态工程技术，改良库岸生境质量的基础上，种植灌草植物。

8 生态修复实施与管理

8.1 生态修复实施

8.1.1 植物选择。①基本要求：选择耐瘠薄、耐长期水淹、耐干旱、繁殖容易、成活率高的乡土植物，严禁使用外来有害植物，维护区域生物多样性。②乔灌木：选择2～3年生健康、优良实生苗木，苗木主根健全，根系发达。如果考虑景观配置及快速成林，可选择4年生青壮树木。③草本：植物种子选用品种纯正、成熟饱满、无霉变变质、发芽率高、生活力强等优良种质；幼苗选择主根健全、根系发达、生长发育良好的健壮植株，可选用裸根苗或营养袋育苗。

8.1.2 实施技术要求。①实施时间：根据消落带出露时间顺序，从春季水位下降开始至夏季汛期水位上涨前，依次对消落带上、中、下部区段进行种植，时间一般约为1～6月。②植物栽植整地：乔灌木采用穴状整地方式，根据苗木大小选择栽植穴规格，栽植穴长宽深一般为40cm×40cm×50cm、40cm×50cm×50cm或50cm×50cm×80cm；不能达到以上穴径、穴深要求的，采用鱼鳞坑整地。草本植物栽植不需整地，可直接栽种。整地时，尽可能减少土层扰动。③植物栽植间距：乔灌木苗木可按1m×1m、1m×2m或2m×2m的株行距进行栽植，草本植物按照9～16窝/m²栽植。④灌溉要求：包括栽植灌溉和抗旱灌溉。苗木种植后，及时浇足定根水；在雨水不充足的情况下，在定植后3d后补浇1次；后续结合天气状况，适时浇水，保证苗木成活和生长需求。⑤湿地构建要求：结合消落带自然条件，筑堤修塘，水深一般控制在0.3～3m。

8.2 日常维护与管理

以保障修复区的稳定性和生态效益的持续性为目标，在对修复区生态环境监测的基础上，建立合理的管理机制。在生态修复设计时，应测算后续管理所需经费、设备、人员，明确管理制度。加强生态修复区日常管理与维护，及时发现和处理影响植被生长的自然和人为因素。

8.2.1 生态环境监测。①监测频次：原则上应在每年5月、8月开展生态环境监测。②监测内容：可参照附录二3.2消落带生态环境调查内容。

8.2.2 植物群落管理。①植物补植：首次栽种后，适时检查栽植成活情况，存活率未达到80%的地块及时补植。②病虫害防治：预防为主，科学防治，采用生物或物理手段进行防治，不得采用化学防治方法。③清除外来入侵物种：及时清除外来入侵物种，防止对消落带生态系统产生危害。

8.2.3 人为活动管理。①人为活动的管理：定期巡查生态修复区，禁止造成区域生态环境破坏、水土流失和污染水体的行为以及国家法律法规禁止的其他行为。②垃圾清理：汛期后定期清理生态修复区外围输移进入的垃圾和植物残体，确保植物正常生长。

9 生态修复效果评估要求

生态修复实施后，应开展生态环境修复效果评估，对修复区植被恢复、入库污染负荷削减、土壤污染负荷削减、水土保持等修复前后的效果进行评估。

9.1 植被恢复

采用遥感地面样方调查结合的方法，对比生态修复前后的生物多样性指数、植被覆盖度、景观效果等情况，评估生态修复区植被恢复效果。

9.2 入库污染负荷削减

通过分析生态修复实施前后地表径流中氨氮、总氮、总磷、化学需氧量、水体悬浮物等指标变化情况，计算对水体污染物净化量和净化效率，评估修复区入库污染负荷削减效果。

9.3 土壤污染负荷削减

对比分析生态修复前后土壤营养元素、重金属等指标情况，评价修复区土壤污染负荷削减效果。

9.4 水土保持

通过插钎法、构建径流场等方法，评估修复区水土保持效果。

三峡库区消落带生态修复植物种类推荐目录见表1。

表1　三峡库区消落带生态修复植物种类推荐目录

编号	植物名称	类型	适宜栽植海拔
1	中山杉 *Taxodium 'Zhongshanshan'*	落叶乔木	172m以上
2	落羽杉 *Taxodium distichum* (L.) Rich.	落叶乔木	172m以上
3	池杉 *Taxodium distichum* var.*imbricarium* (Nutt.) Croom	落叶乔木	172m以上
4	水杉 *Metasequoia glyptostroboides* Hu & W. C. Cheng	落叶乔木	172m以上
5	水桦 *Betula nigra*	落叶乔木	170m以上
6	南川柳 *Salix rosthornii* Seemen in Diels	落叶乔木	173m以上
7	枫杨 *Pterocarya stenoptera* C. DC.	落叶乔木	173m以上
8	桑树 *Morus alba* L.	落叶灌木	170m以上

编号	植物名称	类型	适宜栽植海拔
9	秋华柳 *Salix variegata* Franch.	落叶灌木	170m以上
10	中华蚊母树 *Distylium chinense* (Franch. ex Hemsl.) Diels	落叶灌木	172m以上
11	筑子梢 *Campylotropis macrocarpa* (Bunge) Rehder	落叶灌木	173m以上
12	小梾木 *Cornus quinquenervis* Franch.	落叶灌木	173m以上
13	卡开芦 *Phragmites karka* (Retz.) Trin.ex Steud.	多年生高大草本	165m以上
14	香根草 *Chrysopogon zizanioides* (L.) Roberty	多年生高大草本	172m以上
15	荻 *Miscanthus saccharif lorus* (Maxim.) Benth. & Hook.f.ex Franch.	多年生高大草本	173m以上
16	甜根子草 *Saccharum spontaneum* L.	多年生高大草本	173m以上
17	芦苇 *Phragmites australis* (Cav.) Trin. ex Steud.	多年生高大草本	172m以上
18	野古草 *Arundinella hirta* (Thunberg).	多年生草本	170m以上
19	野青茅 *Deyeuxia pyramidalis* (Host) Veldkamp	多年生草本	165m以上
20	狗牙根 *Cynodon dactylon* (L.) Persoon	多年生低矮草本	145m以上
21	高节薹草 *Carex thomsonii* Boott	多年生低矮草本	145m以上
22	香附子 *Cyperus rotundus*	多年生低矮草本	145m以上
23	扁穗牛鞭草 *Hemarthria compressa* (L. f.) R. Br.	多年生低矮草本	145m以上
24	火炭母 *Persicaria chinensis* (L.) H. Gross	多年生低矮草本	170m以上
25	地果 *Ficus tikoua* Bureau.	木质藤本	172m以上
26	莲 *Nelumbo nucifera* Gaertn.	多年生挺水植物	165m以上
27	慈姑 *Sagittaria trifolia* subsp. *leucopetala* (Miq.) Q.F.Wang	多年生挺水植物	165m以上
28	香蒲 *Typha orientalis* C. Presl	多年生挺水植物	173m以上
29	黄菖蒲 *Iris pseudacorus* L.	多年生挺水植物	172m以上
30	菖蒲 *Acorus calamus* L.	多年生挺水植物	172m以上
31	粉美人蕉 *Canna glauca* L.	多年生湿生植物	174m以上
32	水竹芋 *Thalia dealbata* Fraser	多年生湿生植物	174m以上

附录三 《三峡库区消落带植被生态修复技术规程》（LY/T 2964—2018）节选

1 范围

本标准规定了三峡库区消落带植被生态修复的原则、技术、整地、栽植技术、管护和档案管理。

本标准适用于三峡库区消落带植被生态修复。

2 规范性引用文件

下列文件对于本文件的应用是必不可少的。凡是注日期的引用文件，仅注日期的版本适用于本文件。凡是不注日期的引用文件，其最新版本（包括所有的修改单）适用于本文件。

（GB 6000—1999）《主要造林树种苗木质量分级》
（GB/T 15776—2016）《造林技术规程》

3 术语和定义

下列术语和定义适用于本文件。

三峡库区消落带 water level fluctuation zone of the three gorges reservoir region

三峡工程竣工运营后，三峡水库施行"冬蓄夏排"的反季节水位调度管理方式，水库每年最高蓄水位 175m 与最低蓄水位 145m 之间所形成的带状区域。

4 三峡库区消落带植被生态修复原则

修复原则为：
——生态优先原则。
——植物多样性原则。
——因地制宜，适地适植原则。
——乡土植物为主，生态安全原则。

5 三峡库区消落带植被生态修复技术

5.1 植物种类选择原则

植物种类选择原则为：
——耐淹能力强，能忍耐夏季伏旱。
——根系发达，固土能力强的多年生植物。
——耐贫瘠，易成活，具有较强的萌芽更新能力。
——优先选择实生苗。

5.2 种苗选择要求

用于三峡库区消落带植被生态修复的植物种类参见附录 A。

对于乔灌木，优先选择 2～3 年生健康优良实生起源苗木。如果在城镇区域，需要考虑景观配置（如遮蔽硬质堡坎、挡墙、高架桥等）及快速成林，可栽植 4 年生青壮树木。苗木主根健全，根系发达，不窝根。优先选择容器苗。苗木规格与质量分级执行 GB 6000—1999。

对于草本种苗，应选用主根健全、根系发达、不窝根、生长发育良好的健壮草本植株。

5.3 植物配置方式

在考虑到行洪安全的情况下，乔木树种应当在 173m 海拔位以上栽植。其余情况参考以下配置方式。

5.3.1 消落带下部（蓄水位165m以下）

以多年生草本植物为建群种，构建低矮草本植物群落。

5.3.2 消落带上部（蓄水位165～175m）

以乔木为建群种，合理配置灌草，构建乔、灌、草多层次复合群落。

6 整地

对于乔灌木，采用穴状整地方式，根据苗木大小选择栽植穴的规格，栽植穴长宽深可分别为 40cm × 40cm × 60cm、40cm × 50cm × 60cm 或 60cm × 60cm × 80cm。不能达到以上要求穴径、穴深时，采用鱼鳞坑整地。整地时，尽可能减少土层扰动。

草本植物不进行整地，可直接栽植。

7 栽植技术

7.1 栽植时间

春季退水后、汛期前 1～5 月栽植。

7.2 栽植方法

植苗造林执行 GB/T 15776—2016。苗木按株行距 1m×1m、1m×2m 或 2m×2m 栽植。草本植物按照 9 ～ 16 窝 /m² 栽植。

8 管护

加强栽后管护，及时进行苗木培土、扶正、抗旱浇水，汛期后清理树枝上的漂浮物，确保苗木成活和生长。

栽植成活率未达到 80% 的地块，应在下一栽植季节及时进行补植。

加强病虫害监测及防治。应采用生物或物理防治，不得采用化学防治。

禁止在三峡库区消落带植被生态修复区内放牧、农事耕作、使用化肥与农药。

对栽植之后的消落带植被，采取近自然化经营管理理念，充分利用自然力修复和发展植被，避免消落带植被的人工化。

9 档案管理

档案管理按照 GB/T 15776—2016 的规定执行。

附录A
（资料性附录）
三峡库区消落带植被生态修复植物种类

表A.1 三峡库区消落带植被生态修复植物种类表

序号	种名	生活型	生态适应性	适宜海拔段/m
1	池杉	乔木	喜光，喜温湿，耐水淹，耐干旱，抗风性、萌芽性强，不耐盐碱。喜深厚疏松湿润的酸性、中性土壤	165～175
2	落羽杉	乔木	古老的"孑遗植物"，强阳性树种，适应性强，耐低温，耐干旱，耐水淹，耐瘠薄。常栽种于平原地区及湖边、河岸、水网地区	165～175
3	中山杉	乔木	耐水湿，耐盐碱，抗风性强，根系发达，生长速度快	165～175
4	龙须柳	乔木	喜光阳性树种，耐寒，耐干旱，耐水淹。萌芽力强，根系发达	165～175
5	竹柳①	乔木	耐寒，耐旱，耐水淹。腋芽萌发力强，分枝较早，根系发达。以肥沃、疏松、潮湿土壤最为适宜	170～175
6	水桦①	乔木	耐寒，耐干旱，耐水淹，耐瘠薄。生长迅速，适应性广，常生长在泥沼和沼泽地	170～175
7	枫杨	乔木	喜光，耐湿性强。深根性树种，主根明显，侧根发达。萌芽力强，生长快。喜深厚肥沃湿润的土壤	172～175
8	水杉	乔木	喜光，喜湿润，耐寒性、耐水湿能力强，较耐干旱，根系发达	172～175
9	南川柳	小乔木	为我国特有植物。较耐水湿和干旱，生于平原、丘陵及低山地区的水旁	170～175
10	秋华柳	灌木	喜光，喜温湿，耐水湿，耐干旱，生于山谷河边、湖边、山坡溪边以及水边石缝等处	170～175
11	中华蚊母树	灌木	喜温暖湿润气候，对土壤要求不严，适宜肥沃、排水良好的砂壤土。喜生于河溪旁	170～175
12	小梾木	灌木	耐水淹，耐瘠薄。枝条具有超强的生根能力，根系发达，固土力强。常生于河岸或溪边灌木丛中	172～175
13	桑树②	灌木	喜温暖湿润气候，耐寒，耐干旱，耐水湿能力较强。耐瘠薄，对土壤的适应性强	172～175

序号	种名	生活型	生态适应性	适宜海拔段/m
14	笄子稍	灌木	耐水湿,常生于山坡、山谷、路旁和沟岸灌丛中	173~175
15	狗牙根	草本	极耐热,耐干旱,耐水淹,耐盐性也较好。适应的土壤范围很广。多生长于道旁河岸、荒地山坡与村庄附近	145~175
16	扁穗牛鞭草	草本	喜温暖湿润气候,喜炎热,耐低温,耐干旱,耐水淹。对土壤要求不严格	145~175
17	香附子	草本	喜湿,耐旱,耐水淹。以块茎繁殖为主,生命力强,多生长在潮湿处或沼泽地,世界各国广泛分布	145~175
18	高节薹草	草本	耐低温,耐干旱,耐水淹,喜酸质土壤。生长于潮湿沙地、河边草甸、河谷等地	145~175
19	卡开芦	草本	耐干旱,耐水淹,耐瘠薄。根状茎粗而短。常生长于江河湖岸与溪旁湿地	165~175
20	野青茅	草本	耐旱,耐水淹,耐瘠薄。生于山坡草地、林缘、灌丛、山谷溪旁以及河岸沙滩地	165~175
21	火炭母	草本	喜湿,耐旱,耐水淹,耐瘠薄。直立或半攀缘状多年生植物。分布广泛,对生长环境要求较低,常生长于林下溪边、山谷湿地、山坡草地	170~175
22	野古草	草本	喜光,耐旱,耐水淹,耐瘠薄。多生于山坡、路旁或灌丛中	170~175
23	甜根子草	草本	耐旱,耐水淹,耐瘠薄。根状茎发达,固土力强。生于河旁、溪流岸边、砾石沙滩荒洲上	170~175
24	香根草[①]	草本	耐旱,耐水淹,耐瘠薄。根系发达,生长繁殖快,适应能力强,适于保护河堤、梯田、公路等	172~175
25	芦苇	草本	耐寒,耐旱,耐高温,耐水淹。根状茎发达,扩展繁殖能力强,多生长于池沼、河岸、溪边浅水地区	172~175
26	荻	草本	喜水湿,耐瘠薄,繁殖力强。生于山坡草地和平原岗地、河岸湿地	173~175
27	地果 (Ficus tikoua)	木质藤本	喜温暖湿润环境,气根须状。对土壤要求不严。生于低山区的疏林、山坡或田边、路旁	172~175

① 均系外来引进种,尚未进行生态安全风险评估,在选择时应慎重。
② 应选择树干部角质化程度高的单株。

附录四　《三峡水生态环境监测数据存储标准》（T/CQSES 01—2017）节选

1　范围

本标准规定了三峡水生态环境监测数据存储的术语和定义、数据分类、表结构设计、标识符命名、字段类型及长度。

本标准适用于三峡水生态环境监测数据存储。

2　规范性引用文件

下列文件对于本文件的应用是必不可少的。凡是注日期的引用文件，仅所注日期的版本适用于本文件。凡是不注日期的引用文件，其最新版本（包括所有的修改单）适用于本文件。

（GB/T 2260）《中华人民共和国行政区划代码》

（SL 219）《水环境监测规范》

3　术语和定义

以下术语和定义适用于本文件。

3.1　监测数据 monitoringdata

存储通过巡测或设置监测站获取的数据，包括通过定点监测、巡测等方式获取的水文气象、水质、水生态等动态变化的数据。

3.2　数据库 database

按照一定的数据结构组织、存储和管理数据的仓库。

3.3　表结构 table structure

用于组织管理数据资源而构建的数据表的结构体系。

3.4　标识符 identifier

数据库中用于唯一标识数据要素的名称或数字，标识符分为表标识符和字段标识符。

3.5 字段 field

数据库中表示与对象或类关联的变量，由字段名、字段标识和字段类型等数据要素组成。

3.6 数据类型 data type

字段中定义变量性质、长度、有效值域及对该值域内的值进行有效操作的规定的总和。

3.7 值域 value domain

字段可以定义的取值范围。

4 数据分类

4.1 根据三峡水生态环境数据分类存储要求，将数据项目划分为基本信息、监测数据。其中基本信息类表 2 张，包括监测站基本信息表和基础地理信息属性表；监测数据类 9 张，包括水文数据信息表 3 张、气象数据信息表 1 张、水质数据信息表 2 张、水生态数据信息表 3 张。

4.2 监测站基本信息表，包括测站编码、名称和级别信息，及监测站点经纬度、所在地址和建设时间等相关信息。

4.3 基础地理信息属性表，包括地理信息的位置，坐标等相关信息。

4.4 水文数据信息表，包括干支流、湖库和堰闸水位、流量和流速等水文指标信息。

4.5 气象数据信息表，包括八个常规气象指标的实测值：风速、风向、气温、气压、降雨量、相对湿度、太阳辐射和光合有效辐射等。

4.6 水质数据信息表，包括水质物理指标和化学指标信息表。

4.7 水生态数据信息表，包括沉积物监测信息表、水生生物监测信息表、渔业环境监测信息表。

5 表结构设计

5.1 一般规定

5.1.1 数据库表结构的设计，应遵循科学、实用、简洁和可扩展性的原则。

5.1.2 数据库表结构的设计应与基础数据库表结构、业务数据库表结构设计一致。

5.1.3 数据库表结构应满足三峡水生态环境监测数据存储应用需求。

5.2 表设计与定义

5.2.1 每个表结构描述的内容应包括中文表名、表主题、表标识、表编号、表体和字段存储内容规定 6 个部分。

5.2.2 中文表名应使用简明扼要的文字表达该表所描述的内容。

5.2.3 表主题应进一步描述该表存储的内容、目的和意义等。

5.2.4 表标识应为中文表名英译的缩写，在进行数据库建设时应作为数据库表名。

5.2.5 表编号为表的代码，反映表的分类和在表结构描述中的逻辑顺序，由 10 位字符组成，其中包括两个下划线。表编号格式为 AAA_aaa_bbbb，分别符合表 1、表 2、表 3 要求。

表1 表编号要求一

代码	说明
AAA	专业分类码，固定字符，表示三峡水生态环境监测数据
aaa	表编号的一级分类码，3 位字符，按表 2 确定
bbbb	表编号的二级分类码，4 位数字，每类表从 0001 开始编号，依次递增，按表 3 确定

表2 表编号要求二

aaa	表分类
001	基本信息表
002	水文数据信息表
003	气象数据信息表
004	水质数据信息表
005	水生态数据信息表

表3 表编号要求三

bbbb	表分类
0001	监测站基本信息表
0002	基础地理信息数据表
0003	干支断面水文数据信息表
0004	湖库水文数据信息表
0005	堰闸水文数据信息表
0006	三峡地面气象监测信息表
0007	水质物理指标信息表
0008	水质化学指标信息表
0009	沉积物监测信息表
0010	水生生物监测信息表
0011	渔业环境监测信息表

注：监测数据信息表结构参见附录A。

5.2.6 表体以表格的形式按字段在表中的次序列出表中每个字段的字段名、标识符、字段类型及长度、是否为空值、计量单位、主键和索引序号等，并应符合下列规定：

　　——字段名采用中文字符，表征表字段的名称；

　　——标识符为数据库中该字段的唯一标识；

　　——字段类型及长度描述该字段的数据类型和数据最大位数；

　　——是否为空值描述该字段是否允许填入空值，用"N"表示该字段不允许为空值，保留为空表示该字段可以取空值；

  ——计量单位描述该字段填入数据的计量单位，关系表无此项；

  ——主键描述该字段是否作为主键，用"Y"表示该字段是表的主键或联合主键之一，保留为空表示该字段不是主键。

5.2.7 测量方法规定监测所用的实验方法和数据获取手段。

6 标识符命名

6.1 一般规定

6.1.1 标识符主要分为表标识和字段标识两类，遵循唯一性。

6.1.2 标识符由英文字母、下划线、数字构成，首字符应为英文字母。

6.1.3 标识符是关键词的英文翻译，关键词长度不超过 4 个字符时，可直接取其全拼，关键词长度超过 4 个字符时，可采用英文译名的缩写命名。

6.1.4 按照中文名称提取的关键词顺序排列关键词的英文翻译，关键词之间用下划线分隔；缩写关键词一般不超过四个，后续关键词应取首字母。

6.1.5 标识符采用英文译名缩写命名时，单词缩写主要遵循以下规则：取单词的第一个音节，并自辅音之后省略，例如，INTAKE 缩写为 INT。缩写后的英文长度不超过 4 个字符。参考压缩字母法等常见缩写方法以适应常见词汇缩写习惯，例如 POLYGON 按缩写为 POL、CHINA 缩写为 CHN。如果英文译名缩写相同时，参考压缩字母法等常见缩写方法以区分不同关键词。表示级别的词汇，需由英文序数词代替，如 1st、2nd、3rd、4th、5th、6th。

6.1.6 相同的实体和实体特征在要素类表、关系类表、属性类表中应采用一致的标识。

6.2 表标识

6.2.1 表标识与表名应一一对应。

6.2.2 属性类表标识由前缀、主体标识、分类后缀及下划线三部分组成。其编写格式为：TGR_ α_β，符合表 4 要求。

表4 表标识编写格式说明

代码	说明
TGR	同表编号，固定用来描述三峡水生态环境数据库中统一设计的系统表
α	表标识的主体标识，是字母 A～Z 或数据 0～9 组成的字符串，字符串最大长度为八，首位必须为字母
β	表标识分类后缀，用来标识不同的表类，如基本信息类用"B"，监测信息类用"D"，评价信息类用"E"

6.2.3 字段标识

字段命名为关键词的英文方式。具体规则是：

  ——先从中文字段名称中取出关键词；

  ——采用一般规定，将关键词翻译成英文，关键词之间用下划线分隔。

7 字段类型及长度

7.1 监测数据库表字段类型主要有字符、数值、日期时间类型。

7.2 字符数据类型，长度的描述格式为：C（d），符合表5要求。

表5 长度描述格式（字符数据）

代码	长度描述
C	一定长字符串型的数据类型标识
（ ）	固定不变
d	十进制数，用以定义字符串长度，或最大可能的字符串长度

7.3 数值数据类型，长度的描述格式为：N(D[，d])，符合表6要求。

表6 长度描述格式（数值数据）

代码	长度描述
N	数值型的数据类型标识
（ ）	括号固定不变
[ ]	表示小数位描述可选
D	描述数值型数据的总位数(不包括小数点位)
，d	描述数值型数据的小数位数

注：数值数据类型用来描述两种数据，一种是带小数的浮点数，一种是整数。所有描述的数据长度都是十进制数的数据位数。

7.4 日期时间型字段，采用公元纪年的北京时间，如下：
——日期型Date，表示日期型数据，即YYYY-MM-DD（年-月-日），不能填写至日的填写至月或年宜可，其他位数补零；
——时间型Time，表示时间型数据，即YYYY-MM-DDhh:mm:ss（年-月-日时:分:秒）。

7.5 布尔型字段用于存储逻辑判断字符，表示是或否、真或假、ON或者OFF。布尔型的描述格式为"BOOL"，由1或者0组成，1表示是，0表示否。

7.6 字段的取值范围：
——可采用抽象的连续数字描述，在字段描述中应给出其取值范围；
——取值为特定的若干选项，在字段描述中应采用枚举的方法描述取值范围，属于代码的，应给出相应代码的含义解释。

附录A

（规范性附录）

监测数据信息表结构

A.1　监测站基本信息表

A.1.1　一般规定

A.1.1.1　描述每个测站的基本信息。这些信息一般不随时间的变化而变化。在整个数据库的生命周期中，测站标题表的内容基本保持不变。

A.1.1.2　表标识为：TGR_STINFO_B。

A.1.1.3　表编号：TGR_001_0001。

A.1.1.4　表结构定义见表A.1。

表A.1

序号	字段名	标识符	类型及长度	有无空值	计量单位	主键
1	测站代码	STCD	C(8)	N		Y
2	测站名称	STNM	C(8)			
3	测站级别	STLVL	C(1)			
4	干流位置名称	BNNM	C(30)			
5	支流河流名称	RVNM	C(30)			
6	经度	ESLO	N(10,7)		(°)	
7	纬度	NTLA	N(9,7)		(°)	
8	测站地址	STADDR	C(30)			
9	行政区划码	ADCD	C(6)			
10	地表水水功能区码	WUDCD	C(14)			
11	管理单位	MUNIT	C(30)			
12	监测单位	MSUNIT	C(30)			
13	监测频次	MNFRQ	N(2)			
14	自动监测	ATST	N(1)			
15	建站年月	FNDYM	T			
16	撤站年月	ENDYM	T			
17	备注	NT	C(254)			

A.1.2　表结构各字段描述

A.1.2.1　测站编码，全国统一编制，唯一代表某一测站的编码。测站编码是一个八位十进制数，其每位的意义如下：第一位对应流域号，第二、三位对应水系号，第四到八位对应顺序号。

A.1.2.2 测站名称，测站编码所代表测站的中文名称。

A.1.2.3 测站级别，根据测站的重要性分为国家级、省级、地（市）级和单位自建，分别用 1、2、3、4 和 5 表示。

A.1.2.4 干流位置名称，测站所在的干流位置中文名称。

A.1.2.5 支流河流名称，测站所在的河流中文名称。

A.1.2.6 经度，表示测站代表点所在地理位置东经度数，数据精度保留小数点后七位。

A.1.2.7 纬度，表示测站代表点所在地理位置北纬度数，数据精度保留小数点后七位。

A.1.2.8 测站地址，测站所在地的地址（填列县以下部分）。

A.1.2.9 行政区划码，测站所在地的行政区划代码，用六位十进制数字表示，分为省（区、市）、地（市）、县（市）三级，详见 GB/T 2260。

A.1.2.10 地表水功能区码，测站所在水功能区的代码。

A.1.2.11 管理单位，管辖测站的省级以上（含省级）行政管理单位。

A.1.2.12 监测单位，实施水质监测的机构名称。

A.1.2.13 监测频次，根据 SL 219 确定，在一年中实施水质监测的次数。

A.1.2.14 自动监测，表明该站是否为自动监测，如为自动监测字段填 1，否则填 0。

A.1.2.15 建站年月，描述测站建成投入使用的起始时间，采用时间数据类型，有效为年和月，实际填列到日期（日期填当月的一号）。

A.1.2.16 撤站年月，描述测站停止使用的时间。采用时间数据类型。有效为年和月，实际填列到日期（日期填当月的一号）。

A.1.2.17 备注，用来保存对测站进行简短描述的文字，或者是记录该站信息（文字、表格、图片和录像等）的超级链接。

A.2 基础地理信息属性表

A.2.1 一般规定

A.2.1.1 用于存储三峡基础地理信息。存储内容包含地理高程信息、水系信息、植被与土地信息、地貌信息、行政区信息、图层信息等内容；为了后期地理信息查询检索方便还需要存储监测点的经纬度坐标信息。

A.2.1.2 表标识为：TGR_GISINFO_B。

A.2.1.3 表编号：TGR_001_0002。

A.2.1.4 表结构定义见表 A.2。

表A.2

序号	字段名	标识符	类型及长度	有无空值	计量单位	主键
1	测站代码	STCD	N(5)	N		Y
2	图幅索引图层	CFINDEX	C(40)	N		

续表

序号	字段名	标识符	类型及长度	有无空值	计量单位	主键
3	点名	CNAME	C(20)	N		
4	高程	CDEM	N(7, 3)		m	
5	水系	CWATERSH	C(12)			
6	道路	CROAD	C(6)			
7	植被	CPLANT	C(40)			
8	地貌与地质名称	SOLINFO	C(40)			
9	经度坐标	LONINFO	C(40)		(°)	
10	纬度坐标	LATINFO	C(40)		(°)	
11	境界与政区名称	AREAINFO	C(40)			

A.2.2 表结构各字段描述

A.2.2.1 目测站代码，各级测量控制点监测站代码。

A.2.2.2 图幅索引图层，填写存储的图层等级信息。

A.2.2.3 测站点名，填写各级测量控制点、监测点等的汉字名称，无名者不填。

A.2.2.4 高程，各级高程控制点、山峰高程点的海拔高程，以米为单位按图中高程注记填写。

A.2.2.5 水系，各级测量控制点、监测点所在区域的水系名称。

A.2.2.6 道路，各级测量控制点、监测点所在区域的道路名称。

A.2.2.7 植被，各级测量控制点、监测点所在区域的植被情况。

A.2.2.8 地貌与地质名称，各级测量控制点、监测点所在区域的地貌与地质情况。

A.2.2.9 经度坐标，各级测量控制点、监测点所在区域的经度信息。

A.2.2.10 纬度坐标，各级测量控制点、监测点所在区域的纬度信息。

A.2.2.11 境界与政区名称，各级测量控制点、监测点所在区域的境界或者政区名称。

A.3 水文数据信息表

A.3.1 分类

根据水体类型不同，水文数据信息表划分为包含干支流水文数据信息表、湖库水文数据信息表、堰闸水文数据信息表三类。水文数据信息数据表中文名、名称编码和说明见表 A.3。

表A.3

序号	表中文名称	名称编码	说明
1	干支流水文数据信息表	TGR_HYDRIVER_D	《水文数据目录服务规范》
2	湖库水文数据信息表	TGR_HYDLAKE_D	《水文数据目录服务规范》
3	堰闸水文数据信息表	TGR_HYDDAM_D	《水文数据目录服务规范》

A.3.2　干支流水文数据信息表

A.3.2.1　一般规定

A.3.2.1.1　用于存储三峡干流、支流的水温、水位和流量等信息。

A.3.2.1.2　表标识为：TGR_HYDRIVER_D。

A.3.2.1.3　表编号：TGR_002_0003。

A.3.2.1.4　表结构定义见表 A.4。

表A.4

序号	字段名	标识符	类型及长度	有无空值	计量单位	主键
1	测站代码	STCD	N(8)	N		Y
2	时间	TIME	Time	N		Y
3	水温	WT	N(6,2)		℃	
4	水位	Z	N(6,2)		m	
5	流速	V	N(4,2)		m/s	
6	流量	Q	N(9,1)		m³/s	
7	含沙量	HSL	N(8,4)		kg/m³	
8	输沙量	SSL	N(10,4)		t/(m³·d)	
9	测流方法	DISC_METH				

A.3.2.2　表结构各字段描述

A.3.2.2.1　测站代码，引用基础数据库中的测站基本信息表中测站代码信息。

A.3.2.2.2　时间，"时间"字段。

A.3.2.2.3　水温，给定时间的断面水温，单位为℃，有效数六位，计至两位小数。

A.3.2.2.4　水位，给定时间的断面水位，单位为 m，有效数六位，计至两位小数。

A.3.2.2.5　流速，测定时间瞬时流速，单位为 m/s，有效数四位，计至两位小数。

A.3.2.2.6　流量，测定时间通过测验断面流量，单位为 m³/s，有效数九位，计至一位小数。

A.3.2.2.7　含沙量，一般是单位体积的浑水中所含的干沙的质量，单位为 kg/m³，有效数八位，小数不过四位。

A.3.2.2.8　输沙量，一定时段内通过河流某一断面的泥沙的质量，单位为 t/(m²·d)，有效数十位，小数不过四位。

A.3.2.2.9　测流方法，"测流方法"字段。

A.3.3　湖库水文数据信息表

A.3.3.1　一般规定

A.3.3.1.1　用于存储三峡流域内水库、湖泊的水温、水位、进出水流量等信息。

A.3.3.1.2　表标识为：TGR_HYDLAKE_D。

A.3.3.1.3　表编号：TGR_002_0004。

A.3.3.1.4　表结构定义见表 A.5。

表A.5

序号	字段名	标识符	类型及长度	有无空值	计量单位	主键
1	测站代码	STCD	N(8)	N		Y
2	时间	TIME	Time	N		Y
3	水温	WT	N(6,2)		℃	
4	水位	Z	N(6,2)		m	
5	库容	VOLUME	N(15,1)		m³	
6	进水流量	IN_Q	N(9,1)		m³/s	
7	出水流量	OUT_Q	N(9,1)		m³/s	
8	测流方法	DISC_METH	C(1)			

A.3.3.2 表结构各字段描述

A.3.3.2.1 测站代码，引用基础数据库中的测站基本信息表中测站代码信息。

A.3.3.2.2 时间，"时间"字段。

A.3.3.2.3 水温，给定时间的断面水温，单位为℃，有效数六位，计至两位小数。

A.3.3.2.4 水位，同"水位"字段。有效数六位，计至两位小数。

A.3.3.2.5 库容，某一水位以下蓄水容积，单位m³，有效数十五位，计至一位小数。

A.3.3.2.6 进水流量，要求指"流量"字段，有效数九位，计至一位小数。

A.3.3.2.7 出水流量，要求指"流量"字段，有效数九位，计至一位小数。

A.3.3.2.8 测流方法，"测流方法"字段。

A.3.4 堰闸水文数据信息表

A.3.4.1 一般规定

A.3.4.1.1 用于存储堰闸的水温、水位、进出水流量信息。

A.3.4.1.2 表标识为：TGR_HYDDAM_D。

A.3.4.1.3 表编号：TGR_002_0005。

A.3.4.1.4 表结构定义见表 A.6。

表A.6

序号	字段名	标识符	类型及长度	有无空值	计量单位	主键
1	测站代码	STCD	N(8)	N		Y
2	时间	TIME	Time	N		Y
3	水温	WT	N(6,2)		℃	
4	闸上水位	UP_Z	N(6,2)		m	
5	闸下水位	DOWN_Z	N(6,2)		m	
6	流速	V	N(4,2)		m/s	
7	流量	Q	N(9,1)		m³/s	
8	测流方法	DISC_METH	C(1)			

A.3.4.2 表结构各字段描述

A.3.4.2.1 测站代码，引用基础数据库中的测站基本信息表中测站代码信息。

A.3.4.2.2 时间，"时间"字段。

A.3.4.2.3 水温，给定时间的断面水温，单位为℃，有效数六位，计至两位小数。

A.3.4.2.4 闸上水位，堰闸上游的水位，计量单位为 m，有效数六位，计至两位小数。

A.3.4.2.5 闸下水位，堰闸下游的水位，计量单位为 m，有效数六位，计至两位小数。

A.3.4.2.6 流速，"流速"字段。有效数四位，计至两位小数。

A.3.4.2.7 流量，"流量"字段。有效数九位，计至一位小数。

A.3.4.2.8 测流方法，"测量方法"字段。

A.4 气象数据信息表

A.4.1 一般要求

A.4.1.1 用于存储三峡地面八个常规气象指标，包括风速、风向、气温、气压、降雨量、每日测值。

A.4.1.2 表标识为：TGR_CLIDAY_D。

A.4.1.3 表编号：TGR_003_0006。

A.4.1.4 表结构定义见表 A.7。

表A.7

序号	字段名	标识符	类型及长度	有无空值	计量单位	主键
1	测站代码	STCD	N(8)	N		Y
2	时间	TIME	Time	N		
3	风速	WS	N(4,3)		m/s	
4	风向	WA	N(5,1)		(°)	
5	气温	TEMP	N(5,2)		℃	
6	气压	STP	N(5,2)		Pa	
7	降雨量	PRC	N(5,2)		mm	
8	光合有效辐射	PAR	N(6,2)		$\mu mol/(m^2 \cdot s)$	
9	相对湿度	RH	N(4,2)		%	
10	太阳辐射	SR	N(6,2)		W/m^2	

A.4.2 表结构各字段描述

A.4.2.1 测站代码，引用基础数据库中的测站基本信息表中测站代码信息。

A.4.2.2 时间，"时间"字段。

A.4.2.3 风速，测站代码所代表监测点的实测风速，单位为 m/s，有效数四位，小数不过三位。

A.4.2.4 风向，测站代码所代表监测点的实测风向情况，有效数五位，小数不过一位。

A.4.2.5　气温，测站代码所代表的监测点实测大气温度值，单位为℃，有效数五位，小数不过两位。

A.4.2.6　气压，测站代码所代表的监测点实测大气气压值，单位为 Pa，有效数五位，小数不过两位。

A.4.2.7　降雨量，测站代码所代表的监测点的降雨量监测值，指从天空降落到地面上的雨水，未经蒸发、渗透、流失而在水面上积聚的水层深度，单位为 mm，有效数五位，小数不过两位。

A.4.2.8　光合有效辐射，太阳辐射中对植物光合作用有效的光谱成分，单位为 $\mu mol/(m^2 \cdot s)$，有效数五位，小数不过两位。

A.4.2.9　相对湿度，表示空气中的绝对湿度与同温度下的饱和绝对湿度的比值，有效数四位，小数不过两位。

A.4.2.10　太阳辐射强度，表示 $1m^2$ 范围内接收太阳辐射量，单位为 W/m^2，有效数六位，小数不过两位。

A.5　水质数据信息表

A.5.1　分类

根据水质组分不同，水质数据信息表分为水质物理指标信息表和水质化学指标信息表，如表 A.8。

表A.8

序号	表中文名称	名称编码	说明
1	水质物理指标信息表	TGR_WQPHYS_D	新建
2	水质化学指标信息表	TGR_WQCHEM_D	新建

A.5.2　水质物理指标信息表

A.5.2.1　一般规定

A.5.2.1.1　用于存储水质物理指标监测信息。

A.5.2.1.2　表标识：TGR_WQPHYS_D。

A.5.2.1.3　表编号：TGR_004_0007。

A.5.2.1.4　表结构定义见表 A.9。

表A.9

序号	字段名	标识符	类型及长度	有无空值	计量单位	主键
1	测站代码	STCD	N(8)	N		Y
2	垂线编号	PERP_NO	C(1)	N		Y
3	层面编号	LAY_NO	C(1)	N		Y
4	采样时间	SAMP_TIME	Time	N		Y

序号	字段名	标识符	类型及长度	有无空值	计量单位	主键
5	水温	WT	N(6,2)		℃	
6	pH值	PH	N(3,2)			
7	电导率	ELE_CONDC	N(3)		μS/cm	
8	浊度	TURB	N(3,1)		NTU	
9	溶解氧	DO	N(4,2)		mg/L	
10	透明度	TRAN	N(4,2)		m	
11	氧化还原电位	ORP	N(6,4)		V	
12	水下光照强度	ULI	N(7,1)		μmol/(m²·s)	
13	悬浮物浓度	SS	N(4,2)		mg/L	

A.5.2.2 表结构各字段描述

A.5.2.2.1 测站代码，引用基础数据库中的测站基本信息表中测站代码信息。

A.5.2.2.2 垂线编号，"垂线编号"字段。

A.5.2.2.3 层面编号，"层面编号"字段。

A.5.2.2.4 采样时间，"采样时间"字段。

A.5.2.2.5 水温，给定时间的断面水温，单位为℃，计至两位小数。

A.5.2.2.6 pH值，水中氢离子活度（H^+）的负对数。有效数三位，小数不过两位。

A.5.2.2.7 电导率，在特定条件下，规定尺寸单位立方体的水溶液相对面之间测得的电阻倒数。单位为μS/cm，有效数三位，计至整数。

A.5.2.2.8 浊度，反映水中的不溶解物质对光线透过的阻碍程度的指标。单位为NTU，有效数三位，小数不过一位。

A.5.2.2.9 溶解氧，溶解在水中的分子氧含量。单位为mg/L，有效数四位，小数不过两位。

A.5.2.2.10 透明度，透光的程度。单位为m，有效数四位，小数不过两位。

A.5.2.2.11 氧化还原电位，水溶液中所有物质表现出来的宏观氧化-还原性。单位为V，有效数六位，小数不过四位。

A.5.2.2.12 水下光照，表示被摄主体表面单位面积上受到的光通量。单位为μmol/（m²·s），有效数七位，小数不过一位。

A.5.2.2.13 悬浮物浓度，悬浮在水中固体物质浓度。单位为mg/L，有效数四位，小数不过两位。

A.5.3 水质化学指标信息表

A.5.3.1 一般规定

A.5.3.1.1 用于存储水质化学指标监测信息。

A.5.3.1.2 表标识：TGR_WQCHEM_D。

A.5.3.1.3 表编号：TGR_004_0008。

A.5.3.1.4 表结构定义见表A.10。

表A.10

序号	字段名	标识符	类型及长度	有无空值	计量单位	主键
1	测站代码	STCD	N(8)	N		Y
2	垂线编号	PERP_NO	C(1)	N		Y
3	层面编号	LAY_NO	C(1)	N		Y
4	采样时间	SAMP_TIME	Time	N		Y
5	总硬度	TOT_HARD	N(6,2)		mg/L	
6	总碱度	TA	N(4,2)			
7	总有机碳	TOC	N(7,2)		mg/L	
8	溶解性有机碳	DOC	N(7,2)		mg/L	
9	化学需氧量	COD_CR	N(7,2)		mg/L	
10	总磷	TP	N(6,3)		mg/L	
11	可溶性磷酸盐	PO4	N(6,3)		mg/L	
12	总氮	TN	N(6,3)		mg/L	
13	氨氮	NH_N	N(6,3)		mg/L	
14	亚硝酸盐	NO2	N(6,3)		mg/L	
15	硝酸盐	NO3	N(6,3)		mg/L	
16	高锰酸盐指数	COM_MN	N(6,2)		mg/L	
17	五日生化需氧量	BOD_5	N(5,1)		mg/L	
18	铜	CU	N(7,4)		mg/L	
19	锌	ZN	N(6,4)		mg/L	
20	砷	AS	N(6,4)		mg/L	
21	汞	HG	N(7,5)		mg/L	
22	镉	CD	N(7,5)		mg/L	
23	铬(六价)	HV_CHR	N(5,3)		mg/L	
24	铅	PB	N(7,5)		mg/L	
25	铁	FE	N(6,4)		mg/L	
26	锰	MN	N(6,4)		mg/L	
27	镍	NI	N(7,5)		mg/L	
28	硒	SE	N(6,4)		mg/L	
29	氟化物	F	N(6,4)		mg/L	
30	总氰化物	CN	N(5,3)		mg/L	
31	硫化物	SUL	N(6,2)		mg/L	
32	氯化物	CL	N(7,2)		mg/L	
33	石油类	OIL	N(4,2)		mg/L	
34	硫酸盐	SO_4	N(6,2)		mg/L	
35	阴离子表面活性剂	AIS	N(6,4)		mg/L	
36	多氯联苯(PCB)	PCB	N(8,6)		mg/L	
37	多环芳烃(PAH)	PAH	N(8,6)		mg/L	

序号	字段名	标识符	类型及长度	有无空值	计量单位	主键
38	挥发酚	VP	N(5,2)		mg/L	
39	粪大肠菌群	FDCJQ	N(6,2)		个/L	
40	微囊藻毒素	MC_LR	N(4,2)		μg/L	

A.5.3.2 表结构各字段描述

A.5.3.2.1 测站代码，引用基础数据库中的测站基本信息表中测站代码信息。

A.5.3.2.2 垂线编号，"垂线编号"字段。

A.5.3.2.3 层面编号，"层面编号"字段。

A.5.3.2.4 采样时间，"采样时间"字段。

A.5.3.2.5 总硬度，描述钙离子和镁离子的含量。单位为 mg/L，有效数六位，小数不过两位。

A.5.3.2.6 总碱度，水中能与强酸发生中和作用的物质的总量。有效数四位，小数不过两位。

A.5.3.2.7 总有机碳，水体中溶解性和悬浮性有机物含碳的总量。单位为 mg/L，有效数七位，小数不过两位。

A.5.3.2.8 溶解性有机碳，能通过孔径为 0.45μm 滤膜并在分析过程中未蒸发失去的有机碳。单位为 mg/L，有效数七位，小数不过两位。

A.5.3.2.9 化学需氧量，以重铬酸钾为氧化剂所能氧化的物质含量。单位为 mg/L，有效数七位，小数不过两位。

A.5.3.2.10 总磷，水样中经过强氧化后转变成正磷酸盐的各种无机磷和有机磷总量，以 P 计。单位为 mg/L，有效数六位，小数不过三位。

A.5.3.2.11 可溶性磷酸盐，可以溶进水里面的含磷酸盐。单位为 mg/L，有效数六位，小数不过三位。

A.5.3.2.12 总氮，水样中能被过硫酸钾氧化的无机氮和有机氮化合物总量，以 N 计。单位为 mg/L，有效数六位，小数不过三位。

A.5.3.2.13 氨氮，水中的游离氨和铵盐含量，以 N 计。单位为 mg/L，有效数六位，小数不过三位。

A.5.3.2.14 亚硝酸盐，一类无机化合物的总称。主要指亚硝酸钠。单位为 mg/L，有效数六位，小数不过三位。

A.5.3.2.15 硝酸盐，硝酸与金属反应形成的盐类。单位为 mg/L，有效数六位，小数不过三位。

A.5.3.2.16 高锰酸盐指数，以高锰酸钾为氧化剂，处理水样时所消耗的氧化剂的量。单位为 mg/L，有效数六位，小数不过两位。

A.5.3.2.17 五日生化需氧量，5d、20℃作为生物化学需氧量测定的标准条件。单位为 mg/L，有效数五位，小数不过一位。

A.5.3.2.18 铜，一种重金属。单位为 mg/L，有效数七位，小数不过四位。

A.5.3.2.19 锌，一种重金属。单位为 mg/L，有效数六位，小数不过四位。

A.5.3.2.20　砷，一种类金属元素。单位为 mg/L，有效数六位，小数不过四位。

A.5.3.2.21　汞，一种化学元素。单位为 mg/L，有效数七位，小数不过五位。

A.5.3.2.22　镉，一种重金属。单位为 mg/L，有效数七位，小数不过五位。

A.5.3.2.23　铬（六价），吞入性毒物/吸入性极毒物。单位为 mg/L，有效数五位，小数不过三位。

A.5.3.2.24　铅，一种重金属。单位为 mg/L，有效数七位，小数不过五位。

A.5.3.2.25　铁，一种金属元素。单位为 mg/L，有效数六位，小数不过四位。

A.5.3.2.26　锰，一种金属元素。单位为 mg/L，有效数六位，小数不过四位。

A.5.3.2.27　镍，近似银白色、硬而有延展性并具有铁磁性的金属元素。单位为 mg/L，有效数七位，小数不过五位。

A.5.3.2.28　硒，一种非金属化学元素。单位为 mg/L，有效数六位，小数不过四位。

A.5.3.2.29　氟化物，含负价氟的有机或无机化合物。单位为 mg/L，有效数六位，小数不过四位。

A.5.3.2.30　总氰化物，有氰基的化合物总量。单位为 mg/L，有效数五位，小数不过三位。

A.5.3.2.31　硫化物，电正性较强的金属或非金属与硫形成的一类化合物。单位为 mg/L，有效数六位，小数不过两位。

A.5.3.2.32　氯化物，带负电的氯离子和其它元素带正电的阳离子结合而形成的盐类化合物。单位为 mg/L，有效数七位，小数不过两位。

A.5.3.2.33　石油类，矿物油类化学物质。单位为 mg/L，有效数四位，小数不过两位。

A.5.3.2.34　硫酸盐，硫酸根离子与其他金属离子组成的化合物。单位为 mg/L，有效数六位，小数不过两位。

A.5.3.2.35　阴离子表面活性剂，表面活性剂的一类。在水中解离后，生成亲水性阴离子。单位为 mg/L，有效数六位，小数不过四位。

A.5.3.2.36　多氯联苯（PCB），属于致癌物质。单位为 mg/L，有效数八位，小数不过六位。

A.5.3.2.37　多环芳烃（PAH），有机物不完全燃烧时产生的挥发性碳氢化合物。单位为 mg/L，有效数八位，小数不过六位。

A.5.3.2.38　挥发酚，沸点在 230℃ 以下的有毒物质。单位为 mg/L，有效数五位，小数不过两位。

A.5.3.2.39　粪大肠菌群，生长于人和温血动物肠道中的一组肠道细菌。单位为个/L。有效数六位，小数不过两位。

A.5.3.2.40　微囊藻毒素，蓝藻产生的一类次生代谢产物，测定方法为高效液相色谱法和酶联免疫吸附试验，单位为 μg/L，计至两位小数。

A.6　水生态数据信息表

A.6.1　分类

根据三峡流域水生态指标采集方式和采集区域，水生态数据信息表分为沉积物监测信息表、水生生物监测信息表、渔业环境监测信息表。数据表中文名、名称编码和说明见表 A.11。

表A.11

序号	表中文名称	名称编码	说明
1	沉积物监测信息表	TGR_SEDIMENT_D	新建
2	水生生物监测信息表	TGR_HYDROBIO_D	新建
3	渔业环境监测信息表	TGR_YZFISH_D	新建

A.6.2 沉积物监测信息表

A.6.2.1 一般规定

A.6.2.1.1 用于存储沉积物监测的指标。

A.6.2.1.2 表标识：TGR_SEDIMENT_D。

A.6.2.1.3 表编号：TGR_005_0009。

A.6.2.1.4 表结构定义见表 A.12。

表A.12

序号	字段名	标识符	类型及长度	有无空值	计量单位	主键
1	测站代码	STCD	N(8)	N		Y
2	垂线编号	PERP_NO	C(1)	N		Y
3	层面编号	LAY_NO	C(1)	N		Y
4	采样时间	SAMP_TIME	Time	N		Y
5	沉积物粒度	SED_SIZE	N(8,4)		mm	
6	沉积物有机质	SED_TOC	N(8,4)		mg/g	
7	总砷	TAS	N(7,5)		mg/g	
8	总汞	THG	N(7,5)		mg/g	
9	总铜	TCU	N(7,4)		mg/g	
10	总铅	TPB	N(7,5)		mg/g	
11	总镉	TCD	N(7,5)		mg/g	
12	总锰	TMGN	N(4,2)		mg/g	
13	总钾	TK	N(5,2)		mg/g	
14	总氮	SED_TN	N(5,3)		mg/g	
15	总磷	SED_TP	N(5,3)		mg/g	
16	有机氯农药	SED_OCP	N(7,5)		mg/g	
17	有机磷农药	SED_OPP	N(7,5)		mg/g	

A.6.2.2 表结构各字段描述

A.6.2.2.1 测站代码，引用基础数据库中的测站基本信息表中测站代码信息。

A.6.2.2.2 垂线编号，"垂线编号"字段。

A.6.2.2.3 层面编号，"层面编号"字段。

A.6.2.2.4 采样时间，"采样时间"字段。

A.6.2.2.5 沉积物粒度，颗粒在空间范围所占据大小的线性尺度。单位为 mm，有效数八位，小数不过四位。

A.6.2.2.6 沉积物有机质，沉积物保存有机物含量。单位为 mg/g，有效数八位，小数不过四位。

A.6.2.2.7 总砷，沉积物砷的总含量。单位为 mg/g，有效数七位，小数不过五位。

A.6.2.2.8 总汞，沉积物汞的总含量。单位为 mg/g，有效数七位，小数不过五位。

A.6.2.2.9 总铜，沉积物铜的总量。单位为 mg/g，有效数七位，小数不过四位。

A.6.2.2.10 总铅，沉积物铅的总量。单位为 mg/g，有效数七位，小数不过五位。

A.6.2.2.11 总镉，沉积物镉的总量。单位为 mg/g，有效数七位，小数不过五位。

A.6.2.2.12 总锰，沉积物锰的总量。单位为 mg/g，有效数四位，小数不过两位。

A.6.2.2.13 总钾，沉积物钾的总量。单位为 mg/g，有效数五位，小数不过三位。

A.6.2.2.14 总氮，沉积物总氮的浓度。单位为 mg/g，有效数五位，小数不过三位。

A.6.2.2.15 总磷，沉积物总磷的浓度。单位为 mg/g，有效数五位，小数不过三位。

A.6.2.2.16 有机氯农药，有机氯农药是一类在组成上含有氯原子的有机杀虫剂和杀菌剂，主要分为以苯为原料和以环戊二烯为原料的两大类。单位为 mg/g，有效数七位，小数不过三位。

A.6.2.2.17 有机磷农药，有机磷农药是一类在组成上含有磷原子的有机杀虫剂，有机磷农药多为磷酸酯类或硫代磷酸酯类，单位为 mg/g，有效数七位，小数不过三位。

A.6.3 水生生物监测信息表

A.6.3.1 一般规定

A.6.3.1.1 用于存储监测浮游植物、浮游动物、底栖生物等水生生物监测信息。

A.6.3.1.2 表标识：TGR_PHYBENT_D。

A.6.3.1.3 表编号：TGR_005_0010。

A.6.3.1.4 表结构定义见表 A.13。

表A.13

序号	字段名	标识符	类型及长度	有无空值	计量单位	主键
1	测站代码	STCD	N(8)	N		Y
2	垂线编号	PERP_NO	C(1)	N		Y
3	层面编号	LAY_NO	C(1)	N		Y
4	采样时间	SAMP_TIME	Time	N		Y
5	叶绿素a	CHLA	N(4,2)		μg/L	
6	浮游植物种类数	PHY_NUM	N(8,2)			
7	浮游植物密度	PHY_ABUN	N(15,2)		个/L	
8	浮游植物生物量	PHY_BIO	N(8,2)		mg/L	
9	浮游植物种类数	ZOO_NUM	N(8,2)			
10	浮游动物密度	ZOO_ABUN	N(8,2)		个/L	

序号	字段名	标识符	类型及长度	有无空值	计量单位	主键
11	浮游动物生物量	ZOO_BIO	N(8,2)		mg/L	
12	底栖动物种类数	BEN_NUM	N(8,2)			
13	底栖动物密度	BEN_ABUN	N(8,2)		个/m²	
14	底栖动物生物量	BEN_BIO	N(8,2)		g/m²	
15	着生藻类种类	PER_NUM	N(8,2)			
16	着生藻类密度	PER_ABUN	N(15,2)		个/cm²	
17	着生藻类生物量	PER_BIO	N(8,2)		mg/cm²	

A.6.3.2 表结构各字段描述

A.6.3.2.1 测站代码，引用基础数据库中的测站基本信息表中测站代码信息。

A.6.3.2.2 垂线编号，"垂线编号"字段。

A.6.3.2.3 层面编号，"层面编号"字段。

A.6.3.2.4 采样时间，"采样时间"字段。

A.6.3.2.5 叶绿素 a，植物光合作用中重要色素，通过浮游植物叶绿素测定，可掌握水体的初级生产力情况，因而叶绿素是评价水体富营养化的重要参数。单位为 μg/L，计至两位小数。

A.6.3.2.6 浮游植物种类数，调查获取的浮游植物物种数目，有效数八位，小数不过两位。

A.6.3.2.7 浮游植物密度，对样本计数后获取的浮游植物密度，单位为个/L，有效数十五位，小数不过两位。

A.6.3.2.8 浮游植物生物量，根据浮游植物样本所测定的湿重，单位为 mg/L，有效数八位，小数不过两位。

A.6.3.2.9 浮游动物种类数，调查获取的浮游动物物种数目，有效数八位，小数不过两位。

A.6.3.2.10 浮游动物密度，对样本计数后获取的浮游动物密度，单位为个/L，有效数八位，小数不过两位。

A.6.3.2.11 浮游动物生物量，根据浮游动物样本所测定的湿重，单位为 mg/L，有效数八位，小数不过两位。

A.6.3.2.12 底栖动物种类数，调查获取的样方中底栖动物物种数目，有效数八位，小数不过两位。

A.6.3.2.13 底栖动物密度，对样本计数后获取的底栖动物密度，单位为个/m²，有效数八位，小数不过两位。

A.6.3.2.14 底栖动物生物量，根据底栖动物样本所测定的湿重，单位为 g/m²，有效数八位，小数不过两位。

A.6.3.2.15 着生藻类种类，调查获取样方中着生藻类物种数目，有效数八位，小数不过两位。

A.6.3.2.16 着生藻类密度，对样本计数后获取的着生藻类密度，单位为个/cm²，有效数十五位，小数不过两位。

A.6.3.2.17　着生藻类生物量，根据藻生藻类样本所测定的湿重，单位为 mg/cm²，有效数八位，小数不过两位。

A.6.4　渔业环境监测信息表

A.6.4.1　一般规定

A.6.4.1.1　用于存储长江上、中、下游以及水库中水生动物与渔业环境监测信息。主要包括特有鱼类、珍稀鱼类和经济鱼类特定监测及鱼类早期产卵状况的监测。

A.6.4.1.2　表标识：TGR_YZFISH_D。

A.6.4.1.3　表编号：TGR_005_0011。

A.6.4.1.4　表结构定义见表 A.14。

表A.14

序号	字段名	标识符	类型及长度	有无空值	计量单位	主键
1	测站代码	STCD	N(8)	N		Y
2	采样时间	SAMP_TIME	Time	N		
3	渔获物数量	CATCH_NUM	N(9)		kg/d	
4	特有鱼类出现频率	UNIQUE_FRE	N(3,1)		%	
5	特有鱼类相对重要性指数	UNIQUE_IND	N(8,2)			
6	白鲟数量	BAIXUN_NUM	N(8,2)		个 /km²	
7	白鲟大小(平均值)	BAIXUN_SIZE	N(8,2)		cm	
8	达氏鲟数量	DASHI_NUM	N(8,2)		个 /km²	
9	达氏鲟大小	DASHI_SIZE	N(8,2)		cm	
10	胭脂鱼数量	MULLET_NUM	N(8,2)		个 /km²	
11	胭脂鱼大小	MULLET_SIZE	N(8,2)		cm	
12	滤食性鱼类资源量	FILTER_FISH	N(8,2)		t/km²	
13	杂食性鱼类资源量	OMNI_FISH	N(8,2)		t/km²	
14	草食性鱼类资源量	HERBI_FISH	N(8,2)		t/km²	
15	肉食性鱼类资源量	CARNI_FISH	N(8,2)		t/km²	
16	产卵规模	BREED_SCALE	N(8,2)		%	
17	产卵时间	BREED_TIME	Time			
18	产卵位置经度	BREED_LON	C(40)		(°)	
19	产卵位置纬度	BREED_LAT	C(40)		(°)	

A.6.4.2　表结构各字段描述

A.6.4.2.1　测站代码，引用基础数据库中的测站基本信息表中测站代码信息。

A.6.4.2.2　采样时间，"采样时间"字段。

A.6.4.2.3　渔获物数量，用单位捕捞努力量渔获量表征，单位为 kg/d，有效数九位。

A.6.4.2.4　特有鱼类出现频率，特有鱼类在渔获物中出现频率，单位为 %，有效数三位，小数不过一位。

A.6.4.2.5 特有鱼类相对重要性指数，利用相对重要性指数计算公式所计算值，单位为%，有效数八位，小数不过两位。

A.6.4.2.6 白鲟数量，白鲟被误捕数量，单位为个/km²，有效数八位，小数不过两位。

A.6.4.2.7 白鲟大小，白鲟测量的平均体长，单位为cm，有效数八位，小数不过两位。

A.6.4.2.8 达氏鲟数量，达氏鲟被误捕数量，单位为个/km²，有效数八位，小数不过两位。

A.6.4.2.9 达氏鲟大小，达氏鲟测量的体长，单位为cm，有效数八位，小数不过两位。

A.6.4.2.10 胭脂鱼数量，胭脂鱼被误捕数量，单位为个/km²，有效数八位，小数不过两位。

A.6.4.2.11 胭脂鱼大小，胭脂鱼测量的平均体长，单位为cm，有效数八位，小数不过两位。

A.6.4.2.12 滤食性鱼类资源量，滤食性鱼类，包括鲢、鳙等生物量，单位为t/km²，有效数八位，小数不过两位。

A.6.4.2.13 杂食性鱼类资源量，杂食性鱼类，包括鲤、鲫等生物量，单位为t/km²，有效数八位，小数不过两位。

A.6.4.2.14 草食性鱼类资源量，草食性鱼类，如草鱼生物量，单位为t/km²，有效数八位，小数不过两位。

A.6.4.2.15 肉食性鱼类资源量，肉食性鱼类，如鳜、鲌等生物量，单位为t/km²，有效数八位，小数不过两位。

A.6.4.2.16 产卵规模，鱼类产卵规模大小，有效数八位，小数不过两位。

A.6.4.2.17 产卵时间，鱼类早期产卵时间。

A.6.4.2.18 产卵位置经度，鱼类早期产卵场坐标。

A.6.4.2.19 产卵位置纬度，鱼类早期产卵场坐标。

附录五 《三峡库区水环境生态系统感知系统技术规范（建议稿）》节选

1 适用范围

本标准规定了长江三峡库区水环境生态系统感知的主要内容和技术方法。

本标准适用于长江三峡库区支流及回水区水环境生态感知系统构建。

2 规范性引用文件

本标准内容引用了下列文件或其中的条款。凡是不注日期的文件，其最新版本适用于本标准。

（GB 3838）《地表水环境质量标准》

（GB/T 2260）《中华人民共和国行政区划代码》

（GB/T 7408）《数据元和交换格式信息交换日期和时间表示法》

（GB/T 8567）《计算机软件文档编制规范》

（GB/T 26223）《信息技术 软件重用 重用库互操作性的数据模型 基本互操作性数据模型》

（HJ 731）《近岸海域水质自动监测技术规范》

（SL 325）《水质数据库表结构及标识符》

（T/CQSES 01）《三峡水生态环境监测数据存储标准》

3 术语和定义

下列术语和定义适用于本标准。

3.1 环境感知 Environmental Perception

对环境参数进行测量、传输、处理分析，评估环境状态。

3.2 水环境生态感知 Perception of Water Environmental Ecosystem

对反映流域的水生态环境的参数（包括水质、生态等指标），进行测量、传输、处理分析，评估水环境生态状态的过程。

3.3 综合健康指数 Comprehensive Health Index

选择与三峡库区水环境密切相关的指标如水质［水温、pH、透明度（SD）、溶解氧（DO）、总氮（TN）、总磷（TP）、高锰酸盐指数（COD$_{Mn}$）]与水生态[藻密度和叶绿素 a（Chla）]多重指标进行加权综合，表征水体健康状态水平，用综合健康指数（Comprehensive Health Index，CHI）表示。它在 0 ～ 1 之间取值，其值为 0 时代表健康状态最差，为 1 时代表健康状态最好。

4 环境感知系统框架

4.1 自动监测站

4.1.1 自动监测站功能

对三峡库区水文、气象、水质、水生态状况等进行连续自动监测；存储监测数据；按中心控制平台指令定时或实时传输监测数据及设备工作状态等信息。

4.1.2 自动监测站组成

自动监测站包括浮体（平台）、电力供应系统、自动监测系统、视频系统、数据采集系统、数据传输系统、卫星定位系统、固定系统、航标灯等。

4.2 中心控制平台

4.2.1 中心控制平台功能

实时监控和远程控制自动监测站设备运行情况，获取、存储、管理和分析处理自动监测站监测数据，评估水环境生态安全状态，并进行决策分析、信息发布和会商支撑等。

4.2.2 中心控制平台组成

a. 水生态管理运行模块包括水环境事件预警平台和智能管理平台。

b. 水生态推演模拟模块包括水质预测模型、富营养化评价模型、水生态评价模型、生物生态综合毒性模型。

c. 水生态感知模拟与可视化推演平台系统包括基础设施层、数据采集层、应用支撑层和业务功能层。

d. 可视化展示与会商决策平台包括可视化展示系统、会商系统和会商室网络。

5 自动监测系统技术要求

5.1 自动监测指标和频次

5.1.1 自动监测指标

自动监测指标的选取应遵循以下原则：

① 可测性：所选指标的具体数值可以通过监测、统计或计算等方法获得。

② 可比性：所选指标应该使得三峡库区不同时空的评价结果可以相互对比。

③ 敏感性：所选指标能够比较灵敏地反映三峡水库水环境的变化。

④ 综合性：所选指标体系应尽可能涵盖三峡库区气象、水文、水质和水生态等方面的指标，以综合反映三峡库区生态系统的健康状况。

a. 气象指标一般考虑风速、风向、气温、气压、降水量、太阳辐射强度、湿度等；

b. 水文指标一般考虑水位、流速、流向等；

c. 水质指标一般考虑氧化还原电位、水温、pH 值、透明度、浊度、电导率、溶解氧、盐度、高锰酸盐指数、总氮、氨氮、总磷等；

d. 水生物指标一般考虑叶绿素 a、水体二氧化碳变化速率、藻类生物量、藻毒素、水质综合毒性等。

具体指标可根据实际情况进行增删调整。

5.1.2　自动监测频次

自动监测频次一般为 1h 1 次，最小监测频率为 24h 1 次，对出现的应急等特殊情况，应根据实际情况进行调整。

5.2　自动监测系统设备

5.2.1　自动监测系统设备选择原则

a. 选择设备时，要充分考虑仪器设备的性能及其在监测区域的适用性。

b. 注意根据设备检测器的检测原理、方法和适用条件，选择满足工作需求的设备。

c. 自动监测设备仪器性能指标一般符合附录 A 要求。

5.2.2　自动监测设备备用配置原则

备用监测设备的性能配置参照日常监测使用的设备性能配置进行。考虑监测区域水质情况及日常监测使用的设备使用频率，整装设备按照现场使用设备的 10% 备用（不足 1 台，按照 1 台备）；每种参数监测设备的易损配件按照 20% 备用。

6　数据采集、存储和传输技术要求

6.1　数据采集

自动监测设备获得的监测数据，根据自动监测设备配置的数据传输协议，包括但不限于 RS-232、RS-485、SDI-12，选用低功耗、高可靠的数据采集器进行数据采集工作。数据采集器的性能及参数应满足如下要求：

a. 工作电压为直流电压 12V；

b. 数据接口类型应完全满足使用的自动监测设备数据传输协议要求，每类数据接口数量应多于对应的自动监测设备数量；

c. 采集的数据应当实时通过通信端口向中心控制平台传输。数据采集器应当具有存储数据的功能，存储的数据内容应当不少于 2 个月。

6.2　数据存储

为提高管理的效率和满足精细化管理的要求，规范资源监控能力建设的设计、实施、管理，数据存储与分类参考《三峡水生态环境监测数据存储标准》（T/CQSES 01—2017）。

6.3　数据传输

三峡库区水环境生态系统感知系统原位获取的数据，通过因特网、移动通信网络，以及北斗卫星通信网络进行组网传输。由数据采集器、通信模块及中心控制平台数据存储模块构成，实现数据的传输与接收。数据传输速率上行速率不低于 5.76Mbps，下行速率不低于 21.6Mbps。

6.3.1　数据表设计与定义

三峡库区水生态环境感知平台包含在线监测数据库、地理信息数据库两个部分。在线监测数据库为存储通过巡测或设置监测站获取的数据的数据库，包括通过定点监测、巡测、在线监测等方式获取的水位、流量、水量、水质、水生态等动态变化的数据；地理信息数据库是存储地理信息数据的数据库，包括照片影像信息和遥感影像信息，存储获取图片的位置坐标、图像来源等内容。

6.3.2　水质自动站监测信息表

本表存储水质站水体监测参数信息（自动监测站常监测内容）；本表允许各单位根据实际情况进行扩展，所采用的字段名、标识符、类型及长度等应与本标准一致。其中 pH 值、水温、电导率和浊度信息来源于《水质数据库表结构及标识符》（SL 325—2014）表"WQ_PCP_D"，溶解氧、化学需氧量、总磷、总氮和氨氮信息来源于《水质数据库表结构及标识符》（SL 325—2014）表"WQ_NMISP_D"。

表标识：WR_QS_9PARA_R。

表编号：WR_R03_0001。

6.3.3　通信协议

通信包由 ACSII 码字符组成，通信协议数据结构如图 1 所示。

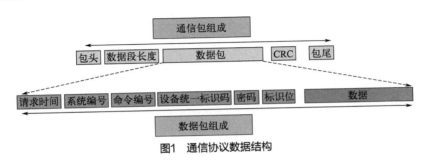

图1　通信协议数据结构

通信包包括包头、数据段长度、数据包、CRC 校验码、包尾。数据包由请求时间、系统编号、命令编号、设备统一标识码、密码、标识位、数据组成。设备标识码由用户机构统一管理，各个在线监测设备传输数据时使用此标识码作为凭证。

结构说明：

1. 字段与其值用"="连接；在数据区中，不同字段之间用"；"来分隔。

2. 时间格式：

YYYY：日期/年，如2005表示2005年；

MM：日期/月，如09表示9月；

DD：日期/日，如23表示23日；

HH：时间/时；

MM：时间/分；

SS：时间/秒；

ZZZ：时间/毫秒。

通信包结构构成见表1。数据段结构构成见表2。

表1 通信包结构构成

名称	类型	长度	描述
包头包尾	字符	2	固定为##
数据段长度	十进制整数	4	数据段的ASCII字符数，例如：长255，则写为"0255"，最大为1024
数据包	字符	$0 \leqslant n \leqslant 1024$	#&变长的数据#&
CRC校验码	十六进制整数	4	数据段的校验结果，如CRC错，即回复CRC错误到发送方(crc16-CCITT)

表2 数据段结构构成

名称	类型	长度	描述
请求时间QT	字符	20	精确到毫秒的时间戳：QT=YYYYMMDDHHMMSSZZZ，用来唯一标识一个命令请求，用于请求命令或通知命令，基于该消息的回复都用此时间
系统编号ST	字符	5	ST=系统编号，系统编号见系统编码表01：毒性分析仪；02：藻毒素原位检测；03：原位水体CO_2变化速率监测；04：水质多参数监测；05：CR1000_120；06：CR1000_10；07：设备物理参数
命令编号CN	字符	4	CN=命令编号，命令编号见命令列表1：请求连接；2：传送数据；3：修改密码；4：回复；5：发送心跳
访问密码PW	字符	9	PW=访问密码，默认密码sanxia
设备唯一标识MN	字符	14	MN=监测点编号，这个编号下端设备需固化到相应存储器中，用作身份识别
是否拆分包及应答标志Flag，第二位为包号	字符	5	FG=标识，0不需要应答不拆包，2不需要应答拆包，1需要应答不拆包，3需要应答拆包
数据DT	字符	$0 \leqslant n \leqslant 968$	DT=&& 数据 &&

7　三峡库区水环境生态感知结果评价

7.1　水体质量状况

7.1.1　评价因子

评价因子选择 pH 值、透明度、浊度、电导率、溶解氧、盐度、高锰酸盐指数、总氮、氨氮、总磷等指标进行评价。

7.1.2　计算方法

水体质量状况采用水体质量状况指数（WQI）进行评价。该评价指数主要考虑三方面的因素：

a. 评价时期内出现超标的指标数百分比记为 F_1；

b. 指标超标的频次百分比记为 F_2；

c. 超标的幅度记为 F_3。

各因素计算公式如下：

$$F_1 = \left(\frac{出现超标的指标数}{评价总指标数} \right) \times 100 \tag{1}$$

$$F_2 = \left(\frac{总超标次数}{一定时间内总的监测数} \right) \times 100 \tag{2}$$

$$F_3 = \left(\frac{nse}{0.01 \times nse + 0.01} \right) - 1 \tag{3}$$

其中 nse 计算公式为：

$$nse = \left(\frac{\sum\limits_{i=1}^{n} excursion_i}{总监测数目} \right) - 1 \tag{4}$$

式中，$excursion_i$ 为超标指标的值与评价标准之间的偏差，区分为指标值越大越好和越小越好两种情况。

指标越小越好：

$$excursion_i = \left(\frac{指标超标值}{指标评价标准} \right) - 1 \tag{5}$$

指标越大越好：

$$excursion_i = \left(\frac{指标评价标准}{未达标的指标值} \right) - 1 \tag{6}$$

三个分项指标计算完成后计算水质指数，使其成为 0 ~ 100 的值，值越大代表水质状况越好：

$$WQI = 100 - \frac{\sqrt{F_1^2 + F_2^2 + F_3^2}}{1.732} \quad (7)$$

7.1.3 水环境质量分级

获取的 WQI 值分布在 0 ～ 100 之间，根据 WQI 指数的值对水体质量进行分级，分级标准如表3所列。

表3 CCME-WQI法确定的水质级别

水质指数	水质等级	表征颜色	意义
95～100	优	绿	水质基本未受污染
80～94	良	蓝	水质仅轻微退化，水利良好
65～79	中	黄	水质偶尔超标，轻度污染
45～64	及格	红	水质退化比较严重，经常超标，中度污染
0～44	差	黑	水质退化非常严重，几乎长期超标，重度污染

7.2 水体营养状态

7.2.1 评价因子

评价因子选择 Chla、TP、TN、SD、COD_{Mn} 共 5 个浓度参数进行评价。

7.2.2 计算方法

水体营养状态采用水体营养状态指数法（TLI）进行评价。

依据叶绿素（Chla）、总磷（TP）、总氮（TN）、透明度（SD）和高锰酸盐指数（COD_{Mn}）5 个单项指标的浓度值，分别计算单项营养状态指数，计算方法如下：

$$TLI(chla) = 10 \times [2.46 + 1.091\ln(chla)] \quad (8)$$

$$TLI(TN) = 10 \times [3.96 + 3.951\ln(TN)] \quad (9)$$

$$TLI(TP) = 10 \times [12.02 + 2.690\ln(TP)] \quad (10)$$

$$TLI(SD) = 10 \times [4.84 - 6.70\ln(SD)] \quad (11)$$

$$TLI(COD_{Mn}) = 10 \times [1.80 + 3.78\ln(COD_{Mn})] \quad (12)$$

综合营养状态指数由单项营养状态指数加权之和求得，公式如下：

$$TLI(\Sigma) = \sum_{j=1}^{m} W_j TLI(j) \quad (13)$$

式中　　$TLI(\Sigma)$——综合营养状态指数；

　　　　$TLI(j)$——第 j 种指标的单项营养状态指数；

　　　　　m——指标个数，本标准取 5；

　　　　W_j——第 j 种指标的单项营养状态指数的相关权重，取值为：$W_{chla} = 0.5996$；$W_{TN} = 0.0718$；$W_{TP} = 0.1370$；$W_{SD} = 0.0075$；$W_{COD_{Mn}} = 0.1840$。

7.2.3 水体营养状态分级

基于水体综合营养状态指数，结合水体对使用功能的支持程度，将三峡库区水体营养状态按功能高低依次划分为六级：

Ⅰ级 贫营养级 水体 TLI ≤ 30。水体初级生产力低，完全支持水体的各种使用功能。

Ⅱ级 中营养 水体 30 < TLI（Σ）≤ 50。水体初级生产力中等，但不影响水体的各种使用功能。

Ⅲ级 轻富营养 水体 50 < TLI（Σ）≤ 60。水体初级生产力较高，作为工业、生活水源需要作适当处理，仍可作为人体直接接触的娱乐用水，也不影响水产养殖等功能。

Ⅳ级 中富营养 水体 60 < TLI（Σ）≤ 70。水体初级生产力高，出现少量藻华，作为工业、生活水源需要作特殊工业处理，不支持直接接触的娱乐用水功能，对非直接接触的景观功能也产生明显的影响。

Ⅴ级 重富营养 水体 70 < TLI（Σ）≤ 80。水体初级生产力极高。水体出现大面积水华，严重影响水体的使用功能。不支持工业、生活水源和景观娱乐用水功能，仅满足农业用水功能。

劣Ⅴ级 异富营养级 水体 TLI（Σ）> 80。水体营养状态超过重度富营养水平，水体发黑发臭，水华暴发现象频繁发生。

7.3 水环境生态健康状态

7.3.1 评价因子

评价因子包括水温、透明度、水位、流速、pH 值、TN、TP、NH_3-N、藻种类、藻密度、叶绿素 a。

7.3.2 计算方法

水环境生态健康状态评价采用综合健康指数法（CHI）进行评价。

取系统开始运行后各监测点的所有数据，组成 n 个样本 m 个评价指标的初始矩阵，利用熵值法计算各指标的权重。其计算步骤如下。

a. 构建 n 个样本 m 个评价指标的判断矩阵 $R=(x_{ji})_{n \times m}(i=1,2,\cdots,m \; ; j=1,2,\cdots,n)$。

b. 将判断矩阵归一化处理，得到归一化判断矩阵 B，B 中元素的表达式为：

$$b_{ji} = \frac{x_{ji} - x_{\min}}{x_{\max} - x_{\min}} \tag{14}$$

式中，$x_{\max}$、$x_{\min}$ 分别为同指标下不同样本中最满意者或最不满意者（越小越满意或越大越满意）。

c. 根据熵的定义，n 个样本 m 个评价指标，可确定评价指标的熵为：

$$H_i = -\frac{1}{\ln n}\left(\sum_{j=1}^{n} f_{ji} \ln f_{ji}\right) \tag{15}$$

其中定义 f_{ji} 为：

$$f_{ji} = \frac{1+b_{ji}}{\sum_{j=1}^{n}(1+b_{ji})} \qquad (16)$$

d. 计算评价指标的熵权 W 为：

$$W=(\omega_i)_{1 \times m}$$

$$\omega_i = \frac{1-H_i}{m-\sum_{i=1}^{m}H_i} \text{且满足} \sum_{i=1}^{m}\omega_i=1 \qquad (17)$$

计算综合健康指数 CHI 为：

$$\text{CHI} = \sum_{i=1}^{m}w_i \times b_i \qquad (18)$$

式中　m——评价指标的个数；

　　　w_i——指标 i 的权值；

　　　b_i——指标 i 的归一化值；

　　CHI——综合健康指数。

7.3.3　水环境生态健康状态分级

基于综合健康指数，将三峡库区水环境生态健康状态按功能高低依次划分为五级：

Ⅰ级　很健康　水体 $0.8 < \text{CHI} \leqslant 1.0$。生态系统能量高，活力、恢复力强，组织结构完整，生态系统稳定。

Ⅱ级　健康　水体 $0.6 < \text{CHI} \leqslant 0.8$。生态系统能量较高，活力、恢复力较强，结构基本完整，生态系统相对稳定。

Ⅲ级　亚健康　水体 $0.4 < \text{CHI} \leqslant 0.6$。生态系统能量高，活力、恢复力良好，组织结构基本完整，生态系统具有一定的稳定性。

Ⅳ级　一般病态　水体 $0.2 < \text{CHI} \leqslant 0.4$。生态系统能量低，生态系统活力、恢复力一般，组织结构已有缺失，生态系统稳定性较差。

Ⅴ级　病态　水体 $0 \leqslant \text{CHI} \leqslant 0.2$。生态系统能量很低，生态系统活力、恢复力较差，组织结构严重残缺，生态系统不稳定性。

8　平台业务化运行维护

8.1　日常运行维护系统建设

运行维护系统包括信息系统相关的主机存储设备、网络安全设备、操作系统、数据库、权限管理、系统监控、访问监控、资料检索服务以及应用系统的运行维护服务，保证现有的信息系统的正常运行，降低整体管理成本，提高信息系统的整体服务水平。同时根据日常维护的数据和记录，提供信息系统的整体建设规划和建议，更好地为信息化发展提供有力的保障。

（1）网络系统运行维护

网络节点和拓扑管理。保持全网拓扑结构的自动生成及实时更新，便于直观地观察和监控。拓扑图包括骨干线路的拓扑图、基于设备物理连接的物理拓扑图、按照地理位置的网络分布图、楼宇的网络结构视图、重要网络设备的管理视图、核心网段的网络拓扑图、根据网络管理员日常工作的维护视图等。

网络性能管理。根据被管理对象的类型及其属性，定时采集性能数据，如流量、延迟、丢包率、CPU 利用率、内存利用率、温度等，自动生成统计分析报告；可对每一个被管理对象，针对不同的时间段和性能指标进行阈值设置，通过设置阈值检查和告警，提供相应的阈值管理和溢出告警机制；监控网络系统节点之间的网络时延，搜索从源节点到目的节点的网络路径和从目的节点返回源节点的网络路径，并把沿途线路带宽和设备状态直观地显示出来。

网络故障管理。实时监控网络中发生的各种事件，根据需要定制监控的对象和内容，当出现预定义的故障或超出性能阈值时，将按照管理员指定的处理方式自动报警或动作处理；使用网管系统的连通性故障自动定位和诊断功能，对故障事件能进行自动关联，得出最直接的故障原因，并将明确的故障发生定位信息通过告警系统发送到网络管理员；告警系统提供多种报警方式，包括电子邮件、声音、告警信息、手机短信等；管理员定期完成网络连通可用性分析报告；通过与帮助台联动，实现故障处理的规范化。

（2）数据处理与数据库运行维护

1）服务器系统维护

硬件系统管理。实时监控主机内温度、风扇状态、电源状态、主机板、CELL 状态、盘阵状态；实时监视系统 CPU 的利用率，显示 CPU 运行队列的长度；对内存使用情况进行管理；观察硬盘及磁盘阵列的使用率，统计用于文件读或写操作的磁盘 I/O 利用率以及虚拟内存的使用率。

系统进程管理。实时监视系统进程的运行状况，并在系统进程出现异常时给出告警，针对出现异常和长时间占用内存或 CPU 的用户进程进行重点监控。

网络性能管理。监控服务器网络通断、冲突和错误的情况以及其网络流量的情况。

性能报告管理。监控系统资源的实时变化，设置异常门限值，当正监测的系统性能参数达到门限时产生报警，并按时间段生成系统资源的历史性能报告。

文件系统空间管理。实时监视文件系统空间的使用情况，并在文件系统达到一定的阈值时给出告警；对系统中的重要文件进行管理，监视重要文件的存在与文件的大小变化情况，监视文件系统的挂载情况，出现不能正常挂载文件系统时给出告警。

群集管理。实时监控 Unix 服务器群集和包的运行状态信息。

2）数据库系统维护

监视数据库的状态、SGA 的各种参数、日志事件（警告）、侦听器状态、进程状态、可用性如死锁、资源争用、不一致性以及会话和 SQL 活动、等待状况、数据库碎片情况等。

监视关系型数据库归档日志和可用空间量，以及关系型数据库归档日志目的地中可用空间的百分比；监视转储目的地目录的使用空间百分比。

监视并警告当前分配的扩展数据块数超出指定阈值的数据库对象。

对表空间的使用情况和增长情况进行定期分析和预警。

针对数据库中的 I/O 情况进行实时监控。

定期提供数据库运行性能的分析，帮助提出诊断和优化调整建议。

将监控到的数据库性能指标保存下来，生成性能趋势报告，为管理者提供决策依据。

定期检查系统日志和备份作业日志，根据日志解决潜在问题。

（3）数据存储备份运行维护

对 IT 环境中的存储和备份资源集中监控，统一管理，实时得出设备性能参数，如 I/O 请求的数量、物理 I/O 读写响应时间和数据传输峰值、cache 使用的统计数据等；规划总体存储空间，分析数据量随时间增长的趋势图表，合理分配资源，并对系统性能进行优化。

对应用进行数据迁移前，进行风险分析和评估，制订应用迁移方案，提交风险回退方案；数据迁移后对数据一致性、完整性和可用性进行测试，确认移植成功。

制订主机操作系统、文件系统和应用软件系统数据备份策略，制订自动或人工备份介质管理规范。

检查日常备份任务的完成情况，确保数据按要求成功备份。

定时进行备份恢复演习，保证操作系统、文件系统和数据库出现异常时能够迅速解决。

（4）应用系统运行维护

日常基本维护。实时监控应用系统服务和进程的运行状态，对关键进程占用系统资源的情况进行管理；在服务出现异常时给出告警，并能在进程终止时给予自动重启该进程的操作；定期针对应用系统运行中生成的记录文件进行监测，从而判断应用中的重要错误、警告以及性能等问题；实时监控关键服务的响应时间，当服务响应时间不正常时予以排查处理。

专项高级维护。配合应用系统建设工作，完成应用程序的 bug 修改和功能拓展；针对应用程序特点，完成网络、数据库、主机内核参数、存储设备的调整和优化，提高应用系统性能。

（5）机房运行维护

机房管理方案分为设备运维和人员管理两部分。设备运维：主要设备运转状况、环境参数实时监控；设备故障及环境参数报警信号实时通报。人员管理：主要是通过门禁系统对进出机房的工作人员进行授权，限定人员工作区域，杜绝随意走动造成的安全隐患。

（6）安全运行维护方案

在网络上建立比较完整的安全防护体系，为业务应用系统提供安全可靠的网络运维环境。

实现多级的安全访问控制功能。

重要信息的传输实施加密保护。

建立安全监测监控系统。

建立系统网络全方位的病毒防范体系。

建立数字证书认证服务基础设施和授权系统。

建立系统网络安全监控管理中心，加强集中管理和监控，及时了解网络系统的安全状况、存在的隐患，技术上采取"集中监控、分级管理"的手段，发现问题后及时采取措施。建立有效的安全管理机制和组织体系。

（7）权限管理维护方案

用户权限管理主要实现不同用户在系统中具有不同的权限，系统按照业务内容与组织机构的不同，给不同角色赋予不同的权限。主要包括系统管理员、领导、业务员以及普通公众用户。

用户管理。有权限的后台管理人员能对系统进行添加用户、编辑用户、删除用户的操作。

角色管理。有权限的后台管理人员能对系统进行添加角色、编辑角色、删除角色的操作。

资源管理。系统中的各种功能称为资源，资源管理是对系统中各类资源进行管理，实现对资源的添加、查询、编辑、删除操作。

角色资源管理。角色资源管理是对角色能操作哪些资源进行管理，有权限的后台管理人员能对角色进行资源的分配和移除操作。

用户角色管理。用户可以拥有多个角色，一个角色也能对应多个用户，有权限的后台管理人员能对用户进行角色的分配和移除操作。

（8）系统监控维护方案

系统状态监控。主要针对系统运行交换的过程中出现的错误进行统一的监控，如对出现的网络断网、排队、流量超标、标准不统一等一系列问题进行统一的监管。同时监控系统资源使用情况。

日志查询浏览。平台日志包括系统日志和业务日志。系统日志是指记录系统各模块的运行状态，用户对系统运行情况进行跟踪，在系统出现故障的时候能根据日志快速进行问题排查。系统日志完成各类系统信息的记录，分为几个级别来记录：一般信息、警告、错误、严重错误。

8.2 计算机终端运行维护

网络客户端运行维护方案主要从终端的状态、行为、事件三个方面着手解决十大类功能，主要包括：终端运行状态管理；终端资产管理；终端补丁管理；终端防毒管理；终端联网行为管理；终端安全事件处置；终端桌面行为审计；终端桌面安全审计；终端访问控制和终端安全报警。

附录A

（规范性附录）

三峡库区水环境生态系统感知系统仪器性能指标技术要求

自动监测仪器性能指标一般应符合或优于表 A.1 要求，同时还应符合以下技术要求。

a. 检出限：监测设备的各项水质参数检出限应符合水质定量分析的基本要求，对 GB 3838 规定监测因子的检出限应优于一类标准限值浓度的五分之一或设置点位水质近三年监测最低值的十分之一；对检出限达不到上述要求的参数设备，不能作为自动监测站的组成。

b. 测定范围：对于 GB 3838 中规定的监测因子，检测范围一般能够覆盖一至五类地表水浓度测定范围；对于属于劣五类的点位，上限应为近三年内最高检测值的 3～5 倍。

c. 监测仪器稳定性：自动监测站的监测设备在 5～10 月生物生长旺盛季节期间，每次校准和维护后，能够保证稳定运行 14 天以上。

仪器性能审核按表 A.1 的要求执行。

A.1　三峡库区水环境生态系统感知系统仪器性能指标技术要求

分析项目	测量范围	检出限	分辨率	准确度	加标回收率
水位	100～200m		0.001FS		
流速	0～30m/s		0.01m/s		
风速	0～49m/s	0m/s	0.11m/s	0.7998m/s	
风向	0～360°			±4°	
气温	−39.2～60℃			±0.2℃	
气压	800～1100mbar[①]				
总氮	0～10mg/L	500μg/L	10μg/L	小于读数15%	90%～110%
总磷	0～2mg/L	200μg/L	10μg/L	小于读数15%	90%～110%
氨氮	0～5mg/L	250μg/L	10μg/L	小于读数15%	90%～110%
水温	−10～+80℃			0.1℃	
溶解氧	0～50mg/L		0.01mg/L	±2%～±6%	
电导率	0～200mS/cm		0.001mS/cm	±2%	
浊度	0～1000NTU		0.1NTU	读数的±2%	
pH值	0～14		0.01	±0.2	
Chla	0～400μg/L		0.1μg/L	读数的±2%	
COD_{Mn}	0～20mg/L		0.01mg/L	±2%	
水质综合毒性	可将毒性判断为高，中，低				
藻毒素	0～0.01mg/L	1μg/L		15%	90%～110%
藻群细胞密度	1×10^{4}～1×10^{12}个/L		100个/L	20%	
水体CO_2变化速率	60～15000×10^{-6}/min，CO_2量程：0～5000×10^{-6}		10×10^{-6}		

① 1bar=10^5Pa。

附录六 《三峡库区园地面源污染防控技术指南》
（DB42/T 1915—2022）节选

1 范围

本文件规定了三峡库区园地面源污染防控技术的术语与定义、防控原则、技术框架、源头控制技术、过程拦截技术、末端削减技术、面源污染监测及评估等技术内容。

本文件适用于湖北省境内三峡库区园地的面源污染防控。

2 规范性引用文件

下列文件中的内容通过文中的规范性引用而构成本文件必不可少的条款。其中，注日期的引用文件，仅该日期对应的版本适用于本文件；不注日期的引用文件，其最新版本（包括所有的修改单）适用于本文件。

（GB/T 16453.1）《水土保持综合治理技术规范　坡耕地治理技术》

（GB/T 16453.4）《水土保持综合治理技术规范　小型蓄排引水工程》

（GB/T 50363）《节水灌溉工程技术标准》

（HJ 555）《化肥施用环境安全技术导则》

（HJ 556）《农药使用环境安全技术导则》

（HJ 2005）《人工湿地污水处理工程技术规范》

（LY/T 1914）《植物篱营建技术规程》

（LY/T 2964）《三峡库区消落带植被生态修复技术规程》

（NT/T 2911）《测土配方施肥技术规程》

（NT/T 3821.2）《农业面源污染综合防控技术规范　第2部分：丘陵山区》

（NT/T 3824）《流域农业面源污染监测技术规范》

3 术语和定义

下列术语和定义适用于本文件。

3.1 园地 garden plot

指种植以采集果、叶、根、茎、汁等为主的集约经营的多年生作物，覆盖度大于50%或每亩株数大于合理株数70%的土地，包括用于育苗的土地。

3.2　坡改梯 slope-terrace transformation

在水土流失严重的坡耕地或荒地上，沿等高线修建的、断面呈阶梯状的水平田块。

3.3　生草覆盖 grass cover

在园地行间或全园（树盘除外）种植适合当地自然条件的耐阴性强、覆盖性能好的草种，或者培育园区自然草本植被的一种土壤管理方法。

3.4　植物篱 hedgerow

一种篱状或带状、密集配置的灌木、灌化乔木及灌草结合的植物配置形式。按其主导功能的不同分为坡面等高植物篱、护埂（堤）植物篱、隔离植物篱3种类型。

3.5　生态沟渠 ecological ditch

依据生态学原理，在农田系统中构建生物多样性丰富的农田排灌沟渠，具有净化水质、调蓄水量和生态拦截等功能。

3.6　库岸植被缓冲带 reservoir bank vegetation buffers

在三峡水库库周水陆交错区域，由乔、灌、草等组成的植被带。

4　防控原则

为了保证园地面源污染防控科学有效进行，给出防控原则如下：

a. 坚持预防为主，综合应用工程、生物和管理措施，形成面源污染源头到末端全过程防控，降低面源污染发生风险；

b. 依托地形地势以及现有渠、沟、塘、堰、洼地等，尽量减少土石工程量；

c. 优选根系发达、固土力强、吸收污染物能力强的优良乡土植物，合理配置，实现绿色防控；

d. 集成多种防控技术优化组合，充分发挥各项治理技术优势，达到面源污染防控效果最优化。

5　技术框架

园地面源污染防控过程中源头控制技术、过程拦截技术、末端削减技术中所涉及技术措施需要符合以下规则：

a. 源头控制技术主要采用坡改梯、化肥减量增效、节水灌溉等技术，优化园地立地现状，减少化肥、农药等化学品的投入量，提高水肥利用效率，从源头降低污染物的产生。

b. 过程拦截技术主要采用生草覆盖、秸秆覆盖、植物篱、生态沟渠等措施，增加地表覆盖，降低径流产生率，利用植物吸收、固定、截留污染物的功能，降低污染物载荷量。

c. 末端削减技术是径流进入水体临界面，依托人工湿地和库岸植被缓冲带对径流养分吸收和拦截削减。园地面源防控技术框架参见附录 A。

6 源头控制技术

6.1 坡改梯技术

6.1.1 修建技术

梯地田坎沿等高线布设，田坎顺势，大弯随弯，小弯取直。土坎高度为 1.2 ～ 2m，石坎 1.5 ～ 3m。

梯面宜宽不宜窄，梯块宜长不宜短，做到生土平整，表土回填，尽量保护耕作层。梯面宽度宜为土坎梯田 1.5 ～ 4m，石坎梯田 4.5 ～ 11m。

具体设计和修建参照 GB/T 16453.1 规定执行。

6.1.2 配套设施

结合降水、水源条件、梯地面积，在坡面横向和纵向修建灌、排、拦、蓄等坡面水系配套设施和道路设施。水系配套设施修建参照 GB/T 16453.4 规定执行。

6.2 化肥减量增效技术

6.2.1 科学施肥技术

推广施用缓控肥料、生物有机肥等新型肥料，部分替代化肥，增加肥料的有效性。

采用少量分次施肥原则，以条施或穴施为主，尽量施在植物根系吸收区，施后及时覆土。推荐采用水肥一体化技术施肥。肥料施用应遵守 HJ 555 中的相关要求。

6.2.2 测土配方施肥技术

测定园地土壤的氮、磷、钾等大量元素及中、微量养分丰缺及平衡状态，结合作物需肥规律、土壤供肥特性和肥料效应，科学设计施肥方案。

以有机肥为主，无机肥为辅，有机肥占全部肥料用量（有效养分）的 30% ～ 40%，注意养分的协调平衡。

测土配方施肥的采样、测试、肥料用量确定、肥料配方设计等按 NT/T 2911 规定执行。

6.3 病虫害生态防控技术

6.3.1 基本要求

遵循"预防为主、综合防治"的原则，以农业防治、物理防治、生物防治为主，化学防治为辅。

禁止使用高毒、高残留农药，宜使用安全、高效、低毒、低残留农药，保护有益生物和珍稀物种，维持园地生态平衡。农药施用应遵守 HJ 556 中有关规定。

6.3.2　农业防治技术

选择抗病植物品种、多林种复合栽植模式，改善树体透光通风条件。及时摘除病叶、病枝、病梢、病蔓、病芽和病果，填埋或烧毁处理，减少病源数量。

6.3.3　物理防治技术

采用杀虫灯、防虫网、黄板诱杀和果实套袋等物理防控措施。

6.3.4　生物防治技术

施用生物农药（如烟碱、除虫菊素、鱼藤酮、苏云金杆菌、阿维菌素等），配合使用引诱剂（如性诱芯）和迷向剂（如迷向丝、迷向素）等性信息素，降低害虫繁衍。

保护和种植良性草或具有驱 - 诱作用的植物，驱赶害虫或吸引有益生物栖息和繁殖，利用生物天敌防治害虫。

6.3.5　化学防治技术

使用安全、高效、低毒、低残留的化学农药进行化学防治，严格按农药产品说明书规定的用途、范围、使用方法等。化学防治应符合 HJ 556 的相关规定。

6.4　节水灌溉技术

采用喷灌、滴灌、微灌等方式进行灌溉，具体按 GB/T 50363 规定执行。

7　过程拦截技术

7.1　生草覆盖

可选用适应性强、根系浅、矮生、耐瘠薄、对水肥要求低的草本植物，优先选择豆科植物。具体生草覆盖草种特性及种植方法参见附录 B。

7.2　秸秆覆盖

7.2.1　基本要求

适用于蒸发强度大、水分条件差的园地，不适于黏土土质和排水不良的低洼园地。

7.2.2　建设技术

选择麦秸、玉米秸、稻草、豆秸等，若秸秆较高大可剪成 20 ～ 50cm 的小段，均匀平铺于地面，覆盖厚度 15 ～ 25cm，并覆少量土压实。喷施 5% 高效氯氟氰菊酯 2000 倍液 +10% 苯醚甲环唑 3000 倍液，以增强病虫害杀灭作用。

第 1 年秸秆用量为 1000 ～ 1500kg/ 亩，之后秸秆用量为 600 ～ 800kg/ 亩。待秸秆完全腐熟后，可将秸秆翻入地下，再进行新一轮覆盖。

7.3 植物篱

选用根系发达、固土能力强、萌芽强、耐修剪的乡土植物，优先选择具有一定经济效益且胁地不明显的植物。园地植物篱建设常用植物参见附录 C。

植物篱高度一般在 1.5m 以下，最大不超过 2.0m，宽度为 0.3 ～ 1.0m。园地植物篱整地、栽植、配置、抚育管护等参照 LY/T 1914 规定执行。

7.4 生态沟渠

7.4.1 基本要求

坚持因地就势，充分利用原有排水沟渠，改造为兼顾排水和具有拦截、过滤、吸附水中氮磷养分功能的沟渠。

在坡脚建设，等高开沟，对地势起伏较大的沟段可将其分为若干段或支渠。

7.4.2 建设技术

渠体断面一般为等腰梯形，宽度适需求而定，深度不小于 0.6m。渠壁和渠底采用土质或含孔穴的水泥硬质板建成。沟渠出水口用混凝土建造拦截坝，并在拦截坝上设置排水节制闸。

渠壁结合自然植被辅以种植狗牙根、香附子、黑麦草。渠底空穴内种植耐水植物，包括香蒲、鸢尾、黄菖蒲、菰、芦苇、水芹、灯芯草。

8 末端削减技术

8.1 人工湿地

8.1.1 基本要求

充分利用园地洼地、池塘、积水区以及小流域出水口区域，在原有基础上进行改造修建。

园地径流排水净化采用表面流型湿地，以黏质或壤质土壤为基质。底部和侧面采用防渗处理措施，可采用黏土层、聚乙烯薄膜及其他建筑工程防水材料，防渗层的渗透系数应不大于 10^{-8}m/s。

8.1.2 建设技术

人工湿地建设应结合降雨量、汇水面积、地表覆盖等因素确定，具体建设参考 HJ 2005 中相关规定执行。

宜选用耐污能力强、根系发达、去污效果好，且具有抗冻、抗病虫害能力，有一定经济价值、易管理的本土植物。合理确定湿地植物种植比例、密度适宜搭配。人工湿地建设常用植物见附录 D。

定时收获和更新湿地系统植物，疏浚底泥，深度不低于 0.5m，收获的植物和底泥可作为肥料还田，不可随意丢弃，避免产生二次污染。

8.2 库岸植被缓冲带

8.2.1 基本要求

充分利用和保护现有自然植被，人工植被恢复与现有植被封育相结合。

采用乔灌草相结合的立体模式配置，优先选择根系发达、耐水湿水淹、固土抗蚀防崩能力强的乡土植物，慎用外来植物，禁止使用影响水环境的外来有害植物。

8.2.2 建设技术

注重乔灌草、针阔混交搭配，草灌为主，乔木和灌木造林地段不得低于最高水位线3m。库岸植被缓冲带主要造林树（草）种参见附录E。

Ⅰ区：位于接近水面的区域，属淹水期较长的岸坡缓冲带，蓄水位 145～165m，配置植物多年生草本植物。

Ⅱ区：位于Ⅰ区上部，属淹水期较短的岸坡缓冲带，蓄水位 165～175m，配置根系发达、抗逆性强的乔木树种，合理配置灌草。

Ⅲ区：位于Ⅱ区上部，为库区消落区护岸缓冲带，海拔 175～185m，配置固土能力强、生长量大的乡土乔灌树种和高大草本。

整地、栽植、管护等建设技术参照 LY/T 2964 规定执行。

9 面源污染监测及评估

9.1 园地面源污染监测

9.1.1 监测内容

详细记录监测园地地块的基本信息、栽培种类、耕作和灌溉方式、施肥和农药投入等田间管理措施。具体参照 NT/T 3821.2 规定执行。

监测园地的地表径流、淋溶和土壤侵蚀所携带的氮磷含量，以及施肥后的氨挥发和农药喷施产生环境污染。对分水线闭合、出水口单一、以园地为主的小流域，重点监测流量和水质（包括总氮、总磷、氨态氮、硝态氮、硝酸盐）等指标。

9.1.2 监测方法

径流污染监测、淋溶污染监测、氨挥发通量监测可参考环办〔2014〕111 号文件附件6 中规定的方法。流域面源污染监测方法参照 NT/T 3824 的相关规定执行。

9.2 园地面源污染防控评估

以监测区内近三年所开展的面源污染历史监测、专项调查、科学研究等数据综合确定评估基线。以未采取面源污染防控措施且具有相似地理特征、品种、管理模式等区域作为评估基线。

参照环境基准、国家和地方发布的相关环境质量标准、区域环境功能要求，评估一定周期内，采取面源污染防控措施后与基线相比的污染物减排量或削减率，判定面源污染防控措施是否达到相应要求。

附录A

（资料性）

三峡库区园地面源污染防控技术框架

图 A.1 给出了三峡库区园地面源污染防控技术框架。

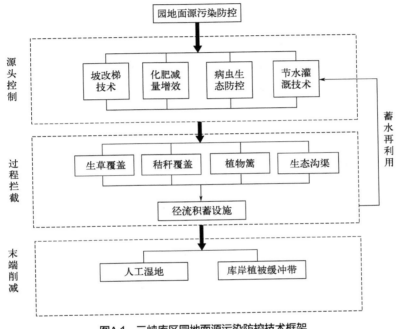

图A.1　三峡库区园地面源污染防控技术框架

附录B

（资料性）

三峡库区园地适宜生草覆盖草种特性及种植方法

表 B.1 给出了适宜三峡库区园地生草覆盖草种特性及种植方法。

表B.1 三峡库区园地生草覆盖草种特性及种植方法

种名	科名	拉丁名	生活型	播种时间	播种密度	播种方式
红车轴草	豆科	*Trifolium pratense* L.	多年生	春播或秋播	$15\sim22.5kg/hm^2$	条播或撒播
白车轴草	豆科	*Trifolium repens* L.	多年生	春播或秋播	$15\sim22.5kg/hm^2$	条播或撒播
长柔毛野豌豆	豆科	*Vicia villosa* Roth	一年生	春播或秋播	$30\sim37.5kg/hm^2$	条播或撒播
苜蓿	豆科	*Medicago sativa* L.	多年生	春播或秋播	$11.25\sim22.5kg/hm^2$	条播
鼠茅	禾本科	*Vulpia myuros* (L.) C.C.Gmel.	一年生	秋播	$22.5\sim30kg/hm^2$	条播或撒播
紫云英	豆科	*Astragalus sinicus* L.	二年生	秋播	$22.5\sim30kg/hm^2$	条播或撒播
黑麦草	禾本科	*Lolium perenne* L.	多年生	春播或秋播	$18\sim22.5kg/hm^2$	条播或撒播
早熟禾	禾本科	*Poa annua* L.	一年生	春播或秋播	$7.5\sim12kg/hm^2$	条播或撒播
百喜草	禾本科	*Paspalum notatum* Flüggé	多年生	春播或秋播	$10\sim15kg/hm^2$	条播或撒播
马齿苋	马齿苋科	*Portulaca oleracea* L.	一年生	春播	$7.5\sim11.25kg/hm^2$	条播或撒播
车前	车前科	*Plantago asiatica* L.	一年生	春播	$9\sim15kg/hm^2$	条播或撒播
狗牙根	禾本科	*Cynodon dactylon* (L.) Persoon	多年生	春播	$7.5\sim11.25kg/hm^2$	条播

附录C
（资料性）
三峡库区园地植物篱常用植物名录

表 C.1 给出了适宜三峡库区园地植物篱常用植物名录。

表C.1　三峡库区园地植物篱常用植物名录

名称	科名	拉丁名	适用类型
草本植物			
金荞麦	蓼科	*Fagopyrum dibotrys* (D. Don) Hara	坡面等高植物篱、护埂(堤)植物篱
黄花菜	阿福花科	*Hemerocallis citrina* Baroni	坡面等高植物篱、护埂(堤)植物篱
菊花	菊科	*Chrysanthemum morifolium* Ramat	护埂(堤)植物篱、隔离植物篱
百喜草	禾本科	*Paspalum notatum* Flüggé	坡面等高植物篱、护埂(堤)植物篱
白及	兰科	*Bletilla striata* (Thunb. ex A. Murray) Rchb. f.	坡面等高植物篱、护埂(堤)植物篱
萱草	阿福花科	*Hemerocallis fulva* (L.) L.	坡面等高植物篱、护埂(堤)植物篱
香根草	禾本科	*Chrysopogon zizanioides* (L.) Roberty	坡面等高植物篱、护埂(堤)植物篱
麦冬	天门冬科	*Ophiopogon japonicus* (L. f.) KerGawl.	坡面等高植物篱、护埂(堤)植物篱
聚合草	紫草科	*Symphytum officinale* L.	坡面等高植物篱、护埂(堤)植物篱
木质藤本			
地果	桑科	*Ficus tikoua* Bureau	护埂(堤)植物篱
灌木			
茶	山茶科	*Camellia sinensis* (L.) Kuntze	坡面等高植物篱
花椒	芸香科	*Zanthoxylum bungeanum* Maxim.	隔离植物篱
黄荆	唇形科	*Vitex negundo* L.	坡面等高植物篱、护埂(堤)植物篱
紫穗槐	豆科	*Amorpha fruticosa* L.	坡面等高植物篱、护埂(堤)植物篱
马桑	马桑科	*Coriaria nepalensis* Wall.	坡面等高植物篱、护埂(堤)植物篱
毛叶木姜子	樟科	*Litsea mollis* Hemsl.	坡面等高植物篱、隔离植物篱
木槿	锦葵科	*Hibiscus syriacus* L.	坡面等高植物篱、隔离植物篱
金丝桃	金丝桃科	*Hypericum monogynum* L.	坡面等高植物篱、护埂(堤)植物篱
多花木蓝	豆科	*Indigofera amblyantha* Craib	坡面等高植物篱、护埂(堤)植物篱
乔木			
桑	桑科	*Morus alba* L.	护埂(堤)植物篱
柑橘	芸香科	*Citrus reticulata* Blanco	隔离植物篱
杨梅	杨梅科	*Morella rubra* Lour.	隔离植物篱
柏木	柏科	*Cupressus funebris* Endl.	隔离植物篱
杉木	柏科	*Cunninghamia lanceolata* (Lamb.) Hook.	隔离植物篱
香椿	楝科	*Toona sinensis* (Juss.) Roem.	隔离植物篱
枇杷	蔷薇科	*Eriobotrya japonica* (Thunb.) Lindl.	隔离植物篱
柿	柿科	*Diospyros kaki* Thunb.	隔离植物篱

附录D

（资料性）

三峡库区人工湿地建设常用植物

表 D.1 给出了三峡库区人工湿地建设常用植物。

表 D.1　三峡库区人工湿地建设常用植物

按生态学特性分类	植物名称	拉丁名	按生态学特性分类	植物名称	拉丁名
浮水植物	萍蓬草	*Nuphar pumila*（Timm）DC.	挺水植物	灯芯草	*Juncus effusus* L.
	欧菱	*Trapa natans* L.		千屈菜	*Lythrum salicaria* L.
	浮萍	*Lemna minor* L.		水芹	*Oenanthe javanica*（Blume）DC.
	睡莲	*Nymphaea tetragona* Georgi		美人蕉	*Canna indica* L.
	水鳖	*Hydrocharis dubia*（Blume）Backer		荸荠	*Eleocharis dulcis*（Burm.f.）Trin. ex Hensch.
挺水植物	芦苇	*Phragmites australis*（Cav.）Trin. ex Steud.	沉水植物	黑藻	*Hydrilla verticillata*（L. f.）Royle
	菰	*Zizania latifolia*（Griseb.）Turcz.ex Stapf		大茨藻	*Najas marina* L.
	水葱	*Schoenoplectus tabernaemontani*（C.C.Gmel.）Palla		金鱼藻	*Ceratophyllum demersum* L.
	菖蒲	*Acorus calamus* L.		伊乐藻	*Elodea canadensis* Michx.
	香蒲	*Typha orientalis* C.Presl		狐尾藻	*Myriophyllum verticillatum* L.

附录E
（资料性）
三峡库区库岸植被缓冲带立地特性和适生植物配置

表 E.1 给出了三峡库区库岸植被缓冲带立地特性和适生植物配置。

表E.1　三峡库区库岸植被缓冲带立地特性和适生植物配置

库岸植被缓冲带类型	立地特性	缓冲区类型	海拔区段	植物名称		
				草本	灌木或藤本	乔木
浅丘坡型	土石混合生境，土层较厚，土质疏松	I	145～165m	狗牙根、扁穗牛鞭草、高节薹草、双穗雀稗、甜根子草、芦苇、香根草、稗、苍耳、碎米莎草、香附子、蕺草、野古草	—	—
		II	165～175m	狗牙根、扁穗牛鞭草、香附子、野古草、野青茅、香根草、芦苇、香蒲、芒、美人蕉、毛马唐、狗尾草、苘麻	小梾木、秋华柳、桑、中华蚊母树、疏花水柏枝、地果	枫杨、池杉、落羽杉、湿地松、水松、水杉、中山杉、乌桕、垂柳、重阳木
		III	175～185m	以野生草本为主，配置斑茅等高大草本	秋华柳、紫穗槐	黄连木、枫杨、枫香树、水杉、榔榆、化香树、栾、桑、女贞

附录七 《重庆市长江三峡水库库区及 流域水污染防治条例》节选

第一章 总 则

第一条 为了防治长江三峡水利枢纽工程重庆库区及流域（以下简称库区流域）水污染，保护和改善水环境，保障饮用水质量，实现水资源持续利用，根据《中华人民共和国水污染防治法》等法律、行政法规，结合本市实际，制定本条例。

第二条 本市行政区域内长江三峡水库库区及流域的水污染防治适用本条例。

第三条 市、区县（自治县）人民政府应当采取防治水污染的对策和措施，对本行政区域的水环境质量负责。水环境保护实行目标责任制，市人民政府应当将水环境保护目标完成情况作为对区县（自治县）人民政府、市人民政府有关部门及其主要负责人考核评价的重要内容。

第四条 市、区县（自治县）环境保护主管部门对本行政区域的水污染防治工作实施统一监督管理。主要职责是：

（一）会同有关部门编制水污染防治规划；

（二）按照水污染防治规划，制定水污染防治工作目标；

（三）督促、检查水污染防治工作；

（四）建立水环境监测网络并定期发布水环境状况信息；

（五）组织开展水污染防治的宣传教育；

（六）履行法律、法规规定的其他职责。

市环境保护主管部门行使的行政处罚权，可以由市环境监察机构实施。市、区县（自治县）人民政府水利、国土资源、市政、卫生、农业、渔业、建设、工商、海事等部门或者机构按照各自职责，实施水污染防治的监督管理。

第五条 乡镇人民政府、街道办事处应当协助做好辖区内饮用水安全、农业和农村水污染防治、场镇污水处理、环境基础设施建设、水污染防治宣传教育等相关工作。乡镇人民政府、街道办事处应当确定专职或者兼职的环境保护工作人员。

第六条 任何单位和个人都有保护和改善水环境的义务。鼓励对污染损害水环境的行为进行举报。市、区县（自治县）人民政府及其有关主管部门对在水污染防治工作中做出显著成绩的单位和个人给予表彰和奖励；对举报严重污染损害水环境行为的单位和个人，给予奖励。

第七条 鼓励多渠道筹集水污染防治资金，建立和完善多元化投融资机制，推进水污染防治的产业化。

第二章 规划和监督管理

第八条 长江干流适用的水环境功能类别执行国家规定。流域面积在一百平方公里以上的次级河流或者跨区县（自治县）的次级河流适用的水环境功能类别，由市环境保护主管部门在水功能区划分的基础上提出方案，报市人民政府批准。其他次级河流适用的水环境功能类别，由区县（自治县）环境保护主管部门在水功能区划分的基础上提出方案，报同级人民政府批准，并报市环境保护主管部门备案。市、区县（自治县）人民政府应当采取有效措施，确保本行政区域的水环境功能达到国家和地方规定的水环境质量标准。

第九条　跨区县（自治县）次级河流水污染防治规划，由市环境保护主管部门会同水行政等部门和有关区县（自治县）人民政府编制，报市人民政府批准。其他次级河流水污染防治规划，由有关区县（自治县）环境保护主管部门会同水行政等有关部门编制，经区县（自治县）人民政府批准后报市环境保护主管部门备案。水污染防治规划应当确定防治水污染的重点控制区域、重点排污单位、重点水污染物排放量。

依法制定的水污染防治规划是防治水污染的基本依据，规划的修订必须经原批准机关批准。水污染防治规划分别由市、区县（自治县）人民政府组织实施。

第十条　任何单位和个人排放水污染物，不得超过国家或者本市规定的水污染物排放标准和重点水污染物排放总量控制指标。向水体直接或者间接排放污染物的企业事业单位和个体工商户（以下简称排污单位）应当按照有关规定执行排污申报、排污许可制度。

第十一条　新建、改建、扩建直接或者间接向水体排放污染物的建设项目和其他水上设施，应当依法报批环境影响评价文件并执行污染防治设施与主体工程同时设计、同时施工、同时投入使用的"三同时"制度。

第十二条　对未按期完成水污染防治主要目标任务，或者突出水环境问题未按期解决的区域（含工业园区）、企业，环境保护主管部门应当暂停审批新增水污染物排放的建设项目的环境影响评价文件。实施暂停审批的，环境保护主管部门应当书面告知相关主管部门并予以公示，相关主管部门应当同步暂停审批、核准或者备案，建设单位不得擅自开工建设。

第十三条　新建、改建、扩建工业建设项目，其新增重点水污染物排放权应当按照国家和本市规定通过排污权交易取得。

第十四条　鼓励采用有利于水污染防治的生产方式和清洁生产工艺，减少向水体排放污染物。对水污染物排放超过规定排放标准或者重点水污染物超过排放总量控制指标，以及使用有毒有害原料进行生产或者在生产中排放有毒有害物质的排污单位，应当实行清洁生产审核。

第十五条　因严重干旱等不可抗力导致水体水质达不到功能区要求时，市、区县（自治县）人民政府可以根据排污单位水污染物排放情况，对排污单位采取限制生产、停产等措施。

第十六条　排污单位应当按照国家和本市规定设置和管理排污口，并对排污口排放的污染物负责。

第十七条　排污单位应当保持水污染防治设施的正常使用，如实记录污染防治设施的运行、维护和污染物排放等情况备查，并按规定安装、运行在线监测、监控设备。

第十八条　排污单位应当依据排放污染物的种类、数量，按照国家和本市规定的标准缴纳排污费。

第十九条　市、区县（自治县）人民政府及其有关部门和可能发生水污染事故的排污单位，应当按照国家和本市有关规定做好突发水污染事故的应急准备、应急处置和事后恢复等工作。水污染事故处置及事后恢复所需费用，由发生水污染事故的排污单位承担。

第二十条　环境保护主管部门和有关监督管理部门，有权对管辖范围内排污单位的污染物排放情况、污染防治情况、环境风险防范情况以及各项环境保护法律制度的执行情况进行现场检查。被检查单位应当配合检查并如实反映情况，提供必要的资料，不得拒绝、阻扰和拖延检查。检查者应当出示有关证件并为被检查单位保守商业秘密。现场检查可以采取采样、检测、摄影、摄像、文字记录和查阅、复制有关资料等方式，其结果应当作为实施监督管理的依据。

第二十一条　市、区县（自治县）人民政府应当组织环境保护等部门加强水环境监测和信息化能力建设，建立和完善水环境监控体系。

第二十二条　区县（自治县）环境保护主管部门监测发现本行政区域出入境水体断面重点污染物超标时，应当及时向市环境保护主管部门和同级人民政府报告，并同时向该断面的上（下）游区县（自治县）环境保护主管部门通报。位于该断面上游的区县（自治县）人民政府在接到报告或者相关情况通报后，应当采取有效措施，削减重点污染物排放量。区县（自治县）出入境水体监测断面由市环境保护主管部门设定。区县（自治县）出入境水体监测结果由市环境保护主管部门向市人民政府报告、向有关区县（自治县）人民政府通报和向社会公布，并作为考核区县（自治县）水污染防治工作和实施水环境生态保护补偿的重要依据。

第二十三条　鼓励排污单位根据环境安全的需要，投保环境污染责任保险。

第三章　饮用水水源保护

第二十四条　市、区县（自治县）人民政府应当按照国家和本市规定，建立饮用水水源保护区制度，并划定一级保护区、二级保护区和准保护区。对划定的饮用水水源保护区，市、区县（自治县）人民政府应当按照规定统一设立明确的地理界标和明显的警示标志。禁止任何单位和个人损毁、涂改或者擅自移动饮用水水源保护区地理界标和警示标志。

第二十五条　在饮用水水源准保护区内禁止下列行为：

（一）设置排污口；

（二）新建、扩建对水体污染严重的建设项目，改建增加排污量的建设项目；

（三）堆放、存储可能造成水体污染的物品；

（四）违反法律、法规规定的其他行为。

第二十六条　在饮用水水源二级保护区内，除遵守准保护区管理规定外，还应当禁止下列行为：

（一）新建、改建、扩建排放污染物的建设项目；

（二）设立装卸垃圾、油类及其他有毒有害物质的码头；

（三）设置水上经营性餐饮、娱乐设施；

（四）从事泊船、采砂、放养家禽、网箱养殖等活动；

（五）使用土壤净化污水。

第二十七条　在饮用水水源一级保护区内，除遵守准保护区、二级保护区管理规定外，还应当禁止下列行为：

（一）新建、改建、扩建与供水设施和保护水源无关的建设项目；

（二）旅游、游泳、垂钓或者其他可能污染饮用水水源的活动。

第二十八条　市、区县（自治县）人民政府应当规划、建设备用集中式饮用水水源，制定饮用水水源污染事故应急预案，建立健全饮用水水源应急保障体系，确保应急状态下的饮用水供应。

第二十九条　饮用水水源受到污染可能威胁供水安全时，环境保护主管部门应当责令相关排污单位停止或者限制排放水污染物，并报告同级人民政府。所在地人民政府应当及时向社会公布有关信息，可能影响下游地区饮用水供水安全的，还应当及时向下游地区通报情况。所在地人民政府、有关主管部门、造成污染的排污单位应当立即采取措施消除污染。

第四章　水体污染防治

第三十条　禁止在库区流域建设严重污染水体或者对水体存在严重安全隐患的项目。已经建设的，由环境保护主管部门报同级人民政府责令关闭或者限期搬迁。本市水污染防治规划确定的重点控制区域，应当实施严于本市其他流域的环境准入标准，禁止建设排放剧毒物质和持久性有机污染物的项目。

第三十一条　除在安全上有特殊要求的项目外，新建有污染物排放的工业项目，应当进入工业园区，化工项目应当进入化工园区。禁止在化工园区外扩建化工项目。鼓励现有工业项目迁入工业园区。

第三十二条　规划设立工业园区，应当同步规划并建设污染治理设施及污染物收集系统，确保满足园区污染防治的需要。工业园区内的企业应当对其排放的污水进行预处理，达到规定标准后排入工业园区污水集中处理系统。工业园区污水集中处理设施的运营单位应当将污水集中处理达到规定标准后排放。未同步规划并建设污染治理设施及污染物收集系统的工业园区，不得新建有污染物排放的工业项目。工业园区内的项目对水环境存在安全隐患的，应当建立车间、工厂和园区三级环境风险防范体系。

第三十三条　市、区县（自治县）人民政府应当统筹规划并建设城乡生活污水及垃圾处理设施。新建的城乡污水集中处理设施应当配套建设、完善排水管网；已经建成的城乡污水集中处理设施，应当限期配套建设与其设计处理能力相当的管网。已建成城乡生活污水及垃圾集中处理设施的地区，应当将污水、垃圾进行集中处理。

第三十四条　排入城乡污水集中处理设施的污水，应当符合国家或者地方标准。

第三十五条　城乡生活污水及垃圾集中处理设施的运营单位，应当保持处理设施的正常运行，符合国家和本市规定的排放标准，防止造成二次污染。

第三十六条　禁止向水体或者在江河、湖泊、渠道、水库最高水位线以下以及经雨水冲刷可能进入水体的滩地和岸坡倾倒、堆放、存储工业废物、城镇垃圾和其他固体废物。

现有固体废物，由所在区县（自治县）人民政府组织清除并进行无害化处理。库区流域水体中的漂浮物，由所在地的区县（自治县）人民政府组织打捞。禁止在水体清洗装贮过或者附有油类和有毒有害物质的车辆、容器及其他物品。

第三十七条　在库区流域航行、停泊、作业的船舶，其结构、设备、器材应当符合国家有关防治船舶污染内河环境的相关规定及技术规范的要求，取得并携带相应的防治船舶污染内河环境的证书与文书。船舶进行涉及污染物排放的作业，应当严格遵守操作规程，并在相应的记录簿上如实记载。船舶配置的污染物处理、储存设备，确因损害无法使用的，应当立即向就近的海事部门报告，并限期修复或者重新安装投入使用，修复期内禁止向水体排放船舶污染物。

第三十八条　港口、码头、装卸站应当具备与其装卸货物和吞吐能力相适应的污染物接收或者处理能力。船舶修造（拆）厂、从事船舶污染物接收作业的单位，应当具备与其运营规模相适应的接收处理能力。

禁止船舶向水体排放废油、残油、垃圾和含有有毒有害物质的污水。排放含油废水和生活污水应当符合国家和本市规定的排放标准。船舶应当将不符合前款规定的排放要求的污染物排入港口接收设施或者由船舶污染物接收单位接收。

第三十九条　船舶运载危险品或者污染危害性货物，应当制定相关防治船舶溢漏应急预案，采取防溢流、防渗漏、防坠落等措施。发生海损事故或者货物落水事故，船主应当立即采取措施控制和消除污染，并就近向海事管理机构以及有关县级以上人民政府报告。

第四十条　从事船舶清舱、洗舱、污染危害性货物过驳活动，进行船舶水上拆解、打捞或者其他水上、水下船舶施工作业的，应当依法报经海事管理机构批准，并采取有效的安全和防治污染措施。

第四十一条　农业主管部门和其他有关主管部门，应当积极指导农业生产者科学、合理地施用化肥和农药，推广使用高效低毒的绿色生态农药和肥料，限制高残留农药的使用，防止农药、化肥及其包装物的污染。在毗邻江河、湖泊、水库的农田，所在地乡镇人民政府应当引导发展无公害农业，防止造成水污染或者其他生态破坏。禁止在库区消落带从事畜禽养殖、餐饮等对水体有污染的生产经营活动。禁止使用农药及其他有毒物毒杀、捕捞水生生物。

第四十二条　市、区县（自治县）人民政府应当制定畜牧业发展规划，合理布局畜禽养殖，划定畜禽禁养区、限养区并实施分类管理。

第四十三条　以下区域应当划定为畜禽禁养区：

（一）主城区各街道辖区和其他区县（自治县）的城市建成区以及绕城高速公路环线以内的其他区域；

（二）饮用水水源一级、二级保护区；

（三）执行Ⅰ类、Ⅱ类水质标准的水域及其200米内的陆域；

（四）自然保护区的核心区和缓冲区、风景名胜区、森林公园重要景点和核心景区；

（五）法律、法规规定需特殊保护的其他区域。

禁养区内禁止新建畜禽养殖场，已有畜禽养殖场应当关闭或者搬迁。

第四十四条　除畜禽禁养区外，以下区域应当划定为畜禽限养区：

（一）城市规划区及规划区以外的居民集中区、医疗区、文教科研区、工业区；

（二）饮用水水源准保护区；

（三）执行Ⅲ类水质标准的水域及其 200 米内的陆域；

（四）自然保护区的实验区、风景名胜区外围保护地带、森林公园重要景点和核心景区以外的其他区域。

限养区实行畜禽养殖存栏总量控制。存栏总量由畜牧主管部门会同环境保护等主管部门根据区域、流域的环境承载能力确定。

第四十五条　畜禽养殖场、屠宰场、养殖小区所产生的畜禽粪便和其他废弃物应当无害化利用。确需排放的，经处理后应当达到国家和本市规定的排放标准。

第四十六条　禁止采用向库区流域水体投放化肥、粪便、动物尸体（肢体、内脏）、动物源性饲料等污染水体的方式从事水生养殖。禁止在三峡水库 175 米淹没区内从事网箱养殖。

第四十七条　在本市销售及使用的洗涤制品，其总磷酸盐含量应当符合国家环境标志产品技术要求。

第五章　法律责任

第四十八条　违反本条例规定，排放水污染物的建设项目水污染防治设施未建成、未经验收或者验收不合格投入运行的，由环境保护主管部门责令停止运行，直至验收合格，并按以下规定处以罚款：

（一）对应当编制环境影响报告书的项目，处三十万元以上五十万元以下罚款；

（二）对应当编制环境影响报告表的项目，处十五万元以上三十万元以下罚款；

（三）对应当编制环境影响登记表的项目，处五万元以上十五万元以下罚款。

前款行为未报批环境影响评价文件的，还应当责令补报环境影响评价文件并取得建设项目环境保护批准书。环境影响评价文件未获得批准的，由环境保护主管部门报经有批准权的人民政府批准，责令关闭。

第四十九条　排污单位违反本条例规定，排放的水污染物超过国家或者本市规定的水污染物排放标准，或者超过重点水污染物排放总量控制指标的，由环境保护主管部门责令限期治理，处应缴纳排污费数额二倍以上五倍以下罚款。治理期限最长不超过一年。在规定期限内完成治理任务的，由环境保护主管部门按规定程序解除限期治理；逾期未完成治理任务的，报经有批准权的人民政府责令关闭。

第五十条　违反本条例规定，有下列行为之一的，由环境保护主管部门责令限期改正；逾期不改正的，处一万元以上十万元以下的罚款：

（一）未按规定对水污染物排放情况进行申报或者变更申报的；

（二）未按要求管理排污口的；

（三）未如实记录水污染防治设施运行、维护和污染物排放等情况并备查的。

第五十一条　违反本条例规定，擅自停运、拆除、闲置或者不正常使用水污染防治设施的，由环境保护主管部门责令改正，并按下列规定予以处罚：

（一）没有排放水污染物的，处警告或者两千元以上一万元以下的罚款；

（二）水污染物排放未超过规定标准的，处应缴纳排污费二倍且不低于三万元的罚款；

（三）水污染物排放超过规定标准的，处应缴纳排污费三倍且不低于五万元的罚款。

第五十二条　违反本条例规定，损毁、涂改或者擅自移动饮用水水源保护区的地理界标或者警示标志的，由环境保护主管部门责令恢复原状，对个人处以二百元以上一千元以下罚款，对单位处以二千元以上一万元以下罚款。

第五十三条　有下列行为之一的，由环境保护主管部门责令停止违法行为，处十万元以上五十万元以下的罚款，并报经有批准权的人民政府批准，责令拆除或者关闭：

（一）在饮用水水源一级保护区内新建、改建、扩建与供水设施和保护水源无关的建设项目的；

（二）在饮用水水源二级保护区内新建、改建、扩建排放污染物的建设项目的；

（三）在饮用水水源准保护区内新建、扩建对水体污染严重的建设项目，或者改建建设项目增加排污量的；

（四）在饮用水水源保护区内设置排污口的。

违反前款第四项规定，逾期不拆除的，强制拆除，所需费用由违法者承担，处五十万元以上一百万元以下的罚款，并可责令停产整顿。违反本条例规定，在饮用水水源一级、二级保护区、准保护区内从事其他污染饮用水水源活动的，由环境保护主管部门或者市、区县（自治县）有监督管理职能的部门责令停止违法行为，对单位处以二万元以上十万元以下的罚款，对个人处以一百元以上五百元以下的罚款。

第五十四条　违反本条例规定，有下列行为之一的，由环境保护主管部门责令停止违法行为，限期采取治理措施，消除污染，处以罚款：

（一）在水体清洗装贮过或者附有油类和有毒有害物质的车辆、容器及其他物品的；

（二）向水体或者在江河、湖泊、渠道、水库最高水位线以下以及经雨水冲刷可能进入水体的滩地和岸坡倾倒、堆放、存贮工业废物、城镇垃圾和其他固体废物的。

有前款第一项行为的，处一万元以上十万元以下的罚款；有前款第二项行为的，处二万元以上二十万元以下的罚款。

第五十五条　违反本条例规定，有下列行为之一的，由海事管理机构、渔业主管部门等具有相关监督管理职能的部门按照职责分工责令改正，处以罚款；造成水污染的，责令限期采取治理措施，消除污染；情节严重的，吊销相关证书、证件：

（一）船舶向水体排放废油、残油、垃圾和含有有毒有害物质污水或者超过标准排放含油废水和生活污水的；

（二）不按规定配置船舶污染防治设备、器材或者擅自闲置、拆除船舶污染防治设备、器材的；

（三）船舶运载危险品或者污染危害性货物，未制定防溢漏应急预案的，或者未采取防溢流、防渗漏、防坠落等措施的；在发生海损事故或者货物落水事故未立即采取措施控制和消除污染以及迟报、谎报、漏报、瞒报的；

（四）未经批准从事船舶清舱、洗舱、污染危害性货物过驳，进行船舶水上拆解、打捞或者其他水上、水下船舶施工作业的。

有前款第一项行为的，处五千元以上五万元以下的罚款；有前款第二项行为的，处二千元以上二万元以下的罚款；有前款第三项行为的，处二万元以上十万元以下的罚款；有前款第四项行为的，处一万元以上十万元以下的罚款。

第五十六条　违反本条例规定，有下列行为之一的，按以下规定处罚：

（一）在库区消落带从事畜禽养殖、餐饮等对水体有污染的生产经营活动的，由环境保护主管部门或者市、区县（自治县）有监督管理职能的部门责令改正，处一万元以上十万元以下的罚款；

（二）使用农药及其他有毒物毒杀、捕捞水生物的，由农业主管部门依据有关法律、法规予以处罚；

（三）向库区流域水体以投放化肥、粪便、动物尸体（肢体、内脏）、动物源性饲料等污染水体的方式从事水生养殖或者在三峡水库175米淹没区内从事网箱养殖的，由农业主管部门责令停止违法行为，处十万元以下的罚款，并责令拆除网箱养殖设施；

（四）在本市销售或者使用总磷酸盐含量不符合国家环境标志产品要求的洗涤制品的，分别由工商行政管理部门和环境保护主管部门按照职责分工处一万元以上十万元以下罚款。

第五十七条　违反本条例规定，逾期不履行有关主管部门行政处罚决定规定的整改义务的，可以由作出责令整改决定的主管部门指定有关单位代为治理。所需费用由整改义务人在限期内支付。逾期不支付的，由做出代为治理决定的主管部门责令缴纳或者申请人民法院强制执行。

第五十八条　违法排污行为造成水环境污染或者危害后果的，在按有关法律、法规规定处以罚款时，可加收二倍以上五倍以下应缴纳排污费。违法排污行为拒不改正的，可按法律、法规规定的罚款额度按日累加处罚。有前两款规定情形之一的，对违法排污单位主要负责人处以一万元以上十万元以下罚款。

第五十九条　违反本条例规定，拒绝、阻扰、拖延环境保护主管部门或者其他依法行使监督管理权的部门的监督检查，或者在接受监督检查时弄虚作假的，由环境保护主管部门或者其他依照本法规定行使监督管理权的部门责令改正，处一万元以上十万元以下的罚款。

第六十条　排污单位拒不履行市、区县（自治县）人民政府或者环境保护主管部门作出的责令停产、停业、关闭或者停产整顿决定，继续违法生产的，市、区县（自治县）人民政府可以作出停止或者限制向违法排污单位供应生产所需水、电的决定。

第六十一条　因排放污染物给水环境造成危害的，污染者应当排除危害。因污染水环境给他人造成损害的，污染者应当予以赔偿，当事人可以申请环境保护主管部门调解，也可以申请仲裁或者向人民法院起诉。因污染水环境发生纠纷，污染者应当就法律规定的不承担责任或者减轻责任的情形及其行为与损害之间不存在因果关系承担举证责任。

第六十二条　国家机关及其工作人员、企事业单位中由国家机关任命的人员有下列行为之一的，由其上级机关、主管部门或者监察机关按照有关规定给予处分：

（一）人民政府不履行领导职责或履行职责不力，致使水环境质量下降和重大水污染问题长期得不到解决的，对主要负责人和直接责任人给予警告、记过或者记大过处分；情节较重的，给予降级处分；情节严重的，给予撤职处分。

（二）环境保护主管部门和有关监督管理部门不履行监督管理职责或履行职责不力，对主要负责人和直接责任人给予警告、记过或者记大过处分；情节较重的，给予降级处分；情节严重的，给予撤职处分。

（三）环境监测、环境监察等机构对工作敷衍塞责、弄虚作假，致使环境保护监督管理秩序混乱的，对主要负责人和直接责任人给予警告、记过或者记大过处分；情节较重的，给予降级处分；情节严重的，给予撤职处分。

（四）国有企事业单位违反本条例规定受到责令停止生产、建设、吊销有关证照和较大数额罚款处罚的，对主要负责人和直接责任人给予警告、记过或者记大过处分；情节较重的，给予降级处分；情节严重的，给予撤职处分。

（五）环境保护监督管理人员或者其他有关部门工作人员以权谋私、滥用职权、玩忽职守、徇私舞弊的，对其给予警告、记过或者记大过处分；情节较重的，给予降级处分；情节严重的，给予撤职处分。

第六十三条　违反本条例规定，构成犯罪的，依法追究刑事责任。

第六章　附　则

第六十四条　本条例下列用语的含义：

（一）有毒有害物质，是指列入《危险货物品名表》《危险化学品名录》《国家危险废物名录》和《剧毒化学品目录》的物质及其他强腐蚀性、强刺激性、放射性和剧毒、致癌、致畸的物质。

（二）污染危害性货物，是指直接或者间接进入水域，会产生损害生物资源、危害人体健康、妨害渔业和其他合法活动、损害水体使用素质和减损环境质量等有害影响的货物。

（三）动物源性饲料，是指以动物或者动物副产品为原料，经工业化加工、制作的单一饲料。

第六十五条　本市其他区域的水污染防治参照本条例执行。

第六十六条　本条例自 2011 年 10 月 1 日起施行。2001 年 11 月 30 日重庆市第一届人民代表大会常务委员会第三十七次会议通过，2005 年 5 月 27 日重庆市第二届人民代表大会常务委员会第十七次会议修正的《重庆市长江三峡库区流域水污染防治条例》同时废止。

参考文献

[1] He G J, Fang H W, Bai S, et al. Application of a three-dimensional eutrophication model for the Beijing Guanting Reservoir, China[J]. Ecological Modelling, 2011, 222(8): 1491-1501.

[2] He G J, Fang H W, Chen M H. Multidimensional upwind scheme of diagonal Cartesian method for an advection-diffusion problem[J]. Computers & Fluids, 2009, 38(5): 1003-1010.

[3] Yang Y, Li Y, Zhang Y M, et al. Applying hybrid coagulants and polyacrylamide flocculants in the treatment of high-phosphorus hematite flotation wastewater (HHFW): Optimization through response surface methodology[J]. Separation and Purification Technology, 2010, 76(1): 72-78.

[4] Ma X, Li Y, Zhang M, et al. Assessment and analysis of non-point source nitrogen and phosphorus loads in the Three Gorges Reservoir Area of Hubei Province, China[J]. Science of the Total Environment, 2011, 412: 154-161.

[5] Long T Y, Wu L, Meng G H, et al. Numerical simulation for impacts of hydrodynamic conditions on algae growth in Chongqing Section of Jialing River, China[J]. Ecological Modelling, 2011, 222(1): 112-119.

[6] Wu L, Long T Y, Cooper W J. Simulation of spatial and temporal distribution on dissolved non-point source nitrogen and phosphorus load in Jialing River Watershed, China[J]. Environmental Earth Sciences, 2012, 65: 1795-1806.

[7] Wu L, Long T Y, Liu X, et al. Simulation of soil loss processes based on rainfall runoff and the time factor of governance in the Jialing River Watershed, China[J]. Environmental Monitoring and Assessment, 2012, 184: 3731-3748.

[8] Liu Y, Yu N, Li Z, et al. Sedimentary record of PAHs in the Liangtan River and its relation to socioeconomic development of Chongqing, Southwest China[J]. Chemosphere, 2012, 89(7): 893-899.

[9] Zhu B, Wang Z H, Zhang X B. Phosphorus fractions and release potential of ditch sediments from different land uses in a small catchment of the upper Yangtze River[J]. Journal of Soils and Sediments, 2012, 12: 278-290.

[10] Wei J, He X B, Bao Y H. Anthropogenic impacts on suspended sediment load in the Upper Yangtze river[J]. Regional Environmental Change, 2011, 11(4): 857-868.

[11] Fang F, Yang Y, Guo J S, et al. Three-dimensional fluorescence spectral characterization of soil dissolved organic matters in the fluctuating water-level zone of Kai County, Three Gorges Reservoir[J]. Frontiers of Environmental Science & Engineering in China, 2011, 5(3): 426-434.

[12] Guo J S, Abbas A A, Chen Y P, et al. Treatment of landfill leachate using a combined stripping, Fenton, SBR, and coagulation process[J]. Journal of Hazardous Materials, 2010, 178(1-3): 699-705.

[13] Liu Z P, Guo J S, Fang F. Transformation and fluorescent spectroscopy of dissolved organic matter (DOM) in landfill leachate treated by combined process[J]. Environmental Engineering & Management Journal (EEMJ), 2011, 10(7): 913-918.

[14] Ma L M, Sun H R, Chen L, et al. Relation between heavy metal fraction in soils and plants enrichment in pilot scale experiment on land application of sewage sludge[J]. Journal of Food Agriculture & Environment, 2011, 9(3): 967-973.

[15] Sang W J, Zhang Y L, Zhou X F, et al. Occurrence and distribution of synthetic musks in surface sediments of Liangtan River, West China[J]. Environmental Engineering Science, 2012, 29(1): 19-25.

[16] Ma L M, Yuan J, Sun X J, et al. Spatial distribution and release of nitrogen in soils in the water fluctuation zone of the Three Gorges Reservoir[J]. Journal of Food Agriculture & Environment, 2012, 10(1): 787-791.

[17] Yan D C, Wen A B, He X B, et al. A Preliminary study on traditional level-trench method to prevent rill initiation in the Three Gorges region, China[J]. Journal of Mountain Science, 2011, 8(6): 876-881.

[18] Shi Z L, Wen A B, Yan D C, et al. Temporal variation of 7 Be fallout and its inventory in purple soil in the Three Gorges Reservoir region, China[J]. Journal of Radioanalytical and Nuclear Chemistry, 2011, 288(3): 671-676.

[19] Tang Q, Bao Y H, He X B, et al. Farmer's adaptive strategies on land competition between societal outcomes and agroecosystem conservation in the purple-soiled hilly region, southwestern China[J]. Journal of Mountain Science, 2012, 9(1): 77-86.

[20] Wu L, Long T Y, Cooper W J. Temporal and spatial simulation of adsorbed nitrogen and phosphorus nonpoint source pollution load in Xiaojiang watershed of three gorges reservoir area, China[J]. Environmental Engineering Science, 2012, 29(4): 238-247.

[21] Zhu B, Wang Z H, Wang T, et al. Non-point-source nitrogen and phosphorus loadings from a small watershed in the Three Gorges Reservoir area[J]. Journal of Mountain Science, 2012, 9(1): 10-15.

[22] Wang T, Zhu B. Nitrate loss via overland flow and interflow from a sloped farmland in the hilly area of purple soil, China[J]. Nutrient Cycling in Agroecosystems, 2011, 90(3): 309-319.

[23] Wang T, Zhu B, Xia L Z. Effects of contour hedgerow intercropping on nutrient losses from the sloping farmland in the Three Gorges Area, China[J]. Journal of Mountain Science, 2012, 9(1): 105-114.

[24] Zhou A X, Chen N, Lu J Y, et al. Analysis and evaluation of sediment pollutant of secondary rivers of the three gorges reservoir[J]. Procedia Environmental Sciences, 2011, 10: 2147-2152.

[25] Zhang B, Fang F, Guo J S, et al. Phosphorus fractions and phosphate sorption-release characteristics relevant to the soil composition of water-level-fluctuating zone of Three Gorges Reservoir[J]. Ecological Engineering, 2012, 40: 153-159.

[26] Liu P L, Huang Q Y, Chen W L. Heterologous expression of bacterial nitric oxide synthase gene: a potential biological method to control biofilm development in the environment[J]. Canadian Journal of Microbiology, 2012, 58(3): 336-344.

[27] Fan D Y, Jie S L, Liu C C, et al. The trade-off between safety and efficiency in hydraulic architecture in 31 woody species in a karst area[J]. Tree Physiology, 2011, 31(8): 865-877.

[28] Yang Y C, Li N. Role of urban remnant evergreen broad-leaved forests on natural restoration of artificial forests in Chongqing metropolis[J]. Journal of Central South University, 2009 (S1): 276-281.

[29] Hu M, Huang G H, Sun W, et al. Inexact quadratic joint-probabilistic programming for water quality management under uncertainty in the Xiangxi River, China[J]. Stochastic Environmental Research and Risk Assessment, 2013, 27(5): 1115-1132.

[30] Lv Y, Huang G H, Li Y P, et al. Managing water resources system in a mixed inexact environment

using superiority and inferiority measures[J]. Stochastic Environmental Research and Risk Assessment, 2012, 26(5): 681-693.

[31] Fu D Z, Li Y P, Huang G H. A fuzzy-Markov-chain-based analysis method for reservoir operation[J]. Stochastic Environmental Research and Risk Assessment, 2012, 26(3): 375-391.

[32] Li H Z, Li Y P, Huang G H, et al. A simulation-based optimization approach for water quality management of Xiangxihe River under uncertainty[J]. Environmental Engineering Science, 2012, 29(4): 270-283.

[33] Lu H W, Huang G H, Zhang Y M, et al. Strategic agricultural land-use planning in response to water-supplier variation in a China's rural region[J]. Agricultural Systems, 2012, 108: 19-28.

[34] Li Y P, Huang G H. A recourse-based nonlinear programming model for stream water quality management[J]. Stochastic Environmental Research and Risk Assessment, 2012, 26(2): 207-223.

[35] Hu Q, Huang G H, Liu Z F, et al. Inexact fuzzy two-stage programming for water resources management in an environment of fuzziness and randomness[J]. Stochastic Environmental Research and Risk Assessment, 2012, 26(2): 261-280.

[36] Fan Y R, Huang G H, Guo P, et al. Inexact two-stage stochastic partial programming: application to water resources management under uncertainty[J]. Stochastic Environmental Research and Risk Assessment, 2012, 26(2): 281-293.

[37] Liu L, Liu D F, Johnson D M, et al. Effects of vertical mixing on phytoplankton blooms in Xiangxi Bay of Three Gorges Reservoir: implications for management[J]. Water Research, 2012, 46(7): 2121-2130.

[38] Li Y P, Huang G H. Planning agricultural water resources system associated with fuzzy and random features 1[J]. JAWRA Journal of the American Water Resources Association, 2011, 47(4): 841-860.

[39] Lu H W, Huang G H, He L. An inexact rough-interval fuzzy linear programming method for generating conjunctive water-allocation strategies to agricultural irrigation systems[J]. Applied Mathematical Modelling, 2011, 35(9): 4330-4340.

[40] Huang G H, Cao M F. Analysis of solution methods for interval linear programming[J]. Journal of Environmental Informatics, 2011, 17(2): 54-64.

[41] Li Y P, Huang G H, Zhang N, et al. An inexact-stochastic with recourse model for developing regional economic-ecological sustainability under uncertainty[J]. Ecological Modelling, 2011, 222(2): 370-379.

[42] Lv Y, Huang G H, Li Y P, et al. Planning regional water resources system using an interval fuzzy bi-level programming method[J]. Journal of Environmental Informatics, 2010, 16(2): 43-56.

[43] Li Y P, Huang G H, Nie S L. Planning water resources management systems using a fuzzy-boundary interval-stochastic programming method[J]. Advances in Water Resources, 2010, 33(9): 1105-1117.

[44] Li Y P, Huang G H. Inexact joint-probabilistic stochastic programming for water resources management under uncertainty[J]. Engineering Optimization, 2010, 42(11): 1023-1037.

[45] Li W, Li Y P, Li C H, et al. An inexact two-stage water management model for planning agricultural irrigation under uncertainty[J]. Agricultural Water Management, 2010, 97(11): 1905-1914.

[46] Yang Z J, Liu D F, Ji D B, et al. Influence of the impounding process of the Three Gorges Reservoir up to water level 172.5 m on water eutrophication in the Xiangxi Bay[J]. Science China Technological

Sciences, 2010, 53(4): 1114-1125.

[47]　Li Y P, Huang G H, Wang G Q, et al. FSWM: a hybrid fuzzy-stochastic water-management model for agricultural sustainability under uncertainty[J]. Agricultural Water Management, 2009, 96(12): 1807-1818.

[48]　Li Y P, Huang G H. Fuzzy-stochastic-based violation analysis method for planning water resources management systems with uncertain information[J]. Information Sciences, 2009, 179(24): 4261-4276.

[49]　Li Y P, Huang G H, Nie S L. A robust interval-based minimax-regret analysis approach for the identification of optimal water-resources-allocation strategies under uncertainty[J]. Resources, Conservation and Recycling, 2009, 54(2): 86-96.

[50]　Yang X L, Deng S Q, De Philippis R, et al. Chemical composition of volatile oil from Artemisia ordosica and its allelopathic effects on desert soil microalgae, Palmellococcus miniatus[J]. Plant Physiology and Biochemistry, 2012, 51: 153-158.

[51]　Yang M, Bi Y H, Hu J L, et al. Seasonal variation in functional phytoplankton groups in Xiangxi Bay, Three Gorges Reservoir[J]. Chinese Journal of Oceanology and Limnology, 2011, 29(5): 1057-1064.

[52]　Zhou G J, Zhao X M, Bi Y H, et al. Effects of silver carp (Hypophthalmichthys molitrix) on spring phytoplankton community structure of Three-Gorges Reservoir (China): results from an enclosure experiment[J]. Journal of Limnology, 2011, 70(1): 26-32.

[53]　Zhou G J, Zhao X M, Bi Y H, et al. Phytoplankton variation and its relationship with the environment in Xiangxi Bay in spring after damming of the Three-Gorges, China[J]. Environmental Monitoring and Assessment, 2011, 176(1-4): 125-141.

[54]　Wang Z C, Li D H, Qin H J, et al. An integrated method for removal of harmful cyanobacterial blooms in eutrophic lakes[J]. Environmental Pollution, 2012, 160: 34-41.

[55]　Wang Z C, Li D H, Li G W, et al. Mechanism of photosynthetic response in Microcystis aeruginosa PCC7806 to low inorganic phosphorus[J]. Harmful Algae, 2010, 9(6): 613-619.

[56]　Qin H J, Peng C R, Liu Y D, et al. Differential responses of Anabaena sp. PCC 7120 (Cyanophyceae) cultured in N-deficient and N-enriched media to UV-B radiation[J]. Journal of phycology, 2012, 48(3): 615-625.

[57]　Li Y X, Li D H. Competition between toxic Microcystis aeruginosa and nontoxic Microcystis wesenbergii with Anabaena PCC7120[J]. Journal of Applied Phycology, 2012, 24(1): 69-78.

[58]　Liang Z, Peng X J, Luan Z K, et al. Reduction of phosphorus release from high phosphorus soil by red mud[J]. Environmental Earth Sciences, 2012, 65: 581-588.

[59]　Liang Z, Peng X, Luan Z. Immobilization of Cd, Zn and Pb in sewage sludge using red mud[J]. Environmental Earth Sciences, 2012, 66(5): 1321-1328.

[60]　Fang F, Abbas A A, Chen Y P, et al. Anaerobic/aerobic/coagulation treatment of leachate from a municipal solid wastes incineration plant[J]. Environmental Technology, 2012, 33(8): 927-935.

[61]　Li Z W, Huai W X, Qian Z D, et al. Numerical study of flow and dilution behavior of radial wall jet[J]. Journal of Hydrodynamics, Ser. B, 2010, 22(5): 681-688.

[62]　Huai W X, Li Z W, Qian Z D, et al. Numerical simulation of horizontal buoyant wall jet[J]. Journal of Hydrodynamics, 2010, 22(1): 58-65.

[63]　Huai W X, Wu Z L, Qian Z D, et al. Large Eddy Simulation of open channel flows with non-

submerged vegetation[J]. Journal of Hydrodynamics, Ser. B, 2011, 23(2): 258-264.

[64] Wang Z C, Li G W, Li G B, et al. The decline process and major pathways of Microcystis bloom in Taihu Lake, China[J]. Chinese Journal of Oceanology and Limnology, 2012, 30(1): 37-46.

[65] Wang Z C, Li Z J, Li D H. A niche model to predict Microcystis bloom decline in Chaohu Lake, China[J]. Chinese Journal of Oceanology and Limnology, 2012, 30(4): 587-594.

[66] Wang Z C, Li D H, Li Z J. Rainfalls accelerate the decline process of microcystis (cyanophyceae) blooms[J]. Fresenius Environmental Bulletin, 2012, 21(8): 2145-2152.

[67] Wang Z C, Dong J, Li D H. Conformational changes in photosynthetic pigment proteins on thylakoid membranes can lead to fast non-photochemical quenching in cyanobacteria[J]. Science China Life Sciences, 2012, 55(8): 726-734.

[68] Hao R X, Ren H Q, Li J B, et al. Use of three-dimensional excitation and emission matrix fluorescence spectroscopy for predicting the disinfection by-product formation potential of reclaimed water[J]. Water Research, 2012, 46(17): 5765-5776.

[69] Hao R X, Liu F, Ren H Q, et al. Study on a comprehensive evaluation method for the assessment of the operational efficiency of wastewater treatment plants[J]. Stochastic Environmental Research and Risk Assessment, 2013, 27(3): 747-756.

[70] 高博, 周怀东, 金洁, 等. 土壤和沉积物中不同形式有机质的表征[J]. 光谱学与光谱分析, 2013, 33(5): 1194-1197.

[71] 郝红, 周怀东, 高博, 等. 全自动水质分析仪快速定量检测地表水中硝酸盐氮和亚硝酸盐氮[J]. 光谱学与光谱分析, 2013, 33(2): 434-437.

[72] 韩冬, 方红卫, 陈明洪, 等. 一维河网泥沙输移模式研究[J]. 力学学报, 2011, 43(3): 476-481.

[73] 方红卫, 尚倩倩, 府仁寿, 等. 泥沙颗粒生长生物膜后起动的实验研究——Ⅱ. 起动流速计算[J]. 水科学进展, 2011, 22(3): 301-306.

[74] 尚倩倩, 方红卫, 赵慧明, 等. 泥沙颗粒生长生物膜后沉降的实验研究Ⅰ: 实验设计及粒径变化[J]. 水利学报, 2012, 43(3): 275-281.

[75] Song L X, Liu P. Study on Agricultural Non-point Source Pollution Based on SWAT[J]. Advanced Materials Research, 2010, 113: 390-394.

[76] Song L X, Liu P. Preliminary exploration on water pollution from non-point source in XiangXi River[C]// 2010 4th International Conference on Bioinformatics and Biomedical Engineering. New York: IEEE, 2010: 1-5.

[77] 李红霞, 张新华, 肖玉成, 等. 缺资料流域的非点源污染模拟研究[J]. 四川大学学报, 2011, 43(5): 59-63.

[78] Ma X, Li Y, Du S, et al. Spatial analysis of nitrogen and phosphorus loads from non-point source in the three gorges reservoir area of Hubei[J]. Applied Mechanics and Materials, 2011, 71: 3062-3066.

[79] Li Y, Liu Y, Du G. Removal of phosphate from wastewater using steel slag modified by high temperature activation[C]// 2010 4th International Conference on Bioinformatics and Biomedical Engineering. New York: IEEE, 2010: 1-5.

[80] Li K, Gao X, Guo J S, et al. The pollution characteristics of Liangtan River in Three Gorges Reservoir region[C]//2011 International Conference on Remote Sensing, Environment and Transportation Engineering. New York: IEEE, 2011: 4642-4649.

[81]　郭劲松, 刘京, 方芳, 等. 三峡库区紫色土坡耕地小流域氮收支估算及污染潜势[J]. 重庆大学学报, 2011, 34(11): 141-147.

[82]　吴磊, 龙天渝, 王玉霞, 等. 基于分布式水文模型的嘉陵江流域氮磷非点源污染负荷预测[J]. 农业工程学报, 2011, 27(3): 55-60.

[83]　Lu Q M, Wei S Q, Chen G C, et al. Analysis of water quality and public health in Chongqing area-the relations between drinking water quality and water related diseases morbidity in rural areas in Chongqing municipality[C]// 2011 5th International Conference on Bioinformatics and Biomedical Engineering. New York: IEEE, 2011: 1-2.

[84]　Guo F, He X B, Yan D C, et al. Online monitoring system for soil erosion and non-point source pollution in the Three-gorge Reservoir Area[C]// Proceedings 2011 IEEE International Conference on Spatial Data Mining and Geographical Knowledge Services. New York: IEEE, 2011: 492-496.

[85]　Ding X Y, Zhou H D, Wang Y C, et al. Variability and prediction of climatic elements in the Three Gorges Reservoir[C]// 2011 International Symposium on Water Resource and Environmental Protection. New York: IEEE, 2011, 3: 2307-2310.

[86]　Ding X Y, Jia Y W, Jia J S, et al. Variability, change and prediction of hydro-climatic elements in the Hai River basin, China[J]. Hydro-climatology: Variability and Change, 2011, 344: 45-51.

[87]　Ding X Y, Zhou H D, Wang Y H, et al. Evolution of hydro-climatic elements in the Three Gorges Reservoir under changing environment[J]. Advanced Materials Research, 2012, 356: 2376-2382.

[88]　彭绪亚, 李治阳, 洪俊华, 等. 产甲烷反硝化工艺处理畜禽粪液可行性试验研究[J]. 土木建筑与环境工程, 2012, 34(4): 131-135.

[89]　刘智萍, 郭劲松, Abdulhussai A Abbsa, 等. Fenton-SBR工艺对渗滤液溶解性有机物的去除特性[J]. 土木建筑与环境工程, 2010, 32(4): 96-100.

[90]　Liu G T, Zhang Z, Peng X Y. The effect of leachate collection layer structure on leachate quality in semi-aerobic landfill: A pilot study[J]. Applied Mechanics and Materials, 2012, 137: 192-197.

[91]　Liu B, Peng X Y, Wu G J, et al. Effects of stale refuse from informal landfill on seed germination of Lolium perenne L[J]. Advanced Materials Research, 2012, 573: 1101-1105.

[92]　Ma L M, Song H R, Meng D L, et al. Remediation of city river water by combining submerged macrophyte and bioenergizer[J]. Advanced Materials Research, 2011, 322: 189-194.

[93]　Tang Y F, Wang R C, Ma L M, et al. Optimization of enhanced flocculation for treating sediment dredging wastewater: Pollutant removal performance and zeta potential analysis[J]. Advanced Materials Research, 2012, 356: 1668-1674.

[94]　马云, 何丙辉, 何建林, 等. 基于水动力学的紫色土区植物篱控制面源污染的临界带间距确定[J]. 农业工程学报, 2011, 27(4): 60-64.

[95]　雷波, 张丽, 夏婷婷, 等. 基于层次分析法的重庆市新农村生态环境质量评价模型[J]. 北京工业大学学报, 2011, 37(9): 1393-1399.

[96]　方芳, 周红, 李哲, 等. 三峡小江回水区真光层深度及其影响因素分析[J]. 水科学进展, 2010, 21(1): 113-119.

[97]　Lin J J, Pan J, Fu C, et al. GIS-based approach to study the spatial distribution of Cr in the water-level-fluctuating zone along the Xiao River[C]// 2010 3rd International Congress on Image and Signal Processing. New York: IEEE, 2010: 2917-2919.

[98] Lin J J, Pan J, Fu C, et al. Analysis of the spatial variation of Pb in the water-level-fluctuating zone of Xiao River based on GIS mapping techniques[C]// 2010 3rd International Congress on Image and Signal Processing. New York: IEEE, 2010: 3906-3908.

[99] Liu J, Guo J S, Fang F, et al. Research in soil nutrient content of sloping field of typical watershed in three gorges reservoir area[C]// 2011 International Conference on Electric Technology and Civil Engineering (ICETCE). New York: IEEE, 2011: 4315-4318.

[100] 王业春, 雷波, 杨三明, 等. 三峡库区消落带不同水位高程土壤重金属含量及污染评价[J]. 环境科学, 2012, 33(2): 612-617.

[101] Luo H J, Liu D F, Huang Y P. Support vector regression model of chlorophyll-a during spring algal bloom in Xiangxi bay of three gorges reservoir, China[J]. Journal of Environmental Protection, 2012, 3(5): 420-425.

[102] 傅海燕, 柴天, 赵坤, 等. 水网藻种植水对铜绿微囊藻生长的抑制作用研究[J]. 环境科学, 2012, 33(5): 1564-1569.

[103] 王亮, 肖尚斌, 刘德富, 等. 香溪河库湾夏季温室气体通量及影响因素分析[J]. 环境科学, 2012, 33(5): 1471-1475.

[104] 张宇, 刘德富, 纪道斌, 等. 干流倒灌异重流对香溪河库湾营养盐的补给作用[J]. 环境科学, 2012, 33(8): 2621-2627.

[105] 赵坤, 傅海燕, 柴天, 等. 水网藻对铜绿微囊藻的化感作用及对氮磷去除能力研究[J]. 环境科学, 2011, 32(8): 2267-2272.

[106] 张明真, 傅海燕, 柴天, 等. 连续式自清洁蓝藻收集设备的中试研究[J]. 环境工程学报, 2011, 5(9): 2018-2022.

[107] 许鹏成, 柴天, 傅海燕, 等. 卷式超滤膜在蓝藻收集中的应用[J]. 环境工程学报, 2011, 5(8): 1739-1744.

[108] 马骏, 刘德富, 纪道斌, 等. 三峡水库支流库湾低流速条件下测流方法探讨及应用[J]. 长江科学院院报, 2011, 28(6): 30-34.

[109] 崔玉洁, 刘德富, 宋林旭, 等. 数字滤波法在三峡库区香溪河流域基流分割中的应用[J]. 水文, 2011, 31(6): 18-23.

[110] 易仲强, 刘德富. 富营养化湖库生态恢复研究探讨[J]. 中国农村水利水电, 2010(6): 26-29.

[111] 吉小盼, 刘德富, 黄钰铃, 等. 三峡水库泄水期香溪河库湾营养盐动态及干流逆向影响[J]. 环境工程学报, 2010, 4(12): 2687-2693.

[112] 纪道斌, 刘德富, 杨正健, 等. 三峡水库香溪河库湾水动力特性分析[J]. 中国科学, 2010, 40(1): 101-112.

[113] 杨正健, 刘德富, 纪道斌, 等. 三峡水库 172.5 m 蓄水过程对香溪河库湾水体富营养化的影响[J]. 中国科学, 2010, 40(4): 358-369.

[114] Bin Z, Fang F, Yan Y, et al. Fluorescent characteristics of dissolved organic matters in soil at Water-level-fluctuating zone (WLFZ) in Kaixian of Three Gorges Reservoir and their spacial distributions[C]// World Automation Congress 2012. New York: IEEE, 2012: 1-4.

[115] Yang Z H, Yang S C. Ecological operation scheme of the Xiao-jiang reservoir[C]// 2011 International Conference on Business Management and Electronic Information. New York: IEEE, 2011: 832-835.

[116] 郝瑞霞, 周冬文, 张炎涛, 等. 臭氧氧化 NP_nEO 及其代谢产物 NP 的反应机理[J]. 北京工业大学

学报, 2011, 37(10): 1543-1548.

[117] 郝瑞霞, 万宏文, 张庆康, 等. 顶空进样-GC-MS-∑SIM分析再生水中三卤甲烷[J]. 北京工业大学学报, 2011, 37(2): 243-248.

[118] 王征, 郭秀锐, 程水源, 等. 三峡库区支流河口水动力及水污染迁移特性[J]. 北京工业大学学报, 2012, 38(11): 1731-1737.

[119] Wang Z, Liu Y. The discharge outlets layout optimization of typical river section in the Three Gorges Reservoir area[J]. Advanced Materials Research, 2014, 955: 3287-3294.

[120] Hao R X, Liu F, Zhang Q K, et al. The phosphorus balance of the A/A/O process for a municipal sewage plant of Beijing in China[C]// 2011 International Conference on Business Management and Electronic Information. New York: IEEE, 2011: 664-668.

[121] 黄应平. 化学创新实验教程[M]. 武汉: 华中师范大学出版社, 2010.

[122] 黄应平. 环境分析实验[M]. 武汉: 华中师范大学出版社, 2011.

[123] 段德麟, 胡自民, 胡征宇, 等. 藻类学[M]. 北京: 科学出版社, 2012.

[124] 高继军, 周怀东, 陆瑾, 等. 三峡水库水环境质量监测技术方法[M]. 北京: 中国水利水电出版社, 2012.

[125] 陆瑾, 王明娜, 周怀东, 等. 水污染事故应急监测与处置数据库[M]. 北京: 中国水利水电出版社, 2012.

[126] 程水源, 郭秀锐, 郝瑞霞. 三峡库区流域水污染防治中长期系统方案研究[M]. 北京: 中国环境科学出版社, 2012.

[127] Huang Y L, Zhang P, Liu D F, et al. Nutrient spatial pattern of the upstream, mainstream and tributaries of the Three Gorges Reservoir in China[J]. Environmental Monitoring and Assessment, 2014, 186(10): 6833-6847.

[128] Xiao S B, Yang H, Liu D F, et al. Gas transfer velocities of methane and carbon dioxide in a subtropical shallow pond[J]. Tellus B: Chemical and Physical Meteorology, 2014, 66(1): 23795.

[129] Bao Y F, Wang Y C, Hu M M, et al. Phosphorus fractions and its summer flux from sediments of deep reservoirs located at a phosphate-rock watershed, Central China[J]. Water Science and Technology: Water Supply, 2018, 18(2): 688-697.

[130] Qu M J, Li H D, Li N, et al. Distribution of atrazine and its phytoremediation by submerged macrophytes in lake sediments[J]. Chemosphere, 2017, 168: 1515-1522.

[131] Tuo Y, Cai J B, Zhu D W, et al. Effect of Zn^{2+} on the performances and methanogenic community shifts of UASB reactor during the treatment of swine wastewater[J]. Water, Air, & Soil Pollution, 2014, 225(6): 1996.

[132] Peng L, Hua Y M, Cai J B, et al. Effects of plants and temperature on nitrogen removal and microbiology in a pilot-scale integrated vertical-flow wetland treating primary domestic wastewater[J]. Ecological Engineering, 2014, 64: 285-290.

[133] Wang F S, Cao M, Wang B L, et al. Seasonal variation of CO_2 diffusion flux from a large subtropical reservoir in East China[J]. Atmospheric Environment, 2015, 103: 129-137.

[134] Lei Y Y, Wang F S, Ni W Y, et al. Evaluation and correction of spectrophotometric determination of alkali extracted biogenic silica[J]. Asian Journal of Chemistry, 2015, 27(4): 1231-1234.

[135] Li S, Wang F S, Luo W Y, et al. Carbon dioxide emissions from the Three Gorges Reservoir,

China[J]. Acta Geochimica, 2017, 36(4): 645-657.

[136] Hu M M, Li Y H, Wang Y C, et al. Phytoplankton and bacterioplankton abundances and community dynamics in Lake Erhai[J]. Water Science and Technology, 2013, 68(2): 348-356.

[137] Hu M M, Zhou H D, Wang Y C, et al. Ecological characteristics of plankton and aquatic vegetation in Lake Qiluhu[J]. Water Science and Technology, 2014, 69(8): 1620-1625.

[138] Yin S H, Wang Y C, Peng W Q, et al. Urban river water purification experiment by strengthening ecological engineering methods[J]. Advanced Materials Research, 2014, 989: 1341-1347.

[139] Yin S H, Du Y L, Wang Y C, et al. Regional Climate Evolution in Yangtze River Basin and Three Gorges Reservoir[J]. Advanced Materials Research, 2014, 864: 2725-2731.

[140] Gao B, Wei X, Zhou H D, et al. Pollution characteristics and possible sources of seldom monitored trace elements in surface sediments collected from Three Gorges Reservoir, China[J]. The Scientific World Journal, 2014.

[141] Gao B, Zhou H, Huang Y, et al. Characteristics of heavy metals and Pb isotopic composition in sediments collected from the tributaries in Three Gorges Reservoir, China[J]. The Scientific World Journal, 2014.

[142] 汪国骏, 胡明明, 王雨春, 等. 蓄水初期三峡水库草堂河水-气界面CO_2和CH_4通量日变化特征及其影响因素[J]. 湖泊科学, 2017, 29(3): 696-704.

[143] Zeng Y, Zhao Y J, Zhao D, et al. Forest biodiversity mapping using airborne LiDAR and hyperspectral data[C]// 2016 IEEE International Geoscience and Remote Sensing Symposium (IGARSS). New York: IEEE, 2016: 3561-3562.

[144] Wu B F, Zeng Y, Zhao D. Land cover mapping and above ground biomass estimation in China[C]// 2016 IEEE International Geoscience and Remote Sensing Symposium (IGARSS). New York: IEEE, 2016: 3535-3536.

[145] 蔡锋, 赵士波, 陈刚才, 等. 某货车侧翻水污染事件的环境损害评估方法探索[J]. 环境科学, 2015, 36(5): 1902-1910.

[146] 吴娅, 王雨春, 胡明明, 等. 三峡库区典型支流浮游细菌的生态分布及其影响因素[J]. 生态学杂志, 2015, 34(4): 1060-1065.

[147] 王健康, 周怀东, 陆瑾, 等. 三峡库区水环境中重金属污染研究进展[J]. 中国水利水电科学研究院学报, 2014, 12(1): 49-53.

[148] 周怀东. 两库建设运行对两湖生态安全影响研究[J]. 中国科技成果, 2013(18): 35-37.

[149] 许涛, 王雨春, 刘德富, 等. 三峡水库香溪河库湾夏季水华调查[J]. 生态学杂志, 2014, 33(3): 646-652.

[150] 叶振亚, 王雨春, 胡明明, 等. 三峡水库干-支流作用下生态水文过程的氢氧同位素示踪[J]. 生态学杂志, 2017, 36(8): 2358-2366.

[151] 黄庆超, 石巍方, 刘广龙, 等. 基于Delft3D的三峡水库不同工况下香溪河水动力水质模拟[J]. 水资源与水工程学报, 2017, 28(2): 33-39.

[152] 陈广, 刘广龙, 朱端卫, 等. 城镇化视角下三峡库区重庆段水生态安全评价[J]. 长江流域资源与环境, 2015, 24(S1): 213-220.

[153] 陈广, 刘广龙, 朱端卫, 等. DPSIR模型在流域生态安全评估中的研究[J]. 环境科学与技术, 2014, 37(S1): 464-470.

[154] 黄庆超, 刘广龙, 王雨春, 等. 不同水位运行下三峡库区干流水质变化特征[J]. 人民长江, 2015, 46(S1): 132-136.

[155] 瞿梦洁, 李慧冬, 李娜, 等. 沉水植物对水体阿特拉津迁移的影响[J]. 农业环境科学学报, 2016, 35(4): 750-756.

[156] 崔晨, 蔡建波, 华玉妹, 等. 菹草对微污水中重金属复合污染的净化效果[J]. 华中农业大学学报, 2014, 33(2): 72-77.

[157] 刘广龙, 余明星, 石巍方, 等. 三峡水库不同水位运行下大宁河水动力过程模拟[J]. 水资源与水工程学报, 2017, 28(5): 150-155.

[158] 李双, 王雨春, 操满, 等. 三峡库区库中干流及支流水体夏季二氧化碳分压及扩散通量[J]. 环境科学, 2014, 35(3): 885-891.

[159] 操满, 傅家楠, 周子然, 等. 三峡库区典型干-支流相互作用过程中的营养盐交换: 以梅溪河为例[J]. 环境科学, 2015, 36(4): 1293-1300.

[160] 周子然, 邓兵, 王雨春, 等. 三峡库区干支流水体交换特征初步研究——以朱衣河为例[J]. 人民长江, 2015, 46(22): 1-6.

[161] 吴学谦, 操满, 傅家楠, 等. 三峡水库夏季干流、支流(草堂河)水体的二氧化碳分压及扩散通量[J]. 上海大学学报, 2015, 21(3): 311-318.

[162] 王晓彤, 罗光富, 操满, 等. 库湾营养盐循环对三峡库区营养盐输运的影响: 以草堂河为例[J]. 环境科学, 2016, 37(8): 2957-2963.

[163] 魏浩斌, 吴学谦, 操满, 等. 三峡库区干流及库湾支流(朱衣河)夏季CO_2分压及扩散通量[J]. 上海大学学报, 2016, 22(4): 497-504.

[164] 傅家楠, 操满, 邓兵, 等. 三峡库区高水位运行期典型干支流水体CO_2分压及其水面通量特征[J]. 地球与环境, 2016, 44(1): 64-72.

[165] 王洪波, 邓兵, 汪福顺, 等. 三峡库区梅溪河河口干支流界面水流特征[J]. 水利水电科技进展, 2017, 37(3): 42-48.

[166] 赵晓杰, 程瑶, 黄伟建, 等. 三峡水库支流库湾热收支——以朱衣河为例[J]. 中国水利水电科学研究院学报, 2017, 15(2): 135-140, 147.

[167] 程瑶, 王雨春, 胡明明. 三峡水库支流水文情势差异对水-气界面二氧化碳释放通量特征的影响[J]. 生态学杂志, 2017, 36(1): 216-223.

[168] 李亚军, 程瑶, 王雨春. 三峡库区典型支流水质模型及其参数敏感性分析[J]. 人民长江, 2017, 48(16): 19-24.

[169] 温汝俊, 陈刚才, 李剑. 论排污权的法律属性[J]. 四川环境, 2012, 31(6): 143-146.

[170] 赵亮, 鲁群岷, 李莉, 等. 重庆万州区大气降水的化学特征[J]. 三峡环境与生态, 2013, 35(2): 9-15.

[171] 鲁群岷, 赵亮, 李莉, 等. 三峡库区降水化学组成及时空变化特征[J]. 环境科学学报, 2013, 33(6): 1682-1689.

[172] 杨清玲, 刘健, 陈刚才, 等. Ag^+-Cl^--荧光素体系的离子缔合纳米微粒的共振非线性散射光谱及其在环境分析中的应用[J]. 中国环境监测, 2013, 29(6): 151-162.

[173] 杨清玲, 刘健, 李帮林, 等. 环境中汞的测定方法及研究进展[C]// 姜艳萍. 2014中国环境科学学会学术年会论文集. 北京: 中国环境科学出版社, 2014: 255-261.

[174] 蔡锋, 李新宇, 陈刚才, 等. 次级河流水污染事件应急处置程序及环境损害评估技术路线[J]. 环

境工程学报, 2014, 8(9): 3658-3664.

[175] 杨清玲, 胡小莉, 刘忠芳, 等. Ag$^+$-Cl$^-$-多取代荧光素体系的RRS和RNLS光谱及其分析应用[J]. 中国科学: 化学, 2015, 45(2): 217-226.

[176] 李红丽, 田密, 杨复沫, 等. 重庆万州夏冬季PM$_{2.5}$中重金属污染特征[J]. 环境影响评价, 2014(4): 47-51.

[177] 蔡锋, 陈刚才, 彭枫, 等. 基于虚拟治理成本法的生态环境损害量化评估[J]. 环境工程学报, 2015, 9(9): 4217-4222.

[178] 蔡锋, 陈刚才, 鲜思淑, 等. OilTech121便携式测油仪在突发性水污染事件中的应用[J]. 环境工程学报, 2016, 10(6): 3354-3358.

[179] 刘广龙, 朱端卫. 三峡库区水质与水生态环境分区评价[M]. 北京: 科学出版社, 2017.

[180] 邓兵, 汪福顺, 王雨春. 三峡库区干流与典型库湾相互作用的关键过程与环境效应[M]. 北京: 上海大学出版社, 2017.

[181] Jiang L G, Xue Q, Liu L. Evaluation of the potential release of phosphorus from phosphate waste rock piles in different environmental scenarios[J]. Environmental Earth Sciences, 2015, 74(1): 597-607.

[182] Wan Y, Xue Q, Liu L. Study on the permeability evolution law and the micro-mechanism of CCL in a landfill final cover under the dry-wet cycle[J]. Bulletin of Engineering Geology and the Environment, 2014, 73(4): 1089-1103.

[183] Xue Q, Wan Y, Chen Y J, et al. Experimental research on the evolution laws of soil fabric of compacted clay liner in a landfill final cover under the dry-wet cycle[J]. Bulletin of Engineering Geology and the Environment, 2014, 73(2): 517-529.

[184] Wan Y, Xue Q, Liu L, et al. The role of roots in the stability of landfill clay covers under the effect of dry–wet cycles[J]. Environmental Earth Sciences, 2016, 75(1): 71.

[185] Wang P, Xue Q, Li J S, et al. Effects of pH on leaching behavior of compacted cement solidified/stabilized lead contaminated soil[J]. Environmental Progress & Sustainable Energy, 2016, 35(1): 149-155.

[186] Xue Q, Li J S, Wang P, et al. Removal of heavy metals from landfill leachate using municipal solid waste incineration fly ash as adsorbent[J]. Clean-soil, Air, Water, 2014, 42(11): 1626-1631.

[187] Xue Q, Zhao Y, Li Z Z, et al. Numerical simulation on the cracking and failure law of compacted clay lining in landfill closure cover system[J]. International Journal for Numerical and Analytical Methods in Geomechanics, 2014, 38(15): 1556-1584.

[188] Xue Q, Lu H J, Li Z, et al. Cracking, water permeability and deformation of compacted clay liners improved by straw fiber[J]. Engineering Geology, 2014, 178: 82-90.

[189] Xue Q, Zhang Q. Effects of leachate concentration on the integrity of solidified clay liners[J]. Waste Management & Research, 2014, 32(3): 198-206.

[190] Li J S, Xue Q, Wang P, et al. Comparison of solidification/stabilization of lead contaminated soil between magnesia–phosphate cement and ordinary portland cement under the same dosage[J]. Environmental Progress & Sustainable Energy, 2016, 35(1): 88-94.

[191] Xue Q, Chen Y, Liu L. Erosion characteristics of ecological sludge evapotranspiration cover slopes for landfill closure[J]. Environmental Earth Sciences, 2016, 75(5): 419.

[192] 万勇, 薛强, 赵立业, 等. 干湿循环对填埋场压实黏土盖层渗透系数影响研究[J]. 岩土力学, 2015, 36(3): 679-686, 693.

[193] 万勇, 薛强, 吴彦, 等. 干湿循环作用下压实黏土力学特性与微观机制研究[J]. 岩土力学, 2015, 36(10): 2815-2824.

[194] 万勇, 薛强, 陈亿军, 等. 填埋场封场覆盖系统稳定性统一分析模型构建及应用研究[J]. 岩土力学, 2013, 34(6): 1636-1644.

[195] 姜利国, 梁冰, 张梦舟, 等. 三峡库区香溪河流域磷矿废石磷素浸出特性[J]. 环境工程学报, 2015, 9(7): 3531-3537.

[196] 姜利国, 梁冰, 张梦舟, 等. 持续淋溶对磷矿废石磷素浸出特性影响的研究[J]. 非金属矿, 2015, 38(6): 53-55, 68.

[197] 梁冰, 郑泽, 姜利国. 不同pH值对磷矿废石磷素浸出特性影响的实验研究[J]. 地球与环境, 2015, 43(3): 363-368.

[198] Xue Q, Chen Y J, Liu L. Erosion characteristics of ecological sludge evapotranspiration cover slopes for landfill closure[J]. Environmental Earth Sciences, 2016, 75: 419.

[199] Ma X, Li Y, Li B L, et al. Nitrogen and phosphorus losses by runoff erosion: Field data monitored under natural rainfall in Three Gorges Reservoir Area, China[J]. Catena, 2016, 147: 797-808.

[200] 刘强, 李晔, 马啸, 等. 香溪河流域生态治理效益综合评价[J]. 中国水土保持, 2012(6): 57-58.

[201] 马啸, 李晔, 李柏林, 等. 湖北三峡库区水土流失及其综合防治[J]. 亚热带水土保持, 2012, 24(4): 17-21, 25.

[202] 刘曦, 李晔, 赵建博. 粉煤灰-赤泥复合絮凝剂PAFC的除磷性能[J]. 金属矿山, 2014(7): 168-171.

[203] 邱泽东, 李晔, 周显, 等. 硝态氮在紫色土和石灰土中淋溶过程模拟研究[J]. 武汉理工大学学报, 2014, 36(7): 119-123.

[204] 李波, 李晔, 韩惟怡, 等. 人工降雨条件下不同粒径泥沙中氮磷流失特征分析[J]. 水土保持学报, 2016, 30(3): 39-43.

[205] 赵建博, 李晔, 邵啸. 施磷对香溪河黄棕壤磷素淋失的影响研究[J]. 工业安全与环保, 2016, 42(5): 12-15.

[206] 秦华, 李晔, 李波, 等. 人工模拟降雨条件下石灰土养分流失规律[J]. 水土保持学报, 2016, 30(1): 1-4, 53.

[207] 赵绍林, 李晔, 赵培培, 等. 三峡库区不同坡度石灰土坡耕地磷素流失特征[J]. 水土保持通报, 2016, 36(6): 115-120.

[208] 李波, 李晔, 赵绍林, 等. 植物篱对石灰土坡耕地理化性质及磷素流失的影响[J]. 水土保持学报, 2017, 31(5): 14-18, 24.

[209] 任泽, 蒋祖耀, 蔡庆华. 青藏高原腹地溪流中的氮和有机碳及其相互关系[J]. 应用与环境生物学报, 2013, 19(3): 532-536.

[210] 李斌, 申恒伦, 张敏, 等. 香溪河流域梯级水库大型底栖动物群落变化及其与环境的关系[J]. 生态学杂志, 2013, 32(8): 2070-2076.

[211] Zhang H M, Cai Q H, Liao M Y. Three new Cephalaeschna species from central China with descriptions of the hitherto unknown sex of related species (Odonata: Aeshnidae)[J]. International Journal of Odonatology, 2013, 16(2): 157-176.

[212] Wang X Z, Cai Q H, Jiang W X, et al. Assessing impacts of a dam construction on benthic macroinvertebrate communities in a mountain stream[J]. Fresenius Environmental Bulletin, 2013, 22(1): 103-110.

[213] Tang T, Wu N C, Li F Q, et al. Disentangling the roles of spatial and environmental variables in shaping benthic algal assemblages in rivers of central and northern China[J]. Aquatic Ecology, 2013, 47: 453-466.

[214] Ren Z, Jiang Z Y, Cai Q H. Longitudinal patterns of periphyton biomass in Qinghai–Tibetan Plateau streams: An indicator of pasture degradation?[J]. Quaternary International, 2013, 313: 92-99.

[215] Zhang H M, Vogt T E, Cai Q H. Somatochlora shennong sp. nov. from Hubei, China (Odonata: Corduliidae)[J]. Zootaxa, 2014, 3878(5): 479-484-479-484.

[216] Zhang H, Cai Q H. Aeshna shennong sp. nov., a new species from Hubei Province, China (Odonata: Anisoptera: Aeshnidae)[J]. Zootaxa, 2014, 3795(4): 489-493.

[217] Ye L, Cai Q H, Zhang M, et al. Real-time observation, early warning and forecasting phytoplankton blooms by integrating in situ automated online sondes and hybrid evolutionary algorithms[J]. Ecological informatics, 2014, 22: 44-51.

[218] Tan L, Cai Q, Zhang H, et al. Trophic status of tributary bay aggregate and their relationships with basin characteristics in a Large, subtropical dendritic Reservoir, China[J]. Fresenius Environmental Bulletin, 2014, 23(3): 650-659.

[219] Wu N C, Cai Q H, Fohrer N. Contribution of microspatial factors to benthic diatom communities[J]. Hydrobiologia, 2014, 732: 49-60.

[220] Shen H L, Li B, Cai Q H, et al. Phytoplankton functional groups in a high spatial heterogeneity subtropical reservoir in China[J]. Journal of Great Lakes Research, 2014, 40(4): 859-869.

[221] Ren Z, Li F Q, Tang T, et al. The influences of small dam on macroinvertebrates diversity and temporal stability in stream ecosystem[J]. Fresenius Environ. Bull, 2014, 23(7): 1510-1518.

[222] Li B, Cai Q H, Zhang M, et al. Macroinvertebrate community succession in the Three-Gorges Reservoir ten years after impoundment[J]. Quaternary International, 2015, 380: 247-255.

[223] 孙婷婷, 唐涛, 申恒伦, 等. 香溪河流域不同介质中碳、氮、磷的分布特征及相关性研究[J]. 长江流域资源与环境, 2015, 24(5): 853-859.

[224] 张敏, 蔡庆华, 孙志禹, 等. 三峡水库水位波动对支流库湾底栖动物群落的影响及其时滞性[J]. 应用与环境生物学报, 2015, 21(1): 101-107.

[225] Dong X Y, Jia X H, Jiang W X, et al. Development and testing of a diatom-based index of biotic integrity for river ecosystems impacted by acid mine drainage in Gaolan River, China[J]. Fresen Environ Bull, 2015, 24: 4114-4124.

[226] He F Z, Jiang W X, Tang T, et al. Assessing impact of acid mine drainage on benthic macroinvertebrates: can functional diversity metrics be used as indicators?[J]. Journal of Freshwater Ecology, 2015, 30(4): 513-524.

[227] Tang T, Jia X H, Jiang W X, et al. Multi-scale temporal dynamics of epilithic algal assemblages: evidence from a Chinese subtropical mountain river network[J]. Hydrobiologia, 2016, 770: 289-299.

[228] Cai L, Liu G Y, Taupier R, et al. Effect of temperature on swimming performance of juvenile Schizothorax prenanti[J]. Fish physiology and Biochemistry, 2014, 40: 491-498.

[229] Cai L, Fang M, Johnson D, et al. Interrelationships between feeding, food deprivation and swimming performance in juvenile grass carp[J]. Aquatic Biology, 2014, 20(1): 69-76.

[230] Xu T, Huang Y P, Chen J. Metal distribution in the tissues of two benthic fish from paddy fields in the middle reach of the Yangtze River[J]. Bulletin of Environmental Contamination and Toxicology, 2014, 92: 446-450.

[231] Cai L, Chen L, Johnson D, et al. Integrating water flow, locomotor performance and respiration of Chinese sturgeon during multiple fatigue-recovery cycles[J]. PLoS One, 2014, 9(4): e94345.

[232] Cai L, Johnson D, Mandal P, et al. Effect of exhaustive exercise on the swimming capability and metabolism of juvenile Siberian sturgeon[J]. Transactions of the American Fisheries Society, 2015, 144(3): 532-538.

[233] Luo H J, Liu D F, Huang Y P. Study on phosphorus characteristics in sediments of Xiangxi Bay, China Three-Gorge Reservoir[J]. Journal of Environmental Protection, 2015, 6(4): 281-289.

[234] Yuan X, Cai L, Johnson D M, et al. Oxygen consumption and swimming behavior of juvenile Siberian sturgeon Acipenser baerii during stepped velocity tests[J]. Aquatic Biology, 2016, 24(3): 211-217.

[235] Mandal P, Cai L, Tu Z, et al. Effects of acute temperature change on the metabolism and swimming ability of juvenile sterlet sturgeon (Acipenser ruthenus, Linnaeus 1758)[J]. Journal of Applied Ichthyology, 2016, 32(2): 267-271.

[236] Mandal P, Tu Z Y, Yuan X, et al. Importance of design factor in improvement of Fishway efficiency[J]. Am. J. Environ. Prot, 2015, 4(6): 344.

[237] Jiang Y, Liu L M, Luo G F, et al. Effect of γ-PGA coated urea on N-release rate and tomato growth[J]. Wuhan University Journal of Natural Sciences, 2014, 19(4): 335-340.

[238] Yuan X, Li L P, Tu Z Y, et al. The effect of temperature on fatigue induced changes in the physiology and swimming ability of juvenile Aristichthys nobilis (bighead carp)[J]. Acta Hydrobiologica Sinica, 2014, 38(3): 505-509.

[239] 李丽萍, 蔡露, 涂志英, 等. 溶解氧和体重对背角无齿蚌耗氧率的影响[J]. 水生态学杂志, 2012, 33(5): 61-65.

[240] 王飞, 胥焘, 郭强, 等. Pb·Cd单一及复合胁迫下桂花幼苗的吸收积累特性研究[J]. 安徽农业科学, 2012, 40(31): 15214-15218.

[241] 李丽萍, 胥焘, 郭强, 等. 鲢对富营养化水体的消减作用研究[J]. 三峡大学学报, 2012, 34(5): 95-98.

[242] 王飞, 胥焘, 郭强, 等. 喜旱莲子草对Pb、Cd胁迫响应的研究[J]. 环境科学与技术, 2013, 36(5): 8-16.

[243] 王飞, 胥焘, 张晟, 等. Pb、Cd单一及复合胁迫对桂花幼苗生理生化特性的影响[J]. 三峡环境与生态, 2013, 35(1): 3-7.

[244] 王飞, 黄应平, 郭强, 等. 铅磷对栀子花幼苗生长的影响及磷积累特性研究[J]. 广东农业科学, 2013, 40(2): 50-53.

[245] 刘立明, 李丽萍, 黄应平. 高铁酸钾/PAC氧化-混凝去除水体中铜绿微囊藻[J]. 生态科学, 2013, 32(6): 686-691.

[246] 胥焘, 王飞, 郭强, 等. 三峡库区香溪河消落带及库岸土壤重金属迁移特征及来源分析[J]. 环境

科学, 2014, 35(4): 1502-1508.

[247] 李瑞萍, 袁琴, 黄应平. 硅胶色谱柱的亲水作用保留机理及其影响因素[J]. 色谱, 2014, 32(7): 675-681.

[248] 王飞, 熊俊, 胥涛, 等. 香溪河库岸植物群落及分布特点调查[J]. 绿色科技, 2014(1): 88-91.

[249] 聂小倩, 李丽萍, 郭强, 等. 三峡大学求索溪水质监测与评价[J]. 湖北民族学院学报, 2013, 31(4): 422-425.

[250] 付娟, 李丽萍, 史明艳, 等. 美人蕉与背角无齿蚌对水质净化效果的研究[J]. 淡水渔业, 2015, 45(2): 85-89, 101.

[251] 付娟, 李晓玲, 戴泽龙, 等. 三峡库区香溪河消落带植物群落构成及物种多样性[J]. 武汉大学学报, 2015, 61(3): 285-290.

[252] 戴泽龙, 黄应平, 付娟, 等. 香溪河消落带狗牙根对重金属镉的积累特性与机制[J]. 武汉大学学报, 2015, 61(3): 279-284.

[253] 戴泽龙, 付娟, 张海锋, 等. 高羊茅对不同磷肥施用量的生长及光合特性响应[J]. 三峡大学学报, 2015, 37(1): 109-112.

[254] 张海锋, 李晓玲, 戴泽龙, 等. 香溪河消落带及其上缘土壤重金属的正态模糊数评价[J]. 武汉大学学报, 2016, 62(3): 299-306.

[255] Li T C, Bi Y H, Liu J T, et al. Effects of laser irradiation on a bloom forming cyanobacterium Microcystis aeruginosa[J]. Environmental Science and Pollution Research, 2016, 23: 20297-20306.

[256] Zhang K, Gong W, Lv J Z, et al. Accumulation of floating microplastics behind the Three Gorges Dam[J]. Environmental Pollution, 2015, 204: 117-123.

[257] 李天翠, 熊雄, 毕永红, 等. 激光对铜绿微囊藻的抑制效果及机理研究[J]. 环境科学与技术, 2015, 38(12): 72-76.

[258] 蔡庆华, 唐涛, 谭路, 等. 香溪河流域生态学研究[M]. 北京: 科学出版社, 2018.

[259] Liu X M, Yang G, Li H, et al. Observation of significant steric, valence and polarization effects and their interplay: A modified theory for electric double layers[J]. RSC Advances, 2014, 4(3): 1189-1192.

[260] Li S, Li H, Xu C Y, et al. Particle interaction forces induce soil particle transport during rainfall[J]. Soil Science Society of America Journal, 2013, 77(5): 1563-1571.

[261] Li S, Li H, Hu F N, et al. Effects of strong ionic polarization in the soil electric field on soil particle transport during rainfall[J]. European Journal of Soil Science, 2015, 66(5): 921-929.

[262] Li Q Y, Tang Y, He X H, et al. Approach to theoretical estimation of the activation energy of particle aggregation taking ionic nonclassic polarization into account[J]. AIP Advances, 2015, 5(10): 107218.

[263] Tian R, Yang G, Li H, et al. Activation energies of colloidal particle aggregation: Towards a quantitative characterization of specific ion effects[J]. Physical Chemistry Chemical Physics, 2014, 16(19): 8828-8836.

[264] Jiang X J, Shi X L, Wright A L. Seasonal variability of microbial biomass associated with aggregates in a rice-based ecosystem[J]. European Journal of Soil Biology, 2013, 56: 84-88.

[265] Li S W, Jiang X J, Wang X L, et al. Tillage effects on soil nitrification and the dynamic changes in nitrifying microorganisms in a subtropical rice-based ecosystem: A long-term field study[J]. Soil

and Tillage Research, 2015, 150: 132-138.

[266] Mu Z J, Huang A Y, Ni J P, et al. Soil greenhouse gas fluxes and net global warming potential from intensively cultivated vegetable fields in southwestern China[J]. Journal of Soil Science and Plant Nutrition, 2013, 13(3): 566-578.

[267] Mu Z J, Huang A Y, Ni J P, et al. Linking annual N_2O emission in organic soils to mineral nitrogen input as estimated by heterotrophic respiration and soil C/N ratio[J]. PLoS One, 2014, 9(5): e96572.

[268] Hu R, Qiu D C, Xie D T, et al. Assessing the real value of farmland in China[J]. Journal of Mountain Science, 2014, 11(5): 1218-1230.

[269] 肖新成, 倪九派, 何丙辉, 等. 三峡库区重庆段农业面源污染负荷的区域分异与预测[J]. 应用基础与工程科学学报, 2014, 22(4): 634-646.

[270] 肖新成, 谢德体, 何丙辉, 等. 基于农业面源污染控制的三峡库区种植业结构优化[J]. 农业工程学报, 2014, 30(20): 219-227.

[271] 刘涓, 谢谦, 倪九派, 等. 基于农业面源污染分区的三峡库区生态农业园建设研究[J]. 生态学报, 2014, 34(9): 2431-2441.

[272] 肖新成, 何丙辉, 倪九派, 等. 农业面源污染视角下的三峡库区重庆段水资源的安全性评价——基于DPSIR框架的分析[J]. 环境科学学报, 2013, 33(8): 2324-2331.

[273] 肖新成, 谢德体, 倪九派. 面源污染减排增汇措施下的农业生态经济系统耦合状态分析——以三峡库区忠县为例[J]. 中国生态农业学报, 2014, 22(1): 111-119.

[274] 肖新成, 倪九派, 谢德体. 基于PCE模型的农户对面源污染减排支付意愿的实证分析——以三峡库区重庆段调查为例[J]. 长江科学院院报, 2013, 30(12): 7-13.

[275] 梁斐斐, 蒋先军, 袁俊吉, 等. 垄作稻田生态系统对三峡库区坡面径流中氮、磷的消纳以及降雨强度的影响[J]. 水土保持学报, 2012, 26(3): 7-11.

[276] 梁斐斐, 蒋先军, 袁俊吉, 等. 降雨强度对三峡库区坡耕地土壤氮、磷流失主要形态的影响[J]. 水土保持学报, 2012, 26(4): 81-85.

[277] 杨馨越, 魏朝富, 倪九派. 三峡生态屏障区耕地承载力与人口生态转移[J]. 中国生态农业学报, 2012, 20(11): 1554-1562.

[278] 杨馨越, 魏朝富, 倪九派. 三峡生态屏障区人口生态转移机制与保障[J]. 中国人口·资源与环境, 2014, 24(S1): 217-221.

[279] 蒲玉琳, 谢德体, 林超文, 等. 植物篱-农作坡耕地土壤微团聚体组成及分形特征[J]. 土壤学报, 2012, 49(6): 1069-1077.

[280] 蒲玉琳, 林超文, 谢德体, 等. 植物篱-农作坡地土壤团聚体组成和稳定性特征[J]. 应用生态学报, 2013, 24(1): 122-128.

[281] 蒲玉琳, 谢德体, 丁恩俊. 坡地植物篱技术的效益及其评价研究综述[J]. 土壤, 2012, 44(3): 374-380.

[282] 蒲玉琳, 谢德体, 林超文, 等. 植物篱-农作模式坡耕地土壤综合抗蚀性特征[J]. 农业工程学报, 2013, 29(18): 125-135.

[283] 蒲玉琳, 谢德体, 倪九派, 等. 紫色土区坡耕地植物篱模式综合生态效益评价[J]. 中国生态农业学报, 2014, 22(1): 44-51.

[284] 常宝, 张卫华, 靳军英, 等. 重庆王家沟小流域降水特性统计分析[J]. 西南大学学报, 2015, 37(9): 140-144.

[285] 洪惠坤,廖和平,李涛,等.基于熵值法和Dagum基尼系数分解的乡村空间功能时空演变分析[J].农业工程学报,2016, 32(10): 240-248.

[286] 王金亮,谢德体,邵景安,等.基于最小累积阻力模型的三峡库区耕地面源污染源-汇风险识别[J].农业工程学报,2016, 32(16): 206-215.

[287] 闫金龙,江韬,滕玲玲,等.人工降雨条件下不同坡度和降雨强度对聚丙烯酰胺控制紫色土磷素流失的影响[J].水土保持学报,2013, 27(1): 35-40.

[288] 肖新成,谢德体.农户对过量施肥危害认知与规避意愿的实证分析——以涪陵榨菜种植为例[J].西南大学学报,2016, 38(7): 138-148

[289] 赵欢,李会合,吕慧峰,等.茎瘤芥不同生长期植株营养特性及其与产量的关系[J].生态学报,2013, 33(23): 7364-7372.

[290] 赵欢,秦松,王正银,等.涪陵茎瘤芥种植区土壤肥力与产量的关系[J].应用生态学报,2013, 24(12): 3431-3438.

[291] 刘涓,魏朝富.喀斯特地区黄壤土壤水库蓄存能力及分形估算[J].灌溉排水学报,2012, 31(4): 99-104.

[292] 刘涓,郑畅,张卫华,等.四川盆地丘陵山区局地水系分形分维研究[J].西南大学学报,2012, 34(3): 76-82.

[293] 张霞,魏朝富,倪九派,等.重庆市喀斯特槽谷地区农村居民点分布与地貌形态要素关系研究[J].中国岩溶,2012, 31(1): 59-66.

[294] 熊友胜,魏朝富,何丙辉,等.三峡库区紫色土水分入渗模型比较分析[J].灌溉排水学报,2013, 32(1): 43-46, 90.

[295] 黄晶晶,张卫华,魏朝富.基于ArcGIS的丘陵山区局地水系提取及分维值估算[J].中国农村水利水电,2012(11): 1-3, 8.

[296] 肖新成,谢德体.农户对清洁生产技术持久性采纳意向的实证分析——基于重庆涪陵区农户的调查[J].西南师范大学学报,2016, 41(1): 118-123.

[297] 熊靖,张旦麒,石孝均,等.长期不同施肥与秸秆管理对紫色土水稻田CH_4排放的影响[J].西南师范大学学报,2013, 38(5): 98-102.

[298] 刘园园,史书,木志坚,等.三峡库区典型农业小流域水体氮磷浓度动态变化[J].西南大学学报,2014, 36(11): 157-163.

[299] 肖新成,倪九派.农户清洁生产技术采纳行为及影响因素的实证分析——基于涪陵区农户的调查[J].西南师范大学学报,2016, 41(7): 151-158.

[300] 兰木羚,高瑷,高明,等.三峡库区王家沟小流域不同坡度土壤氮素流失特征研究[J].中国水土保持,2014(3): 39-42, 69.

[301] 兰木羚,王子芳,高明,等.不同水力负荷下生物质灰渣填料系统处理生活污水的研究[J].水土保持学报,2014, 28(6): 289-292.

[302] Deng W, Hong L R, Zhao M, et al. Electrochemiluminescence-based detection method of lead (Ⅱ) ion via dual enhancement of intermolecular and intramolecular co-reaction[J]. Analyst, 2015, 140(12): 4206-4211.

[303] 田冬,高明,王侃.不同粒径生物质灰渣填料净化生活污水的试验研究[J].水土保持学报,2015, 29(4): 218-222.

[304] 杨柳,雍毅,叶宏,等.四川典型养殖区猪粪和饲料中重金属分布特征[J].环境科学与技术,

2014, 37(9): 99-103, 115.

[305] 郭卫广, 雍毅, 陈杰, 等. 四川省农村面源污染状况与治理对策研究 [J]. 环境科学与管理, 2016, 41(11): 36-40.

[306] 刘静, 王俊伟. 固相萃取/液相色谱-原子荧光法测定地表水中的甲基汞 [J]. 四川环境, 2017, 36(5): 24-28.

[307] 陈杰, 雍毅, 叶宏, 等. 我国农业面源污染的控制与管理研究 [J]. 四川环境, 2014, 33(6): 110-114.

[308] 雍毅, 陶宏志, 郭岭, 等. 化学包装桶处理处置管理与污染防治 [J]. 四川环境, 2013, 32(S1): 153-155.

[309] 郑玲玲, 雍毅, 郭卫广. 四川油菜地地表径流氮素流失特征研究 [J]. 天津农业科学, 2018, 24(1): 67-70.

[310] 陈杰, 谢飞, 雍毅, 等. 蚯蚓生物处理猪粪肥效变化研究 [J]. 环境保护科学, 2018, 44(1): 89-94.

[311] 龙泉, 徐威, 王恒, 等. 人工湿地系统处理小型城镇生活污水工艺研究——以伏虎镇为例 [J]. 四川环境, 2015, 34(4): 7-11.

[312] 郭卫广, 雍毅, 陈杰, 等. 四川省规模化养猪场污染物排放清单 [J]. 中国农学通报, 2015, 31(14): 14-19.

[313] 周谐, 杨敏, 雷波, 等. 基于PSR模型的三峡水库消落带生态环境综合评价 [J]. 水生态学杂志, 2012, 33(5): 13-19.

[314] 唐敏, 杨春华, 雷波. 基于GIS的三峡水库不同坡度消落带分布特征 [J]. 三峡环境与生态, 2013, 35(3): 8-10, 20.

[315] 杨春华, 雷波, 张晟. 重庆市主城区热岛效应与植被覆盖关系研究 [J]. 人民长江, 2013, 44(7): 51-55.

[316] 敖亮, 雷波, 王业春, 等. 三峡库区城镇污染河流沉积物重金属风险评价与来源分析 [J]. 北京工业大学学报, 2014, 40(3): 444-450.

[317] 敖亮, 雷波, 王业春, 等. 三峡库区典型农村型消落带沉积物风险评价与重金属来源解析 [J]. 环境科学, 2014, 35(1): 179-185.

[318] 杨春华, 雷波, 王业春, 等. 基于TM的重庆市主城区热岛效应及其影响因子分析 [J]. 应用基础与工程科学学报, 2014, 22(2): 227-238.

[319] 张晟, 杨春华, 雷波, 等. 三峡水库蓄水初期消落带植被分布格局 [J]. 环境影响评价, 2013(5): 45-50.

[320] 宋丹, 杨肃博, 蒋昌谭, 等. 乌江重庆段水体的COD_{Mn}、氮和磷的时空分布 [J]. 北京工业大学学报, 2014, 40(1): 100-109.

[321] 陈学, 郭洪涛, 雷波, 等. 基于层次分析法的濑溪河流域生态健康评价体系研究 [J]. 环境影响评价, 2015, 37(6): 89-93.

[322] 雷波, 王业春, 由永飞, 等. 三峡水库不同间距高程消落带草本植物群落物种多样性与结构特征 [J]. 湖泊科学, 2014, 26(4): 600-606.

[323] 陈学, 朱康文, 雷波. 基于CA-Markov模型的土地利用/覆盖变化模拟 [J]. 环境影响评价, 2016, 38(4): 61-65.

[324] Liang A, Wang Y C, Guo H T, et al. Assessment of pollution and identification of sources of heavy metals in the sediments of Changshou Lake in a branch of the Three Gorges Reservoir[J]. Environmental Science and Pollution Research, 2015, 22(20): 16067-16076.

[325] Wang Y C, Ao L, Lei B, et al. Assessment of heavy metal contamination from sediment and soil in the riparian zone China's Three Gorges Reservoir[J]. Polish Journal of Environmental Studies, 2015, 24(5): 2253-2259.

[326] 江科, 王业春, 张晟, 等. 三峡库区小流域农村生活污水排放格局及污染物特征[J]. 环境科学与技术, 2015, 38(6): 39-43, 57.

[327] 张勇, 杨敏, 张晟, 等. 嘉陵江重庆段营养盐空间变化特征及营养状态评价[J]. 重庆师范大学学报, 2015, 32(5): 68-74.

[328] 王业春, 黄健盛, 刘玠, 等. 不同土地利用方式对三峡库区消落带植被组成和多样性的影响[J]. 环境影响评价, 2015, 37(4): 68-71.

[329] 李潇然, 李阳兵, 韩芳芳. 基于土地利用的三峡库区生态屏障带生态风险评价[J]. 水土保持通报, 2015, 35(4): 188-194, 2.

[330] 李潇然, 李阳兵, 邵景安. 非点源污染输出对土地利用和社会经济变化响应的案例研究[J]. 生态学报, 2016, 36(19): 6050-6061.

[331] 邓华, 邵景安, 张仕超, 等. 基于山-谷-水耦合界面的三峡水库地表覆被转换轨迹分析[J]. 农业工程学报, 2016, 32(10): 249-257.

[332] 张智奎, 肖新成. 经济发展与农业面源污染关系的协整检验——基于三峡库区重庆段1992-2009年数据的分析[J]. 中国人口·资源与环境, 2012, 22(1): 57-61.

[333] 彭滔, 邵景安, 王金亮, 等. 三峡库区(重庆段)农村面源污染驱动因素分析[J]. 西南大学学报, 2016, 38(3): 126-135.

[334] 钟建兵, 邵景安, 谢德体, 等. 三峡库区不同农业经营模式的肥料投入评估及其变化特征[J]. 中国生态农业学报, 201fff4, 22(11): 1372-1378.

[335] 邵景安, 郭跃, 陈勇, 等. 近20年三峡库区(重庆段)森林景观退化特征[J]. 西南大学学报, 2014, 36(11): 1-11.

[336] 张广纳, 邵景安, 王金亮, 等. 三峡库区重庆段农村面源污染时空格局演变特征[J]. 自然资源学报, 2015, 30(7): 1197-1209.

[337] 张广纳, 邵景安, 王金亮. 基于农业面源污染的三峡库区重庆段水质时空格局演变特征[J]. 自然资源学报, 2015, 30(11): 1872-1884.

[338] 钟建兵, 邵景安, 杨玉竹. 三峡库区(重庆段)种植业污染负荷空间分布特征[J]. 环境科学学报, 2015, 35(7): 2150-2159.

[339] 王丹, 邵景安, 王金亮, 等. 近20a三峡库区泥沙输移比估算与吸附态氮磷污染负荷模拟[J]. 农业工程学报, 2015, 31(15): 167-176.

[340] 刘婷, 邵景安. 三峡库区不同土地利用背景下的土壤侵蚀时空变化及其分布规律[J]. 中国水土保持科学, 2016, 14(3): 1-9.

[341] Zhang Q W, Liu D H, Cheng S H, et al. Combined effects of runoff and soil erodibility on available nitrogen losses from sloping farmland affected by agricultural practices[J]. Agricultural Water Management, 2016, 176: 1-8.

[342] Zhang Q W, Chen S H, Dong Y Q, et al. Controllability of phosphorus losses in surface runoff from sloping farmland treated by agricultural practices[J]. Land Degradation & Development, 2017, 28(5): 1704-1716.

[343] 张晴雯, 陈尚洪, 刘定辉, 等. 农业措施对玉米季坡耕地水沙过程的调控效应[J]. 核农学报,

2016, 30(7): 1395-1403.

[344] 张晴雯. 控制农业源污染，共建美好家园 [J]. 中国农村科技, 2015(5): 26-27.

[345] 陈尚洪, 张晴雯, 陈红琳, 等. 四川丘陵农区地表水水质时空变化与污染现状评价 [J]. 农业工程学报, 2016, 32(S2): 52-59.

[346] 黄新君, 陈尚洪, 刘定辉, 等. 秸秆覆盖和有机质输入对紫色土土壤可蚀性的影响 [J]. 中国农业气象, 2016, 37(3): 289-296.

[347] 陈尚洪, 张晴雯, 陈红琳, 等. 四川丘陵农区典型小流域地表水水质变化规律与污染现状评价 [C]// 姜艳萍. 2014中国环境科学学会学术年会论文集. 北京: 中国环境科学出版社, 2014: 937-942.

[348] 邓华, 邵景安, 王金亮, 等. 多因素耦合下三峡库区土地利用未来情景模拟 [J]. 地理学报, 2016, 71(11): 1979-1997.

[349] 李艳, 程永毅, 陈可雅, 等. 王水加辅助酸微波消解-原子荧光测定土壤砷、硒 [J]. 西南大学学报, 2016, 38(11): 155-160.

[350] 赵伟烨, 刘玮, 刘勤, 等. 不同利用年限水稻土氨氧化细菌群落结构变化研究 [J]. 西南农业学报, 2017, 30(4): 784-788.

[351] 洪惠坤, 谢德体, 郭莉滨, 等. 多功能视角下的山区乡村空间功能分异特征及类型划分 [J]. 生态学报, 2017, 37(7): 2415-2427.

[352] 王小焕, 邵景安, 王金亮, 等. 三峡库区长江干流入出库水质评价及其变化趋势 [J]. 环境科学学报, 2017, 37(2): 554-565.

[353] 廖仕梅, 刘卫平, 魏朝富, 等. 基于PSR模型典型山区耕地集约利用及其驱动力研究——以四川凉山彝族自治州为例 [J]. 西南大学学报, 2018, 40(5): 150-159.

[354] 邹恩平, 雍毅, 吴怡, 等. 废旧油漆桶清洗回收工艺及其成本分析 [J]. 四川环境, 2017, 36(S1): 13-16.

[355] 雷波, 朱康文, 李建辉, 等. 土地利用变化对景观格局和生态环境状况的影响 [J]. 环境影响评价, 2016, 38(3): 87-92, 96.

[356] 由永飞, 杨春华, 雷波, 等. 水位调节对三峡水库消落带植被群落特征的影响 [J]. 应用与环境生物学报, 2017, 23(6): 1103-1109.

[357] 雷波, 刘朔孺, 张方辉, 等. 三峡水库上游长寿湖浮游藻类的季节变化特征及关键环境影响因子 [J]. 湖泊科学, 2017, 29(2): 369-377.

[358] Wang J L, Shao J A, Wang D, et al. Identification of the "source" and "sink" patterns influencing non-point source pollution in the Three Gorges Reservoir Area[J]. Journal of Geographical Sciences, 2016, 26: 1431-1448.

[359] 钟建兵, 邵景安, 杨玉竹. 生计多样化背景下种植业非点源污染负荷演变 [J]. 地理学报, 2016, 71(7): 1201-1214.

[360] Ye J Y, Liu T, Chen Y, et al. Effect of AI crude extract on PHB accumulation and hydrogen photoproduction in Rhodobacter sphaeroides[J]. International Journal of Hydrogen Energy, 2013, 38(35): 15770-15776.

[361] Ye J Y, Dou J J, Shi Y Z. Dissolving Scale Experiment of Microorganism with High-Yield of Carbonic Anhydrase[J]. Journal of Computational and Theoretical Nanoscience, 2016, 13(5): 3316-3325.

[362] 叶姜瑜, 谭旋, 吕冰, 等. 细菌群体感应现象及其在控制膜生物污染中的应用[J]. 环境工程, 2013, 31(S1): 196-199.

[363] 李伟民, 王韬, 叶姜瑜. 生物填料的投加对厌氧序批式反应器启动影响研究[J]. 水处理技术, 2014, 40(8): 64-67, 70.

[364] 叶姜瑜, 李媛, 吕冰, 等. 制药废水处理系统中耐盐微生物的种群动态及多样性分析[J]. 环境工程, 2015, 33(11): 11-15.

[365] 叶姜瑜, 彭德, 陆榆丰, 等. 聚甲醛废水的生物强化处理及微生物种群动态分析[J]. 环境科学学报, 2017, 37(5): 1681-1687.

[366] 叶姜瑜, 项宏伟, 王宗萍, 等. 固体碳源及生物强化 CAST 工艺处理低 C/N 生活污水的效果[J]. 安徽农业科学, 2017, 45(19): 58-61.

[367] 李大荣, 叶姜瑜, 陆榆丰, 等. 煤制聚甲醛废水的生物强化处理研究[J]. 环境影响评价, 2017, 39(1): 61-64.

[368] Zhang Z Y, Wan C Y, Zheng Z W, et al. Plant community characteristics and their responses to environmental factors in the water level fluctuation zone of the three gorges reservoir in China[J]. Environmental Science and Pollution Research, 2013, 20(10): 7080-7091.

[369] Zou X, Wan J, Pan X J, et al. Nitrogen and phosphorus relationships to chlorophyll a in 139 reservoirs of China[J]. Fresenius Environmental Bulletin, 23(7A): 1689-1696.

[370] 张志永, 万成炎, 郑志伟, 等. 三峡水库小江消落区生境异质性对植物群落影响[J]. 长江流域资源与环境, 2013, 22(11): 1506-1513.

[371] 郑志伟, 胡莲, 邹曦, 等. 汉丰湖富营养化综合评价与水环境容量分析[J]. 水生态学杂志, 2014, 35(5): 22-27.

[372] 张志永, 潘晓洁, 郑志伟, 等. 三峡水库运行对汉丰湖湿地植物群落及生境的影响[J]. 水生态学杂志, 2014, 35(5): 1-7.

[373] 张志永, 程丽, 郑志伟, 等. 汉丰湖入湖支流河岸带植物群落特征及其环境影响分析[J]. 水生态学杂志, 2015, 36(1): 9-18.

[374] 丁庆秋, 彭建华, 杨志, 等. 三峡水库高, 低水位下汉丰湖鱼类资源变化特征[J]. 水生态学杂志, 2015, 36(3): 1-9.

[375] 程丽, 张志永, 李春辉, 等. 三峡库区消落带土壤淹水对氮素转化及酶活性的影响[J]. 华中农业大学学报, 2016 (5): 33-38.

[376] 张志永, 程郁春, 程丽, 等. 三峡库区万州段消落带植被及土壤理化特征分析[J]. 水生态学杂志, 2016, 37(2): 24-33.

[377] 张志永, 程丽, 李春辉, 等. 三峡水库淹没水深对消落带植物牛鞭草和狗牙根生长及抗氧化酶活性的影响[J]. 水生态学杂志, 2016, 37(3): 49-55.

[378] 郑志伟, 胡莲, 邹曦, 等. 生态沟渠+稳定塘系统处理山区农村生活污水的研究[J]. 水生态学杂志, 2016, 37(4): 42-47.

[379] Li B, Xiao H Y, Yuan X Z, et al. Analysis of ecological and commercial benefits of a dike-pond project in the drawdown zone of the Three Gorges Reservoir[J]. Ecological Engineering, 2013, 61: 1-11.

[380] Wang Q, Yuan X Z, Willison J H M, et al. Diversity and above-ground biomass patterns of vascular flora induced by flooding in the drawdown area of China's Three Gorges Reservoir[J]. PLoS One,

2014, 9(6): e100889.

[381] Wang Q F, Yuan X, Willison J H M, et al. Diversity and above-ground biomass patterns of vascular flora induced by flooding in the drawdown area of China's Three Gorges Reservoir[J]. PLoS One, 2014, 9(6): e100889.

[382] 王晓锋, 刘红, 张磊, 等. 澎溪河消落带典型植物群落根际土壤无机氮形态及氮转化酶活性[J]. 中国环境科学, 2015, 35(10): 3059-3068.

[383] 王晓锋, 袁兴中, 刘红, 等. 三峡库区消落带4种典型植物根际土壤养分与氮素赋存形态[J]. 环境科学, 2015, 36(10): 3662-3673.

[384] 邓伟, 袁兴中, 刘红, 等. 区域性气候变化对长江中下游流域植被覆盖的影响[J]. 环境科学研究, 2014, 27(9): 1032-1042.

[385] 邓伟, 刘红, 李世龙, 等. 重庆市重要生态功能区生态系统服务动态变化[J]. 环境科学研究, 2015, 28(2): 250-258.

[386] 王晓锋, 刘红, 袁兴中, 等. 基于水敏性城市设计的城市水环境污染控制体系研究[J]. 生态学报, 2016, 36(1): 30-41.

[387] 李波, 袁兴中, 熊森, 等. 城市消落带景观基塘系统设计初探——以重庆开县汉丰湖为例[J]. 重庆师范大学学报, 2013, 30(6): 51-54, 151.

[388] 熊善高, 万军, 龙花楼, 等. 重点生态功能区生态系统服务价值时空变化特征及启示——以湖北省宜昌市为例[J]. 水土保持研究, 2016, 23(1): 296-302.

[389] 袁兴中, 王强, 刘红, 等. 三峡库区流域生态健康评估——以东河流域为例[J]. 三峡生态环境监测, 2016, 1(1): 28-35.

[390] Zhou L, Zhou Y Q, Hu Y, et al. Hydraulic connectivity and evaporation control the water quality and sources of chromophoric dissolved organic matter in Lake Bosten in arid northwest China[J]. Chemosphere, 2017, 188: 608-617.

[391] Tang X M, Xie G J, Shao K Q, et al. Bacterial community composition in oligosaline lake Bosten: Low overlap of betaproteobacteria and bacteroidetes with freshwater ecosystems[J]. Microbes and Environments, 2015, 30(2): 180-188.

[392] Zhang L, Gao G, Tang X M, et al. Pyrosequencing analysis of bacterial communities in Lake Bosten, a large brackish inland lake in the arid northwest of China[J]. Canadian Journal of Microbiology, 2016, 62(6): 455-463.

[393] Zhang L, Gao G, Tang X, et al. Can the freshwater bacterial communities shift to the "marine-like" taxa?[J]. Journal of Basic Microbiology, 2014, 54(11): 1264-1272.

[394] Zhang L, Gao G, Tang X M, et al. Impacts of different salinities on bacterial biofilm communities in fresh water[J]. Canadian Journal of Microbiology, 2014, 60(5): 319-326.

[395] 蔡舰, 白承荣, 巴图那生, 等. 盐度对芦苇(Phragmites australis)表流湿地除氮效果的影响[J]. 湖泊科学, 2017, 29(6): 1350-1358.

[396] 蔡舰, 高光, 邵克强, 等. 生物绳野外原位修复干旱-半干旱地区农业面源污水——以博斯腾湖流域农排污水为例[J]. 环境工程, 2017, 35(1): 20-25.

[397] 胡洋, 巴图那生, 蔡舰, 等. 焉耆盆地农排渠水质变化特征及其污染源分析[J]. 水资源保护, 2017, 33(5): 154-158, 176.

[398] 陈焰, 胡林, 黄宏, 等. 汉丰湖水体富营养化控制水量调度方案[J]. 水资源保护, 2018, 34(1): 42-49.

[399] Huang W, Liu X B, Peng W Q, et al. Quantitative response of leaf-litter decomposition rate to water abstraction in a gradient: Implications for environmental flow management[J]. Ecohydrology, 2018, 11(1): e1919.

[400] 黄伟, 刘晓波, 马巍, 等. 河流功能性指标的研究进展及应用[J]. 水利学报, 2016, 47(9): 1105-1114.

[401] 黄伟, 宋基权, 刘晓波, 等. 基于二维码技术的河湖信息化管理系统构建[C]// 河海大学. 2018(第六届)中国水利信息化技术论坛论文集. 北京: 北京沃特咨询有限公司, 2018: 220-226.

[402] Wu L X, Liu L H, Zhou H D, et al. Retracted: The field test study on purifying polluted water in Kun Yu River by biological contact oxidation process in Beijing[C]// 2016 International Conference on Smart City and Systems Engineering (ICSCSE). New York: IEEE, 2016: 90-93.

[403] Wu L X, Liu L H, Zhou H D. Test study on the adsorption property of the environmental friendly adsorption materials to reduce nutrient from surface runoff[J]. Key Engineering Materials, 2017, 737: 417-421.

[404] 吴雷祥, 刘玲花, 周怀东, 等. 基于滞留池基质的氮磷吸附材料过滤柱试验研究[J]. 应用化工, 2017, 46(9): 1669-1673.

[405] 吴雷祥, 刘玲花, 周怀东, 等. 生物接触氧化法处理农村河道受污染水体中试研究[J]. 科学技术与工程, 2017, 17(29): 162-167.

[406] 刘玲花, 吴雷祥, 刘来胜. 农业废弃物去除水体中磷的研究综述[J]. 水利水电技术, 2016, 47(5): 84-88.

[407] 刘玲花. 三峡库区典型小流域水污染控制与生态修复技术[M]. 北京: 化学工业出版社, 2020.

[408] 扎尔加姆, 赛达洛夫斯基. 多标准决策分析在水资源和环境管理中的应用[M]. 黄伟, 马巍, 邹晓雯, 等 译. 北京: 水利水电出版社, 2016.

[409] Luo H J, Liu D F, Huang Y P. Nitrogen characteristics in sediments of Xiangxi Bay, China Three-Gorge Reservoir[J]. Water and Environment Journal, 2014, 28(1): 45-51.

[410] Fan D X, Huang Y L, Song L X, et al. Prediction of chlorophyll a concentration using HJ-1 satellite imagery for Xiangxi Bay in Three Gorges Reservoir[J]. Water Science and Engineering, 2014, 7(1): 70-80.

[411] Yang L, Liu D F, Huang Y L, et al. Isotope analysis of the nutrient supply in Xiangxi Bay of the Three Gorges Reservoir[J]. Ecological Engineering, 2015, 77: 65-73.

[412] Luo H J, Liu D F, Huang Y P. Study on phosphorus characteristics in sediments of Xiangxi Bay, China Three-Gorge Reservoir[J]. Journal of Environmental Protection, 2015, 6(04): 281-289.

[413] Yang Z J, Cheng B, Xu Y Q, et al. Stable isotopes in water indicate sources of nutrients that drive algal blooms in the tributary bay of a subtropical reservoir[J]. Science of the Total Environment, 2018, 634: 205-213.

[414] Yang Z J, Xu P, Liu D F, et al. Hydrodynamic mechanisms underlying periodic algal blooms in the tributary bay of a subtropical reservoir[J]. Ecological Engineering, 2018, 120: 6-13.

[415] Long L H, Xu H, Ji D B, et al. Characteristic of the water temperature lag in Three Gorges Reservoir and its effect on the water temperature structure of tributaries[J]. Environmental Earth Sciences, 2016, 75(22): 1459.

[416] Cui Y J, Liu D F, Zhang J, et al. Diel migration of Microcystis during an algal bloom event in the

Three Gorges Reservoir, China[J]. Environmental Earth Sciences, 2016, 75(7): 616.

[417] Ding X W, Hou B D, Xue Y, et al. Long-term effects of ecological factors on nonpoint source pollution in the upper reach of the Yangtze River[J]. Journal of Environmental Informatics, 2017, 30(1): 17-28.

[418] Zhai A F, Ding X W, Zhao Y, et al. Improvement of instantaneous point source model for simulating radionuclide diffusion in oceans under nuclear power plant accidents[J]. Journal of Environmental Informatics, 2020, 36(2): 133-145.

[419] Ding X W, Zhang J J, Jiang G H, et al. Early warning and forecasting system of water quality safety for drinking water source areas in Three Gorges Reservoir Area, China[J]. Water, 2017, 9(7): 465.

[420] Ding X W, Xue Y, Zhao Y, et al. Effects of different covering systems and carbon nitrogen ratios on nitrogen removal in surface flow constructed wetlands[J]. Journal of Cleaner Production, 2018, 172: 541-551.

[421] Ding X W, Xue Y, Lin M, et al. Effects of precipitation and topography on total phosphorus loss from purple soil[J]. Water, 2017, 9(5): 315.

[422] Ding X W, Chong X, Bao Z F, et al. Fuzzy comprehensive assessment method based on the entropy weight method and its application in the water environmental safety evaluation of the Heshangshan drinking water source area, three gorges reservoir area, China[J]. Water, 2017, 9(5): 329.

[423] Ding X W, Xue Y, Lin M, et al. Influence mechanisms of rainfall and terrain characteristics on total nitrogen losses from regosol[J]. Water, 2017, 9(3): 167.

[424] Hu M, Huang G H, Sun W, et al. Multi-objective ecological reservoir operation based on water quality response models and improved genetic algorithm: A case study in Three Gorges Reservoir, China[J]. Engineering Applications of Artificial Intelligence, 2014, 36: 332-346.

[425] Hu M, Huang G H, Sun W, et al. Optimization and evaluation of environmental operations for three gorges reservoir[J]. Water Resources Management, 2016, 30: 3553-3576.

[426] Ding X W, Hua D X, Jiang G H, et al. Two-stage interval stochastic chance-constrained robust programming and its application in flood management[J]. Journal of Cleaner Production, 2017, 167: 908-918.

[427] Ding X W, Jiang G H, Hou B D, et al. Wastewater management policies for nuclear power plants and its implementation in China[J]. Journal of Environmental Accounting and Management, 2016, 4(4): 423-440.

[428] Ding X W, Wang S Y, Jiang G H, et al. A simulation program on change trend of pollutant concentration under water pollution accidents and its application in Heshangshan drinking water source area[J]. Journal of Cleaner Production, 2017, 167: 326-336.

[429] Zhang Y J, Xian C L, Chen H J, et al. Spatial interpolation of river channel topography using the shortest temporal distance[J]. Journal of Hydrology, 2016, 542: 450-462.

[430] Liu J M, Yuan D, Zhang L P, et al. Comparison of three statistical downscaling methods and ensemble downscaling method based on Bayesian model averaging in upper Hanjiang River Basin, China[J]. Advances in Meteorology, 2016, 2016: 1-12.

[431] Liu J M, Zhang Y J, Yuan D, et al. Empirical estimation of total nitrogen and total phosphorus concentration of urban water bodies in China using high resolution IKONOS multispectral

imagery[J]. Water, 2015, 7(11): 6551-6573.

[432] 李欣, 纪道斌, 宋林旭, 等. 香溪河沉积物-水界面的营养盐交换特征[J]. 环境科学研究, 2017, 30(8): 1212-1220.

[433] 刘心愿, 宋林旭, 纪道斌, 等. 降雨对蓝藻水华消退影响及其机制分析[J]. 环境科学, 2018, 39(2): 774-782.

[434] 苏青青, 刘德富, 纪道斌, 等. 蓄水期三峡水库香溪河沉积物-水系统营养盐分布特征[J]. 环境科学, 2018, 39(5): 2135-2144.

[435] 刘心愿, 宋林旭, 纪道斌, 等. 蓄水前后三峡库区香溪河沉积物磷形态分布特征及释放通量估算[J]. 环境科学, 2018, 39(9): 4169-4178.

[436] 苏青青, 刘德富, 刘绿波, 等. 三峡水库蓄水期支流水体营养盐来源估算[J]. 中国环境科学, 2018, 38(10): 3925-3932.

[437] 李欣, 宋林旭, 纪道斌, 等. 春季敏感时期三峡水库典型支流沉积物-水界面氮释放特性[J]. 环境科学, 2018, 39(3): 1113-1121.

[438] 徐雅倩, 徐飘, 杨正健, 等. 河道型水库支流库湾营养盐动态补给过程[J]. 环境科学, 2018, 39(2): 765-773.

[439] 王愿珠, 程鹏飞, 刘德富, 等. 生物膜贴壁培养小球藻净化猪粪沼液废水的效果[J]. 环境科学, 2017, 38(8): 3354-3361.

[440] 孙昭华, 李奇, 严鑫, 等. 洞庭湖区与城陵矶水位关联性的临界特征分析[J]. 水科学进展, 2017, 28(4): 496-506.

[441] 孙昭华, 严鑫, 谢翠松, 等. 长江口北支倒灌影响区盐度预测经验模型[J]. 水科学进展, 2017, 28(2): 213-222.

[442] 刘长杰, 余明辉, 周潮晖, 等. 输水对于桥水库水质时空变化的影响[J]. 湖泊科学, 2019, 31(1): 52-64.

[443] 艾学山, 董祚, 莫明珠. 水库多目标调度模型及算法研究[J]. 水力发电学报, 2017, 36(12): 19-27.

[444] 黄亚男, 纪道斌, 龙良红, 等. 三峡库区典型支流春季特征及其水华优势种差异分析[J]. 长江流域资源与环境, 2017, 26(3): 461-470.

[445] 龙良红, 徐慧, 纪道斌, 等. 向家坝水库水温时空特征及其成因分析[J]. 长江流域资源与环境, 2017, 26(5): 738-746.

[446] 龙良红, 徐慧, 鲍正风, 等. 溪洛渡水库水温时空特性研究[J]. 水力发电学报, 2018, 37(4): 79-89.

[447] 徐雅倩, 马骏, 杨正健. 基于实验室培养的一株铜绿微囊藻生长动力参数率定及生长数值模拟[J]. 生态与农村环境学报, 2018, 34(3): 267-275.

[448] 焦一滢, 赵以军, 陈咏梅, 等. 湖泊草源DOM与磺胺二甲基嘧啶的荧光猝灭研究[J]. 环境科学与技术, 2018, 41(3): 8-14.

[449] 吕林鹏, 纪道斌, 龙良红, 等. 汛末蓄水期神农溪库湾倒灌异重流特性及其对水华的影响[J]. 水生态学杂志, 2018, 39(1): 9-15.

[450] 严广寒, 刘德富, 张佳磊, 等. 不同光照条件对浮游植物生物量与多样性的影响[J]. 水生态学杂志, 2018, 39(1): 37-43.

[451] 范绪敏, 宋林旭, 纪道斌, 等. 基于临界层理论的水华生消机理实验研究[J]. 环境科学与技术, 2017, 40(11): 89-94.

[452] 王雄, 纪道斌, 刘德富, 等. 大宁河浮游植物季节演替与环境的响应关系[J]. 中国农村水利水电,

2017(4): 86-90, 96.

[453]　李欣, 宋林旭, 纪道斌, 等. 三峡水库蓄水过程中神农溪库湾营养盐的动态分布[J]. 中国农村水利水电, 2017(3): 103-111.

[454]　徐慧, 龙良红, 纪道斌, 等. 三峡水库神农溪2014年春季浮游藻类演替成因分析[J]. 微生物学报, 2017, 57(3): 375-387.

[455]　徐慧, 纪道斌, 崔玉洁, 等. 不同光照强度对小球藻生长的影响[J]. 微生物学通报, 2016, 43(5): 1027-1034.

[456]　朱思瑾, 余明辉, 鲍正风, 等. 三峡水库下游宜昌至汉口河段干支流平枯水遭遇特点分析[J]. 泥沙研究, 2018, 43(3): 7-14.

[457]　吴松柏, 闫凤新, 余明辉. 平原感潮河网闸群防洪体系优化调度模型研究[J]. 泥沙研究, 2014(3): 57-63.

[458]　袁迪, 张艳军, 宋星原, 等. 基于Silverlight的B/S模式水库洪水预报系统设计与实现[J]. 长江科学院院报, 2014, 31(8): 12-17.

[459]　冼翠玲, 张艳军, 邹霞, 等. 中长期径流预报的时间尺度[J]. 武汉大学学报, 2015, 48(6): 739-743.

[460]　J. David Allan, María M. Castillo. 河流生态学[M]. 黄钰铃, 纪道斌, 惠二青, 等译. 北京: 中国水利水电出版社, 2017.

[461]　杨国录, 陆晶, 骆文广. 三峡水库群生态环境调度关键技术研究[M]. 北京: 科学出版社, 2018.

[462]　张永生. 三峡库区藻华形成机理及其影响因素研究——以大宁河为例[M]. 北京: 中国三峡出版社, 2016.

[463]　Zhang X, Liu Z, Jiang M, et al. Fast and accurate auto-focusing algorithm based on the combination of depth from focus and improved depth from defocus[J]. Optics Express, 2014, 22(25): 31237-31247.

[464]　Yan H Y, Wang G Y, Zhang X R, et al. A fast method to evaluate water eutrophication[J]. Journal of Central South University, 2016, 23(12): 3204-3216.

[465]　Deng W H, Wang G Y. A novel water quality data analysis framework based on time-series data mining[J]. Journal of Environmental Management, 2017, 196: 365-375.

[466]　Wu D, Shang M S, Luo X, et al. Self-training semi-supervised classification based on density peaks of data[J]. Neurocomputing, 2018, 275: 180-191.

[467]　Xu J J, Shi W, Lai M C. A level-set method for two-phase flows with soluble surfactant[J]. Journal of Computational Physics, 2018, 353: 336-355.

[468]　Deng W H, Wang G Y, Zhang X R, et al. A multi-granularity combined prediction model based on fuzzy trend forecasting and particle swarm techniques[J]. Neurocomputing, 2016, 173: 1671-1682.

[469]　Yan H Y, Zhang X R, Dong J H, et al. Spatial and temporal relation rule acquisition of eutrophication in Da' ning River based on rough set theory[J]. Ecological Indicators, 2016, 66: 180-189.

[470]　Yan H Y, Huang Y, Wang G Y, et al. Water eutrophication evaluation based on rough set and petri nets: A case study in Xiangxi-River, Three Gorges Reservoir[J]. Ecological Indicators, 2016, 69: 463-472.

[471]　Wu D, Yan H Y, Shang M S, et al. Water eutrophication evaluation based on semi-supervised classification: A case study in Three Gorges Reservoir[J]. Ecological indicators, 2017, 81: 362-372.

[472]　Zhou B T, Shang M S, Wang G Y, et al. Remote estimation of cyanobacterial blooms using the risky

grade index (RGI) and coverage area index (CAI): a case study in the Three Gorges Reservoir, China[J]. Environmental Science and Pollution Research, 2017, 24(23): 19044-19056.

[473] Deng W H, Wang G Y, Zhang X R. A novel hybrid water quality time series prediction method based on cloud model and fuzzy forecasting[J]. Chemometrics and Intelligent Laboratory Systems, 2015, 149: 39-49.

[474] Zhou B T, Shang M S, Wang G Y, et al. Distinguishing two phenotypes of blooms using the normalised difference peak-valley index (NDPI) and Cyano-Chlorophyta index (CCI)[J]. Science of the Total Environment, 2018, 628: 848-857.

[475] Wang T, Tian X W, Liu T T, et al. A two-stage fed-batch heterotrophic culture of Chlorella protothecoides that combined nitrogen depletion with hyperosmotic stress strategy enhanced lipid yield and productivity[J]. Process Biochemistry, 2017, 60: 74-83.

[476] Feng L J, Liu S Y, Wu W X, et al. Dominant genera of cyanobacteria in Lake Taihu and their relationships with environmental factors[J]. Journal of Microbiology, 2016, 54(7): 468-476.

[477] Li N, Neumann N F, Ruecker N, et al. Development and evaluation of three real-time PCR assays for genotyping and source tracking Cryptosporidium spp. in water[J]. Applied and Environmental Microbiology, 2015, 81(17): 5845-5854.

[478] Guo Y H, Wang G Y, Zhang X R, et al. An improved hybrid ARIMA and support vector machine model for water quality prediction[C]// Miao D, Pedrycz W, Ślęzak D, et al. Rough Sets and Knowledge Technology: Vol. 8818. Cham: Springer, 2014: 411-422.

[479] Dong J H, Wang G Y, Wang H L, et al. Evaluating the correlation between a factor with an object by principal component analysis[C]// Sixth International Conference on Electronics and Information Engineering. Bellingham: SPIE, 2015, 9794: 583-589.

[480] Gou G L, Wang G. Inconsistent dominance principle based attribute reduction in ordered information systems[C]// Ciucci D, Wang G, Mitra S, et al. Rough Sets and Knowledge Technology: Vol. 9436. Cham: Springer, 2015: 110-118.

[481] Xi D C, Wang G Y, Zhang X R, et al. Parallel attribute reduction based on MapReduce[C]// Miao D, Pedrycz W, Ślęzak D, et al. Rough Sets and Knowledge Technology: Vol. 8818. Cham: Springer, 2014: 631-641.

[482] Meng H, Wang G Y, Zhang X R, et al. Water quality prediction based on a novel fuzzy time series model and automatic clustering techniques[C]// Ciucci D, Wang G, Mitra S, et al. Rough Sets and Knowledge Technology Vol. 9436. Cham: Springer, 2015: 395-407.

[483] Qie J Y, Yuan J H, Wang G Y, et al. Water Quality Prediction Based on an Improved ARIMA-RBF Model Facilitated by Remote Sensing Applications[C]// Ciucci D, Wang G, Mitra S, et al. Rough Sets and Knowledge Technology: Vol. 9436. Cham: Springer, 2015: 470-481.

[484] 赫斌, 李哲, 姚骁, 等. 三峡澎溪河水-气界面温室气体模型估算及其敏感性分析[J]. 湖泊科学, 2017, 29(3): 705-712.

[485] 张永生, 李海英, 任家盈, 等. 三峡库区大宁河沉积物营养盐时空分布及其与叶绿素的相关性分析[J]. 环境科学, 2015, 36(11): 4021-4031.

[486] 叶许春, 孟元可, 张永生, 等. 三峡库区香溪河回水区营养状态变化特征与驱动因子[J]. 水资源保护, 2018, 34(4): 80-85, 92.

[487] 常敏, 刘奔, 张学典. 红外 CO_2 浓度检测中的温度补偿方法研究 [J]. 仪表技术与传感器, 2017(2): 93-95, 101.

[488] 伍雷, 张学典, 王业生, 等. 基于光线追踪法的高精度 CO_2 测量系统的研究 [J]. 光学仪器, 2015, 37(5): 377-380.

[489] 张雷, 时瑶, 张佳磊, 等. 大宁河水生态系统健康评价 [J]. 环境科学研究, 2017, 30(7): 1041-1049.

[490] 蒋媛媛, 孟芹, 苏嘉缘, 等. 明亮发光杆菌连续培养条件的优化 [J]. 华东理工大学学报, 2016, 42(1): 48-53, 109.

[491] 谢德体. 三峡库区农业面源污染防控技术研究 [M]. 北京: 科学出版社, 2014.

[492] 张卫东, 邓春光, 王孟. 三峡库区流域水环境容量与总量控制技术研究 [M]. 北京: 中国环境出版社, 2013.

[493] 倪九派, 邵景安, 谢德体. 三峡库区农村面源污染解析 [M]. 北京: 科学出版社, 2017.

[494] 张晴雯, 刘定辉. 三峡库区上游面源污染防控理论与实践 [M]. 北京: 水利水电出版社, 2019.

[495] 郭劲松, 李哲, 方芳. 三峡水库运行对其生态环境的影响与机制 [M]. 北京: 中国环境出版社, 2017.

[496] 李晓昌, 魏虹. 三峡库区生态系统诊断与修复 [M]. 北京: 科学出版社, 2016.

索　引

T

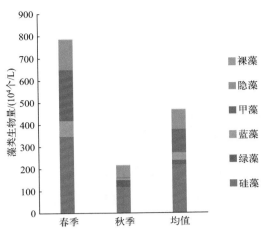

图3-28　2011年三峡库区支流藻类生物量季节分布

(a) 大气纠正前

(b) 大气纠正后效果

图4-2　大气纠正前后的效果图

(a) 纠正前影像

(b) 纠正后影像

图4-3　地形光谱纠正前后效果

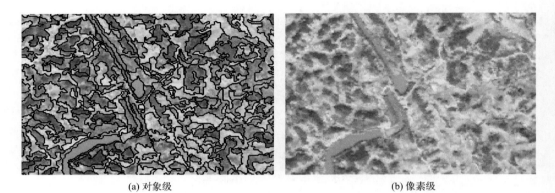

(a) 对象级　　　　　　　　　　　　　　　　(b) 像素级

图4-7　对象级与像素级分类基本单元对比

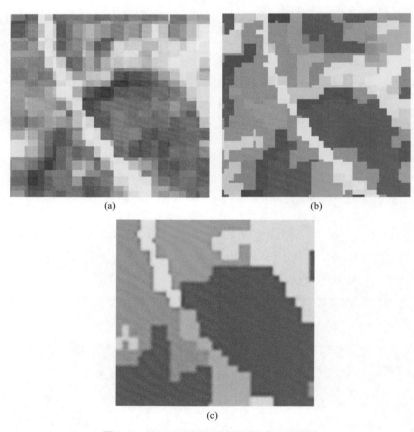

(a)　　　　　　　　　　　　　　　(b)

(c)

图4-9　基于不同土地覆被类型的多尺度分割

2358

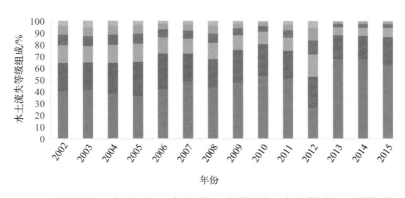

图4-14 三峡水库流域水土流失等级组成变化

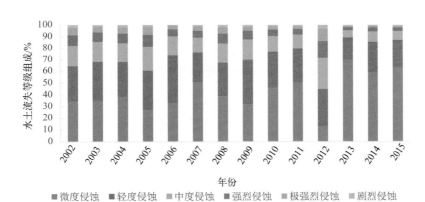

图4-15 香溪河流域水土流失等级组成变化

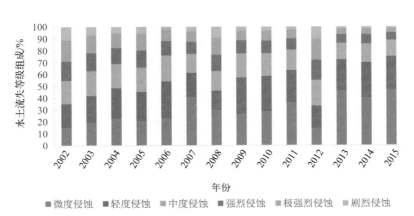

图4-16 童庄河流域水土流失等级组成变化

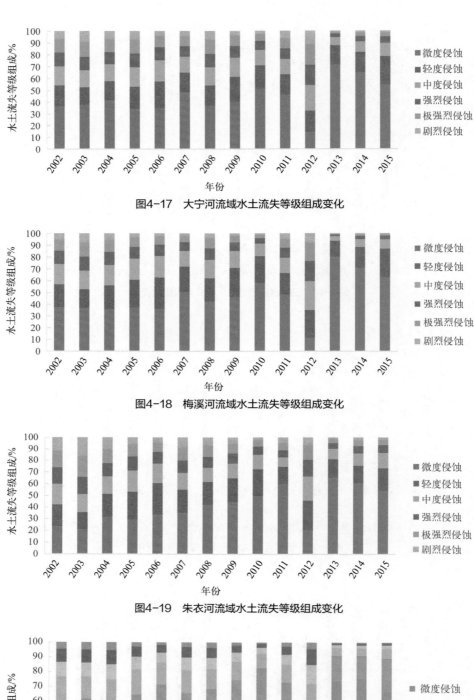

图4-17　大宁河流域水土流失等级组成变化

图4-18　梅溪河流域水土流失等级组成变化

图4-19　朱衣河流域水土流失等级组成变化

图4-20　磨刀溪流域水土流失等级组成变化

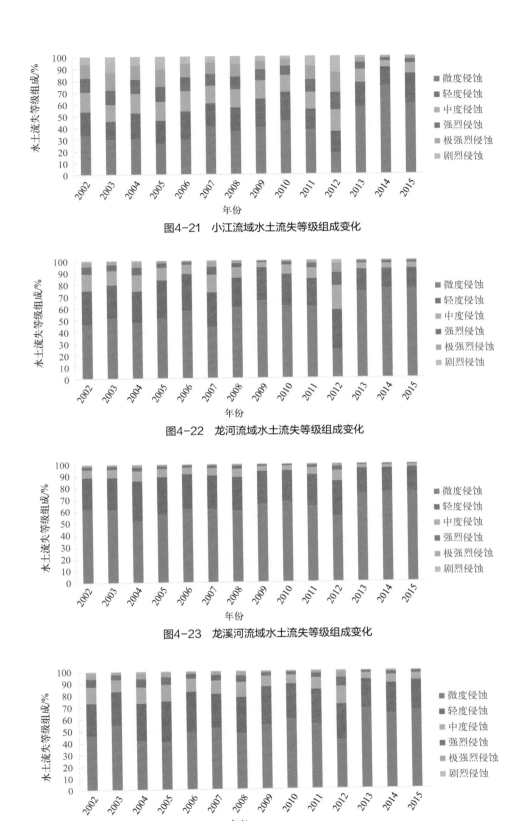

图4-21　小江流域水土流失等级组成变化

图4-22　龙河流域水土流失等级组成变化

图4-23　龙溪河流域水土流失等级组成变化

图4-24　御临河流域水土流失等级组成变化

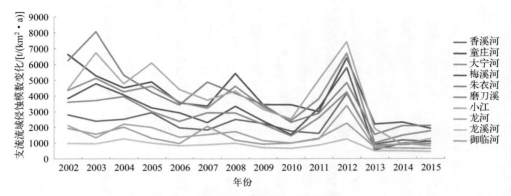

图4-25　不同支流流域侵蚀模数变化

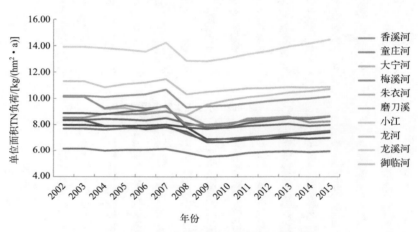

图4-28　支流流域TN面源负荷变化

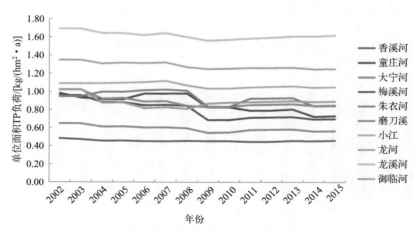

图4-29　支流流域TP面源负荷变化

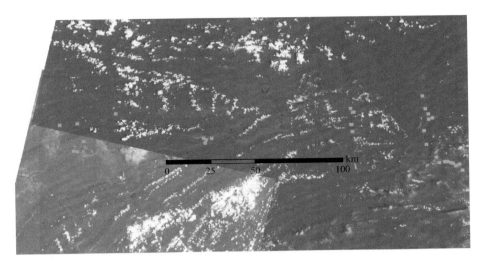

图4-46　2013～2014年水质观测点位分布

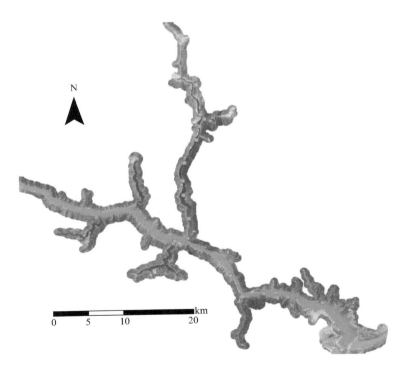

图4-47　2014年7月水质观测点分布

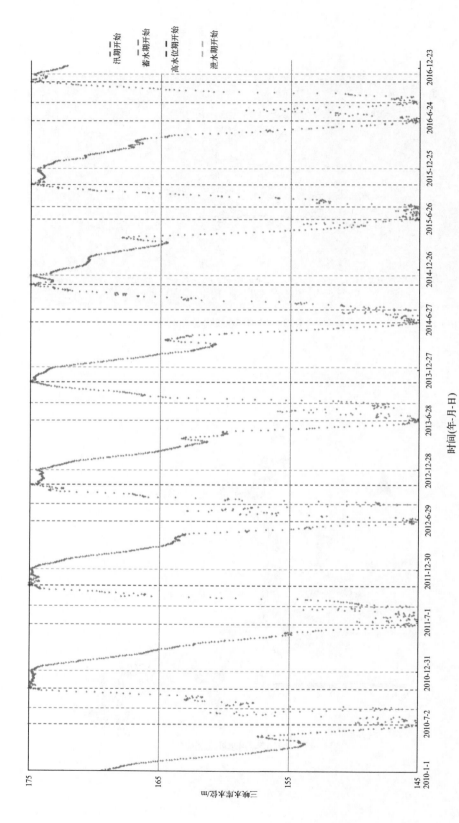

图4-50　2010～2016年三峡水库水位变化

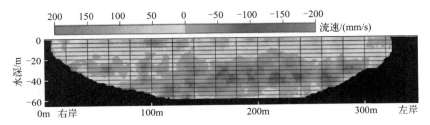

图5-1　ADCP测流中面积的划分

（数据为2012年9月梅溪河口断面实测数据，正值表示由梅溪河向干流输出，负值为干流向梅溪河倒灌）

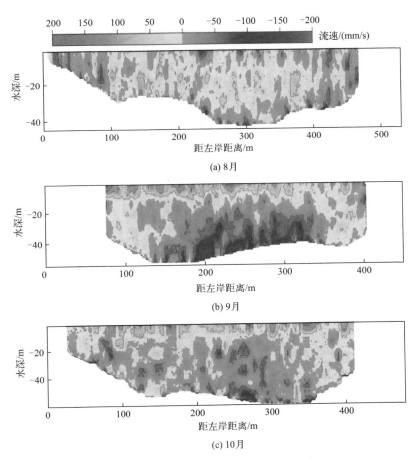

(a) 8月

(b) 9月

(c) 10月

图5-3　2012年8～10月ZY01断面流速分布

正值表示由朱衣河向干流输出，负值表示干流向朱衣河倒灌

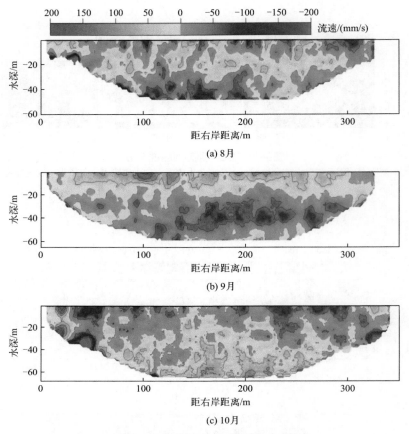

(a) 8月

(b) 9月

(c) 10月

图5-4 2012年8~10月MX01断面流速分布

正值表示由梅溪河向干流输出，负值表示干流向梅溪河倒灌

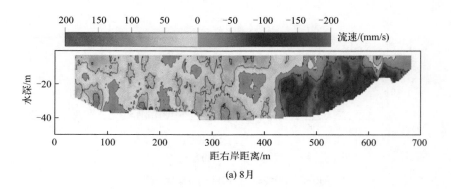

(a) 8月

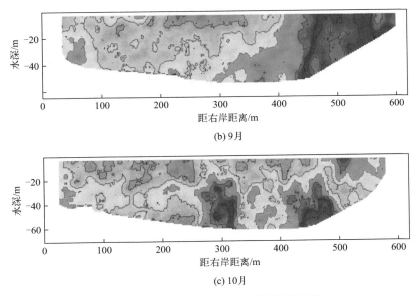

(b) 9月

(c) 10月

图5-5　2012年8~10月CT01断面流速分布
正值表示由草堂河向干流输出，负值表示干流向草堂河倒灌

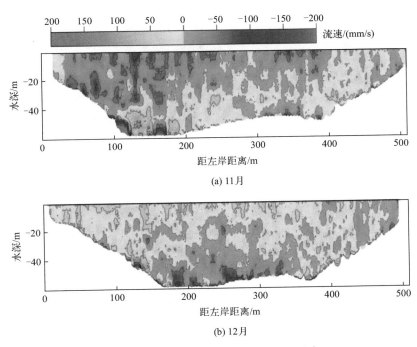

(a) 11月

(b) 12月

图5-6　2012年11、12月ZY01断面流速分布
正值表示由朱衣河向干流输出，负值表示干流向朱衣河倒灌

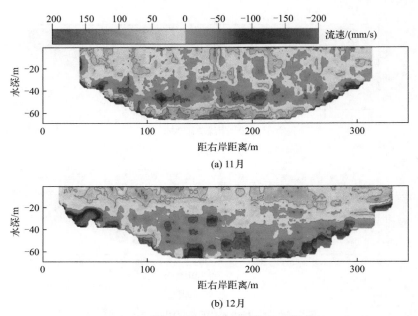

图5-7　2012年11、12月MX01断面流速分布

正值表示由梅溪河向干流输出，负值表示干流向梅溪河倒灌

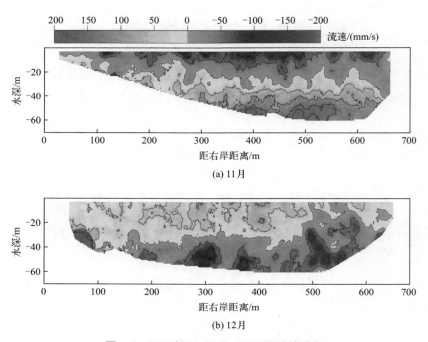

图5-8　2012年11、12月CT01断面流速分布

正值表示由草堂河向干流输出，负值表示干流向草堂河倒灌

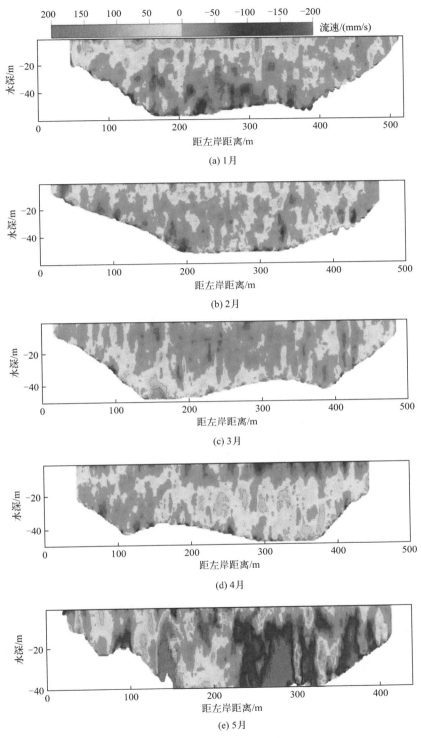

图5-9　2013年1~5月ZY01断面流速分布

正值表示由朱衣河向干流输出，负值表示干流向朱衣河倒灌

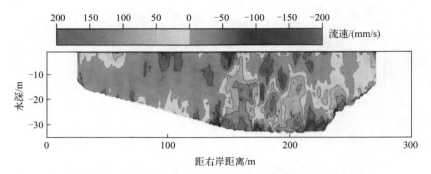

图5-10　2013年6月ZY01断面流速分布

正值表示由朱衣河向干流输出，负值表示干流向朱衣河倒灌

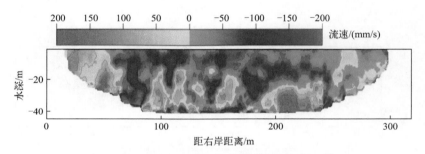

图5-11　2013年6月MX01断面流速分布

正值表示由梅溪河向干流输出，负值表示干流向梅溪河倒灌

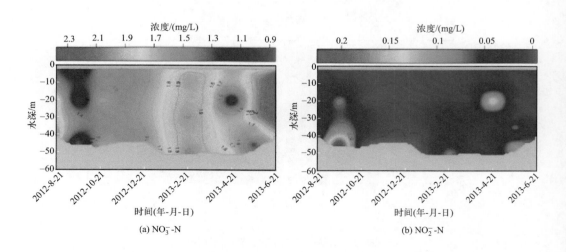

(a) NO$_3^-$-N

(b) NO$_2^-$-N

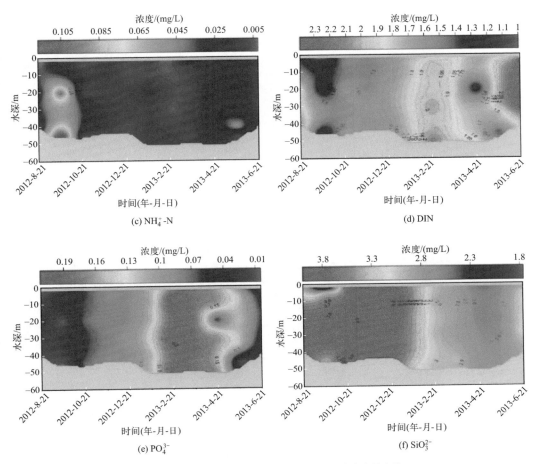

图5-18　2012~2013年梅溪河河口营养盐浓度月变化

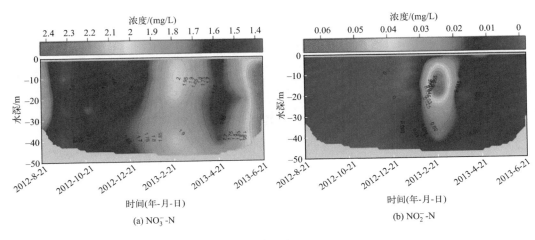

图5-19

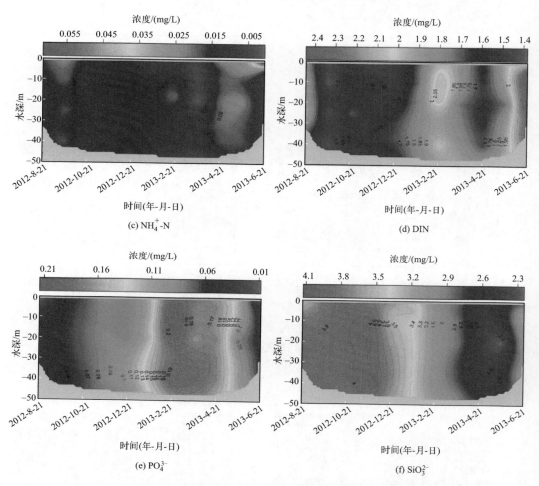

图5-19 2012～2013年草堂河河口营养盐浓度月变化

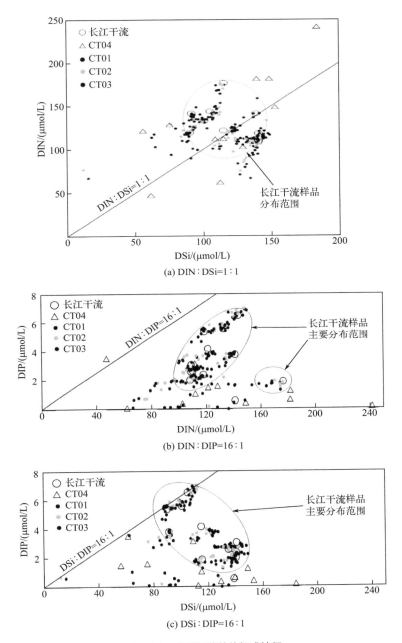

图5-22　草堂河营养盐组成特征

CT04—草堂河源头；CT01—草堂河河口；CT02—草堂河中游；CT03—草堂河上游

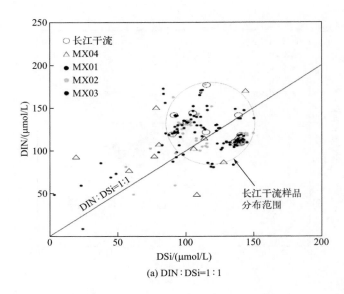

(a) DIN : DSi=1 : 1

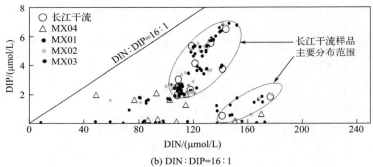

(b) DIN : DIP=16 : 1

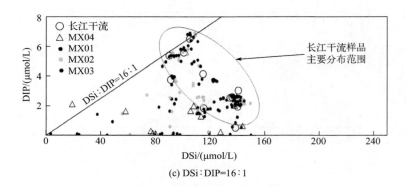

(c) DSi : DIP=16 : 1

图5-23　梅溪河营养盐组成特征

MX04—梅溪河源头；MX01—梅溪河河口；MX02—梅溪河中游；MX03—梅溪河上游

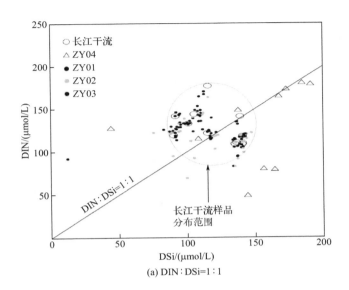

(a) DIN∶DSi=1∶1

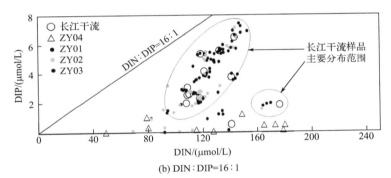

(b) DIN∶DIP=16∶1

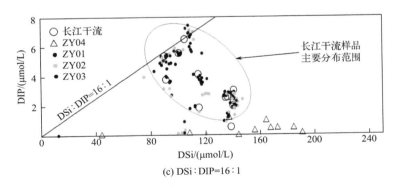

(c) DSi∶DIP=16∶1

图5-24　朱衣河营养盐组成特征

ZY04—朱衣河源头；ZY01—朱衣河河口；ZY02—朱衣河中游；ZY03—朱衣河上游

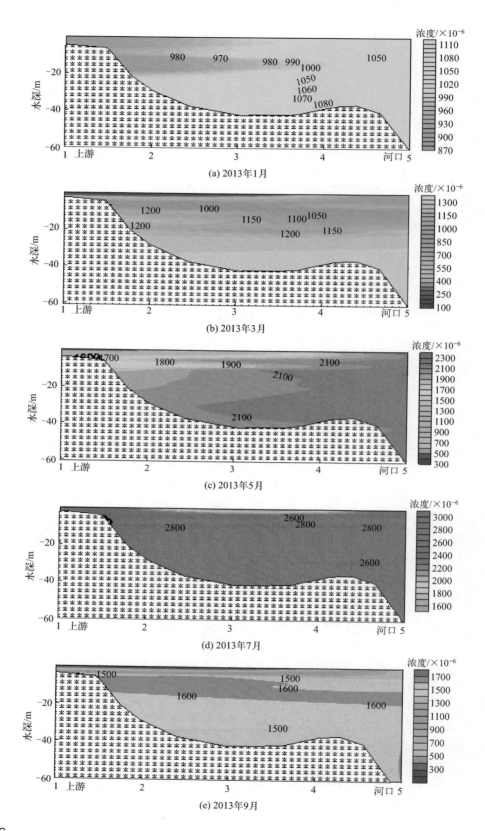

(a) 2013年1月

(b) 2013年3月

(c) 2013年5月

(d) 2013年7月

(e) 2013年9月

2376

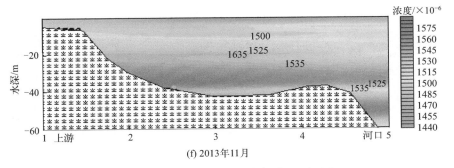

(f) 2013年11月

图5-29 长江干流-草堂河库湾p（CO_2）变化

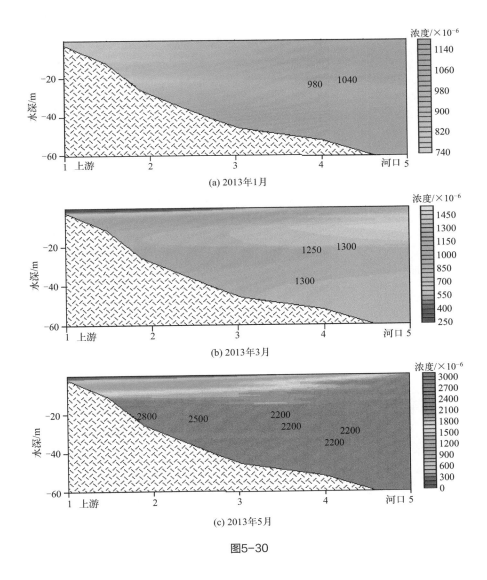

(a) 2013年1月

(b) 2013年3月

(c) 2013年5月

图5-30

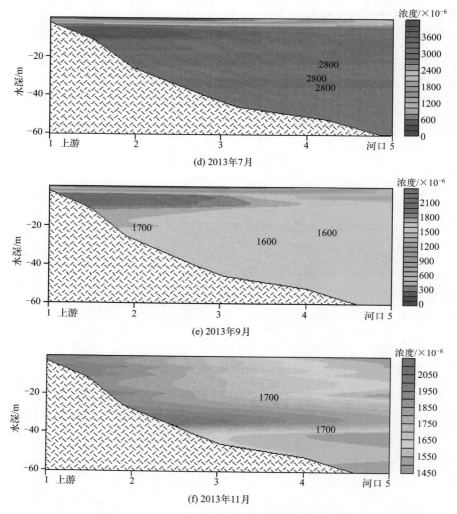

图5-30 长江干流-梅溪河库湾水体p（CO_2）分布

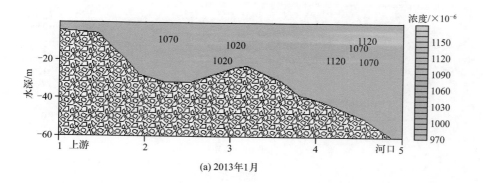

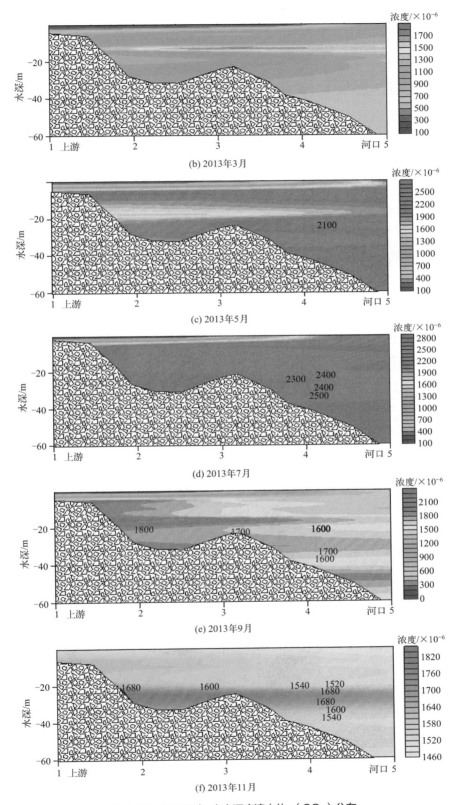

图5-31　长江干流-朱衣河库湾水体$p(CO_2)$分布

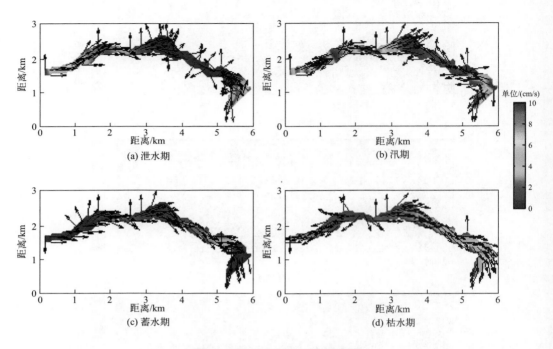

图6-4 不同运行期朱衣河表层流场

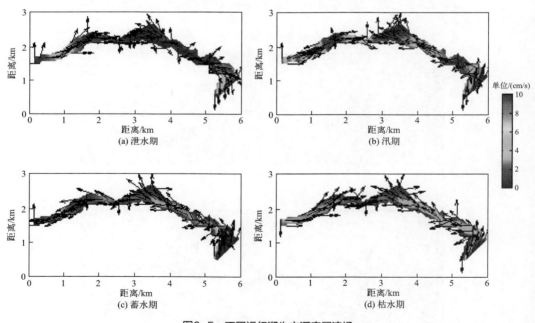

图6-5 不同运行期朱衣河底层流场

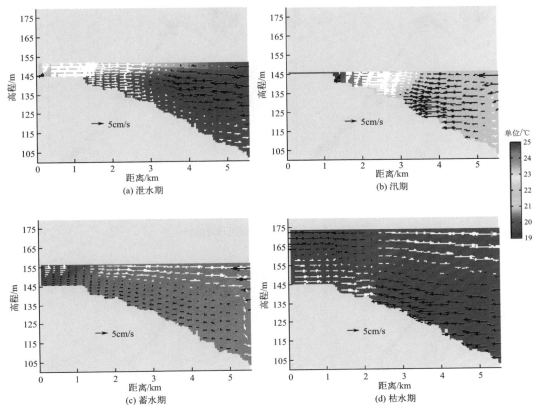

图6-6　不同运行期朱衣河流速及水温纵剖面

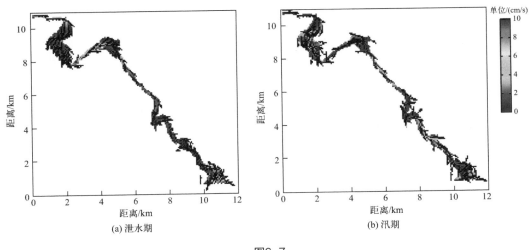

图6-7

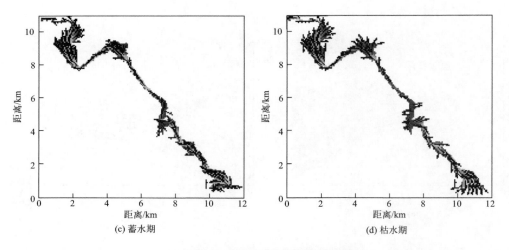

(c) 蓄水期　　　　　　　　　　　　(d) 枯水期

图6-7　不同运行期梅溪河表层流场

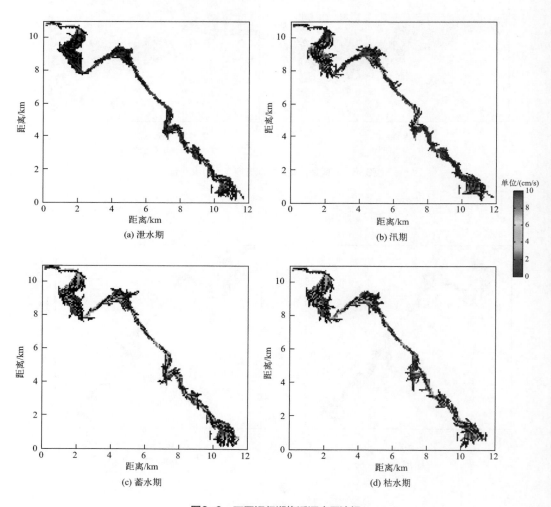

(a) 泄水期　　　　　　　　　　　　(b) 汛期

(c) 蓄水期　　　　　　　　　　　　(d) 枯水期

图6-8　不同运行期梅溪河底层流场

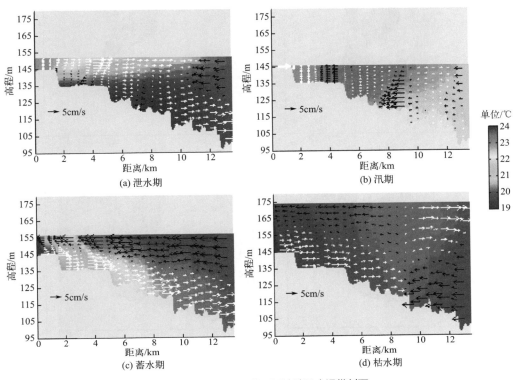

图6-9 不同运行期梅溪河流速及水温纵剖面

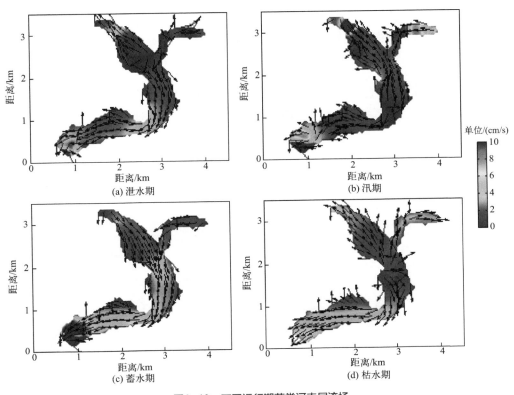

图6-10 不同运行期草堂河表层流场

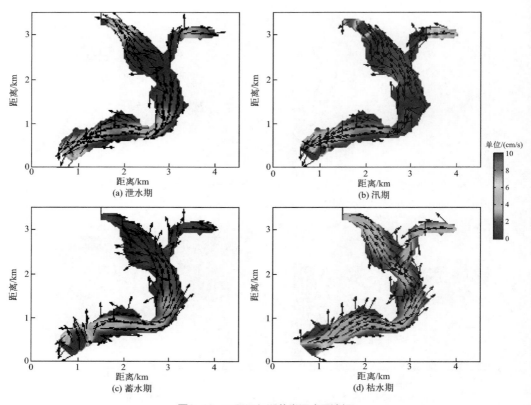

图6-11 不同运行期草堂河底层流场

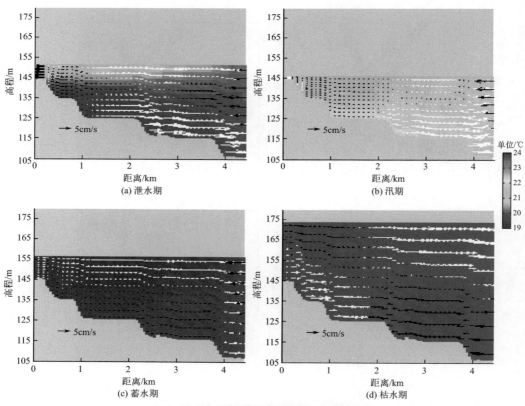

图6-12 不同运行期草堂河流速及水温纵剖面

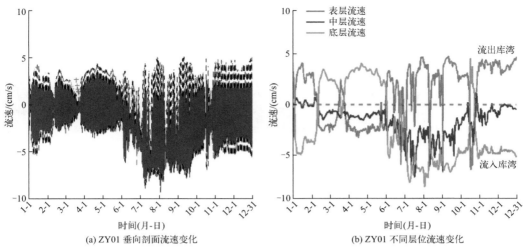

(a) ZY01 垂向剖面流速变化   (b) ZY01 不同层位流速变化

图6-13 朱衣河河口处流速空间变异分析

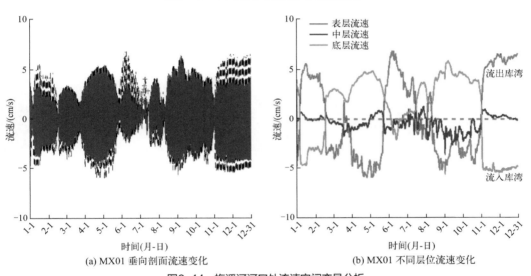

(a) MX01 垂向剖面流速变化   (b) MX01 不同层位流速变化

图6-14 梅溪河河口处流速空间变异分析

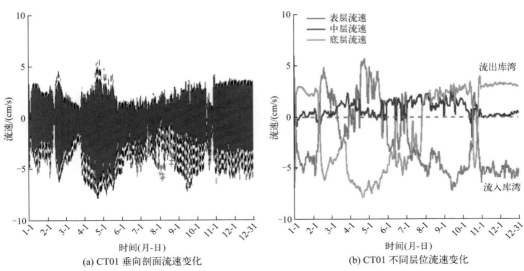

(a) CT01 垂向剖面流速变化   (b) CT01 不同层位流速变化

图6-15 草堂河河口处流速空间变异分析

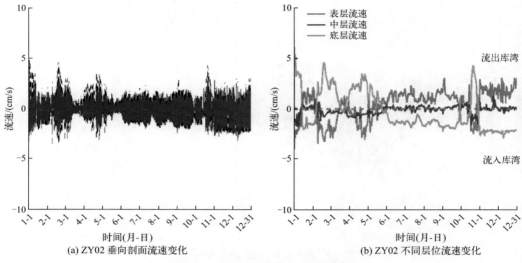

(a) ZY02 垂向剖面流速变化   (b) ZY02 不同层位流速变化

图6-16 朱衣河中部流速空间变异分析

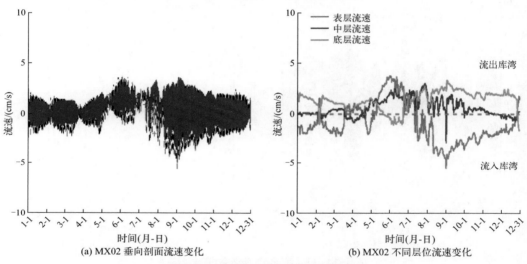

(a) MX02 垂向剖面流速变化   (b) MX02 不同层位流速变化

图6-17 梅溪河中部流速空间变异分析

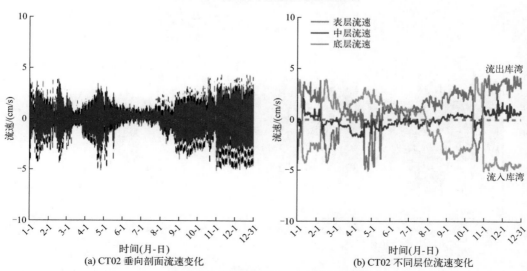

(a) CT02 垂向剖面流速变化   (b) CT02 不同层位流速变化

图6-18 草堂河中部流速空间变异分析

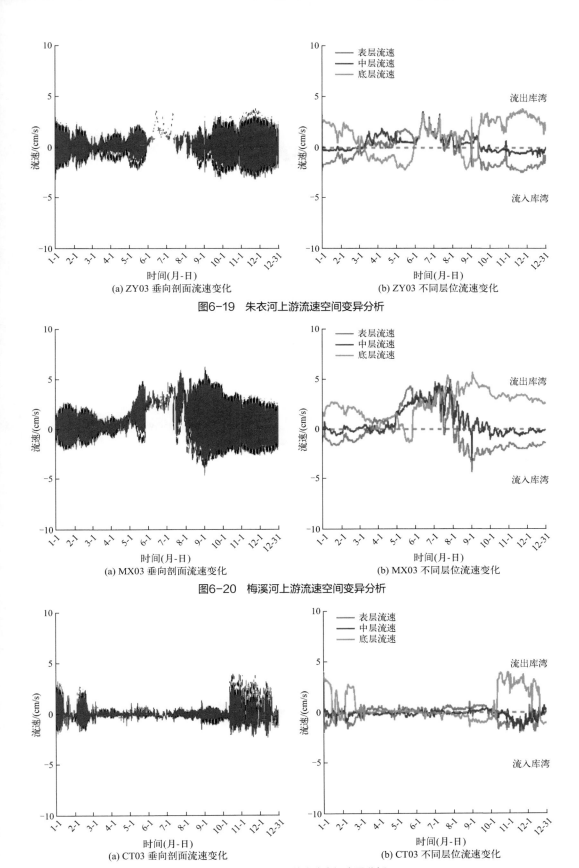

(a) ZY03 垂向剖面流速变化　　　　　　　　　(b) ZY03 不同层位流速变化

图6-19　朱衣河上游流速空间变异分析

(a) MX03 垂向剖面流速变化　　　　　　　　　(b) MX03 不同层位流速变化

图6-20　梅溪河上游流速空间变异分析

(a) CT03 垂向剖面流速变化　　　　　　　　　(b) CT03 不同层位流速变化

图6-21　草堂河上游流速空间变异分析

2387

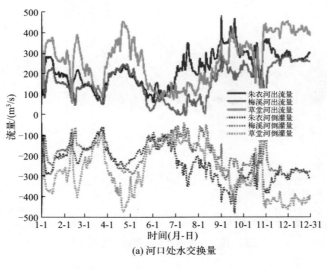

(a) 河口处水交换量

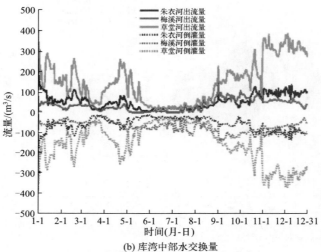

(b) 库湾中部水交换量

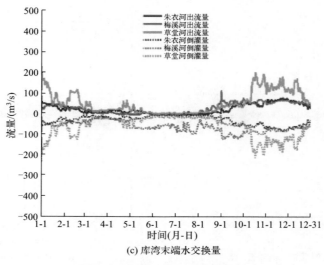

(c) 库湾末端水交换量

图6-22 干支流水交换量年内变化

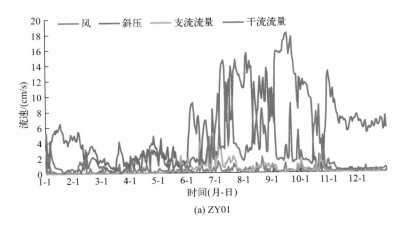

(a) ZY01

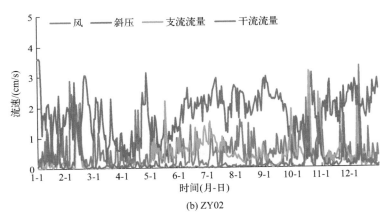

(b) ZY02

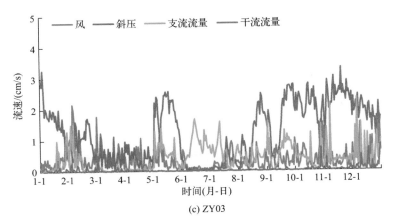

(c) ZY03

图6-25 不同控制因素对朱衣河水动力改变程度

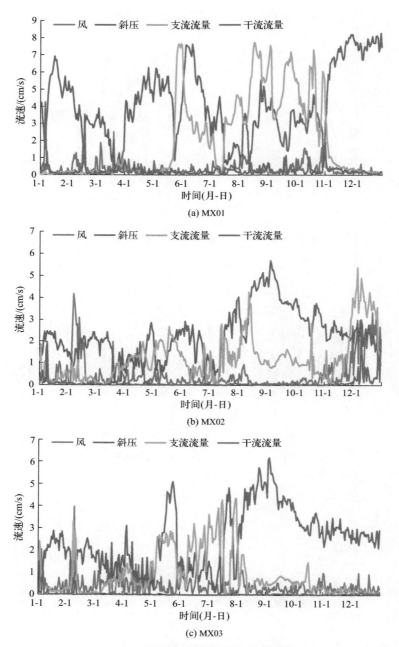

图6-26 不同控制因素对梅溪河水动力改变程度

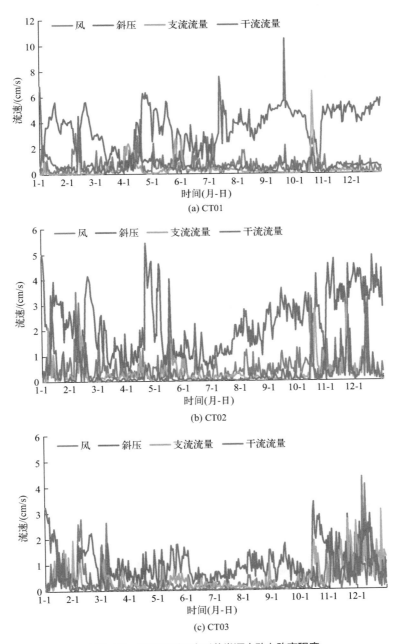

图6-27 不同控制因素对草堂河水动力改变程度

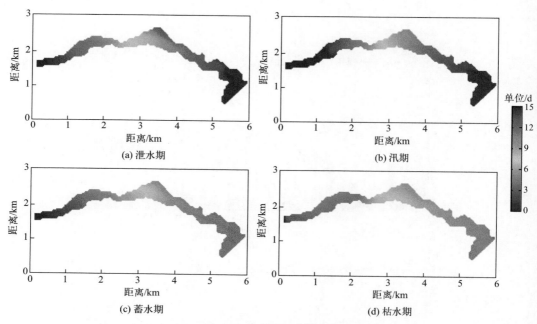

图6-28　朱衣河源头水的表层水龄分布

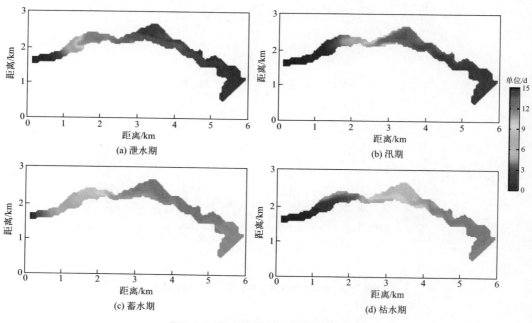

图6-29　朱衣河源头水的底层水龄分布

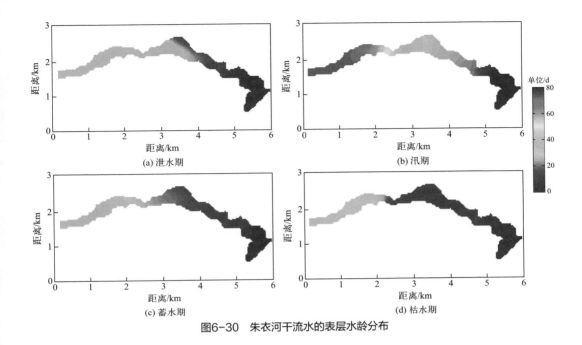

(a) 泄水期   (b) 汛期

(c) 蓄水期   (d) 枯水期

图6-30　朱衣河干流水的表层水龄分布

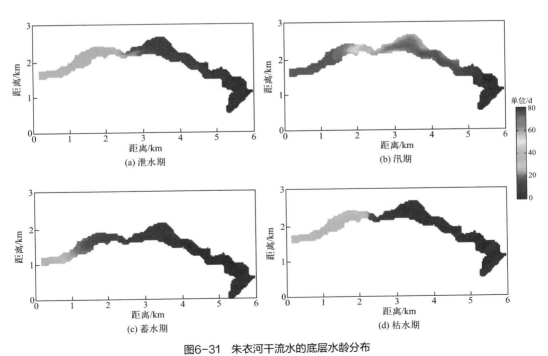

(a) 泄水期   (b) 汛期

(c) 蓄水期   (d) 枯水期

图6-31　朱衣河干流水的底层水龄分布

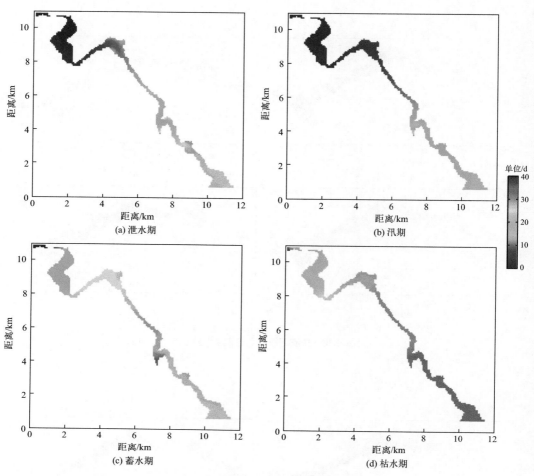

图6-32　梅溪河源头水的表层水龄分布

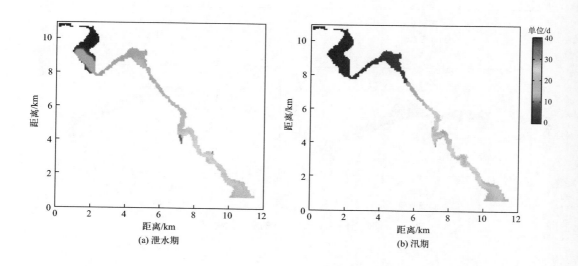

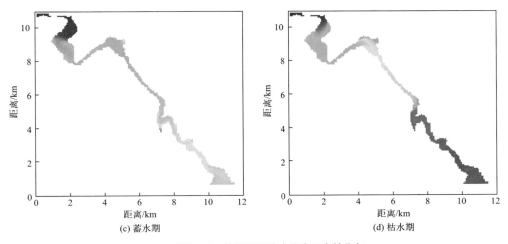

(c) 蓄水期　　　　　　　　　(d) 枯水期

图6-33　梅溪河源头水的底层水龄分布

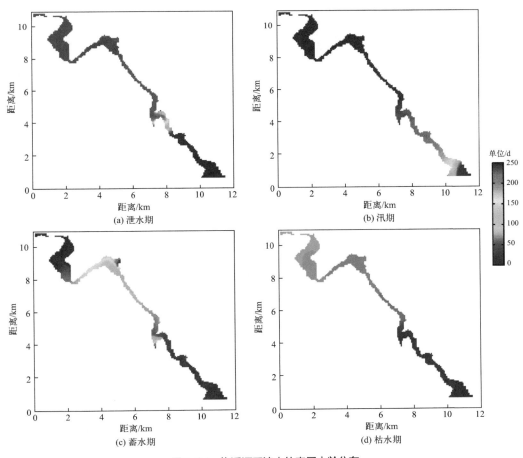

(a) 泄水期　　　　　　　　　(b) 汛期

(c) 蓄水期　　　　　　　　　(d) 枯水期

图6-34　梅溪河干流水的表层水龄分布

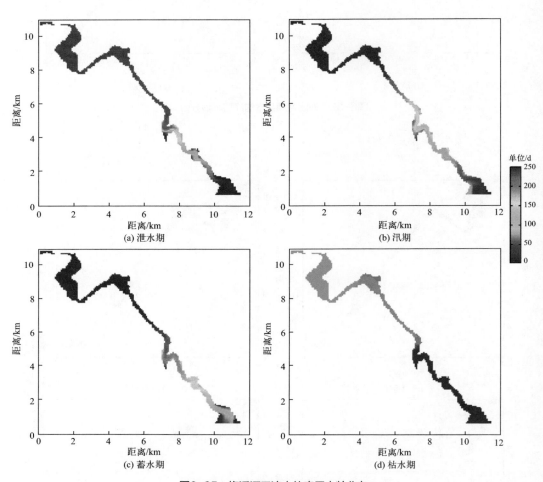

图6-35　梅溪河干流水的底层水龄分布

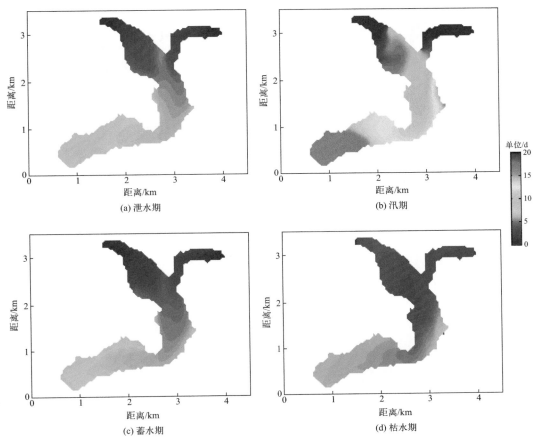

(a) 泄水期   (b) 汛期

(c) 蓄水期   (d) 枯水期

图6-36 草堂河源头水的表层水龄分布

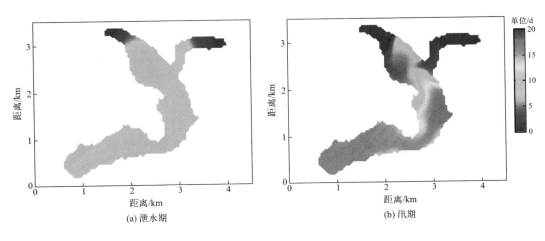

(a) 泄水期   (b) 汛期

图6-37

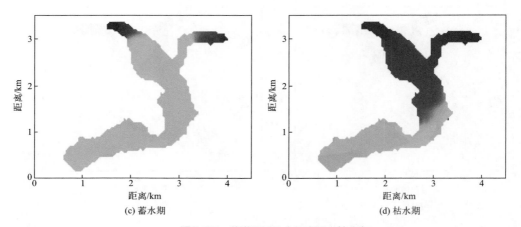

(c) 蓄水期   (d) 枯水期

图6-37　草堂河源头水的底层水龄分布

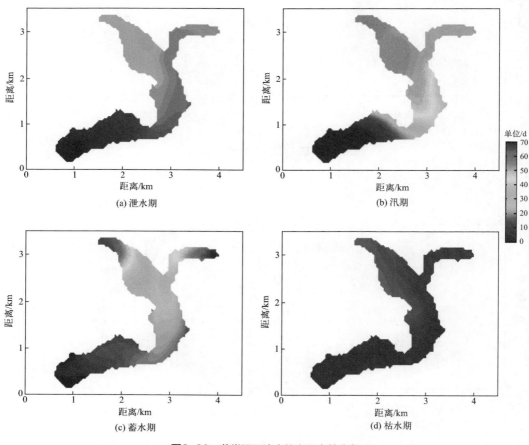

(a) 泄水期   (b) 汛期

(c) 蓄水期   (d) 枯水期

图6-38　草堂河干流水的表层水龄分布

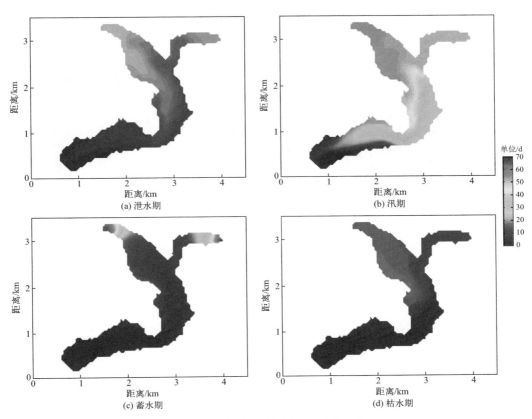

图6-39　草堂河干流水的底层水龄分布

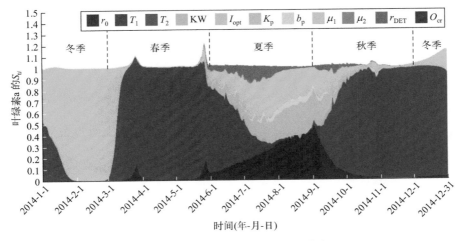

图6-40　叶绿素a的参数敏感性总效应

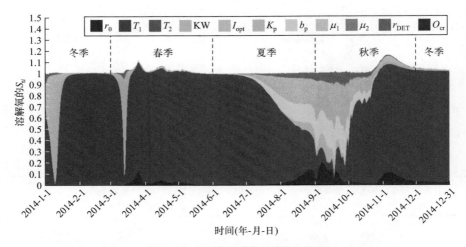

图6-41 溶解氧的参数敏感性总效应

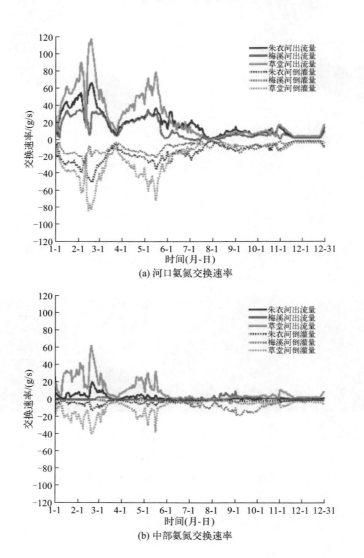

(a) 河口氨氮交换速率

(b) 中部氨氮交换速率

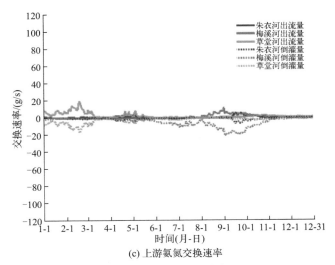

(c) 上游氨氮交换速率

图6-42 氨氮交换速率

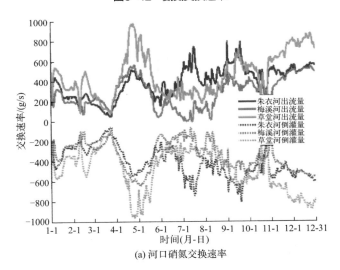

(a) 河口硝氮交换速率

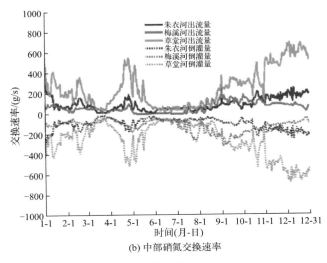

(b) 中部硝氮交换速率

图6-43

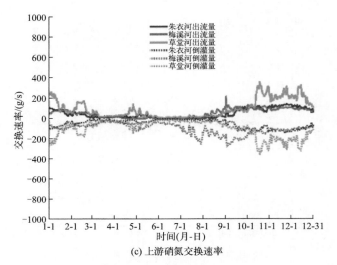

(c) 上游硝氮交换速率

图6-43　硝氮交换速率

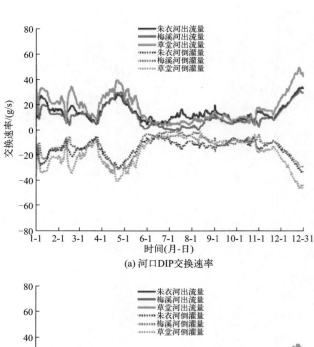

(a) 河口DIP交换速率

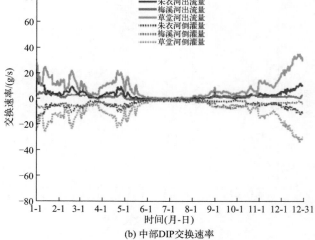

(b) 中部DIP交换速率

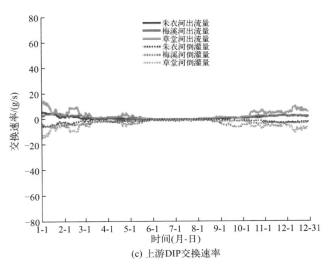

(c) 上游DIP交换速率

图6-44　DIP交换速率

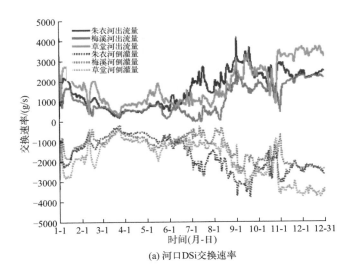

(a) 河口DSi交换速率

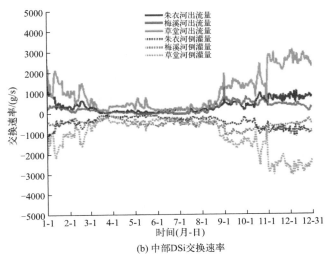

(b) 中部DSi交换速率

图6-45

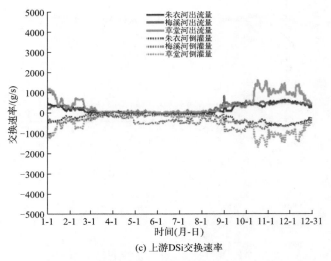

(c) 上游DSi交换速率

图6-45　DSi交换速率

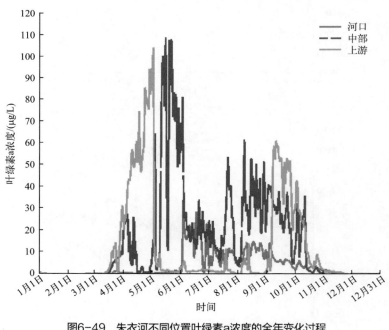

图6-49　朱衣河不同位置叶绿素a浓度的全年变化过程

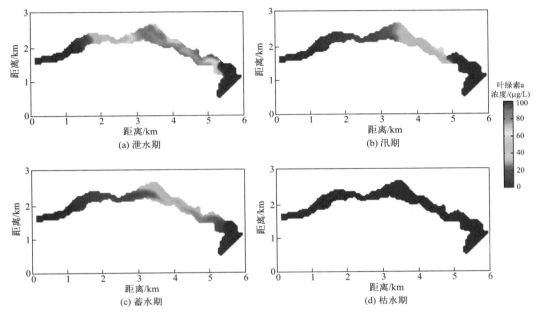

图6-50 不同运行期朱衣河浮游植物的时空分布

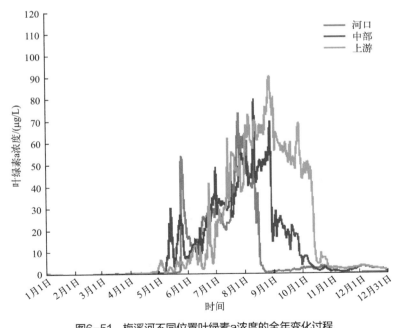

图6-51 梅溪河不同位置叶绿素a浓度的全年变化过程

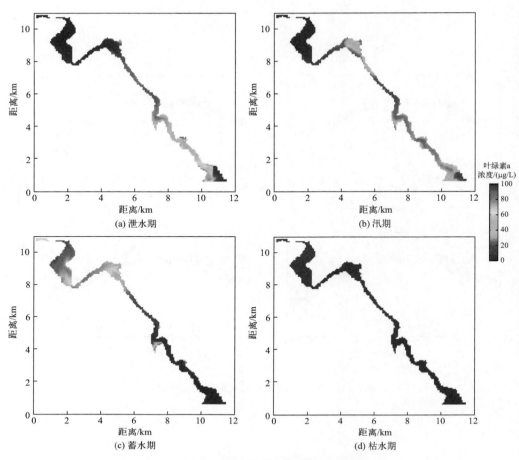

图6-52　不同运行期梅溪河浮游植物的时空分布

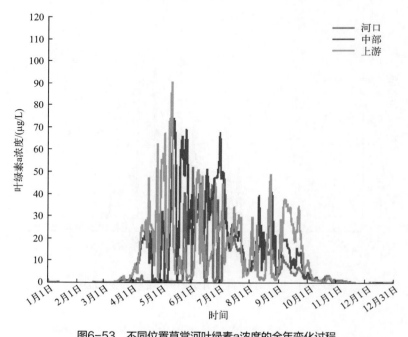

图6-53　不同位置草堂河叶绿素a浓度的全年变化过程

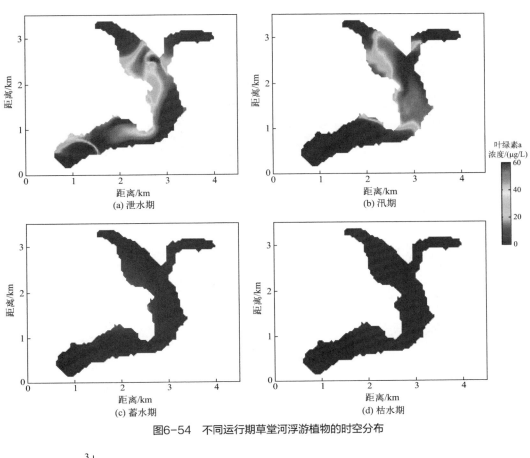

图6-54 不同运行期草堂河浮游植物的时空分布

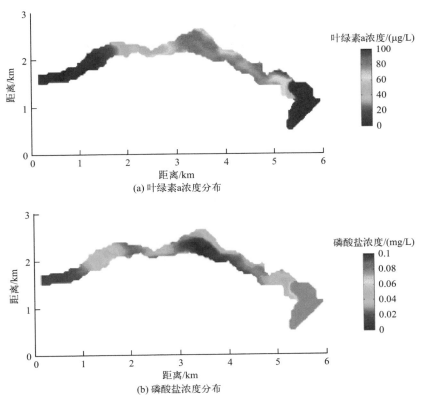

图6-55

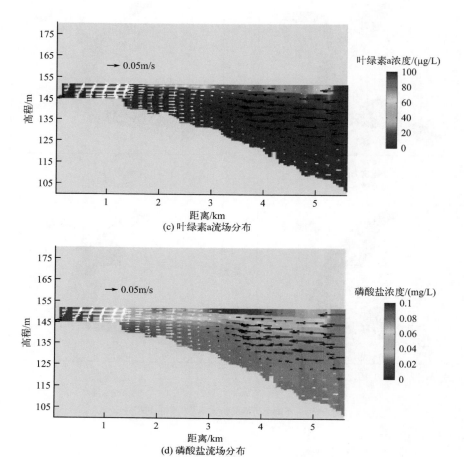

(c) 叶绿素a流场分布

(d) 磷酸盐流场分布

图6-55　泄水期朱衣河叶绿素a、磷酸盐浓度和流场分布

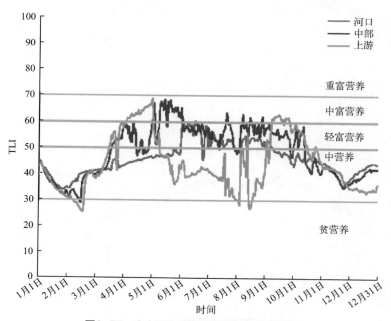

图6-57　朱衣河水体富营养化指数的变化过程

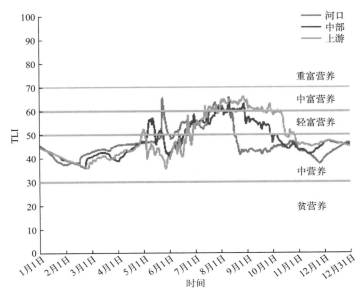

图6-58　梅溪河水体富营养化指数的变化过程

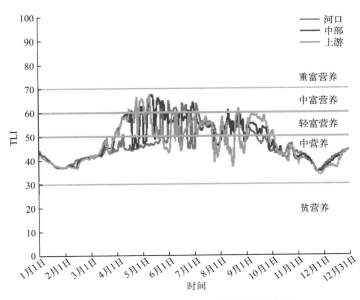

图6-59　草堂河水体富营养化指数的变化过程

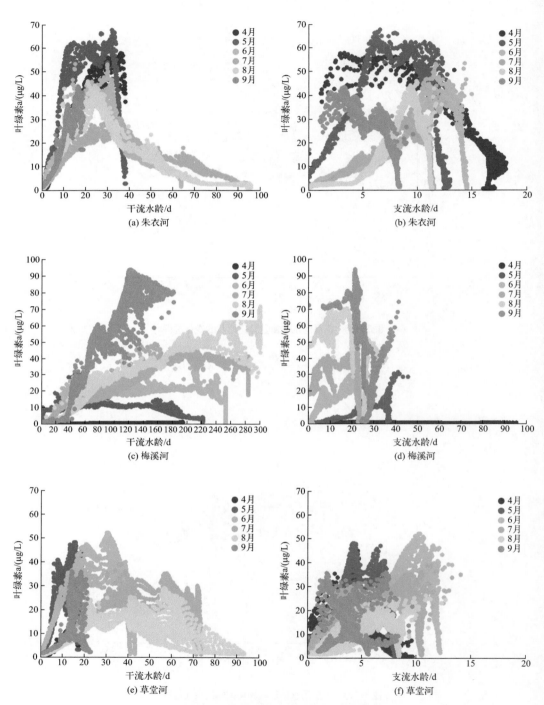

图6-60　支流库湾水龄与叶绿素a相关关系

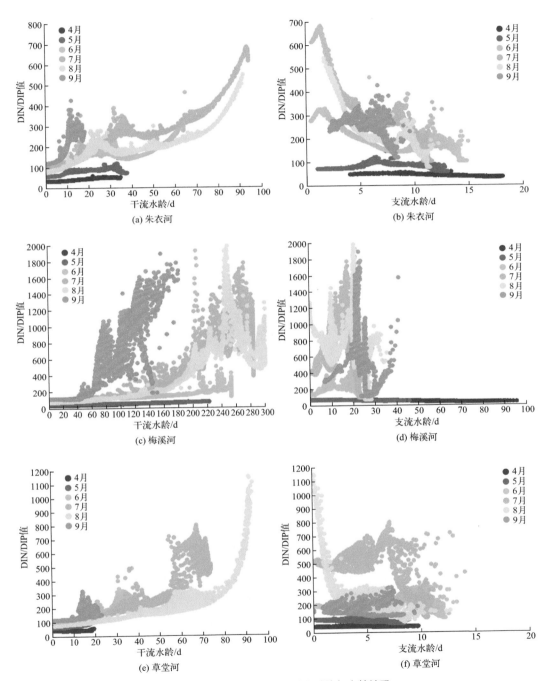

图6-61 支流库湾表层水体氮磷比与水龄关系

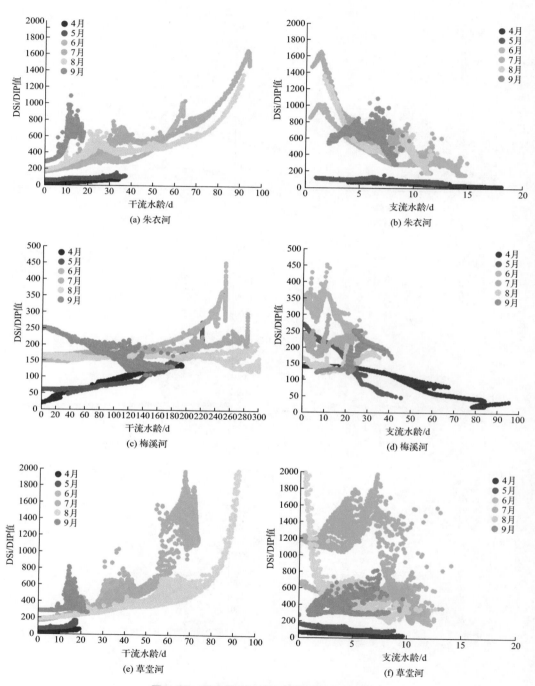

图6-62 支流库湾表层水体硅磷比与水龄关系

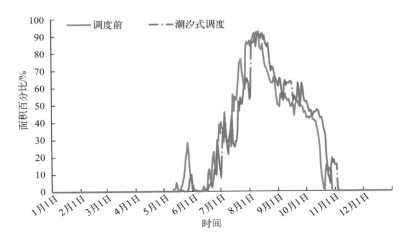

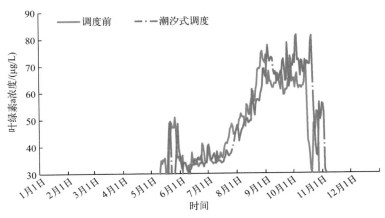

图6-68　梅溪河潮汐调度方案结果对比

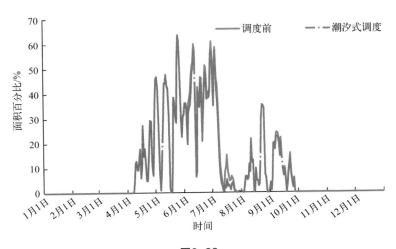

图6-69

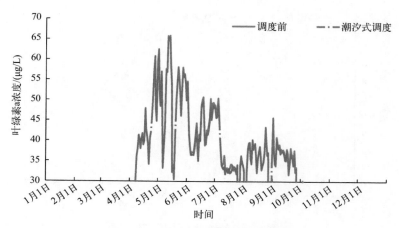

图6-69　草堂河潮汐调度方案结果对比

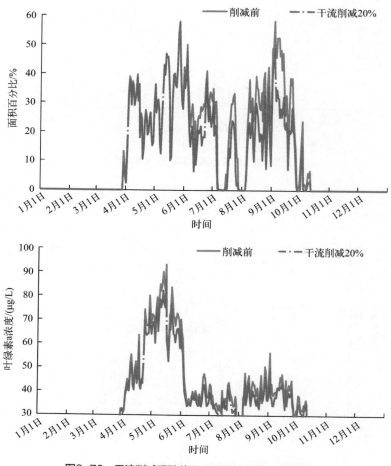

图6-70　干流削减磷酸盐20%对朱衣河调控结果对比

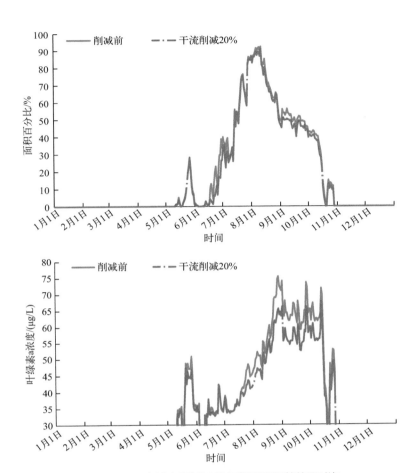

图6-71 干流削减磷酸盐20%对梅溪河调控结果对比

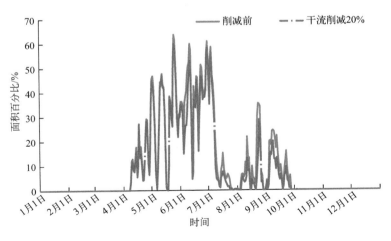

图6-72

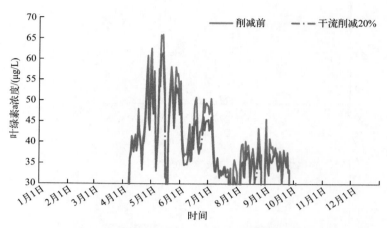

图6-72 干流削减磷酸盐20%对草堂河调控结果对比

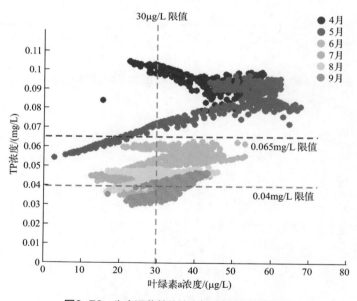

图6-73 朱衣河营养盐浓度与叶绿素a浓度关系

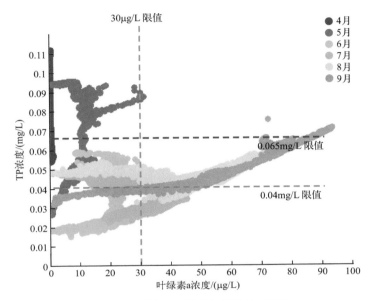

图6-74　梅溪河营养盐浓度与叶绿素a浓度关系

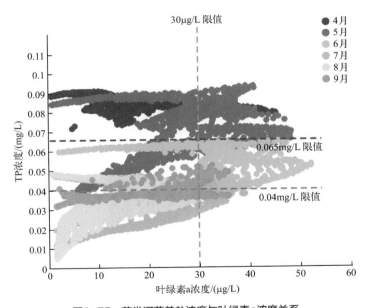

图6-75　草堂河营养盐浓度与叶绿素a浓度关系

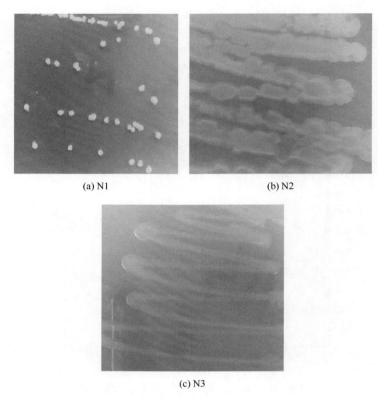

(a) N1   (b) N2

(c) N3

图7-8　菌株平板形态学

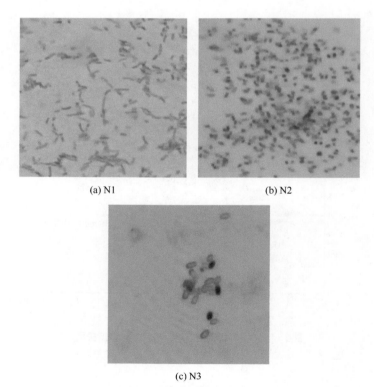

(a) N1   (b) N2

(c) N3

图7-9　菌株革兰氏染色图片

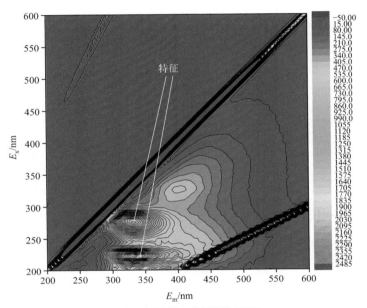

(a) 玉米芯清水浸泡2d的浸出液光谱图

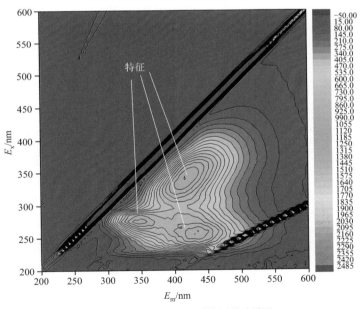

(b) 经菌剂利用12d后玉米芯的浸出液光谱图

图7-16　玉米芯浸出液的三维荧光光谱图

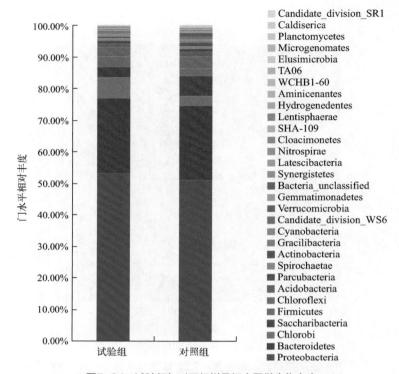

图7-24 试验组与对照组样品门水平微生物丰度

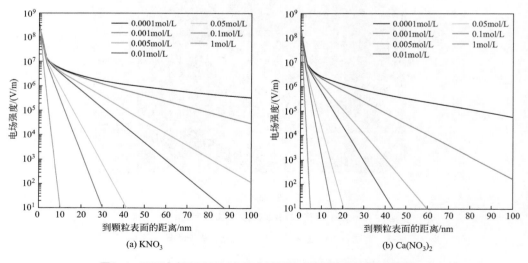

图8-1 不同浓度KNO$_3$/Ca(NO$_3$)$_2$溶液中土壤颗粒周围电场强度分布

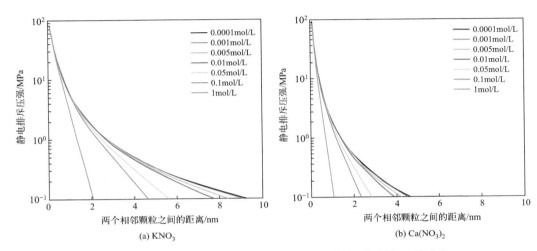

(a) KNO$_3$

(b) Ca(NO$_3$)$_2$

图8-2　不同浓度KNO$_3$/Ca(NO$_3$)$_2$溶液中土壤颗粒周围静电排斥压强分布

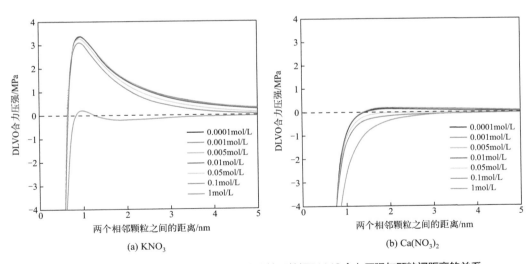

(a) KNO$_3$

(b) Ca(NO$_3$)$_2$

图8-4　不同浓度KNO$_3$/Ca(NO$_3$)$_2$溶液中土壤颗粒间DLVO合力压强与颗粒间距离的关系

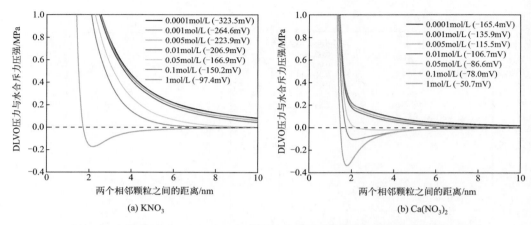

(a) KNO₃ — legend:
- 0.0001mol/L (−323.5mV)
- 0.001mol/L (−264.6mV)
- 0.005mol/L (−223.9mV)
- 0.01mol/L (−206.9mV)
- 0.05mol/L (−166.9mV)
- 0.1mol/L (−150.2mV)
- 1mol/L (−97.4mV)

(b) Ca(NO₃)₂ — legend:
- 0.0001mol/L (−165.4mV)
- 0.001mol/L (−135.9mV)
- 0.005mol/L (−115.5mV)
- 0.01mol/L (−106.7mV)
- 0.05mol/L (−86.6mV)
- 0.1mol/L (−78.0mV)
- 1mol/L (−50.7mV)

图8-6　不同浓度KNO₃/Ca(NO₃)₂溶液中土壤颗粒间净作用力与颗粒间距离的关系

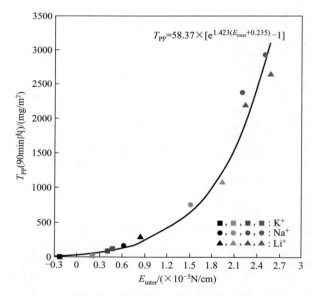

$$T_{PP}=58.37\times[e^{1.423(E_{inter}+0.235)}-1]$$

图8-20　Li⁺、Na⁺和K⁺饱和样在不同电解质浓度下T_{PP}-E_{inter}关系曲线
（■，●，▲：0.1mol/L；■，●，▲：0.01mol/L；■，●，▲：0.001mol/L；■，●，▲：0.0001mol/L）

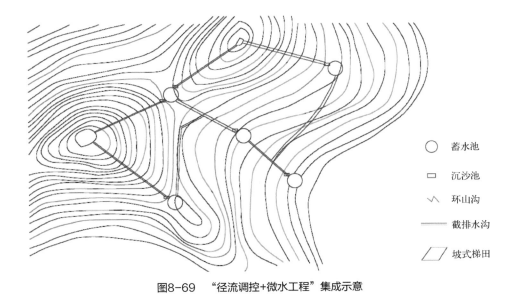

图8-69　"径流调控+微水工程"集成示意

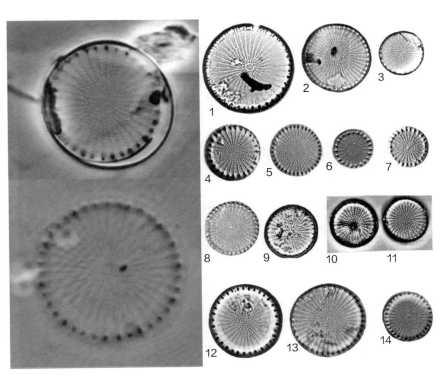

图10-29　三峡硅藻水华优势种汉斯冠盘藻的显微照片

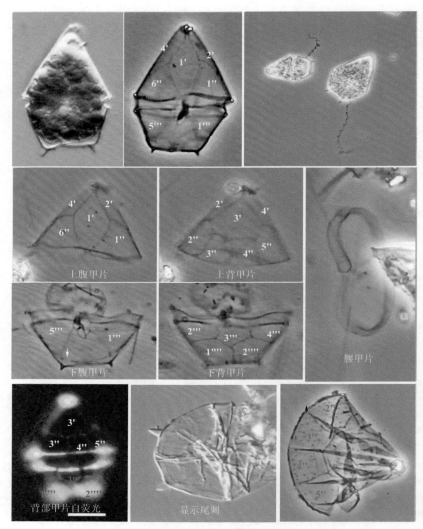

图10-31 倪氏拟多甲藻分类特征

（'指顶板，"指沟前板，'''指沟后板，''''指底板）

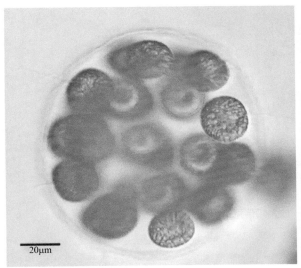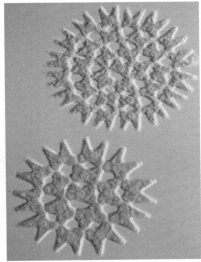

图10-33　部分绿藻水华优势种的显微照片

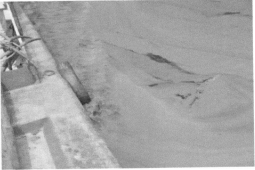

图10-35　蓝藻水华现场照片

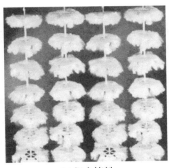

(a) 弹性填料　　　　　　　(b) 组合填料　　　　　　　(c) 纤维填料

图10-48　本研究所选取不同生物膜载体材料

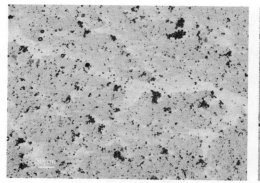

(a) 放大40倍的贫磷泥　　　　　　　　　　(b) 放大200倍的贫磷泥

图12-16　放大40倍和200倍的贫磷泥

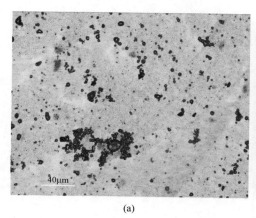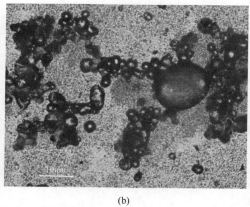

(a)　　　　　　　　　　　　　　　　　　(b)

图12-17　未经预处理的贫磷泥

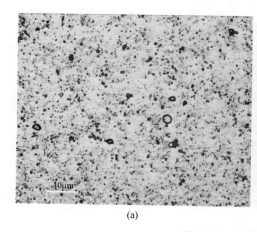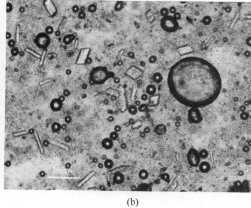

(a)　　　　　　　　　　　　　　　　　　(b)

图12-18　硫酸预处理后的贫磷泥

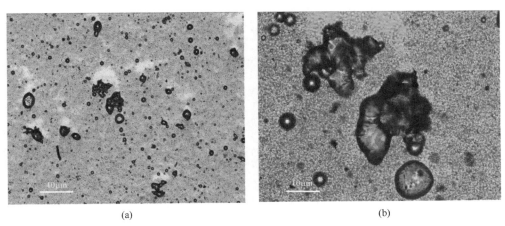

(a)　　　　　　　　　　　　　　(b)

图12-19　氢氧化钠预处理后的贫磷泥

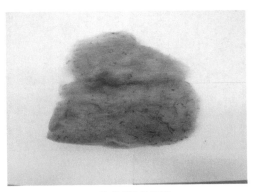 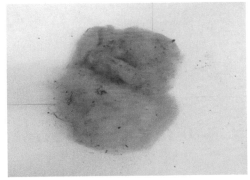

(a) 纯黄磷渣矿渣棉　　　　　　　　　(b) 粉煤灰投配比5%的矿渣棉

图12-20　纯黄磷渣矿渣棉、粉煤灰投配比5%的矿渣棉照片

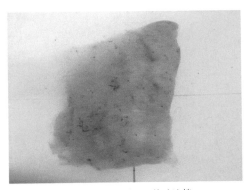 

(a) 粉煤灰投配比10%的矿渣棉　　　　　　　　(b) 粉煤灰投配比15%的矿渣棉

图12-21　粉煤灰投配比10%、粉煤灰投配比15%的矿渣棉照片

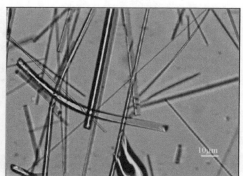

(a) 纯黄磷渣矿渣棉

(b) 粉煤灰投配比5%的矿渣棉

图12-22　纯黄磷渣矿渣棉、粉煤灰投配比5%的矿渣棉显微镜照片

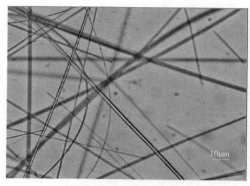
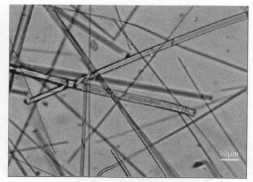

(a) 粉煤灰投配比10%的矿渣棉

(b) 粉煤灰投配比15%的矿渣棉

图12-23　粉煤灰投配比10%、粉煤灰投配比15%的矿渣棉显微镜照片

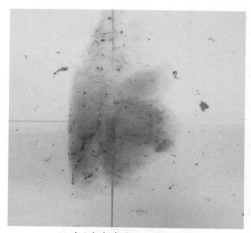
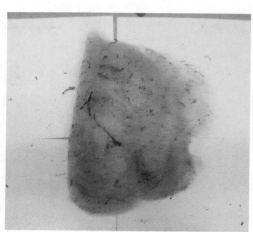

(a) 离心机频率为30Hz的矿渣棉

(b) 离心机频率为60Hz的矿渣棉

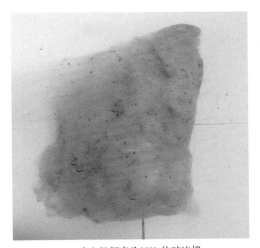

(c) 离心机频率为90Hz的矿渣棉

图12-29　离心机频率为30Hz、60Hz、90Hz的矿渣棉

(a) 离心机频率为50Hz的矿渣棉

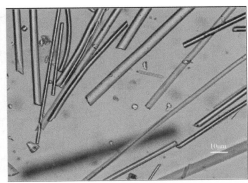

(b) 离心机频率为40Hz的矿渣棉

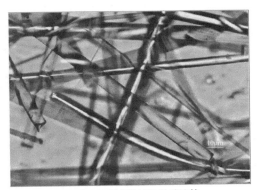

(c) 离心机频率为30Hz的矿渣棉

图12-30　离心机频率为50Hz、40Hz、30Hz的矿渣棉显微镜照片

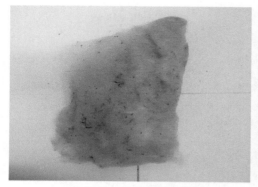

(a) 放料时间为30s的矿渣棉

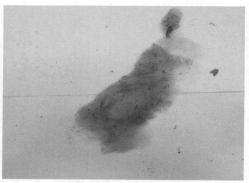

(b) 放料时间为60s的矿渣棉

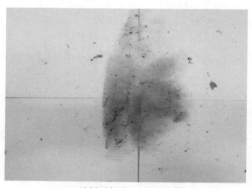

(c) 放料时间为90s的矿渣棉

图12-32 放料时间为30s、60s、90s的矿渣棉

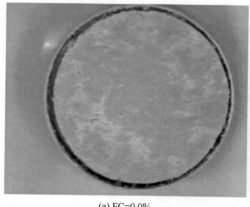

(a) FC=0.0%

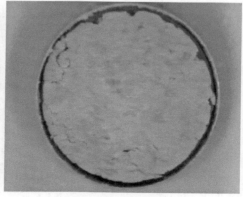

(b) FC=0.05%

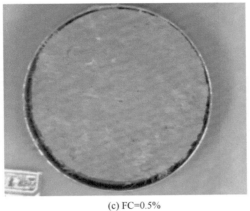

(c) FC=0.5%

图12-74 连续干燥失水作用下秸秆纤维改良石灰土的开裂情况

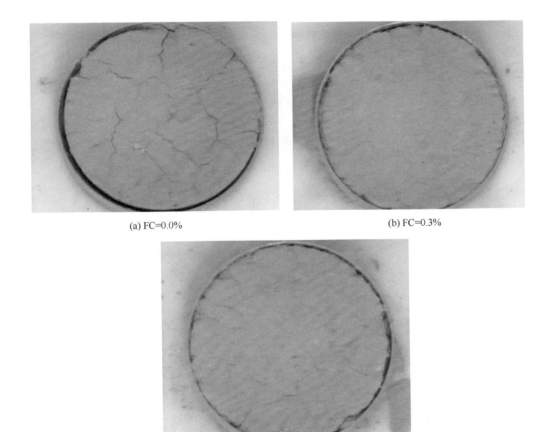

(a) FC=0.0%

(b) FC=0.3%

(c) FC=0.5%

图12-76 干湿循环作用下纤维改良石灰土的开裂情况

(a) 紫色土　　　　　　　　　　　　　　(b) 黄壤

(c) 石灰土　　　　　　　　　　　　　　(d) 黄棕壤

图12-99　供试土壤样品照片

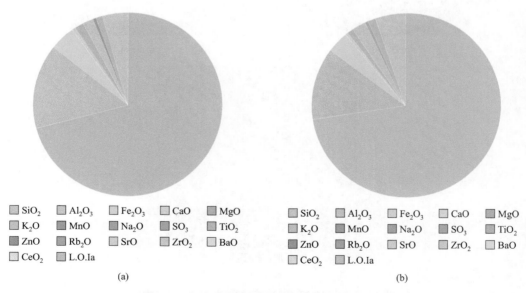

（a）　　　　　　　　　　　　　　（b）

图12-100　不同类型土壤的矿物组成（单位：%）

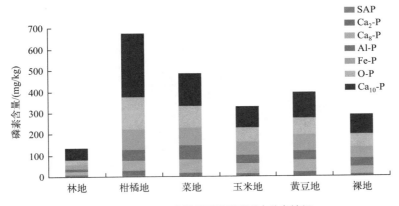

图12-102　不同土地利用类型磷形态分布特征

(a) 蛭石

(b) 铁砂

(c) 钢渣

(d) 火山石

图12-163

(e) 沸石　　　　　　　　　　　　　　　(f) 麦饭石

图12-163　用于实验研究的6种人工填料

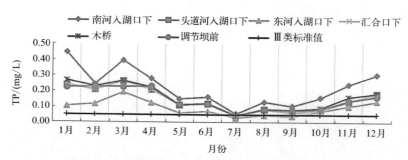

图13-14　退耕还林措施下汉丰湖库区典型点位TP年内变化

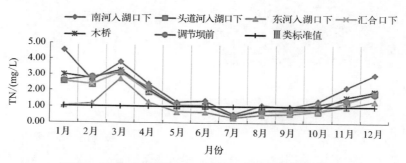

图13-15　退耕还林措施下汉丰湖库区典型点位TN年内变化

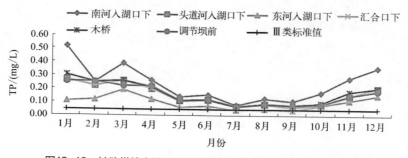

图13-18　坡改梯综合技术实施后汉丰湖库区典型点位TP年内变化

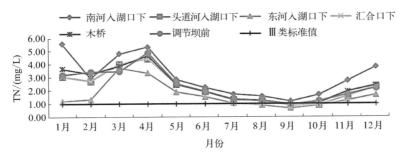

图13-19 坡改梯综合技术实施后汉丰湖库区典型点位TN年内变化

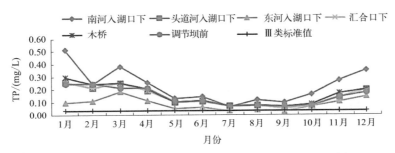

图13-22 生态保育措施实施后汉丰湖库区典型点位TP年内变化

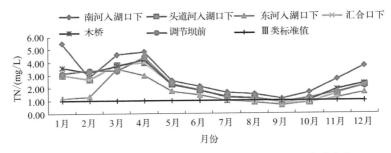

图13-23 生态保育措施实施后汉丰湖库区典型点位TN年内变化

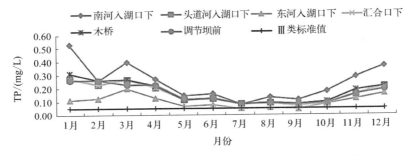

图13-26 测土配方施肥实施后汉丰湖库区典型点位TP年内变化

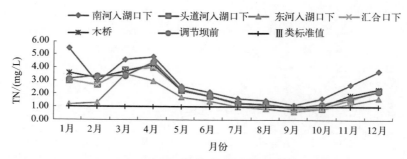

图13-27 测土配方施肥实施后汉丰湖库区典型点位TN年内变化

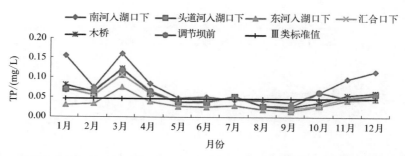

图13-30 规模化畜禽养殖污染治理措施（100%收集利用）实施后汉丰湖库区典型点位TP年内变化

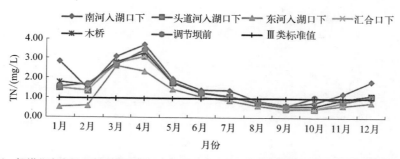

图13-31 规模化畜禽养殖污染治理措施（100%收集利用）实施后汉丰湖库区典型点位TN年内变化

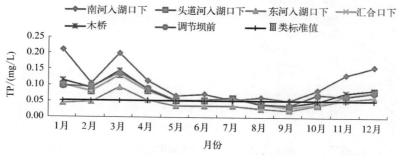

图13-34 规模化畜禽养殖污染治理措施（85%收集利用）实施后汉丰湖库区典型点位TP年内变化

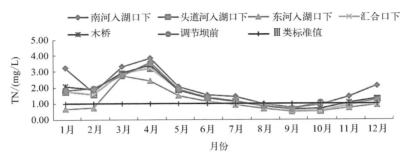

图13-35　规模化畜禽养殖污染治理措施（85%收集利用）实施后汉丰湖库区典型点位TN年内变化

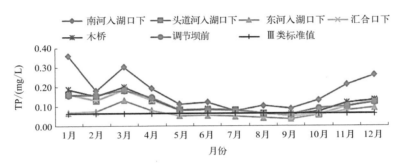

图13-38　提高污水处理率措施实施后汉丰湖库区典型点位TP年内变化

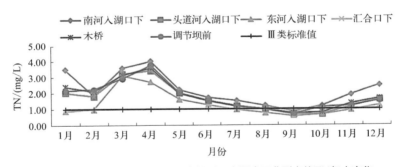

图13-39　提高污水处理率措施实施后汉丰湖库区典型点位TN年内变化

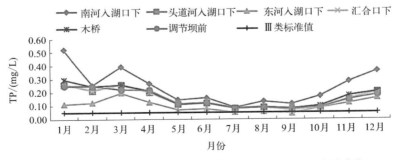

图13-42　河道生态治理措施实施后汉丰湖库区典型点位TP年内变化

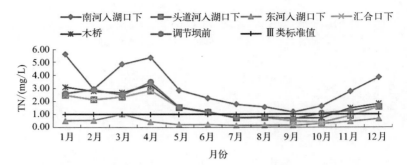

图13-43　河道生态治理措施实施后汉丰湖库区典型点位TN年内变化

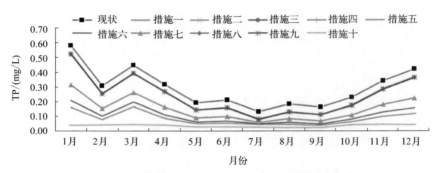

图13-44　各措施实施后湖中（木桥）TP改善效果对比

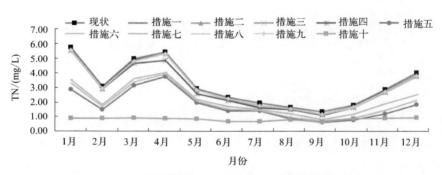

图13-45　各措施实施后湖中（木桥）TN改善效果对比

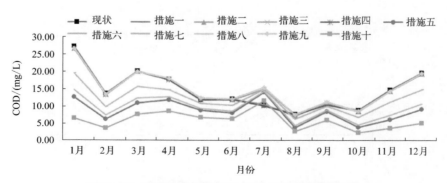

图13-46　各措施实施后湖中（木桥）COD改善效果对比

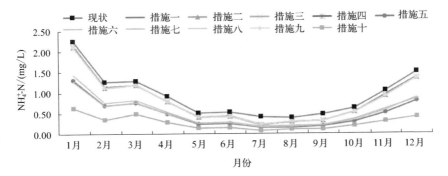

图13-47　各措施实施后湖中（木桥）NH$_4^+$-N改善效果对比

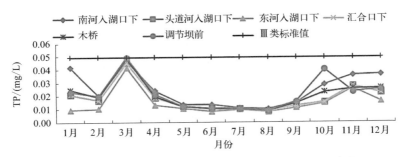

图13-50　各项组合措施实施后汉丰湖库区典型点位TP年内变化

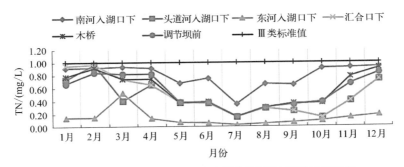

图13-51　各项组合措施实施后汉丰湖库区典型点位TN年内变化

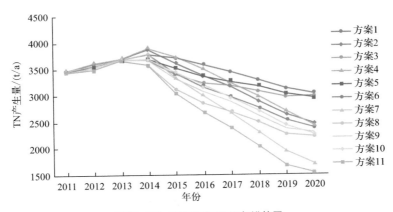

图13-57　不同方案TN逐年排放量

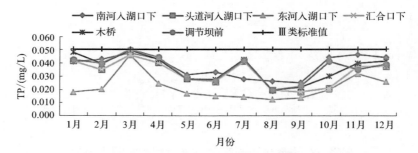

图13-62　综合集成方案实施后汉丰湖库区典型点位TP年内变化

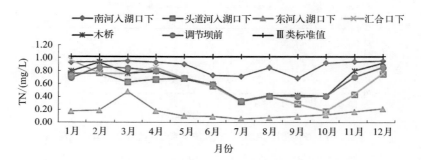

图13-63　综合集成方案实施后汉丰湖库区典型点位TN年内变化

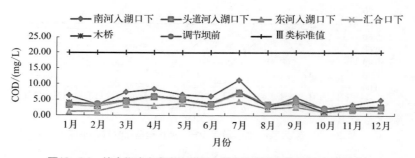

图13-64　综合集成方案实施后汉丰湖库区典型点位COD年内变化

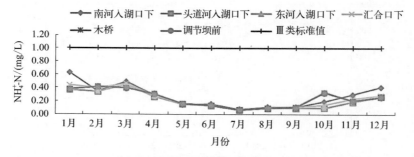

图13-65　综合集成方案实施后汉丰湖库区典型点位NH$_4^+$-N年内变化

2440

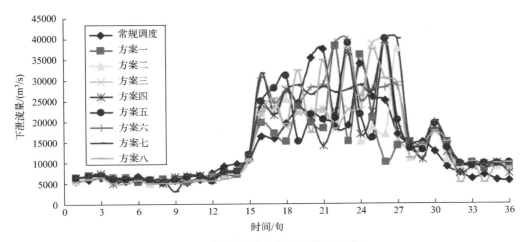

图14-6 优化计算非劣解：下泄流量-时间

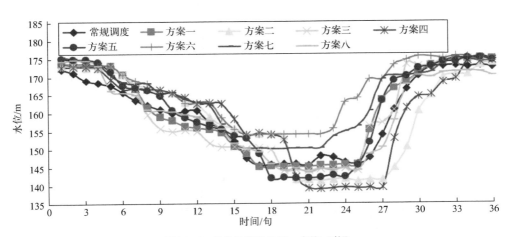

图14-7 优化计算非劣解：水位-时间

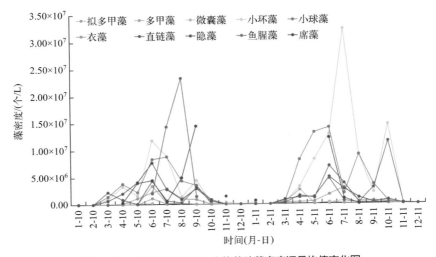

图15-43 香溪河库湾10大优势藻种藻密度逐月均值变化图

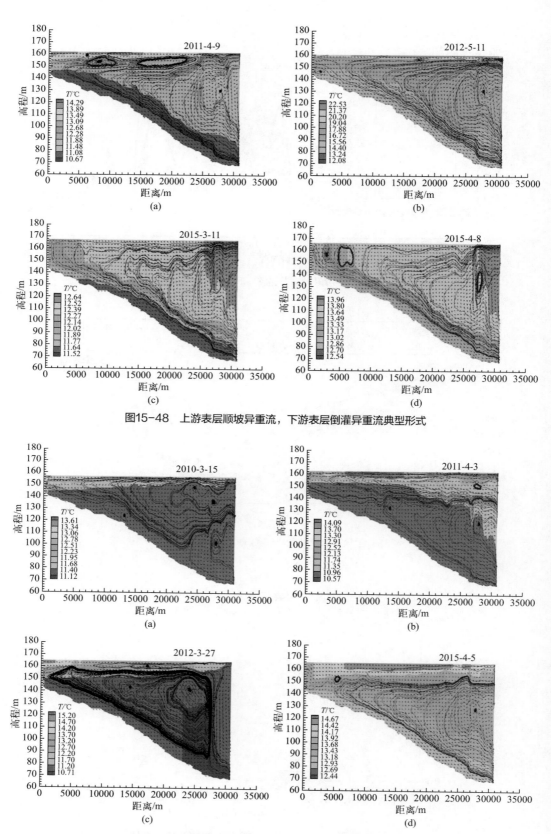

图15-48 上游表层顺坡异重流，下游表层倒灌异重流典型形式

图15-50 上游表层顺坡异重流，下游中上层倒灌异重流典型形式

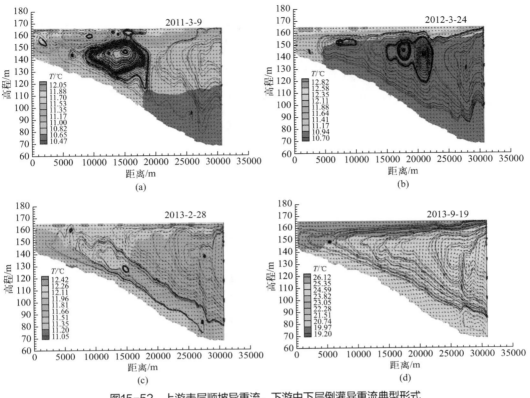

图15-52 上游表层顺坡异重流，下游中下层倒灌异重流典型形式

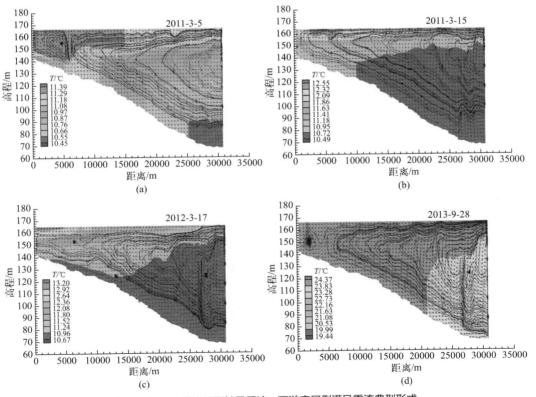

图15-54 上游表层顺坡异重流，下游底层倒灌异重流典型形式

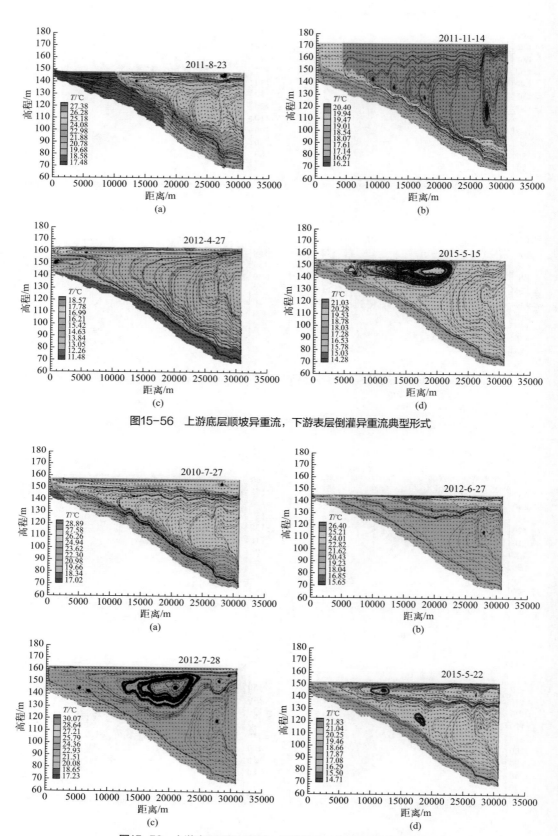

图15-56　上游底层顺坡异重流，下游表层倒灌异重流典型形式

图15-58　上游底层顺坡异重流，下游中上层倒灌异重流典型形式

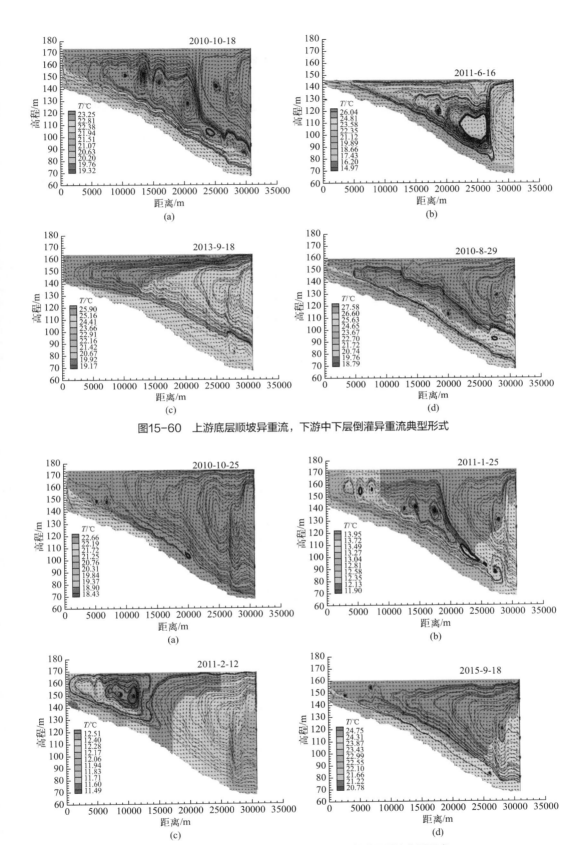

图15-60　上游底层顺坡异重流，下游中下层倒灌异重流典型形式

图15-62　上游底层顺坡异重流，下游底层倒灌异重流典型形式

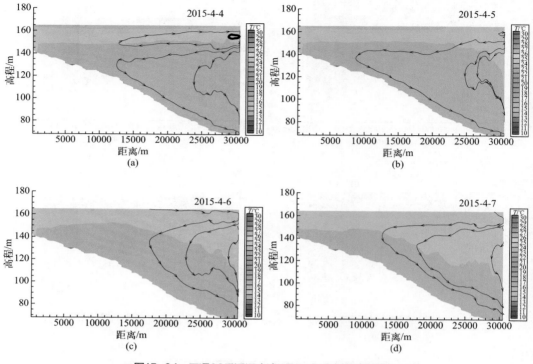

图15-64　工况03香溪河库湾4月4～7日水体环流模式

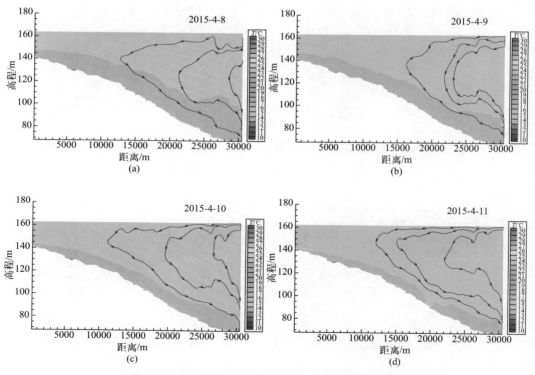

图15-65　工况03香溪河库湾4月8～11日水体环流模式

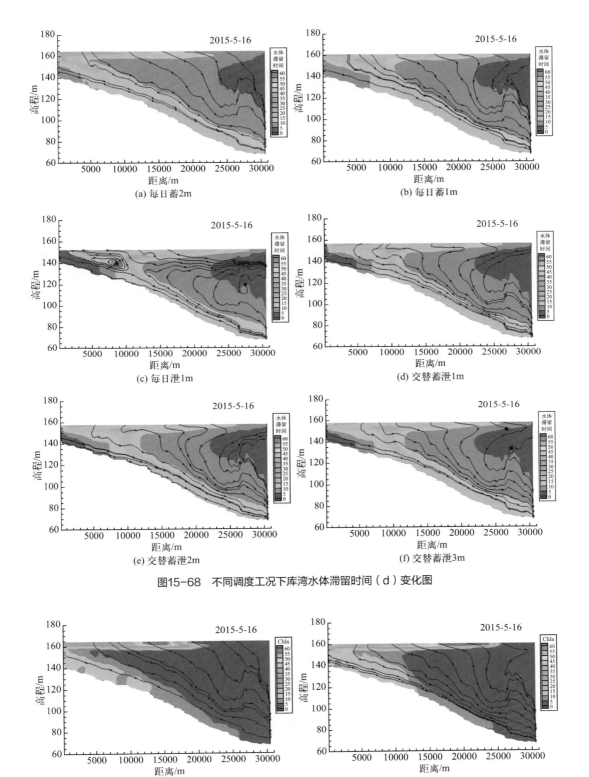

图15-68 不同调度工况下库湾水体滞留时间（d）变化图

图15-69

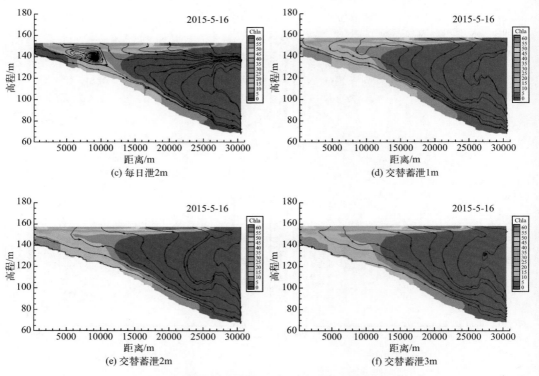

图15-69 不同调度工况下库湾叶绿素a浓度(μg/L)变化图

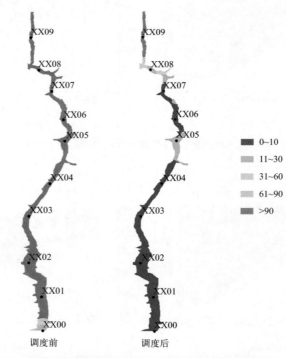

图15-71 香溪河库湾汛期调度前后叶绿素a浓度空间分布（单位：μg/L）

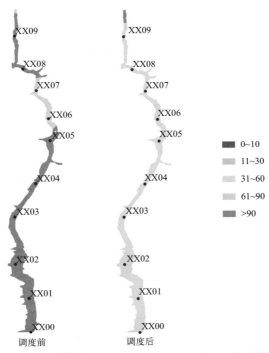

图15-72　香溪河库湾消落期调度前后叶绿素a浓度空间分布（单位：μg/L）

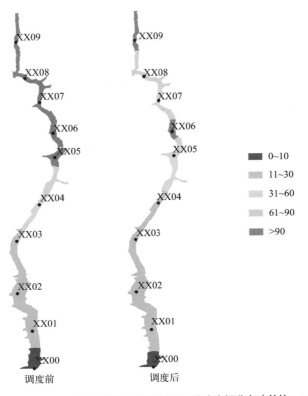

图15-73　香溪河库湾蓄水期调度前后叶绿素a浓度空间分布（单位：μg/L）

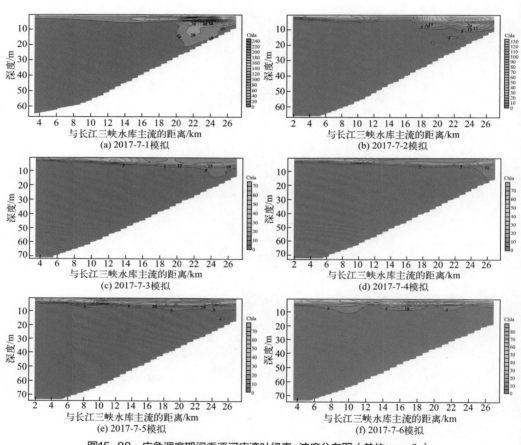

图15-88　应急调度期间香溪河库湾叶绿素a浓度分布图（单位：μg/L）

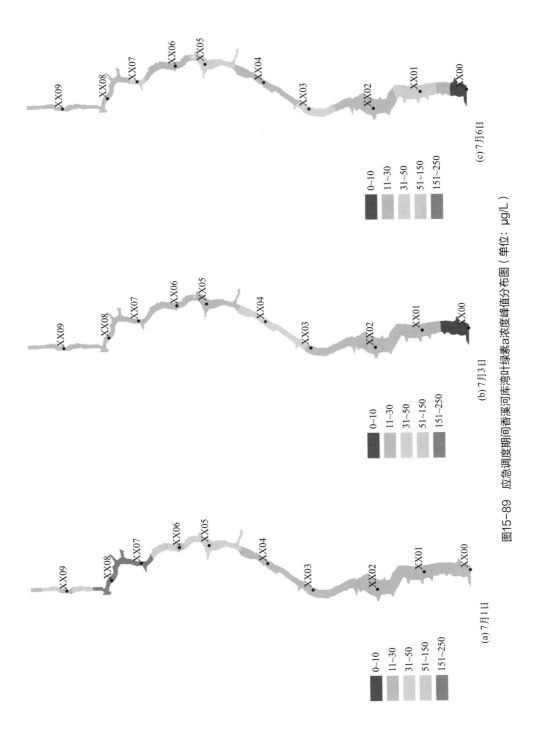

图15-89 应急调度期间香溪河湾河库岸河库岸叶绿素a浓度峰值分布图（单位：μg/L）

| 0~10 |
| 11~30 |
| 31~50 |
| 51~150 |
| 151~250 |

(a) 7月1日　　(b) 7月3日　　(c) 7月6日

XX09　XX08　XX07　XX06　XX05　XX04　XX03　XX02　XX01　XX00

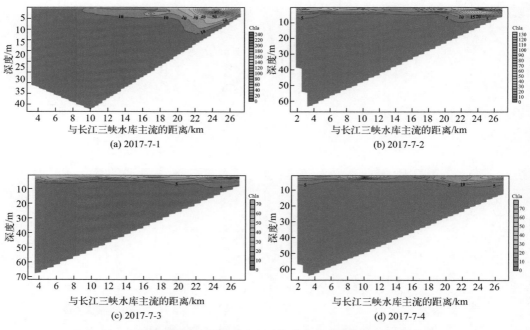

图15-90　2017年调度示范期间香溪河库湾叶绿素a浓度分布图（单位：μg/L）

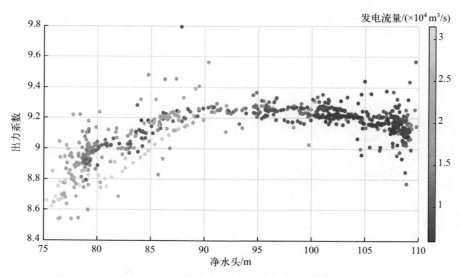

图15-122　三峡出力系数-净水头-发电流量关系

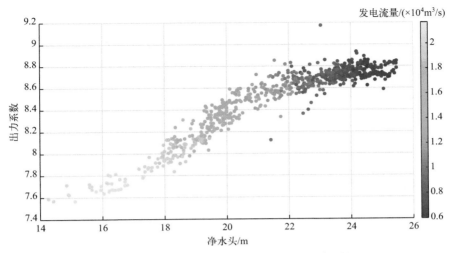

图15-128　葛洲坝综合出力系数-净水头-发电流量关系

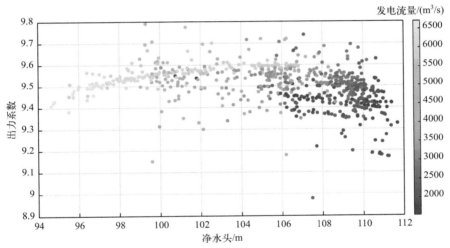

图15-130　向家坝发电流量-净水头-综合出力系数关系

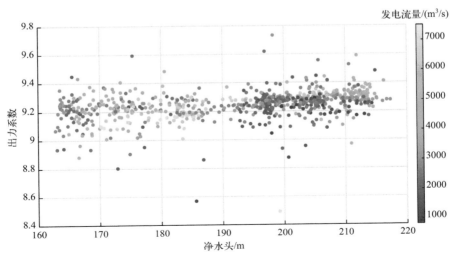

图15-132　溪洛渡综合出力系数-净水头-发电流量关系

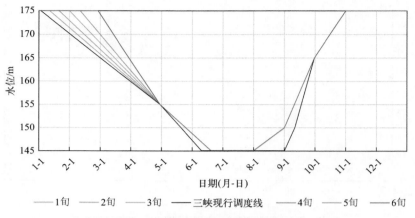

图15-133 消落期水位情景过程线

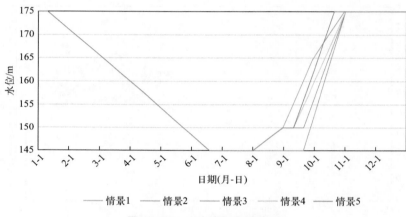

图15-138 蓄水情景调度指导线

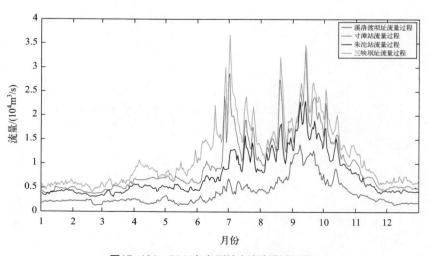

图15-161 2015年各测站水流演进过程图

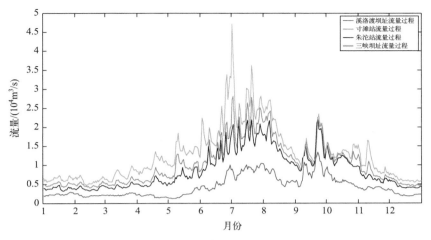

图15-162　2016年各测站水流演进过程图

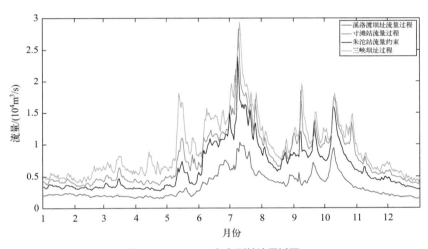

图15-166　2006年各测站流量过程

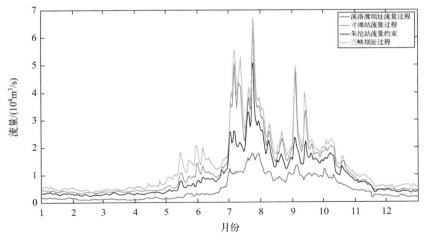

图15-167　2012年各测站流量过程

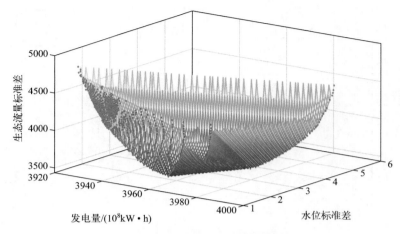

图15-179 多目标模型非劣解集

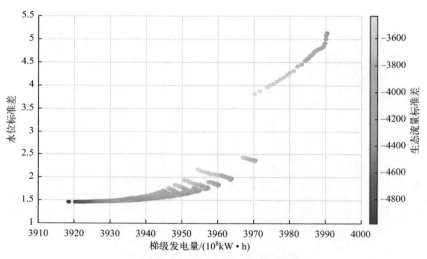

图15-180 发电量-水位标准差关系图

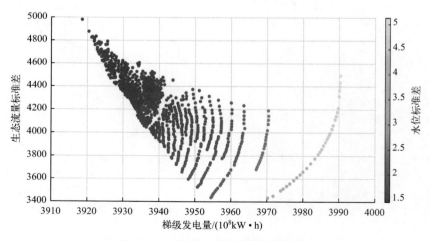

图15-181 发电量-生态流量标准差关系

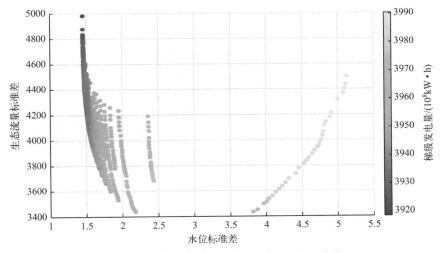

图15-182 水位标准差-生态流量标准差关系曲线

图16-15 原位藻细胞显微观测仪软件工作的实际图片

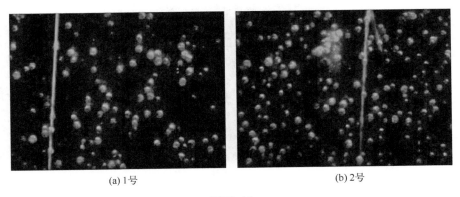

(a) 1号　　　　　　　　　　　　　　(b) 2号

图16-18

2457

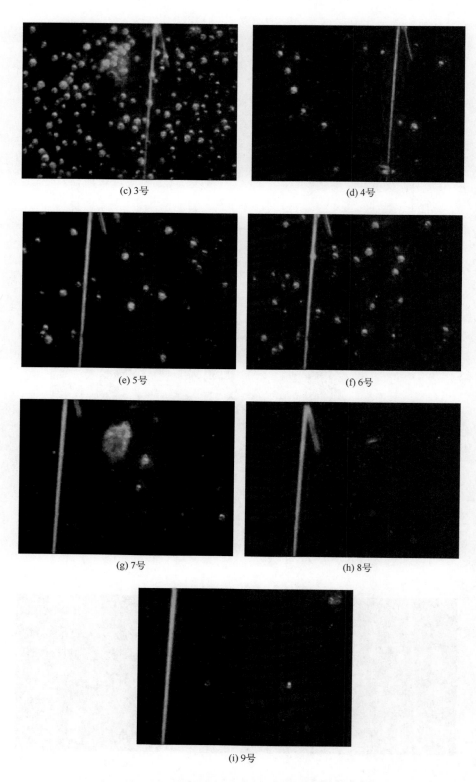

(c) 3号

(d) 4号

(e) 5号

(f) 6号

(g) 7号

(h) 8号

(i) 9号

图16-18 原位藻细胞观测仪拍摄的不同浓度藻细胞照片

图16-19　原位藻细胞观测仪视场中线宽为
0.5μm光栅的图像

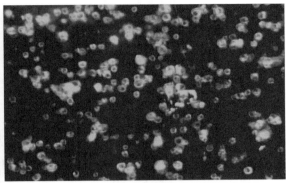

图16-20　原位藻细胞显微观测仪在上海海洋大学
鱼塘测量的藻细胞的结果

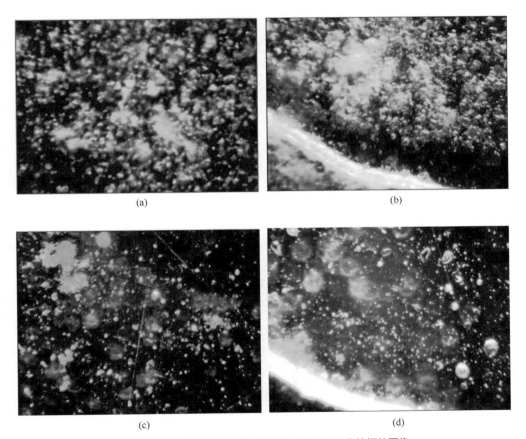

(a)

(b)

(c)

(d)

图16-22　原位藻细胞显微观测仪在奉节现场工作拍摄的图像

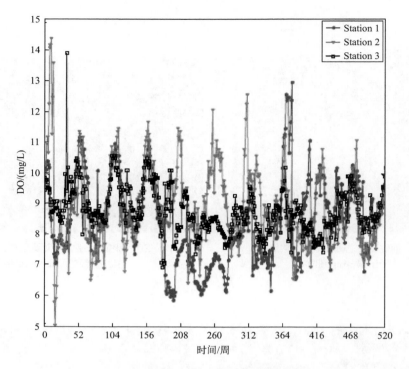

图16-39 三个监测站点的溶解氧时间序列曲线图

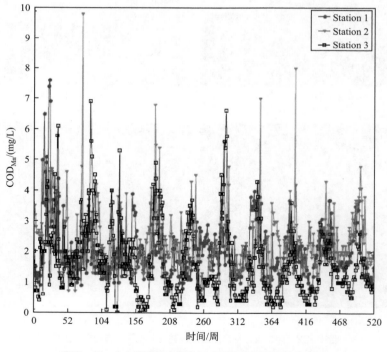

图16-40 3个监测站点的高锰酸盐指数时间序列曲线图

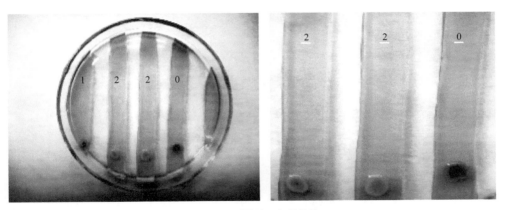

图18-4　群体淬灭细菌筛选

1—1号菌株+AHLs；2—2号菌株+AHLs；0—阴性对照

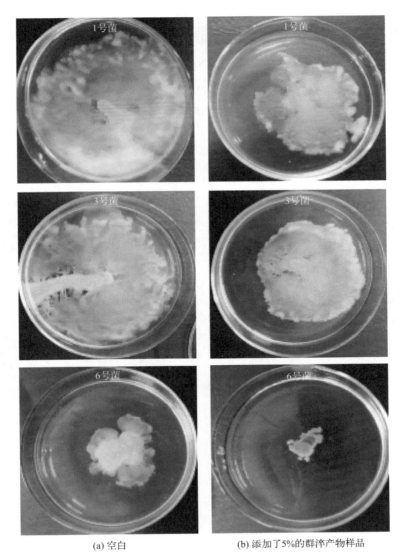

(a) 空白　　　　　　　　　　(b) 添加了5%的群淬产物样品

图18-5　细菌群游能力

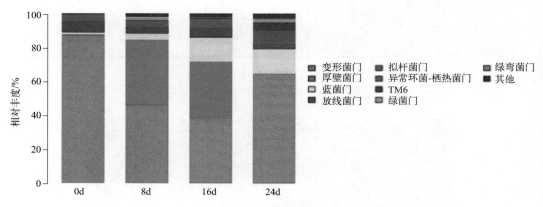

图18-15　不同时期实验组菌属分布

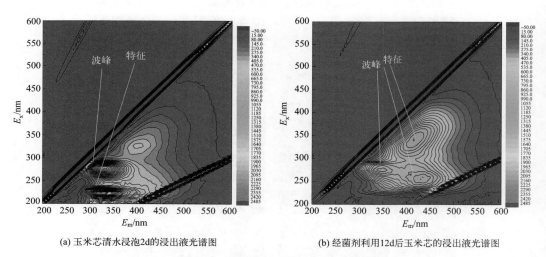

(a) 玉米芯清水浸泡2d的浸出液光谱图

(b) 经菌剂利用12d后玉米芯的浸出液光谱图

图18-51　玉米芯浸出液的三维荧光光谱图

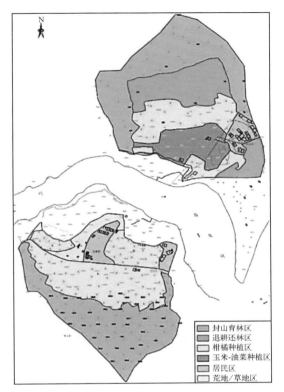

图19-15　分区设计区域

高效富磷水生植物控磷区　　　　底泥固化/稳定化控磷区

群落配置小试实验池　　　　　　库岸生态修复区

生物隔离带　　　　　　　　　　工程作业便道

图19-25　示范区总体布局图

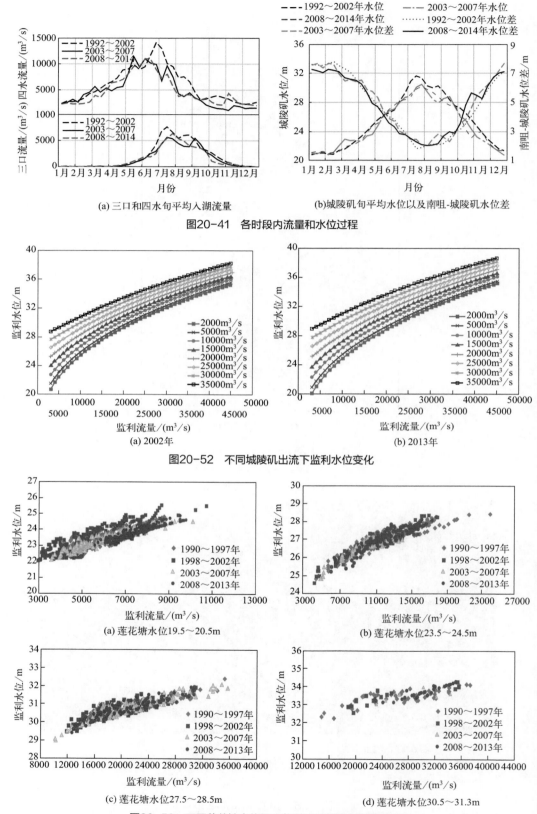

(a) 三口和四水旬平均入湖流量

(b)城陵矶旬平均水位以及南咀-城陵矶水位差

图20-41 各时段内流量和水位过程

(a) 2002年

(b) 2013年

图20-52 不同城陵矶出流下监利水位变化

(a) 莲花塘水位19.5～20.5m

(b) 莲花塘水位23.5～24.5m

(c) 莲花塘水位27.5～28.5m

(d) 莲花塘水位30.5～31.3m

图20-53 不同莲花塘水位级下监利不同时期水位流量关系

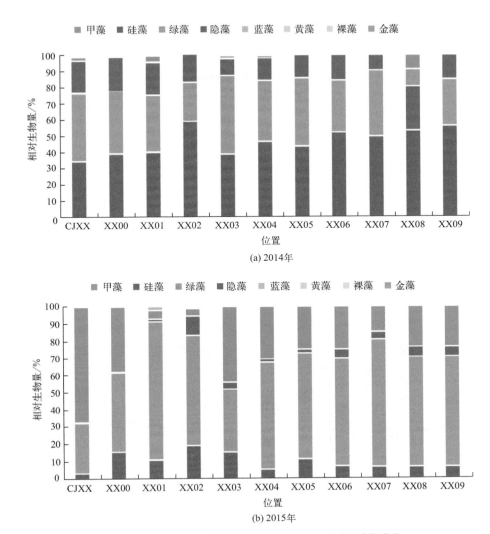

图20-66 2014年、2015年香溪河各藻种细胞密度的空间变化

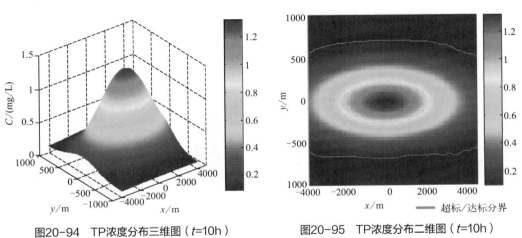

图20-94 TP浓度分布三维图（t=10h）

图20-95 TP浓度分布二维图（t=10h）

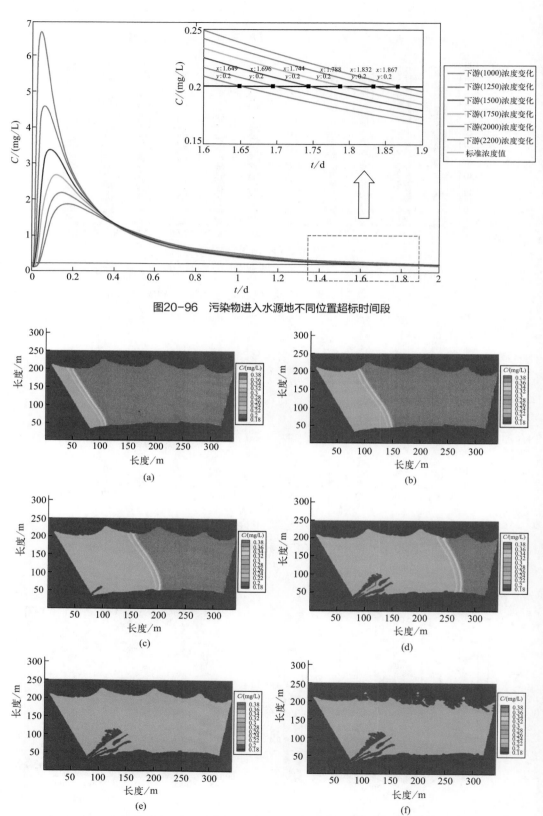

图20-96 污染物进入水源地不同位置超标时间段

图20-99 宜昌市秭归县长江段凤凰山水源地Fe污染物浓度分布模拟图（2014年5月）

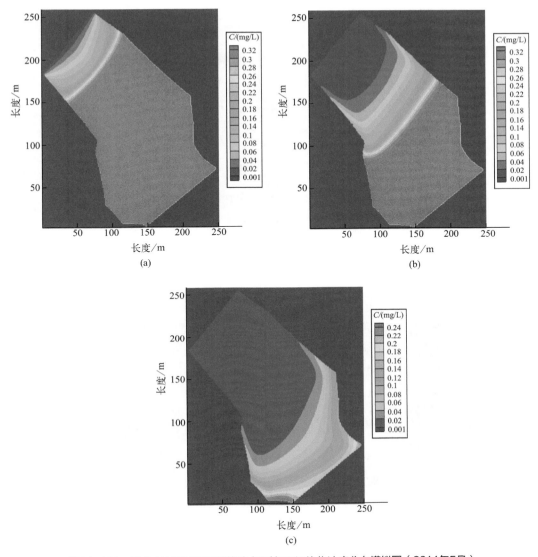

图20-100　重庆市南岸区长江黄桷渡水源地TP污染物浓度分布模拟图（2014年5月）

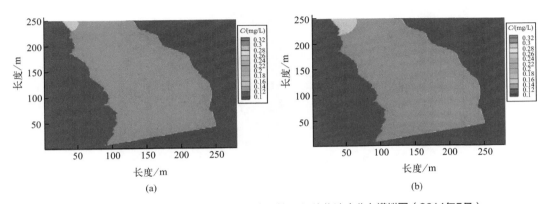

图20-101　重庆市九龙坡区长江和尚山水源地Fe污染物浓度分布模拟图（2014年5月）

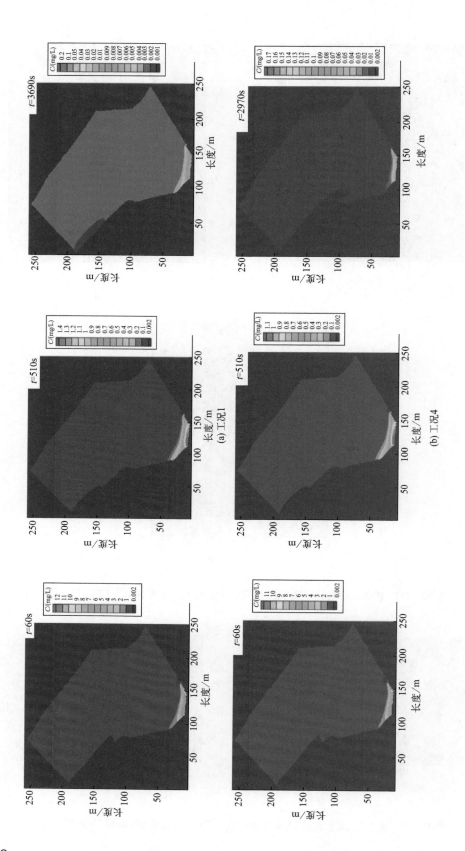

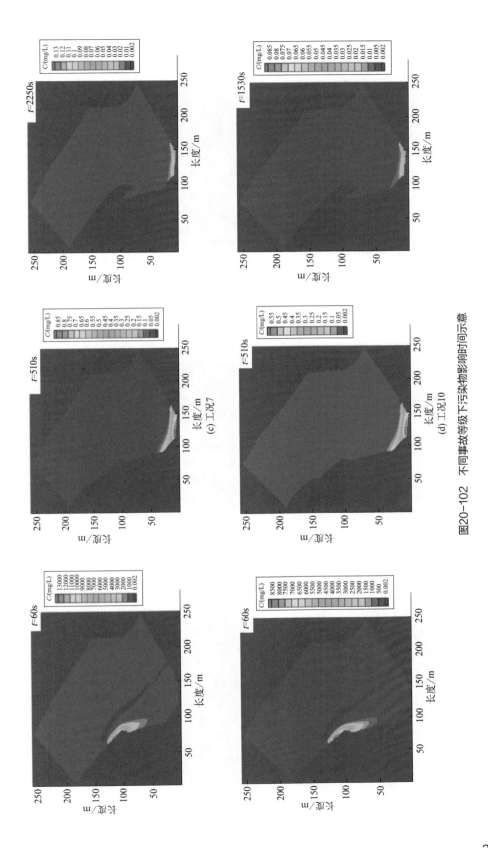

图20-102 不同事故等级下污染物影响时间示意

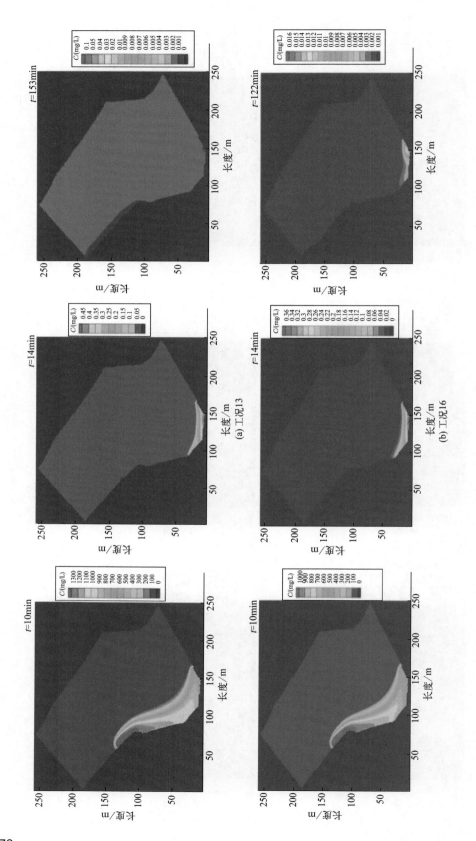

2470

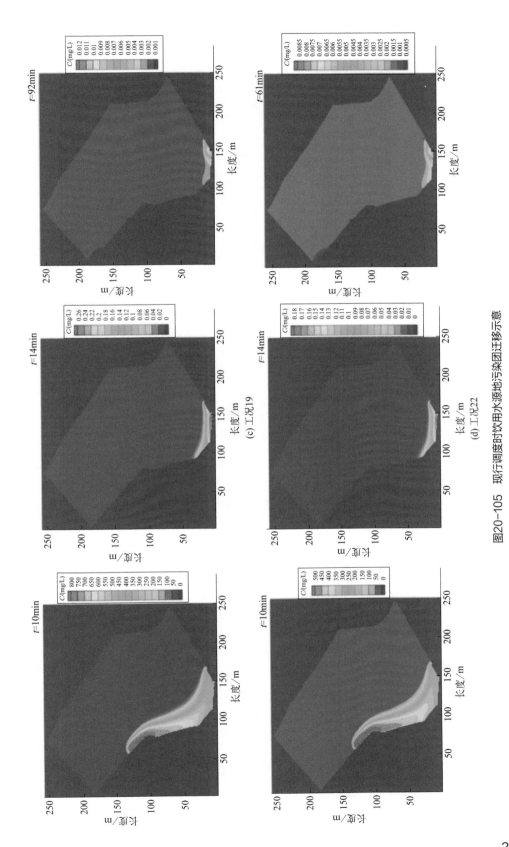

图20-105 现行调度时饮用水源地污染羽迁移示意

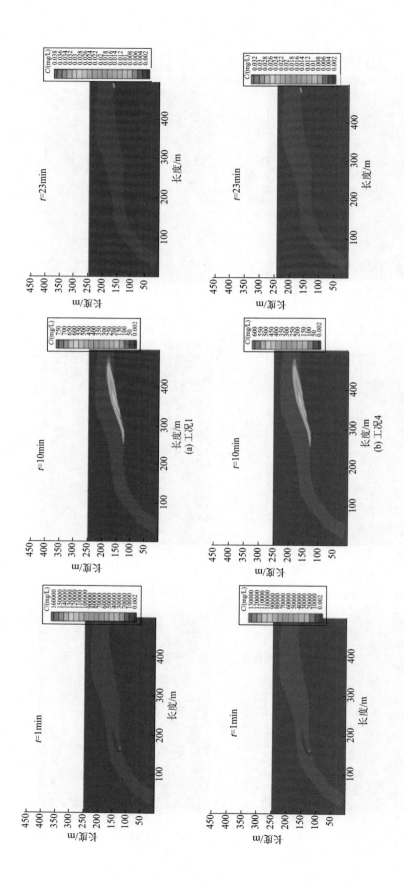

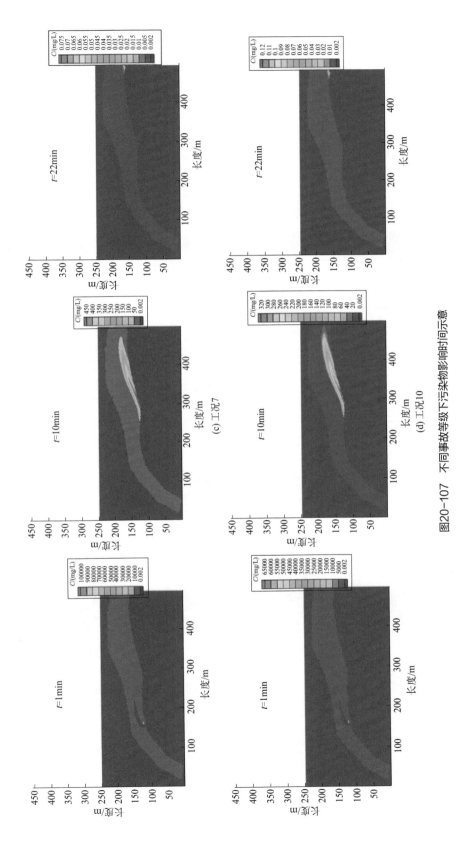

图20-107 不同事故等级下污染物影响时间示意

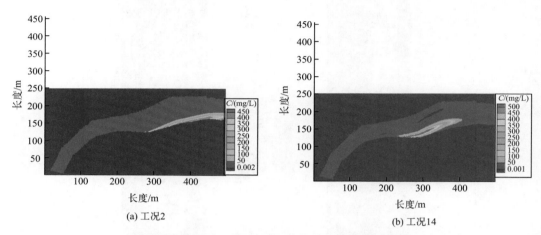

(a) 工况2　　　　　　　　　　　　　　(b) 工况14

图20-108　相同流量1中Ⅰ级事故等级下不同污染物结果示意（12min）

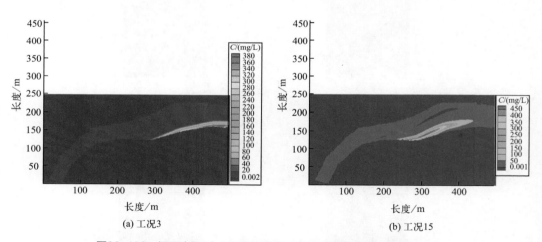

(a) 工况3　　　　　　　　　　　　　　(b) 工况15

图20-109　相同流量2中Ⅰ级事故等级下不同污染物结果示意（12min）

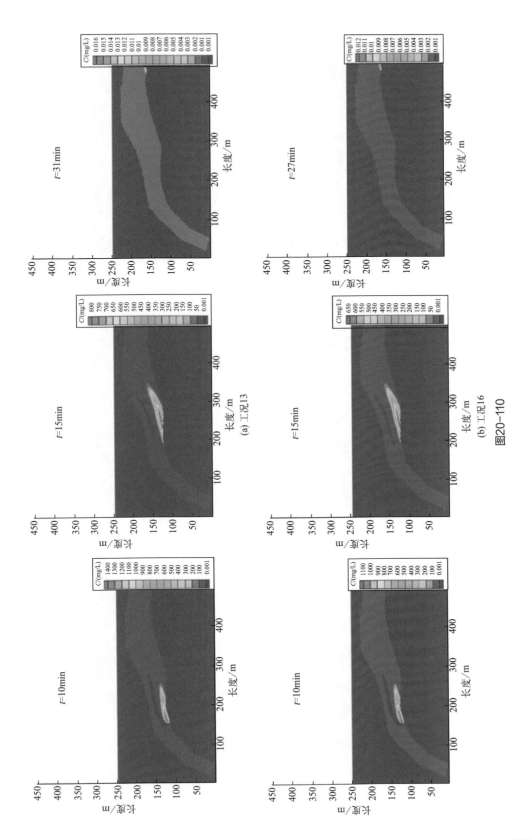

(a) 工况13

(b) 工况16

图20-110

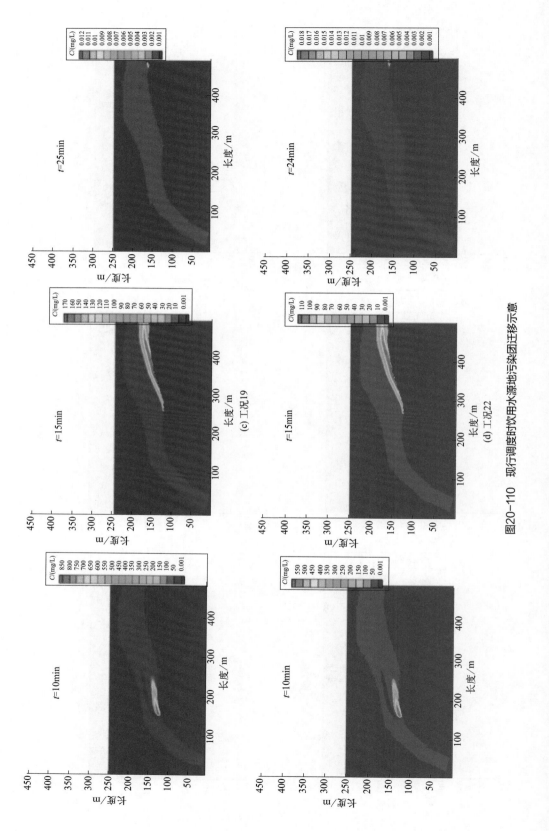

图20-110　现行调度时饮用水源地污染团迁移示意

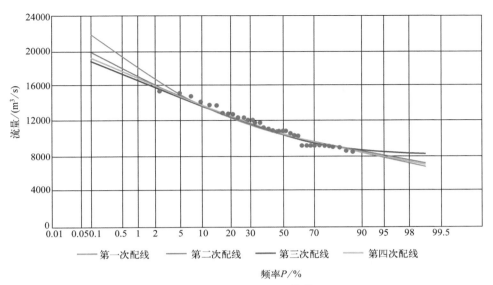

图20-118　月均流量配线图

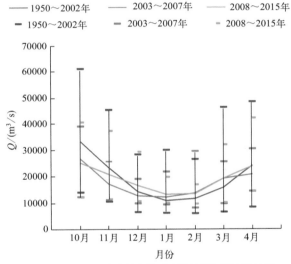

图20-144　三峡水库蓄水前后大通枯期各月流量特征

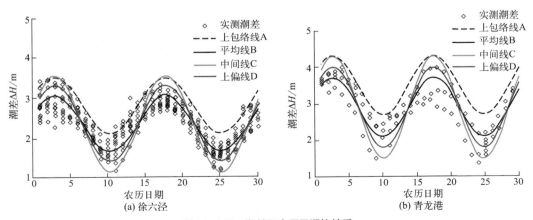

图20-147　潮差和农历日期的关系

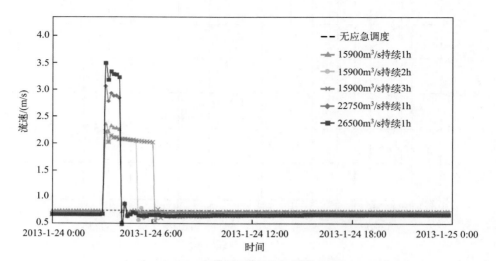

图20-167　宜昌断面不同工况流速时间过程线

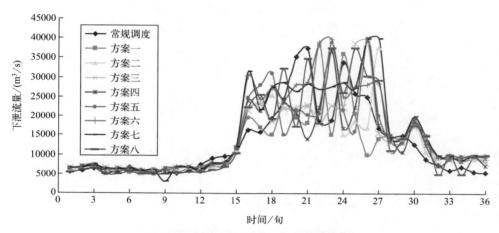

图21-93　优化计算非劣解：下泄流量-时间

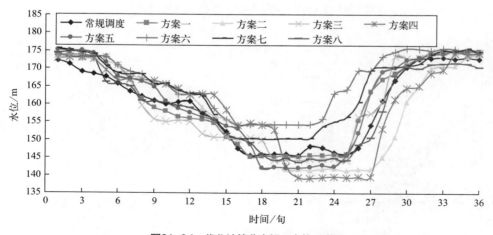

图21-94　优化计算非劣解：水位-时间

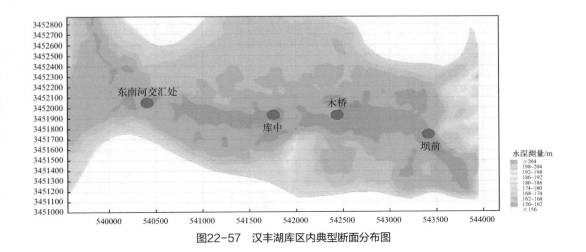

图22-57　汉丰湖库区内典型断面分布图

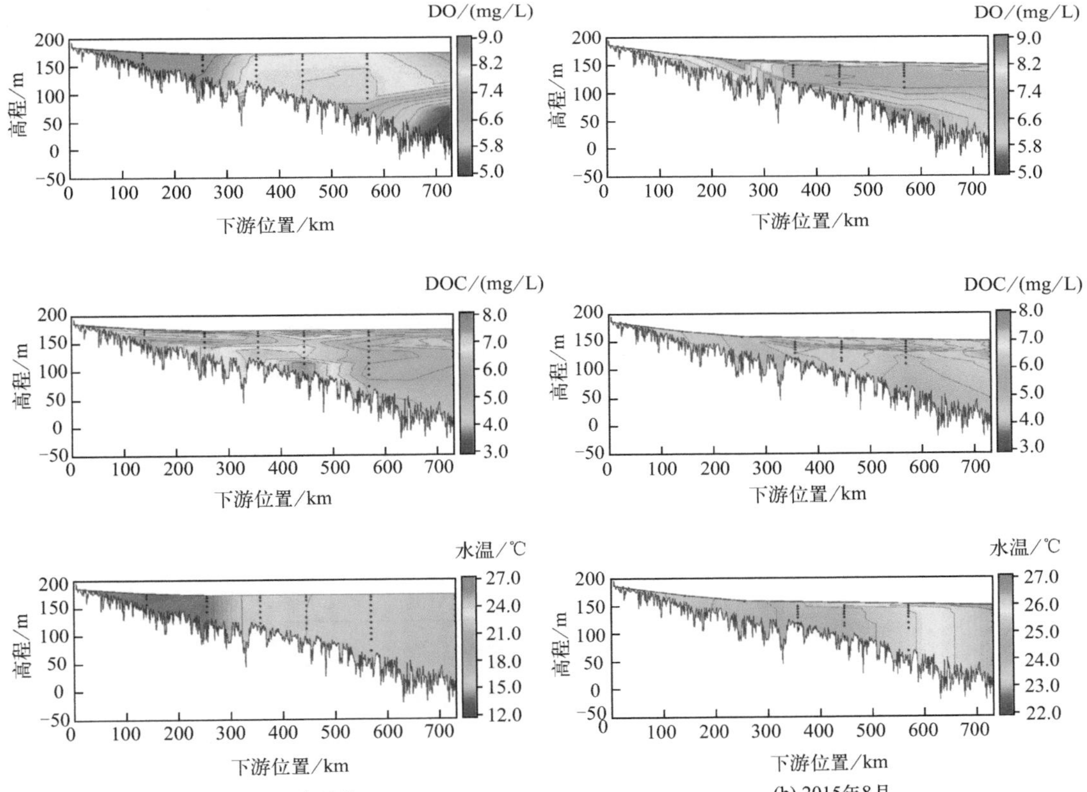

DO/(mg/L)

DO/(mg/L)

DOC/(mg/L)

DOC/(mg/L)

水温/℃

水温/℃

(a) 2014年12月

(b) 2015年8月

图23-15　三峡水库干流剖面分层监测结果

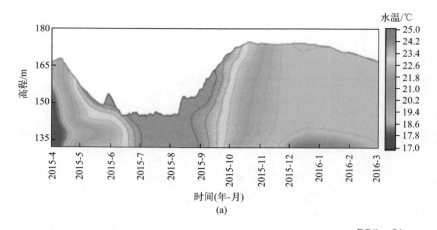

(a)

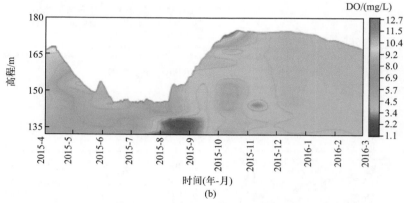

(b)

图23-16　典型支流回水区（澎溪河高阳平湖）水温与溶解氧分层监测结果

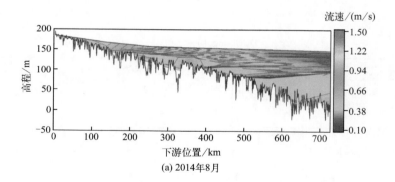

(a) 2014年8月

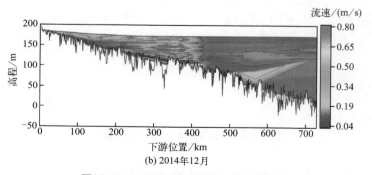

(b) 2014年12月

图23-17　三峡水库干流流速剖面分布情况

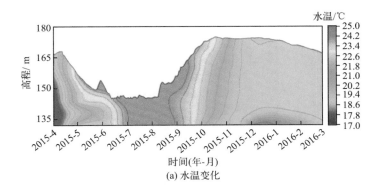

(a) 水温变化

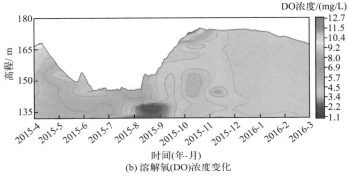

(b) 溶解氧(DO)浓度变化

图23-116　高阳平湖水温、溶解氧（DO）浓度剖面变化

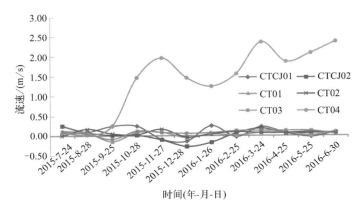

图23-119　表层流速随时间的变化

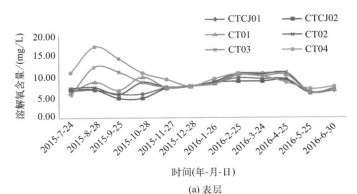

(a) 表层

图23-120

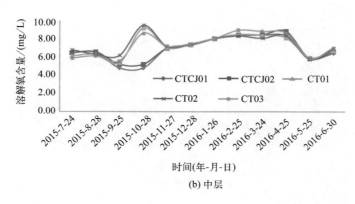

(b) 中层

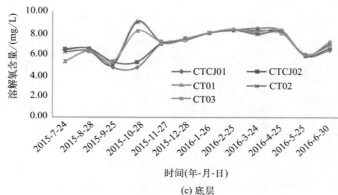

(c) 底层

图23-120 溶解氧含量随时间变化

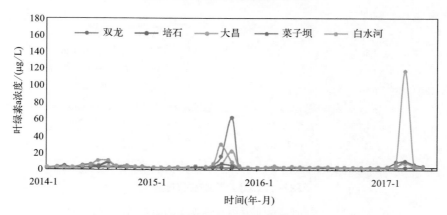

图23-121 各断面叶绿素a浓度变化情况

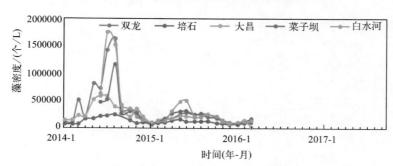

图23-123 大宁河各断面藻密度变化情况

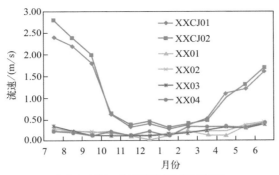

图23-125 表层流速随时间变化图

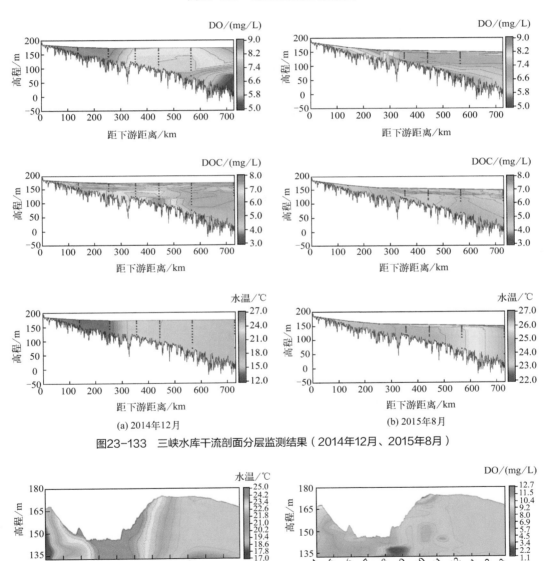

(a) 2014年12月   (b) 2015年8月

图23-133 三峡水库干流剖面分层监测结果（2014年12月、2015年8月）

(a)   (b)

图23-134 典型支流回水区（澎溪河高阳平湖）水温与溶解氧分层监测结果

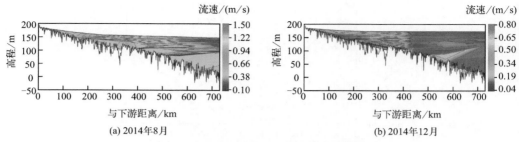

(a) 2014年8月 (b) 2014年12月

图23-135 三峡水库干流流速剖面分布情况

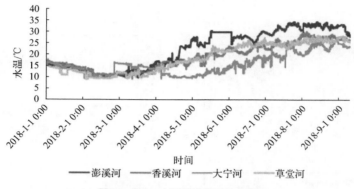

——澎溪河 ——香溪河 ——大宁河 ——草堂河

图23-182 水温监测值季节变化

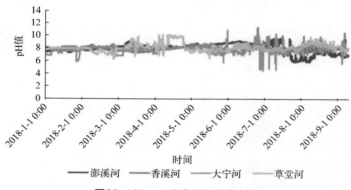

——澎溪河 ——香溪河 ——大宁河 ——草堂河

图23-183 pH值监测值季节变化

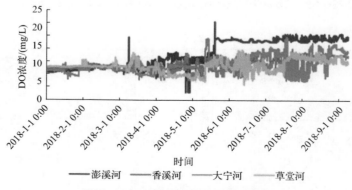

——澎溪河 ——香溪河 ——大宁河 ——草堂河

图23-184 溶解氧浓度监测值季节变化

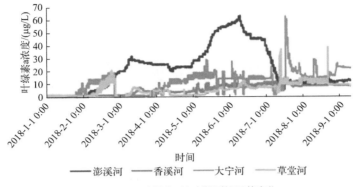

图23-185　叶绿素a浓度监测值季节变化

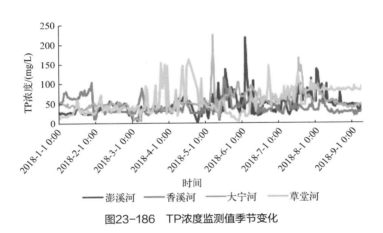

图23-186　TP浓度监测值季节变化

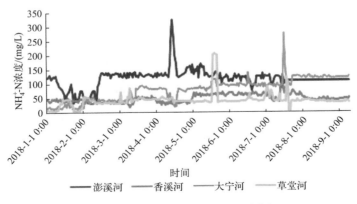

图23-187　NH$_4^+$-N浓度监测值季节变化

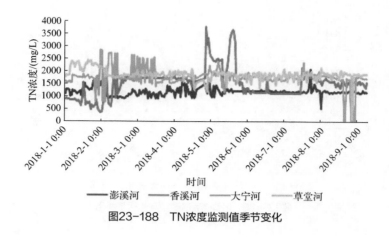

图23-188 TN浓度监测值季节变化

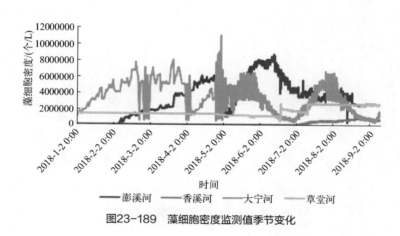

图23-189 藻细胞密度监测值季节变化

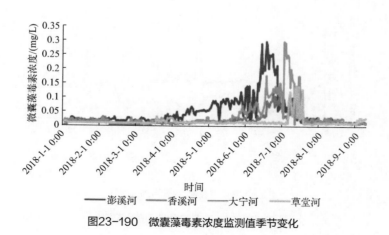

图23-190 微囊藻毒素浓度监测值季节变化

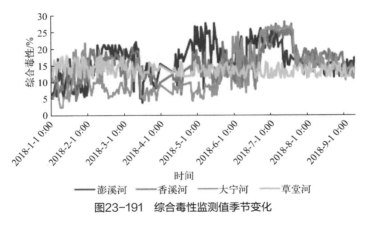

图23-191　综合毒性监测值季节变化

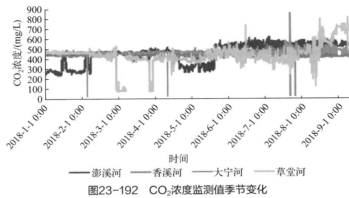

图23-192　CO_2浓度监测值季节变化

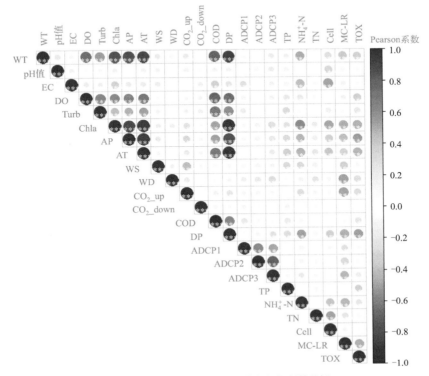

图23-193　香溪河在线监测指标间相关性分析

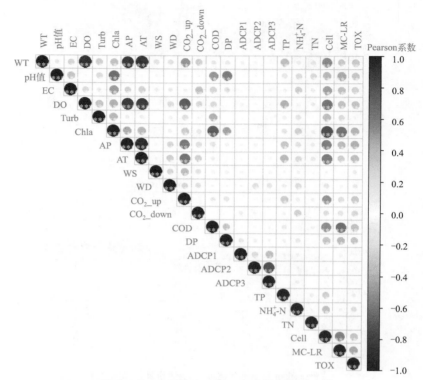

图23-194 澎溪河在线监测指标间相关性分析

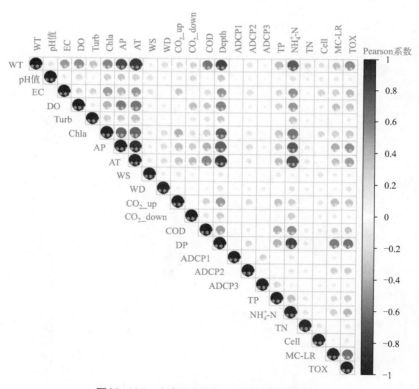

图23-195 大宁河在线监测指标间相关性分析

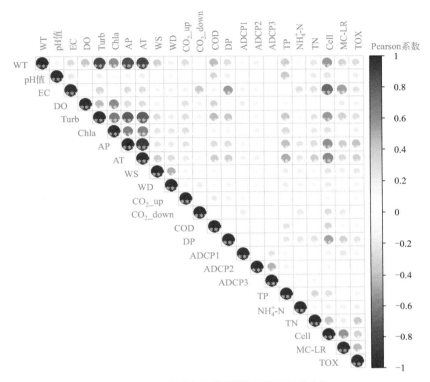

图23-196　草堂河在线监测指标间相关性分析

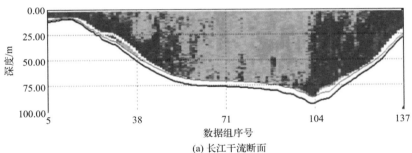

(a) 长江干流断面

流量：25976.56m³/s；平均流速：0.570m/s；流向：59.64°

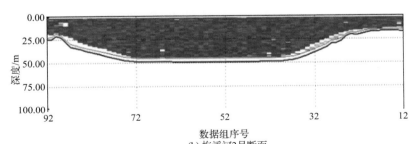

(b) 梅溪河2号断面

流量：155.37m³/s；平均流速：0.015m/s；流向：122.18°

图26-1　三峡水库水环境观测技术

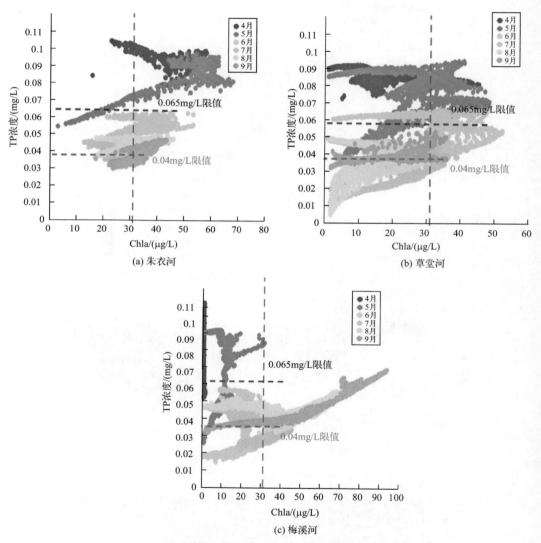

图26-2 三峡水库支流水华（叶绿素）、水龄和水体溶解总磷限值关系